庆祝同济大学沈祖炎教授从事钢结构研究 50 周年
To Honor Prof. Shen Zu-Yan for His 50 Years of Contributions to Steel Structure Engineering

钢结构稳定、抗震与非线性分析理论

——沈祖炎教授论文选集

Stability，Aseismic and Nonlinear Analysis Theories of Steel Structures

——Selected Papers of Prof. Shen Zu-Yan

同济大学建筑工程系

中国建筑工业出版社

图书在版编目（CIP）数据

钢结构稳定、抗震与非线性分析理论/同济大学建筑
工程系. —北京：中国建筑工业出版社，2008
ISBN 978-7-112-07275-0

Ⅰ. 钢… Ⅱ. 同济大学建筑工程系 Ⅲ. ①钢结
构-结构稳定性-文集②钢结构-抗震结构-文集③钢结构-
非线性-结构分析-文集 Ⅳ. TU391-53

中国版本图书馆 CIP 数据核字(2008)第 018091 号

《沈祖炎教授论文选集》收录了沈祖炎教授在钢结构领域发表的国内
或国际期刊论文 80 篇，内容涉及钢结构构件稳定理论、高层钢结构分析
及设计理论、网壳结构分析理论及工程实践、新型的钢管桁架结构节点性
能的试验及理论研究、现代张拉结构体系的非线性分析理论。所选论文是
近 20 年来沈祖炎教授及其与同事、研究生合著论文的一部分，从一个侧
面反映了我国钢结构领域研究发展中的一些热点问题及研究成果。这本论
文集可供钢结构学科的科研、教学和工程实践人员及研究生参考。

* * *

责任编辑：黎　钟
责任设计：肖广慧
责任校对：汤小平

钢结构稳定、抗震与非线性分析理论
——沈祖炎教授论文选集
Stability，Aseismic and Nonlinear Analysis Theories of Steel Structures
——Selected Papers of Prof. Shen Zu-Yan
同济大学建筑工程系
*
中国建筑工业出版社出版　发行(北京西郊百万庄)
各地新华书店、建筑书店经销
北京市铁成印刷厂印刷
*
开本：787×1092毫米　1/16　印张：43　字数：1042千字
2005 年 5 月第一版　2008 年 6 月第二次印刷
印数：1000—2500 册　定价：75.00 元
ISBN 978-7-112-07275-0
(13229)

序

　　值同济大学"土木系科"90周年庆典之际，为祝贺我国著名钢结构专家、同济大学资深教授沈祖炎先生从事钢结构研究事业50周年，中国建筑工业出版社将出版这本汇集沈祖炎先生主要科研成果的论文选集，从一个侧面反映沈先生对我国钢结构领域及同济大学钢结构学科发展作出的卓越成就。沈先生曾长期担任同济大学的副校长，分管学校的教学（包括研究生院）、科研和学科规划建设。我在担任同济大学校长之前，曾做过分管教学、科研、外事等的校长助理和副校长，有相当多的时间是在沈先生的指导下工作，他使我比较深入地了解了同济大学学科、专业发展的历程，了解了同济大学严谨求实的优良传统。沈先生治学严谨，作风慎密，我十分敬佩他。很高兴能有机会为他的论文集作序，以表达我的敬佩之情。同时，我也对他在钢结构领域方面所作出的贡献表示衷心的祝贺！

　　50年来，沈先生在自己的学术领域孜孜不倦，取得了丰硕的研究成果。他先后主持40余项国家及省部级科研项目和20余项重大工程项目的关键问题研究，发表论文300余篇，出版著作近20部，主编和参编的与钢结构有关的规范、规程共11本，获国家级和省部级科技进步奖25项。论文集从5个方面选取了沈先生在钢结构领域发表的论文80篇，内容涉及钢结构构件稳定理论、高层钢结构分析及设计理论、网壳结构分析理论及工程实践、新型的钢管桁架结构节点性能的试验及理论研究、现代张拉结构体系的非线性分析理论。这些研究成果的取得很大程度上提高了我国在钢结构研究及应用领域的理论及实践水平，为中国钢结构学科发展和钢结构工程实践做出了重要贡献。同时，在沈先生的带领下，同济大学钢结构学科无论是在研究梯队建设、研究领域拓展，还是在研究成果、国际合作与交流等方面都取得了令人瞩目的业绩和发展，在国际上也具有较大的影响力。沈先生在土木工程教育方面也做出了重要贡献。他曾连续二届担任全国高等院校土木工程学科专业指导委员会主任及专业评估委员会主任。在此期间，沈先生积极推动国家土木工程专业的评估及评估结果的国际互认和注册结构工程师制度的建立，在教育部面向21世纪土建类人才培养方案和教学体系的研究和实践等方面取得了卓著的成果。

　　50年来，沈先生身先示范，为人师表，教书育人，桃李天下，是同济大学的一代名师，处处体现了同济大学严谨求实的传统。他值得后辈们崇尚学习。愿同济大学严谨求实的作风代代相传！

　　衷心祝愿沈祖炎教授身体健康，并在钢结构领域再创辉煌！

中华人民共和国教育部副部长

前同济大学校长

2004年10月

目　录

第一部分

钢结构构件稳定理论

1. Analysis of Initially Crooked, End Restrained Steel Columns

Zu-Yan Shen and Le-Wu Luv

Synopsis

Abstract: A new and general method of analysis for steel columns, which can simulta-
neously take into account the effects of initial crookedness, end restraint, residual stress
and load eccentricity, has been developed. The method gives the complete load-deflection
relationship of a column, including both the ascending and descending branches. Unlike
most of the currently used methods, the basic required input is the stress-strain relation-
ships of the material, instead of some pre-determined moment-thrust-curvature relation-
ships for the cross sections. Application is first made to develop theoretical predictions for
some selected columns which were tested using either the geometrical alignment or the load
alignment procedure. It is shown that the latter tends to be stronger and gives a higher test
load. The results of two parametric studies, which included such variables as magnitude of
initial crookedness. amount of end restraint, pattern of residual stress distribution, and
axis of bending, are also presented. Certain conclusions wish regard to the relative impor-
tance of these variables are drawn.

Notation

A	cross-sectional area	v	initial crookedness of column
E	modulus of elasticity	w	deflection of column
e	eccentricity	y	distance from centroidal axis
I	moment of inertia	z	distance from end A
K	effective length factor	β	ratio of eccentricity at end A to that at
L	length of column		end B
M	bending moment	ε	strain
N	normal force at section	θ	slope of deflected column
P	axial load	λ	non-dimensional slenderness ratio
R	rotational stiffness of end restraint	σ	stress
r	radius of gyration	ϕ	curvature
V	end reaction		

1 Introduction

Among the various factors that affect the strength of a column in a framework, the following are considered to be important: （ⅰ） initial crookedness, （ⅱ） end restraint, （ⅲ） residual stress, and （ⅳ） eccentricity of applied load. Past research has paid much attention to the effects of initial crookedness and residual stress. A thorough study of all these factors, however, is considered as essential in the development of rational design provisions for columns.

Figure 1 shows an initially crooked and end restrained column of length L. The crookedness v varies with the distance z from the left-hand end. The modulus of elasticity of the material is E. and the moment of inertia of the cross section is I. An eccentric load P is applied with eccentricities e_a and e_b, and produces deflection w. The stiffness of the end restraints, which are represented by springs, are R_a and R_b, and the restraining moments acting at the two ends are $R_a\theta_a$ and $R_b\theta_b$, where θ_a and θ_b are the end rotations produced by the load P. For the numerical studies to be described later it has been found convenient to specify R_a and R_b nondimensionally in terms of EI/L of the column.

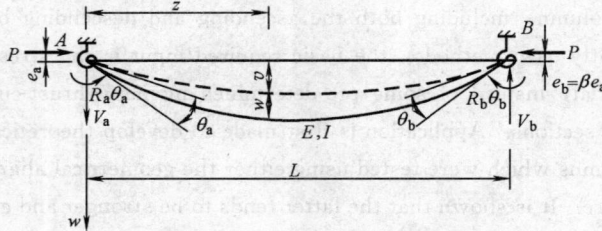

Fig. 1   Initially crooked, end restrained column

Consider first the case where the axial load is concentrically applied, that is, $e_a = e_b = 0$. Several possible load-deflection curves for the column are shown in Figure 2, where v_m and w_m represent, respectively, the initial crookedness and deflection at the mid-height. If the column is perfectly straight （$v_m = 0$） and without end restraint （$R = 0$）, buckling will take place when the applied load reaches the tangent modulus load of a pin-ended column. The behaviour of the column is represented by curve （a）. The load eventually reaches a maximum value at which the column fails by inelastic instability. If the

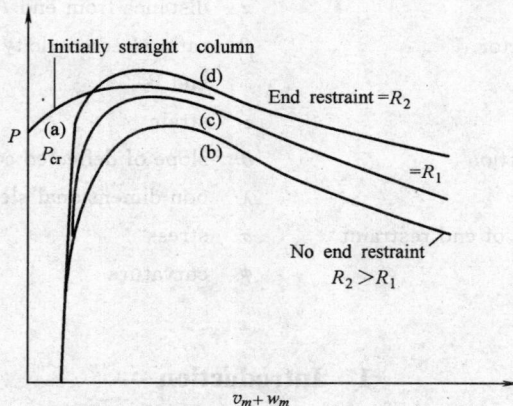

Fig. 2   Load-deflection behaviour of concentrically loaded column

column has an initial crookedness v_m, deflection w_m will take place as soon as the first load is applied and will increase continuously. This behaviour is shown as curve (b). Failure of the column is again due to inelastic instability. but occurring at a reduced maximum load. This reduction is dependent on the magnitude of v_m. When the column is partially restrained at the ends ($R=0$), its load-deflection relationship is represented by curve (c) or (d). For sufficiently large values of R. the ultimate strength of the crooked column can exceed that of the straight column.

Next, consider the case when the load is applied with an eccentricity e, equal at both ends; that is, $e_a = e_b = e$ (Figure 3). The column is initially crooked and unrestrained. If the eccentricity e and the crookedness v_m are on opposite sides of the straight line connecting the column ends ($e = -e_1$), there will be a reduction in the column strength due to the added moment Pe_1. On the other hand, if e and v_m are on the same side ($e = + e_1$), the strength of the column may be enhanced by the moment Pe_1, which acts in the direction opposite to that of the Pv moment. At a larger eccentricity, for example $e = + e_2 > e_1$, the counteracting moment Pe_2 may be sufficient to force the column to deflect, and eventually fail, in the direction opposite to the initial crookedness. This phenomenon has been observed in previously reported column tests.

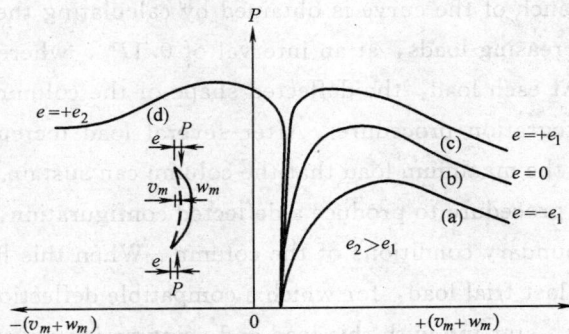

Fig. 3　Load-deflection behaviour of eccentrically loaded column

2　Method of analysis

A general method, which can take into account almost all the known factors affecting column behaviour, has been developed to perform load-deflection analyses of columns. The specific factors that are included in the development are:

(ⅰ) Initial crookedness

(ⅱ) End restraints

(ⅲ) Residual stresses

(ⅳ) Load eccentricities

(ⅴ) Variation in mechanical properties of material over cross section

(ⅵ) Stress-strain characteristics of material

(ⅶ) Loading, unloading and reloading of yielded fibres.

Any pattern of residual stress distribution and any variation of initial crookedness along the length of the column can be incorporated. The restraints and eccentricities may be equal or unequal at the two ends. By allowing a variation in the mechanical properties over the cross section, it is possible to include hybrid columns or columns with non-uniform strength properties. Any type of stress-strain relationship, such as bi-linear, tri-linear and non-linear can be included in the analysis. The bi-linear and tri-linear relationships are commonly used for steel columns, with the option of including the effect of strain hardening, A major difference between the method presented in this paper and those employed previously in analysing crooked columns or beam-columns is that it does not use any pre-determined moment-thrust-curvature $(M\text{-}P\text{-}\phi)$ curves in the integration process. The basic input is the stress-strain relationship and the necessary $M\text{-}P\text{-}\phi$ relationships are generated internally as needed. The stress history of all the elements in a cross section is carefully followed, and any occurrence of unloading or reloading of the yielded elements can be detected and its effect is included in the generation of the $M\text{-}P\text{-}\phi$ relationships. The method makes no assumption with regard to the shape of the initial crookedness or of the deflected column under load. The analysis gives both the ascending and descending branches of the load-deflection curve.

The ascending branch of the curve is obtained by calculating the deflections for a series of successively increasing loads, at an interval of $0.1P_y$, where P_y is the axial yield load of the column. At each load, the deflected shape of the column is determined by an iterative numerical integration procedure. After several load increments, the trial load will eventually exceed the maximum load that the column can sustain. This is indicated by failure of the iterative procedure to produce a deflected configuration, which is compatible with the prescribed boundary conditions of the column. When this happens, the calculation is returned to the last trial load, for which a compatible deflection has been found. A new set of calculations, starting with this load and using an increment of $0.01P_y$, is then carried out. Once again the successive calculations eventually will show a stable load (below the maximum), and an unstable load (above the maximum), with a difference of $0.01P_y$. This means the stable load is now within $0.01P_y$ of the maximum load. The entire process is repeated again with the size of the load increment reduced to $0.001P_y$ and eventually to $0.0001P_y$.

To obtain the load-deflection curve of the column beyond the maximum load, the same method can still be applied except that the analysis must now be performed by using deflection increments. In actual calculations, however, it has been found to be more convenient to use increments of end rotation. For each selected end rotation, an equilibrium load is found using the same iterative procedure.

Referring to the column shown in Figure 1, the equations of equilibrium for any section located at a distance z from the left end are:

$$M = P(e_a + v + w) - R_a \theta_a - V_a z \tag{1}$$

and

$$N = P \tag{2}$$

in which M and N are, respectively, the bending moment and axial force acting on the section, and V_a the reaction at end A. This reaction is given by

$$V_a = [Pe_a(1-\beta) - (R_a\theta_a - R_b\theta_b)]/L \tag{3}$$

in which β is the eccentricity ratio, e_b/e_a. Equilibrium requires that M and N be equal to the internal resisting moment and axial force of the section, which can be calculated by integrating the normal stress σ over the cross section (positive for compression). Thus,

$$M = \int_A \sigma y \, dA \tag{4}$$

and

$$N = \int_A \sigma \, dA \tag{5}$$

in which y is the distance from dA to the centroidal axis of the cross section.

The stress σ acting on the element dA is a function of the strain ε

$$\sigma = f(\varepsilon) \tag{6}$$

ε consists of three parts

$$\varepsilon = \varepsilon^r + \varepsilon^p + \phi y \tag{7}$$

in which ε^r is the residual strain, ε^p the strain at the centroid or the axial strain (in the elastic range $\varepsilon^p = P/AE$), and ϕ the curvature. Equations 1 to 7 are the fundamental equations of the problem.

For a given load P, the deflected shape of the column, defined by the end rotations θ_a and θ_b, is sought. A value of θ_a is first assumed (for columns with unsymmetrical restraints both θ_a and θ_b must be assumed) and numerical integration is then carried out to determine the deflected shape for the assumed θ_a (Figure 4). The procedure adopted is similar to the one developed previously for analysing laterally loaded beam-columns.[1] The column is divided into many short segments and the deflection and the slope at the end (nodal point) of each segment are calculated by numerical integration. Suppose that the calculation has reached nodal point $n-1$, and the deflection w_{n-1}, the slope θ_{n-1}, the bending moment M_{n-1}, the curvature ϕ_{n-1}, and the axial strain ε_{n-1}^p have all been calculated. For the next segment whose length is ΔL_n, the following approximate formulae can be used to calculate the deflection and the slope at point n

$$w_n = w_{n-1} + \theta_{n-1}\Delta L_n - \tfrac{1}{2}\phi_{n-(1/2)}\Delta L_n^2 \tag{8}$$

and

$$\theta_n = \theta_{n-1} - \phi_{n-(1/2)}\Delta L_n \tag{9}$$

in which $\theta_{n-(1/2)}$ is the curvature at the mid-point $n-1/2$ of the segment. This curvature, yet to be determined, is a function of the bending moment and the axial force acting at $n-1/2$, which, according to equations 1 and 2, are given by

$$M_{n-(1/2)} = P(e_a + v_{n-(1/2)} + w_{n-(1/2)}) - R_a\theta_a - V_a z_{n-(1/2)} \tag{10}$$

and

$$N_{n-(1/2)} = P \tag{11}$$

The deflection at $n-1/2$ is

$$w_{n-(1/2)} = w_{n-1} + \theta_{n-1} \frac{\Delta L_n}{2} - \frac{1}{2} \phi_{n-(1/2)} \left(\frac{\Delta L_n}{2}\right)^2 \tag{12}$$

Substituting equation 12 into equation 10 results in the following expression for $\phi_{n-(1/2)}$

$$\phi_{n-(1/2)} = \frac{2\{e_a + v_{n-(1/2)} + w_{n-1} + \theta_{n-1}(\Delta L_n/2) - [(R_a\theta_a + V_a z_{n-(1/2)})/P] - (M_{n-(1/2)}/P)\}}{[(\Delta L_n)^2/2]}$$

$$\tag{13}$$

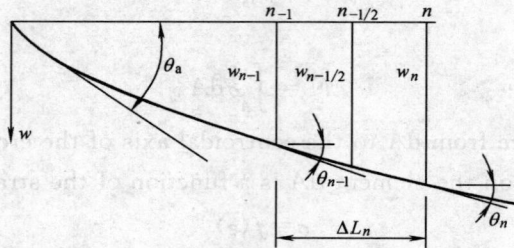

Fig. 4　Segment of a deflected column

It is apparent from equations 10 to 13 that a direct solution of $\phi_{n-(1/2)}$ is not possible, and an iterative procedure must therefore be devised. Trial values of $\phi_{n-(1/2)}$ and $\varepsilon_{n-(1/2)}^p$ are first assumed (convenient trial values would be the known ϕ_{n-1} and ε_{n-1}^p from the previously-completed calculations) and the total strain ε at any point in the cross section is calculated from equation 7 and the corresponding stress σ from equation 6. With σ known, equation 4 can then be used to calculate the bending moment $M_{n-(1/2)}$. Because of the complex patterns of residual strain present in most structural shapes, the required integration of equation 4 is best performed numerically by subdividing the cross section into a large number of small elements. Each element is assumed to have a uniform residual strain ε^r and total strain ε. The stress σ_j acting on each element with an area of ΔA_j is determined from equation 6 for the total strain ε_j. Equation 4 now assumes the following form

$$M = \sum_j \sigma_j y_j \Delta A_j \tag{14}$$

which can be applied to calculate the desired bending moment at $M_{n-(1/2)}$. Substitution of $M_{n-(1/2)}$ into equation 13 gives a new value of $\phi_{n-(1/2)}$ which is to be compared with the assumed $\phi_{n-(1/2)}$. If the two values do not agree, the above process must be repeated. Satisfactory agreement is reached if the assumed and calculated values differ by less than 0.5 percent. The $\phi_{n-(1/2)}$ value thus determined satisfies equations 10 and 13. It should be remembered that the axial strain $\varepsilon_{n-(1/2)}^p$ was also assumed at the beginning of the iterative calculation. This strain is related to the axial force $N_{n-(1/2)}$ which must satisfy equation 11. It is, therefore, necessary to check if the stresses σ_j associated with the $\phi_{n-(1/2)}$ satisfy equation 11. This can be done by substituting the σ_j values into equation 15, whose form is

$$N = \sum_j \sigma_j \Delta A_j \tag{15}$$

If $N_{n-(1/2)}$ is not equal to the axial force P as required by equation 11, a new $\varepsilon^p_{n-(1/2)}$ must be selected and the process of calculation is repeated (including the iterative calculation performed previously to obtain $\phi_{n-(1/2)}$). Satisfactory convergence is obtained if the calculated $N_{n-(1/2)}$ is within $0.00001P_y$ of the axial load. When this occurs, the search for the correct values of $\phi_{n-(1/2)}$ and $\varepsilon^p_{n-(1/2)}$ is complete, and the corresponding $\phi_{n-(1/2)}$ can be substituted into equations 8 and 9 to determine w_n and θ_n at nodal point n. This completes all the required calculations for the segment ΔL_n.

The same calculation is repeated for all the remaining segments. When the calculation for the last segment is completed, the result, if not equal to zero, may show a vertical displacement w_b at end B. A non-zero w_b indicates that a new θ_a should be tried. It is convenient to select the new θ_a to be equal to the initial θ_a minus w_b/L if w_b is a downward displacement, or θ_a plus w_b/L if w_b is an upward displacement. The entire integration is then repeated, and another w_b is found. Using the two w_b values and the corresponding θ_a values, a third θ_a can be selected by linear interpolation and the integration again repeated. Further repetitions of the process may be required, each time resulting in an improved θ_a. The correct θ_a and therefore the correct deflected shape of the column is found if w_b/L at the end of the calculations is less than $1/1000$ of the assumed θ_a.

A comprehensive computer program for performing all the numerical calculations with the various convergence criteria stated previously has been prepared. In this program, the column may be divided into any number of equal or unequal segments. For the study presented in this paper the columns have been divided into seven equal segments with eight nodal points.

3　Analytical prediction of test column behaviour

The method is first applied to generate the load-deflection curves of some pin-ended columns which were tested in previous studies at Lehigh University. The purpose of this work is twofold: (i) to obtain experimental verification of the analysis method, and (ii) to develop analytical predictions for selected columns whose behaviour has not previously been substantiated by theory. The columns selected had varying amounts of initial crookedness which were carefully measured before testing. Included are: two concentrically loaded columns, one eccentrically loaded column with small positive eccentricity, and one eccentrically loaded column with large positive eccentricity.

The concentrically loaded columns are selected from a group of heavy European columns which were tested as part of a co-operative study with the European Convention for Constructional Steelwork (ECCS). The procedure adopted for these tests followed the ECCS recommendations which require the test column to be 'geometrically aligned' with respect to the centreline of the testing machine. The test load was applied continuously to the column at a prescribed rate, and the 'dynamic' load-deflection curve was recorded automatically as the test progressed. The results of the tests have already been published,[2] but no attempt has yet been made to provide theoretical predictions. Figure 5 shows comparisons of the analytical and experimental load-deflection curves of the two HEM 340 columns manufactured in Italy. All the analyses are based on the dynamic stress-strain characteristics determined from the tension coupon tests and the measured residual stresses and initial crookedness. For each test column, two analyses have been performed: one includes the effect of strain hardening (dashed line) and the other neglects it (dot-dashed line). When the two analyses gave essentially the same results, the one that includes the effect of strain hardening is shown. For the two columns the analytical predictions show remarkably good agreement with the test results. For the column with $L/r=50$, the effect of strain hardening becomes quite pronounced after the attainment of the maximum load. On the other hand, strain hardening appears to have very little effect on the behaviour of the column with $L/r=95$ because the two analyses gave almost the same load-deflection curve. This study also shows that it is possible to develop the dynamic load-deflection relationship of a test column by using the dynamic mechanical properties if the strain rate in the column test is not too different from the strain rate specified in the coupon test.

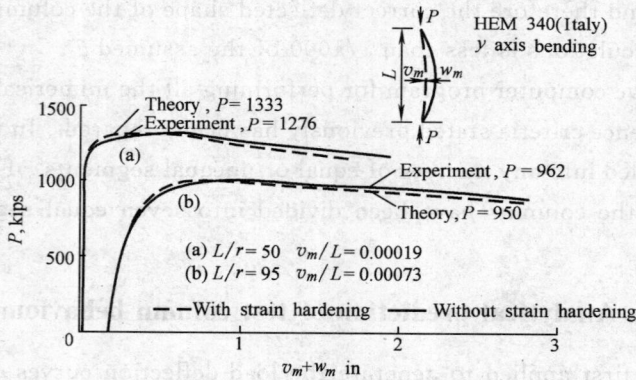

Fig. 5 Analytical and experimental load-deflection curves of concentrically loaded columns

An example of an eccentrically loaded column with small positive eccentricity is shown in Figure 6. The column is a welded H column with A514 steel flanges and A36 steel web and was included in a pilot programme studying hybrid columns.[3] Before testing, the column was aligned under load by the so-called 'old Lehigh method'. The goal of the alignment was to achieve a reasonably uniform strain distribution in the column during the early stages of testing. If the column is initially crooked, in order to achieve uniform distribution, the alignment load as well as the test load must be applied eccentrically. For the selected column, the results given in Figure 6 show that the strength of the column was increased from $0.652P_y$ for $e/L=0$ to $0.745P_y$ for $e/L=0.000469$, which is the value of eccentricity adopted in the calculation. This value of e has been determined in such a way that in the elastic range the deflection at the mid-height produced by the bending moment Pe along the column offsets completely the deflection produced by the Pv moment. The variation of v is assumed to be sinusoidal, although the actual measured variation can also be used. The load-deflection curve calculated with this value of e shows that the column remains essentially straight until the applied load exceeds about 50 per cent of the maximum value. This behaviour was also observed during the test. All the analyses were performed without considering the effect of strain hardening, because data on strain hardening characteristics were not available from the original study.

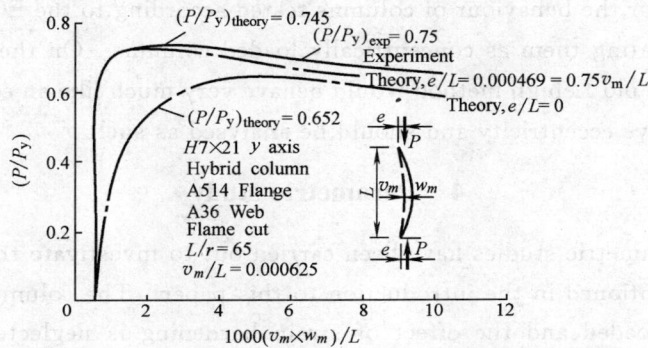

Fig. 6　Analytical and expenmental load-deflection curves of eccentrically loaded hybrid column with small eccentricity

A column, which was among the seven heavy rolled columns that were tested to study the different methods of column testing,[4] is selected to examine the behaviour of eccentrically loaded columns with large positive eccentricity. Some basic information about the column is given in Figure 7. The test piece was not cold straightened after rolling and the column therefore has a larger-than-acceptable initial crookedness. The same load alignment procedure was used to align the column. Because of the large crookedness, a corre-

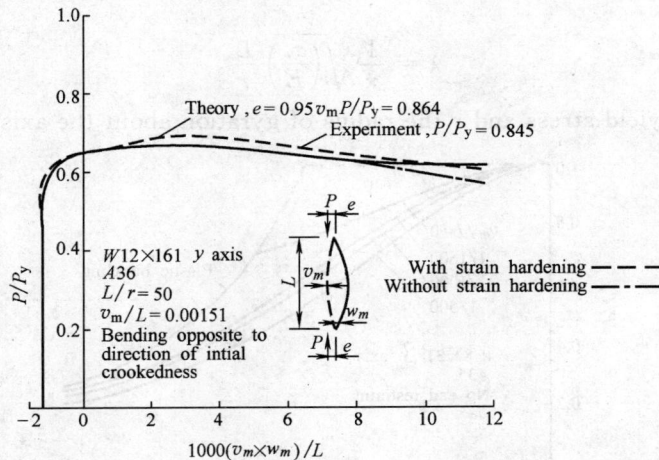

Fig. 7　Analytical and experimental load-deflection curves of elcentrically loaded column with large eccentricity

spondingly large load eccentricity was probably used in the testing. The large eccentricity ledto a rapid increase of the bending moment which eventually caused the column to bend in the direction opposite to the crookedness. As shown in Figure7, this behaviour and the entire load-deflection behaviour can be successfully predicted by the analytical procedure. The e value used was determined in the same manner as described above.

The close correlation between the analytical and the experimental results for all the selected columns indicates that the behaviour of steel columns can be accurately predicted if data on mechanical properties, residual stress and initial crookedness are available. Good predictions for the behaviour of columns tested according to the ECCS procedure can be obtained by treating them as concentrically loaded columns. On the other hand, columns tested by the old Lehigh method would behave very much like an eccentrically loaded column with positive eccentricity and should be analysed as such.

4   Parametric study

Extensive parametric studies have been carried out to investigate the influence of the various factors mentioned in the introduction to this paper. The columns are assumed to be concentrically loaded and the effect of strain hardening is neglected. Two separate studies have been performed. Study 1 examines the influences of initial crookedness and end restraint on the strength of the W8×31 column made of A36 steel, and bent about the minor axis. Study 2 investigates the effects of varying residual stress pattern and magnitude, yield stress of steel, axis of bending and end restraint.

4. 1   Influence of initial crookedness

Figure 8 shows the non-dimensional maximum strength versus slenderness ratio curves of the W8×31 column without end restraint. The non-dimensional slenderness ratio λ is defined by

$$\lambda = \frac{1}{\pi} \sqrt{\left(\frac{\sigma_v}{E}\right)} \frac{L}{r} \tag{16}$$

in which σ_y is the yield stress and r the radius of gyration about the axis of bending. The

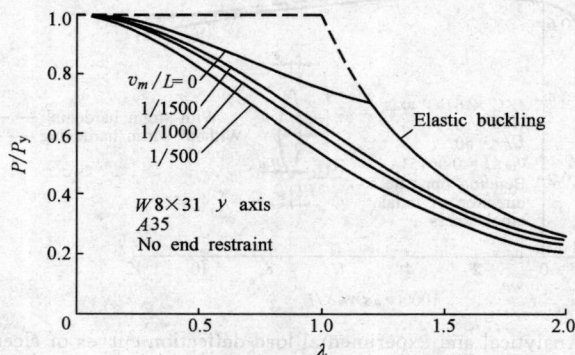

Fig. 8   Influence of initial crookedness on maximum strength of columns

usual 'Lehigh pattern' of residual stress distribution is assumed with a maximum compressive stress of 0. $3\sigma_y$ occurring at the flange tips. The v_m/L values are 0, 1/1500, 1/1000 and 1/500. For the case $v_m/L=0$ (perfectly straight column), inelastic instability failure governs the strength of the columns for P/P_y between 0. 7 and 1. 0. The initial crookedness has the greatest effect when λ is 1. 2 (see also Figure 12). This has also been observed in the study by Batterman and Johnston,[5] in which the contribution of the column web was neglected.

4. 2　Influence of end restraint

The increase in strength due to end restraint has been studied for a series of selected R values and the results are shown in Figure 9. The initial crookedness is maintained at 0. 001. For λ values greater than about 0. 75, all the curves are nearly parallel to each other, indicating that the strength increase is approximately constant for a given increase of R. It should, however, be pointed out that R is defined in terms of EI/L of the column and represents a relative measur of the stiffness of the restraint. On each curve, the actual end restraints are different for different values of λ. The amount of restraint at the ends of a long column is less than that of a short column. To produce the same increase of column strength, the required end restraint is therefore less for the long column.

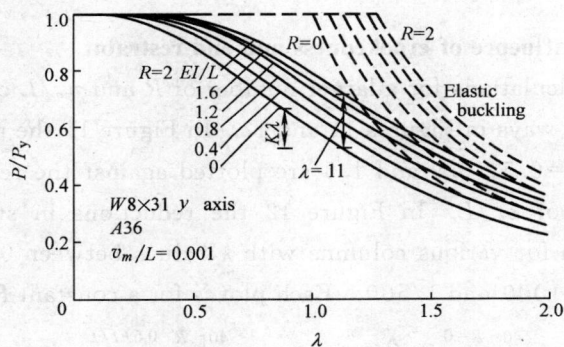

Fig. 9　Influence of end restraint on maximum strength of column

The results presented in Figure 9 indicate that the increase in strength due to end restraint becomes smaller as the R values become larger. This can also be seen from Figure 10 in which the strength increases are plotted as a function of R for six selected values of λ. The increases are expressed as percentages of the capacities of the respective columns with zero end restraint.

Figure 9 can be used directly to determine the strength of a column with a known end restraint. The procedure which is currently used to analyse restrained columns is an indirect one and makes use of the effective length factor K. This factor is usually determined from a buckling analysis of an initially straight column and not from maximum strength considerations. The adequacy of this procedure can now be examined, using the curve for $R=0$ as the reference. For a column with $\lambda=1. 1$, Figure 9 shows that its strength is increased

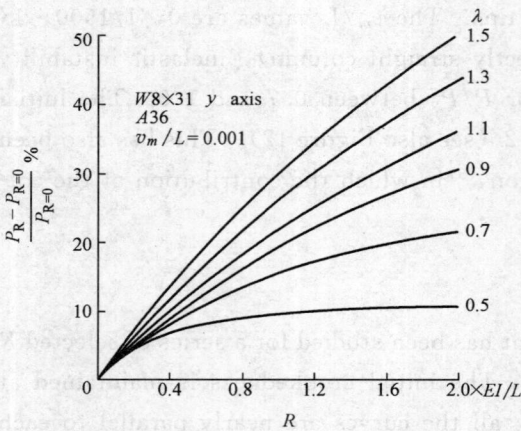

Fig. 10　Increase in column strength due to end restraint

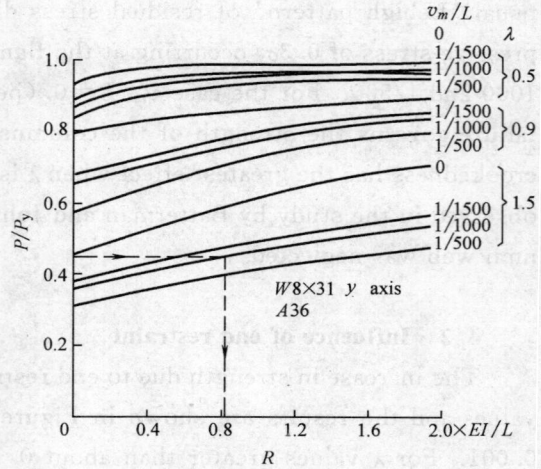

Fig. 11　Combined influence of initial crookedness and end restraint

from 0.542P_y to 0.740 P_y, when R is increased from zero to $2EI/L$. For the same end restraint, an elastic buckling analysis gives a K factor of 0.776 and the capacity of the column is found to be 0.673P_y. Thus the increase in strength determined by the K-factor approach is about 34 per cent less than the exact value.

4.3　Combined influence of crookedness and end restraint

The results of calculations for a larger number of R and v_m/L combinations are presented in two different ways in Figures 11 and 12. In Figure 11 the maximum strengths of three columns with $\lambda = 0.5$, 0.9 and 1.5 are plotted against the restraining factor R for four different values of v_m/L. In Figure 12 the reductions in strength due to initial crookedness are given for various columns with λ values between 0.5 and 2.0 and v_m/L values of 1/1500, 1/1000 and 1/500. Each plot is for a constant R. For convenience of

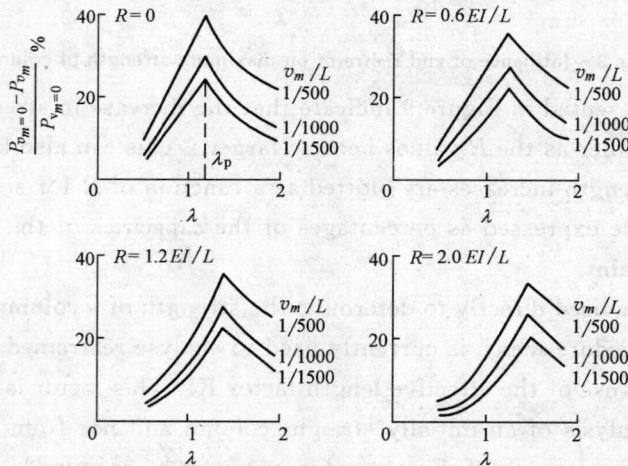

Fig. 12　Reduction in column strength due to initial crookedness

comparison, the reduction is expressed as a percentage of the capacity of the respective column if $v_m=0$. Several interesting observations may be made from Figure 12

(ⅰ) For each combination of R and v_m/L, there exists a value of λ_p at which the strength reduction is maximum.

(ⅱ) The λ_p value becomes larger as R increases. For the case $v_m/L=1/1000$, λ_p is equal to 1.20 for $R=0$ and 1.55 for $R=2.0EI/L$.

(ⅲ) For a given v_m/L, the peak reduction becomes smaller as R becomes larger. For $v_m/L=1/1000$, the peak reduction decreases from 31 per cent to 26 per cent for an increase of R from zero to 2.0 EI/L.

The results shown in Figure 11 can be used to determine the amount of end restraint required to produce an increase in strength which is exactly equal to the reduction caused by a given initial crookedness. This procedure is illustrated for the case $\lambda=1.5$ and $v_m/L=1/1000$. The required end restraint is found to be 0.8EI/L. If the procedure is repeated for different values of λ, a curve relating the required R to λ, as shown in Figure 13, can be constructed. For $v_m/L=1/1000$, the maximum required R is 2.45EI/L occurring at $\lambda=1.2$.

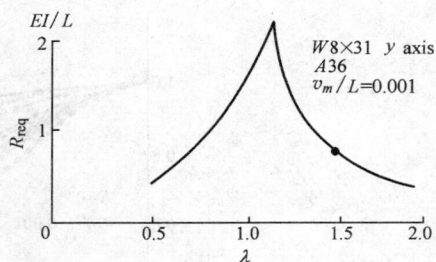

Fig. 13　End restraint required to offset effect of initial crookedness

5　Parametric study 2

In the second study, the emphasis is on residual stress variation and axis of bending (x and y axes). Research carried out at Lehigh University and elsewhere[6] has shown that the magnitude and distribution of residual stresses in a structural member depend on many factors, the most important of which are manufacturing method (rolled and welded), grade of steel, and size (light and heavy). These factors have been carefully considered in the selection of the three rolled sections and three welded sections included in this study. The residual stress distribution in these sections has been studied in detail in previous investigations.[3,7,8,9,10] The rolled sections are W12×50 and W14×426, both made of the old A7 steel, and W8×31 of A514 steel. Among the welded sections, one is a H12×16 section fabricated from flame-cut (FC) plates of A36 steel, another is a H15×290 section fabricated from universal mill (UM) plates of the same material, and the third is a hybrid section, H7×21, with A514 flanges and A36 web, all flame cut. The residual stress measurements made previously indicate that among the six sections the W8×31 has the smallest compressive residual stress and the H15×290 has the largest compressive residual stress. Also, in the H15×290 section, the pattern of the residual stress distribution is the least favourable as far as column strength is concerned. All the calculations made for this study are based on the measured material properties and residual stresses and $v_m/L=0.001$.

The results of the calculations made for the six columns are shown in Figure 14 For $R=$ 0 and in Figure 15 for $R=0.2EI/L$. The W8×31 column bent about the x-axis (curve1) is the strongest (in relation to its axial yield load, P_y) and the H15×290 column bent about the y-axis (curve12) is the weakest. For a given λ, the difference between curves1 and 12 defines a band width, which represents the range of variations of the strength of all the columns. The largest difference between the curves occurs at a λ around 0.9.

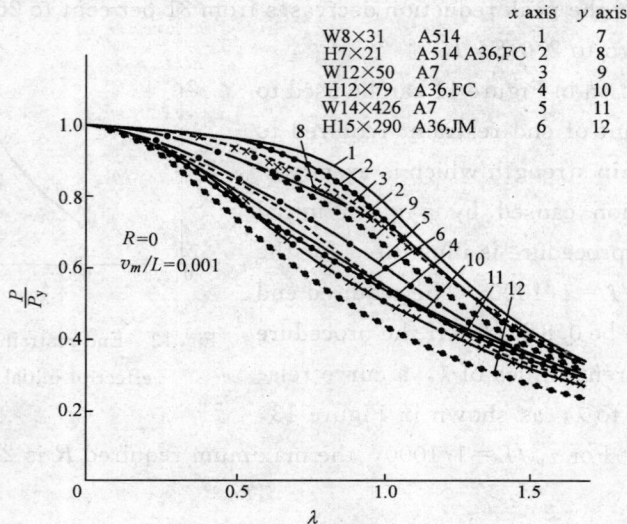

		x axis	y axis
W8×31	A514	1	7
H7×21	A514 A36,FC	2	8
W12×50	A7	3	9
H12×79	A36,FC	4	10
W14×426	A7	5	11
H15×290	A36,JM	6	12

Fig. 14 Maximum strength of six selected columns, no end restraint

A comparison of Figures 14 and 15 shows that end restraint tends to reduce the strength differences among the various curves. Between curves 1 and 12, the maximum difference is $0.36P_y$ in Figure 14 and $0.34P_y$ in Figure 15. The plot in the lower part of Figure 15 shows the increase in strength due to end restraint for four selected cases (curves 1, 2, 4 and 12). The increase is the largest for the weakest column (H15×290).

Another way of studying the reduction in column strength variation due to end restraint is illustrated in Figure 16, where the ultimate strength curves for the W8×31 column bent about the x-axis (curves1) and for the H15×290 column bent about the y-axis (curves12) are given. The curves are for three R values: 0, 0.2 and $0.6EI/L$. At a given λ, a band width is found as the difference between curves 1and 12. For the same λ an average strength P_{ave}, can be determined as the middle point of the band. The ratio of half of the hand width to P_{ave} represents the maximum deviation in the strength of all the columns from P_{ave}. This ratio, expressed as per cent of P_{ave}, is plotted against λ in the lower part of Figure 16. For λ values less than 1.3 this ratio has a significant dependence on R. At $\lambda=0.9$, for instance, it is equal to 0.27 (or 27 per cent deviation from P_{ave}) for $R=0$ and equal to 0.19 for $R=0.6EI/L$. Hence, an increase in end restraint produces a reduction in the spread of the column curves.

		x axis	y axis
W8×31	A514	1	7
H7×21	A514 A36,FC	2	8
W12×50	A7	3	9
H12×79	A36,FC	4	10
W14×426	A7	5	11
H15×290	A36,JM	6	12

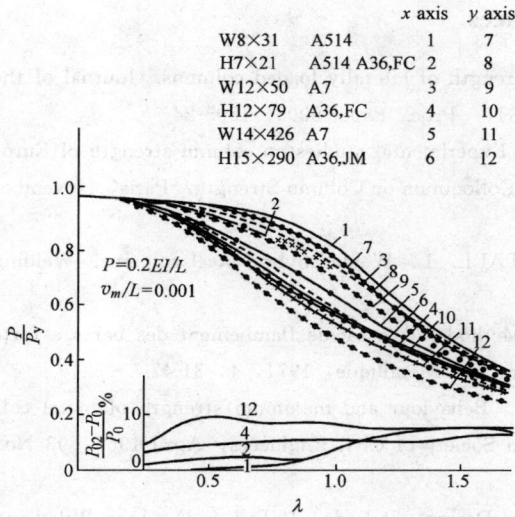

Fig. 15　Maximum strength of six selected
columns with end restraint

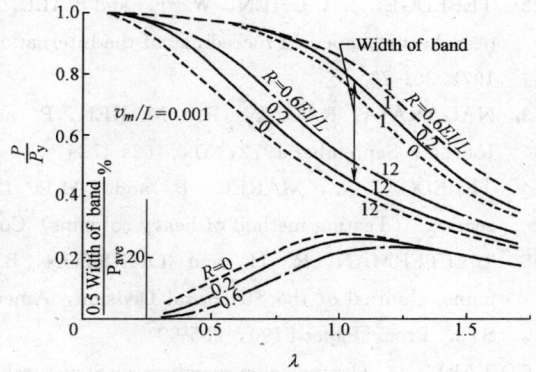

Fig. 16　End restraint and reduction of
spread of column curves

6　Conclusions

(1) The columns, which were geometrically aligned and tested according to the ECCS procedure, behaved like concentrically loaded columns and the response can be closely predicted using the dynamic stress-strain properties.

(2) The best way to predict the behaviour of columns, which were aligned to achieve a uniform strain distribution under load, is to treat them as eccentrically loaded columns. The study shows that the eccentricity of the test load can cause an apparent increase in the capacity of the columns (Figures 6 and 7).

(3) For the W8×31 columns bent about their minor axis, the strength increase due to a given increase of R is approximately constant for λ greater than about 0.75 (Figure 9). Also, this increase becomes smaller as R becomes larger.

(4) The usual approach of using an effective length factor K to account for end restraint gives a lower estimate of the strength of a restrained column with initial crookedness (Figure 9).

(5) For each combination of v_m/L and R, there exists a λ value at which the strength reduction due to initial crookedness is a maximum. This λ, referred to as λ_p in Figure 12, becomes larger as R increases.

(6) The end restraint required to produce an increase in column strength which will completely offset the reduction due to an initial crookedness varies considerably with λ and reaches a maximum at λ_p (Figure 13).

(7) The range of variation in column strength due to variation in residual stress distribution is less in restrained columns than in pin-ended columns (Figure 16).

References

1　Lu，L. W. and KAMALVAND，H. Ultimate strength of laterally loaded columns. Journal of the Structural Division，ASCE，June 1968，94，No. ST6. Proc. Paper 6009，1505-24

2　TEBEDGE，N.，CHEN，W. F. and TALL，L. Experimental studies on column strength of European heavy shapes. Proceedings of the International Colloquium on Column Strength. Paris，November 1972. 301-20

3　NAGARAJA，RAO. N. R.，MAREK，P. and TALL. L. Welded hybrid steel columns. Welding Journal，September 1972，51，462s-472s

4　TEBEDGE，N.，MAREK，P. and TALL. L. Methodes d'essai de flambement des bares a forte section. (Testing method of heavy columns) Construction Metallique，1971，4，31-47

5　BATTERMAN，R. H. and JOHNSTON，B. G. Behaviour and maximum strength of metal columns. Journal of the Structural Division，American Society of Civil Engineers，April 1967，93 No. ST2. Proc. Paper 5190，205-30

6　TALL. L. Compression members in Structural Steel Design，2nd edn，L Tall (ed)，John Wiley and Sons，Inc，New York，1974，283-348

7　GOZUM，A. T. and HUBER. A. W. Material properties，residual stresses and column strength. Fritz Engineering Laboratory Report No. 220A 14Lehigh University，1955

8　ODAR，E.，NISHINO，F. and TALL，L. Residual stresses in rolled heat-treated T-I shapes. Bulletin No. 121，Welding Journal. April 1967

9　MCFALLS，R. K. and TALL，L. A study of welded columns manufactured from flame-cut plates. Welding Research Council. April 1969，48，141s-153s

10　ALPSTEN，G. A. and TALL，L. Residual stresses in heavy welded shapes. Welding Journal. March 1970，49，93s-105s

（本文发表于：Journal of Constructional Steel Research，1983，No. 1）

2. 单角钢压杆的稳定计算

沈祖炎 胡学仁

提 要：本文扼要介绍了如何用有限单元法分析轴心受压单角钢和单面连接单角钢压杆的极限承载能力。经与试验结果相比，证明理论计算有较好的精确性。应用这个方法，得出了轴心受压等肢和不等肢角钢的 φ-λ 曲线和单面连接等肢和不等肢角钢压杆的 φ-λ 曲线，可供设计使用。本文还对钢结构设计规范的计算方法进行了评述。

关键词：单角钢构件 受压构件的稳定性

Ultimate Strength of Single Angle Columns

Shen Zuyan Hu Xueren

Abstract：Single angle members are commonly used in trusses, joists, and other types of structures. According to the loading condition, single angle members in compression can be classified as two following categories. One is concentrically loaded angles and the other is eccentrically loaded angles with connection in one leg only.

In this paper a finite element method which takes into account the effects of residual stresses, initial crookedness and end restraints provided by gusset plates is used to obtain ultimate strength solutions for compression members of both categories.

The strength of simply supported and warping restrained angles with equal or unequal legs and subjected to concentrical load is first presented in the form of column curves. The results show that the strength of unequal leg angles (on a non-dimensional basis) is lower than that of equal leg angles.

Numerical calculations also have been carried out for equal and unequal leg angles and the results are compared with test results.

Finally, by the use of the concept of effective length as adopted in the codes of some other countries' a family of column curves for eccentrically loaded equal or unequal leg angles with connection in one leg only is given. For convenience of designer, the effective length factor is taken as the parameter for these curves.

Keywords：Single Angle Members Stubility of Compression Members

1 概 述

单角钢压杆常见于屋架、塔架等结构中。按照其受力的不同，单角钢压杆可分为两大类。一类为轴心受力，另一类为单面连接受力。单面连接单角钢压杆很明显是一个双向压弯杆件，再加上连接板的约束，更增添了这类杆件受力的复杂性。轴心受力的单角钢，由于杆件不可避免地具有初弯曲，其受力实际上也属于双向压弯，同样也是比较复杂的。正由于这个原因，单角钢压杆的稳定计算长期来一直没有得到很好解决，各个国家的设计规范对单角钢压杆的计算规定也差别较大。

本文采用有限单元法把单角钢压杆作为双向压弯杆件进行分析，得到了具有初弯曲和残余应力的轴心受压等肢和不等肢单角钢压杆和具有初弯曲和残余应力在端部具有约束的单面连接等肢和不等肢单角钢压杆的 φ-λ 曲线，供设计时应用。

2　分析方法

单角钢杆件的分析应采用开口薄壁杆件理论。当采用图 1 所示坐标系统和符号规定，

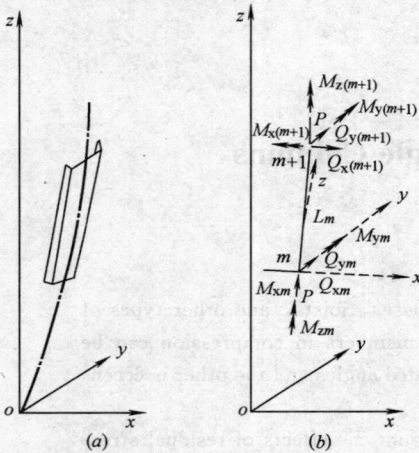

图 1　坐标系统和符号规定

且用有限单元法进行分析时，开口薄壁杆件在弹性阶段空间受力并考虑几何非线性因素，单元的广义位移和广义力之间具有下列关系

$$[[K_{fe}]+[K_{ge}]]\{\Delta_c\}=\{F_e\} \tag{1}$$

图 1b 中 xyz 轴为单元的局部坐标系，x 和 y 轴为截面的主轴。图中所示的量均为正号，P 为轴向压力，M_x 和 M_y 为绕主轴 x 和 y 轴的弯矩，M_z 为扭矩，B_w 为双力矩，Q_x 和 Q_y 为剪力，L 为单元长度，下标 m 和 $m+1$ 表示单元两端节点的编号。

式（1）中的 $[K_{fe}]$ 为薄壁杆件的线性单元刚度矩阵，$[K_{ge}]$ 为几何刚度矩阵，它们分别为：

$$[K_{fe}]=\begin{bmatrix} EI_y[Z_{22}] & 0 & 0 \\ 0 & EI_x[Z_{22}] & 0 \\ 0 & 0 & EI_w[Z_{22}]+GI_k[Z_{11}] \end{bmatrix} \tag{2}$$

$$[K_{ge}]=\begin{bmatrix} [K_{ge11}] & 0 & [K_{ge13}] \\ 0 & [K_{ge22}] & [K_{ge23}] \\ [K_{ge31}] & [K_{ge32}] & [K_{ge33}] \end{bmatrix} \tag{3}$$

在式（2）和（3）中，E 和 G 为材料的弹性模量和剪变模量，I_x 和 I_y 为截面绕主轴 x 和 y 轴的惯矩，I_ω 为截面的主扇性惯性，I_k 为截面的抗扭常数或圣维南常数。

$$[K_{ge11}]=-P[Z_{11}]$$
$$[K_{ge13}]=-Py_0[Z_{11}]-[Z_{11}M_x]^T-[Z_{10}Q_y]$$
$$[K_{ge22}]=-P[Z_{11}]$$
$$[K_{ge23}]=Px_0[Z_{11}]+[Z_{11}M_y]^T+[Z_{10}Q_x]$$
$$[K_{ge31}]=-Py_0[Z_{11}]-[Z_{11}M_x]-[Z_{10}Q_y]^T$$

$$[K_{ge32}] = P x_0 [Z_{11}] + [Z_{11} M_y] + [Z_{10} Q_x]^T \tag{4}$$

$$[K_{ge33}] = (-P\gamma_0^2 + \overline{R})[Z_{11}] + \beta_x [Z_{11} M_x] + \beta_y [Z_{11} M_y]$$

$$+ \beta_\omega [Z_{11} B_\omega] + \frac{\beta_x}{2}[Z_{10} Q_y] + \frac{\beta_x}{2}[Z_{10} Q_y]^T$$

$$+ \frac{\beta_y}{2}[Z_{10} \dot{Q}_x] + \frac{\beta_y}{2}[Z_{10} Q_x]^T + \frac{\beta_\omega}{2}[Z_{10} M_\omega]$$

$$+ \frac{\beta_\omega}{2}[Z_{10} M_\omega]^T + (a_x - x_0)[Z_{00} q_x]$$

$$+ (a_y - y_0)[Z_{00} q_y] + [P_{xy}]$$

式（1）中的广义位移矢量和广义力矢量分别为

$$\{\Delta_e\} = [u_m, u'_m, u_{m+1}, u'_{m+1}, v_m, v'_m, v_{m+1}, v'_{m+1}, \theta_m, \theta'_m, \theta_{m+1}, \theta'_{m+1}]^T \tag{5}$$

$$\{F_e\} = \begin{cases} q_x \begin{bmatrix} L/2 \\ L^2/12 \\ L/2 \\ -L^2/12 \end{bmatrix} + \begin{bmatrix} Q_{xm} \\ M_{ym} \\ Q_{x(m+1)} \\ M_{y(m+1)} \end{bmatrix} + EI_y[Z_{22}]\{u_0\} \\[40pt] q_y \begin{bmatrix} L/2 \\ L^2/12 \\ L/2 \\ -L^2/12 \end{bmatrix} + \begin{bmatrix} Q_{ym} \\ M_{xm} \\ Q_{y(m+1)} \\ M_{x(m+1)} \end{bmatrix} + EI_x[Z_{22}]\{v_0\} \\[40pt] m_z \begin{bmatrix} L/2 \\ L^2/12 \\ L/2 \\ -L^2/12 \end{bmatrix} + \begin{bmatrix} M_{zm} \\ B_{\omega m} \\ M_{z(m+1)} \\ B_{\omega(m+1)} \end{bmatrix} + EI_\omega[Z_{22}]\{\theta_0\} + GI_k[Z_{11}]\{\theta_0\} \end{cases} \tag{6}$$

式（5）中，u 和 v 为截面的剪力中心沿主轴 x 和 y 轴方向的位移，θ 为截面的转角，这些量的上角"$'$"表示对变量 z 的一阶导数。

式（6）中，q_x 和 q_y 为沿 x 和 y 轴方向的均布荷载，m_z 为均布扭矩，$\{u_0\}$ 和 $\{v_0\}$ 为沿 x 和 y 轴方向的初位移列矩阵，$\{\theta_0\}$ 为初扭角列矩阵。

$$\{u_0\} = [u_{0m}, u'_{0m}, u_{0(m+1)}, u'_{0(m+1)}]^T$$

$$\{v_0\} = [v_{0m}, v'_{0m}, v_{0(m+1)}, v'_{0(m+1)}]^T \tag{7}$$

$$\{\theta_0\} = [\theta_{0m}, \theta'_{0m}, \theta_{0(m+1)}, \theta'_{0(m+1)}]^T$$

在式（2）、（4）和（6）中

$$[Z_{22}] = \begin{bmatrix} \dfrac{12}{L^3} & \dfrac{6}{L^2} & -\dfrac{12}{L^3} & \dfrac{6}{L^2} \\[8pt] \dfrac{6}{L^2} & \dfrac{4}{L} & -\dfrac{6}{L^2} & \dfrac{2}{L} \\[8pt] -\dfrac{12}{L^3} & -\dfrac{6}{L^2} & \dfrac{12}{L^3} & -\dfrac{6}{L^2} \\[8pt] \dfrac{6}{L^2} & \dfrac{2}{L} & -\dfrac{6}{L^2} & \dfrac{4}{L} \end{bmatrix} \tag{8a}$$

$$[Z_{11}] = \begin{bmatrix} \dfrac{6}{5L} & \dfrac{1}{10} & -\dfrac{6}{5L} & \dfrac{1}{10} \\[2mm] \dfrac{1}{10} & \dfrac{2}{15}L & -\dfrac{1}{10} & -\dfrac{L}{30} \\[2mm] -\dfrac{6}{5L} & -\dfrac{1}{10} & \dfrac{6}{5L} & -\dfrac{1}{10} \\[2mm] \dfrac{1}{10} & -\dfrac{L}{30} & -\dfrac{1}{10} & \dfrac{2}{15}L \end{bmatrix} \tag{8b}$$

$$[Z_{10}] = \begin{bmatrix} -\dfrac{1}{2} & -\dfrac{L}{10} & -\dfrac{1}{2} & \dfrac{L}{10} \\[2mm] \dfrac{L}{10} & 0 & -\dfrac{L}{10} & \dfrac{L^2}{60} \\[2mm] \dfrac{1}{2} & \dfrac{L}{10} & \dfrac{1}{2} & -\dfrac{L}{10} \\[2mm] -\dfrac{L}{10} & -\dfrac{L^2}{60} & \dfrac{L}{10} & 0 \end{bmatrix} \tag{8c}$$

$$
\begin{aligned}
[Z_{11}M_x] &= [A]^T \int M_x [Z']^T [Z'] \mathrm{d}z [A] \\
[Z_{11}M_y] &= [A]^T \int M_y [Z']^T [Z'] \mathrm{d}z [A] \\
[Z_{11}B_\omega] &= [A]^T \int B_\omega [Z']^T [Z'] \mathrm{d}z [A] \\
[Z_{10}Q_x] &= [A]^T \int Q_x [Z']^T [Z] \mathrm{d}z [A] \\
[Z_{10}Q_y] &= [A]^T \int Q_y [Z']^T [Z] \mathrm{d}z [A] \\
[Z_{10}M_\omega] &= [A]^T \int M_\omega [Z']^T [Z] \mathrm{d}z [A] \\
[Z_{00}q_x] &= [A]^T \int q_x [Z]^T [Z] \mathrm{d}z [A] \\
[Z_{00}q_y] &= [A]^T \int q_y [Z]^T [Z] \mathrm{d}z [A]
\end{aligned}
\tag{8d}
$$

$$[Z] = [1, Z, Z^2, Z^3]^T \tag{8e}$$

$$[Z'] = [0, 1, 2Z, 3Z^2]^T \tag{8f}$$

$$[P_{xy}] = \begin{bmatrix} P_{xm}(b_{xm} - x_0) + P_{ym}(b_{ym} - y_0) & 0 & 0 & 0 \\ 0 & 0 & 0 & 0 \\ 0 & 0 & \begin{matrix} P_{x(m+1)}(b_{x(m+1)} - x_0) + \\ P_{y(m+1)}(b_{y(m+1)} - y_0) \end{matrix} & 0 \\ 0 & 0 & 0 & 0 \end{bmatrix} \tag{8g}$$

$$[A] = \begin{bmatrix} 1 & 0 & 0 & 0 \\ 0 & 1 & 0 & 0 \\ -\dfrac{3}{L^2} & -\dfrac{2}{L} & \dfrac{3}{L^2} & -\dfrac{1}{L} \\[2mm] \dfrac{2}{L^3} & \dfrac{1}{L^2} & -\dfrac{2}{L^3} & \dfrac{1}{L^2} \end{bmatrix} \tag{8h}$$

$$r_0^2 = \frac{I_x + I_y}{A} + x_0^2 + y_0^2$$

$$\beta_x = \frac{\int_A y(x^2 + y^2)\mathrm{d}A}{I_x} - 2y_0$$

$$\beta_y = \frac{\int_A x(x^2 + y^2)\mathrm{d}A}{I_y} - 2x_0 \tag{8i}$$

$$\beta_\omega = \frac{\int_A \omega(x^2 + y^2)\mathrm{d}A}{I_\omega}$$

$$\overline{R} = \int \sigma_r(x^2 + y^2)\mathrm{d}A$$

在式（8g）中，P_x 和 P_y 为作用在单元节点上沿 x 和 y 方向的集中外荷载，b_x 和 b_y 分别为 P_x 和 P_y 作用点在 x 和 y 轴上的坐标，x_0 和 y_0 为剪力中心的坐标。在式（8i）中，ω 为扇性坐标，σ_r 为残余应力。

对于均布荷载 q_x 和 q_y，式（8d）成为

$$[Z_{11}M_x] = \frac{1}{2}(M_{xm} - M_{x(m+1)})[Z_{11}] + \frac{1}{2}(-Q_{ym} + Q_{y(m+1)})[Z_{11}Z]$$
$$- \frac{1}{2}Q_{y(m+1)}L[Z_{11}] - \frac{1}{2}q_y L^2[Z_{11}] + q_y L[Z_{11}Z] - q_y[Z_{11}Z^2]$$

$$[Z_{11}M_y] = \frac{1}{2}(M_{ym} - M_{y(m+1)})[Z_{11}] + \frac{1}{2}(-Q_{xm} + Q_{x(m+1)})[Z_{11}Z]$$
$$- \frac{1}{2}Q_{x(m+1)}L[Z_{11}] - \frac{1}{2}q_x L^2[Z_{11}] + q_x L[Z_{11}Z] - q_x[Z_{11}Z^2]$$

$$[Z_{10}Q_y] = \frac{1}{2}(-Q_{ym} + Q_{y(m+1)})[Z_{10}] + q_y L[Z_{10}] - 2q_y[Z_{10}Z] \tag{9}$$

$$[Z_{10}Q_x] = \frac{1}{2}(-Q_{xm} + Q_{x(m+1)})[Z_{10}] + q_x L[Z_{10}] - 2q_x[Z_{10}Z]$$

$$[Z_{00}q_x] = q_x[Z_{00}]$$

$$[Z_{00}q_y] = q_y[Z_{00}]$$

式中

$$[Z_{11}Z] = \begin{bmatrix} \frac{3}{5} & \frac{L}{10} & -\frac{3}{5} & 0 \\ \frac{L}{10} & \frac{L^2}{30} & -\frac{L}{10} & -\frac{L^2}{60} \\ -\frac{3}{5} & -\frac{L}{10} & \frac{3}{5} & 0 \\ 0 & -\frac{L^2}{60} & 0 & \frac{L^2}{10} \end{bmatrix} \tag{10a}$$

$$[Z_{11}Z^2] = \begin{bmatrix} \frac{12}{35}L & \frac{1}{14}L^2 & -\frac{12}{35}L & -\frac{1}{35}L^2 \\ \frac{1}{14}L^2 & \frac{2}{105}L^3 & -\frac{1}{14}L^2 & -\frac{1}{70}L^3 \\ -\frac{12}{35}L & -\frac{1}{14}L^2 & \frac{12}{35}L & \frac{1}{35}L^2 \\ -\frac{1}{35}L^2 & -\frac{1}{70}L^3 & \frac{1}{35}L^2 & \frac{3}{35}L^3 \end{bmatrix} \tag{10b}$$

$$[Z_{10}Z] = \begin{bmatrix} -\dfrac{13}{70}L & -\dfrac{3}{70}L^2 & -\dfrac{11}{35}L & \dfrac{2}{35}L^2 \\[2mm] -\dfrac{1}{105}L^2 & -\dfrac{1}{210}L^3 & -\dfrac{31}{420}L^2 & \dfrac{1}{84}L^3 \\[2mm] \dfrac{13}{70}L & \dfrac{3}{70}L^2 & \dfrac{11}{35}L & -\dfrac{2}{35}L^2 \\[2mm] -\dfrac{11}{420}L^2 & -\dfrac{1}{210}L^3 & \dfrac{23}{210}L^2 & -\dfrac{1}{210}L^3 \end{bmatrix} \tag{10c}$$

$$[Z_{00}] = \begin{bmatrix} \dfrac{13}{35}L & \dfrac{11}{210}L^2 & \dfrac{9}{70}L & -\dfrac{13}{420}L^2 \\[2mm] \dfrac{11}{210}L^2 & \dfrac{1}{105}L^3 & \dfrac{13}{420}L^2 & -\dfrac{1}{140}L^3 \\[2mm] \dfrac{9}{70}L & \dfrac{13}{420}L^2 & \dfrac{13}{35}L & -\dfrac{11}{210}L^2 \\[2mm] -\dfrac{13}{420}L^2 & -\dfrac{1}{140}L^3 & -\dfrac{11}{210}L^2 & \dfrac{1}{105}L^3 \end{bmatrix} \tag{10d}$$

将各单元集合并考虑有关约束和边界条件后，即可得整体杆件的方程如下

$$[[K_f] + [R]]\{\{\Delta\} - \{\Delta_0\}\} + [K_g]\{\Delta\} = \{W\} \tag{11}$$

式中，$\{\Delta\}$ 为节点的广义位移列矩阵，$\{\Delta_0\}$ 为节点的广义初位移列矩阵，$\{W\}$ 为广义荷载列矩阵，$[R]$ 为节点和支承处约束的弹性约束系数矩阵。

$$[R] = \begin{bmatrix} R_{11} & & & 0 \\ & R_{22} & & \\ & & R_{33} & \\ 0 & & & \ddots \end{bmatrix} \tag{12}$$

式中，R_{11} 为约束的弹簧常数；无约束时，可取 $R_{11} = 0$，完全约束即不能发生位移时，可取 $R_{11} = \infty$。

方程（11）是从弹性阶段导出的。在弹性阶段，$[K_f]$ 和 $[R]$ 均为常数，$[K_g]$ 则是内力即位移的函数，因此方程（11）是一个非线性的代数方程组，需要用迭代法或增量法求解，以牛顿-拉夫逊迭代法为宜。

在弹塑性阶段时，$[K_f]$ 将随着位移的变化而变化，不再是常数。由于在弹塑性阶段，$[K_f]$ 的形成很花时间，而且还必需作出许多近似假定，因此宜采用类似于修正牛顿-拉夫逊迭代法来解方程（11），即采用不变的 $[K_f]$。

设杆件承受第 i 次荷载 $\{W_i\}$ 作用时，正确的节点位移为 $\{\Delta_i\}$。由式（11）可得

$$[[K_{fi}] + [R]]\{\{\Delta_i\} - \{\Delta_0\}\} + [K_{gi}]\{\Delta_i\} = \{W_i\} \tag{13}$$

当用迭代法求解时，第一次迭代的荷载 $\{W_i\}_1^*$ 可取 $\{W_i\}_1^* = \{W_i\}$，由于在迭代时采用不变的 $[K_f]$，所以得到的节点位移不可能是正确值，它只是正确值的第一次近似值，用 $[\Delta_{i1}]$ 表示。很明显，$[\Delta_{i1}]$ 可从下式求得

$$[[K_f] + [R]]\{\{\Delta_{i1}\} - \{\Delta_0\}\}[K_{gi1}]\{\Delta_{i1}\} = \{W_i\}_1^* \tag{14}$$

从式（14）解 $\{\Delta_{i1}\}$ 时也需采用牛顿-拉夫逊迭代法，这是因为 $[K_{gi1}]$ 是 $\{\Delta_{i1}\}$ 的函

数。解得的结果相当于图 2 中的点 B_1。

注意到与位移 $\{\Delta_{i1}\}$ 相应的真正平衡方程式应为

$$[[K_{fi1}]+[R]]\{\{\Delta_{i1}\}-\{\Delta_0\}\}+[K_{gi1}]\{\Delta_{i1}\}=\{W_{i1}\} \quad (15)$$

即图 2 中的点 A_1，这说明在真实的杆件上要达到位移 $\{\Delta_{i1}\}$ 时，只要作用节点荷载 $\{W_{i1}\}$ 即可。这个荷载小于实际的节点外荷载 $\{W_i\}$，相差值为

$$\Delta\{W_{i1}\}=\{W_i\}-\{W_{i1}\} \quad (16)$$

因此在作第二次迭代时，应增加此差值，即令第二次迭代时的荷载 $\{W_i\}_2^*$ 为

$$\{W_i\}_2^*=\{W_i\}+\Delta\{W_{i1}\} \quad (17)$$

重复式 (14)～(17) 的过程，可以得到位移的

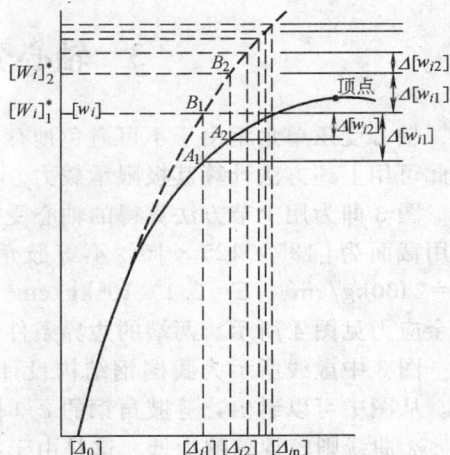

图 2 牛顿-拉夫逊迭代法

第二次近似值 $\{\Delta_{i2}\}$ 和第三次迭代时的荷载值 $\{W_i\}_3^*$，即达到了图 2 中的点 B_2 和 A_2。

$$\{W_i\}_3^*=\{W_i\}_2^*+\Delta\{W_{i2}\}=\{W_i\}+\Delta\{W_{i1}\}+\Delta\{W_{i2}\} \quad (18)$$

经过多次迭代，当 $\Delta\{W_{in}\}$ 小于某容许数值时，即可认为已求得所需要的 $\{\Delta_i\}$。

在上述计算过程中，解式 (14) 并无困难；但在解式 (15) 时，仍需计算弹塑性刚度矩阵 $[K_{fin}]$。为了避免这个困难，可以采用下述方法。

由式 (14) 算出各节点处的位移，进而算出曲率。根据外荷载 $\{W_i\}$ 及各节点处的位移，算出节点处截面由外荷载产生的外弯矩 M_{xe}、M_{ye} 和外扭矩 M_{ze}。根据节点处的曲率和材料的应力-应变关系，算出节点处截面的内弯矩 M_{xi}、M_{yi} 和内扭矩 M_{zi}。计算内外弯矩和内外扭矩的差值

$$\begin{aligned}
\Delta M_{xm} &= M_{xme}-M_{xmi} \\
\Delta M_{ym} &= M_{yme}-M_{ymi} \\
\Delta M_{zm} &= M_{zme}-M_{zmi}
\end{aligned} \quad (19)$$

若所有节点处的 ΔM_x、ΔM_y 和 ΔM_z 均小于规定的容许误差，则认为所求得的位移 $\{\Delta_i\}$ 已为正确值。否则，这个差值一定是由某种节点荷载来平衡。平衡内外弯矩差值的节点荷载可以认为是节点集中力 ΔQ_x 和 ΔQ_y，其值为

$$\Delta Q_{xm}=\frac{\Delta M_{y(m-1)}-\Delta M_{ym}}{L_{(m-1)}}-\frac{\Delta M_{ym}-\Delta M_{y(m+1)}}{L_m}$$

$$\Delta Q_{ym}=\frac{\Delta M_{x(m-1)}-\Delta M_{xm}}{L_{(m-1)}}-\frac{\Delta M_{xm}-\Delta M_{x(m+1)}}{L_m} \quad (20)$$

内外扭矩的差值可用分布扭矩 Δm_z 来平衡。事实上这些平衡力并不存在，因此上述平衡力的负值就组成了式 (16) 中的 $\Delta\{W_{1n}\}$。有了 $\Delta\{W_{in}\}$ 就可求出下一级迭代用的外荷载。重复上述过程直到 ΔM_x、ΔM_y 和 ΔM_z 均小于规定的容许数值为止。

如果迭代过程发散，则说明杆件已失去承载能力。从收敛进入发散时的外荷载，就是杆件的极限承载力，也就是图 2 中曲线的顶点。

3 轴心受压单角钢的计算

轴心受压单角钢由于不可避免地存在初弯曲，其受力状态实际上属于双向压弯杆件，因此可用上述方法计算其极限承载力。

图 3 即为用上节方法算得的轴心受压等肢和不等肢角钢的 φ-λ 曲线。其中，等肢角钢选用截面为 $\llcorner125\times125\times10$，不等肢角钢为 $\llcorner125\times80\times10$，如图 4 所示。材料为钢 3，$\sigma_3=2400\mathrm{kg/cm^2}$，$E=2.1\times10^6\mathrm{kg/cm^2}$。初弯曲采用 x 方向的 $u_0/l=-1/480$。截面上的残余应力见图 4 所示。两端的边界条件均为铰支，但不能翘曲。

图 3 中虚线所示为我国钢结构设计规范（TJ17—74）采用的轴心受压杆件的 φ-λ 曲线。从图中可以看出，等肢角钢的 φ-λ 曲线基本上与规范的 φ-λ 曲线相同；而不等肢角钢的 φ-λ 曲线则较规范的为低。这是由于截面不对称后，弯扭失稳现象比较明显所造成的。因此，用规范的数值设计轴心受压不等肢角钢可能偏于不安全。

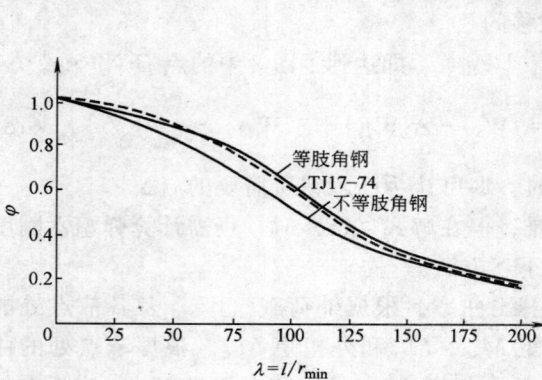

图 3 φ-λ 曲线

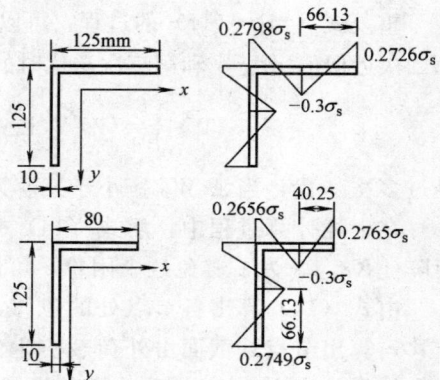

图 4 残余应力分布

4 单面连接单角钢压杆的计算

图 5 单角钢压杆受力示意图

单面连接单角钢压杆的计算是一个比较复杂的问题，长期来未获得很好解决。由于在结构中经常会碰到这类杆件，因此至今仍引起许多研究者的兴趣，除了进行理论研究外，还做了不少的试验研究。

图 5 所示为一单面连接单角钢压杆的受力示意图。考虑到支承处的约束条件不是沿主轴 x_1 和 y_1 轴，而是沿 x 和 y 轴，在采用有限单元法计算时，为了便于支承约束条件的描述，宜将杆件的总体坐标系取得与图 5 中的 xyz 轴重合。通过坐标轴的转换，可以把以局部坐标系，即杆件截面的主轴，表示的单元广义位移和广义力之间的关系式（1）改写成以总体坐标系表示的形式

$$[[K_{\mathrm{fe(xy)}}]+[K_{\mathrm{ge(xy)}}]]\{\Delta_{\mathrm{e(xy)}}\}=[F_{\mathrm{e(xy)}}] \qquad (21)$$

有了式（21）后即可集合得类似于式（11）的以总体坐标系

表示的整体杆件方程。以后的计算就与前面所述一样，不再赘述。

文献［2］给出了一批单面连接单角钢压杆的试验资料。压杆两端的支承情况见图 6 所示，都连接到一个丁字板支座上。共有三类试件。第一类试件采用把丁字板支座直接放在长柱压力机上加载（图 6a）。第二类试件是在丁字板支座的腹板平面内放一单刀铰支座，支座压力作用线通过角钢肢的中线（图 6b）。第三类试件是在垂直于丁字板支座的腹板平面方向放一单刀铰支座，支座压力作用线通过角钢的重心线（图 6c）。

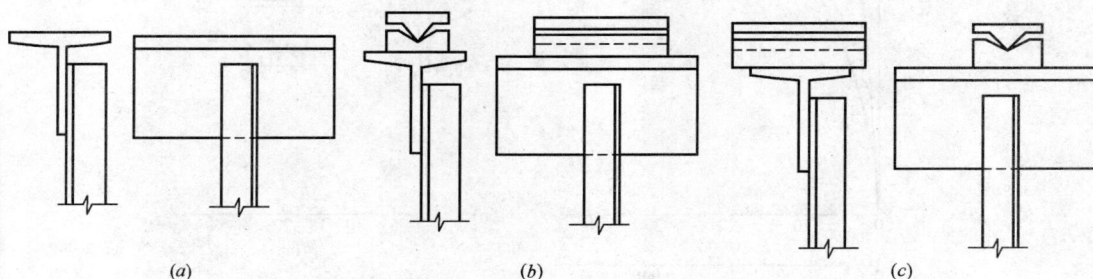

图 6　压杆支承情况

在进行理论分析时，把这三类试件的支承条件用下述边界条件描述：

（1）对于第一类试件

$$M_{rx}=R_x\theta_{ox} \qquad (\theta_{ox}<\theta_p)$$
$$M_{rx}=M_{rp} \qquad (\theta_{ox}\geqslant\theta_p)$$
$$M_{ry}=R_y\theta_{oy}$$

式中 R_x 和 R_y 为连接板对试件所产生的约束的弹簧常数，M_{rp} 为连接板出现平面外塑性铰时的塑性弯矩。

这个条件实际上是假定丁字板支座绕 x 轴和 y 轴均为固定，只是由于与角钢肢相连的连接板具有柔性，形成对试件端部的弹性约束。同时，考虑到连接板在平面外的强度较小，因此当约束弯矩达到某一数值时，连接板就产生塑性铰。

（2）对于第二类试件

$$M_{rx}=0$$
$$M_{ry}=R_y\theta_{oy}$$

这个条件相当于假定丁字板支座绕 x 轴为简支，绕 y 轴为固定。

（3）对于第三类试件

$$M_{rx}=R_x\theta_{ox}$$
$$M_{ry}=0$$

这个条件相当于假定丁字板支座绕 x 轴为固定，绕 y 轴为简支。

图 7 绘出了等肢角钢试件按不同端部约束条件下的极限承载力实测值和理论计算曲线。

图 8 是其中某一根第一类试件的理论的荷载变形曲线和实测值。

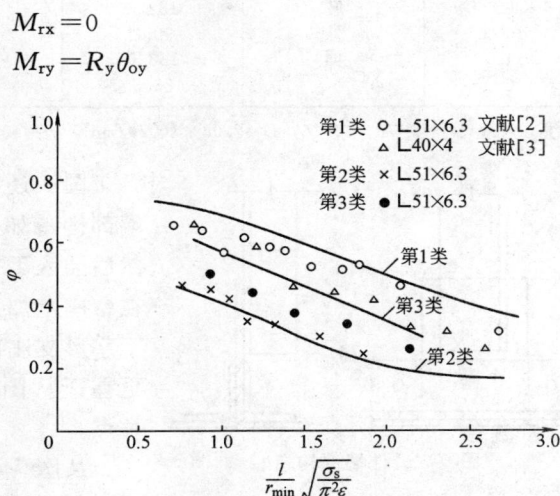

图 7　等肢角钢压杆极限承载力曲线

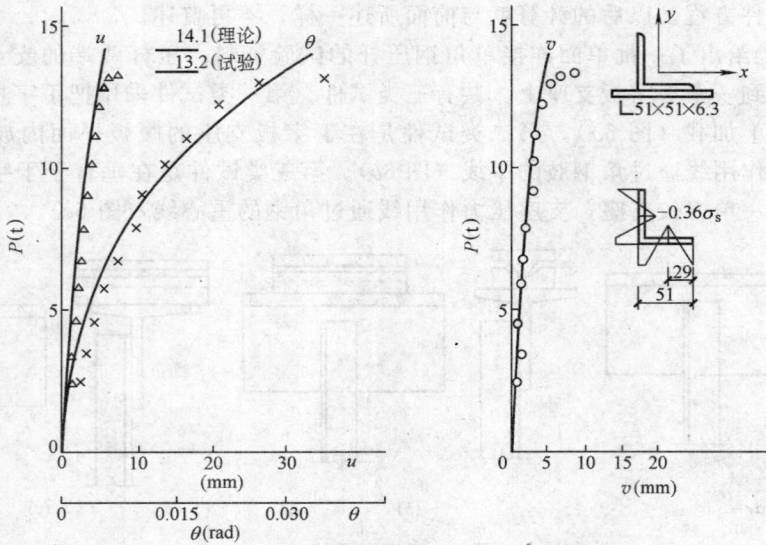

图 8　第一类试件荷载变形曲线

表 1 是不等肢角钢试件的实测值和理论值。

不等肢角钢试件变形　　　　　　　　　　　　　表 1

序号	类型	l/r_{min}	支承种类	φ	
				试验值	理论值
1		130.0	1	0.46	0.50
2	长	87.8	1	0.53	0.59
3	肢	133.0	2	0.36	0.35
4	外	89.5	2	0.45	0.44
5	伸	133.0	3	0.21	0.23
6		83.5	3	0.34	0.34
7		130.0	1	0.36	0.43
8	短	87.5	1	0.51	0.56
9	肢	133.0	2	0.18	0.16
10	外	90.2	2	0.27	0.27
11	伸	133.0	3	0.34	0.36
12		83.5	3	0.43	0.45

注：角钢尺寸为∟76×65×6，$E = 2.06 \times 10^6 \, kg/cm^2$，$\sigma_s = 40.4 \, kg/mm^2$。

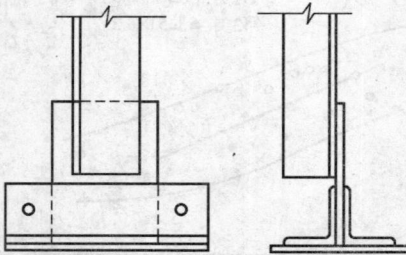

图 9　试件端部构造

图 7 还给出了文献[3]的试验资料。该批试件的端部构造如图 9 所示。连接板单面连在角钢肢上，然后插入丁字形支座内，外面用螺丝夹紧，直接放在台座上加力。显然，这种构造很难保证连接板在丁字形支座内不滑动，因此它的刚度比第一类试件更差。从图 7 的实测点子里可以很清楚地看到这一点。

从图 7 和表 1 中可以看出，不论是等肢角钢或不等肢角钢，第一类试件和第三类试件的极限接承载力的理论值都稍高于实测值。这一点是符合实际情况的。因为第一类试件和第三类试件在计算时都假定丁字板支座在绕 x 轴时为固定；但由于支座在 y 轴方向的尺寸比较小，底板的刚度又较差，不可能符合固定的假定。因此理论计算时假定的支承条件比实际情况刚强，就必然得到较高的极限承载力。对于第二类试件，由于绕 x 轴的支承条件极为明确，是一个理想的铰支座，绕 y 轴支承条件的刚性也比较好，较接近于固定，因此理论计算时对支承条件所作的假定比较符合实际情况，所得到的极限承载力的理论值就与实测值很吻合。

所有上述试验杆件的理论和实测值并不能直接用于桁架腹杆中的单面连接单角钢压杆，因为试验杆件的端部约束条件与腹杆两端的约束条件并不一样。但是要精确地描述实际腹杆两端的约束条件又十分困难。为了避免这个困难，可以采用计算长度折减系数的概念。

设杆件的计算长度折减系数为 k，杆件两端的弹性约束相同，则应用文献〔4〕，可求出约束的弹簧常数 R 为

$$R = \frac{EI}{l} \frac{\pi^2(1-k)}{2(2k-1)} \tag{22}$$

将不同的 k 值代入，即可得到相应的 R。有了弹簧常数 R_x 和 R_y 后，即可用有限单元法计算杆件的极限承载力。

图 10 给出了单面连接等肢角钢∟$51\times51\times6.3$ 在 $k=0.8$、0.9 和 1 时的 φ-λ 曲线。图 11 是不等肢角钢∟$76\times51\times6$ 长肢单面连接 $k=0.8$、0.9 和 1 时的 φ-λ 曲线。图 12 为不等肢角钢∟$76\times51\times6$ 短肢单面连接 $k=0.8$、0.9 和 1 时的 φ-λ 曲线。图示曲线，在计算中所用的截面尺寸及残余应力均在图 10、11、12 中表示，计算 λ 时采用最小的回转半径。另外，考虑到这类杆件所用角钢的尺寸一般都较小，容易发生弯曲，取初弯曲为 $l/240$ ❶。图中虚线为相同角钢轴心受压且 $k=1.0$ 时的 φ-λ 曲线。

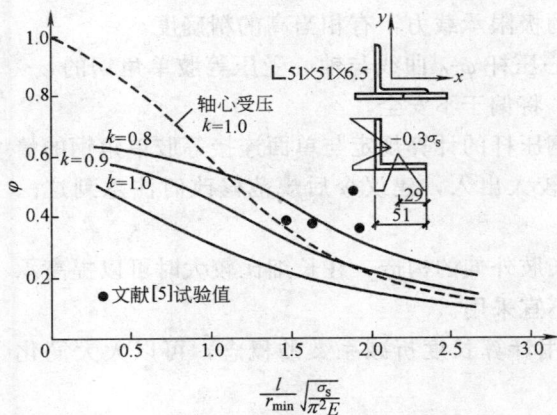

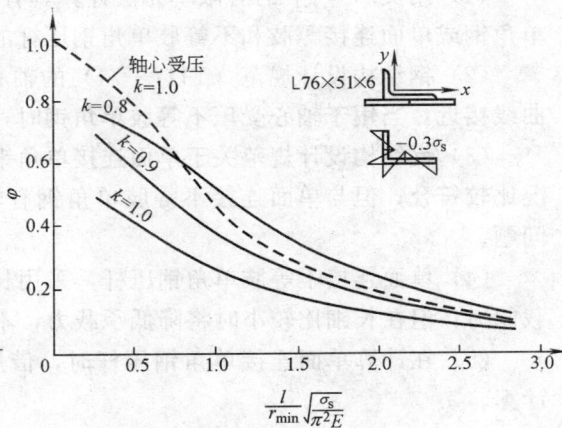

图 10　φ-λ 曲线　　　　图 11　φ-λ 曲线

在图 10 中还给出了从桁架试验中得到的单面连接单角钢腹杆的极限承载力的实测值[5]。

从这些点子可以看出，在这些桁架中，单面连接单角钢腹杆的约束条件都大于 $k=0.85$ 时的约束。

---

❶　此数值系参考美国标准。

比较图 11 和 12 还可以看出：长肢外伸的构造方法在较长的杆件中比较合理；对于较短的杆件，因偏心影响增强，反而不利。

图 13 给时了按我国钢结构设计规范（TJ17—74）、英国规范（BS449—1969）和文献 [6] 的计算方法得到的曲线。图中也绘出了 $k=0.8$、0.9 和 1.0 时单面连接等肢单角钢压杆的曲线。从图中可以看出，我国钢结构设计规范曲线与 $k=0.9$ 时的结果比较符合；但如用来设计不等肢角钢，则会有较大的出入。建议今后规范修订时注意到这一问题。

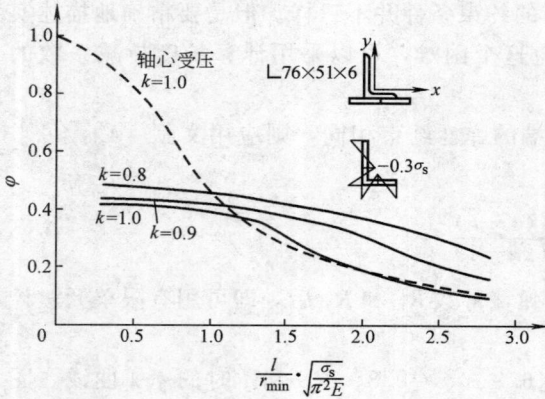

图 12　φ-λ 曲线

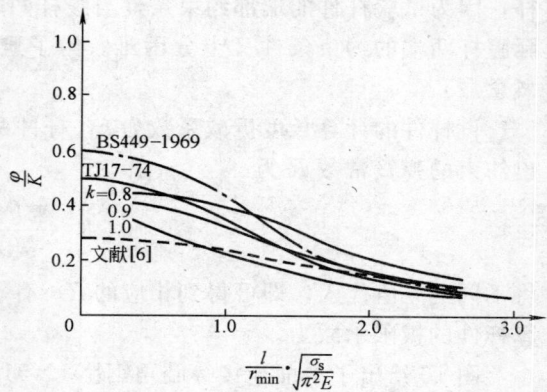

图 13　φ-λ 曲线

5　几点结论

（1）用文献 [1] 的有限单元法计算具有初弯曲和残余应力的轴心受压等肢和不等肢单角钢或单面连接等肢和不等肢单角钢压杆的极限承载力，有相当高的精确度。

（2）钢结构设计规范（TJ17—74）的轴心压杆 φ-λ 曲线与轴心受压等肢单角钢的 φ-λ 曲线接近，当用于轴心受压不等肢单角钢时，将偏于不安全。

（3）钢结构设计规范关于单面连接单角钢压杆的计算规定与单面连接等肢单角钢的情况比较符合；但与单面连接不等肢单角钢有较大出入，建议今后规范修改时注意到这一问题。

（4）单面连接不等肢单角钢压杆，采用长肢外伸的构造，在长细比较大时可以提高承载能力；但在长细比较小时将降低承载力，不宜采用。

（5）在计算单面连接单角钢压杆时，借用计算长度折减系数的概念，可以大大简化计算。

（6）本文图 3 关于轴心受压等肢和不等肢单角钢的 φ-λ 曲线，以及图 10～12 关于单面连接等肢和不等肢单角钢压杆的 φ-λ 曲线，可供设计使用。

参 考 文 献

1　Hu, X. R., Shen, Z. Y., Lu, L. W., General Finite Element Analysis of Thin-Walled Beam-Columns, Fritz Laboratory Report No. 471. 4, 1982

2　Usami, T., Galambos, T. V., Eccentrically Loaded Single Angle Columns, Publications, International Association of Bridge and Structural Engineering，Vol. 31-II，1971，pp. 153-184

3　单面连接的单角钢单圆钢杆件的稳定性，设计标准规范工作动态专辑（钢结构部分），冶金建筑，1977 年

4　Tall，L.，Structural Steel Design，Second Edition，Ronald Press Company，1974

5　Woolcock，S. T.，Kitiporchai，S.，The Design of a Single Angle Strut，Research Report No. CE 19，University of Queensland，December，1980

6　Trahair，N. S.，Usami，T.，Galambos，T. V.，Eccentrically Loaded Single Angle Columns. Research Report No. 11，Washington University，Department of Civil and Environmental Engineering，August，1969.

（本文发表于：同济大学学报 1982 年第 3 期）

3. Nonlinear Stability Analysis of Steel Members by Finite Element Method

Zuyan Shen and Qilin Zhang

Abstract: A finite element method, using versatile curved elements and some special techniques, is presented in this paper for nonlinear stability analysis of steel members. The method and its computer program can be applied to the analysis of elastoplastic local, overall, and local-overall interactive instability problems of steel members with arbitrary cross sections and arbitrary boundary conditions. All initial imperfections, including initial deflections, initial eccentricities, and residual stresses, can be taken into account in analysis. Compared with the results of other numerical methods and experiments, the effectiveness and accuracy of the present theory are quite satisfactory.

1 Introduction

The elastoplastic local instability, overall instability, and local-overall interactive instability of steel members are three basic problems in the stability theory of steel structures. In conventional analysis of local instability of steel members, a single plate with assumed boundaries, which is isolated from the members, is taken as the analytical model. The effects of sectional restraints and the influence of initial imperfections are ignored or only considered approximately (Johnston 1976). Although many theoretical methods have been derived to analyze the local buckling of sections, it is still difficult to take into account all practical initial imperfections (Guo and Chen 1989). For the overall stability problems of steel members, the numerical integration method (Zhang and Shen 1987—88) and the finite beam element methods (Lu et al. 1983; Ding and Shen 1986) are usually very effective. However, there are still some differences between the results of numerical methods and those of experiments (Lu et al. 1983; Ding and Shen 1986). For the interactive instability problems, the effective width method (Dewolf et al. 1974), the finite strip method (Guo and Chen 1989; Hancock 1978), and the finite element method (Ramm 1977) have been applied. However, the effective width method can only deal approximately with axially compressed columns. The finite strip method is effective only for studying the buckling modes of members and the nonlinear analysis of sections (Guo and Chen 1989). The finite element method is very effective for the nonlinear analysis of plates, shells, and sections (Ramm 1977; Zhang and Shen 1990), but not for members. In this paper, a versatile curved-shell finite element method is presented, and corresponding analytical models are given for solving the elastoplastic local, overall, and local-overall interactive instability problems of steel members. Some special techniques are deduced to treat the deflection compatibility of plate intersections, boundary conditions, and initial imperfections of steel members, which are the most serious obstacles for the analysis of plate and shell structures by finite element methods. Some numerical examples are given in this paper. Compared with the results of other numerical methods and experiments, the accuracy of the present theory has proved quite satisfactory.

2 Analytical Models for Nonlinear Stability

2.1 Problems of Steel Members

For local instability problems, a stub column is taken from the member to replace the single plate as the analytical model; thus, the practical restraints of sections and all imperfections can be considered accurately. In Fig. 1, l is the length of the elastic buckling wave of the member, which can be taken as the length of the stub column. Obviously, the local instability of such an analytical model can represent the whole member.

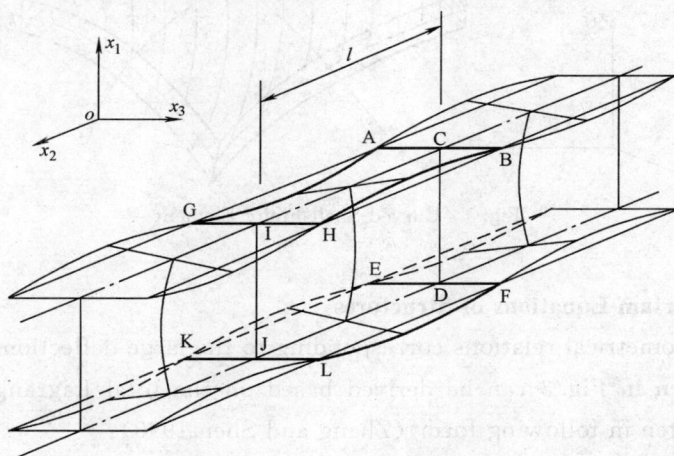

Fig. 1 Stub Column Model

In the analysis of the overall and local-overall interactive instability problems, steel members can be seen as a kind of special plate or shell-like structure with initial overall deflections, local deflections, or a combination (see Fig. 2).

2.2 Basic Assumptions

The curved-shell finite element method is derived based on the following assumptions:

(1) Vectors initially normal to the unstrained midsurface of the shell remain straight after deflecting.

(2) Normal stresses perpendicular to the surfaces parallel to the midsurface are ignored.

(3) Strains are small in comparison to the unit.

(4) The element is made of elastoplastic material.

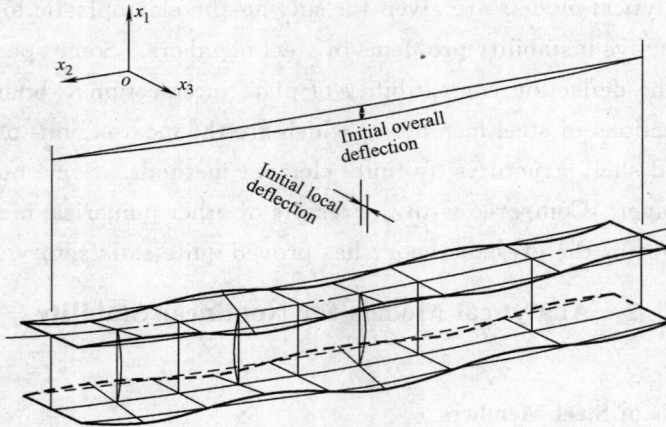

Fig. 2　Long Column Model

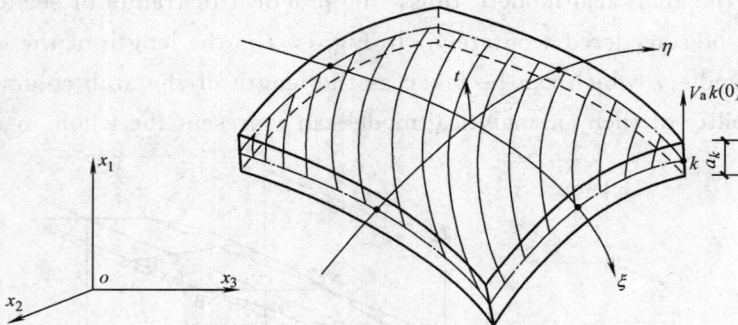

Fig. 3　Curved-Shell Finite Element

2. 3　Equilibrium Equations of Structures

Nonlinear geometrical relations corresponding to the large deflections and rotations of the element shown in Fig. 3 can be derived based on the total Lagrangian formulation. They can be written in following form (Zhang and Shen 1990):

$$\Delta \varepsilon = B_{\text{NG}} \Delta u \tag{1}$$

Where $\Delta \varepsilon =$ the incremental strain tensor. $\Delta \varepsilon = [\Delta \varepsilon_{11} \ \Delta \varepsilon_{22} \ \Delta \varepsilon_{33} \ 2\Delta \varepsilon_{12} \ 2\Delta \varepsilon_{13} \ 2\Delta \varepsilon_{23}]$; $B_{\text{NG}} =$ the deflection geometry matrix; $\Delta u =$ the incremental deflection tensor: $\Delta u = [\Delta u_1^1 \Delta u_2^1 \Delta u_3^1 \Delta \alpha^1 \Delta \beta^1 \cdots\cdots; \ \Delta u_1^N \Delta u_2^N \Delta u_3^N \Delta \alpha^N \Delta \beta^N]^{\text{t}}$; and $N =$ the number of nodes in an element.

The nonlinear constitutive relation of the material can be derived according to the Mises yielding condition and the Prandtle-Reuss flow rule and expressed as (Shen and Zhang 1989)

$$\Delta \sigma = C \Delta \varepsilon \tag{2}$$

in which $\Delta \sigma =$ the incremental stress tensor; $\Delta \sigma = [\Delta \sigma_{11} \ \Delta \sigma_{22} \ \Delta \sigma_{33} \ \Delta \sigma_{12} \ \Delta \sigma_{13} \ \Delta \sigma_{23}]^{\text{t}}$; and $C =$ the elastoplastic matrix of the material, which is related to the deflection tensor and the incremental deflection tensor.

In the total Lagrangian formulation, the matrix form of the nonlinear equilibrium equations of the element shown in Fig. 3 can be expressed as

$$\iiint_{v(0)} [B_{NG}^t C B_{NG} dV + \iiint_{v(0)} B_{NS}^t (S^{(0)} + S) B_{NS} dV] \Delta u = \Delta f + f - \iiint_{v(0)} B_{NG}^t s dV \quad (3)$$

in which B_{NS} = the stress geometry matrix; $S^{(0)}$ = the initial stress matrix; S = the stress matrix; s = the stress vector; and f and Δf = the force vector and the incremental force vector, respectively.

The nonlinear equilibrium equation of the element (3) can be written as

$$(k_{NG} + k_{NS}) \ \Delta u = f + \Delta f - f_R \quad (4)$$

where k_{NG} = the nonlinear geometry stiffness matrix; k_{NS} = the nonlinear stress stiffness matrix; and f_R = the residual force vector.

Assembling all nonlinear equilibrium equations of elements and introducing some deflection compatibility conditions, we can finally obtain the nonlinear equilibrium equation of the whole structure as follows:

$$\Big[\sum_{m=1}^{M} (k_{NG} + k_{NS}) + K_{Pu} + K_{PB} \Big] \Delta U = \Delta F + F + F_R \quad (5)$$

in which ΔU = the incremental deflection vector of the structure; ΔF and F = the incremental force vector and the force vector of the structure, respectively; F_R = the residual force vector; K_{Pu} = the stiffness matrix of the penalty elements through which the deflection compatibility of plate intersections are enforced; k_{PB} = the stiffness matrix of the pseudo-elements by which the boundary conditions of the structure are treated; M = the number of the shell element in the structure; and k_{NG} and k_{NS} = the stiffness matrices of an element, as described in (4), in which the arbitrary initial deflections and residual stresses must be considered and included.

2.4 Penalty Elements for Modeling Plate Intersection

The interpolation function of the curved-shell finite element ensures the displacement continuity of the intersection line $J - J'$ of the elements e and e', provided that the displacement continuity of the pair of nodes k and k' is fulfilled (Fig. 4). Thus the compatible conditions are

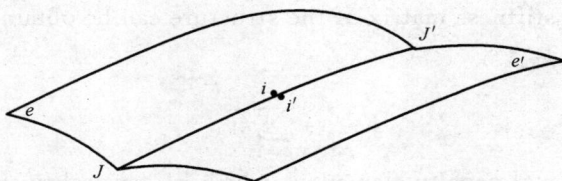

Fig. 4 Plate Intersections and Nodes of Penalty Elements

$$\Delta u_i^k = \Delta u_i^{'k}, i = 1, 2, 3 \quad (6a)$$

$$\Delta \alpha^k \times V_{1i}^{k(0)} + \Delta \beta^k \times V_{2i}^{k(0)} + \Delta \gamma^k \times V_{mi}^{k(0)} = \Delta \alpha^{k'} \times V_{1i}^{k'(0)} + \Delta \beta^{k'} \times V_{2i}^{k'(0)} + \Delta \gamma^{k'} \times V_{mi}^{k'(0)}, i = 1, 2, 3$$

$$(6b)$$

in which $V_{1i}^{k(0)}$, $V_{2i}^{k(0)}$, and $V_{mi}^{k(0)}$ = the components i of the unit vectors $V_1^{k(0)}$, $V_2^{k(0)}$, and $V_n^{k(0)}$ of node k at state $\Omega^{(0)}$, respectively. $V_n^{k(0)}$ = the normal vector at node k (Fig. 3), and $V_1^{k(0)}$ and $V_2^{k(0)}$ are defined in Zhang and Shen (1990).

Let $|V_{nl}^{k(0)}| = \max(|V_{mi}^{k(0)}|, i=1,2,3)$ and $|V_{nJ}^{k'(0)}| = \max|V_{mi}^{k'(0)}|, i=1,2,3$ for $I \neq J$. Otherwise, $|V_{nJ}^{k'(0)}|$ is chosen such that it is always less than $|V_{nI}^{k'(0)}|$.

From the I and J equations of the later three equations of (6), $\Delta\gamma^k$ and $\Delta\gamma^{k'}$ can be expressed as

$$\begin{Bmatrix} \Delta\gamma^k \\ \Delta\gamma^{k'} \end{Bmatrix} = \begin{bmatrix} a & b & c & d \\ a' & b' & c' & d' \end{bmatrix} \begin{Bmatrix} \Delta\alpha^k \\ \Delta\beta^k \\ \Delta\alpha^{k'} \\ \Delta\beta^{k'} \end{Bmatrix} \tag{7}$$

where coefficients $a-d$ and $a'-d'$ depend only on the components I and J of the vectors $V_1^{k(0)}$, $V_2^{k(0)}$, $V_n^{k(0)}$ and $V_1^{k'(0)}$, $V_2^{k'(0)}$, $V_n^{k'(0)}$.

Introducing (7) into (6b), the constraint condition among $\Delta\alpha^k$, $\Delta\beta^k$ and $\Delta\alpha^{k'}$, $\Delta\beta^{k'}$ can be obtained as follows:

$$[K_1 K_2 K_3 K_4] \begin{Bmatrix} \Delta\alpha^k \\ \Delta\beta^k \\ \Delta\alpha^{k'} \\ \Delta\beta^{k'} \end{Bmatrix} = 0 \tag{8}$$

Then all constraint conditions at nodes k and k' can be obtained by combining (8) and (6a), as follows:

$$B(\Delta u_1^k \Delta u_2^k \Delta u_3^k \Delta\alpha^k \Delta\beta^k \Delta u_2^{k'} \Delta u_3^{k'} \Delta\alpha^{k'} \Delta\beta^{k'})^t = 0 \tag{9}$$

B can be taken as the geometric matrix of a penalty element.

Then, the stiffness matrix of the penalty element is

$$k_{Pu} = B^t DB \tag{10}$$
$$D = d^* \times I \tag{11}$$

Where I = the unit matrix; and d^* = a moderately large number. Generally, it is chosen such that the total stiffness elements are higher by two to three orders of magnitude than those before assembling the stiffness k_{Pu}.

Now, the penalty stiffness matrix of the structure can be obtained by assembling the total number of matrix k_{Pu}, i. e.

$$K_{Pu} = \sum_{l=1}^{L} k_{Pu} \tag{12}$$

in which L = the number of penalty elements, which is identical to the number of pairs of nodes k and k' at the plate intersections of the structure.

2.5 Pseudo-Element for Treating Boundary Conditions

For the stub column model shown in Fig. 1, the boundary conditions will be static or kinetic (Zhang and Shen 1990). Taking the line *I-J* in Fig. 1 as an example, its deflection along the x_3-direction is fixed, and its deflection along the x_1-direction is free. Such conditions are static and can be obtained simply and directly. If the line *I-J* should remain parallel or incline in a straight line when it deflects along the x_2-direction, then such a condition is considered kinetic and is difficult to model. In this paper, a pseudoelement method is derived and adopted. For arbitrary kinetic boundary conditions, a dlefinite relationship among the incremental deflections of the boundary nodes can be found and written in the form

$$B^* \Delta u^* = 0 \tag{13}$$

Where $\Delta u^* =$ the incremental deflection vector of the boundary nodes; and $B^* =$ the boundary constraint matrix. B^* can be taken as the geometry matrix of a special kind of element that is constructed from the boundary nodes. These elements may be called pseudo-elements. The stiffness matrix of a pseudo-element can be written in the form

$$K_{AB} = B^{*t} D B^* \tag{14}$$

In (14), D can be chosen as in (11).

For treating the boundary conditions of steel members, the application of the stated pseudo-element method is possible but difficult because the relationships among the end nodes of the member are too complex to be found accurately. In this paper, an auxiliary node is introduced at the end of the member, and a special pseudo-element is proposed that consists of the auxiliary node and the end nodes of the member (see Fig. 5). The auxiliary

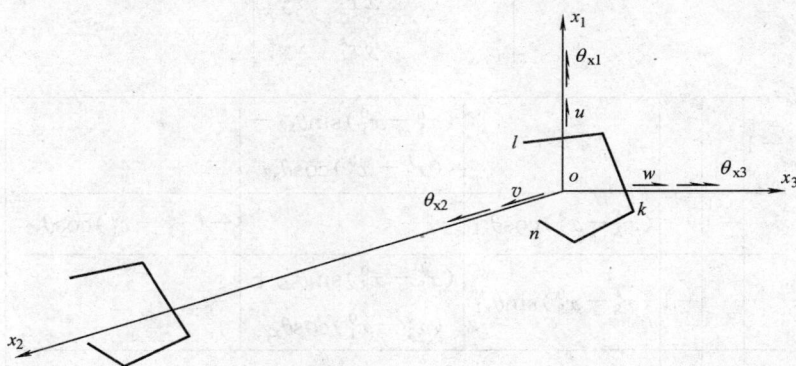

Fig. 5　End Nodes of Member and Node of Pseudo-Element

node and the element nodes at the end of the member form a moving plane when the member deflects. Then the relationships between the displacements u, v, w, θ_{x1}, θ_{x2}, and θ_{x3} of the auxiliary node and the incremental deflections of the arbitrary end node k can be found as follows:

$$\Delta u^k = \Delta u^0 + [(-X_1^k - X_1^0)\sin\theta_{x2} + (X_3^k - X_3^0)\cos\theta_{x2}]\Delta\theta_{x2} - (X_1^k - X_1^0)\sin\theta_{x3}\Delta\theta_{x3} \tag{15a}$$

$$\Delta v^k = \Delta v^0 - (X_3^k - X_3^0)\cos\theta_{x1}\Delta\theta_{x1} + (X_1^k - X_1^0)\cos\theta_{x3}\Delta\theta_{x3} \tag{15b}$$

$$\Delta w^k = \Delta w^0 - (X_3^k - X_3^0)\sin\theta_{x1}\Delta\theta_{x1} + [-(X_3^k - X_3^0)\sin\theta_{x2} - (X_1^k - x_1^0)\cos\theta_{x2}]\Delta\theta_{x2} \tag{15c}$$

$$V_{1i}^{k(0)}\Delta\alpha^k + V_{2i}^{k(0)}\Delta\beta^k + V_{ni}^{k(0)}\Delta\gamma^k = \Delta\theta_{xi}, i=1,2,3 \tag{15d}$$

Let $|V_{nI}^{k(0)}|=\max(|V_{mi}^{k(0)}|,i=1,2,3)$. From (15d), we can obtain

$$\Delta\gamma^k=\frac{\Delta\theta_{xI}}{V_{nI}^{k(0)}}-\left(\frac{V_{1I}^{k(0)}}{V_{nI}^{k(0)}}\right)\Delta\alpha^k-\left(\frac{V_{2I}^{k(0)}}{V_{nI}^{k(0)}}\right)\Delta\beta^k \quad (16)$$

Substituting (16) into (15d), we have

$$\left[V_{1L}^{k(0)}-V_{nL}^{k(0)}\frac{V_{1I}^{k(0)}}{V_{nI}^{k(0)}}\right]\Delta\alpha^k+\left[V_{2L}^{k(0)}-V_{nL}^{k(0)}\frac{V_{2I}^{k(0)}}{V_{nI}^{k(0)}}\right]\Delta\beta^k+\frac{V_{nL}^{k(0)}}{V_{nI}^{k(0)}}\Delta\theta_{xI}-\Delta\theta_{xL}=0,L=1,2,3;L\neq I$$

$$(17)$$

Introducing (17) into (15a-c), we obtain the constraint expression for the icnremental displacements of the auxiliary node o and the element node k. There are n expressions for the n end element nodes and using these n expressions, we finally obtain the plane condition as follows:

$$B^*(\Delta u_1^1 \Delta u_2^1 \Delta u_3^1 \Delta\alpha^1 \Delta\beta^1,\cdots;\Delta u_1^n \Delta u_2^n \Delta u_3^n \Delta\alpha^n \Delta\beta^n;\Delta u^0 \Delta v^0 \Delta w^0 \Delta\theta_{x1} \Delta\theta_{x2} \Delta\theta_{x3})^t=0 \quad (18)$$

$$B^*=\begin{bmatrix} B^1 & & & & B^{01} \\ & B^2 & & & B^{02} \\ & & B^k & & B^{0k} \\ & & & B^n & B^{0n} \end{bmatrix} \quad (19a)$$

$$B^k=\begin{bmatrix} 1 & \\ & 1 \\ & & 1 \\ & & & xx_i^k & xy_i^k \\ & & & yx_i^k & yy_i^k \end{bmatrix} \quad (19b)$$

$$B^{0k}=\left[\begin{array}{ccc|c|c} -1 & & & & (x_1^k-x_1^0)\sin\theta_{x2}-(x_3^k-x_3^0)\cos\theta_{x2} \\ \hline & -1 & & (x_3^k-x_3^0)\cos\theta_{x1} & -(x_1^k-x_1^0)\cos\theta_{x3} \\ \hline & & -1 & (x_3^k-x_3^0)\sin\theta_{x1} & (x_3^k-x_3^0)\sin\theta_{x2}+(x_1^k-x_1^0)\cos\theta_{x2} \\ \hline & & V_{nJ}^k/V_{nI}^k & -1 & \\ \hline & & V_{nK}^k/V_{nI}^k & & -1 \end{array}\right] \quad (19c)$$

$$\uparrow \qquad\qquad\qquad \uparrow \qquad\qquad \uparrow$$
$$I \qquad\qquad\qquad\quad J \qquad\qquad\quad K$$

where

$$xx_i^k=V_{1J}^{k(0)}-V_{nJ}^{k(0)}\frac{V_{1I}^{k(0)}}{V_{nI}^{k(0)}} \quad (19d)$$

$$xy_i^k=V_{2J}^{k(0)}-V_{nJ}^{k(0)}\frac{V_{2I}^{k(0)}}{V_{nI}^{k(0)}} \quad (19e)$$

$$yx_i^k = V_{1K}^{k(0)} - V_{nK}^{k(0)} \frac{V_{1I}^{k(0)}}{V_{nI}^{k(0)}} \tag{19f}$$

$$yy_i^k = V_{2K}^{k(0)} - V_{nK}^{k(0)} \frac{V_{2I}^{k(0)}}{V_{nI}^{k(0)}} \tag{19g}$$

and J, $K = 1$, 2, 3, and $J \neq I \neq K$.

The stiffness matrix of the pseudo-element can be written as follows:

$$K_{PB} = B^{*t} D B^* \tag{20}$$

Where D can be obtained as in (11).

The displacement boundary conditions of steel members can be obtained by constraining the displacements of the auxiliary nodes. The force boundary conditions can be obtained by assigning corresponding P_{x1}, P_{x2}, P_{x3}, M_{x1}, M_{x2} and M_{x3} values to the auxiliary nodes. This method of treating the boundary conditions of steel members can also be applied to the beam finite element method, and is found to be very simple and convenient.

2.6　Local Coordinate Transformation Method for Describing Initial Deformations of Steel Members

In isoparametric finite element analysis, the initial shapes of the plate structures must be input in advance. These include not only X_i ($i = 1$, 2, 3), but also $V_{ni}^{(0)}$ ($i = 1$, 2, 3). Usually, accurate calculation of the vector $V_n^{(0)}$ is difficult, and specifying the initial data is time-consuming. Here, the local coordinate transformation method is derived to calculate all the initial data accurately and automatically.

The initial deformations of a practical steel member may be expressed either as continuous functions or as measured data. For continuous initial deformations, the geometry X_i of the plates of the member can easily be written as functions about the local coordinates. For the measured data of initial deformations, the geometry X_i can also be written as functions about ξ and η by introducing the parabolic interpolation function $h^{lm}(\xi, \eta)$ (Fig. 6)

$$h^{lm}(\xi,\eta) = \prod_{\substack{i=1,3\\i\neq l}} \frac{(\xi-\xi^i)}{(\xi^l-\xi^i)} \prod_{\substack{j=1,3\\j\neq m}} \frac{(\eta-\eta^j)}{(\eta^m-\eta^j)} \tag{21a}$$

$$X_I^k = \sum_{\substack{l=1,3\\m=1,3}} h^{lm}(\xi,\eta) X_I^{lm}, (I=1,2,3) \tag{21b}$$

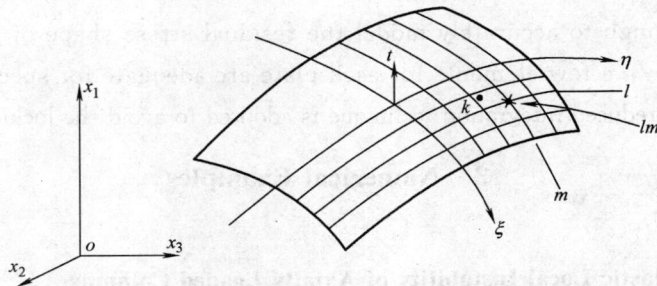

Fig. 6　Measured Net Points of Plates

Where i and $j=$ the numbers of the point of the 3×3 net in the ξ-and η-directions that are nearest to the element node K; and $lm=$ a measured point in the 3×3 net, of which the geometries $X_I^{lm}(I=1, 2, 3)$ are known.

When the functions of $X_I^k(I=1, 2, 3)$ about ξ and η are written, the vector $V_n^{k(0)}$ can be solved as follows:

$$d\xi=\left(\frac{\partial X_1}{\partial \xi}\frac{\partial X_2}{\partial \xi}\frac{\partial X_3}{\partial \xi}\right)^t \tag{22a}$$

$$d\eta=\left(\frac{\partial X_1}{\partial \eta}\frac{\partial X_2}{\partial \eta}\frac{\partial X_3}{\partial \eta}\right)^t \tag{22b}$$

The normal vector t can be obtained as

$$t=d\xi\times d\eta=\begin{vmatrix} i & j & k \\ \partial X_1/\partial \xi & \partial X_2/\partial \xi & \partial X_3/\partial \xi \\ \partial X_1/\partial \eta & \partial X_2/\partial \eta & \partial X_3/\partial \eta \end{vmatrix} \tag{23}$$

Then, the unit normal vector is

$$V_n^{k(0)}=\frac{t}{|t|} \tag{24}$$

The coordinates X_i and the normal vector $V_{ni}(i=1, 2, 3)$ obtained by the method stated are continuous on whole shell surfaces.

2.7 Gaussion Point Formation Technique for Specifying Residual Stresses of Steel Members

The residual stresses of steel members must be specified prior to analysis as the initial stresses referred to in (3). The initial stresses $S^{(0)}$ are Euler stress tensors defined at state $\Omega^{(0)}$ and aligned in the Cartesian coordinate system.

In this paper, the residual stresses are taken into account by assigning a suitable value at the Gaussian integration points of the elements. It should be especially noted that the numbers of the Guassian integration points must be sufficient to model the distribution of the residual stresses correctly, and that the specified stresses must be converted into Euler stress tensors by using the transformation matrix T under the small strain assumption (Zhang and Shen 1990). Because steel members usually have simple residual stress distributions on section plates that are linear or parabolic, two or three Gaussian integration points are enough to accurately model the residual stress shape of every plate on the section. Obviously, a few elements for each plate are adequate for specifying the residual stresses when the reduced integration technique is adopted to avoid the locking phenomenon.

3 Numerical Examples

3.1 Elastoplastic Local Instability of Axially Loaded Columns

The experiments on the local instability of H-section columns with residual stresses and very small initial local deflections were conducted carefully. The experimental load-strain curve and load-deflection curve of the H-section column, for which the buckling is caused by the thin web plate, are shown in Fig. 7; that the bucking is caused by the thin flange plates is shown in Fig. 8. In order to obtain the theoretical results, the analytical model, as shown in Fig. 1, is selected. Under symmetrical conditions, only three 16-node elements are taken, i. e. one element for half the web and two elements for two flange plates. The theoretical results of this paper are also shown in Figs. 7 and 8. In these figures, f_{y1} and f_{y2}＝the yield point of steel at the flanges and web, respectively; E＝the elastic modulus; and v＝the Poisson ratio.

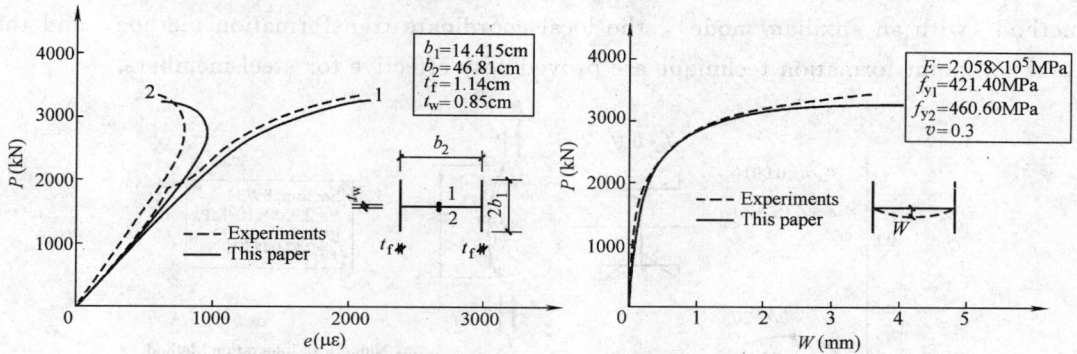

Fig. 7　Load-Strain and Load-Deflection Curves of H-Section Column (Web Plate Buckling)

Figs. 7 and 8 show that the theoretical and experimental results are very close to each other. This indicates that the stub column models shown in Fig. 1 can be adopted in the local instability analysis satisfactorily. the penalty element method for modeling the plate intersections, the pseudo-element method for treating the boundary conditions of the plate groups, the local coordinate transformation method for describing the initial deflections, and the Gaussian point formation technique for residual stresses are all very effective and accurate.

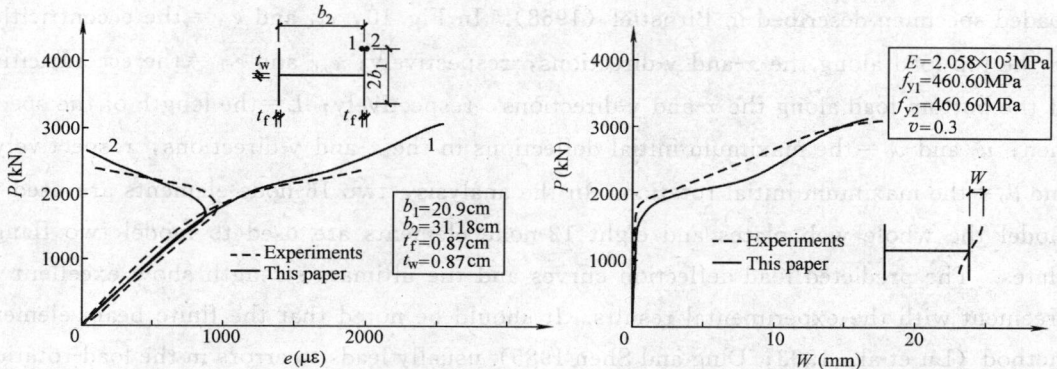

Fig. 8　Load-Strain and Load-Deflection Curves of H-Section Column (Flange Plate Buckling)

3.2　Elastoplastic Overall Instability of Steel Members

A group of eccentrically loaded columns with residual stresses, initial eccentricity, and initial deflections are analyzed by the present finite element method. Under symmetrical conditions, three elements are adopted to analyze half of every column, in which one 16-node element is assigned to the web and two 12-node elements are assigned to flange plates. The analyzed results are compared with the results of the numerical integration method (Zhang and Shen 1987-1988) in Fig. 9, in which f_{rc} = the maximum residual compression stress at the edges of the flanges; u_0 = the initial deflection at the middle of the column; e = the eccentricity of the load; A and W = the area and modulus of the column sections, respectively; and L = the length of the column. It is seen that the two methods lead to very similar results. The penalty element method, the pseudo-element method (with an auxiliary node), the local coordinate transformation method, and the Gaussion point formation technique are proved very effective for steel members.

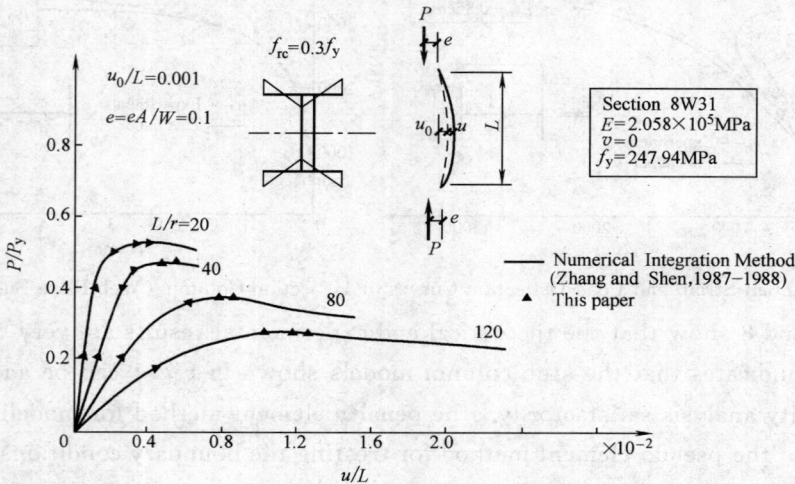

Fig. 9 Ultimate Strength of Eccentrically Loaded Columns

Fig. 10 shows the analyzed result of the present finite element method for the biaxially loaded specimen described in Birnstiel (1968). In Fig. 10, e_{xt} and e_{yt} = the eccentricities of the top load along the x-and y-directions, respectively; e_{xb} and e_{yb} = the eccentricities of the bottom load along the x-and y-directions, respectively; L = the length of the specimen; u_0 and v_0 = the maximum initial deflections in the x-and y-directions, respectively; and θ_0 = the maximum initial rotation. In the analysis, two 16-node elements are used to model the whole web plates and eight 12-node elements are used to model two flange plates. The predicted load-deflection curves and the ultimate strength show excellent agreement with the experimental results. It should be noted that the finite beam element method (Lu et al. 1983; Ding and Shen 1985) usually leads to errors in the load-rotation (P-θ) curve of the column because the shear stress in the plate plane is ignored in the analysis (Fig. 10).

The lateral bucking load and the corresponding load-deflection curves of an eccentrically loaded column with initial imperfections are analyzed by the present method. An ex-

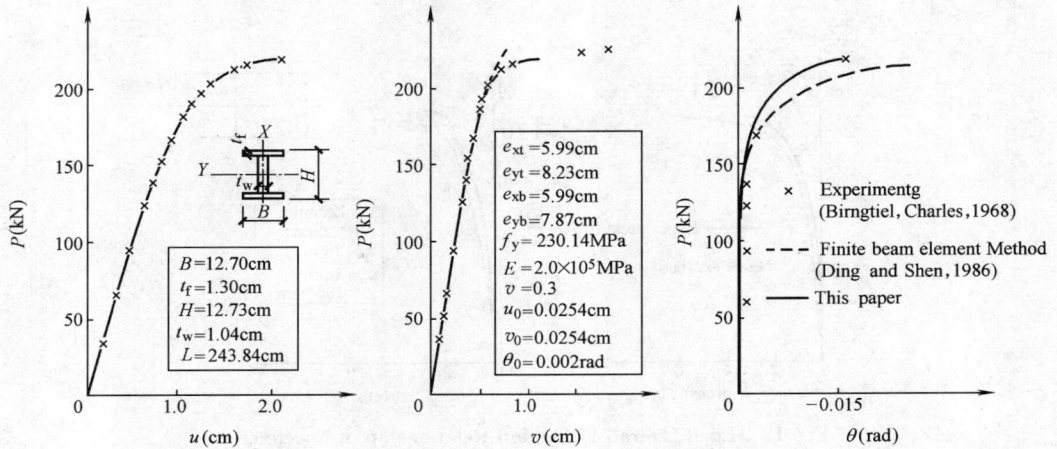

Fig. 10　Elastoplastic Response of Biaxially Loaded Beam-Column

tremely small out-of-plane initial deflection $u_0 = L/100,000$ is used in the analysis. Five 16-node elements are adopted to model half the column under symmetrical conditions. The computed results are compared with those of the finite beam element method (Lu et al. 1983), as shown in Fig. 11, in which λ = the slenderness ratio of the column; e = the eccentricity of the load; and f_{rc} = the maximum residual compression stress on the section. The results of the two theories show close agreement.

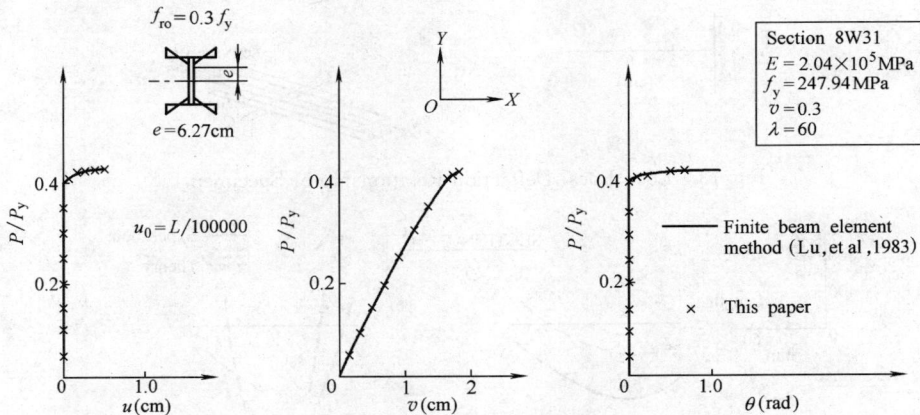

Fig. 11　Lateral Buckling of Eccentrically Loaded Column

3.3　Overall and Local Interactive Instability Analysis of Thin-Walled Members

Experiments on biaxially loaded thin-walled I-section columns were conducted by the writers. The relationship between the load and the deflection at the midspan of the column specimen, the load and deflection of the compressed flange plate, and the load and longitudinal strain of the sections were measured. For conciseness, only the results of specimen 1 are shown in Figs. 12-14. Half the specimen is analyzed by three groups of elements along the column axis. Each group is composed of six 16-node elements. The theoretical results of the finite element method of this paper are presented. It is seen that the

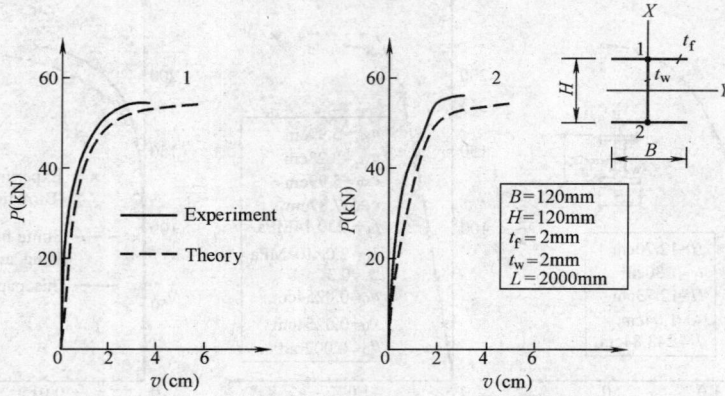

Fig. 12　Load-Overall Deflection Relationship of Specimen 1

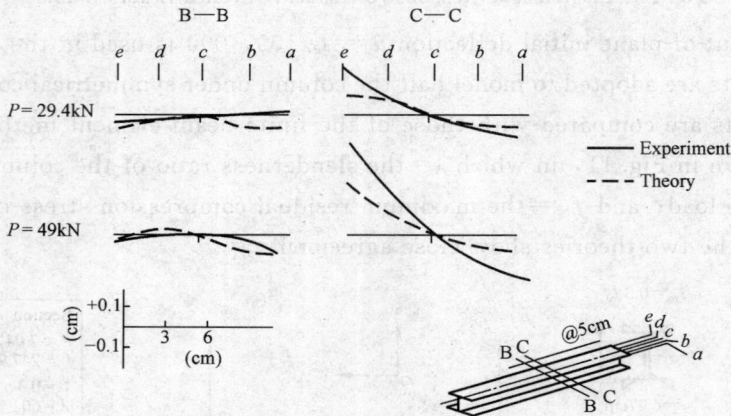

Fig. 13　Load-Local Deflection Relationship of Specimen 1

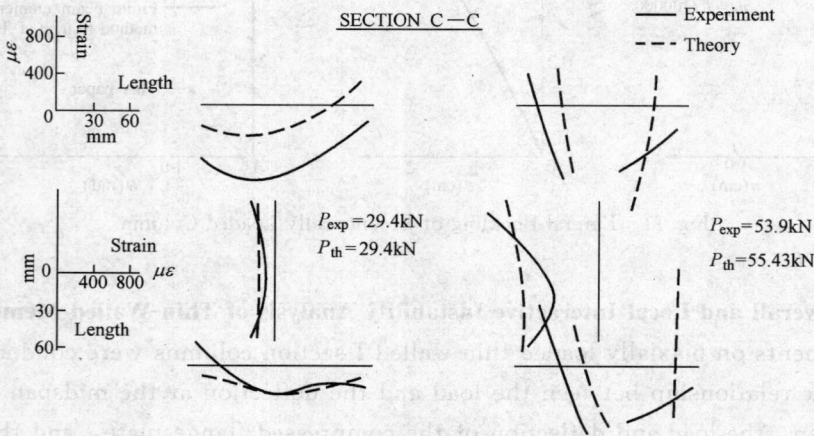

Fig. 14　Load-Strain Relationship of Specimen 1

finite element method yields a quite satisfactory prediction.

It can be seen from the numerical examples that the curved-shell finite element method proposed in this paper can be viewed as a very effective numerical method for analyzing the nonlinear instability of thin-walled steel members. The results are especially note worthy for the analysis of the interaction problems between the overall and local instability of thin-walled members, which are very difficult to solve by other numerical methods.

4　Conclusions

The penalty element method, the pseudo-element method, the local coordinate transformation method, and the Gaussion point formation technique are very effective for treating the plate intersections, the boundary conditions, the initial deflections, and the residual stresses of steel members, respectively.

The present theory and corresponding computer programs can be used satisfactorily in the analysis of elasto-plastic local instability, overall instability, and local-overall interactive instability of thin-walled steel members with arbitrary cross sections and arbitrary boundary conditions. All initial imperfections can be taken into account in the analysis.

Based on the present theory, axially, eccentrically, and biaxially eccentrically loaded steel columns can be studied accurately. The relevant provisions of the prevailing specifications can be checked carefully, and reliable practical design methods can be suggested.

Acknowledgments: This work forms part of a research program carried out at Tongji University, Shanghai, China. This research program is financially supported by the National Natural Science Fund Committee of China.

Appendix Ⅰ. References

Birnstiel, C (1968). "Experiments on H-columns under biaxially bending." J. Struct Engrg. Div., ASCE, 94 (10), 2429-2450

Dewolf, J. T., Pekoz, T., and Winter, G. (1974). "Local and overall buckling of cold-formed members." J. Struct. Engrg. Div., ASCE, 100 (10), 2017-2036

Ding, K., and Shen, Z. (1986). "Finite element solution of the elastic plastic lateral buckling of thin-walled members." J. Tongji Univ., 1 (14), (in Chinese)

Guo, Y., and Chen, S. (1989). "Elasto-plastic post-buckling interaction analysis of cold-formed sections by finite strip method." Stability of metal structures, Proc. Fourth Int. Colloquium on Structural Stability, Asian Section, Beijing, China.

Hancock, G. J. (1978). "Local, distortional, and lateral buckling of I-beams." J. Struct. Engrg. Div., ASCE, 104 (11), 1787-1798

Johnston, B. G. (1976). Guide to stability design criteria for metal structures. 3d Ed., John Wiley & Sons, Inc., New York, N. Y.

Lu, L. W. Shen, S., Shen, Z., and Hu, X. (1983). Theory of stability of steel structural members. Chinese Architectural Industrial Publishing House, Beijing, China (in Chinese)

Ramm, E. (1977) "A plate shell element for large deflections and rotations." Formulations and computational algorithms in finite element analysis, K. J. Bathe, J. T. Oden, and W. Wunderlich, eds., M. I. T. Press, Cambridge, Mass.

Shen, Z., and Zhang, Q. (1989). "Finite element method for interaction between overall and local instability of thin-walled steel members." Stability of Metal Structures, Proc. of Fourth Int. Colloquium on Structural Stability, Asian Session, Beijing, China.

Zhang, Q., and Shen, Z. (1987-1988). "Ultimate strength of steel stepped columns." Tongji Univ., 4, 1-16

Zhang, Q., and Shen, Z. (1990). "Curved shell finite element method for nonlinear analysis of plates and shells." J. of Shanghai Mech., 3 (11), 1-15 (in Chinese).

Appendix Ⅱ. Notation

The following symbols are used in this paper：

a^k = thickness of shell at node k;

B = geometry matrix of penalty elements;

B^* = geometry matrix of pseudo-elements;

B_{NG} = deflection geometry matrix of elements;

B_{NS} = stress geometry matrix of elements;

C = elasto-plastic matrix of material;

D = diagonal matrix, $D = d^* \times I$;

d^* = moderately large number;

dt = incremental vector in t-direction;

$d\eta$ = incremental vector in η-direction;

$d\xi$ = incremental vector in ξ-direction;

F = force vector of structure;

F_R = residual force vector of structure;

f = force vector of elements;

f_R = residual force vector of elements;

$h(\xi, \eta)$ = interpolation function;

I = unit matrix;

K_{PB} = pseudo-stiffness matrix of structure;

K_{Pu} = penaltystiffness matrix of structure;

k_{NG} = nonlinear geometry stiffness matrix of elements;

k_{NS} = nonlinear stress stiffness matrix of elements;

k_{Pu} = penalty stiffness matrix of pair of nodes;

M_{xi} = moment in x_i-direction;

P_{xi} = force in x_i-direction;

S = stress matrix of elements;

s = stress vector of elements;

$S^{(0)}$ = initial stress matrix of elements;

$T=$ transformation matrix;

$t=$ normal vector of elements;

$V_1^{k(0)}=$ vector 1 of node k at state $\Omega^{(0)}$;

$V_2^{k(0)}=$ vector 2 of node k at state $\Omega^{(0)}$;

$V_n^{k(0)}=$ normal vector of node k at state $\Omega^{(0)}$;

$V_{1i}^{k(0)}=$ component i of vector $V_1^{k(0)}$;

$V_{2i}^{k(0)}=$ component i of vector $V_2^{k(0)}$;

$V_{ni}^{k(0)}=$ component i of vector $V_n^{k(0)}$;

$X, Y=$ sectional coordinate system of steel members;

$X_i^k=$ coordinate of node k in i-direction;

$x_1, x_2, x_3=$ global coordinate system;

$\Delta F=$ incremental force vector of structure;

$\Delta f=$ incremental force vector of element;

$\Delta U=$ incremental deflection tensor of structure;

$\Delta u=$ incremental deflection tensor of element;

$\Delta u^*=$ incremental deflection tensor of boundary nodes;

$\Delta u_i^k=$ incremental deflection of node k in i-direction;

（本文发表于：Journal of Engineering Mechanics（ASCE），1992，No. 3）

4. Interaction of Local and Overall Instability of Compressed Box Columns

Shen Zuyan and Zhang Qilin

Abstract: In this paper the curved-shell finite-element method is adopted to analyze the ultimate strength of compressed stiffened plates with different stress gradients. The interaction curves $P'/P'_y - M'/M'_p$ of thin-walled square box sections, and the interactive instability of axially and eccentrically loaded square box columns. The principal modes of initial imperfections are taken into account in analysis. Comparison between the results of the prevailing specifications and the theory of this paper is presented. Errors of the specifications are checked. Equations for calculating the ultimate strength of centrically loaded and bending stiffened plates and thin-walled square box sections are proposed based on the theoretical results. A simple interaction equation is presented for calculating the ultimate strength of eccentrically loaded sections. And, finally, effective design methods for axially and eccentrically loaded columns are suggested. The results of the suggested methods are in good agreement with those of the finite-element method.

1 Introduction

The interaction of overall and local instability of thin-walled members is being studied theoretically and experimentally in the world. There are two kinds of methods for analyzing compressed thin-walled members. One is the effective-width method (Dewolf et al. 1974; Wang and Tien 1973) in which the local instability of a column is treated approximately by reducing the whole section to an effective section. Another is the numerical method. such as finite-strip methods (Hancock 1981; Sridharan and Ali 1988; Guo and Chen 1989) and finite-element methods (Shen and Zhang 1989; Rrek-shanandana et al. 1981), of which the curved-shell finite-element method (Shen and Zhang 1989) is the most powerful. For designing of compressed columns, the effective-width method is the basis of the prevailing specifications [(Cold-formed 1986 "GBJ 18—88" 1988) (see Appendix I)] in which the strength of a thin-walled member is calculated by combining the effective area and the overall stability equations of the member. Because the formulations of the effective width are based on the experiments on some special sections and the overall stability equations are on a column specimen without local instability, it is necessary to study the accuracy of the effective-width equations for general sections and the reasonableness of the simple combination of the local and overall stability equations.

In this paper the curved-shell finite-element method adopted to predict the ultimate strength of thin plates, thin-walled square box sections, and columns that are axially and eccentrically loaded. Based on extensive parametric studies, the errors and their causes of some specifications are checked. Simplified equations for calculating the ultimate strength of uniformly compressed sections, the ultimate bending moment, and the interaction curves $P'/P'_y - M'/M'_p$ of square box sections are suggested. And finally, modified methods for designing axially and eccentrically loaded thin-walled square box columns are proposed.

2 Analytical Models

2.1 Distribution of Residual Stresses on Sections

The distribution of residual stresses on a square box section is shown in Fig. 1 according to the research of the specification group of GBJ 18—88（1988）. The tensile residual stress f_{rt} is $0.832f_y$, and the compressive residual stress f_{rc} is $0.0839f_y$.

By the equilibrium condition of the section, we can obtain $x_0 = 0.635b/2$.

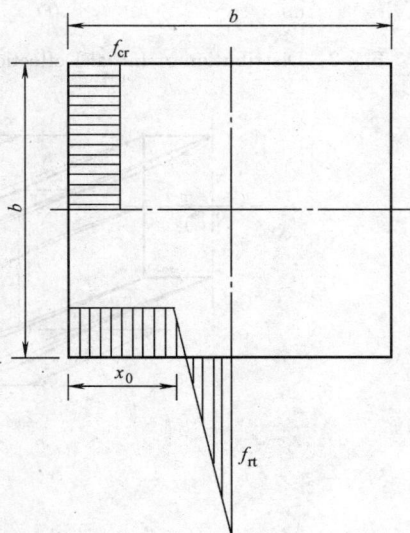

Fig. 1 Distribution of Residual Stresses

2.2 Initial Local Deflections

Statistical data about square box columns show that the initial local deflections W_0 have a wavelength b along the column axis. The value of W_0/b usually falls in the range of $0.003 \sim 0.007$, as shown in Fig. 2. China specification GBJ 18—88 takes W_0/b as 0.01.

2.3 Initial Overall Deflections

Statistical data show that $L/750$ can be taken as the value of the initial overall deflection in the middle of columns; L represents the length of columns. In analysis, the initial deflections are taken as sinc curves along the column axis.

The analytical model for the curve-shell finite-element method to analyze square box sections is chosen as shown in Fig. 3; the model for square box columns is shown in Fig. 4. In Fig. 3, the boundary conditions are as follows: AB, BC, and CD are symmetric boundaries about the xoz-plane; AE and DH are symmetric boundaries about the xoy-plane; EF and GH deflect parallel to the z-axis along the x-and y-directions; and FG deflects parallel to the x-axis along the z-direction, keeping an incline straight along the y-direction.

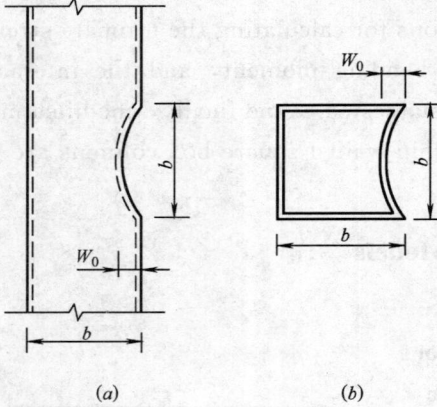

Fig. 2 Distribution of Initial Deflections

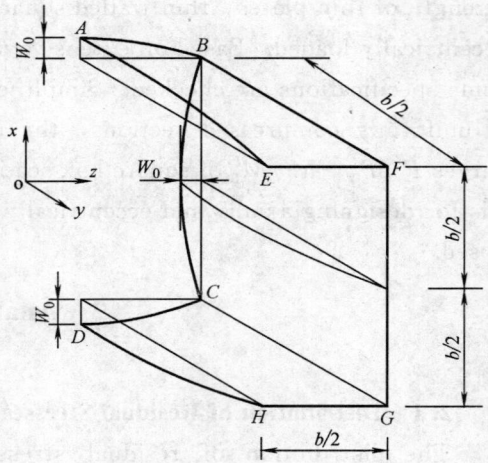

Fig. 3 Analytical Model for Square Box Sections

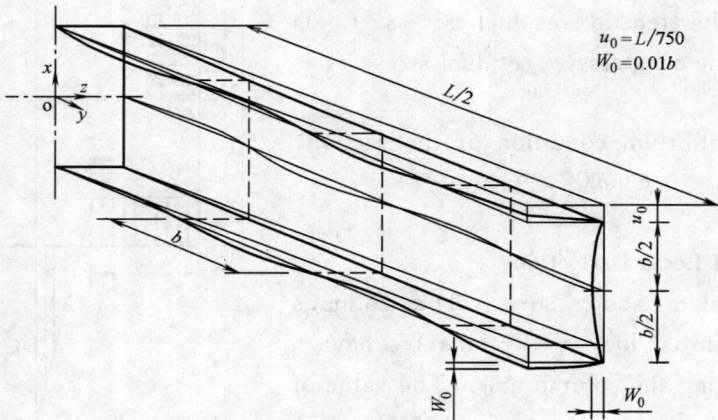

$u_0 = L/750$
$W_0 = 0.01b$

Fig. 4 Analytical Model for Square Box Columns

Sixteen-node curved-shell elements are adopted in computing. For the models shown in Figs. 3 and 4, four elements are usually needed along the transverse direction, i. e. two elements for the web and the others for the top and bottom flanges. In longitudinal direction, every wave segment of the column needs at least one group of transverse elements. The overall and local initial deflections, the residual stresses, the intersection of plates, and the boundary conditions can be modeled according to the techniques presented in another paper (Shen and Zhang 1989). The convergency of the finite-element solution can be fulfilled (Zhang and Shen 1990); and the accuracy of such solutions has proved quite satisfactory compared with the results of other numerical methods and experiments (Shen and Zhang 1989).

3　Ultimate Strength of Compressed Stiffened Plates

3. 1　Uniformly Compressed

The $P_u^* / P_y^* - (b/t) \sqrt{f_y/E}$ curves of stiffened plates are analyzed by the curved-shell finite-element method（Shen et al. 1989）and presented in Fig. 5.　In which b and $t =$ width and thickness of the plate respectively; and f_y and $E =$ yielding point and modulus of elasticity of steel; $P_u^* =$ ultimate strength of the compressed plate; and $P_y^* = f_y \cdot bt$. The results of the AISI specifications （Cold-formed 1986）and GBJ 18—88 （1988）are also shown in Fig. 5.

It is seen from Fig. 5 that there is a difference between the two $P_u^* / P_y^* - (b/t) \sqrt{f_y/E}$ curves obtained by GBJ 18—88 and the theoretical method.　The $P_u^* / P_y^* - (b/t) \sqrt{f_y/E}$ curves accord-

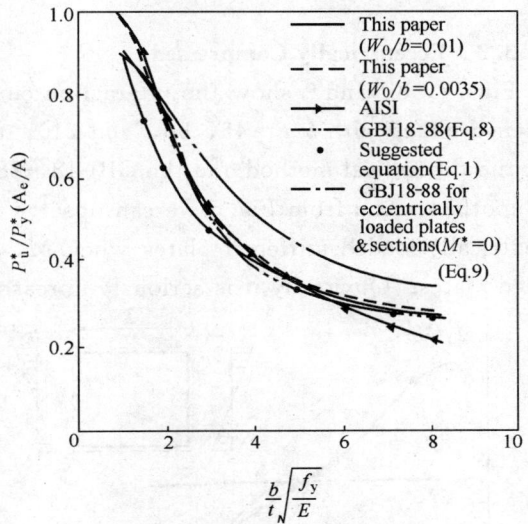

Fig. 5　$(b/t) \sqrt{f_y/E} - P_u^* / P_y^*$ Curves of Stiffened Plates

ing to GBJ 18—88 are based on the experiments on square box sections whose maximum initial deflections are $W_0 = 0.002 - 0.005b$.　If the maximum initial deflection is chosen as the average value $W_0 = 0.0035b$ in analysis, the theoretical results of this paper will be very close to those of specification GBJ 18—88（see Fig. 5）.　This implies that the boundary conditions of the plates in square box sections are similar to those of stiffened plates. It is also seen from Fig. 5 that the $P_u^* / P_y^* - (b/t) \sqrt{f_y/E}$ curve according to the AISI specification is very close to that of GBJ 18—88 and the theoretical method（for $W_0 = 0.0035b$）for $(b/t) \sqrt{f_y/E} \leqslant 5$, and is lower for $(b/t) \sqrt{f_y/E} > 5$.　The basis of the AISI specification is Winter' s equations, which are based on experiments on H-sections.　It indicates that a simple stiffened plate cannot be taken to represent the web in an H-section.

3. 2　In-Plane Pure Bending

Fig. 6 shows the $M_u^* / M_p^* - (b/t) \sqrt{f_y/E}$ curves according to the curved-shell finite-element method and the GBJ 18—88 and AISI codes, in which M_u^* is the in-plane ultimate moment of stiffened plate and M_p^* is the fully plastic moment of a stiffened plate.　The e-lastic bending buckling curve $M_{cr}^* / M_p^* - (b/t) \sqrt{f_y/E}$ is also shown in Fig. 6.

It is seen from Fig. 6 that the ultimate moment M_u^* of stiffened plates is larger than the yield moment M_y^* for $(b/t) \sqrt{f_y/E} < 4.56$ and for $(b/t) \sqrt{f_y/E} \geqslant 4.56$; it is between

M_y^* and M_{cr}^*. From Fig. 6 it can be also seen that when $(b/t)\sqrt{f_y/E} \geqslant 4.56$ the $M_u^*/M_y^* - (b/t)\sqrt{f_y/E}$ curve according to the AISI code is very close to that of the theoretical method, but the GBJ 18—88 leads to too high a curve. When $(b/t)\sqrt{f_y/E} < 4.56$, the AISI specifications and GBJ 18—88 take the plate width as the effective width b_e; this is reasonable but will lead to a conservative estimate of the ultimate moment.

3.3 Eccentrically Compressed

Figs. 7, 8, and 9 show the interaction curves $P^*/P_y^* - M^*/M_p^*$ of the compressed stiffened plates with $b/t = 45$, 90, and 210, respectively. It is seen from these figures that the theoretical method and the GBJ 18—88 and AISI specifications are different from one another. And from Fig. 5 we can observe that the calculation of GBJ 18—88 for the eccentrically loaded stiffened plates when $M^* = 0$ cannot be reduced to that for axially loaded plates. Obviously it is seriously unreasonable.

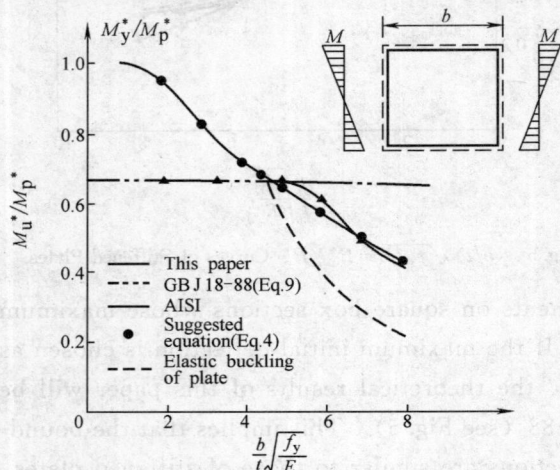

Fig. 6 $M_u^*/M_p^* - (b/t)\sqrt{f_y/E}$ Curves of Stiffened Plates

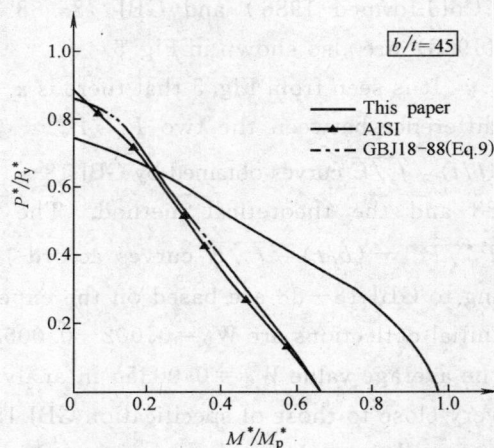

Fig. 7 $P^*/P_y^* - M^*/M_p^*$ Interaction Curve of Stiffened Plate $(b/t=45)$

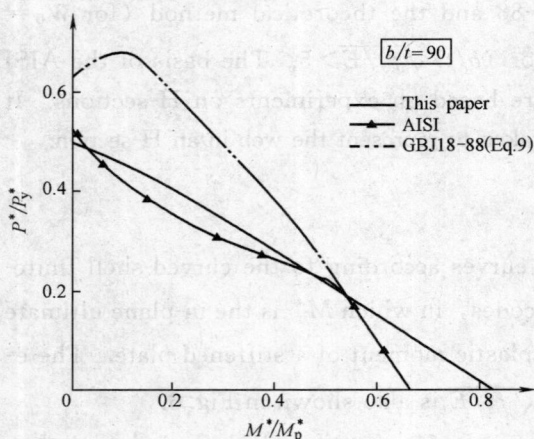

Fig. 8 $P^*/P_y^* - M^*/M_p^*$ Interaction Curve of Stiffened Plate $(b/t=90)$

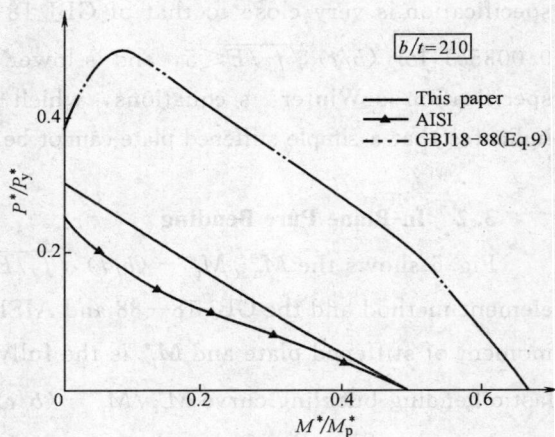

Fig. 9 $P^*/P_y^* - M^*/M_p^*$ Interaction Curve of Stiffened Plate $(b/t=210)$

4　Ultimate Strength of Compressed Square Box Sections

4.1　Axially Compressed

The ultimate strength of axially compressed square box sections with all imperfections are analyzed by the curved-shell finite-element method. The analytical results show that the influence of the residual stresses on the ultimate strength is quite small and can be ignored. So the $P'_u/P'_y - (b/t)\sqrt{f_y/E}$ curves of square box sections according to the theoretical method and the GBJ 18—88 and AISI specifications are the same as those shown in Fig. 5.

4.2　Pure Bending

The ultimate moment curve $M'_u/M'_p - (b/t)\sqrt{f_y/E}$ of square box sections with all imperfections is analyzed and shown in Fig. 10. The $M'_u/M'_p - (b/t)\sqrt{f_y/E}$ curves according to the GBJ 18—88 and AISI standards and the elastic buckling curve $M'_{cr}/M'_p - (b/t)\sqrt{f_y/E}$ are also shown in Fig. 10. It is seen that the square box sections have an obvious post-buckling strength when $(b/t)\sqrt{f_y/E} \geqslant 2.0$. The ultimate curve according to the AISI standard is close to that of the theory. And the GBJ 18—88 standard will lead to unsafe results for $(b/t)\sqrt{f_y/E} \geqslant 2.0$, caused by errors of GBJ 18—88 in calculating the ultimate moment of stiffened plates.

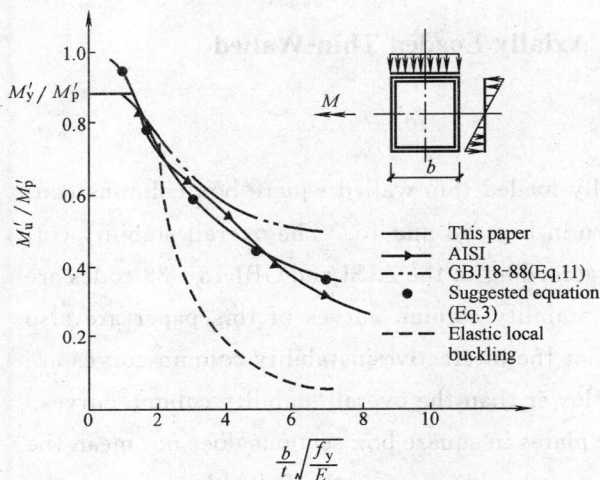

Fig. 10　$M'_u/M'_p - (b/t)\sqrt{f_y/E}$ Curves Thin-Walled Square Box Sections

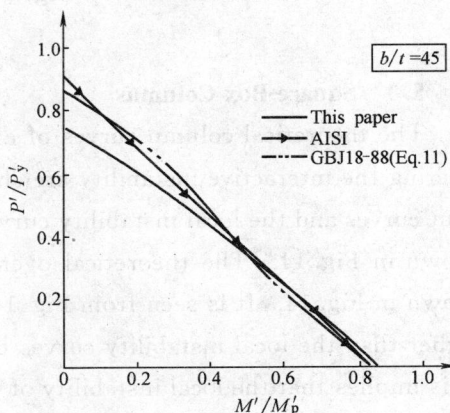

Fig. 11　$P'/P'_y - M'/M'_p$ Interaction Curves of Thin-Walled Square Box Sections $(b/t=45)$

4.3　Eccentrically Oompressed

The theoretical interaction curves $P'/P'_y - M'/M'_p$ of thin-walled square box sections, with $b/t=45$, 90, and 210, are presented in Figs. 11, 12, and 13, respectively. The results according to the GBJ 18—88 and AISI standards are also shown in these figures. From Figs. 11-13 we can observe that the results of GBJ 18—88 are unsafe and seriously unreasonable. There is little difference between the curves for the AISI standard and the theory. The errors of AISI are caused mainly by the approximate estimate of the effective area of sections (see Fig. 5). And the errors of GBJ 18—88 are caused not only by the approximate estimate of the ultimate moment M'_u of sections but also by the unreasonable estimate of P'_u of the eccentrically loaded when $M'=0$ (see Fig. 5).

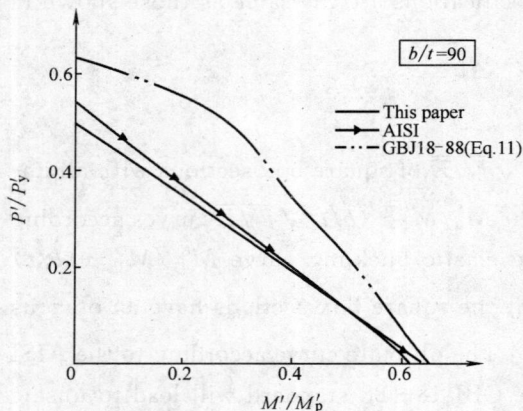

Fig. 12 $P'/P'_\mathrm{y}-M'/M'_\mathrm{p}$ Interaction Curves of Thin-Walled Square Box Sections ($b/t=90$)

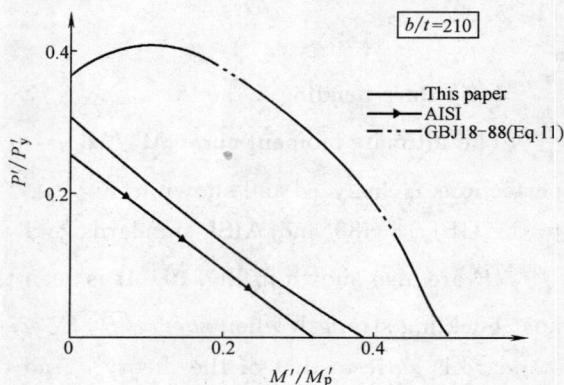

Fig. 13 $P'/P'_\mathrm{y}-M'/M'_\mathrm{p}$ Interaction Curves of Thin-Walled Square Box Sections ($b/t=210$)

5   Ultimate Strength of Axially Loaded Thin-Walled

5.1   Square-Box Columns

The theoretical column curves of axially loaded thin-walled square box columns considering the interactive instability are shown in Figs. 14 and 15. The overall stability column curves and the local instability curves according to the AISI and GBJ 18—88 codes are shown in Fig. 14. The theoretical overall stability column curves of this paper are also shown in Fig. 14. It is seen from Fig. 14 that the interactive instability column curves are higher than the local instability curves but lower than the overall stability column curves. This implies that the local instability of the plates in square box sections does not mean the failure of the corresponding columns. The post-buckling strength of the plates makes the thin-walled columns fail at a load level that is higher than the local instability load but lower than the overall instability load.

The interactive instability column curves according to the theory and the AISI and GBJ 18—88 codes are shown in Fig. 15. It is seen that there is little difference among the three curves. The accuracy of GBJ 18—88 is higher than that of AISI.

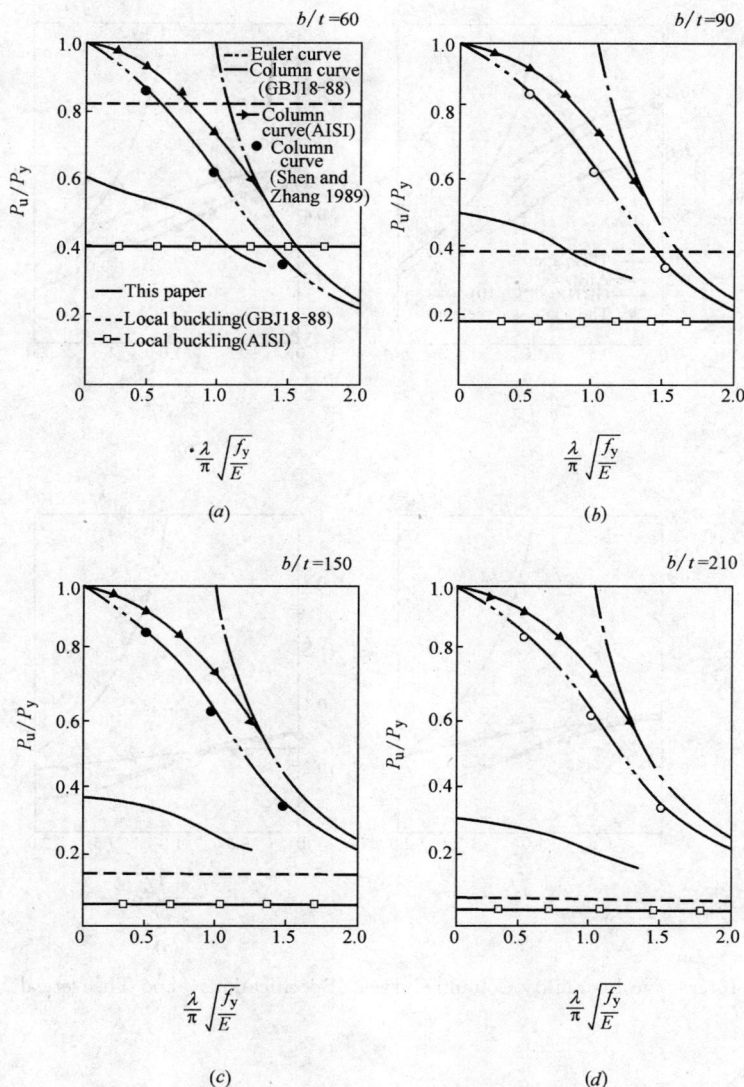

Fig. 14　Local Instability Curves, Overall Stability Column Curves, and Interactive
Instability Curves of Thin-Walled Square Box Columns

6　Ultimate Strength of Eccentrically Loaded Thin-Walled Square-Box Columns

The theoretical interaction curves $P/P_y - M/M_p$ of eccentrically loaded thin-walled square box columns considering the interactive instability are shown in Figs 16-18. All initial imperfections are considered in the analysis. The interaction curves according to the GBJ 18—88 and AISI codes are also shown in Figs. 16-18.

It is seen from Figs. 16-18 that the GBJ 18—88 and AISI codes will lead to over- and underestimates, respectively, of the ultimate strength of eccentrically loaded columns.

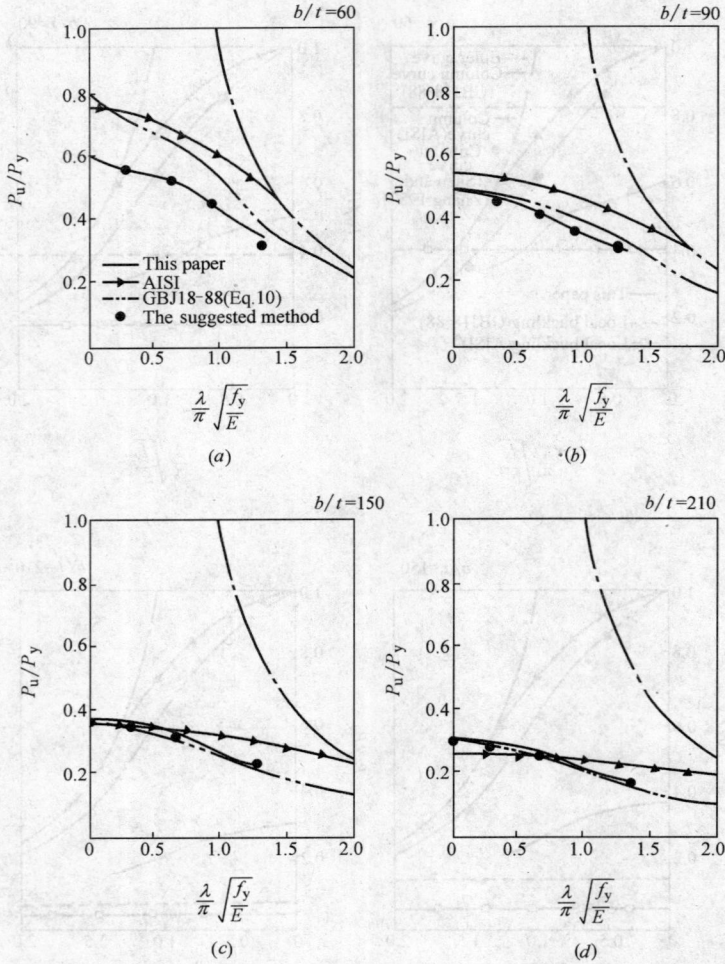

Fig. 15   Interactive Instability Column Curves，Specifications，and Theoretical Methods

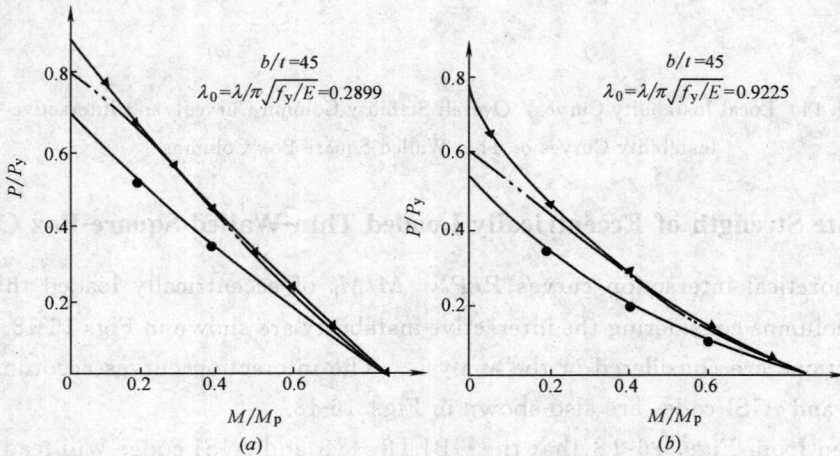

Fig. 16   Interaction Curves $P/P_y - M/M_p$ of Eccentrically Loaded
Thin-Walled Square Box Columns $(b/t=45)$

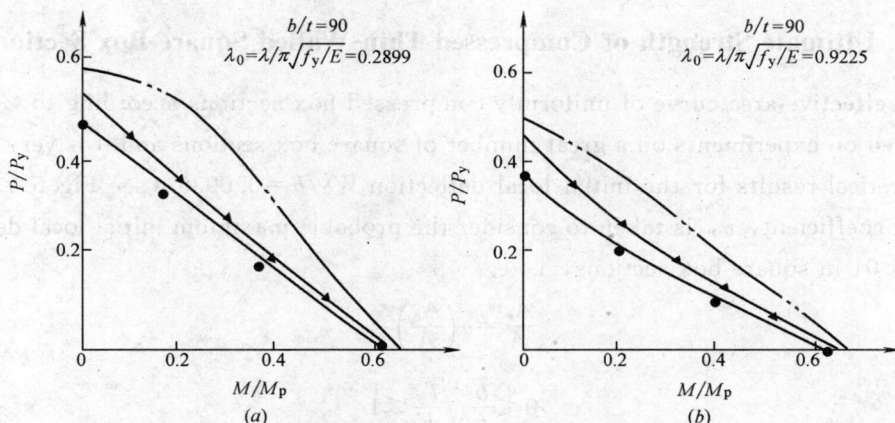

Fig. 17   Interaction Curves $P/P_y - M/M_p$ of Eccentrically Loaded
Thin-Walled Square Box Columns ($b/t = 90$)

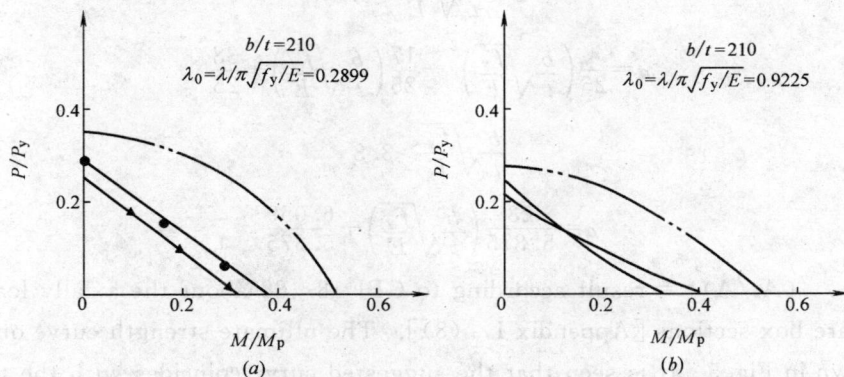

Fig. 18   Interaction Curves $P/P_y - M/M_p$ of Eccentrically Loaded
Thin-Walled Square Box Columns ($b/t = 210$)

7   Modified Design Methods for Axially and Eccentrically Loaded Thin-Walled Square-Box Columns

According to the GBJ 18—88 and AISI specifications, the ultimate strength of thin-walled columns considering the interactive instability is calculated by combining the effective area and the overall stability equations of columns. So it is obvious that the accuracy of the specifications depends on the correctness of the effective area (or ultimate strength) of thin-walled sections, the reliability of the overall stability equations of columns, and the reasonableness of the design thought. The errors of the specifications in calculating the ultimate strength of compressed thin-walled square box sections and columns have been investigated. Here, the modified design methods for the axially and eccentrically loaded thin-walled square box columns are proposed, which consists of the equations for calculating the effective area (ultimate strength) of thin-walled sections and the equations and procedures for calculating the ultimate strength of axially and eccentrically loaded columns.

8　Ultimate Strength of Compressed Thin-Walled Square-Box Sections

The effective area curve of uniformly compressed box sections according to GBJ 18—88 is based on experiments on a great number of square box sections and it is very close to the theoretical results for the initial local deflection $W_0/b=0.0035$ (see Fig. 5). In this paper, a coefficient, α, is taken to consider the probable maximum initial local deflection $W_0/b=0.01$ in square box sections, i. e.

$$\frac{A_e}{A}=\alpha\left(\frac{A_e}{A}\right)^* \tag{1}$$

$$0<\frac{b}{t}\sqrt{\frac{f_y}{E}}\leqslant 1 \tag{2a}$$

$$\alpha=1 \tag{2b}$$

$$1<\frac{b}{t}\sqrt{\frac{f_y}{E}}\leqslant 3.3 \tag{2c}$$

$$\alpha=\frac{4}{25}\left(\frac{b}{t}\sqrt{\frac{f_y}{E}}\right)^2-\frac{17}{25}\left(\frac{b}{t}\sqrt{\frac{f_y}{E}}\right)+\frac{38}{25} \tag{2d}$$

$$\frac{b}{t}\sqrt{\frac{f_y}{E}}>3.3 \tag{2e}$$

$$\alpha=\frac{23}{5.875}\left(\frac{b}{t}\sqrt{\frac{f_y}{E}}\right)+\frac{6.059}{5.875} \tag{2f}$$

In (1), $(A_e/A)^*=$ result according to GBJ 18—88 about the axially loaded thin-walled square box sections [Appendix I, (8)]. The ultimate-strength curve obtained by (1) is shown in Fig. 5. It is seen that the suggested curve coincides with the theoretical curve satisfactorily.

On the thin-walled square box sections under pure bending moment, flange plates are loaded with uniformly compressed and tensile stresses, respectively, and two web plates with nonuniformly compressed stress. It can be assumed that at the ultimate state the upper flange plate reaches its bending ultimate state and that the tensile force of the lower flange plate is equal to the compression force of the upper flange plate. Thus the ultimate moment of thin-walled square box sections can be expressed as follows:

$$M'_u=2M_u^*+bb_e f_y t \tag{3}$$

In (3), $M_u^*=$ ultimate moment of single stiffened plate; and M_u^* can be calculated by (4).

$$\frac{b}{t}\sqrt{\frac{f_y}{E}}\leqslant 1 \tag{4a}$$

$$\frac{M_u^*}{M_p^*}=1 \tag{4b}$$

$$1<\frac{b}{t}\sqrt{\frac{f_y}{E}}\leqslant 4.52 \tag{4c}$$

$$\frac{M_u^*}{M_p^*}=\frac{100}{6857}\left(\frac{b}{t}\sqrt{\frac{f_y}{E}}\right)^3-\frac{1}{8}\left(\frac{b}{t}\sqrt{\frac{f_y}{E}}\right)^2+\frac{500}{2243}\left(\frac{b}{t}\sqrt{\frac{f_y}{E}}\right)+\frac{71}{80} \tag{4d}$$

$$\frac{b}{t}\sqrt{\frac{f_y}{E}}>4.52 \tag{4e}$$

$$\frac{M_u^*}{M_p^*}=\frac{671}{640}-\frac{51}{640}\left(\frac{b}{t}\sqrt{\frac{f_y}{E}}\right) \tag{4f}$$

Fig. 6 shows that the ultimate-moment curve of stiffened plates according to (4) coincides with the theoretical curve. The ultimate moment of thin-walled square box sections according to (3) is shown in Fig. 10. It is observed that the results are very close to that of the theoretical method.

From Figs. 11-13 we can find that the interaction curves $P'/P_y'-M'/M_p'$ of thin-walled square box sections according to the theoretical method are close to a straight line. For simplification a linear interaction equation is proposed to calculate the ultimate strength of axially and eccentrically loaded thin-walled square box sections, i. e.

$$\frac{P'}{P_u'}+\frac{M'}{M_u'}=1 \tag{5}$$

In (5), P_u'=ultimate strength of uniformly compressed sections obtained from (1); and M_u'=ultimate moment according to (3).

8.1 Design Method for Sxially Loaded Thin-Walled Square-box Columns

For an axially loaded column, the whole section is reduced to the effective section after the plates of the section buckle. As a sequence, the slenderness ratio of the column will change. So there is a coupled relationship among the external loads, the internal stress, and the slenderness ratio of the column. The AISI and GBJ 18—88 specifications ignore the coupled relationship. Kalyanaranan et al (1977) adopted an iterative procedure to consider the relationship. By trial and error it can be found that the effects of the coupled relationship on thin-walled square box columns are very small and can be ignored. So, the design procedures of GBJ 18—88 and AISI concerning square box columns is reasonable.

Since the overall stability column curves according to GBJ 18—88 are based on experiments on square box columns (Zhang 1989) and are very close to that of the theory (see Fig. 14), the interactive instability ultimate strength of axially loaded columns can be calculated by combining the effective area equation [(1)] and the overall stability column curves according to GBJ 18—88. It should be noted that the stress ϕf_y, instead of f_y, must be taken in calculating the effective area according to (1); ϕ is the overall stability coefficient according to GBJ 18—88. It is seen that the results of the suggested method, shown in Fig. 15, are in agreement with those of the curved-shell finite-element method.

8.2 Design Method for Eccentrically Loaded Thin-Walled Square-box Columns

Based on the accurate interaction equation [(5)] for eccentrically loaded square box sections, the reasonable and accurate interaction equation for calculating the ultimate strength of eccentrically loaded square box columns can be derived by Perry's equation method. The obtained interaction equation is

$$\frac{P}{\phi A_e} + \frac{M}{\left(1 - \eta\phi\dfrac{P}{P_E}\right)\dfrac{M_u}{f_y}} = f_y \tag{6}$$

Here, ϕ=overall stability coefficient according to GBJ 18—88; A_e=effective area of the sections obtained by (1), in which the stress ϕf_y is taken to replace f_y; M_u=ultimate moment of thin-walled sections obtained by (3); and the coefficient η is shown in (7).

$$\eta = \left[0.7\left(\frac{b}{t}\sqrt{\frac{f_y}{E}}\right)^{1/4} + 1\right]\frac{A}{A_e'} \tag{7}$$

In (7), the item $(0.7[(b/t)\sqrt{f_y/E}^{1/4}+1]$=influence factor considering the effect of the local instability of plates on P/P_e; the item A_e/A_e' is obtained from derivation in which A_e' is the effective area of the sections calculated by (1) according to the stress f_y; and P_e=Euler buckling load.

The results calculated by (6) are shown in Figs. 16-18. It is seen that the suggested equation [(6)] is in good agreement with those of the curved-shell finite-element method.

9 Conclusions

The postbuckling strength of a plate has an obvious effect on the ultimate strength of axially and eccentrically loaded thin-walled square box columns. The interactive instability ultimate loads of square box columns are higher than the local buckling strength of plates, and lower than the overall instability strength of columns.

The GBJ 18—88 (1988) and AISI (Cold-formed 1988) specifications will lead to conservative or unsafe results in calculating the ultimate strength of axially and eccentrically loaded thin-walled square box sections.

There are some differences among the interactive instability column curves of axially loaded columns according to the GBJ 18—88 and AISI specifications and the theoretical method. The results of GBJ 18—88 are more accurate than those of AISI.

The interaction curves $P/P_y - M/M_p$ of eccentrically loaded thin-walled square box columns according to GBJ 18—88, AISI, and the theoretical method are different from one another. The curves according to the AISI specification are closer to those of theoretical method than those according to GBJ 18—88.

The equations suggested by this paper for calculating the effective area of uniformly compressed thin-walled square box sections, the ultimate moment of the sections under pure bending, and the interaction curves $P'/P_y' - M'/M_p'$ of eccentrically loaded sections have a satisfactory accuracy when compared with the theoretical method.

The design method proposed in this paper for axially loaded thin-walled square box columns can lead to quite satisfactory results. The proposed equations for calculating the ultimate strength of eccentrically loaded thin-walled square box columns have high accuracy. Moreover, the suggested equations for eccentrically loaded thin-walled columns can reduce to that for axially loaded thin-walled columns when $M=0$, and to that for pure bending thin-walled beams for $P=0$.

Aknowledgment: The work of this paper forms part of the research program carried out in Tongji University, Shanghai, China. The program is financially supported by the National Natural Science Fund Committee of China.

Appendix Ⅰ. Relevant Provisions of GBJ 18—88 (1988)

(1) Effective Width of Compressed Stiffened Plate

The effective width of stiffened plates can be obtained from Table 4.6.1 according to the stresses on plates [in "GBJ 18—88" (1988) section 4.6.1]

Table 4.6.1 is obtained from (8) and (9) for uniformly and nonuniformly compressed stiffened plates, respectively.

For uniformly compressed stiffened plates:

$$\frac{b_e}{b}=K_1+K_2\frac{f_c}{f_1} \tag{8}$$

here $f_c=4\pi^2 E\sqrt{\pi}(t/b)^2/[12(1-v^2)]$; $K_1=0.25$; $K_2=0.65$; $E\sqrt{\pi}=$ reduced elasticity modulus of material (in the elastic range $\sqrt{\pi}$ is equal to 1); $f_1=$ calculation stress on plates.

For nonuniformly compressed stiffened plates, the effective width is solved from (9)

$$A\left(\frac{b_e}{b}\right)^3+B\left(\frac{b_e}{b}\right)^2+C\left(\frac{b_e}{b}\right)+D=0 \tag{9}$$

here $A=1$; $B=-\{1+3[1+\alpha/(2-\alpha)](f_1/f_u)\}/\{[1+\alpha/(2-\alpha)](f_1/f_u)\}$; $C=3\{1+[1+\alpha/(2-\alpha)](f_1/f_u)\}/\{[1+\alpha/(2-\alpha)](f_1/f_u)\}$; $D=-[3+\alpha/(2-\alpha)]/\{[1+\alpha/(2-\alpha)](f_1/f_u)\}$; $f_u=$ postbuckling ultimate stress on plates; $f_1=$ calculation stress on plates; $\alpha=(f_{max}-f_{min})/f_{max}$; and f_{max} and $f_{min}=$ maximum and the minimum stresses on plates, respectively.

(2) Axially Compressed Members

The stability of columns can be calculated according to the following equation ["GBJ 18—88" (1988), section 4.2.2]

$$\frac{N}{\phi A_{ef}}\leqslant f \tag{10}$$

here, $\phi=$ stability coefficient, which depends on the maximum slenderness ratio of columns; $f=$ stress limit of steel; $A_{ef}=$ effective area of sections, which should be determined according to section 4.6.7 of "GBJ 18—88" (1988).

The effective width of stiffened plates in axially compressed columns can be obtained from Table 4. 6. 1 according to the calculation stress ﹝ "GBJ 18—88" (1988)，section 4. 6. 7 ﹞.

(3) Combined Bending and Compression Members

The in-plane stability of combined bending and compression members with single or double symmetrical axes should be computed from (11) ﹝ "GBJ 18—88" (1988)，section 4. 4. 2 ﹞

$$\frac{N}{\phi A_{ef}}+\frac{\beta_m M}{\left(1-\phi\dfrac{P}{P_E}\right)W_{ef}}\leqslant f \tag{11}$$

here，$N_E=$ Euler buckling load；$M=$ calculation moment；and $\beta_m=$ nonuniform coefficient of moment. For members without end displacement and transverse loading，$\beta_m=0.65+0.35(M_1/M_2)\geqslant 0.4$；and $M=M_2$. And M_1 and $M_2=$ minimum and the maximum absolute value，respectively，of end moments.

The effective width of uniformly and nonuniformly compressed stiffened plates in combined axial compression and bending can be obtained from Table 4. 6. 1 according to the stress computed by the strength equation on gross section in which the double moment is ignored ﹝ "GBJ 18—88 (1998)，section 4. 6. 8﹞.

Appendix Ⅱ. References

Cold-formed steel design manual. (1986). American Iron and Steel Institute (AISI)，Washington D. C.

Dewolf. J. T. Pekoz. T. and Winter G. (1974) "Local and overall buckling of cold-formed members." J. Struct Engrg. Div. ASCE. 100 (10)，2017-2036

"GBJ 18—88" (1988). Specification for the design of cold-formed thin-walled steel structures (in Chinese)，China.

Guo，Y.，and Chen，S. (1989). "Elastic-plastic postbucking interaction analysis of cold-formed thin-walled section by finite strip method." Stability of Metal Struct.：Proc.，4th Int. Colloquium on Struct. Stability，Asian Session，Beijing，China.

Hancock，G. J. (1981). "Interaction buckling in I-section columns." J. Struct. Engrg. Div.，ASCE, 107 (1)，165-179.

Kalyanaranan，V.，Pekoz，T.，and Winter，G. (1977). "Unstiffened compression elements." J. Struct. Engrg. Div.，ASCE, 9 (103).

Rrekshanandana，U.，Usami，T.，and Kerasudlki，P. (1981). "Ultimate strength of eccentrically loaded steel plates and box sections." Computer and Struct.，13 (4)，467-481.

Shen，Z.，and Zhang，Q. (1989). "Finite element method for interaction between local and overall instability of thin-walled steel members." Stability of Metal Struct.：Proc.，4th Int. Colloquium on Struct. Stability，Asian Session，Beijing，China.

Shien，T. W.，and Yei，L. T. (1973). "Post local-buckling behavior of thin-walled columns." Proc.，2nd Conf. on Cold-Formed Steel Struct.，University of Missouri, Rolla, Mo.

Sridharan, S., and Ahraf Ali, M. (1988). "Behavior and design of thin-walled columns." J. of Struct. Engrg., ASCE, 114 (1).

Zhang, Q., and Shen, Z. (1990). "Curved shell finite element method for the non-linear problems of plates and shells." J. Shanghai Mech., 11 (3), 1-15.

Zhang, Z. (1989). "Stability of axially loaded compression members of cold-formed steel sections. "Stability of Metal Struct." Proc., 4th Int. Colloquium on Struct. Stability, Asian Session, Beijing, China.

Appendix Ⅲ. Notation

The following symbols are used in this paper：

A＝area of square box sections；

A_e＝effective area of square box sections according to stress ϕf_y；

A_e'＝effective area of square box sections according to stress f_y；

b＝width of stiffened plates；

b_e＝effective width of stiffened plates；

E＝modulus of elasticity of steel；

f_{rc}＝compressive residual stress；

f_{rt}＝tensile residual stress；

f_y＝yield point of steel；

L＝length of compressed column models；

M＝bending moment loaded on square box columns

M^*＝in-plane bending moment loaded on stiffened plates；

M'＝bending moment loaded on square box sections；

M_{cr}^*＝in-plane buckling moment of stiffened plates；

M_{cr}'＝buckling moment of square box sections；

M_p＝fully plastic moment of square box columns；

M_p^*＝fully plastic moment of stiffened plates；

M_p'＝fully plastic moment of square box sections；

M_u＝ultimate moment of square box columns；

M_u^*＝in-plane ultimate moment of stiffened plates；

M_u'＝ultimate moment of square box sections；

P＝compressed force loaded on square box columns；

P^*＝compressed force loaded on stiffened plates；

P'＝compressed force loaded on square box sections；

P_u^*＝ultimate compressed force of stiffened plates；

P_u'＝ultimate compressed force of square box sections；

P_y＝fully plastic compressed force of square box columns；

P_y^*＝fully plastic compressed force of stiffened plates；

P'_y = fully plastic compressed force of square box sections;

t = thickness of stiffened plates;

u_0 = maximum initial overall deflection of square box columns;

W_0 = maximum initial local deflection of square box sections;

x,y,z = global coordinate system;

x_0 = distribution length of residual stress;

α = reduction coefficient considering probable maximum initial local deflection in square box sections;

η = influence coefficient;

λ = slenderness ratio of square box columns;

λ_0 = parameter of slenderness ratio of square box column;

ϕ = overall stability coefficient of square box columns.

（本文发表于：Journal of structural Engineering (ASCE), 1991, No. 11)

5. 薄壁轴压焊接方管柱整体稳定-局部稳定相互作用问题的研究

张其林　沈祖炎

提　要：本文采用曲壳有限单元法计算了具有各种宽厚比的薄壁轴压焊接方管截面的极限承载力，以及相应的长柱构件的柱子曲线。计算时计入了各种初始缺陷。通过将本文计算结果与各规范设计方法计算结果的比较，分析了规范方法的误差原因，提出了改进的薄壁方管截面有效面积的计算公式和轴压焊接薄壁方管柱的设计方法。经与本文理论计算结果相比，证明本文建议的设计方法精度较好。

关键词：薄壁轴压焊接方管　曲壳有限单元法　柱子曲线

Interaction Between Overall and Local Instability of Axially Loaded Thin-Walled Box Columns

Zhang Qilin　Shen Zuyan

Abstract：In this paper, a curved shell finite element method is used to analyze the ultimate strength of uniformly compressed thin-walled square box sections, with arbitrary ratio of width to thickness ratio and the relevant column curves of axially loaded thin-walled long box Columns. All the imperfections including residual stresses and initial deflections are taken into account in the analysis. Based on extensive parametric studies, errors of prevailing specifications are checked, improved equation for calculating effective area of square box section is presented and method for designing axially loaded thin-walled box column is suggested. Comparing with the theoretical results of this paper, the suggested equation and method are proved to be quite accurate and satisfactory.

Keywords：Uniformly Compressed Thin-Walled Square Box Sections　Curved Shell Finite Element Method　Column Curves

1　前　言

受压构件局部稳定与整体稳定相互作用问题的研究，是国内外正在研究的主要课题之一。目前的研究方法主要有近似法和数值法两类。近似法的基础是有效宽度法，即借助短柱截面的有效宽度概念和公式，结合柱子稳定公式迭代求解薄壁压杆的 σ-λ 曲线[1]。数值法有有限条法和有限元法两类。前者只能针对具有规整函数型初始形状的短柱构件分析其荷载-变形曲线，再结合其他数值方法计算相应的长柱构件的极限承载力[2]，分析中难以计入残余应力等初始缺陷。后者可分析具有任意初缺陷的薄壁受压构件的极限承载力[3]。关于薄壁轴压构件的设计，现行各国规范的基础都是有效宽度法[4][5]。对设计方法的改进工作大多通过对有效宽度公式、整体柱子曲线及设计思想等方面的改进分别进行。

应该指出的是，迄今为止关于薄壁截面中各板件的有效宽度公式都是基于特定截面的试验结果导出的，设计薄壁构件所需的相应的柱子整体稳定曲线是根据不发生局部屈曲的特定截面的柱子试验得到的。在计算各种截面形式中的板件有效宽度时，以及相应的构件整体稳定性时，这些公式是否具有足够的精度？将其联合运用于考虑整体稳定-局部稳定相互作用的薄壁柱的设计时，所得结果是否可靠？对此还缺少必要的理论研究。本文采用曲壳有限单元法计算了具有各种宽厚比的薄壁轴压焊接方管截面的有效面积，以及相应的长柱构件的 $\sigma-\lambda$ 曲线。通过本文理论计算结果与规范结果的比较，提出了改进的方管截面有效面积的计算公式和相应构件的设计方法。经比较，证明本文建议方法精度较高。

2 薄壁焊接方管截面柱的初始缺陷分布

2.1 截面残余应力

薄壁型钢结构技术规范修订组曾对由两个槽钢对焊而成的方管截面的残余应力进行了测定，测定结果如图 1 所示。

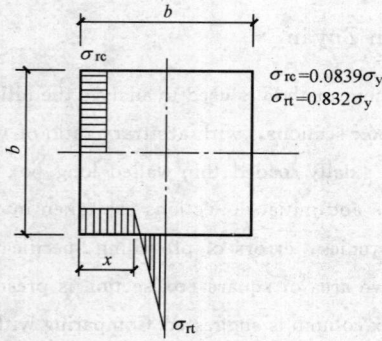

图 1 截面残余应力分布   图 2 局部初挠度

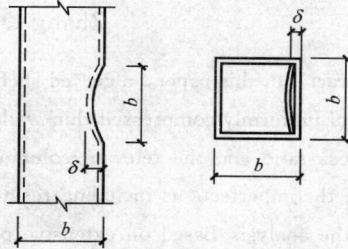

由图 1 中截面平衡条件，得 $x=0.6335b/2$。

国外已有一些针对单条高频焊冷弯方管截面的残余应力测定结果。

2.2 局部初挠度

薄壁型钢结构技术规范修订组通过对若干焊接方管截面柱的统计，认为局部初挠度曲线沿柱轴向波长为 b，其值 δ/b 一般在 $0.003\sim0.007$ 之间[6]，如图 2 所示。

规范[5] 取 $\delta/b\leqslant0.01$。

2.3 整体初挠度

文献 [6] 通过对轴压柱整体初弯曲值出现频次的统计，认为轴压柱的初弯曲值取 $l/750$ 是合理的。在理论计算时，考虑到初始偏心，一般取 $u_0=0.05\rho+l/750$，这里 $\rho=$

$W_{矩}/A = b/3$。初挠度曲线为正弦曲线。

3　方管短柱截面的有效面积分析

方管截面常用参数为：$t = 2 \sim 5\text{mm}$，$b/t = 30 \sim 250$。本文采用曲壳有限单元法对具有表 1 所示参数的方管短柱截面进行了数值计算。

表 1

b/t	30	45	60	90	120	150	180	210	240
$b(\text{cm})$	6	9	12	18	24	30	36	42	48
$A(\text{cm}^2)$	4.8	7.2	9.6	14.4	19.2	24	28.8	33.6	38.4
$I(\text{cm}^4)$	28.882	97.200	230.464	777.600	1843.328	3600.160	6220.992	9878.624	14745.856
$r(\text{cm})$	2.451	3.674	4.899	7.348	9.798	12.248	14.697	17.147	19.596

由于规范修订组所采用的方管试件都是由两个槽钢对焊而成的，为了使分析计算具有可比性，本文取截面残余应力计算模式如图 1 所示。对于方管截面的局部初始挠度，本文按规范 GBJ 18—88 规定所容许的最不利情况取用，即方管四个板件具有连续的初挠度波形，其值为 $\delta/b = 0.01$（图 3）。此外，本文还对 $\delta/b = 0.005$ 和 $\delta/b = 0.0035$ 的情况进行了计算比较。根据构件中短柱截面的实际受力情况，本文所取的短柱计算模式如图 3 所示。

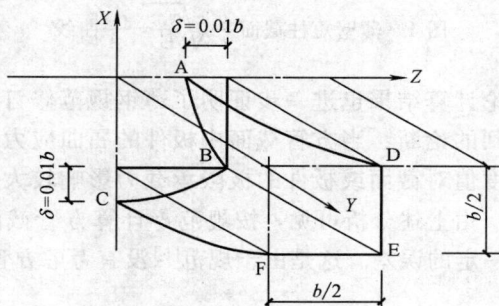

图 3　短柱截面计算模式

AB，BC 边：对称边界，Y 向位移固定；AD 边：对称边界，X 向位移固定；CF 边：对称边界，Z 向位移固定；DE 边：沿 Z 向平移，沿 Y 向与 EF 边同时平移；FE 边：沿 X 向平移，沿 Y 向与 DF 边同时平移

本文对图 3 所示模式进行计算时，采用 16 节点曲壳有限单元，3×3 降阶高斯积分技术。对图中 ABDE 和 BCFE 两个板面仅各需一个单元就能获得足够精确的结果[3]。图中边界条件和局部挠度由罚单元处理法和局部坐标转换法进行处理[3]。计算所得短柱截面的 $\dfrac{b}{t}\sqrt{\dfrac{\sigma_s}{E}} - A_e/A$ 曲线如图 4 所示。

从上图中可见，本文理论计算结果与规范[5]计算公式间有一定差异。这一差异主要体现在 $\dfrac{b}{t}\sqrt{\dfrac{\sigma_s}{E}} = 1 \sim 3.5$ 范围内。规范所依据的试验中所采用试件的局部初挠度 δ/b 大多在 $0.002 \sim 0.005$ 之间，部分超过 0.005。本文在进行理论计算时，对 δ/b 值取了规范所容许的最大值 0.01。为了分析本文理论计算结果与规范计算公式所得结果间误差的原因，本文还对另两组 $\delta/b = 0.005$ 和 $\delta/b = 0.0035$ 的方管短柱截面进行了数值计算，计算结果与规范修订组所得的试验结果及规范[5]计算公式所得结果的比较见图 5 所示。

由图 5 可见，当取局部初挠度值 δ/b 为试件的平均值 0.0035 时，理论分析结果与试验结果非常接近，与规范[5]计算公式所得结果也较接近。所以，可以认为：规范计算公式与本文理论计算结果间的差异主要是由于不同的局部初挠度取值引起的。此外，本文的

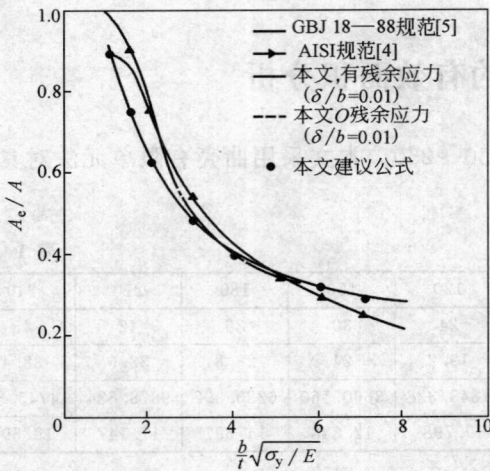

图 4   薄壁短柱截面 $\dfrac{b}{t}\sqrt{\dfrac{\sigma_y}{E}} - \dfrac{A_e}{A}$ 曲线

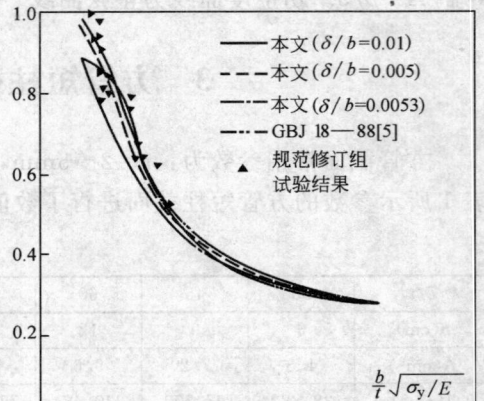

图 5   局部初挠度对有效面积的影响

理论计算结果也进一步证明了薄钢规范修订组通过试验研究及文献［7］通过理论分析所得到的论断：当方管截面中板件的屈曲应力与屈服应力的比值 σ_{cr}/σ_y 在 1 附近时，局部初挠度值对截面或板件的极限承载力影响较大。

由上述分析可见，按规范[5]计算方管截面的有效面积或截面中板件的有效宽度时会引起一定的误差。这是由于规范[5]没有考虑方管构件中板件可能出现的较大初始变形的影响。

4   薄壁轴压焊接方管柱的极限承载力分析

本文采用曲壳有限单元法分别对 $b/t = 45，60，90，150，210$ 的方管构件计算了其轴压极限承载力曲线，即 σ-λ 曲线。构件整体初挠度、截面局部初挠度和截面残余应力分布

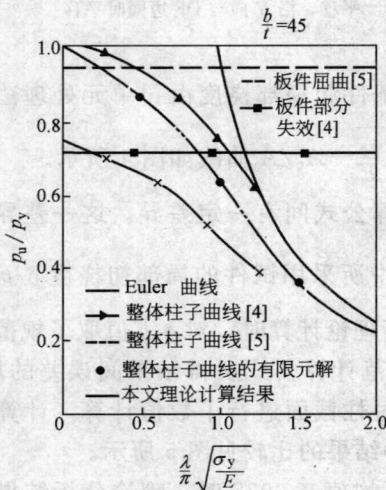

图 6   理论计算结果与规范整体柱子曲线及局部稳定曲线的比较

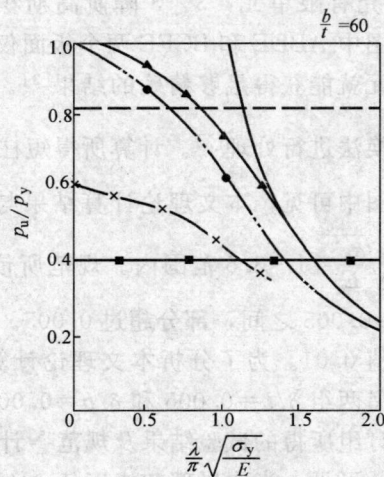

图 7   理论计算结果与规范整体柱子曲线及局部稳定曲线的比较

的取值如前所述。利用对称性取 1/2 个截面和 1/2 长度构件进行计算。在横向（截面方向）取三个 16 节点单元，即上、下板和竖板各一个单元；在纵向（构件轴向）每一个完整的局部初挠曲波形至少取一组横向单元。理论计算结果与规范整体柱子曲线及局部稳定曲线的比较见图 6～10 所示。

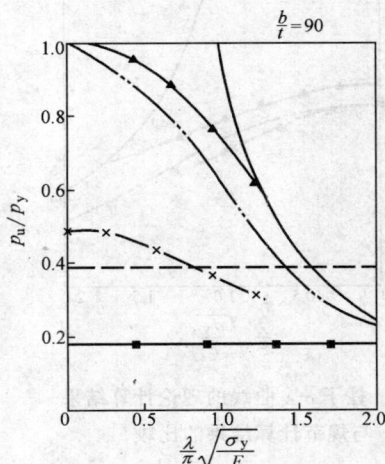

图 8 理论计算结果与规范整体柱子
曲线及局部稳定曲线的比较

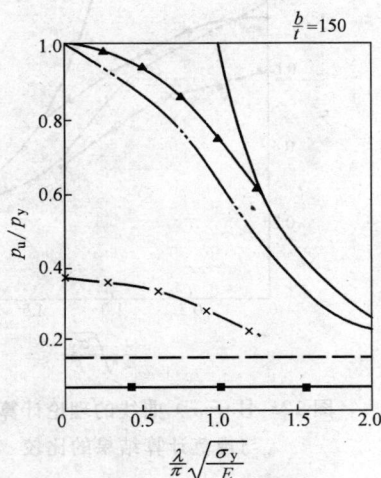

图 9 理论计算结果与规范整体柱子
曲线及局部稳定曲线的比较

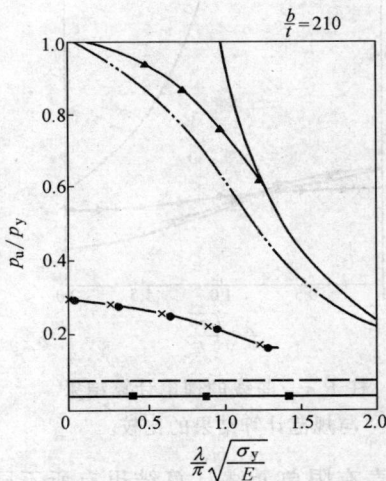

图 10 理论计算结果与规范整体柱子
曲线及局部稳定曲线的比较

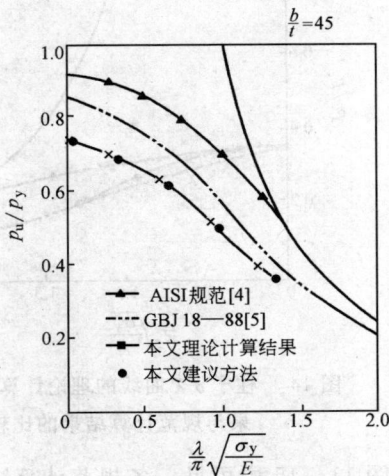

图 11 柱子 σ-λ 曲线的理论计算结果
与规范计算结果的比较

从图 6～10 中可见，薄壁轴压柱考虑整体稳定与局部稳定相互作用影响的柱子曲线介于构件整体稳定曲线与板件局部失效曲线之间。这说明：薄壁焊接方管柱在板件屈曲后，由于板件的曲后效应，构件并不立即破坏，仍能继续承受一定的荷载，薄壁轴压柱最终在高于局部屈曲荷载但低于整体稳定极限承载力的荷载水平上破坏。

本文对薄壁轴压焊接方管柱 σ-λ 曲线的理论计算结果与考虑整体稳定-局部稳定相互

作用的规范计算结果的比较见图 11~15 所示。

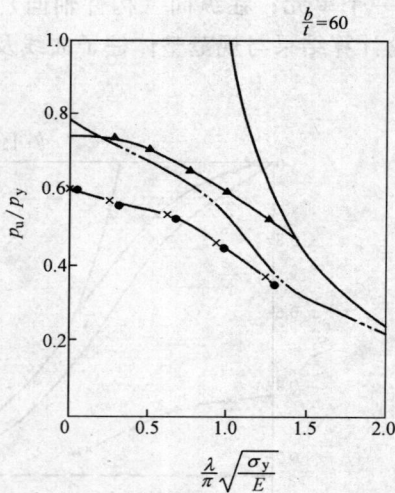

图 12 柱子 σ-λ 曲线的理论计算结果
与规范计算结果的比较

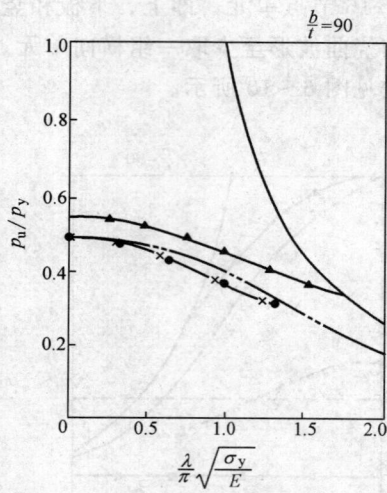

图 13 柱子 σ-λ 曲线的理论计算结果
与规范计算结果的比较

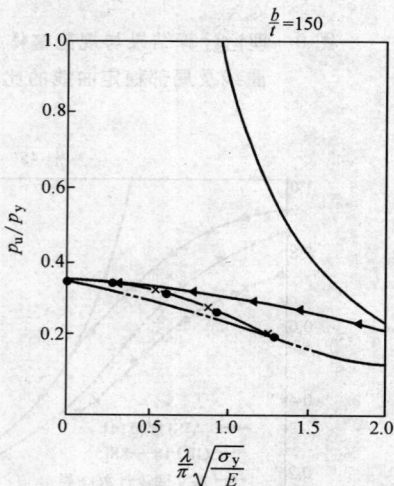

图 14 柱子 σ-λ 曲线的理论计算结
果与规范计算结果的比较

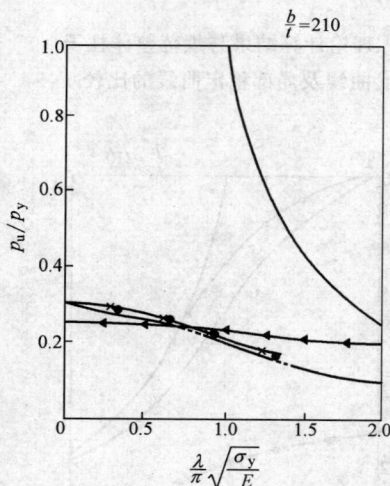

图 15 柱子 σ-λ 曲线的理论计算结果
与规范计算结果的比较

从图 11~15 中可见，各规范计算结果与本文曲壳有限单元法计算结果有所不同。由于 AISI 规范和 GBJ 18—88 规范郡是基于有效宽度基础上的，所以规范对薄壁构件设计的精度主要取决于以下三方面：

（1）有效宽度的取值精度；

（2）相应的整体柱子曲线的精度；

（3）设计计算思想。

关于规范所取整体柱子曲线的精度问题，文献〔6〕曾作了比较深入的研究。现行规范 GBJ 18—88 采用的单根薄壁轴压整体稳定柱子曲线是基于大量方管截面柱子稳定试验

结果基础上的，所以就方管截面而言，应该具有足够的
精度。从图 6～10 中可见，本文采用曲壳有限元法所求
得的整体柱子曲线与规范[5]柱子曲线非常接近。

对于薄壁轴压柱的设计，目前设计思想一般有三
类。一是不考虑板件局部屈曲对截面回转半径的影响，
或对构件长细比的影响，而直接计算其极限承载力；二
是采用迭代法迭代求解构件极限承载力以考虑长细比的
变化；三是采用经验公式考虑构件长细比的变化。

方管构件中板件局部屈曲后，其有效面积的分布如
图所示。有效面积的回转半径为：

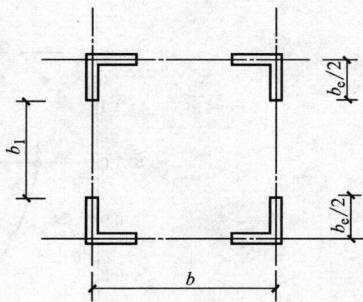

图 16　截面有效面积分布

$$r_e = \gamma \sqrt{3/2 - 3/4 \times b_e/b + 1/4 \times (b_e/b)^2} \tag{1}$$

长细比为

$$\lambda_e = \lambda\beta \tag{2}$$

上式中，$\beta = 1/\sqrt{3/2 - 3/4 \times b_e/b + 1/4 \times (b_e/b)^2}$

β 的变化范围为 0.8738～1.0。试算表明：由 λ_e 的变化所引起的柱子稳定系数 φ 的变化
很小，一般小于 1%。所以，不计长细比的变化，既能使设计方便，又不影响设计精度。

根据上述分析，规范方法和本文理论方法计算薄壁方管构件 σ-λ 柱子曲线所得结果间
的差异的原因主要是由于规范对均匀受压板件有效宽度取值的问题所造成的。

5　建　议　公　式

5.1　关于方管截面中板件有效宽度的计算：

由前面的讨论可知，规范[5]对方管截面中板件局部初挠度值 $\delta_6/b \leqslant 0.01$ 的规定是合
理的，但其对板件有效宽度的计算公式中却没有包含这一较大初挠度的影响。为了解决这
一矛盾，本文建议方管截面中板件有效宽度的取值按规范[5]公式计算求得后再乘以一系
数。具体计算公式如下所示：

$$b_e/b = \alpha_0 (b_e/b)^* \tag{3}$$

其中，

$$\begin{cases} \alpha_0 = 1 & 0 \leqslant \dfrac{b}{t}\sqrt{\dfrac{\sigma_y}{E}} < 1 \\[3mm] \alpha_0 = \dfrac{4}{25}\left[\dfrac{b}{t}\sqrt{\dfrac{\sigma_y}{E}}\right]^2 - \dfrac{17}{25}\left[\dfrac{b}{t}\sqrt{\dfrac{\sigma_y}{E}}\right] + \dfrac{38}{25} & 1 \leqslant \dfrac{b}{t}\sqrt{\dfrac{\sigma_y}{E}} < 3.3 \\[3mm] \alpha_0 = -\dfrac{33}{5875}\left[\dfrac{b}{t}\sqrt{\dfrac{\sigma_y}{E}}\right] + \dfrac{6059}{5875} & \dfrac{b}{t}\sqrt{\dfrac{\sigma_y}{E}} \geqslant 3.3 \end{cases} \tag{4}$$

式（3）中，$(b_e/b)^*$ 表示按规范[5]公式计算所得的有效宽度与板件宽度之比，α_0 是
局部初挠度影响系数。

按式（4）计算所得 α_0 与由图 4 计算所得 α_0 值的比较见图 17 所示。

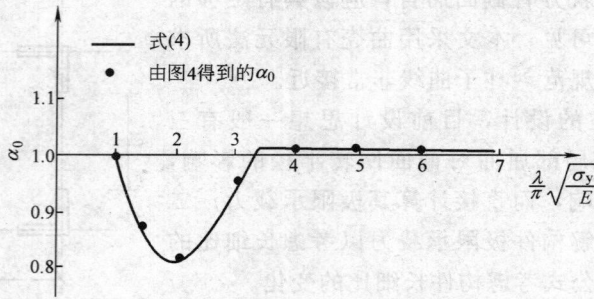

图 17   板件有效宽度修正系数的建议计算公式与
理论计算结果的比较

按本文建议公式（3）求得的 $\dfrac{b}{t}\sqrt{\dfrac{\sigma_y}{E}} - A_e/A$ 曲线见图 4 所示。由图可见，式（3）和本文理论计算结果非常符合。

5.2　关于轴压薄壁方管柱极限强度的计算

由前面的讨论可知：规范[5]计算铀压薄壁方管柱极限强度时所引起的误差的原因主要是由于其对板件有效宽度计算公式的误差造成的。本文建议采用式（3）和（4）作为求方管截面中板件有效宽度的公式，然后按规范 GBJ 18—88 计算方管柱的极限强度。按本文建议方法求得的构件 σ-λ 曲线见图 11~15 所示。由图可见，本文建议方法所得结果与本文曲壳有限元分析结果极为符合。

西安冶金建筑学院曾做了一些轴心受压薄壁方管柱极限承载力的试验研究工作。试验时，对柱子整体综合初缺陷值控制在柱长的 1/1000 范围内。试验结果见表 2 所示。表中也列入了本文建议设计方法和规范[5]设计方法对试件的计算结果。

表 2

试件编号		JA1	JA5	JA6	JA8	JA10	JA12
λ		64.9	73.5	68.6	63.6	65.5	69.4
$\dfrac{b}{t}\sqrt{\dfrac{\sigma_y}{E}}$		1.45	3.23	3.26	2.37	3.80	2.92
δ/a		0.0172	0.01	0.0076	0.012	0.0084	0.0152
材料特性 （MPa）		$E=2.23\times10^5$ $\sigma_y=291.5$	$E=1.64\times10^5$ $\sigma_y=263.9$	$E=1.64\times10^5$ $\sigma_y=263.9$	$E=2.23\times10^5$ $\sigma_y=291.5$	$E=1.64\times10^5$ $\sigma_y=263.9$	$E=2.23\times10^5$ $\sigma_y=291.5$
$\dfrac{P_u}{P_y}$	试验	0.476	0.348	0.342	0.447	0.356	0.368
	本文建议方法	0.5852	0.317	0.328	0.4418	0.31	0.3675
	规范[5]	0.6699	0.318	0.328	0.5082	0.305	0.39

从表 2 中可见，对于 $\dfrac{b}{t}\sqrt{\dfrac{\sigma_y}{E}}<3.15$ 的试件，规范计算所得试件的 P_u/P_y 值明显偏高。如果考虑了试件较小整体初缺陷值的影响，以及试件中板件 δ/a 值大于或小于 0.01 的影响，则本文建议设计方法和试验所得结果将更为接近。

综上所述，按本文建议方法设计计算薄壁方管柱的极限承载力所得结果比较精确。

6 结 论

（1）薄壁方管柱在板件屈曲后，由于板件屈后效应引起的构件整体-局部稳定相互影响效应比较明显。构件破坏荷载远高于局部屈曲荷载但又明显低于柱子整体极限承载力。

（2）规范 GBJ 18—88 关于薄壁方管截面中板件有效宽度的计算结果与本文理论方法结果间差异的原因在于规范试验所用试件与理论分析时所取计算模式间的局部初挠度的不同。采用本文建议的改进的有效宽度计算公式所得结果与本文理论计算结果极为符合。

（3）对于薄壁方管截面构件，GBJ 18—88 规范计算所得构件极限承载力的误差的原因在于规范对有效宽度取值的误差。采用本文改进的有效宽度计算公式结合 GBJ 18—88 规范计算构件的极限承载力，所得结果与本文曲壳有限单元法所得结果极为符合。

（4）有效宽度概念及公式用于计算薄壁构件的极限承载力从理论上讲是近似和粗略的。然而，研究表明：就轴心受压薄壁构件而言，采用有效宽度概念使设计计算公式甚为简洁、直观，并且也能得到较高的精度。

参 考 文 献

1 V. Kalyanaranan, T. Pekoz, G. Winter, Unstiffened Compression Elements. ASCE, ST. 9, Vol. 103, 1977

2 Guo Yanlin, Chen Shaofan, Elasto-Plastic Post-Buckling Interaction Analysis of Cold-Formed Thin-Walled Section by Finite Strip Method, Stability of Metal, Structures, Proceedings of Fourth International Colloquium on Structure Stability, Asian Session, Beijing, China, 1989

3 Shen Zuyan, Zhang Qilin, Finite Element Method for Interaction between Overall and Local Instability of Thin-Walled Steel Members, Stability of Metal Structure, Proceeding of Fourth International Colloquium on Structural Stability, Asian Session, Beijing, China, 1989

4 B. G. Johnston 主编，金属结构稳定设计准则解说，中国铁道出版社，北京，1981

5 中华人民共和国国家标准，冷弯薄壁型钢结构设计规范 GBJ 18—88, 1988

6 张中权，冷弯薄壁型钢轴心受压构件稳定性的试验研究，钢结构研究论文报告选集，第一册，1982

7 T. R. Graves Smith, The Effect of Initial Imperfection on the Strength of Thin-Walled Box Columns, Int. Journal of Mechanical Science, 1971

（本文发表于：建筑结构学报，1991 年第 6 期）

6. 受压槽形截面的屈曲后极限强度

张其林　沈祖炎

提　要： 本文采用曲壳有限单元法计算了薄壁槽形截面在均匀受压，受纯弯或压弯作用下的屈曲后极限强度。计算时考虑了截面初始挠度的影响。根据计算结果分析了薄壁槽形截面屈曲后极限破坏的机理，比较了薄钢规范的计算精度，分析了规范误差及其原因。最后，提出了薄壁槽形截面屈曲后极限强度的实用计算模型和设计建议公式。

关键词： 曲壳有限元法　薄壁槽形截面　屈曲后极限强度

Post-Buckling Strength of Compressed Channel Sections

Zhang Qilin　Shen Zuyan

Abstract： In this paper the curved shell finite element method is adopted to compute the post-bucking ultimate strength of thin-walled channel sections under uniform compression，pure bending or non-uniform compression. The initial deflections of the sections are taken into consideration in calculation. The behavior and the failure mechanism of the sections are analyzed；the accuracy of the prevailing specifications are discussed，and the practical calculation models and the suggested design method for the compressed thin-walled channel sections and proposed.

Keywords： Curved Shell Finite Element Method　Thin-Walled Channel Sections　Post-Bucking Ultimate Strength

1　前　　言

薄壁钢结构是结构工程学科的一个新的分支。在使用薄钢构件时一般都要利用其屈曲后后继强度，从而充分挖掘了结构的材料潜能，这一点使得薄壁钢结构得到了日益广泛的应用。

在薄钢构件的非线性稳定分析方面，文献[1]导出了广泛适用的曲壳有限单元法。采用这一方法对工字形和方管截面的研究表明[2,3]，薄钢构件中加劲板件具有明显的屈曲后强度效应，不加劲板件也有一定的屈曲后后继强度。然而，对于单轴对称的薄壁槽形截面，其屈曲后继续承载的工作机理和破坏机理比较复杂，规范对其轴压和偏压情况使用了不同的设计模型，造成了设计计算的不连续性和不精确性。本文在理论和实用计算两方面，广泛深入地研究了薄壁槽形截面的屈曲后极限强度，所提建议公式计算结果与试验结果吻合较好。

2　理论分析模型

本文在理论分析时根据对称性取柱子屈曲半波长一段的四分之一进行计算，计算模型如图 1 所示，其中 L 是屈曲半波长。

2.1　边界条件

图 1 中，DEF 和 CF 边是对称边。ABC 是屈曲波形中的脊线边界。其边界条件为：

AB 边：X 方向自由伸缩，Z 方向平动，Y 方向直线斜移；

BC 边：X 方向固定，Y 方向直线平移。

2.2　初始缺陷

根据大量统计资料[4]，取槽形截面腹板初挠度值 $W_b = 0.003b_1$。

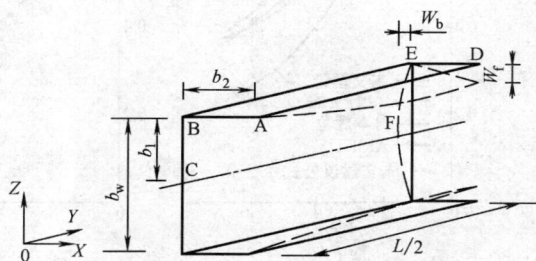

图 1　理论分析模型

$ABED$ 板件在纵向的初挠度形状为正弦半波形，横向为直线，翼缘外端初挠度值 W_i 根据 EF 线段的斜率计算得到。$BCFE$ 板件在纵向和横向的初挠度形状为双三角函数形。

残余应力对截面的屈曲后强度影响很小[2,3]，计算时忽略不计。

3　均匀受压槽形截面的屈曲后极限强度

本文采用有限单元法计算得到的薄壁槽形截面的均匀受压时关于不同 $\dfrac{b_2}{t}\sqrt{\dfrac{f_y}{E}}$ 值的 $\dfrac{P_u}{P_y}$ —

$\dfrac{b_w}{t}\sqrt{\dfrac{f_y}{E}}$ 曲线如图 $2a \sim 2c$ 所示。这里，P_u 为截面屈曲后极限承载力，P_y 为全截面屈服荷载，$P_u = A_e \cdot f_y$，$P_y = A \cdot f_y$；f_y 为屈服应力，E 为弹性模量。

图 2 中还列出了 TJ 18—75 规范[5]、日本规范[6] 和美国 AISI 规范[7] 的计算结果。

从图 2 中可见，当 $\dfrac{b_w}{t}$ 较小时，本文理论计算结果和 TJ 18—75 相当吻合。但随着 $\dfrac{b_w}{t}$

的增加，TJ 18—75 的计算结果与本文结果误差越来越大。这是因为，在 $\dfrac{b_w}{t}$ 较小时，腹板不发生屈曲，截面破坏时，翼缘在屈曲后阶段工作。而规范关于翼缘，即不加劲板的有效宽度取值正是根据槽形截面的试验结果得出的，这从一个方面证明了本文理论方法具有较高的计算精度。当 $\dfrac{b_w}{t}$ 增大时，在有效截面的计算中，规范对于腹板的有效宽度是依据轴压方管截面的试验结果得到的，方管截面和槽形截面相比，相邻板件对于所计算的加劲板件有很大的约束力，这就相应地提高了板件的屈曲后强度，所以规范 TJ 18—75 计算结果高于理论计算结果。

从图中还可见，日本和美国规范与本文的理论计算结果相比有较大的偏差，这主要是

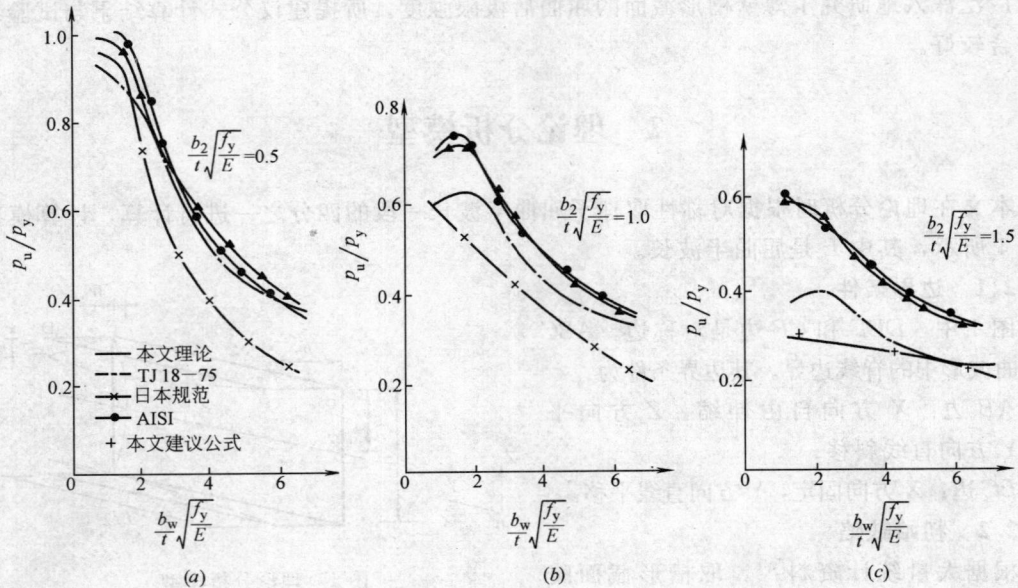

图 2 槽形截面 $\dfrac{P_u}{P_y} - \dfrac{b_w}{t}\sqrt{\dfrac{f_y}{E}}$ 曲线

由于这两种规范都是从轴压宽翼缘工字形截面的试验结果得出的板件有效宽度计算公式，在这种截面中，翼缘和腹板的边界约束都比槽形截面的要强。

4 受纯弯作用槽形截面的屈曲后极限强度

槽形截面是单轴对称截面，在对称面内弯曲变形的槽形截面在不同方向弯矩作用下其受力性能和极限破坏机理完全不同，本文分别针对图 3a 和图 3b 的两种情况计算了纯弯作用下槽形截面的屈曲后极限强度。

4.1 腹板受压的受纯弯作用的槽形截面

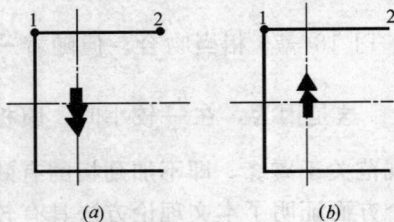

图 3 两种受纯弯作用的槽形截面

本文计算了如图 3a 所示的受纯弯作用的槽形截面的屈曲后极限强度，计算时取 $\dfrac{b_w}{t}\sqrt{\dfrac{f_y}{E}} = 1.0 \sim 6.7$，$\dfrac{b_2}{t}\sqrt{\dfrac{f_y}{E}} = 0.5 \sim 1.5$。计算表明，这类截面的抗弯极限弯矩与图 3a 所示截面的塑性极限弯矩之比 $\dfrac{M_u}{M_p}$ 基本接近于 1.0。但按规范 GBJ 18—87[4] 计算结果则远远高于理论结果，显然这是不合理的。其原因在于规范计算公式为 $\sigma = \dfrac{M}{W_e} \leqslant f$，$W_e$ 是有效截面最小受压点的抵抗矩。而对图 3a 的截面而言，受压点 1 的 W_e 远远大于翼缘外侧点 2 的 W，这样，当 $\sigma = \dfrac{M}{W_e} = f$ 时，M 就会大于 M_p。

4.2 腹板受拉的受纯弯作用的槽形截面

本文计算的如图 $3b$ 所示的受纯弯作用的槽形截面在 $\frac{b_2}{t}\sqrt{\frac{f_y}{E}}$ 为不同值时的 $\frac{M_u}{M_p}-\frac{b_w}{t}$

$\sqrt{\frac{f_y}{E}}$ 曲线见图 $4a\sim 4c$ 所示。图中还列出了规范计算结果。

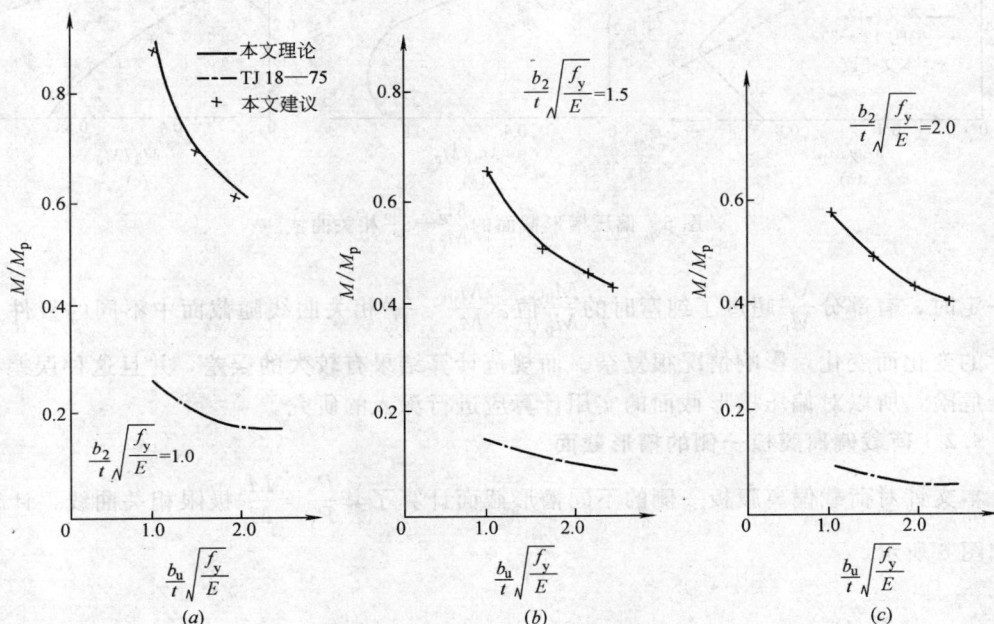

图 4 槽形截面的 $\frac{M_u}{M_p}-\frac{b_w}{t}\sqrt{\frac{f_y}{E}}$ 曲线（腹板受拉）

由图 4 可见，TJ 18—75 规范计算结果远远低于本文理论计算结果。由于不均匀受压翼缘板件的屈曲后工作情况非常复杂，规范规定不利用这类板件的屈曲后强度。而图 $3b$ 中受弯截面中最大压应力在翼缘的自由边一侧，其屈曲应力远远低于图 $3a$ 的受弯截面中翼缘的屈曲应力。规范曲线实际上是 $\frac{M_{cr}}{M_p}$ 曲线。由图 4 可见，不均匀受压的翼缘板在屈曲后仍然有明显的屈曲后强度升高现象。

5 偏压槽形截面的屈曲后极限强度

5.1 荷载偏向腹板一侧的槽形截面

本文对于不同的截面尺寸，计算了一组荷载偏向腹板一侧的截面屈曲后极限强度曲线 $\frac{P_u}{P_y}-\frac{M_u}{M_p}$，如图 $5a\sim c$ 所示。

图 5 中还列出了规范计算结果。

由上图可见，当 $\frac{M_u}{M_p}$ 较小时，有部分的 $\frac{P_u}{P_y}$ 值超过了轴压时的 $\frac{P_u}{P_y}$。这是由于在一定弯矩作用下，部分翼缘受拉，对腹板产生了约束，使得 P_u 值有所提高。从图中还可见，当 $\frac{P_u}{P_y}$

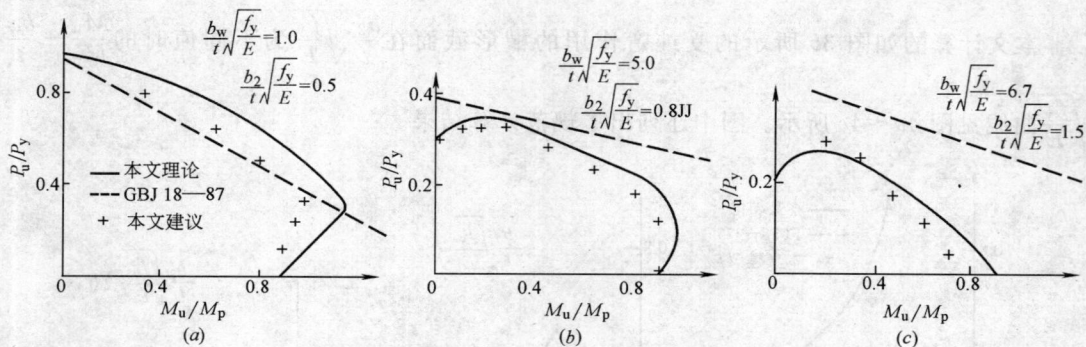

图 5　偏压槽形截面的 $\frac{M_u}{M_p}-\frac{P_u}{P_y}$ 相关曲线

值一定时，有部分 $\frac{M_u}{M_p}$ 超过了纯弯时的 $\frac{M_u}{M_p}$ 值。$\frac{M_u}{M_p}-\frac{P_u}{P_y}$ 相关曲线随截面中不同的板件几何尺寸的变化而变化，影响情况很复杂。而规范计算结果有较大的误差，并且这种误差有时偏于危险，所以对偏压槽形截面的实用计算应进行深入的研究。

5.2　荷载偏离腹板一侧的槽形截面

本文针对荷载偏离腹板一侧的不同槽形截面计算了其 $\frac{P_u}{P_y}-\frac{M_u}{M_p}$ 极限相关曲线，计算结果如图 6 所示。

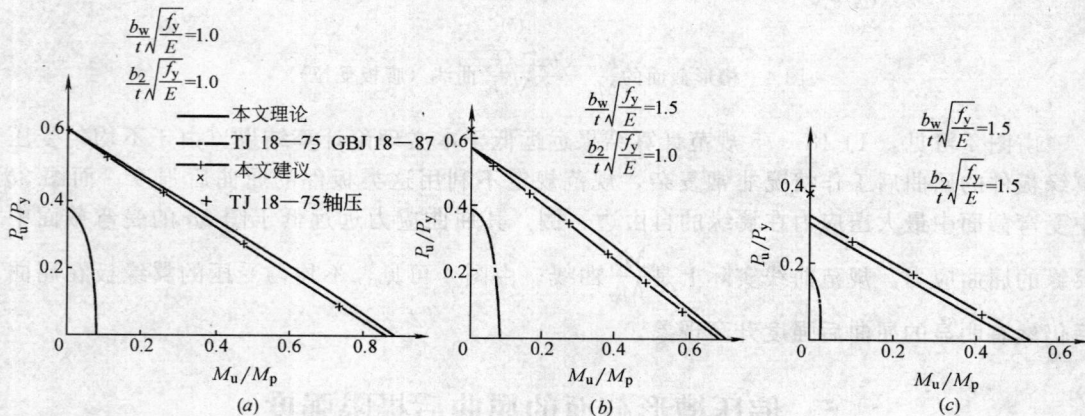

图 6　偏压槽形截面的 $\frac{M_u}{M_p}-\frac{P_u}{P_y}$ 相关曲线（偏离腹板）

规范计算结果也列于图 6 中。

由图 6 可见，对于荷载偏离腹板的偏压槽形截面，其 $\frac{M_u}{M_p}-\frac{P_u}{P_y}$ 极限相关曲线接近于直线。在这种截面中，规范只利用了均匀受力腹板的屈曲后强度，并且一旦非均匀受压翼缘屈曲，截面即被认为破坏，从而导致了偏低的计算结果。此外，TJ 18—75 规范在计算均匀受压槽形截面时，对翼缘板也采用了有效宽度概念，造成了计算轴压和偏压截面极限强度所得结果的不连续性。

6　建　议　公　式

6.1　均匀受压槽形截面的屈曲后极限强度（有效面积）

由图 2 可见，我国规范计算公式仅当腹板不屈曲时 $\left(\dfrac{b_{\mathrm{w}}}{t}\,\text{很小}\right)$ 才能得到较合理的计算结果。本文提出了以下计算槽形截面均匀受压时腹板有效宽度的计算公式：

$$
\begin{cases}
\dfrac{b_{\mathrm{w}}}{t}\sqrt{\dfrac{f}{E}}\leqslant1.5\text{时} & \dfrac{b_{\mathrm{we}}}{t}\sqrt{\dfrac{f}{E}}=0.25\dfrac{b_{\mathrm{w}}}{t}\sqrt{\dfrac{f}{E}}+\dfrac{2.35}{\left(0.6+1.5\dfrac{b_2}{t}\sqrt{\dfrac{f}{E}}\right)\dfrac{b_{\mathrm{w}}}{t}\sqrt{\dfrac{f}{E}}} \\[4mm]
\dfrac{b_{\mathrm{w}}}{t}\sqrt{\dfrac{f}{E}}>1.5\text{时} & \dfrac{b_{\mathrm{we}}}{t}\sqrt{\dfrac{f}{E}}=\dfrac{1.567}{\left(0.6+1.5\dfrac{b_2}{t}\sqrt{\dfrac{f}{E}}\right)}+\left(0.35\dfrac{b_2}{t}\sqrt{\dfrac{f}{E}}-0.35\right) \\[4mm]
& \qquad\cdot\left(\dfrac{b_{\mathrm{w}}}{t}\sqrt{\dfrac{f}{E}}-1.5\right)+0.375
\end{cases} \tag{1}
$$

按式（1）计算腹板有效宽度，按规范计算翼缘有效宽度，即可得截面的有效面积和屈曲后极限承载力。按此方法计算所得结果见图 2 所示。由图可见，本文方法具有极高的精度。

6.2　受纯弯作用的槽形截面（腹板受压）的屈曲后极限强度

本文提出图 7a 所示纯弯作用槽形截面屈曲后极限强度的计算模型。

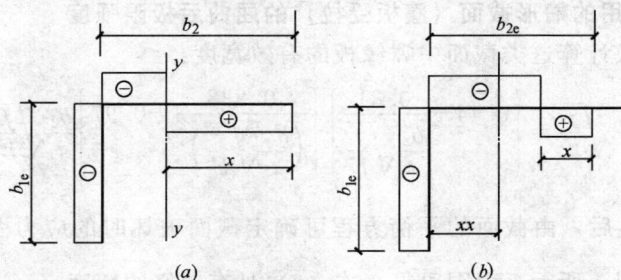

图 7　槽形截面极限强度计算模型

考虑到受弯时，由于翼缘外缘受拉，对腹板的约束力加强，使得腹板的边界条件类似于方管截面中的腹板，为此，本文建议按规范 GBJ 18—87 对加劲板件的有效宽度计算公式计算槽形截面腹板的 b_{1e}，按轴力平衡条件求图 7a 中 x，对 y—y 轴求极限弯矩。据此求得的弯矩和本文理论计算结果极为接近。

6.3　偏压槽形截面（偏向腹板）的屈曲后极限强度

本文建议按下式计算这类截面的腹板有效宽度：

$$
b_{\mathrm{we}}=\beta b_{\mathrm{we},j}+(1-\beta)b_{\mathrm{we,g}} \tag{2}
$$

$$
\begin{cases}
\beta=1.0-0.65\varepsilon/2 & 0.0<\varepsilon\leqslant2.0 \\
\beta=0.35-0.35(\varepsilon-2)/18 & 2.0<\varepsilon\leqslant20.0 \\
\beta=0 & \varepsilon>20.0
\end{cases} \tag{3}
$$

这里，$\varepsilon=\dfrac{MA}{PW_2}$，$b_{\mathrm{we},j}$ 由式 (1) 计算求得，$b_{2\mathrm{e},g}$ 由 GBJ 18—87 求得。

对翼缘而言，当 $\varepsilon=0$ 时应按规范计算其有效宽度 $b_{2\mathrm{e},g}$；当 $\varepsilon=1.0$ 时，翼缘板上荷载为三角形受压应力，试验证明翼缘不会发生屈曲。本文建议按下式计算其有效宽度：

$$b_{2\mathrm{e}}=ab_{2\mathrm{e},g}+b_2(1-\alpha) \tag{4}$$

$$\begin{cases} \alpha=1.0-\varepsilon & 0.0\leqslant\varepsilon<1.0 \\ \alpha=0.0 & \varepsilon\geqslant1.0 \end{cases} \tag{5}$$

对于槽形截面，板件屈曲后截面会产生一定的偏移以实现应力重分布。本文建议截面应力重分布后的形心轴离腹板中线距离 xx 与初始距离 xx_0 的关系为：

$$xx=\gamma\cdot xx_0 \tag{6}$$

$$\begin{cases} 0\leqslant\varepsilon<0.5 & \gamma=1-\varepsilon\dfrac{b_2}{b_{\mathrm{w}}} \\[2mm] 0.5\leqslant\varepsilon<1.0 & \gamma=1-0.4\dfrac{b_2}{b_{\mathrm{w}}}-0.2\varepsilon\dfrac{b_2}{b_{\mathrm{w}}} \\[2mm] \varepsilon\geqslant1.0 & \gamma=1-0.6\dfrac{b_2}{b_{\mathrm{w}}} \end{cases} \tag{7}$$

偏压槽形截面（偏向腹板）的屈曲后强度计算方法为：给定 ε，假定 $P_\mathrm{u}=QP_\mathrm{y}$，则 $M_\mathrm{u}=\varepsilon QM_\mathrm{y}$，按式 (2)、(4) 计算有效宽度，按式 (6) 计算 xx，假定截面破坏时应力图式如图 7b 所示，则由轴力和弯矩平衡方程联立求解可得 x 和 Q。据此算得的相关曲线见图 5 所示。由图可见，建议公式和计算结果比较接近。

6.4　受纯弯作用的槽形截面（腹板受拉）的屈曲后极限强度

本文建议按下式计算这类截面中翼缘板的有效宽度：

$$\frac{b_{2\mathrm{e}}}{t}\sqrt{\frac{f}{E}}=\left[0.44+\frac{0.31}{\dfrac{b_2}{t}\sqrt{\dfrac{f}{E}}}\right]\left[\frac{0.238}{\left(\dfrac{b_{\mathrm{w}}}{t}\sqrt{\dfrac{f}{E}}\right)^2}+0.97\right]\frac{b_2}{t}\sqrt{\frac{f}{E}} \tag{8}$$

由式 (8) 计算出 $b_{2\mathrm{e}}$ 后，由截面的平衡方程可确定截面破坏时的应力图式，最终求得 $\dfrac{M_\mathrm{u}}{M_\mathrm{p}}$ 曲线。计算结果如图 4 所示。由图可见，式 (8) 具有较好的精度。

6.5　偏压槽形截面（偏离腹板）的屈曲后极限强度

由图 6 可见，这类截面的 $\dfrac{M_\mathrm{u}}{M_\mathrm{p}}-\dfrac{P_\mathrm{u}}{P_\mathrm{y}}$ 相关曲线接近于直线。为方便起见，本文建议按下式计算：

$$\frac{M}{M_\mathrm{u}}+\frac{P}{P_\mathrm{u}}=1 \tag{9}$$

上式中，P_u 为按轴压时建议方法计算所得值，M_u 为按纯弯（腹板受拉）时建议方法所得极限弯矩。由图 6 可见，式 (9) 精度很高。

7　建议公式与试验结果的比较

文献[8]对偏压槽形截面（偏离腹板和偏向腹板两种情况）的极限强度进行了试验

实测。所得结果列于表 1 和表 2 中。表 1、2 中还列出了本文建议公式对试件的计算结果。

偏压槽形截面（偏离腹板）的试验结果　　　　表 1

$\frac{\sigma_2-\sigma_1}{\sigma_2}$	截面尺寸 $h\times b\times t$(cm)	翼缘宽 b(cm)	试验屈曲力 P_{cr}(kN)	试验极限力 P_u(kN)	建议公式 N_u(kN)	误差
0.2	15×10×0.25	10	68.0	84.0	67.2	−20%
0.2	12×8×0.25 12×8×0.25	8 8	65.0 65.0	96.0 90.0	74.4	−20%
0.2	18×10.5×0.25	10.5	45.0	65.0	67.0	3%
0.2	10×6×0.25 10×6×0.25 10×6×0.25	6 6 6	未测到 未测到 65.0	77.0* 87.5 75.5*	90.0	2.8%
0.4	10×6×0.25 10×6×0.25 10×6×0.25 10×6×0.25 10×6×0.25	6 6 6 6 6	60.0 60.0 未测到 未测到 未测到	67.5* 67.5* 77.0* 83.0 68.5*	82.9	−0.12%
0.8	12×8×0.25 12×8×0.25 12×8×0.25 12×8×0.25	8 8 8 8	40.0 40.0 40.0 31.0	51.0 51.0* 42.2* 37.0*	51.0	0%
1.0	15×10×0.25 15×10×0.25	10 10	21.0 25.0	31.0 36.5	33.5	−0.74%
1.0	10×6×0.25 10×6×0.25	6 6	39.0 未测到	43.0 42.5	42.6	−0.35%

* 跨中初曲过大或未测到。

偏压槽形截面（偏向腹板）的试验结果　　　　表 2

$\frac{\sigma_1-\sigma_2}{\sigma_1}$	截面尺寸 $h\times b\times t$(cm)	翼缘宽 b(cm)	试验屈曲力 P_{cr}(kN)	试验极限力 P_u(kN)	建议公式 N_u(kN)	误差
0.4	12×8×0.25 12×8×0.25 12×8×0.25 12×8×0.25	8 8 8 8	未测到 90.0 85.0 60.0	120.0 110.0* 99.0* 84.8*	102.0	−15%
0.6	12×8×0.25 12×8×0.25 12×8×0.25 12×8×0.25	8 8 8 8	未测到 90.0 80.0 80.0	120.0 110.0 110.0 105.0	105.0	−5.6%
1.0	15×12×0.25 15×12×0.25 15×12×0.25	12 12 12	未测到 未测到 未测到	120.0 118.0 120.0	126.0	5.6%
1.0	8.0×12×0.25 8.0×12×0.25	12 12	未测到 未测到	116.0 115.0	97.8	−15%
1.2	15×15×0.25 15×15×0.25 15×15×0.25	15 15 15	110.0 未测到 未测到	130.0 115.0 130.0	137.0	9.6%

* 跨中初曲过大或未测到。

由表 1、2 可见，本文建议公式所得结果与试验结果吻合较好。从表中还可见，截面在其板件屈曲后并不破坏，试件的屈曲后极限承载力高出屈曲力 10％～50％，具有明显的屈曲后强度提高现象，这与本文理论计算所得结论是一致的。

8 结 论

（1）薄壁槽形截面的有效面积与截面尺寸和受力情况有关；

（2）规范计算槽形截面屈曲后极限承载力时没有考虑受力情况的影响，计算结果有较大误差；

（3）本文建议公式精度较高，与本文理论计算结果及试验实测结果吻合较好。

参 考 文 献

1　Shen Zuyan, zhang Qilin．Nonlinear Stability Analysis of Steel Members by Finite Element Method，Journal of Engineering Mechanics，ASCE，Vol. 118，No. 3，1992

2　Shen Zuyan，Zhang Qilin．Interaction of Local and Overall Instability of Compressed Box Columns，Journal of Structural Engineering，ASCE，Vol. 117，No. 11，1991

3　Zhang Qilin，Shen Zuyan．Overall and Local Interactive Instability of Axially Loaded Thin-walled I-section Columns，Proc. 3rd East Asian-Pacific International Conference on Structural Engineering，1991，Shanghai，China

4　中华人民共和国国家标准，《冷弯薄壁型钢结构技术规范 GBJ 18—87》，中国计划出版社，北京，1988 年

5　《薄壁型钢结构技术规范 TJ 18—75（试行）》，中国建筑工业出版社，北京，1975 年

6　日本建筑学会．《薄壁型钢结构设计施工指南暨介释》．1974 年

7　美国钢铁学会（AISI）；《美国冷弯型钢结构构件设计规范》冶院科技特刊，1988 年

8　孙祖龙、何鹤翔．三边简支一边自由矩形板在非均匀压力作用下的屈曲强度计算和试验研究，全国钢结构标准技术委员会钢结构研究论文报告选集，第一册，水利电力出版社，北京，1982 年

（本文发表于：土木工程学报，1995 年第 2 期）

7. 厚板焊接柱的 φ 曲线研究

沈祖炎　徐忠根

提　要：本文利用数值积分法，考虑截面残余应力和跨中挠度为千分之一杆长的正弦半波状初弯曲，对 50 组焊接厚板Ⅰ型和箱形截面柱进行了计算分析。从而确定了该类柱子的稳定曲线取值，以供设计规定参考。

关键词：数值积分　残余应力　φ 曲线

An Investigation of the φ-curves of Columns Welded by Thick Plates

Shen Zuyan　Xu Zhonggen

Abstract：In this paper，fifty series of I and box sectional columns welded by thick plates are analyzed with the numerical integration method，which includes the effects of residual stresss and an initial bending of half sine wave whose mid-span deflection is $\frac{1}{1000}$ of the span length. Then the φ curve values of this type of columns is determined to give a suggestion for the design code of this type of columns.

Keywords：Numerical Integration　Residual Stress　φ-Curve.

1　引　　言

随着现代建筑工业的发展，高层建筑和重型厂房愈来愈多地使用板厚 40mm 以上的轧制Ⅰ型钢或焊接钢板组合截面柱。其中轧制Ⅰ型钢截面柱国内极少用到，而焊接Ⅰ型或箱形截面钢柱则已有不少的应用。由于此类截面柱中的残余应力相当复杂，它会严重降低该类柱子的稳定极限承载能力。欧美一些国家根据实测残余应力确定了此类柱的 φ 曲线。目前我国也很需要对各种厚板焊接柱的稳定曲线进行研究。

2　数值积分法简介

文献 [5] 用增量法数值积分分析柱子轴压稳定极限承载力。

2.1　位移递推公式

如图 1 和图 2 所示为压杆及其单元位移。位移递推公式为

$$U_{i+1}=U_i+\theta_i \cdot \delta-0.5\phi_{ik} \cdot \delta^2 \tag{1}$$

$$\theta_{i+1}=\theta_i-\phi_{ik}\cdot\delta \tag{2}$$

$$W_{i+1}=W_i+\frac{1}{6}(1-\bar{\varepsilon}_{\delta i})\delta(\theta_i^2+\theta_i\cdot\theta_{i+1}+\theta_{i+1}^2)+\bar{\varepsilon}_{\delta i}\cdot\delta \tag{3}$$

以上三式中，在弹性阶段取

$$\varphi_{ih}=\frac{P(U_{ih}^0+U_i+0.5\theta_i\cdot\delta)}{I\cdot E+0.125P\delta^2} \tag{4}$$

$$\bar{\varepsilon}_{\delta i}=\frac{P}{A\cdot E} \tag{5}$$

其中，U_{ih}^0 为第 i 段中点的初挠度，按正弦半波计算；A、I 为截面面积和惯性矩；E 为材料的弹性模量。

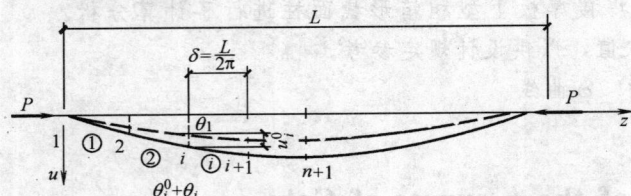

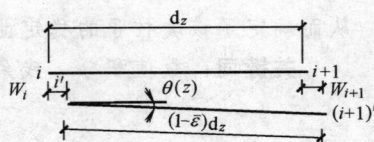

图 1　压杆位移　　　　　　　　　　　　　图 2　单元位移

在塑性阶段，取

$$\varphi_{ih}=\varphi_i+\frac{P(U_{ih}^0-U_i^0+0.5\theta_i\cdot\delta)}{I_t+0.125P\delta^2} \tag{6}$$

$$\bar{\varepsilon}_{\delta i}=\bar{\varepsilon}_i \tag{7}$$

此处，i 截面处的曲率 φ_i 和平均应变 $\bar{\varepsilon}_i$ 需要迭代计算。先给初值

$$\varphi_i=\frac{P(U_i+U_i^0)}{I\cdot E},\quad \bar{\varepsilon}_i=\frac{P}{A\cdot E}$$

计算如图 4 所示截面上各点处的应变 $\varepsilon_j=\bar{\varepsilon}_i+\bar{\varepsilon}_{ri}+\varphi_i\cdot y_i$（$\varepsilon_{rj}$ 为 j 处残余应变）；按图 3 的应力-应变关系确定应力 σ_j 和切线弹性模量 E_{tj} 求截面当量特性：$A_t=\sum E_{tj}\cdot\Delta A_j$，$S_i=\sum E_{ij}\cdot y_i\Delta A_j$，$I_i=\sum E_{ij}\cdot y_j^2\Delta A_j$；求内外力差：$\Delta N=P-\sum\sigma_j\cdot\Delta A_j$，$\Delta M=P(U_i+U_i^2)-\sum\sigma_j y_j\cdot\Delta A_j$；按下式计算 $\Delta\varphi$、$\Delta\bar{\varepsilon}_i$：

$$\Delta\varphi=\frac{\Delta M\cdot A_t-\Delta N\cdot S_t}{A_t\cdot I_t-S_t^2} \tag{8a}$$

$$\Delta\bar{\varepsilon}_i=\frac{\Delta N\cdot I_t-\Delta M\cdot S_t}{A_t\cdot I_t-S_t^2} \tag{8b}$$

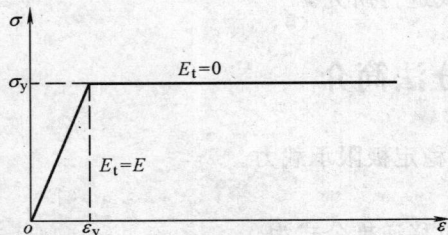

图 3　应力-应变曲线

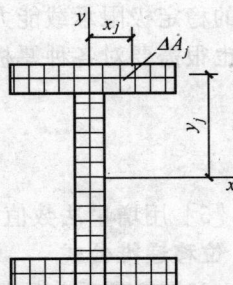

图 4　截面分块

调整 φ、$\bar{\varepsilon}_i$，重复以上各步骤，直到 $\Delta\varphi$、$\Delta\bar{\varepsilon}_i$ 足够小。

2.2　计算步骤

（1）将截面划分小块，如图4；

（2）作用压力 P；

（3）自始端到末端计算位移，利用对称性可只计算到跨中；

（4）判别跨中转角是否足够小，若大于要求精度调整始端转角，重复步骤（3）；

（5）增加荷载 P，重复步骤（2）、（3）；

（6）若位移发散，此前一级荷载就是柱子的极限载荷 P_{cr}，结束。

3　截面形状及残余应力

本文作者按上述方法分析了焊接工字形和箱形截面柱的极限承载力，所考虑的截面形状及尺寸见表1，由于篇幅所限，这里仅保留了部分残余应力模式。

截面形状和残余应力模式　　　　　　　　　　　　　　表1

曲线号	截面形状及尺寸(mm)	残余应力	曲线号	截面形状及尺寸(mm)	残余应力
1(绕强轴)	轧板Ⅰ形 $b=1120$ $t_w=56$	WSA1[①]		方管薄焊缝	
2(绕弱轴)			31	$t=30$ $h/t=10$	
3(绕强轴)	$t_f=56$ $h=720$	WSA2[①]	32	$t=30$ $h/t=20$	见图6(c)
4(绕弱轴)			33	$t=30$ $h/t=30$	
			34	$t=30$ $h/t=40$	
	焰切板Ⅰ形	文献[5]		方管薄焊缝	
5(绕强轴)	$b=360$ $t_w=36$	69号试验结果	35(绕强轴)	$t=40$ $h/t=10$	
6(绕弱轴)	$t_f=61$ $h=380$		36(绕弱轴)		
	轧板Ⅰ形	文献[8]	37(绕弱轴)	$t=40$ $h/t=20$	
7(绕强轴)	$b=360$ $t_w=36$	68号试验结果	38(绕弱轴)		见图6(d)
8(绕弱轴)			39(绕弱轴)	$t=40$ $h/t=30$	
	焰切板Ⅰ形	文献[7]	40(绕弱轴)		
9(绕强轴)	$b=360$ $t_w=36$	图11	41(绕强轴)	$t=40$ $h/t=40$	
10(绕弱轴)			42(绕强轴)		
	方管厚焊缝	文献[8]		方管薄焊缝	
11	$t=30$ $h/t=20$	E5	43(绕强轴)	$t=50$ $h/t=10$	
12	$t=30$ $h/t=30$		44(绕弱轴)		
13	$t=30$ $h/t=40$		45(绕强轴)	$t=50$ $h/t=20$	
	方管厚焊缝		46(绕弱轴)		见图6(e)
14(绕强轴)	$t=40$ $h/t=20$		47(绕强轴)	$t=50$ $h/t=30$	
15(绕弱轴)			48(绕弱轴)	$t=50$ $h/t=30$	
16(绕强轴)	$t=40$ $h/t=30$	见图6(a)	49(绕强轴)	$t=50$ $h/t=40$	
17(绕弱轴)			50(绕弱轴)		
18(绕强轴)	$t=40$ $h/t=40$			方管厚焊缝	截面A实测 残余应力[②]
19(绕弱轴)			51(绕弱轴)	$t=70$ $h=600$	
	方管厚焊缝			方管厚焊缝	$750\times750\times80$ 截面残余应力[②]
20(绕强轴)	$t=50$ $h/t=20$				
21(绕弱轴)					
22(绕强轴)	$t=50$ $h/t=30$	见图6(b)	52(绕弱轴)	$t=80$ $h=750$	
23(绕弱轴)					
24(绕强轴)	$t=50$ $h/t=40$				
25(绕弱轴)					

续表

曲 线 号	截面形状及尺寸(mm)	残余应力	曲 线 号	截面形状及尺寸(mm)	残余应力
53(绕强轴)	轧板Ⅰ形 $b=480$ $h=540$	文献[10]2号截面残余应力	55(绕弱轴)	方管薄焊缝 $t=40$ $h=500$	见图6(f)
54(绕弱轴)	$t_f=60$ $t_w=40$				

① 沈祖炎. 关于钢桥 15Mn VN 钢压杆稳定系数的研究. 中国钢结构稳定与疲劳学术讨论会,北京,1991.
② 顾强,陈绍蕃. 厚板焊接柱的残余应力和 φ 曲线的研究. 西安冶金建筑工程学院科研报告,1990.

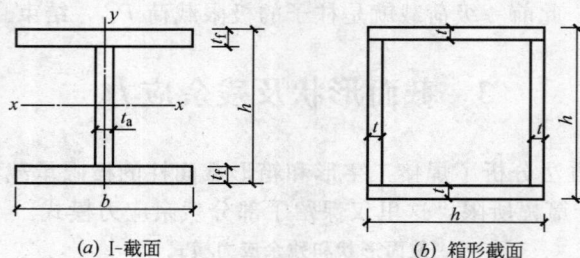

(a) Ⅰ-截面   (b) 箱形截面

图 5   截面尺寸

以上表格中,正号残余应力表示受压。其中1～10号曲线的残余应力系由所列文献的残余应力图式经双轴对称求平均简化而来;11～50号曲线的腹板和翼缘中部的残余应力可由截面残余应力合力为零确定;52～54号曲线的残余应力是西安冶金建筑工程学院顾强按温度场有限元分析得到的;55号曲线的残余应力系作者试验实测结果的简化。

由上表可知,厚板焊接截面的残余应力较为复杂。在焊缝附近,材料达到甚至超过受拉屈服[1];沿板宽和板厚方向,残余应力均有显著的变化。对于焊接Ⅰ型截面,用轧板制成的截面残余应力有别于焰切板[1,2],主要在于,前者翼缘悬臂端受压,而后者则受拉;对于焊接箱型截面,当施用薄焊缝时,板宽中部的内、外边缘的残余应力相差较为悬殊,外缘受压残余应力比内缘受压残余应力约大 $0.2\sim0.3\sigma_y$。

4   计 算 结 果

本文根据前述的计算方法,计算了一系列截面的柱子轴压稳定极限承载力。计算时,材料用3号钢[4],其屈服点取 215N/mm²,弹性模量 $E=2.05\times10^5$ N/mm²。柱子考虑正弦波状初始弯曲,不计初偏心,其跨中初挠度为杆长的1/1000;同时考虑表1所示的残余应力。

每条曲线,计算 $\lambda=20,40,\cdots,160$ 等8个点,绘成 φ-λ 曲线如图7～图10,图中 a、b、c 线即为规范 GBJ 17—88 中的曲线。由图7可知,焰割板焊接Ⅰ形截面柱,绕强轴失稳时,其稳定曲线5号线、9号线基本上高于曲线 b;然而轧制板焊接Ⅰ形截面柱,绕强轴失稳时,其稳定曲线1、3、7、53号线介于 b、c 线之间,其中53号线在长细比较大时略低于 c 曲线。由图8可知,焰切板焊接Ⅰ形截面柱,绕弱轴失稳时,其稳定曲线6、10号曲线局部低于 b 曲线,都高于 c 曲线;而轧制板焊接Ⅰ形截面的稳定曲线2、4、8、54号曲线均低于 c 曲线。

对于厚焊缝焊接箱形截面,计算所得的理论稳定曲线绘于图9中。图9为板厚 $t=30$mm 时的情况,$h/t=20$ 的稳定曲线11号在长细比较大时,低于 b 曲线,而在 c 曲线之

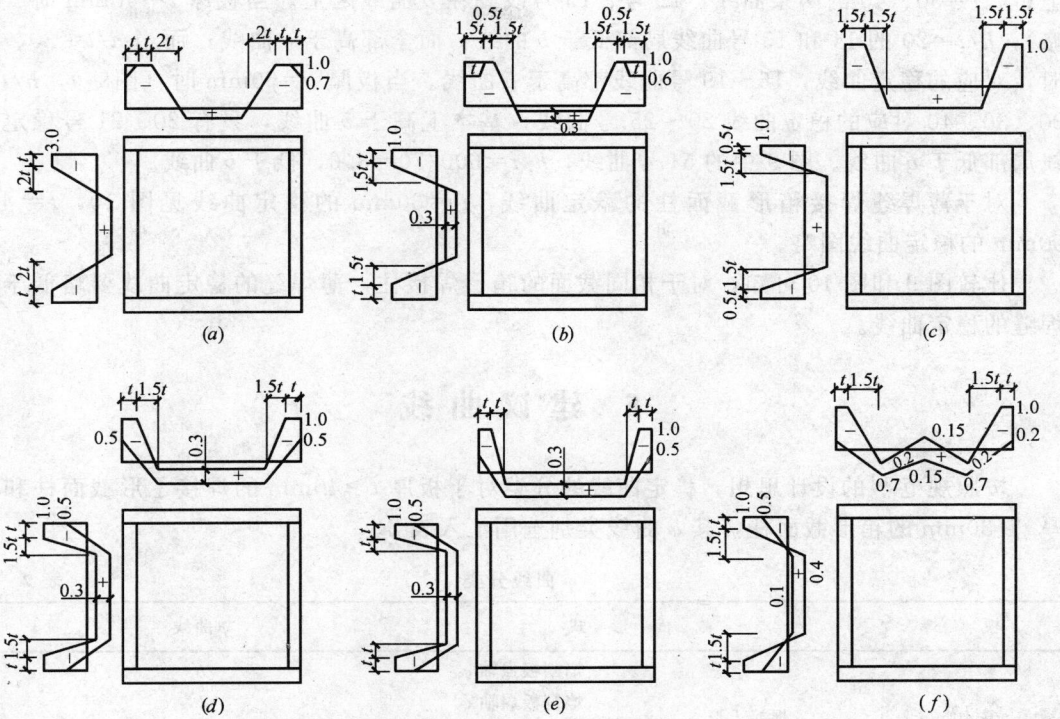

图 6　方管残余应力分布

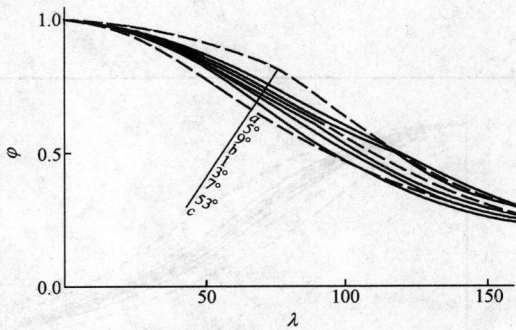

图 7　焰割板焊接 I 形截面柱 φ-λ 曲线

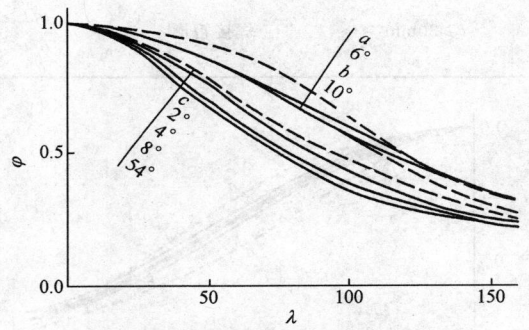

图 8　焰切板焊接 I 形截面柱 φ-λ 曲线

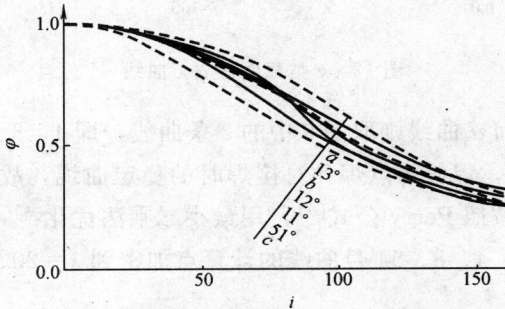

图 9　厚焊缝焊接箱形截面柱 φ-λ 曲线

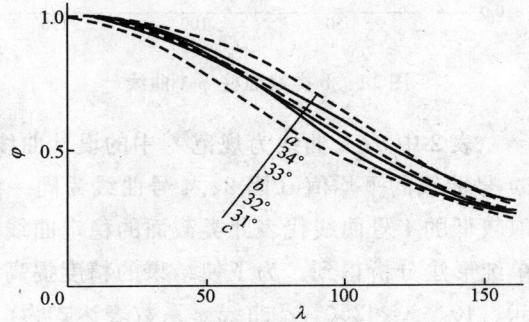

图 10　薄焊缝焊接箱形截面柱 φ-λ 曲线

上；$h/t=30$、40 的两条曲线，12 号、13 号线则在 b 曲线之上。当板厚 $t=40$mm 时（图略），$h/t=20$ 的 14 和 15 号曲线局部低于 b 曲线，而全部高于 c 曲线；而当 $h/t=30$、40 时，对应的稳定曲线，16～19 号曲线都高于 b 曲线。当板厚 $t=50$mm 时（图略），$h/t=20$、30、40 对应的稳定曲线 20～25 号曲线，基本上高于 b 曲线，只有 20、21 号稳定曲线局部低于 b 曲线。图 9 中的 51 号曲线，$h/t=600/70=8.6$，低于 b 曲线。

对于薄焊缝焊接箱形截面柱的稳定曲线，$t=30$mm 的稳定曲线见图 10，$t=40$、50mm 的稳定曲线图略。

比较图 9 和图 10 可知，对于相同截面的箱形焊接柱，薄焊缝的稳定曲线要略低于厚焊缝的稳定曲线。

5 建 议 曲 线

按照规范[6]的设计思想，稳定曲线的分类对于板厚 $t\geqslant40$mm 的焊接 I 形截面柱和板厚 $t\geqslant30$mm 的箱形截面柱，其 φ 曲线类别选用汇入表 2。

φ 曲线分类   表 2

板　　厚	截　面　形　式		φ 曲线
$t\geqslant40$mm	焊接 I 形	焰割板强轴 φ_x	b
		焰割板弱轴 φ_y	b
		轧制板强轴 φ_x	c
		轧制板弱轴 φ_y	d
$t\geqslant30$mm	焊接箱形	$b/t>20$	b
		$b/t\leqslant20$	c

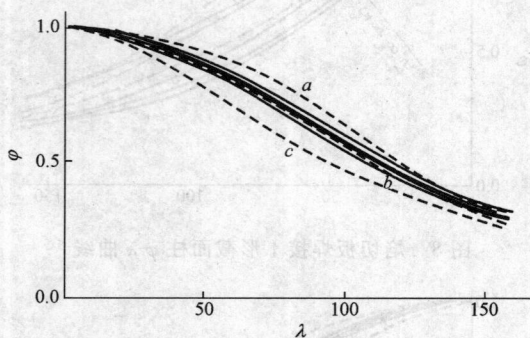

图 11 b 类截面柱 φ-λ 曲线   图 12 c 类截面柱 φ-λ 曲线

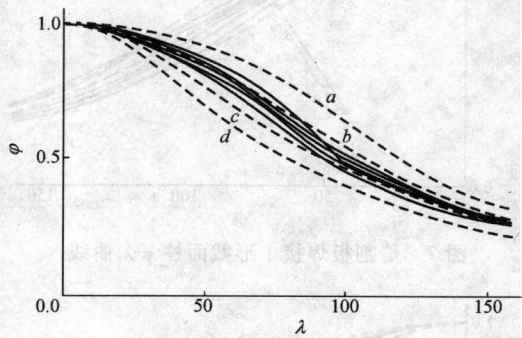

表 2 中 b、c 曲线为规范[6]中的设计曲线；而 d 曲线则取图 9 中的 3 条曲线，即 4、8、54 号曲线的平均值（因 2、4 号曲线为同一截面，焊缝为点焊和对接焊时的稳定曲线，故取较低的 4 号曲线代表此类截面的稳定曲线），按照 Perry 公式[9]，用最小二乘法优化[8]，单纯形法分析得到。为了使结果的精度提高，2、4、8、54 号曲线的计算点加密到 $\lambda=20$、30、40、…、250。d 曲线 φ 系数表达式为

$\overline{\lambda}\leqslant0.215$ 时，$\phi=1.0-0.95477\overline{\lambda}^2$；

$\bar{\lambda} > 0.215$ 时，$\phi = \dfrac{1}{2\bar{\lambda}^2}\left[\alpha_2 + \alpha_3\bar{\lambda} + \bar{\lambda}^2\right.$

$\left. - \sqrt{(\alpha_2 + \alpha_3\bar{\lambda} + \bar{\lambda}^2)^2 - 4\bar{\lambda}^2}\right]$

当 $0.215 < \bar{\lambda} \leqslant 0.4169$ 时，$\alpha_2 = 0.85149$，$\alpha_3 = 0.90133$；

当 $0.4169 < \bar{\lambda} \leqslant 1.2508$ 时，$\alpha_2 = 0.77012$，$\alpha_3 = 1.09653$；

当 $\bar{\lambda} > 1.2508$ 时，$\alpha_2 = 1.34292$，$\alpha_3 = 0.63859$。

$\bar{\lambda} = \dfrac{\lambda}{\pi\sqrt{\sigma_y/E}}$，$\lambda$——长细比。

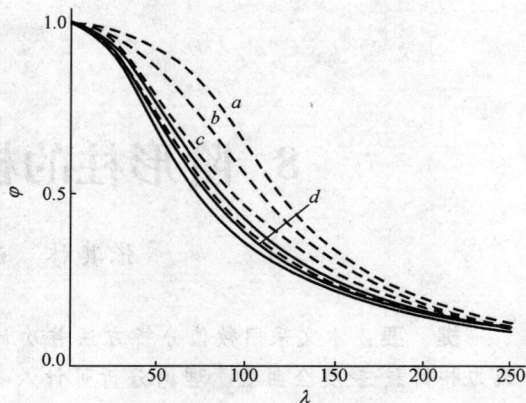

图 13　d 类截面柱 φ-λ 曲线

图 11、图 12、图 13 分别绘出了表 2 中 b、c、d 曲线选用范围内理论计算所得曲线与 b、c、d 曲线。

参 考 文 献

1　吕烈武等. 钢结构构件稳定理论. 北京：中国建筑工业出版社，1982

2　Manual on the Stability of Steel Structures. European Convention for Constructional Steelwork，Second Edition，1976

3　程耿东. 工程结构优化设计基础. 北京：水利电力出版社，1983

4　欧阳可庆主编. 钢结构. 上海：同济大学出版社，1986

5　郑伟国，沈祖炎. 结构稳定分析的改进数值积分法. 同济大学学报，1990，18（4）：395～405

6　钢结构设计规范 GBJ 17—88. 1988

7　Alpsten G A，Tall L. Residual stresses in heavy welded shapes. Welding Research supplement，1970，93～105

8　李德滋等译. 钢结构稳定手册. 欧洲建筑钢结构协会著，哈尔滨建筑工程学院、冶金部北京钢铁设计研究总院编印，1980

9　Ballio，Giulio，Mazzolani，Federico M. Theory and design of steel structures. Revised English Edition，London：Chapman & Hall，1983

10　顾强，陈绍蕃. 厚板焊接 I 形截面柱残余应力的有限元分析. 西安冶金建筑工程学院学报，1991，23（3）：290～296

（本文发表于：同济大学学报，1993 年第 2 期）

8. 阶形柱的极限承载力

张其林　沈祖炎

提　要：本文采用数值分析方法首次计算了实腹式工字形截面阶形柱极限承载力和荷载-挠度全曲线。理论分析可计入各种初始缺陷的影响，并可考虑加载次序及截面纤维加、卸载效应的影响。经与试验结果比较，证明本文理论方法具有较高的精度。本文在大量参数运算的基础上，分析了规范实用计算方法的误差及其原因，提出了验算阶形柱上、下柱的建议方法，经计算比较，结果令人满意。

关键词：阶梯形柱　极限荷载　非线性理论　设计考虑

Ultimate Strength of Steel Stepped Column

Zhang Qilin　Shen Zuyan

Abstract：A new and general method and a comprehensive computer program are developed for predicting the ultimate strength and the load-deflection curves of steel stepped columns with H sections. The influence of all initial imperfections and the effects of loading，unloading and reloading of yielded fibers are taken into account. Experiments have been conducted to verify the theory. The experimental results have proved that the accuracy of the proposed method is quite satisfactory. On the basis of extensive parametric studies，errors of some prevailing specifications about the ultimate strength of stepped columns are investigated and causes of these errors are examined item by item. Finally，simplified methods for calculating the stability of stepped columns are presented whose results show a good agreement with those of the theoretical method.

Keywords：Stepped Column　Ultimate Load　Non-Linear Theories　Design Consideration

1　前　言

阶形柱是工业厂房中大量存在的承重构件，是一种受有复杂外荷作用的不连续压弯构件。

近年来，基于用小挠度理论解独立压弯杆平面内稳定性能分析的数值方法[1、3、4—6]已日趋成熟，分析结果经试验验证具有足够的精度。文献［6］在分析受有端部转动弹簧约束的铰支压杆时，提出了可考虑截面纤维加、卸载效应的数值积分法。对承受复杂外荷的阶形柱这种截面纤维加，卸载效应较复杂的压弯杆，还未发现理论上的研究。另一方面，各国现行规范［7—9］对阶形柱的设计采用了与处理一般框架柱相同的方法，即按有效长度理论分别计算阶形柱的上、下柱的有效长度，按一阶弹性方法确定阶形柱的内力分布，然后按具有有效长度的受等弯矩作用的压弯构件分别验算上、下柱的稳定性。显然，这一系列过程都是近似的，包括计算长度的取值、内力的计算方法以及验算时等效弯矩的取值。这样，必定会使规范方法产生一定的误差。

图 1　阶形柱

本文的分析对象是图 1 所示的阶形柱。研究的内容是考虑几何非线性和物理非线性影响时构件的极限承载力和荷载-挠度全曲线。理论分析需计入杆件的初变形、初偏心及残余应力等初始缺陷的影响，考虑任意的加载方式，并可跟踪截面纤维的应力-应变变化过程。

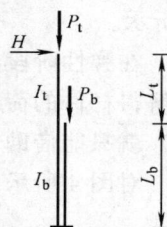

2　理论分析方法

2.1　基本假定：

（1）平截面假定；

（2）材料的应力-应变关系呈三段直线型[2]，如图 2 所示：

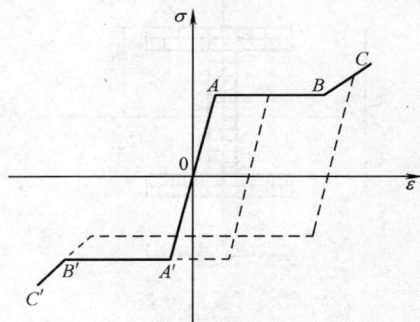

图 2　材料应力-应变关系　　图 3　阶形柱符号说明

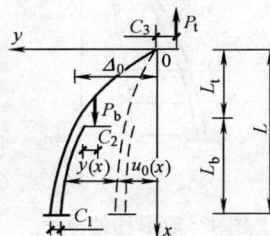

弹性阶段：$OA(OA')$；

塑性阶段：$AB(A'B')$；

应变硬化阶段：$BC(B'C')$

当截面纤维卸载时，弹性模量是卸载曲线的斜率。在弹、塑性阶段，从卸载至反向加载时，不考虑 Baushinger 效应的影响；在应变硬化阶段，Baushinger 效应的考虑如图 2 所示，反复卸载时同样考虑；

（3）柱子不发生平面外屈曲破坏和局部屈曲破坏；

（4）小挠度、小转角。

2.2　杆件挠曲线计算

对于图 1 所示阶形柱构件，如采用图 3 所示坐标系，按二阶分析方法可得平衡微分方程：

$$\begin{cases} M_t(x)=P_t y(x)+P_t c_3+P_t u_0(x)+Hx & (x\leqslant L_t) \\ M_b(x)=Py(x)+Hx+(P_b c_2+P_t c_3-P_t c_1-P_b\Delta_0)+Pu_0(x) \\ \qquad\qquad\qquad\qquad\qquad (x>L_t) \end{cases} \tag{1}$$

上式中，$M_t(x)$ 和 $M_b(x)$ 分别为上柱及下柱的内弯矩，$P=P_t+P_b$，其他符号见图 3 所示。

在弹性阶段，因有 $M_t(x)=-EI_t y''(x)$ 和 $M_b(x)=-EI_b y''(x)$，利用边界条件即可解得杆件的荷载-挠度曲线。但一旦进入弹塑性阶段，考虑截面残余应力的影响，则式（1）就只能借助于数值方法求解。

对图 4 所示的分段后的阶形柱的变形曲线，由泰勒级数展开式，可得：

$$\begin{cases} y_{i+1}=y_i+(x_{i+1}-x_i)y_i'+\dfrac{1}{2}(x_{i+1}-x_i)^2 y_i''+\cdots\cdots+\dfrac{1}{n!}(x_{i+1}-x_i)^n y_i^{(n)}+R_1(n+1) \\ y_{i+1}'=y_i'+(x_{i+1}-x_i)y_i''+\cdots\cdots+\dfrac{1}{n!}(x_{i+1}-x_i)^n y_i^{(n+1)}+R_2(n+1) \end{cases}$$
$$(2)$$

如忽略大于二阶导数的项，并采用如下基本公式以尽可能降低截断误差：

$$\begin{cases} y_{i+1}=y_i+(x_{i+1}-x_i)y_i'+\dfrac{1}{2}(x_{i+1}-x_i)^2 y_{i+1/3}'' \\ y_{i+1}'=y_i'+(x_{i+1}-x_i)y_{i+1/2}'' \end{cases} \tag{3}$$

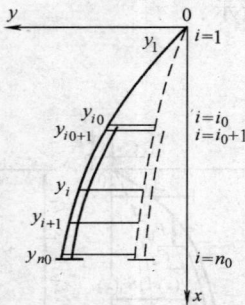

图 4　阶形柱的分段　　　　　图 5　截面分割

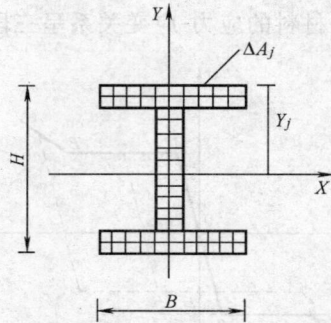

那么，当杆件变形曲线的 y_i、y_i'、$y_{i+1/3}''$ 和 $y_{i+1/2}''$ 为已知时，就可求出 y_{i+1} 及 y_{i+1}'。由于 y_i 及 y_i' 已在前一次计算中求出，因此关键就在于 $y_{i+1/3}''$ 和 $y_{i+1/2}''$ 的计算。$y_{i+1/3}''$ 和 $y_{i+1/2}''$ 可由平衡方程（1）求解。

将截面如图 5 所示划分为若干块形小单元（如不考虑残余应力，可沿 x 向划分成条形单元），则式（1）可写为：

$$\begin{cases} \sum \sigma_j \Delta A_j Y_j=P_t y(x)+P_t c_3+P_t u_0(x)+Hx & (x\leqslant L_t) \\ \sum \sigma_j \Delta A_j Y_j=Py(x)+Hx+(P_b c_2+P_t c_3-P_t c_1-P_b \Delta_0)+Pu_0(x) & (x>L_t) \end{cases} \tag{4}$$

轴力平衡方程为：

$$\begin{cases} \sum \sigma_j \Delta A_j=P_t & (x\leqslant L_t) \\ \sum \sigma_j \Delta A_j=P & (x>L_t) \end{cases} \tag{5}$$

式中的 σ_j 为第 j 个单元的正应力，它由应变计算式（7）和材料的应力-应变关系式（6）确定。

$$\sigma_j=f(\varepsilon_j) \tag{6}$$
$$\varepsilon_j=\varepsilon_{rj}+\varepsilon_p+\Phi Y_j=\varepsilon_{rj}+\varepsilon_p-y''Y_j \tag{7}$$

式中，ε_{rj} 为第 j 个单元上的残余应变分量。

将式（3）、式（6）和（7）代入式（4）和（5）可以看出：式（4）、（5）两组方程只有两个未知参数 ε_p 和 y''，因此可由迭代方法进行求解。求解时可先假设 $\varepsilon_p = \dfrac{P_{外}}{EA}$、$y'' = -\dfrac{M_{外}}{EI}$、代入式（4）、（5），如不满足，重新假设 ε_p 和 y'' 值，直至（4）、（5）两式得到满足。

全部计算过程如下：自 $i=1$ 开始（图4），在给定荷载下，选定 y_1'，按前述方法迭代求解 $y_{1+1/3}''$ 和 $y_{1+1/2}''$ 后，即可由式（3）求出 y_2 及 y_2'。依次运算至杆件最后一点，得 y_{n0}'、$y_{n0}' \neq 0$，如不满足边界条件，可重新假设 y_1'，直至求得满足平衡条件和边界条件的实际挠曲线。至此即求得对应于某一荷载的杆件的挠曲线。

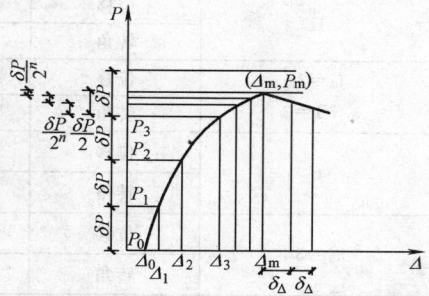

图 6　构件 P-Δ 全曲线的求解

2.3　杆件 P-Δ 全过程曲线及极限承载力计算

为了求出图 6 所示的 P-Δ 曲线全过程及杆件的极限承载力，可以采用荷载增量法即逐步增加 P 的方法，选定合适的初始计算荷载及其每级增加量。先按前述方法计算初始荷载时的杆件挠曲线，求出相应于此荷载时的挠度，即求得图 6 曲线上的一点。然后进行下一级荷载的计算。经过若干级荷载的计算后，如果荷载大于杆件极限承载力，有可能发生两种情况，一是杆件中某一截面无法满足平衡条件，二是任意假设 y_1' 均不能使杆件挠曲线满足边界条件。当发生任一种情况时，应降低荷载级差，并从上一级荷载重新计算。这样经过几次逼近，即可求得同时满足边界条件和平衡条件的最大外荷即极限荷载（图6）。至此完成了 P-Δ 曲线的上升段的计算。对于 P-Δ 曲线的下降段，应采用变形增量法即增加 y_1' 的方法，求出对应于 y_1' 的挠度曲线和相应的外荷（图6）。其计算原理与上述相类同，不再详述。这样，杆件的荷载—挠度全曲线即可求出。

3　对理论方法的检定

3.1　弹性阶段和精确解结果的比较

本文用电算方法计算了表 1 所示几何参数的阶形柱的 P-Δ 关系，所得结果与二阶弹性解析解结果进行了比较（见表2）。由表2可见在弹性阶段，本文方法具有极好的精度。

表 1

柱　段	项　目				
	B(mm)	H(mm)	t(mm)	L(mm)	初　弯　曲
上柱	40	53	3.5	800	$u_0(x) = \dfrac{L}{500}\sin\dfrac{\pi x}{2L}$
下柱	80	107	3.5	1200	

3.2　弹塑性阶段和其他数值方法的比较

本文用电算方法计算了图 7 所示的偏压杆，计算结果和文献［3］所得结果的比较见图 7。

表 2

节 点 号	比较项目	荷载（kN）			
		$H=0.98$ $P_t=0$ $P_b=0$	$H=0.98$ $P_t=14.70$ $P_b=0.00$	$H=0.98$ $P_t=14.70$ $P_b=19.60$	$H=0.98$ $P_t=14.70$ $P_b=39.20$
		误　差			
1	位移	—	—	—	—
	转角	0.0000％	1.4700％	1.3100％	1.2900％
$i_0=2$	位移	0.0008％	1.2700％	1.3670％	1.3180％
$i_0+1=3$	转角	0.0022％	0.3600％	0.4880％	0.6600％
4	位移	0.0010％	1.3700％	1.1680％	1.1670％
	转角	0.0026％	0.3140％	0.4800％	0.6730％
$n_0=5$	位移	0.0012％	1.3000％	1.1300％	1.1500％
	转角	—	—	—	—

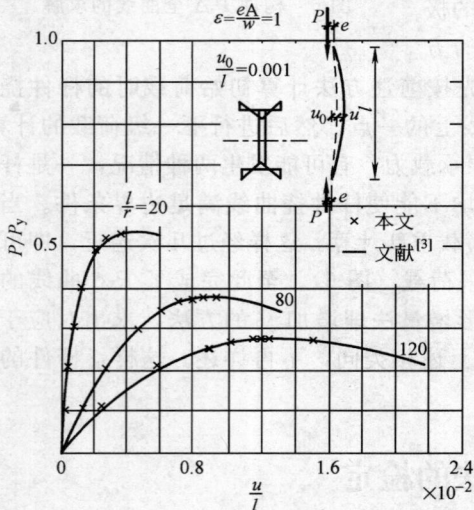

图 7　本文理论分析结果和文献［3］的比较　　　图 8　截面实测残余应力分布

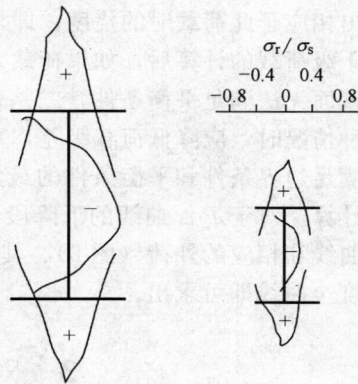

由图可见，对等偏压杆，本文结果和其他方法所得结果较接近。

3.3　和阶形柱试验结果的比较

本文进行了两根阶形柱的极限荷载试验。表 3 为构件实测尺寸，表 4 为构件实测初变位，图 8 为截面实测残余应力分布。材性试验结果为 $\sigma_s=263.046\text{MPa}$，$E=2.111\times10^5\text{MPa}$。电算结果和试验结果的比较见图 9。

单位（mm）　表 3

柱　号	柱　段	项　　　目			
		B	H	t	L
		测　　　值			
①	上柱	39.6	51	3.2	807
	下柱	80	106.8	3.15	1180

续表

柱　号	柱　　段	项　　目			
		B	H	t	L
		测　　值			
②	上柱	39.74	51.28	3.29	808
	下柱	79.77	107.64	3.15	1180

单位（cm）　　表 4

柱　号	节点，号 i								
	1	$1+\frac{1}{3}$	2	$2+\frac{1}{3}$	3,4	$4+\frac{1}{3}$	5	$5+\frac{1}{3}$	6
	测值 u_0								
①	0	0.002	0.004	0.008	0.034	0.044	0.006	0.008	0.006
②	0	0.26	0.800	0.95	1.436	1.602	1.710	1.872	1.968

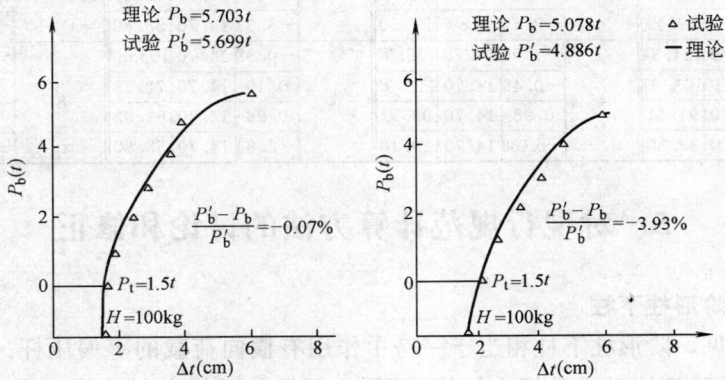

图 9　本文理论分析结果和试验结果的比较

由图可见，本文理论方法分析实际阶形柱所得的荷载-挠度曲线以及极限荷载都和试验结果较接近。

应该指出：由于采用了截断误差较小的数值积分基本公式，并对每一节段均迭代求解了截面的曲率，所以用本文方法只要把构件划分为三至四段进行计算即可获得足够的计算。

4　理论计算结果

为了能够对现行规范计算方法作出评价，提出更完善实用的计算方法，本文计算了八种长细比和截面尺寸的单柱极限承载力。计算时，计入了初偏心、初挠度和残余应力的影响。取初始挠度为 $L/1000$，并沿杆长呈正弦半波形分布。上柱荷载 P_t 的初偏心取为 0，台阶处荷载 P_b 的偏心取为下柱截面高度的一半。残余应力模式按图 10 取用，其中各应力峰点值及零点位置取自文献[10]。材料取 $\sigma_s = 235.2\text{MPa}$，$E =$

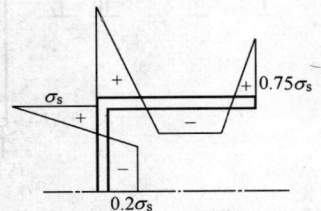

图 10　残余应力计算模式
（1/4 截面）

$2.058×10^5$ MPa 的理想弹塑性材料。

表 5 列出了本文所计算的阶形柱的几何特性和截面特性。表 6 列出了八组阶形柱的理论计算结果。

表 5

柱号	1		2		3		4		5		6		7		8	
	上	下	上	下	上	下	上	下	上	下	上	下	上	下	上	下
B(cm)	5.00	10.00	5.00	10.00	5.00	10.00	5.00	10.00	5.00	10.00	5.00	10.00	4.50	10.00	4.00	10.00
H(cm)	7.50	12.00	7.50	12.00	7.50	12.00	7.50	14.80	7.50	12.00	7.50	12.00	5.80	12.00	5.20	12.00
t(cm)	0.40	0.40	0.40	0.40	0.40	0.40	0.40	0.40	0.40	0.40	0.40	0.40	0.40	0.40	0.40	0.40
L/r_x	26.59	39.74	26.59	23.85	26.59	63.59	26.59	32.78	16.62	39.74	44.31	39.74	34.30	39.74	38.59	39.74

单位（kN）　表 6

柱号	H	P_t	P_b	柱号	H	P_t	P_b	柱号	H	P_t	P_b	柱号	H	P_t	P_b
1	−0.98	14.70	100.45	3	−0.98	9.80	72.89	5	−1.47	14.70	107.49	7	−0.49	14.70	94.33
	0.00	14.70	83.61		−0.49	9.80	62.78		0.49	14.70	79.93		0.98	14.70	70.44
	0.49	14.70	77.18		0.49	9.80	45.94		1.47	14.70	66.89		1.96	14.70	55.13
	−4.50	14.70	29.40		−2.72	9.80	24.50		−5.33	14.70	58.80		−3.22	14.70	58.80
2	−0.98	14.70	124.34	4	−1.96	14.70	135.98	6	−0.98	14.70	103.82	8	−0.98	14.70	101.98
	0.49	14.70	103.97		−0.49	14.70	113.93		0.49	14.70	72.28		0.00	14.70	86.36
	1.47	14.70	91.11		0.98	14.70	93.71		0.98	14.70	62.02		0.98	14.70	70.44
	−5.39	14.70	83.30		−5.038	14.70	29.40		−2.84	14.70	58.80		−2.30	14.70	39.20

5　对现行规范计算方法的讨论和修正

5.1　关于阶形柱下柱

由图 11 可见，阶形柱下柱相当于一跨中作用有横向荷载的等偏压杆。现行规范在验算这一压弯杆的稳定性时通常把它转换为图 12 所示偏压杆进行计算。图中 C_m 为等效弯矩系数，为横向荷载产生的最大弯矩，$M=HL_b$。显然，阶形柱下柱与这一等偏压杆等效的关键在等效弯矩系数 C_m 的确定。

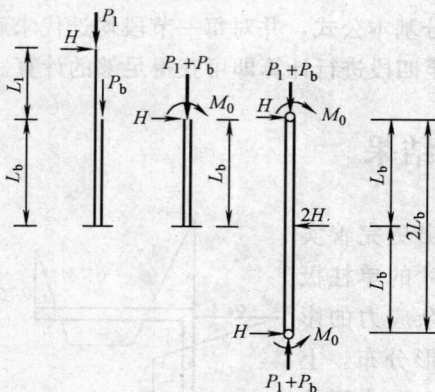

图 11　阶形柱下柱的受力情况

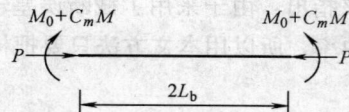

图 12　受等弯矩作用的压杆

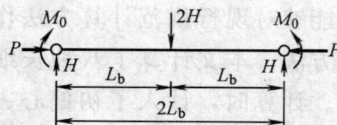

图 13　受横荷作用的偏压杆

在弹性阶段，使图 12 和图 13 所示两模型的跨中最大弯矩相等，可得：

$$C_m M = HL_b \sin\left(\sqrt{\frac{P}{EI}}L_b\right)\bigg/\left(\sqrt{\frac{P}{EI}}L_b\right) \tag{8}$$

使两模型的跨中最大挠度相等，可得：

$$C_m M = HL_b\left[\sin\left(\sqrt{\frac{P}{EI}}L_b\right)\bigg/\left(\sqrt{\frac{P}{EI}}L_b\right)-\cos\left(\sqrt{\frac{P}{EI}}L_b\right)\right]\bigg/\left(1-\cos\sqrt{\frac{P}{EI}}L_b\right) \tag{9}$$

由泰勒级数展开方程（8）、（9）的右端项并忽略 $(P/P_e)^n$，$n \geqslant 1$，可得：

$$C_m = 1 \tag{10}$$

$$C_m = 2/3 \tag{11}$$

式（10）即为规范［8］验算图（13）所示模型时所选用的等效弯矩系数表达式。

文献［7］计算了图 12 所示偏压杆的一组 $\frac{P}{P_y}-\frac{M_x}{M_y}-\frac{L}{r}$ 曲线，运用这一计算成果和式（10）的等效弯矩系数计算所得的图（13）所示压弯杆（$M_0=0$ 时）的 $\frac{P}{P_y}$ 值和本文理论计算结果（图 14）的比较见表 7 所示。

由表 7 可见，按式（10）取等效弯矩系数将使验算结果偏于保守。反算结果表明：当以式（12）决定 C_m 的取值时，结果较满意：

$$C_m = \left[\frac{2}{3}+\frac{1}{3}\cdot\frac{H}{H_p}\bigg/\left(1+\frac{P}{P_e}\right)^2\right] \tag{12}$$

式中　H_p——构件仅在水平力 H 作用下的极限荷载；

　　　P_e——欧拉临界力。

表 7

/r_x	比较项目		H/H_p				
			0.1	0.3	0.5	0.7	0.9
50	文献［7］和式（10）　误差		5.01%	10.86%	13.55%	9.59%	4.58%
	文献［7］和式（12）　误差		0.06%	0.18%	1.96%	0.45%	−11.91%
40	文献［7］和式（10）　误差		3.86%	7.66%	11.89%	10.08%	0.37%
	文献［7］和式（12）　误差		−1.25%	−1.28%	0.75%	0.44%	−3.53%
30	文献［7］和式（10）　误差		2.31%	6.32%	7.50%	7.61%	1.99%
	文献［7］和式（12）　误差		−1.18%	−2.43%	−2.43%	−2.23%	−3.04%

表 7 中还列出了按式（12）决定的等效弯矩系数 C_m，按文献［7］的计算成果计算所得的图 13 所示压弯杆的 $\frac{P}{P_y}$ 值和本文理论结果的比较，由表可见，运用式（12）所得结果较满意。

这样，对阶形柱之下柱，弯矩取值可由下式决定。

$$M_{eq} = M_0 + \left[\frac{2}{3}+\frac{1}{3}\cdot\frac{H}{H_p}\bigg/\left(1+\frac{P}{P_e}\right)^2\right]HL_b \tag{13}$$

表 8 列出了按式（13）决定阶形柱下柱等效弯矩

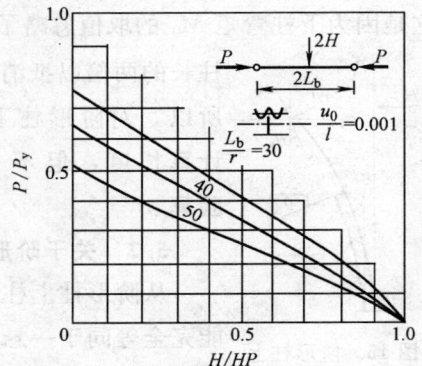

图 14　极限强度相关曲线

表 8

H(kN)	柱 号 1		H(kN)	柱 号 8	
−0.98	$P/P_y=0.3923$ $M_1/M_p=0.3543$ $M_2/M_1=0.6010$	$e_1=2.16\%$ $e_2=11.28\%$ $e_3=-0.41\%$ $e_4=-3.92\%$ $e_5=0.36\%$	−0.98	$P/P_y=0.3975$ $M_1/M_p=0.3488$ $M_2/M_1=0.5946$	$e_1=2.62\%$ $e_2=12.9\%$ $e_3=0.57\%$ $e_4=-3.64\%$ $e_5=1.36\%$
0.00	$P/P_y=0.3349$ $M_1/M_p=0.3380$ $M_2/M_1=1.0000$	$e_1=-8.05\%$ $e_2=-0.70\%$ $e_3=-12.87\%$ $e_4=-0.70\%$ $e_5=-0.70\%$	0.00	$P/P_y=0.3443$ $M_1/M_p=0.3375$ $M_2/M_1=1.0000$	$e_1=-6.22\%$ $e_2=1.93\%$ $e_3=-10.43\%$ $e_4=-6.22\%$ $e_5=1.93\%$
0.49	$P/P_y=0.3130$ $M_1/M_p=0.3384$ $M_2/M_1=1.2089$	$e_1=-2.67\%$ $e_2=3.84\%$ $e_3=-8.56\%$ $e_4=-3.22\%$ $e_5=1.45\%$	0.98	$P/P_y=0.2900$ $M_1/M_p=0.3253$ $M_2/M_1=1.4346$	$e_1=1.73\%$ $e_2=7.84\%$ $e_3=-4.70\%$ $e_4=-3.29\%$ $e_5=2.89\%$
−4.50	$P/P_y=0.1502$ $M_1/M_p=-0.1564$ $M_2/M_1=5.1525$	$e_1=13.06\%$ $e_2=17.72\%$ $e_3=2.86\%$ $e_4=-1.72\%$ $e_5=4.51\%$	−2.30①	$P/P_y=0.1836$ $M_1/M_p=-0.0011$ $M_2/M_1=-311.5$	$e_1=-29.76\%$ $e_2=-23.80\%$ $e_3=-37.65\%$ $e_4=-44.09\%$ $e_5=-36.63\%$

e_1——我国规范(TJ 17—74)的误差
e_2——文献[7]和式(10)的误差
e_3——美国规范(AISC)的误差
e_4——本文建议方法(但 $KL_b=2L_b$)的误差
e_5——本文建议方法的误差

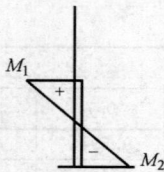

① 电算结果表明,构件破坏是由上柱破坏引起的。

的验算结果,限于篇幅,表中只列出了 1 号柱和 8 号柱的验算误差,其他柱号的误差在相同的范围内,由表可见,如果下柱计算长度取为柱长的两倍,则结果偏不安全(见 e_4)这是因为下柱弯矩 M_0 的取值忽略了 $P_t\text{-}\Delta$ 弯矩,如果计算长度按文献[8]取用且不小于柱长的两倍以抵消忽略 $P_t\text{-}\Delta$ 弯矩的影响,则验算结果较好(见 e_5)。所以,对阶形柱下柱,应按式(13)求等效弯矩,按规范方法决定计算长度,但不得小于 $2L_b$,按文献[7]的计算结果进行稳定验算。

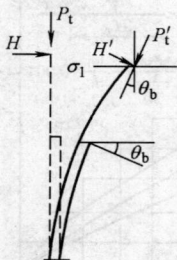

5.2 关于阶形柱上柱

从阶形柱上柱破坏时的变形形态出发,很容易看出:上柱的受力性能完全等同于一悬臂柱,只是此悬臂柱的基础倾斜了一角度而已。由图 15 可见,倾斜的角度即为台阶处截面的转角 θ_b,作用于该悬臂柱的上柱

图 15 阶形柱上柱的受力情况

柱顶的外载荷为，

$$\begin{cases} P_t' = P_t\cos\theta_b - H\sin\theta_b \\ H' = H\cos\theta_b + P_t\mathrm{son}\theta_b \end{cases} \tag{14}$$

θ_b 由下式确定：

$$\theta_b = [H(2L_t + L_b) + 2(P_b c_2 - P_t c_1)]L_b/(2EI_b) \tag{15}$$

这样，在验算上柱时，可按式（14）计算外力，按式（12）确定等效弯矩系数，取有效长度为 $2L_t$，按文献［7］的计算结果进行稳定验算。表 9 列出了电算结果和本文建议方法及其他方法验算结果的比较。由表可见，本文建议方法的结果较好。

表 9

柱号	构件受荷情况	截面受力情况	误　差	柱号	构件受荷情况	截面受力情况	误　差
1	$P_t = 14.70\mathrm{kN}$ $P_b = 29.40\mathrm{kN}$ $H = -4.50\mathrm{kN}$	$P/P_y = 0.0936$ $M/M_p = -0.8110$	$e_1 = 1.98\%$ $e_2 = 5.17\%$ $e_3 = -13.43\%$ $e_4 = -4.79\%$	6	$P_t = 14.70\mathrm{kN}$ $P_b = 58.80\mathrm{kN}$ $H = -2.84\mathrm{kN}$	$P/P_y = 0.0936$ $M/M_p = -0.8604$	$e_1 = 21.66\%$ $e_2 = 19.22\%$ $e_3 = 13.29\%$ $e_4 = 4.24\%$
2	$P_t = 14.70\mathrm{kN}$ $P_b = 83.30\mathrm{kN}$ $H = -5.39\mathrm{kN}$	$P/P_y = 0.0936$ $M/M_p = -0.9800$	$e_1 = 21.02\%$ $e_2 = 15.59\%$ $e_3 = 2.01\%$ $e_4 = 3.77\%$	7	$P_t = 14.70\mathrm{kN}$ $P_b = 58.80\mathrm{kN}$ $H = -3.22\mathrm{kN}$	$P/P_y = 0.1116$ $M/M_p = -0.8951$	$e_1 = 20.55\%$ $e_2 = 24.01\%$ $e_3 = 6.41\%$ $e_4 = 4.63\%$
4	$P_t = 14.70\mathrm{kN}$ $P_b = 29.40\mathrm{kN}$ $H = -5.04\mathrm{kN}$	$P/P_y = 0.0936$ $M/M_p = -0.9169$	$e_1 = 13.31\%$ $e_2 = 11.43\%$ $e_3 = -3.76\%$ $e_4 = 0.91\%$	8	$P_t = 14.70\mathrm{kN}$ $P_b = 39.20\mathrm{kN}$ $H = -2.30\mathrm{kN}$	$P/P_r = 0.1260$ $M/M_p = -0.8124$	$e_1 = 15.70\%$ $e_2 = 17.59\%$ $e_3 = 9.73\%$ $e_4 = 8.68\%$

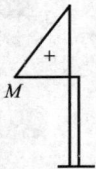

e_1——我国规范（TJ17—74）的误差
e_2——文献［7］和式（10）的误差
e_3——美国规范（AISC）的误差
e_4——本文建议方法的误差

① 电算结果表明：构件破坏是由下柱破坏引起的。

6　结　论

（1）本文的理论方法可用于分析水平力、轴力联合作用下的阶形柱构件或等截面构件的极限荷载。分析时，可计入各种实际初始缺陷及截面纤维加、卸载的影响，并可考虑各种不同的加载方式。分析精度较高。

（2）现行规范方法验算阶形柱会产生一定的误差。对阶形柱下柱，这个误差主要在于等效弯矩取值不够妥当；对上柱，规范方法关于计算长度和等效弯矩的取值均存在一定问题。

（3）按本文建议方法验算阶形柱，所得结果较满意。

参 考 文 献

1　Chen W. F., Astuta T., Theory of Beam-Columns, Vol. 1, 1976

2 Chen W. F,, Atsuta T., Theory of Beam-Collimns, Vol. 2, 1977

3 吕烈武，沈世钊，沈祖炎，胡学仁，钢结构构件稳定理论，中国建筑工业出版社，1983

4 Zia Razzaq，End Restraint Effect on Steel Column Strength，Proc，ASCE，Vol. 109，ST. 2，1983

5 Cheong Siat Hoy. F.，Plastic Analysis of Restrained Sway-Columns，Proc. ASCE. Vol. 101，ST.
   9，1975

6 Zuyan Shen，Lewu Lu，Analysis of Initially Crooked，End Restrained Steel Columns，Journal Of Con-
   structional Steel Research，Vol，3，No. 1，1983

7 李开禧，肖允徽，单向偏心弹塑性压杆的临界力计算——《用切线刚度法计算偏心压杆弹塑性稳定问
   题》之一，重庆建筑工程学院学报，1981 年第 1 期

8 国家标准. 钢结构设计规范（TJ 17—74）. 北京：中国建筑工业出版社，1974

9 Manual of Steel Construction，America Institute of Steel Construction Inc.，1970

10 李开禧，肖允徽，饶晓峰，钢压杆的柱子曲线，重庆建筑工程学院学报，1985 年第 1 期

（本文发表于：同济大学学报，1987 年第 1 期）

9. 缀板柱稳定极限承载力的数值积分解法

郑伟国　沈祖炎

提　要：目前，对缀板柱的理论计算还停留在弹性阶段，实用计算方法近似程度较大。本文给出缀板柱的数值积分解法，可以计算出缀板柱极限承载的全过程，精度足以代替试验。

关键词：缀板柱　数值积分　极限承载

A Numerical Integration Method for the Analysis of Stability of Battened Columns

Zheng Weiguo　Shen Zuyan

Abstract：At present，theoritical studies of battened columns still remain in the elastic stage. A numerical integration method for the analysis of stable ultimate strength of battened columns is presented in this paper，which can predict the whole process of loading from elastic state to failure and unloading. Precision of the proposed method is so high that it can be used to replace experiments.

Keywords：Battened Columns　Numerical Integration Method　Ultimate Strength

1　概　　述

缀板柱是一种常见的钢结构构件，一般用两根槽钢或工字钢作为肢杆，由缀板连成整体。这样做，便于调整两肢间的距离，使柱子的两个方向的稳定性等同。

对于细长的缀板柱，多数在弹性阶段失稳破坏，即使有塑性发展，破坏时塑性区也较小，文献 [4] 中的方法可以运用。对于中等长细比以下的柱，边缘到达屈服极限以后，还具有较大的承载潜力，文献 [4] 中的方法不再适用。

文献 [1] 详细介绍了数值积分法的基本理论，本文基于该法提出适用于缀板柱的数值积分解法。有关数值积分法的基本内容可参见文献 [1]，本文不再重复。

为了通用性，本文以作用有轴力、端弯矩和横向荷载的两肢不对称缀板柱为对象，计算中考虑初弯曲、初偏心和残余应力，并在分析中假定：（1）变形是微小的；（2）缀板的变形忽略不计。

2　承载全过程分析的基本步骤

缀板柱承载全过程按下列步骤计算（以图 1 所示的两端简支轴压柱为例）：

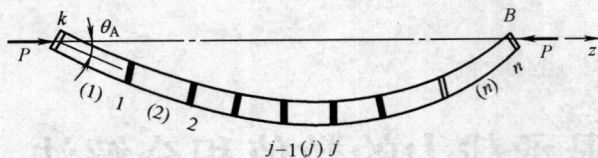

图 1　缀板柱

（1）给定压力 P（荷载）；

（2）估计转角 θ_A（整体杆轴始端条件）；

（3）从 A 端开始逐个节间计算每一缀板的转角和位移，直至 B 端；

（4）如得到的 B 端的位移不为 0（末端边界条件），调整 θ_A（始端估计值），重复步骤（3）直到 B 端位移小于精度要求（满足边界条件）。

（5）进入下一级荷载计算，逐步得到 P-Δ 曲线（荷载-位移曲线）上升段各点。

（6）当某一级荷载，步骤（4）得到的末端 B 点的位移被判别是发散时，说明荷载超出柱子的极限承载能力，须降低荷载，重复步骤（3）～（5），直至荷载级差 ΔP 小于精度。

位移发散与否可由下列条件判别：

调整前，$\Delta u^{(k)} = u_n^{(k)} - u_B$，$\Delta\theta^{(k)} = \theta_n^{(k)} - \theta_B$；

调整后，$\Delta u^{(k+1)} = u_n^{(k+1)} - u_B$，$\Delta\theta^{(k+1)} = \theta_n^{(k+1)} - \theta_B$；

如满足 $\Delta u^{(k)} \cdot \Delta u^{(k+1)} > 0$，$\Delta\theta^{(k)} \cdot \Delta\theta^{(k+1)} > 0$ 和 $|\Delta u^{(k+1)}| > |\Delta u^{(k)}|$，$|\Delta\theta^{(k+1)}| > |\Delta\theta^{(k)}|$，即认为位移发散。

对于计算条件较为平缓的情况，上述条件足可以作出正确判别。但是，实际情况使计算往往具有不平滑性，有必要以连续二次或三次满足上述条件才能确认发散。

（7）P-Δ 曲线（荷载-位移曲线）下降段各点可给定 θ_A（始端假设条件），调整 P（荷载）。

以上步骤中的难点是第（3）、第（2）和第（4）步。

步骤（3）的关键在于求出内力在两单肢中的分配。可先假定一种内力分配，然后按实腹柱的数值积分法求各肢杆的转角和位移，如所得到两肢末端位移转角不协调，需调整内力的分配重新进行计算，直到两肢末端位移转角协调。步骤（2）和（4）的关键在于较准确地估计始端值和较快地调整到精确值。

3　节间单肢的变形计算

图 2 所示为一缀板柱的单肢，单肢上无直接荷载。图中，z 轴表示的是单肢的设计位置，下标有"0"的位移是单肢的初始变位。本文用 θ 表示肢杆轴及缀板的转角，横向位移用 u 表示，w 表示沿 z 轴的纵向变位。对于单肢上有直接荷载的情况，可根据本文作相应的变通。

假定将单肢分成 l 段，第 i 段的长度用 δ_i 表示。由文献[1]，分点位移的数值积分递推式为：

$$\theta_i = \theta_{i-1} - \overline{\Phi}_{\theta_i}\delta_i \tag{1a}$$

$$u_i = u_{i-1} + \theta_{i-1}\delta_i - \frac{1}{2}\overline{\Phi}_{u_i}\delta_i^2 \tag{1b}$$

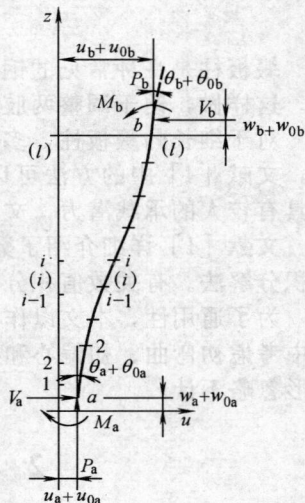

图 2　缀板柱的单肢

$$w_i = w_{i-1} - \frac{1}{6}\delta_i(\theta_{i-1}^2 + \theta_{i-1}\theta_i + \theta_i^2) - \bar{\varepsilon}_{\delta_i}\delta_i \tag{1c}$$

其中　$\bar{\varepsilon}_{\delta_i} = (\bar{\varepsilon}_i + \bar{\varepsilon}_{i-1})/2$，$\bar{\varepsilon}_i$ 和 $\bar{\varepsilon}_{i-1}$ 分别是 i 与 $i-1$ 分段点的平均应变；$\overline{\Phi}_{\theta_i}$ 和 $\overline{\Phi}_{u_i}$ 为分段修正曲率。

3.1 弹性阶段

$$
\left.
\begin{aligned}
\overline{\Phi}_{u_i} &= \frac{\alpha_{E_i}}{I_E}\left[M_a + P_a(\gamma_{u_i} + u_{i-1} - u_a - u_{0a}) + V_a a_{i-1} + \frac{\delta_i}{3}(V_a + P_a\theta_{i-1})\right] \\
\overline{\Phi}_{\theta_i} &= \frac{1}{I_E}\left[M_a + P_a(\gamma_{\theta_i} - u_{i-1} - u_a - u_{0a}) + V_a a_{i-1} + \frac{1}{2}(V_a + P_a\theta_{i-1})\delta_i\right. \\
&\quad \left. - \frac{1}{6}\overline{\Phi}_{u_i}\delta_i^2 P_a\right] \\
\bar{\varepsilon}_i &= \bar{\varepsilon}_{i-1} = \frac{P_a}{A_E}
\end{aligned}
\right\} \tag{2}
$$

式中

$$
\left.
\begin{aligned}
& A_E = EA, \quad I_E = EI, \quad a_i = \sum_{j=1}^{i}\delta_j \\
& \alpha_{E_i} = 1\left/\left(1 + \frac{P_a\delta_i^2}{12 I_E}\right)\right. \\
& \gamma_{\theta_i} = \frac{1}{\delta_i}\int_{a_{i-1}}^{a_{i-1}+\delta_i} u_{0z}\,\mathrm{d}z \\
& \gamma_{u_i} = \frac{2}{\delta_i^2}\iint_{a_{i-1}}^{a_{i-1}+\delta_i} u_{0z}\,\mathrm{d}z\mathrm{d}z
\end{aligned}
\right\} \tag{3}
$$

E 为弹性模量，A、I 分别为单肢的截面面积和惯性矩；u_{0z} 为单肢杆轴的初始位移。

单肢变形的计算顺序：$(\bar{\varepsilon})$，$\overline{\Phi}_{u_i}$，$\overline{\Phi}_{\theta_i} \to u_i$，$\theta_i$，$w_i$。

3.2 弹塑性阶段

$$
\left.
\begin{aligned}
\overline{\Phi}_{u_i} &= \Phi_{v_i} + a_{c_i}\Phi_i \\
\overline{\Phi}_{\theta_i} &= \frac{1}{2}(\Phi_{i-1} + \Phi_i) + K_{c_i}P_a(2\gamma_{\theta_i} - u_{\theta_i} - u_{\theta_{i-1}}) + \frac{1}{12}\overline{K}_{c_i}\Phi_{v_i}P_v\delta_i^2 \\
\overline{\Phi}_{v_i} &= a_{v_i}\left[\overline{\Phi}_{i-1} + K_{c_i}P_a(2\gamma_{\theta_i} - u_{\theta_i} - u_{\theta_{i-1}}) - \frac{1}{3}K_{c_i}\delta_i(V_c + P_a\theta_{i-1})\right]
\end{aligned}
\right\} \tag{4}
$$

式中

$$
\left.
\begin{aligned}
& a_{c_i} = 1\left/\left(2 - \frac{1}{3}K_{c_i}\delta_i^2 P_a\right)\right., \quad K_{c_i} = \frac{\overline{A}_{c_i}}{\overline{A}_{c_i}\overline{I}_{c_i} - \overline{S}_{c_i}^2} \\
& \overline{A}_{c_i} = \frac{A_{c_i} + A_{c_{i-1}}}{2}, \quad \overline{S}_{c_i} = \frac{S_{c_i} + S_{c_{i-1}}}{2}, \quad \overline{I}_{c_i} = \frac{I_{c_i} + I_{c_{i-1}}}{2}
\end{aligned}
\right\}(c-s,\ t) \tag{5}
$$

在此，$(c-s,\ t)$ 是表示 c 泛指 s，t，A_{s_i}、S_{s_i}、I_{s_i} 和 A_{t_i}、S_{t_i}、I_{t_i} 分别为割线和切线当量截面特性，由下列式子计算：

$$
\left.
\begin{aligned}
A_{c_i} &= \sum_{k=1}^{m} E_{c_k}\Delta A_k \\
S_{c_i} &= \sum_{k=1}^{m} E_{c_k} y_k \Delta A_k \\
I_{c_i} &= \sum_{k=1}^{m} E_{c_k} y_k^2 \Delta A_k
\end{aligned}
\right\}(c-s,\ t) \tag{6}
$$

式中　m 为截面的分块数；E_{c_k} 和 E_{t_k} 分别为第 k 截面分块的割线模量和切线模量；y_k 为

该点的截面形心坐标值；$\varPhi_i$ 为 i 分段点处截面的曲率。

下面限于篇幅，仅列出按割线模量求解的计算。

$$
\left.
\begin{aligned}
u_i &= u_{D_i} - \frac{1}{2} a_{\delta_i} \varPhi_i^2 \delta_i^2 \\
\varPhi_i &= \hat{X}_t^A [M_a + P_a (u_{c_i} + u_{D_i} - u_a - u_{0_a}) + V_a a_{i-1}] - P_c \hat{X}_{s_i}^s \\
u_{D_i} &= u_{i-1} + \theta_{i-1} \delta_i - \frac{1}{2} \varPhi_{D_i} \delta_i^2
\end{aligned}
\right\}
\tag{7}
$$

在此，引入了代号

$$
\left.
\begin{aligned}
\hat{X}_{c_i}^A &= A_{c_i} / (A_{c_i} I_{c_i} - S_{c_i}^2 + \frac{1}{2} a_{c_i} A_{c_i} P_a \delta_i^2) \\
\hat{X}_{c_i}^B &= S_{c_i} / (A_{c_i} I_{c_i} - S_{c_i}^2 + \frac{1}{2} a_{c_i} A_{c_i} P_a \delta_i^2)
\end{aligned}
\right\}
(c\text{—}s,\ t)
\tag{8}
$$

$$
\bar{\varepsilon}_i = P_a \hat{I}_{c_i} - [M_a + P_a (u_{c_i} + u_i - u_a - u_{\theta_a}) + V_a a_i] \hat{S}_{s_i}
\tag{9}
$$

式中引入了代号：

$$
\hat{A}_{c_i} = \frac{A_{c_i}}{A_{c_i} I_{c_i} - S_{c_i}^2}, \quad \hat{S}_{c_i} = \frac{S_{c_i}}{A_{c_i} I_{c_i} - S_{c_i}^2}, \quad \hat{I}_{c_i} = \frac{I_{c_i}}{A_{c_i} I_{c_i} - S_{c_i}^2} \quad (c\text{—}s,\ t)
\tag{10}
$$

单肢变形的计算步骤如下：

(1) 假定割线截面特性 A_{s_i}、S_{s_i}、I_{s_i} 或截面变形 $\varPhi_i$、$\bar{\varepsilon}_i$；

(2) 按图 3 顺序迭代计算 $\varPhi_i$，$\bar{\varepsilon}_i$，直至前后二轮的 $\varPhi_i$、$\bar{\varepsilon}_i$ 之差小于精度；

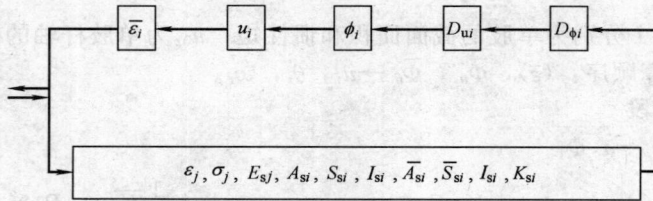

图 3   迭代方式

(3) 计算下列值：式 (4)，$\varPhi_{u_i}$，$\varPhi_{\theta_i}$→式 (1a, c)，θ_i，w_i；

(4) 进行下一分段的计算

步骤 (2) 中，如 $\varPhi$、$\bar{\varepsilon}$ 计算发散，即内外力得不到平衡，按基本步骤 (6) 执行。计算发散的判别，请参考本文第 2 部分位移发散判别条件。

4   第 j 节间肢杆内力的调整

由图 4 可知，缀板柱任一节间的两个单肢的末端位移必须满足：

$$
\theta_{\mathrm{I} b_j} = \theta_{\mathrm{II} b_j}, \quad u_{\mathrm{I} b_j} = u_{\mathrm{II} b_j}, \quad w_{\mathrm{I} b_j} = w_{\mathrm{II} b_j} - \theta_{b_j} B
\tag{11}
$$

如经单肢变形计算后不满足上述条件，就须调整肢杆内力，直到上述条件满足。

如果得到的调整值被确认是发散的，按基本步骤 (6) 执行。发散条件可参考位移发散判别条件。

内力调整可按全量和增量二种方式进行。限于篇幅，本文仅叙述有关全量调整的做法。全量调整仅适合于按割线当量截面特性所作的计算。

要能够较准确地估计肢杆的内力并较快地给予调整，应建立肢杆内力与肢杆末端位移之间的关系式。

根据文献 [1] 介绍的初值边界值关连计算法，可以得到单肢末端位移和始端条件具有如下线性转化式：

$$\theta_{\text{I}bj} = \tilde{\theta}^m_{\text{I}bj} M_{\text{I}j} + \tilde{\theta}^P_{\text{I}bj} P_{\text{I}j} + \tilde{\theta}^v_{\text{I}bj} V_{\text{I}j} + \tilde{\theta}^o_{\text{I}bj} \theta_{aj} \theta_{aj} + \tilde{\theta}^o_{\text{I}bj} \tag{12a}$$

$$K_{\text{I}bj} - K_{a_j} = \tilde{K}^m_{\text{I}bj} M_{\text{I}j} + \tilde{K}'_{\text{I}bj} P_{\text{I}j} + \tilde{K}^V_{\text{I}bj} V_{\text{I}j} + \tilde{K}^\theta_{\text{I}bj} + \tilde{K}^o_{\text{I}bj} \quad (K - u_{\text{I}}, \ w) \tag{12b}$$

$$\theta_{\text{II}bj} = \tilde{\theta}^m_{\text{II}bj} M_{\text{II}j} + \tilde{\theta}^P_{\text{II}bj} P_{\text{II}j} + \tilde{\theta}^V_{\text{II}bj} V_{\text{II}j} + \tilde{\theta}^\theta_{\text{II}bj} \theta_{\text{II}j} + \tilde{\theta}^o_{\text{II}bj} \tag{12c}$$

$$K_{\text{II}bj} - K_{\text{II}j} = \tilde{K}^m_{\text{II}bj} M_{\text{II}j} + \tilde{K}^P_{\text{II}bj} P_{\text{II}j} \tilde{K}^V_{\text{II}bj} V_{\text{II}j} + \tilde{K}^\theta_{\text{II}bj} \theta_{a_j} + \tilde{K}^o_{\text{II}bj} \quad (K - u, \ w) \tag{12d}$$

式中的系数由下式递推：

$$\left. \begin{aligned} \tilde{\theta}^c_i &= \tilde{\theta}^c_{i-1} - \tilde{\Phi}^c_{\theta_i} \delta_i \\ \tilde{u}^c_i &= \tilde{u}^c_{i-1} + \tilde{\theta}^c_{i-1} \delta_i - \frac{1}{2} \tilde{\Phi}^c_{u_i} \delta_i^2 \\ \tilde{w}^c_i &= \tilde{w}^o_{i-1} - \frac{1}{6} \delta_i (\theta_{i-1} \tilde{\theta}^c_{i-1} + \theta_{i-1} \tilde{\theta}^c_i + \theta_i \tilde{\theta}^c_i) - \tilde{\varepsilon}^c_{d_i} \delta_i \end{aligned} \right\} \quad (c - M, \ P, \ V, \ \theta, \ 0) \tag{13}$$

系数 $\tilde{\Phi}^c_{i_j}$、$\tilde{\Phi}^c_{u_i}$、$\tilde{\varepsilon}^c_{u_j}$ 的计算可参照文献 [1] 和本文的具体情况推导，在此不再详述。

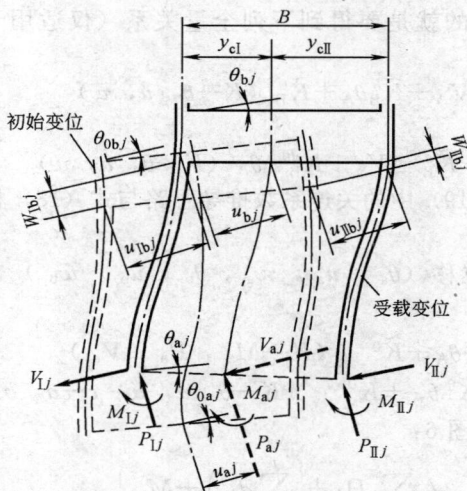

图 4　节间变位和内力　　　　　图 5　缀板柱截面

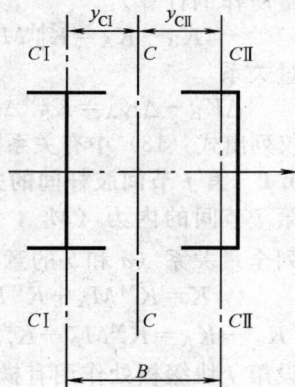

对于如图 5 所示的不对称截面，二根肢杆的受力 $M_{\text{I}j}$、$P_{\text{I}j}$、$V_{\text{I}j}$ 和 $M_{\text{II}j}$、$P_{\text{II}j}$、$V_{\text{II}j}$ 有如下关系（图 4）：

$$M_{\text{I}j} + M_{\text{II}j} + P_{\text{I}j} y_{c\text{I}} - P_{\text{II}j} y_{c_{\text{II}}} - (\theta_{a_j} + \theta_{0a_j})(V_{\text{II}j} y_{c\text{II}} - V_{\text{I}j} y_{c\text{I}}) = M_{a_j}$$

$$P_{\text{I}j} + P_{\text{II}j} = P_{\text{II}j}, \quad V_{\text{I}j} + V_{\text{II}j} = V_{\text{II}j} \tag{14}$$

整理后代入式（12c，d），然后再代入式（11）（其中第三式的 θ_{bj} 近似取 $\dfrac{\theta_{\text{I}bj} + \theta_{\text{II}bj}}{2}$，可以得到以下式子：

$$\tilde{a}^R_{kj} M_{\text{I}j} + \tilde{a}^P_{kj} P_{\text{I}j} + \tilde{a}^v_{kj} V_{\text{I}j} = \tilde{b}^M_{kj} M_{a_j} + \tilde{b}^P_{kj} P_{a_j} + \tilde{b}^V_{kj} V_{a_j} + \tilde{b}^\theta_{kj} \theta_{a_j} + b^\theta_{kj} \quad (k - \theta, \ u, \ w) \tag{15}$$

其中的系数于难推导，此处从略。

如记

$$D_j = \begin{vmatrix} \tilde{a}_{\theta_j}^M & \tilde{a}_{\theta_j}^P & \tilde{a}_{\theta_j}^V \\ \tilde{a}_{u_j}^M & \tilde{a}_{u_j}^P & \tilde{a}_{u_j}^V \\ \tilde{a}_{\omega_j}^M & \tilde{a}_{\omega_j}^P & \tilde{a}_{\omega_j}^V \end{vmatrix}, \quad D_{M_j}^K = \begin{vmatrix} \tilde{b}_{\theta_j}^K & \tilde{a}_{\theta_j}^P & \tilde{a}_{\theta_j}^V \\ \tilde{b}_{u_j}^M & \tilde{a}_{u_j}^P & \tilde{a}_{u_j}^V \\ \tilde{b}_{\omega_j}^M & \tilde{a}_{\omega_j}^P & \tilde{a}_{\omega_j}^V \end{vmatrix} \quad (k—M,\ P,\ V,\ \theta,\ 0) \tag{16}$$

$$D_{P_j}^K = \begin{vmatrix} \tilde{a}_{\theta_j}^M & \tilde{b}_{\theta_j}^K & \tilde{a}_{\theta_j}^V \\ \tilde{a}_{u_j}^M & \tilde{b}_{u_j}^K & \tilde{a}_{u_j}^V \\ \tilde{a}_{w_j}^M & \tilde{b}_{w_j}^K & \tilde{a}_{w_j}^V \end{vmatrix}, \quad D_{V_j}^K = \begin{vmatrix} \tilde{a}_{\theta_j}^M & \tilde{a}_{\theta_j}^P & \tilde{b}_{\theta_j}^V \\ \tilde{a}_{u_j}^M & \tilde{a}_{u_j}^P & \tilde{b}_{u_j}^V \\ \tilde{a}_{w_j}^M & \tilde{a}_{w_j}^P & \tilde{b}_{w_j}^V \end{vmatrix}$$

就有　　　$K_{I_j} = \dfrac{1}{D_j}\left[D_{k_j}^M M_{a_j} + D_{k_j}^P P_{a_j} + D_{k_j}^V V_{a_j} + D_{k_j}^\theta \theta_{a_j} + D_{k_j}^o \right] \quad (K—M,\ P,\ V) \tag{17}$

全量调整根据式（17）进行迭代。

5　缀板柱整体杆轴的初值边界值关连计算

为了有效地估计和调整缀板柱整体杆轴的始端条件（初值），提出适合于缀板柱的初值边界值关连计算。有关单肢的初值边界值计算参见文献 [1]，这里不再赘述。

设缀板柱始端作用有杆端力 M_A，P_A，V_A，始端位移 θ_A，u_A，w_A，末端边界条件 θ_B，u_B，w_B，那么初值边界值关连计算的目的就是要得到下列全量关系（仅适用于按割线模量所作的计算）：

$$K_B - K_A = \tilde{K}_B^M M_A + \tilde{K}_B^P P_A + \tilde{K}_B^V V_A + \tilde{K}_B^\theta \theta_A + \tilde{K}_B^0 \quad (K—\theta,\ u,\ w) \tag{18}$$

和增量关系

$$\Delta K_B - \Delta K_A = \tilde{K}_B^{dM} \Delta M_A + \tilde{K}_B^{dP} \Delta P_A + \tilde{K}_B^{dV} \Delta V_A + \tilde{K}_B^{d\theta} \Delta\theta_A \quad (K—\theta,\ u,\ w) \tag{19}$$

本文仅列出式（18）中有关系数的计算。式（19）中的关连系数推导思路与式（18）相同。

5.1　第 j 节间肢杆间的关连计算

第 j 节间的内力（M_{a_j}，P_{a_j}，V_{a_j}）和位移（θ_{a_j}，u_{a_j}，w_{a_j}，θ_{b_j}，u_{b_j}，w_{b_j}）也能化成下列全量关系（a 和 b 的意义参见图4）：

$$K = \tilde{K}^M M_A + \tilde{K}^P P_A + \tilde{K}^V V_A + \tilde{K}^\theta \theta_A + \tilde{K}^0 \quad (K—M_{a_j},\ P_{a_j},\ V_{a_j}) \tag{20}$$

$$K_{c_j} - K_A = \tilde{K}_{c_j}^M M_A + \tilde{K}_{c_j}^P P_A + \tilde{K}_{c_j}^V V_A + \tilde{K}_{c_j}^\theta \theta_A + \tilde{K}_{c_j}^0 \quad (K—\theta,\ u,\ w;\ c—a,\ b) \tag{21}$$

设第 j 块缀板处作用有横向荷载 Q_j，由图6：

$$\left. \begin{aligned} M_{a_j} &= P_A(u_{a_j} - u_{0a_j}) + M_A + V_A\left(\sum_{k=1}^{j-1} H_k + \sum_{k=1}^{j} d_k \right) + M_{a_j}^0 \\ P_{a_j} &= P_A, \quad V_{a_j} = V_A + Q_j^0 \end{aligned} \right\} \tag{22}$$

式中　　　$Q_j^0 = -\displaystyle\sum_{k=1}^{j} Q_k, \quad M_{a_j}^0 = -\sum_{k=1}^{j-1} Q_k\left(\sum_{i=k+1}^{j-1} d_i + \dfrac{d_k}{2} + \dfrac{d_j}{2} + \sum_{i=k}^{j-1} H_i \right) - Q_j \dfrac{d_j}{2} \tag{23}$

那么式（20）中的系数：

$$\left. \begin{aligned} \tilde{M}_{a_j}^M &= 1 + P_A \tilde{u}_{a_j}^M, \quad \tilde{M}_{a_j}^P = P_A \tilde{u}_{a_j}^P + u_{0a_j}, \quad \tilde{M}_{a_j}^V = P_A \tilde{u}_{a_j}^V + \sum_{k=1}^{j-1} H_k + \sum_{k=1}^{j} d_k \\ \tilde{M}_{a_j}^\theta &= P_A \tilde{u}_{a_j}^\theta, \quad \tilde{M}_{a_j}^0 = \tilde{M}_{a_j}^0 + P_A \tilde{u}_{a_j}^0 \\ \tilde{P}_{a_j}^k &= 0 \quad (K—M,\ V,\ \theta,\ 0), \quad \tilde{P}_{a_j}^P = 1 \\ \tilde{V}_{a_j}^k &= 0 \quad (K—M,\ P,\ \theta), \quad \tilde{V}_{a_j}^V = 1, \quad \tilde{V}_{a_j}^0 = Q_j^0 \end{aligned} \right\} \tag{24}$$

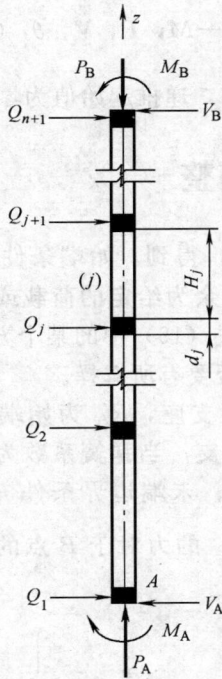

图 6 缀板柱的外力

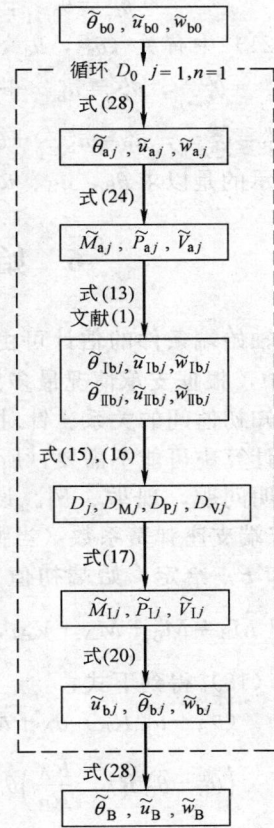

图 7

如将 (M_{I_j}，P_{I_j}，V_{I_j}) 写成式（20）的形式，其中的系数根据式（17）可得：

$$\left.\begin{array}{l} \widetilde{K}_{I_j}^{c} = \dfrac{1}{D_j}(D_{k_j}^{M}\widetilde{K}_{a_j}^{c} + D_{k_j}^{P}\widetilde{P}_{a_j}^{C} + D_{k_j}^{V}\widetilde{V}_{a_j}^{c} + D_{k_j}^{\theta}\bar{\theta}_{a_j}^{c})\quad(c—M,\ P,\ V,\ \theta)\\[2mm] \widetilde{K}_{I_j}^{c} = \dfrac{1}{D_j}(D_{k_j}^{M}\widetilde{M}_{a_j}^{0} + D_{k_j}^{P}\widetilde{P}_{a_j}^{0} + D_{k_j}^{V}\widetilde{V}_{a_j}^{0} + D_{k_j}^{\theta}\bar{\theta}_{a_j}^{0} + D_{k_j}^{0})\quad(K—M,\ P,\ V) \end{array}\right\} \tag{25}$$

参考图 4、图 5，可得 $w_{b_j} = w_{1_j} + \theta_{1bj}y_{1_c}$ 于是，根据式（12a，b），可得式（20）中的关于 (θ_{b_j}，w_{b_j}，w_{b_j}) 的系数：

$$\left.\begin{array}{l} \widetilde{K}_{b_j}^{c} = \widetilde{K}_{1bj}^{M}\widetilde{M}_{1_j}^{c} + \widetilde{K}_{1bj}^{P}P_{1_j}^{c} + \widetilde{K}_{1bj}^{V}\widetilde{V}_{1_j}^{c} + \widetilde{K}_{1bj}^{\theta}\bar{\theta}_{a_j}^{c}\quad(c—M,\ P,\ V,\ \theta)\\[2mm] \widetilde{K}_{b_j}^{0} = \widetilde{K}_{1bj}^{M}\widetilde{M}_{1_j}^{0} + \widetilde{K}_{1bj}^{P}P_{1_j}^{0} + \widetilde{K}_{1bj}^{V}\widetilde{V}_{1_j}^{0} + \widetilde{K}_{1bj}^{\theta}\bar{\theta}_{a_j}^{0} + \widetilde{K}_{1bj}\\[2mm] \widetilde{w}_{b_j}^{k} = (\widetilde{w}_{1bj}^{M} + \bar{\theta}_{1bj}^{M}y_{0i})\widetilde{M}_{1_j}^{k} + (\widetilde{w}_{1bj}^{P} + \bar{\theta}_{1bj}^{P}y_{c1})\widetilde{P}_{1_j}^{k} + (\widetilde{w}_{1bj}^{V} + \bar{\theta}_{1bj}^{V}y_{1c})\widetilde{V}_{1_j}^{k}\\[2mm] \qquad + (\widetilde{w}_{1bj}^{\theta} + \bar{\theta}_{1bj}^{\theta}y_{c1})\bar{\theta}_{a_j}^{k}\quad(K—M,P,V,\theta)\\[2mm] \widetilde{w}_{b_j}^{0} = (\widetilde{w}_{1bj}^{M} + \bar{\theta}_{1bj}^{M}y_{01})\widetilde{M}_{1_j}^{0} + (\widetilde{w}_{1bj}^{P} + \bar{\theta}_{1bj}^{P}y_{c1})\widetilde{P}_{1_j}^{0} + (\widetilde{w}_{1bj}^{V} + \bar{\theta}_{1bj}^{V}y_{c1})\widetilde{V}_{1_j}^{0}\\[2mm] \qquad + (\widetilde{w}_{1bj}^{\theta} + \bar{\theta}_{1bj}^{\theta}y_{01})\bar{\theta}_{a_j}^{0} + \widetilde{w}_{1bj}^{0} + \bar{\theta}_{1bj}^{0}y_{01} \end{array}\right\} \tag{26}$$

5.2 相邻节间的关连计算

第 j 节间肢杆始端位移 (θ_{a_j}，u_{a_j}，w_{a_j}) 与末端位移 (θ_{b_j}，u_{b_j}，w_{b_j}) 有如下关系：

$$\theta_{a_j}=\theta_{b_{j-1}}, \quad u_{a_j}=u_{b_{j-1}}+\theta_{b_{j-1}}d_j, \quad w_{a_j}=w_{b_{j-1}} \tag{27}$$

于是，式（21）中有关（θ_{a_j}，u_{a_j}，w_{a_j}）的关连系数由下式给出：

$$\left.\begin{array}{l}\tilde{\theta}_{a_j}^k=\tilde{\theta}_{b_{j-1}}^k, \quad \bar{u}_{a_j}^k=\bar{u}_{b_{j-1}}^k+\tilde{\theta}_{b_{j-1}}^k d_j, \quad \tilde{w}_{a_j}^k=\tilde{w}_{b_{j-1}}^k \\[2mm] \tilde{\theta}_B^k=\tilde{\theta}_{b_{n-1}}^k, \quad \bar{u}_B^k=\bar{u}_{b_{n-1}}^k+\tilde{\theta}_{b_{n-1}}^k d_n, \quad \tilde{w}_B^k=\tilde{w}_{b_{n-1}}^k \end{array}\right\} \quad (k\text{—}M, P, V, \theta, 0) \tag{28}$$

图 7 表示的是以求 $\tilde{\theta}_B$、$\bar{u}_B$、$\tilde{w}_B$ 为目的的系数计算顺序，递推起始值为零。

6　始端条件的估计与调整

整体杆轴始端条件的估计可由联解式（18）或式（19）得到。始端条件（M_A，P_A，V_A，Q_A）中，根据支承情况最多只允许有三个未知值，其余为给定的荷载或可由平衡条件求得与未知初值间的关系。针对具体问题，式（18）或式（19）中的某个方程或其中的某些系数在计算中可能不需要，所以对关连系数的计算与否要有所选择。

为了说明问题，现举一例。设缀板柱始末端均为弹性支座，R_A 为始端支座弹簧系数，R_B 为末端支座弹簧系数（当弹簧系数为 0 时，即为简支；当弹簧系数为 ∞ 时，即为固定端）。如 P_A 给定，始端初值 θ_A、V_A，$M_A=-\theta_A R_A$；末端边界条件 $u_B=0$，$\theta_B=-\dfrac{M_B}{R_B}$，这里 $M_B=M_B^P+M_A+V_A l$，M_B^P 是不包括 M_A 和 V_A 的力对于 B 点的矩。将上述条件代入式（18）得到下式：

$$\left.\begin{array}{l}(\bar{u}_B^\theta-\bar{u}_B^M R_A)\,\theta_A+\bar{u}_B^V V_A=-\,(\bar{u}_B^P P_A+\bar{u}_B^0) \\[3mm] \left(\tilde{\theta}_B^\theta-\tilde{\theta}_B^M R_A-\dfrac{R_A}{R_B}\right)\theta_A+\left(\tilde{\theta}_B^V+\dfrac{l}{R_B}\right)V_A=-\left(\tilde{\theta}_B^P P_A+\dfrac{M_B^P}{R_B}+\tilde{\theta}_B^0\right) \end{array}\right\} \tag{29}$$

未知始端条件的调整也按式（18）和式（19）进行，只是式（19）中 $\Delta\theta=\theta_B-\theta_n$，$\Delta u_B=u_B-u_n$ 和 $\Delta w_B=w_b-w_n$，其中的系数递推需代以调整前的截面特性。

7　理论计算与试验结果的比较

本文进行了四根缀板柱的承载全过程试验。试件材料为 A_S：柱肢为 5 号槽钢。表 1 为试件特征表（主要尺寸在图 8、图 9 表示），表 2 为试件的实测偏心矩。图 10 为试件实测的初变形。图 11 为 5 号槽钢的实测残余应变。在此忽略了由于缀板与单肢的焊接引起的残余应变沿单肢的变化。

缀板柱试件特征表　　　　　　　　　　　　　　　　　　　　　　　　表 1

编号	截面形式	n_j	d(mm)	d_A(mm)	H(mm)	r_x(mm)	r_a(mm)	λ_x	λ_a	λ_n
1	图 9(a)	6	52	56	338	40.5	11	59.3	30.7	66.8
2	图 9(a)	5	52	56	416	40.5	11	59.3	37.8	70.3
3	图 9(b)	5	40	40	432	31.0	11	77.4	39.3	86.8
4	图 9(b)	4	40	40	550	31.0	11	77.4	50.0	92.1

注：n_j——节间个数；r_a——单肢绕 x_a 轴的围转半径；λ——长细比。

试件的实测初偏心（mm）　　　　　　　　　　　　　　　　　　　　　表 2

编号	1	2	3	4
e_A	0.476	0.213	1.298	−0.551
e_B	−0.754	0.095	1.934	0.351

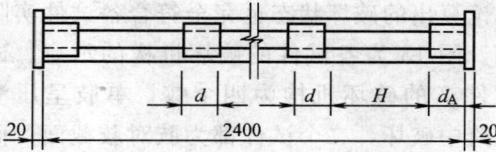

图 8　试件的主要尺寸

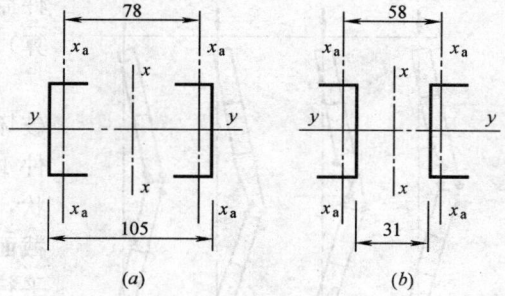

图 9　试件的截面形式

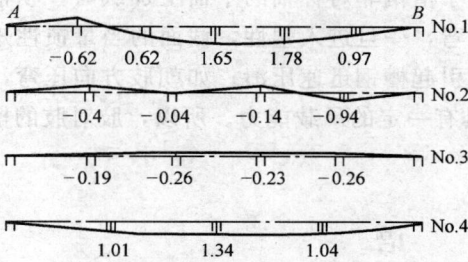

图 10　试件的初变形（单位：mm）

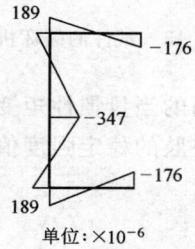

单位：×10⁻⁶

图 11　实测残余应变分布图

　　理论分析结果和试验结果比较见图 12。从图中可以看出，理论分析与试验结果符合较好。理论分析时，取柱肢截面分块 100，节间单肢分段数为 4，精度为 1/1000，每根试

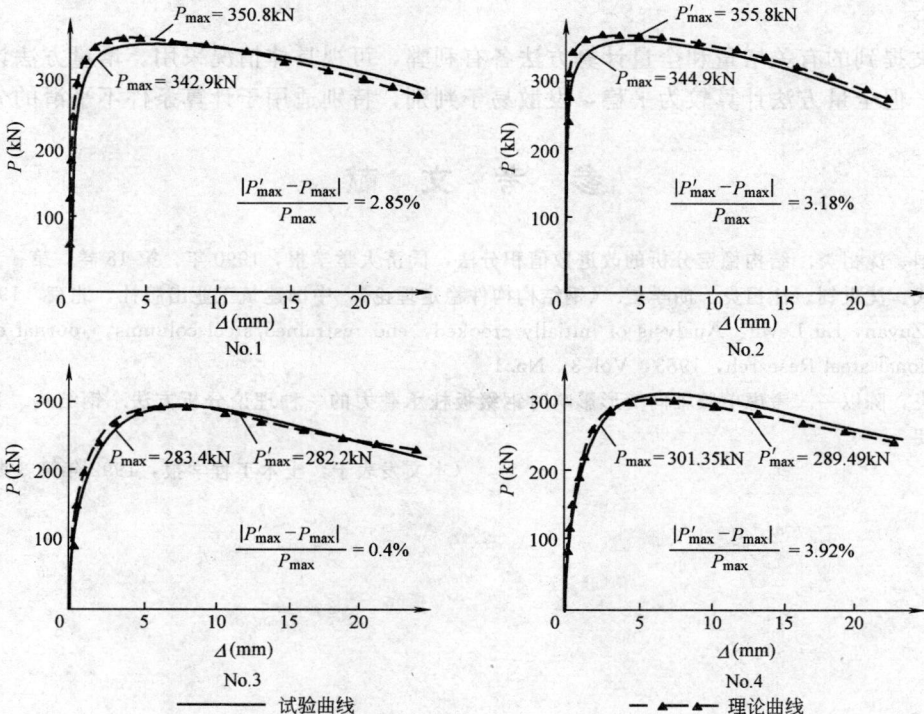

图 12　P-Δ 曲线

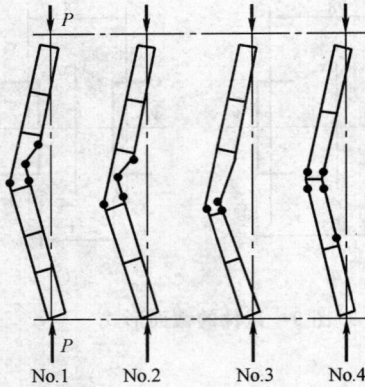

图 13　试件的破坏机构

件需计算约 30～45 分钟（在 PC-XT 型微机上计算）。

　　按理论算出的破坏状态也完全符合各试件实际破坏状态。图 13 为各试件的破坏机构的示意。试件 1 和试件 2 的破坏机构为四个铰，单肢呈压溃状，都在跨中破坏，二个试件都为肢对肢截面；而截面为背对背的试件 3 和试件 4，其破坏节间近乎平行机构，单肢临近节间末缀板（靠近跨中）处破坏。上述现象的原因是由于槽钢是非双轴对称的。在垂直于槽钢非对称轴的平面上加载时，朝槽钢背方向压弯，一旦进入塑性，截面的当量惯性矩的骤然减小引起槽钢迅速压溃；如朝肢方向压弯，进入塑性后截面的当量惯性矩变化缓慢，所以还具有一定的承载能力。所以，肢对肢的槽钢缀板柱跨中单肢的稳定强度值得注意。

8　结　　语

　　本文方法，可以解决任意支承情况缀板柱的承载问题，缀板柱可以是任意截面形式，任意的加载方式，任意的残余应变模式并且沿柱轴可以有变化。从理论分析和试验结果的比较来看，本文方法具有良好的精度，足可以模拟试验。作者借助本文方法对缀板柱作了详细研究。

　　本文提到的有关增量和全量计算方法各有利弊，可视具体情况采用。增量方法计算收敛较快；但全量方法计算较为平稳，发散易于判别，特别适用于计算条件不平滑的分析。

参　考　文　献

1　郑伟国、沈祖炎. 结构稳定分析的改进数值积分法，同济大学学报，1990 年，第 18 卷，第 4 期
2　吕烈武、沈世钊、沈祖炎、胡学仁.《钢结构构件稳定理论》，中国建筑工业出版社，北京，1983 年
3　Shen Zuyan, Lu Lewu：Analysis of initially crooked, end restrained steel columns, Journal of Constructional steel Research, 1983, Vol. 3, No. 1
4　沈祖炎、陈以一. 考虑单肢轴向变形影响时钢缀板柱承载力的一种理论分析方法. 钢结构. 1987 年第 2 期

（本文发表于：土木工程学报，1992 年第 3 期）

10. 对九江长江大桥 15MnVNq 钢重型压杆 φ 曲线的研究

沈祖炎　李锦钰　陈扬骥

　　提　要：本文对九江长江大桥 15MnVNq 钢组成的重型工字形压杆极限承载力，应用数值积分法求解，根据不同长细比 λ 和不同残余应力，计算得出的压杆稳定系数 φ 表明，中厚板可按《钢结构设计规范》（GBJ 17—88）规定的 c 曲线选用。至于特厚板尚需进一步实测验证。

　　关键词：15MnVNq 钢　中厚板　特厚板　数值积分法　残余应力　稳定系数 φ

The Study on Curves of 15MnVNq Heavy Compressed Bars in Jiujiang Changjiang Bridge

Shen Zuyan　Li Jinyu　Chen Yangji

　　Abstract：In this paper，the limit load-carrying capacities of the heavy I-type compressed bars made of 15MnVNq in Jiujiang Changjiang Bridge were analyzed by the numerical integration method considering different values of the slenderness ratio，λ，and different distributions of the residual stress．From the obtained stability factor，φ，it is shown that，to plates with middling thickness，c type curve described in the design code for steel structures（GBJ 17—88）can be used．As for very thick plates，further research work is necessary．

　　Keywords：15MnVNq　Steel　Plates with Middling Thickness　Very Thick Plates　The Numerical　Integration；Residual Stress；Stability Factorφ

　　15MnVNq 钢是一种新应用的高强度钢材（$f_y = 430\text{N/mm}^2$）但我国《钢结构设计规范》和《铁路桥涵设计规范》中都还未能给出该钢种的压杆稳定系数。特别是由于九江长江大桥工程采用了板厚≥40mm 钢板组成的工字形截面，更急需确定其受压的极限承载能力。因此，本文采用数值积分法对建桥工程上急需的 15MnVNq 钢中厚板和特厚板组成的工字形截面压杆，提出了绕弱轴的压杆稳定系数曲线。

1　轴心压杆稳定极限承载力的数值积分法

　　轴心压杆稳定极限承载力的分析方法很多，文献［1］中介绍的数值积分法是各种方法是中采用假定最少，能考虑因素最多，因而也是精度最高的一种方法。这种数值积分法本质上就是重复迭代寻找未知初值的过程，它可采用数值优化方法，有效地估计初值，快速逼近真值。

本文是在初值估计中采用了弹性解析解的结果，用牛顿渐近法逼近其真值。这种方法的基本思路是将杆件分成 n 段，每段中点截面分成 m 块（见图1），给定一 N 值，不断改变 θ 值以满足边界条件和各段中点截面的内外力平衡，从而确定 $N-u$ 曲线，根据稳定的收敛条件确定它的极限承载力，其计算公式和整个计算框图见图2所列。

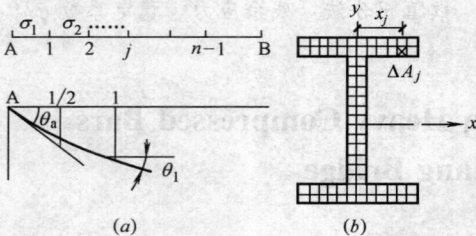

图1　弹性解析解中压杆的分段与截面分块的图示
(a) 压杆分段；(b) 截面分块

九江长江大桥工程所需要的工字形截面尺寸见图3。该截面的残余应力图形是根据文献 [2] 的实测资料，经整理和调整得出的。其中中厚板截面有 WMA1 和 WMA2 两种残余应力图形（见图4），而特厚板的残余应力由于应考虑沿板厚方向的变化，我国还没有实测资料，只能参照文献 [2] 提供的残余应力实测数据得出 WSA1、WSA2 和 WSA3 三种残余应力图形（见图5）。

在计算中考虑了初偏心的影响。初偏心 e_0 是根据《铁路桥涵设计规范》规定采用：

当 $\lambda \leqslant 80$ 时，$e_0 = l/1000$；$\lambda \geqslant 1000$ 时，$e_0 = l/500$。

λ 在 80～100 之间时，e_0 值取上述直线内插。

式中　λ——杆件长细比；

　　　 l——杆件长度。

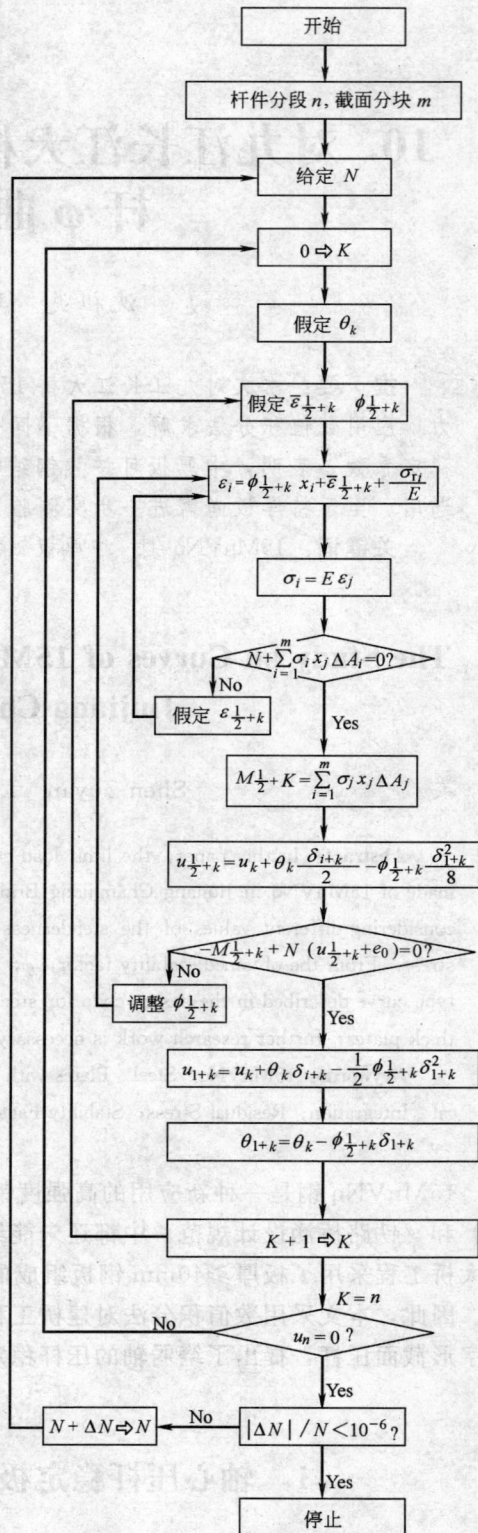

图2　计算框图

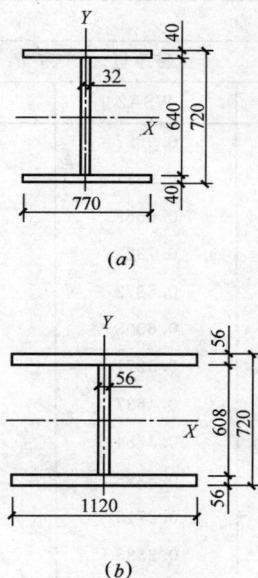

(a)

(b)

图 3　截面尺寸

(a)中厚板；(b)特厚板

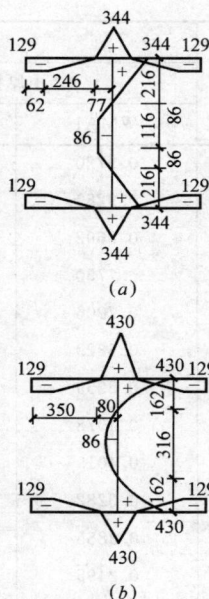

(a)

(b)

图 4　中厚板的残余应力

(a)WMA1；(b)WMA2

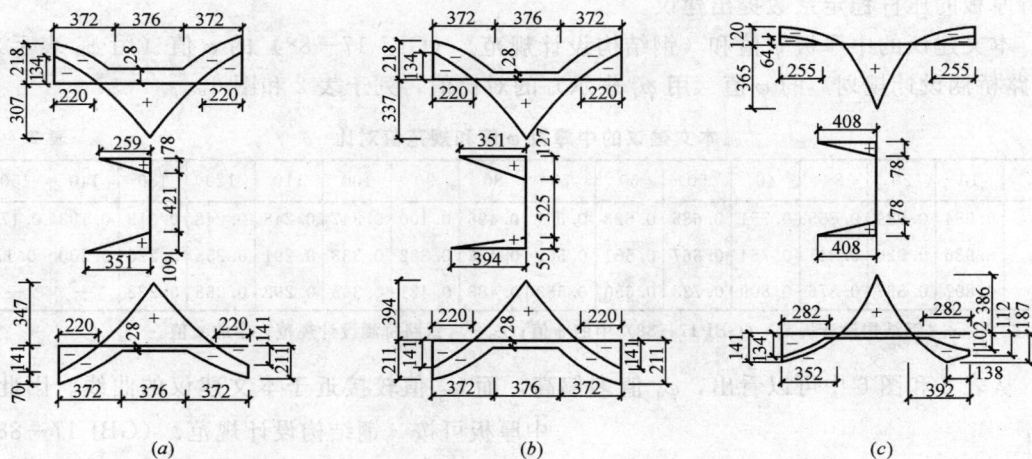

(a)　　　　　　　　　(b)　　　　　　　　　(c)

图 5　特厚板的残余应力

(a)WSA1；(b)WSA2；(c)WSA3

2　计算结果与分析

本文根据不同长细比 λ 和不同残余应力计算得到的压杆稳定系数列于表 1。从表 1 可知，不同的残余应力分布对压杆稳定系数的影响较大。经分析比较，本文系把考虑 WSA2 残余应力得到的 φ 值作为中厚板的压杆稳定系数；把考虑 WSA2 残余应力得到的 φ 值做

压杆稳定系数　　　　　　表 1

长细比 λ	残余应力图形				
	中厚板		特厚板		
	WMA1	WMA2	WSA1	WSA2	WSA3
10	0.9720	0.9841	0.9531	0.9857	0.9841
20	0.9283	0.9390	0.9207	0.9411	0.9422
30	0.8692	0.8553	0.8670	0.8669	0.8786
40	0.7750	0.7509	0.7902	0.7828	0.8131
50	0.7006	0.6854	0.7024	0.6872	0.7385
60	0.6329	0.6231	0.6205	0.6008	0.6644
70	0.5959	0.5613	0.5455	0.5271	0.5881
80	0.4978	0.4964	0.4765	0.4637	0.5123
90	0.4019	0.4002	0.3874	0.3784	0.4119
100	0.3282	0.3466	0.3180	0.3293	0.3357
110	0.2855	0.2843	0.2767	0.2715	0.2907
120	0.2495	0.2482	0.2420	0.2383	0.2533
130	0.2192	0.2182	0.2128	0.2099	0.2220
140	0.1937	0.1928	0.1884	0.1859	0.1958
150	0.1721	0.1716	0.1675	0.1658	0.1739

为特厚板的压杆稳定系数提出建议。

本文建议的中厚板 φ 值和《钢结构设计规范》（GBJ 17—88）的 φ 值（用 φ_S 表示）、《铁路桥涵设计规划》的 φ 值（用 φ_q 表示）的对比值，列于表 2 和图 6。

本文建议的中厚板 φ 值和规范值对比　　　　　　表 2

λ	10	20	30	40	50	60	70	80	90	100	110	120	130	140	150
φ	0.984	0.939	0.855	0.751	0.685	0.623	0.561	0.496	0.400	0.347	0.248	0.248	0.218	0.193	0.172
φ_S	0.986	0.926	0.841	0.754	0.667	0.581	0.509	0.436	0.382	0.333	0.291	0.255	0.225	0.200	0.17
φ_q	0.897	0.897	0.876	0.809	0.733	0.650	0.553	0.483	0.421	0.365	0.292	0.268	0.232	—	—

注：φ_S—《钢结构设计规范》（GBJ 17—88）中的 φ 值；φ_q—《铁路桥涵设计规范》中的 φ 值。

从表 2 和图 6 中可以看出，φ_q 值多偏高，而 φ_S 值较接近于本文建议的曲线。因此，中厚板可按《钢结构设计规范》（GBJ 17—88）中的 c 曲线选用，完全能够满足要求。

中厚板截面按本文建议的 φ 曲线与 ECSS 的 D 曲线（见文献［3］［4］）及铁研院曲线和西南交大曲线（见文献［5］）的对比列于图 7。

从图 7 中可知，当 $\lambda=30\sim60$ 时本文建议的 φ 曲线将略低于铁研院的曲线和西南交大的曲线，其他部分互有交叉；但又高于 ECCS 的 D 曲线，这说明中厚板组成的截面仍然可按一般厚度的钢板来考虑。

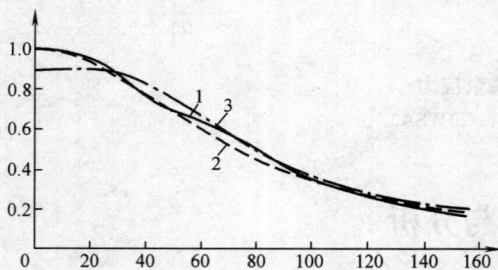

图 6　本文对中厚板压杆建议的值与规范值的对比
1—本文建议的曲线；2—GBJ 17—88 规范中的 C 曲线；3—《铁路桥涵设计规范》的曲线

本文建议的特厚板 φ 曲线和 ECCS 的 DBS5400 的 B 曲线对比见图 8。从图 8 中可知，本文建议的特厚板 φ 曲线在 $\lambda=30\sim100$ 时高于其他曲线，而在 $\lambda>100$ 时接近于其他曲线。

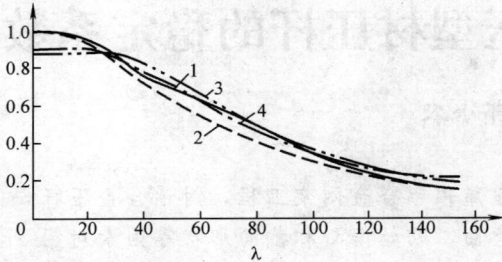

图 7　中厚板钢压杆整体稳定系数的比较
1—本文建议曲线；2—ECCSPD 曲线；3—西南
交大曲线；4—铁研院 1980 年 4 月提出的曲线

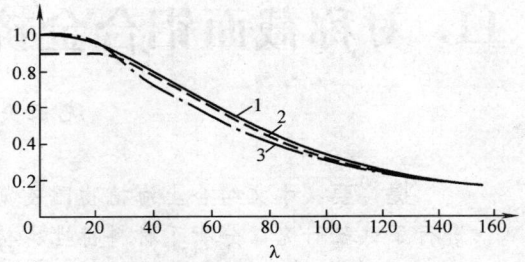

图 8　特厚板压杆各 φ 曲线的对比
1—本文建议曲线；2—BS5400 的 B 曲线
3—ECCS 的 D 曲线

3　结　束　语

本文针对九江长江大桥工程所用重型工字形截面压杆，所进行的整体稳定研究中发现，截面残余应力图形的不同，将影响压杆稳定系数。在本文研究中，由于对特厚板截面的残余应力系采用了国外资料，它是否符合我国情况，还需在今后对我国重型压杆的残余应力实测之后，再做进一步分析。

参　考　文　献

1　吕烈武、沈世钊、沈祖炎、胡学仁. 钢结构构件稳定理论. 北京：中国建筑工业出版社，1983 年
2　Goran A. Alpsten & Lambert Tall. Residual Stresses in Heavy Welded Shapes, Fritz Engineering Laboratory Report No337. 12，U. S. A，January 1969
3　Giulio Ballio & Federico. M. Mazzolani. Theory and Design of Steel Structures, Chapman and Hall, London & New York，1983
4　李德滋等译. ECCS 钢结构稳定手册。1980 年
5　大桥工程局. 九江长江大桥 15MnVN 钢压杆设计规则条文和说明（讨论稿），1987 年 2 月

（本文发表于：钢结构，1992 年第 3 期）

11. 对称截面铝合金挤压型材压杆的稳定系数

沈祖炎　郭小农

提　要：本文结合上海植物园展览温室屋顶铝合金网架工程，对铝合金压杆进行了试验研究，分析了材料特性、初始弯曲、初始偏心和截面形状等因素对铝合金压杆极限承载力的影响，最后在试验结果和数值计算的基础上得出了对称截面铝合金挤压型材压杆的稳定系数，并和欧洲建议、美国规范及上海市规程的稳定系数进行了比较。

关键词：铝合金压杆　极限承载力　稳定系数

Column Curves of Aluminum Alloy Extruded Members With Symmetrical Sections

Shen Zuyan　Guo Xiaolong

Abstract：Factors，affecting the ultimate strength of aluminum alloy columns such as material properties，section profile，initial crookedness and initial eccentricity，are analyzed in this paper，and the column curves of aluminum alloy extruded columns with symmetrical sections based on the experimental data and numerical calculation results are proposed. The comparison between the column curves deduced in the paper and that of some relevant specifications is given as well.

Keywords：Aluminum Alloy Column　Column Curve　Ultimate Strength　Coefficient of Stability

1 引　言

铝合金材料具有重量轻、外形美观、耐腐蚀性好等特性，因此在现代结构设计中得到了越来越广泛的应用。早在 50 年代，欧美等国就建成了许多铝合金结构，其中英国在 1951 年建造的南方银行展厅铝合金穹顶，跨度达 111.3m。随着我国经济的发展，建成的铝合金结构也越来越多，如上海就有上海临沂游泳馆、国际体操中心、马戏城和植物园展览温室、科技城卵形球体等。

欧美各国对铝合金结构的研究较为成熟。在 20 世纪 70 年代，欧洲钢结构协会（ECCS）就制定了《欧洲铝合金结构建议》[1]，美国铝业协会制定了《铝合金结构规范》[2]，英国（CP118）、意大利（UNI8634）、瑞典（SVR）、法国（DTU）、德国（DIN4113）等国的规范也都已经出版。我国对铝合金结构的研究起步较晚，但也取得了一些成果。如中国建筑科学研究院结构所的郝成新、钱基宏等人对大跨度铝合金穹顶网壳结构进行了研究，提出了铝穹顶结构的设计方法[3]；还有上海建筑设计研究院和同济大学等单位已经根据上海地区的技术经济的发展要求，开始了上海市标准《铝合金格构结构技术规程》的编制工作[4][5]。

　　本文首先根据试验数据拟合出相对长细比$\bar{\lambda}>1$时热处理铝合金压杆的计算公式；然后利用试验数据采用数值计算方法得出了热处理（$\bar{\lambda}\leqslant1$）和非热处理铝合金挤压型材压杆的稳定系数计算公式，数值计算中考虑了由试验数据反推得出的初始偏心。

2　试验简介

2.1　试件类型、试验装置及加载方案

　　本试验中所采用的试件的截面有 H 型及圆管型两种类型，共 4 种规格 12 根试件。H型截面试件的材料类型和几何特性见表 1。圆管型截面试件的材料类型和几何特性见表 2。

H 型截面试件材料类型和几何特性表　　表 1

试件编号	材料类型	截面规格（截面高×宽×翼缘厚×腹板厚）(mm)	长度(mm)	λ
H60-1,H60-2,H60-3	6061-T6511	250×180×10×7	2463.0	60
H100-1,H100-2,H100-3	6061-T6511	250×140×8×6.5	2990.0	100

圆管型截面试件材料类型和几何特性表　　表 2

试件编号	材料类型	截面规格（外径×壁厚）(mm)	长度(mm)	λ
Y60-1,Y60-2,Y60-3	5083-H321	$\phi100\times5$	1888.0	60
Y80-1,Y80-2,Y80-3	5083-H321	$\phi60\times4$	1458.0	80

　　本试验对所有试件均采用正位试验。为了使压杆两端的边界条件和铰接一致，在压杆试件上下端均设置了双向十字刀口支座（见图1）。安装试件时，对试件进行了几何对中，尽量使上下刀口中心在同一铅垂线上，并与试件的轴线重合。

图 1　双刀口支座　　　　图 2　部分试件的破坏情况

2.2　材性试验简介

　　共进行了 6 个材性试件的拉伸试验，其中 5083-H321 为非热处理铝合金材料，6061-T6511 为热处理铝合金材料，各有 3 个试件。通过试验，测出了以上两种材料的弹性模量

E、$f_{0.1}$、$f_{0.2}$ 以及极限强度 f_u，试验结果见表 3。

材性试验结果   表 3

试件编号	材料类型	E(Mpa)	$f_{0.1}$(Mpa)	$f_{0.2}$(Mpa)	f_u(Mpa)
5083-1	5083-H321	68942.9	247.7	262.9	319.3
5083-2	5083-H321	70057.4	254.9	274.0	323.3
5083-3	5083-H321	66062.0	244.6	259.9	316.5
平均值	5083-H321	68354.1	249.4	265.3	319.7
6061-1	6061-T6511	71920.8	252.7	257.2	273.6
6061-2	6061-T6511	78312.0	256.5	261.4	276.7
6061-3	6061-T6511	79170.7	244.8	251.2	271.3
平均值	6061-T6511	76467.8	251.3	256.6	273.9

2.3 试验结果简述

在试验过程中，每个试件都产生了较大的侧向变形。对于试件 H60-1、H60-2、H60-3，在失稳后跨中截面处的翼缘已发生了局部屈曲现象；而对于圆管型截面试件和 H100 型试件，则没有局部屈曲现象出现。卸除荷载后，试件的变形得到了部分恢复。各试件的实测极限承载力见表 4。表 4 中的稳定系数由实测极限荷载值除以 $Af_{0.2}$ 得到，其中 A 为试件截面积，$f_{0.2}$ 取自表 3，相对长细比 $\bar{\lambda}$ 按式（2）计算。由于篇幅有限，图 2 仅给出了部分试件的破坏情况的照片。

试件的极限承载力实测值   表 4

试件编号	相对长细比 $\bar{\lambda}$	极限荷载/kN	稳定系数	试件编号	相对长细比 $\bar{\lambda}$	极限荷载/kN	稳定系数
H60-1	1.106	761.1	0.569	Y60-1	1.190	259.7	0.656
H60-2	1.106	819.6	0.613	Y60-2	1.190	282.8	0.714
H60-3	1.106	875.3	0.656	Y60-3	1.190	271.6	0.686
H100-1	1.844	279.6	0.290	Y80-1	1.586	81.8	0.438
H100-2	1.844	294.1	0.305	Y80-2	1.586	83.0	0.445
H100-3	1.844	286.4	0.297	Y80-3	1.586	79.3	0.425

2.4 文献〔6〕试验简介

该试验由上海建筑设计研究院和同济大学建筑工程系钢结构教研室共同进行。所有试件的材料均为 6061-T6，材料的生产厂家提供了该材料的主要力学性能指标：$f_{0.2}=241\text{MPa}$，弹性模量为 $E=69589\text{MPa}$。支座形式有双刀口支座和球铰支座两种。试验在同济大学静力试验室进行，于 1999 年 1 月完成。由于双刀口支座更接近于铰接，故本文仅引用了该试验中采用双刀口支座的试件的试验结果，见表 5。

文献〔6〕试件的极限承载力实测值   表 5

试件编号	截面规格 in	截面积 mm²	长度 mm	λ	$\bar{\lambda}$	极限荷载 kN	稳定系数
G-1	3×2.5×0.2×0.13	896.8	2799.5	180	3.398	17.6	0.081
G-2	3×2.5×0.2×0.13	896.8	2801.6	180	3.398	18.5	0.086
G-3	3×2.5×0.2×0.13	896.8	2333.8	150	2.811	25.3	0.117
G-4	3×2.5×0.2×0.13	896.8	2333.6	150	2.811	26.1	0.121
G-5	5×3.5×0.32×0.19	2032.3	2600.6	120	2.249	112.9	0.210
G-6	5×3.5×0.32×0.19	2032.3	2599.9	120	2.249	98.1	0.200
G-8	5×3.5×0.32×0.19	2032.3	1949.8	90	1.687	140.0	0.286
Y-1	ϕ1.32×0.133	318.7	1923.4	180	3.398	7.0	0.091
Y-2	ϕ1.32×0.133	318.7	1924.3	180	3.398	6.8	0.088
Y-3	ϕ1.32×0.133	318.7	1602.9	150	2.811	8.8	0.114

续表

试件 编号	截面规格 in	截面积 mm²	长度 mm	λ	$\bar{\lambda}$	极限荷载 kN	稳定系数
Y-4	$\phi1.32\times0.133$	318.7	1603.2	150	2.811	9.3	0.121
Y-5	$\phi2.38\times0.154$	690.3	2397.8	120	2.249	29.1	0.175
Y-6	$\phi2.38\times0.154$	690.3	2397.9	120	2.249	28.2	0.169
Y-7	$\phi2.38\times0.154$	690.3	1798.1	90	1.687	54.0	0.324
Y-8	$\phi2.38\times0.154$	690.3	1798.2	90	1.687	53.8	0.323

试件材料类型均为 6061-T6。

3　热处理合金 $\bar{\lambda}>1$ 时的 φ-λ 曲线

由于本文和文献［6］的试件多为热处理合金，因此，本文利用热处理合金的试验数据的平均值在 Perry 公式的基础上通过调整初始偏心率的办法拟合出了 $\bar{\lambda}>1$ 时热处理铝合金压杆稳定系数的计算公式。基于边缘屈服理论的 Perry 公式为：

$$\varphi=\frac{1}{2\bar{\lambda}^2}\left[(1+\varepsilon_0+\bar{\lambda}^2)-\sqrt{(1+\varepsilon_0+\bar{\lambda}^2)^2-4\bar{\lambda}^2}\right] \tag{1}$$

式中，$\bar{\lambda}$ 为相对长细比，$\bar{\lambda}=\dfrac{\lambda}{\pi}\sqrt{\dfrac{f_{0.2}}{E}}$　　　　　　　　　　　　　　　　　(2)

ε_0 为构件的初始相对偏心率。

设 $\varepsilon_0=\alpha_1+\alpha_2\bar{\lambda}+\alpha_3\bar{\lambda}^2$，通过选择参数 α_1、α_2、α_3，可以得出最为合理的曲线。运用最小二乘法可得：$\alpha_1=0.05$、$\alpha_2=0$、$\alpha_3=0.09$。即：

$$\varphi=\frac{1}{2\bar{\lambda}^2}\left[(1.05+1.09\bar{\lambda}^2)-\sqrt{(1.05+1.09\bar{\lambda}^2)^2-4\bar{\lambda}^2}\right] \tag{3}$$

式（3）的 φ-λ 曲线及实测数据点见图 3。稳定系数的几种常用计算方法的计算结果以及式（3）和实测平均值的比较见表 6。这些计算方法是：GBJ 17—88 的 b 曲线[7]、GBJ 18—87 的 Q235 曲线[8]、美国规范的计算公式[9]、欧洲铝合金结构建议的 a 曲线[1]、上海市铝合金格构结构规程的计算方法[5]、考虑 $L/1000$ 初始偏心率的 Perry 公式、欧拉公式。由于篇幅有限，本文对这些计算公式就不再赘述，请读者参考有关文献。从表 6 可以看到，式（3）和各国规范的计算结果符合得很好。

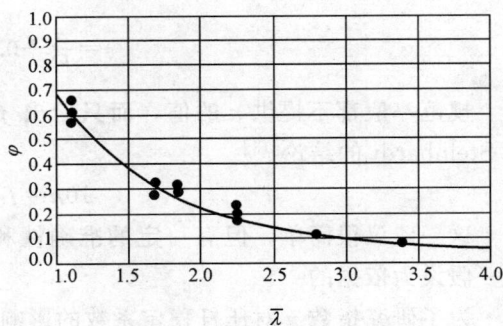

图 3　试验值拟合的曲线

稳定系数的几种常用方法计算结果和实测平均值比较　　表 6

试件 编号	$\bar{\lambda}$	实测 平均	GBJ 17—88	GBJ 18—87	美国 规范	欧洲 规范	Perry 公式	上海 规程	欧拉 公式	式(3)
H60-1,2,3	1.106	0.612	0.536	0.567	0.546	0.603	0.637	0.521	0.818	0.611
H100-1,2,3	1.844	0.297	0.245	0.242	0.247	0.263	0.270	0.243	0.294	0.258
G-1,2	3.398	0.083	0.079	0.074	0.082	0.082	0.084	0.066	0.087	0.079
G-3,4	2.811	0.119	0.113	0.108	0.120	0.119	0.121	0.105	0.127	0.114
G-5,6	2.249	0.205	0.172	0.166	0.177	0.182	0.187	0.167	0.198	0.176

续表

试件编号	$\bar{\lambda}$	实测平均	GBJ 17—88	GBJ 18—87	美国规范	欧洲规范	Perry 公式	上海规程	欧拉公式	式(3)
G-8	1.687	0.286	0.285	0.285	0.287	0.310	0.321	0.282	0.351	0.304
Y-1,2	3.398	0.090	0.079	0.074	0.082	0.082	0.084	0.066	0.087	0.079
Y-3,4	2.811	0.118	0.113	0.108	0.120	0.119	0.122	0.105	0.127	0.114
Y-5,6	2.249	0.172	0.172	0.166	0.177	0.182	0.189	0.167	0.198	0.176
Y-7,8	1.687	0.324	0.285	0.285	0.287	0.310	0.328	0.282	0.351	0.304

4　影响压杆极限承载力各因素解析

本文根据文献［10］所述的数值积分计算方法编写了计算程序，并应用该程序对影响压杆极限承载力的各因素进行了解析。

4.1　材料特性

铝合金的应力应变关系可以用 Ramberg-Osgood 模型[11]来描述，模型的表达式如下：

$$\varepsilon = \frac{\sigma}{E} + \left(\frac{\sigma}{B}\right)^n \tag{4}$$

其中 E 为原点处的弹性模量，n 和 B 为由试验测定的参数。从式（4）可知 n 是描述应变硬化的参数。利用参数 n 可对铝合金进行分类：$n<10\sim20$ 为非热处理铝合金；$n>20\sim40$ 为热处理铝合金[12]。

根据 $f_{0.2}$ 的定义，可以由式（4）得出如下关系式

$$0.002 = \varepsilon - \frac{f_{0.2}}{E} = \left(\frac{f_{0.2}}{B}\right)^n \tag{5}$$

将式（5）代入式（4）可得

$$\varepsilon = \frac{\sigma}{E} + 0.002\left(\frac{\sigma}{f_{0.2}}\right)^n \tag{6}$$

规范一般都不提供 n 的值，而只给出 $f_{0.2}$ 和 E 的值。为了进行数值计算，本文引用了 Steinhardt 的结论[13]

$$10n = f_{0.2} \text{（MPa）} \tag{7}$$

这一建议很简单，但有一定的准确性和适用性，德国规范 DIN4113（1975）就是以这一假设为依据的[6]。

为了研究指数 n 对压杆稳定系数的影响，本文计算了 5 根 n 值不同的压杆。压杆截面为 H152.1×101.6×7.37×4.83。材料的 $f_{0.2}=10n$（MPa），弹性模量 $E=70000.0$MPa。绕弱轴挠曲。考虑 $L/1000$ 的初弯曲。计算结果见图 4。从图 4 可以看到：当 n 值较小时，φ 随着 $\bar{\lambda}$ 的增大而下降的速率很快；当 n 值较大时，φ 随着 $\bar{\lambda}$ 的增大而下降的速率较慢。因此，制定铝合金压杆的稳定系数时，应考虑铝合金材料特性的影响。本文参考了欧洲铝合金结构建议的方法[1]，在制定轴压杆的稳定系数时，按热处理铝合金和非热处理铝合金来考虑。

4.2　截面形状

为了研究截面形状对压杆稳定系数的影响，本文共计算了 4 种常用截面的压杆（见图

5)，其中截面为 H152.1×101.6×7.37×4.83 的压杆绕强轴挠曲，而截面为 H254×152.4×10.41×6.35 的压杆绕弱轴挠曲。压杆的材料为热处理合金 6061-T6，其材性参数为：$f_{0.2}=245.0MPa$、$n=24.5$、$E=70000.0MPa$；计算时考虑 $L/1000$ 初弯曲。计算结果见图 5。从图 5 可以看到，对于双轴对称截面，截面形状对压杆稳定系数的影响不大。

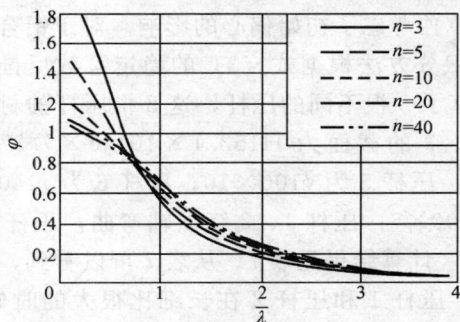

图 4　材料特性的影响　　　　　图 5　截面形状的影响

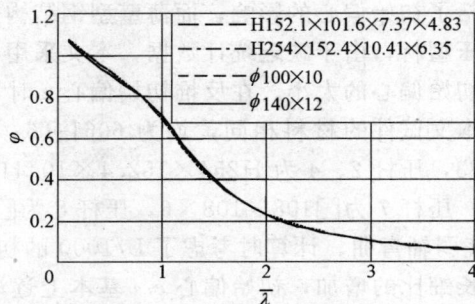

4.3　初始弯曲

为了研究初始弯曲对压杆稳定系数的影响，本文共计算了 3 根不同初始弯曲的压杆。压杆的材料为热处理合金 6061-T6；截面为 H152.1×101.6×7.37×4.83，绕弱轴挠曲。计算结果见图 6。从图 6 可以看到：随着初始弯曲的增加，压杆的稳定系数有明显的下降，对于相对长细比很小和很大的杆件，下降的幅度不如中等长细比压杆大。

4.4　初始偏心

为了研究初始偏心对压杆稳定系数的影响，本文计算了截面为 H152.1×101.6×7.37×4.83 的压杆。压杆的材料为热处理合金 6061-T6，绕弱轴挠曲；计算时考虑 $L/1000$ 的初弯曲；初始偏心取 0.05 倍回转半径。计算结果见图 7。从图 7 可以看到：随着初始偏心的增加，压杆的稳定系数有明显的下降，其中相对长细比较小的压杆下降幅度较大。

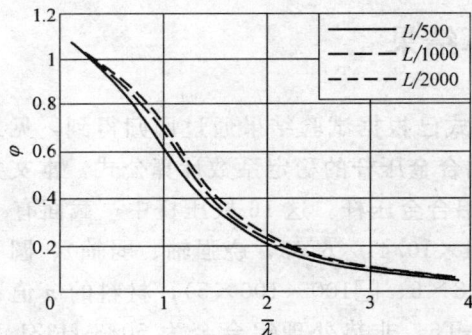

图 6　初始弯曲的影响　　　　　图 7　初始偏心的影响

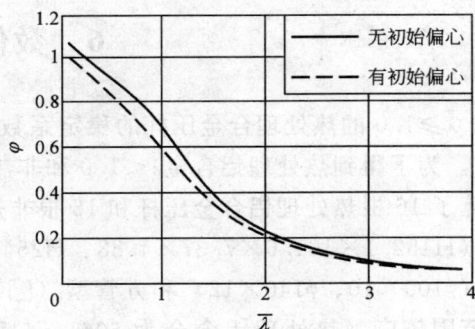

5　数值计算时应考虑的初始缺陷

本文在进行压杆的数值计算时，对以下各种缺陷是这样考虑的：

（1）初始弯曲。铝合金挤压型材一般都很平直。根据 ECCS 委员会的测量，铝合金挤压型材的初弯曲一般总小于 $L/1300$，因此，ECCS 委员会在计算压杆的稳定性时采用了

初弯曲为 $L/1000$ 的正弦挠曲线[12]。文献［5］中对杆件轴线平直度的允许偏差的规定也是 $L/1000$。本文在计算中也采用了这个值。

（2）残余应力。铝合金挤压型材的残余应力很小，一般可以不考虑[14]。

（3）初始偏心。我国钢结构规范在制定轴压杆的稳定系数时，用 $L/1000$ 的初始弯曲包括了初始偏心的影响；而薄壁型钢结构规范则单独考虑了初始偏心的影响。对于铝合金挤压型材，由于缺乏统计数据，本文采用了数值积分方法根据式（3）的稳定系数反推出了初始偏心的大小。在反推初始偏心 e 时，共计算了 8 根不同的压杆，这 8 根压杆的材料和本文试件的材料相同，均为 6061-T6；压杆 1、3 的截面为 H152.1×101.6×7.37×4.83，压杆 2、4 为 H254×152.4×10.41×6.35，压杆 5 为 ϕ100×10，压杆 6 为 ϕ140×12，压杆 7 为 □108×108×6，压杆 8 为 □100×100×5；压杆 1、2 绕强轴弯曲，压杆 3、4 绕弱轴弯曲；计算时考虑了 $L/1000$ 的初始弯曲。计算结果见表7。从表7可以看到，随着长细比的增加，初始偏心 e/i 基本上逐渐减小，压杆 1 和压杆 2 在长细比很大的时候，初始偏心还出现了负值，这是因为对于长细比较大的杆件，初始弯曲对压杆极限承载力的影响较大，而初始偏心的影响不大，在计算时考虑 $L/1000$ 的初始弯曲已经能够把初偏心的影响包括在内。表中的平均值是由压杆 3～压杆 8 的结果计算得到的。偏安全地采用表7 中 $\bar{\lambda} \geqslant 1.6$ 时 e/i 的平均值可以线性回归出初始偏心的计算公式为

$$e/i = -0.008\bar{\lambda} + 0.046 \tag{8}$$

			e/i 计算结果					表7	
$\bar{\lambda}$	压杆 1	压杆 2	压杆 3	压杆 4	压杆 5	压杆 6	压杆 7	压杆 8	平均值
1.0	0.022	0.021	0.009	0.012	0.023	0.023	0.020	0.020	0.018
1.6	0.028	0.026	0.028	0.039	0.037	0.039	0.033	0.032	0.035
2.2	−0.002	−0.001	0.030	0.021	0.025	0.030	0.031	0.032	0.028
2.8	−0.020	−0.019	0.022	0.021	0.021	0.020	0.022	0.021	0.021
3.4	−0.019	−0.019	0.021	0.021	0.014	0.009	0.021	0.021	0.018
4.0	−0.014	−0.014	0.015	0.015	0.017	0.015	0.016	0.016	0.016

6　数值计算结果

$\bar{\lambda} \geqslant 1.0$ 的热处理合金压杆的稳定系数计算公式已根据试验结果通过回归得到，见式（3）。为了得到热处理铝合金 $\bar{\lambda} < 1.0$ 和非热处理铝合金压杆的稳定系数计算公式，本文共计算了 16 根热处理铝合金压杆和 16 根非热处理铝合金压杆。这 16 根压杆中，截面有 H 型（H152.1×101.6×7.37×4.83、H254×152.4×10.41×6.35，绕强轴、弱轴）、圆管型（ϕ100×10、ϕ140×12）和方管型（□108×108×6、□100×100×5）；材料的 n 值覆盖范围较广（热处理铝合金为 6061-T6 和 7A03-T6，非热处理铝合金为 5083-H321 和 5054-H111），因此具有一定的代表性。计算时考虑了 $L/1000$ 的初始弯曲；初始偏心则按式（8）采用。各种材料的材料特性参数按美国铝合金结构规范[9]采用，n 值按式（7）计算。计算结果见图8和图9。

根据数值计算结果的最小值，可按最小二乘法拟合得到热处理铝合金（$\bar{\lambda} < 1.0$）压杆稳定系数的计算公式为

当 $\bar{\lambda} \leqslant 0.175$ 时：　　　　　　　$\varphi = 1.0$

当 $0.175 < \bar{\lambda} \leqslant 1.0$ 时：

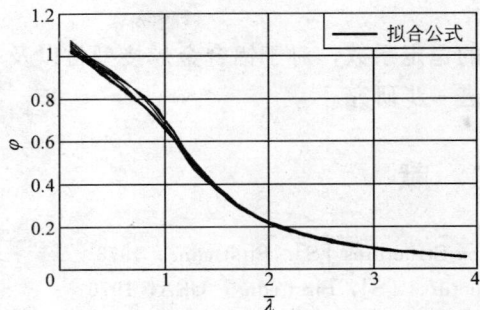

图 8 热处理铝合金数值计算结果

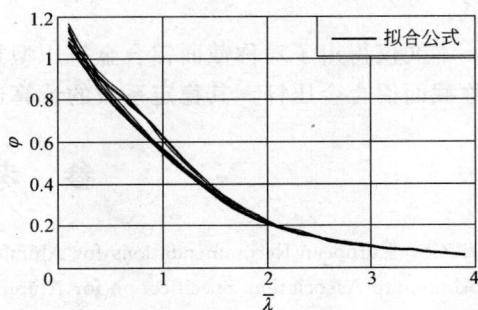

图 9 非热处理铝合金数值计算结果

$$\varphi = 1.061 - 0.341\bar{\lambda} - 0.031\bar{\lambda}^2 \tag{9}$$

非热处理铝合金压杆稳定系数的计算公式为

当 $\bar{\lambda} \leqslant 0.2$ 时：$\varphi = 1.0$

当 $0.2 < \bar{\lambda} < 1.0$ 时：$\varphi = 1.14 - 0.76\bar{\lambda} + 0.18\bar{\lambda}^2$

当 $\bar{\lambda} > 1.0$ 时：

$$\varphi = \frac{1}{2\bar{\lambda}^2}\left[(1.28 + 1.07\bar{\lambda}^2) - \sqrt{(1.28 + 1.07\bar{\lambda}^2)^2 - 4\bar{\lambda}^2}\right] \tag{10}$$

7 结论和展望

通过以上分析，本文得出了对称截面铝合金挤压型材压杆稳定系数的计算公式。对于热处理铝合金，压杆稳定系数可按照式（3）式（9）计算；对于非热处理铝合金，则可

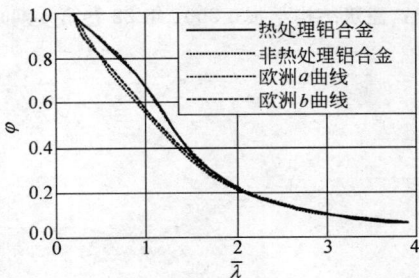

图 10 本文提出的计算公式和欧洲规范的比较

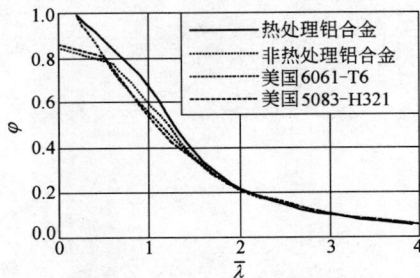

图 11 本文提出的计算公式和美国规范的比较

按照式（10）计算。图 10 给出了本文计算公式和欧洲建议[1]的 a 曲线（用于热处理铝合金）、b 曲线（用于非热处理铝合金）的比较。图 11 给出了本文计算公式和美国规范[9]的 6060-T6、5083-H321 曲线的比较。图 12 给出了本文计算公式和上海规程[5]的 6061-T6 曲线的比较。

从图 10～图 12 可以看出：本文提出的计算公式和欧洲规范的计算结果较为接近，而和美国规范有一些差别；而上海市的曲线

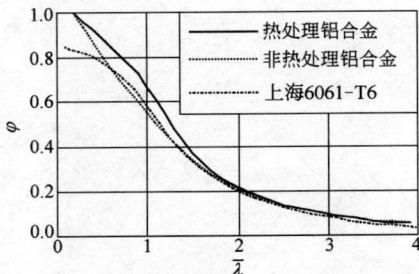

图 12 本文提出的计算公式和上海市规程的比较

最低。

　　本文仅得出了对称截面铝合金挤压型材压杆的稳定系数，对于铝合金焊接型材以及非对称截面铝合金压杆，其稳定系数的计算还有待进一步研究。

参 考 文 献

1　ECCS. European Recommendations for Aluminum Alloy Structures ［S］. First edn. ，1978

2　Aluminum Association. Specification for Aluminum structures ［S］，First edn. ，USA，1976

3　钱基宏、赵鹏飞等. 大跨度铝穹顶网壳结构的研究 ［A］. 第九届空间结构学术会议论文集 ［C］. 浙江，萧山，2000.9

4　杨联萍，姚念亮，邱枕戈. 铝合金轴心受压杆件的稳定系数研究 ［J］. 建筑结构，2001. （2）

5　铝合金格构结构技术（暂行）规程 ［R］. 上海市工程建设规范，上海，2000

6　李明，陈扬骥，钱若军等. 工字形铝合金轴心压杆稳定系数的试验研究 ［J］. 工业建筑，2001. （1）

7　国家标准. 钢结构设计规范（GBJ 17—88）北京：中国建设工业出版社，1988 ［S］

8　冷弯薄壁型钢结构技术规范（GBJ 18—87）条文说明 ［R］

9　Aluminum Association. Specification for Aluminum Structures ［S］，2nd edn. ，USA，1994

10　吕烈武，沈世钊，沈祖炎，胡学仁. 钢结构构件稳定理论 ［M］. 北京：中国建筑工业出版社，1983

11　Ramberg W R and Osgood W R. Description of Stress-strain Curves by Three Parameters ［R］. NACA Techn. No. 902，1943

12　F M 马佐拉尼著，谭祝梅译. 铝合金结构 ［M］，北京：冶金工业出版社，1992

13　Steinhardt O. Aluminum in Konstruktiven Ingenierbau （Aluminum Constructions in Civil Engineering） ［J］. Aluminium，1971，（47）

14　Mazzolani F M. Residual Stress Tests Alum-alloy Austrian Profiles ［R］. ECCS Commmittee 16，Doc. 16-75-1，1975

（本文发表于：建筑结构学报，2001 年 22 卷第 4 期）

12. 薄壁杆弹塑性弯扭失稳的有限单元解法

提　要：本文运用开口薄壁构件弯扭理论及虚功原理，导出了非弹性梁-柱单元的有限元全量平衡方程，并考虑了应变非单调变化、初弯曲、残余应力以及端部约束的影响，避免了目前仅用增量平衡方程所带来的一些不便。经试验结果验证，本方法用来计算等截面构件及阶形柱在任意加载次序下的弹塑性弯扭稳定问题具有良好的精度。

关键词：钢结构　薄壁梁柱　非弹性稳定　有限元方法

Finite Element Solution of Inelastic Flexural-Torsional Instability of Thin-Walled Beam-Columns

Ding Kuan　Shen Zuyan

Abstract：In this paper finite element total equilibrium equations for an Inelastic beam-column element are derived by using the principle of virtual work and the flexural-torsional theory of thin-walled open cross-section members. The effect of fiber strain reversal is involved. The influences of residual stresses，initial crookedness and end restraint are also taken into account. Some disadvantages caused by using incremental equilibrium equations are avoided. A corresponding computer program is developed. Experimental results verify that the method presented in this paper can be applied to the analysis of inelastic flexural-torsional instability of biaxilly loaded thin-walled prismatic or stepped beam-columns under arbitrary loading path with satisfactory accuracy.

Keywords：Steel Structure　Thin-Walled Beam Column　Inelastic Stability　Finite Element Method.

1　前　言

承受轴压力与弯矩作用的开口薄壁构件，是工程中最为常见的压杆形式。运用有限元方法研究这类构件的弯扭稳定问题常能获得较为满意的结果。从文献［2］～［4］可大致看出这类构件用有限元法的研究情况。

在工程中使用的构件，不可避免地会存在初始缺陷，因此，构件的弯扭失稳表现为极值型的弯扭失稳。这类稳定问题的极限承载力必须通过跟踪构件的整个荷载-位移（即 P-Δ）关系来得到。由于这种 P-Δ 关系的非线性，不得不采用逐次逼近的迭代过程来逼近真实的 P-Δ 过程。为了满足平衡条件，必须求出迭代过程中每次近似变形状态所对应的节点不平衡荷载，以便逐步将其消去。从目前的研究情况来看[2～4]，仅仅只得到了荷载与位移间的增量平衡方程及弹性阶段的全量平衡方程，同时这些方程又都不考虑应变非单调变化的影响。因此，对应于弹塑性阶段的某个近似全量变形状态的节点不平衡荷载就很难求得，从而引出了一些近似处理方法[3～4]。

　　为此，本文运用虚功原理导出了薄壁构件在弹塑性阶段的有限元全量平衡方程，并考虑了截面应变非单调变化的影响。由于所导出的平衡方程以全量形式表达，因此，不但可方便地求得弹塑性阶段每级近似变形下的节点不平衡荷载，而且能使平衡条件具有满意的精度。经试验验证，本文的方法可用来计算等截面构件及阶形柱的弹塑性弯扭稳定问题，并可考虑加载次序的影响。

2　单元刚度矩阵及全量平衡方程式

2.1　基本假定

（1）构件不发生局部失稳，截面轮廓不发生畸变；

（2）剪应力沿壁厚均匀分布，并不计中面剪应变；

（3）变形微小；

（4）材料为理想弹塑性体，不计鲍辛格效应；

（5）材料的屈服仅取决于正应力，不计剪应力的影响。

显然，前三项假定与一般的开口薄壁构件弯扭理论中的假定相同，因此，截面上任一点的位移表达式可参阅文献[1]，此处不再详细推导。

2.2　杆单元的坐标系

为便于考虑截面部分进入屈服后弹性中心的移动，本文所取的截面坐标均为任选固定参考系，如图 1 所示。

C 点及 O 点为横截面上的任选点，O 点作为计算扭

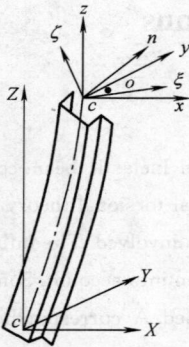

图 1　参考系

转及扇性特征的极点。ζ 轴为横截面的外法线方向，$C\xi\eta\zeta$ 坐标系随截面移动和转动，C_{xyz} 随截面平移，当截面未发生位移时，$C\xi\eta\zeta$ 与 C_{xyz} 重合。

2.3　杆单元的位移函数

取 O 点沿 x、y 方向的位移 u、v、截面绕 O 点的转角 θ 为三次多项式，C 点沿 z 方向的纵向位移为一次多项式，利用杆单元端点 i，j 的各七个节点位移，可得：

$$\begin{cases} u = <n_3> \{u^e\} \\ v = <n_3> \{v^e\} \\ \theta = <n_3> \{\theta^e\} \\ w_e = <n_1> \{w_c^e\} \end{cases} \tag{1}$$

各矩阵可表示为：

$$\begin{cases} \{u^e\} = <u^e>^T = [u_i^e; u_i^{e'}l'; u_i^e; u_j^{e'}l]^T \\ \{v^e\} = <v^e>^T = [v_j^e; v_j^{e'}l'; v_j^e; v_j^{e'}l]^T \\ \{\theta^e\} = <\theta^e>^T = [\theta_i^e; \theta_i^{e'}l; \theta_j^e; \theta_j^{e'}l]^T \\ \{w_c^e\} = <w_c^e>^T = [w_{ci}^e; w_{cj}^e]^T \\ <n_3> = [(1-3\beta^2+2\beta^3)(\beta-2\beta^2+\beta^3)(3\beta^2-2\beta^3)(-\beta+\beta^3)] \\ <n_1> = [1-\beta, \beta] \end{cases} \tag{2}$$

式中：$\beta = \dfrac{z}{l}$，l 为杆单元长。

2.4　杆单元的总虚功方程

（1）应力-应变关系

对于截面应变非单调变化的情况，截面上某一点的应变 ε 可能是经过了图 2 所示的变形路径才达到的。图 2 中各应变卸载转折点依先后次序表示为 1，$\cdots$，$i-1$，i，相应的应变值表示为 ε_{bfi}，$\cdots$，ε_{bfi-1}，ε_{bfi}。

为表达方便起见，取符号函数为：

$$\text{sign}(x) = \begin{cases} 1 & x > 0 \\ 0 & x = 0 \\ -1 & x < 0 \end{cases} \tag{3}$$

用正整数 i 表示卸载序号，当 $i=0$ 是为从未发生过卸载的情况。由图 2 可知一点的应力-应变关系可表示为以下分段函数的形式：

图 2　变形路径

$$\sigma \begin{cases} E\varepsilon & i=0 \ \text{且} \ |\varepsilon| < |\varepsilon_s| & \text{(4a)} \\ \text{sign}(\varepsilon)\sigma_s & i=0 \ \text{且} \ |\varepsilon| \geqslant |\varepsilon_s| & \text{(4b)} \\ (-1)^{i-1}\text{sign}(\varepsilon_{bfi})\sigma_s + E(\varepsilon-\varepsilon_{bfi}) & i>0 \ \text{且} \ |(-1)^{i-1}\text{sign}(\varepsilon_{bfi})\sigma_s + E(\varepsilon-\varepsilon_{bfi})| \leqslant \sigma_s & \text{(4c)} \\ (-1)^i\text{sign}(\varepsilon_{bfi})\sigma_s & i>0 \ \text{且} \ |(-1)^{i-1}\text{sign}(\varepsilon_{bfi})\sigma_s + E(\varepsilon-\varepsilon_{bfi})| > \sigma_s & \text{(4d)} \end{cases}$$

显然，式（4）中的各应变值 ε，ε_{bf1}，ε_{bfi} 都需通过跟踪该点的变形路径来确定。

由式（4）可知。截面上各点的应变可能存在四种状态，故可将整个截面划分为四个区。即，弹性区（A_e），初塑性区（A_{p1}），塑性卸载线性区（A_{p12}），卸载反向屈服区（A_{p2}）。四个区中的点的应力应变关系分别符合式（4）中（a），（b），（c），（d）四种情况。

（2）内力-应力关系

利用应力与内力的积分关系及式（4）可得：

轴向力：
$$N = \int_A \sigma dA = \int_{A_e} E\varepsilon dA + \int_{A_{p1}} \text{sign}(\varepsilon)\sigma_s dA + \sum_{j=1}^{n_{12}} \int_{A_{p12j}} [(-1)^{i-1}\text{sign}(\varepsilon_{bf1})\sigma_s$$
$$+ E(\varepsilon-\varepsilon_{bfj})]dA + \sum_{j=1}^{n_2} \int_{A_{p2j}} (-1)^i \text{sign}(\varepsilon_{bf1})\sigma_s dA \tag{5a}$$

弯矩：
$$M_\eta = \int_A \sigma \xi dA = \int_{A_e} E\varepsilon\xi dA + \int_{A_{p1}} \text{sign}(\varepsilon)\sigma_s \xi dA + \sum_{j=1}^{n_{12}} \int_{A_{p12j}} [(-1)^{i-1}\text{sign}(\varepsilon_{bf1})\sigma_s$$

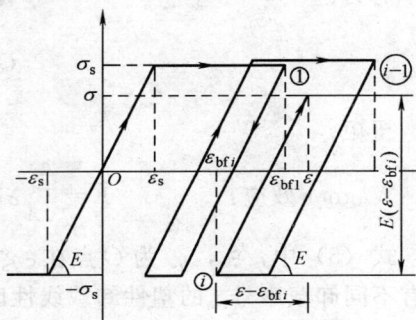

$$+E(\varepsilon-\varepsilon_{bfi})]\xi dA+\sum_{j=1}^{n_2}\int_{Ap2j}(-1)^i\text{sign}(\varepsilon_{bf1})\sigma_s\xi dA \tag{5b}$$

$$M_{\xi}=\int_A\sigma\eta dA=\int_{Ap1}E\varepsilon\eta dA+\int_{Ae1}\text{sign}(\varepsilon)\sigma_s\eta dA+\sum_{j=1}^{n_{12}}\int_{Ap12j}[(-1)^{i-1}\text{sign}(\varepsilon_{bf1})\sigma_s$$

$$+E(\varepsilon-\varepsilon_{bfi})]\eta dA+\sum_{j=1}^{n_2}\int_{Ap2j}(-1)^i\text{sign}(\varepsilon_{bf1})\sigma_s\eta dA \tag{5c}$$

双力矩：$B=\int_A\sigma\omega dA=\int_{Ae}E\varepsilon\omega dA+\int_{Ap1}\text{sign}(\varepsilon)\sigma_s\omega dA+\sum_{j=1}^{n_{12}}\int_{Ap12j}[(-1)^{i-1}\text{sign}(\varepsilon_{bf1})\sigma_s$

$$+E(\varepsilon-\varepsilon_{bfi})]\omega dA+\sum_{j=1}^{n_2}\int_{Ap2j}(-1)^i\text{sign}(\varepsilon_{bf1})\sigma_s\omega dA \tag{5d}$$

剪力：
$$Q_{\eta}=\int_A\tau_{s\zeta}\sin\alpha dA \tag{5e}$$

$$Q_{\xi}=\int_A\tau_{s\zeta}\cos\alpha dA \tag{5f}$$

扭矩：
$$M_Z=\int_A\tau_{s\zeta}\rho dA \tag{5g}$$

Wagner 效应：
$$\overline{K}=\int_A\sigma[(\xi-\xi_0)^2+(\eta-\eta_0)^2]dA \tag{5h}$$

式（5）中，ξ_0，η_0 为 O 点在 $\xi\eta\zeta$ 坐标系中的坐标值，α，ρ 可参阅文献 [1]。n_{12} 表示具有不同卸载序号 i 的塑性卸载线性区的总数；n_2 为具有不同卸载序号 i 的塑性卸载反向屈服区的总数。因此：$A_{p12}=\sum_{j=1}^{n_{12}}A_{p12j}$；$A_{p2}=\sum_{j=1}^{n_2}A_{p2j}$。

（3）内力与变形关系

当考虑构件存在的初始变形及残余应力时，按线性薄壁弯扭理论[1] 及式（4）、（5）可得：

$$\{\overline{N^e}\}=E[\overline{A}]\{\Phi-\Phi_0\}+\{f_p^\tau\} \tag{6}$$

式中 $\{\overline{N^e}\}$ 为杆端内力矩阵，$[\overline{A}]$ 为截面各区的几何特性，$\{\Phi\}$ 为曲率矩阵，$\{\Phi_0\}$ 为初曲率矩阵，$\{f_p^\tau\}$ 与残余应力有关，E 为弹性模量。

（4）弹塑性阶段的总虚功方程

由虚功原理可知，当杆单元处于平衡状态时，其平衡条件可用虚功方程表示为：

$$\int_V[\sigma\delta\varepsilon+\tau_{s\zeta}\delta\gamma_{s\zeta}]dv=\int_l\overline{q}\delta\Delta dz \tag{7}$$

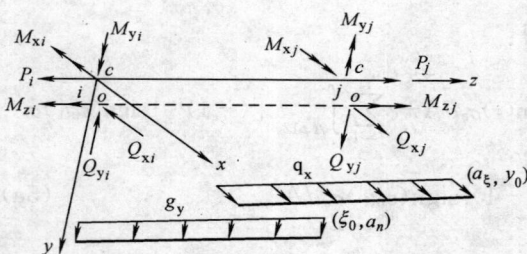

图 3　单元的平衡状态

式中 σ，$\tau_{s\zeta}$——实正应力，实剪应力；

$\delta\varepsilon$，$\delta\gamma_{s\zeta}$——虚正应变，虚剪应变；

v，l——杆单元的体积及长度；

$\overline{q}$——作用在杆单元上的外力；

$\delta\Delta$——外力作用处的虚位移。

参照非线性弹性理论的应变几何方程及文献 [1] 的位移表达式，利用式（5）、式（6）及图 3，将所有对坐标 $C\xi\eta\zeta$ 的量转换为

对坐标 $Cxyz$ 的量，则总虚功方程（7）即可展开为弹塑性阶段的总虚功方程：

$$\int_l \{E[(A_e + A_{p12})W_c' - (S_{\eta e} + S_{\eta p12})(u - u_0)'' - (S_{\xi e} + S_{\xi p12})(v - v_0)'' - (S_{\omega e} + S_{\omega p12})(\theta$$
$$- \theta_0)''] + f_{p1}^r + f_{p12}^r - h_{p12}^{bf} + f_{p12}^r\}\delta w_c' \cdot dz - \int_l \{E[(S_{\eta e} + S_{\eta p12})w_c' - (I_{\eta e} + I_{\eta p12})(u - u_0)''$$
$$- (I_{\xi\eta e} + I_{\xi\eta p12})(v - v_0)'' - (I_{\omega\xi e} + I_{\omega\xi p12})(\theta - \theta_0)''] + f_{p1\xi}^r + f_{p12\xi}^r - h_{p12\xi}^{bf} + f_{p2\xi}^r\}\delta u''dz - \int_i$$
$$(f_{p1\xi}^r + f_{p12\xi}^r - h_{p12\xi}^{bf} + f_{p2\xi}^r)(\theta\delta v'' - v'\delta\theta' + v''\delta\theta - \theta'\delta v')dz - \int_l \{E[(S_{\xi e} + S_{\xi p12})w_c' - (I_{\xi\eta e} +$$
$$I_{\xi\eta p12})(u - u_0)'' - (I_{\xi e} + I_{\xi p12})(v - v_0)'' - (I_{\omega\eta e} + I_{\omega\eta p12})(\theta - \theta_0)''] + f_{p1\eta}^r + f_{p12\eta}^r - h_{p12\eta}^{bf} +$$
$$f_{p2\eta}^r\}\delta v''dz - \int_l (f_{p1\eta}^r + f_{p12\eta}^r - h_{p12\eta}^{bf} + f_{p2\eta}^r)(-\theta\delta u'' + u'\delta\theta - u''\delta\theta + \theta'\delta u')dz - \int_l \{E[(S_{\omega e} +$$
$$S_{\omega p12})w_c' - (I_{\omega\xi e} + I_{\omega\xi p12})(u - u_0)'' - (I_{\omega\eta e} + I_{\omega\eta p12})(v - v_0)'' - (I_{\omega e} + I_{\omega p12})(\theta - \theta_0)''] + f_{p1\omega}^r$$
$$+ f_{p12\omega}^r - h_{p12\omega}^{bf} + f_{p2\omega}^r\}\delta\theta''dz - \int_l (f_{p1\omega}^r + f_{p12\omega}^r - h_{p12\omega}^{bf} + f_{p2\omega}^r)(-u'\delta v''' + v'\delta u''' - v'''\delta u' + u'''$$
$$\delta v')dz + \int_l G\frac{J_k}{A}A_e(\theta - \theta_0)'\delta\theta'dz + \int_l (-Q_y\theta + Pu' + P\eta_0\theta' - M_x\theta')\delta u'dz + \int_l (Q_x\theta + Pv'$$
$$- P\xi_0\theta' + M_y\theta')\delta v'dz + \int_l (Q_x v'\delta\theta - Q_y u'\delta\theta + \frac{\overline{K}'}{2}\delta\theta\delta' + \frac{\overline{K}'}{2}\theta'\delta\theta + P\eta_0 u'\delta\theta' - P\xi_0 v'\delta\theta' + M_y v'$$
$$\delta\theta' - M_x u'\delta\theta' + \overline{K}\theta'\delta\theta')dz = \int_l [q_x\delta u + q_y\theta v + m_z\delta\theta - q_x(\alpha_\xi - \xi_0)\theta\delta\theta - q_y(a_\eta - \eta_0)\theta\delta\theta]dz +$$
$$[P\delta w_c - M_x\delta v' - M_y\delta u' + M_z\delta\theta - B\delta\theta' + Q_x\delta u + Q_y\delta v]_0^1 \tag{8}$$

2.5　单元刚度矩阵及全量平衡方程

得到了杆单元的总虚功方程后，将位移函数表达式（1）代入式（8），利用分部积分及虚位移不为零的条件，则可得单元刚度矩阵及单元全量平衡方程：

$$\left[[K_{fe}^e] + [K_{fp12}^e]\right]\{\Delta^e - \Delta_0^e\} + \left[[K_{fp1}^e] + [K_{fp12f}^e] + [K_{fp2}^e]\right]\{\Delta^e\}$$
$$+ [K_G^e]\{\Delta^e\} + \{F_{p1}^{re}\} + \{F_{p12}^{re}\} + \{F_{p2}^{re}\} = \{W^e\} \tag{9}$$

式中，$\{W^e\}$ 为杆单元端力矩阵，$\{\Delta^e\}$ 为单元位移矩阵，$\{\Delta_0^e\}$ 为单元初位移矩阵。总刚度矩阵按通常的直接刚度法形成，单元杆端力符号采用图 4 规定，总体平衡方程为：

$$\left[[K_{FE}] + [K_{FP12}]\right]\{\Delta - \Delta_0\} + \left[[K_{FP1}] + [K_{FP12F}] + K_{FP2}\right]\{\Delta\}$$
$$+ [K_G]\{\Delta\} + \{F_{P1}^R\} + \{F_{P12}^R\} + \{F_{P2}^R\} = \{W\} \tag{10}$$

当考虑杆端弹性约束时，只需将约束系数选加在 $[K_{FE}]$ 中相应的对角元位置上。

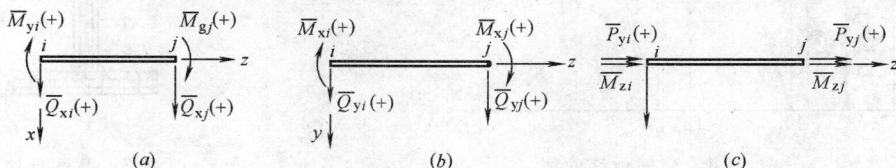

图 4　单元杆端力符号规定

3　非线性总体平衡方程的求解及弯扭稳定极限承载力的确定准则

由于方程（10）是一个非线性方程，因此，位移的求解必须依赖于逐次逼近的迭代方法。此外，在截面部分屈服以后，必须通过逐级加载的过程来跟踪截面各点应变的发展情况。图 5 表示在第 m 级荷载水平下通过逐次逼近的过程来求得实际位移 $\{\Delta_m\}$ 的过程。由于式（10）表示全量位移与全量荷载的平衡对应关系，因此，对应于全量近似变形，如 $\{\Delta_m\}_2$ 的节点可实现荷载 $\{W_m\}_2$ 可通过 $\{\Delta_m\}_2$ 乘以按 $\{\Delta_m\}_2$ 修正后的刚度矩阵来得到，从而避免了目前对节点可实现荷载求法的各种近似假定。

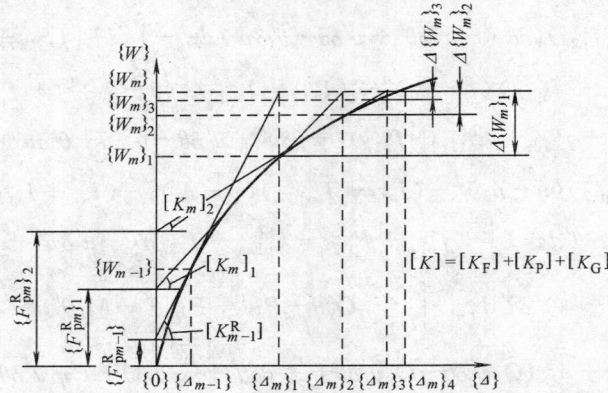

图 5　迭代方法示意图

节点可实现荷载求得后，相应的不平衡荷载即为实际荷载与可实现荷载之差。随着迭代次数的增加，节点不平衡荷载会逐渐减小直至到达允许值，此时即表明已求得了该荷载下的实际位移。如果迭代过程发散，则表明荷载水平已超过了构件的稳定承载力（见图 6），此时应降低荷载级差重新计算。介于收敛与发散间的荷载即为构件的稳定极限承载力。迭代过程的截面特性及内力通过将截面分成小块、然后用求和代替积分来求得（见图 7）。

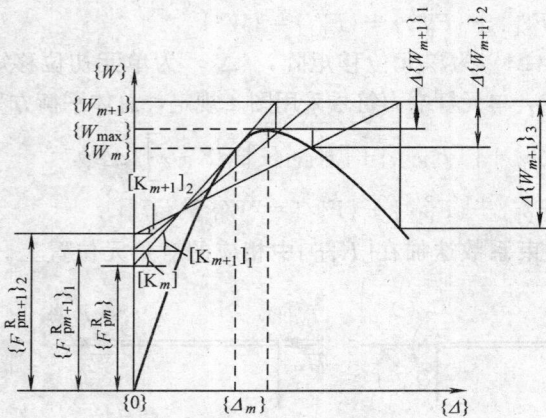

图 6　荷载位移曲线

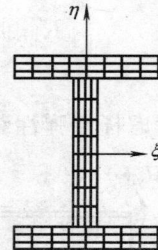

图 7　截面分块

4　应　用

4.1　压弯构件的二阶弹性分析

表 1 为文献［5］给出的弹性解析解的已知条件，本文的数值解与文献［5］的解析解

表 1

编 号	截 面	L/ry	偏心 e(cm)	屈服应力 σ_s MPa	边 界 条 件
2	$14W=43$	140	$e_x=e_y=-12.7$	248	简支可翘曲 $u=v=\theta=0$
3	$14W=43$	60	$e_x=e_y=-12.7$	248	简支不可翘曲
4	$14W=43$	140	$e_x=e_y=-12.7$	248	$u=v=\theta=\theta'$

的结果示于图 8 中，显然两种解的结果相当吻合。

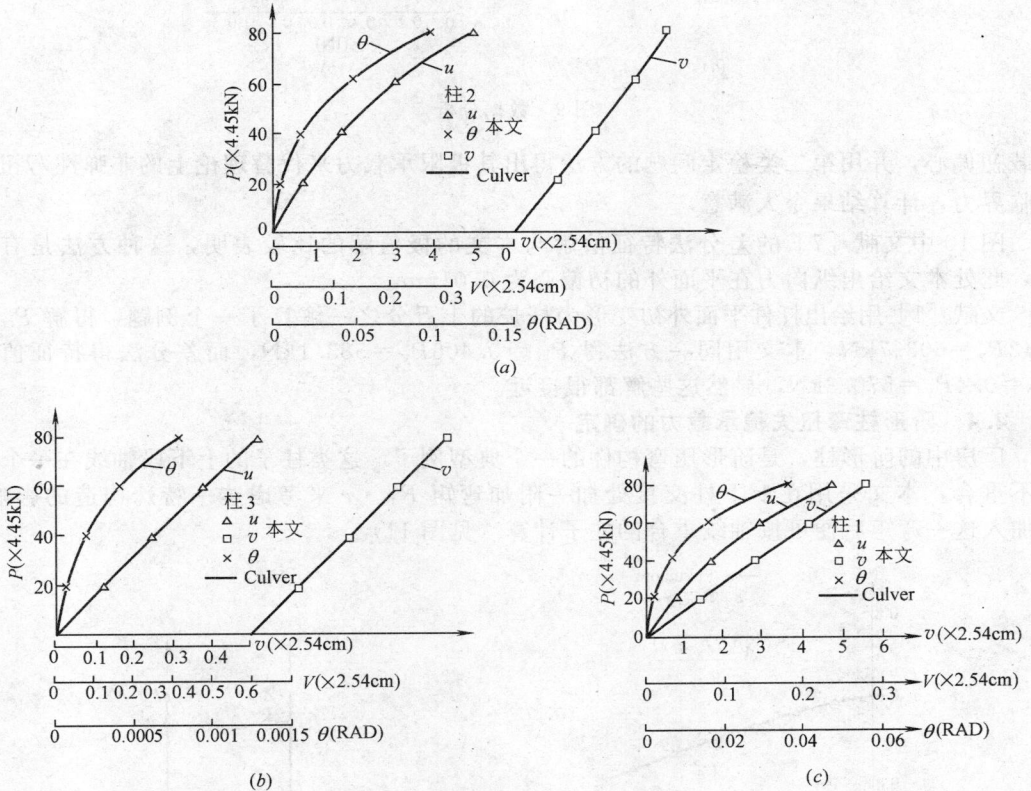

图 8　结果对比

实际运算发现，对弹性问题，本方法分二段已有足够精度，且可节省运算时间。

4.2　压弯构件的二阶弹塑性分析

薄壁构件第二类稳定问题的计算理论是否正确常难以衡量，必须求助于精确的实验。文献 [6] 提供了一批 H 型截面双向偏压杆的实验结果，实验的构造条件可满足下列边界条件（两端）：

$$u=v=\theta=\theta'=0 \tag{11}$$

本文按文献 [6] 提供的实测数据进行了计算，结果示于图 9 中，显然，结果能与实验值较好地吻合。

4.3　压杆弹塑性弯扭屈曲临界力的确定

压杆的弯扭屈曲问题理论上应按特征值问题求解。本文用给构件极其微小的初变形或

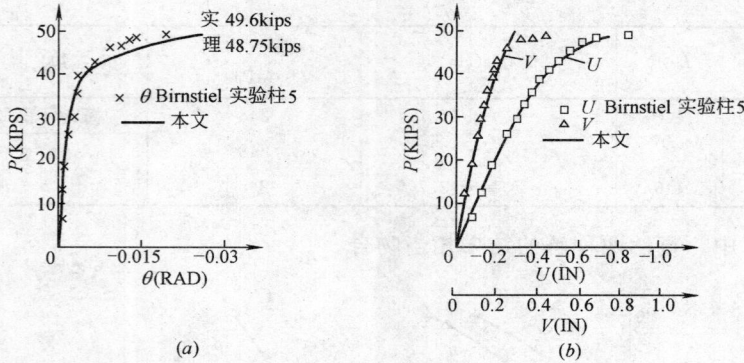

图 9　数据分析

荷载初偏心，并用第二类稳定问题的方法得出其极限承载力来代替理论上的非弹性弯扭屈曲临界力，计算结果令人满意。

图 10 中文献［7］的差分法特征值解与本文的极值解的比较表明，这种方法是有效的，此处本文给出纵向力在平面外的初偏心为 0.01mm。

文献［1］用给出杆件平面外初变形为杆长的十万分之一解算了一个例题，得解 $P_{cr}=0.42P_y=603.7$kN，本文用同一方法得 $P_{cr}=0.406P_y=583.1$kN，而差分法得特征值为 $P_{cr}=0.4P_y=570.3$kN，显然这些解都很接近。

4.4　阶形柱弯扭失稳承载力的确定

厂房中的阶形柱，是阶形压弯构件的一个典型例子，这类柱子的上下段轴线在一个方向不重合，本文采用在上下柱交接处加一附加弯矩 $P_T \cdot e$ 来考虑这一特殊构造的影响，当加入这一弯矩后便可按轴线重合的柱子计算（见图 11）。

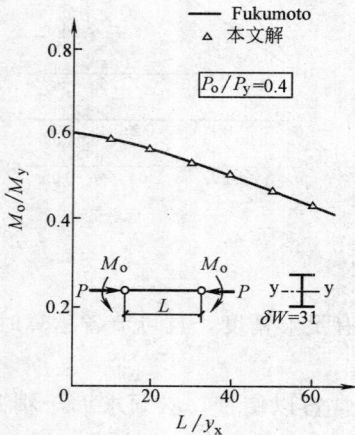

图 10　差分解与极限解比较

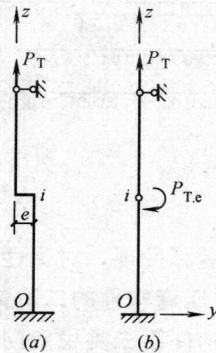

图 11　阶形柱计算简图

由于本方法考虑了加载过程中应变非单调变化的影响，故可方便地计算阶形柱这一特定情况。

为了验证理论的可靠性，本文进行了五根焊接钢阶形柱模型的受力实验，并详细测定了试件的初始变形及残余应力，试件的名义尺寸见图 12，试验中的构造措施可满足下列边界条件：

$$\begin{cases} w=u=u'=v=v'=\theta=\theta'=0 & (z=0) \\ u=\theta=\theta'=0 & (z=l_B) \\ u=\theta=\theta'=0 & (z=l_B+l_t) \end{cases} \tag{12}$$

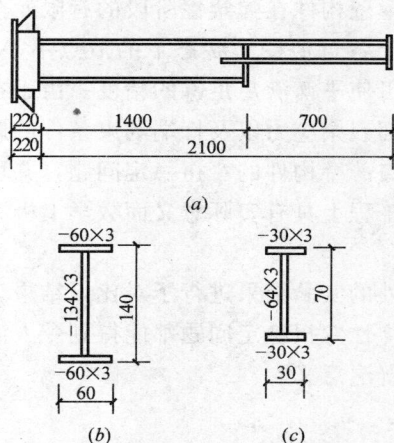

图 12　试件的名义尺寸

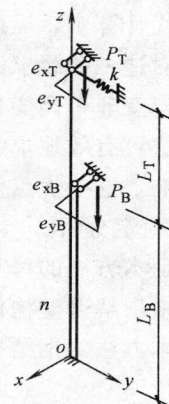

13　阶形柱计算简图

因此，阶形柱的计算简图如图 13。

按实测数据进行计算，采用先加 P_T 至 $3t$，然后加 P_b 至失稳的加载次序。理论计算的弯扭稳定极限承载力与实测弯扭稳定极限承载力的比较见表 2。

荷载-位移的比较见图 14，显然，计算结果与实验值能较好地吻合。

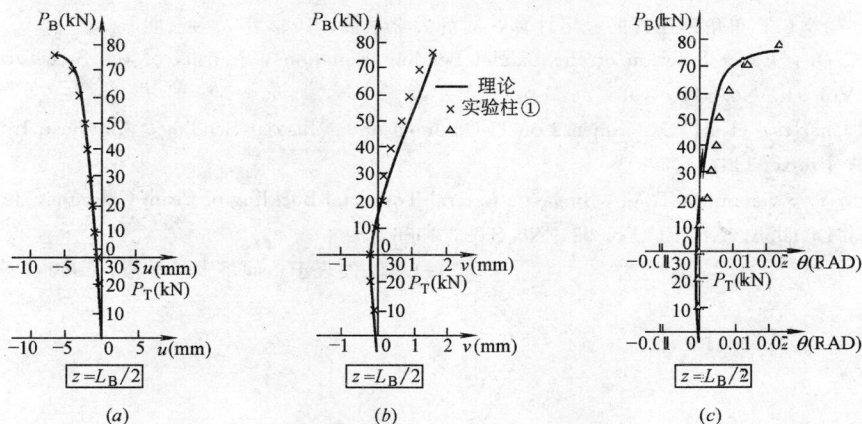

图 14　荷载-位移的比较

表 2

柱　号	e_{xt} (cm)	e_{yt} (cm)	e_{xb} (cm)	e_{yb} (cm)	P_T (kN)	$(P_{Bu})_{ex}$ (kN)	$(P_{Bu})_{th}$ (kN)	$\dfrac{(P_{Bn})_{th}-(P_{Bn})_{ex}}{(P_{Bn})_{ex}}$
1	0	0	0	7.0	30	76.67	75.00	-2.2%
2	0	0	0	7.0	30	79.81	87.03	9.0%
3	0	0	1.0	7.0	30	75.80	75.30	-0.7%
4	0	0	1.0	7.0	30	72.59	67.50	-7.0%
5	0	0	-1.5	7.0	30	49.39	56.25	13.4%

注：$(P_{Bu})_{ex}$ 为实测值；$(P_{Bu})_{th}$ 为理论值。

5 结　语

　　本文以开口薄壁杆单元为基本单元，导出了薄壁构件在弹塑性阶段的有限元全量平衡方程。在迭代计算中，运用这一方程可方便地求出各近似变形状态下的节点不平衡荷载，避免了目前对这一荷载求法的各种近似假设，并可使平衡满足足够的精度。由于在方程中综合考虑了应变非单调变化、杆件初始变形、截面残余应力以及杆端约束条件的影响，从而使这一方法可有效地求解等截面及突变截面开口薄壁构件的弯扭稳定问题，并可考虑加载次序的影响。这些优点使得这一方法可适用于工程上具有实际意义而数学上极为复杂的梁-柱构件的稳定分析。

　　为了验证本方法的可靠性，计算结果与国内外的实验结果进行了对比，结果表明，本文的方法用来求解薄壁构件的第一类及第二类非弹性弯扭稳定问题都能得到令人满意的结果，因此，本方法对钢结构构件的稳定分析具有普遍意义。

参 考 文 献

1　吕烈武，沈世剑，沈祖炎，胡学仁，钢结构构件稳定理论，中国建筑工业出版社，1983 年
2　Tebedge N. ，Tell L. ，Linear Stability Analysis of Beam-Columns，Journal of the Structural Division，ASCE，Vol. 99，No. ST2，1973
3　Rajasekaram S. ，Murray D. W. ，Finite Element Solttion of Inelastic Beam Equations，Journal of the Structural Division，ASCE，Vol. 99，No. ST6，1973
4　沈祖炎，胡学仁，单角钢压杆的稳定计算，同济大学学报，1982 年，第三期
5　Culver C. G. ，Exact Solution of the Biaxial Bending Equations，Journal of the Structural Division，ASCE，Vol. 91，No. ST2，1966
6　Birnstiel Charles，et al，Experiments on H-Columns under Biaxial Bending，American Iron and Steel Institute，Project 114，1956-01
7　Fukumoto Y. ，Galambos T. V. ，Inelastic Lateral-Torsional Buckling of Beam-Columns，Journal of the Structural Division，ASCE，Vol. 92，No. ST2，1966

（本文发表于：同济大学学报，1986 年第 4 期）

13. 承受冲击压力的钢压杆

沈祖炎

提　要：承受短期冲击压力的钢压杆，目前采用的设计方法是把冲击压力当作静压力，并按静力公式设计。这样的计算方法并不合理。实践证明，在冲击压力作用时间比较短的情形中，会得到过分安全的设计，而在冲击压力作用时间比较长时，则会不安全。

本文着重研究承受突加短期常荷载作用的钢压杆，对工字形截面 3 号钢的钢压杆提出了实用计算方法。同时研究了承受突加短期衰减荷载作用的钢压杆。本文的计算方法，还可以推广到轴向及侧向同时受到突加短期常荷载作用的钢压杆。

关键词：钢压杆　冲击压力　实用计算方法

Steel Struts Under Suddenly Applied Loading

Shen Zuyan

Abstract：In the design of steel struts subjected to suddenly applied loading with short time duration, the dynamic loading is usually treated as a static loading. However, this does not seem to be reasonable. For relatively short time duration of the suddenly applied loading, the result obtained is too conservative; while for relatively long time duration, the result is unsafe.

In this paper, the dynamic behavior of steel struts under suddenly applied constant longitudinal loading with short time duration is studied, and a practical method of design for steel struts with I-shaped cross sections is proposed. The dynamic behavior of steel struts under suddenly applied decayed loading is also studied.

In analysis, the following assumptions are adopted: the effects of longitudinal vibration, rotatory inertia and shearing stresses are neglected; the relation between bending moment and curvature is idealized; the motion is considered to be of plastic－rigid type after the maximum bending moment has reached the ultimate value, due account being taken of the effect of normal force; and the struts are considered to be unstable if the lateral deflection increases infinitively with time.

Keywords：Steel Struts, Dynamic Behavior, Practical Method

1　基本假定及主要符号

1.1　基本假定

（1）在不同的轴力 N 作用下，杆件的弯矩 M 和曲率 k 的关系近似地采用图 1 所示的

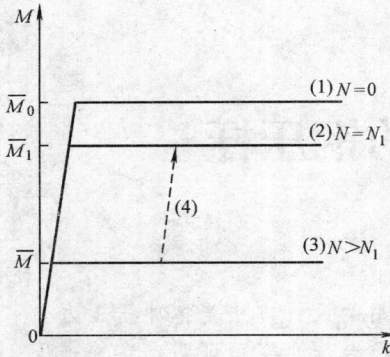

图 1　弯矩曲率关系

曲线。$N=0$ 时为曲线（1），相应的极限弯矩为 $\overline{M}_0$；$N=N_1$ 时为曲线（2），相应的极限弯矩为 $\overline{M}_1$；$N>N_1$ 时为曲线（3），相应的极限弯矩为 $\overline{M}$。如在 N 作用下，杆件已形成塑性铰并处于曲线（3）的水平线段上，这时如轴力突然由 N 减小为 N_1 而弯矩 M 继续增加，则杆件又处于弹性工作如曲线（4），当弯矩增至 $\overline{M}_1$ 时，又重新进入塑性即曲线（2）。

（2）在 N 及 M 共同作用下，杆件截面出现塑性铰的条件采用

$$\frac{\overline{M}}{\overline{M}_0}=1-\left(\frac{N}{N_0}\right)^{\mathrm{r}} \tag{1}$$

式中　$\overline{M}_0=\sigma_\mathrm{T}\mu W$——无轴力时的极限弯矩。$\sigma_\mathrm{T}$ 是钢材的屈服点，W 是截面的弹性抗弯模量，μ 是塑化系数，矩形截面的 $\mu=1.5$，工形截面的 $\mu=1.10\sim1.15$。

$N_0=\sigma_\mathrm{T}F$——无弯矩时的极限轴力。F 是截面面积。

$\overline{M}$——相应于轴力为 N 时的极限弯矩值。

r——随截面形状而变的常数。矩形截面的 $r=2$，工形截面的 $r=\frac{3}{2}$。

（3）杆件的运动过程假定为"弹性——刚塑性"运动，即在塑性铰出现前为弹性运动，塑性铰出现后为刚塑性运动。如在刚塑性运动过程中，轴力突然减小，则又转为弹性运动。后一个运动过程都以前一个运动过程结束时的杆中央截面的挠度值及速度值为其初始条件。

（4）在分析弹性运动过程时，忽略纵向振动的影响，并不计剪切变形和转动惯量，即采用通常的梁理论。在分析刚塑性运动过程时，假定只在杆中央出现塑性铰，忽略塑性区段长度的影响。

（5）杆件两端为铰支，杆轴具有初弯曲 y_0，

$$y_0=\Delta_0\sin\frac{\pi x}{l}$$

式中　Δ_0——杆中央截面的初挠度；

　　　l——杆长。

（6）压杆稳定性的判别方法是：如果变形随时间的延长而无限增加，即为失稳。反之，变形如有极大值则为稳定。

1.2　坐标系统及主要符号

$y_0=\Delta_0\sin\dfrac{\pi x}{l}$——杆轴的初弯曲，与其相应的杆中央挠度为 Δ_0；

$y(t=0)=\dfrac{\Delta_0}{1-v_1}\sin\dfrac{\pi x}{l}$——在初始静压力 N_1 作用下杆轴的挠度；

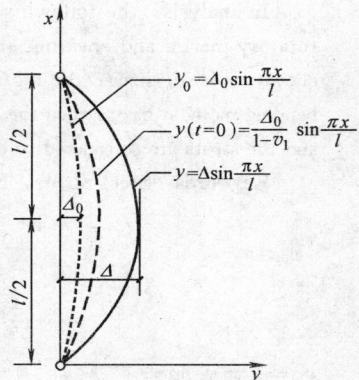

图 2　压杆变形示意图

$y=\Delta\sin\dfrac{\pi x}{l}$——在突加压力作用后杆轴的挠度，与其相应的杆中央挠度为 Δ，它们都是时间的函数；

E ——钢材的弹性模量；

I ——杆件截面的惯矩；

m ——杆件截面的质量；

τ ——突加荷载作用的延续时间；

t_1，t_2 ——塑性铰出现的时间；

$\varepsilon=\dfrac{\Delta_0 F}{W}$ ——杆件的初始偏心率；

$N_E=\dfrac{\pi^2 EI}{l^2}$；

$v=\dfrac{N}{N_E}$；$v_1=\dfrac{N_1}{N_E}$；

$n=\dfrac{\overline{M}}{N\Delta_0}$；$n_1=\dfrac{\overline{M_1}}{N\Delta_0}$；$n_1'=\dfrac{\overline{M_1}}{N_1\Delta_0}$；

$\omega_0=\dfrac{\pi^2}{l^2}\sqrt{\dfrac{EJ}{m}}$；$\omega_1=\omega_0\sqrt{1-v_1}$；$\omega=\omega_0\sqrt{1-v}$，当 $v>1$ 时，$\omega=\omega_0\sqrt{v-1}$；

$T=\dfrac{2\pi}{\omega_0}$；

$\alpha=\sqrt{\dfrac{12N}{ml^2}}=\sqrt{\dfrac{12}{\pi^2}v\omega_0}$；$\alpha_1=\sqrt{\dfrac{12N_1}{ml^2}}=\sqrt{\dfrac{12}{\pi^2}v_1\omega_0}$。

2　突加短期常荷载作用下钢压杆的分析

2.1　运动过程的分析

图 3 表示了压杆运动过程的三种可能情况。图中横坐标表示时间 t，纵坐标表示杆内的压力。这三种情况是根据突加荷载作用延续时间 τ 和压杆出现塑性铰时间 t_1 之间不同关系而区分的。情况 $1(\tau<t_1)$ 表明突加荷载在弹性运动阶段消失。情况 $2(\tau>t_1>0)$ 表明突加荷载在进入到刚塑性运动阶段消失。情况 $3(\tau>t_1=0)$ 表明压杆一开始就作刚塑性运动，突加荷载在刚塑性运动阶段消失。这三种情况各有自己不同的运动过程，图中阴影部分表示弹性运动过程，空白部分表示刚塑性运动过程。这三种情况的运动过程还可以更清楚地用下表表示。

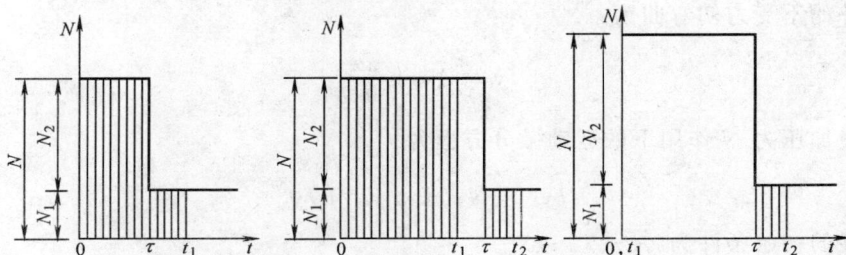

图 3　压杆三种运动情况（图中阴影部分表示压杆作弹性运动）

表 1

情况	时间	运动性质	作用在杆上的压力	初始条件	运用公式(公式见后)
情况 1 $\tau < t_1$	$0 \leqslant t \leqslant \tau$	弹性运动	N	$t=0, \Delta=\dfrac{\Delta_0}{1-v_1}, \dot{\Delta}=0$	式(2),(3),(4)令 $t_0=0$
	$\tau \leqslant t \leqslant t_1$	弹性运动	N_1	$t=\tau, \Delta=\Delta(\tau), \dot{\Delta}=\dot{\Delta}(\tau)$	式(2),令 $t_0=\tau$,并用 v_1, ω_1 代替 v, ω
	$t_1 \leqslant t$	刚塑性运动	N_1	$t=t_1, \Delta=\Delta(t_1), \dot{\Delta}=\dot{\Delta}(t_1)$	式(5),用 n_1', α_1 代替 n, α
情况 2 $\tau > t_1 > 0$	$0 \leqslant t \leqslant t_1$	弹性运动	N	$t=0, \Delta=\dfrac{\Delta_0}{1-v_1}, \dot{\Delta}=0$	式(2),(3)(4)令 $t_0=0$
	$t_1 \leqslant t \leqslant \tau$	刚塑性运动	N	$t=t_1, \Delta=\Delta(t_1), \dot{\Delta}=\dot{\Delta}(t_1)$	式(5)
	$\tau \leqslant t \leqslant t_2$	重新弹性运动	N_1	$t=\tau, \Delta=\Delta(\tau), \dot{\Delta}=\dot{\Delta}(\tau)$	式(6)
	$t_2 \leqslant t$	刚塑性运动	N_1	$t=t_2, \Delta=\Delta(t_2), \dot{\Delta}=\dot{\Delta}(t_2)$	式(5),用 t_2, n_1', α_1 代替 t_1, n, α
情况 3 $\tau > t_1 = 0$	$0 \leqslant t \leqslant \tau$	刚塑性运动	N	$t=0, \Delta=\dfrac{\Delta_0}{1-v_1}, \dot{\Delta}=0$	式(5)
	$\tau \leqslant t \leqslant t_2$	重新弹性运动	N_1	$t=\tau, \Delta=\Delta(\tau), \dot{\Delta}=\dot{\Delta}(\tau)$	式(6)
	$t_2 \leqslant t$	刚塑性运动	N_1	$t=t_2, \Delta=\Delta(t_2), \dot{\Delta}=\dot{\Delta}(t_2)$	式(5),用 t_2, n_1', α_1 代替 t_1, n, α

属于情况 3 的条件是

$$N_1 \frac{\Delta_0}{1-v_1} \geqslant \overline{M} \text{ 或 } \frac{\overline{M}}{N_1 \Delta_0} \leqslant \frac{1}{1-v_1}$$

上式中左边一项 $N_1 \dfrac{\Delta_0}{1-v_1}$ 为压杆在初始静压力 N_1 作用下,杆中央截面的弯矩,右边一项 $\overline{M}$ 为 $t=0$ 时突加荷载作用后,压力变为 N 时该截面的极限弯矩。

除了这三种情况之外,当然还有其他情况,例如 N 很小,压杆始终作弹性运动,又如 N_2 较大,τ 也较大,以致在 N_2 消失时压杆已出现很大的变形,由 N_1 产生的弯矩已超过极限弯矩 $\overline{M}_1$,压杆一直作刚塑性运动,变形无限增加。前者表示杆件不会出现失稳现象,后者表示杆件肯定失稳,不能建立稳定的临界条件,因此两者都不予讨论。

2.2　基本运动方程的推导

由上面三种情况可以看出,所有的运动过程实质上由三种运动性质组成,即弹性运动、刚塑性运动和重新弹性运动。下面分别推导这三种性质的运动方程。

(1) 弹性运动方程

设杆件的不受力初弯曲为:

$$y_0 = \Delta_0 \sin \frac{\pi x}{l}$$

则杆件在突加压力 N 作用下的运动微分方程为

$$EI y^{\mathrm{IV}} + N y'' + m \ddot{y} = EI y_0^{\mathrm{IV}}$$

设杆件的初始条件为:

$$t=t_0, \quad y=y(t_0), \quad \dot{y}=\dot{y}(t_0)$$

则解得任一时刻 t，杆中央截面的挠度 Δ、速度 $\dot\Delta$ 以及弯矩 M_c 为：

$v<1$ 时，$\dfrac{\Delta}{\Delta_0}=\left[\dfrac{\Delta(t_0)}{\Delta_0}-\dfrac{1}{1-v}\right]\cos\omega(t-t_0)+\dfrac{\dot\Delta(t_0)}{\Delta_0\omega}\sin\omega(t-t_0)+\dfrac{1}{1-v}$

$$\dfrac{\dot\Delta}{\Delta_0}=\omega\left\{\dfrac{\dot\Delta(t_0)}{\Delta_0\omega}\cos\omega(t-t_0)-\left[\dfrac{\Delta(t_0)}{\Delta_0}-\dfrac{1}{1-v}\right]\sin\omega(t-t_0)\right\} \qquad (2)$$

$$\dfrac{M_c}{\Delta_0}=N_E\left\{\left[\dfrac{\Delta(t_0)}{\Delta_0}-\dfrac{1}{1-v}\right]\cos\omega(t-t_0)+\dfrac{\dot\Delta(t_0)}{\Delta_0\omega}\sin\omega(t-t_0)+\dfrac{v}{1-v}\right\}$$

$$=N_E\left[\dfrac{\Delta}{\Delta_0}-1\right]$$

$v=1$ 时，$\dfrac{\Delta}{\Delta_0}=\omega_0^2\dfrac{(t-t_0)^2}{2}+\dfrac{\dot\Delta(t_0)}{\Delta_0}(t-t_0)+\dfrac{\Delta(t_0)}{\Delta_0}$

$$\dfrac{\dot\Delta}{\Delta_0}=\omega_0^2(t-t_0)+\dfrac{\dot\Delta(t_0)}{\Delta_0} \qquad (3)$$

$$\dfrac{M_c}{\Delta_0}=N_E\left\{\omega_0^2\dfrac{(t-t_0)^2}{2}+\dfrac{\dot\Delta(t_0)}{\Delta_0}(t-t_0)+\dfrac{\Delta(t_0)}{\Delta_0}-1\right\}=N_E\left[\dfrac{\Delta}{\Delta_0}-1\right]$$

$v>1$ 时，$\dfrac{\Delta}{\Delta_0}=\left[\dfrac{\Delta(t_0)}{\Delta_0}-\dfrac{1}{1-v}\right]\cos h\omega(t-t_0)+\dfrac{\dot\Delta(t_0)}{\Delta_0\omega}\sin h\omega(t-t_0)+\dfrac{1}{1-v}$

$$\dfrac{\dot\Delta}{\Delta_0}=\omega\left\{\dfrac{\dot\Delta(t_0)}{\Delta_0\omega}\cos h\omega(t-t_0)+\left[\dfrac{\Delta(t_0)}{\Delta_0}-\dfrac{1}{1-v}\right]\sin h\omega(t-t_0)\right\} \qquad (4)$$

$$\dfrac{M_c}{\Delta_0}=N_E\left\{\left[{}'\dfrac{\Delta(t_0)}{\Delta_0}-\dfrac{1}{1-v}\right]\cos h\omega(t-t_0)+\dfrac{\dot\Delta(t_0)}{\Delta_0\omega}\sin h\omega(t-t_0)+\dfrac{v}{1-v}\right\}$$

$$=N_E\left[\dfrac{\Delta}{\Delta_0}-1\right]$$

（2）刚塑性运动方程

在刚塑性运动过程中，杆件作刚体运动。设杆件受到突加压力 N 的作用，并取塑性铰以下的一半长度的杆件作脱离体图（图4），则运动微分方程为：

$$\dfrac{ml^2}{12}\ddot\Delta-N\Delta+\overline{M}=0$$

设初始条件为：

$$t=t_1,\ \Delta=\Delta(t_1),\ \dot\Delta=\dot\Delta(t_1)$$

则解得任一时刻 t，杆中央截面的挠度 Δ 及速度 $\dot\Delta$ 为：

$$\dfrac{\Delta}{\Delta_0}=\left[\dfrac{\Delta(t_1)}{\Delta_0}-n\right]\cos h\alpha(t-t_1)+\dfrac{\dot\Delta(t_1)}{\Delta_0\alpha}\sin h\alpha(t-t_1)+n$$

$$\dfrac{\dot\Delta}{\Delta_0}=\alpha\left\{\dfrac{\dot\Delta(t_1)}{\Delta_0\alpha}\cos h\alpha(t-t_1)+\left[\dfrac{\Delta(t_1)}{\Delta_0}-n\right]\sin h\alpha(t-t_1)\right\} \qquad (5)$$

（3）重新弹性运动时的运动方程

杆件在压力 N_1 作用下的运动微分方程为：

$$EJy^{\mathrm{IV}}+N_1y''+m\ddot y=EIy^{\mathrm{IV}}_{(\tau)}+M''_{(\tau)}$$

并假设初始条件为：

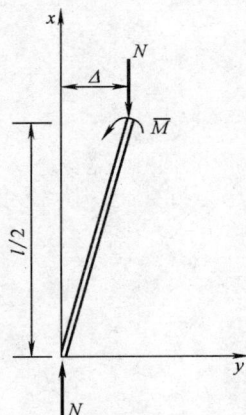

图4　杆件脱离体图

$$t=\tau,\quad y(\tau)=\Delta(\tau)\sin\frac{\pi x}{l},\quad \dot y(\tau)=\dot\Delta(\tau)\sin\frac{\pi x}{l}$$

由极限弯矩 $\overline M$ 产生在杆内的弯矩 $M(\tau)$ 为：

$$M(\tau)=\overline M\sin\frac{\pi x}{l}$$

则解的任一时刻 t，杆中央截面的挠度 Δ、速度 $\dot\Delta$ 以及弯矩 M_c 为：

$$\frac{\Delta}{\Delta_0}=\frac{1}{1-v_1}\left[vn-v_1\,\frac{\Delta(\tau)}{\Delta_0}\right]\cos\omega_1(t-\tau)+\frac{\dot\Delta(\tau)}{\Delta_0\,\omega_1}\sin\omega_1(t-\tau)-\frac{1}{1-v_1}\left[vn-\frac{\Delta(\tau)}{\Delta_0}\right]$$

$$\frac{\dot\Delta}{\Delta_0}=\omega_1\left\{\frac{\dot\Delta(\tau)}{\Delta_0\,\omega_1}\cos\omega_1(t-\tau)-\frac{1}{1-v_1}\left[vn-v_1\,\frac{\Delta(\tau)}{\Delta_0}\right]\sin\omega_1(t-\tau)\right\}\qquad(6)$$

$$\frac{M_c}{\Delta_0}=N_E\left\{\frac{1}{1-v_1}\left[vn-v_1\,\frac{\Delta(\tau)}{\Delta_0}\right]\cos\omega_1(t-\tau)+\frac{\dot\Delta(\tau)}{\Delta_0\,\omega_1}\sin\omega_1(t-\tau)-\frac{1}{1-v_1}\left[vn-v_1\,\frac{\Delta(\tau)}{\Delta_0}\right]\right\}$$

$$+\frac{\overline M}{\Delta_0}=N_E\left[\frac{\Delta}{\Delta_0}-\frac{\Delta(\tau)}{\Delta_0}\right]+\frac{\overline M}{\Delta_0}$$

表 1 中三种情况的各阶段的运动方程即可利用上述运动方程求得，但必须根据所受压力和初始条件的不同加以修正，详见表 1 的最后一槛。

这样，表 1 中三种情况在 $t=\tau$（即突加荷载消失时），$t=t_1$（即第一次出现塑性铰时），$t=t_2$（即第二次出现塑性铰时）的杆中央挠度 Δ、速度 $\dot\Delta$、弯矩 M_c 的数值，以及杆件在最后刚塑性运动过程中的运动方程，可分别求得如下。

情况 1 $(\tau<t_1)$：

当 $t=\tau$ 时，杆件处于弹性运动，轴力为 N

$$v<1,\quad \frac{\Delta(\tau)}{\Delta_0}=\left(\frac{1}{1-v_1}-\frac{1}{1-v}\right)\cos\omega\tau+\frac{1}{1-v}$$

$$\frac{\dot\Delta(\tau)}{\Delta_0}=-\omega\left(\frac{1}{1-v_1}-\frac{1}{1-v}\right)\sin\omega\tau\qquad(7)$$

$$\frac{M_c(\tau)}{\Delta_0}=N_E\left[\frac{\Delta(\tau)}{\Delta_0}-1\right]$$

$$v=1,\quad \frac{\Delta(\tau)}{\Delta_0}=\omega_0^2\,\frac{\tau^2}{2}+\frac{1}{1-v_1}$$

$$\frac{\dot\Delta(\tau)}{\Delta_0}=\omega_0^2\tau\qquad(8)$$

$$\frac{M_c(\tau)}{\Delta_0}=N_E\left[\frac{\Delta(\tau)}{\Delta_0}-1\right]$$

$$v>1,\quad \frac{\Delta(\tau)}{\Delta_0}=\left(\frac{1}{1-v_1}-\frac{1}{1-v}\right)\cos h\omega\tau+\frac{1}{1-v}$$

$$\frac{\dot\Delta(\tau)}{\Delta_0}=\omega\left(\frac{1}{1-v_1}-\frac{1}{1-v}\right)\sin h\omega\tau\qquad(9)$$

$$\frac{M_c(\tau)}{\Delta_0}=N_E\left[\frac{\Delta(\tau)}{\Delta_0}-1\right]$$

当 $t=t_1$ 时，杆件中央出现塑性铰，轴力为 N_1

$$\frac{\Delta(t_1)}{\Delta_0}=\left[\frac{\Delta(\tau)}{\Delta_0}-\frac{1}{1-v_1}\right]\cos\omega_1(t_1-\tau)+\frac{\dot\Delta(\tau)}{\Delta_0\,\omega_1}\sin\omega_1(t_1-\tau)+\frac{1}{1-v_1}=1+v_1\,n_1'$$

$$\frac{\dot{\Delta}(t_1)}{\Delta_0}=\omega_1\left\{\frac{\dot{\Delta}(\tau)}{\Delta_0\omega_1}\cos\omega_1(t_1-\tau)-\left[\frac{\Delta(\tau)}{\Delta_0}-\frac{1}{1-v_1}\right]\sin\omega_1(t_1-\tau)\right\} \tag{10}$$

$$=\omega_1\sqrt{\left[\frac{\Delta(\tau)}{\Delta_0}-\frac{1}{1-v_1}\right]^2+\left[\frac{\dot{\Delta}(\tau)}{\Delta_0\omega_1}\right]^2-\left[v_1n'-\frac{v_1}{1-v_1}\right]^2}$$

当 $t>t_1$ 时，杆件作刚塑性运动，轴力为 N_1

$$\frac{\Delta}{\Delta_0}=\left[\frac{\Delta(t_1)}{\Delta_0}-n_1'\right]\cos h\alpha_1(t-t_1)+\frac{\dot{\Delta}(t_1)}{\Delta_0\alpha_1}\sin h\alpha_1(t-t_1)+n_1'$$

$$\frac{\dot{\Delta}}{\Delta_0}=\alpha_1\left\{\frac{\dot{\Delta}(t_1)}{\Delta_0\alpha_1}\cos h\alpha_1(t-t_1)+\left[\frac{\Delta(t_1)}{\Delta_0}-n_1'\right]\sin h\alpha_1(t-t_1)\right\} \tag{11}$$

情况 2（$\tau>t_1>0$），$t_1>0$ 的条件为 $\dfrac{\overline{M}}{N_1\Delta_0}>\dfrac{1}{1-v_1}$

当 $t=t_1$ 时，杆件中央出现塑性铰，轴力为 N

$$v<1,\ \frac{\Delta(t_1)}{\Delta_0}=\left(\frac{1}{1-v_1}-\frac{1}{1-v}\right)\cos\omega t_1+\frac{1}{1-v}=1+vn$$

$$\frac{\dot{\Delta}(t_1)}{\Delta_0}=-\omega\left(\frac{1}{1-v_1}-\frac{1}{1-v}\right)\sin\omega t_1$$

$$=\omega\sqrt{\left(\frac{1}{1-v_1}-\frac{1}{1-v}\right)^2-\left(1+vn-\frac{1}{1-v}\right)^2} \tag{12}$$

$$\frac{M_c(t_1)}{\Delta_0}=N_E\left[\frac{\Delta(t_1)}{\Delta_0}-1\right]=\frac{\overline{M}}{\Delta_0}$$

$$v=1,\ \frac{\Delta(t_1)}{\Delta_0}=\omega_0^2\frac{t_1^2}{2}+\frac{1}{1-v_1}=1+vn$$

$$\frac{\dot{\Delta}(t_1)}{\Delta_0}=\omega_0^2t_1=\omega_0\sqrt{2\left(1+vn-\frac{1}{1-v_1}\right)} \tag{13}$$

$$\frac{M_c(t_1)}{\Delta_0}=N_E\left[\frac{\Delta(t_1)}{\Delta_0}-1\right]=\frac{\overline{M}}{\Delta_0}$$

$$v>1,\ \frac{\Delta(t_1)}{\Delta_0}=\left(\frac{1}{1-v_1}-\frac{1}{1-v}\right)\cos h\omega t_1+\frac{1}{1-v}=1+vn$$

$$\frac{\dot{\Delta}(t_1)}{\Delta_0}=\omega\left(\frac{1}{1-v_1}-\frac{1}{1-v}\right)\sin h\omega t_1$$

$$=\omega\sqrt{\left(1+vn-\frac{1}{1-v}\right)^2-\left(\frac{1}{1-v_1}-\frac{1}{1-v}\right)^2} \tag{14}$$

$$\frac{M_c(t_1)}{\Delta_0}=N_E\left[\frac{\Delta(t_1)}{\Delta_0}-1\right]=\frac{\overline{M}}{\Delta_0}$$

当 $t=\tau$ 时，杆件处于刚塑性运动，轴力为 N

$$\frac{\Delta(\tau)}{\Delta_0}=\left[\frac{\Delta(t_1)}{\Delta_0}-n\right]\cos h\alpha(\tau-t_1)+\frac{\dot{\Delta}(t_1)}{\Delta_0\alpha}\sin h\alpha(\tau-t_1)+n$$

$$\frac{\dot{\Delta}(\tau)}{\Delta_0}=\alpha\left\{\frac{\dot{\Delta}(t_1)}{\Delta_0\alpha}\cos h\alpha(\tau-t_1)+\left[\frac{\Delta(t_1)}{\Delta_0}-n\right]\sin h\alpha(\tau-t_1)\right\}$$

$$=\alpha\sqrt{\left[\frac{\Delta(\tau)}{\Delta_0}-n\right]^2-\left[\frac{\Delta(t_1)}{\Delta_0}-n\right]^2+\left[\frac{\dot{\Delta}(t_1)}{\Delta_0\alpha}\right]^2} \tag{15}$$

$$\frac{M_c(\tau)}{\Delta_0} = \frac{\overline{M}}{\Delta_0}$$

当 $t=t_2$ 时，杆件中央再次出现塑性铰，轴力为 N_1

$$\frac{\Delta(t_2)}{\Delta_0} = \frac{1}{1-v_1}\left[vn - v_1\frac{\Delta(\tau)}{\Delta_0}\right]\cos\omega_1(t_2-\tau) + \frac{\dot{\Delta}(\tau)}{\Delta_0\omega_1}\sin\omega_1(t_2-\tau)$$

$$-\frac{1}{1-v_1}\left[vn - \frac{\Delta(\tau)}{\Delta_0}\right] = vn_1 - vn + \frac{\Delta(\tau)}{\Delta_0}$$

$$\frac{\dot{\Delta}(t_2)}{\Delta_0} = \omega_1\left\{\frac{\dot{\Delta}(\tau)}{\Delta_0\omega_1}\cos\omega_1(t_2-\tau) - \frac{1}{1-v_1}\left[vn - v_1\frac{\Delta(\tau)}{\Delta_0}\right]\sin\omega_1(t_2-\tau)\right\} \quad (16)$$

$$= \omega_1\sqrt{\left[\frac{\dot{\Delta}(\tau)}{\Delta_0\omega_1}\right]^2 - \frac{2}{1-v_1}\left[vn - v_1\frac{\Delta(\tau)}{\Delta_0}\right](vn_1-vn) - [vn_1-vn]^2}$$

$$\frac{M_c(t_2)}{\Delta_0} = N_E\left[\frac{\Delta(t_2)}{\Delta_0} - \frac{\Delta(\tau)}{\Delta_0}\right] + \frac{\overline{M}}{\Delta_0} = \frac{\overline{M_1}}{\Delta_0}$$

当 $t>t_2$ 时，杆件作刚塑性运动，轴力为 N_1

$$\frac{\Delta}{\Delta_0} = \left[\frac{\Delta(t_2)}{\Delta_0} - n_1'\right]\cos h\alpha_1(t-t_2) + \frac{\dot{\Delta}(t_2)}{\Delta_0\alpha_1}\sin h\alpha_1(t-t_2) + n_1'$$

$$\frac{\dot{\Delta}}{\Delta_0} = \alpha_1\left\{\frac{\dot{\Delta}(t_2)}{\Delta_0\alpha_1}\cos h\alpha_1(t-t_2) + \left[\frac{\Delta(t_2)}{\Delta_0} - n_1'\right]\sin h\alpha_1(t-t_2)\right\} \quad (17)$$

情况 3 $(\tau>t_1=0)$，$t_1=0$ 的条件为 $\dfrac{\overline{M}}{N_1\Delta_0} \leqslant \dfrac{1}{1-v_1}$

当 $t=t_1=0$ 时，杆中央出现塑性铰，轴力为 N

$$\frac{\Delta(t_1)}{\Delta_0} = \frac{1}{1-v_1}$$

$$\frac{\dot{\Delta}(t_1)}{\Delta_0} = 0 \quad (18)$$

$$\frac{M_c(t_1)}{\Delta_0} = N_E\left[\frac{\Delta(t_1)}{\Delta_0} - 1\right] = \frac{\overline{M}}{\Delta_0}$$

当 $t=\tau$ 时，同式 (15)。

当 $t=t_2$ 时，同式 (16)。

当 $t>t_2$ 时，同式 (17)。

2.3　稳定临界方程的推导

(1) $\tau<t_1$ 及 $\tau>t_1$ 两种情况的分界

容易推导，$\tau<t_1$ 的条件为：

$v<1$ 时，
$$\cos\omega\tau > -n\frac{v(1-v_1)(1-v)}{v-v_1} + \frac{v(1-v_1)}{v-v_1}$$

$v=1$ 时，
$$\omega_1\tau < \sqrt{2n(1-v_1)-2v_1} \quad (19)$$

$v>1$ 时，
$$\cos h\omega\tau < -n\frac{v(1-v_1)(1-v)}{v-v_1} + \frac{v(1-v_1)}{v-v_1}$$

反之，则为 $\tau>t_1$ 的条件。

(2) 临界条件

根据基本假定 (6)，可以得到临界条件是：变形的极大值 Δ_{max} 与轴力 N_1 的乘积等于

极限弯矩 $\overline{M}_1$，即

$$\Delta_{\max} \cdot N_1 = \overline{M}_1 \quad \text{或} \quad \frac{\Delta_{\max}}{\Delta_0} - n_1' = 0 \tag{20}$$

因为，$\Delta_{\max}$再增加，则压杆将在 N_1 的作用下继续运动，即失去稳定。反之，如 $\Delta_{\max}$小于此值，则变形有极大值，即为稳定。

注意到三种不同情况的最后阶段的刚塑性运动方程式（11）和（17），如用 t_i 分别代替其中的 t_1 及 t_2，则具有相同的形式，即

$$\frac{\Delta}{\Delta_0} = \left[\frac{\Delta(t_i)}{\Delta_0} - n_1'\right]\cos h\alpha_1(t - t_i) + \frac{\dot{\Delta}(t_i)}{\Delta_0\alpha_1}\sin h\alpha_1(t - t_i) + n_1'$$

$$\frac{\dot{\Delta}}{\Delta_0} = \alpha_1\left\{\frac{\dot{\Delta}(t_i)}{\Delta_0\alpha_1}\cos h\alpha_1(t - t_i) + \left[\frac{\Delta(t_i)}{\Delta_0} - n_1'\right]\sin h\alpha_1(t - t_i)\right\} \tag{21}$$

用 $\dfrac{\dot{\Delta}}{\Delta} = 0$ 代入式（21）并消去时间 t，可得

$$\left[\frac{\Delta_{\max}}{\Delta_0} - n_1'\right]^2 = \left[\frac{\Delta(t_i)}{\Delta_0} - n_1'\right]^2 - \left[\frac{\dot{\Delta}(t_i)}{\Delta_0\alpha_1}\right]^2$$

由临界条件式（20）得

$$\left[\frac{\Delta(t_i)}{\Delta_0} - n_1'\right]^2 - \left[\frac{\dot{\Delta}(t_i)}{\Delta_0\alpha_1}\right]^2 = 0$$

或

$$\left\{\left[\frac{\Delta(t_i)}{\Delta_0} - n_1'\right] + \left[\frac{\dot{\Delta}(t_i)}{\Delta_0\alpha_1}\right]\right\}\left\{\left[\frac{\Delta(t_i)}{\Delta_0} - n_1'\right] - \left[\frac{\dot{\Delta}(t_i)}{\Delta_0\alpha_1}\right]\right\} = 0 \tag{22}$$

因为，$\dfrac{\Delta(t_i)}{\Delta_0} - n_1' < 0$，$\dfrac{\dot{\Delta}(t_i)}{\Delta_0} > 0$，所以上式的后一项不会等于零。这样，最后的临界条件为：

$$\left[\frac{\Delta(t_i)}{\Delta_0} - n_1'\right] + \left[\frac{\dot{\Delta}(t_i)}{\Delta_0\alpha_1}\right] = 0 \quad \begin{pmatrix} \tau < t_1, \ i = 1 \\ \tau > t_1, \ i = 2 \end{pmatrix} \tag{23}$$

（3）临界方程

根据临界条件式（23）并应用式（7）~式（18）中的有关公式和主要符号中的关系式，经过一些运算，可得 $\tau < t_1$，$\tau > t_1 > 0$ 及 $\tau > t_1 = 0$ 三种情况的临界方程如下。

情况 1（$\tau < t_1$）的临界方程为：

当 $v < 1$ 且 $\cos\omega\tau > -n\dfrac{v(1 - v_1)(1 - v)}{v - v_1} + \dfrac{v(1 - v_1)}{v - v_1}$ 时，

$$n_1' = \frac{1}{\sqrt{1 + \dfrac{12}{\pi^2}\dfrac{1 - v_1}{v_1}}} \cdot \frac{\dfrac{v}{v_1} - 1}{(1 - v)(1 - v_1)}\sqrt{\left[1 - \cos 2\pi\sqrt{1 - v}\dfrac{\tau}{T}\right]^2 + \dfrac{1 - v}{1 - v_1}\sin^2 2\pi\sqrt{1 - v}\dfrac{\tau}{T}}$$

$$+ \frac{1}{1 - v_1} \tag{24}$$

当 $v = 1$ 且 $\omega_1\tau < \sqrt{2n(1 - v_1) - 2v_1}$ 时，

$$n_1' = \frac{1}{\sqrt{1 + \dfrac{12}{\pi^2}\dfrac{1 - v_1}{v_1}}} \cdot \frac{1}{v_1(1 - v_1)} \cdot 2\pi\sqrt{1 - v_1}\dfrac{\tau}{T}\sqrt{1 + \pi^2(1 - v_1)\left(\dfrac{\tau}{T}\right)^2} + \frac{1}{1 - v_1} \tag{25}$$

当 $v>1$ 且 $\cos h\omega\tau<-n\dfrac{v(1-v_1)(1-v)}{v-v_1}+\dfrac{v(1-v_1)}{v-v_1}$ 时，

$$n_1'=\frac{1}{\sqrt{1+\dfrac{12}{\pi^2}\dfrac{1-v_1}{v_1}}}\cdot\frac{\dfrac{v}{v_1}-1}{(v-1)(1-v_1)}\sqrt{\left[\cos h2\pi\sqrt{v-1}\dfrac{\tau}{T}-1\right]^2+\dfrac{v-1}{1-v_1}\sin h^2 2\pi\sqrt{v-1}\dfrac{\tau}{T}}$$

$$+\frac{1}{1-v_1}\tag{26}$$

情况 2 $(\tau>t_1>0)$ 及情况 3 $(\tau>t_1=0)$ 的临界方程为：

$$\left\{\left[\frac{\Delta(t_1)}{\Delta_0}-n\right]^2-\left[\frac{\dot{\Delta}(t_1)}{\Delta_0\alpha}\right]^2\right\}\sin h^2\alpha(\tau-t_1)$$

$$+2\left[\frac{\Delta(\tau)}{\Delta_0}-n\right]\frac{\dot{\Delta}(t_1)}{\Delta_0\alpha}\sin h\alpha(\tau-t_1)+\left[\frac{\Delta(t_1)}{\Delta_0}-n\right]^2\tag{27}$$

$$-\left[\frac{\Delta(\tau)}{\Delta_0}-n\right]^2=0$$

式 (27) 中的 $\left[\dfrac{\Delta(t_1)}{\Delta_0}-n\right]^2$ 及 $\left[\dfrac{\dot{\Delta}(t_1)}{\Delta_0\alpha}\right]^2$ 可分别情况由下列各式求得：

对于情况 2 即 $\dfrac{\overline{M}}{N_1\Delta_0}>\dfrac{1}{1-v_1}$。

当 $v<1$ 且 $\cos\omega\tau<-n\dfrac{v(1-v_1)(1-v)}{v-v_1}+\dfrac{v(1-v_1)}{v-v_1}$ 时，

$$\left[\frac{\Delta(t_1)}{\Delta_0}-n\right]^2=[1+vn-n]^2$$

$$\left[\frac{\dot{\Delta}(t_1)}{\Delta_0\alpha}\right]^2=\frac{\pi^2}{12}\frac{v}{1-v}\left\{\left[\frac{v_1-v}{v(1-v_1)}\right]^2-[n-vn-1]^2\right\}\tag{28}$$

当 $v=1$ 且 $\omega_1\tau>\sqrt{2n(1-v_1)-2v_1}$ 时，

$$\left[\frac{\Delta(t_1)}{\Delta_0}-n\right]^2=1$$

$$\left[\frac{\dot{\Delta}(t_1)}{\Delta_0\alpha}\right]^2=\frac{\pi^2}{12}\frac{1}{1-v_1}\cdot 2(n-v_1 n-v_1)\tag{29}$$

当 $v>1$ 且 $\cos h\omega\tau>-n\dfrac{v(1-v_1)(1-v)}{v-v_1}+\dfrac{v(1-v_1)}{v-v_1}$ 时，

$$\left[\frac{\Delta(t_1)}{\Delta_0}-n\right]^2=[1+vn-n]^2$$

$$\left[\frac{\dot{\Delta}(t_1)}{\Delta_0\alpha}\right]^2=\frac{\pi^2}{12}\frac{v}{1-v}\left\{\left[\frac{v_1-v}{v(1-v_1)}\right]^2-[n-vn-1]^2\right\}\tag{30}$$

对于情况 3 即 $\dfrac{\overline{M}}{N_1\Delta_0}\leqslant\dfrac{1}{1-v_1}$，

$$\left[\frac{\Delta(t_1)}{\Delta_0}-n\right]^2=\left[\frac{1}{1-v_1}-n\right]^2$$

$$\left[\frac{\dot{\Delta}(t_1)}{\Delta_0\alpha}\right]^2=0\tag{31}$$

式（27）中的 $\left[\dfrac{\Delta(\tau)}{\Delta_0}-n\right]$ 则由下式求出：

$$\left(\frac{v}{v_1}-1\right)\left[\frac{\Delta(\tau)}{\Delta_0}-n\right]^2+\left[\frac{\pi^2-12}{6}v(n_1-n)+2(n_1'-n)\right]\left[\frac{\Delta(\tau)}{\Delta_0}-n\right]$$

$$+\frac{v}{v_1}\left[\frac{\dot\Delta(t_1)}{\Delta_0\alpha}\right]^2-\frac{v}{v_1}\left[\frac{\Delta(t_1)}{\Delta_0}-n\right]^2-\frac{\pi^2}{12}\frac{1-v_1}{v_1}v^2(n_1-n)^2 \qquad (32)$$

$$-\frac{\pi^2}{6}\frac{v}{v_1}n(v-v_1)(n_1-n)-\left[v(n_1-n)-(n_1'-n)\right]^2=0$$

2.4　几种特殊情况的处理

（1）瞬时冲量作用下的压杆

瞬时冲量作用下的压杆是情况 1（$\tau<t_1$）的特殊情况。这时，$\tau\to 0$，$N_2\tau=I$，I 为瞬时冲量值。由式（24）、（25）或（26）并注意到 $\tau\to 0$ 时

$$\cos 2\pi\sqrt{1-v}\frac{\tau}{T}=1,\ \cos h 2\pi\sqrt{1-v}\frac{\tau}{T}=1$$

$$\sin 2\pi\sqrt{1-v}\frac{\tau}{T}=\sin h 2\pi\sqrt{1-v}\frac{\tau}{T}=2\pi\sqrt{1-v}\frac{\tau}{T}$$

之后，可得临界方程为：

$$n_1'=\frac{1}{\sqrt{1+\dfrac{12}{\pi^2}\dfrac{1-v_1}{v_1}}}\cdot\frac{1}{\sqrt{(1-v_1)^3}}\cdot\frac{2\pi I}{N_1 T}+\frac{1}{1-v_1} \qquad (33)$$

（2）突加长期常荷载作用下的压杆

突加长期常荷载作用下的压杆是情况 2（$\tau>t_1>0$）中 $v<1$ 的特殊情况。由式（27）并注意到 $\sin h\alpha(\tau-t_1)=\infty$，可得临界方程为：

$$\left[\frac{\Delta(t_1)}{\Delta_0}-n\right]^2-\left[\frac{\dot\Delta(t_1)}{\Delta_0\alpha}\right]^2=0$$

或

$$n=\frac{1}{\sqrt{1+\dfrac{12}{\pi^2}\dfrac{1-v}{v}}}\frac{1}{v}\left(\frac{1}{1-v}-\frac{1}{1-v_1}\right)+\frac{1}{1-v} \qquad (34)$$

2.5　实用计算方法

根据上述的临界方程，对 3 号钢（$\sigma_T=2400\text{kg/cm}^2$）Ⅰ 字形截面的压杆进行了计算，并得到不同的 $\dfrac{\sigma_1}{\sigma_T}$、$\dfrac{\sigma}{\sigma_T}$ 和 λ（即 $\dfrac{N_1}{N_0}$、$\dfrac{N}{N_0}$ 和 $\dfrac{l}{\sqrt{\dfrac{I}{F}}}$）时的一组 $\dfrac{\varepsilon}{\mu}$-$\dfrac{\tau}{T}$ 曲线。根据设计的具体资料，可以方便地从这些曲线中查出 $\dfrac{\varepsilon}{\mu}$ 值。如果实际的偏心率大于查得的，表示压杆不安全。反之表示安全，对于其他的钢号，只要按下式对长细比进行换算后仍可用这些曲线

$$\lambda_{换}=\sqrt{\frac{2400}{\sigma_T}}\lambda$$

针对这些计算结果进行分析，进一步发现可以偏安全地采用如下的简化实用计算方法：即把突加荷载化成相当的静荷载，然后按静力方法进行计算。这样，这个方法就与习惯上常用的乘上动力系数的方法一样。其化算公式为

$$\sigma_{\text{静}} = K \cdot k_{20}(\sigma - \sigma_1) + \sigma_1 \tag{35}$$

式中　k_{20}——根据$\dfrac{\sigma_1}{\sigma_{\text{T}}}$及$\dfrac{\tau}{T}$由图 5a 查出；

　　　K——根据λ及$\dfrac{\tau}{T}$由图 5b 查出。

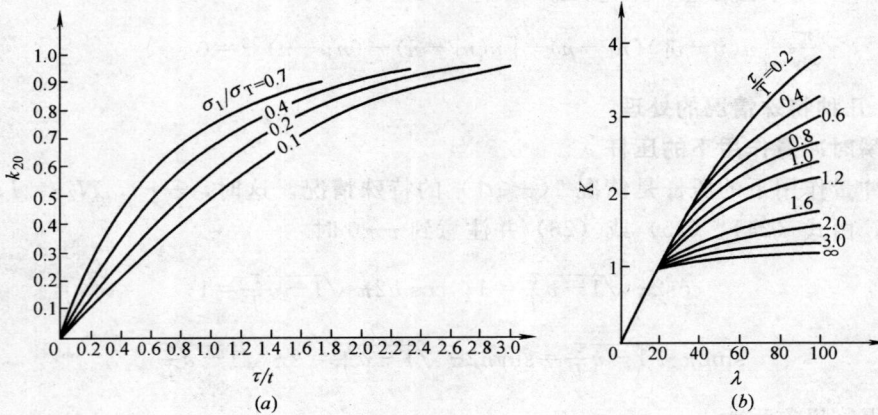

图 5

然后，按静力计算，由 λ 及 $\dfrac{\sigma_{\text{静}}}{\sigma_{\text{T}}} = \varphi_{\text{p}}$ 从钢结构设计规范的偏心受压稳定折减系数 φ_{p} 表查出相应的偏心率 $[\varepsilon]$。如果实有的偏心率 ε 大于 $[\varepsilon]$ 表示压杆不稳定；反之，如果实有的偏心率 ε 小于 $[\varepsilon]$ 表示压杆稳定。

$$
\begin{aligned}
\frac{\dot{\Delta}}{\Delta_0} =\ & \frac{\dfrac{1-\sqrt{1-\alpha_0}}{\sqrt[4]{1-\alpha_0}}}{(1-v_1)\tau}\cos\frac{\sqrt{p}}{2}z\cos\sqrt{1+\frac{p}{4}}(z-z_0) \\
& + \frac{\sqrt{1-\sqrt{1-\alpha_0}}}{(1-v_1)\tau}\sin\frac{\sqrt{p}}{2}z\cos\sqrt{1+\frac{p}{4}}(z-z_0) \\
& - \frac{\sqrt{1-\sqrt{1-\alpha_0}}}{(1-v_1)\tau}\sqrt{\frac{4+p}{p}}\cos\frac{\sqrt{p}}{2}z\sin\sqrt{1+\frac{p}{4}}(z-z_0) \\
& + \frac{\dfrac{1-\sqrt{1-\alpha_0}}{\sqrt[4]{1-\alpha_0}}}{(1-v_1)\tau}\sqrt{\frac{p}{4+p}}\sin\frac{\sqrt{p}}{2}z\sin\sqrt{1+\frac{p}{4}}(z-z_0) \\
& + \frac{\omega_1}{1-v_1}\left[\cos\frac{\sqrt{p}}{2}z\sin\sqrt{1+\frac{p}{4}}z\right. \\
& \left. - \sqrt{\frac{p}{4+p}}\sin\frac{\sqrt{p}}{2}z\cos\sqrt{1+\frac{p}{4}}z\right]\Phi_1(z) \\
& + \frac{\omega_1}{1-v_1}\left[\cos\frac{\sqrt{p}}{2}z\cos\sqrt{1+\frac{p}{4}}z\right. \\
& \left. + \sqrt{\frac{p}{4+p}}\sin\frac{\sqrt{p}}{2}z\sin\sqrt{1+\frac{p}{4}}z\right]\Phi_2(z)
\end{aligned}
\tag{36}
$$

$$\frac{M_c}{\Delta_0} = N_E \left(\frac{\Delta}{\Delta_0} - 1 \right)$$

式中：$\Phi_1(z) = \int_{z_0}^{z} \sec^3 \frac{\sqrt{p}}{2} z \sin \sqrt{1 + \frac{p}{4}} z dz$ ；

$\qquad \Phi_2(z) = \int_{z_0}^{z} \sec^3 \frac{\sqrt{p}}{2} z \cos \sqrt{1 + \frac{p}{4}} z dz$ ；

$\qquad p = \frac{4}{(\omega_1 \tau)^2} \left(\frac{1}{\sqrt{1 - \alpha_0}} - 1 \right)$ ；

$\qquad z = \frac{2}{\sqrt{p}} \tan^{-1} \left[\frac{\sqrt{p}}{2} \omega_1 \tau \left(\frac{t}{\tau} - 1 \right) \right]$ ；

$\qquad z_0 = -\frac{2}{\sqrt{p}} \tan^{-1} \frac{\sqrt{p}}{2} \omega_1 \tau = z \ (t=0)$ 。

杆件作刚塑性运动，具有初始条件为

$$t = t_1 , \quad \Delta = \Delta(t_1) , \quad \dot{\Delta} = \dot{\Delta}(t_1)$$

时，杆中央截面的挠度 Δ、速度 $\dot{\Delta}$ 为

$$\frac{\Delta}{\Delta_0} = \frac{m_2 \dfrac{\Delta(t_1)}{\Delta_0} - \dfrac{\tau - t_1}{\sqrt{1 + \dfrac{1 - \beta}{\beta} f_1(t_1) - 1}} \dfrac{\dot{\Delta}(t_1)}{\Delta_0}}{m_2 - m_1} \left[\frac{v(t_1)}{v(t)} \right]^{\frac{m_1}{2}}$$

$$+ \frac{m_1 \dfrac{\Delta(t_1)}{\Delta_0} - \dfrac{\tau - t_1}{\sqrt{1 + \dfrac{1 - \beta}{\beta} f_1(t_1) - 1}} \dfrac{\dot{\Delta}(t_1)}{\Delta_0}}{m_1 - m_2} \left[\frac{v(t_1)}{v(t)} \right]^{\frac{m_2}{2}}$$

3　突加短期衰减荷载作用下钢压杆的分析

突加短期衰减荷载一般可用下式表示

$$N_2(t) = N_2 f(t) \tag{37}$$

这里用 N_2 主要是为了区别初始静压力 N_1。

在这样的荷载作用下，压杆弹性运动的微分方程为

$$EI y^{IV} + [N_1 + N_2 f(t)] y'' + m \ddot{y} = EJ y_0^{IV} \tag{38}$$

压杆刚塑性运动的微分方程为

$$\frac{ml^2}{2} \ddot{\Delta} - [N_1 + N_2 f(t)] \Delta + \overline{M}(t) = 0 \tag{39}$$

它们都是变系数微分方程。

如果突加短期衰减荷载在弹性运动阶段采用

$$N_2(t) = N_2 f_1(t)$$

$$= \frac{N_2}{\alpha_0} \left\{ 1 - \frac{1}{\left[\dfrac{1}{\sqrt{1 - \alpha_0}} - 2 \left(\dfrac{1}{\sqrt{1 - \alpha_0}} - 1 \right) \dfrac{t}{\tau} + \left(\dfrac{1}{\sqrt{1 - \alpha_0}} - 1 \right) \left(\dfrac{t}{\tau} \right)^2 \right]^2} \right\}$$

$$\alpha_0 = \frac{v - v_1}{1 - v_1} \tag{40}$$

在刚塑性运动阶段采用

$$N_2(t) = N_2 f_2(t)$$

$$= \frac{N_2}{1-\beta} \left\{ \frac{\left(1 - \frac{t_1}{\tau}\right)^2}{\left[\left(\frac{1}{\sqrt{\beta + (1-\beta)f_1(t_1)}} - \frac{1}{\sqrt{\beta}}\frac{t_1}{\tau}\right) + \left(\frac{1}{\sqrt{\beta}} - \frac{1}{\sqrt{\beta + (1-\beta)f_1(t_1)}}\right)\frac{t}{\tau}\right]^2} - \beta \right\}$$

$$\beta = \frac{v_1}{v} \tag{41}$$

则微分方程的解可以方便一些。通过计算比较可以发现用式（39）和（40）可以偏安全地

代替 $N_2(t) = N_2\left(1 - \frac{t}{\tau}\right)e^{-\frac{t}{\tau}}$ 这一类荷载。

这样，杆件作弹性运动，具有初始条件为

$$t = 0, \quad y = \frac{y_0}{1 - v_1}, \quad \dot{y} = 0$$

时，杆中央截面的挠度 Δ、速度 $\dot{\Delta}$ 及弯矩 M_c 为

$$\frac{\Delta}{\Delta_0} = \frac{\sqrt[4]{1 - \alpha_0}}{1 - v_1} \sec\frac{\sqrt{p}}{2} z \cos\sqrt{1 + \frac{p}{4}}(z - z_0)$$

$$+ \frac{\sqrt{1 - \sqrt{1 - \alpha_0}}}{1 - v_1} \sqrt{\frac{p}{4 + p}} \sec\frac{\sqrt{p}}{2} z \sin\sqrt{1 + \frac{p}{4}}(z - z_0)$$

$$- \frac{\sqrt{\frac{4}{4 + p}}}{1 - v_1} \left[\cos\sqrt{1 + \frac{p}{4}} z \cdot \Phi_1(z) - \sin\sqrt{1 + \frac{p}{4}} z \cdot \Phi_2(z)\right]$$

$$+ \frac{\frac{12}{\pi^2}\frac{\omega_0^2}{N_E}\frac{\sqrt{1 + \frac{1-\beta}{\beta}f_1(t_1) - 1}}{\tau - t_1}}{m_2 - m_1} \left\{ \left[\frac{v(t_1)}{v(t)}\right]^{\frac{m_1}{2}} \int_{t_1}^{t} \frac{\overline{M}(t)}{\Delta_0} \left[\frac{v(t)}{v(t_1)}\right]^{\frac{m_1-1}{2}} dt \right.$$

$$\left. - \left[\frac{v(t_1)}{v(t)}\right]^{\frac{m_2}{2}} \int_{t1}^{t} \frac{\overline{M}(t)}{\Delta_0} \left[\frac{v(t)}{v(t_1)}\right]^{\frac{m_2-1}{2}} dt \right\}$$

$$\frac{\dot{\Delta}}{\Delta_0} = \frac{\frac{\sqrt{1 + \frac{1-\beta}{\beta}f_1(t_1) - 1}}{\tau - t_1} m_1 m_2 \frac{\Delta(t_1)}{\Delta_0} - m_1 \frac{\dot{\Delta}(t_1)}{\Delta_0}}{m_2 - m_1} \left[\frac{v(t_1)}{v(t)}\right]^{\frac{m_1-1}{2}}$$

$$+ \frac{\frac{\sqrt{1 + \frac{1-\beta}{\beta}f_1(t_1) - 1}}{\tau - t_1} m_1 m_2 \frac{\Delta(t_1)}{\Delta_0} - m_2 \frac{\dot{\Delta}(t_1)}{\Delta_0}}{m_1 - m_2} \left[\frac{v(t_1)}{v(t)}\right]^{\frac{m_2-1}{2}}$$

$$+ \frac{12}{\pi^2}\frac{\omega_0^2}{N_E}\frac{m_1}{m_2 - m_1} \left[\frac{v(t_1)}{v(t)}\right]^{\frac{m_1-1}{2}} \int_{t_1}^{t} \frac{\overline{M}(t)}{\Delta_0} \left[\frac{v(t)}{v(t_1)}\right]^{\frac{m_1-1}{2}} dt$$

$$+ \frac{12}{\pi^2}\frac{\omega_0^2}{N_E}\frac{m_2}{m_2 - m_1} \left[\frac{v(t_1)}{v(t)}\right]^{\frac{m_2-1}{2}} \int_{t_1}^{t} \frac{\overline{M}(t)}{\Delta_0} \left[\frac{v(t)}{v(t_1)}\right]^{\frac{m_2-1}{2}} dt \tag{42}$$

式中：$m_{1,2}=\dfrac{1}{2}\left[1\pm\sqrt{1+\dfrac{48\omega_0^2(\tau-t_1)^2v_1}{\left[1+\dfrac{1}{\sqrt{1+\dfrac{1-\beta}{\beta}f_1(t_1)}}\right]^2}}\right]$；

$$\left[\frac{v(t)}{v(t_1)}\right]=\left[\frac{1-\dfrac{t_1}{\tau}}{\left(1-\sqrt{1+\dfrac{1-\beta}{\beta}f_1(t_1)}\dfrac{t_1}{\tau}\right)+\left(\sqrt{1+\dfrac{1-\beta}{\beta}f_1(t_1)}-1\right)\dfrac{t}{\tau}}\right]^2。$$

突加短期衰减荷载作用下压杆的稳定临界方程，可与上节相类似的推导求得，现列于下表 2。

表 2

情况	时间	荷载	运动性质	$\dfrac{\Delta}{\Delta_0}\cdot\dfrac{\dot{\Delta}}{\Delta_0}\cdot\dfrac{M_c}{\Delta_0}$ 等值		临界方程
情况 1 $(\tau<t_1)$	$t=\tau$	N_1	弹性	分别为以 $z=0$ 代入式(41)		$\left[\dfrac{\Delta(t_1)}{\Delta_0}-n_1'\right]+\left[\dfrac{\dot{\Delta}(t_1)}{\Delta_0\alpha_1}\right]=0$
	$t>t_1$	N_1	出现塑性铰	分别同式(10)		
	$t>t_1$	N_1	刚塑性	分别同式(11)		
情况 2 $(\tau>t_1>0)$	$t=t_1$	$N(t_1)$	出现塑性铰	情况 2 $(\tau>t_1>0)$ 分别同式(41)	情况 3 $(\tau>t_1=0)$ $\dfrac{\Delta(t_1)}{\Delta_0}=\dfrac{1}{1-v_1}, \dfrac{\dot{\Delta}(t_1)}{\Delta_0}=0$	$\left[\dfrac{\Delta(\tau)}{\Delta_0}-n_1'\right]+\left[\dfrac{\dot{\Delta}(\tau)}{\Delta_0\alpha_1}\right]=0$
情况 3 $(\tau>t_1=0)$	$t=\tau$	N_1	刚塑性	分别以 $t=\tau$ 代入式(42)		
	$t>\tau$	N_1	刚塑性	分别以 τ 代入式(17)中的 t_2		

4　其他一些问题

用上述方法还可以分析以下一些问题。

（1）轴向及侧向同时受到突加短期常荷载作用的压杆

只要假设侧向荷载沿杆长作正弦分布，即 $q(x)=q\sin\dfrac{\pi x}{l}$，则弹性运动微分方程为

$$EJy^{\text{IV}}+Ny''+m\ddot{y}=EJy_0^{\text{IV}}+q\sin\frac{\pi x}{l}$$

刚塑性运动微分方程为

$$\frac{ml^2}{12}\ddot{\Delta}-N\Delta+\overline{M}-q\frac{l^2}{\pi^2}=0$$

重新弹性运动微分方程为

$$EJy^{\text{IV}}+N_1y''+m\ddot{y}=EJy_{(\tau)}^{\text{IV}}+q_1\sin\frac{\pi x}{l}+M(\ddot{\tau})$$

利用这些微分方程，用本文二的方法，考虑初始条件，即可推出轴向及侧向同时受到突加短期常荷载作用的压杆的临界方程。

（2）对于挠度有限的压杆

只要利用各阶段的运动方程，求出 $\Delta_{\max}$ 并与允许的挠度值相比即可。

本文在完成过程中，曾得到李国豪和王达时教授多次指导。

（本文发表于：同济大学学报，1978 年第 1 期）

14. 结构稳定分析的改进数值积分法

郑伟国　沈祖炎

提　要：目前，数值积分法在结构分析中的应用本质上没有突破构件的范畴，其主要原因是技术处理存在局限性，计算速度难以使人接受。本文通过推导弹塑性阶段杆截面内力和变形的协调关系、杆轴位移的高精度表达式和初值边界值关连计算法，对通常的数值积分法作出补充和改进，不但计算速度得以大大提高。而且为数值积分法形成较为完善的理论体系奠定了良好的基础。

关键词：稳定　数值积分法　非线性　弹塑性　杆系

An Improved Numerical Integration Method for the Analysis of Steel Structural Stability

Zheng Weiguo　Shen Zuyan

Abstract：The ordinary numerical integration method has only been adopted for the analysis of the stability of steel members so far due to its limitations of handling technology and its slow computative speed. By developing the Elasto-plastic coordination relationship between internal forces and deformations of member sections，the high precision expressions for the deflection of member and the link method for calculating the relation between the initial Values and boundary values，the authors have improved the numerical integration method to such an extent that not only its computative speed and precision have a significant improvement，but also a key step towards being a refined theory system for the analysis of steel structural stability has been accomplished.

Keywords：Stability, Numerical Integration，Non-Linear，Elasto-Plastic，Member System.

1 引　言

解决压杆稳定问题的数值方法有多种[1]，其中以沈-吕于 1983 年提出的数值积分法较为有效[2]，不但精度较高，而且还能准确地得出构件的卸载效应，这有助于杆系结构整体的承载分析。

众所周知，数值积分法可以有效地解决微分方程的初值问题。稳定分析中的数值积分法就是通过处理边界条件，使之成为初值问题，从而得以有效地求解。处理办法总的思路就是估计（或假定）初值，然后根据计算所得终值调整初值，直到所有边界条件满足。对于简单的稳定问题，这个过程可以来用数学优化方法，但这样做在多维未知的情况下很难奏效。在以往的应用中可发现，数值积分法最费时处在于：（1）计算与内力协调的杆截面变形；（2）由于杆轴位移的级数表达式不够精确，数值积分分段数较多；（3）寻找能使所有边界条件得到满足的初值。本文将通过推导弹塑性阶段内力和变形间的协调关系、杆轴位移的高精度表达式和初值边界值关连计算法对此作出有效的改进，起到消除局限性，提高计算精度，加快计算速度，拓宽应用范围的作用。

2　弹塑性阶段内力和变形的协调关系

2.1　割线模量表达式

设 x，y 为压杆截面的形心坐标轴，截面的内力为 P（压力为正）、M（绕 x 轴），曲率为 Φ（正负号与 M 相同），平均应变为 $\bar{\varepsilon}$（压应变为正）。又设钢材的应力应变关系为 $\sigma=\sigma(\varepsilon,\ t)$，$t$ 代表加载历史。这里的 ε 是修正应变值，即

$$\varepsilon(x,y)=\varepsilon_i(y)+\varepsilon_{ri}(x,y) \tag{1}$$

其中 $\varepsilon_i(y)$ 是实加应变值，$\varepsilon_{ri}(x,\ y)$ 为残余应变（下标 i 表示截面上的第 i 点）。$\varepsilon_i(y)$ 由下式给出：

$$\varepsilon_i(y)=\Phi y+\bar{\varepsilon} \tag{2}$$

设与 $\varepsilon(x,\ y)$ 对应的应力为 $\sigma(\varepsilon,t)$，则与 ε_i 对应的实加应力 $\sigma_i(x,\ y)$ 可由下式给出：

$$\sigma_i(x,y)=\sigma(\varepsilon,t)-\sigma_{ri}(x,y) \tag{3}$$

式中 $\sigma_{ri}(x,\ y)$ 为残余应力。

图 1 为某点的应力应变图，图中还绘出了实加应力 σ_i 和实加应变 ε_i 的坐标轴。

取割线模量：

$$E_{ri}=\frac{\sigma_i(x,y)}{\varepsilon_i(y)} \tag{4}$$

则某点的实加应力为

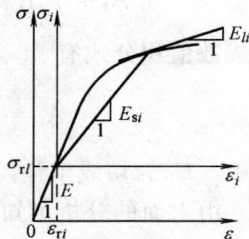

图 1　应力应变关系

$$\sigma_i(x,\ y)=E_{ri}(x,y)\cdot\varepsilon_i(y) \tag{5}$$

截面上的内力 P，M 为

$$P=\int_A \sigma(\varepsilon,t)\mathrm{d}A=\int_A[\sigma_i(x,y)+\sigma_{ri}(x,y)]\mathrm{d}A$$

$$M=\int_A \sigma(\varepsilon,t)y\mathrm{d}A=\int_A[\sigma_i(x,y)+\sigma_{ri}(x,y)]y\mathrm{d}A$$

由于

$$\int_A \sigma_{ri}(x,y)\mathrm{d}A=0,\int_A \sigma_{ri}(x,y)y\mathrm{d}A=0$$

所以

$$P=\int_A\sigma_i(x,y)\mathrm{d}A,M=\int_A\sigma_i(x,y)y\mathrm{d}A \tag{6}$$

将式（2）、（5）代入式（6）便可得

$$P=\bar{\varepsilon}A_s+\Phi S_s,\ M=\bar{\varepsilon}S_s+\Phi I_s \tag{7}$$

式中：A_s，S_s，I_s 分别为割线当量面积、割线当量面积矩和割线当量惯性矩，通称为割线当量截面特性：

$$A_s = \int_A E_{si}(x,y)\mathrm{d}A, S_s = \int_A E_{si}(x,y)y\mathrm{d}A, I_s = \int_A E_{si}(x,y)y^2\mathrm{d}A \tag{8}$$

相应的，对应于弹性阶段的截面特性，也可称为弹性当量面积 A_E，弹性当量面积矩 S_E 和弹性当量惯性矩 I_E：

$$A_E = EA, \quad S_E = 0, \quad I_E = EI \tag{9}$$

如将截面分成 m 小块，可以得到割线当量截面特性的数值积分式：

$$A_s = \sum_{i=1}^m E_{si}\Delta A_i, \quad S_s = \sum_{i=1}^m E_{si}y_i\Delta A_i, \quad I_s = \sum_{i=1}^m E_{si}y_i^2\Delta A_i \tag{10}$$

由式（7）的联立方程，可以解得 Φ，$\bar{\varepsilon}$ 的割线模量表达式：

$$\Phi = \frac{MA_s - PS_s}{A_s I_s - S_s^2}, \quad \bar{\varepsilon} = \frac{PI_s - MS_s}{A_s I_s - S_s^2} \tag{11}$$

Φ，$\bar{\varepsilon}$ 须迭代计算才能确定。

2.2 切线模量表达式

设在某一受力状态，压杆截面内力为 P，M，变形为 Φ，$\bar{\varepsilon}$，当内力有增量 $\mathrm{d}P$，$\mathrm{d}M$，那么与式（11）相类似，变形增量 $\mathrm{d}\Phi$，$\mathrm{d}\bar{\varepsilon}$ 与 $\mathrm{d}P$，$\mathrm{d}M$ 有如下关系：

$$\mathrm{d}\Phi = \frac{\mathrm{d}MA_t - \mathrm{d}PS_t}{A_t I_t - S_t^2}, \quad \mathrm{d}\bar{\varepsilon} = \frac{\mathrm{d}PI_t - \mathrm{d}MS_t}{A_t I_t - S_t^2} \tag{12}$$

式中：A_t，S_t，I_t 分别称为切线当量面积、切线当量面积矩和切线当量惯性矩，通称为切线当量截面特性：

$$A_t = \int_A E_{ti}(\varepsilon_i, t)\mathrm{d}A, S_t = \int_A E_{ti}(\varepsilon_i, t)y\mathrm{d}A, I_t = \int_A E_{ti}(\varepsilon_i, t)y^2\mathrm{d}A \tag{13}$$

写成数值积分式有

$$A_t = \sum_{i=1}^m E_{ti}\Delta A_i, S_t = \sum_{i=1}^m E_{ti}y_i\Delta A_i, I_t = \sum_{i=1}^m E_{ti}y_i^2\Delta A_i \tag{14}$$

式中，E_{ti} 为切线模量，见图 1 所示。

由上面的分析可知，在杆件进入弹塑性以后，改变截面上的轴压力，不仅要改变平均应变，同时要改变曲率；反之，改变内弯矩，也同样同时改变曲率和平均应变。这里，将此结论称作材料非线性的变形互容效应。

3   杆轴位移的高精度表达式

图 2 所示为一杆轴的挠度曲线，第 i 点的挠度 u_i 及转角 θ_i 可用泰勒级数表达如下：

$$u_i = u_{i-1} + \theta_{i-1}\delta_i - \frac{1}{2}\Phi(a_{i-1} + \eta_i\delta_i)\delta_i^2 \quad (0 < \eta_i < 1) \tag{15}$$

$$\theta_i = \theta_{i-1} - \Phi(a_{i-1} + \xi_i\delta_i)\delta_i \quad (0 < \xi_i < 1)$$

令 $\overline{\Phi}_{ui}$ 表示 $\Phi(a_{i-1} + \eta_i\delta_i)$，$\overline{\Phi}_{\theta i}$ 表示 $\Phi(a_{i-1} + \xi_i\delta_i)$，上式成为

$$u_i = u_{i-1} + \theta_{i-1}\delta_i - \frac{1}{2}\overline{\Phi}_{ui}\delta_i^2$$

图 2 压杆挠曲线

$$\theta_i = \theta_{i-1} - \overline{\Phi}_{\theta i}\delta_i \tag{16}$$

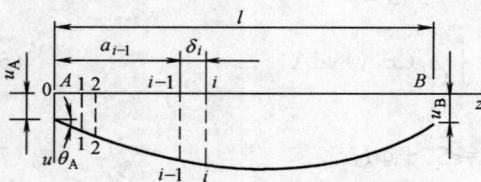

曲率 $\overline{\Phi}_{ui}$，$\overline{\Phi}_{\theta i}$ 的确定应使 u_i，θ_i 的计算误差尽量小。文献［1］，［2］取每段中央截面的曲率 $\Phi_{i1/2}$ 作为 $\overline{\Phi}_{ui}$ 和 $\overline{\Phi}_{\theta i}$ 的值，本文将作进一步改进。

4 弹性阶段 $\overline{\Phi}_{ui}$ 和 $\overline{\Phi}_{\theta i}$ 的取值

若取坐标 $z_i = z - a_{i-1}$，如图 3 所示，并注意到 $\theta_{zi} = u'(z_i)$ 和 $\Phi_{xi} = -u''(z_i)$，则可得位移和转角的表达式为

$$u_{zi} = u_{i-1} + \int_0^{x_i} \theta_{xi}\, \mathrm{d}z_i \qquad (17\text{a})$$

$$\theta_{zi} = \theta_{i-1} - \int_0^{x_i} \Phi_{xi}\, \mathrm{d}z_i \qquad (17\text{b})$$

设杆轴两端有初偏心（e_{0a}，e_{0b}），杆轴有初变形 $f_0 = f_0(z)$，则杆轴的初始位移可由下式表示：

$$u_{0a} = e_{0a}\left(1 - \frac{z}{L}\right) + e_{0b}\frac{z}{L} + f_0 \qquad (18)$$

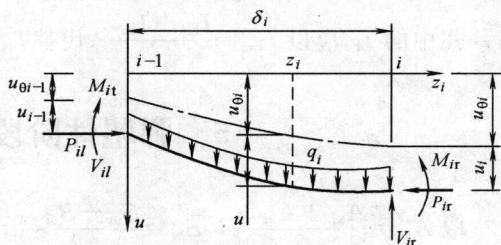

图 3 分段的受力和位移

图 3 为第 i 分段的受力，i 分段左端的内力和右端的内力分别用 M_{ir}，P_{ir}，V_{ir} 和 M_{ir}，P_{ir}，V_{ir} 表示，下标的 i 表示分段号，l 和 r 分别表示左端和右端。其他荷载形式可根据需要按本文思路另行推导。由图 3 和式（16）可得第 i 段的弯矩为

$$M_{zi} = M_{il} + P_{il}(u_{\theta i} - u_{\theta i-1}) + (V_{il} + P_{il}\theta_{i-1})z_i - \frac{1}{2}(\overline{\Phi}_{zi}P_{il} + q_i)z_i^2 \qquad (19)$$

由 $\Phi_{zi} = \dfrac{M_{zi}}{I_{Ei}}$，得

$$\Phi_{zi} = \Phi_{il} + \frac{P_{il}}{I_{Ei}}(u_{0z} - u_{\theta i-1}) + \frac{V_{il} + P_{ij}\theta_{i-1}}{I_{Ei}}z_i - \frac{\Phi_{zi}P_{il} + q_i}{2I_{Ei}}z_i^2 \qquad (20)$$

将式（20）代入式（17b），并视 $\overline{\Phi}_{ui}$ 为常量，再将式（17b）代入式（17a），再与式（16）比较后得

$$\overline{\Phi}_{ui} = \alpha_{Eil}\left[\Phi_{il} + \frac{P_{il}}{I_{Ei}}(\gamma_{ui} - u_{\theta i-1}) + \frac{1}{3I_{Ei}}(V_{il} + P_{il}\theta_{i-1})\delta_i - \frac{q_i}{12I_{Ei}}\delta_i^2\right] \qquad (21)$$

$$\overline{\Phi}_{\theta i} = \Phi_{il} + \frac{P_{il}}{I_{Ei}}(\gamma_{\theta i} - u_{\theta i-1}) + \frac{1}{2I_{Ei}}(V_{il} + P_{il}\theta_{l-1})\delta_i - \frac{1}{6I_{Ei}}(\overline{\Phi}_{ui}P_{il} + q_i)\delta_i^2$$

式中

$$\alpha_{Eil} = 1\left/\left(1 + \frac{P_{il}\delta_i^2}{12I_{Ei}}\right)\right.$$

$$\gamma_{\theta i} = \frac{1}{\delta_i}\int_{\theta_{i-1}}^{\theta_{i-1}+\theta_i} u_{0z}\,\mathrm{d}z$$

$$\gamma_{ui} = \frac{2}{\delta_i^2}\iint_{\theta_{i-1}}^{\theta_{i-1}+\theta_i} u_{0z}\,\mathrm{d}z\mathrm{d}z$$

因为从式（20）有

$$\Phi_{ir} = \Phi_{il} + \frac{V_{il} + P_{il}\theta_{i-1} + \dfrac{P_{il}}{\delta_i}(u_{\theta i} - u_{\theta i-1})}{I_{Ei}}\delta_i - \frac{\overline{\Phi}_{ui}P_{il} + q_i}{2I_{Ei}}\delta_i^2$$

式（21）又可写成

$$\overline{\varPhi}_{ui}=\alpha_{Ei2}\left[\varPhi_{il}+\varPhi_{ir}+\frac{P_{il}}{I_{Ei}}\ (2\gamma_{ui}-u_{\theta i}-u_{\theta l-1})\ -\frac{(V_{il}+P_{il}\theta_{i-1})\delta_i+q_i\delta_i^2}{3I_{Ei}}\right] \tag{22a}$$

$$\overline{\varPhi}_{\theta i}=\frac{1}{2}(\varPhi_{il}+\varPhi_{ir})+\frac{P_{il}}{I_{Ei}}(2\gamma_{\theta i}-u_{\theta i}-u_{\theta i-1})+\frac{\overline{\varPhi}_{ui}P_{il}+q_i}{12I_{Ei}}\delta_i^2 \tag{22b}$$

式中

$$\alpha_{Ei2}=1\left/\left(2-\frac{P_{il}\delta_i^2}{3I_{Ei}}\right)\right.$$

等截面杆和分段变截面杆应用式（21）较为方便。连续变截面杆应用式（22）精度较高，式中的 I_{Ei} 应以 $\overline{I}_{Ei}=\dfrac{I_{Ei}+I_{Ei-1}}{2}$ 代替，计算 $\varPhi_{il}$、$\varPhi_{ir}$ 仍分别用 I_{Ei-1} 和 I_{Ei}。

5   弹塑性阶段 $\overline{\varPhi}_{ui}$ 和 $\overline{\varPhi}_{\theta i}$ 的取值

取 $\overline{A}_{si}=\dfrac{A_{s1}+A_{si-1}}{2}$，$\overline{S}_{si}=\dfrac{S_{si}+S_{si-1}}{2}$，$I_{si}=\dfrac{I_{si}+I_{si-1}}{2}$ 作为整个分段的割线截面特性，并且记

$$K_{si}=\frac{\overline{A}_{si}}{\overline{A}_{si}\overline{I}_{si}-\overline{S}_{si}^2} \tag{23}$$

由式（11）可得

$$\varPhi_{ir}-\varPhi_{il}=(M_{ir}-M_{il})K_{si}$$

因为可从式（19）得到

$$\varPhi_{si}=\varPhi_{il}+P_{il}K_{si}(u_{\theta z}-u_{0i-1})+(V_{il}+P_{il}\theta_{i-1})K_{si}z_i-\frac{1}{2}(\overline{\varPhi}_{ui}P_{li}+q_i)K_{si}z_i^2 \tag{24}$$

因此可与弹性阶段一样，推得弹塑性阶段按割线特性取值的 $\overline{\varPhi}_{ui}$，$\overline{\varPhi}_{\theta i}$ 表达式为

$$\overline{\varPhi}_{ui}=\alpha_{si}\left[\varPhi_{il}+\varPhi_{ir}+K_{si}P_{ir}(2\gamma_{ui}-u_{0i}-u_{0i-1})-\frac{1}{3}K_{si}\delta_i(V_{il}+P_{il}\theta_{i-1}-q_i\delta_t)\right] \tag{25a}$$

$$\overline{\varPhi}_{\theta i}=\frac{1}{2}(\varPhi_{il}+\varPhi_{ir})+K_{si}P_{il}(2\gamma_{si}-u_{0i}-u_{0i-1})+\frac{1}{12}K_{si}(\overline{\varPhi}_{ui}P_{il}+q_i)\delta_i^2 \tag{25b}$$

式中

$$\alpha_{si}=1\left/\left(2-\frac{1}{3}K_{si}\delta_i^2P_{il}\right)\right.$$

运用相类似的推导过程，同样可得与式（25）相同的按截面切线特性取值的 $\overline{\varPhi}_{ui}$ 和 $\overline{\varPhi}_{\theta i}$ 表达式，只需将式（23）、（25）中有关下标 s 换成 t 即可。其中

$$\overline{A}_{ti}=\frac{A_{ti}+A_{ti-1}}{2}, \quad \overline{S}_{ti}=\frac{S_{ti}+S_{ti-1}}{2}, \quad I_{ti}=\frac{I_{ti}+I_{ti-1}}{2}\text{。}$$

6   杆轴的纵向位移

对于存在内力分配的结构或构件，应计算杆轴的纵向位移。

设杆的挠曲线为 $u=u(z)$，取杆轴微段 AB 来分析。视 $A'B'$ 及变形后的轴线 $A'B'$ 为直线（图4），则有

$$W_B-W_A=-\frac{1}{2}u'^2(1-\overline{e})\ \mathrm{d}z-\overline{e}\mathrm{d}z$$

那么，第 i 分段两端的纵向相对位移为

$$w_A - w_{i-1} = -\int_0^{\delta_i} \frac{1}{2}(1-\bar{\varepsilon}_i)\theta^2 \,dz_i - \int_0^{\delta_i} \bar{\varepsilon}_i \,dz_i$$

$$= -\frac{1}{2}(1-\bar{\varepsilon}_{di})\left(\theta_{i-1}^2\delta_i - \theta_{i-1}\bar{\Phi}_{\theta i}\delta_i^2 + \frac{1}{3}\bar{\Phi}_{\theta i}^2\delta_i^3\right) - \bar{\varepsilon}_{di}\delta_i$$

注意到 $\theta_i = \theta_{i-1} - \bar{\Phi}_{\theta i}\delta_i$，可以整理得

$$w_i = w_{i-1} - \frac{1}{6}\Delta_i(\theta_{i-1}^2 + \theta_{i-1}\theta_i + \theta_i^2) - \bar{\varepsilon}_{di}\delta_i \qquad (26)$$

其中

$$\Delta_i = (1-\bar{\varepsilon}_{di})\delta_i$$

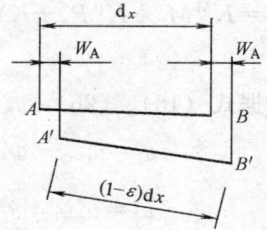

图 4　杆轴微段的纵向变位

一般情况下，$\bar{\varepsilon}_{di}$ 相对于 1 是极微小的。例如 16Mn 钢，$\sigma_s = 345\text{MPa}$，$E = 2.058 \times 10^5 \text{MPa}$，$\bar{\varepsilon}_i < \frac{\sigma_t}{E} = 0.0017$。所以 Δ_i 可取为 δ_i。这里，近似取 $\bar{\varepsilon}_{di} = (\bar{\varepsilon}_i + \bar{\varepsilon}_{i-1})/2$ 或 $\bar{\varepsilon}_{i-\frac{1}{2}}$。

式（26）中，以压为主的杆以 $\bar{\varepsilon}_{di}\delta_i$ 为主部；受弯为主的杆可能是以 $\frac{1}{6}\Delta_i(\theta_{i-1}^2 + \theta_{i-1}\theta_i + \theta_i^2)$ 为主部。

7　初值边界值关连计算法

本方法用于建立初值与边界值的联系，从而有效地寻找初值。对于初值多维未知的边界值问题，本方法是数值积分法的关键手段。

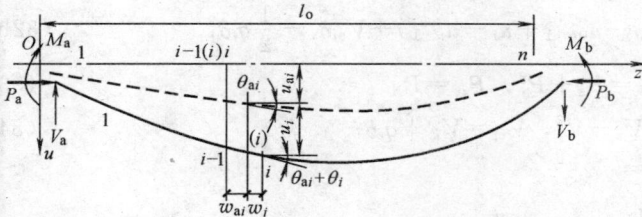

图 5　直杆单元

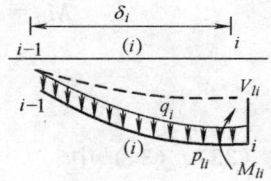

图 6　i 分段的外荷载

图 5 所示的压杆，其受荷情况如图 6 所示，图中 M_{li}，P_{li}，V_{li} 为作用在节点 i 上的外荷载。其初值一般为（M_a，P_a，V_a，θ_a），末端边界（θ_b，u_b，w_b），那么可以推导得初值与边界值的近似线性关系：

$$\theta_b = \tilde{\theta}_n^M M_a + \tilde{\theta}_n^P P_a + \tilde{\theta}_n^V V_a + \tilde{\theta}_n^\theta \theta_a + \tilde{\theta}_n^0 \qquad (27a)$$

$$K_b - K_a = \tilde{K}_n^M M_a + \tilde{K}_n^P P_a + \tilde{K}_n^V V_a + \tilde{K}_n^\theta \theta_a + \tilde{K}_n^0 \quad (K-u,w) \qquad (27b)$$

其中，$(K-u,w)$ 是表示 K 泛指 u、w，$\tilde{\theta}_n^M$ 等符号均代表近似线性转化系数，是从始端开始逐段递推所得。

在初值（M_a，P_a，V_a，θ_a）中，有些是给定和已知的，有些可以根据静力平衡条件确定，未知初值的个数与已知末端边界位移的数目相对应。未知初值的估计和调整通过联解式（27）进行。

为了递推计算式（27）中的有关系数，需将（θ_i，u_i，w_i）和（M_{it}，M_{ir}，$\bar{\Phi}_{ui}$，$\bar{\Phi}_{si}$，Φ_{il}，Φ_{ir}，ε_{il}，ε_{ir}）也写成

$$K_i - K_a = \tilde{K}_i^M M_a + \tilde{K}_i^P P_a + \tilde{K}_i^V V_a + \tilde{K}_i^\theta \theta_a + \tilde{K}_i^0 \quad (K-u,w) \qquad (28a)$$

$$K = \widetilde{K}^M M_a + \widetilde{K}^P P_a + \widetilde{K}^V V_a + \widetilde{K}^\theta \theta_a + \widetilde{K}^0 (K - \theta_i, \ \overline{\Phi}_{si}, \ \overline{\Phi}_{ui}, \ \Phi_{il}, \ \Phi_{ir}, \ \varepsilon_{il}, \ \varepsilon_{ir}, \ M_{il}, \ M_{ir})$$

$$\tag{28b}$$

根据式（16）、（26），式（28）中系数 $\widetilde{\theta}_i^c$，$\widetilde{u}_i^c$，$\widetilde{w}_i^c$ 由下式计算：

$$\widetilde{\theta}_i^c = \widetilde{\theta}_{i-1}^c - \widetilde{\Phi}_{\theta i}^c \delta_i \tag{29a}$$

$$\widetilde{u}_i^c = \widetilde{u}_{i-1}^c + \widetilde{\theta}_{i-1}^c \delta_i - \frac{1}{2} \widetilde{\Phi}_{ui}^c \delta_i^2 \qquad \left. \right\} \ (c - M, P, V, \theta, 0) \tag{29b}$$

$$\widetilde{w}_i^c = \widetilde{w}_{i-1}^c - \frac{1}{6} \delta_i (\theta_{i-1} \widetilde{\theta}_{i-1}^c + \theta_{i-1} \widetilde{\theta}_i^c + \theta_i \widetilde{\theta}_i^c) - \widetilde{\varepsilon}_{di}^c \delta_i \tag{29c}$$

其中
$$\widetilde{\varepsilon}_{di}^c = \frac{\widetilde{\varepsilon}_{ir}^c + \widetilde{\varepsilon}_{il}^c}{2} \quad (c - M, P, V, \theta, 0) \tag{30}$$

类似地，式（27）可以有增量形式

$$\Delta K_b - \Delta K_a = \widetilde{K}_a^{\Delta M} \Delta M_a + \widetilde{K}_a^{\Delta P} \Delta P_a + \widetilde{K}_a^{\Delta V} \Delta V_a + \widetilde{K}_a^{\Delta \theta} \Delta \theta_a (K - u, w)$$

$$\Delta \theta_b = \widetilde{\theta}_a^{\Delta M} \Delta M_a + \widetilde{\theta}_a^{\Delta P} \Delta P_a + \widetilde{\theta}_a^{\Delta V} \Delta V_a + \widetilde{\theta}_a^{\Delta \theta} \Delta \theta_a \tag{31}$$

有关增量的关连计算与全量相类似，限于篇幅，本文不宜赘述。作为示范，以下也仅列出有关连续变截面杆弹塑性阶段的全量关连计算。此外，在弹塑性阶段，全量关连计算仅适用于按杆截面的割线特性所作的分析。

参考图 3、图 5 和图 6，可得 i 分段的内力

$$M_{il} = M_{i-lir} + M_{li-1} \tag{32a}$$

$$M_{ir} = M_{si} + P_{il}(u_{0i} - u_{0i-1} + u_i - u_{i-1}) + V_{si} \delta_i - \frac{1}{2} q_i \delta_i^2 \tag{32b}$$

$$P_{il} = P_s + P_i^\theta, \quad P_{ir} = P_{il} \tag{33}$$

$$V_{il} = V_a - V_i^\theta, \quad V_{ir} = V_{il} + q_i \delta_i \tag{34}$$

式（33）、（34）中

$$P_i^\theta = \sum_{j=1}^{i-1} P_{il}, \ V_i^\theta = \sum_{j=1}^{i-1} (V_{il} + q_i \delta_i)$$

这里引入代号

$$\hat{A}_d = \frac{A_d}{A_d I_d - S_d^2}, \ \hat{S}_d = \frac{S_d}{A_d I_d - S_d^2}, \ \hat{I}_d = \frac{I_d}{A_d I_d - S_d^2}, \ (d - s, t) \tag{35}$$

按式（11）

$$\widetilde{\varepsilon}_{ik}^c = -\hat{S}_{sik} \widetilde{M}_{ik}^c, \ (c - M, V, \theta)$$

$$\widetilde{\varepsilon}_{ik}^P = -\hat{S}_{sik} \widetilde{M}_{ik}^P + \hat{I}_{sik} \qquad \left. \right\}, \ (k - l, r) \tag{36}$$

$$\widetilde{\varepsilon}_{ik}^0 = -\hat{S}_{sik} \widetilde{M}_{ik}^0 + \hat{I}_{sik} P_i^0$$

将式（25a）写成

$$\overline{\Phi}_{ui} = D_{pi} + \alpha_{ci} \Phi_{ir}$$

$$D_{\theta i} = \alpha_{si} \left[\Phi_{il} + P_{il} K_{si} (2\gamma_{ui} - u_{0i} - u_{0i-1}) - \frac{1}{3} K_{si} \delta_i (V_{il} + P_{il} \theta_{i-1} + q_i \delta_i) \right] \tag{37}$$

于是有

$$\widetilde{D}_{\phi i}^{c} = \alpha_{si} \left[\widetilde{\varPhi}_{il}^{c} - \frac{1}{3} K_{si} \delta_i P_{il} \widetilde{\theta}_{i-1}^{c} \right], (c-M,\theta)$$

$$\widetilde{D}_{\phi i}^{\theta} = \alpha_{si} \left[\widetilde{\varPhi}_{il}^{P} + K_{si} (2\gamma_{ui} - u_{0i} - u_{0i-1}) - \frac{1}{3} K_{si} \delta_i P_{il} \widetilde{\theta}_{i-1} \right]$$

$$\widetilde{D}_{\phi i}^{V} = \alpha_{si} \left[\widetilde{\varPhi}_{il}^{V} - \frac{1}{3} K_{si} \delta_i (P_{il} \widetilde{\theta}_{i-1}^{V} + 1) \right]$$

$$\widetilde{D}_{\phi i}^{0} = \alpha_{si} \left[\widetilde{\varPhi}_{il}^{0} + K_{si} P_i^0 (2\gamma_{ui} - u_{0i} - u_{0i-1}) - \frac{1}{3} K_{si} \delta_i (P_{il} \widetilde{\theta}_{i-1}^{0} - V_i^0 - q_i \delta_i) \right]$$

$$\widetilde{\varPhi}_{ui}^{c} = \widetilde{D}_{\phi i}^{c} + \alpha_{si} \widetilde{\varPhi}_{ir}^{c} (c-M,P,V,\theta,0)$$ (38)

$$\widetilde{\varPhi}_{\theta i}^{c} = \frac{1}{2} (\widetilde{\varPhi}_{il}^{c} + \widetilde{\varPhi}_{ir}^{c}) \frac{1}{12} K_{si} \delta_i^2 \widetilde{\varPhi}_{ai}^{c} P_{li}, (c-M,V,\theta)$$

$$\widetilde{\varPhi}_{\theta i}^{p} = \frac{1}{2} (\widetilde{\varPhi}_{il}^{P} + \widetilde{\varPhi}_{ir}^{P}) + K_{si} (2\gamma_{\theta i} - u_{0i} - u_{0i-1}) + \frac{1}{12} K_{ai} \delta_i^2 \widetilde{\varPhi}_{ui}^{P} P_{il}$$

$$\widetilde{\varPhi}_{\theta i}^{0} = \frac{1}{2} (\widetilde{\varPhi}_{il}^{0} + \widetilde{\varPhi}_{ir}^{0}) + P_i^0 K_{si} (2\gamma_{\theta i} - u_{0i} - u_{0i-1}) + \frac{1}{12} K_{si} \delta_i^2 (\widetilde{\varPhi}_{mi}^{0} P_{il} + q_i)$$

这里再引入代号

$$\left. \begin{aligned} \hat{X}_d^A &= A_d / \left(A_d I_d - S_a^2 + \frac{1}{2} A_d P \delta^2 \alpha_d \right) \\ \hat{X}_d^S &= S_d / \left(A_d I_d - S_a^2 + \frac{1}{2} A_d P \delta^2 \alpha_d \right) \end{aligned} \right\}, \ (d-s,t)$$ (39)

并将式（32b）写成

$$M_{ir} = D_{Mi} - \frac{1}{2} \alpha_{si} P_{il} \varPhi_{ir} \delta_i^2$$

$$D_{Mi} = M_{il} + P_{il} (u_{0i} - u_{0i-1} + D_{ni}) + V_{il} \delta_i - \frac{1}{2} q_i \delta_i^2$$ (40)

这样，可由式（11）变化后可得

$$\varPhi_{ir} = D_{Mi} \hat{X}_{sir}^A - P_{il} \hat{X}_{sir}^s$$ (41)

于是，根据式（40）、（41）及（32a），$\overline{\varPhi}_{ir}$ 可由下列式子计算：

$$\widetilde{\varPhi}_{ir}^{c} = \widetilde{D}_{Mi}^{c} \hat{X}_{sir}^{A}, (c-M,V,\theta); \widetilde{\varPhi}_{ir}^{P} = D_{Mi}^{P} \hat{X}_{sir}^{A} - \hat{X}_{sir}^{S}; \widetilde{\varPhi}_{ir}^{0} = \widetilde{D}_{Mi}^{0} \hat{X}_{sir}^{A} - P_i^0 \hat{X}_{sir}^{S}$$

$$\widetilde{M}_{ir}^{c} = \widetilde{D}_{Mi}^{c} - \frac{1}{2} \alpha_{si} P_{il} \widetilde{\varPhi}_i^{c} \delta_i^2, (c-M,P,V,\theta,0)$$

$$\widetilde{D}_{Mi}^{a} = \widetilde{M}_{il}^{a} + P_{il} \widetilde{D}_{ui}^{c}, (c-M,\theta); \widetilde{D}_{Mi}^{P} = \widetilde{M}_{il}^{P} + P_{il} \widetilde{D}_{ui}^{P} + u_{0i} - u_{0i-1};$$ (42)

$$\widetilde{D}_{Mi}^{V} = \widetilde{M}_{il}^{V} + P_{il} \widetilde{D}_{ui}^{V} + \delta_i; \widetilde{D}_{Mi}^{0} = \widetilde{M}_{il}^{0} + P_{il} \widetilde{D}_{ui}^{0} + P_i^0 (u_{0i} - u_{0i-1}) - V_i^0 \delta_i - \frac{1}{2} q_i \delta_i^2$$

$$\widetilde{M}_{il}^{c} = \widetilde{M}_{i-1,r}^{a}, (c-M,P,V,\theta); \widetilde{M}_{ir}^{0} = \widetilde{M}_{i-1,r}^{0} + M_{li-1}$$

从式（11）可得

$$\widetilde{\varPhi}_{il}^{c}=\hat{A}_{ail}\widetilde{M}_{il}^{c},\quad(c-M,V,\theta);$$

$$\widetilde{\varPhi}_{il}^{P}=\hat{A}_{sil}\widetilde{M}_{il}^{P}-\hat{S}_{sil};\quad \widetilde{\varPhi}_{il}^{0}=\hat{A}_{sil}\widetilde{M}_{il}^{0}-\hat{S}_{sil}P_{i}^{0} \tag{43}$$

对于用 $\varPhi_{i1/2}$ 来代替 $\widetilde{\varPhi}_{ui}$，$\overline{\varPhi}_{\theta i}$ 的简化算法，也可以根据上述思路推导出相应的关连计算法，本文不作详细表述。

8　算　　例

[**例题 1**]　两端简支的轴压杆，$L=19.2625\text{m}$。截面如图 7 （a）所示，图 7 （b）为截面的残余应力模式，材料为理想弹塑性材料，$\sigma_{s}=421.4\text{MPa}$，$E=2.058\times10^{5}\text{MPa}$。考虑初偏心 $e_{0}=L/100$，不计初始弯曲，求绕弱轴 y 的极限承载力。

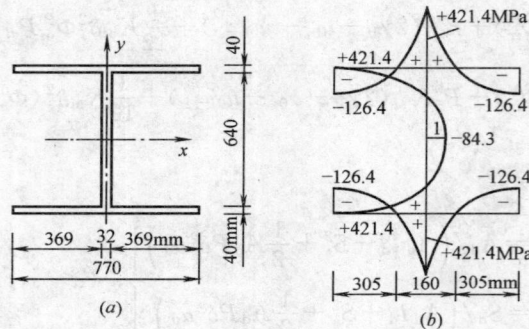

图 7　例题 1

[**解**]　表 1 所列是计算结果及各种方法的精度比较，本例 $\lambda=50$。计算在 PC-XT 型微机上进行。计算时统一取截面分块数 400，精度为 1/10000，在分段数 10 时各方法的计算时间为：取高精度表达式，并按 E_{t} 求解为 4min55s，取高精度表达式，并按 E_{s} 求解为 6min；按原有程序（为文献 [1] 所编）约为 2.5h。

例　题　1　　　　　　　　　　　　　　单位：kN　**表 1**

	分 段 数	4	10	20
	文献 [1] 所述方法	13020.1	12900.0	12869.8
		(101.027%)	(100.239%)	(100.002%)
$P_{\max}$	本文方法，取用 E_{t}	12927.2	12875.6	12869.7
		(100.448%)	(100.047%)	(100.001%)
	本文方法，取用 E_{s}	12898.8	12869.8	12869.6
		(100.237%)	(100.002%)	(100.000%)

Tab. 1 Example No. 1

[**例题 2**]　如图 8（a）所示的缀板柱，材料为 A_{S} 钢，柱肢为 [5 号槽钢。图 8 （b）为其初变形曲线，初偏心 A 端 $e_{A}=-0.551\text{mm}$，B 端 $e_{B}=0.351\text{mm}$。图 8 （c）为测得的 [5 号槽钢的残余应变模式。试计算其极限承载力 $P_{\max}$。

[**解**]　图 9 为理论计算曲线与试验曲线的比较。计算时，取柱肢截面分块为 100，节间单肢分段数为 4，精度为 1/1000，需计算时间约 30min （在 PC-XT 型微机上

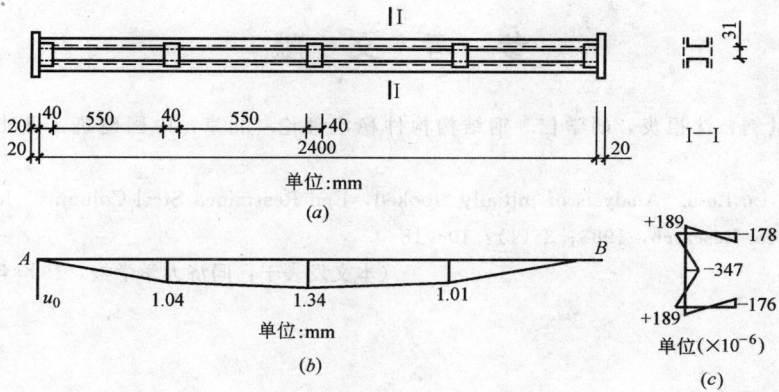

图 8 例题 2

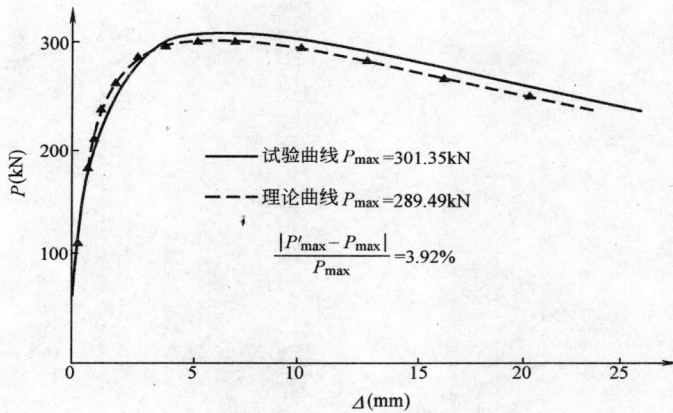

图 9 例题 2 的 P-Δ 曲线

计算）。

有关缀板柱的数值积分解法，作者将另文介绍。

9 结 语

用数值积分法进行结构弹塑性分析，可以取任意应力应变关系、任意的残余应力分布模式。本文介绍的切线模量解法和割线模量解法各有其利弊。用切线模量求解的速度比用割线模量求解快；用割线模量表示的内力和变形的协调关系概念比较明确，并且计算精度绞高，计算程序较为简明，计算发散易于判明。

从算例可以看出，即使分段数很少，应用数值积分的高精度表达式求解也具有极高的精度。并且，经本文改进后，计算速度大大加快。尤其是，弹塑性阶段内力与变形协调关系与初值边界值关连计算法的提出为数值积分法应用于杆系结构整体稳定分析及曲杆、折杆、拱等的稳定分析打下了良好的基础，并为解决杆的弯扭失稳及空间杆系稳定分析提供了思想方法。更进一步，本文提出的变形互容效应对应用其他方法的结构弹塑性分析和不同模量杆截面的杆系结构非线性分析具有普遍适用性。

参 考 文 献

1　吕烈武，沈世钊，沈祖炎，胡学仁. 钢结构构件稳定理论. 北京：中国建筑工业出版社，1983：92～121

2　Shen Zuyan，Lu Le-u. Analysis of Initially crooked，End Restrained Steel Columns. Journal of Constructional Steel Research，1983；3（1）：10～18

（本文发表于：同济大学学报，1990 年第 4 期）

15. 钢管结构极限承载力计算的力学模型

沈祖炎　陈扬骥　陈学潮

提　要：本文采用数值积分法计算轴心受压杆件受力的全过程，包括荷载——位移曲线的上升段和下降段，并用三次样条函数拟合成符合实际情况的挠度曲线方程 $u = f(z)$。然后根据所得结果计算压杆中轴力 P 与轴向位移 Δ 之间的关系。再用最小二乘曲线和曲面拟合方法，求出 $P = f(\lambda, \Delta)$ 方程，它与按数值积分法计算结果比较偏差都小于 5%。根据 $P = f(\lambda, \Delta)$ 可计算压杆的折算刚度系数 β，为钢管结构极限承载力的非线性分析提供了合理的力学模型和理论依据。

关键词：钢管结构　极限承载力　刚度系数

A Mechanical Model for the Analysis of Ultimate Strength of Tubular Strictires

Shen Zuyan　Chen Yangji　Chen Xuechao

Abstract：A numeaical integration method is proposed to calculate the whole behavior of members under axial compression, including the ascending and descending parts of the load-deflection curves. Then equations for the deflection curves $u = f(z)$ which tally with the actual situation are obtained by the bicubic spline interpolation. Based on these equations the relation between the axial compression force P and axial deformation Δ can be calculated by integration, Finally, the equation $P = f(\lambda, \Delta)$ is got by the method of least square curve or surface fitting. The difference between the results calculated by the equation and by the numerical integration method is less than5%. From the equation $P = f(\lambda, \Delta)$ the coefficient β of the equivalent stiffness of compression members is derived, which provides a suitable mechanical model and solid theoretical foundation for the nonlinear analysis of ultimate strength of tubular structures.

Keywords：Tubular structure, Limit-Strength, Stiffness Influence Coefficients

1　引　言

钢管已广泛应用于网架、网壳、塔架和海洋平台等空间结构中，这些结构往往是高次超静定结构。在以往分析中，当结构中受力最大的杆件达到它的极限承载力时即认为整个结构已失去了承载力。事实上，对于高次超静定结构来说，整个结构的极限承载力这时并没有真正丧失。要真实求出空间铰接网架、网壳和塔架等等这一类结构的极限承载力，就

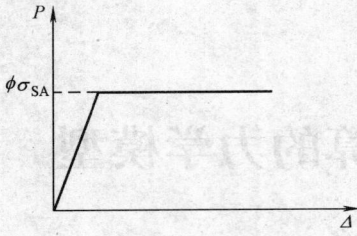

图1　P-Δ曲线

必须建立单杆在弹性到弹塑性全过程中内力 P 与轴向位移 Δ 之间的关系。有些研究文章提出了图1所示的关系曲线，即

当 $\sigma \leqslant \varphi\sigma_s$ 时

$$\Delta = \frac{Pl}{EA}$$

当 $\sigma > \varphi\sigma_s$ 时

$$P = 常量 = \varphi\delta_s A$$

式中　P、Δ、A——分别为杆件轴向力、轴向位移、截面面积；

　　　　φ——系数，对于受拉杆为1，对于受压杆为轴向压杆的稳定系数；

这一计算模型，对于受压杆件，当 σ 很小时与实际情况较吻合。随着 σ 增大，杆件的弯曲变形和部分截面进入塑性所产生的影响不断扩大，用 $\Delta = \frac{Pl}{EA}$ 来表示轴向位移显然是不对的；另外，当 σ 达到临界应力后，按常量来考虑也是不合理和偏于不安全的。

为了克服上述问题，另一些研究文章提出了杆件轴向位移 Δ 由二部分组成（见图2）的模型，即

$$\Delta = \Delta_1 + \Delta_2$$

式中　Δ_1——轴向压缩引起的变形，可考虑部分截面进入塑性的影响；

　　　　Δ_2——杆件弯曲引起的轴向变形，计算时，设 $u = u_m \sin\frac{\pi z}{L}$，按下述式（1）计算。

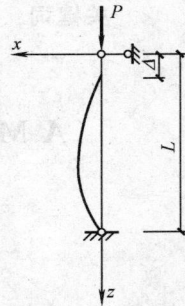

图2　杆件轴向变位

这一计算模型比第一种计算模型有了改进，但进入弹塑性后仍存在许多问题。

本文采用数值积分法计算轴心受压杆件受力的全过程，包括荷载——位移曲线的上升段和下降段，同时考虑了初变形，初应力等因素的影响，求出不同长细比 λ 和不同轴向力 P 值时杆件中几个点的挠度和转角 $u_1 \cdots u_i$、$\theta_1 \cdots \theta_i$。然后用三次样条在保证各节点 u、u' 值偏差最小的条件下，拟合出符合实际情况的杆件的挠度曲线方程 $u = f(z)$，再按下式（1）由积分得弯曲变形引起的轴向变形 Δ_2。

$$\Delta_2 = \frac{1}{2}\int_0^L \left(\frac{du}{dz}\right)^2 dz \tag{1}$$

从而求出与 λ_i、P_i 对应的 Δ_2 值。Δ_1 则由轴向应变 $\bar{\varepsilon}_i$ 积分而得。

在求出一系列 Δ_i 值的基础上用最小二乘曲线拟合法，得到不同 λ 值的 $P = f(\Delta)$ 方程，并用最小二乘曲面拟合法得到 $P = f(\lambda, \Delta)$ 方程。本法的精度可完全符合工程要求，并为钢管结构极限承载力的非线性分析提供合理的力学模型。

2　计算压杆受力全过程的数值积分法[1]

2.1　基本假定

（1）平截面假定；

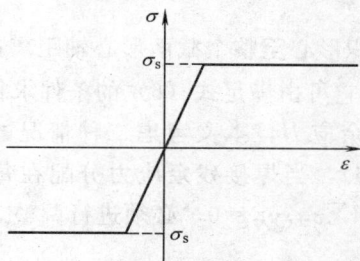

图 3　无卸载时应力-应变曲线

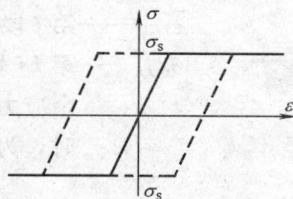

图 4　有卸载时应力-应变曲线

（2）两端铰接；

（3）材料的应力——应变曲线，无卸载时为图 3、有卸载时为图 4 所示。

2.2　计算原理和步骤

如图 5 所示受压杆件，具有初弯曲 u_0、初偏心 e_0 时的挠度微分方程为：

$$EIu'' + P(u + u_0 + e_0) = 0 \tag{2}$$

式中　e_0——杆件的初偏心，一般取 $e_0 = 0.05\dfrac{W}{A}$，W 为截面的弹性抵抗矩；

　　　u——由压力 P 引起 x 方向的位移；

　　　u_0——杆件的初弯曲，一般取

$$u_0 = \frac{L}{1000}\sin\frac{\pi z}{L} \tag{3}$$

如不考虑初应力（焊接残余应力）和截面应力处于弹性阶段，式（2）有解析解。若考虑初应力等，截面将很快进入弹塑性阶段，只能用数值积分法求解。

设 $u = f(z)$ 为杆件在轴力 P 作用下的挠度方程，将杆件分成 n 段（一般分为 6 段即能满足工程精度要求），每段长度为

$$z_i = \frac{L}{n} \tag{4}$$

杆件第 i 点的位移 u_i 和转角 θ_i 用泰勒级数展开时，其近似表达式为

$$\left.\begin{array}{l} u_i = u_{i-1} + \theta_{i-1} z_i - \dfrac{1}{2}\Phi_{1/2} z_i^2 \\[2mm] \theta_i = \theta_{i-1} - \Phi_{1/2}\cdot z_i \end{array}\right\} \tag{5}$$

式（5）中 $\Phi_{1/2}$ 指每段中点的曲率，它必须满足在该点上内外力平衡条件，即

$$P + \sum_{k=1}^{n_1}\sum_{j=1}^{n_2}\sigma_{kj}\Delta A_{kj} = 0 \tag{6}$$

$$-\sum_{k=1}^{n_1}\sum_{j=1}^{n_2}\sigma_{kj}\Delta A_{kj} y_{ki} + P(u_{i+1/2} + u_{0,i+1/2} + e_0) = 0 \tag{7}$$

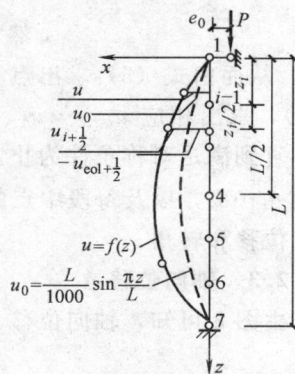

图 5　受压杆件

式中　$u_{0,i+1/2}$、$u_{i+1/2}$——第 i 段中点的初位移和位移（见图 5）；

　　　σ_{kj}——第 kj 块截面上的正应力，由应变 $\varepsilon_{kj} = \Phi_{1/2} y_{kj} + \bar\varepsilon_{1/2} + \dfrac{\sigma_{rkj}}{E}$ 根据

应力-应变关系求出；

ΔA_{kj}、y_{kj}——第 kj 块截面面积和该面积形心至整个截面形心轴距离；

$\bar{\varepsilon}_{1/2}$——第 i 段中点的平均应变，它可由满足式（6）的条件求得；

$\sigma_{r,kj}$——第 kj 块截面上的焊接残余应力，本文考虑二种情况的焊接残余应力图形[3][4]（见图6），当焊接残余应力分配在每小块上时，为了保证 $\sum\sigma_{rkj}=0$ 和 $\sum\sigma_{rbj}y_{ki}=0$，必须进行调整。

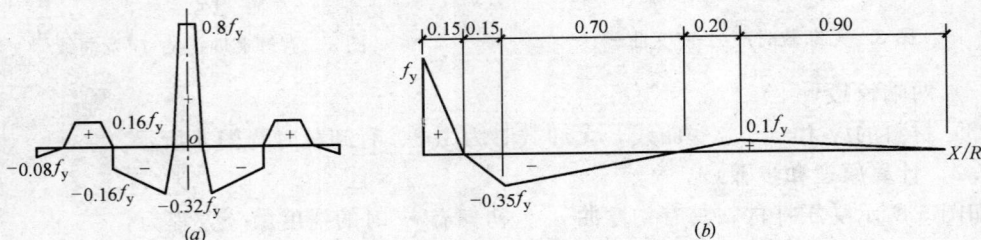

图6　焊接残余应力分布图形

若将钢管沿环向分成 n_1 块（一般分为 200 块，可满足工程精度要求），沿径向（壁厚方向）分为 n_2 块（根据焊接残余应力分布情况而定），则第 kj 块的面积 ΔA_{kj} 和面积形心至 x 轴距离 y_{kj} 的值为（见图7）

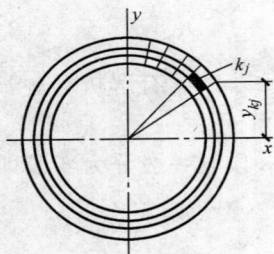

图7　钢管分块

$$\left.\begin{aligned}\Delta A_{kj} &= \frac{\pi\delta}{n_1 n_2}\left[d-(2j-1)\frac{\delta}{n_2}\right]\\y_{1k} &= \frac{d-\dfrac{2j\delta}{n_2}+\dfrac{\delta}{n_2}}{2}\cos\left[(2k-1)\frac{\pi}{n_1}\right]\end{aligned}\right\}\tag{8}$$

式中　δ、d——分别为钢管壁厚和外径；

　　　j、k——沿径向第 j 块数和沿环向第 k 块数。

用数值积分法求 $u=f(z)$ 曲线步骤如下：先给定压力 P，从图5上的点1开始，点1的边界条件是 $u_1=0$，设 θ_1 的初值，然后不断调整第1段（1，$i-1$ 段）的 $\bar{\varepsilon}_{1/2}$、$\bar{\Phi}_{1/2}$ 使满足式（6）、（7），从而由式（5）求出点 $i-1$ 的 u_{i-1}、θ_{i-1}。继续做第2段（$i-1$，i 段）、第3段（i，4段），求出相应 $u_{i-1}\cdots u_4$、$\theta_{i-1}\cdots\theta_4$ 值。当 θ_4 不满足对称条件 $\theta_4=0$ 时，重新改变 θ_1 值，直到满足对称条件为止。这样，即可求出某一 P 值下，压杆分段点的位移 $u_1\cdots u_4$ 和转角 $\theta_1\cdots\theta_4$，以及每段中点的 $\bar{\varepsilon}_{1/2}$。对于下降段，用给定 θ_1 值，调整压力 P 的办法来求各点位移和转角。

2.3　轴向位移 Δ

由图2可知，轴向位移 Δ 由两部分组成，即

$$\Delta=\Delta_1+\Delta_2\tag{9}$$

式中　Δ_1——轴向压缩引起的轴向位移，不论其截面处于弹性阶段还是弹塑性阶段，其值为

$$\Delta_1=\sum_{i=1}^{6}\bar{\varepsilon}_{i,1/2}z_i\tag{10}$$

$\bar{\varepsilon}_{i,1/2}$ —— 第 i 段中点平均应变；

z_i —— 第 i 段杆件长度，由式（4）求得；

Δ_2 —— 杆件弯曲引起的轴向位移，它是由数值积分法求出 $u_1 \cdots u_7$、$\theta_1 \cdots \theta_7$ 通过三次样条拟合而成 $u = f(z)$ 曲线，再由式（1）积分而得出。

2.4 计算结果分析

本文计算了四种情况：1）仅考虑初弯曲，取 $u_0 = \dfrac{L}{1000} \sin \dfrac{\pi z}{L}$，$e_0 = \sigma_r = 0$；2）考虑初弯曲和初偏心，取 $u_0 = \dfrac{L}{1000} \sin \dfrac{\pi z}{L}$ 和 $e_0 = 0.05 \dfrac{W}{A}$，$\sigma_r = 0$；3）考虑初弯曲和图 $6a$ 的焊接应力[3]，取 $e_0 = 0$；4）考虑初弯曲和图 $6b$ 的焊接应力[4]。钢管截面面积 $A = 48.2549 \mathrm{cm}^2$，截面惯性矩 $I = 2227.4 \ \mathrm{cm}^2$，长细比 λ 取 40、60、80、100、120、140、160、180、200 等 9 种，共计算了 36 条 $P = f(\Delta)$ 曲线。

图 8 描绘第（3）种情况计算得到的 $P = f(\Delta)$ 曲线，从图中可以看出每根曲线都有明显的极值。λ 愈小卸载部分的曲线愈徒；当 $\lambda > 180$ 时卸载部分曲线才略呈平行于 Δ 轴。这说明图 1 计算模型不符合实际情况。

图 9 描绘了第（3）种情况计算出来的 $\dfrac{P}{P_s}$-$\dfrac{\Delta}{L}$ 曲线，$P_s = Af_y$，f_y 为屈服点。从图中可以看出，当 $\dfrac{P}{P_s}$ 很小时，$\dfrac{\Delta}{L}$ 值可以认为与 λ 无关，并且 $\dfrac{P}{P_s}$ 与 $\dfrac{\Delta}{L}$ 呈线性关系，即

$$\frac{P}{P_s} = \frac{E}{f_y} - \frac{\Delta}{L} \tag{11}$$

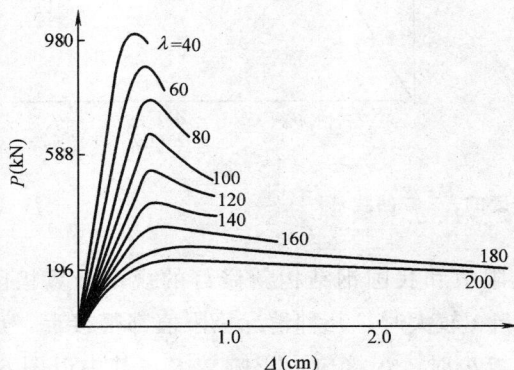

图 8 杆件的 P-Δ 曲线

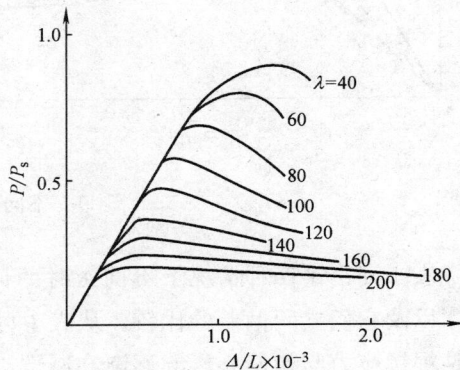

图 9 杆件的 $\dfrac{P}{P_s}$-$\dfrac{\Delta}{L}$ 曲线

当 $\dfrac{P}{P_s}$ 增大时，$\dfrac{P}{P_s}$ 与 $\dfrac{\Delta}{L}$ 才呈非线性关系。

图 10 描绘 $\lambda = 40$、100、160 时，不同焊接应力对 $\dfrac{P}{P_s}$-$\dfrac{\Delta}{L}$ 的影响。当 λ 值很小，（$\lambda < 60$），第（3）种情况比第（4）种情况计算出的极值为小，$\dfrac{\Delta}{L}$ 值则偏大。当 $\lambda = 100$ 时，二条曲线比较接近，仅于极值附近曲线有些不同。当 $\lambda > 160$ 时，两条曲线就重叠了。

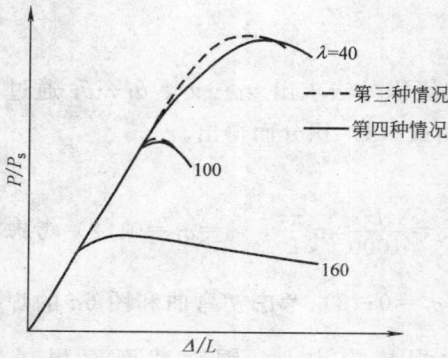

图 10　不同焊接应力形式的 $\dfrac{P}{P_{\rm s}}$-$\dfrac{\Delta}{L}$ 曲线

这说明随 λ 增大焊接应力对 P-Δ 的影响逐渐在减少。

图 11a 表示 $\sigma_{\rm s}=235{\rm N/mm^2}$、$345{\rm N/mm^2}$、$410{\rm N/mm^2}$ 时的 $\dfrac{P}{P_{\rm s}}$-$\dfrac{\Delta}{L}$ 曲线。从图中可以看出，当 λ 很大时，在相同的 $\dfrac{P}{P_{\rm s}}$ 作用下 $\dfrac{\Delta}{L}$ 将随 $\sigma_{\rm s}$ 的增大而增大。如果将不同 $\sigma_{\rm s}$ 求出的 $\dfrac{\Delta}{L}$ 值乘以 $\dfrac{325}{\sigma_{\rm s}}$（见图 11$b$），在弹性阶段，它与 $\sigma_{\rm s}=235$ 的 $\dfrac{P}{P_{\rm s}}$-$\dfrac{\Delta}{L}$ 曲线重叠，当进入弹塑性时，随 $\sigma_{\rm s}$ 的提高不仅使 $\dfrac{P_{\rm cr}}{P_{\rm s}}$（$P_{\rm cr}$ 极限值）下降，而且下降段变得更陡，

说明钢材强度对 $P=f\left(\lambda,\ \dfrac{\Delta}{L}\right)$ 的影响不是线性关系。

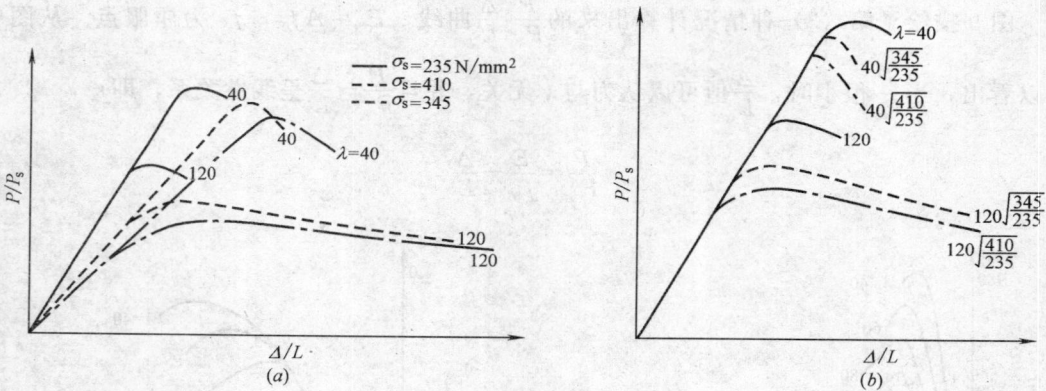

图 11　不同钢材强度的 $\dfrac{P}{P_{\rm s}}$-$\dfrac{\Delta}{L}$ 曲线

表 1 列出了四种情况下不同 λ 时的计算极限值和我国钢结构新修订的规范计算极限值，以及它们之间偏差的比较。从表中可知，当 λ 较大时，几种情况极限值都很接近，也就是焊接应力与初偏心影响逐渐在减弱。当 λ 较小时，焊接应力影响较大，其中以图 6a 焊接应力形式计算的的极限值为最低。从与规范比较也可看出，当 $\lambda \leqslant 80$ 时，计算值与规范的 b 曲线较接近，偏差小于 1%。当 $80 < \lambda \leqslant 160$ 时，计算值介于 a、b 曲线之间。当 $\lambda > 160$ 时，计算值接近规范的 a 曲线，偏差小于 1%，与 b 曲线偏差大于 7.1%。因此，可以认为钢结构规范规定有缝钢管按 b 曲线计算极限值是偏于安全的。

表 1 所列计算极限值是按 $n_1=200$，$n_2=1$，$\sigma_{\rm s}=235{\rm N/mm^2}$，$A=48.25{\rm cm^2}$，$I=2227.4{\rm cm^4}$，$e_0=0.05\dfrac{W}{A}$，$u_0=\dfrac{L}{1000}\sin\dfrac{\pi z}{L}$，$E=2.06\times10^5{\rm N/mm^2}$ 等主要参数的计算结果。

表 1

长细比 λ	情况	计算极限值 P_1(kN)	新规范 (P_2)(kN)		偏差 $(P_1-P_2)/P_2 \times 100\%$				备　注
					1	2	3	4	
40	1	1081.1	a 曲线	1067.2	1.31	−2.76	−4.12	−3.17	
	2	1037.6							
	3	1023.1	b 曲线	1019.4	6.05	1.78	0.36	1.36	
	4	1033.3							
60	1	1022.5	a 曲线	1001.3	2.12	−3.30	−9.2	−6.64	
	2	968.2							
	3	909.2	b 曲线	915.1	11.73	5.80	−0.65	2.15	
	4	934.8							
80	1	911.6	a 曲线	887.9	2.66	−3.93	−12.22	−8.97	
	2	853.0							
	3	779.4	b 曲线	780.2	16.84	9.34	−0.1	3.60	
	4	808.2							
100	1	742.4	a 曲线	723.5	2.61	−3.46	−8.91	−7.22	
	2	698.4							
	3	659.0	b 曲线	629.4	17.95	10.98	4.71	6.65	
	4	671.2							
120	1	573.5	a 曲线	560.2	2.38	−2.13	−5.25	−4.37	
	2	548.2							
	3	530.7	b 曲线	495.6	15.73	10.63	7.10	8.10	
	4	535.7							
140	1	443.2	a 曲线	434.3	2.04	−1.20	−2.66	−2.71	
	2	429.1							
	3	422.7	b 曲线	391.2	13.27	9.68	8.06	8.01	
	4	422.6							
160	1	348.9	a 曲线	342.5	1.35	−1.51	−1.51	−1.74	
	2	340.7							
	3	337.3	b 曲线	312.8	11.57	8.92	7.83	7.58	
	4	336.5							
180	1	280.6	a 曲线	275.6	1.816	−0.014	−0.83	−1.09	
	2	275.5							
	3	273.3	b 曲线	255.1	9.96	7.99	7.11	6.83	
	4	272.6							
200	1	230.0	a 曲线	225.7	1.93	0.477	−0.22	−0.51	
	2	226.7							

续表

长细比 λ	情况	计算极限值 P_1(kN)	新规范 (P_2)(kN)	偏差$(P_1-P_2)/P_2\times100\%$				备　注
				1	2	3	4	
200	3	225.2	b 曲线	9.05	6.75	6.75	6.44	
	4	224.5						

注：1. 考虑 u_0　2. 考虑 e_0、u_0　3. 考虑 u_0、σ_r（图 6a 焊接应力图形）　4. 考虑 u_0、σ_r（图 6b 焊接应力图形）

3　最小二乘曲线和曲面拟合

采用数值积分法可得出不同 λ 时的压杆轴向力 P 和轴向变位 Δ 值。但如果在进行结构极限承载力计算时，每次都要用数值积分法求解每根压杆的 P-Δ 关系，显然很麻烦，并且也不现实。为了解决这个问题可以首先计算一系列 λ 时的 σ 和 $\dfrac{\Delta}{L}$ 值。然后按 λ 相同时的 $\dfrac{\Delta}{L}$、σ 点，用最小二乘曲线拟合法求得 $\sigma=f\left(\dfrac{\Delta}{L}\right)$ 曲线方程。其方程表达式为：

当 $x\leqslant0.46+0.35\left(1-\dfrac{\lambda}{100}\right)$ 时

$$\sigma=20.6x \qquad\qquad (12a)$$

当 $x>0.46+0.35\left(1-\dfrac{\lambda}{100}\right)$ 时

$$\sigma=k_0+k_1x+k_2x^2+k_3x^3 \qquad\qquad (12b)$$

式中　　　　σ——轴向应力，单位为 kN/cm^2；

　　　　　　x——杆件轴向应变系数，$x=\dfrac{\Delta}{L}\times10^3$；

　　　　　　Δ——杆件轴向位移；

　　　　　　L——杆件长度；

k_0、k_1、k_2、k_3——多项式拟合系数，见表 2。

表 2

λ	取点数	$\sigma=f(x)$曲线方程	最大偏差 δ_1	最小偏差 δ_2
40	10	$\sigma=-6.7156+40.3586x-14.6835x^2+0.0149x^3$	0.8	-1.29
60	11	$\sigma=-10.9905+52.4278x-22.8517x^2-0.2206x^3$	0.86	-1.83
80	13	$x\leqslant1.1172$ $\sigma=-38.5931+155.6530x-141.3836x^2+39.9923x^3$	1.38	-1.49
	3	$x\geqslant1.1172$ $\sigma=20.6974-5.6148x$	2.22	-0.0
100	13	$x\leqslant0.9552$ $\sigma=-31.4467+149.3911x-157.1756x^2+50.1716x^3$	0.88	-1.95
	3	$x\geqslant0.9552$ $\sigma=16.7375-4.87x$	1.87	-0.0
120	13	$x\leqslant0.8288$ $\sigma=-14.2294+91.7838x-1036350x^2+34.3864x^3$	1.48	-3.73
	3	$x\geqslant0.8288$ $\sigma=13.2341-3.6251x$	2.28	-0.0

续表

λ	取点数	$\sigma=f(x)$曲线方程	最大偏差 δ_1	最小偏差 δ_2
140	8	$x\leqslant0.524$ $\sigma=4.5407-20.6087x+125.618x^2-135.345x^3$	0.06	0.07
	4	$x\geqslant0.524$ $\sigma=10.095-2.535x$	0.17	-0.02
160	8	$x\leqslant0.4969$ $\sigma=-3.8215+53.5648x-84.0386x^2+40.3038x^3$	0.04	-0.08
	4	$x\geqslant0.4969$ $\sigma=7.7437-1.5171x$	0.00	-0.51
180	7	$x\leqslant0.4950$ $\sigma=-2.8099+52.2752x-108.5364x^2+75.7922x^3$	0.05	-0.06
	4	$x\geqslant0.4950$ $\sigma=6.1548-0.9898x$	0.0	-1.41
200	8	$x\leqslant0.527$ $\sigma=-1.3929+41.5548x-96.0902x^2+74.1899x^3$	0.55	-0.73
	4	$x\geqslant0.527$ $\sigma=5.0297-0.6672x$	0.00	-1.14

注：1. 偏差指数值积分法（σ_1）与拟合法（σ_2）之间的差异 $\delta=\dfrac{\sigma_2-\sigma_1}{\sigma_1}\times100\%$；

2. $x=\dfrac{\Delta}{L}\times10^3$；

3. σ——截面应力，单位 kN/cm^2。

表 2 为 $\sigma_s=235\text{N/mm}^2$，不同值时用最小二乘曲线拟合法得到的各种 $\sigma=f\left(\dfrac{\Delta}{L}\right)$ 曲线方程及其偏差。从表 2 中可看出，用拟合法求出的曲线方程其偏差都小于 $\pm3\%$。

也可用最小二乘曲面拟合法直接得到 $\sigma=f\left(\lambda,\dfrac{\Delta}{L}\right)$ 曲面方程，经多次试算得 $\sigma_s=235\text{N/mm}^2$ 时曲面方程表达式为：

1）当 $x\leqslant0.46+0.35\left(1-\dfrac{\lambda}{100}\right)$ 时，杆件截面处于弹性阶段，弯曲变形影响可以忽略，$\sigma=f\left(\lambda,\dfrac{\Delta}{L}\right)$ 方程可写成：

$$\sigma=\varepsilon\cdot E \tag{13}$$

2）当 $x>0.46+0.35\left(1-\dfrac{\lambda}{100}\right)$ 时，按入值大小分成二个方程。

a）$\lambda<160$

$$\sigma=\sum_{i=0}^{3}\sum_{j=0}^{6}a_{ij}\left(\dfrac{\lambda}{100}-1\right)^i(x-0.687)^j \tag{14}$$

b）$\lambda>160$

$$\sigma=\sum_{i=0}^{2}\sum_{j=0}^{6}a_{ij}\left(\dfrac{\lambda}{180}-1\right)^i(x-0.7183)^j \tag{15}$$

式中　σ——杆件的轴向压应力，单位为 kN/cm^2；

x——杆件的轴向应变系数，$x=\dfrac{\Delta}{L}\times10^3$；

Δ——杆件的轴向位移；

L ——杆件的长度；

a_{ij} ——曲面拟合系数。

a_{ij}

	0	1	2	3
0	12.7605	−8.2507	−6.8020	6.0539
1	7.4331	−40.3535	2.9332	62.9825
2	−29.6004	13.9673	74.8684	−28.9215
3	1.4180	153.918	2.9332	−357.648
4	38.8119	−890.905	−155.915	197.726
5	−4.8338	−203.046	−0.9686	523.211
6	−18.8680	169.809	88.8108	−426.354

a_{ij}

	0	1	2	3	4	5	6
0	5.4704	−1.3382	−0.4250	6.0721	−11.6545	8.3635	−2.0579
1	−10.1423	5.3279	18.9137	−42.6351	2.5798	34.7956	−15.2725
2	14.4959	−3.9286	−73.9494	99.1534	83.4624	−175.7045	63.5657

表 3

λ	40	60	80	100	120	140	160	180	200
最大偏差[注]	−2.24	5.70	−4.04	−7.64	−4.35	−4.57	−8.36	−9.04	−7.61
偏差平均值	1.09	3.26	2.24	4.283	2.915	1.565	2.256	1.67	1.472

注：偏差指数值积分法（σ_1）与拟合法（σ_2）之间的差异 $\delta=\dfrac{\sigma_2-\sigma_1}{\sigma_1}\times100\%$。

按式（13）～（15）计算 σ 值与按数值积分法计算 σ 值比较列于表 3。从表 3 可以看出，最大偏差都不超过 10%，其偏差平均值$\left(\text{指各点偏差绝对值的平均值}\dfrac{\sum\limits_{i=1}^{n}|\delta_i|}{n}\right)$不超过 5%，完全能满足工程精度要求。

4　钢管结构非线性分析的刚度折减系数

钢管结构是高次超静定结构，建立结构总刚度矩阵时，若考虑单根压杆 $\sigma\text{-}\lambda\text{-}\dfrac{\Delta}{L}$ 影响，必须对单根杆件刚度矩阵进行修正。根据杆件受压时轴向变形模量的概念，可知

$$\Delta=\frac{PL}{E_p A}=\frac{\sigma L}{E_p}=\frac{f\left(\lambda,\ \dfrac{\Delta}{L}\right)\cdot L}{E_p}$$

$$E_p=\frac{f\left(\lambda,\ \dfrac{\Delta}{L}\right)\cdot L}{\Delta}=\beta E \tag{16}$$

$$\beta=\frac{f\left(\lambda,\ \dfrac{\Delta}{L}\right)\cdot L}{\Delta\cdot E} \tag{17}$$

式中　E_p——杆件的折算弹性模量；

$f\left(\lambda, \dfrac{\Delta}{L}\right)$——由式（13）、（14）、（15）求得；

　　　β——刚度折减系数。

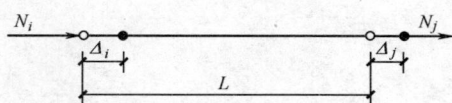

图 12　单杆受力图

因此，如图 12 所示单根杆件，杆件轴向压力与轴向位移的关系，写成矩阵形式为：

$$\begin{bmatrix} N_i \\ N_j \end{bmatrix} = \frac{\beta EA}{L} \begin{bmatrix} 1 & -1 \\ -1 & 1 \end{bmatrix} \begin{bmatrix} \Delta_i \\ \Delta_1 \end{bmatrix} \tag{18}$$

β——刚度折减系数，由式（17）求得。

5　小　　结

（1）采用数值积分法可以较好地计算轴心受压杆的受力全过程和压杆的挠度曲线。

（2）杆件的轴向变形 Δ，由杆件的弯曲引起的变形 Δ_2 和杆件弹塑性压缩产生的变形 Δ_1 二部分组成，其表达式为

$$\Delta = \sum_{i=1}^{n} \bar{\varepsilon}_i z_i + \frac{1}{2} \int_0^L \left(\frac{\mathrm{d}u}{\mathrm{d}z}\right)^2 \mathrm{d}z$$

式中　$\bar{\varepsilon}_i$——第 i 段中点平均应变；

　　　u——杆件的挠度曲线方程，$u = f(z)$ 由数值积分法求得；

　　　n——杆件分段数，一般取 $n = 6$。

（3）采用三次样条，最小二乘曲线和曲面拟合方法导出的 3 号钢 $\sigma = f\left(\dfrac{\Delta}{L}\right)$ 方程，形式简单，运算方便，精度达到工程要求。

（4）折算刚度系数 β 将对钢管结构极限承载力的非线性分析提供合理的力学模型和理论依据。

（5）钢材的强度对 $\sigma = f\left(\lambda, \dfrac{\Delta}{L}\right)$ 的影响不是线性关系。采用 $\dfrac{\Delta}{L} \cdot \dfrac{235}{\sigma_s}$ 和 $\lambda \sqrt{\dfrac{\sigma_s}{235}}$ 来代替 $\dfrac{\Delta}{L}$ 和 λ 计算 σ 值与按数值积分法计算 σ 值比较，其偏差大于 25%。

参 考 文 献

1　吕烈武，沈祖炎等. 钢结构构件稳定理论，中国建筑工业出版社，1983 年

2　Shen Z. Y., Lu L, W.. Analysis of Initially Crooked, End Restrained Steel Columns, Journal of Constructional Steel Research, vol. 3, No. 1, 1983

3　Chen W. F., Atsuta T.. Theory of Beam-Columns, Vol. 2, 1977, pp294~295

4　Chen W. F., Ross D. A.. Test of Fabricated tubular columns, Journal of the Structural Division, ASCE, Vol. 130, No. 3, 1977, pp. 619~634

5　Reinsch C. H.. Smoothing by Spline Function, Numer. Math, vol. 10, 1967, pp. 177~183

6　Clark R. E., Kubik R. N.. Phillips L. p., Orthogonal Polynomial Least Squares Surface Fit, Comm, ACM, No. 6, 1963, pp. 162~163

（本文发表于：同济大学学报，1988 年第 3 期）

第二部分

高层钢框架结构静动力
极限承载力分析理论

16. Spatial Hysteretic Model and Elasto-Plastic Stiffness of Steel Columns

Guo-Qiang Li   Zu-Yan Shen   Jing-Yu Huang

Abstract: By defining yielding function, F, and introducing a so called deformation parameter, R, a simple hysteretic model is proposed between F and R to link 3-dimensional forces acting on a section of a steel column and yielding degree of the section. Based on the hysteretic model proposed and plastic flow laws, the spatial elasto-plastic stiffness equation of steel columns is established. The effectiveness and reliability of the hysteretic model and stiffness equation are verified by experiments through applying the theory to predicting the behavior of 6 specimens of box and H-shaped steel columns subjected to constant vertical loads and repeated and reversed bi-directional horizontal loads. The achievements made in this paper provide the key to problems in the analysis of spatial elasto-plastic responses of steel buildings subjected to earthquakes. © 1999 Elsevier Science Ltd. All rights reserved.

Keywords: Spatial Hysteric Model   Elasto-Plastic Stiffness Steel Columns

1   Introduction

Civil engineering structures are frequently damaged by earthquakes. In the 1985 Mexico Earthquake [1], 10 steel buildings in frameworks collapsed. In order to prevent building structures from collapse under severe earthquakes, a seismic design criterion is commonly recommended that the elasto-plastic displacement response of structures to earthquakes should be limited and checked. To conduct an analysis for predicting the elasto-plastic seismic response of structures, the major problems Which need to be solved are modeling of hysteretic characteristics and formulation of elasto-plastic stiffness for structural members.

Hysteretic models and elasto-plastic stiffness equations were proposed decades ago for steel beam-columns subjected to planar forces [2-4]. Using these, the elasto-plastic responses of 2-dimensional steel frames subjected to uni-directional seismic movements were analyzed in practice [5]. However, ground motions induced by earthquakes are always multi-dimensional in reality, including at least three translational components. Obviously, the true behavior of structures subjected to actual seismic excitations should be spatial, instead of planar. So naturally, the actions caused by earthquakes on columns of frameworks should also be 3-dimensional, instead of 2-dimensional.

Experiments revealed that the spatial hysteretic behavior of steel columns is characteristically different from the planar one [6-8], which indicates that the realistic and accurate seismic response of steel frames undergoing elasto-plastic deformations can never be obtained by simplified analysis of planar structures. For predicting the realistic elasto-plastic behavior of steel-frame builidngs subjected to multi-directional earthquakes, the spatial hysteretic model and spatial elasto-plastic stiffness equation of steel columns are the fundamentals and are to be established in this paper.

This paper deals with a column, shown in Fig. 1, subjected to 3-dimensional forces, P_z, P_x, P_y and moments M_x, M_y, M_z. The corresponding deformation of the column involves 3-dimensional translations, u_z, u_x, u_y and rotations θ_x, θ_y, θ_z. The state of the column can then be represented by the vectors of actions and deformations as

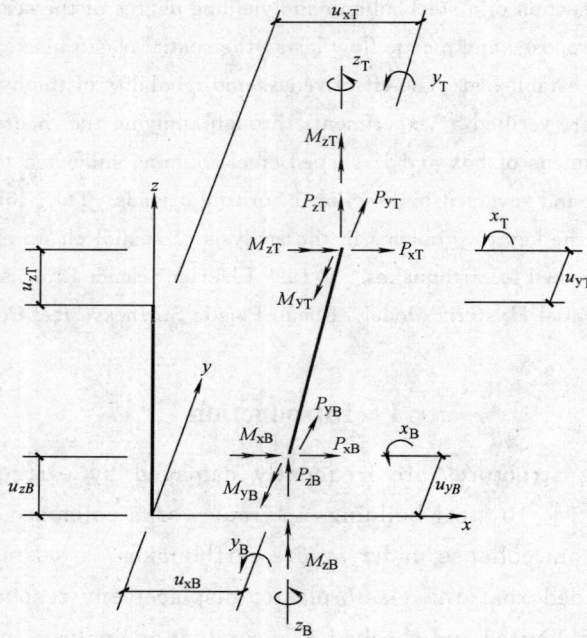

Fig. 1   Spatial actions and deformations of a column.

$$S = [S_B^T \ S_T^T]^T \tag{1a}$$

$$D = [D_B^T \ S_T^T]^T \tag{1b}$$

in which

$$S_B = [P_{zB} \ M_{yB} \ M_{xB} \ P_{xB} \ P_{yB} \ M_{zB}]^T \tag{2a}$$

$$S_T = [P_{zT} \ M_{yT} \ M_{xT} \ P_{xT} \ P_{yT} \ M_{zT}]^T \tag{2b}$$

$$D_B = [u_{zB} \ \theta_{yB} \ \theta_{xB} \ u_{xB} \ u_{yB} \ \theta_{zB}]^T \tag{3a}$$

$$D_T = [u_{zT} \ \theta_{yT} \ \theta_{xT} \ u_{xT} \ u_{yT} \ \theta_{zT}]^T \tag{3b}$$

For the aim of practical application, the following two assumptions are taken thereafter:

1. The cross-section of columns is of doubly symmetric shape.

2. Plastic deformation concentrates at either end of the columns.

2　Spatial hysteretic model

2.1　Yield condition of section of column

The condition of a column fully yielding over a section at any location under 3-dimensional actions can be expressed by

$$F(P_z, M_x, M_y) = 1 \tag{4}$$

The expressions of F ($\cdot$), called yielding functions, for steel columns with various sections have been given by Chen and Atsuta in the literature [9]. It can be found that the exact expression of F ($\cdot$) is very complicated. For the purpose of practical application, the simplified expression of F ($\cdot$) suggested by Chen and Atsuta [9] may be employed. It is written as

$$F = \frac{m_x^\alpha}{1 - n^\beta} + \frac{m_y^\mu}{1 - n^v} + n^\gamma \tag{5}$$

in which α, β, γ, μ and v are constants to be determined from exact expressions for F, and

$$m_x = \frac{|M_x|}{M_{px}}, \quad m_y = \frac{|M_y|}{M_{py}}, \quad n = \frac{|P_z|}{N_p} \tag{6}$$

where M_{px} and M_{py} are the fully plastic moments of section, when $P_z = 0$, about the x- and y-axis respectively and N_p is the axial load at full yield condition of section when $M_x = M_y = 0$.

2.2　Deformation state of the column section

The interaction equation to govern the yielding of outer bound fibres of a column section can be written as

$$m_x + m_y + n = 1 \tag{7}$$

Eq. (7) forms an initial yielding surface in Descartes' space for the section, as shown in Fig. 2. An arbitrary point in the space (m_x, m_y, n), which represents a force state, always has a corresponding point, (m_x', m_y', n'), on the initial yielding surface when point (m_x, m_y, n) links to the original of the coordinate system of the space. The following formulae can be easily obtained from geometric relations

$$m_x' = \frac{m_x}{m_x + m_y + n} \tag{8a}$$

$$m_y' = \frac{m_y}{m_x + m_y + n} \tag{8b}$$

$$n' = \frac{n}{m_x + m_y + n} \tag{8c}$$

Defining F_s as the value of yielding function for the initial yield of a column section, given by

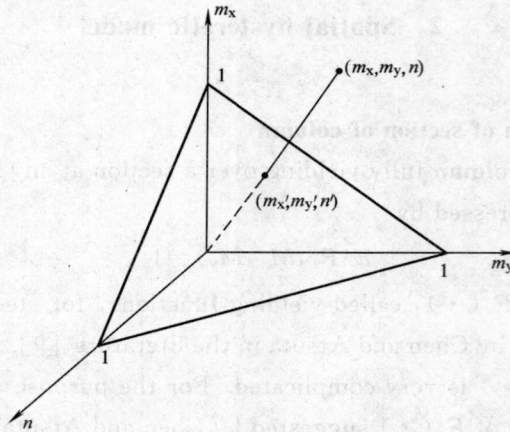

Fig. 2   Initial yielding surface.

$$F_s = F \ (m'_x, \ m'_y, \ n') \tag{9}$$

and letting F_t, $F_{t+\Delta t}$, respectively, denote the value of yielding function at time t and $t+\Delta t$, the deformation state of the column section can thus be determined by the fact that

1.   loading condition $(F_{t+\Delta t} > F_t)$,

if $F_{t+\Delta t} < F_s$, the section is in the elastic state, and

if $F_{t+\Delta t} \geqslant F_s$, the section is in the elasto-plastic state;

2.   for unloading condition $(F_{t+\Delta t} < F_t)$, the section is in the elastic state; and

3.   for constant-loading condition $(F_{t+\Delta t} = F_t)$, the state of the section remains unchanged.

2. 3   Hysteretic relationship

Define R as the deformation parameter for a column section, given by

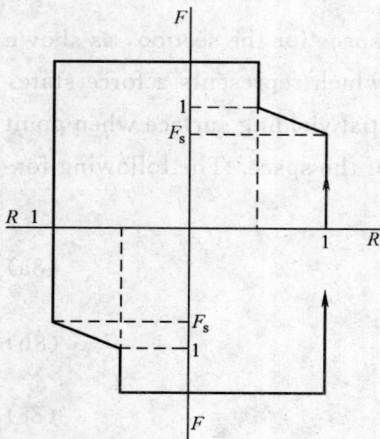

Fig. 3   Hysteretic relationship between F and R.

$$R = \begin{cases} 1 & F < F_s \\ 1 - \dfrac{F - F_s}{1 - F_s}(1-\beta) & F_s \leqslant F \leqslant 1 \\ \beta & F > 1 \end{cases} \text{ for loading condition,}$$

$$\tag{10a}$$

and

$$R = 1 \qquad \text{for unloading condition,} \qquad \text{(10b)}$$

where β is the strain hardening parameter, between 0. 005 ~ 0. 02 for ordinary constructional steel.

Based on Eqs. (10a) and (10b), the hysteretic relation between the deformation parameter, R, and the value of the yielding function, F, can be easily constructed for a column section, as shown in Fig. 3. This simple relation establishes a bridge between the degree of yielding and feature of deformation and spatial action for the section.

3　Spatial elasto-plastic stiffness equation

If either end of a column enters the elasto-plastic deformation state, the stiffness of the column will be changing. Under this condition, the stiffness equation of the column may be expressed in increment form.

Divide the increment deformation of the column at the two ends into two portions, i. e.

$$d\boldsymbol{D} = d\boldsymbol{D}_e + d\boldsymbol{D}_p \tag{11}$$

in which

$$d\boldsymbol{D}_e = [d\boldsymbol{D}_{eB}^T\ d\boldsymbol{D}_{eT}^T]^T$$
$$d\boldsymbol{D}_p = [d\boldsymbol{D}_{pB}^T\ d\boldsymbol{D}_{pT}^T]^T$$

where $d\boldsymbol{D}_e$ and $d\boldsymbol{D}_p$ are, respectively, the elastic and plastic increment deformation of the column.

Also resolve the increment of the forces acting at the ends of the column into two parts as

$$d\boldsymbol{S} = d\boldsymbol{S}_t + d\boldsymbol{S}_n \tag{12}$$

in which

$$d\boldsymbol{S}_t = [d\boldsymbol{S}_{tB}^T\ d\boldsymbol{S}_{tT}^T]^T$$
$$d\boldsymbol{S}_n = [d\boldsymbol{S}_{nB}^T\ d\boldsymbol{S}_{nT}^T]^T$$
$$d\boldsymbol{S}_{nB} = [dP_{zB}dM_{yB}dM_{xB}0\ 0\ 0]^T \tag{13a}$$
$$d\boldsymbol{S}_{nT} = [dP_{zT}dM_{yT}dM_{xT}0\ 0\ 0]^T \tag{13b}$$
$$d\boldsymbol{S}_{tB} = [0\ 0\ 0\ dP_{xB}dP_{yB}dM_{zB}]^T \tag{14a}$$
$$d\boldsymbol{S}_{tT} = [0\ 0\ 0\ dP_{xT}dP_{yT}dM_{zT}]^T \tag{14b}$$

Applying the plastic flow laws [10] to plastic deformation at the ends of the column, we have

$$d\boldsymbol{D}_{pB} = \boldsymbol{G}_B\boldsymbol{\mu}_B = \begin{bmatrix} \boldsymbol{g}_B & \boldsymbol{0} \\ \boldsymbol{0} & \boldsymbol{0} \end{bmatrix} \cdot 1 \cdot \mu_B \tag{15a}$$

$$d\boldsymbol{D}_{pT} = \boldsymbol{G}_T\boldsymbol{\mu}_T = \begin{bmatrix} \boldsymbol{g}_T & \boldsymbol{0} \\ \boldsymbol{0} & \boldsymbol{0} \end{bmatrix} \cdot 1 \cdot \mu_T \tag{15b}$$

in which μ_B and μ_T are constants, and

$$\boldsymbol{g}_B = \text{diag}\left(\frac{\partial F_B}{\partial P_{zB}}\ \frac{\partial F_B}{\partial M_{yB}}\ \frac{\partial F_B}{\partial M_{xB}} \right)$$
$$\boldsymbol{g}_T = \text{diag}\left(\frac{\partial F_T}{\partial P_{zT}}\ \frac{\partial F_T}{\partial M_{yT}}\ \frac{\partial F_T}{\partial M_{xT}} \right)$$
$$1 = [111111]^T$$

where F_B and F_T are the yielding function at the section of end B and end T of the column respectively.

The incremental elastic deformations of the column, dD_e, are related to the incremental actions of the column, dS, by the fixed stiffness equation as

$$dS = K_e dD_e \tag{16}$$

where K_e is the elastic stiffness matrix of the column. To consider the influence of geometric non-linearities, the second-order expression of K_e should be adopted, which can be found in literature [9].

Re-express Eq. (16) in the following submatrix forms as

$$\begin{Bmatrix} dS_B \\ dS_T \end{Bmatrix} = \begin{bmatrix} K_{eBB} & K_{eBT} \\ K_{eTB} & K_{eTT} \end{bmatrix} \begin{Bmatrix} dD_{eB} \\ dD_{eT} \end{Bmatrix} \tag{17}$$

or

$$dS_B = K_{eBB} dD_{eB} + K_{eBT} dD_{eT} \tag{18a}$$

$$dS_T = K_{eTB} dD_{eB} + K_{eTT} dD_{eT} \tag{18b}$$

It is reasonable to assume that dD_{pB} and dD_{pT} are only related to dD_{nB} and dD_{nT} respectively, i. e.

$$dS_{nB} = K_{nB} dD_{pB} \tag{19a}$$

$$dS_{nT} = K_{nT} dD_{pT} \tag{19b}$$

By further assuming that any component of incremental plastic deformations is proportional to the corresponding component of incremental actions according to the plastic flow laws [10], we obtain

$$K_{nB} = \begin{bmatrix} K_{nB1} & 0 \\ 0 & 0 \end{bmatrix} \tag{20a}$$

$$K_{nT} = \begin{bmatrix} K_{nT1} & 0 \\ 0 & 0 \end{bmatrix} \tag{20b}$$

in which

$$K_{nB1} = \mathrm{diag}(k_{nB1}, k_{nB2}, k_{nB3}) \tag{21a}$$

$$K_{nT1} = \mathrm{diag}(k_{nT1}, k_{nT2}, k_{nT3}) \tag{21b}$$

$$k_{nBi} = \alpha_B k_{eBB}(i,i) \qquad i = 1, 2, 3 \tag{22a}$$

$$k_{nTi} = \alpha_T k_{eTT}(i,i) \qquad i = 1, 2, 3 \tag{22b}$$

$$\alpha_B = \frac{R_B}{1 - R_B} \tag{23a}$$

$$\alpha_T = \frac{R_T}{1 - R_T} \tag{23b}$$

where k_{eBB} (i, i) and k_{eTT} (i, i) are the elements of the ith row and ith column of K_{eBB} and K_{eTT} respectively, and R_B and R_T are deformation parameters at end B and T of the column respectively.

Eqs. (19a)-(23b) are reasonable in that when either end of the column tends to an elastic state, the plastic deformation of the end of the column tends to null; and when either end of the column tends to a fully plastic state, the plastic deformation of the end of the column tends to infinity if the strain hardening parameter reduces to zero.

Substituting Eqs. (18a)-(19b) into Eq. (12) gives

$$dS_{tB} = dS_B - dS_{nB} \tag{24a}$$
$$= K_{eBB} dD_B + K_{eBT} dD_T$$
$$- (K_{eBB} + K_{nB}) G_B 1 \mu_B - K_{eBT} G_T 1 \mu_T$$
$$dS_{tT} = dS_T - dS_{nT}$$
$$= K_{eTB} dD_B + K_{eTT} dD_T$$
$$- K_{eTB} G_B 1 \mu_B - (K_{eTT} + K_{nT}) G_T 1 \mu_T \tag{24b}$$

It is known from Eqs. (14a), (14b), (15a) and (15b) that the vectors, dD_{pB} and dD_{pT}, are orthogonal to dS_{tB} and dS_{tT} respectively, i. e.

$$dD_{pB}^T dS_{tB} = \mu_B (k_{BB} \mu_B + k_{BT} \mu_T - H_{11} dD_B - H_{12} dD_T) = 0 \tag{25a}$$
$$dD_{pT}^T dS_{tT} = \mu_T (k_{TB} \mu_B + k_{TT} \mu_T - H_{21} dD_B - H_{22} dD_T) = 0 \tag{25b}$$

in which

$$k_{BB} = 1^T G_B^T (K_{eBB} + K_{nB}) G_B 1 \tag{26a}$$
$$k_{BT} = 1^T G_B^T K_{eBT} G_T 1 \tag{26b}$$
$$k_{TB} = 1^T G_T^T K_{eTB} G_B 1 \tag{26c}$$
$$k_{TT} = 1^T G_T^T (K_{eTT} + K_{nT}) G_T 1 \tag{26d}$$
$$H_{11} = 1^T G_B^T K_{eBB} \tag{27a}$$
$$H_{12} = 1^T G_B^T K_{eBT} \tag{27b}$$
$$H_{21} = 1^T G_T^T K_{eTB} \tag{27c}$$
$$H_{22} = 1^T G_T^T K_{eTT} \tag{27d}$$

Eqs. (25a) and (25b) has to be solved according to different cases of the elasto-plastic state of the column, which is discussed respectively as follows.

3.1 Case I: two ends of the column in the elasto-plastic state

In this case, $\mu_B \neq 0$, $\mu_T \neq 0$, and Eqs. (25a) and (25b) leads to

$$\begin{bmatrix} k_{BB} & k_{BT} \\ k_{TB} & k_{TT} \end{bmatrix} \begin{Bmatrix} \mu_B \\ \mu_T \end{Bmatrix} = \begin{Bmatrix} H_{11} & H_{12} \\ H_{21} & H_{22} \end{Bmatrix} \begin{Bmatrix} dD_B \\ dD_T \end{Bmatrix} . \tag{28}$$

The solution to Eq. (28) is

$$\begin{Bmatrix} \mu_B \\ \mu_T \end{Bmatrix} = \begin{bmatrix} k_{BB} & k_{BT} \\ k_{TB} & k_{TT} \end{bmatrix}^{-1} \begin{Bmatrix} H_{11} & H_{12} \\ H_{21} & H_{22} \end{Bmatrix} \begin{Bmatrix} dD_B \\ dD_T \end{Bmatrix} \tag{29}$$

By substituting Eq. (29) into Eqs. (15a) and (15b), we obtain

$$\begin{Bmatrix} dD_{pB} \\ dD_{pT} \end{Bmatrix} = \begin{bmatrix} G_B & 0 \\ 0 & G_T \end{bmatrix} \begin{bmatrix} 1 & 0 \\ 0 & 1 \end{bmatrix} \begin{bmatrix} k_{BB} & k_{BT} \\ k_{TB} & k_{TT} \end{bmatrix}^{-1} \begin{bmatrix} H_{11} & H_{12} \\ H_{21} & H_{22} \end{bmatrix} \begin{Bmatrix} dD_{eB} \\ dD_{eT} \end{Bmatrix} \tag{30}$$

Re-express Eqs. (27a), (27b), (27c) and (27d) as

$$\begin{bmatrix} \boldsymbol{H}_{11}, \boldsymbol{H}_{12} \\ \boldsymbol{H}_{21}, \boldsymbol{H}_{22} \end{bmatrix} = \begin{bmatrix} 1 & 0 \\ 0 & 1 \end{bmatrix}^{\mathrm{T}} \begin{bmatrix} \boldsymbol{G}_{\mathrm{B}} & 0 \\ 0 & \boldsymbol{G}_{\mathrm{T}} \end{bmatrix}^{\mathrm{T}} \begin{bmatrix} \boldsymbol{K}_{\mathrm{eBB}} & \boldsymbol{K}_{\mathrm{eBT}} \\ \boldsymbol{K}_{\mathrm{eTB}} & \boldsymbol{K}_{\mathrm{eTT}} \end{bmatrix} \tag{31}$$

and let

$$\boldsymbol{G} = \begin{bmatrix} \boldsymbol{G}_{\mathrm{B}} & 0 \\ 0 & \boldsymbol{G}_{\mathrm{T}} \end{bmatrix} \tag{32}$$

$$\boldsymbol{E} = \begin{bmatrix} 1 & 0 \\ 0 & 1 \end{bmatrix} \tag{33}$$

$$\boldsymbol{L} = \begin{bmatrix} k_{\mathrm{BB}} & k_{\mathrm{BT}} \\ k_{\mathrm{TB}} & k_{\mathrm{TT}} \end{bmatrix} \tag{34}$$

Eq. (30) can then be simplified to

$$\mathrm{d}\boldsymbol{D}_{\mathrm{p}} = \boldsymbol{GELE}^{\mathrm{T}} \boldsymbol{G}^{\mathrm{T}} \boldsymbol{K}_{\mathrm{e}} \mathrm{d}\boldsymbol{D} \tag{35}$$

Hence,

$$\mathrm{d}\boldsymbol{D}_{\mathrm{e}} = \mathrm{d}\boldsymbol{D} - \mathrm{d}\boldsymbol{D}_{\mathrm{p}} \tag{36}$$

$$= (\boldsymbol{I} - \boldsymbol{GELE}^{\mathrm{T}} \boldsymbol{G}^{\mathrm{T}} \boldsymbol{K}_{\mathrm{e}}) \mathrm{d}\boldsymbol{D}$$

where $\boldsymbol{I}$ is the unit matrix.

By substituting Eq. (36) into Eq. (16), the incremental elasto-plastic stiffness equation of the column in this case can thus be obtained as

$$\mathrm{d}\boldsymbol{S} = (\boldsymbol{K}_{\mathrm{e}} - \boldsymbol{K}_{\mathrm{e}} \boldsymbol{GELE}^{\mathrm{T}} \boldsymbol{G}^{\mathrm{T}} \boldsymbol{K}_{\mathrm{e}}) \mathrm{d}\boldsymbol{D} \tag{37}$$

The term in brackets in Eq. (37) is the spatial stiffness matrix of the column in this elasto-plastic state.

3. 2　Case Ⅱ: only end B of the column in the elasto-plastic state

In this case, $\mu_{\mathrm{B}} \neq 0$ but $\mu_{\mathrm{T}} = 0$. Re-arranging Eq. (25a) gives

$$k_{\mathrm{BB}} \mu_{\mathrm{B}} = \boldsymbol{H}_{11} \mathrm{d}\boldsymbol{D}_{\mathrm{B}} + \boldsymbol{H}_{12} \mathrm{d}\boldsymbol{D}_{\mathrm{T}} \tag{38}$$

Solving Eq. (38) and associating $\mu_{\mathrm{T}} = 0$ obtains

$$\begin{Bmatrix} \mu_{\mathrm{B}} \\ \mu_{\mathrm{T}} \end{Bmatrix} = \begin{bmatrix} 1/k_{\mathrm{BB}} & 0 \\ 0 & 0 \end{bmatrix} \begin{bmatrix} \boldsymbol{H}_{11} & \boldsymbol{H}_{12} \\ \boldsymbol{H}_{21} & \boldsymbol{H}_{22} \end{bmatrix} \begin{Bmatrix} \mathrm{d}\boldsymbol{D}_{\mathrm{B}} \\ \mathrm{d}\boldsymbol{D}_{\mathrm{T}} \end{Bmatrix} \tag{39}$$

Substituting Eq. (31) into Eq. (39) then into Eqs. (15a) and (15b) yields

$$\mathrm{d}\boldsymbol{D}_{\mathrm{p}} = \boldsymbol{GEL}_{\mathrm{B}} \boldsymbol{E}^{\mathrm{T}} \boldsymbol{G}^{\mathrm{T}} \boldsymbol{K}_{\mathrm{e}} \mathrm{d}\boldsymbol{D} \tag{40}$$

in which

$$\boldsymbol{L}_{\mathrm{B}} = \begin{bmatrix} 1/k_{\mathrm{BB}} & 0 \\ 0 & 0 \end{bmatrix} \tag{41}$$

Combining Eqs. (11), (16) and (40), the incremental elasto-plastic stiffness equation of the column in this case can be obtained as

$$\mathrm{d}\boldsymbol{S} = (\boldsymbol{K}_{\mathrm{e}} - \boldsymbol{K}_{\mathrm{e}} \boldsymbol{GEL}_{\mathrm{B}} \boldsymbol{E}^{\mathrm{T}} \boldsymbol{G}^{\mathrm{T}} \boldsymbol{K}_{\mathrm{e}}) \mathrm{d}\boldsymbol{D} \tag{42}$$

3.3　Case Ⅲ: only end T of the column in the elasto-plastic state

In this case, $\mu_B = 0$ but $\mu_T \neq 0$. From Eq. (25b), we have

$$k_{TT}\mu_T = H_{21}\,\mathrm{d}D_B + H_{22}\,\mathrm{d}D_T \tag{43}$$

Following the same procedure as for the case of only end B of the column in the elasto-plastic state, the incremental elasto-plastic stiffness equation of the column in this case can also be deduced as

$$\mathrm{d}S = (K_e - K_e GEL_T E^T G^T K_e)\,\mathrm{d}D \tag{44}$$

in which

$$L_T = \begin{bmatrix} 0 & 0 \\ 0 & 1/k_{TT} \end{bmatrix} \tag{45}$$

4　Verification by experiments

To verify the theory presented above, experiments on 6 specimens of steel columns subjected to 3-dimensional forces, as shown in Fig. 4, were conducted at Tongji University.

4.1　Specimens

Three specimens of both box columns and H-shaped columns with the same size and constitution are employed in the experiments. The geometry of a box column specimen and an H-shaped column specimen are shown, respectively in Fig. 5 and Fig. 6. The yield strength, f_y, and elastic

Fig. 4　Directions of acting forces in the experiments.

modulus, E, of steel used for the specimens are obtained by material tests. The results are $f_y = 262.0$ MPa and $E = 1.915 \times 10^5$ MPa for box column specimens , and $f_y = 290.1$ MPa and $E = 1.972 \times 10^5$ MPa for H-shaped column specimens.

4.2　Test set-up

The major requirements on the test set-up are as follows:

1. to produce vertical force,
2. to produce repeated and reversed horizontal forces in two orthogonal directions, and
3. to measure the displacements in the directions of horizontal forces.

In order to enable the top of the column in experiments to laterally move without significant resistance, two layers of rollers placed orthogonally to each other are inserted between the reaction girder and the vertical jack, as shown in Fig. 7, and hinges are installe-

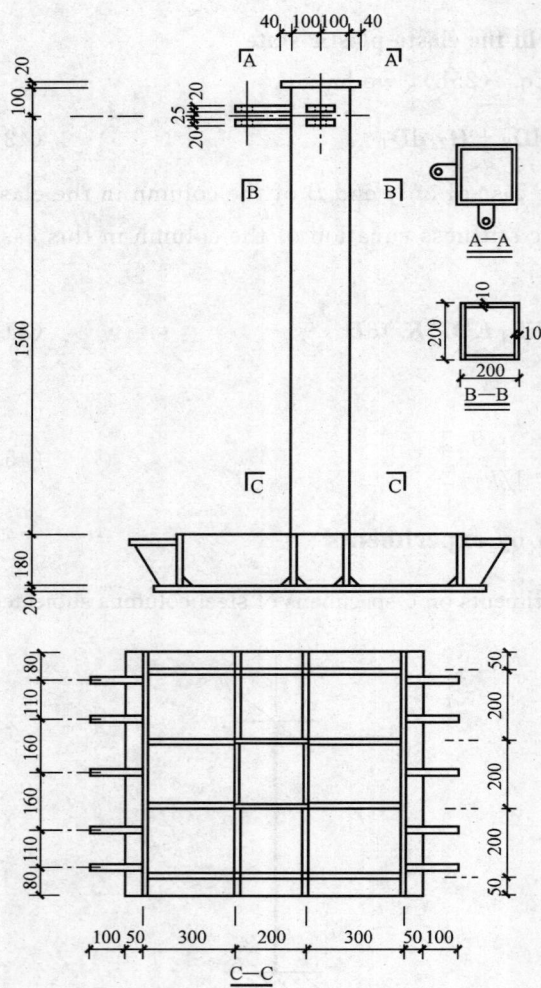

Fig. 5   Geometries of a box column specimen.

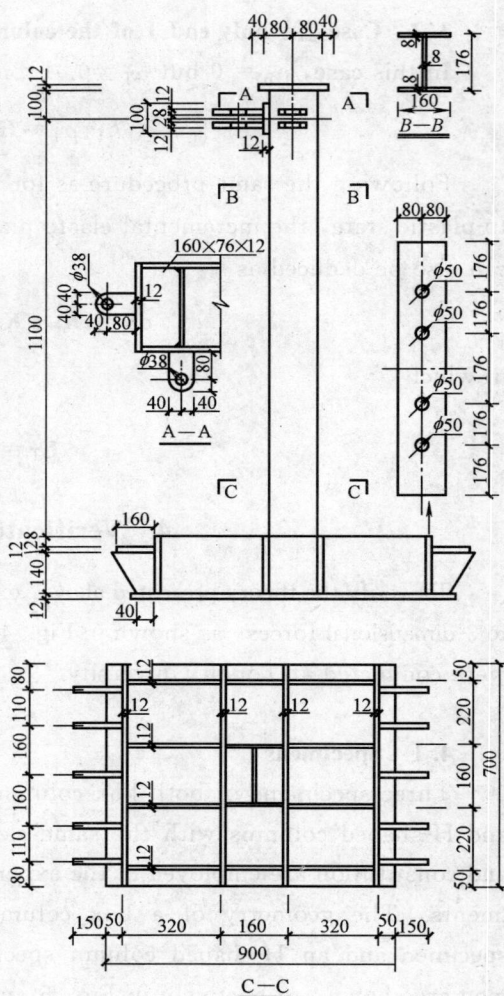

Fig. 6   Geomtries of an H-shaped column specimen.

d at the head and tail of the horizontal jacks, as shown in Fig. 8. A computer system for data acquisition of forces and displacements is employed in experiments.

Photo 1 is an overall view of the test set-up.

4. 3   Loading scheme

Vertical load is first applied to the top of a specimen and remains constant. Then the repeated and reversed horizontal loads are applied at the top level of the specimen in two orthogonal directions. The loading schemes for experiments on specimens of box columns and H-shaped columns are shown, respectively, in Fig. 9 and Fig. 10, in which P_x and P_y denote the horizontal loads in the x-and y-direction respectively and P_z denotes the vertical load, as shown in Fig. 4.

Photo 1.

It should be indicated that during a test the lateral deflection of the specimen would influence the load applied by the vertical jack. Thus, an on-line controlled system is employed for the actuator to keep the constancy of the axial force of the specimen.

4.4　Analysis of experiments

The theory presented in this paper can be used for analysis of experiments and predicting the inelastic behavior of specimens subjected to spatial non-monotonous forces. A specimen used in the experiments can be regarded as an element of a column. The stiffness equations for steel columns derived above can be used directly for the specimen. Write the stiffness equation of the specimen in submatrix form as

$$\begin{bmatrix} K_{BB} & K_{BT} \\ K_{TB} & K_{TT} \end{bmatrix} \begin{Bmatrix} dD_B \\ dD_T \end{Bmatrix} = \begin{Bmatrix} dS_B \\ dS_T \end{Bmatrix} \tag{46}$$

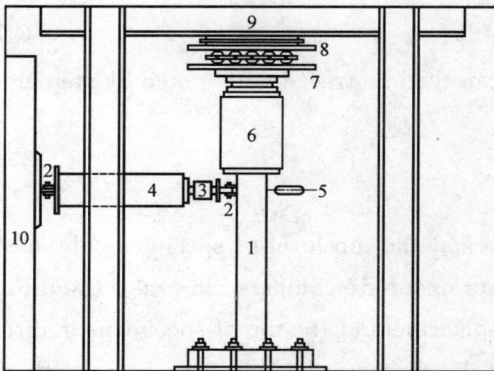

Fig. 7　Elevation of the test set-up.

1—specimen; 2—hinge; 3—force transducer; 4—horizontal jack;
5—displacement transducer; 6—vertical jack; 7—ball hinge;
8—rollers; 9—reaction girder; 10—reaction wall

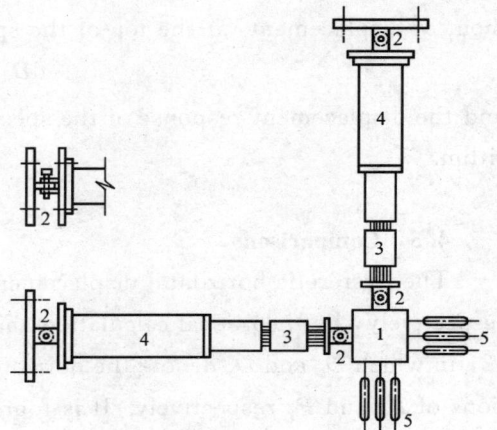

Fig. 8　Plane of the test set-up.

1—specimen; 2—hinge; 3—force transducer;
4—horizontal jack; 5—displacement transducer

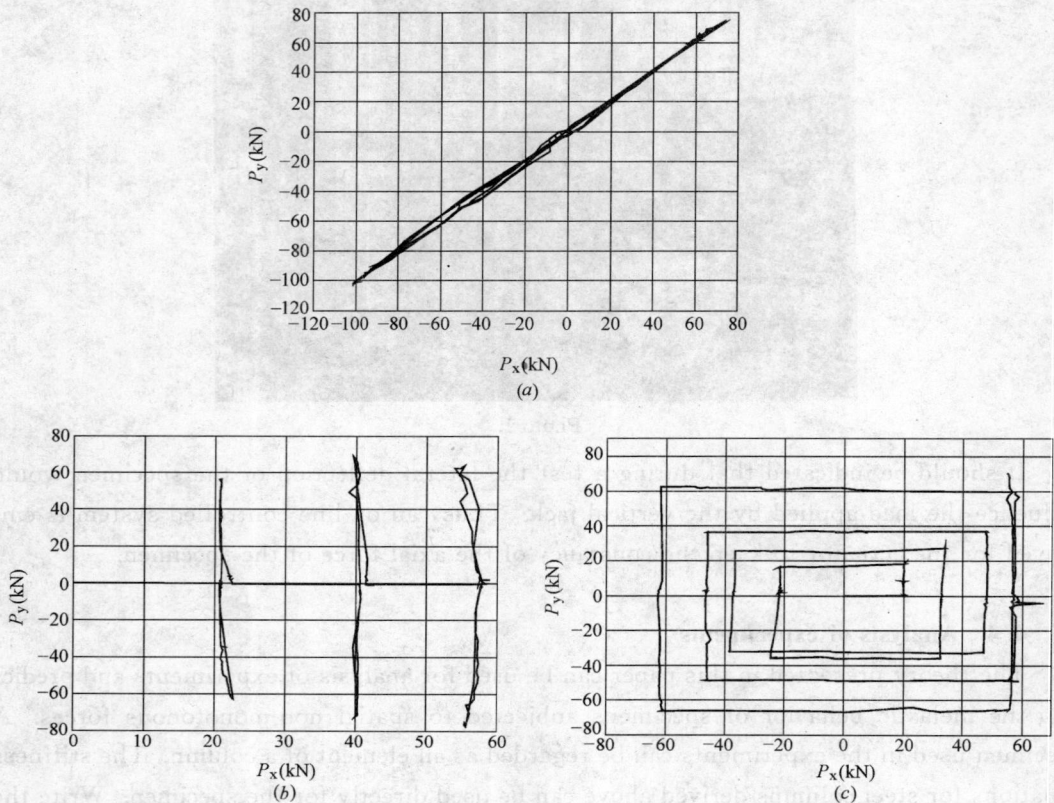

Fig. 9　Loading scheme for specimens of box columns.
(a) specimen I, (b) specimen II, (c) specimen III.

By introducing the boundary condition of the specimen to the above equation, the increment of displacements at the top of the specimen can be obtained by

$$\mathrm{d}\boldsymbol{D}_{\mathrm{T}} = \boldsymbol{K}_{\mathrm{TT}}^{-1} \mathrm{d}\boldsymbol{S}_{\mathrm{T}} \tag{47}$$

and the displacement response of the specimen can then be traced with a step by step algorithm.

4.5　Comparisons

The hysteretic horizontal displacement curves at the top level of specimens obtained, respectively, by theoretical calculation and measurement are compared in Fig. 11 and Fig. 12, in which D_x and D_y denote the horizontal displacement at the top of specimens in directions of P_x and P_y respectively. It is found that the theoretical predictions agree with the experimental measurements satisfactorily.

5　Conclusions

The major achievements of this study can be summarized as follows:

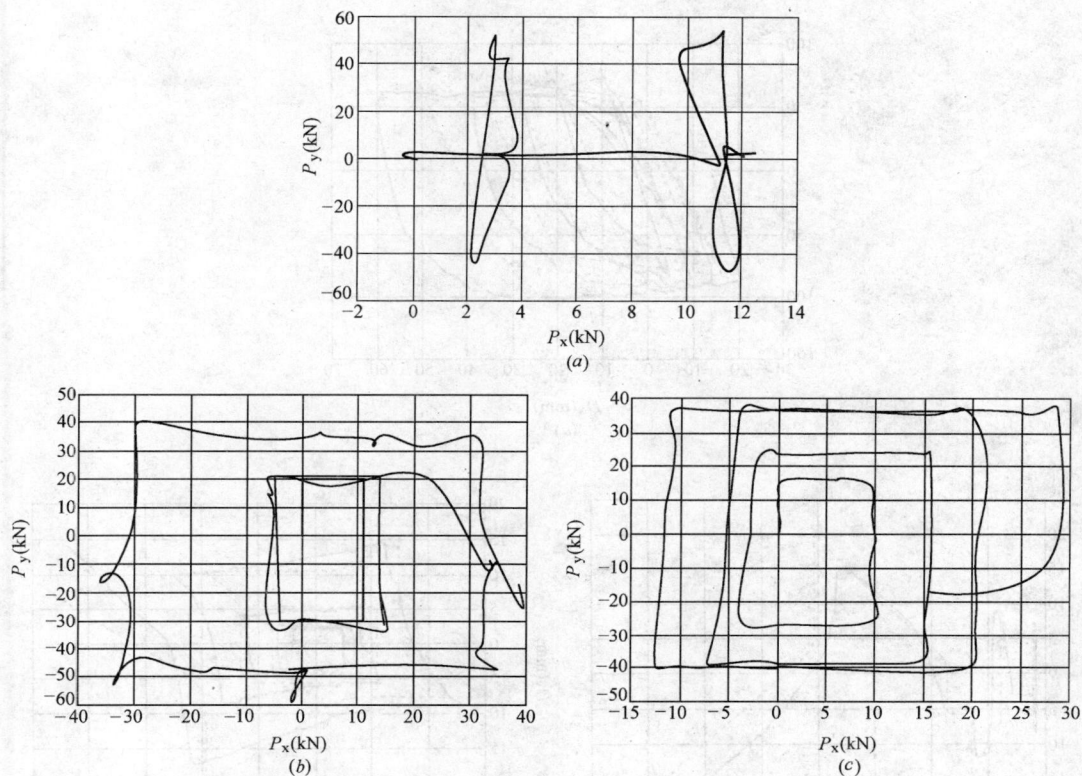

Fig. 10　Loading scheme for specimens of H-shaped columns.
(a) specimen Ⅰ, (b) specimen Ⅱ, (c) specimen Ⅲ

(1) The spatial elasto-plastic stiffness equation of steel columns subjected to 3-dimensional actions is established in this paper. As for the elemental stiffness equation, it can directly be used in spatial elasto-plastic analysis of steel buildings in frameworks by following the algorithm of FEM. With the hysteretic model proposed in this paper, the analysis of spatial elasto-plastic response of steel frames subjected to multi-directional earthquakes can be conducted by employing the elemental stiffness equation.

(2) Experiments are conducted on 3 specimens of both box columns and H-shaped columns subjected to constant vertical loads and repeated and reversed horizontal loads in two orthogonal directions. Good agreements are found for the displacement response of specimens obtained respectively by theoretical analysis and measurement from experiments. The effectiveness and accuracy of the theory established in this paper are thus experimentally verified.

(3) Both experimental and theoretical investigations find that the effect of interaction is an important feature of spatial hysteretic behavior of steel columns. This is prominently revealed when a steel column enters elasto-plastic state under 3-dimensional actions, the increment of a horizontal force to the column in any direction not only produces the increment of displacement in the direction of the force but also produces the increment of dis-

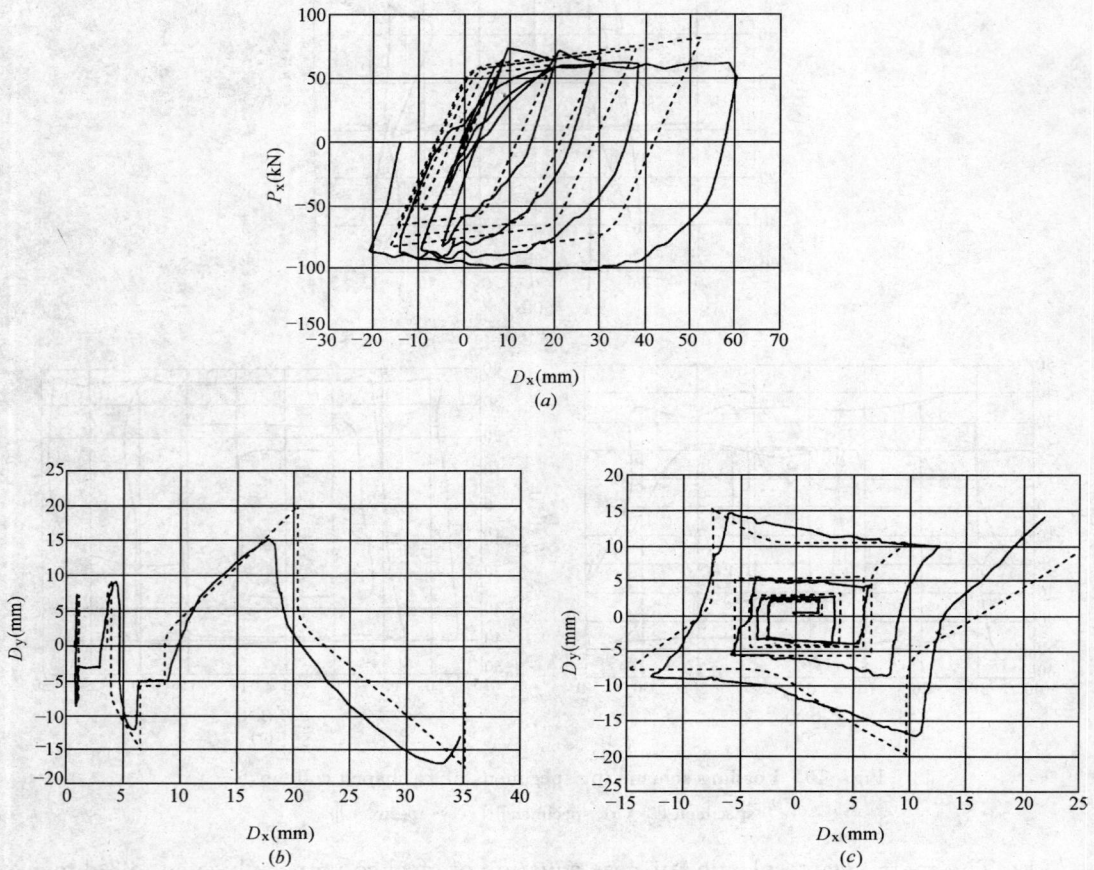

Fig. 11 Horizontal displacement of box column specimens at top level.

(*a*) specimen Ⅰ , (*b*) specimen Ⅱ , (*c*) specimen Ⅲ.

placement in the direction perpendicular to the force. It is impossible for any planar hysteretic model to reflect this spatial hysteretic feature of steel columns.

(4) Both experimental and theoretical investigations reveal that geometric non-linearities have great influence on the spatial hysteretic behavior of steel columns. This is clearly indicated by comparison between Fig. 12 (b) and Fig. 12 (c). It can be seen that if there are no effects of geometric non-linearities due to absence of axial force, the column may experience large lateral deflections with overall stability. However, if axial force exists in the column, which creates geometric non-linearities, the column will collapse when the lateral deflection of the column exceeds a much smaller limited value.

Acknowledgements　The research reported herein was jointly sponsored by the National Natural Science Foundation under Grant 59008503 and the Huo Ying-Dong Education Foundation through a Research Prize awarded to Dr. Li Guo-Qiang. The spiritual and financial support is gratefully acknowledged.

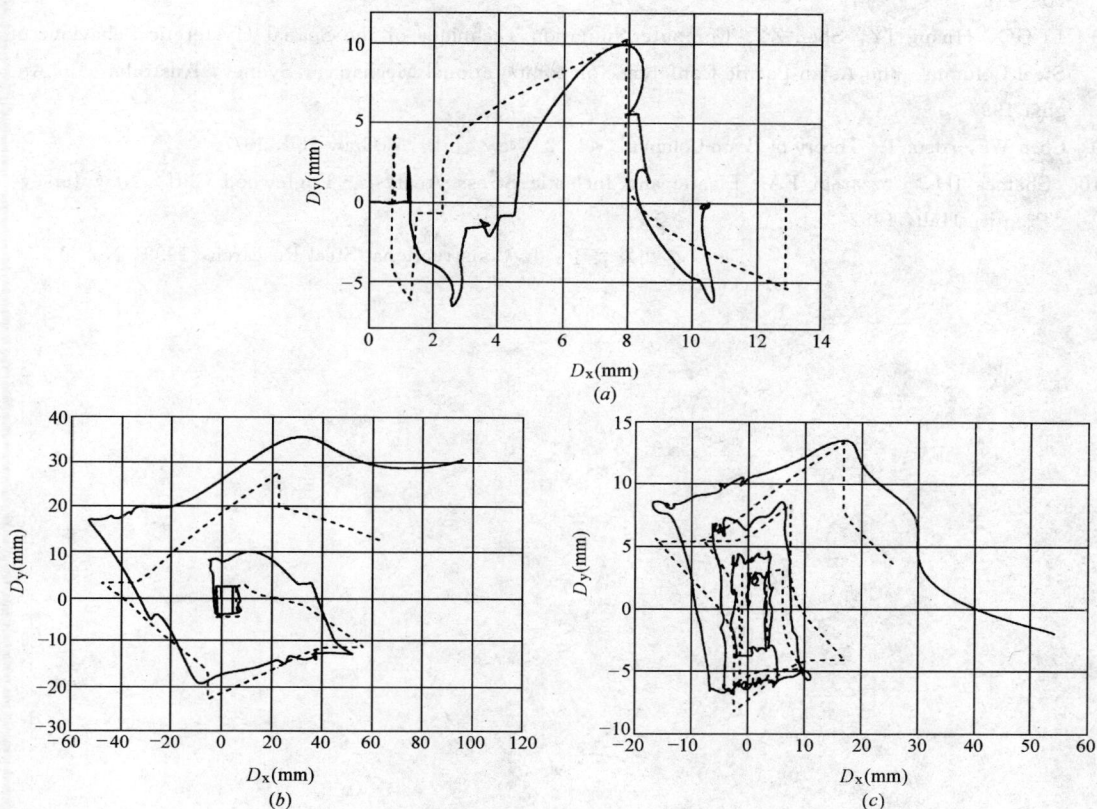

Fig. 12　Horizontal displacement of H-shaped column specimens at top level.

(a) specimen I , (b) specimen II , (c) specimen III.

References

1　Marsh，JW.．Earthquakes：Steel Structures Performances and Design Code Developments．Engineering Journal，AISC 1993；30：56～65

2　Clough RW．Benuska KL．Nonlinear Earthquake Behavior of Tall Buildings．Journal of the Engineering Mechanics Division，ASCE，1967；93（EM3）：129～46

3　Giberson MF．Two Nonlinear Beams with Definitions of Ductility．Journal of The Structural Division，ASCE，1969；95（ST2）：137～57

4　Goel SC，Berg GV．Inelastic Earthquake Response of Tall Steel Frames．Journal of The Structural Division，ASEC，1968；94（ST8）：1907～33

5　Meyer C．Inelastic Dynamic Analysis of Tall Buildings．Earthquake Engineering and Structural Dynamics 1974；2：325～42

6　Matsui C，Morino S，Tsuda K．Inelastic Behavior of Wide-Flange Beam-Columns Under Constant Vertical and Two-Dimensional Alternating Horizontal Loads．Proceedings of the 7th World Conference on Earthquake Engineering 1980；7：39～46

7　Taniguchi H，Tahanashi K．Inelastic Response Behaviour of H-Shaped Steel Columns to Bi-Directional Earthquake Motion．Proceedings of the 8th World Conference on Earthquake Engineering 1984；6：

209～16

8　Li GQ, Huang JY, Shen ZY. Computer Imitation Technique of the Spatial Hysteretic Behaviour of Steel Columns. 2nd Asian-Pacific Conference on computational Mechanics, Sydney, Australia, 3-6 August 1993

9　Chen WF, Atsta T. Theory of Beam-Columns. vol. 2. New York: McGraw-Hill, 1977

10　Shames IH, Cozzarelli FA. Elastic and Inelastic Stress Analysis. Englewood Cliff, New Jersey: Prentice Hall, 1992

（本文发表于：J. Constructional Steel Research, 1999, No. 3）

17. 交叉钢支撑滞回特性分析

沈祖炎　王革　李国强

提　要：本文以大挠度杆单元的弹性及弹塑性分析为基础，提出了交叉钢支撑滞回特性分析的有限单元法。通过试验分析，对本文的理论进行了验证。

关键词：大挠度杆　弹塑性分析　滞回分析

An Analysis of The Hysteretic Behavior
of The x-Type Steel Braces

Shen Zuyan　Wan Ge　Li Guoqiang

Abstract：On the basis of the elestic and elasto-plastic FEM analyses using the rod element considered large deflection，this paper suggests a Finite Element Method to analyse the X-type steel braces with hysteretic behaviors. The effectiveness of this method may be verified in simulating response of a testing X-type steel brace under repeated and reversed loadings.

Keywords：Large Deflection　Elasto-Plastic　Hysteretic Behaviors

1 前　言

工业厂房柱间支撑及多高层钢结构建筑中的支撑是抗侧力的重要构件，也是地震下耗能的主要构件之一。支撑的滞回特性对整个结构的抗震性能有较大影响。

钢支撑滞回特性的分析研究始于六十年代末。对于单根支撑杆件较为精确的分析最早是由 Igarashi[1] 和 Nonaka[2] 等人于 1973 年提出。他们采用杆中点塑性铰假定，以平衡微分方程为基础，建立了具有闭合解析解的分析方法。1976 年 Higginbotham[3] 也提出了类似的方法。1982 年 Toma[4] 和 Shibata[5] 又分别提出了 Newmark 数值分析法和类似于 Shanly 理论的塑性区段法分析单杆支撑的滞回特性。

应该指出，上述研究都是针对单杆支撑进行的，相比之下对常用的交叉钢支撑滞回特性的研究却很欠缺。以往是将交叉支撑视为两个单杆支撑，然后利用单杆支撑的滞回性质来集合交叉支撑的滞回性质[6][7]。然而，这是很不合理的，因为在交叉支撑中两支撑杆件间存在有相互作用的影响。交叉支撑受力时，受拉支撑对受压支撑有约束作用。这种约束作用是单杆支撑的滞回特性所无法体现的。

本文之目的是建立交叉支撑滞回特性的理论分析方法。并通过试验加以验证。

2　分析方法与分析假定

本文采用有限单元法分析交叉支撑的滞回特性。视交叉支撑为一杆系结构，将支撑分成若干杆段（单元），采用大挠度杆理论建立各单元的弹性及弹塑性刚度方程。最后对由各单元刚度方程集成的整个支撑的非线性刚度方程采用 Newton 法求解。由于汇交于交叉支撑交叉点的各单元在该点处的变形是完全协调的，因此本文方法能够反映交叉支撑互相约束的影响。

将支撑的受载过程分解成很多荷载段（增量）。对每一荷载段（增量）采用上述方法求解，即可得到支撑受载全过程的滞回曲线。

本文采用以下假定：

（1）截面集中塑性变形假定。即当支撑杆件某截面满足屈服条件时，则在该截面形成塑性铰。

（2）截面屈服条件为分段线性的。

（3）材料为理想弹塑性的。

（4）沿杆长方向的变形与原杆长相比可以忽略。

3　大挠度杆单元的弹性分析

图 1 为一杆单元在该杆局部坐标系下的受力及变形。杆单元的位移函数可取为

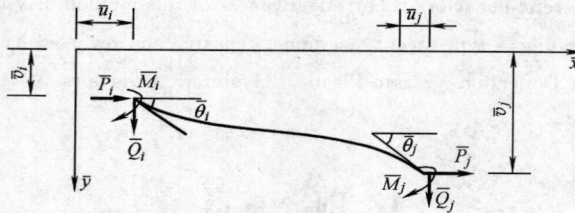

图 1　杆单元的受力及变形

$$\bar{u}=\{H_{\mathrm{u}}(x)\}^{\mathrm{T}}[A]\{\bar{S}\} \tag{1a}$$

$$\bar{v}=\{H_{\mathrm{v}}(x)\}^{\mathrm{T}}[A]\{\bar{S}\} \tag{1b}$$

其中

$$\{H_{\mathrm{u}}(x)\}=[1,0,0,x,0,0]^{\mathrm{T}} \tag{2a}$$

$$\{H_{\mathrm{v}}(x)\}=[0,1,x,0,x^2,x^3]^{\mathrm{T}} \tag{2b}$$

$$[A]=\begin{Bmatrix} 1 & 0 & 0 & 0 & 0 & 0 \\ 0 & 1 & 0 & 0 & 0 & 0 \\ 0 & 0 & 1 & 0 & 0 & 0 \\ -\dfrac{1}{l} & 0 & 0 & \dfrac{1}{l} & 0 & 0 \\ 0 & -\dfrac{3}{l^2} & -\dfrac{2}{l} & 0 & \dfrac{3}{l^2} & -\dfrac{1}{l} \\ 0 & \dfrac{2}{l^3} & \dfrac{1}{l^2} & 0 & -\dfrac{2}{l^3} & -\dfrac{1}{l^2} \end{Bmatrix} \tag{3}$$

$\{\bar{S}\}$ ——在杆件局部坐标系下杆端变形向量

$$\{\bar{S}\}=[\bar{u}_i,\bar{v}_i,\bar{\theta}_i,\bar{u}_j,\bar{v}_j,\bar{\theta}_j]$$

杆件任意截面的应变包含轴向应变 ε_ϕ 和弯曲应变 ε_ϕ 两部分，考虑到大挠度的影响有

$$\{\varepsilon\}=\left\{\begin{matrix}\varepsilon_\phi\\\varepsilon_\phi\end{matrix}\right\}=\left\{\begin{matrix}\dfrac{d\bar{u}}{dx}\\-y\dfrac{d^2\bar{v}}{dx^2}\end{matrix}\right\}+\left\{\begin{matrix}\dfrac{1}{2}\left(\dfrac{d\bar{v}}{dx^2}\right)^2\\0\end{matrix}\right\} \tag{4}$$

　　将式（1）代入式（4）得

$$\{\varepsilon\}=(B_O+\frac{1}{2}B_L)\{\bar{s}\} \tag{5}$$

其中

$$B_O=\begin{pmatrix}\{H'_u(x)\}\\-y\{H''_v(x)\}^T\end{pmatrix}[A] \tag{6}$$

$$B_L=\begin{pmatrix}\{H'_v(x)\}\\\{0\}^T\end{pmatrix}[A]\{\bar{s}\}\{H'_v(x)\}^T[A] \tag{7}$$

由虚功原理可得如下平衡方程：

$$\int_V (B_O+B_L)^T\{\sigma\}dV-\{\bar{F}\}=\{0\} \tag{8}$$

其中

$$\{\sigma\}=E\{\varepsilon\} \tag{9}$$

　　E——杆件弹性模量

　$\{\bar{F}\}$——标件局部坐标系下杆端作用力向量

$$\{\bar{F}\}=[\bar{P}_i,\bar{Q}_i,\bar{M}_i,\bar{P}_j,\bar{Q}_j,\bar{M}_j]^T$$

将式（9）、（5）代入式（8）可得

$$[\bar{K}]\{\bar{S}\}=\{\bar{F}\} \tag{10}$$

式中

$$[\bar{K}]=[\bar{K}_0]+\frac{1}{2}[\bar{K}_1]+\frac{1}{4}[\bar{K}_2]+\frac{1}{2}[\bar{K}_\sigma] \tag{11}$$

其中

$$[\bar{K}_0]=E\int_V \beta_0^L B_0\,dV=\begin{pmatrix}\dfrac{EA}{l}&&&&&\\0&\dfrac{12EI}{l^3}&&\text{对称}&&\\0&\dfrac{6EI}{l^2}&\dfrac{4EI}{l}&&&\\-\dfrac{EA}{l}&0&0&\dfrac{EA}{l}&&\\0&-\dfrac{12EI}{l^3}&-\dfrac{6EI}{l^2}&0&\dfrac{12EI}{l^3}&\\0&\dfrac{6EI}{l^2}&\dfrac{2EI}{l}&0&-\dfrac{6EI}{l^2}&\dfrac{4EI}{l}\end{pmatrix} \tag{12a}$$

$$[\bar{K}_1]=E\int_V (B_L^T B_O+B_O^T B_L)dV=\frac{EA}{l}\int_0^l\begin{pmatrix}0&&&&&\\a&0&&&&\\-b&0&0&\text{对称}&&\\0&-a&b&0&&\\-a&0&0&a&0&\\c&0&0&-c&0&0\end{pmatrix}dx \tag{12b}$$

$$[\overline{K}_2] = E\int_V B_L^T B_L \, dV = EA\int_0^l \begin{bmatrix} 0 & & & & & \\ 0 & a^2 & & \text{对称} & & \\ 0 & -ab & b^2 & & & \\ 0 & 0 & 0 & 0 & & \\ 0 & -a^2 & ab & 0 & a^2 & \\ 0 & ac & -bc & 0 & -ac & c^2 \end{bmatrix} dx \quad (12c)$$

$$[\overline{K}_\sigma] = \int_V B_L^T \{\sigma\} \, dV = -\frac{\overline{p}_i}{30l} \begin{bmatrix} 0 & & & & & \\ 0 & 36 & & \text{对称} & & \\ 0 & 3l & 4l^2 & & & \\ 0 & 0 & 0 & 0 & & \\ 0 & -36 & -3l & 0 & 36 & \\ 0 & 3l & -l^2 & 0 & -3l & 4l^2 \end{bmatrix} \quad (12d)$$

式 (12b)、(12c) 中

$$a = a_1^2(\overline{v}_j - \overline{v}_i) + a_1 b_1 \overline{\theta}_i - a_1 c_1 \overline{\theta}_j$$

$$b = a_1 b_1(\overline{v}_j - \overline{v}_i) + b_1^2 \overline{\theta}_i - b_1 c_1 \overline{\theta}_j$$

$$c = a_1 b_1(\overline{v}_j - \overline{v}_i) + b_1 c_1 \overline{\theta}_i - c_1^2 \overline{\theta}_j$$

$$a_1 = \frac{6x}{l^2} - \frac{6x^2}{l^3}$$

$$b_1 = 1 - \frac{4x}{l} + \frac{3x^2}{l^2}$$

$$c_1 = \frac{2x}{l} - \frac{3x^2}{l^2}$$

式 (11) 所计算的 $[\overline{K}]$ 为杆件的弹性割线刚度矩阵。为了采用 Newton 法求解非线性方程，还需导出杆件的弹性切线刚度矩阵。为此将式 (8) 对 $\{\overline{S}\}$ 微分一次，并考虑式 (5)、(6) 得：

$$\mathrm{d}\{\overline{F}\} = [\overline{K}_T]\mathrm{d}\{\overline{S}\} \quad (13)$$

其中

$$[\overline{K}_T] = [\overline{K}_0] + [\overline{K}_1] + [\overline{K}_2] + [\overline{K}_0] \quad (14)$$

$[\overline{K}_T]$ 即为杆件的弹性切线刚度矩阵。

4　大挠度杆单元的弹塑性分析

设杆件的屈服条件为

$$\psi(\overline{P}, \overline{M}) = 1 \quad (15)$$

当杆件端截面内力满足式 (15) 时，在该杆端形成塑性铰。根据塑性流动法则，塑性铰的轴向变形和转动变形有如下关系

$$d\overline{u}^p = d\lambda \frac{\partial \psi}{\partial P}$$

$$d\overline{\theta}^p = d\lambda \frac{\partial \psi}{\partial M}$$

或

$$d\bar{u}^{\mathrm{p}} = \frac{\partial\psi/\partial P}{\partial\psi/\partial M} d\bar{\theta}^{\mathrm{p}} \tag{16}$$

由假定（2）可得

$$\bar{u}^{\mathrm{p}} = \int \frac{\partial\psi/\partial\overline{P}}{\partial\psi/\partial\overline{M}} d\bar{\theta}^{\mathrm{p}} = \sum_{k=1}^{n-1} \frac{\partial\psi/\partial\overline{P}}{\partial\psi/\partial\overline{M}}\bigg|_k \Delta\bar{\theta}_k^{\mathrm{p}} + \frac{\partial\psi/\partial\overline{P}}{\partial\psi/\partial\overline{M}}\bigg|_n \Delta\bar{\theta}_n^{\mathrm{p}} \tag{17a}$$

及

$$\bar{\theta}^{\mathrm{p}} = \sum_{k=1}^{n-1} \Delta\bar{\theta}_k^{\mathrm{p}} + \Delta\bar{\theta}_n^{\mathrm{p}} \tag{17b}$$

其中 $\Delta\bar{\theta}_n^{\mathrm{p}}$ 表示当前加载的塑性转角，$\Delta\bar{\theta}_n^{\mathrm{p}}$（$k<n$）表示以前各次加载的塑性转角。

图 2 中的 $abcd$ 为一塑性铰。若以 $\bar{\theta}_j^m$、$\bar{u}_j^m$ 表示杆 m 的 j 端转角和轴向变形，以 $\bar{\theta}_i^n$、$\bar{u}_i^n$ 表示杆 n 的 i 端转角及轴向变形，则有关系

$$\bar{\theta}^{\mathrm{p}} = \bar{\theta}_i^n - \bar{\theta}_j^m \tag{18a}$$

$$\bar{u}^{\mathrm{p}} = \bar{u}_i^n - \bar{u}_j^m \tag{18b}$$

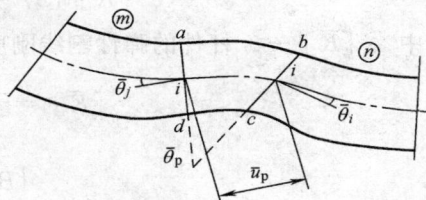

图 2　塑性铰

由式（18），杆 n 的杆端变形向量为：

$$\{\overline{S}\}_n = [\bar{u}^{\mathrm{p}} + \bar{u}_j^m, \bar{v}_j^m, \bar{\theta}^{\mathrm{p}} + \bar{\theta}_j^m, \bar{u}_i^n, \bar{v}_j^n, \bar{\theta}_j^n]^{\mathrm{T}}$$
$$= [\bar{u}_{\mathrm{p}}, 0, \bar{\theta}_{\mathrm{p}}, 0, 0, 0]^{\mathrm{T}} + [\bar{u}_j^m, \bar{v}_j^m, \bar{\theta}_j^m, \bar{u}_i^n, \bar{v}_j^n, \bar{\theta}_j^n]^{\mathrm{T}} = \{\overline{S}\}^{\mathrm{p}} + \{\overline{S}\}^n \tag{19}$$

这里 $\{\overline{S}\}^{\mathrm{p}}$ 为杆件的塑性变形向量。其前三个元素为杆件 i 端的塑性铰变形，后三个元素均为零。如果杆件 j 端也形成了塑性铰，则在与杆件 j 端相连的杆件中加以考虑。$\{\overline{S}\}^n$ 为杆件的特征变形向量。其前三个元素为与该杆件 i 端相连杆件的 j 端变形，后三个元素为该杆件 j 端的变形。显然，如果杆件 i 端没形成塑性铰，则杆件的特征变形向量即为杆件的杆端变形向量，因此在弹性阶段，$\{\overline{S}\}^n$ 也表示杆件的杆端变形向量。由式（17）可得

$$\{\overline{S}\}^{\mathrm{p}} = \{\Sigma\overline{S}\}^{\mathrm{p}} + \{L_{\mathrm{p}}\}\Delta\bar{\theta}_n^{\mathrm{p}} \tag{20}$$

式中

$$\{\Sigma\overline{S}\}^{\mathrm{p}} = \left[\sum_{k=1}^{n-1} \frac{\partial\psi/\partial\overline{P}}{\partial\psi/\partial\overline{M}}\bigg|_k \Delta\bar{\theta}_k^{\mathrm{p}}, 0, \sum_{k=1}^{n-1} \bar{\theta}_k^{\mathrm{p}}, 0, 0, 0\right]^{\mathrm{T}} \tag{21a}$$

$$\{L_{\mathrm{p}}\} = \left[\frac{\partial\psi/\partial\overline{P}}{\partial\psi/\partial\overline{M}}\bigg|n, 0, 1, 0, 0, 0\right]^{\mathrm{T}} \tag{21b}$$

对于杆件本身来说，式（10）仍成立，即

$$[\overline{K}]\{\overline{S}\}_n = \{\overline{F}\}$$

或

$$[\overline{K}](\{\overline{S}\}^n + \{\overline{S}\}^{\mathrm{p}}) = \{\overline{F}\} \tag{22}$$

将式（20）代入上式，得

$$[\overline{K}](\{\overline{S}\}^n + \{\Sigma\overline{S}\}^{\mathrm{p}} + \{L_{\mathrm{p}}\}\Delta\theta_n^{\mathrm{p}}) = \{\overline{F}\} \tag{23}$$

注意到 $\{\overline{F}\}$ 中 $\overline{P}_i$、$\overline{M}_i$ 满足屈服条件，由假定（2），设

$$c_1\overline{P}_j + c_2\overline{M}_i = 1 \tag{24}$$

令

$$\{C\}=[c_1,0,c_2,0,0,0,]^T \tag{25}$$

则将式（23）两边左乘 $\{C\}^T$ 得

$$\{C\}^T[\overline{K}]\{\overline{S}\}^n+\{C\}^T[\overline{K}]\{\sum\overline{S}\}^p+\{C\}^T[\overline{K}]\{L_p\}\Delta\theta_n^p=1$$

由上式解得

$$\Delta\theta_n^p=\frac{1-\{C\}^T[\overline{K}]\{\overline{S}\}^n-\{C\}^T[\overline{K}]\{\sum\overline{S}\}^p}{\{C\}^T[\overline{K}]\{L_p\}} \tag{26}$$

由于塑性变形是不可逆的，当 $\Delta\theta_n^p<0$ 时就认为杆件进入弹性状态了。即式（26）还是计算时判断是否返回弹性状态的准则。

将式（26）代入式（23），得

$$[\overline{K}]^p\{\overline{S}\}^n=\{\overline{F}\}-[\overline{K}]^p\{\sum\overline{S}\}^p-\{B\} \tag{27}$$

式中　　$[\overline{K}]^p$——杆件的弹性割线刚度矩阵

$$[\overline{K}]^p=[\overline{K}]-\frac{[\overline{K}]\{L_p\}\{C\}^T[\overline{K}]}{\{C\}^T[\overline{K}]\{L_p\}} \tag{28}$$

$$\{B\}=\frac{[\overline{K}]\{L_p\}}{\{C\}^T[K]\{L_p\}} \tag{29}$$

同样，由式（13）可导得

$$[\overline{K}_T]^p\{d\overline{S}\}^n=\{d\overline{F}\} \tag{30}$$

$[\overline{K}_T]^p$——杆件的弹塑性切线刚度矩阵

$$[\overline{K}_T]^p=[\overline{K}_T]-\frac{[\overline{K}_T]\{L_p\}\{C\}^T[\overline{K}_T]}{\{C\}^T[\overline{K}_T]\{L_p\}} \tag{31}$$

5　本文理论对交叉钢支撑滞回曲线的模拟

应用本文理论对交叉钢支撑试验的滞回曲线进行了模拟。图 3 为试件。

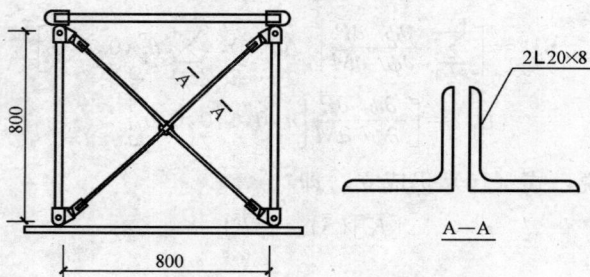

图 3　交叉钢支撑试件

理论计算时，将交叉支撑试件划分为 8 个单元，即将一每支撑段平分为 2 个单元。同时将试件支撑截面的屈服条件分段线性化，如图 4 所示（图中实线为原屈服条件）。为获得连续的计算曲线，将一次加载循环分解成 20 个荷载增量段。图 5 为试件顶点荷载与顶点位移的理论滞回曲线（实线）与试验滞回曲线（虚线）的对比。理论曲线与试验曲线吻合很好。

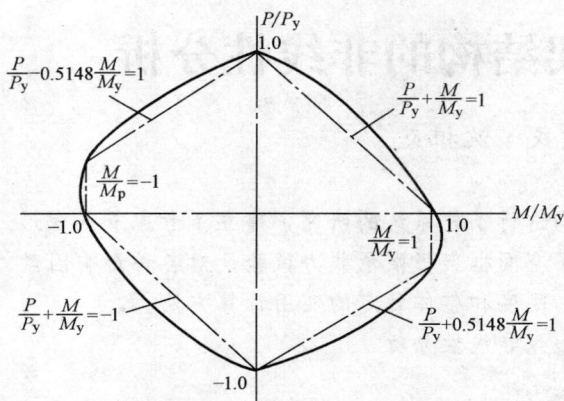

图 4　屈服条件

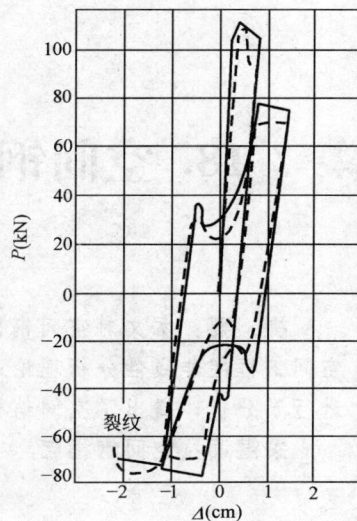

图 5　试验滞回曲线（虚线）与
理论滞回曲线（实线）对比

参 考 文 献

1　S. Igarashi, et al. Restoring Force Characteristic of Steel Diagonal Bracing, Proc. of the 5th WCEE, Vol. 2, 1973, pp2163~2171

2　T. Nonaka. An Elastic-Plastic Analysis of a Bar under Repeated Axial Loading. Int. J. Solids Structure, Vol. 9, 1973, pp569~580

3　A. B. Higginbotham and R. D. Hanson,. Axial Hysteretic Behavior of Steel Hembers, ASCE, ST, July, 1976, pp1365~1381

4　S. Toma and W. F. Chen. Inelastic Cyclic Analysis of Pin-Ended Tubes, ASCE, ST, Oct. 1982, pp2279~2294

5　H. Shibata. Analysis of Elastic-Plastic Behavior of A Steel Brace Subjected to Repeated Axial Force, Int. J. Solids Structure, Vol. 18, 1882, pp217~228

6　C. J. Montgomery and W. J. Hall. Seismic Design of Low-Rise Steel Buildings, ASCE, ST, Oct, 1979, pp1917~1933

7　N. M. Haroun and R. Shepherd. Inelastic Behavior of X-Bracing in Plane Frames, ASCE, ST, Apr., 1986, pp764~780

（本文发表于：上海力学，1992 年第 3 期）

18. 空间钢框架结构的非线性分析

丁洁民　沈祖炎

提　要：本文对空间钢框架结构进行了较系统的研究，建立了考虑节点变形空间钢框架非线性分析理论；进行了空间框架极限承载力试验；对各种影响因素进行了分析；提出了空间结构强度、刚度和整体稳定的实用计算方法。

关键词：空间钢框架　节点变形　非线性分析

Non-Linear Analysis of Space Steel Frames

Ding jiemin　Shen Zuyan

Abstract：The systematical studies of space steel frames are presented in this paper. These include：（1）the establishment of the theory for non-1inear analysis of space steel frames in consideration of joint deformation；（2）the experiment research of the ultimate bearing capacity of space steel frame models；（3）the factors that influence the behavior of space steel frames；（4）the practical methods for calculating the strength，stiffness and stability of space steel frames.

Keywords：space steel frames　joint deformation　non-Iinear analysis

1　引　言

现代建筑的建筑功能日益综合化，建筑外形日益多样化，建筑物的结构形式也越来越复杂。因此，结构的空间分析就显得十分重要。从所涉阅的文献资料来看，空间钢框架结构的非线性分析都基于大量假设的简化计算模型之上，属于定性分析[1,2]，且缺乏系统性。因此，有必要从理论分析方面对该问题进行综合研究。此外，随着高层建筑钢结构在我国的兴建，亦需有一本能指导我国高层钢结构设计、制作和安装的规程。本项研究正是属于为编制该规程而进行的成套高层钢结构技术中一个子课题。本项研究不仅较完整建立了空间钢框架结构非线性分析理论，对结构的空间受力性态进行了系统地分析，得到了不少定性和定量的结论，而且在此基础上，提出了一些实用计算方法，以方便这类结构的分析计算。

2　理论分析方法

空间钢框架弹塑性分析，是一个目前仍未解决的问题，其难点是如何综合考虑各影响因素。本文的理论分析基于以下假设：（1）结构分析按小挠度理论计算；（2）杆件截面为双轴对称，塑性只出现在杆端截面上。

2.1　空间受力单元刚度方程

应用 Giberson 单分量弹塑性梁单元模型，由总势能最小值原理[3]，可得空间杆件的杆端力与杆端位移的增量关系[4]。

$$[[k_\mathrm{f}]+[k_\mathrm{g}]]\{\Delta D\}=\{\Delta F\} \tag{1}$$

式中$[[k_\mathrm{f}]+[k_\mathrm{g}]]$为单元的切线刚度矩阵，$[k_\mathrm{f}]$为单元弯曲刚度矩阵，$[k_\mathrm{g}]$为单元的几何刚度矩阵。

在判断杆截面弹塑性状态时，对空间受力杆需用屈服面方程来描述。考虑到本文采用双轴对称截面杆，故采用式（2）为屈服面方程[5]。

$$m_\mathrm{x}^\alpha x(1-n^\beta y)^\alpha y+m_\mathrm{y}^\alpha x(1-n^\beta x)^\alpha x-(1-n^\beta x)^\alpha x(1-n^\beta y)^\alpha y=0 \tag{2}$$

式中　$m_\mathrm{x}=M_\mathrm{x}/M_\mathrm{xp}$，$m_\mathrm{y}=M_\mathrm{y}/M_\mathrm{yp}$，$n=N/N_\mathrm{p}$。

对于宽翼缘工字钢，取 $\alpha_\mathrm{x}=2$，$\alpha_\mathrm{y}=1.2+2n$，$\beta_\mathrm{x}=1.3$，$\beta_\mathrm{y}=2+1.2\left(\dfrac{A_\mathrm{w}}{A_\mathrm{t}}\right)$，$A_\mathrm{w}$ 和 A_t 分别为腹板面积和翼缘板面积；对于箱形截面，取 $\alpha_\mathrm{x}=\alpha_\mathrm{y}=1.7+1.5n$，$\beta_\mathrm{x}=\beta_\mathrm{y}=1.5$。

2.2　考虑节点半刚性的钢框架分析

钢框架结构中，常见的梁柱节点形式的节点弯矩和转角的关系为非线性，介于理想刚接和理想铰接之间（图 1）。经分析[6]，本文采用强化双线性模型（图 1 中虚线）来描述节点 M-θ_r 关系曲线。

由于梁单元在主弯曲平面外的变形和受力相对于主弯曲平面是很小的，因此假设梁为平面受力杆，且忽略梁中二阶效应的影响。梁柱节点的半刚接可用两端带有抗弯弹簧组合单元来考虑（图 2）。经推导组合单元杆端力与杆端位移的关系为

$$[k_\mathrm{bp}]\{\Delta D\}=\{\Delta F\}-\{\Delta F_\mathrm{f}\} \tag{3}$$

式中 $[k_\mathrm{bp}]$ 为组合单元的弹塑性切线刚度矩阵，$\{\Delta F_\mathrm{f}\}$ 可根据节间荷载和杆端塑性状态，以及杆端弹簧刚度得到[6]。

2.3　考虑节点域剪切变形的钢框架分析

试验结果表明，梁柱节点区域有较大的剪切变形，变形大小与节点域尺寸和梁柱杆端弯矩值有关。节点域的等效剪切力矩与剪切变形角基本上呈双线性关系（图 3），$K=BDtG$，$K'=\eta K$，$\eta=0.02-0.08$，B、D、t 分别为节点域腹板两个边长和腹板厚度，G 为剪切模量。

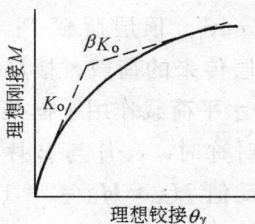

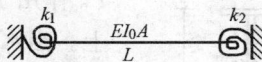

图 1　节点半刚性　　　　图 2　组合梁单元　　　　图 3　节点域变形关系

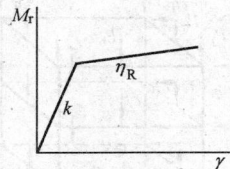

若考虑节点域剪切变形，由几何关系可得节点域中心位移与梁和节点边缘连接端的位移关系

$$\{D\}=[N_\mathrm{g}]\{V\} \tag{4}$$

式中　 {D} 为梁端位移，{V} 为节点板域中心位移，[Ng] 为转换矩阵[7]。

式（4）中位移也可以是增量形式。经变换可得梁单元刚度矩阵

$$[K_{eN}]=[N_g]^T[K_e][N_g],$$

（[Ke] 为一般梁单元刚度矩阵）。若需同时考虑节点半刚性，则只需用 [Kbp] 替代 [Ke] 即可。

由类似的方法，可得考虑节点域剪切变形的柱单元刚度矩阵 $[K_{apN}]=[N_o]^T[K_{ap}][N_c]$，[Nc] 如式（5）所示。

$$[N_o]=\begin{bmatrix} 1 & & & & & & \\ & [N_{cx}^i] & & & & & \\ & & & & 0 & & \\ & & [N_{cy}^i] & & & & \\ & & & 1 & & & \\ & & & & 1 & & \\ & & 0 & & & [N_{cx}^k] & \\ & & & & & & [N_{oy}^k] \\ & & & & & & & 1 \end{bmatrix} \tag{5}$$

式中 [Ncx]、[Ncy] 分别为 XOZ 平面和 YOZ 平面内的位移转换关系[7]，[Ksp] 为考虑非线性的空间柱单元切线刚度矩阵。

2.4　结构刚度方程的建立和求解

通过坐标变换，由直接刚度法得到结构刚度方程 {ΔF}=[K]{ΔD}。由于 [K] 中包含几何和材料非线性，因此需采用一定的方法来跟踪结构的平衡路径，并求得结构的极限承载力。

在前屈曲的结构平衡路径分析中，有限增量/迭代法可以正确有效地确定结构的前屈曲路径，用位移收敛准则控制迭代精度。为了避免近极值点结构刚度矩阵的奇异性和得到结构的极限承载力，本文在近极值点处采用位移控制法或控制路径弧长法来求得结构的极限承载力。

3　试验研究

本文所选的试验框架模型如图 4 所示，基本上按实际结构 1∶5 缩小。共有三个空间框架模型，其中一个为对称结构，另二个为不对称结构。梁与柱为 H 形截面，截面尺寸见表 1、2。材性参数为 $E=2.07\times10^5$ N/mm²，$f_y=310$N/mm²。顶层荷载 P_J 为千斤顶加载，模拟上层传来的荷载。楼层荷载 P_b 作用于梁跨中，水平荷载作用于框架节点上。当水平荷载不对称时，A 片与 B 片框架所受节点水平力的比值 $H_A∶H_B=2∶1$。

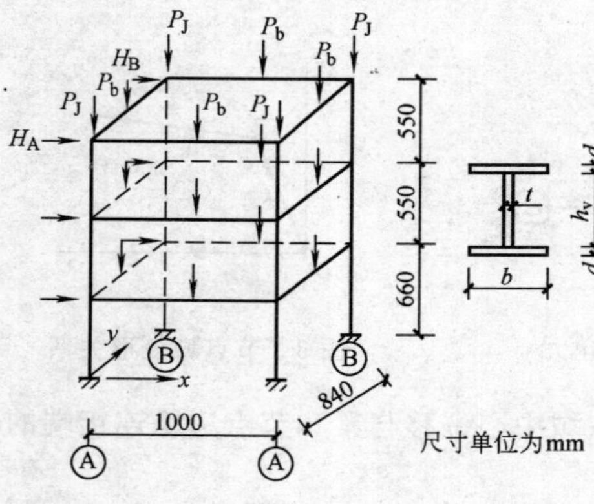

图 4　空间框架模型

框架模型 1 的尺寸				表 1
杆件	截面尺寸（mm）			
	b	h₀	t	d
梁	30	30	4	4.2
柱	25	25	4	4.5

图 5、6、7 分别给出三个试验模型的荷载-位移曲线。从图可看出随着结构或荷载不对称情况的加剧，结构的扭转变形也随之增加，从而显著地降低结构的极限承载力。此外，从理论与试验值的比较可知，本文的理论分析方法是正确的，且有相当高的仿真性，足以精确地描述结构的整个受力过程。

框架模型 2、3 的尺寸　　　　表 2

杆件		截面尺寸（mm）			
		b	h_0	t	d
梁		25	25	4	4.5
柱	A 轴	30	30	4	4.2
	B 轴	25	25	4	4.5

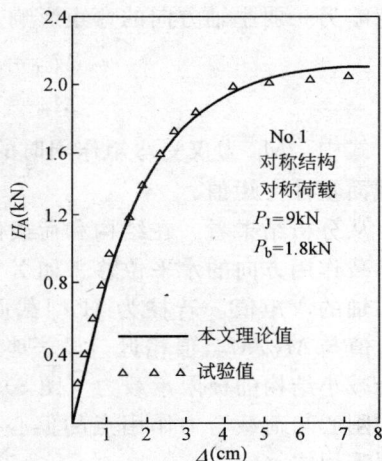

图 5　试件 1 荷载-位移曲线

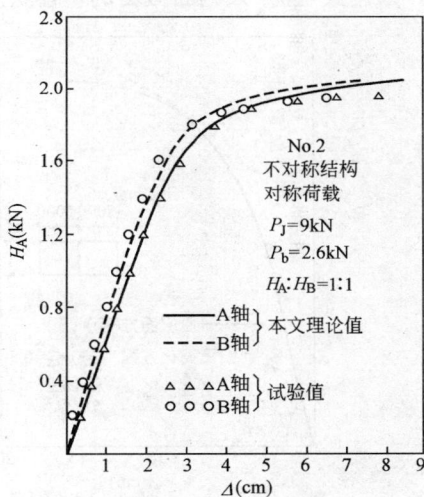

图 6　试件 2 荷载-位移曲线

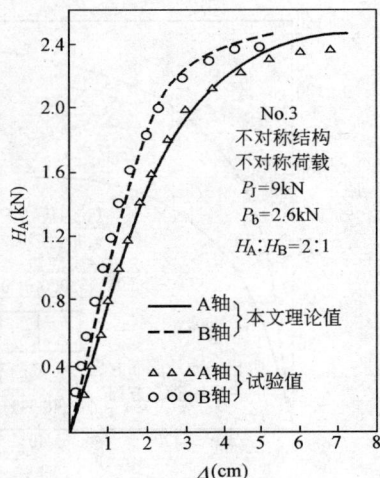

图 7　试件 3 荷载-位移曲线

4　各种影响因素的分析

空间结构非线性分析，主要是准确地计算结构的内力、位移和极限承载力。空间结构的受力状态比平面结构复杂，影响因素较多。本节着重讨论以下各影响因素：杆截面屈服面方程简化的可行性，结构和荷载的偏心：节点半刚性影响，节点域剪切变形的影响。

本文通过对算例的对比分析来讨论上述影响因素，材料参数取 $E=2.06\times10^5 \text{N/mm}^2$，$f=215 \text{N/mm}^2$。H 型钢规格取自冶金部有关部标。箱形截面取自国外同类钢材规格。

4.1　杆截面屈服面方程的简化

从空间结构非线性分析的有关文献看，作者均采用简化方法来判断杆截面屈服状态，

即忽略另一弱主轴方向的弯矩影响。例如，对于工字钢或 H 型钢取

$$M_{cu} = M_p \qquad n \leqslant 0.15$$
$$M_{cu} = 1.18(1-n) \qquad n > 0.15 \tag{6}$$

式中　M_p 为仅受弯矩作用时的截面全塑性弯矩值，n 为轴压比；M_{cu} 为考虑轴力影响的截面塑性弯矩值。

从分析结果看，在结构和荷载偏心时，由于绕竖轴的扭转变形，结构不仅会产生沿水平荷载作用方向的水平位移（如 X 方向），而且会产生 Y 方向的水平位移，并产生绕柱截面弱轴的弯矩值。若柱为 H 型截面，由于弱轴方向的全塑性弯矩值较小，从而使 M_x/M_{cux} 值与 M_Y/M_{cuy} 值相近，显著地影响截面进入全塑性的进程，加快结构的"软化"，最终会减小结构的极限承载力（图 8）。经计算，用式（6）判断杆截面塑性的误差程度可用结构刚心与荷载合力作用点的偏心率 $R_e = x/L$ 来反映。若 $R_e \leqslant 0.1$ 时，可采用式（6），否则需用式（2）。

箱形截面柱结构不同于 H 型柱截面，截面的两个主轴方向弯矩的相互影响较小（图 9），因而可忽略另一个方向弯矩对杆截面塑性的影响，采用式（6）来判断截面的塑性状态。

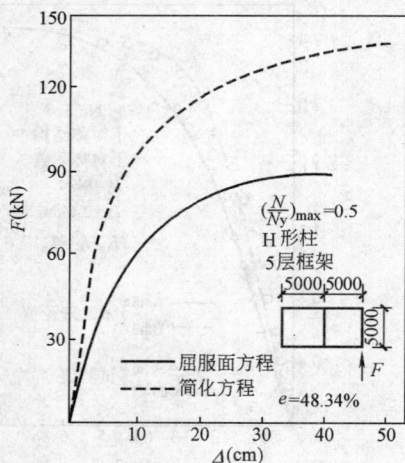

图 8　H 形柱

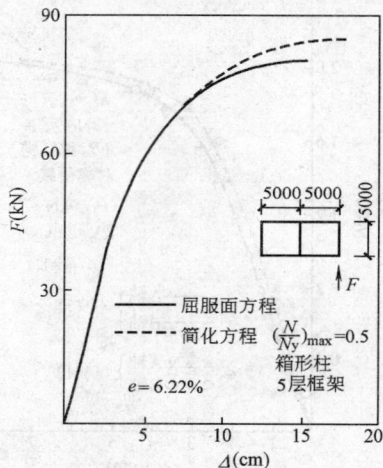

图 9　箱形柱

4.2　结构和荷载偏心的影响

空间结构在水平荷载和竖向荷载作用下，当结构产生扭转变形时会显著降低结构的极限承载力。其主要原因有两个：一是扭转会使离结构形心远的那榀框架水平位移大于接近形心的框架（另一侧要小），出现先于其他框架进入弹塑性，从而加大结构偏心和减小结构的抗侧和抗扭刚度，另一是扭转使柱截面空间受力、两主轴向弯矩相互影响使柱截面提前进入塑性，降低结构刚度。这些会进一步使外围框架水平位移增大和 $P\text{-}\Delta$ 效应的增加，并引起结构刚度的继续退化。

图 10 绘出在不同偏心荷载作用下结构的荷载-位移曲线，η 为荷载作用点距形心的距离。从分析结构可知，随着荷载偏心的增加，结构抗侧和抗扭刚度都会下降，使结构在相同荷载作用下，形心处水平位移也会增加，从而降低结构的极限承载力。显然，荷载偏心会明显影响结构的极限承载力，且影响程度随偏心率增大而增大。其次，增大柱的轴压比也会增加荷载偏心的影响。

图 11 中用一榀带支撑的移动框架，来反映结构的刚度中心的偏心对结构极限承载力的影响，所产生结果与荷载偏心相同。

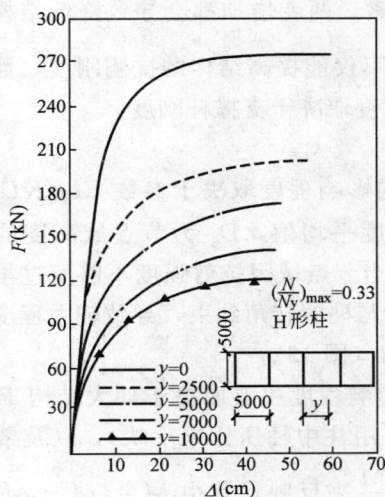

图 10　荷载偏心影响

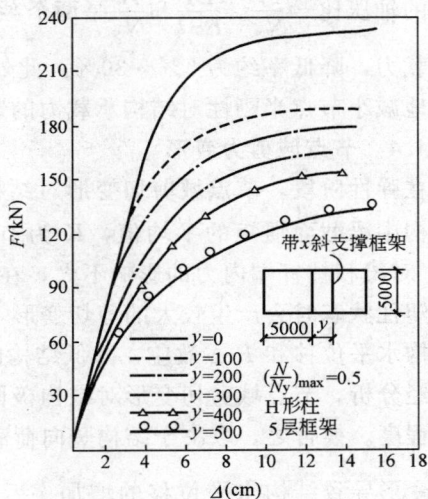

图 11　结构偏心影响

综上所述，结构和荷载偏心使结构产生扭转，会较大程度地降低结构的极限承载力。影响程度取决于水平荷载合力作用点与结构刚度中心间的偏心率、柱截面形式、柱中轴压比和结构层数，其中前两项为主要因素。因此，在结构设计时应充分注意到这一点，以提高结构的极限承载力。

4.3　节点半刚性

由于节点半刚性将降低结构的抗侧刚度，加大结构的水平位移和 P-Δ 效应，从而将显著地降低结构的极限承载力。图 12 所示为 20 层框架结构的荷载-位移曲线，其中 $\alpha = \dfrac{EI}{K_0 l}$，$EI/l$ 为梁的平均线刚度，K_0 是节点的初始刚度系数的平均值。

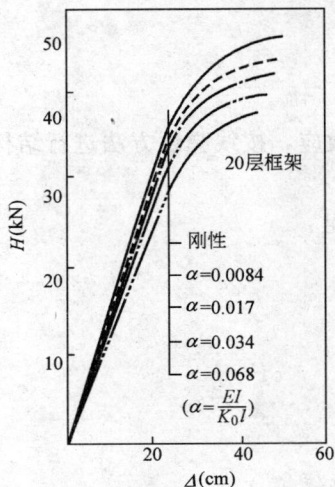

图 12　节点半刚性影响

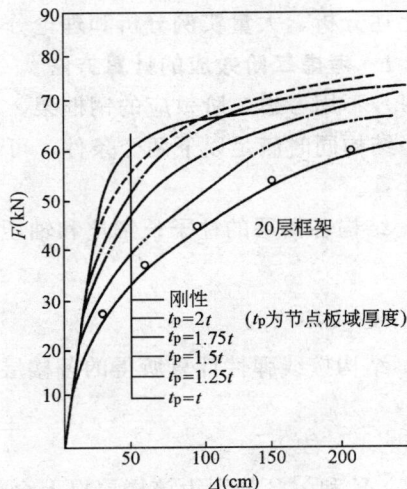

图 13　节点域剪切变形的影响

进一步分析可知：对于节点半刚性框架结构，影响结构极限承载力的主要因素是 $\dfrac{EI}{K_0 l}$ 和柱的轴压比 $\dfrac{N}{N_y}$。$\dfrac{EI}{K_0 l}$ 和 $\dfrac{N}{N_y}$ 是两个独立的影响因素，两者增加都会导致降低结构的极限承载力，降低率约为 $5\% \sim 30\%$。此外，支撑斜杆不仅能提高结构的抗侧刚度，而且能有效地减小节点半刚性对结构承载力的影响，减小程度取决于支撑杆刚度。

4.4 节点域剪力变形

在弹性阶段，节点域剪切变形对结构水平位移的影响程度取决于参数 EI_g / KD_g（I_g 为结构中梁截面惯矩的平均值，K 为节点域剪切刚度平均值，D_g 为节点域高度的平均值），对梁和柱杆端内力的影响不大，在 10% 以内。当节点域因抗剪强度不够而过早屈服进入塑性状态时会产生较大的剪切变形，显著降低梁与柱的转角约束，导致较大程度地加大结构水平位移和 $P\text{-}\Delta$ 效应，降低结构的极限承载力（图 13）。

经分析，节点域剪切变形对结构极限承载力的影响程度主要取决于加大结构 $P\text{-}\Delta$ 效应的程度。换言之，取决于结构竖向荷载的大小（可用柱中轴压比来反映），以及节点域剪切变形导致结构水平位移的增加。后者可用参数 $\dfrac{\overline{M}}{M_r}$ 来反映，其中 $\overline{M} = (M_c + M_b)/2$，为结构梁和柱全塑性弯矩的平均值，$M_r$ 为节点域全塑性剪切力矩的平均值。此外，若沿结构竖向在跨中设置斜向支撑杆，会明显降低节点域剪切变形的影响，降低程度取决于支撑杆刚度。

5 实用计算方法

多高层空间钢框架结构的分析计算包括结构强度、刚度和整体稳定性等方面的内容。目前结构强度和刚度的计算是基于线弹性理论，忽略二阶效应。因此本文给出考虑二阶效应的实用方法。而考虑节点变形的结构刚度和强度计算已在另文给出[7]。考虑节点半刚性的结构极限承载力计算和结构整体稳定计算的实用方法亦在此给出。这些实用方法都建立在上述分析、大量实例分析和理论分析基础之上[8]。

5.1 考虑二阶效应的计算方法

（1）不用考虑二阶效应的钢框架

当结构同时满足以下两个条件，可不用考虑二阶效应，按线弹性方法进行结构内力和位移计算。

a. 结构各楼层的柱子长细比和轴压比的平均值满足：

$$\lambda \leqslant -100n + 50 \tag{7}$$

式中 $n \in [0, 0.4]$。

b. 结构按线弹性计算所得的各楼层层间位移满足：

$$\frac{\delta}{h} \leqslant 0.07 \frac{\sum V}{\sum P} \tag{8}$$

式中 $\sum V$ 和 $\sum P$ 分别为该楼层以上全部水平和竖向荷载。

（2）对线性结构分析结果的修正

当不满足上述条件时，须对结构内力和位移值进行修正，即按如下方法进行：

$$\theta = \max\left\{\frac{\delta}{h}\frac{\sum P}{\sum V}\right\} \tag{9}$$

式中的符号意义和式（8）相同，用（1+θ）乘以线性分析所得结构楼层水平位移和各杆端弯矩，以考虑二阶效应，需注意对顶层梁和边柱的杆端弯矩不用修正。

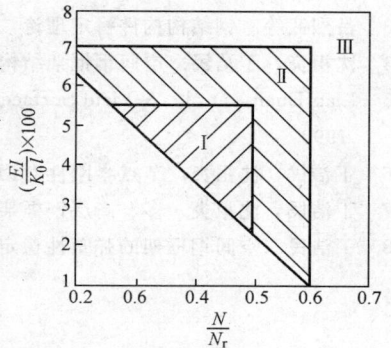

图 14　刚度轴力之间的关系

5.2　节点半刚性影响的修正方法

一般来说对于满焊节点和螺栓焊接混用节点，可不用考虑节点半刚性对结构极限承载力的影响。除此之外，可按下述方法进行修正。

$$\lambda_B = \mu\lambda_r \tag{10}$$

式中　λ_B 为修正后的荷载乘数因子，λ_r 为按节点刚接所得荷载乘数因子，μ 为修正系数，按图 14 取值：区域 I，$\mu=0.9$；区域 II，$\mu=0.85$；区域 III，$\mu=0.75$。

5.3　空间框架整体稳定的计算

（1）不用进行结构整体稳定的条件

a. 结构各楼层的柱子长细比和轴压比的平均值满足：

$$n + \frac{\lambda}{80} \leqslant 1 \tag{11}$$

式中符号意义与式（7）相同，且有 $\lambda \leqslant 100$，$n \in [0, 0.8]$。

b. 在使用荷载作用下，结构按一阶线弹性计算所得的各楼层层间位移满足

$$\frac{\delta}{h} \leqslant 0.12\frac{\sum V}{\sum P} \tag{12}$$

（2）结构整体稳定计算

若不同时满足上述两个条件，对于无侧移框架宜按有效长度设计法进行结构整体稳定计算，对于有侧移框架宜按 P-Δ 设计法进行结构的整体稳定计算。

若结构层间位移 $\delta \leqslant \dfrac{h}{1000}$，为无侧移结构，否则为有侧移结构。

6　结　　论

本文建立了能考虑多种影响因素的空间钢框架结构非线性分析方法，该方法能考虑多种非线性因素和节点变形且计算方便。以此为基础对空间框架结构的弹塑性受力性态进行系统的分析研究，得到了不少定性和定量的结论。经算例计算和理论分析，得到了考虑各种因素的实用计算方法。这些工作的开展为这方面进行更为深入的研究奠定了基础。

参　考　文　献

1　J. H. Wynhoven, et al. Analysis of Three-Dimensional Structures. J. Struct. Div. ASCE, ST6, 1972

2   J. H. Wynhoven, et al. Behavior of Structures under Loads Causing Torsion. J. Struct. Div, ASCE, ST7, 1972

3   吕烈武等. 钢结构构件稳定理论，北京：中国建筑工业出版社，1983

4   沈祖炎，丁洁民. 空间钢框架结构弹塑性稳定的综合离散分析法. 同济大学学报. 1992，第1期

5   Lian Duan, et al. A Yield Surface Equation for Doubly Symmetrical Sections, Eng. Struct. V01. 12, 1990

6   丁洁民，沈祖炎. 节点半刚性对钢框架结构内力和位移的影响. 建筑结构，1991年第6期

7   丁洁民，沈祖炎. 多、高层钢框架结构分析与研究. 建筑结构，1990年第1期

8   丁洁民. 空间钢框架的弹塑性稳定分析. 同济大学博士学位论文，1990年

(本文发表于：土木工程学报，1993年第6期)

19. 空间钢框架结构的弹塑性稳定

丁洁民　沈祖炎

提　要：本文根据 Giberson 弹塑性梁单元模型和总势能最小值原理，导出了空间受力杆单元的二阶弹塑性切线刚度矩阵，并建立了空间钢框架结构的二阶弹塑性分析方法。空间受力杆和缩尺空间框架模型的试验结果不仅验证了本文理论分析方法的正确性，而且反映空间结构的一些受力特性。

关键词：Giberson 模型　空间钢框架　二阶弹塑性分析

Inelastic Stability of Space Steel Frames

Ding Jiemin　Shen Zuyan

Abstract：According to the Giberson one component model of an inelastic beam and the principle of minimum potential energy, the tangent stiffness matrix of inelastic space members is derived and the method of second-order inelastic analysis for space steel frames is presented as well. The test results of steel members subjected to spatial forces and that of the 1/5 scale space steel frames not only verify that the method is desirable, but also reveal some of the behavior of space steel frames under loading.

Keywords：Giberson Model　Space Steel Frames　Second-Order Inelastic Analysis

1　引　言

现代高层建筑趋于建筑功能综合化和建筑外形的多样化，使得建筑物的结构形式更加复杂化和空间化。由于结构物平面布置不对称和沿高度各层的结构布置亦不相同，在水平和竖向荷载作用下，结构不但产生水平侧移，而且，会有绕垂直轴的扭转，这样会加大 P-Δ 效应，降低结构的稳定性。

到目前为止，涉及空间框架结构弹塑性稳定分析的工作甚少，只散见于文献 [1]、[2]、[3]。这些方法不仅对单杆模型作了不少简化，使其难以正确反映出空间受力杆的工作性态，而且整体结构的分析亦是建立在大量的假设基础之上，因而分析结果有很大的近似性。由于框架结构是一种基本结构，本文将着重讨论空间框架的弹塑性稳定和极限承载力。利用 Giberson 弹塑性梁单元模型和总势能最小值原理，得到空间杆单元的二阶弹塑性切线刚度矩阵，并建立了空间框架结构的二阶弹塑性分析方法。由空间受力杆和框架结构的模型试验，来反映空间结构受力全过程。

2　理论分析方法

本文的理论分析基于以下假设：（1）结构分析按小挠度理论计算；（2）杆件截面为双

轴对称，塑性只出现在杆端截面上。

2.1　单元刚度方程

在弹性阶段，等截面直杆 ik 的杆端弯矩与转角关系：

$$\left.\begin{array}{l} M_i = K(\theta_i + C\theta_k) \\ M_k = K(C\theta_i + \theta_k) \end{array}\right\} \tag{1}$$

式中：$K = \dfrac{SEI}{l}$，$S = \dfrac{4+r}{1+r}$，$C = \dfrac{2-r}{4+r}$，$r = \dfrac{12\mu EI}{GAl^2}$；$\mu$ 为截面剪应力不均匀系数，EI 为杆的弯曲刚度，GA 为剪切刚度。

本文用杆端弯矩和转角曲线（图 1a）来反映杆端的弹塑性状态。通过几何关系亦可将 $M\text{-}\theta$ 关系转换成 $M\text{-}\theta_\text{p}$ 关系（图 1b），θ_p 为杆端截面的塑性转角。

$$\Delta M = fK\Delta\theta_\text{p}, \quad f = \frac{\eta}{1-\eta} \tag{2}$$

显然，η 为弹塑性系数。当 $\eta=1$ 时为弹性阶段，$0 \leqslant \eta < 1$ 时为弹塑性或塑性阶段。

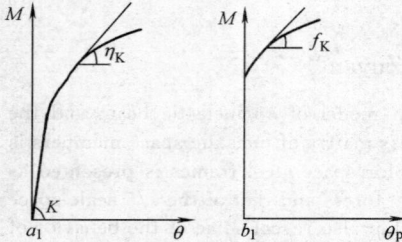

图 1　材料弯矩转角关系　　　　　　　图 2　非线性梁单元模型

当杆端进入弹塑性时，杆 ik 两端转角为 θ_i 和 θ_k，杆端向内一个无限小位置上的转角为 θ_Q 和 θ_{ek}，杆端塑性转角为 $\theta_{\text{p}i}$ 和 $\theta_{\text{p}k}$（图 2）。三者亦可写成增量形式，其关系为

$$\Delta\theta_\text{e} = \Delta\theta - \Delta\theta_\text{p} \tag{3}$$

在弹塑性阶段，杆端内力增量与杆端弹性位移增量间仍保持有在弹性状态时的不变关系。由式（1）～（3）经运算可得弹塑性阶段杆端弯矩与杆端转角的增量关系：

$$\left.\begin{array}{l} \Delta M_i = K\left[\dfrac{\eta_i[1-C^2(1-\eta_k)]}{D}\Delta\theta_i + \dfrac{C\eta_i\eta_k}{D}\Delta\theta_k\right] \\[3mm] \Delta M_k = K\left[\dfrac{C\eta_i\eta_k}{D}\Delta\theta_i + \dfrac{\eta_k[1-C^2(1-\eta_i)]}{D}\Delta\theta_k\right] \end{array}\right\} \tag{4}$$

式中：$D = 1 - C^2(1-\eta_i)(1-\eta_k)$，其余符号意义与式（1）、（2）相同。

由转角位移方程和式（4），可得到考虑杆截面剪切变形的平面杆单元弹塑性单元增量刚度方程：

$$\{\Delta F\} = [K_\text{ep}]\{\Delta D\} \tag{5}$$

式中　$\{\Delta F\} = [\begin{array}{cccccc} \Delta N_i & \Delta Q_i & \Delta M_i & \Delta N_k & \Delta Q_k & \Delta M_k \end{array}]^\text{T}$

　　　$\{\Delta D\} = [\begin{array}{cccccc} \Delta u_i & \Delta v_i & \Delta \theta_i & \Delta u_k & \Delta v_k & \Delta \theta_k \end{array}]^\text{T}$

$$[K_{\text{ep}}] = \begin{bmatrix} e & 0 & 0 & -e & 0 & 0 \\ 0 & a & b_i & 0 & -a & b_k \\ 0 & b_i & c_i & 0 & -b_i & d \\ -e & 0 & 0 & e & 0 & 0 \\ 0 & -a & -b_i & 0 & a & -b_k \\ 0 & b_k & d & 0 & -b_k & c_k \end{bmatrix}$$

其中　$a = \dfrac{K}{Dl^2}[(1-C^2)(\eta_i+\eta_k)+2C\eta_i\eta_k(1+C)]$;

$b_i = \dfrac{\eta_i K}{Dl}[1-C^2(1-\eta_k)+C\eta_k]$; $\quad b_k = \dfrac{\eta_k K}{Dl}[1-C^2(1-\eta_i)+C\eta_i]$;

$c_i = \dfrac{\eta_i K}{D}[1-C^2(1-\eta_k)]$; $\quad c_k = \dfrac{\eta_k K}{D}[1-C^2(1-\eta_i)]$;

$d = \dfrac{\eta_i\eta_k CK}{D}$; $e = \dfrac{EA}{l}$; $D = 1-C^2(1-\eta_i)(1-\eta_k)$.

其余符号意义与式（4）相同。η_i、η_k 分别为杆件 i 端和 k 端进入弹塑性程度的参数，由图 1 确定。当 $\eta=1$ 时为弹性刚度矩阵；$0 \leqslant \eta < 1$ 时，为弹塑性刚度矩阵。

在钢框架结构中，杆截面一般为双轴对称。因而若假设进入弹塑性后截面弹性核部分仍保持双轴对称，应用已经得到的平面杆件杆端力与杆端位移的关系，结合考虑空间杆件的几何非线性[5]，可得空间杆件的杆端力与杆端位移的增量关系。

$$\{\Delta F\} = [[K_{\text{f}}]+[K_{\text{g}}]]\{\Delta D\} \tag{6}$$

式中　$\{\Delta F\} = [\Delta N_{zi} \quad \Delta N_{xi} \quad \Delta M_{yi} \quad \Delta N_{yi} \quad \Delta M_{xi} \quad \Delta M_{zi} \quad \Delta N_{zk} \quad \Delta N_{xk} \quad \Delta M_{yk} \quad \Delta N_{yk}$
$\quad\quad \Delta M_{xk} \quad \Delta M_{zk}]^{\text{T}}$;

$\{\Delta D\} = [\Delta u_{zi} \quad \Delta u_{xi} \quad \Delta\theta_{yi} \quad \Delta u_{yi} \quad \Delta\theta_{xi} \quad \Delta\theta_{zi} \quad \Delta u_{zk} \quad \Delta u_{xk} \quad \Delta\theta_{yk} \quad \Delta u_{yk} \quad \Delta\theta_{xk} \quad \Delta\theta_{zk}]^{\text{T}}$;

$$[K_{\text{f}}] = \begin{bmatrix} [K_{\text{f}ii}] & [K_{\text{f}ik}] \\ [K_{iki}] & [K_{ikk}] \end{bmatrix} \tag{7a}$$

$$[K_{\text{f}ii}] = \begin{bmatrix} e & & & & & \\ & a_{\text{x}} & b_{\text{x}i} & & 0 & \\ & b_{\text{x}i} & c_{\text{x}i} & & & \\ & & & a_{\text{y}} & b_{\text{b}i} & \\ & 0 & & b_{\text{y}i} & c_{\text{y}i} & \\ & & & & & h \end{bmatrix}, \quad [K_{\text{f}ik}] = \begin{bmatrix} -e & & & & & \\ & -a_{\text{x}} & b_{\text{x}k} & & 0 & \\ & -b_{\text{x}i} & d_{\text{x}} & & & \\ & & & -a_{\text{y}} & b_{\text{b}k} & \\ & 0 & & -b_{\text{y}i} & c_{\text{y}} & \\ & & & & & -h \end{bmatrix}$$

$$[K_{\text{f}kk}] = \begin{bmatrix} e & & & & & \\ & a_{\text{x}} & -b_{\text{x}k} & & 0 & \\ & -b_{\text{x}k} & c_{\text{x}k} & & & \\ & & & a_{\text{y}} & b_{\text{b}k} & \\ & 0 & & -b_{\text{y}k} & c_{\text{y}k} & \\ & & & & & h \end{bmatrix}$$

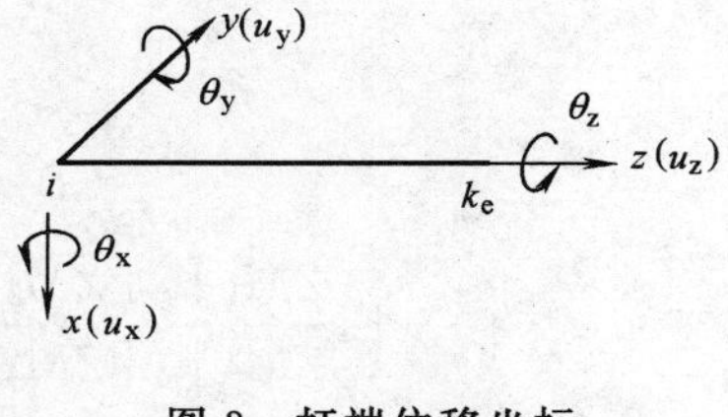

图 3　杆端位移坐标

$$[K_{\text{f}ki}] = [K_{\text{f}ik}]^{\text{T}}$$

其中下标 x 和 y 分别表示在计算式（6）各参数时，用 η_x、I_x 和 η_y、I_y 来计算，符号意义与式（5）相同；$h=\beta EI_w$，$\beta=\dfrac{\lambda^3 \mathrm{sh}\lambda l}{2-2\mathrm{ch}\lambda l+\lambda l \mathrm{sh}\lambda l}$，$\lambda=\sqrt{\dfrac{GI_k}{EI_w}}$，$I_k$、$I_w$ 分别为杆件截面的扭转惯矩和扇性惯矩；η_x、η_y 为空间杆件在 x 方向和 y 方向的塑性参数，可由式（13）得到。

$$[K_g]=\begin{bmatrix} [K_{gii}] & [K_{gik}] \\ [K_{gki}] & [K_{gik}] \end{bmatrix} \tag{7b}$$

$$[K_{gii}]=\begin{bmatrix} 0 & 0 & 0 & 0 \\ & -N[Z_1] & 0 & [MX_1] \\ & & -N[Z_1] & [MY_1] \\ 对称 & & & [M\phi_1] \end{bmatrix}$$

$$[K_{gik}]=\begin{bmatrix} 0 & 0 & 0 & 0 \\ 0 & -N[Z_2] & 0 & [MX_2] \\ 0 & 0 & -N[Z_2] & [MY_2] \\ 0 & [MX_3]^T & [MY_3]^T & [M\phi_2] \end{bmatrix}$$

$$[K_{gkk}]=\begin{bmatrix} 0 & 0 & 0 & 0 \\ & -N[Z_4] & 0 & [MX_4] \\ & & -N[Z_4] & [MY_4] \\ 对称 & & & [M\phi_4] \end{bmatrix}$$

$$[K_{gki}]=[K_{gik}]^T$$

$$[MX]=\begin{bmatrix} [MX_1] & [MX_2] \\ [MX_3] & [MX_4] \end{bmatrix}=-M_{xik}\begin{bmatrix} [ZM_1] & [ZM_2] \\ [ZM_3] & [ZM_4] \end{bmatrix}-Q_{yik}\begin{bmatrix} [ZQ_1] & [ZQ_2] \\ [ZQ_3] & [ZQ_4] \end{bmatrix}$$

$$[MY]=\begin{bmatrix} [MY_1] & [MY_2] \\ [MY_3] & [MY_4] \end{bmatrix}=-M_{yik}\begin{bmatrix} [ZM_1] & [ZM_2] \\ [ZM_3] & [ZM_4] \end{bmatrix}-Q_{yik}\begin{bmatrix} [ZQ_1] & [ZQ_2] \\ [ZQ_3] & [ZQ_4] \end{bmatrix}$$

$$[M\phi]=\begin{bmatrix} [M\phi_1] & [M\phi_2] \\ [M\phi_3] & [M\phi_4] \end{bmatrix}=-\frac{6}{5l}(Nr_0^2+R)\begin{bmatrix} 1 & -1 \\ -1 & 1 \end{bmatrix}$$

$$\begin{bmatrix} [Z_1] & [Z_2] \\ [Z_3] & [Z_4] \end{bmatrix}=\begin{bmatrix} \dfrac{6}{5l} & \dfrac{1}{10} & -\dfrac{6}{5l} & \dfrac{1}{10} \\ \dfrac{1}{10} & \dfrac{2l}{15} & -\dfrac{1}{10} & -\dfrac{1}{30} \\ -\dfrac{6}{5l} & -\dfrac{1}{10} & \dfrac{6}{5l} & -\dfrac{1}{10} \\ \dfrac{1}{10} & -\dfrac{l}{30} & -\dfrac{1}{10} & \dfrac{2l}{15} \end{bmatrix}$$

$$\begin{bmatrix} [ZM_1] & [ZM_2] \\ [ZM_3] & [ZM_4] \end{bmatrix}=\begin{bmatrix} \dfrac{6}{5l} & -\dfrac{6}{5l} \\ \dfrac{1}{10} & -\dfrac{1}{10} \\ -\dfrac{6}{5l} & \dfrac{6}{5l} \\ \dfrac{1}{10} & -\dfrac{1}{10} \end{bmatrix}$$

$$
\begin{bmatrix} [ZQ_1] & \vdots & [ZQ_2] \\ \cdots & \vdots & \cdots \\ [ZQ_3] & \vdots & [ZQ_4] \end{bmatrix} = \begin{bmatrix} \dfrac{1}{10} & -\dfrac{11}{10} \\ \dfrac{l}{5} & -\dfrac{l}{5} \\ -\dfrac{1}{10} & \dfrac{11}{10} \\ -\dfrac{l}{10} & \dfrac{l}{10} \end{bmatrix}
$$

其中 r_0 为杆截面的回转半径，R 为与杆截面残余应力有关的参数。式（6）便是空间受力杆考虑二阶效应的弹塑性增量刚度方程，$[[K_f]+[K_g]]$ 为单元切线刚度矩阵。考虑到梁单元中轴压比较小，且只考虑其主平面内的变形，因而式（5）为梁单元的弹塑性增量刚度方程。

2.2　空间受力杆截面的屈服面方程

空间受力杆截面塑性不仅与轴力有关，而且与截面两个主轴方向上的弯矩值有关，因而描述杆截面塑性的屈服函数为一屈服面函数。对于 H 形和箱形截面，屈服面方程不仅表达式十分繁琐，而且求解也非易事。因此，不少学者提出了一些实用的屈服面方程[6]。

若忽略扭矩对截面屈服应力的降低，本文采用式（8）为屈服面方程。

$$
\frac{m_x^r}{1-n^l} + \frac{m_y^s}{1-n^u} + n^t = 1 \tag{8}
$$

式中 $m_x = \dfrac{M_x}{M_{xp}}$，$m_y = \dfrac{M_y}{M_{yp}}$，$n = \dfrac{N}{N_y}$；$M_{xp}$、$M_{yp}$ 为仅有 x 或 y 方向弯矩作用下的全塑性弯矩值；N_y 为仅有轴力作用下的全塑性轴力；r、s、t、u、v 为五个待定参数，可通过屈服面方程来确定。即已知五组 m_x、m_y 和 n 值，得到包含五个待定系数的方程组，从中解得待定参数。以下给出箱形和 H 形截面的控制点取值。

箱形截面

(1) $n=0$，$m_x = \dfrac{8e+3}{8e+4}$，$m_y = \dfrac{1}{2+e}$

(2) $n=0$，$m_x = \dfrac{e}{2e+1}$，$m_y = \dfrac{8+3e}{8+4e}$

(3) $n=0.5$，$m_x = 0.5$，$m_y = 0.5$

(4) $n = \dfrac{1}{2+2e}$，$m_x = \dfrac{4e+1}{4e+2}$，$m_y = \dfrac{1}{2+e}$

(5) $n = \dfrac{e}{2+2e}$，$m_x = \dfrac{e}{2e+1}$，$m_y = \dfrac{4+e}{4+2e}$

H 形截面可令式（8）中 $s=1$，$\mu = \infty$ 其余参数可以从下面三组控制点得到。

(1) $n=0$，$m_x = \dfrac{2+e}{4+e}$，$m_y = 0.75$

(2) $n = \dfrac{e+1}{e+2}$，$m_x = 0$，$m_y = 0.75$

(3) $n = \dfrac{e}{2e+2}$，$m_x = \dfrac{16+3e}{4\,(4+e)}$，$m_y = 0$

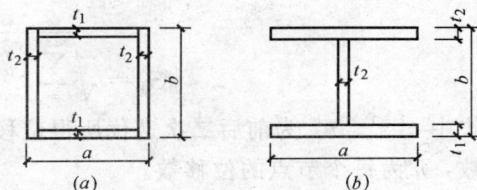

图 4　截面尺寸符号

上面各组控制点中，$e = \dfrac{at_1}{bt_2}$，截面尺寸符号见图 4。

2.3　空间杆件的弹塑性参数

空间杆件截面的屈服面方程式（8）的一般表达式为

$$\psi = \psi(n, m_x, m_y) \tag{9}$$

而空间杆截面的弹塑性参数 η 为

$$\eta = \begin{cases} 1 & \psi \leqslant \psi_s \\ 1 - \dfrac{\psi - \psi_a}{\psi_p - \psi_a} + \dfrac{\psi - \psi_a}{\psi_p - \psi_a}\gamma & \psi_s < \psi < \psi_p \\ \gamma & \psi \geqslant \psi_p \end{cases} \tag{10}$$

上式中 ψ_a 为初始屈服函数值，ψ_p 为极限屈服函数值，γ 为应变强化参数。ψ_s 按下式计算

$$\psi_s = \frac{\dfrac{M_x}{M_{xp}} + \dfrac{M_y}{M_{yp}}}{\dfrac{M_x}{M_{xs}} + \dfrac{M_y}{M_{ys}}} \tag{11}$$

式中 M_{xs}、M_{ys} 为在仅绕 x 和 y 轴弯矩作用下截面初始屈服弯矩值。

与平面受力杆相似设 $f = \dfrac{\eta}{1 - \eta}$，根据塑性流动规则[7]且经运算可得空间杆截面在 x 方向和 y 方向的参数 f_x、f_y 为：

$$\left. \begin{aligned} f_x &= f \cdot \sqrt{\left(\frac{\partial \psi}{\partial m_x}\right)^2 + \left(\frac{\partial \psi}{\partial m_y}\right)^2} \Big/ \frac{\partial \psi}{\partial m_x} = f \cdot a_x \\ f_y &= f \cdot \sqrt{\left(\frac{\partial \psi}{\partial m_x}\right)^2 + \left(\frac{\partial \psi}{\partial m_y}\right)^2} \Big/ \frac{\partial \psi}{\partial m_y} = f \cdot a_y \end{aligned} \right\} \tag{12}$$

进而可得到空间杆件的弹塑性参数 η_x 和 η_y 为：

$$\left. \begin{aligned} \eta_x &= \frac{\alpha_x \eta}{(\alpha_x - 1)\eta + 1} \\ \eta_y &= \frac{\alpha_y \eta}{(\alpha_y - 1)\eta + 1} \end{aligned} \right\} \tag{13}$$

2.4　结构刚度方程的建立和求解

由局部与整体坐标转换关系，节点力的平衡条件和边界条件，可建立结构的节点力与节点位移的增量关系

$$[K]\{\Delta D\} = \{\Delta F\}$$

由于结构刚度矩阵 $[K]$ 包含有几何和材料非线性，本文采用增量-NR 法，即在每一荷载增量段中用 Newton-Raphson 法来消除误差。用式（14）控制迭代精度。

$$\|S\| \leqslant \varepsilon$$

$$\left. \|S\| = \sqrt{\sum_{L=1}^{m \times n} (u_L^{k+1} - u_L^k)^2} \Big/ \sqrt{\sum_{L=1}^{m \times n} (u_L^{k+1})^2} \right\} \tag{14}$$

式中 u_L^{k+1}、u_L^k 为前后二次迭代所得位移值；ε 为允许误差值，取 $\varepsilon = 10^{-3}$，m 为结构节点数，n 为每个节点的位移数。

若结构总刚矩阵的行列式值由正变负，说明结构失稳，则定义上一级收敛荷载值为结

构的极限荷载。

3　试验研究

3.1　空间受力杆

为了验证本文推导所得空间受力杆单元刚度方程的正确性，做了8根双向压弯悬臂柱试验。试件尺寸如图5所示，每4根为同一个高度值。经材性试验得，材料屈服应力 $f_y=310\mathrm{N/mm^2}$，弹性模量 $E=2.075\times10^5\mathrm{N/mm^2}$。

竖向荷载 P 为千斤顶加载。考虑到竖向荷载应随柱顶位移而移动，在千斤顶处专门设计了一套滑轮装置（图6），使其既保证千斤顶荷载随柱端作任意水平向移动，又使柱端的摩擦约束减小到最低限度。试验结果表明这套装置基本达到设计要求。水平荷载 $H_x:H_y=2:1$，采用重力块加载，用定滑轮改变重力块作用方向。竖向荷载对杆长为 $l=840\mathrm{mm}$ 的取4kN和6kN，杆长 $l=680\mathrm{mm}$ 的取5kN和10kN。每种荷载工况做两根悬臂柱。试验模型的计算采用本文的方法，将悬臂柱分成六段。式（8）为杆截面的屈服面方程，其系数为：$r=2.586$，$s=1$，$t=1.171$，$u=\infty$，$v=3.165$。

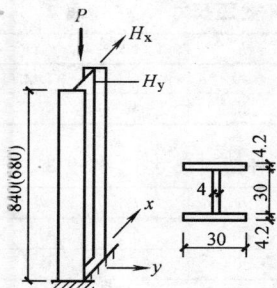

图 5　悬臂柱模型

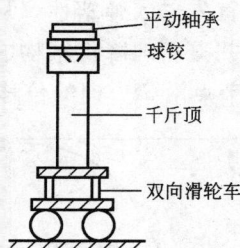

图 6　滑轮装置

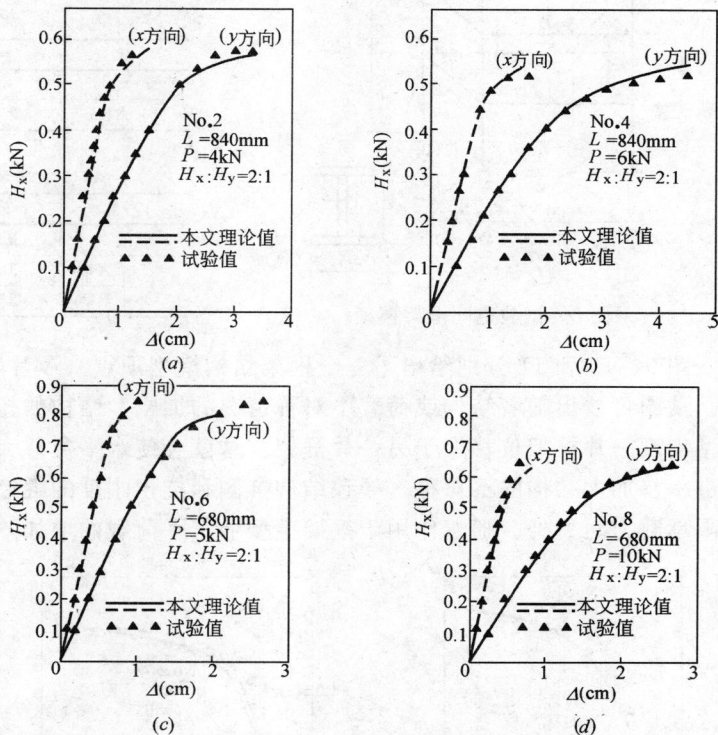

(a)

(b)

(c)

(d)

图 7　悬臂柱模型的理论值与试验值比较

柱极限承载力的理论值与试验值的比较　　　　　　　　　　表 1

杆件编号	1	2	3	4	5	6	7	8
H_t(kN)	0.550	0.575	0.550	0.525	0.850	0.850	0.700	0.650
H_A(kN)	0.567	0.567	0.540	0.540	0.800	0.800	0.645	0.645
$\dfrac{H_t-H_A}{H_t}$(%)	−3.091	1.391	1.818	−2.857	5.882	5.882	7.857	0.769

H_t 为试验值，H_A 为理论值。

限于篇幅，图 7 给出了部分理论值和试验值的荷载-位移曲线的对比。柱极限承载力的理论值与试验值之比见表 1。由此可知，本文推导所得双向压弯空间受力杆单元非线性增量刚度方程的计算精度足以满足结构或构件分析的要求，有相当高的仿真性，可替代试验来描述双向压弯柱受力的全过程。

3.2 框架结构

本文所选的试验框架模型如图 8 所示，基本上按实际结构 1∶5 缩小。共有三个空间框架模型，其中一个为对称结构，另二个为不对称结构（体现在 A 与 B 片框架中柱截面的不同）。梁柱为 H 形截面，截面尺寸见表 2、表 3。材性参数与柱构件相同。顶层荷载 P_J 为千斤顶加载，模拟上层传来的荷载。考虑到竖向荷载应随框架水平移动，采用与柱构件相同的一套滑轮装置。楼层荷载 P_b 作用于梁跨中，采用重力块加载。水平荷载作用于框架节点上，采用柱构件相同的加载方式。当水平荷载采用不对称加载时，A 片与 B 片框架所受节点水平力的比值为 $H_A∶H_B=2∶1$。

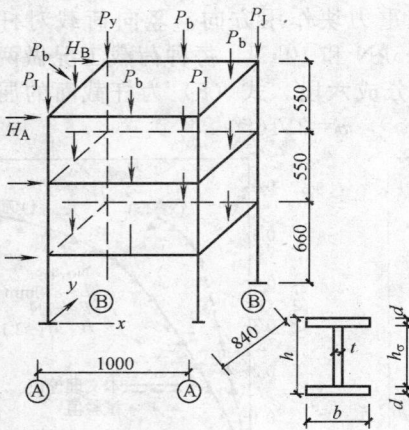

图 8 试验空间框架模型

框架 1 杆截面尺寸				表 2
	b	h	t	d
梁	30	30	4	4.2
柱 A、B	25	25	4	4.3

框架 2、3 杆截面尺寸				表 3
		b	h	t	d
梁		25	25	4	4.3
柱	A 轴	30	30	4	4.2
	B 轴	25	25	4	4.3

图 9、10 和 11 分别给出了三个框架结构模型顶点（A 片和 B 片框架）的荷载-位移曲线。从图可看出随着结构或荷载不对称情况的加剧，结构的扭转变形也随之增加，使框架模型出现一片框架位移大于另一片框架。这就会使水平位移大的框架首先进入弹塑性，从而进一步加大结构的不对称。导致结构抗侧和抗扭刚度的继续退化，并显著地降低结构的极限承载力。另外。随着作用于框架模型上水平荷载的增加，结构各节点沿 x 方向的位移

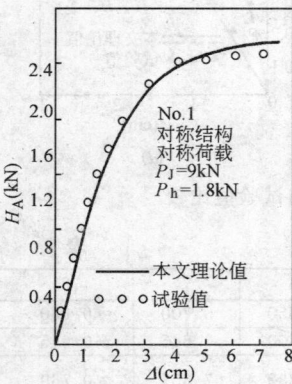

图 9 对称结构荷载位移曲线

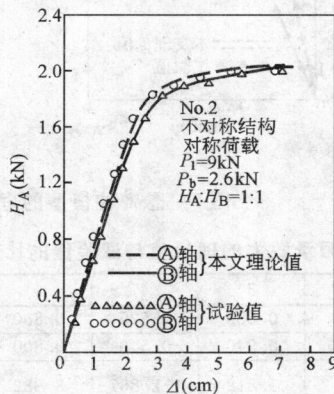

图 10 A 片框架荷载位移曲线

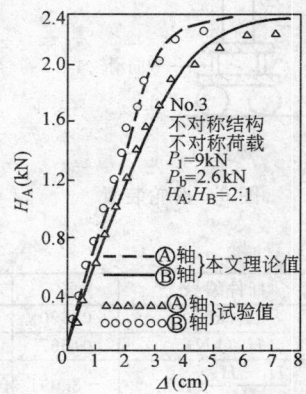

图 11 B 片框架荷载位移曲线

也随之增大。当结构达到极限承载力前的瞬时，结构各节点 y 方向的位移会突然加大，同时伴随着 x 方向水平位移的增加。这些会加大结构的扭转，导致结构底层柱的失稳。此时结构也随之以失稳而破坏。

试验框架模型的计算中，柱为一个杆单元，梁分为二个杆单元，以考虑节间集中荷载作用处可能会出现塑性的情况。从图上所示的理论值与试验值的比较可知，两者的荷载-位移曲线相当吻合。所得结构的极限承载力的相对误差亦在 5% 以内（表 4）。因此，可以认为本文的理论分析方法的计算精

模型框架极限承载力的理论值与试验值比较 表 4

模型编号	试验值 H_t(kN)	本文理论值 H_A(kN)	$\dfrac{H_t - H_a}{H_t}$(%)
1	2.10	2.16	-2.86
2	1.95	2.04	-4.61
3	2.40	2.48	-3.33

度能满足理论分析和工程设计的需要，有相当高的仿真性，能精确地描述结构的整个受力过程。

4 结 语

本文采用推导弹塑性单元的 Giberson 模型和总势能最小值原理，得到了空间杆单元的二阶弹塑性切线刚度矩阵，进而建立了空间钢框架结构的二阶弹塑性分析法。经验证，本文的理论分析方法是正确的。通过双向压弯杆和空间框架的模型试验，观察了空间受力杆和空间框架结构的受力性态，以及结构不对称和荷载不对称情况下的结构扭转效应。试验结果既是对本文理论方法的验证，又直观地显示了空间结构的受力性态。这些工作对高层钢结构塑性设计和弹塑性稳定分析的进一步研究，提供了有利条件。

参 考 文 献

1 J. H. Wynhoven, P. F. Adams. Analysis of Three-Dimensional Structures, J, Struct. Div., ASCE, (ST1), 1972

2 J. H. Wynhoven, P. F. Adams. Behavior of Structures under Loads Causing Torsion, J. Struct. Div., ASCE, (ST7), 1972

3 W. R. Hibbard, P. F. Adams. Subassemblage Technique for Asymmetric Structures, J. Struct, Div., ASCE, (ST11), 1973

4 M. F. Giberson. Two Nonlinear-Beams with Definitions of Ductility, J. Struct, Div., ASCE, (ST2), 1969

5 Lian Duan, et al. A Yield Surface Equation for Doubly Symmetrical Section, Eng. Struct. 1990, Vol. 12

6 丁洁民，沈祖炎. 多层及高层钢刚架的弹塑性稳定，同济大学学报，1989（2）

7 孟凡中. 弹塑性有限变形理论和有限元方法，清华大学出版社，1985

（本文发表于：建筑结构学报，1993 年第 6 期）

20. 柔性节点钢框架的二阶弹塑性极限承载力研究

沈祖炎　丁洁民

提　要：本文将有限元与 Rayleigh-Ritz 法相结合，建立了柔性节点钢框架的二阶弹塑性分析法。本文方法由于具有有限元与 Rayleigh-Ritz 法各自的优点，因而不仅有效地减少了所需求解的未知量，而且具有内存少、速度快和计算精度高等特点。对算例的分析研究表明，节点柔性将显著影响钢框架结构的稳定和极限承载力，而影响程度主要取决于梁线刚度与节点刚度系数之比 $EI/K_0 l$ 和柱中最大轴压比 N/N_y。经对大量算例结果的分析归纳，本文给出了考虑节点柔性的钢框架极限承载力实用计算方法，计算精度能满足工程需要。

关键词：柔性节点　钢框架　Rayleigh-Ritz 法

Ultimate Strength of Multistory Steel Frames With Semi-Rigid Beam-to-Column Connections

Shen Zuyan　Ding Jiemin

Abstract：A method for analyzing the behavior of semi-rigidly connected multistory planar steel frames is presented. This method possesses the advantages of both the finite element method and the Rayleigh-Ritz method. It not only does reduce the unknowns in analysis，but also demonstrates that the behavior of connections has important effects on the stability and ultimate strength of steel frames. The degree of the effect mainly depends on the ratio of beam stiffness to joint stiffness $EI/(K_{01})$ and the maximum axial compression force ratio N/N_y of column. Baseed on the analysis of a number of numerical examples，a practical method for calculating the ultimate strength on steel frames of semi-rigid beam-to-column connections with required engineering precision is also presented in the paper.

Keywords：Semi-Rigid Connections　Steel Frames　Rayleigh-Ritz Method

1　前　言

在钢结构设计时，通常总是假定梁柱的连接为完全刚接或完全铰接，以简化计算。但有关梁柱节点的试验结果表明[1][2]，对于常用的节点形式，其弯矩和相对转角的关系既非完全刚接，也非完全铰接，而是呈非线性状态（图 1）。钢框架结构不同的节点形式和性能将明显地影响结构分析的结果[3][4][5]。目前对钢框架柔性节点影响的研究仍局限于层数低的结构（层数≤4），而对多、高层钢框架结构的研究甚少，其原因主要是缺少合适的分析方法。

本文采用综合离散化的计算模型，把经典的 Rayleigh-Sitz 法和有限元法相结合，有效地减少了所需求解的未知量，从而得到了柔性节点钢框架的二阶弹塑性分析方法。在此基础上，通过对大量典型算例的分析计算，定量分析了节点柔性对结构极限承载力的影响，并提出了实用的修正公式，得到了一些结论。

常见梁柱节点形式的节点弯矩和相对转角的关系如图 1 所示，呈非线性状态，介于理想刚接和理想铰接之间，影响梁柱节点刚度的因素归纳起来主要是：（1）节点连接区中柱翼缘的变形；（2）梁端连接板的变形；（3）节点区连接螺栓或铆钉因受拉所产生的变形。虽然用有限元法能详尽地分析节点的受力性态，但这种方法却难以用于结构分析。目前应用较多的描述节点 $M-\theta_r$ 关系式的方法是用简单的表达式去拟合试验数据。常用的拟合模型有多项式模型、幂函数模型、指数函数模型和分段线性化模型等[7~9]。

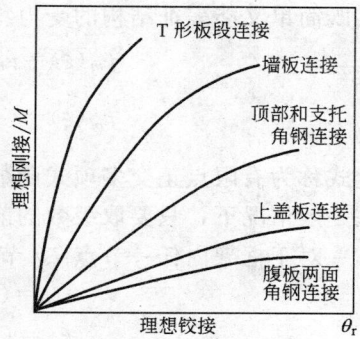

图 1 几种常见节点的 M-θ_r 关系

2 位移函数的选取

对图 2 所示的平面框架结构，取 $\xi_k = \dfrac{y_k}{H}$ 为 k 节点无量纲高度，H 为结构总高度。取 $\eta_k = \dfrac{x_k}{B}$ 为 k 节点无量纲宽度，B 为结构的总宽度。现假设在同一楼层面上，所有节点的水平位移相同。对于框架左右两边柱在第 i 层上的节点位移取：

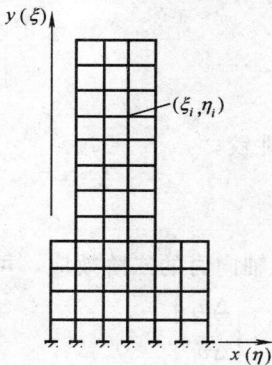

图 2 计算简图

$$\left.\begin{array}{l} u_i = \sum_{m=1}^{n} a_m u_m(\xi_i) = [f_u(\xi_i)]\{a\} \\[2mm] v_{i1} = \sum_{m=1}^{n} b_{1m} v_m(\xi_i) = [f_v(\xi_i)]\{b_1\} \\[2mm] v_{ir} = \sum_{m=1}^{n} b_{rm} v_m(\xi_i) = [f_v(\xi_i)]\{b_r\} \\[2mm] \theta_{i1} = \sum_{m=1}^{n} c_{1m} \varphi_m(\xi_i) = [f_\theta(\xi_i)]\{c_1\} \\[2mm] \theta_{ir} = \sum_{m=1}^{n} c_{rm} \varphi_m(\xi_i) = [f_\theta(\xi_i)]\{c_r\} \end{array}\right\} \qquad (1)$$

式中 u、v 和 θ 为沿坐标方向的两个线变位和一个角变位，以顺坐标方向为正；$\{a\}$、$\{b_1\}$、$\{b_r\}$、$\{c_1\}$ 和 $\{c_r\}$ 为待定系数；n 为多项式的项数。

合理选用结构位移函数是提高计算精度的主要因素之一。常用位移函数有：三角函

数、幂函数、梁的振型函数和样条函数等。考虑到本文研究对象是框架结构，并且希望算式既简单又能表征结构的受力特性，现取

$$
\left.
\begin{aligned}
f_m(\xi) &= u_m(\xi) = v_m(\xi) = \varphi_m(\xi) \\
f_m(\xi) &= (-1)^{m-1}\frac{(m+n)_1}{(m-1)_1(m+1)_1(n-m)_1}\xi_m
\end{aligned}
\right\}
\tag{2}
$$

上式称为有限点正交多项式函数，并能较好地反映结构的弯剪型变形[10]。计算结果表明，在一般情况下，只要取级数的前三项就能得到很高的计算精度。

对于框架内任一节点 j，节点竖向位移和转角位移可利用边柱节点位移得到

$$
\left.
\begin{aligned}
v_{ij} &= (1-\eta_j)v_{i1} + \eta_j v_{ir} + [f_t(\eta_j)]\{d_v\} \\
\theta_{ij} &= (1-\eta_j)\theta_{i1} + \eta_j\theta_{ir} + [f_t(\eta_j)]\{d_\theta\}
\end{aligned}
\right\}
\tag{3}
$$

式中 $\{d_v\}$ 和 $\{d_\theta\}$ 为待定系数，$[f_t(\eta_j)]$ 见式（4）。

$$
[f_t(\eta_j)] = [\eta_j(\eta_j-1)\ \eta_j(\eta_j^2-1)\cdots\eta_j(\eta_j^i-1)]
\tag{4}
$$

显然式（3）也适用于边界节点，因此第 i 层第 j 列节点的位移可统一表示为

$$
\{D_{ij}\} = [N_{ij}]\{\Delta\}
\tag{5}
$$

式中 $\{D_{ij}\} = [u_{ij}, v_{if}, \theta_{ij}]^T$；

$\{\Delta\} = [\{a\}^T, \{b_i\}^T, \{b_r\}^T, \{c_i\}^T, \{c_r\}^T, \{d_v\}^T, \{d_\theta\}^T]^T$；

$$
[N_{ij}] =
\begin{bmatrix}
[f(\xi_i)] & [0] & [0] & [0] & [0] & [0] & [0] \\
[0] & (1-\eta_j)[f(\xi_i)] & \eta_j[f(\xi_j)] & [0] & [0] & [f_t(\eta)] & [0] \\
[0] & [0] & [0] & (1-\eta_j)[f(\eta_i)] & \eta_j[f(\xi_i)] & [0] & [f_t(\eta_j)]
\end{bmatrix}
\tag{6}
$$

式（5）中的 $\{\Delta\}$ 均为待定系数，称为广义坐标。定义 $\{\Delta\}$ 为广义坐标向量，并和位移函数式（2）、（4）组成广义坐标系，以描述结构位移场。

3　结构刚度方程的建立和求解

3.1　基本假定

（1）材料为理想弹-塑性体；

（2）在同一楼层面上，所有节点的水平位移相等；

（3）构件的塑性仅出现在杆端并形成有一定转动能力的塑性铰；

（4）采用小变形理论。

3.2　柱的广义单元刚度方程

无节间荷载的等截面直杆，应用单分量模型[11]，同时考虑轴向力的二阶效应，可得

$$
\begin{Bmatrix}
\Delta\overline{N}_i \\
\Delta\overline{Q}_i \\
\Delta\overline{M}_i \\
\Delta\overline{N}_k \\
\Delta\overline{Q}_k \\
\Delta\overline{M}_k
\end{Bmatrix}
=
\begin{bmatrix}
e & 0 & 0 & -e & 0 & 0 \\
0 & a & b_i & 0 & -a & b_k \\
0 & b_i & c_i & 0 & -b_i & d \\
-e & 0 & 0 & e & 0 & 0 \\
0 & -a & -b_i & 0 & a & -b_k \\
0 & b_k & d & 0 & -b_k & c_k
\end{bmatrix}
\begin{Bmatrix}
\Delta\overline{u}_i \\
\Delta\overline{v}_i \\
\Delta\overline{\theta}_i \\
\Delta\overline{u}_k \\
\Delta\overline{v}_k \\
\Delta\overline{\theta}_k
\end{Bmatrix}
\tag{7}
$$

式中
$$a = \frac{k}{l^2} \left[\frac{1 - C^2(P_i + P_k) + 2CP_iP_k(1+C)}{1 - C^2(1-P_i)(1-P_k)} - \frac{u^2}{S} \right];$$

$$b_i = \frac{k}{l} \cdot \frac{P_i[1 - C^2(1-P_k) + CP_k]}{1 - C^2(1-P_i)(1-P_k)}; b_k = \frac{k}{l} \cdot \frac{P_k[1 - C^2(1-P_i) + CP_i]}{1 - C^2(1-P_i)(1-P_k)};$$

$$c_i = k \cdot \frac{P_i[1 - C^2(1-P_k)]}{1 - C^2(1-P_i)(1-P_k)}; c_k = k \cdot \frac{P_k[1 - C^2(1-P_k)]}{1 - C^2(1-P_i)(1-P_k)};$$

$$d = k \cdot \frac{CP_iP_k}{1 - C^2(1-P_i)(1-P_k)}; e = \frac{EA}{l}; k = S \cdot \frac{EI}{l}$$

其中 S 和 C 分别为考虑二阶效应的转角刚度系数和传递系数，当杆件受压时：

$$S = \frac{u(\sin u - u\cos u)}{2 - 2\cos u - u\sin u}, C = \frac{u - \sin u}{\sin u - u\cos u}。$$

当杆件受拉时：

$$S = \frac{u(u\operatorname{ch}u - \operatorname{sh}u)}{2 - 2\operatorname{ch}u + u\operatorname{sh}u}, C = \frac{\operatorname{sh}u - u}{\operatorname{sh}u - u\operatorname{ch}u}。$$

上式中 $u = l\sqrt{\dfrac{N}{EI}}$，$P_i$、$P_k$ 为描述杆端弹塑性状态的参数，$P=1$ 表示弹性状态，$P=0$ 表示塑性铰或铰接，$0<P<1$ 表示弹塑性状态。考虑节间荷载，式（7）可写成

$$\{\delta\overline{F}\} - \{\delta\overline{F}_t\} = [K_{ce}]\{\delta\overline{D}\} \tag{8}$$

式（8）为局部坐标系下的单元刚度方程，因此可按一般的方法得到在整体坐标系（图 2，oxy 坐标系）下的单元刚度方程

$$\{\delta F\} - \{\delta F_t\} = [K_c]\{\delta D\} \tag{9}$$

式中 $\{\delta F\} = [T_c]^T\{\delta\overline{F}\}$，$\{\delta F_t\} = [T_c]^T\{\delta\overline{F}_t\}$，$\{\delta D\} = [T_c]^T\{\delta\overline{D}\}$，$[K_c] = [T_c]^T[K_{ce}][T_c]$，$[T_c]$ 为坐标转换矩阵。

对于介于第 i 层和第 $i-1$ 层之间的柱，杆端力增量、杆端位移增量与广义荷载向量增量、广义坐标向量增量的关系可利用式（6）得到：

$$\{\delta F\} = [A_c]\{\delta P\}, \{\delta F_t\} = [A_c]\{\delta P_t\}, \{\delta D\} = [A_c]\{\delta\Delta\} \tag{10}$$

式中　$\{\delta P\} = [\{\delta Q_a\}^T, \{\delta Q_{b1}\}^T, \{\delta Q_{bt}\}^T, \{\delta Q_{cj}\}^T, \{\delta Q_{cr}\}^T, \{\delta Q_{dv}\}^T, \{\delta Q_{d\theta}\}^T]^T;$

$\{\delta D\} = [\{\delta a\}^T, \{\delta b_1\}^T, \{\delta b_r\}^T, \{\delta c_1\}^T, \{\delta c_r\}^T, \{\delta d_v\}^T, \{\delta d_\theta\}^T]^T;$

$\{\delta F\} = [\Delta N_{ij} \ \Delta Q_{ij} \ \Delta M_{ij} \ \Delta N_{(i-1)j} \ \Delta Q_{(i-1)f} \ \Delta M_{(i-1)j}]^T;$

$\{\delta D\} = [\Delta u_{ij} \ \Delta v_{ij} \ \Delta\theta_{ij} \ \Delta u_{(i-1)j} \ \Delta u_{(i-1)j} \ \Delta\theta_{(i-1)j}]^T;$

$[A_c] = [[N_{ij}]^T, [N_{(i-1)j}]^T]^T。$

其中 $\{\delta P_t\}$ 各项均和 $\{\delta P\}$ 相同，只需在各项中加上下标"f"即可，表示由节间荷载增量引起的广义荷载向量增量。这样便得到在广义坐标系下的柱单元刚度方程

$$\{\delta P\} - \{\delta P_t\} = [S_c]\{\delta\Delta\} \tag{11}$$

式中 $[S_c] = [A_c]^T[K_c][A_c]$。

3.3　梁的广义单元刚度方程

梁柱节点的柔性可用两端带有抗弯弹簧的梁来考虑（图 3）。弹簧刚度系数可用前节

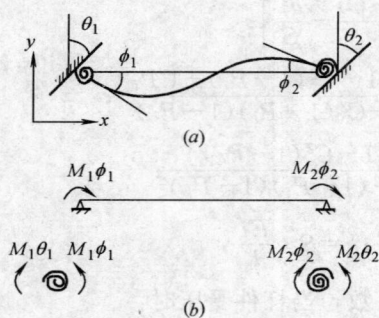

图 3　组合梁单元

所述方法来确定。现设梁左右弹簧刚度系数分别为 k_1 和 k_2。对于框架结构，梁中轴力较小且由基本假定 2，本文为简单起见忽略梁中二阶效应。由一般的结构力学和考虑弹塑性的单分量模型可得梁端弯矩增量为：

$$\left.\begin{array}{l} \Delta M_1 = \dfrac{EI}{l}(S_{11}\Delta\phi_1 + S_{12}\Delta\phi_2) \\[2mm] \Delta M_2 = \dfrac{EI}{l}(S_{21}\Delta\phi_1 + S_{22}\Delta\phi_2) \end{array}\right\} \tag{12}$$

式中　$S_{11} = \dfrac{4P_i\ (3+P_k)}{3+P_i+P_k-P_1P_k}$；

$\qquad S_{22} = \dfrac{4P_k\ (3+P_i)}{3+P_i+P_k-P_iP_k}$；

$$S_{12} = S_{22} = \frac{8P_iP_k}{3+P_i+P_k-P_iP_k}$$

其中 P_i、P_k 的物理意义与式（7）相同。

对于梁端弹簧有

$$\left.\begin{array}{l} \Delta M_1 = k_1\ (\Delta\theta_1 - \Delta\phi_1) \\[1mm] \Delta M_2 = k_2\ (\Delta\theta_2 - \Delta\phi_2) \end{array}\right\} \tag{13}$$

联立式（12）、（13）并从中消去 $\Delta\phi_1$、$\Delta\phi_2$ 可得

$$\left.\begin{array}{l} \Delta M_1 = \dfrac{EI}{l}\ (\overline{S}_{11}\Delta\theta_1 + \overline{S}_{12}\Delta\theta_2) \\[2mm] \Delta M_2 = \dfrac{EI}{l}\ (\overline{S}_{21}\Delta\theta_1 + \overline{S}_{22}\Delta\theta_2) \end{array}\right\} \tag{14}$$

式中　$\overline{S}_{11} = \dfrac{1}{D}[(1+a_2S_{22})S_{11} - a_2S_{12}^2]$；$\overline{S}_{22} = \dfrac{1}{D}[(1+a_1S_{11})S_{22} - a_1S_{12}^2]$；$\overline{S}_{12} = \overline{S}_{21} = \dfrac{S_{12}}{D}$；$D = (1+a_1S_{11})(1+a_2S_{22}) - a_1a_2S_{12}^2$；$a_1 = \dfrac{EI}{k_1l}$，$a_2 = \dfrac{EI}{k_2l}$。当两端固接时有 $k_1 = k_2 = \infty$，$a_1 = a_2 = 0$，由上式可退化到一般形式的倾角位移方程。

由此，可以得到两端带有弹簧的梁单元刚度方程

$$\{\delta\overline{F}\} - \{\delta\overline{F}_t\} = [K_{be}]\{\delta\overline{D}\} \tag{15}$$

式中　$\{\delta\overline{F}\} = [\Delta\overline{Q}_i\quad \Delta\overline{M}_i\quad \Delta\overline{Q}_k\quad \Delta\overline{M}_k]^T$；

$\qquad \{\delta\overline{D}\} = [\Delta\overline{v}_i\quad \Delta\overline{\theta}_i\quad \Delta\overline{v}_k\quad \Delta\overline{\theta}_k]^T$；

$\qquad [K_{be}]$——两端带弹簧的梁单元刚度矩阵；

$\qquad \{\delta\overline{F}_t\}$——由节间荷载所引起的杆端力增量，以均布荷载和梁仍在弹性范围为例，$\{\delta\overline{F}_t\} = \left\{\dfrac{ql}{2}\left[1+\dfrac{3}{D_1}(a_2-a_1)\right]\dfrac{ql^2}{12}\cdot\dfrac{3(1+6a_1)}{D_1}\dfrac{ql}{2}\left[1+\dfrac{3}{D_1}(a_1-a_2)\right] -\dfrac{ql^2}{12}\cdot\dfrac{3(1+6a_2)}{D_1}\right\}^T$，而 $D_1 = (2+6a_1)(2+6a_2) - 1$。

用得到柱单元广义刚度方程相同的方法，利用梁端位移增量、杆端力增量与广义坐标向量增量、广义荷载向量增量的关系可得

$$\{\delta P\} - \{\delta P_t\} = [S_b]\{\delta\Delta\} \tag{16}$$

式中　$[S_b]=[A_b]^T[K_b][A_b]$，$[K_b]=[T_b]^T[K_{be}][T_b]$，而 $[T_b]$ 为坐标转换矩阵；

$$\{\delta P_t\}=[A_b]^T\{\delta F_t\},\{\delta F_j\}=[T_b]^T\{\delta \overline{F}_t\};$$

$$\{\delta P\}=[A_b]^T\{\delta F\},\{\delta F\}=[T_b]^T\{\delta \overline{F}\};$$

$$\{\delta \Delta\}=[A_b]^T\{\delta D\},\{\delta D\}=[T_b]^T\{\delta \overline{D}\};$$

$[A_b]=[[N_{ij}^b]^T,[N_{i(j+1)}^b]^T]^T$，$[N_{ij}^b]$ 可以从式（6）中划去第一行得到。

符号意义与式（11）相同。

3.4　结构刚度方程的建立和求解

由于每个单元的独立变量均为 $\{\delta\Delta\}$，所以单元广义刚度矩阵的阶数和结构广义刚度矩阵的阶数相同。因此，可直接进行杆单元刚度方程的叠加得到结构刚度方程的增量形式

$$\{\delta P\}-\{\delta P_i\}=[S]\{\delta\Delta\} \tag{17}$$

式（17）中包括材料非线性和二阶效应，因此须采用增量迭代法来求解，具体计算步骤可参阅文献[12]。为了简化计算，用式（18）来求解杆端截面全塑性弯矩值（对 H 形和箱形截面杆），若杆端弯矩 $M\geqslant M_{PC}$，则说明该杆截面已进入塑性并形成塑性铰。

$$\left.\begin{aligned}M_{PC}&=M_P\left(\frac{N}{N_Y}\leqslant 0.15\right)\\ M_{PC}&=1.18M_P\left(1-\frac{N}{N_Y}\right)\left(\frac{N}{N_Y}>0.15\right)\end{aligned}\right\} \tag{18}$$

若在求解中发现结构广义刚度矩阵 $[S]$ 的行列式由正变负，此时结构已失稳，定义上一级收敛的荷载为结构的极限荷载。

为了观察本文提出方法的计算精度，取文献[8]的四层单跨框架的分析结果作一比较。$M-\theta_r$ 关系图取图 4 的双线性模型，分析结果的比较见图 5。从图可知结构极限承载力的相对误差约为 2.06%，在工作荷载下，楼层位移的最大误差在 3.1% 以内。从上述的比较可知，本文提出的柔性节点框架二阶弹塑性分析法的计算精度足以满足工程需要，且只须对已有的框架计算方法略作修改即可，不失为是一种柔性节点框架的有效分析法。

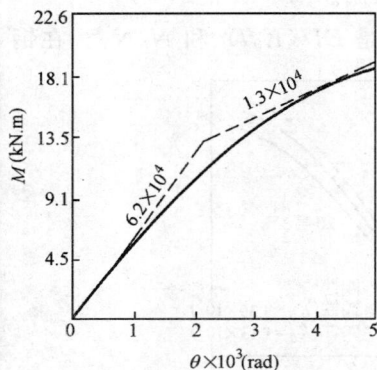

图 4　M-θ_r 关系曲线

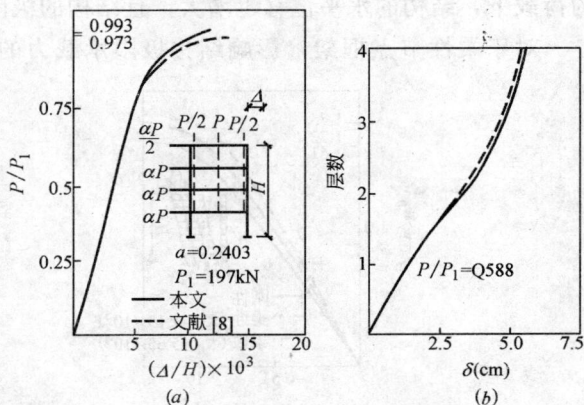

图 5　算例结果的比较

(a) 荷载-位移曲线；(b) 楼层位移

4 节点柔性的影响分析

4.1 算例的选择

图 6 所示是一组算例的框架尺寸。在选取这组框架时，考虑到目前常用的钢框架形式，其中：(1) 结构的高宽比取 0.8~5；(2) 结构的层数 5~30 层；(3) 结构梁柱线刚度之比的平均值 0.2~1.1；(4) 垂直荷载与水平荷载之比取 15~70。在计算时 $M-\theta_r$ 曲线取双线性模量，节点的强化刚系数 K_f 取节点初始刚度系数 K_0 的 1/40，即 $K_f = K_0/40$。

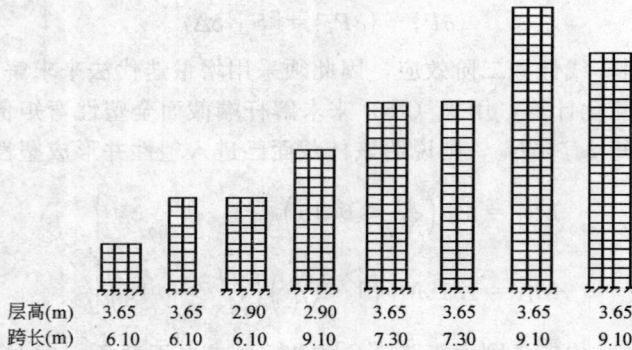

| 层高(m) | 3.65 | 3.65 | 2.90 | 2.90 | 3.65 | 3.65 | 3.65 | 3.65 |
| 跨长(m) | 6.10 | 6.10 | 6.10 | 9.10 | 7.30 | 7.30 | 9.10 | 9.10 |

图 6 算例的形状和尺寸

在不同条件下，节点柔性对钢框架结构分析的影响程度是不同的。经计算分析后发现，节点柔性对结构极限承载力的影响程度主要取决于：梁线刚度与节点刚度系数 K_0 之比的平均值 $EI/(K_0 l)$、结构中柱的轴压比 N/N_γ 和结构层数。

4.2 节点柔性对结构极限承载力的影响

由于节点柔性将降低结构的抗侧刚度，加大结构的水平位移和 $P\text{-}\Delta$ 效应，从而将显著降低结构的极限承载力。从图 7 的荷载-位移曲线可知，随着节点柔性的增加，在相同的荷载下，结构的水平位移也增大，且结构的极限承载力降低。

对于柔性节点框架，影响结构极限承载力的主要因素是 $EI/(K_0 l)$ 和 N/N_Y。在钢

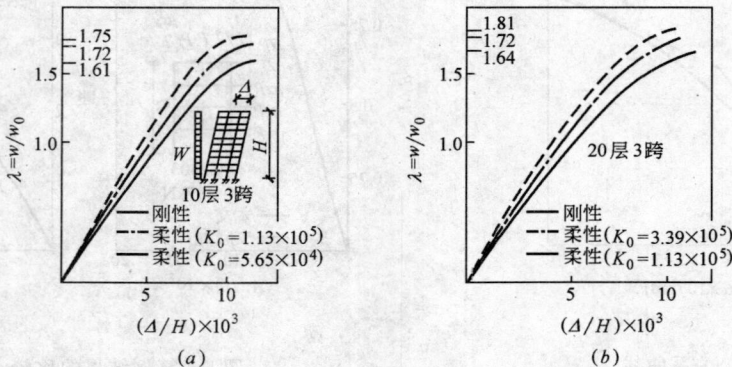

图 7 10 层 3 跨、20 层 3 跨框架的荷载-位移曲线

框架结构分析中，二阶效应主要是 $P\text{-}\Delta$ 效应。由式（7）可知柱的单元刚度矩阵与柱中轴压比和塑性情况有关，随着轴压比的增大和塑性铰出现而"软化"，而塑性弯矩又与轴压比有关（式（18））。对于梁来说，由式（14）可知节点柔性反映在相对刚度系数 a 上（$a = EI/(K_0 l)$），随 a 值增加梁单元刚度而趋于"软化"。梁与柱的这种"软化"将降低结构抗侧刚度，加大 $P\text{-}\Delta$ 效应和降低结构的极限承载力。表 1 给出了不同 $EI/(K_0 l)$ 和 N/N_Y 时一些算例的计算结果，表中下标 r 和 s

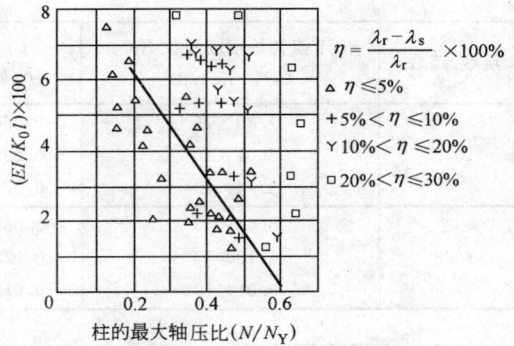

图 8　两种影响因素的相互关系

分别表示不考虑和考虑节点柔性的计算值。进一步的计算分析表明，$EI/(K_0 l)$ 和 N/N_Y 是两个独立的影响因素，对结构极限承载力的影响也不总是处在同一水平上，但两者的增加都将使结构极限承载力降低，降低率约为 $5\% \sim 30\%$。从图 8 中可以对两者的影响有一比较直观的了解。图中 λ 为极限荷载乘数因子。若以节点柔性使结构极限承载力降低 5% 为界，则当结构参数 $EI/(K_0 l)$ 和 N/N_Y 落在图 8 粗黑线左下方时，可以忽略节点柔性的影响。另外，经分析满焊梁柱节点性能基本符合刚性节点限定。

节点柔性对结构极限承载力的影响　　　　　　　　表 1

层数/跨数	节点初始刚度系数 K_0 (kN·m/rad)	$\dfrac{EI}{K_0 l}$	柱中最大轴压比 N/N_T	$\dfrac{P_r - P_s}{P_r} \times 100\%$
10/3	5.65×10^4	0.064	0.62	25.01
	1.13×10^5	0.032	0.62	21.09
	5.65×10^4	0.064	0.46	8.02
26/3	1.77×10^5	0.05	0.5	9.09
	1.13×10^5	0.078	0.5	22.72
30/3	3.39×10^5	0.066	0.51	17.39
	3.39×10^5	0.066	0.40	6.78
	6.78×10^5	0.033	0.51	1.26

对于 10 层以下钢框架，梁柱采用满焊或混合节点，且节点能承受的极限弯矩不小于梁全塑性弯矩值 M_p，另外柱中轴压比有 $\dfrac{N}{N_Y} \leqslant 0.45$ 时，由表 2 给出的部分算例结果可知，可以忽略节点柔性对结构极限承载力的影响。

节点柔性对 10 层以下结构极限承载力的影响　　　　　　表 2

层数/跨数	节点初始刚度系数 K_0 (kN·m/rad)	$\dfrac{EI}{K_c l}$	柱中最大轴压比 $\dfrac{N}{N_Y}$	$\dfrac{P_r - P_s}{P_r} \times 100\%$
5/3	1.13×10^5	0.055	0.36	5.21
	1.49×10^5	0.042	0.36	2.68
	3.01×10^5	0.022	0.36	1.91

续表

层数/跨数	节点初始刚度系数 K_0 （kN·m/rad）	$\dfrac{EI}{K_c l}$	柱中最大轴压比 $\dfrac{N}{N_Y}$	$\dfrac{P_r - P_s}{P_r} \times 100\%$
10/2	1.49×10^5	0.066	0.38	6.87
	3.01×10^5	0.033	0.43	4.87
	3.74×10^5	0.026	0.38	3.36
10/3	5.65×10^4	0.064	0.46	8.02
	1.13×10^5	0.032	0.46	1.15
	3.01×10^4	0.012	0.46	0.39

4.3 实用修正方法

若以节点柔性使结构极限承载力降低率在 5% 以内为界限，则满足以下两个条件中的一个可不用考虑节点柔性的影响。

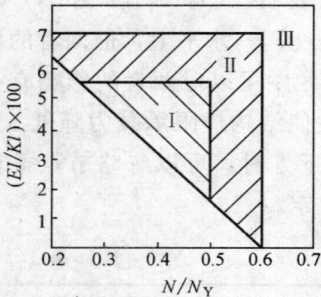

图 9

1. 梁柱为满焊连接，或 10 层以下框架采用满焊和混合节点。

2. 结构中的参数 $\dfrac{EI}{K_0 l}$ 和 $\dfrac{N}{N_Y}$ 满足式（19）；或者 $\dfrac{N}{N_Y} \leqslant 0.2$。

$$\frac{N}{N_Y} \leqslant -6.25 \frac{El}{K_0 l} + 0.6 \tag{19}$$

当不满足上述条件时，可按式（20）对按刚性节点计算所得的结构极限承载力进行修正，以考虑节点柔性的影响。

$$\lambda_s = \mu \lambda_r \tag{20}$$

式中：λ_s 为修正后的荷载乘数因子；λ_r 为按刚性节点假定所得的极限荷载乘数因子；μ 为修正系数，按图 9 取值，区域 I $\mu = 0.9$，区域 II $\mu = 0.85$，区域 III $\mu = 0.75$。

参 考 文 献

1 Standig, K. F. et al.. Tests of Bolted Beam-to-Column Flange Moment Connection, Welding Research Council Bulletin, Aug., 1976

2 Howlett, J. H., et al. Joints in Structural Steelwork, Pentech Press, April, 1981

3 沈祖炎，丁洁民. 高层和超高层钢结构静力分析中几个问题的研究，钢结构在建筑工程中应用的学术会议论文集，上海，1989

4 丁洁民，沈祖炎. 节点柔性对高层钢结构的影响. 结构工程师. 1989 年第 4 期

5 Ding Jieming, Shen Zuyan：The Inelastic Stability of Tall Steel Frames with Flexible Beam-to-Column Connections, Proc. of Fourth International Colloquium on Structural Stability，北京，1989

6 蔡承武等：结构分析中的综合离散法，固体力学学报，1982 年第 3 期

7 Frye, M. J. & Morn's, G. A.. Analysis of Flexibly Connected Steel Frames Canadian J. of Civil Engineers，No. 3，Sept.，1976

8 Lui, E. M., Chen, W. F.. Analysis and Behavior of Flexibly Jointed Frames, Engng. Struct.

Vol. 8；April，1986

9　丁洁民. 柔性节点框架的非线性分析和研究，上海城市建设学院学报，1988 年，第 4 期

10　Worsak，K. N.. et al.. A Versatile Finite Strip Model for Three-Dimensional Tall Building Analysis，Earthq. Engng. Struct. Dyn. Vol. 11，1983

11　Gliberson，M. F.. Two Nonlinear Beam with Definitions of Ductility，J. Struct. Div.，ASCE，ST2，1969

12　丁洁民，沈祖炎. 多层及高层钢刚架的弹塑性稳定，同济大学学报，1989 年第 2 期

13　Ackroyd，M. H. Gerstle，K. H.. Behavior of Type 2 Steel Frames，J. Struct. Div，ASCE，ST7，1982

（本文发表于：建筑结构学报，1992 年第 1 期）

21. 空间钢框架结构弹塑性稳定
的综合离散分析法

沈祖炎　丁洁民

提　要：本文采用综合离散化分析方法进行空间钢框架结构的弹塑性稳定计算。该方法既采用了有限元法处理离散结构的便利，又通过力学途径来减少所需求解的未知量。算例结果表明，本文方法不仅有很高的计算精度，且省时省空间，是一种空间钢框架结构稳定分析的实用方法。

关键词：弹塑性稳定　综合离散分析法　空间钢框架

The Inelastie Stability of Space Steel Frame by
Synthetic Discrete Method

Shen Zuyan　Ding Jiemin

Abstract：A synthetic discrete method is presented for the analysis of the inelastic stability of space steel frames. The method not only possesses the FEM advantages for discrete structures, but also reduces the unknowns in structural analysis. Numerical results show that this method can greatly reduce the time of computation and has satisfactory precision. In view of the elasto-plastic stability of space steel frames for the engineering design.

Keywords：Inelastic stability　Synthetic discrete method　Space steel frames

1 引　言

空间杆系有限元方法虽然能较精确地描述结构的平衡路径，得到结构的极限承载力。但即使是一个中小型结构，计算仍很费机时。因此，有必要给出既有一定的计算精度，又能在微机上实现的结构弹塑性稳定的实用分析方法。目前用于结构弹塑性稳定分析的计算模型有两种：等效构架和等效层框架[1,2]，由此得到两种简化分析方法。由于这两种简化分析方法都侧重于对结构分析模型的简化，p-Δ 效应用假想楼层附加水平力来替代，使一些影响因素难以在计算中得到确切反映，而且分析模型与结构原型之间存在着较大的差异，故而只能用于一般的定性分析。

本文提出的空间钢框架结构弹塑性稳定的实用分析方法，不是对结构分析原型作简化，而是借助于把经典力学的解析解成果与有限元方法相结合，通过把结构综合离散化的手段[3]，达到计算方法的简化。算例结果表明，本文方法不仅适用于规则空间钢框架结构分析，而且适用于不规则空间钢框架结构。

2　基本假定

（1）忽略梁单元平面外刚度；

（2）楼板在自身平面内刚度无限大，出平面刚度无限小；

（3）杆截面为双轴对称，忽略杆端翘曲变形，且塑性只出现在杆端部。

上述假定中第 1，2 条是常采用的，对于第 3 条假定，已有的研究表明：当杆的长细比大于 10 时可忽略杆端翘曲变形[4]，一般情况下可用杆端塑性变形来考虑杆中塑性区的影响[5]。

3　位移函数的选取

用综合离散化法分析高层建筑结构，位移沿结构高度的变化规律由满足边界条件的位移函数表示，即用一组带有待定参数的级数来逼近结构的真实位移。从函数逼近论的角度看，凡能保证收敛于或逼近于真实解的函数系 $\{f_n(z)\}$，一般应具备四个条件：连续性、无关性、完备性和正交性。前三条构成问题的重要条件，第四条使函数在某种意义上紧凑，防止误差扩散化，使计算稳定。对于实际使用，函数系的完备性主要应使所选取函数系能满足问题的边界条件和反映问题的特征。

目前用于高层建筑结构分析的位移函数有：幂函数、梁的振型函数、三角函数和样条函数。本文取正交多项式为结构的位移函数。

$$f_m(z) = \sum_{n=1}^{m} (-1)^{n-1} \frac{(m+n)!}{(n-1)!(n+1)!(m-n)!} \left(\frac{z}{H}\right)^n \quad (1)$$

图 1　空间框架结构

上式区域为 $[0, H]$，H 为结构总高度。由于式（1）能较好地反映弯剪型结构的变形特征，且具有在有限点上正交的性质，故其计算精度和稳定性都较好[9]。在一般情况下，只要取级数的前三项就能得到较高的计算精度。

对于图 1 所示的空间框架结构，取 $\xi_k = \dfrac{z_k}{H}$ 为 k 节点的无量纲高度，H 为结构的总高度。则 ξ_k 节点的位移有

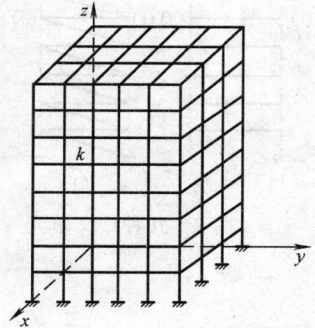

$$\{D_k\} = \begin{Bmatrix} u_{xk} \\ u_{yk} \\ \theta_{zk} \\ u_{zk} \\ \theta_{yk} \\ \theta_{xk} \end{Bmatrix} = \sum_{m=1}^{r} \begin{bmatrix} f_m(\xi_k) & & & & & \\ & f_m(\xi_k) & & & & \\ & & f_m(\xi_k) & & 0 & \\ & 0 & & f_m(\xi_k) & & \\ & & & & f_m(\xi_k) & \\ & & & & & f_m(\xi_k) \end{bmatrix} \begin{Bmatrix} a_{xm} \\ a_{ym} \\ b_{zm} \\ a_{zm} \\ b_{ym} \\ b_{xm} \end{Bmatrix}$$

$$= \sum_{m=1}^{r} [N_k]_m \{d\}_m = [N_k]\{d\} \tag{2}$$

式中：

$[N_k] = [[N_k]_1, [N_k]_2, \cdots, [N_k]_r]; \{d\} = [\{d\}_1^{\mathrm{T}}, \{d\}_2^{\mathrm{T}}, \cdots, \{d\}_r^{\mathrm{T}}]^{\mathrm{T}};$

$\{d\}_1 = [a_{x1}, a_{y1}, b_{z1}, a_{z1}, b_{y1}, b_{x1}]^{\mathrm{T}};$

式中：$\{d\}$ 为待定参数，可称之为广义位移，$[N_k]$ 为节点位移与广义位移的转换矩阵；$\{D_k\}$ 为 k 节点沿结构坐标方向的三个线位移和三个角位移，以顺坐标方向为正。

4　几种广义单元

综合离散法用位移函数来反映在平面同一位置处的节点位移沿竖向的变化规律，水平面方向仍处于离散状态，分成不同的广义单元。这些广义单元可按有限元的方法拼装成结构的广义刚度方程，并解之。对于空间框架结构可分成广义柱和广义梁单元，梁平面内带支撑杆可看成广义梁单元的一种特殊形式。

4.1　广义梁单元

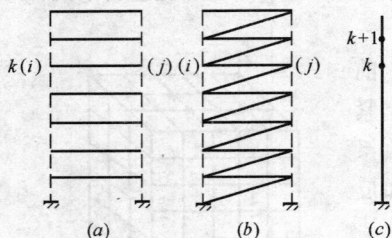

图 2　几种广义单元

广义梁单元如图 2（a）所示，两端分别与第 i 根和第 j 根广义柱单元相连。由基本假定（2）可忽略梁中轴向变形的影响。由文献 [6] 可得梁杆端力与杆端位移的增量关系

$$\{\Delta \overline{F}_{ij}\} = \begin{Bmatrix} \Delta Q_{zi} \\ \Delta M_{yi} \\ \Delta Q_{zi} \\ \Delta M_{yi} \end{Bmatrix}$$

$$= \begin{bmatrix} \alpha & \beta_i & -\alpha & \beta_j \\ \beta_i & \gamma_i & -\beta_i & \omega \\ -\alpha & -\beta_i & \alpha & -\beta_j \\ \beta_j & \omega & -\beta_j & \gamma_j \end{bmatrix} \begin{Bmatrix} \Delta u_{zi} \\ \Delta \theta_{yi} \\ \Delta u_{zj} \\ \Delta \theta_{yj} \end{Bmatrix} = [K_{\mathrm{bp}}]\{\Delta \overline{D}\} \tag{3}$$

式中

$\alpha = s \dfrac{EI}{l^3} \cdot \dfrac{[(1-c^2)(\eta_i+\eta_j) + 2c\eta_i\eta_j(1+c)]}{1-c^2(1-\eta_i)(1-\eta_j)};$

$\beta_i = s \dfrac{EI}{l^2} \cdot \dfrac{\eta_i[1-c^2(1-\eta_j)+c\eta_j]}{1-c^2(1-\eta_i)(1-\eta_j)};$ $\quad \beta_j = s \dfrac{EI}{l^2} \cdot \dfrac{\eta_j[1-c^2(1-\eta_i)+c\eta_i]}{1-c^2(1-\eta_i)(1-\eta_j)};$

$\gamma_i = s \dfrac{EI}{l} \cdot \dfrac{\eta_i[1-c^2(1-\eta_j)]}{1-c^2(1-\eta_i)(1-\eta_j)};$ $\quad \gamma_i = s \dfrac{EI}{l} \cdot \dfrac{\eta_j[1-c^2(1-\eta_i)]}{1-c^2(1-\eta_i)(1-\eta_j)};$

$\omega = s \dfrac{EI}{l} \cdot \dfrac{c\eta_i\eta_j}{1-c^2(1-\eta_i)(1-\eta_j)};$ $\quad s = \dfrac{4+r}{1+r},$ $\quad c = \dfrac{2-r}{4+r},$ $\quad r = \dfrac{12\mu EI}{GAl^2}$

其中：η_i 和 η_j 为杆端弹塑性参数，当 $\eta=1$ 时为弹性阶段，当 $1 > \eta \geqslant 0$ 时为弹塑性阶段。

局部坐标与整体坐标的关系为：

$$\{\overline{D}_i\} = [A_b]\{D_i\} \tag{4}$$

式中

$$\{\overline{D}_i\} = [\overline{u}_{zi},\ \overline{\theta}_{yi}]^{\mathrm{T}};\quad \{D_i\} = [u_{xi},\ u_{yi},\ \theta_{zi},\ \theta_{zi},\ \theta_{yi},\ \theta_{xi}]^{\mathrm{T}};$$

$$[A_{\mathrm{b}}] = \begin{bmatrix} 0 & 0 & 0 & 1 & 0 & 0 \\ 0 & 0 & 0 & 0 & \cos\varphi & -\sin\varphi \end{bmatrix}$$

对于 $\overline{x}O\overline{z}$ 平面内的梁单元有

$$\{\overline{D}_{ij}\} = \begin{Bmatrix} \{\overline{D}_i\} \\ \{\overline{D}_j\} \end{Bmatrix} = \begin{bmatrix} [A_{\mathrm{b}}] & [0] \\ [0] & [A_{\mathrm{b}}] \end{bmatrix} \begin{Bmatrix} \{D_i\} \\ \{D_j\} \end{Bmatrix} = [T_{\mathrm{b}}]\{D_{ij}\} \tag{5}$$

由节点位移与广义位移的转换矩阵式（2），可得第 k 层梁端位移与广义位移的关系：

$$\{D_{ij}\} = \begin{Bmatrix} \{D_i\} \\ \{D_j\} \end{Bmatrix} = \begin{bmatrix} [N_k] & [0] \\ [0] & [N_k] \end{bmatrix} \begin{Bmatrix} \{d_i\} \\ \{d_j\} \end{Bmatrix} = [N_{k,k}]\{d_{ij}\} \tag{6}$$

经变换，得第 k 层梁单元广义力与广义位移的增量关系：

$$\{\Delta F_{ij}^{\mathrm{d}}\}_k = [K_{ij}^{\mathrm{b}}]_k\{\Delta d_{ij}\} \tag{7a}$$

式中

$$\{\Delta F_{ij}^{\mathrm{d}}\}_k = [N_{k,k}]^{\mathrm{T}}[T_{\mathrm{b}}]^{\mathrm{T}}\{\Delta \overline{F}_{ij}\}_k; \tag{7b}$$

$$[K_{ij}^{\mathrm{b}}]_k = [N_{k,k}]^{\mathrm{T}}[T_{\mathrm{b}}]^{\mathrm{T}}[K_{\mathrm{bp}}][T_{\mathrm{b}}][N_{k,k}] \tag{7c}$$

第 ij 根广义梁单元刚度方程为：

$$\{\Delta F_{ij}^{\mathrm{d}}\} = [K_{ij}^{\mathrm{b}}]\{\Delta d_{ij}\} \tag{8}$$

式中 $[K_{ij}^{\mathrm{b}}] = \sum_{k=1}^{t}[K_{ij}^{\mathrm{b}}]_k$；$\{\Delta F_{ij}^{\mathrm{d}}\} = \sum_{k=1}^{t}\{\Delta F_{ij}^{\mathrm{d}}\}_k$。其中 t 为结构层数；$[K_{ij}^{\mathrm{b}}]$ 为第 ij 根广义梁单元的切线刚度方程。

对于 $\overline{y}O\overline{z}$ 平面的梁，可用上述方法作相同的处理。如果考虑带有支撑杆广义梁单元（图 2（b）），支撑杆为仅受轴力的两力杆，杆端位移可用相似的变换方法，得到第 k 层支撑杆广义刚度方程，其刚度矩阵为 $[K_{ij}^{\mathrm{s}}]_k$。叠加各层支撑广义刚度矩阵得 $[K_{ij}^{\mathrm{s}}] = \sum_{k=1}^{t}[K_{ij}^{\mathrm{s}}]_k$，最终可得带支撑杆广义梁单元的刚度矩阵为 $[K_{ij}^{\mathrm{bs}}] = [K_{ij}^{\mathrm{b}}] + [K_{ij}^{\mathrm{s}}]$。

4.2 广义柱单元

设第 i 根广义柱离坐标原点的位置如图 3 所示，局部坐标位移与局体坐标位移的关系为：

图 3 坐标系

$$\{\overline{D}_i\} = \begin{Bmatrix} \overline{u}_{zi} \\ \overline{u}_{xi} \\ \overline{\theta}_{yi} \\ \overline{u}_{yi} \\ \overline{\theta}_{xi} \\ \overline{\theta}_{zi} \end{Bmatrix} = \begin{bmatrix} 0 & 0 & 0 & 1 & 0 & 0 \\ \cos\varphi & \sin\varphi & z_x & 0 & 0 & 0 \\ 0 & 0 & 0 & 0 & \cos\varphi & -\sin\varphi \\ -\sin\varphi & \cos\varphi & z_y & 0 & 0 & 0 \\ 0 & 0 & 0 & 0 & \sin\varphi & \cos\varphi \\ 0 & 0 & 1 & 0 & 0 & 0 \end{bmatrix} \begin{Bmatrix} u_{xi} \\ u_{yi} \\ \theta_{zi} \\ u_{zi} \\ \theta_{yi} \\ \theta_{xi} \end{Bmatrix} = [A_{\mathrm{c}}][D_i] \tag{9}$$

式中 $z_x = x_i\sin\varphi - y_i\cos\varphi$；$z_y = x_i\cos\varphi + y_i\sin\varphi$；$\varphi$ 为截面形心主轴 $\overline{x}$ 与结构坐标系 x 轴的夹角；x_i，y_i 分别为柱截面形心至结构坐标原点的距离。

对于第 k 层第 i 列柱端位移有

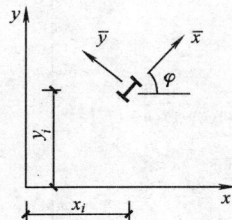

$$\{\overline{D}_i\}_k = \left\{ \begin{array}{c} \{\overline{D}\}_{k+1} \\ \{\overline{D}\}_k \end{array} \right\} = \left[\begin{array}{cc} [A_c] & [0] \\ [0] & [A_c] \end{array} \right] \left\{ \begin{array}{c} \{D\}_{k+1} \\ \{D\}_k \end{array} \right\} = [T_c]\{D_i\}_k \tag{10}$$

与梁相同，由转换矩阵可得第 k 层柱端位移与广义位移的关系为：

$$\{D_i\}_k = \left[\begin{array}{c} [N_{k+1}] \\ [N_k] \end{array} \right]\{d_i\} = [N_{k,(k+1)}]\{d_i\} \tag{11}$$

经变换，得第 k 层柱单元广义力与广义位移的增量关系：

$$\{\Delta F_i^d\}_k = [K_i^c]_k\{\Delta d_i\} \tag{12a}$$

式中
$$\{\Delta F_i^d\}_k = [N_{k,(k+1)}]^T[T_c]^T\{\Delta \overline{F}_i\}_k; \tag{12b}$$

$$[K_i^c]_k = [N_{k,(k+1)}]^T[T_c]^T[K_{sp}][T_c][N_{k,(k+1)}] \tag{12c}$$

其中，$[K_{sp}]$ 为考虑几何和材料非线性的空间受力杆单元切线刚度矩阵，可由式（3）和利用最小总势能原理[7]，并考虑轴向变形得到。具体表达式为：

$$[K_{sp}] = [K_{fe}] + [K_{ge}] \tag{13a}$$

$$[K_{fe}] = \left[\begin{array}{cc} [K_{fk,k}] & [K_{fk,(k+1)}] \\ [K_{f(k+1),k}] & [K_{f(k+1),(k+1)}] \end{array} \right] \tag{13b}$$

$$[K_{fk,k}] = \left[\begin{array}{ccccc} e & & & & \\ & a_x,\beta_{xk} & 0 & & \\ & \beta_{xk},\gamma_{xk} & & & \\ & & & a_y,\beta_{yk} & \\ & 0 & & \beta_{yk},\gamma_{yk} & \\ & & & & h \end{array} \right], \quad [K_{fk,(k+1)}] = \left[\begin{array}{ccccc} -e & & & & \\ & -a_x,\beta_{x(k+1)} & 0 & & \\ & -\beta_{xk},\omega_x & & & \\ & & & -a_y,\beta_{y(k+1)} & \\ & 0 & & -\beta_{yk},\omega_y & \\ & & & & -h \end{array} \right]$$

$$[K_{f(k+1)(k+1)}] = \left[\begin{array}{ccccc} e & & & & \\ & a_x,-\beta_{x(k+1)} & 0 & & \\ & -\beta_{x(k+1)},\gamma_{x(k+1)} & & & \\ & & & a_y,-\beta_{y(k+1)} & \\ & 0 & & -\beta_{y(k+1)},\gamma_{y(k+1)} & \\ & & & & h \end{array} \right] \quad [K_{f(k+1),k}] = [K_{fk,(k+1)}]^T$$

上式中下标 x 和 y 分别表示在计算式（3）各参数时，用 η_x、I_x 和 η_y、I_y 来计算，符号意义与式（3）相同；$e = \dfrac{EA}{l}$，$h = vEI_\omega$；$v = \dfrac{\lambda^3 \mathrm{sh}\lambda l}{2 - 2\mathrm{ch}\lambda l + \lambda l\mathrm{sh}\lambda l}$，$\lambda = \sqrt{GI_k/EI_\omega}$，$I_k$、$I_\omega$ 分别为杆件截面的扭转惯矩和扇性惯矩；η_x、η_y 为空间杆件在两个主轴的塑性参数，可通过杆截面屈服面方程得到[8]。

$$[K_{ge}] = \left[\begin{array}{cc} [K_{gk,k}] & [K_{gk,(k+1)}] \\ [K_{g(k+1),k}] & [K_{g(k+1),(k+1)}] \end{array} \right] \tag{13c}$$

$$[K_{gk,k}] = \left[\begin{array}{cccc} 0 & 0 & 0 & 0 \\ & -N[z_1] & 0 & [Mx_1] \\ & & -N[z_1] & [My_1] \\ & 对称 & & [M\varphi_1] \end{array} \right],$$

$$[K_{gk,(k+1)}]=\begin{bmatrix} 0 & 0 & 0 & 0 \\ 0 & -N[z_2] & 0 & [Mx_2] \\ 0 & 0 & -N[z_2] & [My_2] \\ 0 & [Mx_3]^T & [My_3]^T & [M\varphi_2] \end{bmatrix}$$

$$[K_{g(k+1),(k+1)}]=\begin{bmatrix} 0 & 0 & 0 & 0 \\ & -N[z_4] & 0 & [Mx_4] \\ \text{对称} & & -N[z_4] & [My_4] \\ & & & [M\varphi_4] \end{bmatrix},$$

$$[K_{g(k+1),k}]=[K_{gk,(k+1)}]^T$$

$$[Mx]=\begin{bmatrix} [Mx_1] & [Mx_2] \\ [Mx_3] & [Mx_4] \end{bmatrix}=-M_{xk(k+1)}\begin{bmatrix} [zM_1] & [zM_2] \\ [zM_3] & [zM_4] \end{bmatrix}-Q_{yk(k+1)}\begin{bmatrix} [zQ_1] & [zQ_2] \\ [zQ_3] & [zQ_4] \end{bmatrix}$$

$$[My]=\begin{bmatrix} [My_1] & [My_2] \\ [My_3] & [My_4] \end{bmatrix}=M_{xk(k+1)}\begin{bmatrix} [zM_1] & [zM_2] \\ [zM_3] & [zM_4] \end{bmatrix}+Q_{xk(k+1)}\begin{bmatrix} [zQ_1] & [zQ_2] \\ [zQ_3] & [zQ_4] \end{bmatrix}$$

$$[M\varphi]=\begin{bmatrix} [M\varphi_1] & [M\varphi_2] \\ [M\varphi_3] & [M\varphi_4] \end{bmatrix}=-\frac{6}{5l}(Nr_0^2+R)\begin{bmatrix} 1 & -1 \\ -1 & 1 \end{bmatrix}$$

$$\begin{bmatrix} [z_1] & [z_2] \\ [z_3] & [z_4] \end{bmatrix}=\begin{bmatrix} \frac{6}{5l} & \frac{1}{10} & \vdots & -\frac{6}{5l} & \frac{1}{10} \\ \frac{1}{10} & \frac{2l}{15} & \vdots & -\frac{1}{10} & -\frac{l}{30} \\ \cdots & \cdots & \cdots & \cdots & \cdots \\ -\frac{6}{5l} & -\frac{1}{10} & \vdots & \frac{6}{5l} & -\frac{1}{10} \\ \frac{1}{10} & -\frac{l}{30} & \vdots & -\frac{1}{10} & \frac{2l}{15} \end{bmatrix},$$

$$\begin{bmatrix} [zM_1] & [zM_2] \\ [zM_3] & [zM_4] \end{bmatrix}=\begin{bmatrix} \frac{6}{5l} & \vdots & -\frac{6}{5l} \\ \frac{1}{10} & \vdots & -\frac{1}{10} \\ \cdots & \cdots & \cdots \\ -\frac{6}{5l} & \vdots & \frac{6}{5l} \\ \frac{1}{10} & \vdots & -\frac{1}{10} \end{bmatrix},$$

$$\begin{bmatrix} [zQ_1] & [zQ_2] \\ [zQ_3] & [zQ_4] \end{bmatrix}=\begin{bmatrix} \frac{1}{10} & \vdots & -\frac{11}{10} \\ \frac{l}{5} & \vdots & -\frac{l}{5} \\ \cdots & \cdots & \cdots \\ -\frac{1}{10} & \vdots & \frac{11}{10} \\ -\frac{l}{10} & \vdots & \frac{l}{10} \end{bmatrix}$$

上式中 r_0 为截面的回转半径，R 为与截面残余应力有关的参数。

第 i 根广义柱单元刚度方程，只须把该广义柱单元中各层柱的广义刚度方程直接叠加便可得到

$$\{\Delta F_i^d\}=[K_i^c]\{\Delta d_i\} \tag{14}$$

式中 $[K_i^c]=\sum_{k=1}^t [K_i^c]_k, \{\Delta F_i^d\}_k=\sum_{k=1}^t \{\Delta F_i^d\}_k$。

5   广义结构刚度方程的建立和求解

因本文假设楼板在自身平面内刚度为无限大，每个楼层有三个独立的位移（两个水平位移 u_x、u_y 和一个绕竖直轴 z 的扭转角 θ_z）。这三个位移沿结构竖向的变化，与其他位移一样用位移函数来反映。楼板的三个位移方向的广义位移数为 $3r$ 个（r 为所取级数的项数），即

$$\{d_H\}=[\{a_x\}^T,\{a_y\}^T,\{b_z\}^T]^T \tag{15}$$

这样每个节点还有三个广义位移 $\{a_z\}$、$\{b_x\}$、$\{b_y\}$，根据结构平面各节点的编号，按照有限元对号入座的方法进行叠加，若结构平面共有 s 个节点，则：

$$\{d_R\}=[\{a_z\}_1^T,\{b_x\}_1^T,\{b_y\}_1^T,\{a_z\}_2^T,\{b_x\}_2^T,\{b_y\}_2^T,\cdots,\{a_z\}_s^T,\{b_x\}_s^T,\{b_y\}_s^T]^T \tag{16}$$

结构总的广义位移量为：

$$\{d\}=[\{d_H\}^T,\{d_R\}^T]^T \tag{17}$$

基本的位移数量目为 $3r(1+s)$。若对于一个 20 层框架结构，取 $r=3$，则结构总的广义位移未知量只有杆系有限元的 15%，相当于用有限元解具有同样结构平面的三层结构的位移量。随着结构层数的增加，这个方法就更显示出其优越性。

对应于结构广义位移 $\{d\}$ 的荷载向量为：

$$\{F^d\}=[\{F_H^d\}^T,\{F_R^d\}^T]^T \tag{18}$$

显然式（17）、（18）可写成增量形式。叠加所有广义单元刚度方程，得到结构广义刚度增量方程

$$\{\Delta F^d\}=[K]\{\Delta d\} \tag{19}$$

上式 $[K]$ 包含几何和材料非线性，可用增量——NR（Newton-Raphson）法解之，考虑到本文分析对象不是强几何非线性问题，故用位移收敛准则来控制迭代精度，极限荷载的确定与文献［5］相同。

应该指出，由式（19）求得的广义位移，须用式（2）转换成结构整体坐标下的节点位移，随后转换成各杆件的杆端位移，求出各杆内力。由各杆杆端内力判断弹塑性状态，而后进行下一循环的计算。

6   算例分析与结论

为了对上述得到的分析方法进行验证，本文做了三个空间钢框架模型试验（图 4），

其中一个为对称结构，另二个为不对称结构（体现在 A 与 B 片框架中柱截面的不同）。梁柱为 H 形截面，截面尺寸见表 1、表 2。材料屈服应力 $f_y = 310\text{N/mm}^2$，弹性模量 $E = 2.075 \times 10^5 \text{N/mm}^2$。加载情况如图 4 所示，水平荷载当采用不对称加载时，$H_A : H_B = 2 : 1$。

图 5，6，7 分别给出了三个框架 A 片顶点的荷载-位移曲线。有限元分析为直接采用本文得到的空间杆单元增量刚度方程。表 3 给出了结构极限承载力的比较值。由此可知，本文的方法具有相当高的计算精度，能满足结构分析的要求。

图 8 所示为 10 层框架的计算结果。取式（1）的级数前三项，从与有限元分析的比较可知，本文方法所求位移个数约为原结构的 3/10，计算时间可少 2 个数量级，而仍有相当好的精度，是一种空间结构弹塑性稳定的实用分析方法。

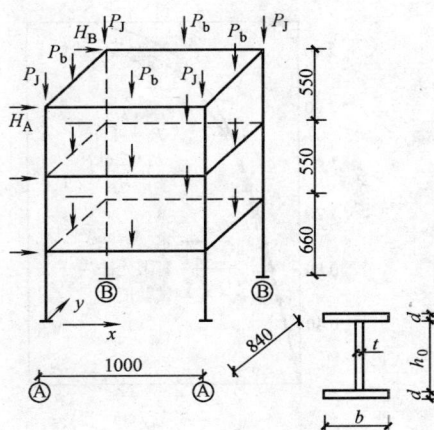

图 4 空间框架模型

框架 1 杆截面尺寸（mm） 表 1

杆件	截面尺寸			
	b	h	t	d
梁	30	30	4	4.2
柱 A轴	25	25	4	4.3
柱 B轴				

框架 2，3 杆截面尺寸（mm） 表 2

杆件	截面尺寸			
	b	h	t	d
梁	25	25	4	4.3
柱 A轴	30	30	4	4.2
柱 B轴	25	25	4	4.3

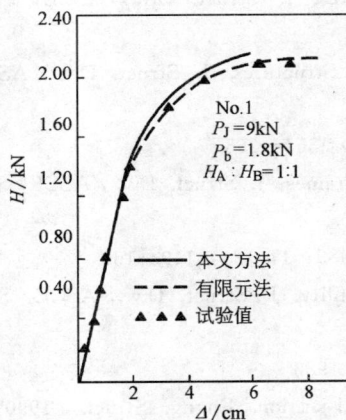

图 5 试验框架 1 的荷载-位移曲线

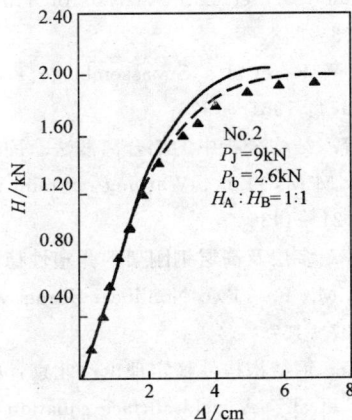

图 6 试验框架 2 的荷载-位移曲线

框架模型极限承载力的理论值与试验值比较 表 3

模型编号	试验值 H_t/kN	有限元 H_f/kN	综合离散法 H_s/kN	$\dfrac{H_t - H_s}{H_t} \times 100\%$	$\dfrac{H_t - H_f}{H_t} \times 100\%$
1	2.10	2.16	2.23	-6.31	-2.86
2	1.95	2.04	2.06	-5.47	-4.61
3	2.40	2.48	2.56	-6.67	-3.33

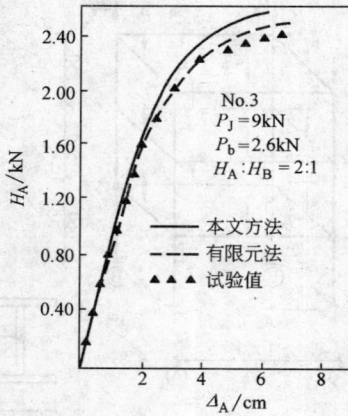

图 7   试验框架 3 的荷载-位移曲线   图 8   10 层框架的荷载-位移曲线

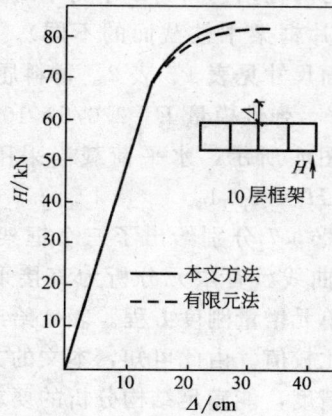

综上所述，本文采用综合离散法分析空间钢框架结构，综合了有限元法与解析法各自的优点，不仅能便于处理各种结构（规则和不规则结构），有较强的通用性，且省时省空间，而且还能获得较高的计算精度，是一种空间结构弹塑性稳定分析的实用方法。此外，从算例分析结果来看，在弹性阶段位移函数对结构位移场的逼近程度较好，而在弹塑性阶段，其逼近程度不太理想。选用其他位移函数亦会出现类似情况。这个问题有一定的普遍性，还有待于进一步的探讨。

参 考 文 献

1 Wynhoven J H, et al.. Analysis of Three-dimensional structures. J. Struct. Div., ASCE, ST 1, 1972：233~248

2 Hibbard W R, et al.. Subassemblage Techique for Asymmetric Structures. J. Struct. Div., ASCE, ST 7, 1974：1361~1376

3 蔡承武等. 结构分析中的综合离散法. 固体力学学报，1982（2）：351~365

4 Ettouney M M, et al.. Warping restraint in Three Dimensional Frames. J. Struct. Div., ASCE, ST8, 1981：1421~1436

5 丁洁民等. 多层及高层钢刚架的弹塑性稳定. 同济大学学报，1989；17（2）：149~160

6 Giberson M. F.. Two Nonlinear-Beams with Definitions of Ductility. J. Struct. Div., ASCE, ST2, 1969：137~157

7 吕烈武等. 钢结构构件稳定理论. 北京：中国建筑工业出版社，1983

8 Duan L, et al.. A yield surface equation for doubly symmetrical section. Engng. Struct., 1990；12（2）：37~51

9 Worsak K N, et al.. A Versatile Finite Strip Model for Three-Dimensional Tall Building Analysis. Earthq. Engg. Struct. Dyn., 1983；11（2）：149~166

（本文发表于：同济大学学报，1992 年第 1 期）

22. 考虑塑性区扩展的钢框架二阶分析

赵金城　　沈祖炎

提　要：对多层钢框架进行了弹塑性非线性分析，分析中考虑了塑性区沿截面高度及杆件轴线方向上的扩展。截面上任一点的屈服判定是以应变作为参数的，基于能量原理，文章导出了弹塑性梁单元的割线刚度矩阵并编制了用以计算钢框架荷载-位移性能的有限元程序。分析结果与国外试验结果及其他分析结果进行了比较，吻合良好。

关键词：钢框架　塑性区扩展　二阶分析

Second-order Inelastic Zone Analysis of Steel Frames

Zhao Jincheng　　Shen Zuyan

Abstract：Taking the gradual expansion of yielding both across the section and along the axis of the member into considermtion，this paper deals with the inelastic nonlinear analysis of steel frames. Strain is used as a parameter to estimate whether an arbitrary point on a section is elastic or not in the analysis. Based on the principle of energy，a secant stiffness matrix of inelastic member is derived and a finite element program used to evaluate the load-deformation characteristic of steel frames is developed. Comparisons are made with exprimental results and analysis results available abroad，and the agreement is satisfactory.

Keywords：Steel Frame　Expansion of Yielding　Second-Order Analysis

对钢框架结构进行几何及材料非线性分析，国内外学者已作了很多工作。综合起来，这些工作有如下特点：①广泛应用塑性铰理论，即不考虑塑性沿截面及杆件轴线方向上的扩展；②大多数分析都是应用增量形式，即荷载是分级施加于结构上的，因而结构位移也是以增量形式得出的；③应用切线刚度矩阵者居多。本文试图对钢框架结构进行全过程弹塑性分析。从杆件某一截面边缘纤维发生屈服开始，通过塑性沿截面高度及杆件轴线方向的同时扩展，一直到结构达到极限状态。抛开屈服面方程的概念，基于平截面假定，直接用截面上任一点的应变是否达到材料的屈服应变来判定该点是否达到塑性。另外，采用直接迭代全量法求结构的荷载-变形关系，即不对荷载分级，将荷载一次到位，采用不断修正弹塑性刚度矩阵的直接迭代法求出位移，弹塑性刚度矩阵为割线刚度矩阵，直接用能量原理导出。

1　理 论 分 析

1.1　基本假定

(1) 变形前的平面截面变形后仍为平面。

(2) 杆件的局部屈曲及平面外的变形均被有效地防止。

(3) 不考虑剪切变形的影响。

(4) 杆件截面的纤维不发生应力卸载。

(5) 屈服首先从杆端截面开始，然后扩展。

1.2　弹塑性单元割线刚度矩阵

设一梁单元（见图 1）的位移函数为

$$u=\left(1-\frac{x}{l}\right)u_1+\left(\frac{x}{l}\right)u_2 \tag{1a}$$

$$v=\left(1-\frac{3x^2}{l^2}+\frac{2x^3}{l^3}\right)v_1+\left(x-\frac{2x^2}{l}+\frac{x^3}{l^3}\right)\theta_1+\left(\frac{3x^2}{l^2}-\frac{2x^3}{l^3}\right)v_2+\left(\frac{x^3}{l^2}-\frac{x^2}{l}\right)\theta_2 \tag{1b}$$

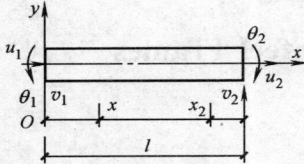

图 1　梁单元模型

并认为该位移模式同样适用于单元的塑性阶段。

保留二次项，单元变位后截面任一点的应变和变形之间的关系可近似地表示为：

$$\varepsilon_x=u'+\frac{1}{2}v'^2-yv'' \tag{2}$$

其中，u，v 分别表示 x，y 方向的变形；y 为距中性轴的距离。

设与截面上该点应变 ε_x 对应的应力为 σ_x，则由势能原理可得

$$\delta W=\int_v \sigma_x\delta\varepsilon_x \mathrm{d}V-<P>\{\delta\Delta\}=0 \tag{3}$$

其中，W 为单元总势能；V 为单元体积；$<P>$ 为单元节点荷载向量；Δ 为节点位移向量，$\delta\varepsilon_x$ 可由式（2）得

$$\delta\varepsilon_x=\delta u'+v'\delta v'-y\delta v'' \tag{4}$$

式（3）不仅适用于单元的弹性阶段，同样也适用于单元的弹塑性阶段。

由基本假定（5），在任意荷载状态下，单元总可以分为三段（见图 1），其中（0，x_1）、（x_2，l）段为弹塑性阶段，即该两段内的任一截面都已部分进入塑性，而（x_1，x_2）段为弹性段，该三段并不一定同时都存在。基于此，式（3）可改写为

$$\delta W=\int_0^{x_1}\int_A \sigma_x\delta\varepsilon_x \mathrm{d}A\mathrm{d}x+\int_{x_1}^{x_t}\int_A \sigma_x\delta\varepsilon_x \mathrm{d}A\mathrm{d}x+\int_{x_2}^{l}\int_A \sigma_x\delta\varepsilon_x \mathrm{d}A\mathrm{d}x-<P>\{\delta\Delta\}=0 \tag{5}$$

为方便起见，将弹性段和弹塑性段单元的应变能变分分别记作 δW^e 和 δW^p，即：

$$\delta W^e=\int_{x_1}^{x_2}\int_A \sigma_x\delta\varepsilon_x \mathrm{d}A\mathrm{d}x \tag{6}$$

$$\delta W^p=\int_{x_1}^{x_2}\int_A \sigma_x\delta\varepsilon_x \mathrm{d}A\mathrm{d}x \tag{7}$$

对于弹性段（x_1，x_2），有关系 $\sigma_x=E\varepsilon_x$ 存在，代入式（6）展开，并忽略含有三次方

的项 $\frac{1}{2}(v^1)^3\delta v'$，则

$$\delta W^e = EA\int_{x_1}^{x_2}[\delta\Delta^T B_1^T B_1\Delta + \delta\Delta^T B_2^T B_2\Delta B_1\Delta + \frac{1}{2}\delta\Delta^T B_1^T B_2\Delta B_2\Delta]\mathrm{d}x$$

$$+ EI\int_{x_1}^{x_2}\delta\Delta^T B_3^T B_3\Delta\mathrm{d}x \tag{8}$$

其中：
$$B_1 = <-\frac{1}{l}\ ,\ 0,\ 0,\ \frac{1}{l}\ ,\ 0,\ 0> \tag{9a}$$

$$B_2 = <0,\ \left(\frac{6x^2}{l^3}-\frac{6x}{l^2}\right),\ \left(1-\frac{4x}{l}+\frac{3x^2}{l^2}\right),\ 0,\ \left(\frac{6x}{l^2}-\frac{6x^2}{l^3}\right),\ \left(\frac{3x^2}{l^2}-\frac{2x}{l}\right)> \tag{9b}$$

$$B_3 = <0,\ \left(\frac{12x}{l^3}-\frac{6}{l^2}\right),\ \left(\frac{6x}{l^2}-\frac{4}{l}\right),\ 0,\ \left(\frac{6}{l^2}-\frac{12x}{l^3}\right),\ \left(\frac{6x}{l^2}-\frac{2}{l}\right)> \tag{9c}$$

$$\Delta = <u_1,\ v_1,\ \theta_1,\ u_2,\ v_2,\ \theta_2>^T \tag{9d}$$

所以弹性段的割线刚度矩阵由两部分组成，即

$$K_s = K_1 + K_2 \tag{10}$$

其中：
$$K_1 = EA\int_{x_1}^{x_2}B_1^T B_1\mathrm{d}x + EI\int_{x_1}^{x_2}B_3^T B_3\mathrm{d}x \tag{11}$$

$$K_2 = EA\int_{x_1}^{x_1}B_2^T B_2\Delta B_1\mathrm{d}x + \frac{EA}{2}\int_{x_1}^{x_1}B_1^T B_2\Delta B_2\mathrm{d}x \tag{12}$$

通过积分可得 K_1 为一对称矩阵，当单元为全弹性时（$x_1=0$，$x_2=l$），K_1 即为线弹性分析时梁的单元刚度矩阵。另外，根据对式（12）不同方式的展开，可以得到不同形式的 K_2（对称或非对称），当然都应该是等价的。

弹塑性段的单刚矩阵要复杂些。由于任何弹塑性段截面都可以分为弹性部分 A_e 和塑性部分 A_p，所以式（7）可写为：

$$\delta W^p = \int_{x_1}^{x_2}\int_{A_p}\sigma_x\delta\epsilon_x\mathrm{d}A\mathrm{d}x + \int_{x_1}^{x_2}\int_{A_p}\sigma_x\delta\epsilon_x\mathrm{d}A\mathrm{d}x \tag{13}$$

A_e 和 A_p 都是沿杆长方向逐渐变化的，为求 δW^p 可以采用高斯积分的方法，但在这里采用了一种简化的方法，即将弹塑性段分成几小段，认为每一小段上的 A_e，A_p 不变，其值分别为该小段的两端截面 A_e，A_p 的平均值，同时假定弹性核面积 A_e 也是对称的（文献 [5] 也曾有类似假定）、利用该简化，则式（13）等号右端第一项和 δW^e 无甚区别。只需将 A，I 用相应的 A_e，I_e 代替即可。再看第二项，如认为材料是理想弹塑性体，那么截面塑性区 A_p 内有 $\sigma_x=f_y$ 关系存在，f_y 是材料的屈服点，则

$$\int_{x_1}^{x_2}\int_{A_p}\sigma_x\delta\epsilon_x\mathrm{d}A\mathrm{d}x = f_yA_\mu\int_{x_2}^{x_1}(\delta\Delta^T B_1^T + \delta\Delta^T B_2^T B_2\Delta)\mathrm{d}x \tag{14}$$

定义 $\{P_p\} = f_yA_p\int_{x_1}^{x_2}B_1^T\mathrm{d}x$ 为塑性区荷载；$K_p = f_yA_\mu\int_{x_1}^{x_2}B_2^T B_2\mathrm{d}x$ 为塑性区刚度矩阵，则处于任意荷载状态的弹塑性梁单元的单刚方程即可写为

$$(K_1 + K_2 + K_p)\Delta = \{P\} - \{P_p\} \tag{15}$$

式（15）中 K_1，K_2 应用三部分组成，K_p，$\{P_p\}$ 应有两部分组成。当单元处于弹性状态时，K_p，$\{P_p\}$ 都为零，K_1，K_2 也只剩下一项弹性部分。

1.3 塑性区的判断

判断截面塑性的发生及扩展是本理论方法的关键问题之一。本文基于平截面假定，直接用应变判断截面纤维是否屈服，这样就方便多了。

首先对杆端截面，由式（2）得

$$y = \frac{u' + \frac{1}{2}(v')^2 - \varepsilon_x}{v''} \tag{16}$$

根据单元的拉压状态（同样用应变判断）及 v'' 的符号，令 $\varepsilon_x = \varepsilon_y$（$\varepsilon_y$ 为材料的屈服应变），不难判断截面是否屈服及是上截面屈服还是下截面屈服或上、下截面都屈服。同时也可方便地计算出屈服截面的屈服深度及弹性核的高度，由此可计算出 A_e，A_p，I_e。同样，分别从杆端出发，令 x 处的边缘纤维正好屈服，即式（16）的 y 是截面高度的一半，就可以得到 x_1 及 x_2，即将单元划分为不同的区段，所有这些都已从计算机程序中实现。

2 有限元程序

本文编制了计算钢框架结构考虑塑性区扩展的非线性荷载-位移性能的有限元程序，程序的逻辑流程如下：①输入数据；②置初始位移为零，通过解刚度方程求得新位移；③判断位移是否收敛，如不收敛，则以新位移重新形成总刚，重新计算位移，如收敛，则计算各塑性区参数；④判断各塑性区参数是否收敛，如不收敛，则重新计算位移并重复③；⑤当总迭代次数超过某一规定值以后，位移和塑性区参数二者之一尚不收敛，则表示结构已达到极限状态，停止计算；⑥如塑性区参数也收敛，则输出结果，此时的位移及塑性区参数即为该荷载状态下的真实位移及参数。

3 试验结果与其他分析结果的比较

不同的分析方法得出的钢框架结构的荷载-变形曲线差别较大。在众多的分析方法中，考虑塑性区扩展的二阶分析是最接近框架实际工作情况的一种分析方法。

为了验证本文理论及程序的可靠性，有必要对其结果进行一些比较。美国的 Arnold 等人曾对图 2 所示框架在图示荷载下的性能进行过试验研究[2]。其试验所得荷载-位移曲

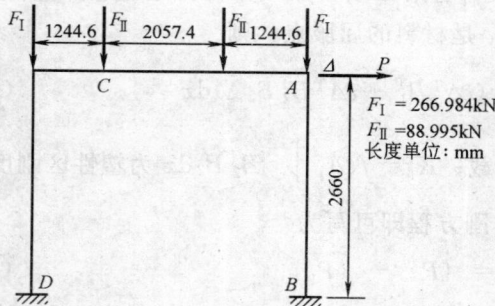

图 2 试验框架及加载

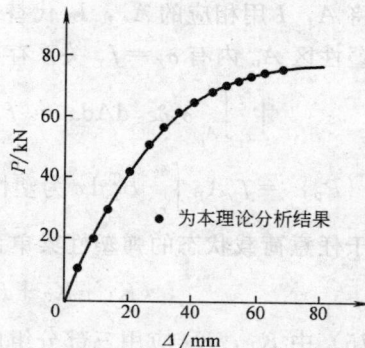

图 3 试验与本文理论分析结果的比较

线如图 3 所示。将本理论分析结果标于图上，可见二者相当吻合。文献［2］所用单位为英制，现已换算为 SI 制。

另外，本计算还显示出发生屈服的顺序，首先从右柱上端即 A 点截面边缘纤维发生屈服，其次是 B 点（各点的位置见图 2），当 $P=60$kN 时，C 处截面也开始屈服，此后位移变化加快。当 $P=63$kN 左右时，D 处也开始屈服。当 $P=65$kN 时，A 处的上下截面都已处于屈服状态，其中下表面塑性区深度已扩展为 40 多 mm，右柱上端塑性区长度已达 1/3 杆长。

加拿大 Arberta 大学的 D. W. Murray 教授等人对框架的弹塑性分析作了很多工作[3,4]，对图 4 所示框架作过弹塑性全量分析，弹塑性增量分析及非弹性分析，结果如图 5。将本文分析结果标于图上，可见与其认为最精确的非弹性分析结果很接近。

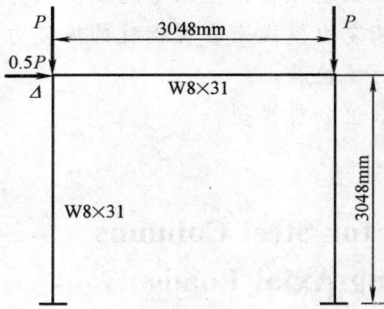

图 4　计算对象

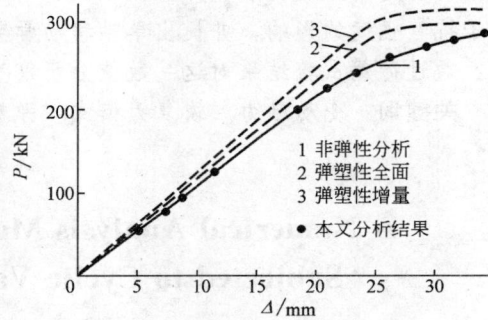

图 5　不同分析方法结果比较

4　结　语

本文理论可用以对钢框架结构进行弹塑性全过程分析。在任意荷载状态下，都可以直接了解各单元塑性区沿截面高度及杆轴方向的分布情况。经验证分析方法是正确的，特别是提出的应用应变判断塑性区的扩展及塑性区荷载向量、塑性区刚度矩阵等概念，对简化框架结构的弹塑性分析提供了便利的条件。

参　考　文　献

1　Chajes Alexander Churchill J. E. Nonlinear Frame Analysis by Finite Element Methods. J. Struct. Div. ASCE, 1987，113 (6)：1221～1235

2　Arnold P. Adana P F, Lu L W. Strength and Behavior of an Inelastic Hybrid Frame. J. Struct Div. ASCE. 1968，94 (ST1)：243～266

3　El-Zanaty, M. H. Murray. D. W. Nonlinear Finite Element Analysis of Steel Frames. J. Struct. Div. ASCE. 1983，109 (2). 353～368

4　El-Zanaty, M. H, Murray D. W. Finite Element Programes for Frame Analysis, Structural Engineering Report：No 84，Edmondon Dept. of civil Eng. Univ of Alberta，1980：16～22

5　丁洁民，沈祖炎。空间钢框架结构的弹塑性稳定. 建筑结构学报. 1993，14 (6)：42～50

（本文发表于：同济大学学报，1995 年第 5 期）

23. 反复变动轴力作用下钢柱的数值分析模型

陈以一　沈祖炎　大井谦一　高梨晃一

提　要：当承受水平地震荷载时，高层框架结构的低层柱子通常受到因倾覆力矩而引起的反复变动轴力，文中提出一弹塑性数值分析模型以考虑变动轴力对柱子抗弯强度的影响，并提出单轴移动骨架式恢复力模式来表现钢柱的恢复力特性。通过荷载试验结果对这一数值分析模型进行了检验。

关键词：变动轴力　恢复力模式　弹塑性数值分析模型。

A Numerical Analysis Model for Steel Columns
Subjected to Cyclic Varying Axial Loads

Chen Yiyi　Shen Zuyan　Ohi Kenichi　Takanashi Koichi

Abstract：The columns located at the lower stories of a tall frame structure are usually subjected to cyclic varying axial forces due to overturning when the frame resists horizontal loads caused by earthquake ground motions. A numerical analysis model is proposed in this paper to describe the behavior of such kind of columns. The influence of the varying axial force on the flexural resistance of the column is considered. A uniaxial hysteresis rule called'shift skeleton model'is proposed, too, and the hysteresis behaviors of the column can be simulated well by the model. Compared with the loading test results, the validity of this model is checked.

Keywords：Varying Axial Force　Restoring Force Model　Inelastic Analysis Model

中高层框架抵抗因地震引起的水平荷载时，其下层部的边角柱受到由倾覆力矩而引起的反复变动轴力的作用。为准确描述柱子的弹塑性性能，应考虑变动轴力对柱子抗弯强度以及柱子恢复力特性的影响。本文将文献 [1，2] 所发展的弹塑性域数值分析模型推广至空间钢框架梁柱构件的数值分析中，以解决这一问题。

1　模　型　概　要

本文描述的钢构件数值分析模型采用如下假定。

（1）钢构件分为弹性单元和弹塑性单元，后者设置在构件可能产生塑性变形的区域。各单元之间用结点联结。

（2）构件受弯时，各单元的端面保持为平面。

（3）弹塑性单元由数个弹塑性轴向弹簧、分别平行于截面两主轴方向的两个剪切弹簧和一个抗扭弹簧构成。

（4）构件的材料非线性性质，由弹塑性弹簧的恢复力-变形关系来表现。

（5）构件的几何非线性，在本模型中专指由轴向力和其所作用的结点的位移而引起的附加弯矩项，即所谓 P-Δ 效应。这一效应，采用增量分析的 Updated-Lagrange 法来考虑[3]。

2　弹塑性轴向弹簧的设置

在弹塑性单元内，将构件的原截面划分为若干小区域，每一区域用一个弹塑性轴向弹簧表示。弹簧设置在小区域的形心，面积与小区域面积 A_s 相等，长度则与弹塑性单元初始长度 l_a 相等。显然，截面的小区域划分得越细，越能精确地描述构件的弹塑性性能；其反面是在计算机运算时要求更多的储存空间和时间。对钢构件常用的箱形和宽翼缘工字形截面进行分析，当分别设置 8 个和 10 个弹簧时，弹塑性单元的轴力和双向弯矩的屈服面已相当接近于构件原截面的屈服面[4]（图 1）。在单向压弯情况下，轴向弹簧可减为 4 个。这里轴力与双向弯矩的屈服相关关系由弹簧的屈服抗力及坐标位置即能表现，所以变动轴力对屈服弯矩的影响，可以在数值分析中自动得到表现。在考虑了材料强化时亦如此。这是本模型的特点之一。

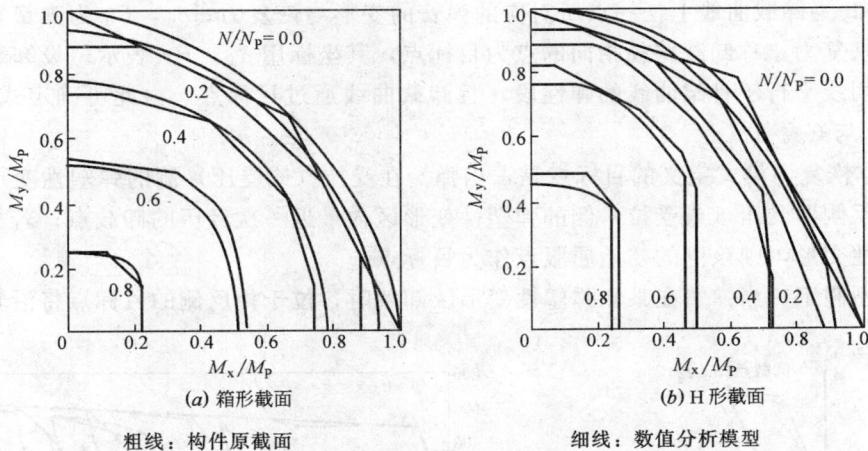

(a) 箱形截面　　　　　　　　(b) H 形截面

粗线：构件原截面　　　　　　细线：数值分析模型

图 1　屈服面的比较

与轴向弹簧设置有关的另一重要参数是弹塑性单元的初始长度 l_a。与考虑塑性域连续变化的数值积分法计算结果相比较，对端弯矩之比在 $-0.5 \sim 1.0$ 之间的压弯构件，若 l_a 取为构件全长的 1/10，则在构件的塑性变形达到屈服变形 10 倍的范围内，采用本模型都能得到良好的结果[5]。

3　弹塑性轴向弹簧的恢复力模式

本模型根据材料单向拉伸试验、构件短柱试验或单调弯曲试验，确定轴向弹簧恢复力

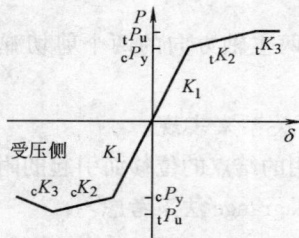

图 2　轴向弹簧的骨架曲线

模式的各个参数，以单轴弹簧的恢复力及变形的复合，表现构件的恢复力特性。

（1）轴向弹簧恢复力模式的骨架曲线，在受拉和受压侧均假定为三段直线（图 2）。各直线段的斜率统一用下式表示：

$$K = E_m \frac{A_s}{l_a} \tag{1}$$

其中 E_m 对应于应力-应变曲线上的斜率。在计算骨架曲线斜率 K_1 时采用钢材的弹性模量 E。当考虑追踪构件的弹塑性大变形时，从屈服点引一条直线与应力-应变曲线的强化段部分相切，该直线斜率记为 E_{at}，以此代入式（1）计算骨架曲线强化段斜率 tK_2 与 cK_2。若构件采用普通碳素钢、低合金钢，则弹簧受拉侧第三段斜率 tK_3 可以合理地假定为零。对受压侧的第三直线段，可赋 cK_3 以负值，近似地描述由于弹塑性局部失稳而引起的构件承载力的蜕化。

骨架曲线上的屈服抗力 tP_y 和 cP_y 由材料的屈服应力决定。受拉侧极限抗力 tP_u 由材料抗拉极限强度决定。受压侧极限抗力 cP_u 则可参照短柱试验的最大抗压强度，或参照单调单轴弯曲时的最大抗弯强度决定。[●]

（2）轴向弹簧在弹塑性变形范围内卸载时，假定其卸载路径遵从曲线[7]

$$\delta = (P - P_u)(C_1 + C_2 \mid P - P_u \mid^{r-1}) + \delta_u \tag{2}$$

式中：δ，P 为卸载曲线上任一点所对应的弹簧的变形与恢复力；δ_u，P_u 为弹簧在卸载点的变形与恢复力。称卸载路径指向的点为目标点，其坐标用 δ_T，P_T 表示。设卸载曲线在卸载点的切线平行于骨架曲线的弹性段，且卸载曲线通过目标点。由此可确定式（2）中的系数 C_1 与 C_2。

（3）本恢复力模式定义的目标点是，当弹簧在受拉（或受压）侧的弹塑性变形区卸载时，其相反侧即受压（或受拉）侧的弹塑性变形区内最近一次经历的卸载点；若相反侧尚未经历塑性交形，则该侧的初始屈服点作为目标点。

本模型假定，当弹簧在某侧弹塑性变形区卸载时，位于相反侧的目标点将沿着变形轴

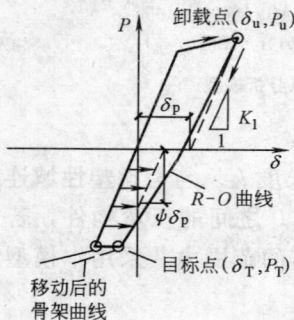

图 3　移动骨架式恢复力模式

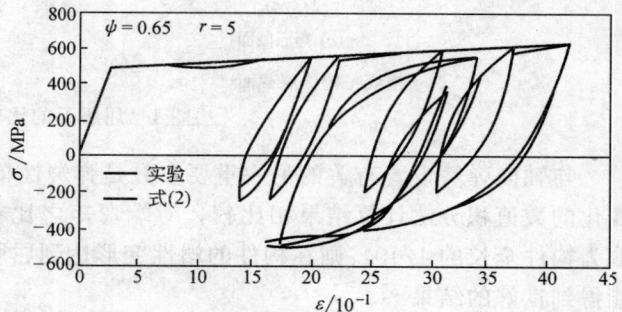

图 4　移动骨架恢复力模式与单轴反复加载实验[8]的比较

[●]　采用本模型考虑构件因整体失稳而降低承载力的问题，参考文献 [6]。

平行移动，其幅度为卸载侧塑性变形的 ψ 倍（图 3）。称 ψ 为骨架移动系数。与钢材单轴反复加载实验[7,8]相比较，ψ 取值在 $0.65\sim0.85$ 的范围，便能较好地表现钢材的滞回特性。图 4 给出一个实例，其中式（2）的指数参数 r 取为 5。

4　数值分析模型的实验验证

图 5 给出了承受变动轴力和单轴反复水平力作用的宽翼缘工字形截面钢柱的实验结果[9]与数值分析结果的比较。图 6 给出了承受变动轴力和双轴水平地震荷载作用的箱形截面钢柱的实验结果[10]与数值分析结果的比较，从中可以看出，本文提出的数值分析模型能够追踪变动轴力作用下钢柱的弹塑性性能，用轴向弹簧的单轴恢复力模式能够表现变轴力和弯矩作用下钢柱的恢复力特性。

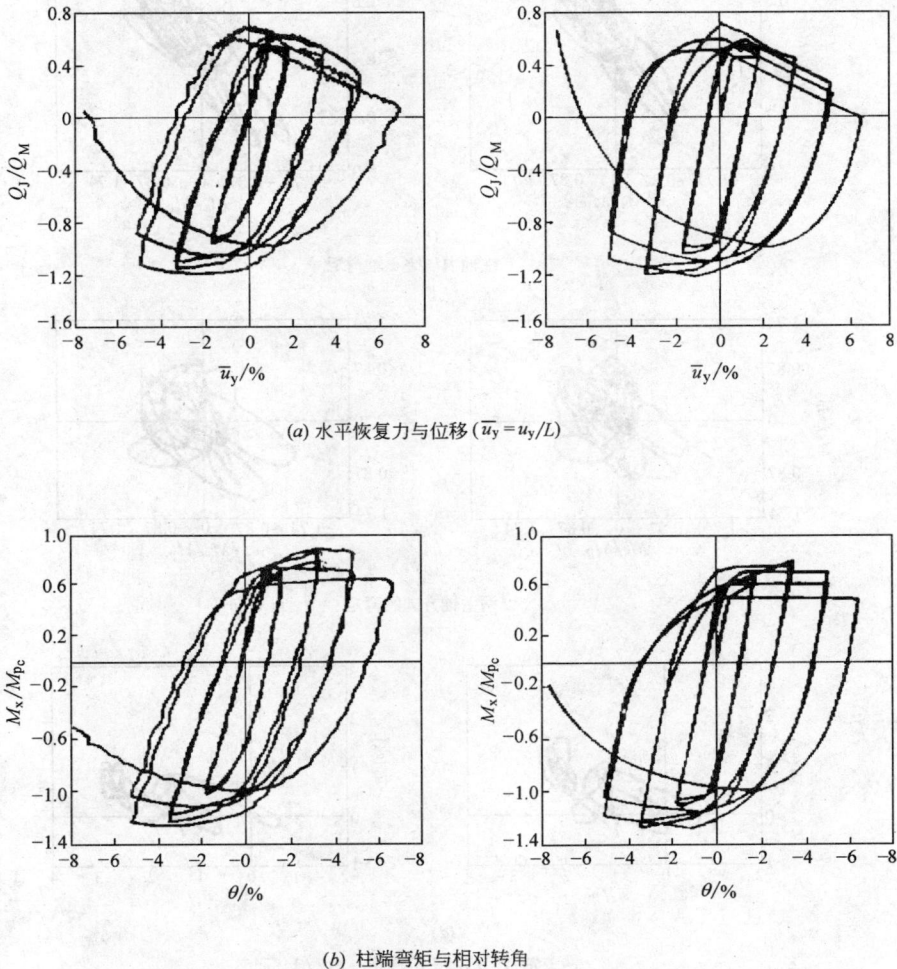

(a) 水平恢复力与位移（$\overline{u}_y = u_y/L$）

(b) 柱端弯矩与相对转角

图 5　宽翼缘工字钢的试验与数值分析

（各图左边为实验结果，右边为数值分析结果）

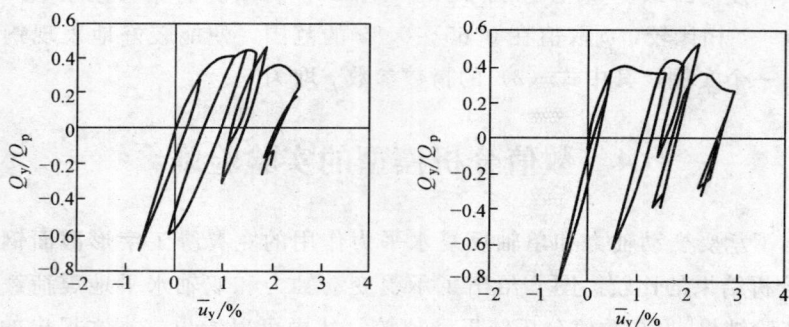

(a)

y 轴水平恢复力与位移 $(\overline{u}_y = u_y / L)$

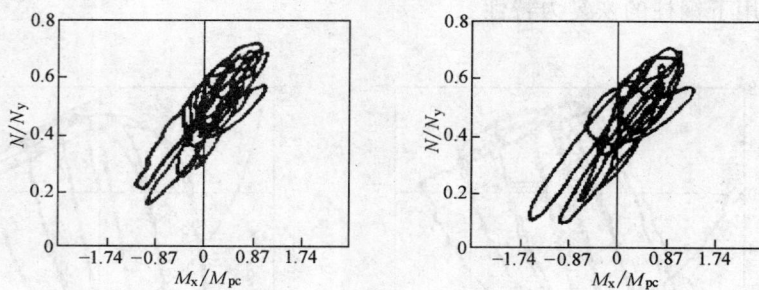

(b)

柱轴力与绕 x 轴弯矩

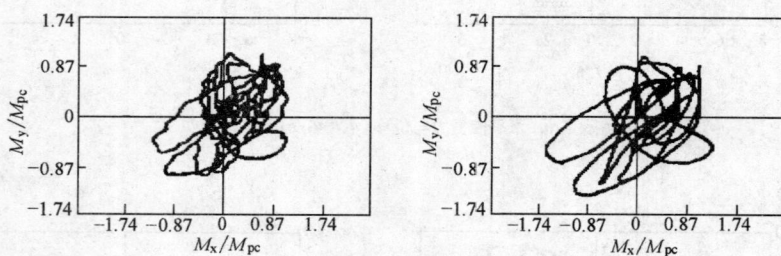

(c)

两主轴方向的弯矩

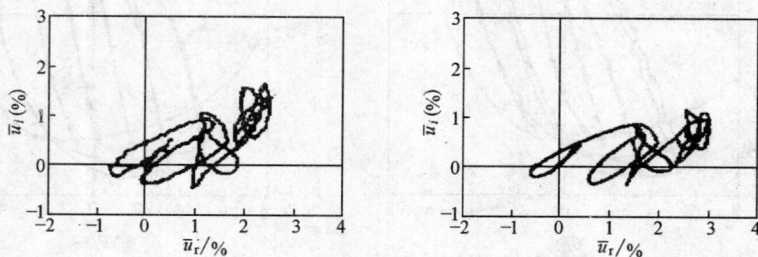

(d)

两主轴方向的水平位移 $(\overline{u}_r = u_r / L)$

图 6   箱形截面柱的试验与数值分析

（各图左边为实验结果，右边为数值分析结果）

5 结 语

本文提出了能考虑反复变动轴力作用的钢柱弹塑性数值分析模型以及单轴移动骨架式恢复力模式，并用实验结果验证了其可靠性。作为应用前景，本模型可用于高层钢框架结构或其他相当规模的杆系结构的弹塑性地震反应时程分析。由于本模型能较全面地考虑钢材的力学特性，其结果可供构筑考虑变动轴力影响的构件恢复力模型作参考。

参 考 文 献

1 Lai S，Will G T，Otani S. Model for Inelastic Biaxial Bending of Concrete Members. ASCE，1984，110（ST11）：2563～2584

2 Ohi K，Takanashi K.. Multi-Spring Joint Model for Inelastic Behavior of Steel Structures with Local Buckling. Stability and Ductility of Steel Structures under Cyclic Loading. ［sl］：CRC Press. 1992. 215～224

3 Cheng H，Gupta K. C.. A Historical Note on Finite Rotations. Journal of Applied Mechanics. 1989，56：139～145

4 Chen W. F，Atsuta T.. Theory of Beam-Columns；Vol 2. New York：McGraw-Hill，1977：195～269

5 陈以一，部材のふく合変どうぉう力状たいを考りよしたこうこう造骨组の弹塑性きようどうにかんする研究：［学位论文］. 东京：东京大学图书馆，1994

6 陈以一，大井谦一，高犁晃一. ビ"ームカラムの二ラ面外はてさんきようどうのびフはんと数值シミユレーシよん. 日本应用力学学会等. 第 43 回应用力学连合讲演会. 东京： ［sn］，1994，139～142

7 中村恒善主编，骨组こう造解析法要らん，东京：培风馆，1975. 118～136

8 Dafalias Y F，Popov E P，. Plastic Internal Variables Formalism of Cyclic Plasticity. Journal of Applied Mechanics，1976，645～651

9 大井谦一，陈以一，高犁晃一. 変どぅじく力と水平力を受けるH形こぅ柱の弹塑性きようどうにかんすろにけん的研究，构造工学论文集，1992（32B）：421～430

10 陈以一，大井谦一，高犁晃一. 3方向変どぅ荷重を受ける箱形断面こぅ柱の弹塑性きようどぅ. 日本建筑学会构造系论文报告集，1993. 447：139～148

（本文发表于：同济大学学报，1994 年第 4 期）

24. 钢框架受风与地震作用的统一
非线性矩阵分析理论

沈祖炎　李国强

提　要：提出的矩阵化的二阶弹塑性分析理论，易于程序化，可用于受水平风或地震作用的钢框架的响应计算。文中首先概述了用于钢框架分析的各类单元刚度方程。提出的梁-柱单元刚度矩阵可用统一的方法考虑几何非线性、材料非线性和单元剪切变形的影响。其次，建立了连有节点域的扩展柱单元及带有连接和节点域的混合梁单元的刚度方程，可以考虑节点域剪切变形和梁-柱连接柔性的影响。节点区单元，混合梁单元和扩展柱单元刚度矩阵方程可方便地用于具有非线性柔性连接和可变形节点域的钢框架的几何和材料非线性变形状态分析。最后，用几个数值算例验证本文所述理论方法的准确性和有效性。

关键词：钢框架　风与地震　非线性分析理论

A Unified Matrix Method for Nonlinear Analysis of Steel Frames Subjected to Wind or Earthquakes

Shen Zuyan　Li Guoqiang

Abstract：An efficient second-order elaste-plastic analysis method is presented in matrix forms suitable for computer program calculating response of steel frames subjected to horizontal wind or earthquakes. First, the stiffness matrix equations of various kinds of elements for analysis of a steel frame are outlined. The proposed stiffness matrixes for beam-column elements can be considered the effects of geometric nonlinearity, material nonlinearity and shear deformation of the elements in a unified way. Next, the stiffness equations of the extended column elements attached with panels and the hybrid beam element attached with connections and panels are established to consider with the effects of shear deformation of panels and flexibility of beam-to-column connections. With the stiffness matrix equations of panel elements, hybrid beam elements and extended column elements, the geometric and material nonlinear behavior of steel frames with nonlinear flexible connections and deformable panels can be easily analysed. Finally, two numerical examples are given to demonstrate the robustness, accuracy and efficiency of the proposed method.

Keywords：Steel Frames Wind or Earthquakes　Nonlinear Analysis

对于结构设计者，弄清楚结构在荷载作用下的整个受力过程是非常重要和有意义的，但这一点往往难以做到。为了确定钢框架受静或动荷载作用的大挠度反应及其承载力，必须考虑许多影响钢框架受力性能的因素。

钢框架构件的一般截面形式为：H形、箱形或圆形。因为这几种截面的有效受剪区相对较小，所以应该考虑钢框架受力过程中构件的剪切变形影响[1]。

试验与理论研究表明，节点区变形（见图1）对受水平风或地震作用的钢框架的楼层平移反应的影响是值得注意的[2~5]。薄弱的节点板域，在受力过程中有可能发展成剪切塑性铰，并在结构的整个受力状态中起控制作用。要考虑这样的变形和塑性铰，只能把节点域当作独立的分析单元处理。

尽管在设计钢框架时，对连接可作理想的假定，但在实际制作时，把钢框架制成完全刚接或铰接是不可能的，实际上，所谓的刚性节点总是存在一定的弯曲变形，而铰接节点又总具有一定的转动刚度[6]。大多数的钢框架的梁-柱连接是柔性的，其刚度范围从接近完全刚接到某种程度地接近铰接[7~10]。这种连接的柔性可用一个连接节点域与梁端的转动弹簧来模拟（见图2)[11]。研究表明，在钢框架的受力过程中，连接柔性的影响是显著的[12~16]。

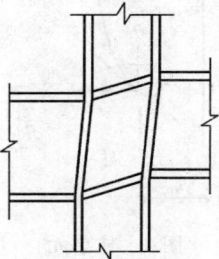

图 1　节点域的剪切变形　　　　　图 2　梁-柱连接的柔性

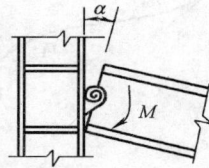

用作建筑房屋的钢框架，其承受荷载的基本方式有两种：第一种方式是对结构仅施加竖向荷载，包括恒载和活载；第二种方式是结构受竖向荷载和由风或地震引起的水平荷载。本文仅对后一种加载形式进行讨论，并提出了该情形下用于钢框架非线性分析的易于编程的统一化矩阵理论。

出于实用的考虑，对本文理论采用以下假定：

（A）在结构上先施加竖向荷载，接着再加侧向荷载。这种加载过程与房屋结构的实际受力状态相符。

（B）正常使用时，结构在竖向恒载和活载作用下，处于弹性状态。

（C）框架梁和柱的塑性变形集中在它们的端部。

（D）框架梁的轴向变形可以忽略。

基于以上假定，节点域、梁和柱可作为基本单元，用于钢框架受水平风和地震作用的非线性分析。

1　单元刚度矩阵

1.1　梁的刚度矩阵

梁单元的受力和位移如图3所示。令

$$\{f_b\} = [Q_{b1}, M_{b1}, Q_{b2}, M_{b2}]^T \tag{1a}$$

$$\{d_b\} = [v_{b1}, \theta_{b1}, v_{b2}, \theta_{b2}]^T \tag{1b}$$

那么，梁的增量刚度方程可表示成以下矩阵形式：

$$\{\Delta f_b\} = [K_b]\{\Delta d_b\} \tag{2}$$

其中，Δ 代表增量；$[K_b]$ 为梁的切线刚度矩阵。考虑几何非线性和剪切变形影响的 $[K_b]$ 的弹性和弹塑性表达式分别参见文献[16]和文献[17, 18]。

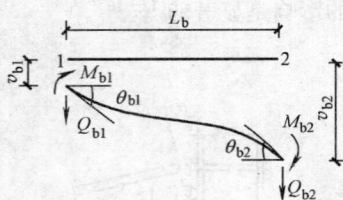

图 3　梁单元

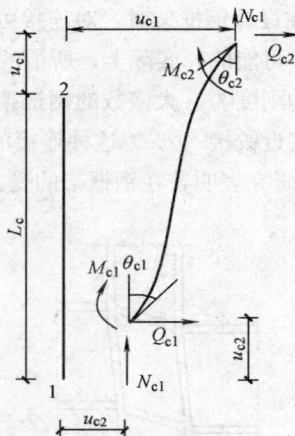

图 4　柱单元

1.2　柱的刚度矩阵

柱单元的受力和位移如图 4 所示，令

$$\{f_{cz}\} = [N_{c1}, N_{c2}]^T \tag{3a}$$

$$\{d_{cz}\} = [v_{c1}, v_{c2}]^T \tag{3b}$$

$$\{f_{cx}\} = [Q_{c1}, M_{c1}, Q_{c2}, M_{c2}]^T \tag{4a}$$

$$\{d_{cx}\} = [u_{c1}, \theta_{c1}, u_{c2}, \theta_{c2}]^T \tag{4b}$$

于是，可得以下两个独立的增量刚度矩阵方程：

$$\{\Delta f_{cz}\} = [K_{cz}]\{\Delta d_{cz}\} \tag{5}$$

$$\{\Delta f_{cx}\} = [K_{cx}]\{\Delta d_{cx}\} \tag{6}$$

其中，$[K_{cz}]$ 和 $[K_{cx}]$ 分别为柱的轴向和侧向切线刚度矩阵，矩阵 $[K_{cz}]$ 由下式得出：

$$[K_{cz}] = \frac{EA_c}{l_c}\begin{bmatrix} 1 & -1 \\ -1 & 1 \end{bmatrix} \tag{7}$$

其中：E 是弹性模量；A_c 是柱的横截面面积；l_c 是柱的净长。

矩阵 $[K_{cx}]$ 可按 $[K_b]$ 相同的方法确定

1.3　节点域的刚度方程

节点域单元及其受力如图 5 所示。对作用于节点上称作剪切弯矩的值作如下定义：[19]

$$M_n = \frac{1}{2} \left[M_{cT} + M_{cB} - M_{bL} - M_{bR} + \frac{B}{2}(Q_{cB} - Q_{cT}) + \frac{D}{2}(Q_{bR} - Q_{bL}) \right] \tag{8}$$

其中：M_{cT}，M_{cB}，M_{bL}，M_{bR}，Q_{cT}，Q_{cB}，Q_{bL}，Q_{bR} 为与节点域相联的梁柱端部的反力；B，D 为节点域尺寸，见图 5。

节点域增量刚度方程可以写成如下形式：

$$\Delta M_n = K_n \Delta \gamma \tag{9}$$

其中：$\Delta \gamma$ 是节点域剪切变形增量；K_n 为节点域刚度。

从文献［18］给出节点域弹性刚度

$$K_{ne} = GBDt \tag{10a}$$

图 5 节点域单元

而从文献［2～3］可得到节点域的弹塑性刚度

$$K_{np} = \eta K_{ne} \tag{10b}$$

其中：G 是剪切模量；t 节点域板厚度；η 为范围 $0.02 \sim 0.03$ 的系数[2,3]。

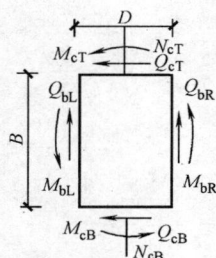

2　节点域剪切变形的影响

由于存在节点域剪切变形，因此即使对于刚性框架，其与同一节点域相连的梁和柱的边界变形也不相协调，从而造成计算机在装配总刚进行结构整体分析时的困难。为了克服这一点，必须把节点域的位移和变形作为框架的基本变形考虑，这些基本变量为水平位移 u、竖向位移 v、转角 θ 和剪切变形 γ（见图 6）。

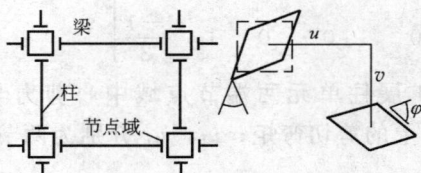

图 6　节点域的位移和变形　　　图 7　带有两节点域的扩展梁单元

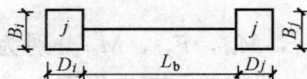

2.1　节点域剪切变形对梁刚度的影响

为考虑节点域剪切变形对梁刚度的影响，先考虑两端连有节点域的扩展梁单元如图 7。

令

$$\{F_b\} = [F_{xi}, M_{bi}, M_{bni}, F_{xi}, M_{bj}, M_{bnj}]^T \tag{11a}$$

$$\{D_b\} = [v_i, \theta_i, \gamma_i, v_j, \theta_j, \gamma_j]^T \tag{11b}$$

其中：F_{xi}，M_{bi}，F_{xj}，M_{bj} 分别为扩展梁单元两端节点域中心的剪力和弯矩；M_{bni}，M_{bnj} 为由原梁单元产生的作用于两端节点域上的剪切弯矩；v_i，θ_i，γ_i，v_j，θ_j，γ_j 分别为两端节点域的竖向位移、转角和剪切变形。

由 $\{F_b\}$ 与 $\{f_b\}$ 之间的关系以及 $\{d_b\}$ 与 $\{D_b\}$ 间的关系和公式（2）可得考虑节点域剪切变形影响的扩展梁单元的增量刚度方程[18]

$$\{\Delta F_b\} = [K_{bn}]\{\Delta D_b\} \tag{12}$$

式中：
$$[K_{bn}]=[A_b]^T[K_b][A_b] \tag{13}$$

$$[A_b]=\begin{bmatrix} 1 & \dfrac{-D_i}{2} & \dfrac{D_i}{4} & 0 & 0 & 0 \\ 0 & 1 & \dfrac{1}{2} & 0 & 0 & 0 \\ 0 & 0 & 0 & 1 & \dfrac{D_i}{2} & \dfrac{-D_i}{4} \\ 0 & 0 & 0 & 0 & 1 & \dfrac{1}{2} \end{bmatrix} \tag{14}$$

2.2　节点域剪切变形对柱刚度的影响

图 8　两端连有节点域的扩展柱单元

两端连有节点域的扩展柱单元如图 8 所示。与扩展梁单元的讨论类似，可得柱考虑节点域剪切变形后的侧向增量刚度方程

$$\{\Delta F_c\}=[K_{cn}]\{\Delta D_c\} \tag{15}$$

而

$$\{F_c\}=[F_{yi},M_{ci},M_{cni},F_{yj},M_{cj},M_{cnj}]^T \tag{16}$$

$$\{D_c\}=[u_i,\theta_i,\gamma_i,u_j,\theta_j,\gamma_j]^T \tag{17}$$

$$[K_{cn}]=[A_c]^T[K_c][A_c] \tag{18}$$

$$[A_c]=\begin{bmatrix} 1 & \dfrac{-B_i}{2} & \dfrac{-B_i}{4} & 0 & 0 & 0 \\ 0 & 1 & \dfrac{-1}{2} & 0 & 0 & 0 \\ 0 & 0 & 0 & 1 & \dfrac{B_j}{2} & \dfrac{B_j}{4} \\ 0 & 0 & 0 & 0 & 1 & \dfrac{-1}{2} \end{bmatrix} \tag{19}$$

其中：F_{yi}，M_{ci}，F_{yj}，M_{cj} 分别为作用于扩展柱单元两端节点域中心剪力与弯矩；M_{cni}，M_{cnj} 为由原柱单元产生作用于两端节点域上的剪切弯矩；u_i，u_j 分别为两节点域的水平位移。

3　梁-柱连接的柔性影响

由于梁柱连接的柔性使梁端与节间相邻边缘之间产生相对转角，引起梁单元与相应节点域单元边界变形的不协调，从而造成用矩阵方法进行结构分析的困难。为克服这一困难，把梁端侧向位移 v_{b1}，v_{b2} 与梁相邻节点域边界的转角 θ_{a1}，θ_{a2} 作为混合梁单元的边界位移（见图 9），可建立考虑连接柔性影响的单元刚度方程如下[19]：

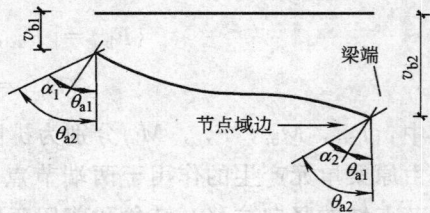

图 9　混合梁单元

$$\{\Delta f_b\}=[K_{ba}]\{\Delta d_{ba}\} \tag{20}$$

$$[K_{ba}]=[K_b]-[K_b][H]^T([H]([K_b]+[K_a])[H]^T)^{-1}[H][K_b] \tag{21}$$

$$[K_a]=\mathrm{diag}(0,k_1,0,k_2) \tag{22}$$

$$[H]=\begin{bmatrix} 0 & 1 & 0 & 0 \\ 0 & 0 & 0 & 1 \end{bmatrix} \tag{23}$$

$$\{d_{ba}\}=[v_{b1},\theta_{a1},v_{b2},\theta_{a2}]^T$$

式中的 k_1，k_2 为此时与梁两端相连节点连接的切线刚度，其值可按文献 [19] 计算。

由此，可得同时考虑节点域剪切变形和连接柔性影响的扩展混合梁单元增量刚度方程

$$\{\Delta F_b\}=[K_{ban}]\{\Delta D_b\} \tag{24}$$

$$[K_{ban}]=[A_b]^T[K_{ba}][A_b] \tag{25}$$

4　整体结构分析

组装钢框架的各单元增量刚度方程，其中包括节点域、柱和考虑节点域剪切变形及梁-柱连接柔性影响的梁单元，可建立框架的总体增量刚度方程

$$\begin{bmatrix} [K_{uu}] & [K_{uv}] & [K_{u\theta}] & [K_{u\gamma}] \\ [K_{vu}] & [K_{vv}] & [K_{v\theta}] & [K_{v\gamma}] \\ [K_{\theta u}] & [K_{\theta v}] & [K_{\theta\theta}] & [K_{\theta\gamma}] \\ [K_{\gamma u}] & [K_{\gamma u}] & [K_{\gamma\theta}] & [K_{\gamma\gamma}] \end{bmatrix} \begin{Bmatrix} \{\Delta u\} \\ \{\Delta v\} \\ \{\Delta\theta\} \\ \{\Delta\gamma\} \end{Bmatrix} = \begin{Bmatrix} \{\Delta F_u\} \\ \{\Delta F_v\} \\ \{\Delta F_\theta\} \\ \{\Delta F_\gamma\} \end{Bmatrix} \tag{26}$$

其中：$\{u\}$ 为框架的侧向楼层位移向量；$\{v\}$，$\{\theta\}$，$\{\gamma\}$ 分别为所有节点的竖向位移、转角和剪切变形向量；$\{F_u\}$，$\{F_v\}$，$\{F_\theta\}$，$\{F_\gamma\}$ 分别为与 $\{u\}$，$\{v\}$，$\{\theta\}$，$\{\gamma\}$ 相对应的力向量。

在水平加载情况下，$\{\Delta F_v\}=\{0\}$，$\{\Delta F_\theta\}=\{0\}$，$\{\Delta F_\gamma\}=\{0\}$。于是，式（26）可简化成

$$[K_{ff}]\{\Delta u\}=\{\Delta F\} \tag{27}$$

其中

$$[K_{ff}]=[K_{uu}]-[[K_{uv}][K_{u\theta}][K_{u\gamma}]]\begin{bmatrix} [K_{vv}] & [K_{v\theta}] & [K_{v\gamma}] \\ [K_{\theta v}] & [K_{\theta\theta}] & [K_{\theta\gamma}] \\ [K_{\gamma v}] & [K_{\gamma\theta}] & [K_{\gamma\gamma}] \end{bmatrix}^{-1}\begin{bmatrix} [K_{vu}] \\ [K_{\theta u}] \\ [K_{\gamma u}] \end{bmatrix} \tag{28}$$

钢框架受水平风或地震作用的非线性响应可通过逐步解方程式（27）求得。

5　数　值　算　例

[算例1]　作者在同济大学 $4m\times4m$ 的振动台上做了三层钢框架的水平抗震试验[20]，试验框架的立面和梁、柱横截面如图 10 所示。应用本文方法对框架受水平地震作用的弹塑性反应进行了分析。

为表明节点域剪切变形的影响，采用以下三种力学模型用于分析：

模型Ⅰ——把节点域作为单独的单元，考虑其剪切变形的影响；模型Ⅱ——设节点域刚度为无限大，忽略其剪切变形；模型Ⅲ——略去节点域，梁和柱尺寸按中到中计算。

试验框架受 1940 EL Centro N—S 波（$\ddot{u}_{gmax}=0.96g$）的最大楼层反应如图 11 所示。

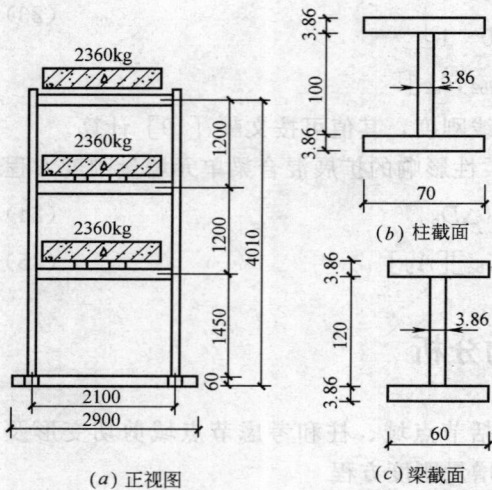

图 10　抗震试验的钢框架

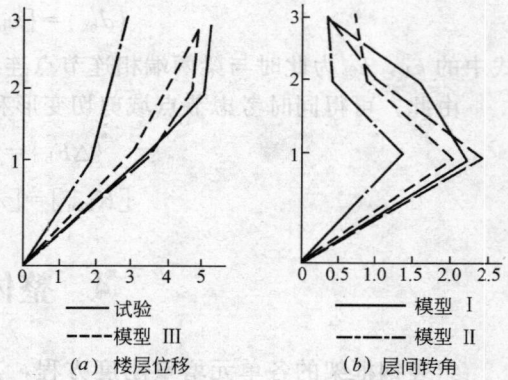

图 11　楼层侧向位移的最大地震反应

从图中可看出按模型 I 计算得到的结果与试验值吻合得最好。

　　[算例 2]　图 12 所示的三跨 10 层柔性连接的钢框架，其每层的垂直荷载为 16kN/m，梁柱连接的初始刚度 $k_s = 1.4 \times 10^5$ kN·m/rad，其比例弯矩极限 $M_s = 9.5 \times 10^2$ kN·m。用 F 表示侧向力，用 D 表示框架顶梁的侧向位移，可用本文提出的方法得出整个 F-D 曲线（见图 13）。分析了以下六种不同的情况：

　　1 为考虑 F_1，F_2，F_3，F_4，F_5 的影响；2 为考虑 F_2，F_3，F_4，F_5 的影响；3 为考虑 F_3，F_4，F_5 的影响；4 为考虑 F_4，F_5 的影响；5 为只考虑 F_5 的影响；6 为考虑 F_3，F_4，F_5 的影响，按模型 III 分析。以上 F_1，F_2，F_3，F_4，F_5 分别代表以下影响：

　　F_1 为连接的柔性；F_2 为节点域的剪切变形；F_3 为几何非线性；F_4 为梁柱剪切变形；F_5 为材料非线性。

　　通过对 1，2，3，4，5 各情况之间分析结果的对比，可反映出连接柔性、节点域剪切变形、梁柱几何非线性和梁柱剪切变形对钢框架受力过程及极限承载力的影响。情况 2 与 6 的分析结果对比表明钢框架结构的常规分析模型即模型 III 不适用于钢框架的弹塑性分析。

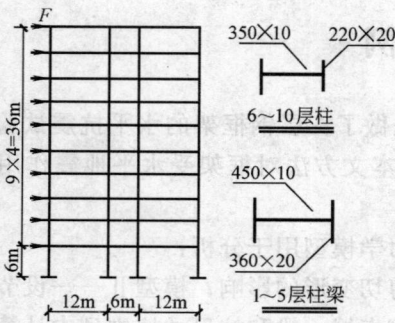

图 12　例 2 框架尺寸

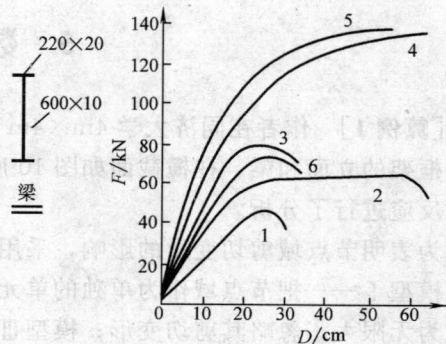

图 13　例 2 框架梁顶的荷载-位移曲线

6 结 论

本文提出的适用于计算机编程的二阶矩阵形式分析理论，可用于钢框架受水平风或地震作用时的静力和动力分析。本理论方法特别可应用于具有柔性连接和可变形节点域的钢框架的非线性分析。它的优越性在于能用统一化方法考虑连接的柔性，节点域的剪切变形、构件的剪切变形、几何非线性和材料非线性对钢框架受力性能的影响。其有效性和准确性通过试验得到了验证。

用本文方法得到的算例分析结果表明，要准确预测钢框架的弹塑性受力性能，必须在分析中考虑以下各项因素的影响：梁-柱连接的柔性，节点域的剪切变形，构件的剪切变形和几何非线性。

参 考 文 献

1 Meyer C.. Inelastic Dynamic Analysis of Tall Buildings. Int. J. Earthq. Engng Struct Dyn，1974，2 (4)：325～342

2 Fielding D. J.，Huang, J. S.. Shear in Beam-to-Column Connections . The Welding Journal，1971，50 (7)；313～325

3 Fielding D J，Chen W F.. Steel Frame Analyisis and Connection Shear Deformation. J. Struct. Div. ASCE. 1973，99 (1)：1～18

4 Kato B. Beam-to-Column Connection Research in Japan，J. Struct. Div. ASCE，1982，108 (2)：343～360

5 Bertero V V, Popov E P, Krawinkler H.. Beam-Column Subassemblages under Repeated Loading. J Struct Div ASCE，1972，98；1137～1153

6 Yu C. H.，Shanmugam N. E.. Stability of Frames with Semirigid Joints. Comput Struct，1986. 23 (5)：639～648

7 Jones S W, Kirby P A. Nethercot D A. The Analyisis of Frames with Semi-Rigid Connections-Astate-of-the art report. J Construct Steel Research，1983，3 (2)：2～13

8 Frye M J, Morric G A. Analysis of Flexibly Connected Frames. Canadian Journal of Civil Engineers，1976，2 (2)：280～291

9 Kishi N，Chon W F. Data Base of Steel Beam-to-Column Connections. Structural Engineering Report No. CE-STR-86-26，Purdue University，1986

10 Wood R H. Modern Frame Design and Its Requirements for Research into Semi-Rigid Joints. Joints in Structural Steelwork. London：Penteeh Press，1981. 1. 11～1. 24

11 Lui E M, Chen W F, Steel Frame Analysis with Flexible Joints. J Construct Steel Research，1987 (8)：161～202

12 Jones S. U, Nethercot D. A, Kirby P. A.. Influence of Connection Stiffness on Column Strength. Structural Engineer，1987 ，65A；399～405

13 Gerstle K. H. Effect of Connections on Frames. J Construct Steel Research，1988 (10)：241～267

14 Ackroyd M H, Gerstle K. H. Behavior of Type 2 Steel Frames. J Struct Div ASCE，1982，108 (7)：1541～1556

15 Cook N E, Gerstle K. H.. Safety of Type 2 Steel Frames under Load Cycles. J Struct Div ASCE, 1982, 113 (7): 1456～1467

16 李国强. 多层及高层钢框架结构在双向水平地震作用下的弹塑性平扭耦合动力反应分析:[学位论文]. 上海: 同济大学结构工程学院, 1988

17 李国强, 沈祖炎. 钢框架弹塑性静动力反应的非线性分析模型. 建筑结构学报, 1990, 11 (2): 51～59

18 李国强, 沈祖炎. 考虑节点区剪切变形的钢框架弹塑性地震反应分析. 同济大学学报, 1990, 18 (1): 1～10

19 李国强, 沈祖炎. 半刚性连接钢框架弹塑性地震反应分析。同济大学学报, 1992, 20 (2): 123～128

(本文发表于:同济大学学报,1994 年第 4 期)

25. An Experiment-based Cumulative Damage Mechanics Model of Steel Under Cyclic Loading

Zuyan Shen and Bao Dong

Abstract: Based on the stress-strain hysteretic curves obtained from the tests on steel under cyclic loading. a cumulative damage mechanics model using plastic strain as a basic variable is proposed in the paper. in which the effects of damage on the modulus of elasticity and the yielding stress of steel are taken into consideration, The material parameters of the model are determined according to the experimental hysteretic curves. Comparison of the theoretical hysteretic curves and repeated tensile stress-strain curves obtained from the suggested cumulative damage mechanics model with those from the tests shows that the model suggested in this paper agrees very well with the tested results.

Keywords: Stress-Strand-Hysteric Curves Cyclic Loading Mechanics Model

1 Introduction

In the past, many simplified models have been suggested for describing the stress-strain relationship (Muto. 1971; Chen. 1976), or called constitution relationship, for steel under uniaxial cyclic loading Of them, the simplest one is the ideal elasto-plastic model. In order to describe the strain hardening effect, the bilinear model and trilinear model have been introduced (Chen, 1976). However. all the models available do not take the effects of damage cumulation into consideration. In this paper the method of introducing the effects of damage into the stress-strain relationship of steel is discussed.

2 Tests of damage cumulation of steel under cyclic loading

For the purpose of understanding the basic features of the steel (Q235) used in tests. tension tests were carried out. from which the main mechanical behaviors were obtained as given in Table. 1.

Main mechanical behaviors of tested steel   Table. 1

Elastic modulus E(MPa)	Yield strength f_y(MPa)	Ultimate stress f_u(MPa)	Ultimate plastic strain ε_u^p
2.04×10^5	298. 4	445. 1	0. 19832

Using the same batch of steel (Q235) in tension tests, four standard test specimens were made completely in compliance with the National Standard Code of The People's Republic of China (GB 6399—86). The dimension of the specimen is shown in Figure 1. The cyclic tension-compression tests were carried out with the computer-controlled test machine MTS-880. Test results are listed in Table 2 and Figure 3 through Figure 6. The total number of half cycles at failure was determined by following method described in the above mentioned code（GB 6399—86）i. e., when inflexion point merges in the compression part of certain hysteretic loop and the difference between the maximum stress and the stress of the inflexion point reaches a certain percentage（normally 2%）of the maximum stress. Failure is thought to have happened at this point（Figure 2），and the total number of half cycles at failure is acquired accordingly In the test. Some micro-cracks were found on the surface of the specimen and developed with the increase of cyclic number of loading into a major crack till the brittle failure took place along this major crack.

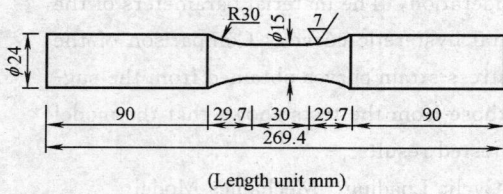

Fig. 1   Dimension of the specimen under cyclic tension-compression test

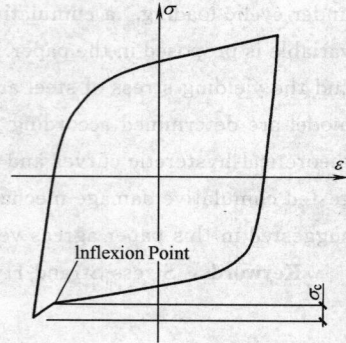

Fig. 2   Illustration of specimen failure

No. of the specimen	Controlled Strain range	Total number of half cycles at failure
1	−0.007488～0.007512	1996
2	−0.012581～0.012419	1016
3	−0.015176～0.014824	762
4	−0.017524～0.017476	684

Test results of four specimens   Table. 2

3   Cumulative damage mechanics model of steel under cyclic loading

The damage variable D is an index of describing the degree of damage of a kind of material，and is generally defined as the ratio of the cumulated value of a certain parameter of the material to the permitted value of the corresponding parameter. The damage variable D has the following features (Li and Zhao. 1994); (1) the range of the damage variable D must be in the interval of $[0, 1]$, where $D=0$ means no damage happening while $D=1$ means complete failure; (2) the damage variable D is a monotonic function. i. e., damage always develops to-ward the increasing direction and can not be inverted. In this paper plastic strain is chosen to calculate the damage variable;

$$D=\sum_{i=1}^{N} \beta_i \frac{\varepsilon_i^p}{\varepsilon_u^p}$$
(1)

Where，N is the number of half cycles，β_i is the weighted value of the ith half cycle，ε_i^p is the plastic strain of the material at the ith half cycle, and ε_u^p is the ultimate plastic strain of the material.

To highlight the importance of the half cycle producing maximum plastic strain, the weighted value of which may be taken as 1 whereas that of other half cycles as β (Kumar and Usami, 1994), then Equation

(1) becomes

$$D=(1-\beta)\ \frac{\varepsilon_m^p}{\varepsilon_u^p}+\beta\ \sum_{i=1}^{N}\ \frac{\varepsilon_i^p}{\varepsilon_u^p} \tag{2}$$

where ε_m^p is the maximum plastic strain during the cyclic loading.

As it is known to all that the most used stress-strain relationship is bilinear model (Figure 7), where σ is the yield stress of steel. Using the idea of the bilinear model, the stress-strain hysteretic curves of specimens No. 1, No. 2, No. 3 and No. 4 obtained from the tests can serve as a new hysteretic model as shown in Figure 8 which takes the damage cumulation effects into consideration. In Figure 8. ε_n^p and ε_{n+1}^p are the plastic strains of the nth and the $(n+1)$ th half cycles, respectively; $E^{D(n)}$ and $E^{D(n+1)}$ are the elastic modules of steel after the nth and the $(n+1)$ th half cycles having taken into consideration the effects of the damage cumulation, respectively; $\sigma_s^{D(n)}$ and $\sigma_s^{D(n+1)}$ are the yield stresses of steel after the nth and the $(n+1)$ th half cycles with damage cumulation, respectively; $k^{(n)}$ and $k^{(n+1)}$ are the hardening coefficients of steel after the nth and the $(n+1)$ th half cycles, respectively; γ and η are both constants of the material.

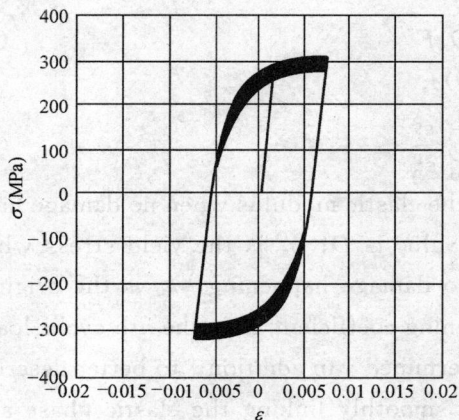

Fig. 3　Stress-strain hysteretic curves of specimen No. 1

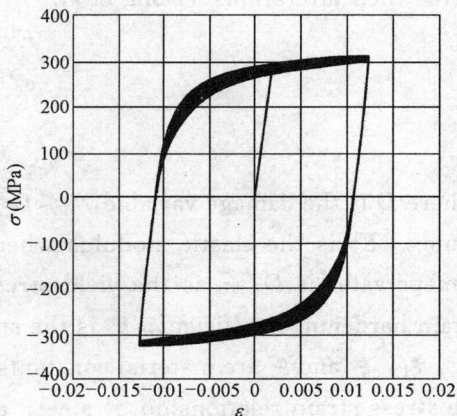

Fig. 4　Stress-strain hysteretic curves of specimen No. 2

After the above regression, the ε_i^p of each half cycle and ε_m^p of each specimen are obtained. Putting ε_j^p, ε_m^p and ε_u^p obtained from tension tests as well as the total number N of half cycles at failure into Equation (2) and setting the value of damage variable D at failure as 1, the constant β will be given as follows;

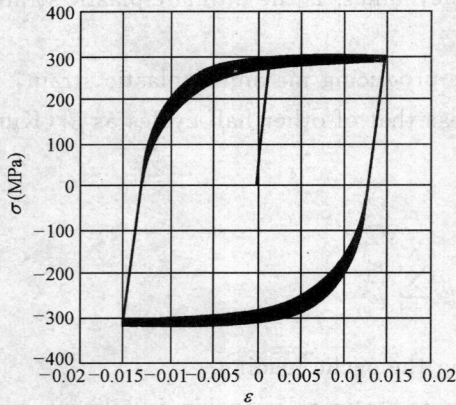

Fig. 5   Stress-strain hysteretic curves
of specimen No. 3

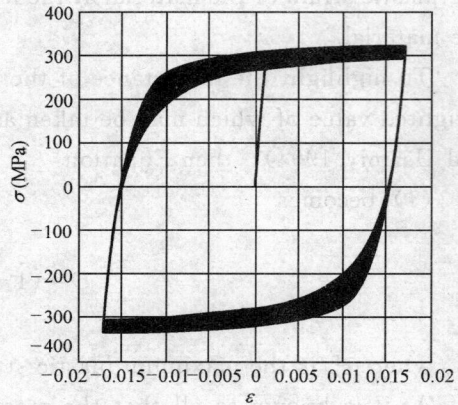

Fig. 6   Stress-strain hysteretic curves
of specimen No. 4

$$\beta = \frac{1 - \dfrac{\varepsilon_m^p}{\varepsilon_u^p}}{\displaystyle\sum_{i=1}^{N} \dfrac{\varepsilon_i^p}{\varepsilon_u^p} - \dfrac{\varepsilon_m^p}{\varepsilon_u^p}} \tag{3}$$

From the hysteretic curves obtained from the steel cyclic tension-compression tests, it is clear that with the increase of the cycle number of loading, the elastic modulus and yield strength of steel drop increasingly, and that the strain hardening coefficient k is no longer a constant and increases increasingly. The following three equations can be used to describe their alterations (Dong et al. 1996).

$$E^D = (1 - \xi_1 D) E \tag{4}$$

$$\sigma_s^D = (1 - \xi_2 D) \sigma_s \tag{5}$$

$$k^n = k_0 + \xi_3 \sum_{i=1}^{N} \frac{\varepsilon_i^p}{\varepsilon_u^p} \tag{6}$$

Where D is the damage variable, $0 \leqslant D \leqslant 1$; E is the elastic modulus when no damage happening. E^D is the elastic modulus when damage value is D; σ_s^D is the yield stress when damage value is D; σ_s is the yield stress when no damage happening, k_0 is the original strain hardening coefficient; k^n is the strain hardening coefficient after the nth cyclic loading, ξ_1, ξ_2 and ξ_3 are material constants to be determined. In addition, to better describe the stress-strain relationship of steel, a parabola smoothly linking the elastic phase and the plastic phase is introduced to describe the transitional phase between the above two phases. The equation of the parabola is formatted as follows:

$$\sigma = a\varepsilon^2 + b\varepsilon + c \tag{7}$$

In Figure 8, as to the $(n+1)$ th cyclic loading, let B_{n+1} be the start point of the parabola, the coordinates of which is $(\sigma_1, \varepsilon_1)$, C_{n+1} be the end point of the parabola, the coordinates of which is $(\sigma_2, \varepsilon_2)$, then the coefficients of Equation (7) can be given as follows:

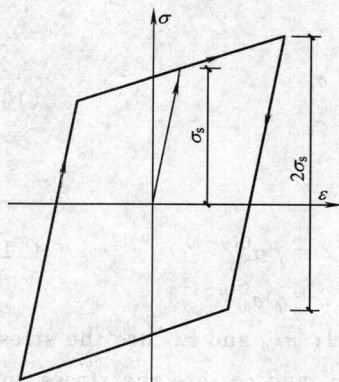

Fig. 7　Bilinear hysteretic
model of steel

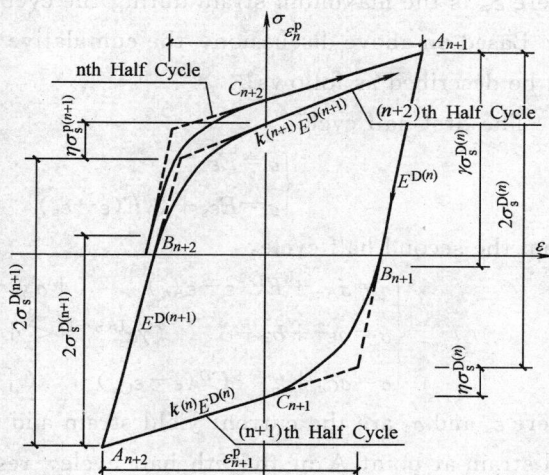

Fig. 8　Hysteretic model of steel considering
damage cumulation

$$\begin{cases} a = \dfrac{\sigma_1 - \sigma_2 + k^n E^{\mathrm{D}}(\varepsilon_2 - \varepsilon_1)}{(\varepsilon_2 - \varepsilon_1)^2} \\[3mm] b = \dfrac{k^n E^{\mathrm{D}}(\varepsilon_1^2 - \varepsilon_2^2) - 2\varepsilon_2(\sigma_1 - \sigma_2)}{(\varepsilon_2 - \varepsilon_1)^2} \\[3mm] c = \sigma_2 - k^n E^{\mathrm{D}}\varepsilon_2 + \varepsilon_2^2 \dfrac{\sigma_1 - \sigma_2 + k^n E^{\mathrm{D}}(\varepsilon_2 - \varepsilon_1)}{(\varepsilon_2 - \varepsilon_1)^2} \end{cases} \tag{8}$$

From Equation (2), the damage value D of each half cycle of each specimen is obtained. With the help of linear regression of test data, E_i^{D}, σ_{si}^{D} and k^i of the ith half cycle of each specimen are calculated. Putting D, E_i^{D} and σ_{si}^{D} into Equations (4) and (5), ξ_{1i} and ξ_{2i} and then the mean value ξ_1 and ξ_2 of each specimen can be obtained. Using k^i of the ith half cycle of each specimen, from Equation (6) ξ_{3i} and then the mean value ξ_3 of each specimen are obtained. Finally, regressing the elastic and plastic phases with the test curves, γ and η of each specimen are calculated. All the constants of four tested specimens are listed in Table 3.

No. of Specimen	β	ξ_1	ξ_2	k_0	ξ_3	γ	η
1	0.0079	0.197	0.118	0.015	0.000081	1.36	0.050
2	0.0081	0.190	0.129	0.013	0.000088	1.50	0.042
3	0.0086	0.258	0.116	0.011	0.000064	1.44	0.037
4	0.0079	0.264	0.114	0.010	0.000058	1.44	0.035
Value in Model	0.0081	0.227	0.119	Eqn9	0.000073	1.44	0.041

Regressed constants of four specimens　　　　Table. 3

From Table 3, it can be seen that the difference of k_0 is relatively large and k_0 declines with the increase of strain. After regression, k_0 can be given using the following equation:

$$k_0 = 0.014 - 0.165 |\varepsilon_m| + 1.12 |\varepsilon_m^2| - 2.88 |\varepsilon_m^3| \tag{9}$$

where ε_m is the maximum strain during the cyclic loading.

Based on above discussion, the cumulative damage mechanics model of steel (Q235) can be described as follows:

The first half cycle:

$$\begin{cases} \sigma = E\varepsilon & |\sigma| \leqslant |\sigma_s| \\ \sigma = E\varepsilon_s + k_0 E(\varepsilon - \varepsilon_s) & |\sigma| > |\sigma_s| \end{cases} \qquad (10)$$

From the second half cycle,

$$\begin{cases} \sigma = \sigma_{An} + E^D(\varepsilon - \varepsilon_{An}) & (|\sigma_{An} - \sigma_s| \leqslant \gamma\sigma_s^{D(n-1)}) \\ \sigma = a\varepsilon^2 + b\varepsilon + c & (\gamma\sigma_s^{D(n-1)} < |\sigma_{An} - \sigma_s| \leqslant (2+\eta)\sigma_s^{D(n-1)}) \\ \sigma = \sigma_{Cn} + k^{n-1}E^D(\varepsilon - \varepsilon_{Cn}) & (|\sigma_{An} - \sigma_s| > (2+\eta)\sigma_s^{D(n-1)}) \end{cases} \qquad (11)$$

where ε_s and σ_s are the current yield strain and stress of steel; σ_{An} and ε_{An} are the stress and strain at point A of the nth half cycle, respectively; σ_{Cn} and ε_{Cn} are the stress and strain at point C of the nth half cycled, respectively.

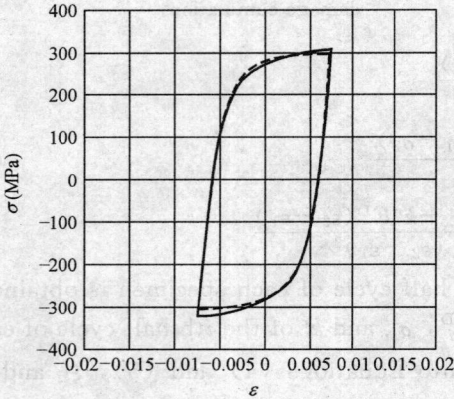

Fig. 9   Comparison at 2nd and 3rd
half cycles of specimen No. 1

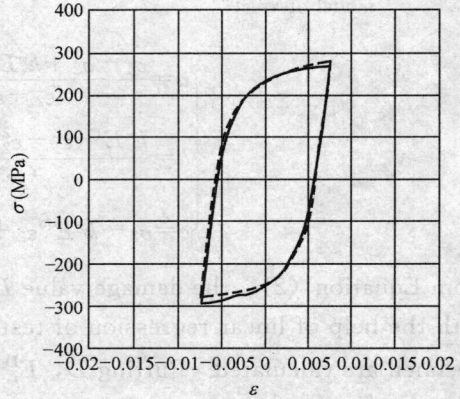

Fig. 10   Comparison at 1995th and 1996th
half cycles of specimen No. 1

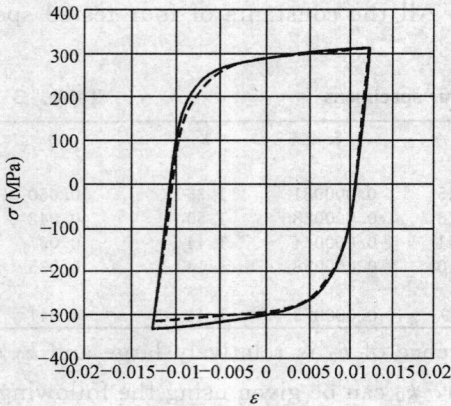

Fig. 11   Comparison at 2nd and 3rd half
cycles of specimen No. 2

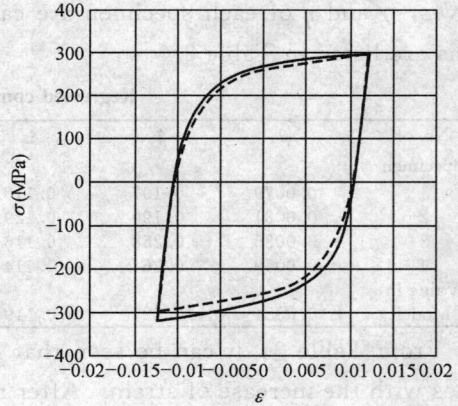

Fig. 12   Comparison of 1015th and 1016th
half cycles of specimen No. 2

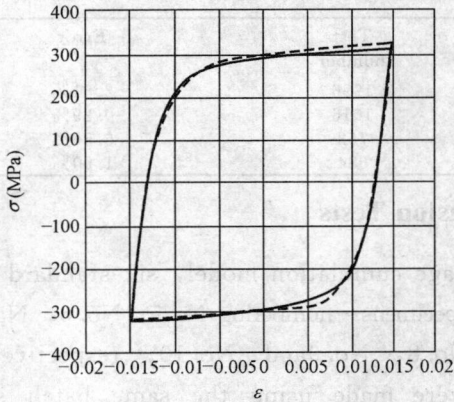

Fig. 13　Comparison at 2nd and 3rd half cycles of specimen No. 3

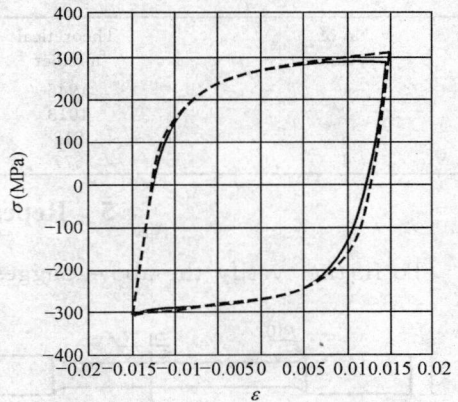

Fig. 14　Comparison of 761st and 762nd half cycles of specimen No. 3

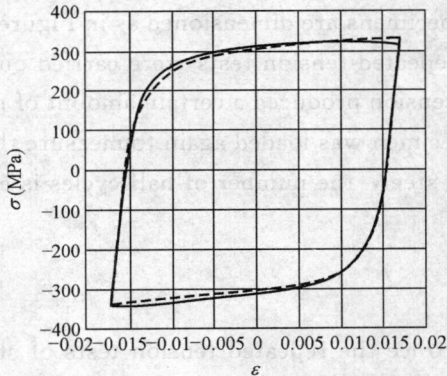

Fig. 15　Comparison at 2nd and 3rd half cycles of specimen No. 4

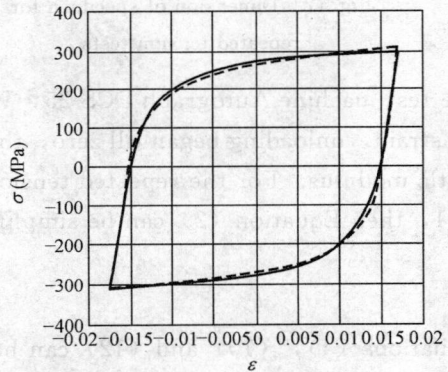

Fig. 16　Comparison of 683rd and 684th half cycles of specimen No. 4

4　Comparison Between Damage Cumulation Model and Tests

Based on the damage cumulation model suggested in this paper, the simulation of the damage cumulation tests of steel under cyclic loading is carried out in computer. The comparison between the simulated stress-strain hysteretic relationship and the tested stress-strain hysteretic relationship can be referred to Figure 9 through Figure 16. In the figures, solid curves indicate test results and dashed curves indicate simulation results.

The comparison of Figure 9 through Figure 16 shows that the suggested damage cumulation model agrees very well with the test results, and that the suggested model can effectively explain the phenomenon of strength decrease, rigidity decrease and hysteretic energy decrease due to the damage of steel under cyclic loading In addition, for the specimens No. 1, No. 2, No. 3 and No. 4 when using simulation and setting the damage value D equal to 1, the theoretical numbers of half cycles at failure are obtained as listed in Table 4.

Theoretical number of half cycles at failure and the test number   Table. 4

No of specimen	Theoretical number	Test number	Error
1	1946	1996	2.51%
2	1013	1016	0.29%
3	812	762	6.56%
4	671	684	1.90%

5   Repeated Tension Tests

To further verify the above suggested damage cumulation model, six standard test specimens—numbering No.5, No.6, No.7, No.8, No.9 and No.10, respectively— were made using the same batch steel (Q235) completely in compliance with the National Standard Code of The People's Republic of China (GB 228—76). All specimens are dimensioned as in Figure 17.

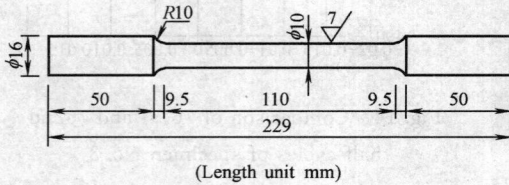

Fig. 17   Dimension of specimen for repeated tension tests

(Length unit mm)

Repeated tension tests were carried out on the test machine Autograph DCS-25, When the tension produced a certain amount of plastic strain, unloading began till zero, then the specimen was loaded again to measure the elastic modulus. For the repeated tension tests of steel, the number of half cycles is equal to 1, then Equation (2) can be simplified as

$$D = \frac{\varepsilon^p}{\varepsilon_u^p} \tag{12}$$

Equations (4), (10) and (12) can be used to trace the repeated tension tests of steel, and the comparisons between test stress-strain relationship and traced stress-strain relationship are shown in Figure 18 to Figure 23, where solid lines indicate the test results while the dashed lines indicate the traced curves.

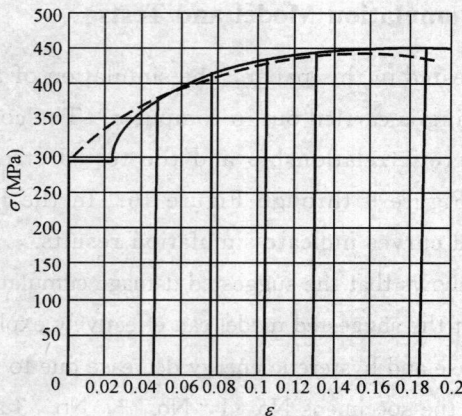

Fig. 18   Stress-strain relationship of repeated tension test of specimen No. 5

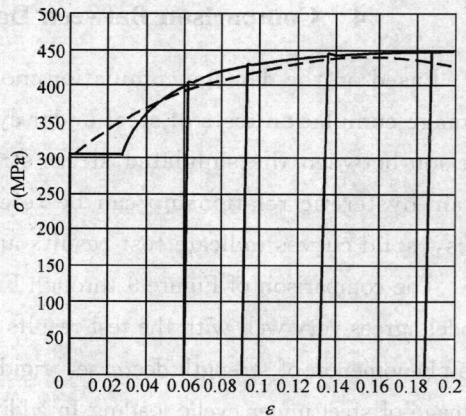

Fig. 19   Stress-strain relationship of repeated tension test of specimen No. 6

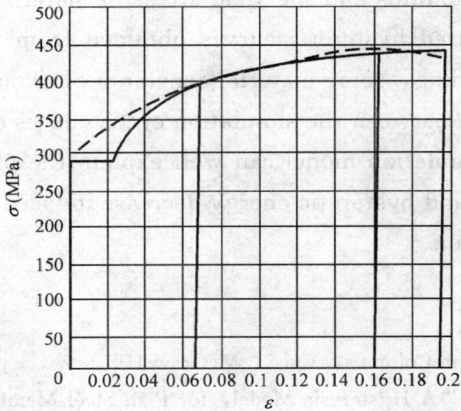

Fig. 20　Stress-strain relationship of repeated
tension test of specimen. No. 7

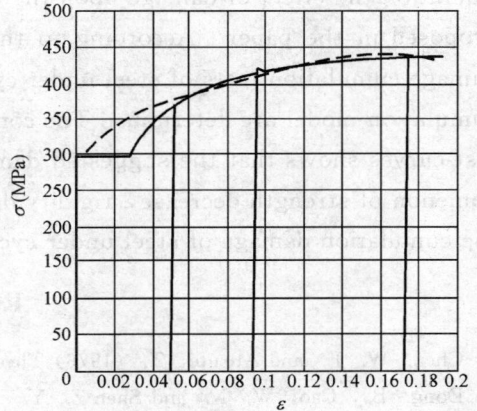

Fig. 21　Stress-strain relationship of repeated
tension test of specimen No. 8

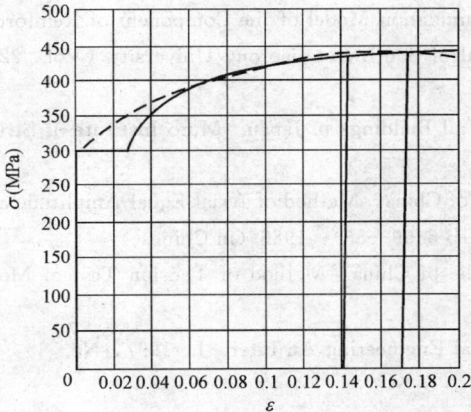

Fig. 22　Stress-strain relationship of repeated
tension test of specimen No. 9

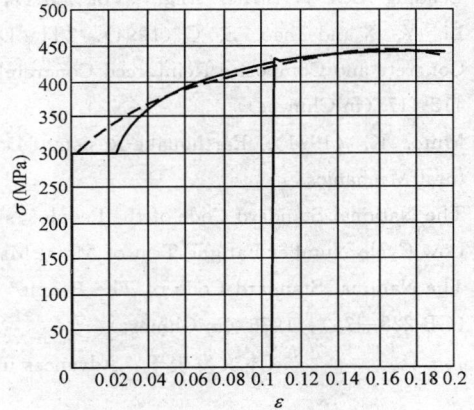

Fig. 23　Stress-strain relationship of repeated
tension test of specimen No. 10

The comparison between the stress-strain relationship obtained from repeated tension tests and the traced stress-strain relationship based on the damage cumulation model suggested in this paper shows that the suggested model agrees very well with the test results. Most of the errors of elastic modulus obtained from the suggested model away from the test results are less than 3.48% except one with 7.22%, while the errors of stress are all less than 6.10%, which evidently demonstrates the correctness of the damage cumulation model suggested in this paper.

6　Conclusion

Based on the experimented results of cyclic tension-compression the of steel, a new cumulative damage mechanics model of steel under cyclic loading which introduces the cumulative damage variable into steel stress-strain hysteretic relationship and takes into consideration the effect of damage upon the elastic modulus and the yield stress of material is proposed in the paper. According to the measured hysteretic curves obtained from the damage cumulation tests of steel under cyclic loading, some material constants of damage cumulation model are determined The comparison between the simulation cyclic curves and test curves shows that the suggested damage cumulation model can well explain the phenomenon of strength decrease, rigidity decrease and hysteretic energy decrease induced by the cumulation damage of steel under cyclic loading.

References

1　Chen. W. F. and Ausute, T. (1976) Theory of Beam-Columns, Vol 2, McGraw-Hill

2　Dong. B., Cao, W. X. and Shen Z. Y. (1996). "A Hysteresis Model, for Plan Steel Members with Damage Cumulation Effects", Advances in Steel Structures (ICASS' 96) (Vol. 2) S. L. Chan and J. G. Teng. Eds, Elsevier Science Ltd Oxford, 79~84

3　Kumar, S. and Usami, T. (1994). A Note on Evaluation of Damage in Steel Structures under Cyclic Loading JSCE J, Struc. Eng. (Vol. 40A), 177~188

4　Li. Y. X and Zhao. S. C (1994). "The Damage Cumulation Model of the Component of Reinforced Concrete and Composite Reinforced Concrete", Journal of Southwest Jiaotong University (Vol. 22), 412-417 (in Chinese)

5　Muto. K. (1971). Earthquake-Resistant Design of Tall Buildings in Japan. Muto Institute of Structural Mechanics

6　The National Standard Code of the People's Republic of China. Method of Axial Equal-Amplitude and Low Cycle Number Fatigue Test of Metal Materials (GB 6399—86), 1986 (in Chinese)

7　The National Standard Code of The People's Republic of China. Method of Tension Test of Metal (GB 228—76), 1976 (in Chinese)

(本文发表于：Advances in Structural Engineering An Inter. J. 1997, No. 1)

26. A Hysteresis Model For Plane Steel Members With Damage Cumulation Effects

Shen Zuyan   Dong Bao   Cao Wenxian

Abstract: In order to consider the effects of damage cumulation on the structural responses, a damage model for steel structural members based on plastic strains of the material has been proposed. Adopting the hypotheses of elasto-plastic damage hinges and the damage concentrated at the ends of a steel member, a hysteresis model for plane steel members with effects of damage cumulation has been built. The proposed model can consider the following effects: strain hardening effect and strength degeneration effect caused by damage cumulation. Finally, by means of this model, an elasto-plastic stiffness matrix is built for plane steel members with damage cumulation effects. 1998 Published by Elsevier Science Ltd. All rights reserved.

Keywords: Damage Cumulationl   Damage Index   Damage Model   Elasto-Plastic Damage Hinge   Hysteresis Model   Steel Member

1 Introduction

In order to meet the needs of elasto-plastic analysis for earthquake-resistant design of steel structures, many hysteresis models for steel members have been established, the simplest one among which is the ideally elasto-plastic model [1, 2]. Other models describing the strain hardening effect, such as the two-line and three-line models [3] were also proposed. In addition, Chen and Ausuta [4] suggested a constitution model, in which both the strain effect and Bauschinger effect were taken into account. However, none of the above-mentioned models considered the effect of damage cumulation on material. In fact, the hysteresis characteristic reflects the effects of damage cumulation on material properties in cycling loading. Test data have indicated that the damage and its cumulation will decrease the elastic modulus and yield strength of steel in a repeated loading and unloading process. Usually, the difference becomes more obvious as damage gets more serious. Therefore, the assumption that the unloading route in σ-ε curves is considered to be parallel with its initial loading route, which is often adopted in elasto-plastic mechanics, will no longer be suitable [5], The effects of damage on elastic modulus and yield strength can be expressed as follows [13]

$$E^{D} = (1 - \xi_1 D)E, \sigma_s^{D} = (1 - \xi_2 D)\sigma_s \tag{1}$$

where D is the damage index, $D = 0$ means no damage, and $D = 1$ means complete failure of the material, E and E^D are the elastic modulus in respect of $D=0$ and D, respectively, σ_s is the initial yield stress when $D=0$ and σ_s^D is the yield stress in respect of D. ξ_1 and ξ_2 are two material parameters.

Since the complication of factors related with damage, different expressions for the damage index have been proposed, Kachanov [6] was the first one who described the damage using the alteration of the cross-section area; Hearn and Testa [7] pointed out that the damage could be expressed as the decrement of a certain property of the cross-section; Lardner [8] adopted strength degeneration to describe the damage; Park and Ang [9, 10] used a linear combination of deformation and energy to rep-resent damage; Iemura [11] introduced hysteresis energy to define the damage index, Considering the characteristic of damage in structural steel, in this paper plastic strain is adopted to measure the degree of damage. The damage index can be expressed as

$$D = (1-\beta)\frac{e_m^p}{e_u^p} + \beta \sum_{i=1}^{N} \frac{e_i^p}{e_u^p} \tag{2}$$

where N is the number of half-cycles which cause plastic strain, β is the weight value, e_i^p is the plastic strain during the ith half-cycle, e_u^p is the ultimate plastic strain and e_m^p is the largest plastic strain during all half-cycles.

2 A non-linear hysteresis model with damage cumulation effects

In the forthcoming study the following assumptions will be adopted: (1) planes before deformation remain planes after deformation; (2) shear strains are neglected; (3) plasticity concentrates at both ends of a member; (4) damage concentrates at both ends of a member.

The combination of (3) and (4) can be termed as the hypothesis of elasto-plastic damage hinge. Since damage in a cross-section is usually not uniformly distributed, for sake of simplicity in numerical analysis, a virtual uniformly distributed damage variable $\widetilde{D}$ is substituted for the actual damage. $\widetilde{D}$ is called equivalent damage variable in the same cross-section, which can be calculated as follows. A cross-section can be divided into many subsections (Fig. 1). For the ith subsection, A_j denotes its area, y_i denotes the distance from the center of the subsection to the neutral axis of the whole cross-section and D_j denotes its damage variable. The following formula can be written:

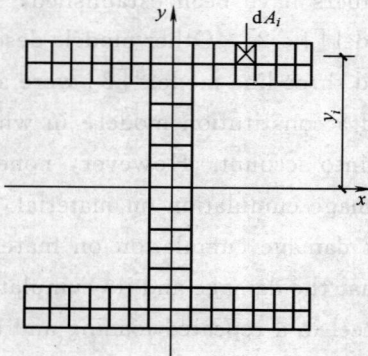

Fig. 1　Subsections on a cross-section

$$\widetilde{D} = \frac{\int_s D_j \, dA_j}{A} \tag{3}$$

Let the yield function for a plane member without axial force be

$$\phi = \left| \frac{M}{M_p^D} \right| \tag{4}$$

where M is the bending moment on the cross-section, and M_p^D is the ultimate yield bending moment when the cross-section possesses damage $\widetilde{D}$.

Let the hysteresis parameter for a plane member be

$$R = E_t / E \tag{5}$$

where E_t denotes the tangent modulus of elasticity at a certain point of the σ-ε curve. Then, as for the nth loading,

$$R = \begin{cases} 1 - \xi_1 \widetilde{D} & (\text{for } \varphi < \varphi_{s,n}) \\ (1 - \xi_1 \widetilde{D}) \left[1 + (q-1) \dfrac{\varphi - \varphi_{s,n}}{\varphi_{p,n} - \varphi_{s,n}} \right] & (\text{for } \varphi_{s,n} \leqslant \varphi \leqslant \varphi_{p,n}) \\ q(1 - \xi_1 \widetilde{D}) & (\text{for } \varphi < \varphi_{p,n}) \end{cases} \tag{6}$$

where $\varphi_{s,n}$ denotes the value of the initial yield during the nth loading, $\varphi_{p,n}$ denotes the value of the perfect yield during the nth loading and q is the strain hardening coefficient.

3 The elasto-plastic stiffness matrix with damage cumulation effects

Supposing a member is shown in Fig 2, the applied force increment vector and its corresponding deformation increment vector can be expressed as follows

$$\{dF\} = [dQ^i \, dM^i \, dQ^j \, dM^j]^T \tag{7}$$

$$\{d\delta\} = [dv^i \, d\theta^i \, dv^j \, d\theta^j]^T \tag{8}$$

In an arbitrary state, the deformation increment vector $\{d\delta\}$ at the ends of the member can be divided into two parts: the elastic deformation $\{d\delta_e\}$ without damage, and the plastic deformation $\{d\delta_{pD}\}$ with damage D, i. e.

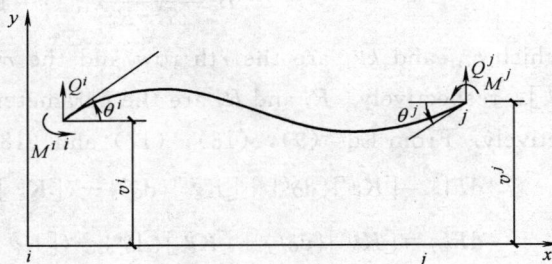

Fig. 2 Forces and deformations at
both ends of a member

$$\{d\delta\} = \{d\delta_e\} + \{d\delta_{pD}\} \tag{9}$$

$$\{d\delta\} = [\{d\delta^i\}^T, \{d\delta^j\}^T]^T, \{d\delta^i\} = [dv^i, d\theta^i]^T, \{d\delta^j\} = [dv^j, d\theta^j]^T \tag{10}$$

According to assumptions (3) and (4), the damage and plasticity cause the elasto-plastic damage hinge only at the ends of the member, therefore

$$\{d\delta_{pD}^i\} = [0 \, d\theta_{pD}^i]^T = [g]\{1\}d\theta_{pD}^i, \{d\delta_{pD}^j\} = [0 \, d\theta_{pD}^j]^T = [g]\{1\}d\theta_{pD}^j \tag{11}$$

where

$$\{1\} = [1 \quad 1]^T, [g] = \begin{bmatrix} 0 & 0 \\ 0 & 1 \end{bmatrix} \tag{12}$$

The force increment vector at the ends of the member can be decomposed into two orthogonal components $\{dF_n\}$ and $\{dF_t\}$ i. e.

$$\{dF\} = \{dF_t\} + \{dF_n\} \tag{13}$$

where

$$\{dF_t\} = [\{dF_t^i\}^T, \{dF_t^j\}^T]^T, \{dF_t^i\} = [dQ^i, 0]^T, \{dF_t^j\} = [dQ^j, 0]^T \tag{14}$$

$$\{dF_n\} = [\{dF_n^i\}^T, \{dF_n^j\}^T]^T, \{dF_n^i\} = [0, dM^i]^T, \{dF_n^j\} = [0, dM^j]^T \tag{15}$$

Apparently, there is a constant relationship between $\{dF\}$ and $\{d\delta_e\}$, i. e.

$$\{dF\} = [K_e]\{d\delta_e\} \tag{16}$$

where $[K_e]$ is the elastic stiffness matrix of the member element. Rearranging the above equation in matrix forms, we have

$$\begin{bmatrix} \{dF^i\} \\ \{dF^j\} \end{bmatrix} = \begin{bmatrix} [K_e^{ii}] & [K_e^{ij}] \\ [K_e^{ji}] & [K_e^{jj}] \end{bmatrix} \begin{bmatrix} \{d\delta_e^i\} \\ \{d\delta_e^j\} \end{bmatrix} \tag{17}$$

Supposing $\{dF_n\}$ is only interrelated with $\{d\delta_{pD}\}$, $\{dF_n\}$ can be written as

$$\{dF_n^i\} = [K_h^i]\{d\delta_{pD}^i\}, \{dF_n^j\} = [K_h^j]\{d\delta_{pD}^j\} \tag{18}$$

where

$$[K_h^s] = \begin{bmatrix} B_1^s & 0 \\ 0 & B_2^s \end{bmatrix} (s = i, j) \tag{19}$$

$$B_r^s = \frac{R^s}{1 - R_s} k_{err}^{ss} (r = 1, 2; s = i, j) \tag{20}$$

in which k_{err}^{ii} and k_{err}^{jj} are the rth row and the rth column element of matrix $[K_e^{ii}]$ and $[K_e^{jj}]$, respectively. R_i and R_j are the parameters for hysteresis force at end i and j, respectively. From Eqs (9), (13), (17) and (18), one gets

$$\left. \begin{array}{l} \{dF_t^i\} = [K_e^{ii}]\{d\delta^i\} + [K_e^{ij}]\{d\delta^j\} - ([K_e^{ii}] + [K_h^i])\{d\delta_{pD}^i\} - [K_e^{ij}]\{d\delta_{pD}^j\} \\ \{dF_t^j\} = [K_e^{jj}]\{d\delta^j\} + [K_e^{ji}]\{d\delta^i\} - ([K_e^{jj}] + [K_h^j])\{d\delta_{pD}^j\} - [K_e^{ji}]\{d\delta_{pD}^i\} \end{array} \right\} \tag{21}$$

From Eqs, (11) and (18) it can be inferred that vectors $\{d\delta_{pD}^i\}$ and $\{d\delta_{pD}^j\}$ are parallel to vectors $\{dF_n^i\}$ and $\{dF_n^j\}$, respectively. Therefore, vectors $\{d\delta_{pD}^i\}$ and $\{d\delta_{pD}^j\}$ are orthogonal with vectors $\{dF_n^i\}$ and $\{dF_t^j\}$, respectively [12] i. e.

$$\left. \begin{array}{l} \{d\delta_{pD}^i\}^T \{dF_t^i\} = ([g]\{1\}d\theta_{pD}^i)^T \{dF_t^i\} = d\theta_{pD}^i\{1\}^T[g]^T\{dF_t^i\} = 0 \\ \{d\delta_{pD}^j\}^T \{dF_t^j\} = ([g]\{1\}d\theta_{pD}^j)^T \{dF_t^j\} = d\theta_{pD}^j\{1\}^T[g]^T\{dF_t^j\} = 0 \end{array} \right\} \tag{22}$$

For the sake of clarity, several different conditions, which possibly occur in a member, will be discussed separately.

Damage and plastic yield occur at both ends i and j of a member. Such being the case, $d\theta_{pD}^i \neq 0$ and $d\theta_{pD}^j \neq 0$, From Eq (22) one can have

$$\{1\}^T[g]^T\{dF_t^i\} = 0, \{1\}^T[g]^T\{dF_t^j\} = 0 \tag{23}$$

Introducing Eq (21) into the above equation, we get

$$\{d\theta_{pD}\} = [L][E]^T[G]^T[K_e]\{d\delta\} \tag{24}$$

$$[G]=\begin{bmatrix}[g] & [0]\\ [0] & [g]\end{bmatrix}[E]=\begin{bmatrix}\{1\} & \{0\}\\ \{0\} & \{1\}\end{bmatrix}[L]=\begin{bmatrix}k^{ii} & k^{ij}\\ k^{ji} & k^{jj}\end{bmatrix}^{-1} \tag{25}$$

$$\left.\begin{array}{l}k^{ii}=\{1\}^{T}[g]^{T}([K_e^{ii}]+[K_h^{i}])[g]\{1\}, k^{ij}=\{1\}^{T}[g]^{T}[K_e^{ij}][g]\{1\}\\[2mm] k^{ji}=\{1\}^{T}[g]^{T}[K_e^{ji}][g]\{1\}, k^{jj}=\{1\}^{T}[g]^{T}([K_e^{jj}]+[K_h^{j}])[g]\{1\}\end{array}\right\} \tag{26}$$

Combining Eqs (24) and (11), the following formula can be obtained

$$\{d\delta_{pD}\}=[G][E][L][E]^{T}[G]^{T}[K_e]\{d\delta\} \tag{27}$$

From Eqs (9), (27) and (16) we have

$$\{dF\}=([K_e]-[K_e][G][E][L][E]^{T}[G]^{T}[K_e])\{d\delta\} \tag{28}$$

Therefore when damage and plastic yield occur at both ends of a member, the elasto-plastic matrix can be expressed as follows:

$$[K_{pD}]=[K_e]-[K_e][G][E][L][E]^{T}[G]^{T}[K_e] \tag{29}$$

Damage and plastic yield occur only at end i of a member Under this condition, $d\theta_{pD}^{i}\neq0$, $d\theta_{pD}^{j}=0$. Following the similar deduction mentioned above Eq (29) is also obtained, but in which

$$[L]=\begin{bmatrix}1/k^{ii} & 0\\ 0 & 0\end{bmatrix} \tag{30}$$

Damage and plastic yield occur only at end j of a member, Since $d\theta_{pD}^{i}=0$ and $d\theta_{pD}^{j}\neq0$, we have Eq. (29), and

$$[L]=\begin{bmatrix}0 & 0\\ 0 & 1/k^{jj}\end{bmatrix} \tag{31}$$

4 Test and verification

For steel material (Q235), it can be ascertained from the test results [13] that β in Eq. (2) is 0.081, ξ_1 and ξ_2 in Eq. (1) are 0.227 and 0.119, respectively A computer programme has been developed according to the analysis presented in this paper. Inputting any given load route, this programme will output the correspondent displacement route of the free end of an I-shaped steel cantilever column and output the damage value of the member. The following is a calculation example for a tested I-shaped steel cantilever column [14] The material properties and dimensional size are listed in Table 1. The cantilever length of the column specimen is 1200 mm. The cross-section of the fixed end is discretized into 60 elements (Fig. 3). At the end of loading, the damage value D_i of each element is listed in Table 2. The comparison between calculation and test can be seen in Fig. 4, where P_y is the horizontal force applied on the top end of the tested column specimen, and D_y is the corresponding horizontal displacement. The calculated damage value for the column specimen is $\widetilde{D}=0.103$.

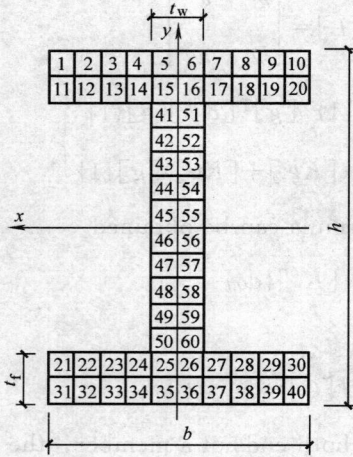

Fig. 3　Element discretization of the cross-section

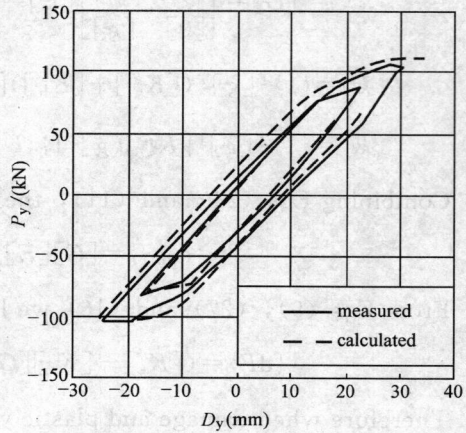

Fig. 4　Comparison of measured and calculated results

The material properties and dimensional size of I-shaped steel column specimen　Table. 1

Young's modulus E (MPa)	Yield strength f_y (MPa)	Ultimate strength f_u (MPa)	Yield strain ε_y	Section height h (mm)	Section width b (mm)	Flange thickness t_f (mm)	Web thickness t_w (mm)
2.01×10^5	310.5	453.5	0.00154	240	180	8	6

The damage value of each element at the end of loading　　Table. 2

No. of element	Damage value	No. of element	Damage value	No. of element	Damage value	No. of element	Damage value	No. of element	Damage value	No. of element	Damage value
1	0.136	11	0.123	21	0.123	31	0.136	41	0.107	51	0.107
2	0.136	12	0.123	22	0.123	32	0.136	42	0.083	52	0.083
3	0.136	13	0.123	23	0.123	33	0.136	43	0.042	53	0.042
4	0.136	14	0.123	24	0.123	34	0.136	44	0.000	54	0.000
5	0.136	15	0.123	25	0.123	35	0.136	45	0.000	55	0.000
6	0.136	16	0.123	26	0.123	36	0.136	46	0.000	56	0.000
7	0.136	17	0.123	27	0.123	37	0.136	47	0.000	57	0.000
8	0.136	18	0.123	28	0.123	38	0.136	48	0.042	58	0.042
9	0.136	19	0.123	29	0.123	39	0.136	49	0.083	59	0.083
10	0.136	20	0.123	30	0.123	40	0.136	50	0.107	60	0.107

5　Conclusion

A hysteresis model for plane steel members with damage cumulation effects has been proposed in this paper. Based on the proposed model. an elasto-plastic stiffness matrix for plane steel members with damage cumulation effects has been derived, which can be applied to the structure damage cumulation analysis under earthquake conditions.

References

1　Fukuta T，Kato，B，Hysteresis behavior of three-story steel frame with concentric K-braces. Building

Research Institute of Construction，1985

2　Muto K．Earthquake-resistant design of tall building in Japan Muto Institute of Structural Mechanics，1971

3　Park R，Theorisation of structural behaviour with a view to defining resistance and ultimate deformablity Bull．NZ Soc，Earthquake Engng 1973；2：52～70

4　Chen WF Ausuta T．Theory of beam-columns．Vol．2 McGraw-Hiss，1976

5　Yin SZ，Fracture and damage theories and their application（in Chinese）Beijing．China；Tsinghua University，1992

6　Kachanov LM．Introduction to continuum damage mechanics．Dordrecht：Martinus Nijhoff Publishers．1986

7　Hearn G Testa RB（1991）Model analysis for damage detection in structures ASCE，ST10，3042～3063

8　Lardner RW A theory of random fatigue J，Mechanics Phyiscs Solids 1967；15（3）：205～21

9　Park YJ Ang Ahs（1985）Mechanistic seismic damage model for reinforced concrete ASCE，ST4，722～739

10　Park YJ Ang AHS，Wen YK（1985）Seismic damage analysis of reinforced concrete．buildings，ASCE ST4 740～757

11　lemura H Hybrid experiments on earthquake failure criteria of reinforced concrete structures In：Proceedings of the Eighth WCEE Vol．6 1984：103～110

12　Li GQ Shen ZY．A nonlinear analysis model for elasto-plastic static and dynamic response of steel frames（in Chinese）J Build Struct 1994；2：51～9

13　Shen ZY Dong B An experiment-based cumulative damage mechanics model of steel under cyclic loading．Adv Struct Engng 1997；1：39～46

14　Liu WG Study on hysteretic characteristics of steel members（in Chinese），Master Degree Thesis，Tongji University，Shanghai，China，1990．

（本文发表于：J．Constructional Steel Research，1998，No．2/3）

27. 空间钢构件考虑损伤累积效应的
恢复力模型及试验验证

董宝　沈祖炎

提　要：本文从损伤对钢材性能的影响出发，根据弹塑性损伤铰概念，提出了一种考虑损伤累积效应的空间钢构件非线性恢复力模型，并在这一模型的基础上建立了空间钢构件考虑损伤累积效应的弹塑性刚度矩阵。最后，把试验测得的试件位移曲线和利用本文模型计算的试件位移曲线进行对比。对比结果表明，试验位移曲线和计算的位移曲线吻合得较好，这说明本文建立的考虑损伤累积效应的空间钢构件非线性恢复力模型的正确性。

关键词：损伤　损伤累积效应　恢复力模型　弹塑性损伤铰

A Hysteretic Model and Test Verification
for Space Steel Member With Consideration
of The Damage Cumulation Effects

Dong Bao　Shen Zuyan

Abstract：In this paper, based on the hypothesis of elasto-plastic damage hinge, a hysteretic model for the damage cumulation of space steel member is proposed. Using this model, an elasto-plastic stiffness matrix is set up for space steel members with damage cumulation effects. Comparison of the member displacement curves has been made between the test results and that of the model suggested in this paper, and both agree very well. This proves that with consideration of the damage cumulation effect, the proposed hysteretic model for space steel member is correct.

Keywords：Damage　Damage Cumulation Effect　Hysteretic Model　Elasto-Plastic Damage Hinge

1 引　言

构筑物的破坏通常是由于结构损伤并逐渐累积到一定程度后引起的。在地震等周期荷载作用下，结构物将产生不同程度的损伤，并且这种损伤随着荷载循环次数的增加而不断地累积，最终导致结构破坏。描述结构或构件破坏程度的变量称为损伤变量。损伤变量具有如下性质[1]：（1）损伤变量 D 的范围应在 $[0，1]$ 之间，当 $D=0$ 时，对应无损状态；当 $D=1$ 时，意味着结构或构件完全破坏。（2）损伤变量 D 应为单调递增的函数，即损伤向着增大的方向发展，且损伤不可逆。损伤的分析主要从以下三个方面着手：（1）退化；（2）变形；（3）变形和能量。Lander[2] 和 Krawinkler 等[3] 分别通过强度退化和刚度退化来分析损伤；Powell[4] 等根据变形描述损伤；Park 和 Ang[5-6] 等采用了一种变形和能量线性组合的形式来表示损伤，即损伤值 D 可表示为

$$D=\frac{\delta_m}{\delta_u}+\frac{\beta}{Q_y\delta_u}\int \mathrm{d}E \tag{1}$$

式中，δ_m 是实际荷载作用下最大变形，δ_u 是单调荷载作用下极限变形，Q_y 是屈服强度，cE 是吸收滞回能增量，β 是非负参数。这种方法既反映了结构的最大变形的影响、又反映能量的影响，因此，在损伤分析中具有特别重要的意义，但也有以下缺点：（1）具体使用中 β 较难确定；（2）在单调加载情况下，破坏时 D 值并不等于 1。

为了能在结构分析过程中考虑损伤累积效应的影响，本文从损伤对钢材性能的影响出发，根据弹塑性损伤铰概念，提出了一种考虑损伤累积效应的空间钢构件非线性恢复力模型，为空间钢框架结构在多维地震作用下考虑损伤累积效应的弹塑性反应分析奠定了基础。

2 钢材（Q235）的损伤累积模型

文献 [7] 提出了采用钢材塑性应变来计算损伤变量，即

$$D=(1-\beta)\frac{\varepsilon_m^p}{\varepsilon_u^p}+\beta\sum_{i=1}^N \frac{\varepsilon_i^p}{\varepsilon_u^p} \tag{2}$$

式中，N 是产生塑性应变的循环半周期数，β 是权值，取 0.0081，ε_i^p 是材料第 i 半周期的塑性应变，ε_u^p 是材料的极限塑性应变，ε_m^p 是循环过程中的最大塑性应变。

损伤对钢材性能的影响可以用以下两式来描述[7]

$$E^D=(1-\zeta_1 D)E \tag{3}$$
$$\sigma_s^D=(1-\zeta_2 D)\sigma_s \tag{4}$$

式中，D 是损伤变量（$0\leqslant D\leqslant1$）；E 是弹性模量；E^D 是损伤值为 D 时的弹性模量；σ_s^D 是损伤值为 D 时的屈服应力；σ_s 是无损伤时的屈服应力。ζ_1 和 ζ_2 是材料常数，分别取 0.227 和 0.119

3 截面等效损伤变量

由于钢构件截面上的应变分布并不均匀，故截面上的损伤也分布不均，为了简化计算，可用一种假想的均布损伤变量 $\widetilde{D}$ 来等效地代替原截面的损伤；$\widetilde{D}$ 称为截面等效损伤变量，$\widetilde{D}$ 的等效方法如下：把截面划分成很多小单元，每个单元的面积为 A_i，采用对面积取平均值的方法得

$$\widetilde{D}=\frac{\int_s D_i\mathrm{d}A_i}{A} \tag{5}$$

以下所提到的杆件的截面损伤均指截面等效损伤。

4　考虑损伤累积效应的平面钢构件非线性恢复力模型

设平面受力杆件已处于图 1 所示的状态，在杆端力增量

$$\{dF\} = [dQ^i \quad dM^i \quad dQ^j \quad dM^j]^T \tag{6}$$

作用下，杆端产生增量位移

$$\{d\delta\} = [dv^i \quad d\theta^i \quad dv^j \quad d\theta^j]^T \tag{7}$$

采用下列基本假定：(1) 平截面假定；(2) 塑性集中在杆件两端——杆端集中塑性铰假定；(3) 损伤集中在杆件两端——杆端集中损伤假定。我们把假定 (2)、(3) 合称为弹塑性损伤铰假定：文献 [8] 讨论了杆件在弹塑性损伤状态下 $\{dF\}$ 与 $\{d\delta\}$ 的关系，定义无轴力的平面杆件的屈服函数为

$$\varphi = \left| \frac{M}{M_p^D} \right| \tag{8}$$

M 和 M_p^D 分别为截面的弯矩和损伤值为 D 时的极限屈服弯矩。平面杆件截面的恢复力参数为

$$R = \frac{E_t}{E} \tag{9}$$

E_t 为任意点的切线弹性模量，则对于第 n 次加载

$$R = \begin{cases} 1 - \zeta_1 \widetilde{D} & \varphi < \varphi_{s,n} \\ (1 - \zeta_1 \widetilde{D})\left[1 + (k_n - 1)\dfrac{\varphi - \varphi_{s,n}}{\varphi_{p,n} - \varphi_{s,n}}\right] & \varphi_{s,n} \leqslant \varphi \leqslant \varphi_{p,n} \\ k(1 - \zeta_1 \widetilde{D}) & \varphi > \varphi_{p,n} \end{cases} \tag{10}$$

上式中，k 为材料应变强化系数，φ 为杆件的屈服函数，$\varphi_{s,n}$ 为杆件的第 n 次加载初始屈服函数值，$\varphi_{p,n}$ 为杆件的第 n 次加载的极限屈服函数值。

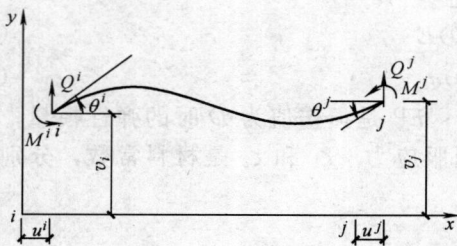

图 1　杆端受力变形状态

杆件在任意受力状态下，杆端变形增量可分为无损伤时的弹性变形增量 $\{d\delta_e\}$ 和由于损伤及塑性变形产生的增量 $\{d\delta_{pD}\}$ 两部分，即

$$\{d\delta\} = \{d\delta_e\} + \{d\delta_{pD}\} \tag{11}$$

$$\{d\delta\} = [\{d\delta^i\}^T, \{d\delta^j\}^T]^T, \{d\delta^i\} = [dv^i, d\theta^i]^T, \{d\delta^j\} = [dv^j, d\theta^j]^T \tag{12}$$

由于损伤和塑性只在杆端产生弹塑性损伤铰，故有

$$\{d\delta_{pD}^i\} = [0 \quad d\theta_{pD}^i]^T = [g]\{1\}d\theta_{pD}^i, \{d\delta_{pD}^j\} = [0 \quad d\theta_{pD}^j]^T = [g]\{1\}d\theta_{pD}^j \tag{13}$$

这里

$$\{1\} = [1 \quad 1]^T, [g] = \begin{bmatrix} 0 & 0 \\ 0 & 1 \end{bmatrix} \tag{14}$$

将杆端力增量分解为相互正交的两个分量 $\{dF_n\}$、$\{dF_t\}$，即

$$\{dF\}=\{dF_t\}+\{dF_n\} \tag{15}$$

其中

$$\{dF_t\}=[\{dF_t^i\}^T,\{dF_t^j\}^T]^T,\{dF_t^i\}=[dQ^i,0]^T,\{dF_t^j\}=[dQ^j,0]^T \tag{16}$$

$$\{dF_n\}=[\{dF_n^i\}^T,\{dF_n^j\}^T]^T,\{dF_n^i\}=[0,dM^i]^T,\{dF_n^j\}=[0,dM^j]^T \tag{17}$$

由于杆端力向量增量 $\{dF\}$ 与杆端弹性变形向量增量 $\{d\delta_e\}$ 间保持有不变的关系，即

$$\{dF\}=\{K_e\}\{d\delta_e\} \tag{18}$$

$[K_e]$ 为杆件的弹性刚度矩阵，把上式写成分块的形式，则变为

$$\begin{bmatrix} \{dF^i\} \\ \{dF^j\} \end{bmatrix}=\begin{bmatrix} [K_e^{ii}] & [K_e^{ij}] \\ [K_e^{ji}] & [K_e^{jj}] \end{bmatrix}\begin{bmatrix} \{d\delta_e^i\} \\ \{d\delta_e^j\} \end{bmatrix} \tag{19}$$

令 $\{dF_n\}$ 仅与 $\{d\delta_{pD}\}$ 相关，则有

$$\{dF_n^i\}=[K_h^i]\{d\delta_{pD}^i\},\{dF_n^j\}=[K_h^j]\{d\delta_{pD}^j\} \tag{20}$$

其中

$$[K_h^s]=\begin{bmatrix} B_1^s & 0 \\ 0 & B_2^s \end{bmatrix}\quad(s=i,\ j) \tag{21}$$

$$\eta_s=\frac{R_s}{1-R_s},\ B_r^s=\eta_s k_{err}^{ss}\quad(r=1,\ 2;\ s=i,\ j) \tag{22}$$

式中，η_s 称为 s 端的弹性损伤铰参数；k_{err}^{ii}，k_{err}^{jj} 分别为矩阵 $[K_e^{ii}]$、$[K_e^{jj}]$ 中的第 r 行第 r 列元素；R_i，R_j 分别为杆件 i 端和 j 端的恢复力参数，由式（11）、（15）、（19）、（20）得

$$\left.\begin{aligned} \{dF_t^i\}&=[K_e^{ii}]\{d\delta^i\}+[K_e^{ij}]\{d\delta^j\}-([K_e^{ii}]+[K_h^i])\{d\delta_{pD}^i\}-[K_e^{ij}]\{d\delta_{pD}^j\} \\ \{dF_t^j\}&=[K_e^{jj}]\{d\delta^j\}+[K_e^{ji}]\{d\delta^i\}-([K_e^{jj}]+[K_h^j])\{d\delta_{pD}^j\}-[K_e^{ji}]\{d\delta_{pD}^i\} \end{aligned}\right\} \tag{23}$$

由式（19）、（26）知，向量 $\{d\delta_{pD}^i\}$、$\{d\delta_{pD}^j\}$ 分别与向量 $\{dF_n^i\}$、$\{dF_n^j\}$ 平行，从而向量 $\{d\delta_{pD}^i\}$、$\{d\delta_{pD}^j\}$ 分别与 $\{dF_t^i\}$、$\{dF_t^j\}$ 向量正交。即

$$\left.\begin{aligned} \{d\delta_{pD}^i\}^T\{dF_t^i\}&=([g]\{1\}d\theta_{pD}^i)^T\{dF_t^i\}=d\theta_{pD}^i\{1\}^T[g]^T\{dF_t^i\}=0 \\ \{d\delta_{pD}^j\}^T\{dF_t^j\}&=([g]\{1\}d\theta_{pD}^j)^T\{dF_t^j\}=d\theta_{pD}^j\{1\}^T[g]^T\{dF_t^j\}=0 \end{aligned}\right\} \tag{24}$$

下面分几种情况分别讨论：

（1）杆件 i 端有损伤或屈服、j 端也有损伤或屈服，此时 $d\theta_{pD}^i\neq0$、$d\theta_{pD}^j\neq0$，由式（24）得

$$\{1\}^T[g]^T\{dF_t^i\}=0,\{1\}^T[g]^T\{dF_t^j\}=0 \tag{25}$$

将式（23）代入上式得

$$\{d\theta_{pD}\}=[L][E]^T[G]^T[K_e]\{d\delta\} \tag{26}$$

其中

$$[G]=\begin{bmatrix} [g] & [0] \\ [0] & [g] \end{bmatrix}[E]=\begin{bmatrix} \{1\} & \{0\} \\ \{0\} & \{1\} \end{bmatrix}[L]=\begin{bmatrix} k^{ii} & k^{ij} \\ k^{ji} & k^{jj} \end{bmatrix}^{-1} \tag{27}$$

$$k^{ii}=\{1\}^{\mathrm{T}}[g]^{\mathrm{T}}([K_e^{ii}]+[K_h^i])[g]\{1\},\ k^{ij}=\{1\}^{\mathrm{T}}[g]^{\mathrm{T}}[K_e^{ij}][g]\{1\}$$
$$k^{ji}=\{1\}^{\mathrm{T}}[g]^{\mathrm{T}}([K_e^{ji}][g]\{1\},\ k^{jj}=\{1\}^{\mathrm{T}}[g]^{\mathrm{T}}([K_e^{jj}]+[K_h^i])[g]\{1\} \tag{28}$$

将式（26）代入（13）式，并用（11）式求得 $\{d\delta_e\}$，再代入式（18）得

$$\{dF\}=([K_e]-[K_e][G][E][L][E]^{\mathrm{T}}[G]^{\mathrm{T}}[K_e])\{d\delta\} \tag{29}$$

由此得杆件两端均有损伤或屈服时的弹塑性刚度矩阵为

$$[K_{pD}]=[K_e]-[K_e][G][E][L][E]^{\mathrm{T}}[G]^{\mathrm{T}}[K_e] \tag{30}$$

（2）杆件仅 i 端有损伤或屈服、j 端没有损伤或屈服，此时 $d\theta_{pD}^i\neq0$，而 $d\theta_{pD}^j=0$，仿照以上推导过程，仍可得式（30）所示的杆件仅 i 端有损伤或屈服、j 端没有损伤或屈服时的弹塑性刚度矩阵，此时矩阵 $[L]$ 为

$$[L]=\begin{bmatrix}1/k^{ii} & 0 \\ 0 & 0\end{bmatrix} \tag{31}$$

（3）杆件 j 端有损伤或屈服、i 端没有损伤或屈服，此时 $d\theta_{pD}^i=0$，而 $d\theta_{pD}^j\neq0$，同上面讨论，仍得式（30）所示的杆件 j 端有损伤或屈服、i 端没有损伤或屈服时的弹塑性刚度矩阵，此时矩阵 $[L]$ 为

$$[L]=\begin{bmatrix}0 & 0 \\ 0 & 1/k^{jj}\end{bmatrix} \tag{32}$$

5　考虑损伤累积效应的空间钢构件非线性恢复力模型

对于图 2 所示的空间受力钢构件，对每一个受弯平面，应用式（30）仍可得到以下两式

$$[K_{pD}]_y=[K_e]_y-[K_e]_y[G][E][L]_y[E]^{\mathrm{T}}[G]^{\mathrm{T}}[K_e]_y \tag{33}$$

$$[K_{pD}]_z=[K_e]_z-[K_e]_z[G][E][L]_z[E]^{\mathrm{T}}[G]^{\mathrm{T}}[K_e]_z \tag{34}$$

式中，$[K_{pD}]_y$、$[K_{pD}]_z$ 分别是绕 y 轴、绕 z 轴的考虑损伤累积效应的弹塑性单元刚度矩阵；$[K_e]_y$、$[K_e]_z$ 分别是绕 y 轴、绕 z 轴的弹性单元刚度矩阵。其屈服函数 φ 与恢复力参数 R 间的关系仍可用式（10）表示，只不过杆件的屈服函数 φ 应采用空间形式，对于宽翼缘工字形截面，其考虑损伤累积效应的屈服面方程可写为[9]

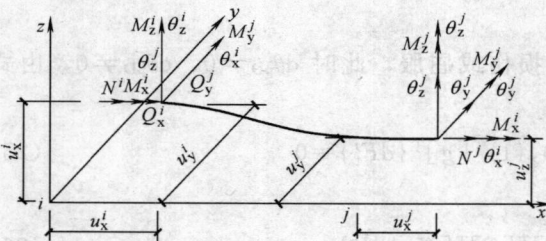

图 2　空间杆件的受力和变形

$$m_y^2(1-p^{\beta_z})^{\alpha_z}+m_z^{\alpha_z}(1-p^{1.3})^2-(1-p^{1.3})^2(1-p^{\beta_z})^{\alpha_z}=0 \tag{35}$$

式中

$$\begin{cases}\alpha_z=1.2+2p \\ \beta_z=2+1.2\dfrac{A_w}{A_f}\end{cases} \tag{36}$$

$$p=\left|\frac{N}{N_p^D}\right|,\ m_y=\left|\frac{M_y}{M_{yp}^D}\right|,\ m_z=\left|\frac{M_z}{M_{zp}^D}\right| \tag{37}$$

其中 A_w，A_f 分别为腹板和翼缘的面积；进而得宽翼缘工字形截面考虑损伤累积效应的屈

服函数

$$\varphi = m_y^2(1-p^{\beta_z})^{\alpha_z} + m_{z_z}^{\alpha_z}(1-p^{1.3})^2 - (1-p^{1.3})^2(1-p^{\beta_z})^{\alpha_z} + 1 \qquad (38)$$

6　考虑损伤累积效应的空间钢构件非线性恢复力模型的试验验证

利用本文模型编制的钢柱空间滞回过程计算程序，对文献［10］的两个宽翼缘工字钢悬臂柱（A，B 试件）伪动力试验进行计算。通过计算得 A、B 两个试件加载末的损伤值分别为 0.121 和 0.305。其计算结果与试验结果的对比，分别见图 3～图 4。其中图 3～图 4 的实线为试验曲线，虚线为利用本文模型编制的钢柱空间滞回过程的程序计算的曲线。

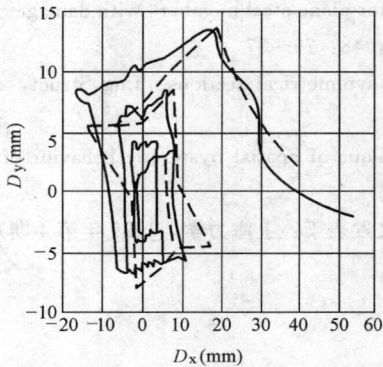

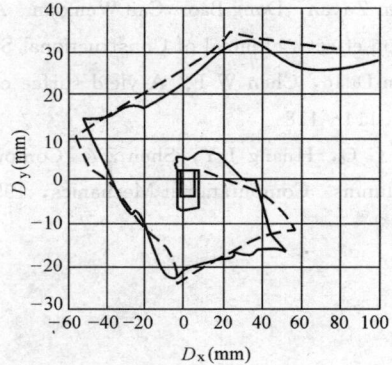

图 3　试件 A 试验位移曲线和计算位移曲线对比　　图 4　试件 B 试验位移曲线和计算位移曲线对比

从图 3～图 4 可以看出，试验测得试件悬臂端的位移曲线和利用本文模型来计算试件悬臂端的位移曲线吻合较好，这说明本文建立的考虑损伤累积效应的空间钢构件非线性恢复力模型的正确性和可行性。

7　结　　论

本文根据弹塑性损伤铰概念，从损伤对钢材性能的影响出发，提出了一种考虑损伤累积效应的空间钢构件非线性恢复力模型，并在这一模型的基础上建立了平面钢构件考虑损伤累积效应的弹塑性刚度矩阵。从试验测得的位移曲线和利用本文模型编制的钢柱空间滞回过程的计算程序来计算的位移曲线可以看出，本文理论正确，并且具有较高的精度。本文的研究成果可直接用于高层建筑钢结构在多维地震作用下的损伤累积分析。

参 考 文 献

1　李翌新，赵世春. 钢筋混凝土及劲性钢筋混凝土构件的累积损伤模型. 西南交通大学学报，1994，

29 (4)；412～417

2 Lardner R. W. A theory of random fatigue. Journal of the Mechanics and physics of Solids，1967，15 (3)；205～221

3 Krawinkler H，Zohrei M. Cumulative damage in steel structures subjected to earthquake ground motions. Computers and Struchres. 1983，16 (1-4)；531～541

4 Powell G H，Allahabadi R. Seismic damage prediction by deterministic methods；concepts and procedures. Earthquake engineering and structural dynamics，1988，16：719～734

5 Park Y J，Ang AH S. Mechanistic seismic damage model for reinforced concrete. ASCE，ST4，1985：722～739

6 Park Y J. Ang A H S，Wen YK. Seismic damage analysis of reinforced concrete buildings. ASCE，ST4，1985：740～757

7 Shen Zuyan，Dong Bao. An experiment-based cumulative damage mechanics midel of steel under cyclic loading. Advances in Structural Engineering，1997，1 (1)：39～46

8 Shen Zuyan，Dong Bao. Cao Wenxian. A hysteresis model for plane steel members with damage cumulation effects. Joumal of Constructional Steel Research 1988，48：79～87

9 Lian Duan，Chen W F. A yield surfce equation for doubly symmetrical sections. Eng Struct，1990，12：114～118

10 Li G Q，Huang J Y，Shen ZY. Computer imitation technique of apatial hysteretic behavior of steel columns. Computational Mechanics，1993，8：877～881

（本文发表于：上海力学，1999 年第 4 期）

28. 高层钢结构考虑损伤累积及裂纹效应的抗震分析

沈祖炎　沈苏

提　要：基于钢材在反复荷载作用下的损伤累积力学模型（包括损伤变量 D 的计算公式，损伤对钢材屈服强度、弹性模量、强化系数的影响以及钢材考虑损伤累积效应的应力-应变滞回关系等）和损伤累积断裂准则，采用改进的数值积分方法对钢构件的滞回曲线进行了计算机仿真，并建立了实用的考虑损伤累积和断裂效应的钢构件恢复力模型。采用这一模型对具有损伤的空间钢框架结构的抗震反应进行分析，并得到了振动台模拟地震试验的验证，抗震分析方法的特点为：能够考虑损伤累积和裂纹效应的影响，能够计算构件的损伤程度，能够计算裂缝产生的时间、部位及其开展，以及能够对钢框架结构遭受多次地震时的情况作真实的反应分析。

关键词：高层钢结构　抗震　损伤累积　滞回关系　损伤断裂　恢复力模型

Seismic Analysis of Tall Steel Structures with Damage Cumulation and Fracture Effects

Shen Zuyan　Shen Su

Abstract：Based on the damage cumulative mechanic model of steel under cyclic loading，which includes the calculation of damage index，the effects of damage on the yielding point，modulus of elasticity and hardening coefficient of steel，the stress-strain hysteresis relationship and the fracture criterion，the hysteresis curves of steel members are simulated by adopting the modified numerical integration method. And a practical hysteresis model of steel members which takes the effects of damage cumulation and fracture into consideration is established as well. Seismic analysis of spatial steel frame structures considering the damage cumulation and fracture effects is conducted and the theoretical results are verified by the results of shaking table tests. The advantage of the method proposed in the paper includes the following points. First，the effects of damage cumulation and fracture can be taken into account. Second，the damage index of steel members can be calculated. Third，the appearance，the locations and the development of flaws can be analyzed. And Fourth，the responses of steel frame structures under several strong earthquake actions can be rather accurately analyzed.

Keywords：Tall Steel Structure   Seismic Analysis   Damage Cumulation   Hysteresis Curves   Damage Cumulative Fracture   Hysteresis Model

结构物的倒塌通常是在其损伤累积到一定程度后发生的。为了在结构分析中将损伤及其累积的效应考虑进去，损伤力学得到了发展[1,2]，但至今很少有研究成果被用于钢框架结构的抗震分析。1997年沈祖炎和董宝提出了钢材在反复荷载作用下基于试验的损伤累积力学模型及其应力-应变滞回模型[3]。1998年沈祖炎等推导了平面钢构件考虑损伤及其累积效应的滞回模型[4]，沈祖炎于1999年又提出了空间钢构件考虑损伤累积效应的滞回模型[5]。2000年沈祖炎和陈荣毅进一步提出了钢材的低周疲劳损伤累积断裂模型[6]。这些模型的提出使高层钢结构在地震作用下的分析能够将损伤及其累积效应考虑进去，并使高层钢结构在多次强烈地震作用下（包括强烈主震后的继续强烈余震作用）的分析成为可能。

1　钢材在反复荷载作用下的损伤累积力学模型

作者通过试验提出了钢材在反复荷载作用下基于试验的损伤累积力学模型[3]。

1.1　损伤变量

损伤变量 D 表示材料损伤的程度。钢材在反复荷载作用下的损伤变量 D 与材料所经历的最大塑性变形以及在荷载反复循环中所消耗的能量有关。D 可用下式表示：

$$D=(1-\beta)\frac{\varepsilon_m^p}{\varepsilon_u^p}+\beta\sum_{i=1}^{N}\frac{\varepsilon_i^p}{\varepsilon_u^p} \tag{1}$$

式中，ε_m^p 为钢材所经历的最大塑性应变；ε_i^p 为钢材在第 i 次半循环中的塑性应变；ε_u^p 为钢材在一次拉伸时的极限塑性应变；β 为权重系数，对于 Q235 钢，$\beta=0.0081$；N 为反复荷载的半循环周数。

1.2　钢材损伤后的力学性能

钢材损伤并具有损伤变量 D 后，其力学性能也会发生变化，可用下列公式表示：

$$E^D=(1-\xi_1 D)E \tag{2}$$

$$\sigma_s^D=(1-\xi_2 D)\sigma_s \tag{3}$$

$$k^n=k_0+\xi_3\sum_{i=1}^{n}\frac{\varepsilon_i^p}{\varepsilon_u^p} \tag{4}$$

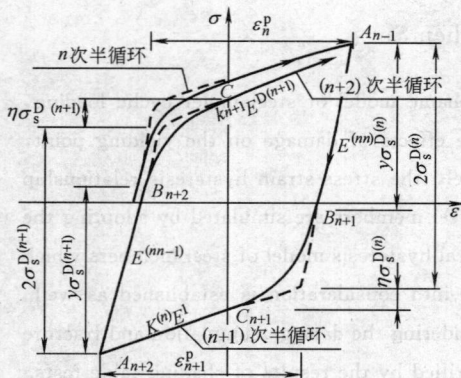

图 1　钢材考虑损伤影响的应力-应变滞回曲线

式中：E，E^D 分别为无损伤和具有损伤变量 D 时的弹性模量；σ_s，σ_s^D 分别为无损伤和具有损伤变量 D 时的屈服强度；ξ_1，ξ_2，ξ_3 为系数，分别为 0.277，0.119 和 0.000073；k_0，k^n 分别为一次拉伸和第 n 次半循环时的应变强化系数，对于 Q235 钢，k_0 与相应的应变有关，可按下式计算：

$$k_0 = 0.014 - 0.165 \mid \varepsilon_m \mid + 1.12 \mid \varepsilon_m^2 \mid - 2.88 \mid \varepsilon_m^3 \mid \qquad (5)$$

图 1 是钢材考虑损伤累积影响后的应力-应变滞回关系，其表达式为

对于第一次半循环：

$$\sigma = E\varepsilon \qquad\qquad \mid \sigma \mid \leqslant \mid \sigma_s \mid \qquad (6)$$

$$\sigma = E\varepsilon_s + k_0 E(\varepsilon - \varepsilon_s) \qquad \mid \sigma \mid > \mid \sigma_s \mid \qquad (7)$$

对于第 n 次半循环：

$$\sigma = \sigma_{An} + E^D(\varepsilon - \varepsilon_{An}) \qquad \mid \sigma_{An} - \sigma \mid \leqslant \gamma \sigma_s^{D(n-1)} \qquad (8)$$

$$\sigma = a\varepsilon^2 + b\varepsilon + c \qquad \gamma \sigma_s^{D(n-1)} < \mid \sigma_{An} - \sigma \mid \leqslant (2+\eta) \sigma_s^{D(n-1)} \qquad (9)$$

$$\sigma = \sigma_{Cn} + k^{n-1} E^D(\varepsilon - \varepsilon_{Cn}) \qquad \mid \sigma_{An} - \sigma \mid > (2+\eta) \sigma_s^{D(n-1)} \qquad (10)$$

式中：ε_s 为钢材的屈服应变；σ_{An}、ε_{An} 分别为第 n 次半循环中 A 点的应力和应变；σ_{Cn}，σ_{Cn} 分别为第 n 次半循环中 C 点的应力和应变，γ，η 为系数，对 Q235 钢分别为 1.44 和 0.041，a，b，c 为待定系数，由应力-应变滞回曲线在 B 点与 C 点间光滑过渡确定。

2　钢材在反复荷载作用下的损伤累积断裂准则

根据损伤变量 D 的定义，可以看出损伤变量 D 应为单调递增函数，损伤是不可逆的。损伤变量 D 的变动范围应在 ［0，1］ 之间。当 $D=0$ 时，对应无损伤状态，当 $D=1$ 时，对应材料完全破坏，即断裂。因此材料出现断裂的准则可用 $D=1$ 来表示。

由于在构件或节点中，截面上任一点应变的大小与很多因素有关，如构件制作过程中由辊轧和焊接等热加工以及剪切和冷弯等冷加工产生的残余应变，构件截面局部失稳产生的附加弯曲应变，节点构造使截面突变或部分截面局部受力等产生的应变增大等等，因此在按公式（1）计算损伤变量时，公式中的 ε_p^p 的计算就必须考虑这些因素的影响。

作者通过一系列试验[6]提出了两种不同类型的断裂机制。一类为屈曲断裂型，此种类型发生在板件宽厚比较大的构件，其临界应力低，易发生局部屈曲，该处局部应变随着循环增加而增大，当某点的损伤值 $D=1$ 时，该点发生断裂。另一类为构造断裂型，此种类型发生在节点处或截面有突变处，由于刚度的突变及构造等原因，应变增大，在反复荷载作用下，当某点的损伤值 $D=1$ 时，该点发生断裂。由于这些情况的应变增大很难从理论上计算，作者通过试验提出了实用计算方法，即在按公式（1）计算损伤变量时，采用应变放大系数 α 对于工字形截面绕弱轴弯曲时，当翼缘的外伸长度与厚度比 $b/t=9$ 时，$\alpha=3.3$；$b/t=7$ 时，$\alpha=4.2$。后一种情况 b/t 较小，板件不发生局部失稳，因此 $\alpha=4.2$ 也可用于一般节点构造的情况。

3　考虑损伤累积和裂纹效应的钢构件滞回曲线计算

在上面各节中已经得到了钢材考虑损伤累积效应的应力-应变滞回关系，同时又得到

了钢材在反复荷载作用下的损伤累积断裂准则，因此完全可以从钢材的这些基本性能出发，通过计算得到考虑损伤累积和裂纹效应的钢构件滞回曲线，实现钢构件滞回性能计算机仿真。

作者等在文献 [7～9] 的基础上提出了考虑损伤累积和裂纹效应的数值积分法[10]，得到的具有损伤和裂纹的钢构件理论滞回曲线与试验曲线吻合良好。图 2 是系列试验中的一个试件用考虑损伤累积和裂纹效应的数值积分法的理论曲线与试验曲线的比较。理论计算在第 14 次半循环即第 7 周时出现裂缝，试验则在第 15 次半循环即进人到第 8 周一半时出现裂缝，二者基本一致。从图 2 也可看出第 7 周的滞回曲线二者十分吻合。比较第 2 周和第 7 周的滞回曲线可以看出，在裂纹出现之前，滞回曲线的变化并不明显。此后试件在理论分析中裂纹不断开展，到第 26 周即第 52 次半循环时，试件将接近破坏。这一分析结果与试验结果基本一致；从第 26 周时的理论滞回曲线与实测滞回曲线的比较中也可看出二者基本一致。第 26 周时的滞回曲线已经比第 2 周有明显的退化，说明杆件出现裂缝后，裂缝对杆件滞回性能的影响是不可忽视的。

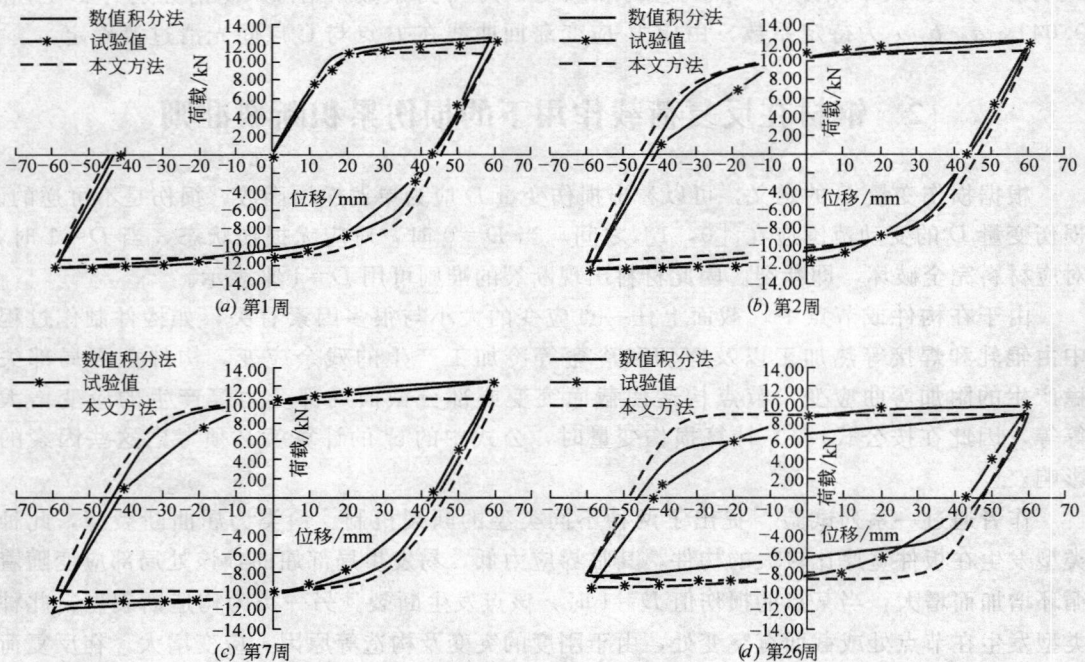

图 2　试件 S1-2 在不同循环周数时的滞回曲线

4　考虑损伤累积和裂纹效应的压弯构件非线性恢复力模型

只考虑损伤累积而不考虑裂纹效应的压弯构件平面受力的非线性恢复力模型和空间受力的非线性恢复力模型已由作者等分别在文献 [4] 和文献 [11] 中提出。文献 [10] 又在此基础上将裂纹效应包含进去，提出了考虑损伤累积和裂纹效应的非线性恢复力模型。

采用方法的总体步骤为：

（1）先根据文献［11］提出的只考虑损伤累积效应的压弯构件弹塑性单元刚度矩阵进行分析。

（2）根据第（1）步的分析结果计算构件截面上各点的损伤变量 D，计算时应考虑局部屈曲和构造等因素引起的应变放大系数 α，当某点的 $D=1$ 时，即符合损伤累积断裂准则，此点发生断裂，构件截面出现裂纹。

（3）构件截面出现裂纹后，将出现裂纹的无效部位剔除，对有效截面考虑损伤累积效应重新计算有效截面的全部当量截面特性。

（4）将重新计算得到的全部当量截面特性代入第（1）步对单元刚度矩阵进行修正，建立新的不仅考虑损伤累积并考虑裂纹效应的单元刚度矩阵，再进行下一步荷载的计算。

以此反复循环即可得到压弯构件考虑损伤累积和裂纹效应的滞回曲线。图 2 中列出了本节方法与数值积分法和试验值的比较。可以看出，本节方法具有良好的精度和很好的实用性。

5　试验验证

为了验证所提出的考虑损伤累积和裂纹效应的钢构件非线性恢复力模型的正确性，了解损伤累积和裂缝效应对空间钢框架结构在地震作用下反应的影响以及考察所提方法用于在多次强地震作用下空间钢框架结构反应分析的可能性，对文献［12］中的单跨两层空间钢框架的地震模拟振动台多次地震模拟试验进行了对比分析。表 1 列出了试验的加载方式和大小。理论分析完全跟踪加载程序进行。

试验的加载方式和大小　　　　　　　　　　　　　表 1

加载序号	X 方向		Y 方向	
	波　形	加速度峰值	波　形	加速度峰值
1	白噪声	0.07g	白噪声	0.07g
2	El-Centro 南北波	0.30g(0.309g)	El-Centro 东西波	0.15g(0.163g)
3	El-Centro 南北波	0.30g(0.311g)	El-Centro 东西波	0.15g(0.155g)
4	El-Centro 南北波	0.50g(0.497g)	El-Centro 东西波	0.25g(0.258g)
5	El-Centro 南北波	0.50g(0.499g)	El-Centro 东西波	0.25g(0.254g)
6	白噪声	0.07g	白噪声	0.07g
7	El-Centro 南北波	0.70g(0.704g)	El-Centro 东西波	0.25g(0.252g)
8	El-Centro 南北波	0.70g(0.703g)	El-Centro 东西波	0.25g(0.254g)
9	白噪声	0.07g	白噪声	0.07g
10	El-Centro 南北波	0.60g(0.603g)	El-Centro 东西波	0.30g(0.303g)
11	El-Centro 南北波	0.60g(0.605g)	El-Centro 东西波	0.30g(0.305g)
12	白噪声	0.07g	白噪声	0.07g
13	El-Centro 南北波	0.80g(0.790g)	El-Centro 东西波	0.35g(0.358g)
14	El-Centro 南北波	0.80g(0.792g)	El-Centro 东西波	0.35g(0.359g)
15	白噪声	0.07g	白噪声	0.07g

注：括号内为实际试验时的加载值。

试验在前 6 次加载后无任何破坏现象；第 7 次加载各柱底部开始出现局部失稳，第 10 次加载时一根柱底部开始出现裂纹，第 11 次加载时，四根柱底部均出现裂纹，第 14

次加载时最大裂纹长度达 11mm。

理论跟踪分析时，在第 7 次加载时，两根柱底部出现裂纹，随后四根住底部均出现裂纹。第 14 次加载时，裂纹长度为 10mm。整个过程与试验基本相符。

试件在各次加载时的最大振幅列于表 2。表中还列出目前常用的不考虑损伤、文献[12] 只考虑损伤累积效应和本文的既考虑损伤累积又考虑断裂效应的计算结果。从表中可以看出，在多次地震模拟振动台试验下，空间钢框架是有损伤的，损伤对结构的抗震能力产生不利影响。如第 7 次和第 8 次、第 10 次和第 11 次、第 13 次和第 14 次都是重复试验，而后一次的最大振幅均大于前一次。这用目前常用的不考虑损伤的弹塑性抗震分析是无法反映的。

各次加载时的最大振幅　　　　　　　　　　　　　表 2

加载次序号	7	8	10	11	13	14
试验实测值/cm	2.44	2.49	3.30	3.39	3.61	3.82
本文理论考虑损伤、裂纹时的值/cm	2.41	2.46	3.04	3.32	3.47	3.78
只考虑损伤时的理论值/cm	2.37	2.38	2.96	3.16	3.35	3.59
不考虑损伤时的理论值/cm	2.36	2.35	2.79	2.87	3.08	3.11

从表中可以看出，考虑损伤累积效应后，能够反映损伤累积对钢框架抗震性能的不利影响，也能对多次地震反复作用下的钢框架的抗震进行分析，但由于没有考虑裂纹效应的影响，无法预测和计算裂纹的出现，也无法考虑裂纹出现的不利影响。位移的理论值在试件出现裂纹效应后明显小于试验值。

表 3 列出了在各次加载时理论计算得到的构件最大等效损伤值。

各次加载时的构件最大等效损伤值　　　　　　　　表 3

加载次序号	7	8	10	11	13	14
本文理论考虑损伤、裂纹时的值	0.161	0.220	0.244	0.380	0.412	0.467
只考虑损伤时的理论值	0.155	0.172	0.201	0.364	0.387	0.432

从表 2 和表 3 可以看出，本文的计算理论能最好地反映试验结果。能够计算裂缝的出现和开展、截面各点的损伤变量和构件的等效损伤值、损伤累积及裂纹对钢框架抗震性能的影响以及钢框架结构在多次地震作用下的反应等。

6　结　　论

(1) 钢结构在强地震作用下应该考虑损伤累积和裂纹效应的影响，才能真实反映结构的抗震性能和确保结构在罕遇地震下不倒塌。

(2) 作者提出的钢材在反复荷载作用下的损伤变量的定义在理论上是合理的，其参数可以通过材料试验求得，损伤变量可以计算确定。

(3) 作者提出的钢材考虑损伤累积效应的应力-应变本构关系和滞回曲线能够真实反映钢材在反复荷载作用下的力学性能，而且直观明了，应用十分方便。

(4) 作者提出的钢材损伤累积断裂准则有很好的实验基础，能够用来计算钢构件中裂纹的出现和开展。

（5）采用钢材在反复荷载作用下损伤累积力学模型和损伤累积断裂准则，通过数值积分方法，可以方便地对钢构件的滞回性能进行计算机仿真，其精度完全可以取代钢构件滞回性能的系列试验。

（6）作者提出的考虑损伤累积和裂纹效应的钢构件的实用恢复力模型具有工程应用的精度，可以方便地用来分析钢框架结构的抗震性能。

（7）本文建议的钢框架结构的抗震分析方法具有以下特点：①能够考虑损伤累积和裂纹效应的影响；②能够计算构件截面各点在强地震作用下的损伤情况和构件的等效损伤变量；③能够计算裂缝产生的时间、部位及其开展；④能够对钢框架结构遭受多次地震包括强烈主震后的继续强烈余震时的情况作真实的反应分析。

参 考 文 献

1 Kachanov LM. Introduction to continuum damage mechanics [M]. Dordrechc：Martinus Nijhoff Publishers，1986

2 Lemaitre J. Chaboche J L. 固体材料力学 [M]. 余天庆，吴玉树译. 北京：国防工业出版社，1997

3 SHEN Zu-yan，DONG Bao. An experiment-Based Cumulative Damage Mechanics Model of Steel under Cyclic Loading [J]. Advances in Structural Engineering，1997，1（1）：39～46

4 SHEN Zu-yan，DONG Bao. CAO Wen-xian. A Hysteresis Model for Plane Steel Members with Damage Cumulation Effects [J]. Journal of Constructional Steel Research，1998，48（2/3）：79～87

5 SHEN Zu-yan. A Cumulative Damage Model for the Analysis of steel frames under Seismic Actions [A]. Proc of the Second International Conference on Advances in Steel Structures [C]. Hong Kong：[s. n.]，1999. 13～24

6 沈祖炎，陈荣毅. 反复荷载作用下钢构件裂纹发展机制损伤累积试验研究 [A]. 大型复杂结构的关键科学问题及设计理论研究论文集 [C]. 上海：同济大学出版社，2000. 81～88

7 SHEN Zu-yan，LU Le-wu. Analysis of Initially Crooked，End Restrained Steel Columns [J]. Journal of Constructional Steel Research，1983，3（1）：10～18

8 沈祖炎，郑伟国. 钢梁柱截面弹塑性阶段内力和变形的协调关系 [A]. 工程力学增刊 [C]. 北京：北京科学技术出版社，1992. 679～687

9 郑伟国，沈祖炎. 结构稳定分析的改进数值积分法 [J]. 同济大学学报，1990，18（4）：395～405

10 陈荣毅. 高层钢结构巨型结构体系的地震反应损伤累积研究 [D]. 上海：同济大学，2000

11 董 宝，沈祖炎. 空间钢构件考虑损伤累积效应的恢复力模型及试验验证 [J]. 上海力学，1999，10（4）：341～347

12 董 宝. 高层钢框架结构在多维地震作用下考虑损伤累积效应的弹塑性反应分析 [D]. 上海：同济大学，1997

（本文发表于：同济大学学报，2002年第4期）

29. A Synthetic Discrete Method for Analyzing the Elasto-Plastic Seismic Response of Tall Steel Framed-Tube Systems

Zu-Yan Shen   Chao-Xu Lai and Xian-Zhong Zhao

Abstract: In this paper, a synthetic discrete method, which combines the merits of both finite element method and Ritz method, is presented for the analysis of elasto-plastic seismic response of tall steel framed-tube systems. The generalized column element and generalized beam element are correspondingly established. Using this proposed method, the computing degree of freedom of the system is considerably reduced and the calculating efficiency is greatly increased so that the method is able to be implemented on both desktop and notebook computers and possesses extremely high precision.

Keyworos: Synthetic Discrete Method   Seismic Response   Steel Framed-Tube Systems

1   Introduction

To resist catastrophic earthquakes without structural collapse, elasto-plastic seismic response analysis of structures should be carried out. For the response of a high-rise building to earthquake excitation there is significant coupling between the translational and torsional motions of the building due to the non-coincident eccentricity between the mass and stiffness centers. In order to obtain sufficient calculation precision, 3-D element model is usually adopted to analyze the elasto-plastic seismic response of the system, in which some well established hysteresis models (Li, 1994) play an important role. However, it is almost unrealistic to analyze such a tall steel building by ordinary F. E. M. due to too much nodes and elements. At the same time, non-linear time history analysis demands hundreds of steps for an earthquake record by successive integration procedure to obtain the maximum seismic response of the structure Therefore, a synthetic discrete method (SDM) is presented in the paper to satisfy the high demands of computing efficiency, which results in implementing the structural analysis on micro-computers without loss of precision (Cai et al., 1982; Cao, 1994). In this paper, elasto-plastic seismic response analysis of tall steel framed-tube system is carried out by SDM method.

The following basic assumptions are adopted in SDM analysis :

(1) Floor slabs have infinite in-plane rigidity and negligible out-of-plane rigidity.

(2) The mass of each story unit is lumped at the mass center of the floor level.

(3) 3-D ground movements due to earthquakes, horizontal and vertical motions, are

considered.

2　General Idea of Sdm

SDM，which combines the merits of both modern finite element method and classic Ritz method，can be classified as a super finite element method. The degree of freedom of the structure is considerably decreased in terms of this approach.

The general idea of the approach is as follows：defining a function representing the nodal displacements of the system，the so-called "nodal displacement function" which can be formulated by linear combination of a series of grid functions satisfying the boundary conditions，adopting the displacement functions of elements used in the conventional F. E. M，and forming a displacement field of the overall system described by several independent parameters（Shen at al，1992）.

In the elasto-plastic analysis of the framed-tube systems under 3-D earthquakes，it is of obvious advantages to adopt the comprehensive SDM in which the rapidly converged orthogonal polynomials with a series of un-determined coefficients are used to approximate the high-oriented displacement functions of the system：

$$f_m(z) = \sum_{n=1}^{m} (-1)^{n-1} \frac{(m+n)!}{(n-1)!(n+1)!(m-n)!} \left(\frac{W}{H}\right)^n \tag{1}$$

in which W，H are the vertical coordinate of the node considered and the height of the tall building，respectively.

For a tall steel framed-tube structure shown in Figure 1，the fundamental degree of freedom in the global coordinate system can be defined as follows：horizontal displacements δ_{uok}，δ_{vok} and rotation angle θ_{wok} of the centroid point of the kth floor，vertical displacement δ_{wik} and rotation angles θ_{vik} and θ_{uik} of the intersecting node of the ith column line and the kth floor level，shear deformations γ_{uik}，γ_{vik} of the connection panel at the node. These displacements and rotations can be expressed in terms of the displacement function as follows：

$$\delta_{uok} = \sum_{m=1}^{r} a_{uom}f_m(W_k), \delta_{vok} = \sum_{m=1}^{r} a_{vom}f_m(W_k), \theta_{wok} = \sum_{m=1}^{r} b_{wom}f_m(W_k) \tag{2a}$$

$$\delta_{wik} = \sum_{m=1}^{r} a_{wim}f_m(W_k), \theta_{uik} = \sum_{m=1}^{r} b_{uim}f_m(W_k), \theta_{vik} = \sum_{m=1}^{r} b_{vim}f_m(W_k) \tag{2b}$$

$$\gamma_{uik} = \sum_{m=1}^{r} c_{uim}f_m(W_k), \gamma_{vik} = \sum_{m=1}^{r} c_{vim}f_m(W_k) \tag{2c}$$

where r is the number of the terms of the series used in the SDM.

Referring to Figure 2，the displacement relationships between the mass center and intersecting node mentioned above can be expressed as follows：

$$\delta_{uik} = \delta_{uok} - V_{ik}\theta_{wok}, \quad \delta_{vik} = \delta_{vok} - U_{ik}\theta_{wok}, \quad \theta_{wik} = \theta_{wok} \tag{3}$$

Where U_{ik} and V_{ik} are the coordinates of the intersecting node in the local coordinate system of which the origin is located in the mass center of the corresponding k^{th} floor.

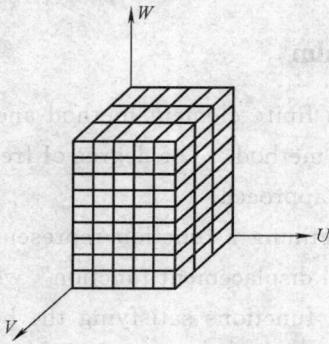

Fig. 1   The spatial framed-tube system in
the global coordinate system

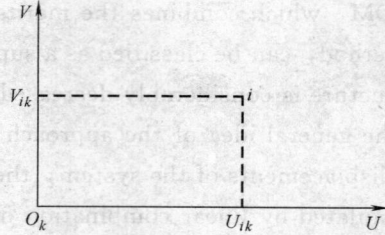

Fig. 2   The local coordinate system

Then the modal displacement vector can be expressed in matrix form:

$$\{D_{ik}\} = \sum_{m=1}^{r} [N_k]_{im}\{e\}_{im} = \{N_k\}_i\{e\}_i \tag{4}$$

where $\{D_{ik}\}$ is the node displacement vector; $\{e_i\}$ is the undetermined coefficient vector, also named generalized displacement vector; $[N_k]_i$ is the transformation matrix of node displacement vector from generalized displacement vector.

$$\{D_{ik}\} = [\delta_{uik}, \delta_{vik}, \theta_{wik}, \delta_{wik}, \theta_{vik}, \theta_{uik}, \gamma_{vik}, \gamma_{uik}]^T \tag{5}$$

$$\{e\}_i = [\{e\}_{i1}^T, \{e\}_{i2}^T, \cdots\cdots \{e\}_{ir}^T]^T \tag{6}$$

$$\{e\}_{im} = [a_{uom}, a_{vom}, b_{wom}, a_{wim}, b_{vim}, b_{uim}, c_{vim}, c_{uim}]^T \tag{7}$$

$$[N_k]_i = [[N_k]_{i1}, [N_k]_{i2}, \cdots\cdots \{N_k\}_{ir}] \tag{8}$$

$$[N_k]_{im} = \begin{bmatrix} f_m(W_k) & 0 & -V_{ik}f_m(W_k) & 0 & 0 & 0 & 0 & 0 \\ 0 & f_m(W_k) & U_{ik}f_m(W_k) & 0 & 0 & 0 & 0 & 0 \\ 0 & 0 & f_m(W_k) & 0 & 0 & 0 & 0 & 0 \\ 0 & 0 & 0 & f_m(W_k) & 0 & 0 & 0 & 0 \\ 0 & 0 & 0 & 0 & f_m(W_k) & 0 & 0 & 0 \\ 0 & 0 & 0 & 0 & 0 & f_m(W_k) & 0 & 0 \\ 0 & 0 & 0 & 0 & 0 & 0 & f_m(W_k) & 0 \\ 0 & 0 & 0 & 0 & 0 & 0 & 0 & f_m(W_k) \end{bmatrix} \tag{9}$$

3   Analysis of generalized element

3.1   Generalized column element

An arbitrary column line, from ground to top floor, comprises a super column element (Figure 3). For the intersecting node of the ith column line on k^{th} floor, the relationship between displacement vector in the local coordinate system $\{\overline{D}_{ik}\}$ and that in the

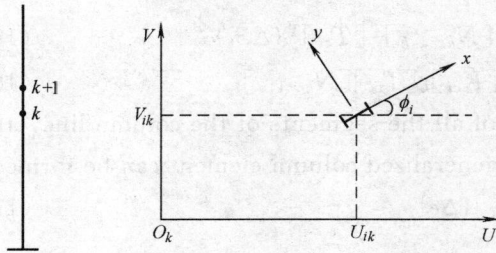

Figure. 3　The generalized column element and
corresponding coordinate system

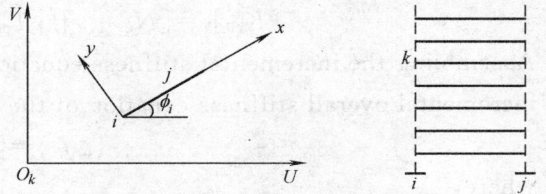

Figure. 4　The generalized beam element and
corresponding coordinate system

global coordinate system $\{D_{ik}\}$ is:

$$\{\overline{D}_{ik}\} = [A_{ci}]\{D_{ik}\} \tag{10}$$

where

$$\{\overline{D}_{ik}\} = [\delta_{xik},\ \delta_{yik},\ \theta_{rik},\ \delta_{rik},\ \theta_{yik},\ \theta_{xik},\ \gamma_{yik},\ \gamma_{xik}]^{\mathrm{T}} \tag{10a}$$

$$[A_{ci}] = \begin{bmatrix}
\cos\phi_i & \sin\phi_i & \gamma_x & 0 & 0 & 0 & 0 & 0 \\
-\sin\phi_i & \cos\phi_i & \gamma_y & 0 & 0 & 0 & 0 & 0 \\
0 & 0 & 1 & 0 & 0 & 0 & 0 & 0 \\
0 & 0 & 0 & 1 & 0 & 0 & 0 & 0 \\
0 & 0 & 0 & 0 & \cos\phi_i & -\sin\phi_i & 0 & 0 \\
0 & 0 & 0 & 0 & \sin\phi_i & \cos\phi_i & 0 & 0 \\
0 & 0 & 0 & 0 & 0 & 0 & \cos\phi_i & -\sin\phi_i \\
0 & 0 & 0 & 0 & 0 & 0 & \sin\phi_i & \cos\phi_i
\end{bmatrix} \tag{10b}$$

$$\gamma_x = U_{ik}\sin\phi_i - V_{ik}\cos\phi_i \tag{10c}$$

$$\gamma_y = U_{ik}\cos\phi_i + V_{ik}\sin\phi_i \tag{10d}$$

Therefore, the end displacements of the ith column on the kth floor level are as follows:

$$\{\overline{D}_i\}_k = \left\{\begin{matrix}\overline{D}_{ik} \\ \{\overline{D}_{ik-1}\}\end{matrix}\right\} = \begin{bmatrix}[A_{ci}] & [0] \\ [0] & [A_{ci}]\end{bmatrix}\left\{\begin{matrix}D_{ik} \\ \{D_{ik-1}\}\end{matrix}\right\} = [T_{ci}]\{D_i\}_k \tag{11}$$

Referring to Equation 4, we have the relationship between the generalized displacement vector and the end displacement vector of the column on the kth floor level:

$$\{D_i\}_k = \begin{bmatrix}[N_k]_i \\ [N_{k-1}]_i\end{bmatrix}\{e\}_i = [N_{k-1,k}]_i\{e\}_i \tag{12}$$

Noting that the incremental stiffness matrix equation of the column element in the local coordinate system is

$$\{\Delta\overline{S}_i\}_k = [\overline{K}_{ci}]_k\{\Delta\overline{D}_i\}_k \tag{13}$$

and substituting Equations 11, 12 into Equation 13, the incremental relationship between the generalized displacement vector and generalized force vector of the column element on the kth floor level can be achieved:

$$\{\Delta f_i\}_k = [K_{ci}]_k\{\Delta e\}_i \tag{14}$$

where

$$\{\Delta f_i\}_k = [N_{k-1,k}]_i^T \{\Delta S_i\}_k = [N_{k-1,k}]_i^T [T_{ci}]^T \{\Delta \overline{S}_i\}_k \tag{15}$$

$$[K_{ci}]_k = [N_{k-1,k}]_i^T [T_{ci}]^T [\overline{K}_{ci}]_k [T_{ci}][N_{k-1,k}]_i \tag{16}$$

Assembling the incremental stiffness equations of all the segments of the column line, the incremental overall stiffness equation of the ith generalized column element can be formed:

$$\{\Delta f_i\} = [K_{ci}]\{\Delta e\}_i \tag{17}$$

where,

$$\{\Delta f_i\} = \sum_{k=1}^{n} \{\Delta f_i\}_k \tag{18}$$

$$[K_{ci}] = \sum_{k=1}^{n} [K_{ci}]_k \tag{19}$$

In which n is the total number of the stories.

3.2　Generalized beam element

A generalized beam element shown in Figure 4 comprises all beams between any two column lines. For the node intersecting of the beam of kth floor and the i_{th} column line. The relationship between displacement vector in the local coordinate system $\{\overline{D}_{bik}\}$ and that in the global coordinate system $\{D_{ik}\}$ is:

$$\{\overline{D}_{bik}\} = [A_{bij}]\{D_{ik}\} \tag{20}$$

where,

$$\{\overline{D}_{bik}\} = [\delta_{rik}, \theta_{yik}, \gamma_{yik}]^T \tag{21}$$

$$\{D_{ik}\} = [\delta_{uik}, \delta_{vik}, \theta_{wik}, \delta_{wik}, \theta_{vik}, \theta_{uik}, \gamma_{vik}, \gamma_{uik}]^T \tag{22}$$

$$[A_{bii}] = \begin{bmatrix} 0 & 0 & 0 & 1 & 0 & 0 & 0 & 0 \\ 0 & 0 & 0 & 0 & \cos\phi_{ij} & -\sin\phi_{ij} & 0 & 0 \\ 0 & 0 & 0 & 0 & 0 & 0 & \cos\phi_{ij} & -\sin\phi_{ij} \end{bmatrix} \tag{23}$$

Therefore, the end displacements of the beam on the kth floor between i^{th} and j^{th} column lines can be expressed:

$$\{\overline{D}_{ij}\}_k = \left\{ \begin{matrix} \{\overline{D}_{ik}\} \\ \{\overline{D}_{jk}\} \end{matrix} \right\} = \begin{bmatrix} [A_{bij}] & [0] \\ [0] & [A_{bij}] \end{bmatrix} \left\{ \begin{matrix} \{D_{ik}\} \\ \{D_{jk}\} \end{matrix} \right\} = [T_{bij}]\{D_{ij}\}_k \tag{24}$$

Referring to Equation 4, we have the relationship between the generalized displacement vector and the end displacements vector of the beam element:

$$\{D_{ij}\}_k = \left\{ \begin{matrix} \{D_{ik}\} \\ \{D_{jk}\} \end{matrix} \right\} = \begin{bmatrix} [N_k]_i & [0] \\ [0] & [N_k]_j \end{bmatrix} \left\{ \begin{matrix} \{e\}_i \\ \{e\}_j \end{matrix} \right\} = [N_k]_{ij}\{e\}_{ij} \tag{25}$$

Noting that the incremental stiffness matrix equation of the beam element of the kth floor between the ith and the jth column lines in the local coordinate system is

$$\{\Delta \overline{S}_{ij}\}_k = [\overline{K}_{bij}]_k \{\Delta \overline{D}_{ij}\}_k \tag{26}$$

and substituting Equations 24, 25 into Equation 26, the incremental relationship between the generalized displacement vector and generalized force vector of the beam element of the

k^{th} floor can be achieved:

$$\{\Delta f_{ij}\}_k = [K_{bij}]_k \{\Delta e\}_{ij} \tag{27}$$

where,

$$\{\Delta f_{ij}\}_k = [N_k]_{ij}^t \{\Delta S_{ji}\}_k = [N_k]_{ij}^T [T_{bij}]^T \{\Delta \overline{S}_{ij}\}_k \tag{28}$$

$$[K_{bij}]_k = [N_k]_{ij}^T [T_{bij}]^T [\overline{K}_{bij}]_k [T_{bij}][N_k]_{ij} \tag{29}$$

Assembling the incremental stiffness equations of all the beams between the ith and the jth column lines, the incremental overall stiffness equation of the generalized beam element can be formed:

$$\{\Delta f_{ij}\} = [K_{bij}]\{\Delta e\}_{ij} \tag{30}$$

where,

$$\{\Delta f_{ij}\} = \sum_{k=1}^{n} \{\Delta f_{ij}\}_k \tag{31}$$

$$[K_{bij}] = \sum_{k=1}^{n} [K_{bij}]_k \tag{32}$$

In which n is the total number of the stories.

4　Generalized stiffness matrix equation of the structure

Assembling the incremental stiffness equations of all the generalized beam and column elements of a tall steel frame-tube structure with n stories and q column lines, the incremental overall stiffness equation can be formed:

$$\begin{Bmatrix} \{\Delta f_H\} \\ \{\Delta f_V\} \\ \{\Delta f_R\} \end{Bmatrix} = \begin{bmatrix} [K_{HH}][K_{HV}][K_{HR}] \\ [K_{VH}][K_{VV}][K_{VR}] \\ [K_{RH}][K_{RV}][K_{RR}] \end{bmatrix} \begin{Bmatrix} \{\Delta e_H\} \\ \{\Delta e_V\} \\ \{\Delta e_R\} \end{Bmatrix} \tag{33}$$

in which $\{e_H\}$, $\{e_V\}$, $\{e_R\}$ are generalized displacement vectors and $\{f_H\}$, $\{f_V\}$, $\{f_R\}$ are generalized force vectors corresponding to $\{e_H\}$, $\{e_V\}$, $\{e_R\}$, respectively, and

$$\{e_H\} = [\{a_{uo}\}^T, \{a_{vo}\}^T, \{b_{wo}\}^T]^T \tag{33a}$$

$$\{e_V\} = [\{a_{w1}\}^T, \{a_{w2}\}^T, \cdots\cdots\{a_{wq}\}^T]^T \tag{33b}$$

$$\{e_R\} = [\{e_R\}_1^T, \{e_R\}_2^T, \cdots\cdots\{e_R\}_q^T]^T \tag{33c}$$

$$\{e_R\}_i = [\{b_{vi}\}^T, \{b_{ui}\}^T, \{c_{vi}\}^T, \{c_{ui}\}^T] \tag{33d}$$

Thus the number of degree of freedom of the structure mentioned above is decreased from $n(3+5q)$ to $r(3+5q)$, where r is the number of the terms of the series used in the SDM. Since it is usually enough to take r as 3 or 5 which is much less than n, the computing degree of freedom of the structure is considerably reduced.

Under three dimensional ground movements due to an earthquake. $\{df_R\} = 0$. Equation 33 can be simplified to

$$\{\Delta f_{HV}\} = [K]\{\Delta e_{HV}\} \tag{34}$$

where,

$$[K] = \begin{bmatrix} [K_{HH}][K_{HV}] \\ [K_{VH}][K_{VV}] \end{bmatrix} - \begin{bmatrix} [H_{HR}] \\ [K_{VR}] \end{bmatrix} [K_{RR}]^{-1} [[K_{RH}][K_{RV}]] \tag{35a}$$

$$\{e_{HV}\}=\left\{\begin{array}{c}\{e_H\}\\\{e_V\}\end{array}\right\} \tag{35b}$$

5   Analysis of Elasto-Plastic Seismic Response

The differential equations of motion of the system subjected to 3-D earthquake ground motion are

$$[M]\{\ddot{\delta}\}+[C]\{\dot{\delta}\}+\{F_{HV}\}=-[M][E]\{\ddot{\delta}_g\} \tag{36}$$

where,

$\{\delta\}=[\{\delta_0\}^T, \{\delta_w\}^T]^T$, $\{\delta_0\}$ and $\{\delta_w\}$ are the displacement vector of mass centers of floors and the vertical displacement of all nodes of the structure, respectively, $[M]$, $[C]$ are the mass and damping matrixes, respectively, $[E]$ is the unit vector matrix, $[F_{HV}]$ is the vector of the horizontal restoring forces of floors and vertical restoring forces of nodes, $\{\delta_g\}$ is the vector of seismic ground movements in U, V W directions.

The displacement vector of the structure can also be written in generalized displacement form:

$$\{\delta\}=[R]\{e_{HV}\} \tag{37}$$

where,

$$[R]=\text{diag}[[H_r],[H_r],\cdots\cdots[H_r]]_{q+3} \tag{38}$$

$$[H_r]=\begin{bmatrix}f_1(W_1)f_2(W_1)\cdots\cdots f_r(W_1)\\f_1(W_2)f_2(W_2)\cdots\cdots f_r(W_2)\\f_1(W_n)f_2(W_n)\cdots\cdots f_r(W_n)\end{bmatrix} \tag{39}$$

Substituting Equation 37 into Equation 36 multiplied by the matrix $[R^T]$, and noticing that $\{f_{HV}\}=[R]^T\{F_{HV}\}$, the generalized incremental motion equation of the structure can be obtained:

$$[M_{HV}]\{\Delta\ddot{e}_{HV}\}+[C_{HV}]\{\Delta\ddot{e}_{HV}\}+[K_{HV}][\Delta e_{HV}]=-[R]^T[M][E]\{\Delta\ddot{\delta}_g\} \tag{40}$$

where,

$$[M_{HV}]=[R]^T[M][R] \tag{41}$$

$$[C_{HV}]=[R]^T[C][R] \tag{42}$$

Solution $\{\Delta e_{HV}\}$ of Equation 40 can be obtained by the Wilson-θ Method. Then the node displacement increment $\{\Delta D_{ik}\}$ in the global or local coordinate system can also be obtained In addition, by calculating the response at successive discrete time, the complete time-history of response to an earthquake can finally be achieved.

6   Comparison With the Shaking Table Test

To verify the reliability of the SDM, a 1: 10 model of 12-storey steel framed-tube structure (Figure 5) was tested on the shaking table of State Key Laboratory for Disaster Reduction in Civil Engineering Tongji University (Shi. 1996).

The model material was A3 steel and the self-weight from each floor. 70kg. Plus mass lump was 1094kg. Tianjin record Elcentro record and Shanghai artificial wave were chosen as the input wave and the proportion of input acceleration amplitudes in x, y, z axes was 1.0 : 0.8 : 0.6, From 17 acceleration transducers and 23 strain gauges and by FFT method, we obtained the test results of seismic response of the structure. The elasto-plastic seismic response of the prototype was analyzed by SDM. Under the 0.352 g acceleration amplitudes, the comparison of the results of the prototype calculated by SDM and the results of the model test is shown in Table 1.

Obviously, the SDM results are well corresponded with the test results and only half time of traditional FEM was used to execute the elasto-plastic seismic response analysis of the steel framed-tube building.

Fig. 5 The overall appearance of the model.

Comparison of the results of the SDM and the test   Table. 1

	Prototype	Model	Ratio of similarity factor
Periods of earthquake	1.4699sec	0.3657sec	4 : 1
Frequency of earthquake	0.68Hz	1st order 2.734Hz	1 : 4
Maximum lateral displacement	238mm	14.43mm	16 : 1
Acceleration amplitudes	0.346g	0.3519g	1 : 1
		0.2526g	
Moment of ground floor	x&y 25.95kN	120.4kN(x)	
		166.7kN(y)	

7 Conclusion

Based on the ordinary FEM and the classic Ritz Method, a Synthetic Discrete Method characterized by generalized column and beam elements is established for the analysis of elasto-plastic seismic response of tall steel frame-tube structures. As a result, the degree of freedom is considerably decreased and the elasto-plastic seismic response can be analyzed on a micro-computer without the loss of precision.

References

1 C. W. Cai. E. Luo and Y. H Zheng (1982), Synthetic Discrete Method for Structure Analysis. *Chinese Journal of Solid Mechanics*. 22: 3

2 Z. Y. Cao (1994), A Super Element Method for Analyzing the Important Structures. Proceedings of International Conference on Structures and Foundation Hangzhou China

3　C. X. Lai and Z. Y. Shen (1996), *Study on the Elasto-plastic Response of Framed Tube System of Tall Steel Building under 3 Dimensional Earthquake Action*. PhD Dissertation of Tongji University

4　G. Q. Li et al. （1994）, Research on Spatial Hysteretic Model of Steel Box Columns. *Journal of Tongji University*，22：5，79～85

5　Z. Y. Shen and J. M. Ding (1992), The Inelastic Stability of Space Steel Frames by Synthetic Discrete Method. *Journal of Tongji University*，20：1，1～10

6　W. X. Shi （1996）, Shanghai Table Experiment of Steel Structure. Proceedings of 96 International Conference on Advances in Steel Structures. S. L. Chan and J. G. Teng, eds. Elsevier Science Publisher. Hong Kong. 1015～1020

（本文发表于：Advances in Structural Engineering- An Inter. J. 1998，No. 3）

30. Analysis of Nonlinear Behavior of Steel Frames under Local Fire Conditions

Shen Zu-Yan and Zhao Jin-Cheng

Abstract: A finite element approach is presented in this paper for analysis of nonlinear behaviour of steel frames under local fire conditions. The effects of geometric nonlinearity temperature dependent material nonlinearity and variations in temperature distribution across sections of frame members are considered. Based on the principle of virtual work, the temperature-induced load vector and temperature-dependent geometric stiffness matrix are derived. Following the common procedure of finite element methods, a computer program is developed for calculating either the ultimate load at a specified temperature or critical temperature at a specified load level. The effectiveness of the approach is verified by a good prediction on the behavior of a steel frame experienced fire experiment.

Keywords: Nonlinear Analysis, Steel Frame, Fire Condition, Finite Element Method, High Temperature, Ultimate Load, Fire Test.

1 Introduction

Because of the progressive deterioration in mechanical properties of steel with increasing temperatures, when exposed to fire, a bare steel structure will lose its load-bearing capacity in a short period of time. For a long time in the past, fire resistance design of steel structures could only have been based on standard fire test results on protected or unprotected specimens, such a method is time consuming and expensive. To overcome these drawbacks, a considerable amount of work has been done towards developing an alternative method for predicting the behavior of building structures in fire, with the emphasis on the introduction of analytical methods by means of computer simulations The analytical method offers a cost effective alternative to the traditional test method, and further more, it permits a more accurate calculation (prediction) of the structural fire response by considering the significance and severity of a real fire, it may therefor lead to a more rational and economical procedure with a more defined and uniform level of safely. This paper is mainly concerned with the analytical treatment of the structural response of steel frames at elevated temperatures.

The behavior of steel structures in fire is very complicated because of the many factors involved, such as the mixed geometrical non-linearity caused by thermal deflections, the complex material non-linearity resulting from the different softening of material due to the non-uniform temperature distribution, and the redistribution of internal forces as a result of the thermal expansion and formulation of "inelastic" zone. Important achievements have been made in the modeling of the behavior of steel structures exposed to fire during recent years, a number of numerical methods based on finite element technique have been proposed for fire resistance analysis of both 2D and 3D steel frames. Some methods can even permit the steel framed floor systems to be analyzed. The paper does not intend to summarize these current developments here, while it is worth mentioning that the Newton- Raphson method dealing with the incremental problems is widely adopted by most of the researchers to calculate the non- linear structural responses, In this paper, a direet iteration method capable of predicting the non-linear behavior of steel frames corresponding to any specified load level or temperature distribution is proposed, the procedure can be repeated for ever increasing value of load or temperature and thus be used to calculate the whole structural response at room temperature or under fire conditions, the so -called secant stiffness matrix is used in finite element analysis. In addition to the effects of geometrical as well as material non-linearity, the presented method also permits an accurate consideration of the gradual penetration of inelastic zone. All these considerations have been reflected clearly by an introduction of the corresponding additional stiffness matrixes and nodal force vectors in deriving the basic finite element equations.

2　Mechanical Properties of Steel at High Temperatures

Proper models of stress-strain relationships at high temperatures are essential for an accurate prediction of the structural response under fire conditions. In this paper, a simplified trilinear model on the basis of ECCS recommendations, ECCS-T3 (1983), is adopted, in which the creep strain is assumed to has been implicitly included. At a specified temperature state, this model of stress-strain curve depends on four material parameters, namely the initial modules of elasticity E_t proportional limit f_p yield point f_y and softening modules of elasticity $E_{\beta t}$ shown in Figure 1.

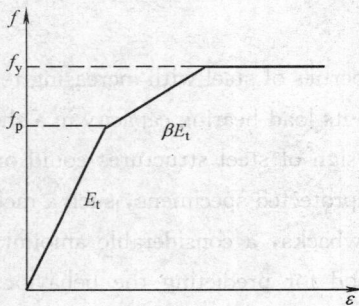

Fig. 1　Trilinear stress-strain model

Calculations of E_t, f_p, f_y and $E_{\beta t}$ can be made by following equations:

$$f_y = \left[1 + \frac{T_s}{767\ln\left(\frac{T_s}{1750}\right)}\right]f_{y0} \quad 0 < T_s \leqslant 600\,℃ \tag{1}$$

$$E_T = (1 - 172 \times 10^{-12} T_s^4 + 11.8 \times 10^{-9} T_s^3 - 34.5 \times 10^7 T_s^2 + $$

$$15.9 \times 10^{-5} T_s)E_0 \quad 0 < T_s \leqslant 600\,℃ \tag{2}$$

In which T_s is the temperature of steel, f_{y0}, E_0 are yielding point and modules of elasticity of steel at room temperature respectively:

$$f_p = \begin{cases} f_y & T_s \leqslant 200\text{℃} \\ \left(1 - \dfrac{T_s - 200}{200}\right) f_y & 200 < T_s \leqslant 300\text{℃} \\ 0.5 f_y & T_s > 300\text{℃} \end{cases} \tag{3}$$

$$E_{\beta t} = \beta E_t \tag{4}$$

$$\beta = \begin{cases} 0 & T_s < 200\text{℃} \\ 1.76 - 1.04 \times 10^{-2} T_s + 2.13 \times 10^{-5} T_s^2 - 1.47 \times 10^{-8} T_s^3 & 200 \leqslant T_s \leqslant 600\text{℃} \\ 0 & T_s > 600\text{℃} \end{cases} \tag{5}$$

The coefficient of thermal expansion of steel at high temperatures is assumed to be a constant, i. e.： $\alpha = 1.4 \times 10^{-5}/\text{℃}$

3　Non-Iinear Finite Elemaent Analysis

3.1　Main Assumptions

The following assumptions are made in order to simplify the analysis：

1） The occurrence of yielding begins at the end of a member and then develops both across the section and along the length of the member；

2） Planes before deformation remain planes after deformation；

3） No out of plane or tensional displacements occur；

4） Shear deformations are neglected；

5） Temperature changes linearly across the section.

3.2　Basic Equations

Usually, fire occurs in one or some compartments and temperature distribution within structural members is not uniform. In addition, external loads applied to the building structure during fire exposure are almost constant. Under the assumption that the residual stress is not considered the total axial strain at any point of the element section can be expressed in terms of the thermal strain ε_1 and stress related strain ε_σ as follows：

$$\varepsilon = \varepsilon_t + \varepsilon_\sigma \tag{6}$$

Under the assumption that the temperature changes linearly across the section, ε_t, which is caused by a different temperature change t_1 and t_2 at the upper and lower surface of the element section respectively, can be given by：

$$\varepsilon_t = \varepsilon_1 + \varepsilon_2 \tag{7}$$

in which：

$$\begin{cases} \varepsilon_1 = \dfrac{t_1 + t_2}{2} \alpha \\ \varepsilon_2 = \dfrac{t_1 - t_2}{h} y \alpha \end{cases} \tag{8}$$

where h is the height of the cross section; y is the distance at y direction from the point to the axis of symmetry of the cross section.

Taking a steel frame at a specified load and temperature level into consideration, the principle of virtual work results in the following equation:

$$\langle P \rangle \{\delta\Delta\} = \int_v \sigma \delta\varepsilon dV \tag{9}$$

in which $\langle P \rangle$ is the matrix of external loads, $\{\delta\Delta\}$ is the vector of nodal virtual displacements, V is the volume of the clement.

The displacement function of the element at high temperatures are assumed to be the same as those at room temperature:

$$\begin{cases} u = \dfrac{l-x}{l}u_1 + \dfrac{x}{l}u_2 \\ v = \left(\dfrac{l^2-3x^2}{l^2} + \dfrac{2x^3}{l^3}\right)v_1 + \left(\dfrac{xl-2x^2}{l} + \dfrac{x^3}{l^2}\right)\theta_t + \left(\dfrac{3x^2}{l^2} - \dfrac{2x^3}{l^3}\right)v_2 + \left(\dfrac{x^3}{l^2} - \dfrac{x^2}{l}\right)\theta_2 \end{cases} \tag{10}$$

The only difference here is that it is considered that in Eqn. 10, the nodal displacements $\{\Delta\} = \langle u_1, v_1, \theta_1, u_2, v_2, \theta_2 \rangle^T$ have included displacements caused by thermal expansion.

The strain - displacement relation for a beam- column element is written as:

$$\varepsilon = u' + \frac{1}{2}v'^2 - yv'' \tag{11}$$

Then the virtual strain within the element caused by nodal virtual displacements can be written as follows:

$$\delta\varepsilon = \delta u' + v'\delta v' - y\delta v'' \tag{12}$$

To consider Eqn. 9 by finite element method. the element stiffness equation can be obtained by making use of the stress-strain relation of steel and Eqns. 10, 11 and 12. Assembling the stiffness equations of the elements both in fire zone and cold zone by the direct stiffness method the overall equilibrium equations are obtained.

3.3　Element Stiffness Equations

Elastic period: $(\sigma \leqslant f_p)$

The stress-strain relation in this period can be written as:

$$\sigma = E_t \varepsilon_\sigma \tag{13}$$

Substituting Eqns. 6, 7 into Eqn. 13 and then into Eqn. 9, we have

$$\langle P \rangle \{\delta\Delta\} = E_t \int_v \varepsilon \delta\varepsilon dV - E_t \varepsilon_t \int_v \delta\varepsilon dV - E_t \int_v \varepsilon_2 \delta\varepsilon dV \tag{14}$$

Let:

$$\begin{cases} \delta W_1 = E_t \int_v \varepsilon \delta\varepsilon dV \\ \delta W_2 = E_t \varepsilon_1 \int_v \delta\varepsilon dV \\ \delta W_3 = E_t \int_v \varepsilon_2 \delta\varepsilon dV \end{cases} \tag{15}$$

δW_1 is the same as in the room temperature analysis，Substituting Eqn. 12 into Eqn. 15，we have

$$\delta W_2 = E_t \varepsilon_1 \int_v (\delta u' + v' \delta v' - y \delta v'') \mathrm{d}V = E_t A \varepsilon_1 \int_x (\delta u' + v' \delta v') \mathrm{d}x \tag{16}$$

From Eqn. 10，there are

$$\begin{cases} u' = -\dfrac{1}{l} u_1 + \dfrac{1}{l} u_2 \\[2mm] v' = \left(\dfrac{6x^2}{l^3} - \dfrac{6x}{l^2}\right) v_1 + \left(1 - \dfrac{4x}{l} - \dfrac{3x^2}{l^2}\right)\theta_1 + \left(\dfrac{6x}{l^2} - \dfrac{6x^2}{l^3}\right) v_2 + \left(\dfrac{3x^2}{l^2} - \dfrac{2x}{l}\right)\theta_2 \\[2mm] v'' = \left(\dfrac{12x}{l^3} - \dfrac{6}{l^2}\right) v_1 + \left(\dfrac{6x}{l^2} - \dfrac{4}{l}\right)\theta_1 + \left(\dfrac{6}{l^2} - \dfrac{12x}{l^3}\right) v_2 + \left(\dfrac{6x}{l^2} - \dfrac{2}{l}\right)\theta_2 \end{cases} \tag{17}$$

Let：

$$\begin{cases} B_1 = \left[-\dfrac{1}{l}, 0, 0, \dfrac{1}{l}, 0, 0\right] \\[2mm] B_2 = \left[0, \left(\dfrac{6x^2}{l^3} - \dfrac{6x}{l^2}\right), \left(1 - \dfrac{4x}{l} + \dfrac{3x^2}{l^2}\right), 0, \left(\dfrac{6x}{l^2} - \dfrac{6x^2}{l^3}\right), \left(\dfrac{3x^2}{l^2} - \dfrac{2x}{l}\right)\right] \\[2mm] B_3 = \left[0, \left(\dfrac{12x}{l^3} - \dfrac{6}{l^2}\right), \left(\dfrac{6x}{l^2} - \dfrac{4}{l}\right), 0, \left(\dfrac{6}{l^2} - \dfrac{12x}{l^3}\right), \left(\dfrac{6x}{l^2} - \dfrac{2}{l}\right)\right] \end{cases} \tag{18}$$

Then：

$$\begin{cases} \delta u' = B_1 \{\delta\Delta\} \\ \delta v' = B_2 \{\delta\Delta\} \\ \delta v'' = B_3 \{\delta\Delta\} \end{cases} \tag{19}$$

Substituting Eqns. 17，19 into Eqn. 16，we have

$$\delta W_2 = E_1 \Delta\varepsilon_1 \{\delta\Delta\}^{\mathrm{T}} \left[\int_v B_2^{\mathrm{T}} \mathrm{d}x + \int_v B_2^{\mathrm{T}} B_2 \{\Delta\} \mathrm{d}x\right] \tag{20}$$

In the same way：

$$\delta W_3 = E_1 I \left(\dfrac{t_2 - t_1}{h}\right)\alpha \{\delta\Delta\}^{\mathrm{T}} \int_v B_3^{\mathrm{T}} \mathrm{d}x \tag{21}$$

Then making use of Eqns. 15，20，21 and 14，one can obtain：

$$\{P\} = ([K_1] + [K_2] - [K_3])\{\Delta\} - \{P_1\} \tag{22}$$

In which $[K_1]$、$[K_2]$ are element stiffness matrices similar to those for room temperature analysis，and：

$$[K_3] = E_1 A \varepsilon_1 \int_x B_2^{\mathrm{T}} B_2 \mathrm{d}x \tag{23}$$

$$\{P_1\} = E_1 A \varepsilon_1 \int_x B_1^{\mathrm{T}} \mathrm{d}x + E_1 I \left(\dfrac{t_2 - t_1}{h}\right)\alpha \int_x B_3^{\mathrm{T}} \mathrm{d}x \tag{24}$$

Softening period $(\sigma > f_p)$

In Figure 1，stress - strain relations when $\sigma > f_p$ are：

$$\sigma = f_p + \beta E_1 (\varepsilon - \varepsilon_1 - \varepsilon_p) \tag{25}$$

For a partially softening cross section, there is

$$\int_A \sigma \delta \varepsilon \, dA = \int_{A1} \sigma \delta \varepsilon \, dA + \int_{A2} \sigma \delta \varepsilon \, dA \tag{26}$$

in which , A_1 is the area of elastic core, A_2 is the area of the softening part of the section. Substituting Eqn. 25 into the second part of Eqn. 26, we have

$$\int_{A2} \sigma \delta \varepsilon \, dA = \int_{A2} \delta \varepsilon (1-\beta) f_p \, dA + \beta \int_{A2} E_1 (\varepsilon - \varepsilon_1) \Delta \varepsilon \, dA \tag{27}$$

So, Substituting Eqn. 27 into Eqn. 26 and integering along the length of the element, then substituting into Eqn. 14, the following equation is obtained

$$\{P\} = ([K_1] + [K_2] - [K_3] + [K_4]) \{\Delta\} - \{P_1\} + \{P_p\} \tag{28}$$

in which:

$$[K_4] = (1-\beta) f_p A_2 \int_x B_2^T B_2 \, dx \tag{29}$$

$$[P_p] = (1-\beta) f_p A_2 \int_x B_1^T \, dx \tag{30}$$

A computer program NASFAF which means Non - linear Analysis of Steel Frames Against Fire has been developed in this paper based on above analysis Taking the element temperature distribution and the stress -strain relations of steel at elevated temperatures as the input data, the program permits an calculation of responses of steel frames under any combination of change of loads and temperatures.

4　Comparisons with Test Results

4.1　Room temperature analysis

A one - bay, single story unbraced portal frame with fixed bases as shown in Figure 2 was tested by Arnold et al (1968). The beam was a 10125.4 stout shape of ASTM-A36 steel and the columns were 5 WF 18.50 stout shape of ASTM-A41 steel . Tension tests

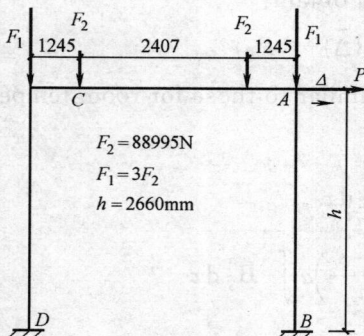

Fig. 2　Test frame and loads

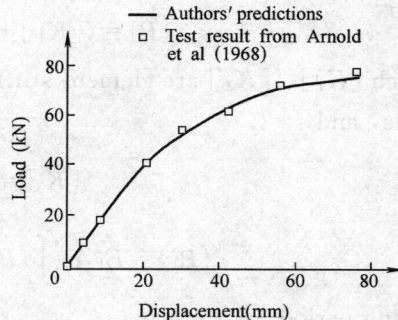

Fig. 3　Comparison with Arnold et al (1968)

were also performed to determine the Stress - strain characteristics of the A 36 and A 41 steel, Adopting an average set of material properties - yielding point f_y, yielding strain ε_y and modules of elasticity E as the direct input data of the program NASFAF, the predicted load-deflection relationship as well as the ultimate load has been obtained. Figure 3 shows the comparison between the computer predictions and the reported test results . From Figure 3, we can see that the agreement is satisfactory Furthermore, the predicted ultimate load is also very close to the test value. All these have confirmed the ability of the method to deal with the structural behavior at room temperature.

It is worth mentioned that in the presented method, the yielding order within structural members can be predicted and the spread of yield both over the cross - section and along the member can also be simulated. The method permits the calculation of inelastic zone parameters such as yielding height over the section and yielding length of a partially inelastic member. Foe example , in this room temperature analysis, according to the calculation results first yielding occurred at the top of right column (point A) when P reached a value of about 30kN. , then sections at the bottom of right column (point B) and under the left beam load (point C) began to yield Once yield occurred at the bottom of left column (point D) when P is about 63kN, lateral deflection increased quickly until the maximum load is reached (location of each point is shown in Figure 2.) These results are quite in agreement with the analysis and test results provided by Arnold et al (1968), somewhat difference may exist because of the use of "plastic hinge" theory in their analysis In addition, calculation results in this paper also show that when P reaches about 65kN, the upper and lower surfaces of the cross - section at point A are both in yielding state, the yielding height has been more than 40 mm, while yielding length of the right column has become about one - third of the whole length of the member.

Rubert and Schunmann (1985) have performed a series of elevated temperature tests on several plane steel frames and provided results for these tests. One of the tested frame ZSR 1 is Shown in Figure 4. The span 1 was 1200mm, column height was 1170 mm, room temperature yielding point and modules of elasticity were 355 N/mm² and 210

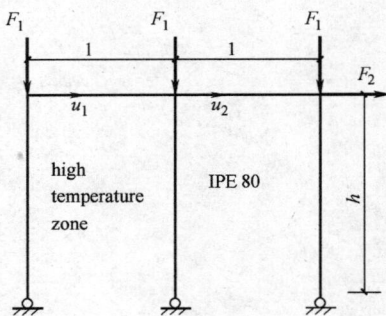

Fig. 4　Test frame ZSR 1

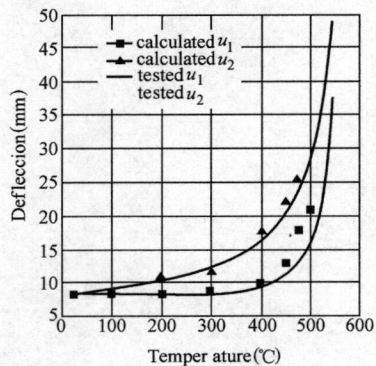

Fig. 5　Comparison for test frame ZSR 1

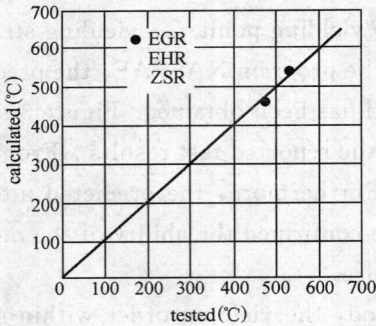

Fig. 6　Comparison of critical temperatures

kN/mm² respectively. One bay of the frame was uniformly heated at a constant rate by electrical elements and the remaining two members were kept at room temperature. Comparison between the predicted deflections and test results illustrated in Figure 3 shows the agreement is satisfactory.

All the tested frames included series EHR, EGR and ZSR were analyzed used the presented method, Figure 6 compares the predicted with measured critical temperatures for all these frames. In all cases, the errors are not more than 10 percent.

References

1　ECCS-T3 (1983). European Recommendations for the Fire Safety of Steel Structures, Elsevier Scientific Publishing Company

2　Rubert A , Schaumann P (1985). Tragerhalten Stablerner Rahmensysteme Bei Brand-beanspruchung. Stablbau, 9: 280~287

3　Zhao Jin-cheng (1995), Fire resistance of steel frames, doctoral thesis, Tongji University , 1995

（本文发表于：Stability and Ductility of Steel Strutures，1998，Elsevier Science Ltd）

31. 考虑损伤累积的热弹塑性问题变分原理及其有限元方法

曹文衔　沈祖炎　董宝

提　要：本文基于连续介质损伤力学中有效应力的概念、研究建筑结构抗火分析中遇到的热弹塑性问题与损伤的耦合、并运用参变量变分原理，建立起用于热弹塑性损伤问题结构分析的变分原理。本文给出了原理应用的有限元列式。具有明确的物理意义，表达形式规范，便于数值手段实现。

关键词：有效应力　热弹塑性　损伤累积　变分原理　有限元

A Variational Principle and Its Fem Implementation for An Elasto-plasticity Thermal Problem With Damage Cumulation

Cao Wenxian　Shen Zuyan　Dong Bao

Abstract：This paper presents a research report of an elasto-plasticity thermal problem coupling with damage cumulation which occurs in analyzing the fire resistant behavior of a building structure．Relying upon the parametric variational principle, a variational principle and its FEM implementation for an elasto plastcity thermal problem with damage cumulation is proposed. This proposed principle possesses clear physical meaning and is in standard formulation such that it is feasible for numerical application.

Keywords：Effective Stress, Thermal Elasto-Plasticity, Damage Cumulation, Variational Principle；FEM.

1　引　　言

　　建筑结构在正常服役期内遭受实际火灾时，其结构反应分析可以归结为热弹塑性损伤问题。在这一问题中，由温度引起的热应力、塑性流动以及随温度和损伤变化的屈服准则、损伤模型等结合在一起，从而给结构分析带来很大的困难。本文试图应用参变量变分原理，建立起处理这类问题的数值变分原理和有限元列式。

2　问题的提法及本构体系

　　由于温度的影响，结构材料的弹性模量、屈服强度、极限强度等都是温度 T 和损伤的函数，屈服函数也和温度及损伤有关。

设结定温度场 $T(x_l, t)$（x_i 为位置坐标，t 为时间），在弹塑性区域内有：

$$d\varepsilon_{ij} = d\varepsilon_{ij}^e + d\varepsilon_{ij}^p + d\varepsilon_{ij}^T \tag{1}$$

$d\varepsilon_{ij}$、$d\varepsilon_{ij}^e$、$d\varepsilon_{ij}^p$、$d\varepsilon_{ij}^T$ 分别表示总的应变增量、弹性应变增量、塑性应变增量和温度应变增量。值得一提的是，考虑到建筑实际火灾的持续时间一般不会太长，蠕变只有在温度较高（对于钢材大约为 450℃ 以上）和高温持续时间较长时才较明显。在式（1）中未包括蠕变应变增量，而认为蠕变影响已隐含于材料的应力应变关系中[2]。

对于式（1）中的各项，有

$$d\varepsilon_{ij}^p = \lambda^p \frac{\partial g}{\partial \sigma_{ij}} \tag{2}$$

$$d\varepsilon_{ij}^T = \alpha dT \delta_{ij} \tag{3}$$

式中，λ^p、g 分别表示塑性流动因子和塑性势函数；α 为温度线胀系数（假定与温度变化无关）。

此外，不计损伤效应的胡克定律为

$$\varepsilon_{ij}^e = E_{ijkl}^{-1} \sigma_{kl} \tag{4}$$

对于考虑损伤耦合的问题，引入损伤力学中有效应力和损伤变量的概念[3]，有

$$\bar{\sigma}_{ij} = \frac{\sigma_{ij}}{1 - \xi_l D} \tag{5}$$

式中，$\bar{\sigma}_{ij}$、σ_{ij}、D、ξ_l 分别为 Cauchy 有效应力张量、Cauchy 名义应力张量、损伤变量（假设其为-各向同性的标量）和材料常数。因而，考虑损伤耦合的胡克定律可表示为

$$\varepsilon_{ij}^e = \overline{E}_{ijkl}^{-1} \bar{\sigma}_{kl} = E_{ijkl}^{-1} \sigma_{kl} \tag{6}$$

或

$$\bar{\sigma}_{ij} = \overline{E}_{ijkl} \varepsilon_{kl}^e \tag{7}$$

其中，$\overline{E}_{ijkl} = (1 - \xi_l D) E_{ijkl}$。

式（6）、（7）的增量形式为

$$d\varepsilon_{ij}^e = \overline{E}_{ijkl}^{-1} d\sigma_{kl} + \frac{\partial \overline{E}_{ijkl}^{-1}}{\partial T} \sigma_{kl} dT + \frac{\partial \overline{E}_{ijkl}^{-1}}{\partial D} \sigma_{kl} dD \tag{6a}$$

$$d\bar{\sigma}_{ij} = E_{ijkl} d\varepsilon_{kl}^e + \frac{dE_{ijkl}}{dT} \varepsilon_{kl}^e dT \tag{7a}$$

将式（1）、（2）、（3）代入式（6a），有

$$d\sigma_{ij} = E_{ijkl} \left[d\varepsilon_{kl} - \lambda^p \frac{\partial g}{\partial \sigma_{kl}} - \left(\alpha \delta_{kl} + \frac{\partial \overline{E}_{klmn}^{-1}}{\partial T} \sigma_{mn} \right) dT - \frac{\partial \overline{E}_{klmn}^{-l}}{\partial D} \sigma_{mn} dD \right] \tag{8}$$

另一方面，由式（5）

$$\bar{\sigma}_{ij} = \sigma_{ij} + \bar{\sigma}_{ij} \xi_l D \tag{9}$$

取增量形式

$$\bar{\sigma}_{ij} = \bar{\sigma}_{ij}^0 + d\bar{\sigma}_{ij} \tag{10}$$

$$\sigma_{ij} = \sigma_{ij}^0 + d\bar{\sigma}_{ij} \tag{11}$$

$$D = D^0 + \mathrm{d}D \tag{12}$$

上标"0"表示增量步前的初始态

　　将式（10）～（12）代入式（9）中，并略去高阶微量，有

$$\mathrm{d}\bar{\sigma}_{ij} = \frac{\mathrm{d}\sigma_{ij}}{1 - \xi_1 D^0} + \frac{\xi_1 \sigma_{ij}^0}{(1 - \xi_1 D^0)^2}\mathrm{d}D \tag{13}$$

将式〔13〕代入式（7a），有

$$\mathrm{d}\sigma_{ij} = (1 - \xi_1 D^0)E_{ijkl}\,\mathrm{d}\varepsilon_{kl}^e - \frac{\xi_l \sigma_{ij}^0}{1 - \xi_l D^0}\mathrm{d}D + (1 - \xi_1 D^0)\frac{\partial E_{ijkl}}{\partial T}\varepsilon_{kl}^e\,\mathrm{d}T \tag{14}$$

$$= \bar{E}_{ijkl}\,\mathrm{d}\varepsilon_{kl}^e - \frac{\xi_l \sigma_{ij}^0}{1 - \xi_l D^0}\mathrm{d}D + \frac{\partial \bar{E}_{ijkl}}{\partial T}\varepsilon_{kl}^e\,\mathrm{d}T$$

　　式中

$$\bar{E}_{ijkl} = (1 - \xi_l D^0)E_{ijkl} \tag{15}$$

　　弹塑性状态的判别式为

$$\lambda^p = 0 \quad 当\ f < 0\ 时\ （对应于弹性加载或卸载） \tag{16a}$$

$$\lambda^p > 0 \quad 当\ f < 0\ 时\ （对应于塑性加载） \tag{16b}$$

f 为屈服函数。

　　考虑到温度及损伤对屈服函数的影响，屈服条件应写作

$$f(\sigma_{ij}, \varepsilon_{ij}^p, D, T) \leqslant 0 \tag{17}$$

　　如将损伤演变方程取为

$$D = L(\sigma_{ij}, \varepsilon_{ij}^p) \tag{18}$$

其中，$D = \mathrm{d}D/\mathrm{d}t$。上述式（1）～（3）、（8）、（16）～（18）构成本文研究问题的本构方程。

　　其他基本方程如下[3]：

　　（1）平衡方程

$$\mathrm{d}\sigma_{ij,j} + \mathrm{d}b_i = 0 \quad （在\ V\ 中） \tag{19}$$

　　（2）几何方程

$$2\mathrm{d}\varepsilon_{ij} = \mathrm{d}u_{j,i} + \mathrm{d}u_{j,i} \quad （在\ V\ 中） \tag{20}$$

　　（3）边界条件

$$\mathrm{d}\sigma_{ij}n_j = \mathrm{d}\bar{p}_i \quad （在\ S_p\ 上） \tag{21}$$

$$\mathrm{d}u_i = \mathrm{d}\bar{u}_i \quad （在\ S_u\ 上） \tag{22}$$

式中，$\mathrm{d}b_i$、$\mathrm{d}\bar{p}_i$、$\mathrm{d}\bar{u}_i$ 分别为体力、外力及给定位移增量表达式；V 为结构体积，$S = S_p + S_u$ 为 V 的表面积。

3　本构关系的数学处理

　　以上本构关系中包括具有损伤耦合的弹塑性本构方程以及损伤演变方程，不但具有高度的非线性，且还是自变函数的隐式关系，它们之间的关系也不完全独立，显然这样的关

系式不利于问题的有限元方法实施。本节仿照文献 [3] 的处理方法，对上述本构关系进行统一的数学处理，转化为自变函数的显示表示，在增量状态下，得到一组独立的线性方程和互补条件。

将屈服函数 $f\left(\sigma_{ij},\ \varepsilon_{ij}^{p},\ D,\ T\right)$ 作一阶泰勒展开，有

$$f(\sigma_{ij},\varepsilon_{ij}^{p},D,T)=f^{0}+\frac{\partial f}{\partial \sigma_{ij}}\mathrm{d}\sigma_{ij}+\frac{\partial f}{\partial \varepsilon_{ij}^{p}}\mathrm{d}\varepsilon_{ij}^{p}+\frac{\partial f}{\partial T}\mathrm{d}T+\frac{\partial f}{\partial D}\mathrm{d}D \tag{23}$$

将式 (2)、(8) 代入，得

$$f(\sigma_{ij},\varepsilon_{ij}^{p},D,T)=f^{0}+\overline{E}_{ijkl}\frac{\partial f}{\partial \sigma_{ij}}\mathrm{d}\varepsilon_{kl}+\lambda^{p}\left(\frac{\partial f}{\partial \varepsilon_{ij}^{p}}\frac{\partial g}{\partial \sigma_{ij}}-\overline{E}_{ijkl}\frac{\partial f}{\partial \sigma_{ij}}\frac{\partial g}{\partial \sigma_{kl}}\right)+$$

$$+\left[\frac{\partial f}{\partial T}-\overline{E}_{ijkl}\left(\alpha\delta_{kl}+\frac{\partial \overline{E}_{klmn}^{-1}}{\partial T}\sigma_{mn}\right)\frac{\partial f}{\partial \sigma_{ij}}\right]\mathrm{d}T+\frac{\partial f}{\partial D}\mathrm{d}D$$

$$=A_{1}\mathrm{d}\varepsilon_{ij}+B_{1}\lambda^{ji}+C_{1}\mathrm{d}D+D_{1} \tag{24}$$

式中

$$A_{l}=\overline{E}_{ijkl}\frac{\partial f}{\partial \sigma_{kl}} \tag{25}$$

$$B_{1}=\frac{\partial f}{\partial \varepsilon_{ij}^{p}}\frac{\partial g}{\partial \sigma_{ij}}-\overline{E}_{ijkl}\frac{\partial f}{\partial \sigma_{ij}}\frac{\partial g}{\partial \sigma_{kl}} \tag{26}$$

$$C_{1}=\frac{\partial f}{\partial D} \tag{27}$$

$$D_{1}=f^{0}+\left[\frac{\partial f}{\partial T}-\overline{E}_{ijkl}\left(\alpha\delta_{kl}+\frac{\mathrm{d}\overline{E}_{klmn}^{-1}}{\mathrm{d}T}\sigma_{mn}\right)\frac{\partial f}{\partial \sigma_{ij}}\right]\mathrm{d}T \tag{28}$$

将式 (24) 代入式 (17)，并引入一非负的补偿因子 ν，使屈服条件变为等式，即

$$\left.\begin{array}{l}A_{1}d\varepsilon_{ij}+B_{1}\lambda^{p}+C_{1}\mathrm{d}D+D_{1}+\nu=0\\[4pt]\nu\lambda^{p}=0,\lambda^{p}\geqslant0,\nu\geqslant0\end{array}\right\} \tag{29}$$

ν 的物理意义在于对塑性流动因子起补偿作用。$\nu>0$ 时，对应于 $\lambda^{p}=0$（即弹性加载或卸载）；$\nu=0$ 时，对应于 $\lambda^{p}>0$（即塑性加载）。

同样，将损伤演变方程式 (18) 也作一阶展开，有

$$L(\sigma_{ij},\varepsilon_{ij}^{p})=L^{0}+\frac{\partial L}{\partial \sigma_{ij}}\mathrm{d}\sigma_{ij}+\frac{\partial L}{\partial \sigma_{ij}^{p}}\mathrm{d}\varepsilon_{ij}^{p}$$

$$=L^{0}+\overline{E}_{ijkl}\frac{\partial L}{\partial \sigma_{ij}}\mathrm{d}\varepsilon_{kl}+\lambda^{p}\left(\frac{\partial L}{\partial \varepsilon_{ij}^{p}}\frac{\partial g}{\partial \sigma_{ij}}-\overline{E}_{ijkl}\frac{\partial L}{\partial \sigma_{ij}}\frac{\partial g}{\partial \sigma_{kl}}\right)$$

$$-\overline{E}_{ijkl}\frac{\partial L}{\partial \sigma_{ij}}\left(\frac{\mathrm{d}\overline{E}_{klmn}^{-1}}{\mathrm{d}T}\sigma_{mn}+\alpha\delta_{kl}\right)\mathrm{d}T$$

或

$$A_{2}\mathrm{d}\varepsilon_{ij}+B_{2}\lambda^{p}-\mathrm{d}D+D_{2}=0 \tag{30}$$

式中

$$A_{2}=\overline{E}_{ijkl}\frac{\partial L}{\partial \sigma_{kl}}\mathrm{d}t \tag{31}$$

$$B_{2}=\left(\frac{\partial L}{\partial \varepsilon_{ij}^{p}}\frac{\partial g}{\partial \sigma_{ij}}-\overline{E}_{ijkl}\frac{\partial L}{\partial \sigma_{ij}}\frac{\partial g}{\partial \sigma_{kl}}\right)\mathrm{d}t \tag{32}$$

$$D_{2}=\left[L_{0}-\overline{E}_{ijkl}\frac{\partial L}{\partial \sigma_{ij}}\left(\alpha\delta_{kl}+\frac{\mathrm{d}\overline{E}_{klmn}^{-1}}{\mathrm{d}T}\sigma_{mn}\right)\mathrm{d}T\right]\mathrm{d}t \tag{33}$$

4　问题的参变量变分原理

参变量变分原理将系统分为两部分[3]：描述系统状态的能量泛函（如势能泛函）和控制系统变化的状态控制方程（由本构方程获得），真实的发展过程就是在状态控制方程的约束下求解能量泛函的极值。

首先构造如下势能泛函（为使问题适当简化，假定位移边界条件（22）式已预先满足）

$$\Pi(\mathrm{d}\varepsilon_{ij},\mathrm{d}u_i,\mathrm{d}D,\lambda^{\mathrm{p}},\mathrm{d}T)=\int_v\left\{\frac{1}{2}\overline{E}_{ijkl}\,\mathrm{d}\varepsilon_{ij}\,\mathrm{d}\varepsilon_{kl}-\overline{E}_{ijkl}\lambda^{\mathrm{p}}\,\frac{\partial g}{\partial\sigma_{ij}}\,\mathrm{d}\varepsilon_{kl}\right.$$

$$\left.-\overline{E}_{ijkl}\left(\alpha\delta_{ij}+\frac{\partial E_{ijmn}^{-1}}{\partial T}\sigma_{mn}\right)\mathrm{d}\varepsilon_{kl}\,\mathrm{d}T-\frac{\xi_1\mathrm{d}D}{1-\xi_1D^0}\sigma_{ij}^0\,\mathrm{d}\varepsilon_{ij}\right\}\mathrm{d}V$$

$$-\left[\int_v\mathrm{d}b_i\,\mathrm{d}u_i\,\mathrm{d}V+\int_s\mathrm{d}p_i\,\mathrm{d}u_i\,\mathrm{d}S\right]\tag{34}$$

变分原理表述为：对于任意时刻 t，就时间增量 $\mathrm{d}t$ 范围，即 $[t,\ t+\mathrm{d}t]$，在所有满足几何方程及几何边界条件的可能位移增量场中，问题的真实解使得泛函式（34）在状态控制方程式（29）和（30）的控制下取总体最小。其中，$\mathrm{d}u_i$（或 $\mathrm{d}\varepsilon_{ij}$）是自变量函数，$\lambda^{\mathrm{p}}$，$\mathrm{d}D$ 是状态控制参变量，不参与变分。该原理的数学证明从略。

综上所述，考虑损伤累积的热弹塑性问题变分原理可概括为

$$\operatorname*{minimize}_{\mathrm{d}u_i\text{ 或 }\mathrm{d}\varepsilon_{ij}}\ \Pi(\mathrm{d}\varepsilon_{ij},\mathrm{d}u_i,\mathrm{d}D,\lambda^{\mathrm{p}},\mathrm{d}T)\tag{35}$$

Subject to
$$A_1\,\mathrm{d}\varepsilon_{ij}+B_1\lambda^{\mathrm{p}}+C_1\,\mathrm{d}D+D_1+\nu=0\tag{36}$$

$$A_2\,\mathrm{d}\varepsilon_{ij}+B_2\lambda^{\mathrm{p}}-\mathrm{d}D+D_2=0\tag{37}$$

$$\nu\lambda^{\mathrm{p}}=0,\ \lambda^{\mathrm{p}}\geqslant0,\ \nu\geqslant0\tag{38}$$

5　有限元列式

格结构进行离散．并引入插值函数

$$\mathrm{d}\{u\}=[N_{\mathrm{u}}]\{\delta\}\tag{39}$$

$$\mathrm{d}\{\varepsilon\}=[B]\{\delta\}\tag{40}$$

$$\mathrm{d}\{D\}=[N_{\mathrm{D}}]\{\omega\}\tag{41}$$

式中，$\{\delta\}$、$\{\omega\}$ 分别为结点的位移增量和结点的损伤值增量。$[N_{\mathrm{u}}]$、$[N_{\mathrm{D}}]$ 分别为位移形函数和损伤形函数。对于式（35）～（38），引入插值函数式（39）～（41），通过单元的组合装配，可将系统的势能泛函及状态控制方程写为

$$\Pi(\{\delta\},\lambda^{\mathrm{p}},\{\omega\})=\frac{1}{2}\{\delta\}^{\mathrm{T}}[K]\{\delta\}-\{\delta\}^{\mathrm{T}}(\{\Phi_1\}\lambda^{\mathrm{p}}+[\Phi_2]\{\omega\}+\mid q_1\mid+\mid q_2\mid)\tag{42}$$

$$[U_1]\{\delta\}+\{V_1\}\lambda^{\mathrm{p}}+\{Y_1\}\{\omega\}+\{W_1\}+\{\nu\}=0\tag{43}$$

$$[U_2]\{\delta\}+\{V_2\}\lambda^{\mathrm{p}}+\{Y_2\}\{\omega\}+\{W_2\}=0\tag{44}$$

$$\{\nu\}^{\mathrm{T}}\lambda^{\mathrm{p}}=0,\lambda^{\mathrm{p}}\geqslant 0,\{v\}\geqslant 0 \tag{45}$$

式中

$$[K]=\sum_{e=1}^{n}\int_{V^{e}}(1-D^{0})[B]^{\mathrm{T}}[E][B]\mathrm{d}V \tag{46}$$

$$\{\Phi_{1}\}=\sum_{e=1}^{n}\int_{V^{e}}(1-D^{0})\left[\left(\frac{\partial g}{\partial\{\sigma\}}\right)^{\mathrm{T}}[E][B]\right]^{\mathrm{T}}\mathrm{d}V \tag{47}$$

$$\{\Phi_{2}\}=\sum_{e=1}^{n}\int_{V^{e}}\frac{1}{1-D^{0}}[B]^{\mathrm{T}}\{\sigma^{0}\}[N_{\mathrm{D}}]\mathrm{d}V \tag{48}$$

$$\{q_{1}\}=\sum_{e=1}^{n}\int_{V^{e}}\left[\left(\alpha\{I\}+\frac{\partial[E]^{-1}}{\partial T}\{\bar{\sigma}\}\right)^{\mathrm{T}}[E](1-D^{0})[B]\right]^{\mathrm{T}}\mathrm{d}V \tag{49}$$

$$\{q_{2}\}=\sum_{e=1}^{n}\int_{V^{e}}[N_{\mathrm{u}}]^{\mathrm{T}}\mathrm{d}|b|\mathrm{d}V+\sum_{e=1}^{n}\int_{S_{\mathrm{P}}^{e}}([N_{\mathrm{u}}]^{\mathrm{T}}\mathrm{d}\{\bar{p}\})\mathrm{d}S \tag{50}$$

$$[U_{1}]=\sum_{e=1}^{n}\int_{V^{e}}[B]^{\mathrm{T}}[A_{1}]\mathrm{d}V \tag{51}$$

$$[V_{1}]=\sum_{e=1}^{n}\int_{V^{e}}\{B_{1}\}\mathrm{d}V \tag{52}$$

$$[Y_{1}]=\sum_{e=1}^{n_{1}}\int_{V^{e}}[C_{1}][N_{\mathrm{D}}]\mathrm{d}V \tag{53}$$

$$\{W_{1}\}=\sum_{e=1}^{n_{1}}\int_{V^{e}}\{D_{1}\}\mathrm{d}V \tag{54}$$

$$[U_{2}]=\sum_{e=1}^{n}\int_{V^{e}}[B]^{\mathrm{T}}[A_{2}]\mathrm{d}V \tag{55}$$

$$[V_{2}]=\sum_{e=1}^{n}\int_{V^{e}}\{B_{2}\}\mathrm{d}V \tag{56}$$

$$[Y_{2}]=-\sum_{e=1}^{n}\int_{V^{e}}[N_{\mathrm{D}}]\mathrm{d}V \tag{57}$$

$$\{W_{2}\}=\sum_{e=1}^{n}\int_{V^{e}}\{D_{2}\}\mathrm{d}V \tag{58}$$

式中，V^{e} 为单元体积；S_{P}^{e} 为给定表面力的单元面积；n 为单元数；n_{p} 为力的边界单元数；n_{1} 为弹塑性单元数。

由变分原理（35）式，有

$$\frac{\partial \Pi}{\partial\{\delta\}}=0 \tag{59}$$

将式（42）代入上式

$$[K]\{\delta\}-(\{\Phi_{1}\}\lambda^{\mathrm{p}}+[\Phi_{2}]\{\omega\})+|q_{1}|+|q_{2}|)=0 \tag{60}$$

再考虑式（43）～（45），便可对 $\{\delta\}$、$\mathrm{d}D$、λ^{p}、$\{V\}$ 进行求解。该问题的非线性仅表现在式（45）的非负互补项中，可用文献［3］建议的互补性参数二次规划进行求解。将每一增量步求得的结点位移增量 $|\delta|$ 及结点损伤增量 $|\omega|$ 进行叠加，就可得到结构完整的位移曲线和损伤曲线。

感谢陈以一博士对本文工作提出的建议。

参 考 文 献

1 Zhong W X, Zhang The parametric Variational Principle for Elasto-plasticity Acta Mechanica Sinica, 1988, 2: 134～137
2 赵金城. 钢框架结构抗火性能研究 ［学位论文］, 上海, 同济大学结构工程学院, 1995
3 曾攀. 材料的概率疲劳损伤特性及现代结构分析原理. 北京: 科学技术文献出版社, 1993

(本文发表于: 上海力学. 1996 年第 4 期)

32. 灾难性荷载作用下钢结构承载力损伤的数值模拟

陈以一　　沈祖炎

提　要：在灾难性的短期荷载作用下，结构构件以至结构整体承载力下降，称为强度退化。文中建立了一种能够模拟钢框架构件及其结构强度退化的数值分析方法，与多种试验结果的比较表明该方法是可靠的。

关键词：强度退化　钢框架　数值模拟　钢结构　承载力

Numerical Simulation for Strength Damage of Steel Structures Subjected to Disastrous Loadings

Chen Yiyi　Shen Zuyan

Abstract：Loading capacity of structural members or structures will deteriorate due to the action of disastrous loading. It s called strength degradation. In this paper, a numerical analysis model is established to simulate the strength degradation of steel frame structures and its members. The reliability of this model is shown by comparison with the test results.

Keywords：Strength Degradation；Steel Structural Frame；Numerical Simulation

　　结构若遭受达到或超出设计预期的极限状态的荷载作用，其构件或整个结构的承载力可能会下降，例如对框架钢结构来说，由于弹塑性局部失稳，梁柱构件的抗弯承载力将下降，其抵抗水平荷载的能力也随之下降；支撑因失稳而极大地丧失其轴压承载力；随着部分构件的失稳或断裂、节点的局部破坏等，结构的整体承载力会下降；若框架产生较大塑性变形，则重力荷载的 $P-\Delta$ 效应也会在一定程度上降低结构的水平承载力。在上述荷载作用过后，虽结构不一定倒塌，但构件和结构的承载力已不能完全恢复。本文将这种情况称为强度退化。

　　随着技术进步，建筑结构的预期服役年限已能跨越 $50\sim100$ 年或更长时间，在这期间，结构遭遇灾难性荷载而产生强度退化的可能性是存在的。研究强度退化的机理，以预测或定量分析结构的破坏程度，对判断灾后能否继续使用结构、提出结构维修加固的合理方案以及估计结构的残余寿命等，都有重要意义。作为这一研究的基础一环，需要建立有效实用的能够反映构件以及结构强度退化的数值分析模型。

　　用数值分析手段追踪结构强度退化时，会面对两个问题：其一是诸如构件局部失稳、$P-\Delta$ 效应等对承载力的影响如何引入分析模型；其二是结构达到极限承载力或其近旁时刚度矩阵发生奇异，对继续求解带来困难，本文以框架钢结构为对象，研究反映强度退化的分析模型，提出解决上述问题的方法。

1　反映钢结构强度退化的分析方法

1.1　构件模型

框架钢结构的梁、柱和支撑构件，统一采用文献［1］介绍的弹塑性域数值分析模型。其要点是：①构件沿杆轴分为弹性单元和非弹性单元，后者设置在塑性变形区域，单元之间用结点联结；②构件弯曲时单元端面保持为平面；③弹塑性单元由若干弹塑性弹簧构成，弹簧的恢复力-变形模式采用三线型的骨架曲线，其中引入具有负斜率的线段，以此反映局部失稳对构件承载力的影响。对框架钢结构常用的 H 形和箱形截面构件，根据目前积累的试验数据，已能由板件的宽厚比、材料的屈强比等定量地确定局部失稳对构件承载力的影响[2~4]，骨架曲线中负斜率段的开始点以及斜率值等参数可以根据这些研究成果加以确定，也可根据特定的试验直接确定[5]，文献［6］给出了构件的弹性及弹塑性单元刚度矩阵。

1.2　几何非线性

此处的几何非线性主要指 $P\text{-}\Delta$ 效应。采用 Updated-Lagrange 方法考虑这一效应，在数值分析的各个增量步中更新单元的坐标转换矩阵，即始终在变位以后的位置建立增量平衡方程。若单元只产生刚体移动，则由单元两端的线位移增量和绕单元轴线的转动位移增量，应用刚性转动的欧拉定理[7]，即能求出变位后的坐标转换矩阵。但是所研究的单元将产生弯曲变形和扭转变形，在此情况下，变位后单元的轴线方向仍由单元两端在变位后的位置坐标确定，而其绕单元轴线的转动位移增量，则分别将单元两端面的三个转角位移增量投影变换之后，取其绕单元轴线的转动位移增量平均值加以考虑。按上述方法，导出单元的坐标转换矩阵[6]。

1.3　位移增量控制法

数值分析中采用位移增量控制法，从而避免在使用荷载增量法求解时遇到的处理刚度矩阵奇异的问题。

1.3.1　受单调比例荷载或反复比例荷载作用的结构

结构的增量平衡方程为

$$[K]\{dD\} = \{dF\} \tag{1}$$

式中：$[K]$ 为增量刚度矩阵；$\{dD\}$ 为节点位移增量；$\{dF\}$ 为节点荷载增量。

$$\{dF\} = d\lambda\{F_0\} \tag{2}$$

式中：$d\lambda$ 为荷载增量系数；$\{F_0\}$ 为比例荷载因子，其中至少有一元素不为零。

指定对应于某一不为零的节点荷载 F_i 的位移为控制位移 D_i。将式（2）右端项中除 F_i 的元素项均化为零，则方程（1）改写为

$$\begin{bmatrix} K_{ii} & K_{ir} \\ K_{ri} & K_{rr} \end{bmatrix} \begin{Bmatrix} dD_i \\ dD_r \end{Bmatrix} = \begin{Bmatrix} d\lambda & F_i \\ 0 \end{Bmatrix} \tag{3}$$

右端矩阵为经过线性变换的刚度矩阵。由给定的控制位移增量 dD_i，可以求出其余位移

增量

$$\{dD_r\} = -[K_{rr}]^{-1}[K_{ri}]\{dD_i\} \tag{4}$$

随后更新位移增量产生后的单元刚度和坐标转换矩阵，求出单元的端部力，适当选取控制位移增量的大小，则由于物理和几何非线性产生的节点处不平衡力将不会很大，可以在下一增量步中加以消解。

1.3.2　受地震作用的结构

节点位移 D 中包含着直接对应于振动质量的位移（记为 X）和除此以外的位移（记为 D_n）。例如在三向地震荷载作用下，集中质量所在节点的三个线位移属于 X，而三个转角位移则属于 D_n。结构的增量平衡方程可表达为

$$\begin{bmatrix} K_{xx} & K_{rn} \\ K_{nx} & K_{m} \end{bmatrix} \begin{Bmatrix} dX \\ dD_n \end{Bmatrix} = \begin{Bmatrix} dF_v \\ dF_n \end{Bmatrix} \tag{5}$$

假定结构的阻尼为零，则以节点位移和节点力表示的结构的运动方程为

$$\begin{bmatrix} M & 0 \\ 0 & 0 \end{bmatrix} \begin{Bmatrix} \ddot{X} \\ \ddot{D} \end{Bmatrix} + \begin{bmatrix} K_{xx} & K_{xn} \\ K_{nx} & K_{m} \end{bmatrix} \begin{Bmatrix} X \\ D \end{Bmatrix} = \begin{bmatrix} -M & 0 \\ 0 & 0 \end{bmatrix} \begin{Bmatrix} \ddot{Y} \\ 0 \end{Bmatrix} \tag{6}$$

从上式可以导出以对应于振动质量的位移表示的运动方程为

$$[M]\{\ddot{X}\} + [K]\{X\} = -[M]\{\ddot{Y}\} \tag{7}$$

式中：$[M]$ 为质量矩阵；$\{\ddot{Y}\}$ 为地震动加速度；$[K]$ 为凝缩的刚度矩阵。

$$[K] = [K_{xx}] - [K_{xn}][K_{m}]^{-1}[K_{nx}] \tag{8}$$

或者式（7）可表示为

$$[M]\{\ddot{X}\} + \{F_v\} = -[M]\{\ddot{Y}\} \tag{9}$$

式中：$\{F_v\}$ 为恢复力向量。

采用中央差分法，从方程（9）解出时刻 i 的位移增量为

$$\{dX_i\} = \{dX_{i-1}\} - dt^2([M]^{-1}\{F_u\} + \{\ddot{Y}_i\}) \tag{10}$$

将结果代入式（5），即求得时刻 i 的位移增量 $\{dD_n\}$。由位移增量引起的单元端部力增量可由单元平衡方程求出，在节点处汇交的各单元端部力的合力中，对应于运动方程定义的振动位移方向的分量，即为恢复力增量；其他分量在理论上应为零，否则即为不平衡力，应在其后的增量步中予以消解，这就是式（5）中 $\{dF_n\}$ 的意义。

实际结构的阻尼不为零，在运动方程及差分求解式中加入阻尼项即可。

2　数值分析结果与实验的比较

2.1　压弯柱（见图 1）

一作用有不变轴力（轴压比 0.4）的焊接工字形截面压弯柱，承受反复弯矩。试验中

观察到由于构件翼缘弹塑性局部失稳而导致抗弯强度的下降（文献［8］）。分析模型中，根据单调加载试验结果确定了恢复力-变形关系的骨架曲线负斜率段的参数、数值分析结果，不仅构件的强度下降能够追踪，局部失稳的发生时刻也与试验大体吻合。图中纵轴为端弯矩，横轴为端部相对转角。

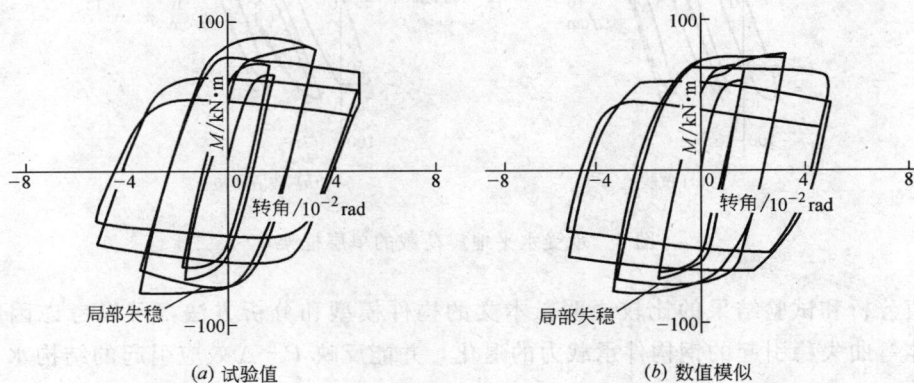

(a) 试验值　　　　　　　　　　　　　　　(b) 数值模拟

图 1　承受一定轴力和反复弯矩作用的压弯柱

2.2　支撑（见图 2）

支撑构件在反复变动轴力作用下，首次整体弯曲失稳后抗压承载力急剧下降，当轴向变形相当大时，抗压承载力大体保持在一个远低于首次失稳临界力的数值。图 2 左边是长细比为 85 的两端铰接钢支撑的试验记录（数据取自文献［9］）。数值分析中，在构件模型的跨中部位设置一个相当于 1/10 构件长度的弹塑性单元，并在构件解析模型的跨中给定相当于 1/1000 构件长度的初挠度。分析结果良好地再现了支撑强度退化的过程。图中纵坐标为轴压比，横坐标为量纲为 1 的杆件轴向位移。

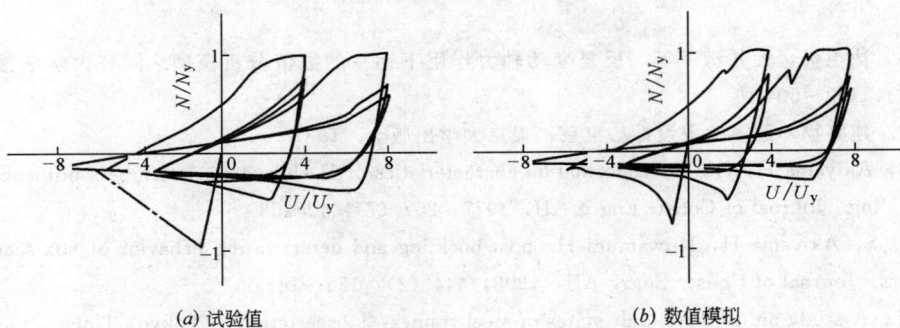

(a) 试验值　　　　　　　　　　　　　　　(b) 数值模拟

图 2　承受反复轴向荷载的支撑构件（长细比 85）

2.3　单层钢框架（见图 3）

图 3 左侧为一承受水平地震荷载的钢框架的试验结果[10]，纵轴为框架的水平恢复力，横轴为水平位移。由于重力荷载的 $P-\Delta$ 效应，地震反应进入塑性阶段后，框架的水平抗力严重退化直至完全丧失。图 3（b）是试验的数值模拟。

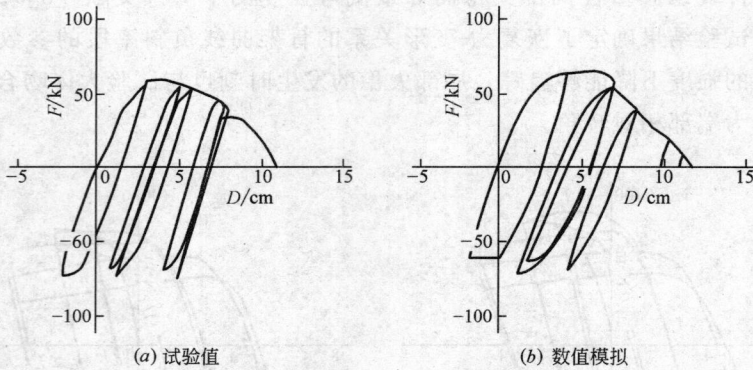

(a) 试验值   (b) 数值模拟

图 3 承受水平地震荷载的单层框架

数值分析和试验结果的比较说明，本文的构件模型和分析方法，可以考虑因局部失稳、整体弯曲失稳引起的钢构件承载力的退化，并能反映 $P-\Delta$ 效应引起的结构水平抗力的下降。

3 结 论

为了预测结构在灾难性荷载作用下的反应行为，或判定结构在致损荷载作用后的残存承载力，应研究结构的强度退化。本文介绍了笔者采用的一种分析钢结构强度退化的数值方法。经与多种试验结果的比较表明，该方法在分析钢结构强度退化问题上是可靠和适用的。

参 考 文 献

1 陈以一，沈祖炎，大井谦一等. 反复变动轴力作用下钢柱的数值分析模型. 同济大学学报. 1994，22（12）：499～504

2 秋山宏. 建築物の耐震極限設計. 東京：東京大学出版会. 1987

3 Kato B, Akiyama H, Obi Y. Deformation characteristics of H-shaped steel members influenced by local buckling. Journal of Constr. Engrg AIJ, 1977，257（7）：49～58

4 Yamada S, Akiyama H, Kuwamura H. post-buckling and deteriorating behavior of box-section steel members. Journal of Constr Engrg AIJ, 1993，444（2）：135～143

5 Meng L. A study on ultimate limit states of steel frames：[dissertation]. Tokyo：University of Tokyo, 1990

6 Chen Y. Inelastic behavior of steel frames considering varying combined stress in the members：[dissertation]. Tokyo：University of Tokyo, 1994

7 Cheng H, Gupta K C. An history note on finite rotations. Journal of Applied Mechanics，AMSE，1989，56（3）：139～154

8 Ohi K. Chen Y, Takanashi K. An experimental study on inelastic behaviors of H-shaped steel beam-columns subjected to varying axial and lateral loads. Journal of Structural Engineering, 1992，38B

(3)：421～430

9 Shibata M，Wakabayashi M. Mathematical expression of hysteretic behavior of braces. Trans of AIJ，1982，316（6）：18～23

10 Meng L，Ohi K，Takanashi K. A simple model of steel structural members with strength deterioration used for earthquake response anaLysis. Journal of Constr Engrg AIJ. 1992，437（7）：135～143

（本文发表于：同济大学学报. 1996 年第 5 期）

[3] 稻垣，增田．

Shibata M, Watanabe M. Mathematical treatment of fracture behaviour of objects. Trans of WU.
1958, 316-356.

Abe, Reji K, Kauu……Reuu qualified……the……structural members with large range buckling……

33. 高温下轴心受压钢构件的极限承载力

李国强   沈祖炎

提　要：本文介绍了高温下钢材的力学性能。结合我国现行钢结构设计规范，给出了一种计算高温下轴心受压钢构件极限承载力的简单方法。

关键词：高温　轴心压杆　钢构件　极限承载力

The Ultimate Strength of Axial Compressed
Steel Elements under High Temperature

Li Guoqiang   Shen Zuyan

Abstract：The mechanics abilities of steel under high temperature are introduced in this paper. And a simple method to calculate the ultimate strength of axial compressed steel elements is given，with the current steel structure code of China.

Keywords：High Temperature Axial Compressed Elements Steel Elements The Ultimate Stength

1 前　　言

冶金系统的钢结构厂房，有的构件可能处在高温下工作。即使普通钢结构建筑，如发生火灾，构件也要经受高温的考验。由于钢材随温度的上升，强度和弹性模量都急剧下降，因此确定钢构件在高温下的极限承载力具有十分重要的意义。

关于轴心受压钢构件的极限承载力计算，欧州钢结构协会（ECSS）建议了一种方法[1]。他们认为，高温下轴压钢杆的稳定系数与常温下相同，采用常温下的稳定系数与高温下钢材屈服强度的乘积作为高温下轴心受压钢构件的临界应力（极限承载应力）。本文作者认为，假定轴压稳定系数与温度无关是不适宜的。本文结合我国的规范[2]，提出一种计算高温下轴心受压钢构件极限承载力的简单方法，用于轴压钢构件的抗火和耐高温设计。

2 高温下钢材的力学性能

不少研究成果表明[3][4]：温度不超过 600℃时，在恒定荷载下钢材的变形性能可考虑为不依赖于时间过程，其徐变影响可包括在应力-应变关系中。图 1 示出了常温下屈服强度为 235N/mm² 的钢材在不同温度下的应力-应变关系。

依据高温下的应力-应变关系，可确定钢材在高温下的屈服强度 f_{yT} 和弹性模量 $E_T^{[1][3]}$

$$f_{yT} = \left[1 + \frac{T}{767\ln(T/1750)}\right] f_y$$

$$0 \leqslant T \leqslant 600^\circ C \qquad (1)$$

$$E_T = (1 - 17.2 \times 10^{-12} T^4 + 11.8 \times 10^{-9} T^3$$
$$- 34.5 \times 10^{-7} T^2 + 15.9 \times 10^{-5} T)E$$

$$0 \leqslant T \leqslant 600^\circ C \qquad (2)$$

式中，T 为钢材的温度；f_y、E 分别为钢材在室温下的屈服强度和弹性模量。

图 2 给出了 f_{yT}/f_y 及 E_T/E 随温度变化的关系曲线。

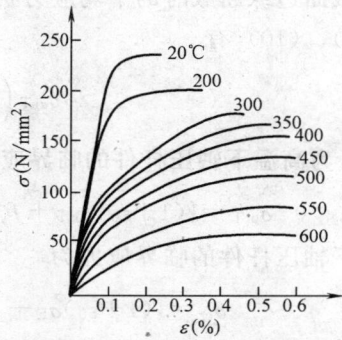

图 1　钢材在升温时的应力-应变关系

3　高温下轴心受压钢构件临界应力的计算

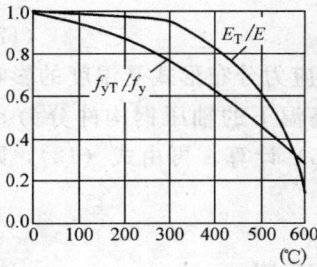

图 2　f_{yT}/f_y、E_T/E
随温度的变化

我国钢结构设计规范[2]，按 1/1000 杆长的初弯曲，同时考虑残余应力的影响计算常温下轴压杆的极限承载力，并且按截面形式的不同，将轴压稳定系数 φ 归类为 a、b、c 三条曲线[5]。计算高温下轴心受压钢构件的极限承载力（或临界应力）时，可采用与常温下同样的假定和计算方法。即假定杆件有初弯曲 y_0。（图 2）

$$y_0 = \delta_0 \sin(\pi x/l) \qquad (3)$$

杆件受轴压力 N 后，挠度曲线成为

$$y = [\delta_0/(1 - N/N_E)]\sin(\pi x/l) \qquad (4)$$

式中 N_{ET} 为高温下杆件的欧拉临界力

$$N_{ET} = \sigma_{ET} A \qquad (5)$$

$$\sigma_{ET} = \pi^2 E_T/\lambda^2 \qquad (6)$$

其中，A 为杆件的截面面积；λ 为杆件的长细比；E_T 为杆件在高温下的弹性模量。

杆件的最大挠度 δ_{max} 在杆件的中点

$$\delta_{max} = y \mid_{x=l/2} = \delta_0/(1 - N/N_{ET}) \qquad (7)$$

杆件中点截面除受轴压力 N 外，还受弯矩 $M = N\delta_{max}$。则截面边缘应力为

$$\sigma = N\delta_{max}/W + \frac{N}{A} \qquad (8)$$

式中　W 为杆件截面的抵抗矩。将式（5）、（7）代入式（8）得

$$\sigma = \frac{N}{A}\left[\frac{\delta_0 A/W}{1 - N/(A\sigma_{ET})} + 1\right] \qquad (9)$$

令

$$\varepsilon_0 = \delta_0 A/W \qquad (10)$$

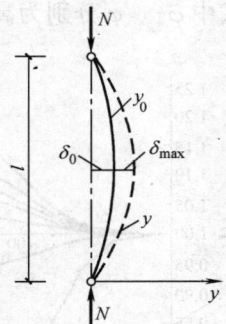

图 3　轴压钢构件
计算模型

称 ε_0 为杆件的初偏心率，该参数显然与温度无关。当杆件中点截面边缘屈服时，塑性变形将迅速发展，而在杆中点形成塑性铰，杆件丧失稳定。因此可将杆

件中点截面边缘屈服时的平均应力状态作为杆件的极限承载应力状态（临界应力）。从而，由式（9）、（10）有

$$\sigma_{crT}\left(\frac{\varepsilon_0}{1-\sigma_{crT}/\sigma_{ET}}+1\right)=f_{yT} \tag{11}$$

其中 σ_{crT} 为高温下轴压杆件的临界应力。由式（11）可解得

$$\sigma_{crT}=\{(1+\varepsilon_0)\sigma_{ET}+f_{yT}-\sqrt{[(1+\varepsilon_0)\sigma_{ET}+f_{yT}]^2-4f_{yT}\sigma_{ET}}\}/2 \tag{12}$$

而常温下轴压杆件的临界应力为

$$\sigma_{cr}=\{(1+\varepsilon_0)\sigma_E+f_y-\sqrt{[(1+\varepsilon_0)\sigma_E+f_y]^2-4f_y\sigma_E}\}/2 \tag{13}$$

式（13）即为我国现行钢结构设计规范关于轴压杆件的临界应力计算公式[5]。考虑到残余应力的影响，将式（13）中的 ε_0 取为等效初偏心率。各类截面的等效初偏心率为[5]

a 类截面：　　　　　　　$\varepsilon_0=0.152\bar{\lambda}-0.014 \tag{14}$

b 类截面：　　　　　　　$\varepsilon_0=0.300\bar{\lambda}-0.035 \tag{15}$

c 类截面：　　　　　　　$\varepsilon_0=0.595\bar{\lambda}-0.094 \quad \bar{\lambda}\leqslant1.05 \tag{16a}$

　　　　　　　　　　　　$\varepsilon_0=0.302\bar{\lambda}+0.216 \quad \bar{\lambda}>1.05 \tag{16b}$

其中　　　　　　　　　　$\bar{\lambda}=(\lambda/\pi)\sqrt{f_y/E} \tag{17}$

由于杆件的初偏心与温度无关，且可认为杆件截面的残余应力分布形式受温度的影响不大，因此温度对等效初偏心率的影响将不大。则同样可将高温下的轴压钢构件分为 a、b、c 三类截面，各类截面的等效初偏心率仍按式（14）～（16）计算。再由式（12），则可计算高温下各类截面的轴心受压钢构件的临界应力。

4　高温下轴心受压钢构件的稳定系数 φ_T

为便于应用，将 σ_{crT}、σ_{cr} 分别表示为

$$\sigma_{crT}=\varphi_T f_{yT} \tag{18}$$

$$\sigma_{cr}=\varphi f_y \tag{19}$$

式中 φ_T、φ 分别为高温下和常温下轴压钢杆的稳定系数。φ 可按规范直接查表得出[2]。

从式（18）、（19）得

$$\alpha=\varphi_T/\varphi=(\sigma_{crT}f_y)/(\sigma_{cr}f_{yT}) \tag{20}$$

由式（1）、（12）、（13）可计算出高温下各类截面杆件的 α 与长细比 λ 的关系曲线。图 4 示出了 b 类截面杆件的 α-λ 曲线。

从图 4 中可以看到，α 随温度 T 的变化可分为三个阶段。第一阶段是 $0\leqslant T\leqslant400℃$。这一阶段 α 随 T 的上升而增大，原因是这一阶段钢材弹性模量降低的速率小于屈服强度降低的速率（参见图 2）。第二阶段是 $400\leqslant T\leqslant500℃$。这一阶段 α 基本保持不变，原因是这

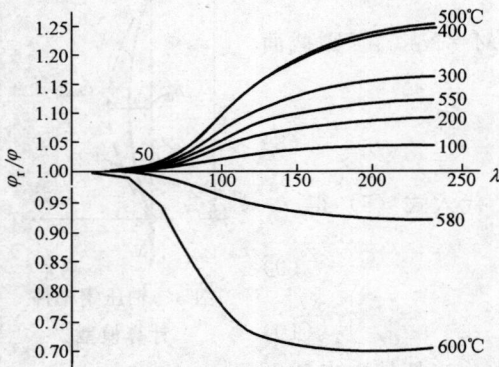

图 4　φ_r/φ 与 λ 的关系曲线

一阶段钢材弹性模量降低的速率与屈服强度降低的速率接近（参见图 2）。第三阶段是 500 $\leqslant T \leqslant 600℃$。这一阶段 α 随 T 的上升而减小，原因是这一阶段钢材弹性模量降低的速率大于屈服强度降低的速率（参见图 2）。特别当 T 约为 575℃时，钢材弹性模量相对降低量与屈服强度相对降低量相等，此时 $\alpha=1$。而当 T 继续上升时，α 变为小于 1。

通过最小二乘法拟合，可得出 α 的计算公式

$$\alpha=1+\gamma \alpha_1 \lambda^3 \quad 0 \leqslant \lambda \leqslant 80 \tag{21a}$$

$$\alpha=1+\gamma \alpha_2 [1-3.29 \times 10^{-6}(250-\lambda)^{2.4}] \quad 80 < \lambda \leqslant 250 \tag{21b}$$

其中，γ 为截面类型参数，按下列情况确定

a 类截面　　　　　　　　　　　$\gamma=1.10$

b 类截面　　　　　　　　　　　$\gamma=1.00$

c 类截面　　　　　　　　　　　$\gamma=0.85$

参数 α_i（$i=1,2$）按下列公式确定

$$a_i=c_1 T+c_2 T^2+c_3 T^3+c_4 T^4 \quad 0 \leqslant T < 400℃ \tag{22a}$$

$$\alpha_1=1.091 \times 10^{-7} \quad \alpha_2=2.601 \times 10^{-1} \quad 400 \leqslant T \leqslant 500℃ \tag{22b}$$

$$\alpha_i=c_5+c_6(600-T)+c_7(600-T)^2+c_8(600-T)^3 \quad 500 < T \leqslant 600℃ \tag{22c}$$

式（22）中参数 c_j（$j=1 \sim 8$）按表 1 确定。

参　数　c_j　　　　　　　　　　表 1

	α_1	α_2		α_1	α_2
c_1	4.884×10^{-10}	8.480×10^{-4}	c_5	-2.812×10^{-7}	-3.320×10^{-1}
c_2	-2.622×10^{-12}	-4.515×10^{-6}	c_6	1.673×10^{-8}	1.622×10^{-2}
c_3	9.772×10^{-15}	1.845×10^{-8}	c_7	-2.629×10^{-10}	-1.721×10^{-4}
c_4	-1.140×10^{-17}	-2.100×10^{-11}	c_8	1.346×10^{-12}	6.913×10^{-7}

由式（21）确定 α 后，可按下式计算 φ_T

$$\varphi_T=\alpha \varphi \tag{23}$$

最后按式（18）确定高温下轴心受压钢构件的临界应力。

参 考 文 献

1　ECSS, European Recommendation for the Fire Safety of Steel Structures, Amsterdam, Elsevier, 1983
2　钢结构设计规范（GBJ 17—88），北京：中国计划出版社，1989
3　莫鲁：钢结构的耐火设计计算，建筑结构，1989 年 6 期
4　J. A. Purkiss, Developments in the Fire Safety Design of Structural Steelwork, J. Construc. Steel Research, Vol. 11, 1988
5　钢结构设计规范（GBJ 17—88）条文说明. 北京：中国计划出版社，1989

（本文发表于：建筑结构. 1993 年第 9 期）

34. 钢框架结构抗火性能的试验研究

赵金城　沈祖炎　沈为平

提　要：本文介绍四次不同水平荷载作用下，单层单跨钢框架结构的抗火试验，试件由特制的煤气炉进行加热升温，试验结果和理论分析结果吻合良好，文章最后提出了几点结论，供钢结构抗火设计参考。

关键词：钢框架　抗火性能

Experimental Research on Fire Resistance of Steel Frames

Zhao Jincheng　Shen Zuyan　Shen Weiping

Abstract：A total of four tests on fire resistance of steel frame under different load levels are elucidated in this paper. All specimens are of single span and single story. The heating is generated by a specially designed gas furnace . Comparisons are made between experimental and numerical results and close agreement is observed . Finally , the paper gives some conclusions and recommendations for the fire safety design of steel structures.

Keywords：Steel Frame，Fire Resistance Property

1　前　　言

虽然结构抗火设计已经逐步从只依赖标准火试验的方法转向以结构分析为主的方法，但少量的试验研究仍然是十分必要的。因为在试验过程中可以直接观察到结构在火中的真实反应。另外，将理论分析结果与试验结果进行比较，往往是验证分析方法正确与否的可靠手段。

钢结构抗火试验是一项十分复杂和困难的工作，主要表现在：

（1）结构负载情况下难以形成一个理想的升温环境。无防火材料被覆的钢结构是不耐火的，因此要求结构的升温速率不能太大，否则在很短的时间内结构就会在荷载作用下发生破坏，不利于现象的观察及数据的测量。但升温速率又不能太小，这样又不符合火灾的实际情况。另外，试验过程中结构升温速率最好变化不大。能基本满足上述要求的较简单的方法是采用电炉升温，但电炉升温又反映不出火燃烧的一些性质。

（2）各参数的量测困难。由于试验过程中试件表面及其周围附近环境温度很高，一些常规传感器（如位移计等）不能直接和试件接触，这就给量测技术带来困难。另外，在真实火环境中，构件表面温度分布可能会很不均匀，往往需要大量的测点布置才能对试件温度分布有一全面了解。

（3）试验框架平面外的失稳及扭转都应有效地防止，这就要求在框架平面外设置有效的支撑。对于一些框架，可能需要设置多道平面外支撑以保证高温下框架平面外的稳定。

也许正是由于上述原因，国内迄今为止尚未见到有关钢框架结构抗火试验的文献记载，国外也很少，且大都采用电炉升温[1,2]。本文根据同济大学土木工程防灾国家试验室的现有条件采用特制的煤气装置模拟真实火灾环境，在钢框架抗火试验方面作些尝试性工作。

2　总体试验设计

2.1　试验目的

1. 观察结构在火环境下的反应及破坏模式；
2. 了解在火环境下钢框架结构各构件的温度分布并为结构理论分析提供温度数据；
3. 观测高温下框架节点的变形情况，并与理论分析结果相比较。

2.2　试件加工及安装

试件为单层单跨刚接框架，柱脚构造亦为刚接。计算简图如图 1 所示。梁、柱截面均为相同截面工字型钢，翼缘尺寸为 $56 \times 6mm$，腹板尺寸为 $88 \times 4.5mm$。为保证平面外稳定及控制扭转，在框架平面外设置侧向支撑。试件 1 设置一道侧向支撑，其他试件均设二道。试件经定位后采用 4 个 M28 地脚螺栓通过钢底板（$2000 \times 300 \times 30mm$）和试验室地面固定，固定好的试验装置如图 2 所示。

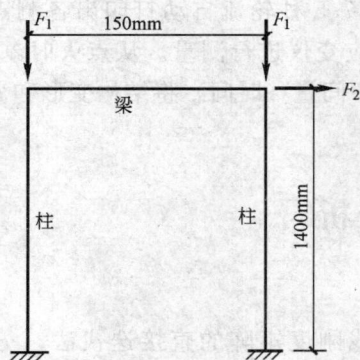

图 1　试验框架的计算简图

图 2　试验装置图

2.3　试验荷载的确定及加载

试验荷载的大小对结构破坏时的极限温度有着决定性的影响。经本文作者编制的钢框架抗火非线性分析有限元程序 NASFAF (Nonlinear Analysis of Steel Frames Against Fire) 计算得知，试验框架的弹性极限荷载为 $F_1 = 130\text{kN}$，$F_2 = 13\text{kN}$。据此，将试验荷载控制在结构弹性极限荷载的 70% 左右。其目的之一是使试验框架破坏时的最高温度不至于太高。同时该数值也接近于正常的使用荷载。各试验的具体荷载数值见表 1。竖向荷载 F_1 由液压千斤顶施加，水平荷载 F_2 用砝码加载。加载顺序为先施加竖向荷载到规定数值，然后再施加水平荷载。施加竖向荷载过程中，观测各节点位移的变化，由此可了解框架的初始缺陷及荷载的对称情况。施加水平荷载过程中的节点水平位移应该是线性增加。

表 1

荷　　载	试验 1	试验 2	试验 3	试验 4
F_1(N)	77800	87700	87700	82000
F_2(N)	9200	8500	8500	9450

2.4　试件的升温

待荷载到位，各量测仪器都处于正常工作状态时，开始对试件升温。为模拟真实火灾环境，采用专门设计的煤气喷燃装置进行，火势可以人工控制。该升温装置由燃具、炉罩、鼓风机和排烟管道等组成。燃具可自行拼装，根据加热部位的需要安装在适当位置。

2.5　量测内容及方法

试验过程中主要测量试件表面温度分布及节点位移随温度（时间）变化的情况。结构位移代表着结构的整体变形，概括了结构总的工作性能。通过位移测量，不仅可以了解结构的刚度及其变化情况，还可以区分结构的弹性及非弹性性质。结构任何部位的异常变形及局部损坏都会在位移上反映出来。

温度传感器采用镍镉镍硅型热电偶，一端与试件固定连接，另一端接入多点式（6点）自动温度记录仪。从点火时刻开始，该仪器每隔 7.5 秒轮流自动打印出各测点的温度。各测点的位移由应变式位移传感器连接静态电阻应变仪进行测量。从点火时刻开始，每隔 1 分钟人工读一次各测点的位移。这样，就通过中间量（时间）将结构变形和温度联系起来。

3　试验结果和分析

3.1　理论分析方法简介

本文作者基于有限元分析，提出了一种采用割线刚度矩阵的直接迭代法，分析火灾情况下钢框架结构的非线性性能。方法中考虑了几何非线性，依赖于温度的材料非线性，温度分布沿截面高度上的变化，屈服沿截面高度逐渐深入及塑性区沿杆件长度扩展等因素的影响。不同于其他分析方法，本文采用应变来判断截面上任一点是否已达到屈服。同时编制了有限元分析程序 NASFAF，该程序可用来计算一定温度状态下的结构极限荷载或一定荷载作用下的结构极限温度。有限元法刚度方程采用虚功原理导出，即：

$$\langle P \rangle \{ \delta \Delta \} = \int_V \sigma \delta \varepsilon \, dV \tag{1}$$

其中　　$\langle P \rangle$ 为节点力行矩阵；$\{\delta \Delta\}$ 为节点虚位移列矩阵；V 为单元体积；σ，ε 分别为应力和应变。

将高温下材料的本构关系及几何方程代入式（1）就可得如式（2）所示的结构刚度方程。

$$\{P\} = [K]\{\Delta\} - \{P_t\} + \{P_p\} \tag{2}$$

其中 $[K]$ 为结构割线刚度矩阵，$\{P_t\}$ 为由热膨胀变形引起的节点内力向量，$\{P_p\}$ 为由于材料软化引起的节点内力向量。

有限元程序框图如图 3 所示。

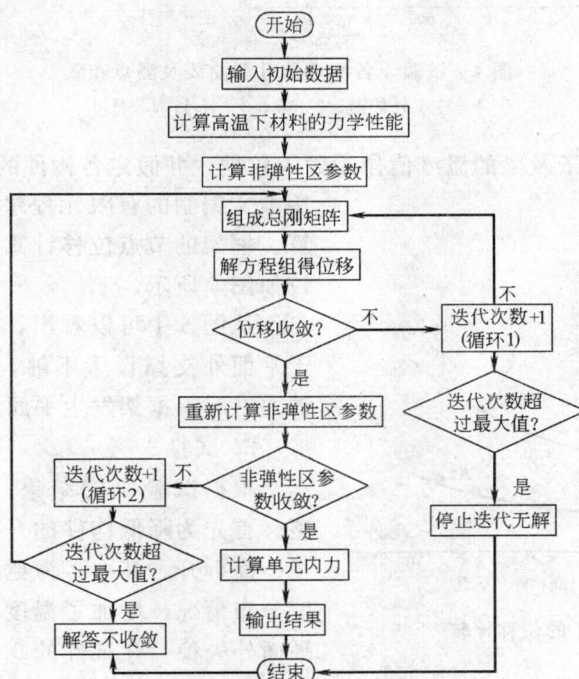

图 3　程序框图

3.2　试验结果和与理论分析结果的比较

理论分析中将用到常温下材料的屈服点、屈服应变及弹性模量等指标。为此，本文作了三个试件的材性试验，平均试验结果为：$f_y = 293.5 \text{N/mm}^2$，$E = 2.0 \times 10^5 \text{N/mm}^2$。该数值被直接应用在理论分析中。

1. 试验 1

此试验是在密封的炉子内进行的，其目的是想在试件内形成一个较均匀的温度场，炉子内壁附有两层石棉用以隔热。由于假定温度均匀分布，故热电偶布置的较少。

试件升温以前，施加竖向荷载时，用以测量节点水平位移的位移计读数基本为零，说明试件在制作及安装过程中平面内误差很小。竖向荷载作用以后，施加水平荷载，位移计读数基本随水平荷载的增加呈比例变化，说明试件此时处于弹性工作阶段。点火后，为使试件温度升高不至于太快，尽量将火势控制得很小，即使这样，炉温及试件温度仍升高较快。各测点记录的柱子及梁的温度变化曲线如图 4 所示。

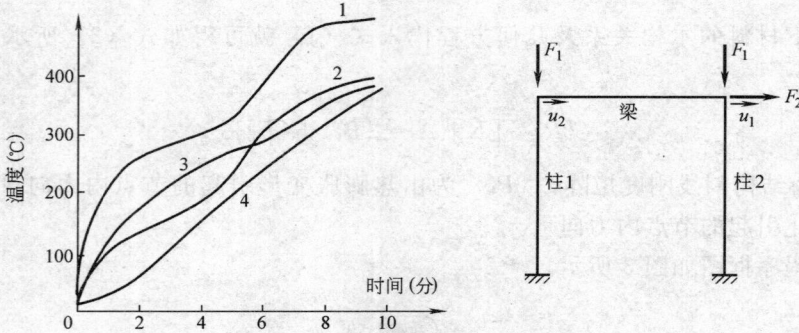

图 4　试验 1 各测点的升温曲线及测点布置
1—柱 1 处炉温；2—梁；3—柱 1；4—柱 2

直接将实测的柱子及梁的温度值作为输入数据，并假定各构件的温度为均匀分布，采用本文编制的有限元程序对该试验框架进行计算。框架的节点位移计算结果和试验结果的比较如图 5 所示。

从图 5 中可以看出，二者吻合较好。但由于平面外支撑设置不够，当试验进行到 10 分钟左右时，框架发生平面外失稳。

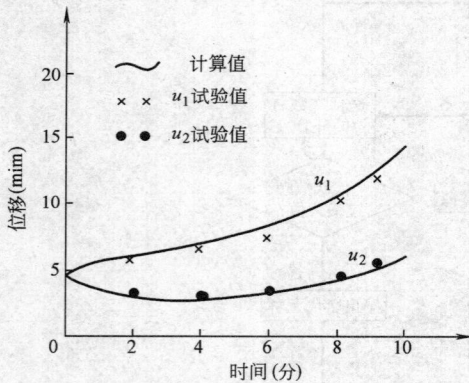

图 5　试验 1 的位移比较

2. 试验 2

根据试验 1 的结果，将试验作了一些调整。首先为降低构件的升温速率，将密封的炉子一面拆开。其次，为更详细地了解构件的温度分布情况，增加了温度测点。另外，为防止平面外失稳，在试件的 0.6 倍高度上增加了一道平面外水平支撑。同时，将试验荷载作了些调整，并在框架节点增加了两个位移计，用以测量节点的竖向位移。

同试验 1 一样，首先对框架施加竖向荷载，然后施加水平荷载。加载同时，观察各测点位移变化。待荷载全部到位，开始点火。当试验进行到 11 分钟左右时，一台自动温度记录仪突然发生故障，此时人为终止试验。由两台温度记录仪记录的各测点的温度值如图 6 所示。理论计算的各测点位移和试验所得位移比较如图 7 所示，注意此时竖向位移为相对于室温时的相对值。从图 7 中可以发现，理论值和实测值吻合良好，特别是节点竖向位移吻合很好。

3. 试验 3

考虑到试验 2 的最高温度只为 250℃，大多数测点的温度不超过 150℃，故认为该温度对试验框架性能无影响。所以，将温度仪重新调整以后，重复对试件 2 进行试验。

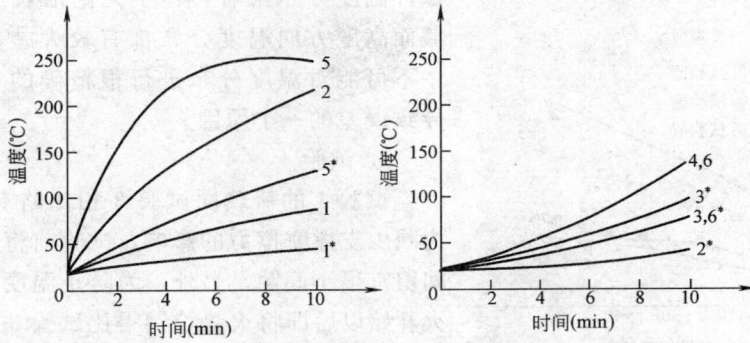

图6　试验2各测点的升温曲线（曲线的号码，即测点，见图7的结构简图）

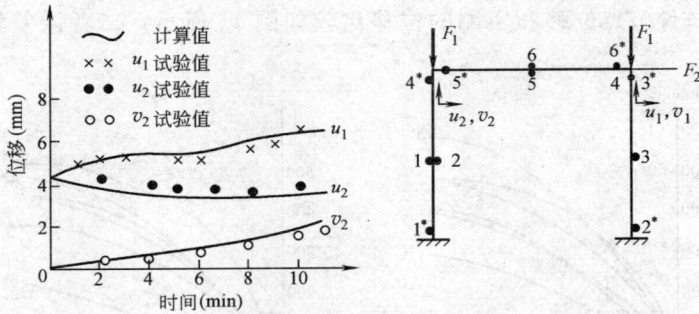

图7　试验2的位移曲线及测点布置

点火后，构件各测点的升温较快，然后逐渐减慢。至60分钟时，温度已基本不再升高。为减少蠕变因素的影响，此时终止试验。测得的各测点温度随时间的变化曲线如图8所示。从图8中看出，直接迎火面各测点的温度变化曲线波动较大，原因是试验过程中调整火势造成的，而背火面各测点曲线变化比较平稳。该温度实测值将作为理论分析的直接数据。

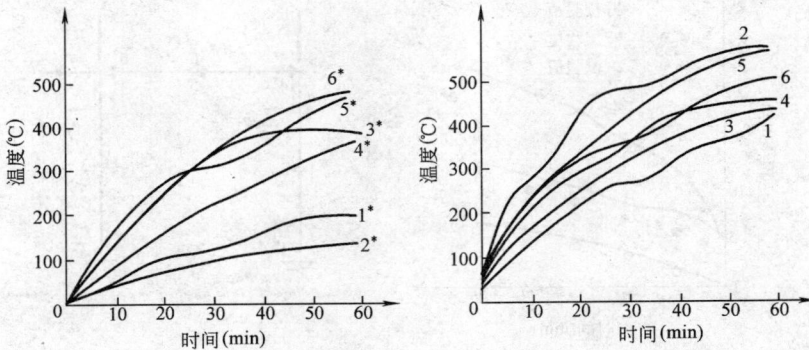

图8　试验3的升温曲线

节点位移的理论值与试验值的比较如图9所示。从图中可以看到，节点竖向位移吻合很好，对于节点水平位移（特别是 u_1）二者相差较大，理论值比实测值大。之所以产生误差，平面外支撑和框架之间的摩擦力可能是一个重要原因。因为温度升高以后由于热膨胀的影响，支撑和构件之间接触紧密，摩擦力势必阻止框架的水平移动。另外，从实测的

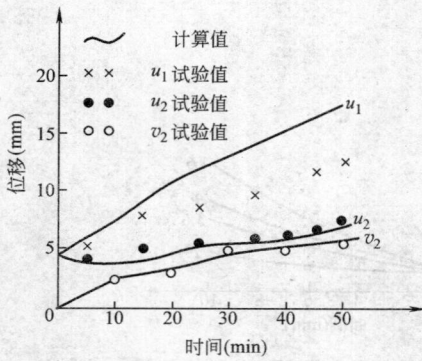

图 9 试验 3 各测点的位移曲线

试件温度分布来看，柱子无论沿长度方向还是沿截面高度方向温度分布都有较大差异，因此计算中不可能对温度分布进行很精确的考虑，这也是导致误差的一个原因。

4. 试验 4

试验 4 的荷载同试验 3 相比略有变化。同时。为减少支撑摩擦力的影响，试验前将支撑和试件之间留有很小间隙。另外，为防止温度波动较大，点火开始以后即将火势控制得比试验 3 大，并尽量减少调整火势的次数。这样测得的温度升高速率比试验 3 大，波动则较小。各测点的温度曲线如图 10 所示，理论计算的试件节点位移和实测的位移比较如图 11 所示，二者误差较之试验 3 要小得多。

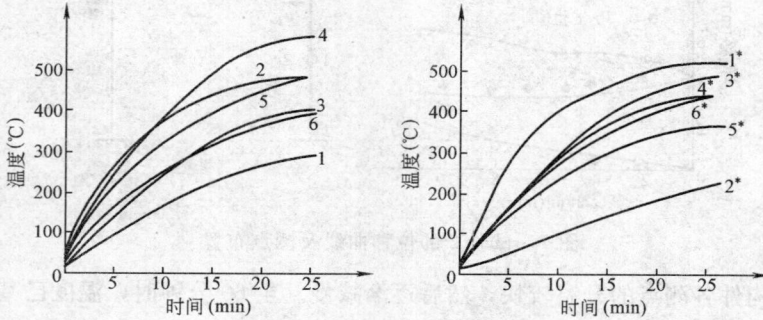

图 10 试验 4 各测点的升温曲线

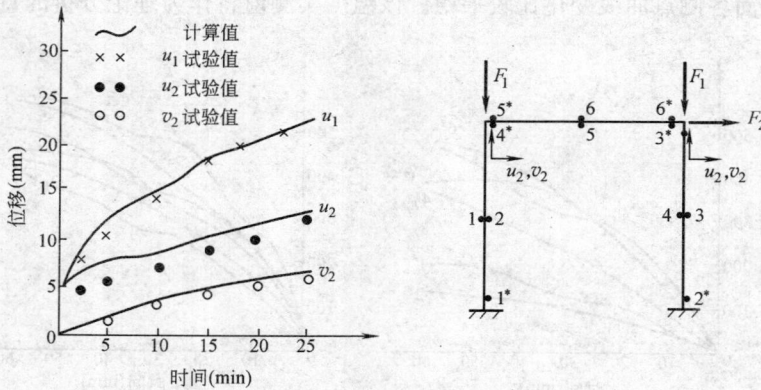

图 11 试验 4 的位移曲线及测点布置

4 几 点 结 论

1. 无防火材料被覆的钢结构仍具有一定的抗火能力。虽然火灾中钢结构构件局部某些点温度可能会很高（大于 500℃），但由于整体作用的结果，结构的承载力并未完全丧失。

2. 真实火环境下，钢结构构件温度分布有可能很不均匀，由此造成的结构内力重分布及结构变形将会更加复杂，因此，结构分析中应考虑这些因素的影响。

3. 升温速率有可能对结构的抗火性能有一定的影响，具体地说，升温速率越大，结构破坏时局部达到的最高温度就有可能越高。

参 考 文 献

1　A. Rubert, P. Schaumann. Tragverhalten Stahlerner Rahmensysteme bei Brandbeanspruchung, Stahl-bau, Vol. 9, 1985

2　K. Nakamura, et al. Structural Behaviour of Steel Frame Building in Fire, Proceedings of the lst International Symposium, Washington, 1985

3　H. A. Saab, D. A. Nethercot. Modelling Steel Frame Behaviour Under Fire Conditions, Eng. Struct., Vol. 13. 1991

（本文发表于：土木工程学报. 1997 年第 2 期）

第三部分
网壳结构的静动力稳定理论

35. Stability of Single Layer Reticulated Shells

Zu-Yan Shen, Yuan-Qi Li and Yong-Feng Luo

Abstract: Single-Layer Reticulated Shells (SLRSs) have been widely used in the past few decades due to their attractive architectural shapes and good mechanical behavior. The stability of SLRSs is often a dominant or control problem in structural design. In this paper, research on the stability of SLRSs carried out in the authors' research lab over the past two decades are described, emphasizing theoretical research work on nonlinear numerical techniques for stability analysis, numerical and experimental investigations of static and dynamic instability characteristics of SLRSs, and application of the achievements in practical engineering projects. Finally, additional topics regarding stability analysis and design of SLRSs are briefly discussed.

Keywords: Single Layer Reticulated Shell, Static Stability, Dynamic Stability, Arc-Length-Type Methods, Pre-Buckling and Post-Buckling Equilibrium Path

1 Introduction

Reticulated shell structures are a type of space-latticed system with the features of bar system structures and thin shells. They have been widely used in the past few decades due to their attractive architectural shapes and reasonable mechanical behavior. In particular, single-layer reticulated shells (SLRSs) can be conveniently constructed and are very economical. However, they are very sensitive to initial imperfections, and the stability of SLRSs is often a dominant or control problem in structural design.

Stability analysis is the most intricate and important problem in designing reticulated shells (Gioncu, 1995), which relates to numerous factors, such as the amplitude and distribution of initial imperfections (Morris, 1991), the actual rigidity and size of joints (Lightfoot and LeMessurier, 1974, etc.), the elasto-plastic behavior of members (Blandford, 1996, etc.), the distribution of residual stresses near the ends of members (Soroushian and Alawa, 1990, etc.), geometrical non-linearity, and other considerations.

The stability behavior of SLRSs was first explored by Kloppel and Schardt (Gioncu, 1995). Since then, two main theoretical approaches, i. e., the continuous shell analogy theory and the discrete numerical theory, have been used to evaluate the stability of SLRSs. In these approaches, searching and determining the critical, or reliable load value to determine the overall stability are still one of the most difficult problems in structural mechanics (Sumec, 1993). As the span of structures increases, the geometry may become more complicated, and critical loads will be more difficult to determine due to coupling of local buckling and overall buckling. Furthermore, local or overall dynamic instability of SLRSs is also a very complex problem in structural design. It is possible for a structure to lose stability under a high-level earthquake or unfavorable distribution of wind load. The dynamic buckling of SLRSs is characterized by a sudden collapse or a sharp increase in maximum deformation. The result is a loss of serviceability of the structure or a great disaster of economy and loss of lives. Until recently, the research achievements were far from satisfactory for these shells.

From the middle of 1990's to now, a series of research projects on the stability of SLRSs has been conducted in Prof. Z. Y. Shen's Research Lab at Tongji University in Shanghai, People's Republic of China (Shen, 1991; Luo, 1991; Ye, 1995; Li, Y. Q., 1998 and Li, Z. X., 1998, etc.), including some theoretical research on nonlinear numerical techniques for stability analysis, numerical and experimental investigations of static and dynamic instability behaviors of SLRSs, structural analysis and design of practical projects using SLRSs, and other related topics. In this paper, research achievements regarding stability problems of SLRSs in the lab over the past two decades are briefly introduced, and further possible research topics on this subject are briefly discussed.

2　Theoretical Research on Numerical Techniques in Stability Analysis

In the past few decades, with the wide use of various large-span space structural systems, significant progress has been made in the area of nonlinear analysis techniques. It is known that for large-span space structural systems, limit and bifurcation instability are two main types of instability with different characteristics. The former is a kind of geometric softening behavior under external loads with unique equilibrium path, while the latter is just a shift of equilibrium states among several possible paths. The instability modes of large-span space structures are very complex and usually include both the limit type and the bifurcation type of instability. In order to comprehensively know the characteristics of the systems, tracing the complete load-deflection path is important and must be carried out.

Generally, arc-length-type and energy-type methods are two main strategies used in structural nonlinear tracing analysis, but the former has been widely used due to its explicitness and clarity in conception, as well as its convenience and reliability in calculation. Unfortunately, these nonlinear analysis techniques are only usable for tracing the limit type equilibrium path. For the bifurcation type path, most of them do not lead to a satisfactory result.

In Prof. Z. Y. Shen's Research Lab, systematic review and discussion of main arc-length type methods and the most common reasons for failures in tracing analysis have been carried out, and improvements on the arc-length type methods have been made to develop the efficiency of these methods in may circumstances, both common and special purposes.

2.1 Large-Displacement Updating Techniques

Since the joint rotation displacements are not vectors as the translation displacements considering large deformation of structures, the linear superposition principal cannot be used to update the rotation displacement. A computational technique for updating large rotations was proposed by Luo and Shen, 1994, using the concept of 'oriented matrix of node' presented by Oran, 1973.

Suppose there are three lines which are orthogonal to each other and fixed at each node of the structure. With these three 'nodal reference lines', an orthogonal matrix is formed by the direction cosine of the nodal reference lines. In other words, the oriented matrix of node $[\alpha]$ can be obtained as

$$[\alpha] = \begin{bmatrix} \alpha_{11} & \alpha_{12} & \alpha_{13} \\ \alpha_{21} & \alpha_{22} & \alpha_{23} \\ \alpha_{31} & \alpha_{32} & \alpha_{33} \end{bmatrix} \tag{1}$$

At the beginning, the three nodal reference lines are parallel to three coordinate axes, so

$$[\alpha]_0 = \begin{bmatrix} 1 & 0 & 0 \\ 0 & 1 & 0 \\ 0 & 0 & 1 \end{bmatrix} \tag{2}$$

Subsequently, the new oriented matrix of node at the $i+1$-th step, $[\alpha]_{i+1}$, can be obtained through a rotation transfer matrix based on the incremental rotation displacement as

$$[\alpha]_{i+1} = [T]_{i+1}[\alpha]_i \tag{3}$$

where, $[T]_{i+1}$ is the rotation transfer matrix at the $i+1$-th step, as given by

$$[T]_{i+1} = \begin{bmatrix} 1 & 0 & 0 \\ 0 & 1 & 0 \\ 0 & 0 & 1 \end{bmatrix} \cos\Delta\theta_{i+1} + \begin{bmatrix} c_1^2 & c_1 c_2 & c_1 c_3 \\ c_2 c_1 & c_2^2 & c_2 c_3 \\ c_3 c_1 & c_3 c_2 & c_3^2 \end{bmatrix} (1-\cos\Delta\theta_{i+1})$$

$$+ \begin{bmatrix} 0 & -c_3 & c_2 \\ c_3 & 0 & -c_1 \\ -c_2 & c_1 & 0 \end{bmatrix} \sin\Delta\theta_{i+1} \tag{4}$$

in which $\Delta\theta_{i+1} = \sqrt{(\Delta\theta_1)_{i+1}^2 + (\Delta\theta_2)_{i+1}^2 + (\Delta\theta_3)_{i+1}^2}$, and $c_k = \dfrac{(\Delta\theta_k)_{i+1}}{\Delta\theta_{i+1}}$ $(k=1,2,3)$.

Considering the relationships among the oriented matrix of each node and each end section of any element, and the rotation transfer matrix at the current step, an iterative calculation can be carried out to obtain the new rotation transfer matrix in the next step, as given by Luo and Shen, 1994.

2.2 Improvement for Arc-Length-Type Methods

The details of various arc-length methods are given by Borri and Chiostrini, 1992.

Generally, incremental equations in structural nonlinear static analysis are expressed as:

$$[K_t]\{\Delta q\} = \Delta\lambda\{P\} + \{R\} \tag{5}$$

where $[K_t]$ is the current tangent stiffness matrix, $\{\Delta q\}$ is the displacement increment, $\Delta\lambda$ is the loading increment parameter, $\{P\}$ is the external load reference and $\{R\}$ is the residual force.

The following constraint equation is necessary for the $N+1$ total unknown variables in Eq. (5):

$$c(\{\Delta q\}, \Delta\lambda) = 0 \tag{6}$$

Different arc-length methods are named according to the type of the constraint equation. In each method, there are four essential parts, including (1) controlling the arc-length increment; (2) controlling the load increment parameter (the constraint equation); (3) determining the sign of the initial loading increment parameter; and (4) solving the loading increment parameter.

For the initial iterative step of each incremental step in each method, the arc constraint equation can be unified as follows:

$$\{\delta q^0\}_i^T \{\delta q^0\}_i + \alpha^2 (\delta\lambda^0)_i^2 \{P\}^T \{P\} = (\Delta l_0)_i^2 \tag{7}$$

where, $\{\delta q^j\}_i$ and $(\delta\lambda^j)_i$ are the displacement increment and the loading increment parameter in the j-th iterative step of the i-th incremental step, respectively. For the cylindrical arc-length method, $\alpha^2 = 0$; for the ellipsoidal arc-length method, $\alpha^2 = S_p$; and for the other arc-length methods, $\alpha^2 = 1$.

2.2.1 Improvement in controlling the arc-length increments

In nonlinear tracing analysis, the auto-selection and auto-adjustment of the arc-length increment in each incremental step are very important, as they relate to the correctness and efficiency of the numerical algorithms. Eq. (8a) was given by Crisfield, 1984, to control the arc-length increment as

$$(\Delta l_0)_i = \sqrt[4]{N_2/N_1} (\Delta l_0)_{i-1} \tag{8a}$$

and updated by Bellini and Chulya, 1987, as

$$(\Delta l_0)_i = \sqrt{N_1/N_2} (\Delta l_0)_{i-1} \tag{8b}$$

where N_1 is the number of an assumed iterative steps for optimum; N_2 is the number of iterative steps in the last incremental step.

With further consideration about the increment change of the current stiffness parameter and the nonlinear degree of structures, an improvement in controlling the arc-length increment was presented by Shen and Luo (Luo, 1991):

$$(\Delta l_0)_i = \beta \frac{\Delta \overline{S_p}}{|\Delta S_{pi}|} \sqrt{\frac{N_1}{N_2}} (\Delta l_0)_{i-1} \tag{9}$$

where $\Delta \overline{S_p}$ is the pre-determined increment of the current stiffness parameter, usually taken as $0.05 \sim 0.1$; ΔS_{pi} is the increment of the current stiffness parameter at the i-th step; β is selected from 0.5~0.1, with the higher value taken for a greater nonlinear degree and vice versa.

Furthermore, in the nonlinear analysis of large-scale structures, due to the complex deflection paths and the accumulation of computer errors, the convergent information at a variety of equilibrium points is different. For the interval with good convergence, the increment can be enlarged; while for the interval with poor convergence, such as the points near to the limit points, the increment must be decreased in order to reduce the error accumulation. For this reason, a more efficient way to consider this information was presented by Li and Shen, 1998a, as follows:

$$(\Delta l_0)_i = \beta_\varepsilon \beta \frac{\Delta \overline{S_p}}{|\Delta S_{pi}|} \sqrt{\frac{N_1}{N_2}} (\Delta l_0)_{i-1} \tag{10}$$

where $\beta_\varepsilon = \dfrac{\log_{10}\varepsilon_{i-1}}{\log_{10}\varepsilon_0}$ or equal to 0.1 if $\varepsilon_{i-1} > 0.1$; ε_{i-1} is the convergent precision in the last incremental step, and ε_0 is the pre-determined convergent precision.

Using Eq. (9) or (10), the tracing techniques can be adjusted according to the change in structural stiffness and quickly approach the limit points.

2.2.2　Improvement on criteria for determining the sign of initial loading incremental parameter

In using arc-length-type methods, determining the sign of the initial loading increment parameter is a very important step, because it controls the directions of the tracing path, i.e., to be forward or back. In each initial iterative step after the first increment step, $|(\delta\lambda^0)_i|$ can be obtained from Eq. (7). However, it is not easy to correctly determine the sign of $(\delta\lambda^0)_i$ for any of the cases. At present, four types of criteria for determining the sign of $(\delta\lambda^0)_i$ are used based on the following factors: (1) the sign of the current stiffness parameter S_p; (2) the sign of incremental work; (3) the sign of current stiffness parameter S_p and eigenvalue analysis; and (4) the sign of det $|[K_t^0]_i|$.

In these criteria, the ones based on the sign of the current stiffness parameter S_p are simple to calculate, explicit in conception and effective in most problems, such as those presented by Ricks, 1979. However, if the deflection process includes the phenomenon of snapping-back, the criterion will lead the tracing analysis to failure. To address the problem of the snapping-through and snapping-back phenomena, another criterion was given by Feng et al., 1996, considering the sign of $\{P\}^T \{q_1^0\}_i$ and the number of the negative diagonal elements in matrix $[D]$ after $[L][D][L]^T$ factorization of the current tangent stiffness matrix. However if the bifurcation points occur in the initial ascending segment of the complete equilibrium path or the snapping-back happens, this criterion will still lead the tracing analysis to failures.

To overcome these problems, a new simple criterion for determining the sign of the initial loading increment parameter was presented by Li and Shen, 1998a, as follows:

$$(\delta\lambda^0)_i = \begin{cases} (-1)^n sign(S_p) & |(\delta\lambda^0)_i| & (S_p \neq 0) \\ -sign((\delta\lambda^0)_{i-1}) & |(\delta\lambda^0)_i| & (S_p = 0) \end{cases} \tag{11}$$

where n is the number of snapping-back points before the current step.

2.2.3　Improvement in using arc-length-type methods for bifurcation instability

At present, different types of Crisfield arc-length methods are often used in nonlinear analysis and have been proven to be very reasonable for structures with unique equilibrium paths. As for the bifurcation paths, the numerical calculation cannot easily converge at the bifurcation point, and the pre-instability path cannot shift automatically to one of the bifurcation paths. A small force imperfection was introduced in analysis to lead the equilibrium path to a different bifurcation path by Meek and loganathan, 1989, but this method influences the path before the bifurcation point.

For bifurcation buckling, a modified arc-length method, which is called the accumulated arc-length method, has been proposed as a new bifurcation analysis strategy (Teng and Luo, 1997). The technique can be used to efficiently detect the existence of a bifurcation point located anywhere on the load-displacement path of a structure.

Actually, at the bifurcation point, the structural displacement is undetermined, and to a practical structure, it will inevitably be influenced by various stochastic loads, and not all the instability paths will have practical meanings. Therefore, a suitable perturbation should be added to the equilibrium path near the bifurcation point to lead it to one of the possible bifurcation paths in order to continue the tracing analysis. For example, suppose that the calculation cannot converge at the $i+1$-th increment step, and the point corresponding to this step is a bifurcation point. The calculation must then go back to the initial state of this step. Two types of perturbation methods have been presented by Li and Shen, 1998b, as follows.

In the displacement perturbation method, suppose the initial displacement vector at the $i+1$-th increment step is

$$\{u\}'_{i+1} = \{u\}_i + \varepsilon\{v\} \tag{12}$$

where $\{u\}_i$ is the total displacement vector of the i-th increment step, $\{v\}$ is the chosen normalized displacement perturbation mode, and ε is a scale factor.

At the $i+1$-th step, the calculation can begin from $\{u\}'_{i+1}$. After several iterations, a new balance point in the instability path corresponding to $\{v\}$ can be discovered, thus the analysis proceeds to the expected path and the process will continue to the next steps in the analysis.

In the force perturbation method, suppose the loading mode at the $i+1$-th increment step is

$$\{P\}_{i+1} = \Delta\lambda_i\{P\} + \{f\} \tag{13}$$

where $\{f\}$ is the chosen force perturbation mode, $\Delta\lambda_i$ is the loading increment parameter of the i-th step, and $\{P\}$ is the loading mode.

At the $i+1$-th step, when the calculation becomes stable after several iterations, one equilibrium path corresponding to $\{f\}$ is obtained, and in the following steps, the loading mode will use $\{P\}$ as they did before.

2.2.4 Improvement in using the arc-length-type methods for special purposes

In some cases, a special nonlinear analysis approach to a certain situation may be necessary. An improved arc-length method was presented by Luo et al., 1997, to search and determine a pre-defined load level instead of tracing the entire nonlinear equilibrium path of the SLRSs. This method can be extended to conveniently search a pre-defined displacement level at a node or a pre-defined stress level in an element.

2.2.5 Improvement in using the arc-length methods in dynamic stability analysis

Based on the tangent stiffness theory of beam-column elements, nonlinear dynamic differential equations of a structure can be transformed to general nonlinear equations using the Newmark β method. An improved arc-length method for tracing the dynamic load-displacement paths in dynamic instability analysis was presented by Li, Z. X., 1998. In dynamic equilibrium path tracing, the equivalent increment equation at the initial iteration of the i-th load step is

$$[\overline{K}]_{i-1}\{\Delta U\}'_i = \Delta\lambda'_i\{\overline{P}_{i-1,t+\Delta t}\} \tag{14}$$

where $$[\overline{K}]_{i-1} = [K_{Tg}]_{i-1} + \Delta\lambda'_i(a_0[M] + a_1[c]),$$

$$\{\overline{P}_{i-1,t+\Delta t}\} = \{P_{t+\Delta t}\} - (a_0[M] + a_1[c])\{U_{i-1,t+\Delta t}\} - \{F_t\}$$

Compared with the static increment equation, as shown in Eq. (5), the equivalent increment equation in dynamic equilibrium path tracing, as shown in Eq. (14), has the same form, and $[\overline{K}]_{i-1}$ and $\{\overline{P}_{i-1,t+\Delta t}\}$ in Eq. (14) can be called the equivalent tangent stiffness matrix and equivalent reference load vector. Therefore, the arc-length procedure can be used to trace the dynamic equilibrium path. However, the initial increment of the load factor in each load step should be changed as follows:

$$\lambda_i = \frac{F_{i,t+\Delta t}(k) - F_t(k)}{F_{i,t+\Delta t}(k)} \tag{15}$$

where k denotes the maximum component of the increment load, and it is selected as the control parameters. Other parameters can be found in Li, Z. X., 1998.

Furthermore, using these improvements, Li and Tamura (2004) presented a framework for dynamic stability analysis, especially for the nonlinear analysis of the wind-induced dynamic response of SLRSs.

2.3 Judgment Criteria for the Occurrence of Instability

2.3.1 Determining the limit and bifurcation point in stability analysis

There are various types of methods to determine the bifurcation point, but most of them are inconvenient for use in numerical analysis. In fact, obviously different phenomena will appear in the tracing analysis near a bifurcation or limit point, which can be used as simple criteria (Li and Shen, 1998b). If it is a bifurcation point, after decomposing $[K_T] = [L] [D] [L]^T$, one or several diagonal elements of the diagonal matrix $[D]$ will be less than zero, but the current stiffness parameter S_p will not be near zero. Moreover, because the structure has several stable and/or unstable paths, even if they do not converge, the calculation does not significantly diverge. While for a limit point, one or several diagonal elements of the matrix $[D]$ become less than zero, and S_p is near zero at the same time. If the external load level is slightly exceeded, the calculation will significantly diverge.

2.3.2 Determining the occurrence of dynamic instability

Ye (1995) and Li, Z. X. (1998) have made progress in the research on the dynamic stability of SLRSs. Based on Liapunov's theory, the motion stability theory was introduced into the dynamic stability of SLRSs by Ye. The dynamic stability justification principal or criterion of single-degree-of-freedom and multiple-degree-of-freedom systems was established. The criterion was improved for the dynamic stability analysis of SLRSs, which can be briefly summarized as: Let $[M]$、$[C(\dot{v})]$、$[K(\dot{v})]$ represent the mass matrix, damping matrix and stiffness matrix of a SLRS at m time-moment, respectively. $[K(v)]$ can be decomposed during the dynamic analysis as $[K] = [L] [D] [L]^T$, where $[L]$ is the low triangle matrix, and $[D]$ is the diagonal matrix. The elements in the diagonal of $[D]$ are the main elements of the $[K]$. If the matrices $[M]$ and $[C(\dot{v})]$ are positive, the dynamic behavior of a SLRS is concerned with matrix $[K]$ or $[D]$. That is, if all the main elements in $[D]$ are positive, the dynamic behavior is gradually stable; If at least one element is less than zero, the dynamic behavior is motion instability; If at least one element equals zero and the rest are positive, the dynamic behavior is in a critical state of dynamic stability.

Several practical criteria for justifying dynamic stability, i.e., criteria based on the displacement, the tangent stiffness matrix, the general stiffness parameter (GSP) and the dynamic equilibrium path, and corresponding methods for evaluating the dynamic stability state of a structure were proposed by Li, Z. X., 1998. The efficiency of these criteria was established by numerical and experimental investigations, as mentioned later in this paper.

2.4 Program and Numerical Examples

Using the above theories and the semi-analytic C. Oran beam-column element theory (Oran, 1973), static and dynamic instability analysis programs have been successively developed mainly by Luo (1991), Ye (1995), Li, Y. Q. (1998), and Li, Z. X. (1998) in the research lab. Many numerical examples, as well as practical projects, have been analyzed using these programs for a variety of typical problems, by which the efficiency of the above improvements for snapping-through and bifurcation instability problems has been established.

3 Static Buckling Behavior of SLRSs

3.1 Relationship between Local and Overall Instability

There are numerous factors which may affect the final instability mode of an actual SLRS. Although the local buckling occurs in a small area of a structure, dangerous overall buckling can be induced by the dynamic propagation of the local buckling. There are two distinct types of local buckling, of which the first local buckling remains in the local area because neighboring members can assume the additional load released by the buckling member or members. This local buckling predicts a higher post-buckling load-carrying capacity of the structure. The critical point may not be a minimum stability point if the deformation is allowed. The second type is the local buckling that will cause overall buckling because neighboring members cannot carry the additional load and the buckling will propagate to other areas rapidly. The corresponding buckling load is the critical load or minimum stability point. Dynamic propagation of the local buckling is an insidious phenomenon of SLRSs, especially for the shells with positive Gaussian curvature.

If the critical loads corresponding to two or more different buckling modes are too close to each other, coupling instability involving two or more buckling modes may occur. This buckling phenomenon in SLRSs seems to be very strong and very dangerous. Limited theoretical research on this subject has been found until now. In order to avoid interaction of the buckling modes, the pattern of SLRSs should be denser and the joint stiffness should be higher. The overall critical load should be much greater than the local one to fully use the strength of the structural materials.

3.2 Investigation on the Sensitivity to Initial Imperfections

There are many kinds of initial imperfections which may affect the final instability modes, as well as the actual limit load-carrying capacities of SLRSs, such as the initial member curvature and initial deviations of the joints from the theoretical geometry, i. e., initial geometrical imperfections; initial physical defaults in materials; initial residual stress distribution due to welding and/or forced fitting, etc. On the other hand, the differences between the actual external loads at the use stage with the estimated values at the design stage, which can be taken as "initial load imperfections," also have an important effect on the stability of shells. All the imperfections may lead to an instability mode different from the predicted mode at the design stage, which corresponds to a different, usually lower limit load-carrying capacity. Usually, the distribution of the initial imperfections is recognized as random phenomena. Up to now, limited information about how to describe these imperfections was available. Based on recent research, the effects of initial geometrical imperfections will become increasingly seriously as the span of the shells increases, and they may result in a decrease up to 50% of the final limit load-carrying capacity.

Generally, it has been widely recognized that the initial geometrical imperfections will cause the first buckling mode if they have a similar or the same shape as the first buckling mode of the structure. This concept is adopted in most current structure designs, and is called "the conformable imperfection mode method." However, unexpected phenomenon may occur if the buckling modes are too close to each other. The randomly distributed imperfections may cause the second or other buckling mode instead of the first buckling mode. This phenomenon has been found in practice, However, no further research has been conducted.

3.3　Effect of Joint Rigidity and Size

Joint stiffness has a large effect on the buckling behavior of SLRSs. Traditionally, SLRS joints are assumed to be perfectly rigid, but may actually be semi-rigid. Many researchers have studied how to evaluate the effect of the joint stiffness on the buckling behavior, but how to determine the force-deformation characteristic curves of a joint remains a difficult problem.

A 3-D joint can be simplified as a rigid arm connecting to the corresponding ends of a member. Thus, the influence of a 3-D rigid joint on the buckling behavior of SLRSs is concerned with the joint size, or the ratio of joint diameter to member length. Numerical analysis using a transferring matrix of each end of a member with a rigid arm was presented by Luo and Shen (1995a) to consider the effects of the nodal size on structural behavior, including stability. Up to now, limited numerical results show that the influence of the joint size on the buckling behavior of SLRSs is obvious if the ratio of the joint size, e. g. , the diameter of a joint, to the connecting member length is larger than 5% (Luo and Shen, 1995a).

3.4　Investigation on the Elasto-Plastic Effect

Plastic deformation has an important effect on the critical load of SLRSs, especially on structures with a sparse pattern and short-span. The effects of non-linearity on the stability of a structure depend on its span, pattern size and buckling type. For SLRSs with a larger span, geometrical non-linearity is usually more important, while the plastic deformation is more important for those with shorter spans. For medium-span SLRSs, both types of non-linearity are important. However, the geometrical non-linearity is usually the main factor in the buckling behavior of SLRSs.

For elasto-plastic stability analysis, a framework based on the plastic-hinge theory was presented by Luo, 1991, and Li, Y. Q. , 1998. However, it is not as efficient for large scale SLRSs, although it is very good for carrying out some simple numerical examples. The reason is that the axial forces in most of the elements of SLRSs are evident, and it is difficult to achieve numerical convergence using the iterative analysis.

Overall elasto-plastic stability justification is still a difficult question for engineers in structural design. Until now there were only a limited number of achievements. A minimum elasto-plastic ultimate load factor equal to 2.0 was used in some practical projects using SLRSs (Shen and Luo, 2003).

3.5 Static Experiment Research

Limited test studies on the elasto-plastic stability behavior of SLRSs have been conducted up to now because of the intricate mechanism of buckling behavior and plastic deformation. Two models of SLRSs with spans of $L=2100$mm and rises of $f=300$mm, as shown in Fig.1 (a), have been tested by Luo and Shen, 1995b, to observe the elasto-plastic buckling deformation and verify the numerical procedure. Fig.1 (b) provides a comparison between the theoretical analysis results of the equilibrium paths under a variety of conditions with the test data corresponding to the model, MD-1, subjected to a concentrated load at the top of the shell. Another model (MD-2) subjected to uniform distribution load shows the same regularity. Table 1 provides a comparison between the theoretical limit load-carrying capacities under a variety of conditions and the test results. It was found that the initial geometrical imperfections and the plastic deformations have a significant effect on the stability behavior of SLRSs with short or medium spans.

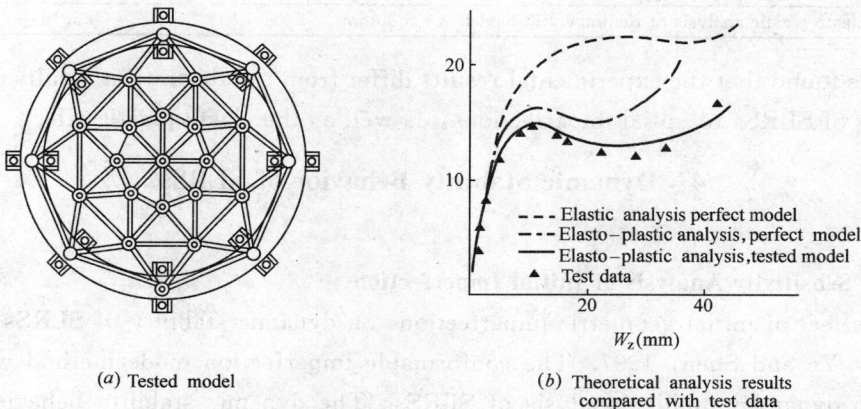

(a) Tested model   (b) Theoretical analysis results compared with test data

Fig.1 Experiment on a SLRS model subjected to a concentrated load at the top

Limit load-carrying capacities P_{cr} under different conditions (Unit: kN)   Table 1

Test models	MD-1	MD-2
Perfect models	22.15	15.19
Elastic analysis of the tested models	16.01	13.20
Elasto-plastic analysis of the tested models	14.95	10.70
Test results	14.66	10.29

Furthermore, experiments on a model with spans of $L=2100$mm, and rises of $f=300$mm, as shown in Fig.2, were conducted by Li, Y.Q., 1998. A tension bar-distributing beam system was used to provide even load distribution for all 37 internal nodes. Fig. 2 shows the instability modes of the tested model. Experimental and theoretical calculation results from the model are given in Table 2 and Fig. 3.

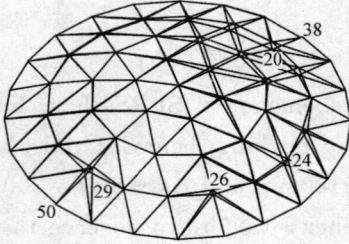

Fig. 2　Instability modes of the model

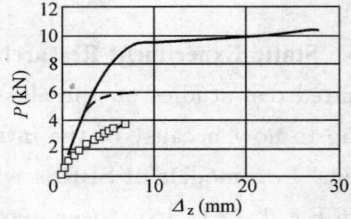

Fig. 3　Load-vertical deflection curves at point 25

Limit loads P_{cr} for different calculating assumptions (Unit: kN)　　　**Table 2**

Experimental results	3.74
Elastic analysis of the tested models	8.77
Elasto-plastic analysis of the tested models	5.99
Elastic analysis of the perfect models	20.37
Elasto-plastic analysis of the perfect models	8.85
Elastic analysis of the imperfect models with $\delta=\pm10$mm	13.62
Elasto-plastic analysis of the imperfect models $\delta=\pm10$mm	6.71
Elastic analysis of the imperfect models with $\delta=\pm20$mm	11.29
Elasto-plastic analysis of the imperfect models $\delta=\pm20$mm	5.10

It was found that the experimental results differ from the theoretical results due to the sensitivity of SLRSs to initial imperfections, as well as the elasto-plastic effect.

4　Dynamic Stability Behavior of SLRSs

4.1　Sensitivity Analysis of Initial Imperfection

The effect of initial geometric imperfections on dynamic stability of SLRSs has been studied by Ye and Shen, 1997. The conformable imperfection mode method was introduced into dynamic stability analysis of SLRSs. The dynamic stability behavior of two well-known SLRSs were analyzed using the mentioned method. It was found that the geometric imperfections have an unfavorable effect on structural dynamic stability. The reduction of the critical load is not the same for structures with different spans. The existence of the initial geometric imperfections will reduce the range of critical loads and make the lower limit and the upper limit closer. In some particular cases of structures and load combinations, dynamic stability may be higher because of the imperfections.

4.2　Experimental Research for Dynamic Tnstability

Shaking table tests of shallow reticulated shell models (with 13 joints and 24 elements) with spans of $L=2500$mm and rises of $f=130$mm were conducted by Ye, 1995.

The efficiency of the numerical analysis theory and the program developed by Ye were investigated based on a comparison between the theoretical analyses and the test results, and the efficiency of the established criterion for judging the occurrence of dynamic instability was proven.

Furthermore, shaking table tests of two other shallow reticulated shell models were conducted by Li and Shen, 2002, as shown in Fig. 4, for the purpose of: (1) observing the phenomenon of the dynamic instability of the reticulated shell models under earthquake loading; (2) comparing the test results with the process of dynamic instability described by the authors' definitions and (3) verifying the practical criteria for determining dynamic instability under seismic loading proposed by the authors.

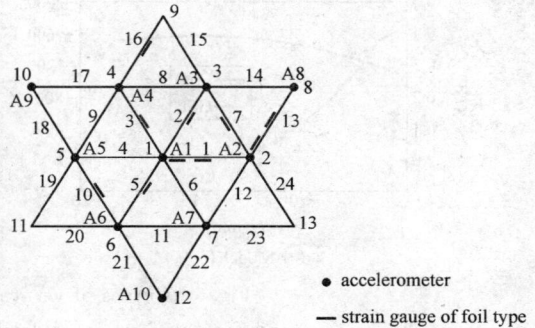

(a) Tests setup　　(b) Measurement points amd numbering of nodes and elements

Fig. 4　Experimental model for dynamic instability of a SLRS (Model 2)

The time-history curves for dynamic stresses of the up and down sides of the section at the center of Member 2 in Model 2 are given in Fig. 5. There were sudden changes in the time-history curves when the model lost its overall stability. The curves shifted from the last vibrating state to a different state.

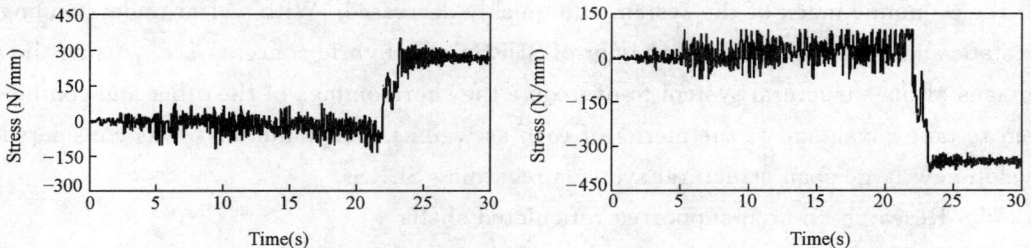

Fig. 5　Time-history curves for stresses of Member 2 in Model 2

Fig. 6 presents the curves of the equilibrium paths and the general stiffness parameters (GSP) vs. vertical displacements of Node 1 of the two models in the process of dynamic instability, which were calculated using the improved general displacement control method suggested by Li, 1998b. F (N) is the resultant of the vertical resistance of Node 1. F (N) decreased after the occurrence of dynamic instability, which indicates that the structural tangent stiffness matrix became non-positive. These results verify the criterion based on the tangent stiffness matrix, i. e. , the structural dynamic instability occurs when the structural tangent matrix becomes non-positive. At the same time, it can be observed that the GSP decreases when displacement increases. And, its value drops to zero when it nears the critical point and may become negative numerically when the equilibrium path goes over the critical point, which verified the criterion based on the general stiffness parameter (GSP), i. e. , the structural dynamic instability happens when GSP equals zero or becomes negative. In addition, the curves are different between the two models although their ideal geometry is the same, which demonstrates that the effect of the initial geometrical imperfections on structural stability is substantial.

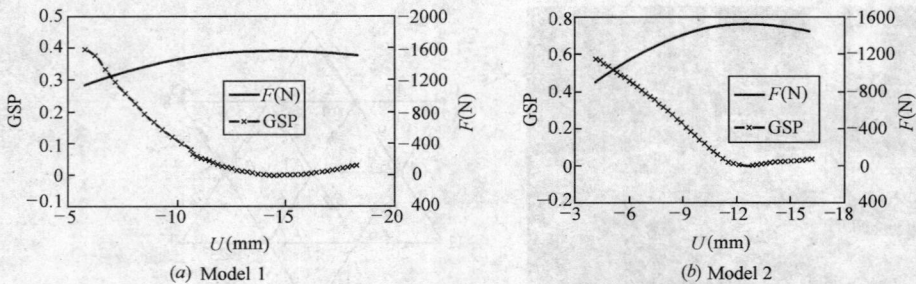

(a) Model 1   (b) Model 2

Fig. 6   Curves of vertical equilibrium paths and
GSP vs. vertical displacements of Node 1

5   Application of Research Achievements

5. 1   Improvement of Structural Behavior of SLRSs Based on the Above Research

In common SLRSs, the shortcomings of the structural system, such as the effect of instability, may because very serious with the increase of the span, thus the reasonability and the economic index of the system will quickly decreased. With a clear understanding of the static and dynamic stability behavior of SLRSs, the hybrid concept, i. e. , using the advantages of one structural system to overcome the shortcomings of the other and combining them to take advantage of the merits of each as well as their materials, was considered to develop new large-span structural systems regarding SLRSs.

(1) Research on arch-supported reticulated shells

Based on the structural features of reticulated shells and arch structures, arch-supported reticulated shells, as shown in Fig. 7, have been developed as a new large-span space structural system. The acceptability of this hybrid structural system and the logical combination of arch structures and reticulated shells with different Gaussian curvatures have been discussed by Li and Shen, 2002. Compared with common singe-layer reticulated shells, the static mechanical behaviors of the hybrid structures, especially the influence of initial geometrical imperfection, have been investigated through nonlinear static analysis and static stability experiment (Li, Y. Q. , 1998). It was found that the hybrid structures can efficiently decrease the sensitivity to geometrical imperfection and improve the integral static mechanical behavior. Moreover, the dynamic behavior of the hybrid structures is further investigated through dynamic time-history analysis under both wind load (based on wind tunnel tests), and earthquake load (Li et al. , 2004). The results indicate that the combination of arches and reticulated shells provide an active improvement of the dynamic behavior of the integral hybrid structures.

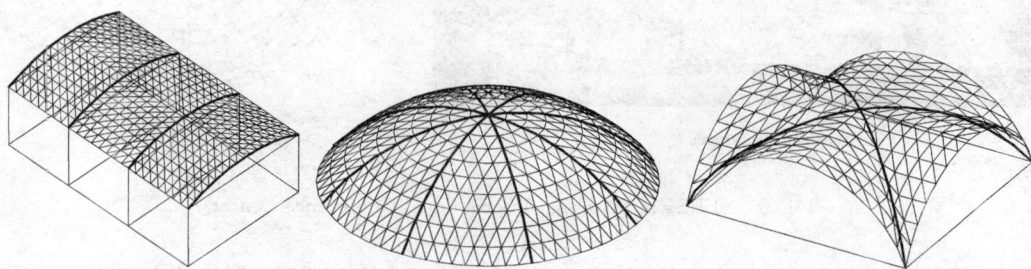

(a) Parallel arches over columns　　　(b) Intersected arches as ribs　　　(c) Intercrossing shells supported at valleys

Fig. 7　Examples of combination of arches and SLRSs

(2) Research on cable-stayed reticulated shells

Cable-stayed reticulated shells are a rational hybrid system to reduce the vertical displacement of reticulated shells in the middle area, as well as the reaction force at the support area of the shells. On the other hand, the high strength of the steel cable and the high stiffness of the reinforced concrete tower columns can be fully used. A series of research studies have been carried out by Shen and Zhou (Zhou and Shen, 1999; Shen and Zhou, 2000, etc.), to investigate the static and dynamic behavior of the hybrid structures, as well as the behavior of cables, tower columns and reticulated shells in the hybrid system.

5.2　Application in Practical Engineering Projects

As a leading University in Structural Engineering in China, the achievements on stability of SLRSs in Prof. Shen's Research Lab have been widely used in practical engineering projects, since stability analysis is still a difficult problem for most structural design engineers in China.

A ring-rib type single-layer reticulated spherical shell with a diameter of 48. 6m was used in the Shanghai International Conference Center, as shown in Fig. 8. The instability paths under several main load cases, including the vertical static load combination case and the wind load combination case, were investigated using the program developed in the lab (Li and Dong, 2001).

Under the vertical load combination, the instability of the shell is a bifurcation type with several stable equilibrium paths. Three instability modes corresponding to the perfect analysis model were discovered by the perturbation methods presented by Li and Shen,

(a) Exterior appearance

(b) Plane

Fig. 8   SLRSs in Shanghai International Conference Center

1998b. Fig. 9 shows the load vs. displacement paths of joint 203, 510 and 727, as shown in Fig. 8 (b), of the perfect shell corresponding to $\lambda_{max} = 10.93$, 16.07, 20.08, respectively, and the imperfect shell corresponding to $\lambda_{max} = 9.62$. The conformable imperfection mode method was used with a maximum geometrical error equal to ± 50mm (equal to $\pm 1\%$ of the diameter of the shell).

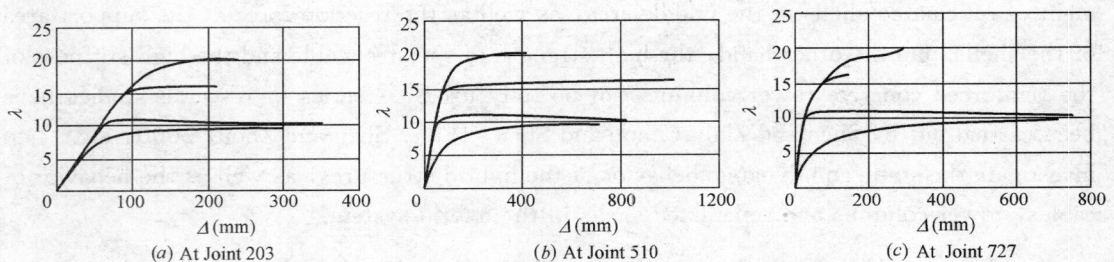

(a) At Joint 203

(b) At Joint 510

(c) At Joint 727

Fig. 9   Load vs. displacement path curves of several joints

It was found that if a structure has several stable equilibrium paths under a certain load case, the initial geometrical imperfection will directly affect the instability mode, and the limit load-carrying capacity will also be reduced. In this case, the limit load-carrying capacity of the shell with initial geometrical imperfection was reduced 12%, 40% and 52%, respectively, in comparison with that of the perfect shell in different instability modes under the vertical load combination.

Stability analyses of other important projects, such as China National Grant Theater in Beijing (about 217m in the long axis and 147m in the short axis, as shown in Fig. 10), Shanghai Oriental Art Center (a vertical SLRS 36m high, as shown in Fig. 11), and others, were conducted in the authors' research lab, which also offers strong technical support to structural designers of these practical engineering projects.

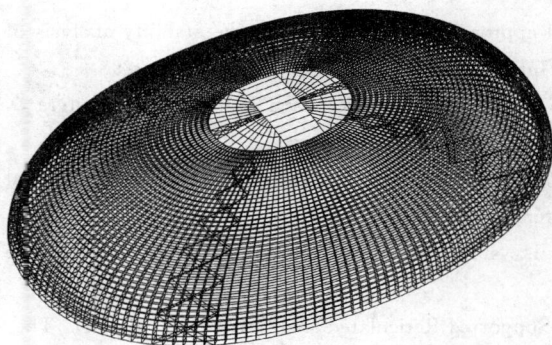

Fig. 10　China National Grant Theater in Beijing

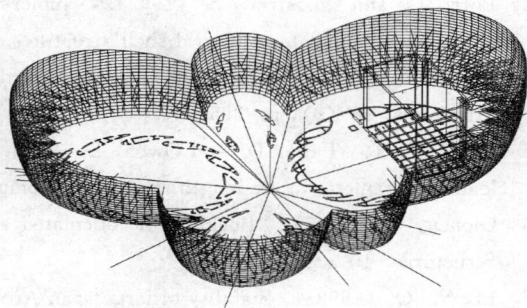

Fig. 11　Shanghai Oriental Art Center

6　Conclusion

Many research studies regarding the stability of SLRSs, described in this paper, have been carried out over the past twenty years by the authors. These studies have helped to establish numerical stability analysis techniques, develop professional computer programs for stability analysis and CAD design of SLRSs, increase understanding of the static and dynamic stability behavior of SLRSs, and offer professional technical support for many important projects regarding reticulated shells. However, further efforts are still necessary for the practical structural design of SLRSs of the future, which may include the following topics:

(1) More reliable and widely suitable techniques for tracing the complete equilibrium paths of structures are neccessary.

(2) When compared to static stability analysis, existing knowledge for dynamic stability analysis is far from satisfactory in structural design, even theoretically.

(3) Since good experience is always necessary for static and dynamic stability analysis, efforts to develop computer-added analysis and design for SLRSs are necessary.

(4) Suitable criteria to instruct structural designers on the stability design of SLRSs need to be established.

(5) Wind-resistant design for SLRSs is still an open issue in the China design code for SLRSs.

Acknowledgements: This work is supported by National Natural Science Foundation and State Key Laboratory for Disaster Reduction in Civil Engineering. The authors thank these sponsors for their financial support.

References

1　Bellini, P. X. and Chulya, A. (1987). "An improved automatic incremental algorithm for the efficient solution of nonlinear finite element equations." Computers & Structures, 26 (1/2), p. 99-110

2　Blandford, G. E. (1996). "Large deformation analysis of inelastic space truss structures." J. Struct.

Engrg. , 122 (4), p. 407~415

3 Borri, C. and Chiostrini, S. (1992). "Numerical approaches to the nonlinear the stability analysis of single-layer reticulated and grid-shell structures. " Int. J. Space Struct. , 7 (4), p. 285~298

4 Crisfield (1984). "Accelerating and Damping the Modified Newton-Raphson Method. " Computers & Structures, 18 (3), p. 395~407

5 Feng, Y. T. , Peric, D. and Owen, D. R. J. (1996). "A new criterion for determination of initial loading parameter in arc-length methods. " Computers & Structures, 58 (3), p. 479~485

6 Gioncu, V. (1995). "Buckling of reticulated shells: state-of-the-art. " International Journal of Space Structures, 10 (1), p. 1~46

7 Li, Y. Q. (1998a). Stability of large-span Arch-Supported Reticulated shell structures. Ph. D. Thesis, Tongji University, Shanghai, China. (in Chinese)

8 Li, Y. Q. and Dong S. L. (2001). "Discuss on bifurcation problems of some reticulated shell structures". IASS Symposium on Theory, Design and Realization of Shell and Spatial Structures, Nagoya, Japan, p. 194~195

9 Li, Y. Q. and Shen, Z. Y. (1998a). "Discussion on some problems in using arc-length-type methods and their improvement. " Chinese Journal of Computational Mechanics, 15 (4), p. 414~422. (in Chinese)

10 Li, Y. Q. and Shen, Z. Y. (1998b). "A study on tracing techniques for equilibrium paths of limit point types and bifurcation point types in nonlinear stability analysis. " Chinese Journal of Civil Engineering, 31 (3), p. 65~71. (in Chinese)

11 Li, Y. Q. and Shen, Z. Y. (2002). "Arch-supported reticulated shell structures and their static mechanical behavior. " International Journal of Space Structures, 17 (4), p. 263~271

12 Li, Y. Q. and Tamura, Y. (2004). "Wind-resistant analysis for large-span single-layer reticulated shells. " International Journal of Space Structures, 2004, 19 (1), p. 47~59

13 Li, Y. Q. , Shen, Z. Y. and Tamura, Y. (2004). "Dynamic behaviors of a hybrid structural system: arch-supported reticulated shell structures. " Proceedings of the 2nd International Conference on Steel and Composite Structures, Seoul, Korea, p. 233

14 Li, Z. X. (1998b). Nonlinear dynamic stability analysis of steel lattice structures. Ph. D. Thesis, Tongji University, Shanghai, China. (in Chinese)

15 Li, Z. X. and Shen, Z. Y. (2001). "Shaking table tests of two shallow reticulated shells", Journal of Solids and Structures, 38, p. 7875~7884

16 Lightfoot, E. and Le Messurier, A. P. (1974). "Elastic analysis of frameworks with elastic connections. " J. Struct Div. , 100 (6), p. 1297~1309

17 Luo, Y. F. (1991). Elasto-plastic stability and behavior of loading-displacement path of reticulated shells. Ph. D. Thesis, Tongji University, Shanghai, China. (in Chinese)

18 Luo, Y. F. and Shen, Z. Y. (1994). "The transformation matrix of the beam-column element in case of large displacement of joints", Shanghai Journal of Mechanics, 15 (4), p. 13~19. (in Chinese)

19 Luo, Y. F. and Shen, Z. Y. (1995a). "Effects of the joint size of the reticulated shell on its loading capacity. " Journal of Tongji University, 23 (1). P21~25. (in Chinese)

20 Luo, Y. F. and Shen, Z. Y. (1995b). "Experimental study on elasto-plastic stability of single layer reticulated shells." Chinese Journal of Civil Engineering, 28 (4), p. 33~40. (in Chinese)

21 Luo, Y. F. , Teng, J. G. , Shen, Y. X. and Shen, Z. Y. (1997). "A improved arc-length method

for searching pre-defined laod level in nonlinear analysis of structures", Chinese Journal of Computational Mechanics, 14 (4), p462～467. (in Chinese)

22 Meek, J. L. and Loganathan, S. (1989). "Theoretical and experimental investigation of a shallow geodesic dome." Int. J. Space Struct. , 4 (2), p. 89～105

23 Morris, N. F. (1991). "Effect of imperfections on lattice shell." J. Struct. Engrg, 117 (6), p. 1796～1814. Oran, C. (1973). "Tangent Stiffness in Space Frames." ASCE, 99 (6), p. 987～1001

24 Ricks, E. (1979). "An Incremental Approach to the Solution of Snapping and Buckling Problems." Int. J. Solid Structures, 15, p. 529～551

25 Shen, Z. Y. (1991). Symposiums on space grid structures and reticulated shells. Tongji University Press, Shanghai, China. (in Chinese)

26 Shen, Z. Y. and Luo, Y. F. (2003). "Technical report of overall stability of the reticulated shell of the national grand theater." Tongji University, Shanghai, China. (in Chinese)

27 Shen, Z. Y. and Zhou, D. (2000). "Component element analysis and dynamic eigenvalue of cable-stayed reticulated shell structures." Journal of Tongji University, 28 (2), 127～133. (in Chinese)

28 Soroushian, P. and Alawa, M. S. (1990). "Hysteretic modeling of steel structures: a refined physical theory approach." J. Struct. Engrg, ASCE, 116 (11), p. 2903～2916

29 Sumec, J. (1993). "Some stability aspects of reticulated shells." Space Structures 4, Th. Telford Publ. , London, p. 339～348

30 Teng, J. G. and Luo, Y. F. (1997) "Post-collapse bifurcation analysis of shells revolution by the accumulated arc-length method." Int, J. for Num. Meth. In Eng. , 40, p. 2369～2383

31 Ye, J. H. (1995). Dynamic stability of single-layer Reticulated shells, The dissertation for doctor degree. Ph. D. Thesis, Tongji University, Shanghai, China. (in Chinese)

32 Ye, J. H. and Shen, Z. Y. (1997). "The effect of initial imperfection on dynamic stability of reticulated structures", Chinese Journal of Civil Engineering, 30 (1), p. 37～43. (in Chinese)

33 Zhou, D. and Shen, Z. Y. (1999). "Nonlinear response behaviors of cable-stayed reticulated shell structures under earthquake load." Journal of Tongji University, 27 (3), p. 273～277. (in Chinese)

（本文发表于：International Journal of Steel Structures. 2004，4）

36. Improvements on the Arc-Length-Type Method [*]

Li Yuanqi   Shen Zuyan

Abstract: Arc-length-type and energy-type methods are two main strategies used in structural nonlinear tracing analysis, but the former is widely used due to the explicitness and clarity in conception, as well as the convenience and reliability in calculation. It is very important to trace the complete load-deflection path in order to know comprehensively the characteristics of structures subjected to loads. Unfortunately, the nonlinear analysis techniques are only workable for tracing the limit-point-type equilibrium path. For the bifurcation-point-type path, most of them cannot secure a satisfactory result. In this paper, main arc-length-type methods are reviewed and compared, and the possible reasons of failures in tracing analysis are briefly discussed. Some improvements are presented, a displacement perturbation method and a force perturbation method are presented for tracing the bifurcation-point-type paths. Finally, two examples are analyzed to verify the ideas, and some conclusions are drawn with respect to the arc-length-type methods.

Keywords: Arc-Length-Type Methods, Limit Point, Bifurcation Point, Displacement, Perturbation Method, Force Perturbation Method

1   Introduction

In the last decades, with the wide use of various large-span space structural systems, significant progress has been made in the area of nonlinear analysis techniques[1~12]. It is known that for large-span space structural systems, the limit-point type instability and bifurcation-point type instability are two main types of instability with different characteristics. The former concerns a kind of geometric softening behavior under external loads with unique equilibrium path, while the latter is just a shift of equilibrium states among several possible paths. The instability modes of large-span space structures are very complex and usually will include both the limit-point type and the bifurcation-point type instability. In order to know comprehensively the characteristics of the systems, tracing the complete load-deflection path is very important. Arc-length-type methods have been widely used to trace the complete load-deflection paths due to the explicitness and clarity in conception, as well as the convenience and reliability in calculation. Unfortunately, the existing techniques cannot give satisfactory results for bifurcation paths. In the paper, main arc-length type methods are reviewed and compared, and the most possible reasons of failures in tracing particular paths are briefly discussed. Based on the analysis of possible instability modes，a displacement perturbation method and a force perturbation method are proposed to overcome the problems.

2　Improvements on Arc-Length-Type Methods

2.1　Review on Arc-Length-Type Methods

Generally，incremental equations in structural nonlinear static analysis take the following form

$$K_t \Delta q = \Delta \lambda P + R \tag{1}$$

Where K_t is the current tangent stiffness matrix，Δq is the displacement increment vector，$\Delta \lambda$ is the loading increment parameter，P is the external load reference vector and R is the residual force vector.

The unknown variables in Eq. (1) are Δq and $\Delta \lambda$，with a total number of $N+1$. But the number of the equations is just N. So one constraint equation as follows is necessary

$$C(\Delta q, \Delta \lambda) = 0 \tag{2}$$

The names of arc-length methods are derived from the type of the constraint equation they used. Each method has four essential parts：(1) controlling the arc increment；(2) controlling the load increment parameter (the constraint equation)；(3) determining the sign of the initial loading increment parameter；(4) solving the loading increment parameter.

In the j-th iterative step of the i-th incremental step，$(\Delta q^j)_i$ is the total displacement increment，$(\Delta \lambda^j)_i$ is the total loading increment parameter，$(\delta q^j)_i$ is the displacement increment，$(\delta \lambda^j)_i$ is the loading increment parameter and $(\delta \lambda^j)_i$ is the loading increment parameter corresponding to the residual force. The geometrical interpretation of each variable from load step i to $i+1$ can be shown in Fig. 1. For clearness，the subscript of the i-th incremental step in Fig. 1 was omitted. The vectors $(\Delta t^j)_i$，$(\delta t^j)_i$ and $(\delta t_t^j)_i$ are defined as follows

$$(\Delta t^j)_i = (\Delta q^j)_i + (\Delta \lambda^j)_i P \tag{3}$$

$$(\delta t^j)_i = (\delta q^j)_i + (\delta \lambda^j)_i P \tag{4}$$

$$(\delta t_t^j)_i = (\delta q^j)_i + (\delta \lambda_t^j)_i P \tag{5}$$

$$(\Delta q^j)_i = (\Delta q^{j-1})_i + (\delta q^j)_i \tag{6}$$

where

$$(\delta \lambda_t^j)_i = (\delta \lambda_r^{j-1})_i - (\delta \lambda^j)_i \tag{7}$$

$$(R^j)_i = (\delta \lambda_r^j)_i P \tag{8}$$

and $(\delta q^j)_i$ is divided into two parts as

$$(\delta q^j)_i = (\delta \lambda^j)_i (q_1^j)_i - (\delta q_2^j)_i \tag{9}$$

where

$$(K_t^j)_i (q_1^j)_i = P \tag{10}$$

$$(K_t^j)_i (\delta q_2^j)_i = (R^{j-1})_i \tag{11}$$

The main types of arc-length-type methods used in present are given in Appendix. For the initial iterative step of each incremental step in each method, the arc constraint equation can generally be written as follows

$$(\delta q^0)_i^{\mathrm{T}} (\delta q^0)_i + \alpha^2 (\delta \lambda^0)_i^2 P^{\mathrm{T}} P = (\Delta l_0)_i^2 \tag{12}$$

where for cylindrical arc-length method, $\alpha^2 = 0$; for ellipsoidal arc-length method, $\alpha^2 = S_p$; for the other arc-length methods, $\alpha^2 = 1$.

In recent years, the possible operation failures of arc-length-type methods were widely discussed[5,6], and the most possible failures would happen in the following cases:

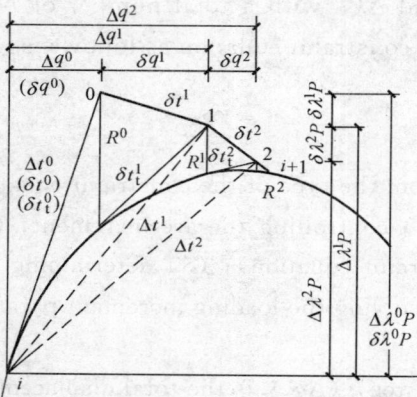

Fig. 1　Geometrical interpretation of each variable

(1) The constraint equation of the loading increment parameter is independent of the arc-length increment of the step, as shown in Fig. 2 (a). It means that this tracing method is not suitable for such kind of load-deflection path curves.

(2) The Newton linearization of the equilibrium equations or the constraint equation makes the arc-length to be independent. In some cases it means that $(\delta t^j)_i$ and $(\delta t_t^j)_i$ in Fig. 1 have no intersection. This kind of failures occurs in all quadratic methods, as shown in Fig. 2 (b), (c) and (d), which means that the loading increment of the step is not suitable.

(3) In the use of all quadratic methods, unsuitable choice of the roots of constraint equations or obtaining imaginary roots from the constraint equations would result in the failures in tracing analysis, as shown in Fig. 2 (e) and (f). Generally speaking, this also means that the loading increment of the step is not suitable.

(4) The precision of computers and/or the precision and reliability of the used program is not suitable.

(5) The error in determining the sign of the initial loading increment parameter will lead to the tracing-back phenomenon in tracing analysis, as shown in Fig. 2 (g).

(6) If the structural instability has bifurcation points, most arc-length methods will not be convergent, as shown in Fig. 2 (h). Even if the analysis traces to one of equilibrium paths, no one knows whether the limit load-carrying capacity corresponding to this path is the actual value or not.

As for the second and third failure cases, they can be avoided by adjusting the loading

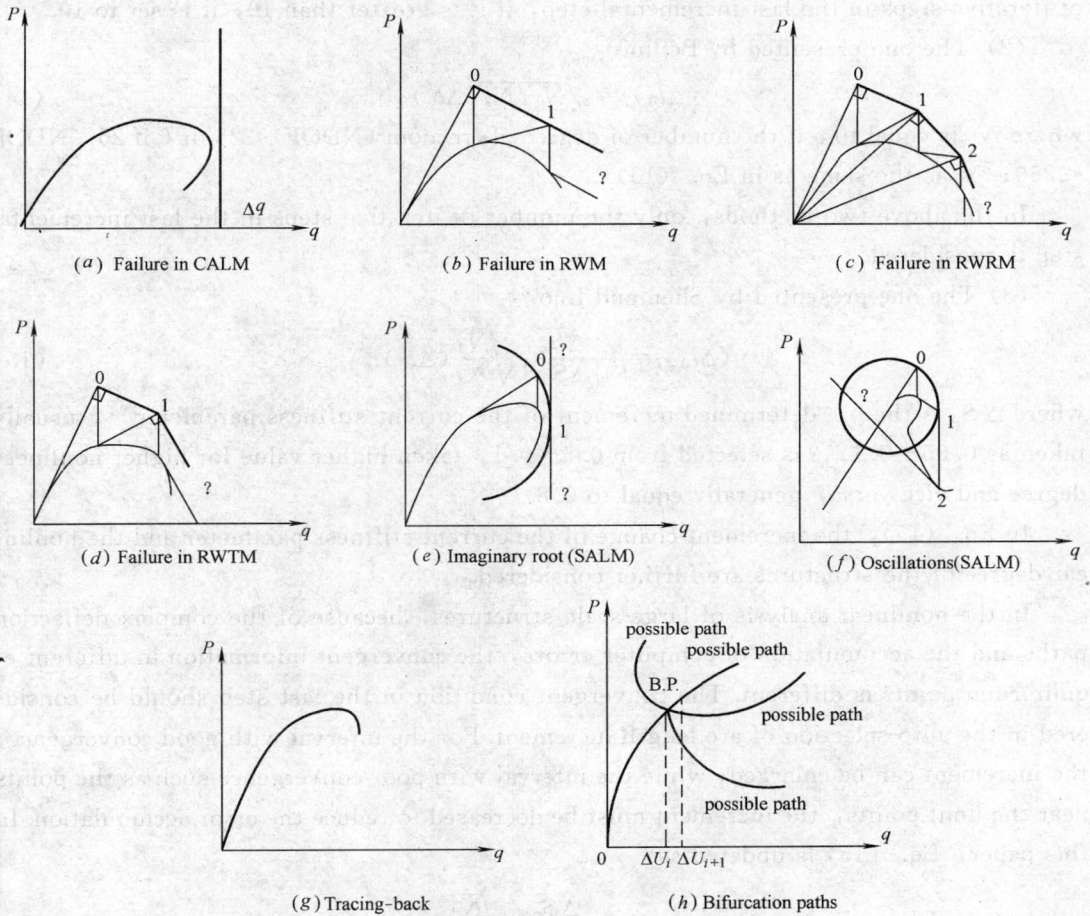

(a) Failure in CALM

(b) Failure in RWM

(c) Failure in RWRM

(d) Failure in RWTM

(e) Imaginary root (SALM)

(f) Oscillations(SALM)

(g) Tracing-back

(h) Bifurcation paths

Fig. 2　Typical failures in arc-length methods

increment of the step. But it is still very hard to implement the ideas in the tracing analysis with auto-increment techniques. In this paper, an improved auto-increment technique, a way to determine the sign of the initial loading increment parameter and tracing techniques for the bifurcation-point type instability path are proposed.

2.2　Improvement on Control of Arc-Length Increment

In nonlinear tracing analysis, the auto-selection and auto-adjustment of the arc-length increment in each incremental step are very important, which are related to the correctness and efficiency of the numerical algorithms. In order to do that, the convergent information in the last arc-length incremental step is very useful and must be analyzed. The main equations in controlling the arc-length increments arailable are as follows:

(1) The one presented by Crisfield and updated by Bellini[7]

$$(\Delta l_0)_i = \sqrt[4]{N_2/N_1}(\Delta l_0)_{i-1} \tag{13}$$

where N_1 is the number of optimal iterative steps, generally equal to 2; N_2 is the number of iterative steps in the last incremental step, if it is greater than 10, it is set to 10.

(2) The one presented by Bellini[7]

$$(\Delta l_0)_i = \sqrt{N_1/N_2}(\Delta l_0)_{i-1} \tag{14}$$

where N_1 is equal to 5 if the number of degree of freedom (NDOF)<25 or 6 if 25<NDOF <250; N_2 is the same as in Eq. (13).

In the above two methods, only the number of iterative steps in the last incremental step is considered.

(3) The one presented by Shen and Luo[8]

$$(\Delta l_0)_i = \beta \frac{\Delta \overline{S_p}}{|\Delta S_{pi}|} \sqrt{\frac{N_1}{N_2}}(\Delta l_0)_{i-1} \tag{15}$$

where $\Delta \overline{S_p}$ is the pre-determined increment of the current stiffness parameter[9], usually taken as 0.05~0.1; β is selected from 0.5~0.1, taken higher value for higher nonlinear degree and vice versa, generally equal to 0.8.

In Eq. (15), the increment change of the current stiffness parameter and the nonlinear degree of the structures are further considered.

In the nonlinear analysis of large-scale structures, because of the complex deflection paths and the accumulation of computer errors, the convergent information in different equilibrium points is different. The convergent condition in the last step should be considered in the auto-selection of arc-length increment. For the interval with good convergence, the increment can be enlarged; while the interval with poor convergence such as the points near the limit points, the increment must be decreased to reduce the error accumulation. In this paper, Eq. (15) is updated as

$$(\Delta l_0)_i = \beta_\epsilon \beta \frac{\Delta \overline{S_p}}{|\Delta S_{pi}|} \sqrt{\frac{N_1}{N_2}}(\Delta l_0)_{i-1} \tag{16}$$

where $\beta_\epsilon = \lg\epsilon_{i-1}/\lg\epsilon_0$ or equal to 0.1 if $\epsilon_{i-1}>0.1$; ϵ_{i-1} is the convergent precision in the last incremental step, ϵ_0 is the pre-determined convergent precision. Other variables are the same as in Eq. (15).

Using Eq. (15) or Eq (16), the tracing techniques can be adjusted according to the change of the structural stiffness and let it quickly approach to the limit points. But when the tracing analysis is near the limit points, sometimes the arc-length increment is too small; while using Eq. (13) or Eq. (14), the change of the arc-length increment is very slow during the range that the load increment is stable. In order to improve the efficiency of tracing analysis, two methods mentioned above can be combined, i. e., Eq. (13) is used if $|S_P|>1$, and Eq. (16) is used in other cases.

When the tracing analysis is not convergent at one point such as due to imaginary roots obtained, divergence of displacement, oscillations in analysis or overflowing in computing, etc., the method used to overcome such problems in most cases is to decrease the increment of the arc-length and come back to the initial iterative step. But it is not sure that all the failures can be successfully overcome in this way.

2.3　Improvement on the Criteria for Determining the Sign of Initial Loading Increment Parameter

In using arc-length-type methods, determining the sign of initial loading increment parameter is a very important step, because it is related to whether the tracing path to be forward or backward. In each initial iterative step after the first increment step, because $(R^0)_i = 0$ and $(\delta q_2^0)_i = 0$, $|(\delta\lambda^0)_i|$ can be obtained from Eq (12). But it is not easy to correctly determine the sign of $(\delta\lambda^0)_i$ in any cases. At present, four kinds of criteria for determining the sign of $(\delta\lambda^0)_i$ are usually used based on the factors as follows: (1) the sign of current stiffness parameter S_p; (2) the sign of incremental work; (3) the sign of current stiffness parameter S_p and eigenvalue analysis; (4) the sign of $\det|(K_t^0)_i|$.

In the above four kinds of criteria, the criterion based on the sign of current stiffness parameter S_p are simple in calculation, explicit in conception and effective for most problems. At first, it was proposed by Riks as follows[7]

$$(\delta\lambda^0)_i = \begin{cases} \text{sign}(S_p)\,|(\delta\lambda^0)_i| & (S_p \neq 0) \\ -\text{sign}((\delta\lambda^0)_{i-1})\,|(\delta\lambda^0)_i| & (S_p = 0) \end{cases} \tag{17}$$

But if the deflection process includes the phenomenon of snapping-back, this criterion will lead the tracing analysis to failure.

For the problems with snapping-through and snapping-back phenomena, another criteria was given by Feng Y. T. et al. [10] as follows

$$(\delta\lambda^0)_i = \begin{cases} +|(\delta\lambda^0)_i| & P^{\mathrm{T}}(q_1^0)_i > 0 \text{ and } NPE = 0 \\ -|(\delta\lambda^0)_i| & P^{\mathrm{T}}(q_1^0)_i > 0 \text{ and } NPE > 0 \\ & \text{or} \quad P^{\mathrm{T}}(q_1^0)_i < 0 \end{cases} \tag{18}$$

where the sign of $P^{\mathrm{T}}(q_1^0)_i$ indicates the orientation of the inclination between vectors P and $(q_1^0)_i$. NPE is the number of the negative diagonal elements in matrix D after LDL^{T} factorization of the current tangent stiffness matrix.

However, if the bifurcations occur in the initial ascending segment of the complete equilibrium path or the snapping-back happens as shown in the numerical example of this paper, this criterion will still lead the tracing analysis to failures (corresponding to the points B and E in Fig. 4 in Section 4).

In this paper, a new simple criterioa for determining the sign of the initial loading increment parameter is proposed as follows

$$(\delta\lambda^0)_i = \begin{cases} (-1)^n \text{sign}(S_p)\,|(\delta\lambda^0)_i| & (S_p \neq 0) \\ -\text{sign}((\delta\lambda^0)_{i-1})\,|(\delta\lambda^0)_i| & (S_p = 0) \end{cases} \tag{19}$$

where n is the number of snapping-back points before the current step (corresponding to the points D and G in Fig. 4 in Section 4).

3   Tracing Techniques for Bifurcation-Point-Type Instability Paths

At present, different types of Crisfield arc-length methods are often used in nonlinear analysis and have been proved to be very effective for structures with unique equilibrium path. As for the bifurcation paths, the numerical calculation will not easily converge to the bifurcation point, and the pre-instability path cannot shift automatically to one of the bifurcation paths. The problem of bifurcation-point type instability has been widely studied. Many nonlinear analysis softwares, such as ANSYS, still have no way to deal with the problem. A small force imperfection was introduced in analysis to lead the equilibrium path to shift to different bifurcation paths by Meek J. L. et al. , but this method will have some influence on the path before the bifurcation point.

Tangent stiffness matrix K_T has a unique decomposed form in its eigenvectors' space as follows

$$K_T = \sum_{i=1}^{n} \lambda_i v_i v_i^T \tag{20}$$

where n is the dimension of K_T, λ_i is the i-th eigenvalue of K_T and the corresponding eigenvector is v_i, and $\lambda_1 \leqslant \lambda_2 \leqslant \lambda_3 \leqslant \cdots\cdots \leqslant \lambda_n$.

The external loading increment vector ΔP and corresponding displacement increment vector Δu can also be decomposed in the N-dimension eigenvectors' space of K_T as follows

$$\Delta P = \sum_{i=1}^{n} c_i (v_i)_i = (v_i)^T \Delta P \tag{21}$$

$$\Delta u = \sum_{i=1}^{n} \alpha_i v_i \tag{22}$$

and the relationship between ΔP and Δu is

$$\Delta u = K_T^{-1} \Delta p \tag{23}$$

From Eq. (20) to Eq. (23), we can have $\alpha_i = c_i / \lambda_i$, thus

$$\Delta u = \sum_{i=1}^{n} \frac{c_i}{\lambda_i} v_i \tag{24}$$

As shown in Eq. (24), if the loading incremental mode has a big influence on the instability behavior of a structure (such as a single-layer reticulated shell under a concentrated load at the apex), one of the coefficients c_i will be larger than others and the corresponding c_i / λ_i will increase faster comparatively. In this case, the instability mode must be the limit-point type with a unique path, and the instability path has already existed in the primary path. On the other hand, if the loading increment mode has a very small influence on the instability mode (such as a single-layer reticulated shell under uniformly distributed load), the instability mode will be the bifurcation-point type with several possible paths. At the bifurcation point, several eigenvalues tend to zero, and all the corresponding displacement increment modes will become the possible instability modes. So the structural instability paths do not exist in the primary path.

Based on the above analysis, the following conclusion can be drawn that, in order to continue the tracing analysis after bifurcation points, a suitable perturbation should be added to the equilibrium path near the bifurcation point to lead the equilibrium path to shift to one of the possible bifurcation paths. This approach is based on three facts in a practical structural analysis as follows:

(1) At the bifurcation point, the structural displacement is undetermined;

(2) The behaviors of a practical structure will be inevitably influenced by various stochastic factors;

(3) Not all the instability paths have practical meanings for a practical structural design.

Supposing that the calculation cannot converge at the $i+1$-th increment step, and the point corresponding to this step is a bifurcation point, then the calculation must go back to the initial state of this step. In this paper, two types of perturbation methods are proposed as follows:

(1) The displacement perturbation method

Supposing that the initial displacement vector at the $i+1$-th increment step is

$$u'_{i+1} = u_i + \varepsilon v \tag{25}$$

where v_i is the total displacement vector of the i-th increment step, v is the chosen normalized displacement perturbation mode, and ε is a scale factor.

At the $i+1$-th step, the calculation can begin from $\{u\}'_{i+1}$. After several iterations, a new balance point in an instability path corresponding to v can be obtained, thus the analysis shifts into the expected path and the following steps can be continued as usual.

(2) The force perturbation method

Supposing that the loading mode at the $i+1$-th increment step is

$$P_{i+1} = \Delta \lambda_i P + f \tag{26}$$

where f is the chosen force perturbation mode, $\Delta \lambda_i$ is the loading increment parameter of the i-th step, and P is the loading mode.

At the $i+1$-th step, when the calculation becomes stable after several iterations, one equilibrium path corresponding to f is obtained and in the following steps, the loading mode will still use P as before.

Generally speaking, the displacement perturbation method and the force perturbation method can be regarded as the same method by the following transform

$$f = \varepsilon [k_{\mathrm{T}}] v \tag{27}$$

So both methods can be used to automatically trace the complete instability paths of structures with pre-determined rules.

When the above methods are used, two important problems should be considered at first:

(1) Determining the bifurcation point

There are various types of methods for identifying bifurcation points, but most of them are not convenient to be used in the numerical analysis. In fact, obviously different phenomena will appear in the tracing analysis near a bifurcation or limit point, which can be used as a simple criterion. If it is a bifurcation point, after decomposition $K_T = LDL^T$, one or several diagonal elements of the diagonal matrix D will be less than zero, but the current stiffness parameter S_p is not near zero. Moreover, because the structure has several stable and/or unstable paths, even if not converging, the calculation does not diverge. While approaching a limit point, one or several diagonal elements of the matrix D become less then zero, and S_p is near zero at the same time. If the external load level exceeds a little, the calculation will diverge.

(2) Choosing the displacement or force perturbation modes

Although it needs some experiences to choose suitable perturbation modes, some phenomena of the structural deflection previous to instability and the current tangent stiffness matrix of structures can give useful information about the tendency of the coming instability. After all, the most disadvantageous load capacity is most important in practice. In this paper, two methods are used to choose the displacement perturbation modes. (1) In order to obtain the lowest load capacity of an overall instability, several eigenvectors corresponding to the lowest eigenvalues $\lambda_i (i \leqslant 5)$ are chosen as v, which is called "the most disadvantageous displacement perturbation method". (2) Based on the tendency of deflections, one or some joints are chosen to enlarge their displacements. So the deflection will develop to the expected local instability mode. In the paper, the joints with the largest displacement will be chosen.

With respect to the force perturbation method, also two methods can be used: (1) Choosing the joints with the largest displacement and all the symmetric joints and adding a comparatively small external force to all the chosen joints to force the displacements develop to the expected instability mode, then the corresponding instability path may be traced. (2) Choosing one of the joints with the largest displacement and adding a comparatively small force to this joint, the corresponding equilibrium path of local instability may be obtained.

There are two things to be considered in preparing the computational program. Firstly, in order to reduce the influence of the equilibrium path near the bifurcation point, the normalized displacement perturbation mode v should be suitably determined. In this paper, the proportion between the loading increment and the total loading increment at this step is limited within the interval (0.001, 0.01) when the tangent stiffness matrix K_T becomes singular. Secondly, the amount of v or f should be suitable with enough perturbation ability. In this paper, the amount of v is limited to be below 1% of the current largest displacement, while the amount of f should not exceed 5% of the total external load at the chosen joints.

4　Program and Example

Using the beam-column element，the updating of large rotation and Crisfield arc-length methods，a nonlinear analysis pro-gram was developed by the authors. An ex-ample with two equilibrium paths，as shown in Fig. 3，was analyzed，and the fi-nal results are shown in Fig. 4. The load-de-flection curve $ABCKDEFGHIJ$ is corre-sponding to a symmetric instability，while the curve $ABLIJ$ is corresponding to an an-ti-symmetric instability. Point B is a bifur-cation point. The first instability mode is anti-symmetric and the second is symmet-ric. These results are identical with the re-sults of Meek J. L. et al [11] and Chre-scielewski J. et al [12].

Fig. 3　Data of two-hinged arch

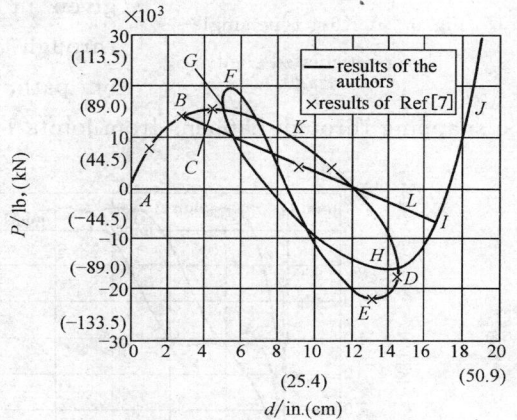

Fig. 4　Load-deflection curve of joint 1

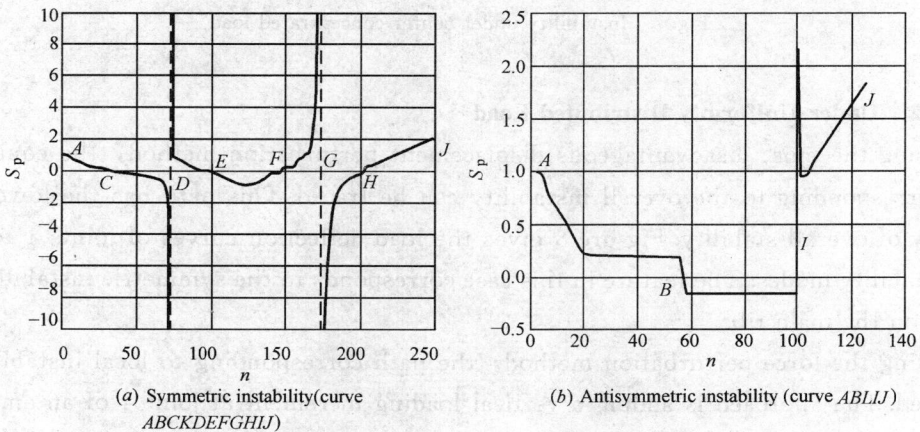

The change of S_p corresponding to the loading increment is shown in Fig. 5，which shows that the new criterion of Eq. （19） for determining the sign of initial loading parameter increment is effective. All the results indicate that this program has the ability to deal with the problem of the bifurcation-point-type instability.

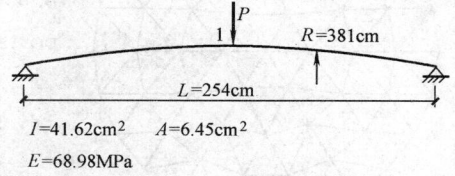

(a) Symmetric instability(curve ABCKDEFGHIJ)

(b) Antisymmetric instability (curve ABLIJ)

Fig. 5　The curve of S_p to the loading increment

5　A single-Layer Reticulated Shell

A Kiewitt-type （K6-4） single-layer reticulated shell （Fig. 6） is analyzed by the pro-

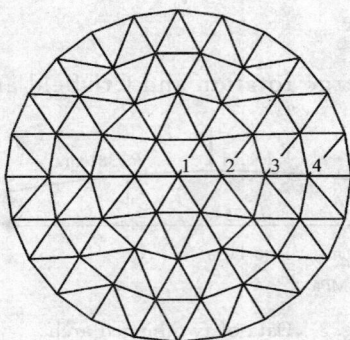

Fig. 6　A K6-4 type single-
layer reticulated shell

gram under two load conditions. The main data of the shell are: span $L = 30$m, rise $F = 2$m. All members are steel tubes ($\phi180 \times 5$), where $E = 2.1 \times 10^5$MPa, $G = 8.5 \times 10^4$MPa. The shell is pin-connected with the supports around the bottom.

5.1　Under a Concentrated Load at Apex

The load-deflection curves of joints 1 to 4 and the instability modes under a concentrated load at joint 1 are given in Fig. 7. The instability type is a snapping-through type, and the structure has a unique equilibrium path. The feature of instability in this case is that the snapping-through happens from joints 1 to 4 as well as their symmetric points.

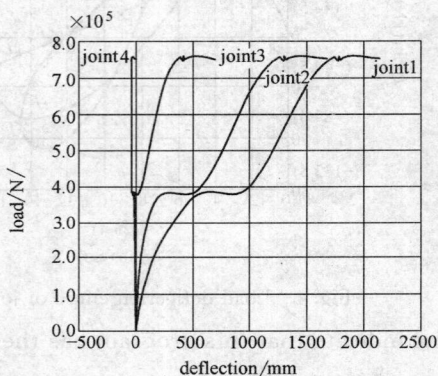

(a) The load-deflection curves of joints 1 to 4

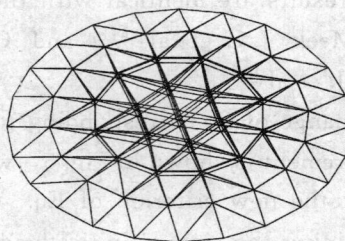

(b) Instability modes

Fig. 7　Instability under center concentrated load

5.2　Under Uniformly Distributed Load

Using the most disadvantageous displacement perturbation method, the equilibrium path corresponding to the overall instability can be traced. This path has the lowest load capacity of overall stability. Fig ure 8 gives the load-deflection curves of joints 1 to 4 and the instability modes. The feature in this case corresponds to the symmetric instability happening on the main ribs.

Using the force perturbation method, the path corresponding to local instability can be traced. The approach is adding a vertical loading increment at joint 4 of an amount of 1% of the total loading increment at the last step before the bifurcation point. Then the bifurcation point can be passed over and the equilibrium path corresponding to local instability can be obtained. Figure 9 gives the load-deflection curves of joints 1 to 4 and the structural instability modes. The instability feature is that the snapping-through happens at one of the joints 4 to 1 stochastically.

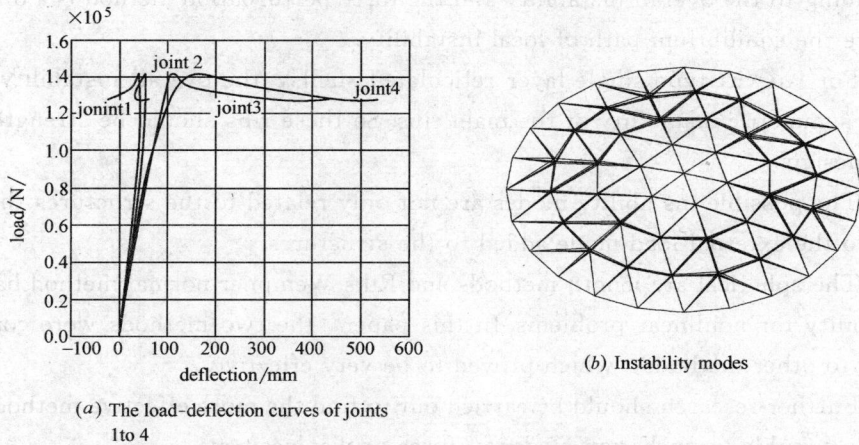

(a) The load-deflection curves of joints 1 to 4

(b) Instability modes

Fig. 8　Overall instability under distributing load

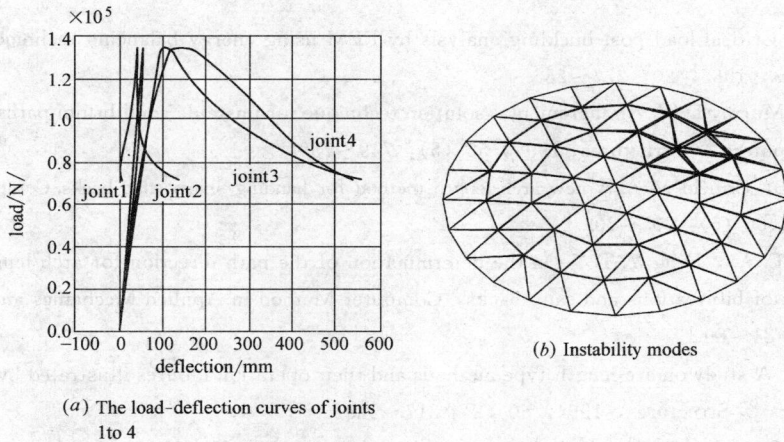

(a) The load-deflection curves of joints 1 to 4

(b) Instability modes

Fig. 9　Local instability under distributing load

6　Conclusions

Based on the above analysis, conclusions can be drawn as follows:

(1) The auto-increment techniques used in this paper have good adaptability and efficiency for load-deflection path tracing analysis.

(2) With respect to complex problems, using Eq. (19) as the criterion for determining the sign of initial loading parameter increment can avoid tracing-back phenomena and has good adaptability.

(3) For the limit-point-type instability, it is very effective to use Oran beam-column element and Crisfield arc-length methods in considering the effects of large rotations.

(4) The displacement and force perturbation methods are effective to trace bifurcation-point-type instability automatically with given rules, where the most disadvantageous displacement perturbation method can be used conveniently to obtain the equilibrium path

corresponding to the overall instability and the force perturbation method is a direct method to trace the equilibrium path of local instability.

(5) For Kiewitt-type single-layer reticulated shells, the overall instability mode reflects the symmetric instability of the main ribs. So these ribs should be strengthened in a practical design.

(6) The possible instability modes are not only related to the structures themselves, but also to the external load mode added to the structures.

(7) The spherical arc-length methods and Riks-Wempner normal method have a good tracing ability for nonlinear problems. In this paper, the two methods were combined as compared to other methods, which proved to be very effective.

(8) Further research should be carried out to find the more effective method of determining the suitable perturbation modes of force or displacement.

References

1　Szilard R., Critical load post-buckling analysis by FEM using energy balancing technique, Computers & Structures, 1985, 20: 277~286

2　Zhou Z L, Murray D W. An incremental solution technique for unstable equilibrium paths of shell structures, Computers & Structures, 1994, 55 (5): 749~759

3　Hellweg H B, Crifield M A. A new arch-length method for handing sharp snap-backs. Computers & Structures, 1998, 66 (5): 705~709

4　Souza Neto E. A., Feng Y. T., On the determination of the path direction for arch-length methods in the presence of bifurcations and sanp-backs, Computer Method in Applied Mechanics and Engineering, 1999, 179: 81~89

5　Carrera E., A study on arc-length-type methods and their operation failures illustrated by a simple model. Computers & Structures, 1994, 50 (2): 217~229

6　Fafard M, Massicotte B. Geometrical interpretation of the arc-length method, Computers & Structures, 1993, 46 (4): 603~615

7　Bellini P X, Chulya A. An improved automatic incremental algorithm for the efficient solution of nonlinear finite element equations, Computers & Structures, 1987, 26 (1/2): 99~110

8　Shen Z Y, Luo Y F. Updating large rotations of space joints and revision technique for tracing the equilibrium path in analysis of reticulated shells. In: Symposiums on New Space Structures, Hangzhou: Zhejiang Univ, 1994, 144~150. (in Chinese)

9　Bergan P G, et al. Solution techniques for nonlinear finite element problems. International Journal of Numerical methods in Engineering, 1978, 12: 1677~1699

10　Feng Y T, Peric D, Owen D R J, A new criterion for determination of initial loading parameter in arc-length methods, Computers & Structures, 1996, 58 (3): 479~485

11　Meek J L, Loganathan S. Large displacement analysis of space-frame structures, Computer Methods in Applied Mech and Eng, 1989, 72: 57~75

12　Chrescielewski J, Schmiot R. A solution control method for nonlinear finite element post-buckling analysis of structures. In: Zs Gaspar ed. Post-Buckling of Elastic structures Proceeding of the Euromech Colloguium, 1985

APPENDIX

The Main arc-length methods in use

Name and acronym	Constraint equation	Equation for load incremental parameter
Constant Arc-Length Method or Riks-Wempner Method (CTALM)(RWM)	$(\Delta t^0)^T \delta t^j = 0$	$\delta \lambda^j = -\dfrac{(\Delta q^0)^T \delta q_2^j}{(\Delta q^0)^T q_1^j + \Delta \lambda^0 P^T P}$
Spherical Arc-Length Method or Arc-Length-Crisfield Method (SALM or ALCM)	$(\Delta t_a^j)^T \Delta t_a^j = (\Delta l_0)^2$ where $\Delta t_a^j = \alpha \Delta \lambda^j P + \Delta q^j$	$A(\delta \lambda^j)^2 + B \delta \lambda^j + C = 0$, where $A = \alpha \eta + (q_1^j)^T q_1^j$, $\eta = P^T P$
Cylindrical Arc-Length Method (CALM)	1. For SALM, $\alpha = 1$. $\quad (\Delta t^j)^T \Delta t^j = (\Delta l_0)^2$ 2. For CALM, $\alpha = 0$. $\quad (\Delta q^j)^T (\Delta q^j) = (\Delta l_0)^2$	$B = 2[(\delta q_2^j + \Delta q^{j-1})^T q_1^j + \alpha \eta \Delta \lambda^{j-1}]$ $C = (\delta q_2^j + \Delta q^{j-1})^T (\delta q_2^j + \Delta q^{j-1}) + \alpha \eta (\Delta \lambda^{j-1})^2 - (\Delta l_0)^2$
Ellipsoidal Arc-Length Method (EALM)	For EALM, $a^2 = S_p$ $S_p (\Delta \lambda^j)^2 P^T P + (\Delta q^j)^T \Delta q^j = (\Delta l_0)^2$	
Riks-Wempner-Ramm Quadratic Method(RWRQM)	$(\Delta t^j)^T \delta t^j = 0$	$A(\delta \lambda^j)^2 + B \delta \lambda^j + C = 0$ where $A = \eta + (q_1^j)^T q_1^j$, $\eta = P^T P$ $B = (\Delta q^{j-1})^T q_1^j + 2(q_1^j)^T \delta q_2^j + \eta \Delta \lambda^{j-1}$ $C = (\Delta q_2^j)^T \Delta q_2^j + (\Delta q^{j-1})^T \delta q_2^j$
Riks-Wempner-Ramm Method (RWRM)	$(\Delta t^{j-1})^T \delta t^j = 0$	$\delta \lambda^j = -\dfrac{(\Delta q^{j-1})^T \delta q_2^j}{(\Delta q^{j-1})^T q_1^j + \Delta \lambda^{j-1} P^T P}$
Consistent-Linearized Solution Method(CLSM)	To linearize the constraint equation as: $(c, \delta_q)^T \delta q^j + (c, \delta \lambda)^T P \delta \lambda^j = c_{res}^j$ supposing $(\Delta t_{cl}^{j-1})^T = c, \delta_q - c, \delta \lambda$ then $(\Delta t_{cl}^{j-1})^T \delta t^j = 0$	$\delta \lambda_{cl}^j = \dfrac{c_{res}^j - (c, \delta_q)^T \delta q_2^j}{(c, \delta_q)^T q_1^j + (c, \delta \lambda)^T P}$ where $(\delta q^j)_{cl} = \delta \lambda_{cl}^j q_1^j + \delta q_2^j$
Riks-Wempner Tangent Method (RWTM)	$(\delta t_t^{j-1})^T \delta t^j = 0$ where $\delta t_t^0 = \delta t^0$	$\delta \lambda^j = -\dfrac{(\delta q^{j-1})^T \delta q_2^j}{(\delta q^{j-1})^T q_1^j + \delta \lambda_t^{j-1} P^T P}(j \geqslant 2)$ where $\delta \lambda_t^{j-1} = \delta \lambda_\tau^{j-2} - \delta \lambda^{j-1}, \delta \lambda_t^0 = \delta \lambda^0$
Riks-Wempner Normal Method (RWNM)	$(\delta t^{j-1})^T \delta t^j = 0$	$\delta \lambda^j = -\dfrac{(\delta q^{j-1})^T \delta q_2^j}{(\delta q^{j-1})^T q_1^j + \delta \lambda^{j-1} P^T P}$

Note: 1. for SALM, CALM & EALM, $c, \delta_q = 2\Delta q^{j-1}$, $c, \delta \lambda = 2\alpha^2 \Delta \lambda^{j-1} P$, $c_{res}^j = (\Delta q^{j-1})^T \Delta q^{j-1} + \alpha^2 (\Delta \lambda^{j-1})^2 P^T P - (\Delta l_0)^2$; for RWRQM $c, \delta_q = \Delta q^{j-1}$, $c, \delta \lambda = \Delta \lambda^{j-1} P$, $c_{res}^j = 0$.

2. All above equations are corresponding to the i-th incremental step, and the subscript i is omitted.

（本文发表于：ACTA Mechanica Sinaca，2004，Vol. 20 No. 5）

37. 结构非线性分析中求解预定荷载水平的改进弧长法

罗永峰　J G Teng　沈永兴　沈祖炎

提　要：本文对目前广泛应用于结构非线忹分析之中的弧长法进行改进。改进后的弧长法除保持原有优点外，能够在自动跟踪结构非线性平衡路径的同时，进一步求得位于结构平衡路径任一区段的任意预先指定的荷载水平及相应的变形。本文的方法可以推广应用于求解预先指定的应力或位移。数值算例表明了本文方法的计算精度、效率及可靠性。

关键词：改进弧长法　预定荷载水平　非线性屈曲

An Improved Arc-Length Method for Searching Pre-Defined Load Levels in Nonlinear Analysis of Structures

YF Luo　JG Teng　YX Shen　ZY Shen

Abstract：An improved arc-length method is presented in this paper . The new method can be used to search and determine the pre-defined load levels besides tracing the whole nonlinear equilibrium path of a structure. The method can be extended to search the pre-defined stresses or displacements.

Keywords：Improved Arc-Length Method　Pre-Defined Load Levels　Nonlinear Analysis

1 前　言

　　弧长法自 Riks 和 Wempner 建立以来，已广泛应用于结构非线性分析之中，弧长法的应用不仅克服了传统牛顿法跨越结构非线性屈曲平衡路径上的临界点（分支点与极值点）的困难，且能够在迭代求解过程中自动调节增量步长，跟踪各种复杂的非线性屈曲平衡路径全过程（如 Snap-through 和 Snap-back 两种跳跃屈曲问题）。因而弧长法是目前结构非线性分析中数值计算最稳定、计算效率最高且最为可靠的迭代控制方法[1~4]。然而与传统的牛顿法相比，应用现行的弧长法控制迭代分析过程，难以甚至不可能精确求得结构在任一预定荷载水平下的变形状态及应力状态。而牛顿法虽然不能跨越结构的临界点及跟踪后屈曲平衡路径，但可以精确求得初屈曲平衡路径上任一指定的荷载水平的结构变形状态及应力状态。在实际的结构研究与设计中，求得某一甚至多个指定荷载水平时的结构变形与应力状态是非常重要有时甚至是必须的。

本文根据弧长法应用中的这一不足，对现阶段常用的弧长法进行了改进。提出了新的弧长法计算策略。新型的弧长法控制技术，不仅保持弧长法原有的优点，且能够在跟踪结构非线性平衡路径全过程的进程中，精确求得任意预先指定荷载水平的结构变形状态与应力状态。通过数值算例表明了本文方法的迭代收敛过程、计算效率、计算精度及可靠性。

2 常规弧长法

在结构非线性分析中，有限元增量迭代方程常表示为[4,5]

$$[K_{Ti}]\{\Delta U_i^{(j)}\} = \Delta\lambda_i^{(j)}\{R_0\} + \{\Delta P_i(\lambda_i^{(j-1)})\} \tag{1}$$

其中 $[K_{Ti}]$ 为第 i 荷载增量步时的结构切线刚度矩阵，$\{\Delta U_i^{(j)}\}$ 为第 i 荷载增量步第 j 迭代次时的位移增量向量，$\{R_0\}$ 为参考荷载向量，$\{\Delta P_i(\lambda_i^{(j-1)})\}$ 为残余力向量。

在增量迭代求解中，位移增量的关系为[4]

$$\{\delta U_i^{(j)}\} = \{\delta U_i^{(j-1)}\} + \{\Delta U_i^{(j)}\} \tag{2}$$

其中 $\{\delta U_i^{(j)}\}$ 为第 i 荷载增量步直到第 j 迭代次时的累积位移增量。
$\{\Delta U_i^{(j)}\}$ 可分解为[1]

$$\{\Delta U_i^{(j)}\} = \Delta\lambda_i^{(j)}\{\Delta\overline{U}_i^{(j)}\} + \{\Delta\overline{\overline{U}}_i^{(j)}\} \tag{3}$$

上式右边第一项为

$$\{\Delta\overline{U}_i^{(j)}\} = [K_{Ti}]^{-1}\{R_0\} \tag{4}$$

第二项为

$$\{\Delta\overline{\overline{U}}_i^{(j)}\} = [K_{Ti}]^{-1}\{\Delta P_i^{(j-1)}\} \tag{5}$$

弧长法中约束方程为

$$\{\delta U_i^{(j)}\}^T\{\delta U_i^{(j)}\} = \Delta l_i^2 \tag{6}$$

且

$$\Delta l_i = \sqrt{\frac{N_2}{N_1}}\Delta l_{i-1} \tag{7}$$

其中 Δl_i 和 Δl_{i-1} 分别为第 i 及第 $i-1$ 荷载增量步时的弧长增量，N_2 为预先指定的期望迭代次数，N_1 为第 $i-1$ 增量步收敛时的迭代次数。

在第一次迭代时（$j=1$），荷载因子增量为

$$\Delta\lambda_i^{(1)} = \Delta l_i / \sqrt{\{\Delta\overline{U}_i^{(1)}\}^T\{\Delta\overline{U}_i^{(1)}\}} \tag{8}$$

将式（3）、（4）、（5）代入式（6），可求得第 i 增量步第 j（$j>1$）迭代次时的荷载因子增量为

$$\Delta\lambda_i^{(j)} = \frac{-B \pm \sqrt{B^2 - 4AC}}{2A} \tag{9}$$

$\Delta\lambda_i^{(j)}$ 的确定应使位移向量 $\{\delta U_i^{(j-1)}\}$ 与 $\{\delta U_i^{(j)}\}$ 之间的夹角最小。具体的确定方法可参见文献 [1~4]，此处不赘述。

3 改进弧长法求解技术

在应用弧长参数控制法进行增量迭代求解非线性有限元方程中，弧长的增量积累为

$$l = \sum_{i=1}^{N} \Delta l_i \tag{10}$$

其中 Δl_i 为第 i 增量步时的弧长增量。且弧长累积增量是荷载参数（λ）的非线性函数

$$l = l(\lambda) \tag{11}$$

假如在 $\lambda_i < \lambda_s$ 之前，增量迭代求解按常规的弧长法进行，且收敛到 $\lambda = \lambda_i$。为了求得 $\lambda = \lambda_s$ 这一预定荷载水平，将式（11）中的 $l = l_s$ 在 $\lambda = \lambda_i$ 点附近按泰勒级数展开。即

$$l_s = l_s(\lambda_s) = l_s(\lambda_i + \Delta\lambda_s) = l_i + \frac{dl_i}{d\lambda_i}\Delta\lambda_s + \frac{1}{2!}\frac{d^2 l_i}{d\lambda_i^2}\Delta\lambda_s^2 + \cdots\cdots \tag{12}$$

且

$$\Delta\lambda_s = \lambda_s - \lambda_i \tag{13}$$

在式（12）中略去 2 次以上项，可求得下一增量步收敛到 $\lambda = \lambda_s$ 时的弧长增量 Δl_s 为

$$\Delta l_s = l_s - l_i \approx \frac{dl_i}{d\lambda_i}\Delta\lambda_s + \frac{1}{2}\frac{d^2 l_i}{d\lambda_i^2}\Delta\lambda_s^2 \tag{14}$$

上式中弧长对荷载因子参数的导数是难以求得其精确表达式的，可采用差分来代替导数，则

$$\frac{dl_i}{d\lambda_i} = \frac{l_i - l_{i-1}}{\lambda_i - \lambda_{i-1}} = \frac{\Delta l_i}{\Delta\lambda_i} \tag{15}$$

$$\frac{d^2 l_i}{d\lambda_i^2} = \frac{\dfrac{dl_i}{d\lambda_i} - \dfrac{dl_{i-1}}{d\lambda_{i-1}}}{d\lambda_i} = \left(\frac{\Delta l_i}{\Delta\lambda_i} - \frac{\Delta l_{i-1}}{\Delta\lambda_{i-1}}\right)\frac{1}{\Delta\lambda_i} \tag{16}$$

式（14）中的 Δl_s 即是要收敛到指定荷载水平所需的弧长参数增量。

相应的第 $i+1$ 增量步时的初始荷载因子增量应为

$$\Delta\lambda_{i+1}^{(1)} = \Delta\lambda_s^{(1)} = \pm \Delta l_s \Big/ \sqrt{\{\Delta\overline{U}_{i+1}^{(1)}\}^{\mathrm{T}}\{\Delta\overline{U}_{i+1}^{(1)}\}} \tag{17}$$

$\Delta\lambda_{i+1}^{(1)}$ 的正负号需根据 λ_i 与 λ_s 的关系确定，具体确定方法于下面算法中给出，后继迭代步中的 $\Delta\lambda_{i+1}^{(j)}$（$j > 1$）仍采用式（9）。

后继迭代步的 $\Delta\lambda_{i+1}$（$j > 1$）仍采用式（11）。

4　数值计算步骤

本文只给出与改进弧长法有关的计算步骤，其他相关的计算步骤可参见文献 [4，5]。

1）下列参数需预先指定

预定待求荷载水平的数目 N_s，预定荷载因子参数值 $\lambda_s(k)$（$k = 1, 2, \cdots, N_s$）

2）当第 i 增量步收敛后，计算 $\Delta\lambda_s = \lambda_s - \lambda_i$，并由式（14）求得 Δl_s。

3）比较 Δl_s 与 Δl_i（上步弧长增量）。

若

$$\Delta l_s \leqslant \Delta l_i, \quad 则 \quad \Delta l_{i+1} = \Delta l_s$$

否则

$$\Delta l_{i+1} = \Delta l_i \Big/ \sqrt{\{\Delta\overline{U}_{i+1}^{(1)}\}^{\mathrm{T}}\{\Delta\overline{U}_{i+1}^{(1)}\}}$$

继续迭代求解。

4）检查 $|\Delta\lambda/\Delta\lambda_s| \leqslant \varepsilon$

其中 $\Delta\lambda = \lambda_s - \lambda_{i+1}$，$\varepsilon \ll 1$

若满足收敛条件，即 $\lambda = \lambda_s$ 找到，则顺次寻找下一个指定点或应用常规弧长法继续求解。若不满足条件，转去执行（2）。

在第 3）步中，若 $\Delta l_s \leqslant \Delta l_i$，则计算过程运用式（14）进行搜索，此时 $\Delta \lambda_{i+1}^{(1)} = \Delta l_{i+1} / \sqrt{\{\Delta \overline{U}_{i+1}^{(1)}\}^{\mathrm{T}} \{\Delta \overline{U}_{i+1}^{(1)}\}}$。$\Delta \lambda_{i+1}^{(1)}$ 的正负号与结构屈曲平衡路径的趋势有关。若 $\lambda_i > \lambda_{i-1}$ 且 $\lambda_s > \lambda_i$ 及 $\lambda_i < \lambda_{i-1}$ 且 $\lambda_s > \lambda_i$ 则取正值，其他情况取负值。

5　数值例题分析

图 1 为一扁球壳结构[5]，承受均匀外压作用，周边固支，矢高参数 $\eta = 5.5$，$P_0 = 1$，厚度 $t = 1\mathrm{mm}$，其他几何及物理参数于图中给出。

本文在跟踪该结构非线性平衡路径的同时，分别计算出 $\lambda = 0.3$，0.5 及 0.7 时的平衡点，荷载-变形曲线示于图 2 中。数值分析中弧长参数、位移及荷载因子的变化及收敛过程列于表 1 中。由图 2 及表 1 中，可看出迭代计算逼近准确值的过程及精确程度。不论预定荷载位于平衡路径那一段（前、后屈曲段），本文方法均可准确求得相应的平衡点。

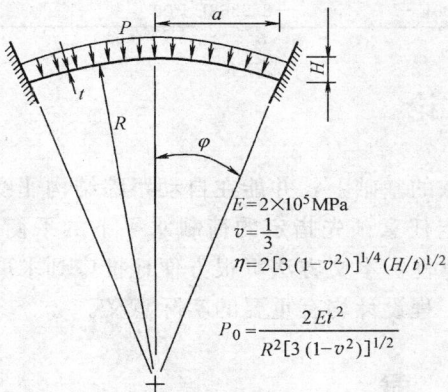

图 1　受外压的扁球壳

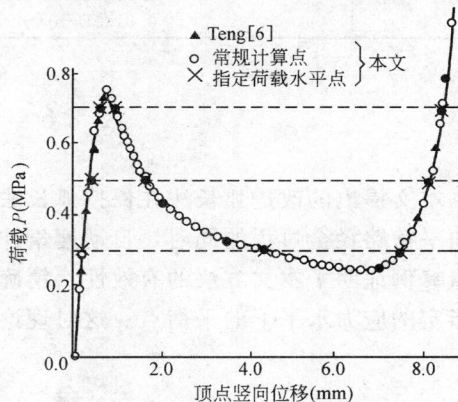

图 2　中点荷载-位移（竖向）曲线

改进弧长法迭代收敛过程及结果　　　　　　　　　　　表 1

趋　　势	预定荷载	弧长增量 Δl_i	荷载参数 λ_i	中心点位移	迭代次数
上升段 I	0.30	0.2212E+00	2.9083E−01	−2.1068E−01	3
		0.2012E−01	2.9966E−01	−2.1767E−01	
		0.7687E−03	3.0000E−01	−2.1794E−01	
	0.50	0.1049E+00	4.9631E−01	−3.8619E−01	3
		0.9830E−02	4.9992E−01	−3.8958E−01	
		0.2299E−03	5.0000E−01	−3.8966E−01	
	0.70	0.2138E+00	6.8799E−01	−5.9773E−01	4
		0.4294E−01	6.9858E−01	−6.1376E−01	
		0.5772E−02	6.9996E−01	−6.1593E−01	
		0.1626E−03	7.0000E−01	−6.1599E−01	
下降段	0.70	0.2150E−02	6.9994E−01	−9.7191E−01	2
		0.2902E−03	7.0000E−01	−9.7175E−01	
	0.50	0.8803E−01	5.0079E−01	−1.6658E+00	3
		0.7351E−02	5.0002E−01	−1.6696E+00	
		0.2366E−03	5.0000E−01	−1.6697E+00	

续表

趋　势	预定荷载	弧长增量 Δl_i	荷载参数 λ_i	中心点位移	迭代次数
下降段	0.30	0.6226E+00	2.9987E−01	−4.3737E+00	4
		0.1107E−01	3.0012E−01	−4.3696E+00	
		0.5201E−02	3.0006E−01	−4.3715E+00	
		0.5560E−02	3.0000E−01	−4.3736E+00	
上升段Ⅱ	0.30	0.9369E+00	3.2308E−01	−7.6446E+00	5
		0.4860E+00	2.9408E−01	−7.5056E+00	
		0.9919E−01	2.9798E−01	−7.5337E+00	
		0.5124E−01	3.0012E−01	−7.5482E+00	
		0.2782E−02	3.0000E−01	−7.5474E+00	
	0.50	0.7153E+00	5.3104E−01	−8.2746E+00	5
		0.2375E+00	4.9395E−01	−8.2099E+00	
		0.3877E−01	4.9925E−01	−8.2204E+00	
		0.5503E−02	4.9998E−01	−8.2218E+00	
		0.1312E−03	5.0000E−01	−8.2219E+00	
	0.70	0.2612E+00	7.1073E−01	−8.5501E+00	4
		0.5254E−01	6.9934E−01	−8.5360E+00	
		0.3066E−02	6.9998E−01	−8.5368E+00	
		0.8190E−04	7.0000E−01	−8.5368E+00	

6　结　论

　　本文提出的改进弧长法在保持弧长法原有优点的基础上，并能在自动跟踪结构非线性屈曲平衡路径全过程的同时，自动搜索并准确确定任意预先指定的荷载水平下的平衡点。数值算例证明了本文方法的有效性、精确性及可靠性。本文方法可很方便地推广到求取任意指定的应力水平下的平衡点。这对理论研究与工程设计均有重要的实际意义。

参　考　文　献

1 Bellini PX and Chulya A. An improved automatic incremental algosithm for the efficient solution of nonlinear finite element equation. Comput. Struct 1987，26（1/2）：99～110
2 Choong KK and Hangai Y，Review on methods of bifurcation analysis for geometrically nonlinear structures LASS Bulletin of the International Association for shell and Spatial Structures . 1993，34（112）133～149
3 Kweon J H and Hong C S. An im proved arc-length method for post buckling analysis of composite cylindrical panels，Comput，Struct. 1994，53（3）：541～549
4 罗永峰，网壳结构弹塑性稳定分析及承载全过程研究：［博士学位论文］. 上海：同济大学，1991
5 Teng J G and Rotter J M. Elestic-plastic，large deflection analysis of axisymmetric shells. Compat. Struct. 1989，31（2）：211～233
6 Teng J G，Luo Y F . Analysis of bifurcation buckling in shells of revolution after axisymmetric snapthrough，Proceedings of Asian-Pacific Conference on Shell and Spatial Structurs. IASS，Beijing，1996：579～586

（本文发表于：计算力学学报，1997 年第 4 期）

38. 确定结构分支点及跟踪
平衡路径的改进弧长法

罗永峰　滕锦光　沈祖炎

提　要：在非线性有限元法的基础上，提出了一个新的搜索及确定结构非线性分支点并跟踪屈曲平衡路径全过程的求解方法——改进弧长法。利用弧长控制参数和结构切线刚度矩阵特征值之间的非线性关系，建立了搜索并确定位于结构屈曲平衡路径任一区段内的分支点的精确分析方法。改进弧长法已用于薄壳结构的非线性屈曲分析之中，数值结果表明了新方法的精确性、可靠性及计算效率。

关键词：分支点　弧长法　非线性屈曲

Improved Arc-length Method for Detecting Bifurcation Points and Tracing Buckling Equilibrium Path of Structures

Luo Yongfeng　Teng Jinguang　Shen Zuyan

Abstract：Based on the nonlinear finite element method, a new technique-an improved arc-length method, is established for detecting the critical points and tracing the buckling equilibrium path of structures. Using the nonlinear relation between the arc-length parameter and the stiffness matrix of the structures, the conventional arc-length method is improved. The method has been used to analyze the thin shell structures. Numerical results show that the new method is accurate, reliable and efficient.

Keywords：Bifurcation Point　Arc-Length Method　Nonlinear Buckling

近年来，结构的非线性稳定、承载能力及其非线性平衡路径跟踪一直是结构工程领域的热点问题之一。对于很多现代结构问题，特别是大型复杂的结构体系，其受力性态的确定及屈曲平衡路径的跟踪是非常重要甚至是必需的。如在结构的敏感性分析中，结构分支性态的确定及后屈曲响应的跟踪是至关重要的[1~4]。

关于有限元方程的求解方法很多，目前的解法基本均是以 Newton-Raphson 法为基础的增量迭代求解技术与不同的约束控制方程组合而成的各类分析方法，其中最有效且应用最广的是以弧长变量为控制参数的各类弧长法，这类方法对跟踪结构的后屈曲平衡路径具有良好的稳定性、可靠性及计算效率[1~3]。

有关搜索及确定结构临界点（包括分支点及极值点）的方法，目前已有一些文献发表[4]，但基本只限于计算某一个简单的临界点，不同的分析方法选用不同的搜索参数，还没有一种较为广泛应用的临界点搜索及确定方法[4]。

本文以弧长法为基础，以广义弧长参数为搜索控制参数，建立确定结构临界点的分析方法。修正后的弧长法能够在跟踪结构平衡路径全过程中的任一区段搜索及确定所存在的临界点并继续跟踪后屈曲响应。本文的分析方法已应用于薄壳结构的非线性屈曲分析之中，数值结果表明了改进弧长法的精确可靠性。

1　非线性有限元法特征方程

在非线性有限元法方程中，运用虚功原理可求得结构单元的刚度矩阵及稳定矩阵，将单元刚度矩阵及稳定矩阵进行坐标转换及组装即可得到结构的总体刚度矩阵。结构的屈曲问题便可归结为以下非线性特征问题[5]：

$$([K_S]+\Lambda[K_G])\{q\}=0 \tag{1}$$

式中：$[K_S]$ 为结构切线刚度矩阵；$[K_G]$ 为结构的几何矩阵；Λ 为特征值；$\{q\}$ 为特征向量；$[K_S]$，$[K_G]$ 均取决于结构当前的变形形态，且是荷载参数 λ 的函数。对于任一稳定平衡状态，λ 的取值应使得所求得的 $[K_S]$，$[K_G]$ 满足行列式 $|[K_S]+\Lambda[K_G]|=0$ 的条件。如果某一平衡状态是临界平衡状态，则应有

$$\Lambda=1 \tag{2}$$

因此，式（2）即是分支屈曲的特征方程。

利用 Sturm 序列及对分法技术，通过迭代法可求得满足式（2）条件的非线性有限元方法程（1）的临界屈曲模态及相应的临界屈曲荷载。

2　确定分支点及跟踪屈曲平衡路径的改进弧长法

在非线性有限元法中，有限元增量方程及其求解（4）约束方程可描述如下[2]：

$$[K_{Ti}]\{\Delta V_i^{(j)}\}=\{R_i^{(j-1)}\}-\{F_i^{j-1}\} \tag{3}$$

$$C(\{\Delta V_i\},\Delta\lambda_i)=0 \tag{4}$$

式中：$\{F_i^{(j-1)}\}$，$\{R_i^{(j-1)}\}$ 分别为第 i 次增量第 j 迭代步的等效节点抗力及等效节点荷载；$\{\Delta V_i^{(j)}\}$ 为相应的节点位移增量；$[K_{Ti}]$ 为结构切线刚度矩阵；$\Delta\lambda_i$ 为荷载增量因子；$C(\quad)$ 为解约束函数。

为方便起见，假定所分析结构承受比例荷载，则式（3）可改写为

$$[K_{Ti}]\{\Delta V_i^{(j)}\}=\Delta\lambda_i^{(i-1)}\{R_0\}+\{\Delta P_i^{(j-1)}\} \tag{5}$$

式中：$\{R_0\}$ 为参考荷载向量；$\Delta\lambda_i^{(j-1)}$ 为荷载因子增量；$\{\Delta P_i^{(j-1)}\}$ 为残余力向量。

由式（5）可解得位移增量为

$$\{\Delta V_i^{(j)}\}=\Delta\lambda_i^{(j)}\{\Delta\overline{V}_i\}+\{\Delta\overline{\overline{V}}_i^{(j)}\} \tag{6}$$

其中：

$$\{\Delta\overline{V}_i\}=[K_{Ti}]^{-1}\{R_0\} \tag{7}$$

$$\{\Delta\overline{\overline{V}}_i^{(j)}\}=[K_{Ti}]^{-1}\{\Delta P_i^{(j-1)}\}$$

而在一次荷载增量步中，总的位移增量应为

$$\{\delta V_i^{(j)}\}=\{\delta V_i^{(j-1)}\}+\{\Delta V_i^{(j)}\}=\sum_{k=1}^{j}\{\Delta V_i^{(k)}\} \tag{8}$$

2.1 常规弧长法

约束方程（4）在柱面弧长法[2,3]中的形式为

$$\{\delta V_i^{(j)}\}^{\mathrm{T}}\{\delta V_i^{(j)}\}=\Delta l_i^2 \tag{9}$$

将式（6）、（8）引入上式，可得在第 i 增量步第 $j(j>1)$ 迭代次的荷载因子增量 $\Delta\lambda_i^{(j)}$ 为

$$\Delta\lambda_i^{(j)}=(-B\pm\sqrt{B^2-4AC})/(2A) \tag{10}$$

式（10）中的根及系数 A，B，C 的确定可参阅文献［1～3］，此处不赘述。

在每个荷载增量步时，弧长的变化关系，用迭代次数加以修正，即

$$\Delta l_i=(N_1/N_2)^{1/2}\Delta l_{i-1} \tag{11}$$

式中：N_1，N_2 分别为预先指定及上步的迭代次数。

而在初始增量步，初始弧长可由下式确定：

$$\Delta l_1=\Delta\lambda_1\sqrt{\{\Delta V_1\}^{\mathrm{T}}\{\Delta V_1\}} \tag{12}$$

其中：$\Delta\lambda_1$ 为预先制定的初始荷载因子增量。

在每一增量步 i 中，第一次（$j=1$）迭代荷载因子增量为

$$\Delta\lambda_i^{(1)}=\pm\Delta l_i/\sqrt{\{\Delta V_i^{(1)}\}^{\mathrm{T}}\{\Delta V_i^{(1)}\}} \tag{13}$$

$\Delta\lambda_i^{(1)}$ 的符号取决于结构切线刚度矩阵 $[K_{\mathrm{T}}]$ 的行列式的符号[1~3]。

2.2 确定分支点的广义弧长搜索技术

在非线性有限元法中，尽管用于跟踪结构屈曲平衡路径全过程的弧长法是最有效的，但若需要搜索及确定结构的分支点，仅用常规的弧长法是不能达到目的的。为了在跟踪结构屈曲平衡路径全过程中准确确定分支点，可以利用广义弧长参数 l 与结构切线刚度矩阵的特征值之间的非线性关系，建立调整弧长增量的外插分析方法。

此处广义弧长参数 l 可由下式求得，即

$$l=\sum_{k=1}^{i}\Delta l_k \tag{14}$$

其中：Δl_k 为第 k 增量步时的弧长增量。

由式（1）及（2）可知，结构处于临界分支状态的条件为 $\Lambda=1$，而处于受载状态的结构，其特征值 Λ 是广义弧长参数 l 的函数。

令

$$\varphi(l)=\Lambda(l)-1 \tag{15}$$

$\varphi(l)$ 是表示结构变形形态的函数，与弧长参数 l 隐含相关。由式（2）可知，若

$$\varphi(l)=\Lambda(l)-1=0 \tag{16}$$

则表明结构处于临界状态，亦即结构荷载-变形空间的这一点，为结构屈曲路径上的分支点（$\{V_{\mathrm{cr}}\}$，λ_{cr}）。则此时的弧长参数为 $l=l_{\mathrm{cr}}$。

在临界点邻域的某一已知点（$\{V_i\}$，λ_i）展开 $\varphi(l)$，可得下列关系式：

$$\varphi(l_{\mathrm{cr}})=\varphi(l_i)+\dot\varphi(l_i)\Delta l_{\mathrm{cr}}+\frac{1}{2}\ddot\varphi(l_i)\Delta l_{\mathrm{cr}}^2+\cdots \tag{17}$$

上式中只保留关于 Δl_{cr} 的线性部分，并由式（16）可得

$$\Delta l_{\mathrm{cr}}=-\frac{\varphi(l_i)}{\dot\varphi(l_i)} \tag{18}$$

即为由已知点（$\{V_i\}$，λ_i）到临界点计算所需的弧长参数增量。

由于函数 $\varphi(l)$ 相对于弧长参数 l 来说，是一个很复杂的函数，因此其导数的计算也将是很复杂的，为了数值分析上的方便，并保证分析结果的精确性，在此引用差分形式来代替其导数，则有

$$\dot{\varphi}(l_i) \approx \frac{\varphi(l_i) - \varphi(l_{i-1})}{l_i - l_{i-1}} \qquad (19)$$

将上式代入式（18）即得到

$$\Delta l_{\mathrm{cr}} = -\frac{\varphi(l_i)}{\varphi(l_i) - \varphi(l_{i-1})}(l_i - l_{i-1}) = \frac{1 - \Lambda(l_i)}{\Lambda(l_i) - \Lambda(l_{i-1})}\Delta l_i \qquad (20)$$

上式即为弧长参数增量 Δl_{cr} 的简化计算公式。

由式（17）可看出，由于截断误差的原因，在跟踪屈曲平衡路径的过程中搜索分支点需反复数次应用式（20）来搜索确定临界点。已知点（$\{V_i\}$，λ_i）愈接近临界点，反复的次数也愈少，甚至可以一步确定。

3　数　值　算　例

本文的分析方法已运用于旋转薄壳结构的非线性屈曲分析之中，对几个常见的结构算例进行了分析比较。

3.1　扁球壳的非线性弹性屈曲

受均匀外压的周边固支扁球壳如图 1 所示，其几何及物理参数示于图中，且给定 $t=1\mathrm{mm}$，$p_0 = 1\mathrm{N \cdot mm^{-2}}$。Huang[6] 和 Teng[7] 对此结构分别进行了分析，本文用新的理论进行计算以资比较。分析结果列于附表中。

本文同时又给出了结构在 $\lambda_{\mathrm{c}} = 5.5$ 及 6 时屈曲平衡路径全过程曲线如图 2 所示，遗憾的是 Huang 没有给出类似的曲线。

固支扁球壳屈曲荷载比较

高度参数 λ_{c}	屈曲临界荷载 p_{cr}/p_0，(n_{cr})	
	Huang[6]	本文
5.5		0.747(1)
6.0	0.775(2)	0.772(2)
7.0	0.760(3)	0.758(3)
8.0	0.766(4)	0.765(4)
9.0	0.777(4,5)	0.776(5)
10.0	0.776(5)	0.775(5)
11.0	0.776(6)	0.775(6)
12.0	0.780(7)	0.779(7)

注：表中括号内的数字（n_{cr}）为球壳屈曲半波数。

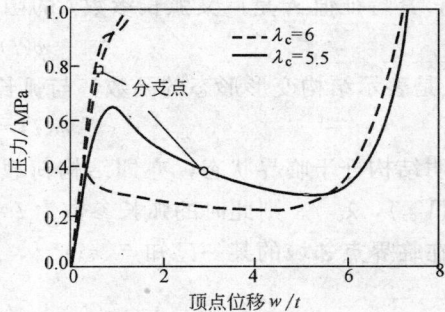

$E = 2 \times 10^5 \mathrm{MPa}$
$v = \frac{1}{3}$
$\lambda_{\mathrm{c}} = 2[3(1-v^2)]^{1/4}(H/t)^{1/2}$
$P_0 = \dfrac{2Et^2}{R^2[3(1-v^2)]^{1/2}}$

图 1　周边固支扁球壳

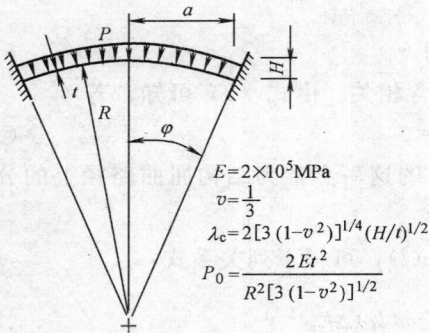

图 2　固支扁球壳屈曲荷载-位移曲线

3.2　旋转压力容器薄壳的弹塑性屈曲

图 3 所示为一旋转薄壳压力容器结构，材料为理想弹塑性，弹性模量 $E = 2.07 \times$

10^5 MPa，泊松比 $\nu = 0.3$，屈服应力 $\sigma_y = 310$ MPa，顶板下挠缺陷为 $\omega_0/t = 4$。本文分别对完善及带缺陷结构进行了弹塑性非线性屈曲分析，完善结构的屈曲半波数 $n_{cr} = 13$，临界荷载 $p_{cr} = 0.311$ MPa；带缺陷结构的屈曲半波数仍然为 $n_{cr} = 13$，临界荷载 $P_{cr} = 0.328$ MPa，荷载-位移曲线如图 4 所示。

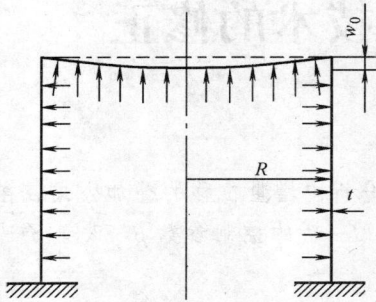

图 3　压力容器薄壳结构

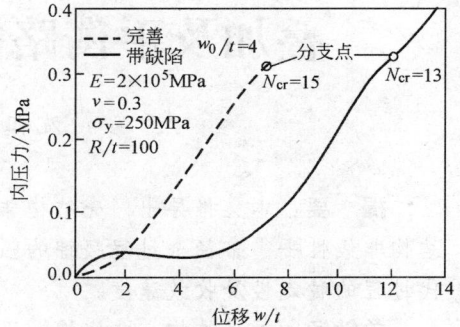

图 4　弹塑性屈曲荷载-位移曲线

4　结　论

改进后的弧长法，不仅在跟踪结构非线性屈曲平衡路径中具有良好的计算性能，并且能在跟踪结构屈曲平衡路径过程中搜索且精确确定位于平衡路径上任一区段的临界点。为进一步分析结构形态提供具体直接的数值结果。数值结构表明了本文方法的精确、可靠及计算效率。

参 考 文 献

1　Ramm E. Strategies for tracing nonlinear respenses near limit points. In：Stein E，Bathe K J，eds. Nonlinear Finite Element Analysis in Structural Mechanics. New York：Springer-Verlag，1981. 63~89

2　Bellini P X，Chulya A. An improved automatic incremental algrithm for the efficient solution of nonlinear finite element equations. Comput Struct，1987，26（1~2）：99~110

3　Carpera E. A study on arc-length-type methods and their operation failures illustrated by a simple model. Comput Struct，1994，50（2）：217~229

4　Choong K K，Hangai Y. Review on methods of bifurcation analysis for geometrically nonlinear structures. Bulletin of the International Association for Shell and Spatial Structures，1993，34（2）：133~149

5　Gupta K K. On a numerical solution of the plastic buckling problem of structures. Int J Num Meth Engrg，1978，12：941~947

6　Huang N C. Unsymmetric buckling of thin shallow spherical shells. J Appl Mech，1964，31（9）：447~457

7　Teng J G，Rotter J M. Elastic-plastic large deflection analysis of axisymmetric shells. Comput Struct，1989，31（2）：211~233

（本文发表于：同济大学学报，1997 年第 5 期）

39. 网壳结构分析中节点大位移叠加及平衡路径跟踪技术的修正

沈祖炎　罗永峰

提　要：本文推导出网壳结构非线性大位移分析中增量位移的叠加公式。在结构非线性平衡路径全过程跟踪的弧长法中，引入一新的控制参数 β，改善了迭代过程的稳定性及收敛速度。

关键词：网壳结构　非线性　平衡路径　控制参数 β

Updating of Large Rotations of Space Joints and Revising of Solution Technique for Tracing an Equilibrium Path in Analysis of Reticulated Shells

Shen Zuyan　Luo Yongfeng

Abstract：A derivation of the formula for updating large rotations in a nonlinear analysis of reticulated shells is presented in the paper. A new control parameter，β，is introduced in to the arc-length method for tracing equilibrium paths of shells.

Keywords：Reticulated Shells　Nonlinear　Equilibrium Paths　Control Parameter β

1 引　言

现代空间结构中，网壳结构常被用于大跨度无柱覆盖空间的建造。这类结构由于其高跨比小，在外载作用下常表现出强烈的大位移非线性效应，在网壳结构理论的分析中，必须考虑这种非线性特性。目前，对网壳结构的常用分析方法是采用增量迭代求解，跟踪其荷载-位移平衡路径。然而，由于这类结构节点的大位移特性，其节点的转角位移已不再是矢量[1]，一般的位移增量的线性叠加原理不再适用，必须寻求一种适合于大位移条件下增量位移的修正方法。自 60 年代以来，国内外许多学者致力于网壳结构非线性平衡路径跟踪的研究，对于大位移条件下增量位移的修正有不同的计算方法。

本文根据网壳结构几何非线性分析的需要，对网壳结构节点大位移条件下增量位移的叠加公式，从数学变换的角度进行了严密的推导证明，给出子增量位移叠加的正确公式。

网壳结构承载全过程的跟踪，一直是一个较难的课题。目前较流行的实用方法是

Crisfield[6]的弧长法，弧长增量的自动选取是迭代过程收敛的主要因素，本文引入一新的系数 β 来调整迭代过程中的弧长参数增量。

本文对一穹顶结构进行了分析计算及比较，结果证明了大位移分析的正确性，并表明参数 β 的调整效果是显著的。

2　理　论　分　析

结构非线性平衡路径的跟踪，通常采用线性化的增量过程迭代求解。设某结构的增量刚度方程为

$$\{\Delta P_i\} = [K_{Ti}]\{\Delta V_i\} \tag{1}$$

由（1）式经迭代求解可获得第 i 增量步的位移增量 $\{\Delta V_i\}$，将此位移增量经适当方式叠加于上次的总位移，即可得到在新的荷载水平下结构的新位移。

2.1　增量大位移的叠加方法

通常，对于结构节点线位移增量或小位移情况下的任一位移增量，可直接应用线性叠加原理进行计算，即

$$\{V_{i+1}\} = \{V_i\} + \{\Delta V_i\} \tag{2}$$

然而，对于大位移分析中的转角位移增量，由于其已不再是矢量，既不符合矢量的叠加原则，因而，就不能直接应用（2）式，而需要以矩阵变换的方式进行修正。

为了求得空间节点转角位移增量的修正公式，首先必须明确空间向量的旋转变换。

(1) 空间向量的旋转变换

设空间固定坐标系 XYZ 为右手系，如图 1 所示，$\overline{R}$ 为任一已知的空间向量（通过原点），$\overline{R}$ 绕过原点的矢量 $\overline{\omega}$ 转动到 $\overline{R'}$，转角为 θ，其旋转变换推导如下：

如图 1 所示，首先在 Z 轴上取一单位矢量 $\overline{k}$，将 $\overline{k}$ 绕 Y 轴旋转 α 角，然后绕 Z 轴转 β 角后与 $\overline{\omega}$ 重合，则可得 $\overline{R}$ 的转动中心 $\overline{\omega}$ 的方向余弦 $\begin{Bmatrix}\lambda\\\mu\\\gamma\end{Bmatrix}$ 与 α、β 角的关系。

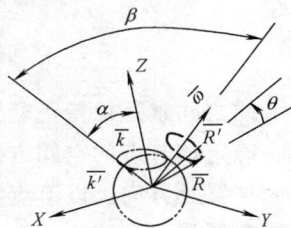

图 1　空间向量旋转变换

单位向量 $\overline{k}=\begin{Bmatrix}0\\0\\1\end{Bmatrix}$，经 α，β 两次旋转后，根据旋转变换关系[4]可得

$$\begin{bmatrix}\cos\beta & -\sin\beta & 0\\ \sin\beta & \cos\beta & 0\\ 0 & 0 & 1\end{bmatrix}\begin{bmatrix}\cos\alpha & 0 & \sin\alpha\\ 0 & 1 & 0\\ -\sin\alpha & 0 & \cos\alpha\end{bmatrix}\begin{bmatrix}0\\0\\1\end{bmatrix} = \begin{bmatrix}\sin\alpha\cos\beta\\ \sin\alpha\sin\beta\\ \cos\alpha\end{bmatrix} = \begin{bmatrix}\lambda\\ \mu\\ \gamma\end{bmatrix} \tag{3}$$

即为向量 $\overline{\omega}$ 的方向余弦。

另一方面，保持 $\overline{R}$ 与 $\overline{\omega}$ 的相对位置不变，将 $\overline{R}$ 与 $\overline{\omega}$ 一起按上述完全相反方向分别旋转 $-\beta$ 角和 $-\alpha$ 角，使 $\overline{\omega}$ 与 Z 轴重合，然后再让 $\overline{R}$ 绕 Z 轴（即绕 $\overline{\omega}$）旋转 θ 角，最后将 $\overline{\omega}$ 与 $\overline{R}$ 经过与前相反的两次旋转（即 α、β 角），使 $\overline{\omega}$ 回到原来的位置，此时 $\overline{R}$ 随同 $\overline{\omega}$ 一起

回到旋转后的新位置$\overline{R'}$。由此$\overline{R}$绕$\overline{\omega}$转到$\overline{R'}$的旋转变换矩阵$[T_0]$可由下列五个矩阵之积得到，即

$$[T_\theta]=\begin{bmatrix} \cos\beta & -\sin\beta & 0 \\ \sin\beta & \cos\beta & 0 \\ 0 & 0 & 1 \end{bmatrix}\begin{bmatrix} \cos\alpha & 0 & \sin\alpha \\ 0 & 1 & 0 \\ -\sin\alpha & 0 & \cos\alpha \end{bmatrix}\begin{bmatrix} \cos\theta & -\sin\theta & 0 \\ \sin\theta & \cos\theta & 0 \\ 0 & 0 & 1 \end{bmatrix}$$

$$\begin{bmatrix} \cos\alpha & 0 & -\sin\alpha \\ 0 & 1 & 0 \\ \sin\alpha & 0 & \cos\alpha \end{bmatrix}\begin{bmatrix} \cos\beta & \sin\beta & 0 \\ -\sin\beta & \cos\beta & 0 \\ 0 & 0 & 1 \end{bmatrix} \tag{4}$$

将（3）式引入（4）式可得

$$[T_\theta]=\begin{bmatrix} 1 & 0 & 0 \\ 0 & 1 & 0 \\ 0 & 0 & 1 \end{bmatrix}\cos\theta+\begin{bmatrix} \lambda^2 & \lambda\mu & \lambda\gamma \\ \mu\lambda & \mu^2 & \mu\gamma \\ \gamma\lambda & \gamma\mu & \gamma^2 \end{bmatrix}(1-\cos\theta)+\begin{bmatrix} 0 & -\gamma & \mu \\ \gamma & 0 & -\lambda \\ -\mu & \lambda & 0 \end{bmatrix}\sin\theta \tag{5}$$

（5）式即为以$\overline{\omega}$的方向余弦表示的向量$\overline{R}$绕$\overline{\omega}$旋转到$\overline{R'}$的旋转变换矩阵。

（2）增量转角位移的修正

网壳结构大位移分析中，节点转角位移增量，就是节点体矢量（或刚性联系在节点体上的某矢量）相对于某固定矢量转动的角度。为了描述及推导上的方便，以下引用"节点定向矩阵"[1]的概念。

假定在结构的每一节点上刚性固定三条相互正交的直线（如图2所示），称之为"节点参考线"。在初始时，令节点参考线分别平行于三条坐标轴，且在结构变形过程中

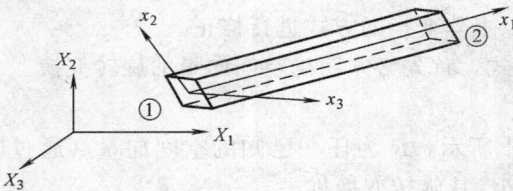

图2 空间杆元

参考线之间永远保持正交，这样在结构受载变形后的每一位移，节点参考线的方向余弦可唯一确定该节点的空间方位，连同该节点的三个线位移分量一起，就可唯一确定改节点的空间位置及方向。以节点参考线的方向余弦为列而构成的3阶正交矩阵，即定义为节点定向矩阵$[\alpha]$

$$[\alpha]=\begin{bmatrix} \alpha_{11} & \alpha_{12} & \alpha_{13} \\ \alpha_{21} & \alpha_{22} & \alpha_{23} \\ \alpha_{31} & \alpha_{32} & \alpha_{33} \end{bmatrix} \tag{6}$$

根据假定，初始时节点定向线分别平行于结构的三条坐标轴，故有

$$[\alpha_0]=\begin{bmatrix} 1 & 0 & 0 \\ 0 & 1 & 0 \\ 0 & 0 & 1 \end{bmatrix} \tag{7}$$

按照（6）式的定义，$[\alpha]$表示三个一组的单位节点参考线。在结构受载变形后，节点产生新的位移增量，除线位移增量外，其节点参考线必绕某瞬时轴转动一增量角度$\Delta\theta_i$，而到达新的平衡位置。对照上节的空间向量旋转变换可看出，这里的节点定向线相当于上节的空间向量$\overline{R}$，而瞬时中心轴相当于上节的向量$\overline{\omega}$，节点定向线转动到新的位置

相当于上节的 $\overline{R'}$。由此利用（5）式可求得节点参考线从原位置到新位置的旋转变换矩阵 $[T_{\Delta\theta i}]$，使得

$$[\alpha_i]=[T_{\Delta\theta i}][\alpha_{i-1}] \tag{8}$$

式中的 $[\alpha_{i-1}]$、$[\alpha_i]$ 分别表示第 i 次增量前后的节点定向矩阵，$[T_{\Delta\theta i}]$ 表示第 i 次增量时的旋转变换矩阵。$[\alpha_i]$ 的三列即表明三条节点定向线在空间的新方位。

由（5）式可知，$[T_{\Delta\theta i}]$ 的元素与 $\bar{\omega}$（即瞬时旋转中心轴）的方向余弦有关，而节点定向线的瞬时旋转中心轴可由线性化增量角位移 $\Delta\theta_i$ 的三个分量 $\Delta\theta_{i1}$、$\Delta\theta_{i2}$、$\Delta\theta_{i3}$ 来确定，其方向余弦为

$$\left. \begin{aligned} C_1 &= \frac{\Delta\theta_{i1}}{\Delta\theta_i}=\lambda \\ C_2 &= \frac{\Delta\theta_{i2}}{\Delta\theta_i}=\mu \\ C_3 &= \frac{\Delta\theta_{i3}}{\Delta\theta_i}=\gamma \end{aligned} \right\} \tag{9}$$

且

$$\Delta\theta_i = \sqrt{\Delta\theta_{i1}^2+\Delta\theta_{i2}^2+\Delta\theta_{i3}^2}$$

由（5）式可得

$$[T_{\Delta\theta i}]=\begin{bmatrix} 1 & 0 & 0 \\ 0 & 1 & 0 \\ 0 & 0 & 1 \end{bmatrix}\cos\Delta\theta_i + \begin{bmatrix} C_1^2 & C_1C_2 & C_1C_3 \\ C_2C_1 & C_2^2 & C_2C_3 \\ C_3C_1 & C_3C_2 & C_3^2 \end{bmatrix}(1-\cos\Delta\theta_i)$$

$$+\begin{bmatrix} 0 & -C_3 & C_3 \\ C_3 & 0 & -C_1 \\ -C_2 & C_1 & 0 \end{bmatrix}\sin\Delta\theta_i \tag{10}$$

因初始时，$[\alpha_0]$ 为单位矩阵，则经过第一次角位移增量 $\Delta\theta_1$，旋转变换后有

$$[\alpha_1]=[T_{\Delta\theta 1}][\alpha_0]=[T_{\Delta\theta 1}]$$

或

$$[\alpha_1]=[T_{\theta 1}]=[T_{\Delta\theta 1}] \tag{11}$$

即 $[T_{\Delta\theta 1}]$ 为第一次变形后的节点定向矩阵。

令 $[\alpha_{i-1}]$ 表示第 $i-1$ 次增量变形后的节点定向矩阵，则第 i 次增量变形 $\Delta\theta i$ 后，新的节点定向矩阵为

$$[\alpha_i]=[T_{\Delta\theta i}][\alpha_{i-1}]=[T_{\Delta\theta i}][T_{\theta(i-1)}][\alpha_0]=[T_{\theta i}][\alpha_0]=[T_{\theta i}] \tag{12}$$

即 $[T_{\theta i}]$ 为第 i 次增量变形后的节点定向矩阵，且

$$[T_{\theta i}]=\prod_{j=1}^{i}[T_{\Delta\theta j}] \tag{13}$$

2.2　非线性平衡路径的跟踪

Crisfield[2,6] 的"弧长法"是目前跟踪平衡路径的最有效的方法，然而各控制参数的选取仍具有一定的经验性，本文采用"弧长法"并引入了新的控制参数。

（1）初始增量步的弧长参数 Δl_1 的确定

在增量迭代计算的初始步，预先指定荷载参数 $\Delta\lambda_1$ 一个合适的值（如常取 $\Delta\lambda_1 =$

1.0)，然后按等弧长约束方程可确定初始弧长 Δl_1 为

$$\Delta l_1 = \Delta \lambda_1 \{\delta_0\}^{\mathrm{T}} \{\delta_0\} + \eta \tag{14}$$

其中

$$\{\delta_0\} = [K_{\mathrm{T0}}]^{-1} \{p\} \tag{15}$$

$[K_{\mathrm{T0}}]$ 为初始时的切线刚度矩阵；

$$\eta = \begin{cases} 1.0 \ \text{沿法平面或球面迭代；} \\ 0.0 \ \text{沿柱面迭代。} \end{cases} \text{（以下同）}$$

（2）后继增量步弧长参数 Δl_i 的确定

每增量步弧长增量的自动选取应能在解曲线局部非线性变化部分自行调节其值，同时也应使得在各增量步内达到收敛所需的迭代次数大致相同。

本文采用当前刚度参数增量 $\Delta S_{\mathrm{p}i}$，上增量步迭代次数 N_2 及外部因子 β 同时修正上次弧长增量来求得新的弧长增量 Δl_i

$$\Delta l_i = \beta \frac{\Delta \overline{S}_{\mathrm{p}}}{|\Delta S_{\mathrm{p}i}|} \sqrt{\frac{N_1}{N_2}} \Delta l_{i-1} \tag{16}$$

式中 N_1 为预定的每步迭代次数，常取 $2 \sim 3$；$\Delta \overline{S}_{\mathrm{p}}$ 为预定的当前刚度参数增量，常取 $0.05 \sim 0.1$；β 为控制因子[5]，常取 $0.5 \sim 1.0$，非线性程度高的取小值，反之取大值，常为 0.8 左右。

（3）后继增量步中荷载参数 $\Delta \lambda_i$ 的初值 $\Delta \lambda_i^{(1)}$ 的确定

根据弧长法约束方程，在第一次迭代求解时有

$$\{\Delta V_i^{(1)}\}^{\mathrm{T}} \{\Delta V_i^{(1)}\} + \eta \Delta \lambda_i^{(1)2} = \Delta l_i^2 \tag{17}$$

其中

$$\{\Delta V_i^{(1)}\} = \Delta \lambda_i^{(1)} \{\delta_i\}$$

由（17）式可得

$$\Delta \lambda_i^{(1)} = \pm \Delta l_i / \sqrt{\{\delta_i\}^{\mathrm{T}} \{\delta_i\} + \eta} \tag{18}$$

式中的正负号表示结构处于加载或卸载状态，可引入当前刚度系数 $S_{\mathrm{p}i}$ 来确定，则

$$\Delta \lambda_i = \sin(S_{\mathrm{p}i}) \Delta l_i / \sqrt{\{\delta_i\}^{\mathrm{T}} \{\delta_i\} + \eta} \tag{19}$$

在增量迭代求解中，$S_{\mathrm{p}i}$ 为零的情形一般来说是不会出现的，但偶然的例外情况应考虑在分析之中。若 $S_{\mathrm{p}i} = 0$，则表明计算点位于求解曲线的极值点（峰点或谷点），此时应根据 $S_{\mathrm{p}(i-1)}$ 的符号来确定 $\Delta \lambda_i^{(1)}$ 的符号，若 $S_{\mathrm{p}(i-1)}$ 为正，则 $\Delta \lambda_i^{(1)}$ 的右端取负号，反之取正号。

（4）每个增量步中第 i 次迭代时的荷载因子 $\Delta \lambda_i^{(1)}$ 的确定

若采用沿法平面迭代的方法，则根据几何正交条件[5]可得

$$\Delta \lambda_i^{(j)} = \frac{\{\Delta V_i^{(1)}\}^{\mathrm{T}} \{\Delta V_i^{(j)\,\mathrm{II}}\}}{\{\Delta V_i^{(1)}\}^{\mathrm{T}} \{\Delta V_i^{(j)\,\mathrm{I}}\} + \Delta \lambda_i^{(1)}} \tag{20}$$

若采用沿柱面（或球面）的迭代方法，则根据"弧长法"约束方程[5]

$$\{\Delta V_i^{(j)}\}^{\mathrm{T}} \{\Delta V_i^{(j)}\} + \eta \delta \lambda_i^{(j)2} = \Delta l_i^2 \tag{21}$$

可求得 $\Delta V_i^{(j)}$ 之值。

简化（21）式可得

$$a \Delta \lambda_i^{(j)2} + b \Delta \lambda_i^{(j)} + c = 0 \tag{22}$$

其中
$$a = \eta + \{\Delta V_i^{(j)\,\mathrm{I}}\}^{\mathrm{T}}\{\Delta V_i^{(j)\,\mathrm{I}}\}$$
$$b = 2\big[(\{\Delta V_i^{(j)\,\mathrm{II}}\} + \{\delta V^{(j-1)}\})^{\mathrm{T}}\{\Delta V_i^{(j)\,\mathrm{I}}\} + \delta\lambda^{(j-1)}\big] \tag{23}$$
$$c = (\{\delta V^{(j-1)}\} + \{\Delta V_i^{(j)\,\mathrm{II}}\})^{\mathrm{T}}(\{\delta V^{(j-1)}\} + \{\Delta V_i^{(j)\,\mathrm{II}}\}) + \eta\delta\lambda^{(j-1)2} = \Delta l_i^2$$

以上各式中

$$[K_{Ti}^{(j)}]\{\Delta V_i^{(j)\,\mathrm{I}}\} = \{p\}$$
$$[K_{Ti}^{(j)}]\{\Delta V_i^{(j)\,\mathrm{II}}\} = \{p_{0b}^{(j-1)}\} \tag{24}$$

$\{p_{0b}^{(j-1)}\}$ 为第 $j-1$ 次迭代后的残余力向量。

若方程（22）无实根，则应减小 Δl_i 重新计算；若方程（22）有两个实根，即 $\Delta\lambda_{i1}^{(j)}$ 和 $\Delta\lambda_{i2}^{(j)}$，则应分别以 $\Delta\lambda_i^j$ 的两个根代入求 $\{\Delta V_i^{(j)}\}$ 及 $\{\delta V_i^j\}$，作

$$\{\delta V_i^{(j)}\}^{\mathrm{T}}\{\delta V_i^{(j-1)}\} = \begin{cases} \alpha_1 \\ \alpha_2 \end{cases} \tag{25}$$

取 α_1、α_2 中为正者对应的 $\Delta\lambda_i^{(j)}$，若两者均为正，则取两值之一使其为线性解 $\Delta\lambda_i^{(j)} = -c/b$ 最接近。

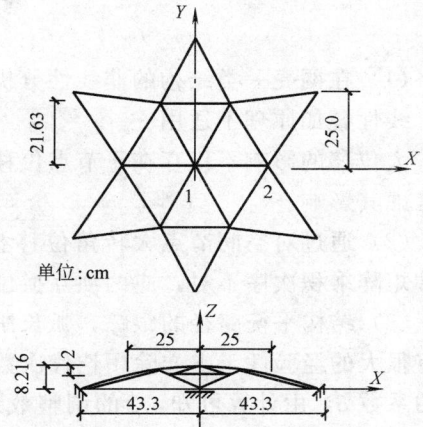

单位: cm

$E = 3.03 \times 10^5\,\mathrm{N/cm^2}$ $G = 1.096 \times 10^5\,\mathrm{N/cm^2}$
Area $= 3.17\,\mathrm{cm^2}$

图 3 网壳结构

3 数值例题分析

根据以上理论，本文对图 3 所示的网壳结构进行了理论分析。该结构的几何、物理参数均于图中给出，集中外载施加于结构中心点。Meek[2] 对此结构进行了计算，两种计算结果曲线于图 4 中给出，本文的计算结果与 Meek 的结果吻合良好。

同时本文对仅考虑弹性小位移的条件进行了计算，结果为图 4 中点划线所示。结果表

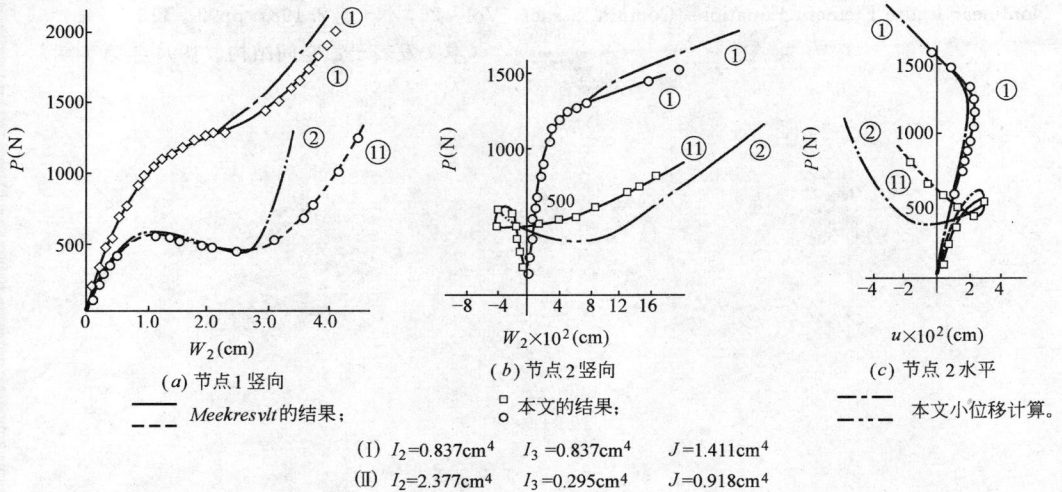

(a) 节点 1 竖向

(b) 节点 2 竖向

(c) 节点 2 水平

—— *Meekresvlt* 的结果；

□ ○ 本文的结果；

—·— 本文小位移计算。

(I) $I_2 = 0.837\,\mathrm{cm^4}$ $I_3 = 0.837\,\mathrm{cm^4}$ $J = 1.411\,\mathrm{cm^4}$
(II) $I_2 = 2.377\,\mathrm{cm^4}$ $I_3 = 0.295\,\mathrm{cm^4}$ $J = 0.918\,\mathrm{cm^4}$

图 4 荷载-位移曲线

明在平衡路径的初始阶段与大位移分析曲线吻合，但在结构出现大位移后，小位移分析结果不正常。

4   结   论

（1）在网壳一类结构的非线性分析中，节点大位移的影响需通过旋转变换的方法来考虑，线性叠加原理不适用。

大位移的影响不仅存在于节点位移增量的修正之中，同时单元刚度矩阵的坐标变换也须考虑其影响。

（2）通过对空间节点大转角位移叠加公式的推证，证明文献［3］中的公式（2-65）右端矩阵乘积次序不对，应两项互换位置。

（3）结构平衡路径的跟踪，弧长法是一种行之有效的方法。但各种控制参数的选择仍具有很大的经验性，本文除用迭代次数及当前刚度参数控制弧长增量的选取外，并引入一新的系数 β，由计算可知，β 的调整效果是显著的，特别是对多自由度的复杂结构，可通过改变 β 来改善迭代速度及精度。

参 考 文 献

1 C. Oran：Tangent Stiffness in Space Frames. ASCE，Vol. 99，St6，1973. pp 987～1001

2 J. L. Meek. H. S. Tan：Geometrically Non-linear Analysis of Space Frames by an Incremental Iterative Technique，Comput. Math. Appl. Mech . Eng. ，Vol . 47，1984. pp261～282

3 T. See. . Large Displacement Elastic Buckling of Space Structures，PHD Dissertation，Churchill College，University of Cambridge，December，1983

4 龙泽斌. 几何变换. 长沙：湖南科技出版社

5 罗永峰. 网壳结构弹塑性稳定及承载全过程研究，同济大学博士论文，1991

6 P. X Bellini, A. Chulya. An Improved Automatic Incremental Algorithm for the Efficient Solution of Nonlinear Finite Element Equations. Comput. Struct，Vol，26，No. 1/2. 1987. pp99～110

（本文发表于：空间结构。1994 年第 1 期）

40. 节点大位移条件下的梁—柱单元坐标转换矩阵

沈祖炎　罗永峰

提　要：本文因空间网格结构大位移理论分析的需要，详细推导出在节点大位移条件下，空间梁—柱单元的坐标转换矩阵，通过算例证明了本文理论方法的正确性。

关键词：网格结构　大位移　转换矩阵　结构力学　杆件结构

The Transformation Matrix of The Beam-Column Element in Case of Large Displacement of Joints

Shen Zuyan　Luo Yongfeng

Abstract：In this paper，the transformation matrix of the space beam-column element is derived in detail to meet the analysis of space reticulated structures in case of large displacement of structural joints. A numerical example is given which shows that the theoretical derivation of the transformation matrix is correct and the computational work runs smoothly.

Keywords：Reticulated Structure　Large Displacement　Transformation Matrix

1 引　言

在现代结构工程中，高耸结构及大跨空间结构是两类应用广泛、发展迅速而又形式特殊多样的结构。这类结构在荷载作用下，由于其自身的结构特性，常常表现出几何大位移的非线性效应。为了精确分析这类结构受荷载作用后的内力及位移，就必须采用大位移几何非线性的分析方法。由于大位移的特性，结构节点的转角位移不再是矢量，在增量迭代求解中，节点位移的不断修正就应采用大位移旋转变换的修正公式。本文根据这一理论分析的需要，详细推导了大位移条件下梁—柱单元的坐标转换矩阵。

2 基本假定

（1）单元为等截面直杆元；
（2）结构节点位移及转角可任意大，但单元本身的变形仍属小变形；
（3）截面翘曲变形忽略不计。

3　增量大位移的修正方法

在空间网格结构的大位移分析中，结构节点在每一时刻的变形位形可以用该节点的空间线位移矢量 $\{V\}=[u\ \ v\ \ w]^{\mathrm{T}}$ 及节点定向矩阵 $[\alpha]$ 来唯一确定。节点线位移增量可直接应用线性叠加原理进行计算，即

$$\{V_{i+1}\}=\{V_i\}+\{\Delta V_i\} \tag{1}$$

而节点转角位移（即节点方向变化）$[\alpha]$ 需按照旋转变换的方式进行逐次修正[1]。

假定在结构的每一节点上刚性固定三条相互正交的直线如图 1 所示，称此组线为节点参考线（或节点定向线）[2]。不失一般性，在初始状态时，令节点参考线分别平行于结构整体坐标系的三条坐标轴，且在结构变形过程中节点参考线永远保持正交。

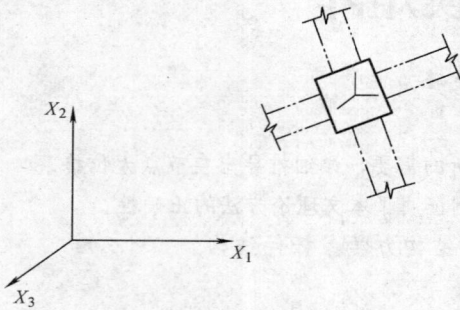

图 1　节点参考线

以节点参考线的方向余弦为例，即可构成节点定向矩阵 $[\alpha]$，即

$$[\alpha]=[\{\alpha_1\}\{\alpha_2\}\{\alpha_3\}]=\begin{bmatrix}\alpha_{11} & \alpha_{12} & \alpha_{13}\\ \alpha_{21} & \alpha_{22} & \alpha_{23}\\ \alpha_{31} & \alpha_{32} & \alpha_{33}\end{bmatrix} \tag{2}$$

其中：$\alpha_{ij}(i,j=1,2,3)$ 为第 i 条坐标轴与第 j 条参考线间的夹角余弦，初始状态时

$$[\alpha_0]=\begin{bmatrix}1 & 0 & 0\\ 0 & 1 & 0\\ 0 & 0 & 1\end{bmatrix} \tag{3}$$

在增量求解中，将每次得到的节点转角位移增量，按旋转变换的方式来修正节点定向矩阵 $[\alpha_{i-1}]$（即第 $i-1$ 增量步时），这样就可以得到在新的荷载—变形位形时的节点方向，即新的节点定向矩阵 $[\alpha_i]$[1]

$$[\alpha_i]=[T_{\Delta\theta_i}][\alpha_{i-1}] \tag{4}$$

其中：$[T_{\Delta\theta_i}]$ 为第 i 增量步时的旋转变换矩阵

$$[T_{\Delta\theta_i}]=\begin{bmatrix}1 & 0 & 0\\ 0 & 1 & 0\\ 0 & 0 & 1\end{bmatrix}\cos\Delta\theta_i+\begin{bmatrix}c_1^2 & c_1c_2 & c_1c_3\\ c_2c_1 & c_2^2 & c_2c_3\\ c_3c_1 & c_3c_2 & c_3^2\end{bmatrix}(1-\cos\Delta\theta_i)$$

$$+\begin{bmatrix}0 & -c_3 & c_2\\ c_3 & 0 & -c_1\\ -c_2 & c_1 & 0\end{bmatrix}\sin\Delta\theta_i \tag{5}$$

其中：$c_1=\dfrac{\Delta\theta_{i1}}{\Delta\theta_i}$，$c_2=\dfrac{\Delta\theta_{i2}}{\Delta\theta_i}$，$c_3=\dfrac{\Delta\theta_{i3}}{\Delta\theta_i}$

$\Delta\theta_{i1}$、$\Delta\theta_{i2}$、$\Delta\theta_{i3}$ 为线性化增量角位移的三个分量[1]。

由于在初始状态时，$[\alpha_0]=[E]$ 为单位矩阵，故有

$$[\alpha_i]=[T_{\Delta\theta_i}][\alpha_{i-1}]=[T_{\Delta\theta_i}][T_{\theta_{i-1}}][\alpha_0]=[T_{\theta_i}][\alpha_\theta]=[T_{\theta_i}] \tag{6}$$

也即旋转变换矩阵之积 $[T_{\theta_i}]$，就是第 i 次增量步时的节点定向矩阵。

4　梁—柱单元坐标转换矩阵

在空间网格结构的大位移非线性有限元分析中。结构单元刚度矩阵的坐标转换必须考虑节点大位移对坐标转换矩阵的影响。

图 2 为一空间梁—柱元，该单元的坐标转换矩阵 $[R]$ 为

$$[R]=\begin{bmatrix}[r]&&&\\&[r]&&\\&&[r]&\\&&&[r]\end{bmatrix} \tag{7}$$

其中：$[r]$ 为单元定向矩阵，可通过单元

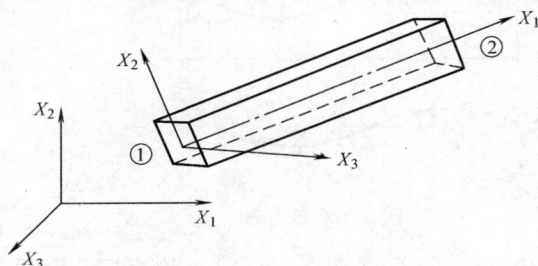

图 2　单元坐标系

本身的空间方向及其两端节点的节点定向矩阵来确定。

根据图 2 的定义，令 $[\alpha_i^{(1)}]$，$[\alpha_i^{(2)}]$ 分别表示在第 i 增量步时相应于任一单元的①、②两端节点的节点定向矩阵；令 $[p_i^{(1)}]$，$[p_i^{(2)}]$ 分别表示该单元与相应的节点①、②相连的杆端端截面定向矩阵。

单元端截面定向矩阵 $[p_i^{(j)}]$（$j=1,2$）与节点定向矩阵 $[\alpha_i^{(j)}]$（$j=1,2$）不同，它以单元端截面的法线及截面的两条主惯性轴作为其确定空间方位的定向线。其中 $[p_i^{(j)}]$（$j=1,2$）的第一列为该单元端截面法线方向余弦，其余两列分别为该截面两条主惯性轴的方向余弦。在结构未变形的初始状态，单元的端截面定向矩阵与该单元的定向矩阵相等，即

$$[p_0^{(j)}]=[r_0]$$

而在结构变形过程中，不管结构单元如何变形，单元端截面将随相应的节点体产生相等的变形，即单元端截面同与其相连接的节点体之间的空间位置关系是不会改变的，因而，只要单元端截面不脱离其所对应的节点体，则就有

$$[p_i^{(j)}]=[\alpha_i^{(j)}][r_0] \quad (j=1,2) \tag{8}$$

其中：$[r_0]$ 为单元在未变形的初始状态时的单元定向矩阵。

对于任一变形状态下的单元定向矩阵 $[r_i]$，其第 1 列 $\{r_{i1}\}$ 可根据单元两端节点在该状态下的坐标来确定，即

$$\{r_{i1}\}=[l_i \quad m_i \quad n_i]^{\mathrm{T}} \tag{9}$$

其中：

$$l_i=\frac{x_{1,2i}-x_{1,1i}}{L}$$

$$m_i=\frac{x_{2,2i}-x_{2,1i}}{L}$$

$$n_i=\frac{x_{3,2i}-x_{3,1i}}{L}$$

$$L = \sqrt{(x_{1,2i}-x_{1,1i})^2 + (x_{2,2i}-x_{2,1i})^2 + (x_{3,2i}-x_{3,1i})^2}$$

式中：$x_{k,ji}$（$k=1，2，3；j=1，2$）分别为节点坐标。

为了确定单元定向矩阵 $[r_i]$ 的第二、三列，需先求得杆单元在该状态下的杆端变形。根据基本假定第二条可知，杆端变形仍为小变形，则由图 2 的几何关系可分别求得杆端变形分量如下：

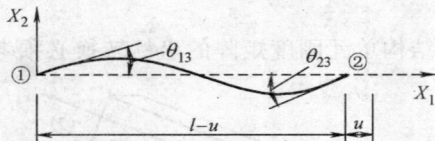

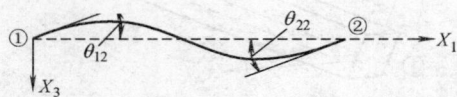

图 3   单元变形

$$[p_i^{(1)}]\{r_{1i}\} \approx \left\{ \begin{array}{c} 1 \\ -\theta_{13i} \\ \theta_{12i} \end{array} \right\} \tag{10}$$

$$[p_i^{(2)}]\{r_{1i}\} \approx \left\{ \begin{array}{c} 1 \\ -\theta_{23i} \\ \theta_{22i} \end{array} \right\} \tag{11}$$

$$\varphi_{ii} \approx -\{p_{i2}^{(1)}\}^T\{p_{i3}^{(2)}\} = \{p_{i3}^{(1)}\}^T\{p_{i2}^{(2)}\} \tag{12}$$

其中：θ_{13i}，θ_{12i}，θ_{23i}，θ_{22i}，φ_{ii} 均为杆元两端在该状态下的相对变形总量（在单元局部坐标系中测量），如图 3 所示。

对于杆单元两端节点相对于单元的变形位移来说，由于单元的变形属小变形，则杆端节点由于单元相对变形而引起的杆端节点相对于单元弦线本身的节点方向的变化，可根据几何变换关系，用以下变换矩阵表示，即

$$[e_i^{(1)}] = \begin{bmatrix} 1 & \theta_{13i} & -\theta_{12i} \\ -\theta_{13i} & 1 & 0 \\ \theta_{12i} & 0 & 1 \end{bmatrix} \tag{13}$$

$$[e_i^{(2)}] = \begin{bmatrix} 1 & \theta_{23i} & -\theta_{22i} \\ -\theta_{23i} & 1 & 0 \\ \theta_{22i} & 0 & 1 \end{bmatrix} \tag{14}$$

由此可进而得到，在结构变形过程中，杆端截面在第 i 增量步时的端截面定向矩阵分别为

节点①端 $[p_i^{(1)}][e_i^{(1)}]$ (15)

节点②端 $[p_i^{(2)}][e_i^{(2)}]$ (16)

然而，对于第 i 增量步时的已变形单元，由于杆元两端端截面在单元变形后相对位置已发生变化，此时，单元截面主惯性轴的方向应取为两端截面主惯性方向的平均值。由此可得，新的变形位形下的单元定向矩阵为

$$[r_i] = \frac{1}{2}([p_i^{(1)}][e_i^{(1)}] + [p_i^{(2)}][e_i^{(2)}]) \tag{17}$$

在增量叠代求解的每一步中，先由式（6）求得本增量步的节点定向矩阵。继而由式（8）求取本增量步的端截面定向矩阵，再由式（10）、（11）计算杆端变形，然后由式（17）求得新的单元定向矩阵，由式（7）即可得到单元坐标转换矩阵。

5   数值算例分析

图 4 所示为一单层网壳穹顶结构，该结构共有 13 个节点、24 根杆件，结构的几何、

物理参数分别在图中给出。集中外荷载竖向
施加于结构中心点 1 上，边界 6 个点均为固
定铰支座点。

　　本文根据上述理论，并同时引用非线性
梁—柱单元模式[3]，对该单层网壳结构进行
了理论分析。本文的计算分为两种类型：即
非线性大位移分析及非线性小位移分析，将
两种计算的结果曲线及其比较示于图 5 中。
Meek[4] 对此结构曾进行了大位移分析计算，
其计算结果曲线也示于图 5 中。

　　从计算曲线的比较可看出，本文的非线
性大位移分析曲线与 Meek 的曲线完全吻合，
表明本文大位移转换理论是正确可靠的。通

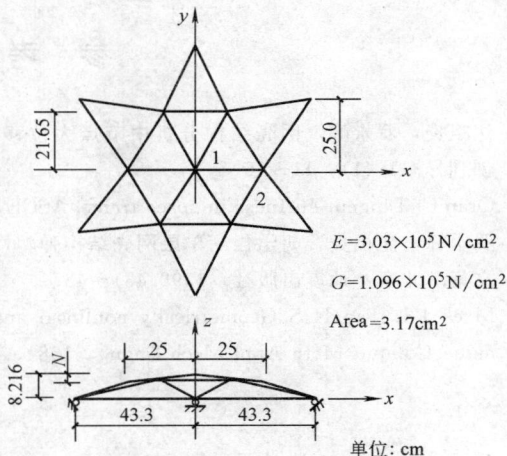

$E = 3.03 \times 10^5 \, \text{N/cm}^2$

$G = 1.096 \times 10^5 \, \text{N/cm}^2$

$\text{Area} = 3.17 \, \text{cm}^2$

单位：cm

图 4　星状网壳穹顶结构

过非线性小位移分析曲线与非线性大位移曲线的比较可看出，在结构平衡路径的初始阶
段，两者完全吻合，表明还未出现大位移效应，但在结构变形增大后的阶段，两条曲线明
显分离，而且在临界点附近，小位移分析曲线偏高，在此之后，两条曲线偏离愈来愈大，
表明非线性小位移分析结果不正常。

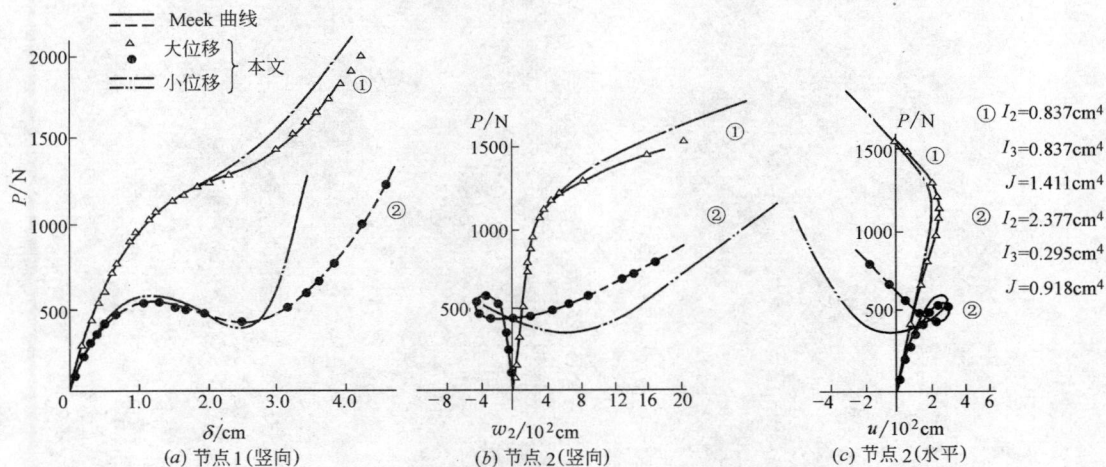

图 5　荷载-位移曲线

6　结　　论

　　（1）在网格结构非线性分析中，由于结构节点的大转角位移，线性叠加原理不适用，
必须采用大位移叠加的方法，因而，结构单元坐标转换矩阵就必须考虑节点大位移的影
响。否则将会得出错误的结果。本文详细给出了大位移条件下的坐标转换矩阵计算方法，
对理论研究及工程设计计算均有一定的实用价值。

　　（2）数值算例分析表明，本文的理论方法是正确可靠的。

参 考 文 献

1 沈祖炎，罗永峰. 网壳结构分析中节点大位移叠加及平衡路径跟踪技术的修正. 空间结构，1994. 创刊号. 1 (1)：11～16

2 Oran C. Tangent stiffness in space frame. ASCE，1973，99 (s16)：987～1001

3 罗永峰，沈祖炎，胡学仁. 单层网壳结构弹塑性稳定分析与试验研究. 第六届空间结构学术会议论文集. 北京：地震出版社. 1992.431～437

4 Meek J L. Tan H S. Geometrically nonlincar analysis of space frame by an incremental iterative technique. Comput Meth Appl Mech Engng，1984，47：261～282

（本文发表于：上海力学。1994 年第 4 期）

41. 稳定分析中极值点失稳与分枝点失稳的跟踪策略及程序实现

提　要：对结构的平衡路径进行跟踪分析，是全面了解该结构的受力性能所必须进行的一项工作。目前的结构非线性稳定分析技术大多对极值点失稳型问题较为有效，但对分枝点失稳型问题则困难较多。本文就结构分析中这两种常见的失稳形式进行了比较分析，并就其跟踪策略进行了探讨，提出采用位移扰动法和力扰动法有选择地跟踪实际所关心的平衡路径。最后编制程序并对一 K6-4 型单层穹顶网壳进行了分析验证。

关键词：极值点　分枝点　平衡路径　单层穹顶网壳

A Study on Tracing Techniques for Equilibrium Paths of Limit Point Types and Bifurcation Point Types in Nonlinear Stability Analysis

Li Yuanqi　Shen Zuyan

Abstract：It is very important to trace the complete load-deflection path in order to know comprehensively the characteristics of a structure subjected to loads. Unfortunately, the achieved nonlinear analysis techniques are only workable for tracing the equilibrium path of limit point types. For the equilibrium path of bifurcation point types, most of the techniques can not lead to a satisfactory result. In this paper, the displacement perturbation method and the force perturbation method are presented as the improved tracing techniques for tracing the bifurcation path. Finally, a single-layer reticulated dome shell is analyzed as an example to verify the ideas.

Keywords：Limit Point　Bifurcation Point　the Equilibrium Paths　the Single-Layer Dome Reticulated Shell

1 概　述

近年来，网架、网壳、索网等大跨度结构的不断推广，引起了对结构进行非线性稳定分析的广泛兴趣和重视。迄今为止，这一研究领域已取得了长足的进步。已有的结构非线性稳定分析技术基本解决了极值点失稳型问题，但对于分枝点失稳型问题仍存在一定困

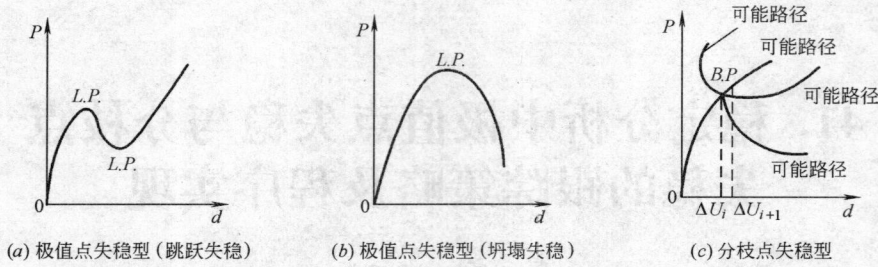

(a) 极值点失稳型 (跳跃失稳)   (b) 极值点失稳型 (坍塌失稳)   (c) 分枝点失稳型

图 1   结构典型失稳形式中荷载—位移关系

(L. P.：极值点；B. P.：分枝点)

难。极值点失稳和分枝点失稳是两种性质根本不同的失稳形式[1]，前者是在外力作用下结构发生几何软化所致，其平衡路径是唯一的，如图 1 (a)、(b) 中所示；后者则是一种平衡状态的转移，此时结构具有多条可能平衡路径，如图 1 (c) 中所示。

对大型结构而言，只有在特殊条件下才可能出现极值点失隐。一般情况下，其失稳形式非常复杂，很可能包含分枝点失稳，因而必须对不同类型失稳问题的跟踪策略加以研究。本文采用 Crisfield 弧长法，同时基于切线刚度矩阵的模态分析，采用位移扰动法和力扰动法来打破平衡，有选择地跟踪实际工程中所关心的平衡路径，以求得相应的承载能力。最后，对一 K6-4 型单层穹顶网壳的极值点失稳和分枝点失稳进行了跟踪分析和比较。

2   稳定分析中极值点失稳与分枝点失稳的跟踪策略

目前，不同形式的 Crisfield 弧长法是非线性分析中常用的方法。该方法对单一路径的极值点失稳型问题非常有效。但若平衡路径存在分枝，则在遇到分枝点时无法收敛，即无法由失稳前路径自动地转到某一失稳分枝上去。国内外学者对分枝点失稳型问题有过一定的研究。J. L. Meek 等在对一两铰深拱分枝点失稳型问题的分析中，曾采用小量的初始外荷载缺陷来引导平衡进入不同的分枝路径 [2]，结果较为满意，但该方法求得的实质上是缺陷荷载下路径。文献 [3] 采用一种基于分枝点特征向量的位移扰动方法，对某些问题较有效。

结构切线刚度矩阵 $[K_T]$（n 阶方阵）在其 n 维特征向量空间中有唯一的分解形式：

$$[K_T] = \sum_{i=1}^{n} \lambda_i \{v_i\} \{v_i\}^T \tag{1}$$

其中 λ_i 和 $\{v_i\}$ 分别为 $[K_T]$ 的第 i 个特性值及相应特征向量，且 $\lambda_1 \leqslant \lambda_2 \leqslant \lambda_3 \cdots\cdots \leqslant \lambda_n$。

外加荷载增量向量 $\{\Delta P\}$ 及相应位移增量向量 $\{\Delta u\}$ 在 $[K_T]$ 的 n 维特征向量空间中，也均有唯一的分解形式：

$$\{\Delta P\} = \sum_{i=1}^{n} c_i \{v_i\}, c_i = \{v_i\}^T \{\Delta P\} \tag{2}$$

$$\{\Delta u\} = \sum_{i=1}^{n} \alpha_i \{v_i\} \tag{3}$$

对 $\{\Delta P\}$ 及 $\{\Delta u\}$，有关系式

$$\{\Delta u\}=[K_{\mathrm{T}}]^{-1}\{\Delta P\} \tag{4}$$

由式（1）～（4）可得 $\alpha_i=c_i/\lambda_i$。则

$$\{\Delta u\}=\sum_{i=1}^{n}\frac{c_i}{\lambda_i}\{v_i\} \tag{5}$$

从式（5）可看出，若外加荷载增量模式对结构屈曲性态有显著影响（如单层穹顶网壳受中心集中荷载作用），则某一系数 c_i 相对较大，使得对应 c_i/λ_i（$i\neq 1$）比其他系数增长更快。此时，结构失稳性态为单一路径的极值点型，结构的后屈曲路径已存在于初始路径之中；若外加荷载增量模式对结构屈曲性态的影响相对较小（如单层穹顶网壳受均布荷载作用），则结构失稳性态为多路径的分枝型。初始位移增量随 $\lambda_1\rightarrow 0$ 而增大，而在分枝点处，多个特征值均趋于零，所对应的位移增量模式均为可能失稳形式，结构的后屈曲路径并不包含在初始路径之中。

通过以上分析，本文认为，对于分枝点失稳型问题，只有在分枝点处适当引入相应的扰动，人为地打破平衡，才能使平衡转移到某一稳定平衡路径上去，进而使跟踪分析能够稳定地进行下去。同时，这一处理方法还基于以下三点事实：

（1）对多自由度体系，其位移向量的解在分枝点处是不确定的。因而相对微小的扰动只会在分枝点附近很小范围内产生影响。通过后继的多次迭代，位移将在某一失稳路径上趋于稳定，并不会影响该路径上其他平衡点。

（2）结构实际承载时，必然会受到各种随机作用的影响，因而产生扰动不可避免。

（3）对实际工程而言，并非每一条失稳路径都有实际的意义。

对一个大型的结构而言，它所具有的平衡分枝路径显然是未知的。在此情况下，所引入的扰动模式具有较大的经验性。所幸的是，结构失稳前的变形情况及当前刚度矩阵可以反应出该结构的某些失稳趋势。因此，可以根据实际工程中所关心的失稳模式，结合结构失稳前的变形情况，引入相应的扰动模式，从而求得所期望的承载能力。

如图 1（c）中所示，设结构加载模式为 $\{P\}$，在第 $i+1$ 增量步无法收敛，并且经判别为平衡分枝点，此时，计算返回到第 $i+1$ 增量步初始情况，$\{u\}_i$ 是第 i 增量步对应的总位移，本文采用以下两种扰动方法：

（1）位移扰动法

即在第 $i+1$ 增量步采用初始位移

$$\{u\}'_{i+1}=\{u\}_i+\varepsilon\{v\} \tag{6}$$

其中 $\{v\}$ 为所采用的规范化扰动位移模式，ε 为一常数。

（2）力扰动法

即在第 $i+1$ 增量步采用加载模式

$$\{P\}_{i+1}=\{P\}+\{f\} \tag{7}$$

其中 $\{f\}$ 为所采用的扰动力向量。

在该方法实施过程中，应考虑以下两个问题：

1）分枝点的判别

理论上对平衡分枝点定义的形式较多，但应用于数值计算中则大多不太方便。文献[3，4]对分枝点的判别条件进行了研究。

实际上，跟踪分析在越过失稳点时会出现较明显的现象，以此便可简单判别是否为分枝点。一方面，在乔累斯基分解 $[K_T]=[L][D][L]^T$ 中对角矩阵 $[D]$ 出现负元时，若该处为极值点，则当前刚度参数 S_p 应接近于零；若为分枝点，则 S_p 不接近零。另一方面若为分枝点，由于此时结构具有多条稳定或不稳定的平衡路径，因而多次迭代中计算误差时大时小，但不会剧烈发散；若是极值点，荷载略微超过则必定一直发散。

2）扰动位移模式及力模式的选取

采用位移扰动法时，本文选用两种位移模式：

① 一般情况下，实际工程中所关心的是最不利情况下的承载能力，具有最低承载能力的平衡路径的求得在实际工程结构分析中是最有意义的。因此，本文中，$\{v\}$ 取前几个最小特征值 $\lambda_i (i \leqslant 5)$ 所对应的特征向量，并且称之为"最不利位移扰动法"。该方法可求得结构整体失稳的平衡路径。

② 选用导致局部失稳的位移模式，即根据当前结构位移发展情况，选择结构中某些点。人为地使其位移增大，从而强制结构位移沿着预计的失稳模式发展，以求得局部失稳下的平衡路径。本文中，所指定的局部失稳点取到达分枝点前结构中位移最大的点。

采用力扰动法时，本文同样选用两种扰动力模式：

① 选取到达分枝点前位移最大的点及其他所有由于对称而位移相同的点，在这些点所对应的外加荷载分量上加上一相对微小量，以强迫结构位移沿着预计的失稳模式发展，求得相应的结构失稳路径。

② 选取到达分枝点前位移最大的某一点，在其所对应的外加荷载分量上加上一相对微小量，可求得结构所对应的局部失稳下的平衡路径。

实例计算表明，最不利位移扰动法用于求整体失稳的平衡路径较方便，而力扰动法在跟踪局部失稳下的平衡路径时更为直观。值得指出的是，若所选用的扰动位移向量或力向量并不对应于稳定的失稳平衡路径，则在这种扰动下，计算仍不会收敛。此时，以前的计算处理并不会影响后继的分析，可另选扰动位移向量或力向量进行分析。

程序实现中，必须注意：

（1）位移扰动法中 $\{v\}$ 的选取。一方面，此点离分枝点应比较近；另一方面，此时结构切线刚度矩阵 $[K_T]$ 不能过于奇异，否则对特征向量的求解不利。本文中限制出现 $[K_T]$ 奇异的前后两步之间荷载增量与当前总增量之比在（0.001，0.01）内。此时，在到达临界点之前，荷载变化很小，且 $[K_T]$ 性态较稳定，比较合适。

（2）扰动量大小的选取。扰动量的选取不应过大，但必须有足够的扰动能力。经验表明，位移扰动法中取当前步中最大位移量的 1/100 以下为宜；力扰动法中不应超过当前步中节点所受总外荷载量的 5/100。

顺便指出，采用常规的位移控制法对分枝点失稳型问题进行跟踪分析，本质就是一种对位移进行扰动的方法。当凭经验选定某一些位移量作为控制参数后，便人为地强迫这些位移分量一直增大，而实际上并不总能肯定下一步位移的发展趋势。

3　程序编制及算例分析验证

依据以上理论，采用 C. Oran 半解析梁-柱单元，并考虑大位移影响[5]，本文编制了网壳结构非线性分析程序。采用该程序对图 2 所示存在平衡分枝的经典问题进行了验证分析。图 3 中，曲线 $ABHCDEF$ 该铰支拱对称失稳下荷载-位移曲线，曲线 $ABGEF$ 该铰支拱反对称失稳下荷载-位移曲线，B 点为分枝点。此时，结构的第一失稳模态为反对称失稳，如图 4（a）；第二失稳模态为对称失稳，如图 4（b）。E 点以后两条荷载-位移曲线重合。该结果与文献［6］相吻合。表明该程序具有处理分枝点失稳型问题的能力及较强的非线性跟踪能力。

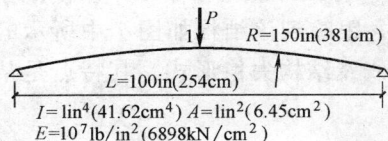

图 2　中心集中力作用下铰支拱

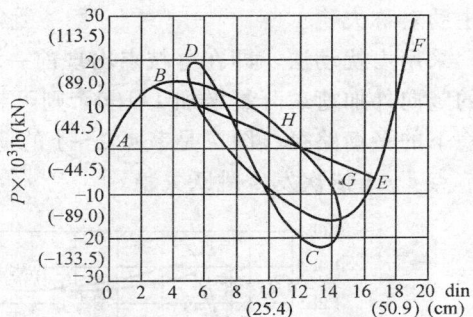

图 3　节点 1 荷载-位移曲线

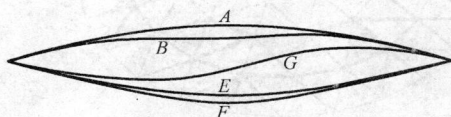

（a）反对称失稳（过程：A-B-G-E-F）

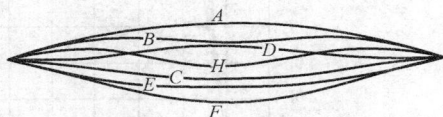

（b）对称失稳（过程：A-B-H-C-D-E-F）

图 4　不同荷载步下拱的变形图

4　K6-4 型单层穹顶网壳结构稳定分析

采用所编制程序，本文对图 5 所示的 Kiewitt 型单层穹顶网壳结构进行了下述二种荷载情况下的计算分析，该网壳的基本情况为：跨度 $L=30\text{m}$，矢高 $F=2\text{m}$，采用 $\phi180\times5$ 钢管。材料 $E=2.1\times10^5\text{MPa}$，$G=8.5\times10^4\text{MPa}$。支座情况为周边铰接。主要结果如下：

（1）中心集中力作用下稳定分析

图 5 是仅在节点 1 作用竖向集中力时节点 1～4 的荷载-位移曲线及结构失稳形式。其

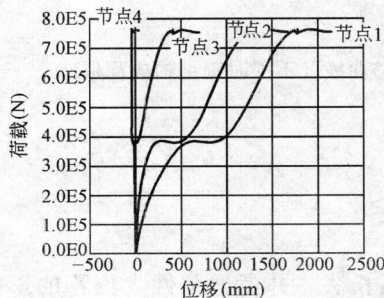

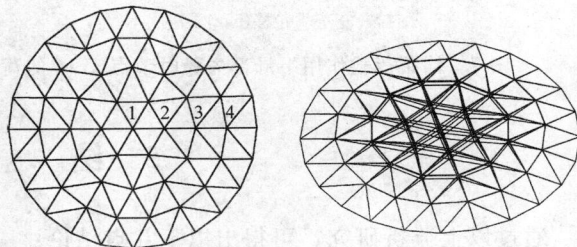

图 5　中心集中力作用下整体失稳时节点 1～4 的
荷载-位移曲线及不同时刻结构失稳形态

失稳形式为跳跃失稳（极值点失稳型），结构具有单一的平衡路径。其特点是节点 1～4 及其对称点依次发生跳跃失稳。

（2）节点均布荷载作用下稳定分析

该网壳在承受节点均布荷载作用下，其失稳形式为分枝点失稳型。

采用最不利位移扰动法，可以跟踪该结构整体失稳的平衡路径，该路径为结构整体失稳下具有最低承载力的路径。图 6 是节点 1～4 的荷载-位移曲线及结构失稳形式，其特点是主肋对称失稳。

采用力扰动法，即在分枝点出现前一增量步之后，将此时竖向位移最大的节点 4 所对应的竖向外加荷载分量增加 1/100，则可越过分枝点，跟踪到该结构如图 7 中所示的局部失稳下的平衡路径。图 7 是节点 1～4 的荷载-位移曲线及结构失稳形式。其特点是某一肋上节点 4～1 依次发生跳跃失稳。

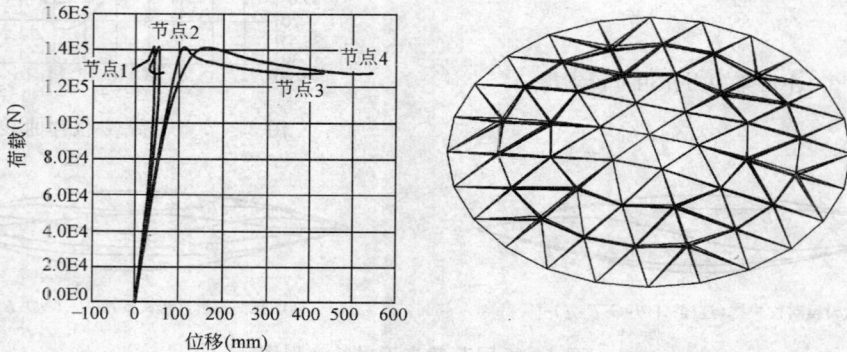

图 6　均布荷载作用下整体失稳时节点 1～4 的荷载-位移曲线以及不同时刻结构失稳形态

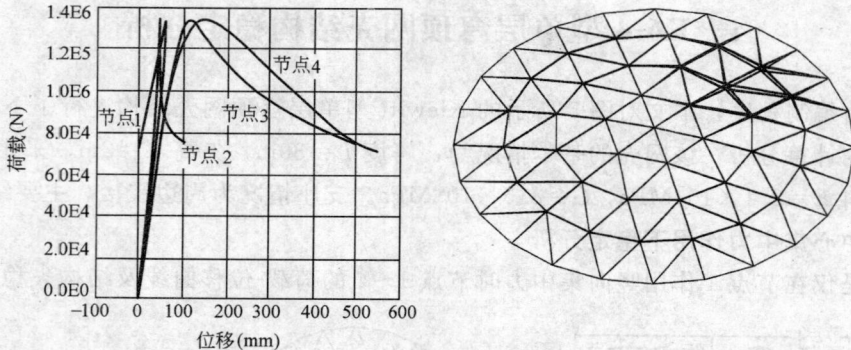

图 7　均布荷载作用下局部失稳时节点 1～4 的荷载-位移曲线及不同时刻结构失稳形态

5　结　　论

通过以上分析研究，可得出以下几点结论：

（1）采用 C. Oran 半解析梁-柱单元及 Crisfield 的弧长法，并考虑弹性大位移的影响，对极值点失稳型问题是非常有效的。

（2）位移扰动法和力扰动法对分枝点失稳型问题较为有效。其中，最不利位移扰动法用求整体失稳的平衡路径较方便，而力扰动法在跟踪局部失稳下的平衡路径时更为直观。

（3）采用常规位移控制法在对分枝点失稳型问题进行跟踪分析时，其本身就是一种对位移进行强制扰动的方法。因此，对失稳具有分枝形式的结构，这种方法是具有局限性的。

（4）对 Kiewitt 型单层穹顶网壳而言，其整体失稳形式下是主肋对称失稳。因此，在 Kiewitt 型单层穹顶网壳的设计中，应适当加强主肋。

（5）结构可能发生的失稳形式不仅与结构本身有关，还与结构所承受的荷载形式有关。

参 考 文 献

1 夏绍华、钱若军. 网壳结构非线性稳定分析中屈曲类型的判别，新型空间结构论文集，浙江大学出版社，1994 年

2 J. L. Meek & S. Loganathan. Large Displacement Analysis of Space-Frame Structures，Computer Methods in Applied Mechanics and Engineering，1989，Vol. 72，pp. 57~75

3 朱忠义、董石麟. 单层穹顶网壳结构的几何非线性跳跃失稳及分歧屈曲的研究，空间结构，1995 年，1（2）期

4 Masahisa Fujikake. A Simple Approach to Bifurcation and Limit Point Calculations，International Journal for Numerical Methods in Engineering，1985，Vol. 21，pp. 183~191

5 沈祖炎、罗永峰. 网壳结构分析中节点大位移叠加及平衡路径跟踪技术的修正，新型空间结构论文集，浙江大学出版社，1994 年

6 J. Chrescielewski & R. Schmiot. A Solution Control Method for Nonlinear Finite Element Post-Buckling Analysis of Structures，Post-Buckling of Elastic Structures，Proceeding of the Euromech Colloquium，Edited by Z. S. Gaspar，1985

（本文发表于：土木工程学报，1998 年第 3 期）

42. 扰动法在结构分枝失稳分析中的应用

李元齐　沈祖炎

提　要：对结构进行平衡路径的跟踪分析，是全面了解该结构的受力性能所必须进行的一项工作。目前的结构非线性稳定分析技术一般仅对极值点失稳型问题较为有效，而对分枝点失稳型问题则困难较多。对于具有缺陷敏感性的结构，如拱结构、壳体等，在普通荷载作用下，其失稳路径常包含分枝点。文献 [1] 提出并认为位移扰动法和力扰动法在分析结构分枝失稳时具有很好的效果。本文采用多个不同类型的算例，对扰动法在结构分枝失稳问题中的应用进行了分析比较，表明该方法具有较强的跟踪能力。最后，就扰动法在结构分枝失稳问题中的应用提出几点建议。

关键词：分枝点失稳　单层网壳　位移扰动法　力扰动法

Application of Perturbation Methods in Bifurc-ation Lnstability Problem

Li Yuan-qi　Shen Zu-yan

Abstract：It is very necessary and important to trace the complete load-deflection paths in order to know comprehensively the characteristics of structures subjected to loads. Unfortunately, the achieved nonlinear stability analysis techniques are workable to trace the equilibrium paths only including extreme points. But to the bifurcation paths, most of them can not lead to satisfactory results, particularly to the large-scale structures with sensitivity of initial imperfections such as arch structures, shell, etc.. In author's another paper, the displacement perturbation method and the force perturbation method were presented and proved to be the efficient methods to trace the bifurcation paths. In this paper, the stability of several examples and a large-scale single-layer reticulated shell is analyzed. Finally, some conclusions about using the perturbation method in instability with bifurcation points are drawn.

Keywords：Instability with Bifurcation Points　Single-Layer Reticulated Shells　Displacement Perturbation Methods　Force Perturbation Methods

1 概　述

对结构进行平衡路径的跟踪分析，是全面了解该结构的受力性能所必须进行的一项工作。目前的结构非线性稳定分析技术大多对极值点失稳型问题较为有效，但对分枝点失稳型问题则困难较多。国内外许多学者对此问题进行了研究[1-5]。文献［1］提出并认为位移扰动法和力扰动法在分析结构分枝失稳时具有很好的效果。本文采用多个不同类型的算例并结合大型工程实例对扰动法应用于结构分枝失稳问题进行验证分析和比较，最后就扰动法在分枝失稳问题中的应用得出几点有意义的结论。

2　扰动法在结构分枝失稳分析中的应用

对一个大型的结构系统而言，它所具有的平衡分枝路径显然是未知的。在此情况下，所引入的扰动模式具有较大的经验性。所幸的是，结构失稳前的变形情况及当前刚度矩阵可以反应出一些该结构的某些失稳趋势。因此，可以根据实际工程中所关心的失稳模式，结合结构失稳前的变形情况，引入相应的扰动模式，从而求得所期望的路径对应的承载力。

设结构加载模式为 $\{P\}$，在第 $i+1$ 增量步无法收敛，并且经判别为平衡分枝点，此时，计算返回到第 $i+1$ 增量步初始情况，$\{u\}_i$ 是第 i 增量步对应的总位移。

位移扰动法表示为：令第 $i+1$ 增量步的初始位移为

$$\{u\}_{i+1} = \{u\}_i + \varepsilon\{v\} \tag{1}$$

其中，$\{v\}$ 为所采用的规范化扰动位移模式，ε 为一常数。

力扰动法表示为：令第 $i+1$ 增量步的加载模式为

$$\{P\}_{i+1} = \{P\}_i + \{f\} \tag{2}$$

其中，$\{f\}$ 为所采用的扰动力向量。

在第 $i+1$ 增量步中，可以通过扰动向量 $\{v\}$ 或 $\{f\}$ 的作用，人为地使平衡进入由所加的扰动向量所决定的某个平衡分枝上。经多次迭代稳定后，在第 $i+2$ 增量步中仍采用扰动前方式继续对这一平衡径进行跟踪分析。

3　程序编制及算例分析验证

依据以上理论，采用改进的弧长法[1]，考虑大位移影响[6]，编制了结构非线性分析程序[1]，并对以下失稳时包含分枝点的算例进行分析。

[算例一]　顶点集中力作用下平面深拱弹性非线性分析。

该算例如图 1 (a)。将整条拱划分为 16 个单元，分别考虑支座铰接和刚接进行分析。该算例在两端铰接时为分枝型失稳问题，两端刚接时为极值型失稳问题。不同路径下顶点

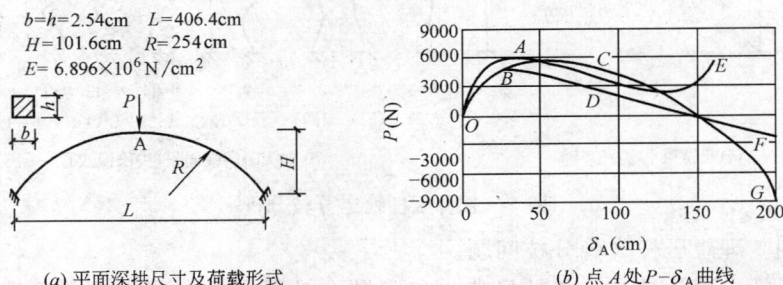

(a) 平面深拱尺寸及荷载形式　　　　(b) 点 A 处 P-δ_A 曲线

图 1　顶点集中力作用下平面深拱在支座铰接和刚接下分析

A 处荷载 P-竖向位移 δ_A 曲线如图 1 (b) 所示，其中，OAE 为两端刚接下失稳路径；$OBCG$ 为两端铰接下对称失稳的分枝路径；$OBDF$ 为两端铰接下反对称失稳的分枝路径。对两端铰接情况，文献 [7]、[8] 均采用小量的初始荷载缺陷（A Small Force Imperfection）来引导平衡进入不同的分枝路径，结果较为满意，但该方法所求路径实为缺陷荷载下路径。本文采用位移扰动法，方便地跟踪到该结构的两条失稳路径，其结果与文献 [7]、[8] 的结果是吻合的。

[算例二]   均布荷载作用下平面深拱弹性非线性分析。

该算例如图 2 (a)。将整条拱划分为 16 个单元，分别考虑支座铰接和刚接进行分析，外加均布荷载均分到节点上。该算例在两端铰接和两端刚接时均为分枝型失稳问题。图 2 (b)、(c) 分别给出两端铰接和两端刚接时不同失稳路径下顶点 A 处荷载 P-竖向位移 δ_A 曲线，其中，虚线为对称失稳的分枝路径；实线为反对称失稳的分枝路径。采用位移扰动法，本文方便地跟踪到该结构的两条失稳路径。

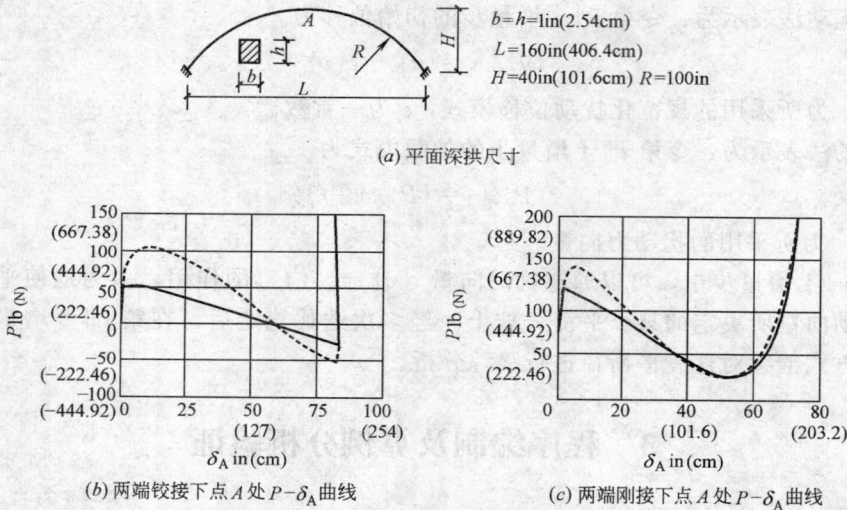

(a) 平面深拱尺寸

$b=h=1in(2.54cm)$
$L=160in(406.4cm)$
$H=40in(101.6cm)$ $R=100in$

(b) 两端铰接下点 A 处 P-δ_A 曲线

(c) 两端刚接下点 A 处 P-δ_A 曲线

图 2   均布荷载作用下平面深拱在支座铰接和刚接下分析

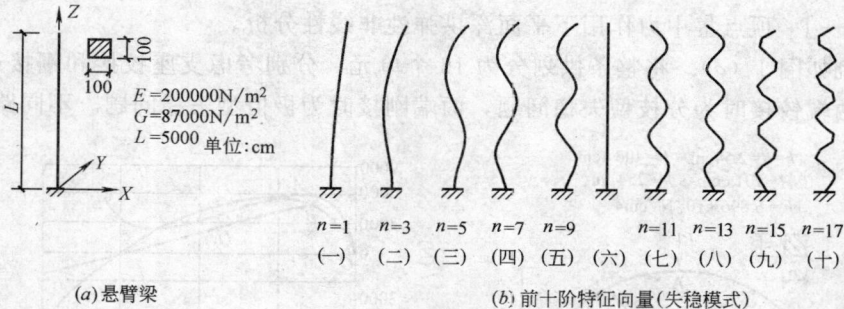

(a) 悬臂梁

$E=200000N/m^2$
$G=87000N/m^2$
$L=5000$ 单位:cm

(b) 前十阶特征向量(失稳模式)

$n=1$ $n=3$ $n=5$ $n=7$ $n=9$ $n=11$ $n=13$ $n=15$ $n=17$
（一）（二）（三）（四）（五）（六）（七）（八）（九）（十）

图 3   悬臂压杆稳定分枝分析

[算例三]   理想压杆失稳分枝问题。

理想的压杆失稳是具有分枝的经典失稳问题。对图 3 (a) 所示悬臂压杆，为能分析到结构较多的特征向量，本文划分了 20 个单元，采用位移挠动法对失稳前切线刚度矩阵作特征向量分析，得到前十阶特征向量（XOZ 平面外已约束），如图 3（b）所示。依此以这前十阶特征向量作为扰动位移模式进行分析，除第六阶为 Z 向特征向量，无扰动作用外，其他均可得到相对应的失稳模式。表 1 给出计算临界力与理论的欧拉（L. Euler）临界荷载的比较。由表 1 可知，采用位移扰动法分析得到的临界力基本相同，特征向量阶数越高，相差越大。这是因为高阶特征向量受到所划分点的数量的限制而不够精确的缘故。

计算临界力与欧拉临界力的比较（单位×10^6N）　　　　表 1

特征向量阶数	1	2	3	4	5	7	8	9	10
计算临界力	1.649	14.82	41.30	80.5	133.0	197.4	274.7	364.7	466.3
欧拉临界力	1.645	14.81	41.13	80.61	133.2	199.0	278.0	370.1	475.4

欧拉临界力公式：

$$P_{cr} = \frac{n^2 \pi^2 EI}{(2L)^2}$$

[算例四]　K6-4 型单层穹顶网壳结构稳定分析。

采用上述自编程序，本文对图 4 所示的 Kiewitt（K6-4）型单层穹顶网壳结构进行了三种情况下的计算分析，该网壳的基本情况为：跨度 $L = 30$m，矢高 $F = 2$m，采用 $\phi 180 \times 5$ 钢管。材料 $E = 2.1 \times 10^5$MPa，$G = 8.5 \times 10^4$MPa。支座情况为周边铰接。图 5 是仅在节点 1 作用竖向集中力时节点 1～4 的荷载-位移曲线及结构失稳形式。其失稳形式为跳跃失稳（极值点失稳型），结构具有单一的平衡路径。其特点是节点 1～4 及其对称点依次发生跳跃失稳。图 6 是在节点均布荷载作用下采用最不利位移扰动法跟踪得到的节点 1～4 的荷载-位移曲线及结构失稳形式，其特点是三肋对称失稳。图 7 是在节点均布荷载作用下采用力扰动法跟踪得到的节点 1～4 的荷载-位移曲线及结构失稳形式。其特点是节点 4～1 依次发生跳跃失稳。

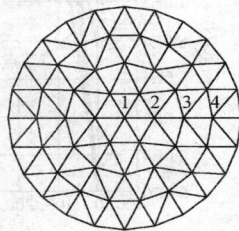

图 4　K6-4 型单层穹顶网壳

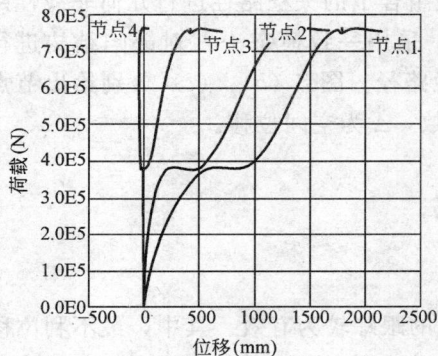

(a) 节点1-4 的荷载-位移曲线　　　　　　　　(b) 不同时刻结构失稳形态

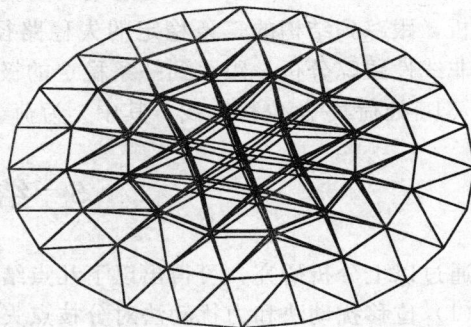

图 5　中心集中力作用下整体失稳情况

4　某环肋网壳工程几何非线性失稳路径跟踪分析

该网壳结构如图 8（a）所示，共有物理节点 799 个，杆件 1480 根，支座节点 67 个，

(a) 节点1-4 的荷载-位移曲线

(b) 不同时刻结构失稳形态

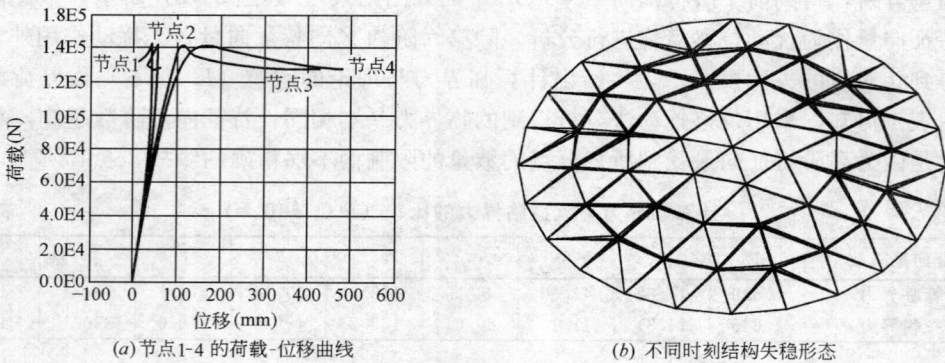

图 6　均布荷载作用下整体失稳情况

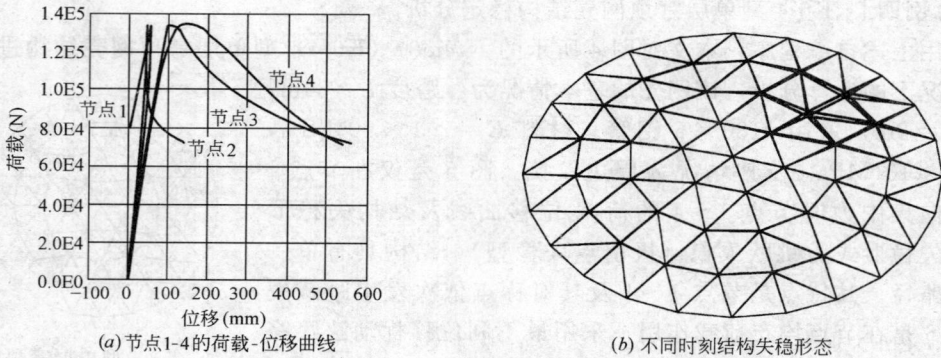

(a) 节点1-4的荷载-位移曲线

(b) 不同时刻结构失稳形态

图 7　均布荷载作用下局部失稳情况

均为铰接。杆件截面形式均采用箱形，共有四种截面，且每根杆件均有一条主惯性轴沿球体径向。采用扰动法，本文对理想结构垂直静力荷载组合下的失稳路径进行几何非线性跟踪分析，跟踪到结构的三条稳定的失稳路径。同时，采用一致模态法[1]对缺陷结构进行几何非线性跟踪分析，跟踪到一条稳定的极值型失稳路径。图 8 (b)、(c) 分别给出节点 203、510 处荷载-总位移曲线，其中 λ 为荷载比例系数，Δ 为空间位移。

5　结　论

通过以上分析研究，可得出以下几点结论：

（1）位移扰动法和力扰动法对分枝点失稳型问题的跟踪较为有效。其中，最不利位移扰动法用于求整体失稳下的平衡路径较方便，而力扰动法则在跟踪局部失稳下的平衡路径时更为直观。

（2）在最不利位移扰动法中，引入扰动位移向量的时机应合适，既保证此点离分枝点较近，又使此时结构切线刚度矩阵 $[K_T]$ 不过于奇异。同时，扰动量的选取不应过大，但必须有足够的扰动能力。经验表明，位移扰动法中当前步中最大位移量的 1/100 以下为宜；力扰动法中当前步中不应超过节点所受总外荷载量的 5/100。另外，若所选用的扰动位移向量或力向量并不对应于稳定的后失稳平衡路径，则在此扰动下，计算仍不会收敛。

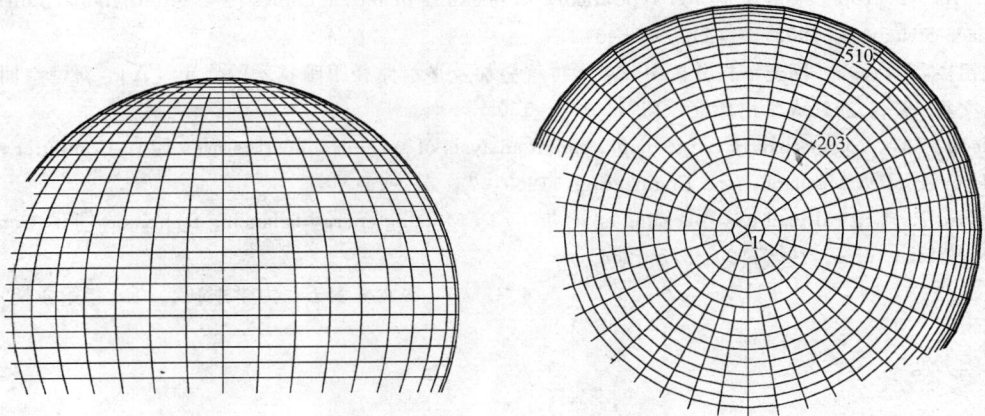

(a) 结构布置

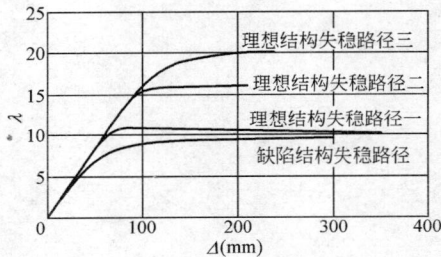

(b) 节点203处荷载-总位移曲线

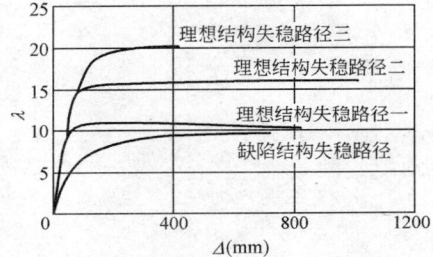

(c) 节点510处荷载-总位移曲线

图 8 某工程环肋网壳几何非线性失稳路径跟踪分析

但以前的计算处理并不会影响后继的分析，可另选扰动位移向量或力向量进行分析。

(3) 结构可能发生的失稳形式不仅与结构本身有关，还与结构所承受的荷载形式及分布有关，这一点在分析具有缺陷敏感的结构时必须非常重视。

(4) 当结构存在多条失稳分枝时，结构的几何缺陷将严重影响结构的失稳形式，从而影响结构的极限承载能力。

将扰动法应用于结构分枝失稳问题的分析，无论在理论上还是实际应用中都表明具有较强的适用性。但目前对扰动向量 $\{v\}$ 或 $\{f\}$ 的选取还存在较大的经验性，特别是力扰动法中 $\{f\}$ 的选取，经验性更强，因此，对此问题还必须作进一步的研究。

参 考 文 献

1 李元齐. 大跨度拱支网壳结构稳定性研究 [D]. 博士学位论文，同济大学，1998

2 夏绍华，钱若军. 网壳结构非线性稳定分析中屈曲类型的判别 [A]. 新型空间结构论文集 [C]，浙江大学出版社. 1994

3 Fujikake M. A simple approach to bifurcation and limit point calculations [J]，International Journal for Numerical Methods in Engineering，1985，21：183～191

4 Chan S L. A generilized numerical procedure for nonlinear analysis of frames exhibiting a limit or a bifurcation point [J]. International Journal of Space Structure，1991，6 (2)：99～114

5 Morris NF. Application of Koiter-type theory to buckling of lattice domes [J]. International Journal of Space Structure，1992，7（4）：335～343

6 沈祖炎，罗永峰. 网壳结构分析中节点大位移叠加及平衡路径跟踪技术的修正 [A]. 新型空间结构论文集 [C]，浙江大学出版社，1994，144～150

7 Meek J L，. Loganathan S. Large displacement analysis of space-frame structures [J]，Computer methods in Applied Mechanics and Engineering，1989，72：57～75

8 Szilard R. . Critical load post-buckling analysis by FEM using energy balancing technique [J]. Computers & Structures，1985，20：277～286

（本文发表于：力学季刊。2000 年第 4 期）

43. 平面梁杆结构几何非线性
分析的一种简便方法

王恒华 沈祖炎 陆瑞明

提 要：本文提出了一种新的几何非线性分析方法，适用于结点位移任意大、单元刚体转角任意大、单元局部弯曲比较小的平面梁杆结构。文中的刚度矩阵和附加荷载列阵都是以显式形式给出的，可直接应用。

关键词：平面结构 梁杆单元 几何非线性

A Simple Method for Geometric Nonlinear
Analysis of Plane Beam-Bar Structures

Wang Henghua   Shen Zuyan   Lu Ruiming

Abstract：A new method for geometric nonlinear analysis is put forward in this paper. It is suitable for the plane beam-bar structures in which there are large node displacements，large element rigid rotations，and relatively small elastic element deformations. It is a simple method with great precision. The stiffness matrixes and additional load columns in the paper are written out in the obvious form，so they can be directly used.

Keywords：Plane Structures   Beam-Bar Elements   Geometric Non-linear

1 引 言

在公开发表的梁杆结构几何非线性分析的文献中，一般忽略了格林应变表达式中轴向位移导数的二次项，当位移达到一定程度时，这种忽略会带来很大误差[1]。因此，这些分析仅适用于结点位移不大，单元轴线的刚体转角较小的情形。

文献［1］提出了平面梁杆结构大位移非线性分析的一种实用方法，这种方法将结构的大位移分解为单元随动坐标系的大刚体位移（平移和转角）和相对于该坐标系的小弹性变形之和，在刚体位移后的位置上建立单元平衡方程、确定单元方向转换矩阵，按一般有限元法将单元平衡方程组装成结构整体平衡方程，选用合适的非线性分析方法迭代求解。该方法在单元局部变形较小的条件下，对结构的位移数值没有限制，且表达形式简单，有一定的实用意义。然而，文献［1］中梁单元的非线性平衡方程不正确[2]，也不便于迭代求解。文献［2］纠正了文献［1］中的错误，并提出了改进的迭代求解方案，但所提方案在操作上也不甚方便。

　　本文的思路仍与文献［1］相似。差别只在于，将单元随动坐标系的原点固结在单元变形前的始端位置，使这个随动坐标系只能随单元一起转动，而不能随单元一起平动。这样处理的好处是，导出的非线性平衡方程实际上是大位移（大转角）几何非线性平衡方程和线性平衡方程的统一表达式。这给迭代求解带来很大便利：位移初值可简单地取用 0 值、外部荷载不必分级施加，在按牛顿-拉菲逊法求解时可将刚度矩阵直接用作雅可比矩阵。另外，本文的刚度矩阵还是对称矩阵，可利用对称性节省计算机内存。

2　坐标系与基本假设

　　为描述方便，本文需要建立三个坐标系：除整体坐标系（OXY）、局部坐标系（oxy）外，还要建立一个随动坐标系（$o'x'y'$）。随动坐标系的原点与局部坐标系的原点重合，轴 x' 与单元轴线变形后的始点和终点的连线平行。该坐标系可视为局部坐标系绕其原点随单元一起转动而得到的，故又可称为随转坐标系。各个坐标系及其与单元的相互关系示于图 1 之中。图中粗虚线和粗实线分别代表着变形前后的梁（或杆）单元。

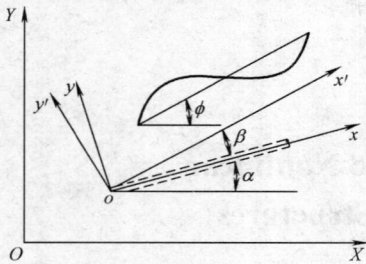

图 1　坐标系与单元关系

　　本文采用的基本假设是，在随动坐标系下单元轴线的弯曲变形不大，小变形的线性弹性理论能够适用。

3　随动坐标系下的单元平衡方程

　　按线弹性理论建立的单元平衡方程，就是一般的线性平衡方程：

$$[k']\{u'\}=\{f'\} \tag{1}$$

式中符号含义如下。对梁元

$$[k']=\begin{bmatrix} EA/l & & & & & \\ 0 & 12EI/l^3 & & 对　　称 & & \\ 0 & 6EI/l^2 & 4EI/l & & & \\ -EA/l & 0 & 0 & EA/l & & \\ 0 & -12EI/l^3 & -6EI/l^2 & 0 & 12EI/l^3 & \\ 0 & 6EI/l^2 & 2EI/l & 0 & -6EI/l^2 & 4EI/l \end{bmatrix} \tag{1a}$$

$$\{u'\}=\begin{bmatrix} u'_1 & u'_2 & u'_3 & u'_4 & u'_5 & u'_6 \end{bmatrix}^T \tag{1b}$$

$$\{f'\}=\begin{bmatrix} f'_1 & f'_2 & f'_3 & f'_4 & f'_5 & f'_6 \end{bmatrix}^T \tag{1c}$$

对杆元

$$[k']=\frac{EA}{l}\begin{bmatrix} 1 & & & \\ 0 & 0 & 对　　称 & \\ -1 & 0 & 1 & \\ 0 & 0 & 0 & 0 \end{bmatrix} \tag{1d}$$

$$\{u'\} = \begin{bmatrix} u'_1 & u'_2 & u'_3 & u'_4 \end{bmatrix}^{\mathrm{T}} \tag{1e}$$

$$\{f'\} = \begin{bmatrix} f'_1 & f'_2 & f'_3 & f'_4 \end{bmatrix}^{\mathrm{T}} \tag{1f}$$

4 相对位移与绝对位移的关系

4.1 相对位移与局部坐标系下绝对位移的关系

随动坐标系下的结点位移 $\{u'\}$ 是相对于刚体转动后的结点位移，称为相对位移；局部坐标系下的结点位移（用 $\{u\}$ 表示）是相对于刚体转动前的结点位移，称为局部坐标系下的绝对位移。$\{u'\}$ 与 $\{u\}$ 之间的关系可由下式给出（参见图 2，图中以梁元为例）：

$$\{u'\} = [T_\beta]\{u\} - \{\tilde{u}\} \tag{2}$$

式中符号含义如下。对梁元

$$[T_\beta] = \begin{bmatrix} C_\beta & S_\beta & 0 & 0 & 0 & 0 \\ -S_\beta & C_\beta & 0 & 0 & 0 & 0 \\ 0 & 0 & 1 & 0 & 0 & 0 \\ 0 & 0 & 0 & C_\beta & S_\beta & 0 \\ 0 & 0 & 0 & -S_\beta & C_\beta & 0 \\ 0 & 0 & 0 & 0 & 0 & 1 \end{bmatrix} \tag{2a}$$

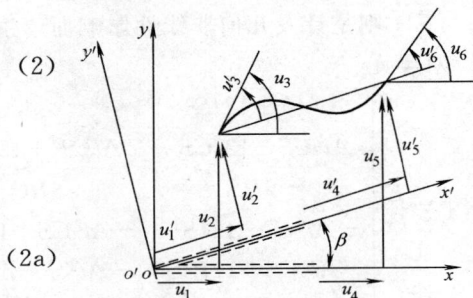

图 2 节点位移

$$\{\tilde{u}\} = \begin{bmatrix} 0 & 0 & \beta & l(1-C_\beta) & lS_\beta & \beta \end{bmatrix}^{\mathrm{T}} \tag{2b}$$

$$C_\beta = \cos\beta, \ S_\beta = \sin\beta \tag{2c}$$

$$\beta = \mathrm{arctg}\left(\frac{u_5 - u_2}{u_4 - u_1 + l}\right) \tag{2d}$$

对杆元

$$[T_\beta] = \begin{bmatrix} C_\beta & S_\beta & 0 & 0 \\ -S_\beta & C_\beta & 0 & 0 \\ 0 & 0 & C_\beta & S_\beta \\ 0 & 0 & -S_\beta & C_\beta \end{bmatrix} \tag{2e}$$

$$\{\tilde{u}\} = l\begin{bmatrix} 0 & 0 & (1-C_\beta) & S_\beta \end{bmatrix}^{\mathrm{T}} \tag{2f}$$

$$\beta = \mathrm{arctg}\left(\frac{u_4 - u_2}{u_5 - u_1 + l}\right) \tag{2g}$$

4.2 相对位移与整体坐标系下绝对位移的关系

局部坐标系下的绝对位移经过坐标转换，可以变成整体坐标系下的绝对位移（后者用 $\{U\}$ 表示）。$\{u\}$ 与 $\{U\}$ 的关系式如下

$$\{u\} = [T_\alpha]\{U\} \tag{3}$$

式中转换矩阵 $[T_\alpha]$ 对梁元和杆元，分别是将式（2a）和（2e）中的 β 换成单元的初始方向角 α 而得到的矩阵。

将式（3）代入式（2）便得到 $\{u'\}$ 与 $\{U\}$ 的关系式

$$\{u'\} = [T_\varphi]\{U\} - \{\tilde{u}\} \tag{4}$$

式中转换矩阵 $[T_\varphi]$ 对梁元和杆元，分别是将式（2a）和（2e）中的 β 换成随动坐标系 x' 轴的方向角 φ 而得到的矩阵。

5   整体坐标系下的单元平衡方程

将式（4）代入式（1）并在方程两边左乘 $[T_\varphi]^{\mathrm{T}}$，整理后就得到在整体坐标系下的单元平衡方程

$$[K]^\epsilon \{U\} = \{F\}^\epsilon + \{\widetilde{F}\}^\epsilon \tag{5}$$

式中，$[K]^\epsilon$ 是计及几何非线性影响的刚度矩阵；$\{F\}^\epsilon$ 是与一般线性分析相同的荷载列阵；$\{\widetilde{F}\}^\epsilon$ 则是计及几何非线性影响而产生的附加结点荷载列阵。$[K]^\epsilon$ 和 $\{\widetilde{F}\}$ 的显式如下。对梁元

$$[K]^\epsilon = \frac{E}{l^3} \begin{bmatrix} Al^2C^2+12IS^2 & & & & & \\ Al^2CS-12ICS & Al^2S^2+12IC^2 & & 对 & & \\ -6IlS & 6IlC & 4Il^2 & & 称 & \\ -Al^2C^2-12IS^2 & -Al^2CS+12ICS & 6IlS & Al^2C^2+12IS^2 & & \\ -Al^2CS+12ICS & -Al^2S^2-12IC^2 & -6IlC & Al^2CS-12ICS & Al^2S^2+12IC^2 & \\ -6IlS & 6IlC & 2Il^2 & 6IlS & -6IlC & 4Il^2 \end{bmatrix} \tag{5a}$$

$$\{\widetilde{F}\}^\epsilon = EA(1-C_\beta)\begin{Bmatrix} -C \\ -S \\ 0 \\ C \\ S \\ 0 \end{Bmatrix} \frac{6EI}{l^2}(\beta-S_\beta)\begin{Bmatrix} -2S \\ 2C \\ l \\ 2S \\ -2C \\ l \end{Bmatrix} \tag{5b}$$

这里

$$C=\cos\varphi, \quad S=\sin\varphi \tag{5c}$$

$$\varphi = \mathrm{arctg}\left(\frac{U_5-U_2+l\sin\alpha}{U_4-U_1+l\cos\alpha}\right) \tag{5d}$$

$$\beta = \varphi - \alpha \tag{5e}$$

对杆元

$$[K]^\epsilon = \frac{EA}{l}\begin{bmatrix} C_2 & & 对 & \\ CS & S^2 & & 称 \\ -C^2 & -CS & C^2 & \\ -CS & -S^2 & CS & S^2 \end{bmatrix} \tag{5f}$$

$$\{\widetilde{F}\}^\epsilon = EA(1-C_\beta)\begin{Bmatrix} -C \\ -S \\ C \\ S \end{Bmatrix} \tag{5g}$$

$$\varphi = \mathrm{arctg}\left(\frac{U_4-U_2+l\sin\alpha}{U_3-U_1+l\cos\alpha}\right) \tag{5h}$$

6 解法与算例

将整体坐标系下的各单元平衡方程按一般有限元法组合拼装，便得到整个结构的非线性平衡方程：

$$[K]\{U\}=\{R\} \tag{6}$$

至此，就可以选用合适的迭代方法来解出结点位移了。一般而言，牛顿-拉菲逊法是求解非线性方程的一种比较有效的方法，按该法对式（6）所取迭代格式如下：

$$[K_J]_n\{\Delta U\}_{n+1}=\{R\}_n-[K]_n\{U\}_n \tag{7}$$

$$\{U\}_{n+1}=\{U\}_n+\{\Delta U\}_{n+1} \tag{8}$$

具体迭代时，位移初值 $\{U\}_0$ 以 $\{0\}$ 代入；雅可比矩阵 $[K_J]_n$ 以 $[K]_n$ 代入。当位移变化率 e_i 小到给定限度时，迭代过程便告结束（对每个自由度 i，有 $e_i=|\Delta U_i/U_i|$，最大的 e_i 一般限定在 $10^{-2}\sim10^{-6}$ 之间）。顺便指出，在第1次迭代后得出的位移近似值 $\{U\}_1$ 就是线性分析中所要求的位移值。

［算例］ 对图3所示桁架结构进行大位移分析。假设在荷载作用下杆件材料仍将处在线弹性阶段，弹性模量 $E=2.0\times10^{11}\,\text{N/m}^2$，杆件的截面积 $A=4.0\times10^{-4}\,\text{m}^2$，位移收敛条件 $|^*\Delta U/U|\leqslant10^{-4}$。

计算结果列于表1之中。

表 1

迭代次数	$U_{Cr}(m)$	$N_{AC}(N)$
1	−0.31268752	500099.99
14	−0.04518143	153735.49

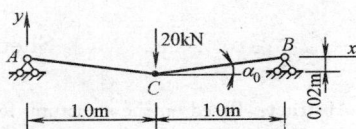

图 3 算例计算简图

本题取自文献［3］，文献［3］是用带有流动坐标的迭代法求解的。本文的计算结果和迭代次数都与文献［3］相同。

由表1可以得知，非线性分析时的位移和轴力的值分别为线性分析时的 14.45％ 和 30.74％（文献［3］中后一个百分比不正确），这说明本问题的非线性程度是很高的，线性分析的结果已不能作为设计的依据。

参 考 文 献

1 陆念力. 大位移梁杆系统非线性分析一种实用方法. 建筑机械，1990，（9）
2 邓长根，沈祖炎，傅耀民. 平面梁杆结构大位移非线性分析方法的改进. 同济大学学报，1994（增刊）
3 朱慈勉，汪榴，江利仁等编著. 计算结构力学. 上海：上海科学技术出版社，1992
4 谢贻权，何福保主编. 弹性和塑性力学中的有限单元法. 北京：机械工业出版社，1981

（本文发表于：计算力学学报，1997年第1期）

44. 大跨度拱支网壳结构的弹塑性分析理论及程序编制

沈祖炎　李元齐

提　要： 拱支网壳结构体系是在综合了网壳（网架）及拱结构等优点的基础上，构思出的一种新型大跨度空间杂交结构形式。本文根据所确定的结构分析模型，结合现有理论，建立了大跨度拱支网壳结构的弹塑性分析理论，并编制相应的结构分析程序。算例分析表明该理论及程序是正确有效的。

关键词： 拱支网壳结构体系　弹塑性分析　杂交结构

Elasto-Plastic Analysis of Large-Span Arch-Supported Reticulated Shell Structures and the Corresponding Program

Shen Zuyan　Li Yuanqi

Abstract： Based on the structural features of reticulated shells，arch-structures，etc.，the arch supported reticulated shell structures have been developed as a new large-span space structural system. In the paper，typical structural models of the hybrid system are presented. Then the elasto-plastic large deformation analytic theory is founded and the corresponding program using FORTRAN language is achieved. Finally，numerical examples are analyzed by the program，which proves the correctness of the analytic theory and the effectiveness of the program.

Keywords： the Arch-Supported Reticulated Shell Structures　the Elasto-Plastic Large Deformation Analysis　Hybrid Structures

1 引　言

近几十年来，多种空间结构形式得到了广泛的应用和飞速的发展。由不同类型的结构形式组合而成的杂交结构（Hybrid Structure）成为目前大跨度空间结构研究中的新方向，其最大的优点就是充分利用一种类型结构的长处来抵消另一种与之组合的结构的短处，使得每一种单一类型的空间结构形式及其材料均能发挥最大的潜力。大跨度拱支网壳结构正是根据这一思想，在综合了网壳（网架）及拱结构等的优点的基础之上构思出的一种新型杂交结构形式。文献［1］对该结构体系的合理性及可能组合形式进行了分析，本文在此基础上，提出这类结构体系的两种具有代表性的结构分析模型，并结合现有理论，建立了拱支网壳结构的弹塑性分析理论。最后，根据所建立的非线性分析理论，用 FORTRAN 语言编制了相应的分析程序，并采用算例进行考证。

2　弹塑性分析基本理论

2.1　结构分析模型

根据对拱支网壳结构的合理组合形式的分析[1]，本文选定这类结构体系中两种具有代表性的结构分析模型，分别如图 1 （a）、（b）所示。在图 1 （b）中，拱结构的侧向稳定可由拱结构本身的构造来保证，如采用变截面实腹拱或空腹钢拱、空间格构拱、空间桁架拱等形式。

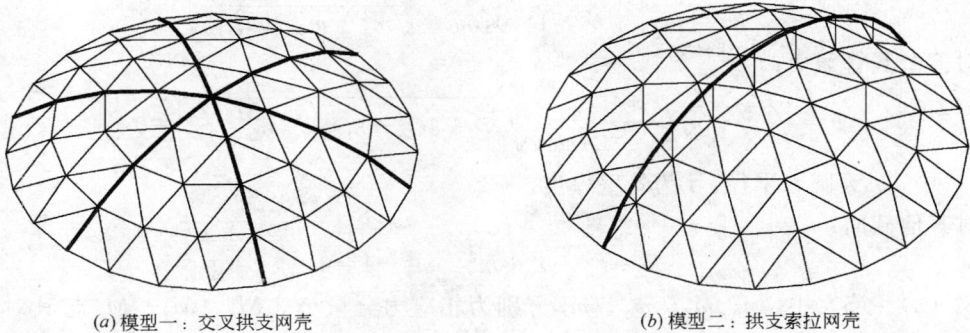

(a)模型一：交叉拱支网壳　　　　(b)模型二：拱支索拉网壳

图 1　拱支网壳结构分析模型

2.2　单元选择

在对大跨度拱支网壳结构进行受力分析时，拱结构及网壳结构必须考虑几何非线性及材料非线性的双重影响。由于网壳结构承受的轴力较大，而 C. Oran 梁—柱单元能够较精确地考虑轴向力对结构变形和刚度的影响，因此，对网壳结构本文采用半解析的 C. Oran 梁—柱单元；对拱结构，本文近似采用梁—柱单元细化进行分析。

梁—柱单元增量形式的有限元基本方程为

$$[K_T]_e \{\Delta q\}_e = \{\Delta F\}_e \tag{1}$$

其中，$[K_T]_e$ 为梁—柱单元切线刚度矩阵，其表达式见文献 [2]；$\{\Delta F\}_e$、$\{\Delta q\}_e$ 为单元局部坐标系下单元的杆端力向量增量和杆端位移向量增量。

由于 C. Oran 梁—柱单元的半解析性，假定杆件进入弹塑性工作阶段后，塑性变形集中在杆端，可采用塑性铰理论来考虑梁—柱单元弹塑性性能的影响。为考虑实际构件两端的塑性深入程度，用杆件两端的"塑性影响系数"来修正弹塑性分析的单元刚度矩阵[2]。单元在整体坐标系下弹塑性有限元增量形式的基本方程为

$$[K_{ep}]_e \{\Delta v\}_e = \{\Delta P\}_e \tag{2}$$

其中，$[K_{ep}]_e$ 为梁—柱单元在整体坐标系下的弹塑性刚度矩阵，其表达式见文献 [2]。

设 v_{it} 为节点 i 在时刻 t 时的加载水平下对应的屈服函数值，$V_{i(t+\Delta t)}$ 为节点 i 在时刻 $t+\Delta t$ 时的加载水平下对应的屈服函数值，v_{is}、v_{ip} 分别为截面处于初始屈服状态和完全屈服状态时对应的屈服函数值。则单元端截面在时刻 $t+\Delta t$ 时的加载水平下对应的弹塑性状

态可根据下述准则判定：

(1) 当 $v_{it} < v_{i(t+\Delta t)}$ 时，杆件处于加载状态。

若 $v_{i(t+\Delta t)} < v_{is}$，则此时单元在节点 i 处于弹性状态；

若 $v_{is} \leqslant v_{i(t+\Delta t)} < v_{ip}$，则此时单元在节点 i 处于弹塑性状态；

若 $v_{i(t+\Delta t)} \geqslant v_{ip}$，则此时单元在节点 i 处于完全塑性状态，形成塑性铰。

(2) 当 $v_{it} > v_{i(t+\Delta t)}$ 时，杆件处于卸载状态。此时，单元在节点 i 处处于弹性状态。

对空间梁元，屈服函数的选取对塑性铰法的精确度影响很大，一些已求得的屈服函数形式也局限于特殊内力情形及特别类型的单元，而不能广泛应用于梁元所有 6 个广义力的一般条件。根据文献 [3]，本文采用如下屈服函数形式：

对圆形截面：

$$F = |m_0| + n^2 - 1 = 0, m_0 = \sqrt{m_x^2 + m_y^2 + m_z^2} \tag{3}$$

对薄壁圆管截面：

$$F = \sqrt{m_y^2 + m_z^2} - \cos\left[\frac{1}{4rt\sigma_y}\sqrt{N^2 + 3Q_y^2 + 3Q_z^2 + 3\left(\frac{M_x}{r}\right)^2}\right] = 0 \tag{4}$$

式 (4) 中，r 为圆管半径，t 为管壁厚度。

对其他截面：

$$F = n^2 + m_x^2 + m_y^2 + m_z^2 - 1 = 0 \tag{5}$$

式 (3)~(5) 中，n、m_x、m_y、m_z 分别为相应力分量 N、M_x、M_y、M_z 与其对应塑性极限承载力 N_P、M_{xP}、M_{yP}、M_{zP} 的比值。

即使采用同一屈服函数，对于不同的单元截面形式，不同的内力组合，初始屈服函数值 v_{is} 及完全屈服函数值 v_{ip} 均不相同，v_{is}、v_{ip} 的限值目前也没有统一标准。在本程序中，v_{is}、v_{ip} 值的确定采用线性近似的准则，即采用截面应力分析的方法，在截面初始屈服及完全屈服时记下对应的屈服函数值 v_{is} 及 v_{ip}，并在整个分析过程中采用。这种做法忽略了非线性过程中内力组合的变化，但效果较好。

对大位移非线性分析，由于其角位移分量不是矢量，因此不符合矢量叠加原理。此时，可采用 C. Oran 的"节点定向矩阵"的概念[2]来考虑位移修正，直接求得坐标的转换矩阵。

对于拱结构杆件与网壳结构节点之间的偏心，以及节点尺寸、支座偏心等对结构受力产生的影响，本文采用刚臂单元模型来考虑，即首先求得中间段的弹塑性刚度矩阵 $[K_{ep}^s]_e$，再根据几何及平衡关系求得 $[K_{ep}^s]_e$ 与整个单元弹塑性刚度矩阵 $[K_{ep}]_e$ 之间的转换矩阵 $[T_s]$。则 $[K_{ep}^s]_e$ 与 $[K_{ep}]_e$ 之间的关系为

$$[K_{ep}]_e = [T_s]^T [K_{ep}^s]_e [T_s] \tag{6}$$

其中，$[T_s]$ 的表达式见文献 [3]。

根据大跨度拱支网壳结构体系的构思思想，对大跨度拱支网壳结构进行受力分析时，可假定拉索始终处在弹性工作状态。目前，常用的索单元主要有两节点直线索单元及多节点曲线索单元。前者将拉索视作两节点直线杆单元来处理，不同于杆单元的是在受压状态下单元将退出工作。该方法非常简单，但适用范围有限。后者将拉索处理为曲线单元，采用高次函数作为索单元的位移插值函数可导出多节点曲线索单元，常见的有三节点、五节点曲线索单元。对拱支索拉网壳而言，当拉索倾斜受力时，采用三节点曲线索单元一般足

可满足工程要求。特别地，若拉索垂直受力或跨度不太大，且不受较大的侧向均布荷载作用，则可简单地借用两端铰结的杆单元，但当承受压力时应退出工作。

2.3　全过程跟踪策略

本文考虑大位移的影响，采用多种弧长法进行全过程跟踪分析，并以当前刚度参数来反应结构的软化程度。

通过应用不同类型弧长法进行跟踪分析比较表明[4]，相对而言，球面弧长法和沿法平面 RW 法均具有较强且稳定的非线性跟踪分析能力。其中，球面弧长法需解一元二次方程并进行根的选择，易出现虚根及跟踪返回现象，但其越过极值点的能力较强且稳定；相对球面弧长法而言，沿法平面 RW 法中荷载增量控制参数可直接求解，计算量较小，但越过极值点的收敛稳定性稍差一些。本文将这两种方法结合起来，既可增加跟踪分析的收敛稳定性，又可减小计算量。计算分析表明，该方法具有较强的跟踪能力和较高的计算效率。

对失稳出现分枝的情况，本文采用力扰动法和位移扰动法进行分析[5]。

由于在弹性分析及弹塑性分析中，结构单元力与变形的关系不同，因而应采用不同的迭代收敛准则，即对弹性分析采用控制残余力的准则，对弹塑性分析采用内力功增量的收敛准则。同时，在每一增量步中，当前刚度参数 S_p 的收敛情况也可作为一个判断准则。

2.4　缺陷敏感性分析

本文中，初始缺陷的引入采用一致模态法，即根据对结构刚度矩阵的分析及结构构造的最大公差，引入与屈曲模态相一致的初始缺陷分布，以求得结构在最不利初始缺陷分布下的受力及稳定情况，即

$$\{\Delta_{inp}\} = \frac{\delta}{d}\{v_1\} \tag{7}$$

式中，$\{v_1\}$ 为屈曲路径对应的模态；δ 为结构最大公差；d 为 $\{v_1\}$ 中的最大分量。

实际结构中，初始缺陷的形式多种多样，而目前的研究均集中于对某一种缺陷形式的分析，且大多只分析结构的几何缺陷，对于荷载、结构材料、残余应力等缺陷的研究很少。要较准确地分析结构各种缺陷的综合影响，目前在理论上尚有一定困难。同时，对于各种缺陷的分布方式及幅度还未积累足够的统计资料，在这一方面的研究目前国内外均处于起步阶段[6]。

3　程序编制及算例

根据以上分析理论，本文编制了拱支网壳结构弹塑性非线性分析程序 EPSNAP (Elasto-plastic Static Nonlinear Analysis Program for Arch-Supported Reticulated Shell Structures)。实践表明，对复杂的大型结构进行非线性分析，如何既能有效地减少所需内存，同时计算速度适当，且保证足够的计算精度，是 PC 机上程序编制成功与否的非常重要的因素。本文采用一系列的方法来实现这一目的，如采用先处理避免后处理法中由充大数处理所带来的精度损失，同时减少需要的内存；对原始数据进行简化处理，减小数据输入量；节点坐标、杆件信息自动生成；结构刚度矩阵采用一维变带宽存储，等等。比较表明，本文的这些措施对大型结构的非线性分析是非常必要且有效的。最后，本文编制了与

AutoCAD 的接口子程序，以便图形跟踪结构的变形情况。

[算例 1]　矩形固端梁的弹塑性分析

矩形固端梁的基本尺寸如图 2（a）所示。本文采用两个单元进行分析。图 2（b）给出点 A 处荷载 P—竖向位移 δ_4 曲线。在 $P=81\times10^3\,\mathrm{kN}$ 时，开始在点 A 处及两个固端同时出现初始屈服；在 $P=130\times10^3\,\mathrm{kN}$ 时，点 A 处及两个固端同时完全屈服，形成塑性铰。J. H. Argyris 采用三种不同的算法对此结构进行了弹塑性分析[7]。结果如图 2（b）中所示。其中，BECOSP 为有限元数值积分的计算结果；BECOEP 为塑性铰法的计算结果；＊＊E 表示分析时划分的单元数。该结果与文献 [7] 中 BECOSP 50E 的结果较吻合。

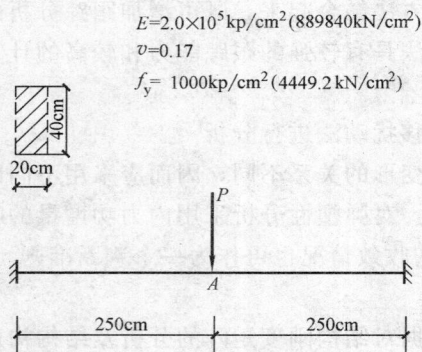

$E=2.0\times10^5\,\mathrm{kp/cm^2}(889840\,\mathrm{kN/cm^2})$
$v=0.17$
$f_y=1000\,\mathrm{kp/cm^2}(4449.2\,\mathrm{kN/cm^2})$

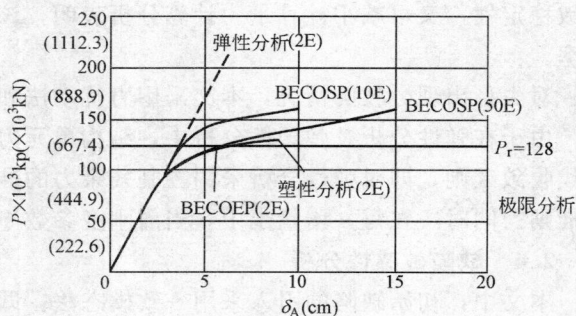

(a) 矩形固端梁　　　　　　　　　(b) 点 A 处 P-δ_A 曲线

图 2　矩形固端梁的弹塑性分析

[算例 2]　13 节点 18 单元的空间穹顶结构弹性几何非线性分析及弹塑性分析

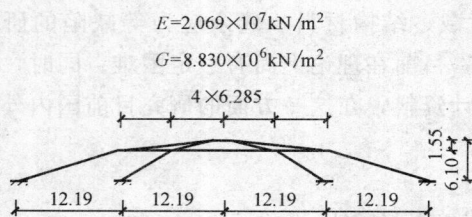

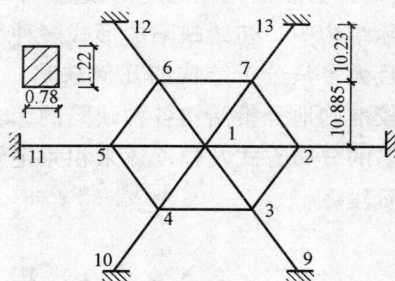

$E=2.069\times10^7\,\mathrm{kN/m^2}$

$G=8.830\times10^6\,\mathrm{kN/m^2}$

图 3　13 节点 18 单元空间穹顶结构

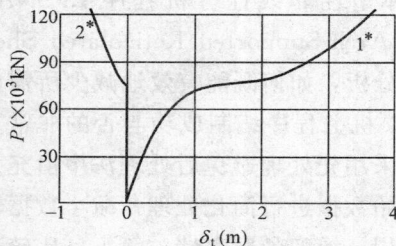

图 4　弹性分析时节点 1、2 处 P-δ_z 曲线　　　图 5　弹塑性分析时节点 1 处 P-δ_z 曲线

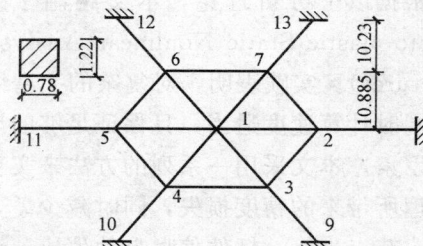

　　该空间穹顶结构如图 3 所示，边界上六个支撑点为固定支座。图 4 给出了弹性几何非线性分析时节点 1、2 处的荷载 P—竖向位移 δ_z 曲线。该结果与文献 [3]、[8] 吻合。图 5 给出了弹塑性分析时节点 1 处的荷载 P—竖向位移 δ_z 曲线。在 $P=4.0\times10^4$ kN 时，开始在交于点 1 处的六根杆件的点 1 端同时出现初始屈服；出 $P=7.0\times10^4$ kN 时，六根杆件在点 1 端同时完全屈服，形成塑性铰。

4　结　论

　　从程序的编制及计算分析可得出以下几点结论：

　　（1）本文在现有理论基础上建立的大跨度拱支网壳分析理论对该结构体系的分析是有效的。

　　（2）算例分析表明，对以轴力为主的单元构成的结构，如拱、网壳等，采用半解析的 C. Oran 梁—柱单元进行结构分析具有非常好的精度，且计算量小。

　　（3）在对大型结构进行非线性的平衡跟踪分析中，增量步长及收敛控制标准的选取是跟踪成功与否的一个关键性因素。同时，如何节省所需内存也是程序实现所必须考虑的问题。实践证明，本文所采取的一些措施及在 Crisfield 的等弧长法基础上，根据当前步的计算结果来自动调整弧长增量及收敛控制标准的方法，是非常有效的。

　　（4）由于网壳结构所承受的外加荷载均为节点荷载，可以认为"塑性变形只在两端处发展"，并引入"塑性影响系数"来考虑塑性发展过程的影响，采用塑性铰法对网壳结构进行弹塑性非线性极限承载能力的分析，得到既省机时又较精确的结果。但考虑到网壳结构杆件以承受轴力为主，在结构失稳后杆件的实际受力状态与假定相差较远。因此，对以轴力为主的杆系结构采用塑性铰法进行屈曲后跟踪则存在一定的困难。

　　（5）对空间梁单元，初始屈服函数值 v_{is} 及完全屈服函数值 v_{ip} 的取值目前没有统一标准。在本程序中，v_{is}、v_{ip} 值的确定采用线性近似的准则。即采用截面应力分析的方法，在截面初始屈服及完全屈服时记下对应的屈服函数值 v_{is} 及 v_{ip}，并在整个分析过程中采用。这种做法忽略了非线性过程中内力组合的变化，但效果较好。

　　（6）考虑塑性影响，所得的分析结果比弹性分析要低一些。在分析结构极限承载能力时，需加以考虑。

参　考　文　献

1　沈祖炎，李元齐. 新型大跨空间结构形式—拱支网壳结构体系 [J]. 空间结构，1996，2（4）：25～29

2　沈祖炎，陈扬骥. 网架与网壳 [M]. 上海：同济大学出版社，1996

3　罗永峰. 网壳结构弹塑性稳定及承载全过程研究 [D]：[博士学位论文]. 上海：同济大学，1991

4　李元齐，沈祖炎. 弧长控制类方法使用中若干问题的探讨与改进 [J]. 计算力学学报，1998，15（4），414～422

5　李元齐，沈祖炎. 稳定分析中极值点失稳与分枝点失稳的跟踪策略及程序实现 [J]，土木工程学报，1998，31（3）：65～71

6　沈祖炎. 大跨空间结构的研究与发展［A］. 结构工程学的研究现状和趋势［C］. 上海：同济大学出版社，1995，22～31

7　J. H. Argyris，B. Borri，V. Hindenlang，M. Kleiber. Finite Element Analysis of Two and Three-dimensional Elasto-plastic Frames—the Natural Approach［J］. Comput. Meth. for Appl. Mech. Engng.，1982，35：221～248

8　G. Shi & S. N. Atluri. Elasto-plastic Large Deformation Analysis of Space-frames：A Plastic-hinge and Stress based Explicit Derivation of Tangent Stiffnesses［J］. International Journal for Numerical Methods in Engineering，1988，26，589～615

（本文发表于：空间结构，1999 年第 4 期）

45. 网壳结构节点体对其承载性能的影响

罗永峰　沈祖炎

提　要：提出用大位移带刚臂杆元来考虑节点大小对网壳结构承载性能的影响，推导出大位移带刚臂元的影响矩阵，修正了 C. Oran[1] 的梁-柱单元切线刚度矩阵，并对类似的支座节点体进行了同样的推导修正。通过对网壳结构算例的分析计算，证明了文中理论的正确、可靠。

关键词：大位移　带刚臂元　转换矩阵

Effects of the Joint Size of the Reticulated Shell on lts Loading Capacity

Luo Yongfeng　Shen Zuyan

Abstract：The effects of the joint size of the reticulated shell on the loading capacity are discussed in this paper. The influence matrix of the large displacement element with rigid arms is first derived. The tangent stiffness matrix of oran's beam-column element is revised. And the similar support joints are also updated. Through computing several numerical examples，it is proved that the theory in the paper is correct and reliable.

Keywords：Large Displacement　Element With Rigid Arms　Translation Matrix

网壳结构杆件的节点连接方式很多，但不论采用何种连接方式，节点总是具有一定的大小和相当的刚性。节点体的刚性对网壳结构的承载能力有一定的影响，特别是对单层网壳结构，当节点体与杆长之比达一定值时，这个影响是不可忽视的。然而传统的结构分析主要是研究结构单元的受力特性及其对整个结构的承载性能的影响，而较少注意到结构节点体系对结构性态的影响。很多学者（如 A. Haldar，F. A. Fathelbab[2]）对结构节点性态进行了理论研究，他们分别以多项式或幂函数来确定结构杆件端部半刚性的力矩-转角关系曲线，并依此推导修正结构单元刚度，这对于理论研究和工程设计来说均是复杂而费时的。

为了简化理论研究及工程设计计算，本文提出大位移带刚臂元来考虑节点体对结构承载性能的影响，以 C. Oran[1] 的梁-柱单元为基础，推导出大位移带刚臂杆元的影响矩阵，对 Oran 的梁-柱单元切线刚度矩阵进行修正。同样，对于具有边界刚臂的结构，用类似的方法推导出相应的边界刚臂修正矩阵，并给出相应的编程计算所需的矩阵扩充方法。

1 理论方法

1.1 基本假定

(1) 结构杆件为双轴对称的等直杆。

(2) 单元材料为线弹性。

(3) 结构节点位移及转角可任意大，但单元本身的变形仍属小变形。

1.2 梁-柱单元切线刚度矩阵

根据梁-柱理论，利用稳定函数可推得梁-柱单元的增量刚度方程[1]为

$$\{\Delta F\}=[K_{\mathrm{T}}]\{\Delta q\} \tag{1}$$

其中：

$$[K_{\mathrm{T}}]=[B][t][B]^{\mathrm{T}}+[G] \tag{2}$$

$[K_{\mathrm{T}}]$ 即为梁-柱单元的切线刚度矩阵。以上式中各符号的意义可参见文献[3]，限于篇幅，此处不详述。

1.3 带刚臂梁-柱单元的转换矩阵

图 1 为一带刚臂梁-柱单元，A、B 为其几何端点，A_{s}，B_{s} 为其弹性域端点。单元的弹性段 A_{s}，B_{s} 可按 Oran 的梁-柱理论（即式（2））求得其切线刚度矩阵，并用 $[K_{\mathrm{T}}^{\mathrm{S}}]$ 表示。

令 A_{s} 点的杆端力增量及杆端位移增量分别为

$$\left.\begin{aligned}\{\Delta F_{\mathrm{A}}^{\mathrm{S}}\}&=[\Delta X_{\mathrm{A}}^{\mathrm{S}}\ \Delta Y_{\mathrm{A}}^{\mathrm{S}}\ \Delta Z_{\mathrm{A}}^{\mathrm{S}}\ \Delta M_{\mathrm{xA}}^{\mathrm{S}}\ \Delta M_{\mathrm{yA}}^{\mathrm{S}}\ \Delta M_{\mathrm{zA}}^{\mathrm{S}}]^{\mathrm{T}}\\ \{\Delta q_{\mathrm{A}}^{\mathrm{S}}\}&=[\Delta u_{\mathrm{A}}^{\mathrm{S}}\ \Delta v_{\mathrm{A}}^{\mathrm{S}}\ \Delta w_{\mathrm{A}}^{\mathrm{S}}\ \Delta Q_{\mathrm{xA}}^{\mathrm{S}}\ \Delta Q_{\mathrm{yA}}^{\mathrm{S}}\ \Delta Q_{\mathrm{zA}}^{\mathrm{S}}]^{\mathrm{T}}\end{aligned}\right\} \tag{3}$$

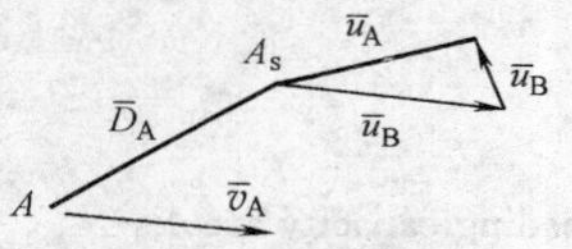

图 1 带刚壁单元

相应地 A 点的杆端力增量及杆端位移增量为

$$\left.\begin{aligned}\{\Delta F_{\mathrm{A}}\}&=[\Delta X_{\mathrm{A}}\ \Delta Y_{\mathrm{A}}\ \Delta Z_{\mathrm{A}}\ \Delta M_{\mathrm{xA}}\ \Delta M_{\mathrm{yA}}\ \Delta M_{\mathrm{zA}}]^{\mathrm{T}}\\ \{\Delta q_{\mathrm{A}}\}&=[\Delta u_{\mathrm{A}}\ \Delta v_{\mathrm{A}}\ \Delta w_{\mathrm{A}}\ \Delta Q_{\mathrm{xA}}\ \Delta Q_{\mathrm{yA}}\ \Delta Q_{\mathrm{zA}}]^{\mathrm{T}}\end{aligned}\right\} \tag{4}$$

根据几何关系可得两组位移增量间的关系为

$$\{\Delta q_{\mathrm{A}}^{\mathrm{S}}\}=[T_{\mathrm{A}}^{\mathrm{S}}]\{\Delta q_{\mathrm{A}}\} \tag{5}$$

其中：$[T_{\mathrm{A}}^{\mathrm{S}}]$ 为杆元 A 端位移增量变换矩阵，且

$$[T_{\mathrm{A}}^{\mathrm{S}}]=\begin{bmatrix}1&0&0&0&D_{\mathrm{zA}}&-D_{\mathrm{yA}}\\0&1&0&-D_{\mathrm{xA}}&0&D_{\mathrm{xA}}\\0&0&1&D_{\mathrm{yA}}&-D_{\mathrm{xA}}&0\\0&0&0&1&0&0\\0&0&0&0&1&0\\0&0&0&0&0&1\end{bmatrix} \tag{6}$$

式中：D_{xA}、D_{yA}、D_{zA} 为刚臂 $\overline{D}_{\mathrm{A}}$ 沿 x，y，z 轴方向的分量

力增量间的关系为

$$\{\Delta F_{\mathrm{A}}^{\mathrm{S}}\}=[T_{\mathrm{FA}}^{\mathrm{S}}]\{\Delta F_{\mathrm{A}}\} \tag{7}$$

其中：$[T_{\mathrm{FA}}^{\mathrm{S}}]$ 为杆元 A 端力增量转换矩阵。

利用虚功原理可证

$$[T_{\mathrm{FA}}^{\mathrm{S}}]=([T_{\mathrm{A}}^{\mathrm{S}}]^{-1})^{\mathrm{T}} \tag{8}$$

同理可得单元 B 端的位移增量转换矩阵 $[T_{\mathrm{B}}^{\mathrm{S}}]$。

由 $[T_{\mathrm{A}}^{\mathrm{S}}]$、$[T_{\mathrm{B}}^{\mathrm{S}}]$ 可形成带刚臂单元 AB 的转换矩阵 $[T_{\mathrm{S}}]$，即

$$[T_S] = \begin{bmatrix} [T_A^S] & \\ & [T_B^S] \end{bmatrix} \qquad (9)$$

根据几何及平衡关系可得带刚臂单元的增量刚度方程

$$\{\Delta F\} = [K_T]\{\Delta q\} \qquad (10)$$

其中：

$$[K_T] = [T_S]^T[K_T^S][T_S] \qquad (11)$$

$[K_T]$ 即为带刚臂梁-柱单元的切线刚度矩阵。

1.4　支座节点刚臂的转换矩阵

在结构的边界节点，其支撑几何中心点有时可能不与杆件交汇的边界节点几何中心重合，这样由于节点尺寸大小就会形成一个节点中心偏差，为考虑支撑点上这个偏差，特引入边界刚臂来考虑其影响。

如图 2 所示，1 点为边界杆元交汇几何中心点，2 点为支撑几何中心点，边界刚臂为 $\overline{D} = [D_x \ D_y \ D_z]^T$。设 1，2 两点的力增量与位移增量分别为

$$\left. \begin{aligned} \{\Delta F_1\} &= [\Delta X_1 \ \Delta Y_1 \ \Delta Z_1 \ \Delta M_{x1} \ \Delta M_{y1} \ \Delta M_{z1}]^T \\ \{\Delta V_1\} &= [\Delta u_1 \ \Delta v_1 \ \Delta w_1 \ \Delta Q_{x1} \ \Delta Q_{y1} \ \Delta Q_{z1}]^T \\ \{\Delta F_2\} &= [\Delta X_2 \ \Delta Y_2 \ \Delta Z_2 \ \Delta M_{x2} \ \Delta M_{y2} \ \Delta M_{z2}]^T \\ \{\Delta V_2\} &= [\Delta u_2 \ \Delta v_2 \ \Delta w_2 \ \Delta Q_{x2} \ \Delta Q_{y2} \ \Delta Q_{z2}]^T \end{aligned} \right\} \qquad (12)$$

利用上节方法，可得边界刚臂转换矩阵

$$[T_B] = \begin{bmatrix} 1 & 0 & 0 & 0 & D_x & D_y \\ 0 & 1 & 0 & D_z & 0 & -D_x \\ 0 & 0 & 1 & -D_y & D_x & 0 \\ 0 & 0 & 0 & 1 & 0 & 0 \\ 0 & 0 & 0 & 0 & 1 & 0 \\ 0 & 0 & 0 & 0 & 0 & 1 \end{bmatrix} \qquad (13)$$

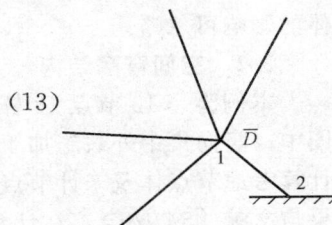

图 2　支座刚臂

2　数值例题分析

根据以上的理论方法，本文考虑大位移影响并采用弧长法[3]跟踪网壳结构的平衡路径，对以下算例进行分析比较。

2.1　星状扁穹窿结构

图 3 为一 13 节点 24 杆元的星状扁穹窿结构，结构的几何参数及物理参数分别于图中标注出。本文计算两组不同几何性质的杆件，图中曲线①及（1）：$I_2 = 0.837\text{cm}^4$，$I_3 = 0.837\text{cm}^4$，$J = 1.411\text{cm}^4$；曲线②及（2）：$I_2 = 2.377\text{cm}^4$，$I_3 = 0.295\text{cm}^4$，$J = 0.918\text{cm}^4$。节点体为圆盘形状，结构最外层的 6 个边界节点为固定铰支座点，竖向集中力作用于结构中心点，Meek[4] 对此结构进行了计算，结果于图 4 中给出。

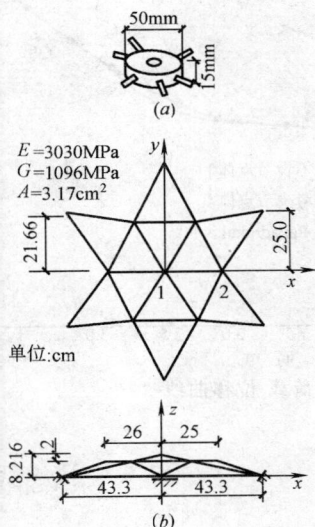

图 3　13 节点-24 杆件穹窿结构

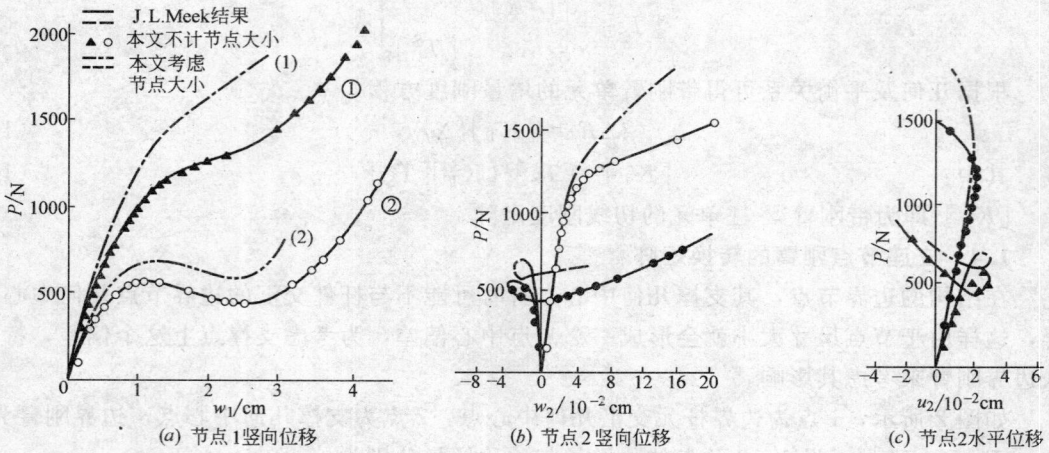

(a) 节点1竖向位移 (b) 节点2竖向位移 (c) 节点2水平位移

图4 荷载-位移曲线

对该结构的计算分两种情况,首先不考虑节点体的影响,跟踪结构平衡路径;然后通过引入大位移带刚臂元考虑节点体的影响。两种计算结果于图4中给出。由计算结果可知,在不计节点体的影响时,本文结果与 Meek 的曲线吻合良好。而当计入节点体的影响时,由于节点体的刚性,使得结构承载平衡路径明显增高。本文还对圆盘形节点体的直径进行多次变化并进行计算,结果表明当节点体在单元中的大小约小于5%的杆长时,节点体的影响可忽略。

2.2 空间穹窿结构

本例为一13节点18杆元的网壳穹窿,如图5所示,结构的几何物理参数分别表示在图中。竖向集中外载施加于中心节点 A,边界6点均为固支。同上例分析方法,本例分别计算考虑节点体及未计节点体的两种算法,分析结果于图6中给出。未计节点体时本文结果与文献[5]吻合,在计及节点体时,由图中可看出,平衡路径明显偏高。

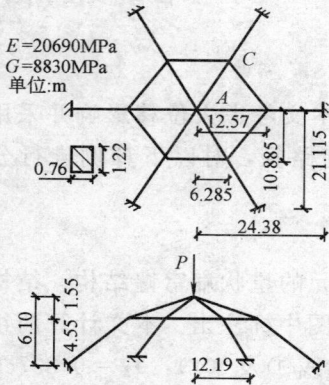

图5 13节点-18杆件穹窿结构

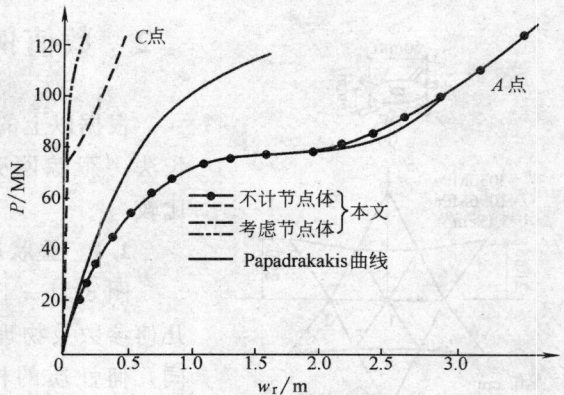

图6 荷载-位移曲线

3 结 论

(1)结构节点体系具有一定的尺寸,对结构的受力及屈曲性态的影响是值得注意的,分析结果表明，当节点尺寸稍大（约大于 5％的杆长）时，分析计算应考虑这一影响。

（2）本文提出大位移带刚臂元来考虑节点体的影响，不仅可简化理论分析方法，而且对工程设计具有重要的实际意义。

参 考 文 献

1 Oran C. Tangent stiffness in space frames. ASCE，1973，99（ST6）：987～1001

2 Fathelbab F A，McConnel R. E. Approximate tangent stiffness matrix includes the effects of joint properties for space frame member. 10 Years of Progress in Shell and Spatial Structures：Madrid：LASS，Cedex-Laboratorio Central de Estructuras Y Material，1989，5（9）：529～541

3 罗永峰. 网壳结构弹塑稳定及承载全过程研究：［学位论文］同济大学结构工程学院，1991

4 Meek J L，Tan H S. Geometrically nonlinear analysis of space frames by an incremental iterative technique. Comput Meth Appl Mech Engin，1984，47：261～282

5 Papadrakakis M. Post-buckling analysis of spatial structures by vector iteration methods. Comput struct，1981，14（5-6）：933～402

（本文发表于：同济大学学报. 1995 年第 1 期）

46. 单层网壳结构弹塑性稳定试验研究

罗永峰　沈祖炎　胡学仁

提　要： 本文为了论证单层网壳结构弹塑性稳定分析的理论，进行了单层网壳结构的弹塑性稳定试验研究。结果表明，网壳结构的失稳具有缺陷敏感性，并且部分杆件的塑性变形对其稳定性能及承载能力有着显著的影响。

关键词： 单层网壳　弹塑性稳定　试验研究

Experimental Study on Elastoplastig
Stability of Single Layer Reticulated Shells

Lou Yongfeng　Shen Zuyan　Hu Xueren

Abstract： An experimental study on elastoplastic stability of single 1ayer reticulated shells has been carried on in the laboratory to verify the analysis theory. It is proved that the stability of reticulated shells is quite sensitive to structural imperfections and the plastic deformation of the part members has significant influence on the structural stability and load capacity of the shells.

Keywords： Single Layer Reticulated　Elastoplastic　Experment Study

1　概　　述

在单层网壳的稳定性研究中，国内外学者曾进行了不少试验研究，证明作连续体薄壳或空间杆系理论分析的正确性、可靠性及有效性[1]。然而，大多数理论分析及试验研究均在材料的弹性范围内，作者利用两个单层球形网壳进行了弹塑性稳定试验。在试验中跟踪单层网壳结构的荷载-变形路径的全过程，观察了失稳过程及破坏模式。经与理论分析比较，证明单层网壳结构的缺陷敏感性以及部分杆件的弹塑性变形对结构承载性能有不可忽略的影响。

2　网壳结构弹塑性非线性分析理论

2.1　基本假定

1）结构杆件为双轴对称截面的等直杆；

2）结构杆元可经历任意大的位移及转动，但其自身的变形仍是小变形；

3）杆件材料为理想弹塑性；

4）截面翘曲及剪切变形忽略不计。

2.2　弹塑性梁-柱单元切线刚度矩阵

图1所示为一空间梁-柱单元，在弹性变形状态其单元增量刚度方程为

$$\{dF\}=[K_T]\{dq^e\} \tag{1}$$

式中　$\{dF\}$ 与 $\{dq^e\}$ 分别为单元的节点力与弹性节点位移增量；

$[K_T]$ 为梁-柱单元弹性切线刚度矩阵[2]。

采用塑性铰理论，可得到弹塑性状态增量刚度方程为

$$\{dF\}=[K_{epo}]\{dq\} \tag{2}$$

其中 $[K_{epo}]=[K_T]-[K_{po}]$ 为弹塑性切线刚度矩阵[3]。

塑性铰理论，没有考虑结构单元的屈服是渐变的这一过程，为了计入这一影响，需引入"塑性影响系数"的概念[3]，并对 $[K_{epo}]$ 进行修正，可得修正后的增量刚度方程为

$$\{dF\}=[K_{ep}]\{dq\} \tag{3}$$

其中 $[K_{ep}]=[K_T]-[K_P]$ 为修正后的弹塑性切线刚度矩阵[3]。

2.3　非线性平衡路径的跟踪技术[4]。

本文采用等弧长参数控制法进行非线性增量化迭代求解。根据上机分析计算的经验，对弧长参数的选取进行了修正，以改进在复杂结构分析中跟踪平衡路径的迭代计算精度与收敛速度。弧长增量的选取为

$$\Delta l_1=\beta\,\frac{\overline{\Delta S_p}}{|\Delta S_{pj}|}\sqrt{\frac{N_1}{N_2}}\Delta l_{i-1} \tag{4}$$

其中各符号的意义及取值详见文献 [4]

3　试验模型设计与制做

3.1　模型设计

试验模型采用图2所示的三角形网格穹窿结构，有 25 个节点、64 根杆件。所有节点均位于半径 $R=198.75\text{cm}$ 的球面上，模型跨度 $L=210\text{cm}$，矢高 $H=30\text{cm}$，节点理论坐标列于表1中。

模型设计参照文献 [5]，按杆件进入弹塑性后失稳的条件考虑，杆件采用 $\phi19\times2.0$ 的钢管。模型节点为空心圆柱体，由于这些点为加载点，节点圆柱体的上部做成凹球面，以便与加载半球体润滑接触，加载体系的拉杆穿过节点圆柱体的中心孔。支座支承在支座圈梁上，支座节点体下有一通孔，与固定在圈梁上的柱销配合，形成一个可绕切向轴转动的铰链支座，而其他位移均受约束。理论分析时可将支座点边界条件简化为仅可绕切线转动的固定铰支座。支座圈梁采用箱形截面以保证圈梁有足够刚度。

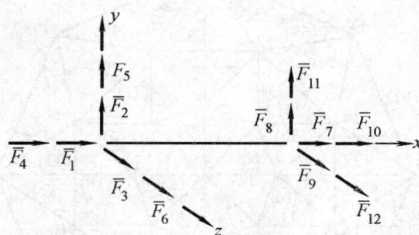

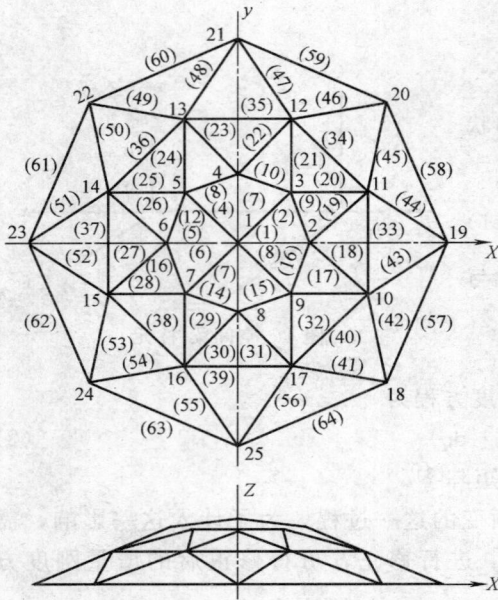

图 2　模型网络

注：图中节点按逆时针编号。

理论节点坐标（mm）			表 1
节点	X	Y	Z
1	0.0	0.0	300.0
2	366.64	0.0	265.89
3	259.25	259.25	265.89
4	0.0	366.64	265.89
5	−259.25	259.25	265.89
6	−366.64	0.0	265.89
7	−259.25	−259.25	265.89
8	0.0	−366.64	265.89
9	259.25	−259.25	265.89
10	665.83	−275.80	164.73
11	665.83	275.80	164.73
12	275.80	665.83	164.73
13	−275.80	665.83	164.73
14	−665.83	275.80	164.73
15	−665.83	−275.80	164.73
16	−275.83	−665.83	164.73
17	275.80	−665.83	164.73
18	742.46	−742.46	0.0
19	1050.0	0.0	0.0
20	742.46	742.46	0.0
21	0.0	1050.0	0.0
22	−742.46	742.46	0.0
23	−1050.0	0.0	0.0
24	−742.46	−742.46	0.0
25	0.0	−1050.0	0.0

加载系统为拉杆-分配梁体系，如图 3 所示。竖向为拉杆，横向为分配梁，总的外载 P 施加于最下层梁中点，经逐级拉杆-分配梁体系均匀分配于模型各承载点。加载系统的设计应保证其具有足够的刚性，以减小加载过程中由于加载系统的变形而产生的力分配不均的误差。

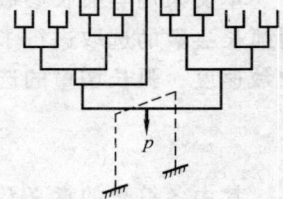

图 3　加载系统

3.2　模型制做

本模型在常州建筑构件厂网架分厂定点制做。模型制做的难

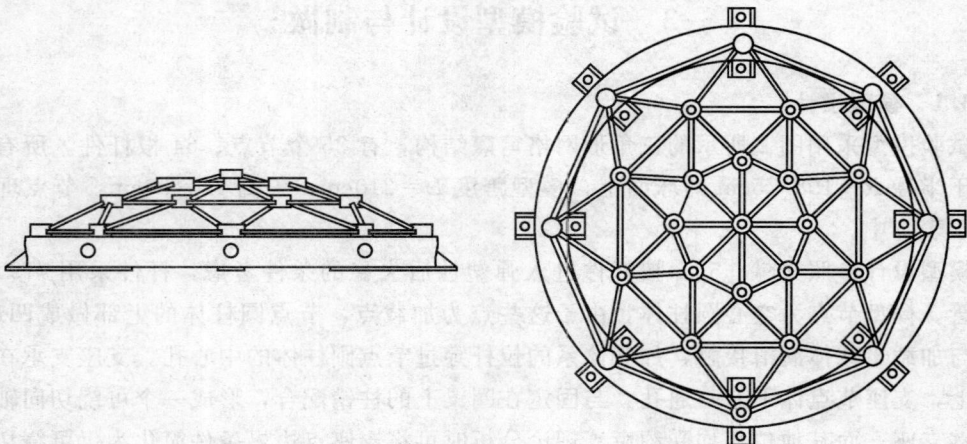

图 4　网壳模型

点是网壳节点的定位。为了节点体的准确定位，先预制了一胎模，然后将各节点体定位，再焊接各杆件，杆件的焊接采用对称性施焊。制做好的模型如图 4 所示。

4 模型试验过程

本试验分两种加载方式，第一种为仅在中心节点加载，其余节点不受力；第二种为在 1# ～17# 各节点均匀加载。

17 点均匀加载模型 MD2 采用图 3 所示加载体系。加载千斤顶位于加载架上梁与末级分配梁之间。

本试验模型共布置 50 个应变测点，7 个竖向位移测点。对于拉杆，在中点设 2 个应变测点，而对压杆，在靠近两端节点体处，各设 3 个应变测点。另外，在支座处安装 8 个位移计测量支座节点的位移。两个模型的试验过程大致相同，为了在临界点附近缩小荷载增量，试验中采用人工驱动加油的加载控制方法，千斤顶产生的外载由电子秤测量。

4.1 中心点竖向加载试验

在正式试验之前，先进行一次预加载调试，使总的外载上升到 700N 左右，然后卸载，使结构在安装过程中的各种间隙及误差尽量减少，保证各部件在正式试验前正确到位，仪表正常。正式试验时，总外载达 10kN 之前，分级加载过程用外载增量来控制，每次约 1kN。在外载超过 10kN 后，根据节点 1# 的位移量来控制加载，直到中心一圈径向压杆屈曲失稳，并发生塑性变形，模型丧失承载能力为止。模型杆件的变形及整体破坏模式如图 5 所示。

4.2 17 点均匀竖向加载试验

加载控制方法与上一模型试验方法相同，预加载调试荷载为 30kN。试验中在外载达 80kN 之前，用荷载增量控制试验过程，每次增加 5kN。在外载达 80kN 之后，根据节点 1# 的位移量来控制加载，直到最外一圈斜向压杆均失稳，结构丧失承载能力为止。模型杆件的局部变形及整体破坏模式如图 6 所示。

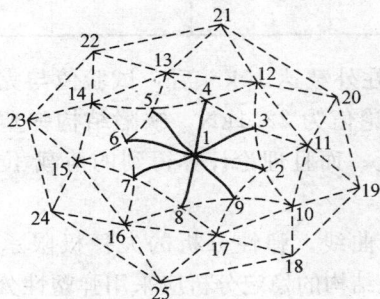

图 5 MD1 变形图 图 6 MD2 变形图

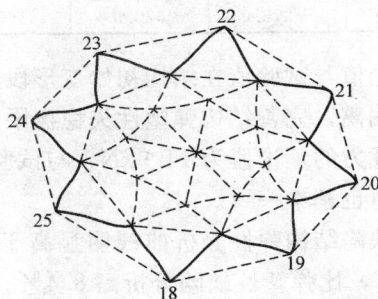

5 试验分析

材性试验取与模型同一批的钢管为试件，试验结果为：

弹性模量 $E=1.92\times10^5\,\mathrm{MPa}$

屈服限 $\sigma_s=264\mathrm{MPa}$

强　度　$\sigma_b = 440\text{MPa}$

5.1　中心点竖向加载稳定试验

模型 MD1 的实测节点坐标如表 2 所示。根据前述非线性分析理论，数值计算分三种情形：①完善结构分析，采用节点理论设计坐标；②缺陷结构分析采用实测节点坐标，考虑弹性大位移；③缺陷结构分析采用实测节点坐标考虑弹塑性大位移。单元模式采用梁-柱单元，用大位移带刚臂元来考虑节点体的影响[8]。试验数据处理考虑结构自重、加载体系重及试验中支座位移的影响。结构自重考虑中心加载点承受该结构模型总自重的 1/5，加载体系重包括千斤顶、球铰、垫块等。支座位移按每次加载中 8 个支座点的平均位移量对各节点进行修正，结果表明支座位移是很小的，可以忽略。

结构受载后的失稳性态为极值型失稳。当外载为 10.7kN 时，1 号杆的应变达 $1384\mu\varepsilon$，该杆在 1# 节点一端开始屈服，此后随外载上升，中间一圈径向压杆均屈服。1 号杆到 8 号杆变形基本相同，结构破坏形式是对称的压屈破坏如图 7 所示。实测极限荷载为 14.66kN。

MD1 实测坐标（mm）　　　　　表 2

节点	X	Y	Z	节点	X	Y	Z
1	0.0	0.0	281.0	14	−669.0	280.0	160.0
2	365.0	0.0	264.0	15	−668.0	−272.0	160.0
3	260.0	363.0	264.0	16	−270.0	−764.0	158.0
4	0.0	370.0	265.0	17	270.0	−764.0	158.0
5	−260.0	263.0	266.0	18	740.0	−744.0	0.0
6	−375.0	0.0	266.0	19	1050.0	0.0	0.0
7	−253.0	−254.0	264.0	20	738.0	745.0	0.0
8	0.0	−365.0	264.0	21	0.0	1050.0	0.0
9	265.0	−254.0	263.0	22	−745.0	745.0	0.0
10	668.0	−272.0	160.0	23	−1050.0	0.0	0.0
11	662.0	280.0	160.0	24	−740.0	−744.0	0.0
12	274.0	670.0	160.0	25	0.0	−1050.0	0.0
13	−276.0	670.0	160.0				

理论值与试验值在结构初始变形段吻合良好。在外载达 10kN 后，试验值与完善结构计算值偏离，完善结构弹塑性失稳极限承载力的理论值为 22.1kN，缺陷结构弹塑性失稳极限承载力的理论值为 14.9kN，与试验值十分接近。而且理论计算得到的荷载-位移曲线与实测值也基本一致。

而缺陷结构弹性分析曲线明显高于弹塑性分析曲线。弹性分析的失稳极限承载力为 16.01kN，比弹塑性缺陷分析高 8.4%。这说明网壳结构的稳定分析应采用弹塑性分析。另外，完善结构弹塑性分析的极限承载力比试验值高 33.8%，由此可见，网壳结构对于缺陷是相当敏感的。各稳定极限承载力值及其比较见表 3。

模型 MD1 的荷载-位移曲线的理论值及试验值示于图 7 中，杆件的荷载-内力曲线示于图 8 中。

MD1 稳定极限承载力值及其比较　　表 3

形　式		$P_{Cr}(\text{kN})$	与完善之百分比
完善		22.15	
缺陷	弹　性	16.10	72.3%
	弹塑性	14.95	67.5%
	试　验	14.66	66.2%

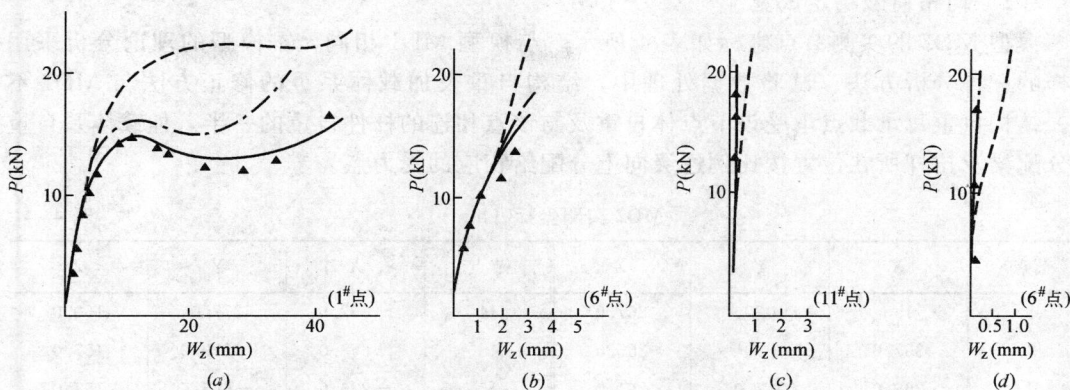

完善结构分析；　-·-·- 缺陷结构弹性分析；　—— 缺陷结构弹塑性分析

图 7　模型 MD1 荷载-位移曲线

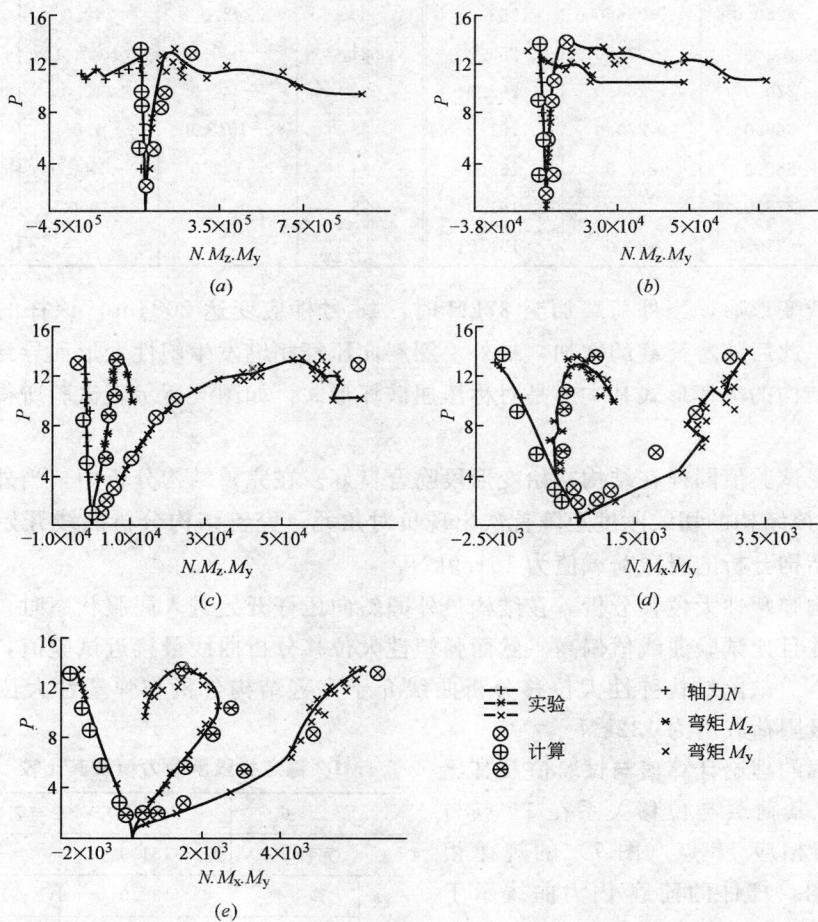

图 8　MD1 荷载-内力曲线

(*a*) 1 杆 2 端；(*b*) 3 杆 4 端；(*c*) 24 杆 5 端；(*d*) 43 杆 19 端；(*e*) 44 杆 19 端

5.2　均布荷载稳定试验

模型 MD2 的实测节点坐标如表 4 所示。与模型 MD1 相同，本模型的理论分析采用同样的三种分析方法。试验数据处理中，结构自重及加载体系重的修正方法与 MD1 不同。结构自重每承载点承受该节点体自重及与该点相连的杆件自重的一半。加载体系自重按分配梁及拉杆所在位置按比例逐级向上分配给相应的受力点。

MD2 实测坐标（mm）　　　　　　　　　　　　　　　　　表 4

节点	X	Y	Z	节点	X	Y	Z
1	1.5	0.0	267.0	14	−667.0	277.0	160.0
2	367.0	0.0	255.0	15	−658.0	−279.0	157.0
3	269.0	247.0	261.0	16	−276.0	−666.5	157.0
4	6.0	374.0	262.0	17	278.0	−666.5	158.0
5	−258.0	247.0	261.0	18	742.0	−744.0	0.0
6	−364.0	0.0	255.0	19	1055.0	0.0	0.0
7	−250.0	−266.0	263.0	20	742.0	742.0	0.0
8	3.0	−370.0	253.0	21	0.0	1047.0	0.0
9	270.0	−266.0	262.0	22	−742.0	742.0	0.0
10	669.0	−279.0	161.0	23	−1042.0	0.0	0.0
11	665.0	277.0	160.0	24	−742.0	−744.0	0.0
12	278.0	657.0	161.0	25	0.0	−1050.0	0.0
13	−270.0	657.0	161.0				

模型受载变形后，当外荷载加至 87kN 时，48 号杆应变达 $2084\mu\varepsilon$，该杆的 21# 节点端进入屈服，此后随着荷载的增加，最外一圈斜向压杆相继发生塑性变形而导致结构丧失承载能力。结构的破坏形式基本上是对称压屈破坏形式，如图 6 所示。试验所得极限荷载为 102.9kN。

理论值与试验值同样在结构初始变形段吻合良好。在完善结构分析中，当外荷载加至 89.4kN 时，该结构的切线刚度矩阵首次出现负对角元，完善结构分析曲线开始偏离试验曲线。完善结构分析的极限荷载值为 151.9kN。

缺陷结构弹塑性大位移分析，在结构最外圈斜向压杆开始进入屈服状态时，分析结果偏离试验值并且比试验曲线值偏高。然而弹塑性大位移分析曲线最接近试验值，其极限荷载值为 107kN。缺陷结构弹性大位移分析曲线介于完善结构分析与弹塑性大位移分析曲线之间，其极限荷载值为 132kN。

极限荷载的理论计算值与试验值及其比较列如表 5，其荷载与位移关系在 1# 点与模型 MD1 的相应 1# 点（图 7）的规律相近，未另示图，杆件的荷载-内力曲线示于图 9 中。由此可看出，模型 MD2 也是缺陷敏感的，且部分杆件的屈服降低了结构的承载能力。

MD2 稳定极限承载力值及其比较　　表 5

形　式		P_{cr}(kN)	与完善之百分比
完善		151.9	
缺陷	弹　性	132.0	86.9%
	弹塑性	107.0	70.4%
试验		102.9	67.7%

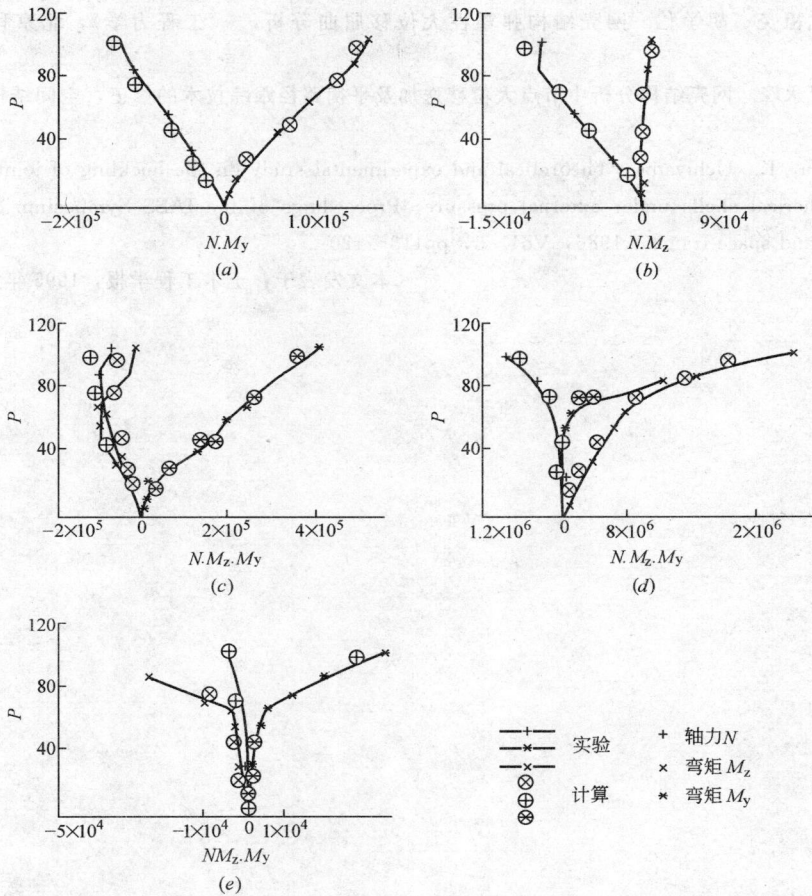

图 9　MD2 荷载-内力曲线

(*a*) 1 杆 1 端；(*b*) 3 杆 1 端；(*c*) 24 杆 5 端；(*d*) 44 杆 19 端；(*e*) 48 杆 21 端

6　结　　论

　　1. 缺陷的存在对网壳结构的承载性能的影响在理论研究及工程设计中都是不可忽视的。

　　2. 由理论分析与试验结果比较可看出，网壳结构部分杆件在承载中的塑性变形对网壳结构的承载性能有显著的影响，网壳结构的稳定分析只有在同时考虑几何大位移及弹塑性条件下，才能得到接近实际的结构承载能力。

参 考 文 献

1　X. R. Hu. Some Reviews on Theoretical and Experimental Results of the stability of Reticulatated Domes, 10 Years of Progress ind Shell and Spatial structures, 30 Anniversary of IASS, Vol. 4, 1989, Madrid, pp511~530

2   罗永峰. 网壳结构弹塑性稳定及承载全过程研究，同济大学博士学位论文，1992 年

3   罗永峰，沈祖炎，胡学仁. 网壳结构弹塑性大位移屈曲分析，《工程力学》，北京科技出版社，
     1992 年

4   沈祖炎，罗永峰. 网壳结构分析中节点大位移迭加及平衡路径跟踪技术的修正，空间结构，1994 年，
     创刊号

5   M. Yamada，K. Uchiyama. Theoretical and experimental study on the buckling of joint single layer
     latticed spherical shells under external pressure，Proceedings of the IASS Symposium on membrine
     structures and space frames，1986，Vol. 3，pp113~120

（本文发表于：土木工程学报，1995 年第 4 期）

47. Arch-Supported Reticulated Shell Structures and Their Static Mechanical Behaviour

Yuan-Qi Li, Zu-Yan Shen

Abstract: Based on the structural features of reticulated shells, arch structures, etc., arch-supported reticulated shell structures have been developed as a new large-span space structural system. In the paper, the acceptability of this hybrid structural system and the reasonable combination of arch structures and reticulated shells with different Gaussian curvatures are discussed. Several ideas on using arch-supported reticulated shell structures to form openable structures are also mentioned. Compared to singe-layer reticulated shells, the mechanical behaviour of the hybrid structures, especially the influence of initial geometrical imperfection, was investigated through nonlinear analysis and experimental research on three typical models. Analysis indicates that hybrid structures can efficiently decrease the geometrical imperfection sensitivity and improve their integral mechanical behaviour, which prove that this type of hybrid structures can be used widely.

Keywords: Arch-Supported Reticulated Shell　　Mechanical Behaviour　　Geometrical Imperfection Sensitivity

1　Introduction

The necessity of building in sport, exhibition and entertainment halls and the development of new materials and techniques has resulted in the development of many new kinds of space structural systems[1,2,3]. Because to some types of structural system, the shortcomings come out with the increase of span, and the reasonability and the economic results will quickly decreased as well, different kinds of hybrid structures combined by different types of structural systems become a new research field on large-span space structures. The idea is to use the advantages of one structural system to overcome the shortcomings of the other and suggest a combined structural system that makes full use of the merits of each kind of structural system as well as their materials. Thus the integral mechanical behaviour of the new hybrid structures is efficiently improved, the structural span can be increased and the architectural shapes of large-span structures are also enriched. Based on the structural features of reticulated shells and arch structures[4], thus, arch-supported reticulated shell structures have been developed, as a kind of new large-span space structural systems.

2　Combination of Reticulated Shell Structures and Arch Structures

Reticulated shell structures are a kind of space-latticed system with the features of bar system structures and thin shells. They have been widely used for the last few decades due to attractive architectural shapes and reasonable mechanical behaviour. Single-layer reticulated shells can be conveniently constructed and are economical. But they are very sensitive to initial imperfections. On large spans, the problems of stability and sensitivity to the initial imperfections become more and more complex, and the efficiency of materials will be reduced. Suitable span of single-layer reticulated shell structures is about 50m and below 100m.

Arch structures are mainly subjected to compression. They have good integral stiffness and elegant architectural shapes.

Using the merits of great stiffness and good stability of arch structures, the integral mechanical behaviour of arch-supported reticulated shell structures are effectively improved, and the structural span increased, The economy of such large-span space structures is also remarkable. According to the different types of reticulated shell structures, the typical combinations of arch structures and reticulated shell structures are shown in Fig. 1 to 4. Fig. 1 shows the combination of arches and single-layer cylindrical reticulated shells. The cylindrical reticulated shells are supported by parallel arches (Fig. 1a, 1c) or by intersecting arches (Fig. 1b). Cable-stayed domes supported by intersecting arches (Fig. 2a) or by a single arch (Fig. 2d) and domes supported by intersecting arches (Fig. 2b, 2c) are shown in Fig. 2. Fig. 3 and Fig. 4 are the combination of arches and space trusses and intercrossing reticulated shells, respectively. These different hybrid systems and integral shapes can easily satisfy the needs of architecture, and give more imagination to the architects.

At present, designers and users have much more interest in openable structural systems. With the reasonable setting of arch structures in arch-supported reticulated structural systems, the arch structures can be made to move on rails to form different types of new openable space structural systems, as shown in Fig. 5.

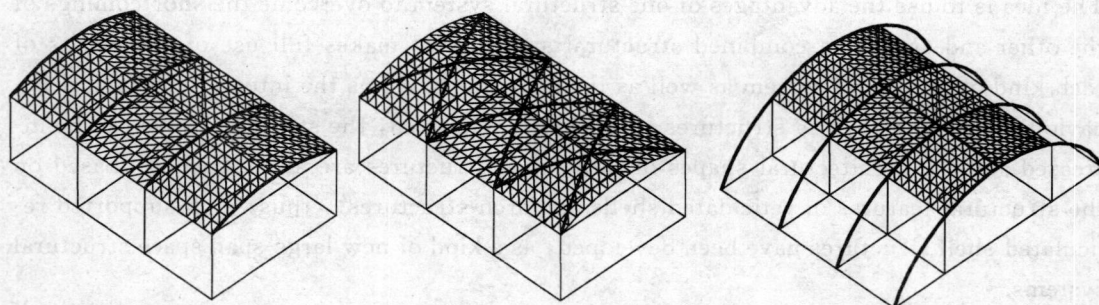

(a) Parallel arches at the top of columns   (b) Intersecting arches at the top of columns   (c) Shell supported by parallel arches

Fig. 1   Combination of arches and single-layer cylindrical reticulated shells

(a) Cable-stayed dome supported by intersecting arches

(b) Reticulated dome supported by intersecting arches

(c) Intersected arches as ribs of reticulating dome

(d) Cable-stayed dome supported by single arch

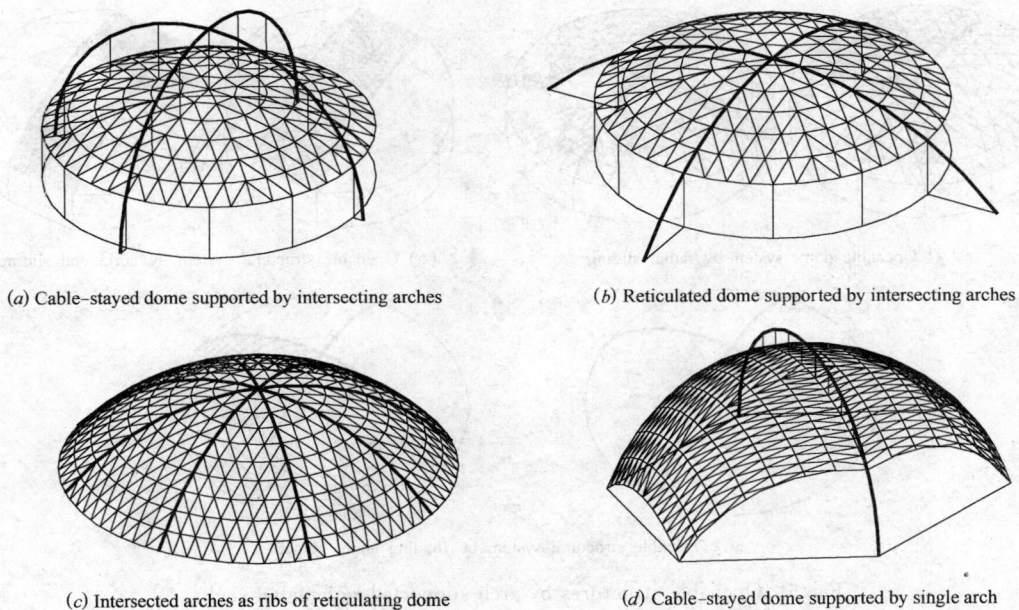

Fig. 2　Combination of arches and spherical reticulated shells or other shells with positive Gaussian curvature

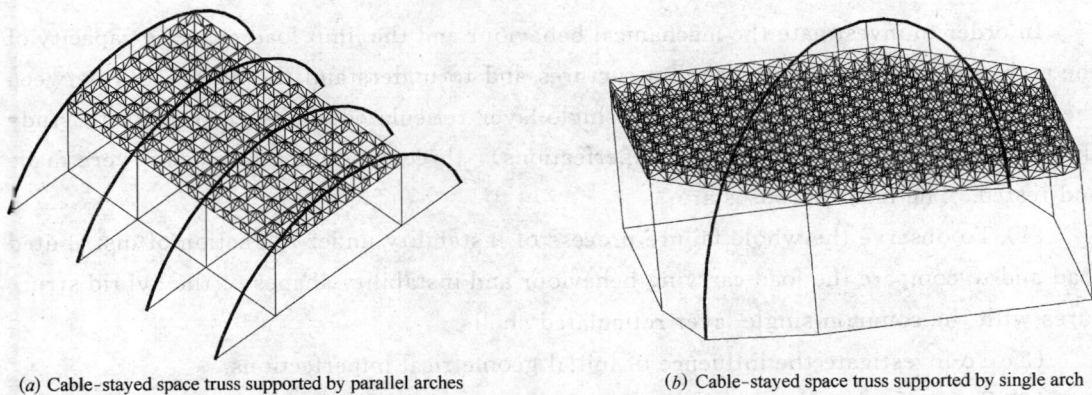

(a) Cable-stayed space truss supported by parallel arches

(b) Cable-stayed space truss supported by single arch

Fig. 3　Combination of arches and space trusses

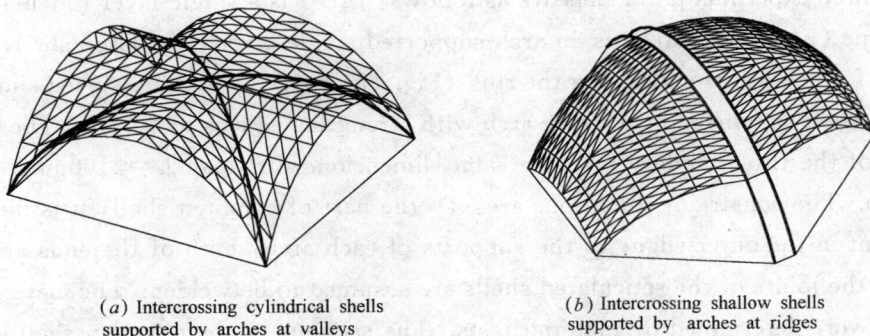

(a) Intercrossing cylindrical shells supported by arches at valleys

(b) Intercrossing shallow shells supported by arches at ridges

Fig. 4　Combination of arches and intercrossing reticulated shells

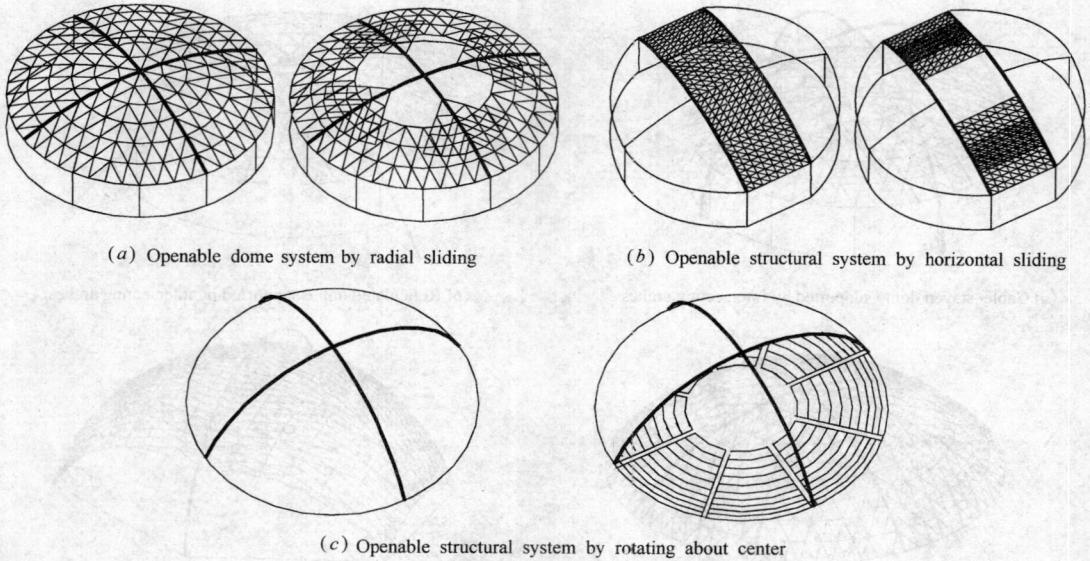

(*a*) Openable dome system by radial sliding　　(*b*) Openable structural system by horizontal sliding

(*c*) Openable structural system by rotating about center

Fig. 5　Openable structures by arch-supported reticulated shells

3　Theoretical Analysis of the Tested Models

In order to investigate the mechanical behaviour and the limit load-carrying capacity of the arch-supported reticulated shell structures and to understand the differences between the hybrid structures and the common single-layer reticulated shells (especially to study the sensitivity to initial geometrical imperfections), three experimental models were made and tested. The main purposes are:

(1) To observe the whole failure process of instability under the action of distributed load and to compare the load-carrying behaviour and instability shapes of the hybrid structures with the common single-layer reticulated shells.

(2) To investigate the influence of initial geometrical imperfections.

(3) To verify the theoretical approach and the computer program developed by the authors.

The three experimental models are as follows: MD-1 is a single-layer reticulated shell of K6-4 type (Fig. 6*a*). MD-2 is an arch-supported single-layer reticulated shell, and the arches are formed by strengthening the ribs (Fig. 6*b*). MD-3 is a cable-stayed single-layer reticulated shell supported by a single arch with strengthened ribs (Fig. 6*c*). The reticulated shells of the three models have the same dimension with span $L = 2100$mm, and rise $f = 300$mm. The constraint conditions are: To the part of common shell, it is pin-jointed at each joint in the outer edge; to the supports of each arch, both of the ends are rigidly fixed. All the joints of the reticulated shells are assumed to be welded. The material characteristics were determined by material tests. The sections of the common shell elements in each model were assumed to be 16mm diameter tube with 2mm thickness based on pre-analysis. The main ribs of model MD-2 and MD-3 were strengthened with 30mm diameter tube (3mm thick) and 25mm diameter tube (2.5mm thick) respectively, as shown in Fig. 6b and Fig. 6c. The section of the arch of MD-3 is a box with the sizes of $b \times h \times t_f \times t_w = 80 \times 80 \times 8 \times 6mm$. The rise of the arch (H) is 550mm. All the material of the models is the steel of No. 20 (yield strength $\sigma_s = 345N/mm^2$), except the joints and arch structures with the steel of Q235 ($\sigma_s = 235N/mm^2$).

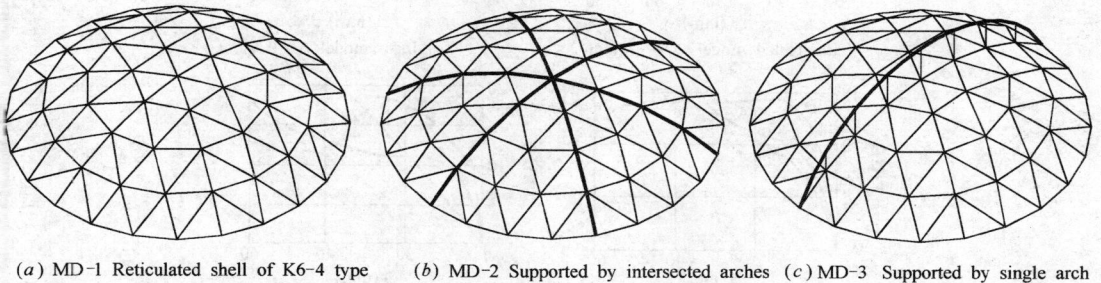

(a) MD-1 Reticulated shell of K6-4 type　(b) MD-2 Supported by intersected arches　(c) MD-3 Supported by single arch

Fig. 6　Experimental models

Using the nonlinear analytical program developed by the authors[5], elastic buckling analysis was carried out both on the tested models (with measured geometrical sizes) and the ideal models (with ideal perfect geometrical sizes) to predict the limit load-carrying capacity and the possible types of instability. In order to analyze the influence of initial imperfections on the load-carrying capacity of the ideal models, the conformable imperfection mode method was used. The analysis was done for the chosen maximum geometrical imperfections $\delta = \pm 10$ mm and $\delta = \pm 20mm$. The main results of the tested models and the ideal models of MD-1, MD-2 and MD-3 with or without geometrical imperfections are shown in Fig. 8, Fig. 9 and Fig. 10, respectively. The joint numbers of the models are shown in Fig. 7.

The theoretical calculation indicates the following results:

(1) For the tested model of MD-1 with measured maximum geometrical

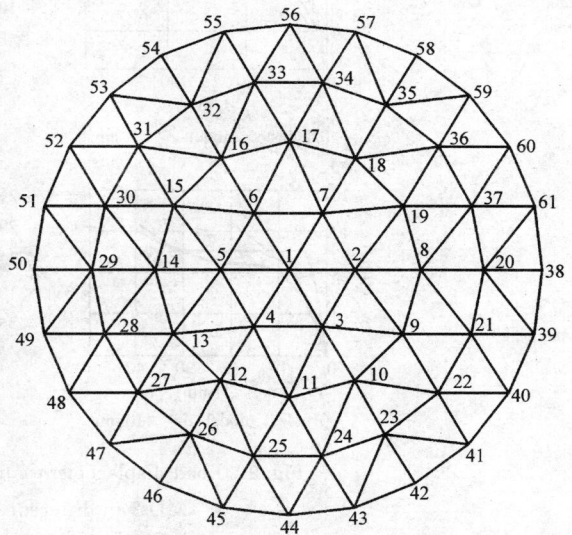

Fig. 7　The joint numbers of the models

imperfection of about -22mm at point 25, the instability mode is a limit point type of the ribs, while the mode of the ideal model of MD-1 is a bifurcation point type of the ribs. When using the first mode as the geometrical imperfection mode with maximum geometrical imperfection at point 20 and its symmetrical points，the instability mode is a limit point type of the ribs.

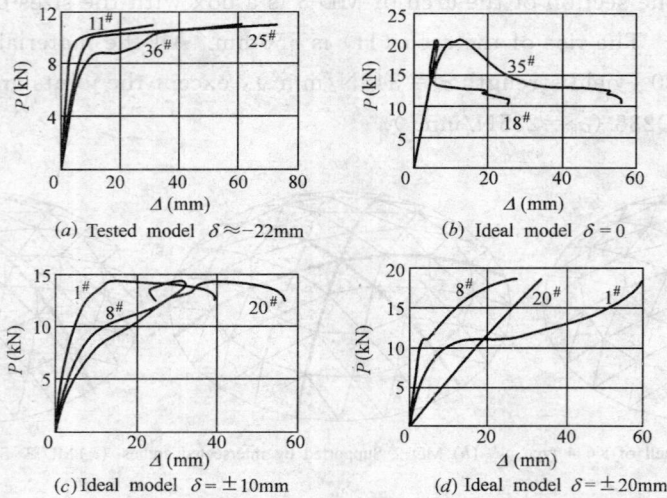

(a) Tested model $\delta \approx -22\text{mm}$

(b) Ideal model $\delta = 0$

(c) Ideal model $\delta = \pm 10\text{mm}$

(d) Ideal model $\delta = \pm 20\text{mm}$

Fig. 8   Load-displacement curves of main points of
MD-1 in different conditions

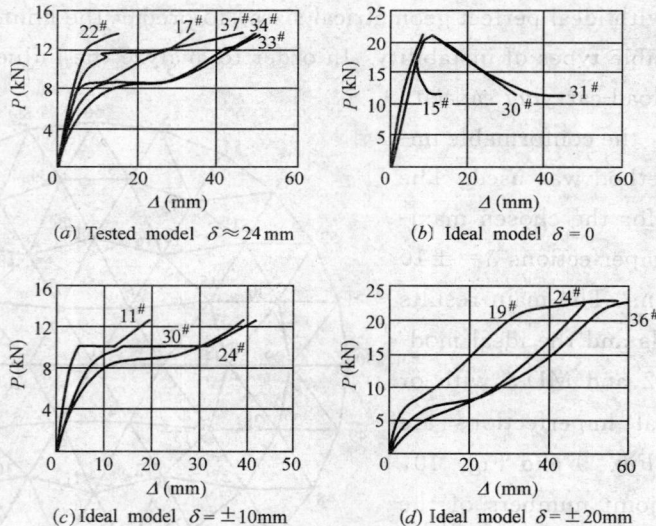

(a) Tested model $\delta \approx 24\text{mm}$

(b) Ideal model $\delta = 0$

(c) Ideal model $\delta = \pm 10\text{mm}$

(d) Ideal model $\delta = \pm 20\text{mm}$

Fig. 9   Load-displacement curves of main points of
MD-2 in different conditions

(2) For the tested model of MD-2 with measured maximum geometrical imperfection of about 22mm in ribs at point 1 and about 24mm in the area between ribs at point 34，the instability mode is a limit point type of the ribs. While the instability mode of the ideal model of MD-2 is bifurcation point type in the area between ribs. Using the first mode as the geometrical imperfection mode with maximum geometrical imperfection at point 24 and

its symmetrical points, the instability mode is a limit point type in the area between ribs.

(3) For the tested model of MD-3 with measured maximum geometrical imperfection of about 25mm in ribs at point 1 and about 17mm in the area between ribs at point 21, the instability mode is a limit point type in the area between ribs. While the instability mode of the ideal model of MD-3 is a bifurcation point type of ribs. Using the first mode as the geometrical imperfection mode with maximum geometrical imperfection at point 24 and its symmetrical points, the instability mode is a limit point type in the area between ribs.

From above analysis, the following conclusion can be drawn: Compared to the common single-layer reticulated shell structures, the instability mode of the arch-supported reticulated shell structures is a local instability mode in the areas between ribs, and the shell has evident post-buckling strength and large deflection before collapse. All of these mean that the hybrid system has good ductility, which is very important to the structural behaviour.

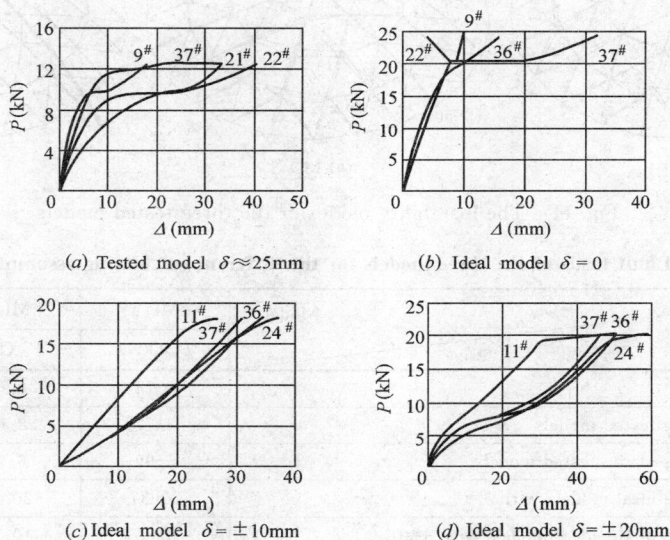

(a) Tested model δ≈25mm

(b) Ideal model δ = 0

(c) Ideal model δ = ±10mm

(d) Ideal model δ = ±20mm

Fig. 10 Load-displacement curves of main points of
MD-3 in different conditions

4 Comparision between Experimental and Theoretical Results

An experiment of the three tested models was conducted. During testing, a tension bar-distributing beam system was used to give an even distributing load for the 37 internal nodes. Experimental and theoretical calculation results of the three models are shown in Table 1 and Fig. 11 to 14. Fig. 11 shows the instability modes of the three tested models; Fig. 12 gives the measured and calculated load-deflection curves, in which the solid and dotted curves are the results of elastic analysis and elasto-plastic analysis, respectively. Fig. 13 and Fig. 14 give the measured bending moments and axial forces compared to the results of elasto-plastic analysis.

From Table 1 and Fig. 11 to 14, it can be found that the experimental results of MD-1 are rather different from the theoretical results, due to the sensitivity of the single-layer reticulated shells to initial imperfections. The measured and calculated results of MD-2 match with each other very well. In MD-3, experimental and theoretical results are consistent before buckling. During testing, because of the insufficient strength of the cables, early fracture of the cables occurred, which led to the sudden collapse of the ribs of the shell. The conformable imperfection mode method gave acceptable results of the limit load-carrying capacity of all the three models, proving the reliability of using the method to predict the limit load of shell structures conservatively.

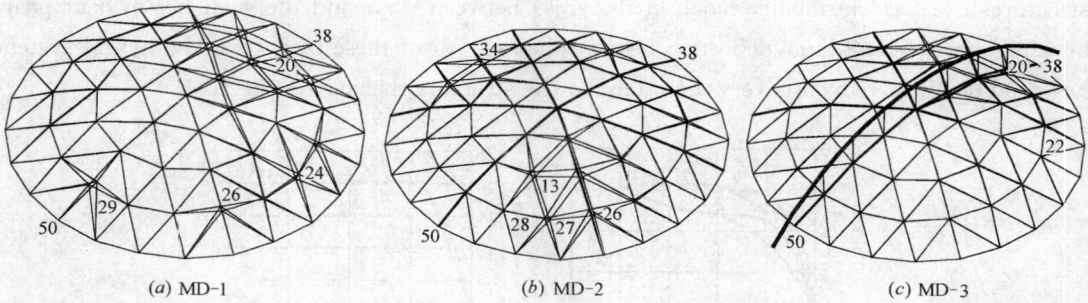

(a) MD-1　　　　　　　(b) MD-2　　　　　　　(c) MD-3

Fig. 11　The instability modes of the three tested models

Limit loads of the three models for the different calculating assumptions　　Tab. 1

Model Analysis condition	MD-1 P_{cr}(kN)	MD-2 P_{cr}(kN)	MD-3 P_{cr}(kN)
Experimental results	3.74	6.68	5.10
Elastic analysis of the tested models	8.77	8.61	9.72
Elasto-plastic analysis of the tested models	5.99	6.92	6.72
Elastic analysis of the ideal models with $\delta=0$	20.37	20.68	20.89
Elasto-plastic analysis of the ideal models with $\delta=0$	8.85	10.05	9.62
Elastic analysis of the ideal models with $\delta=\pm10$mm	13.62	9.10	18.09
Elasto-plastic analysis of the ideal models $\delta=\pm10$mm	6.71	7.22	7.80
Elastic analysis of the ideal models with $\delta=\pm20$mm	11.29	8.58	8.36
Elasto-plastic analysis of the ideal models $\delta=\pm20$mm	5.10	6.31	6.05

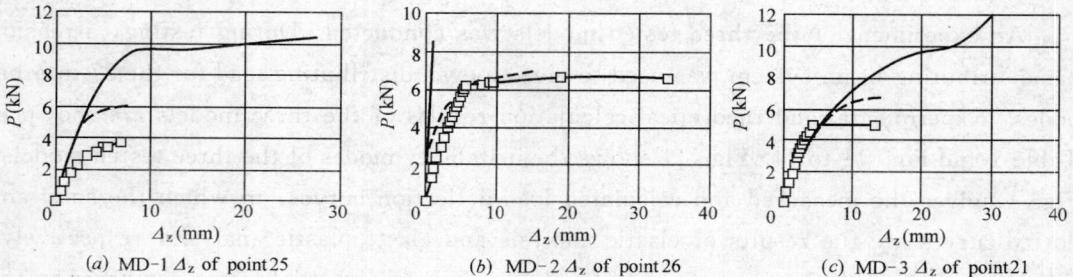

(a) MD-1 Δ_z of point 25　　(b) MD-2 Δ_z of point 26　　(c) MD-3 Δ_z of point 21

Fig. 12　The load-deflection curves of the three models

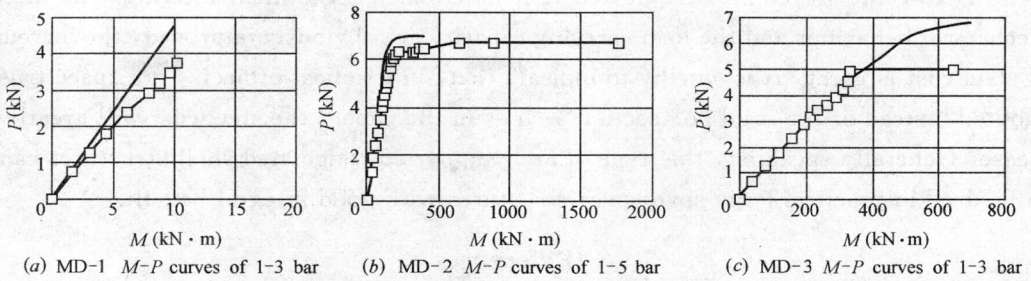

(a) MD-1 M-P curves of 1-3 bar　　(b) MD-2 M-P curves of 1-5 bar　　(c) MD-3 M-P curves of 1-3 bar

Fig. 13　The bending moment M-load P curves of the three models

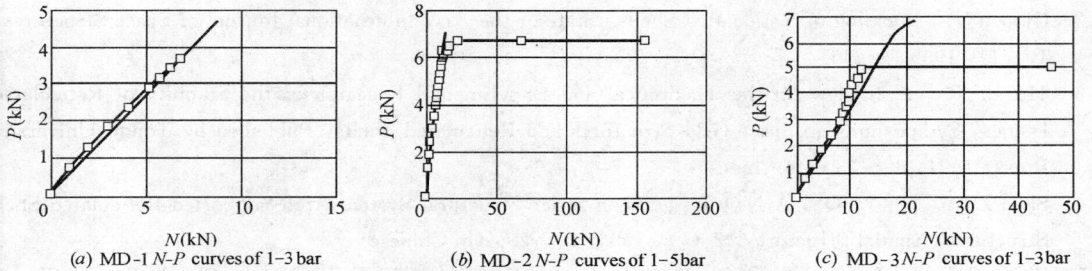

(a) MD-1 N-P curves of 1-3 bar　　(b) MD-2 N-P curves of 1-5 bar　　(c) MD-3 N-P curves of 1-3 bar

Fig. 14　The axial force N-load P curves of the three models

5　Acceptability of Archsupported Reticulated Shells

The acceptability of a structural system not only means to have good mechanical behaviour, but also means that the system is economic, beautiful, convenient to construct, etc. The results of the limit load to steel cost ratio of the three models are given in Table 2, where the increment is compared with MD-1.

Results of the limit load compared to steel cost of the three models　　Tab. 2

Item	Model MD-1 Real value	MD-2		MD-3 *	
		Real value	Increment	Real value	Increment
Steel cost	79kg	84kg	6.3%	129kg	63.3%
Limit load	3.74kN	6.68kN	78.6%	5.1kN	36.4%
Limit load to steel cost ratio	0.047	0.080	70.2%	0.040	-14.9%

Note: If the cable was not fractured, the limit load of MD-3 would be close to that of MD-2, and the increment of the limit load to steel cost ratio of MD-3 will be 10%.

From above results, the following conclusions can be drawn:

(1) In arch-supported reticulated shell structures, using strengthened ribs directly as arches will result in good economy. On the other hand, the increment of steel cost is limited, but the integral mechanical behaviour is obviously improved, the load-carrying capacity is increased and the ductility is also greatly increased. All of these are very important to the behaviour of large-span space structures.

(2) In cable-stayed arch-supported reticulated shell structures, although the integral mechanical behaviour and the load-carrying capacity are obviously improved, the increment of steel cost is great. It is worthy to indicate that, in practical projects, if a space truss is adopted instead of the solid box section arch as in the paper, the steel cost will greatly decrease. Generally speaking, this type of arch-supported reticulated shell structures can also be used in practical large-span space structures with good integral benefit.

References

1   Shen Z. Y., Research and Development of Large-span Spatial Structures-Research and Development of Structural Engineering, Published by Tongji University Press, 1995, 22~31. (in Chinese)

2   Gioncu V., Buckling of Reticulated Shells: State-of-the-Art, International Journal of Space Structures, 10 (1), 1995, 1~46.

3   Hu X. R., A Review on the Theoretical and Experimental Research of the Stability of Reticulated Domes, Symposiums on Space Grid Structures and Reticulated Shells, Published by Tongji University Press, 1991, 39~53. (in Chinese)

4   Shen Z. Y., Li Y. Q., A New Large-Span Space Structural System-Arch-Supported Reticulated Shell Structures, Spatial Structures, 2 (4), 1996, 25~29. (in Chinese)

5   Li Y. Q., Stability of Large-Span Arch-Supported Reticulated Shell Structures, Ph. D Thesis, Tongji University, People's Republic of China, 1998. (in Chinese)

(本文发表于: International Journal of Structure, 2002, No. 4)

48. 大型空间结构整体模型静力试验的若干关键技术

沈祖炎　赵宪忠　陈以一　陈扬骥

提　要：本文结合上海大剧院钢屋盖、上海体育场马鞍型屋盖、上海浦东国际机场候机楼钢屋架、上海国际会议中心单层球网壳等整体模型试验，从结构模型、加载装置、测点布置、数据采集与分析等方面阐述了大跨空间结构整体模型试验的若干关键技术；并据此提出了整体模型试验与节点试验、动力试验、结构试验理论、空间结构仿真分析等的相关技术问题。

关键词：空间结构　整体模型　试验技术

Some Key Technics for A Static Test of Overall Model of Super Spatial Structures

Shen Zuyan　Zhao Xianzhong　Chen Yiyi　Chen Yangji

Abstract：Some static tests of overall model of super spatial structures are performed in Shanghai. These are steel roof structure of the Shanghai Great Theater, spatial saddle-shaped roof of the Shanghai Stadium with 80,000 seats, roof truss of the Pudong International Airport, and single-layer dome of the Shanghai International Convention Center. Some Key technics are summa-rized from the test results. Model design, loading, instrument set up, and data acquisition and analysis for an overall model test are considered in the paper. The interaction between overall model test and full-scale joint test, dynamic test, experimen-tal theory, simulation for a spatial structure is also discussed.

Keywords：Spatial Structure　Overall Model　Experimental Technique

1 引　言

近年来，我国城市建设迅猛发展，为适应新的城市功能，满足市民日益提高的文化和其他物质生活的要求，一批建筑造型别致、结构形式新颖的大跨空间钢结构已陆续兴建。这些结构往往体型复杂，荷载形式变化多样，给结构分析和设计带来了一定的难度与挑战。而作为城市的标志性建筑，这类建筑物的可靠性不仅涉及到成千上万人的生命安全，同时还会产生重大的社会影响。

1994 年以来，我们根据建设单位、设计单位的要求，相继对上海大剧院 100m×90m 钢屋盖、上海体育场 288m×274m 马鞍型屋盖、上海浦东国际机场候机楼 83m 跨预应力张弦梁屋架、上海东方明珠国际会议中心 50m 直径单层球网壳、广州体育馆 30m 跨方、圆钢管桁架等进行了缩尺或足尺整体模型试验。本文根据作者在试验中积累的经验，对大型空间钢结构静力试验过程中的若干技术问题进行总结和探讨。

2 大型空间结构整体模型试验的必要性

随着计算技术的发展，结构分析技术已成为结构设计的主要手段，但在某些情况下，对非常规的大跨空间结构进行整体模型试验仍是必要的：

（1）各种结构分析技术的正确应用都依赖于分析对象的正确建模，而一个新型体系的建模过程，密切依赖于从事结构分析的工程师在已有经验基础上，对结构本质的理解程度；经验与对象本质之间的偏差，将导致建模以至计算结果的一系列偏差。而整体模型试验则可以提供对结构分析建模及计算结果的一种校核，启示人们更全面地认识工程结构。例如上海体育场马鞍型屋盖最初按平面桁架体系分析，结构试验表明，各榀主桁架高低错落、长短不一，在环向次桁架连接条件下，具有很强的空间作用[1]，改用空间结构建模后的分析，与试验结果取得了良好的一致，加深了对马鞍型空间结构整体性的认识。

（2）目前成熟的结构分析软件基本是基于线弹性理论的，工程师对结构相应于极限状态时的安全储备难以准确把握。结构破坏性试验或弹塑性试验，则可以提供这方面的仿真。此外，对于具有几何非线性特征的结构的力学行为，计算结果与实际结构性态是否一致，仅凭数值计算是不够的。在难以作出充分的理论证明前，模型试验的结果将是有力的检验工具。浦东国际机场预应力张弦梁屋架在初步设计中，工程师和分析者都困惑于张力弦内力微增对结构几何形体改变的重大影响，足尺试验证明了这一现象；考虑施工过程的力学分析又给出了这一现象的机理，不仅支持了结构分析的正确结论，也为工程师采取相应的对策来合理增加预张力提供了依据[2,3]。

（3）大型空间结构分析技术一般是基于杆系模型的，这在宏观上是可行的，但实际结构中的杆件类型、制作工艺、连接构造细节等，有时难以采用计算方法来模拟和识别；而整体结构或典型子结构的足尺模型试验，可以较准确地反映这些因素的影响，为正确进行结构设计和施工提供依据。

3 几个关键技术问题

3.1 试验模型设计

3.1.1 缩比尺度选择

大型空间结构的模型缩比尺度一般由试验台座尺寸、模型制作精度、加载装置等因素综合确定。缩尺模型结构所耗费的材料与原型结构相比，是其缩比尺度的三次方分之一，因此可大大减少材料用量和加工周期；但过小的模型将因制作难度而增大加工成本，且制作、加载、量测精度会有所降低而导致对原结构力学行为模拟的失真[4]。因而模型的缩比尺度应在试验台座、加载装置的可能范围内，依据试验目的和需要了解的关键问题，综合考虑材料耗量与制作精度等因素加以确定。

3.1.2　相似关系

大型空间结构试验模型的确定和设计，实际上是对原型结构设计的一次再分析，使试验模型能在各主要方面正确的反映原型结构的工作性能。试验模型一般应满足几何相似、物理相似和物理过程相似[5]。但这对于具有复杂体形和众多杆件的大型空间结构而言是难以实现的。因此，模型设计过程中应考虑如下原则：

（1）结构形体、组成及几何尺寸：大型空间结构的整体工作性能主要由其空间形体决定，因此其结构形体、组成及几何尺寸应保证与原型结构严格相似，从而确保模型结构与原型结构的空间工作性能相似、整体刚度和质量分布相似、最危险部位及控制截面应力相似等。

（2）构件尺寸：大型空间结构中构件截面尺寸与整体结构尺寸相比相对较小，在一般实验室条件下，缩比后其截面厚度往往不足 1mm，因此各种规格的杆件难于同时满足几何相似关系。此时可根据结构物理过程相似的原则进行构件归并。一般应使整体结构（或各组合构件）与原型的抗压、抗弯刚度相似；此外，还至少应使最不利杆件的应力相等，这就要求在危险部位根据杆件受力状态不同而综合调整截面面积 A、抵抗矩 W 等，以使杆件应力相似。空间结构中，杆件主要受轴力作用，缩尺模型中的截面一般应做到轴向力引起的应力相似。上海八万人体育场屋盖整体模型试验中，将 13 种规格的主桁架杆件归并为 4 类，归并原则是使模型主桁架与按实际尺寸缩比的主桁架的悬挑端竖向挠度相近，以及受力杆件的最大应力相等。

（3）荷载：大型空间结构节点众多、荷载复杂。为了整体模型试验时便于加载的实现，可根据试验目的，按内力效应相似或变形效应相似等原则将分布或集中荷载统一归并为节点荷载。此时可方便地确定该"原型"与模型对应点处荷载的相似关系。

（4）材料：模型结构与实际结构采用相同钢材时，材料相似是自然满足的。采用不同钢材时，在弹性范围内，表征刚度的弹性模量等参数仍满足相似关系，但结构的安全储备应通过材料强度比予以转换。

（5）边界条件：较小的模型结构，一般很难再现原型结构的支座形式，但务必保证二者间相似的边界约束条件。例如，可通过调整支座处焊缝长度、相对距离等方式模拟铰接、半刚性和全刚性约束等。同时，支承模型结构的下部底座的刚度应与原结构的下部支撑结构的刚度相似。

精确模拟将耗费巨大人力物力，而且从技术上还不能完全实现，一般很少采用；在各种条件限制之下，大型空间结构整体模型试验，可通过上述相似关系转换来反映真型结构的工作性态。

3.2　加载装置设计

结构试验中常用的加载方法有堆物法、分配梁法、静水压力法、气囊加载法等。大型空间结构一般为杆系或杆索结构，通常将杆件线荷载转化为节点荷载施加在模型结构上。这样，将有数百个节点承受力的作用，而且不同荷载工况时，作用力的大小和方向都不相同。因而必须设计出有效的加载装置，将上述外力作用点合并为有限个加载施力点，并通过换向系统以使模型结构承受不同方向的作用力。

（1）加载方法：较为有效地加载方法是采用分配梁法，通过精巧设计的分配梁体系将外荷载精确地施加到模型结构的各个节点。上海体育场马鞍型屋盖整体模型中共设有 484

个力作用点，采用分配梁法将它们集中为 18 个砝码加载点，每个加载点均采用砝码逐级加载[1]。网壳结构的加载点归并较为复杂，随着球心角的变化，每个节点的荷载也不同，此时可采用拉力弹簧—刚性圆盘—分配梁—千斤顶组成的弹簧分配传力系统（图 1）进行加载。上海国际会议中心球壳结构[6]和上海大剧院屋盖都采用了弹簧加载系统。选取弹簧所必须遵循的原则是：弹簧刚度相对于模型结构刚度和加载刚性盘刚度来说应该足够柔，这样才能忽略模型结构位移和刚性加载盘相对变形对弹簧变形的影响，在允许精度范围内保证加载点受力按弹簧刚度进行分配。

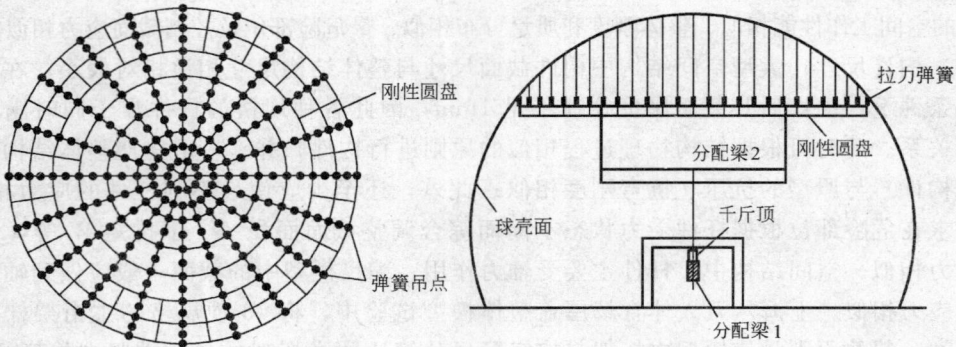

图 1　竖向加载的弹簧分配传力系统

　　（2）换向系统：在加载装置中，换向系统的设计更为复杂。八万人体育场模型试验中，风吸力基本为竖直向上作用，通过设置与加力龙门架相连的滑轮可实现换向。而球壳结构中，风载垂直于结构表面，精确模拟垂直于球面风压与风吸渐变的荷载形式几乎是不可能的。为此，根据球壳表面风载分布情况，将风载划分为三个区域，并相应采用三套加载系统：即模拟中间大四周小的水晕扩散样的水晕扩散样的水压力的指向球心的弹簧分配传力系统（图2）；模拟侧向水平风吸力分量的滑轮换向反力系统；而对于竖向风吸力分量，则通过逐步卸除作用在结构上的竖向恒载来模拟。此时必须通过数值分析来验证这一试验加载方式，使之与精确模拟的荷载作用对结构产生相似的内力和（或）变形效应。

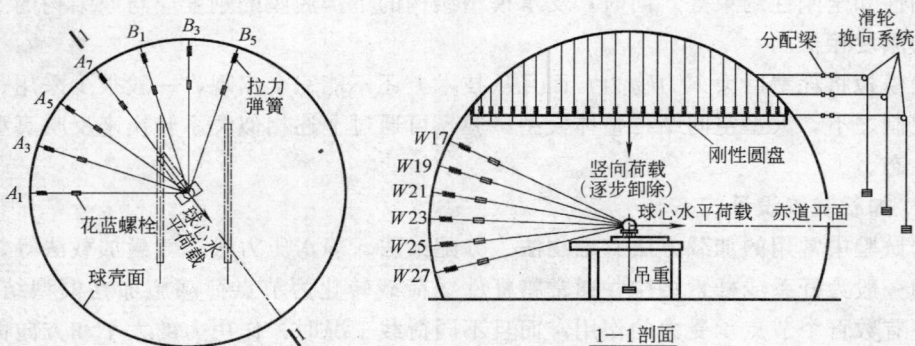

图 2　模拟风载试验的球心加载系统

　　对于大型空间结构的整体模型试验，通常利用一个模型进行多种工况的加载模拟。此时，在非模拟互变荷载引起的低周疲劳破坏的情况下，前几种工况应在弹性范围内加载，以保证卸载后结构能够恢复原状；最后进行组合工况加载至结构破坏。这一加载顺序，对整体结构受力形态及加载装置调整均有利。

应注意的是，加载装置一般均与纤细的模型结构相连，因而其自身的刚度、变形不应限制或影响模型结构的力学行为。同时加载装置与模型相连节点处也不宜过强，以免影响模型结构的节点刚性程度和转动性能。例如分配梁支点与模型节点相连时，如焊脚尺寸过大，将加大模型结构的节点域刚性程度，从而改变了对原型结构的模拟精度。当然，加载装置本身的强度、刚度必须得到满足。

3.3 测点布置

获取表征结构性能的位移和应力等实测数据是模型试验的直接目的。相对于平面结构而言，大型空间结构所需的布点数目更多。一般平面结构中测量挠曲线按线向五点（三点）布置法，而空间结构需采用五点平方布置法才能量测结构的挠曲面；且在每一点处应布置三个方向的位移计，以了解该点的空间变位。此时一般利用对称性进行布点，以用少量测点获取更多的信息。杆件截面的应变片布置，应综合考虑杆件截面特性和受力状态等因素。对某些大尺寸板件，为防止板件局部变形造成的影响，应在板件两侧都贴应变片。

测点布置前应进行理论分析，寻找结构变形、内力控制点，然后以控制点为主要监控对象，其他位置处设置辅助监控点。

3.4 数据量测与采集技术

大型空间结构模型试验的数据量测和采集系统设计应抓住如下要点：

（1）自动化、数字化：大型空间结构试验的测点布置数目较多，同步采集性要求高，因而其数据量测和采集系统应实现自动化、数字化，且与计算机系统相连接，自动完成试验进程管理、数据采集、显示管理，以及数据采集故障诊断等。同时，与试验数据初步分析模块集成在一起后，可自动完成数据的实时处理与分析，以准确控制试验进程。

（2）三维化：大型结构的一个主要特性是空间化，因而应采用三维化的量测技术。对于体型较大的模型结构，可采用三向定位的激光经纬仪等仪器进行量测。

（3）同步化：大型空间结构测点布置一般在数百点以上，因而数据采集的同步性显得十分重要与困难。目前经常采用的 YG20 型等数据采集系统基本上可在 5s 内完成 300 点的测点数据采集工作。加载稳定延迟采集、多次采集数据可以部分消除数据采集异步带来的影响。

（4）积木化：对一个大型空间结构试验模型而言，试验工况和加载方式具有多重化，必然需要量测与采集系统，能适应每一试验内容的特殊要求。一般而言，每一试验工况的量测重点均不同，这就需要各量测工具可以方便地进行多次排列组合，以利用同样的元件和数据采集点完成多项试验内容。

3.5 数据处理与分析

大型空间结构的测试内容众多，只有充分利用计算机的数据采集、处理、分析一体化，才能完成繁杂的数据处理工作。

模型试验与数值分析结果之间必然存在着不同程度的差异，这就需要对模拟结构几何形体、杆件尺寸、节点形式、边界条件以及加载和传力系统中，可能产生的误差进行分析。只有充分了解了误差的来源及其影响程度，才能对试验和理论分析结果进行正确的评价。同时，误差来源也是实际结构设计过程中，应充分关注的设计影响参数。

4　相关问题

4.1　整体模型试验与节点试验的关系

节点的刚性程度是影响结构空间整体刚度和稳定性的一个重要因素。若精确模拟实际结构，应先通过足尺节点试验建立节点的转角变形性能函数，并在制作整体模型时尽可能地予以实现。从而为进行考虑节点力学性能的整体结构静力和稳定性分析提供对比依据。

4.2　动力试验

大型空间结构的质量较轻，抗震性能较好。但对于结构形体复杂，质量和刚度分布不均的结构，仍宜进行必要的动力试验[7]。

4.3　模型试验与理论分析

模型试验与理论分析是密不可分的。一般地，首先对模型结构进行数值分析，以确定合理的加载方案和测点布置方案；而试验结果与理论分析的对比，又反过来成为对数值分析方法进行修正的依据，直到确定最为精确合理的结构分析与设计方法。各整体模型试验数据表明，对整体刚度较大的网架或双层网壳结构的线弹性分析而言，只要能对工程对象正确建模，则利用目前的结构设计理论已能得到与实际吻合良好的计算结果；而整体刚度较柔的结构的设计还不能完全脱离试验，后者仍是研究其设计理论及概念设计方法的重要基础。

4.4　结构试验理论与方法

现阶段的空间结构试验方法与结构实际状态还有一定的差距。基于前述各整体模型试验，在运用相似理论的同时，应开展更为合理的试验方法和试验手段的研究[8]。这不仅关系到试验理论和研究方法的正确性；而且这些问题上的任何一点微小突破，都将对结构工程试验技术和结构工程学本身产生重大影响[9]。

4.5　大型空间结构的试验仿真技术

大型空间结构的整体模型试验，将会受到空间和时间的限制，而仿真分析一般可不受任何限制地重演结构作用全过程的各种数据和图形，甚至可以代替一些无法进行的现场试验。成功的仿真系统，不仅依赖于正确的本构关系及节点试验数据、有效的数值计算方法和成熟的图像显示技术[9]，而且更依赖于已有整体模型试验的可靠性验证及其所提供的第一手试验数据和资料。在这一点上，结构试验与结构分析已难以拆分。

5　结束语

结构试验是整个结构工程学科三级中的一级，是第一性的[9]。近年来城市建设中对大型空间建筑的投入，为大型空间结构试验提供了广阔的试验背景和研究动力。基于这些试验，发展精确合理的试验理论、试验方法和相应的结构设计理论，是结构工程学界所面临的重大机遇与挑战。

参　考　文　献

1　沈祖炎，陈扬骥，陈以一，赵宪忠，姚念亮，林颖儒. 上海市八万人体育场屋盖的整体模型和节点试验

研究. 建筑结构学报, 1998, 19 (1): 2~10

2 陈以一, 沈祖炎, 赵宪忠, 陈扬骥, 汪大绥, 高承勇, 陈红宇. 上海浦东国际机场候机楼 R2 钢屋架足尺试验研究. 建筑结构学报, 1999, 20 (2): 9~17

3 汪大绥, 张富林, 高承勇, 周健, 陈红宇. 上海浦东国际机场 (一期工程) 航站楼钢结构研究与设计. 建筑结构学报, 1999, 20 (2): 2~8

4 张汝愉. 建筑结构模型分析. 西安: 西北工业大学出版社, 1993

5 王娴明. 建筑结构试验. 北京: 清华大学出版社, 1988

6 赵宪忠, 沈祖炎, 陈以一, 陈扬骥, 张晔江. 上海东方明珠国际会议中心单层球网壳整体模型试验研究. 建筑结构学报, 2000, 21 (3): 16~22

7 李国强, 沈祖炎, 丁翔, 周向明, 陈以一, 张富林, 周健. 上海浦东国际机场 R2 钢屋盖模型模拟三向地震振动台试验研究. 建筑结构学报, 1999, 20 (2): 18~27

8 沈祖炎. 大跨空间结构的研究与发展. 见: 那向谦, 沈祖炎主编. 结构工程学的研究现状和趋势. 上海: 同济大学出版社, 1995. 22~31

9 刘西拉. 我国结构工程学科应优先发展的领域. 土木工程学报, 1993, 26 (4): 21~28

(本文发表于: 土木工程学报, 2001 年 34 卷 4 期)

49. 上海东方明珠国际会议中心单层球网壳整体模型试验研究

赵宪忠　沈祖炎　陈以一　陈扬骥　张晔江

提　要：本文介绍了上海东方明珠国际会议中心50m直径单层球网壳结构在竖向荷载及模拟风载作用下的1：10缩尺模型试验。试验结果表明，在设计荷载作用下，结构反应基本为线性行为；与试验结果的比较验证了所采用的单层球壳结构静力及稳定分析模型是适用的。

关键词：单层球网壳　肋环型　整体模型　缩尺试验　几何非线性

Experimental Study on the Overall Single-layer
Spherical Dome Model of Shanghai
International Convention Center

Zhao Xianzhong　Shen Zuyan　Chen Yiyi　Chen Yangji　Zhang Yejiang

Abstract：The 1：10 scale model of the overall 50m diameter single-layer spherical dome of Shanghai International Convention Center has been tested in the stages of vertical combined loading and equivalent wind loading conditions respectively. The results of the test indicate that the behavior of the dome is nearly linear in nature under design loading，and have verifide the reliability of both the static and stability analytical method.

Keywords：Single-Layer Spherical Dome　Meridional Rib Stiffened Shell　Overall Model Test　Geometric Nonlinearity

1 概　　述

上海东方明珠国际会议中心位于上海浦东陆家嘴金融贸易区，背倚东方明珠电视塔，沿滨江大道与浦西外滩万国建筑博览群遥遥相望。该工程长约160m，高56.5m，其建筑物的两端各有一个单层玻璃幕墙球体（图1），它们的直径分别达50m（大球）和38m（小球），其中大球球体采用肋环型单层网壳，与主体建筑不规则相交，下部支承在17.8m标高屋面上，上部支承在39.7m标高屋面上，上下支承之间部分与两侧剪力墙垂直相交，高度达21.9m，形成了曲面不完整、开口不对称的球壳。该单层球壳共40道经线，27圈纬线，相邻纬线间球心夹角为 4°。下层 18 圈纬向杆件在杆中有轻微弯折，其余各经向及纬向杆件均为直杆。球体杆件采用热轧矩形无缝钢管，其尺寸分别为 120mm×280mm×7mm，120mm×280mm×8mm，120mm×280mm×9mm，120mm×280mm×10mm 四种规格。节点为贯通（四通或三通）式节点。全部钢材均采用高强度耐候结构钢 10PCuRe（强度相当于 Q345 钢材）。

图 1　上海东方明珠国际会议中心

肋环型单层球面网壳，只有经线和纬线杆件，大部分网格呈梯形，与同样跨度的其他空间结构类型相比，结构侧向刚度较小。在风载等非对称荷载作用下，结构的力学行为非常复杂。同时单层网壳具有较强的几何非线性特性及轴力效应，在设计荷载作用下，这种非线性特性的表现程度也是设计者所关心的。本文介绍了该单层球网壳结构整体模型的试验研究。

2　整体模型试验

2.1　整体模型设计

根据结构试验台座的容许最大尺寸，按 1∶10 的缩尺比例设计了 50m 直径单层球网壳结构整体模型。模型设计尽可能做到满足几何相似与物理相似。其中经向和纬向杆件按照几何缩尺的同时，根据对结构中若干控制点（杆）产生相近位移和应力的原则，对杆件进行归并，最终采用 □12mm×28mm×0.8mm 和 □12mm×28mm×1.0mm 两种规格。与球网壳结构相连的钢筋混凝土下环梁支座、上环梁支座、竖向剪力墙等分别采用钢结构的箱形底座、箱形上环梁、加肋钢板等进行模拟，并保证其与实际结构具有相近的刚度和支承形式。图 2 为试验模型全貌，图 3 为球壳结构的平面展开图及杆件编号，其中 W1 为球壳极点。

模型制作精度要求较高，因此制作过程中首先在工厂制成底座、上环梁、加肋钢板等拼装单元，然后在试验室完成总装。而对于球壳杆件，首先沿经向按 72° 中心角依次安装 A1，B1，C1，D1，E1 及纬向 W2 杆件后，再顺次安装其余经向和纬向杆件。整体模型总装完毕后，对网壳几何尺寸进行量测，以确定网壳结构的初始几何缺陷。

图 2　试验模型全貌

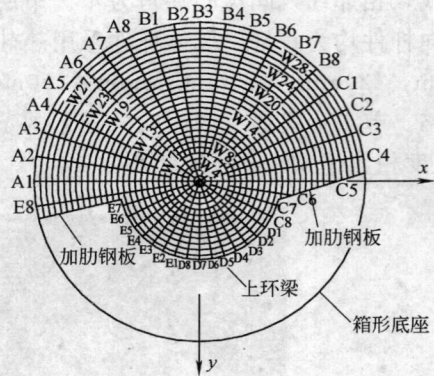

图 3　球壳结构平面展开图及杆件编号

应指出的是，实际结构钢材为 10PCuRe，而模型中采用 Q235 钢材，这在网壳杆件应力相对较小的情况下，并不影响相似关系。模型中经向杆件贯通，纬向杆件断开，同时，为防止加载过程中节点过早破坏，节点部分加焊垫片予以加强。这与实际结构的节点构造是有区别的。

2.2　加载方案设计

整体模型试验模拟如下两种加载工况：竖向荷载（1.2×恒载＋1.4×活载）、模拟风载（1.2×恒载＋1.4×风荷载）。前一种工况在弹性范围内加载，以保证卸载后结构能够恢复原状，后一种工况加载至 2 倍设计值。

竖向加载装置：对于上环梁平面以上的球冠节点，采用拉力弹簧-刚性圆盘-分配梁-千斤顶组成的弹簧分配传力系统（图 4）；上环梁与赤道平面间的侧冠节点采用拉力弹簧-刚性扁梁-分配梁-千斤顶传力系统；赤道平面以下的节点加载采用 5 个分配梁传力系统。

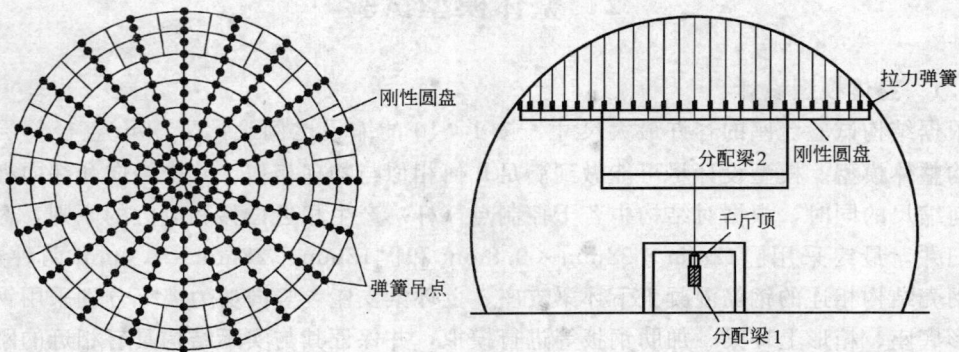

图 4　竖向加载的弹簧分配传力系统

模拟风载加载装置：根据球壳表面风载分布情况，将风载划分为三个区域，并相应采用三套加载系统，即模拟中间大四周小的水晕扩散样风压力的指向球心的弹簧分配传力系统（图 5）；模拟侧向水平风吸力分量的滑轮换向反力系统；而对于竖向风吸力分量，则通过逐步卸除作用在结构上的竖向恒载来模拟（图 5）。

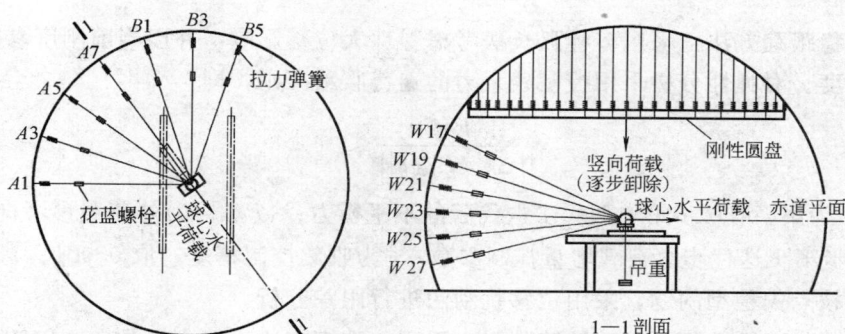

图 5　模拟风载试验球心加载系统

球壳结构共有 799 个节点，1480 根杆件，每一点均承受不同的荷载值。试验加载过程中，对竖向加载工况，顶冠节点利用刚性盘逐点加载，而其余部位隔点加载；对模拟风载工况，划分受力区域，根据不同区域的特点选择不同的加载点数。

加载系统中较多地采用了弹簧传力系统，弹簧的选取遵循一个基本原则，即弹簧刚度相对于模型结构刚度和加载刚性盘刚度来说应该足够柔，这样才能略去模型结构位移和刚性加载盘的相对变形对弹簧的影响，在允许精度范围内保证加载点受力按弹簧刚度进行分配。试验时，取弹簧变形在模型对应加载点处变形值的 20 倍以上，同时取刚性盘最大相对变形小于弹簧变形的 5%。

每种加载工况下，先进行预加载以磨合弹簧、分配梁等传力系统，并检验仪器工作性能，最后进行正式加载。

2.3　测试方案

试验模型中，经向及纬向杆件上共布置 180 片应变片，分布在 28 根杆件的中部或两端截面，每一断面上布置 4 片应变片。为检测加载系统传力可靠性，在吊杆（拉杆）上共布置 42 片应变片，杆件每一断面布置 2 片应变片。位移计共布置 27 个，其中 4 个布置在上环梁上。另外还在底座上布置 5 个百分表，以检查环梁和支座沉降。

试验模型的测试由 4 台 YG20 型数据采集系统组成，可在 5s 内将所有测点数据全部采集完毕。

3　理论分析

单层球网壳具有较强的非线性性质，其结构分析采用线性的整体静力分析和非线性整体稳定性分析两步。

3.1　静力分析

采用空间三维梁单元进行整体结构分析。假设节点为空间完全刚性节点。

3.2　非线性整体稳定分析[1]

（1）球网壳结构杆件采用 C. Oran 梁-柱单元，其弹性几何非线性切线刚度矩阵为

$$[K_T]_e = [B][t][B]^T + [G] \tag{1}$$

其中，$[B]$ 为局部静态矩阵，$[t]$ 为单元在随动坐标系下的切线刚度矩阵，$[G]$ 为单元

几何刚度矩阵。

（2）失稳跟踪方法：采用多种弧长法考虑弹性大位移影响，并以当前刚度参数来反映结构软化程度。对弹性分析采用控制残余力的迭代收敛准则，即

$$\frac{||\{R\}_i^j||}{||\Delta\lambda_i^1\{P_{\text{ref}}\}||}\leqslant\varepsilon \tag{2}$$

其中，$\{R\}_i^j$ 为第 i 增量步第 j 迭代步迭代后的不平衡力；$\{P_{\text{ref}}\}$ 为外荷载参考向量；$\Delta\lambda_i^1$ 为第 i 增量步第 1 迭代步总荷载增量控制参数；ε 为收敛控制精度，取 0.001。

对于分枝点失稳型问题，采用位移扰动法进行跟踪分析。

（3）缺陷敏感性分析：初始缺陷的引入采用一致模态法，以求得具有几何初始缺陷结构的受力及稳定情况。

3.3 若干建模问题

（1）几何尺寸：由于施工条件、累积误差等的影响，模型结构实际尺寸与理想尺寸之间存在一定的差异，主要表现在节点坐标偏差和纬线杆件倾角偏差。经计算，后者对结构行为影响较小，可以忽略。而节点坐标偏差必须给予考虑。

（2）支承条件和加载方式：上环梁、加肋钢板有一定的竖向和侧向变形，静力分析过程中将其简化为若干刚臂与网壳杆件合并在一起建模。同时，加载系统中刚性圆盘、球心弹簧传力系统等的刚度变化与分配对结构内力分布影响较大，因此将其也作为结构系统的一部分进行建模与分析。但是稳定分析过程中，它们只作为支承梁和节点荷载作用于结构上。

4 试验结果分析

4.1 主要实测数据及试验观察结果

球壳模型结构在相当于 1.3 倍竖向设计荷载作用下，最大杆端应力仍在材料弹性范围内，节点位移和杆件内力始终保持线性变化。在给定风向角的模拟风载作用下，加载至相当于 2 倍设计荷载时，虽然有部分杆端组合应力进入屈服状态，但节点位移和杆件内力变化仍具有良好的线性关系。整个加载过程中，球壳结构未发生破坏，并表现出较好的空间整体工作性能。说明球壳结构在竖向荷载及模拟风载作用下是安全的。

（1）节点位移：图 6 给出了在竖向荷载和模拟风载作用下部分节点位移实测值与理论

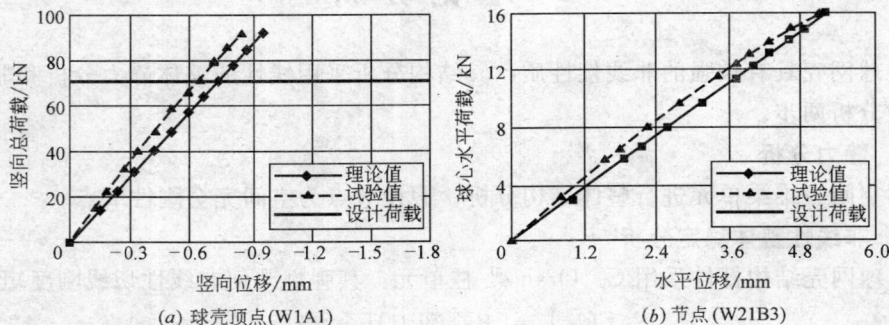

(a) 球壳顶点(W1A1)　　　　(b) 节点(W21B3)

图 6　球壳模型结构在竖向荷载和模拟风载作用下节点位移实测值与理论值的比较

值的比较。图中竖向总荷载指竖向加载试验中所有竖向加载总值。从中可以看出，此时结构反应基本处于线性范围内，非线性影响并不明显。

（2）杆件内力：图 7 给出了在竖向荷载和模拟风载作用下部分杆件内力实测值与理论值的比较。图中球心水平荷载指模拟风载试验中施加在球心位置的荷载值；与此同时，在球外侧逐步施加水平荷载，并在球冠处逐步卸除竖向荷载。从中可以看出，此时杆件内力基本处于线性范围内，非线性影响并不明显。

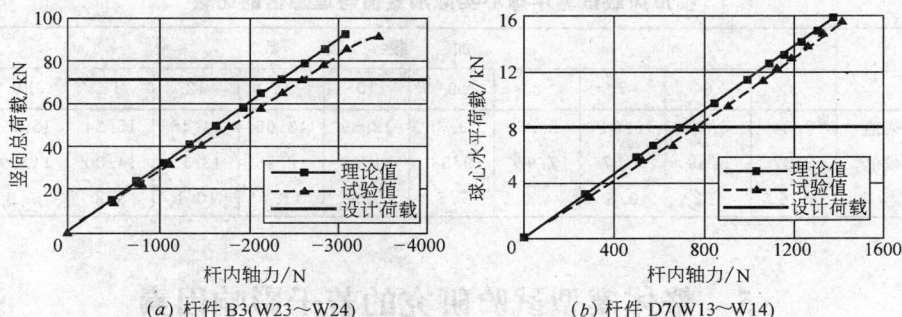

(a) 杆件 B3(W23～W24)　　　(b) 杆件 D7(W13～W14)

图 7　球壳模型结构在竖向荷载和模拟风载作用下杆件轴力实测值与理论值的比较

4.2　非线性稳定分析

图 8 给出了模型结构在竖向荷载和模拟风载作用下部分节点的荷载-位移曲线，其中 P1 分别为竖向设计荷载和模拟风载的设计荷载。可见结构失稳为极值型的，失稳值与设计值之比分别约为 16 和 14。

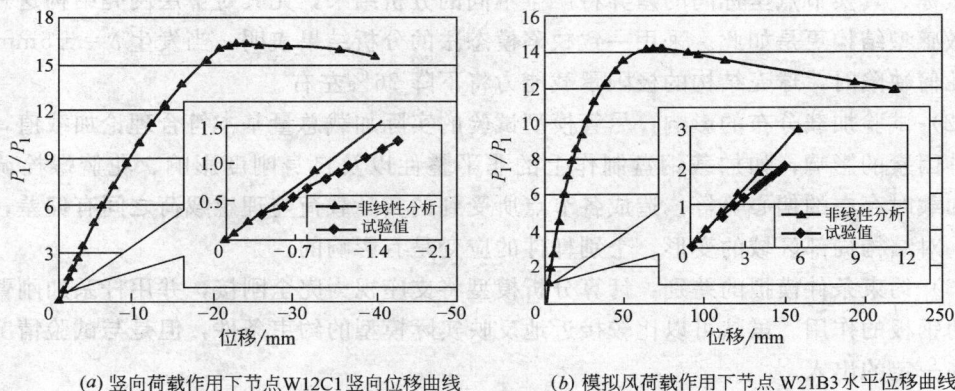

(a) 竖向荷载作用下节点 W12C1 竖向位移曲线　　(b) 模拟风荷载作用下节点 W21B3 水平位移曲线

图 8　球壳模型结构的荷载-位移曲线

4.3　传力系统验证

为了验证加载系统的可靠性，竖向加载试验和模拟风载试验中分别对加载系统部分吊杆和拉杆应变进行了测试，并由此推算出模型结构所受到的实际加载值。表 1、表 2 分别列出了实际加载总值与理想加载总值的比较。从中可以看出，加载过程中除前几级由于加载量较小等初始因素的影响，误差偏大外，其后实际加载值与理想加载值相近。因此从总体上来说加载系统的传力机制实现了测试方案的意图。

竖向加载试验中实际加载值与理想值的比较　　　　　　　表 1

位置	总荷载/kN	加　载　级　数							
		2	3	4	5	6	7	8	9
顶冠＋	实际加载值	6.50	21.75	21.96	31.45	36.21	43.63	47.82	52.46
侧冠部分	理想加载值	8.61	15.56	22.45	29.34	36.23	41.37	47.04	52.71
	误差/%	−24.5	39.8	−2.2	7.2	−0.1	5.5	1.7	−0.5

模拟风载试验中球心实际加载值与理想值的比较　　　　　表 2

总荷载/kN	加　载　级　数										
	3	6	7	8	9	10	11	12	13	14	15
实际加载值	3.24	5.76	6.60	8.28	10.35	12.39	13.66	14.46	15.24	15.79	16.31
理想加载值	3.07	5.69	6.57	7.97	9.63	11.38	12.26	13.13	14.00	14.89	15.93
误差/%	5.5	1.2	0.5	4.0	7.5	8.9	11.4	10.1	8.8	6.1	2.3

5　整体模型试验研究的若干影响因素

模型试验与数值分析结果之间存在着不同程度的差异,这种差异主要由各种类型的误差所引起;同时这些误差也是实际结构设计过程中应充分关注的设计影响参数。主要误差因素如下:

(1) 几何位形差异:虽然量测了模型中部分节点的几何坐标,但由此推算而得的球壳节点坐标(分析用节点坐标)并非整体模型中每一节点的真实坐标。理想节点坐标、分析节点坐标、真实节点坐标间的差异将产生不同的分析结果,尤其对单层网壳结构这一几何缺陷敏感型结构更是如此。采用一致缺陷模态法的分析结果表明,当发生 $\delta=\pm5\text{mm}$ 的最不利几何缺陷时,球壳结构的极限承载能力将下降 26% 左右。

(2) 试验加载分布的影响:尽管模型试验的实际加载总量基本符合理论加载值,但由于各种因素的影响,如加载钢盘制作上的非平整性以及自身刚度影响、花篮螺栓调节限制、加载时存在的偏心等等,造成各节点所受到的实际载荷与理想载荷之间有偏差;这种差别,对结构局部区域的变形、个别杆件的应变是有影响的。

(3) 约束条件模拟的差别:计算分析模型将支座视为完全刚接,并用杆系加刚臂来模拟加肋钢板的作用。虽然可以比较接近地反映实际模型的约束条件,但是与试验情况相比仍存在一定的出入。

(4) 杆件壁厚的影响:计算分析模型假定杆件壁厚为理想尺寸,但如此薄的方钢管在钢板冷轧、杆件成型过程中不可避免地引起壁厚不均,这对测试结果有一定程度的影响。

(5) 节点域刚性的影响:本模型为防止节点破坏先于结构整体破坏,对节点进行了加强,使得构件节点处形成了某种程度的"刚域",计算模型中未考虑这一影响。

6　结　　论

(1) 整体模型试验包括了竖向加载和模拟风载作用下的位移及内力效应实测与分析。试验结果表明，在加载至 1.3 倍竖向荷载设计值及 2 倍模拟风载设计值时，模型结构的反应处于线性范围内。因而在设计荷载作用下，整体结构的静力分析采用线性理论是合适的。

（2）单层球网壳结构在竖向加载及模拟风载作用下为极值型失稳。

（3）模型试验结果与数值分析之间的误差主要在于几何位形、荷载分布、约束条件、杆件壁厚、节点刚域等方面。尽管这些因素并不影响线性理论的适用性，但结构设计中仍应给予一定的考虑。

（4）为防止节点破坏先于整体结构破坏而影响对整体结构力学行为的观察，对节点外贴钢板予以加强，以保证节点为刚性连接。而考虑节点半刚性程度的整体结构的静力分析和非线性屈曲分析还有待于进一步研究。

本试验模型由宝钢集团冶金工程承包公司制作，诸福华、朱志华参与了试验全过程。周向明硕士、李元齐博士分别参与了模型试验和数据结果分析。谨致谢意。

参 考 文 献

1　李元齐. 大跨度拱支网壳结构的稳定性研究 ［D］. 同济大学，1998

（本文发表于建筑结构学报，2000 年第 21 卷第 3 期）

50. 运动稳定性理论在结构动力分析中的应用

沈祖炎　叶继红

提　要：本文应用李雅普诺夫一次近似理论，推导了单自由度体系及多自由度体系的非线性动力稳定判别准则。通过典型算例比较，该准则比 $B-R$ 准则更加严密，适用范围也更加广泛。

关键词：运动稳定理论　动力稳定判别准则　$B-R$ 准则

Structural Dynamic Analysis by Motion Stability Theory

Shen Zuyan　Ye Jihong

Abstract：Based on motion stability theory, the corresponding criteria of liapunov's stability for the SDOF and MDOF nonlinear systems are estabilished in the paper. Through analysis of a typical example, the criteria in the paper are more precise and could be used more widely than $B-R$ criterion.

Keywords：Motion Stability Theory　Criteria of Liapunov's Stability　$B-R$ Criterion

1　引　言

俄国伟大数学家李雅普诺夫是第一个给出运动稳定性以精确数学定义并普遍而系统地解决了运动稳定性问题的学者，他本人创立了两个方法：直接法和间接法，通常所说的运动稳定性理论，主要指的是直接法的理论。

2　运动稳定性理论的简要介绍

2.1　运动稳定问题的分类

首先，按右端项是否显含 t，可将一般系统分为：

1）非定常系统（非驻定系统）　　$\dot{x}=X(x, t)$

2）定常系统（驻定系统）　　$\dot{x}=X(x)$

其次，按右端项中 $x_1, \cdots, x_n$ 的出现方式，是线性的还是非线性的函数，可将系统分类为：

（1）线性系统；

（2）非线性系统。

这样，得到以下四种系统的基本模型：

（1）定常线性系统 $\qquad \dot{x}=A_z$ (1)

（2）定常非线性系统 $\qquad \dot{x}=X(x)$ (2)

（3）非定常线性系统 $\qquad \dot{x}=A(t)x$ (3)

（4）非定常非线性系统 $\qquad \dot{x}=X(x,t)$ (4)

2.2 驻定系统的一次近似稳定性理论

假设驻定非线性系统（2）式的函数 $X(x)$ 在域 $\overline{B}_H$（$\overline{B}_H : \parallel x \parallel \leqslant H$，$H>0$）内具有连续一阶偏导数 $\partial X(x)/\partial x$，根据泰勒公式将式（2）写成

$$\dot{x}=Ax+X^*(x) \tag{5}$$

式中

$$A=\frac{\partial X(x)}{\partial x}\bigg|_{x=0}=\begin{bmatrix} \dfrac{\partial X_1(x)}{\partial x_1} \cdots \dfrac{\partial X_1(x)}{\partial x_n} \\ \cdots \quad \cdots \quad \cdots \\ \dfrac{\partial X_n(x)}{\partial x_1} \cdots \dfrac{\partial X_n(x)}{\partial x_n} \end{bmatrix}_{x=0} \tag{6}$$

$\parallel X^*(x) \parallel =0(\parallel x \parallel)$，即当 $\parallel x \parallel \rightarrow 0$ 时

$$\frac{\parallel X^*(x) \parallel}{\parallel x \parallel} \rightarrow 0 \tag{7}$$

方程

$$x=Ax \tag{8}$$

称为式（2）的一次近似。

驻定系统的一次近似稳定性理论就是要通过驻定系统的非线性微分方程（2）的一次近似来判断原方程（2）的稳定性。下面两个定理是一次近似理论的主要结论。证明过程参见文献 [1]。

定理 1：如果一次近似式（8）的一切特征根的实部为负，则方程（2）的无扰动运动是渐近稳定的。

定理 2：如果一次近似式（8）的特征根中至少有一个根的实部为正，则方程（2）的无扰动运动是不稳定的。

利用一次近似判断稳定性无须寻找李雅普诺夫函数，所以这一理论的实用价值很大。

3 结构运动稳定判别准则的推导

运动稳定理论认为：解决非驻定非线性系统的稳定问题是极为困难的。驻定系统具有一个重要特征：它在相空间的方向场 $X(x)$ 保持不变。非驻定系统就失去了这个特征，它的解的结构十分复杂，但笔者认为，可以借鉴周期系统稳定问题的解决方法，经过适当变换，将非驻定系统化为驻定系统，从而应用驻定系统的一次近似稳定性理论解决大型复杂

结构的动力稳定问题。

3.1　一次近似稳定性理论应用于运动方程

在外荷载 $P(t)$ 作用下，结构非线性运动方程为

$$M\overline{V} + P_b(\dot{V}) + F_k(V) = P(t) \tag{9}$$

其中 F_b 和 F_k 是阻尼力和恢复力，它们是速度 $\dot{V}$ 和位移 V 的非线性函数。

为了简化计算，工程上常常假定在荷载作用时间的每一微小时段内，结构质量、刚度、阻尼性质保持常量不变。同理，在这一微小时段内，非驻定系统可视为驻定系统，从而下面增量形式的基本运动方程成立。

$$[M]\{\Delta\overline{V}(t)\} + [C(\dot{V})]\{\Delta\dot{V}(t)\} + [K(v)]\{\Delta v(t)\} = \Delta P(t) \tag{10}$$

其中 $[M]$ 是结构的质量矩阵，一般假定整个运动过程中保持常量；$[C(\dot{V})]$、$[K(v)]$ 分别是结构的阻尼矩阵和刚度矩阵，它们是 $\dot{V}$ 和 V 的非线性函数。

通过某些具体的时间积分算法及 Newton-Raphson 迭代法，可求得结点位移增量 $\Delta V^{(i)}$。这种结点位移的修正在迭代中一直进行到不平衡荷载和增量位移很小为止，则第 $t+\Delta t$ 时刻的位移可表示为

$$^{t+\Delta t}V^{(i)} = {}^{t+\Delta t}V^{(i-1)} + \Delta V^{(i)} \tag{11}$$

此时，在 $t+\Delta t$ 时刻，运动方程被近似满足，即

$$[M]\{^{t+\Delta t}\overline{V}^{(i)}\} + [C(^{t+\Delta t}\dot{V}^{(i)})]\{^{t+\Delta t}\dot{V}^{(i)}\} + [K(^{t+\Delta t}V^{(i)})]\{^{t+\Delta t}V^{(i)}\} = P(t+\Delta t) \tag{12}$$

设满足初始条件的方程（9）的特解为

$$y^* = f(t) \tag{13}$$

设对这一特解的微小扰动为

$$y = V - y^* = V(t) - f(t) \tag{14}$$

式中 $V(t)$ 为方程（9）的任一解，则

$$V(t) = y + f(t) \tag{15}$$

将式（15）代入式（12），有

$$[M]\{\ddot{y} + \overline{f}(t)\} + [C(\dot{V}(t))]\{\dot{y} + \dot{f}\} + [K(V(t))]\{y + f(t)\} = P(t) \tag{16}$$

因为 $f(t)$ 为方程（9）特解，满足方程（9），故在 t 时刻，也满足近似方程（12）。因此，式（16）可化简为

$$[M]\ddot{y} + [C(\dot{V}(t))]\dot{y} + [K(V(t))]y = 0 \tag{17}$$

方程（17）即为在离散的各 Δt 时刻，对特解 $y^* = f(t)$ 的扰动方程。方程（12）即为对应于扰动方程的无扰运动方程。

引入状态变量

$$\begin{cases} y_1 = y \\ y_2 = \dot{y} \end{cases}$$

并由式（15），扰动方程（17）化为如下形式

$$\begin{cases} \dot{y}_1 = y_2 \\ \dot{y}_2 = -\dfrac{[C(y_2 + \dot{f}(t))]}{[M]} y_2 - \dfrac{[K(y_1 + f(t))]}{[M]} y_1 \end{cases} \tag{18}$$

采用李雅普诺夫一次近似理论,将方程组(16)在原点附近用泰勒级数形式展开,以化成线性形式

$$\dot{Z} = A \cdot Z \tag{19}$$

式中

$$\dot{Z} = \begin{cases} \dot{y}_1 \\ \dot{y}_2 \end{cases} \qquad Z = \begin{cases} y_1 \\ y_2 \end{cases}$$

$$A = \frac{\partial Z(z)}{\partial z} = \begin{bmatrix} \dfrac{\partial Z_1(z)}{\partial z_1} \cdots \dfrac{\partial Z_1(z)}{\partial z_n} \\ \cdots \qquad \cdots \\ \dfrac{\partial Z_n(z)}{\partial z_1} \cdots \dfrac{\partial Z_n(z)}{\partial z_n} \end{bmatrix}_{x=0}$$

$$= \begin{bmatrix} 0 & I \\ -\dfrac{[K(y_1 + f(t))]}{[M]} - \dfrac{y_1 \partial [K(y_1 + f(t))]}{[M] \partial y_1} & -\dfrac{[C(y_2 + \dot{f}(t))]}{[M]} - \dfrac{y_2 \partial [C(y_2 + \dot{f}(t))]}{[M] \partial y_2} \end{bmatrix}_{\substack{y_1 = 0 \\ y_2 = 0}}$$

$$= \begin{bmatrix} 0 & I \\ -\dfrac{[K(f(t))]}{[M]} & -\dfrac{[C(\dot{f}(t))]}{[M]} \end{bmatrix}_{2n \times 2n}$$

至此,可以根据矩阵 A 特征根的实部的符号性质,判定原非线性系统即无扰运动的运动稳定性。但是,如果将 $2n \times 2n$ 阶 A 矩阵的特征根逐一求出加以考查,无疑是很繁琐的,而且当 n 的阶数较高时,这种方法是难以实现的。

3.2　单自由度体系的动力稳定判别准则

当 $n=1$ 时,矩阵 A 简化为如下形式

$$A = \begin{bmatrix} 0 & 1 \\ -\dfrac{K(f(t))}{m} & -\dfrac{C(\dot{f}(t))}{m} \end{bmatrix} \tag{20}$$

它的特征方程

$$\begin{vmatrix} -\lambda & 1 \\ -\dfrac{K(f(t))}{m} & -\dfrac{C(\dot{f}(t))}{m} - \lambda \end{vmatrix} = 0 \tag{21}$$

其中,λ 为方程的特征根。

求解方程(21),得到

$$\lambda_{1,2} = -\frac{C(\dot{f}(t))}{2m} \pm \frac{1}{2}\sqrt{\frac{C^2(\dot{f}(t))}{m^2} - \frac{2K(f(t))}{m}} \tag{22}$$

设质量取正，阻尼取正，刚度可正，可负或为零，存在下列五种情况：

当 $\dfrac{C^2}{m^2} > \dfrac{4K}{m} > 0$ 时，特征根 λ_1，λ_2 具有负实部，根据定理1，原系统渐近稳定。

当 $\dfrac{C^2}{m^2} < \dfrac{4K}{m}$ 时，λ_1，λ_2 具有负实部，原系统渐近稳定。

当 $\dfrac{C^2}{m^2} = \dfrac{4K}{m}$ 时，$\lambda_1 = \lambda_2 = -\dfrac{C}{2m}$，原系统渐近稳定。

当 $\dfrac{4K}{m} = 0$ 时，$\lambda_1 = 0$，$\lambda_2 = -\dfrac{C}{m}$，原系统处于临界状态。

当 $\dfrac{4K}{m} < 0$ 时，特征根 λ_1 或 λ_2 具有正实部，根据定理2，原系统不稳定。

综上所述，对于单自由度体系，质量 M 取正，阻尼取正，当刚度 K 小于零时，原系统不稳定；当刚度 K 大于零时，原系统渐近稳定。这就是单自由度体系的动力稳定判别准则。

3.3　多自由度体系的动力稳定判别准则

对于多自由度体系，在第 m 时段，无扰运动方程（9）可近似化为（12）的形式。通过直接积分法及 Newton-Raphson 迭代法求得响应。同时，方程（9）的响应也可以通过振型分解法及 Newton-Raphson 迭代法求得。从数学的观点看，两种分析方法所得到的解是相同的。阻尼取为瑞利阻尼。因此，方程（9）可化为 n 个广义单自由度体系，第 j 个非耦合的运动方程为

$$m_j \ddot{y}_j + c_j \dot{y}_j + k_j y_j = p_j(t) \qquad (j = 1, 2, \cdots, n) \tag{23}$$

其中，$m_j = \Phi_j^T [M] \Phi_j, c_j = \Phi_j^T [c(\dot{v})] \Phi_j, k_j = \Phi_j^T [k(v)] \Phi_j, p_j = \Phi_j^T P(t)$ 分别为广义质量，广义阻尼，广义刚度和广义力。Φ_j 为第 j 个振型。

式（23）是一近似方程。因为 $t + \Delta t$ 时刻及 Δt 时段内的迭代次数 i 具有普遍意义，所以略去上下角标。

至此，已将多自由度体系转化为 N 个互不耦连的单自由度体系。因此，多自由度体系的动力稳定判别准则可作如下表述：

准则1　在第 m 时段，设质量矩阵 $[M]$ 取正，阻尼矩阵 $[c(\dot{v})]$ 取正，如果广义刚度 k_1，k_2，$\cdots$，k_n 皆大于零，则原多自由度体系渐近稳定；如果某些广义刚度为零，其他的均大于零，则原体系处于临界状态；如果至少有一个广义刚度小于零，则原体系不稳定。

对于一般的建筑结构只要取前几个振型的广义刚度进行运动稳定性判别就可以了。但对于振型密集型结构，例如单层网壳，只取前几个振型极有可能导致错误的结论。但如果取较多的振型进行分析，又会导致计算量的大幅增加。

在式（23）中，$k_j = \Phi_j^T [k(v)] \Phi_j$，又因为 $[k(v)]$ 是实对称矩阵。因此，判定 k_1，k_2，$\cdots$，k_n 的符号性质，即是判定二次型 $\Phi_j^T [k(v)] \Phi_j$ $(j = 1, 2, \cdots, n)$ 的符号性质。

定理3　（西尔威斯特）二次型 $x^T A x$ 为正定的充要条件是

$$a_{11} > 0, \quad \begin{vmatrix} a_{11} & a_{12} \\ a_{21} & a_{22} \end{vmatrix} > 0, \quad \cdots, \quad \begin{vmatrix} a_{11} \cdots a_{1n} \\ a_{n1} \cdots a_{nn} \end{vmatrix} > 0 \tag{24}$$

证明过程见文献［2］或［3］。

定理 3 说明，对于多自由度体系运动稳定性的判别，即是判定切线刚度矩阵左上角的各阶主子式行列式的符号性质。如果满足式（24），则原体系是渐近稳定的。采用 LDL^T 分解法，在每一 Δt 时段，将切线刚度矩阵分解为如下形式

$$[K]=[L][D][L]^T \tag{25}$$

其中，$[L]$ 是主元为 1 的下三角行列式，$[D]$ 是对角形矩阵

$$[D]=\begin{vmatrix} D_1 & 0 & \cdots & 0 \\ 0 & D_2 & \cdots & 0 \\ \cdots & \cdots & \cdots & \cdots \\ 0 & 0 & \cdots & D_n \end{vmatrix} \tag{26}$$

由矩阵分解过程还可以知道，矩阵 $[K]$ 和 $[D]$ 的左上角各阶主子式的行列式是相等的。因此，二次型 $\Phi_j^T[k(v)]\Phi_j$ 是否正定完全可以由 $[D]$ 矩阵判别。因此，多自由度体系的动力稳定判别准则还可作如下表述：

准则 2 在第 m 时段，设质量矩阵 $[M]$ 取正，阻尼矩阵 $[C(\dot{v})]$ 取正，对刚度矩阵 $[k(v)]$ 进行 LDL^T 分解，即 $[K]=[L][D][L]^T$，如果矩阵 $[D]$ 的所有主元皆为正，则原体系渐近稳定；如果矩阵 $[D]$ 出现至少一个小于零的主元，则原体系是运动不稳定的；如果矩阵 $[D]$ 的某些主元为零，而其他的主元大于零，则原体系处于临界状态。

在实际计算中，临界情况极少遇到。

对只取少量振型便可进行分析的结构采用准则 1 判定其运动稳定性是可行的。对于类似网壳的结构，采用准则 2 判定其运动稳定性则是比较经济实用的。

本文的动力稳定判别准则在推导过程中，未涉及动荷载 $P(t)$ 的形式。因此，该准则适用于 $P(t)$ 的任意形式，诸如简谐荷载、冲击荷载、阶跃荷载及地震作用等。

4　典型算例的比较与分析

歌德斯克穹顶网壳杆件绕端截面两主轴惯性矩分别为 $I_1=0.295\text{cm}^4$，$I_2=2.377\text{cm}^4$，扭转惯性矩为 $J=0.918\text{cm}^4$。

如图 1 所示的歌德斯克网壳，文献［4］应用 $B-R$ 判别准则，考查了该网壳在简单荷载作用下（如图 2）荷载作用点为结点 1 的运动稳定性能。笔者根据本文的准则 2，也对该结构进行运动稳定分析，并与文献［4］进行比较。

根据准则 2 所求得的动力失稳荷载对应的是一个区域。这里规定：荷载区域的下界对应结构呈现运动不稳定状态的最小荷载值；荷载区域的上界对应结构倒塌的最小荷载值。

4.1　简谐荷载

当外荷载振动周期为 0.025 秒时，失稳荷载区域为 750～900N。文献［4］的临界荷载值为 810N，包含在本文的失稳区域内，说明本文准则与应用较为广泛的 $B-R$ 准则是相协调统一的。

4.2　阶跃荷载

在节点 1 突加阶跃荷载，相应的动力失稳荷载区域为 260～340N。文献［4］的动力

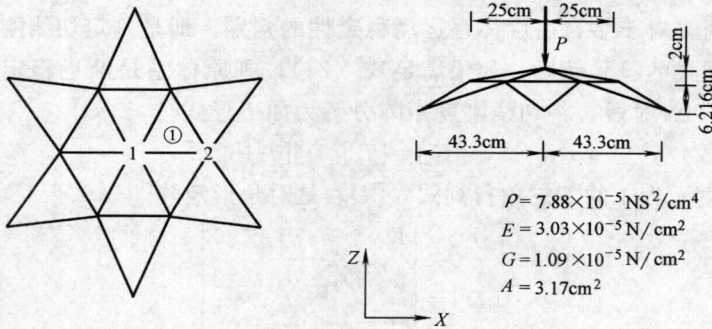

图 1　歌德斯克穹顶网壳

$\rho = 7.88 \times 10^{-5} \, \text{NS}^2/\text{cm}^4$
$E = 3.03 \times 10^{-5} \, \text{N/cm}^2$
$G = 1.09 \times 10^{-5} \, \text{N/cm}^2$
$A = 3.17 \, \text{cm}^2$

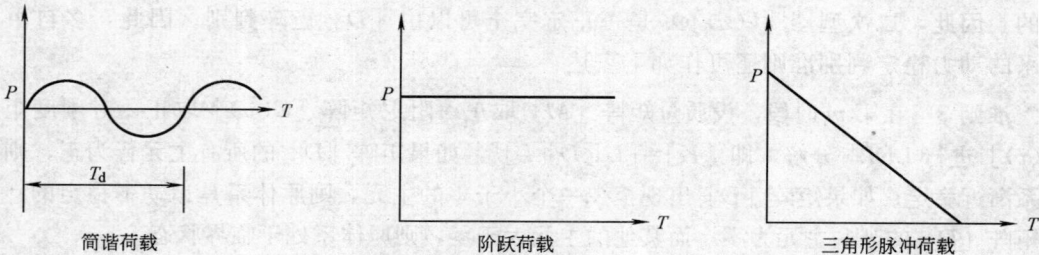

简谐荷载　　　　　阶跃荷载　　　　　三角形脉冲荷载

图 2　简单动荷载形式

失稳临界值为 305N，也包含在本文的失稳区域范围内。

4.3　三角形脉冲荷载

作用于结点 1 的脉冲荷载，当持续时间为 0.1 秒时，动力失稳荷载区域为 320～380N。文献［4］的动力稳定临界值约为 420N，与本文计算结果基本相符。当脉冲持续时间延长至 1.0 秒时，运动失稳荷载区域为 250～350N。文献［4］的动力稳定临界值约为 340N，与本文计算结果吻合较好。

5　结　　论

本文所推导的动力稳定判别准则与 $B-R$ 准则是相协调统一的，且更具有严密性。本准则适用范围更加广泛，不限于动荷载与结构的形式。

参　考　文　献

1　舒仲周. 运动稳定性. 西南交通大学出版社，1989，2
2　王光亮译. 运动稳定性. 国防工业出版社，1959
3　柯召译. 矩阵论. 高等教育出版社，1955
4　孙建恒，夏亨熹. 网壳结构非线性动力稳定分析. 空间结构，创刊号，1994
5　叶继红. 单层网壳结构的动力稳定分析. 同济大学博士学位论文，1995，6

（本文发表于：工程力学，1997 年第 3 期）

51. 杆系钢结构非线性动力稳定性识别与判定准则

李忠学　沈祖炎　邓长根

提　要：首先对当前结构动力稳定性的研究状况和已有的判定准则进行了回顾，然后给出了具有几何非线性的杆系钢结构在任意动力荷载（如地震荷载等）作用下的动力稳定性判定方法和准则，并通过动力稳定性分析算例对所提出的准则进行了验证。

关键词：杆系钢结构　广义刚度参数　动力稳定性判定准则

Identification and Judgment Criteria of Nonlinear Dynamic Stability in Lattice Steel Structures

Li Zhongxue　Shen Zuyan　Deng Changgen

Abstract：In this paper, the state of the art and existing criteria of dynamic stability in the field of structural engineering are reviewed, and then new methods and criteria for judging dynamic stability of lattice steel structures with strong geometrical nonlinearity under any dynamic loading (such as seismic loading etc.) are proposed. Finally the proposed criteria are demonstrated in examples of dynamic stability analysis.

Keywords：Lattice Steel Structures　Generaized Stiffness Parameter　Dynamic Stability Criteria

对结构的动力稳定性一直难以给出确切的定义，这是因为数学意义上的动力稳定性定义[1]是：对动力微分方程，当它的解随时间无限增长时，即认为它是不稳定的，而当其解仅在某一平衡位置附近变化时，则认为它是稳定的。而对于结构，其动力稳定性分析又有其自身的特征：结构可有多个平衡位置，在动力荷载的作用下，结构可能在多个平衡位置间跳跃，在某种动力荷载作用下，结构可能发生局部动力失稳，当达到新的平衡位置后，结构整体仍能承受荷载，或直接导致整体动力失稳，使结构丧失承载力或承载力降低。因此，不能照搬数学意义上的动力稳定性定义。

基于结构的动力反应特征，本文对结构动力稳定性给出了适用的定义：在某一动力荷载作用下，当结构的刚度出现非正定，导致其丧失承载力或承载力降低，动力位移或变形显著增长时，即认为结构丧失了动力稳定性；当仅有个别杆件、结点或局部的杆件与结点出现这种情况时，则称之为局部动力失稳；而当整个结构的承载力丧失或降低时，则称之为整体动力失稳；每出现一次结构丧失承载力或承载力降低，结构变形显著增大，直至结构承载力有回升或彻底丧失承载力时，称结构产生了一次动力失稳；动力失稳可以次数来度量。

1　结构动力稳定性研究状况回顾

　　根据作用荷载的类型，结构的动力稳定性问题可以划分为周期性荷载作用下的动力稳定性问题、冲击荷载作用下的动力稳定性问题和地震等任意荷载作用下的动力稳定性问题。在周期性动力荷载作用下，当结构的自振频率与外载的强迫振动频率非常接近时，结构将产生强烈的共振现象；当结构的受压杆件的横向固有振动频率与外载的扰动频率之间的比值成某种特定的关系时，杆件将产生剧烈的横向振动，即参数振动，对这类问题，俄罗斯学者鲍洛金等给出了比较全面的分析和论述[2]，他们通过确定动力不稳区域的方法成功地解决了稳定性的判定问题，但这些周期性动力稳定性理论成立的前提是结构的几何非线性很弱，结构的刚度矩阵不需经过迭代而仅经过初步的静力分析即可近似确定，对具有较强的几何非线性的结构，这些理论将难以成立。对冲击动力稳定性问题，现在已有几个较有影响的判定准则[3]：①Budiansky-Roth 准则，又称为运动方程法，该方法要求计算不同荷载水平下结构的动力响应，从而获得相对于荷载参数的结构响应最大值，如果在某一荷载下，荷载的微小增量导致了结构响应的显著增长，则该荷载即被认为是该结构的动力稳定性临界荷载；②Hoff-Hsu 准则，又称总能量-相平面法，它是通过相平面的特性曲线确定结构的稳定性临界荷载；③Hoff-Simitses 准则，又称总势能法，它利用能量平衡方程给出不同荷载水平下系统的总势能相对于广义坐标的曲线，由此可给出结构动力稳定和不稳定的临界条件；④王仁能量准则，其基本思想是在一定冲击荷载下，若对于所处的基本运动的任何一个几何可能偏离，都必将使系统在此偏离过程中所吸收的能量大于荷载所做的功，则它的基本运动是稳定的。对于随机荷载作用下的动力稳定性问题，它的分析将极其复杂，目前还难以见到可借鉴的动力稳定性分析文献，因此，作者将采用结构动力响应分析常用的手段，将这类荷载作为确定性荷载进行分析。通过对结构的动力平衡路径全过程进行跟踪，根据结构的各参数在动力平衡路径中的变化特性，对结构的动力稳定性进行有效的判定。

2　动力稳定性分析及其判定准则

　　考虑到非线性动力稳定性分析的复杂性，这里将暂不考虑材料参数的动力效应，并且仅研究弹性稳定问题。通过使用作者编制的动力稳定性分析程序对多个杆系结构模型进行的理论分析[4,5]，发现在进行动力平衡路径全过程跟踪时，在每一次越过稳定性上临界点时，结构刚度矩阵将会出现非正定现象，即进行三角分解时，

$$K = LDL^{\mathrm{T}} \tag{1}$$

对角矩阵 D 的元素 d_{ii} 将有负值出现，刚度矩阵有接近于零或负的特征值，广义刚度参数为

$$G = \frac{u_{11}^{1\mathrm{T}} u_{11}^{1}}{u_{11}^{i-1\mathrm{T}} u_{11}^{i}} \tag{2}$$

接近于零，并出现负值，这些参数的变化，都是结构丧失动力稳定性的标志，据此可对是

否出现动力失稳现象进行判定。在式（2）中，u_{11}^1，u_{11}^{i-1}，u_{11}^i 分别为在当前荷载作用下，对应于初始刚度、上一荷载增量步和当前荷载增量步时的刚度所求得的位移矢量。

动力稳定性的判定准则可通过稳定分析中各参数的变化特征建立，也可通过观察动力平衡路径曲线的特性来判断，采用不同的动力稳定性数值分析方法，相应地采用了不同的参数来自动控制荷载增量步长及其符号改变，因此，可相应地建立不同的参数判定准则，当采用弧长跟踪法时，当前刚度参数可作为稳定性的判定标准，当采用广义位移控制法时，广义刚度参数可作为相应的参数判定准则。根据在动力稳定性分析中各参数的变化特征，本文建立了如下的动力稳定性准则：

（1）位移准则。对某一结构，根据其各结点的质量与荷载分布，预先估计出相应的等效动力荷载分布形式，然后各结点按此荷载分布形式，以比例加载的形式进行静力稳定性分析，确定出相应的稳定性临界位移，以此近似估计出该结构产生动力失稳时的临界位移，在动力荷载作用下，当该结构的结点位移测定值进入临界位移范围时，即认为该结构进入了动力稳定的临界状态。

（2）刚度准则。在进行动力稳定性分析时，对结构的切线刚度矩阵进行三角分解，当对角矩阵的对角元有接近于零值的元素出现时，可认为结构进入了动力稳定性的临界状态，当其对角元有元素出现负值时，则可判定结构发生了动力屈曲，进入了屈曲后阶段，发生了动力失稳。

（3）广义刚度参数准则。在进行动力平衡路径跟踪时，当广义刚度参数接近于零时，可认为结构处于稳定性的临界状态，当其出现负值时，可判定结构已进入了屈曲后状态，结构产生了局部动力失稳或整体动力失稳，具体是哪种失稳，要根据各结点的平衡路径曲线或各结点的位移时程曲线来判定。

（4）动力平衡路径准则。在进行非线性结构的动力稳定性分析时，可对结构的动力平衡路径进行跟踪，当结点的某些平衡路径曲线变得非常平缓时，可认为结构进入了稳定性临界状态，当出现下降段、接近于水平线或反跳等特征时，可认为结构出现了动力屈曲，产生了动力失稳。当结点的所有平动自由度的平衡路径曲线出现动力失稳特征时，可认为结构产生了整体动力失稳，当仅有部分结点的平动自由度的平衡路径曲线出现动力失稳特征时，可认为结构仅产生了局部动力失稳。

某些参数时程曲线产生突变也时动力失稳的一个显著特征，通过对各结点的完整的平动自由度的位移时程曲线和各杆件内力的完整时程曲线是否出现突变可判定动力失稳是否发生以及产生的失稳类型。

3　算例分析及动力稳定性判定准则的验证

本文分析的算例 1 为 Willion 平面框架，其结构模型如图 1 所示，现在刚架顶点作用集中质量块 5kg，将峰值为 1.5g 的 Elcentro 竖向地震波作用于本模型，图 2 给出了其动力稳定性分析结果。从结点的竖向位移时程曲线可以看出，结构产生了 10 次动力失稳，计算结果表明，在 6.0s 和 6.1s 左右、6.3s 和 6.4s 左右、8.4s 和 8.5s 左右、8.9s 和 9.0s 左右、9.4s 和 9.5s 左右时，结构分别产生正向和反向跳跃型动力失稳。

本文分析的算例 2 为一歌德斯克网壳模型（如图 3 所示），将模型各结点加 53kg 的质

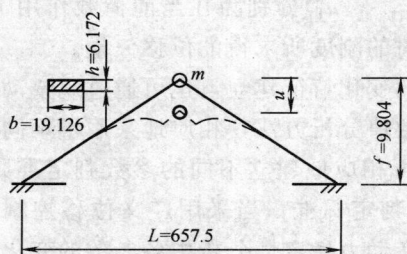

图 1 Willion 平面刚架（单位：mm）

量块，图 4 给出了算例 2 在 0.85g 的地震波作用下的动力稳定性理论分析结果，由模型的中央结点的竖向位移时程曲线可以看出，在 4.5s 左右，曲线产生了突变，该模型产生了动力失稳。

由前面给出算例 1 和算例 2 的动力失稳阶段结点竖向内力和广义刚度参数与竖向位移关系曲线可以看出，在动态分级加载过程中，结构承载力出现过随位移增长而下降的特征，它表明结构丧失了动力稳定性。由结点的竖向平衡路径曲线（即荷载-位移曲线）可以看出，在动力平衡路径跟踪过程中，当选取与静力平衡路径跟踪相同的加载

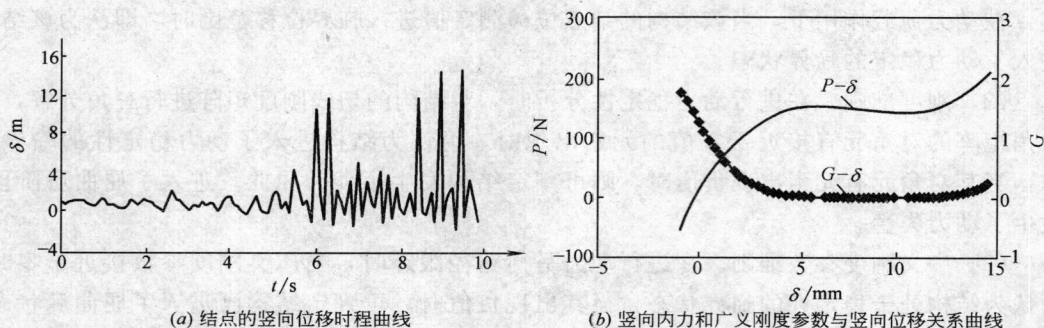

(a) 结点的竖向位移时程曲线

(b) 竖向内力和广义刚度参数与竖向位移关系曲线

图 2 Wilion 框架动力稳定性分析结果

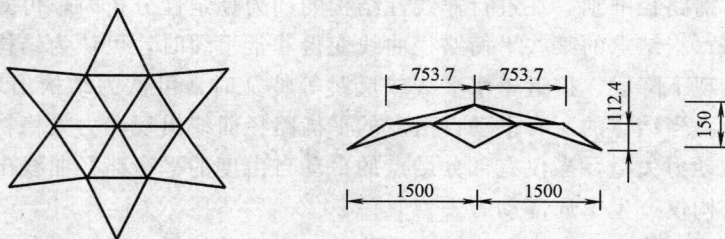

图 3 扁网壳模型示意图（单位：mm）

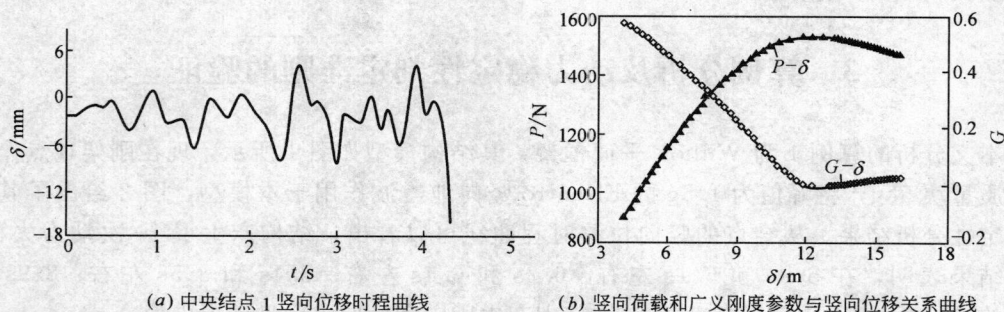

(a) 中央结点 1 竖向位移时程曲线

(b) 竖向荷载和广义刚度参数与竖向位移关系曲线

图 4 扁网壳的动力稳定性理论分析结果

方式时，二者的平衡路径曲线非常相似，所对应的等效临界荷载与临界位移基本相同。由广义刚度参数与位移的关系的部分曲线可以看出，在稳定性状态，结构非线性程度不是很强，此时，广义刚度参数较大，当进入稳定性的临界状态时，结构具有很强的几何非线性，此时，广义刚度参数接近于零。在每次越过临界点时，广义刚度参数还出现一次负值。

在动力稳定性分析过程中，在失稳阶段对结构切线刚度矩阵进行 Crout 分解时[6]，得到的对角矩阵的部分对角元素出现了负值，它说明结构丧失了承载力或承载力降低了，因此，结构产生了动力失稳。

算例 1 相对来说比较简单，可直接判定它产生的是整体动力失稳，算例 2 未能跟踪动力失稳发生时的屈曲后平衡路径全过程，因此这里暂时还不能对其失稳形式进行判定，它的判定原理和静力稳定问题相同，在静力稳定性分析中已能成功运用，但跟踪完整的动力稳定性屈曲后平衡路径远比静力问题复杂，对有些结构模型目前还难以给出完整的屈曲后平整路径，作者将在今后为解决这一问题而继续进行深入的研究。

4 结 论

通过对两个杆系结构模型在地震荷载作用下的动力稳定性分析，验证了本文给出的动力稳定性判定准则的合理性，它为对更复杂的结构的动力稳定性进行判定提供了依据。

参 考 文 献

1 舒仲周. 运动称定性 [M]. 成都：西南交通大学出版社，1989
2 符·华·鲍洛金. 弹性体系的动力稳定性 [M]. 林砚田译. 北京：高等教育出版社，1960
3 杨桂通，王德禹. 结构的冲击屈曲问题 [A]. 王礼立. 冲击动力学进展 [C]. 合肥：中国科学技术大学出版社，1992. 177~210
4 李忠学，沈祖炎，邓长根. 改进的广义位移法在动力稳定性问题中的应用 [J]. 同济大学学报，1998，26（6）：609~612
5 LI Zhong-xue, SHEN Zu-yan, DENG Chang-gen. Nonlinear dynamic stability analysis of frames under earthquake loading [A]. CHIEN Wei-zang. Proceedings of the 3rd International Conference on Nonlinear Mechanics [C]. Shanghai：Shanghai University Press，1998. 287~292.
6 关 治，陆金甫. 数值分析基础 [M]. 北京：高等教育出版社，1998. 244~245

（本文发表于：同济大学学报，2000 年第 2 期）

52. 广义位移控制法在动力稳定问题中的应用

李忠学　沈祖炎　邓长根

提　要：利用线性加速度假定消去结构非线性动力平衡方程中的微分项。在动力平衡路径跟踪过程中，以比例加载的形式，对所有荷载分量进行同步动态调整，考虑到强非线性结构在临界屈曲状态时可能有多个临界点和平衡路径可能反跳，而引入广义刚度参数对荷载参数增量的步长和符号进行自动控制，并通过广义刚度参数对结构的动力稳定性进行判定。通过算例分析验证了这一算法的有效性。

关键词：广义刚度参数　非线性动力失稳　反跳点　多临界点　荷载参数增量

Application of General Displacement Controlling Method in Dynamic Stability Problems

Li Zhongxue　Shen Zuyan　Deng Changgen

Abstract：In this paper, the differential terms are improved in nonlinear dynamic differential equations via linear acceleration assumption. All load components are dynamically adjusted at the same scale coefficient in tracing dynamic equilibrium path. Considering the possibility of existing multiple critical points and snap-back points in strong nonlinear structures at critical state, general stiffness parameter is used to control the load increment parameter's scale and its sign's modification automatically, and the dynamic stability was also justified via this parameter. Finally, examples are given to demonstrate the method's applicability and reliability.

Keywords：General Stiffness Parameter　Nonlinear Dynamic Instability, Snap-through Points　Multiple Critical Points, Load Parameter Increment

对强非线性杆系结构的动力稳定性问题，其失稳形式多种多样，而且在动力荷载作用过程中，同一结构可产生多次不同形式的动力失稳，因此其动力稳定性的判定非常复杂，只有通过对各种结构在不同类型的动力荷载作用下的动力屈曲路径全过程进行跟踪，总结其动力失稳的规律，才可能建立可靠的动力稳定性判定准则，这就不可避免地要面对动力屈曲后路径的跟踪问题。目前，国内外只有静力屈曲后路径跟踪的文献[1~3]，而动力问题尚未见到此类文献资料，本文在广泛吸收静力屈曲后路径跟踪技术的优秀成果的基础上，给出了一种有效的动力屈曲后路径跟踪方法。

1　结构的动力微分方程

杆系结构在地震荷载作用下的动力微分方程为

$$M\ddot{X}_t + C\dot{X}_t + K(X_t) = -M\ddot{X}_g + P \tag{1}$$

式中：M 是质量矩阵；C 是阻尼矩阵、$K(X_t)$ 是结点内力矢量、P 是静力荷载矢量、$\ddot{X}_t$，$\dot{X}_t$，X_t 分别是 t 时刻的加速度、速度和位移矢量；$\ddot{X}_g$ 是地震加速度矢量。

利用纽马克法的假定

$$\ddot{X}_{t+\Delta t} = a_0(X_{t+\Delta t} - X_t) - a_2\dot{X}_t - a_3\ddot{X}_t \tag{2}$$

$$\dot{X}_{t+\Delta t} = \dot{X}_t + a_6\ddot{X}_t + a_7\ddot{X}_{t+\Delta t} \tag{3}$$

消去方程（1）中的微分项，可得出

$$K(X_t) + (a_0 M + a_1 C)X_t = P_t \tag{4}$$

式中：a_0，a_1，a_2，a_3，a_4，a_5，a_6，a_7 为常系数，P_t 为 t 时刻的等效动力荷载。

$$P_{t+\Delta t} = -M\ddot{x}_g + P + M(a_0 X_t + a_2\dot{X}_t + a_3\ddot{X}_t) + C(a_1 X_t + a_4\dot{X}_t + a_5\ddot{X}_t) \tag{5}$$

$$C = c_1 M + c_2 K_{Tg}, \quad c_1 = 2\omega_i\xi_i - c_2\omega_i^2, \quad c_2 = \frac{2(\omega_i\xi_i - \omega_j\xi_j)}{\omega_i^2 - \omega_j^2}$$

式中：K_{Tg} 为结构切线刚度矩阵；ω_i，ω_j 为第 i，j 个模态的角频率；ξ_i，ξ_j 为第 i，j 个模态的临界阻尼比。本文不考虑转动惯性的影响，在确定 ω_i，ω_j 时，采用静力凝聚法消除质量矩阵的奇异性。

2　运动平衡路径的跟踪

首先初始化，采用广义位移法给出静力荷载作用所对应的位移和平衡路径。

在动力平衡路径跟踪过程中，在各时刻将式（4）改写为增量方程形式

$$\overline{K}^{i-1} u_1^i = \Delta\lambda_1^i \overline{P}_{t+\Delta t}^{i-1} \tag{6}$$

式中：$\overline{K}^{i-1} = K_{Tg} + \Delta\lambda_1^i(a_0 M + a_1 C)$，是等效刚度矩阵；$u_1^i$ 是位移增量；$\overline{P}_{t+\Delta t}^{i-1} = P_{t+\Delta t} - (a_0 M + a_1 C)X_{t+\Delta t}^{i-1} - {}^t F$，${}^t F$ 是 t 时刻的结点内力；$\Delta\lambda_1^i$ 是荷载参数增量，可由下式求得：

$$\Delta\lambda_1^i = (-1)^{n_1}\Delta\lambda_1^i \mid G \mid^{1/2} \tag{7}$$

它能充分反应出结构的非线性程度及加卸载情况，当结构非线性程度增强时，广义刚度参数 G 数值减小[3]，当跨越临界点时，其值接近于零，且每跨越一次临界点出现一次负值，n 为 G 的符号改变次数，G 由下式确定：

$$G = \frac{{}^1 u_1^{1T} {}^1 u_1^1}{{}^1 u_1^{i-1T} {}^1 u_1^i} \tag{8}$$

${}^1\Delta\lambda_1^1$ 是预先给定的荷载参数增量初始值，通常情况下取值为 0.05，因动力荷载是不断变化的，有时变化非常显著，所以在动力平衡路径跟踪的过程中，当等效动力荷载很大

时，可将它的取值适当降低。当遇到分支路径时，可将其值适当增大，以越过分支点。

在式（8）中，$^1u_1^1, ^1u_1^{i-1}, ^1u_1^i$ 由以下各式求得：

$$^1K_{Tg}\,^1u_1^1 = \overline{P}_{t+\Delta t}^{i-1} \tag{9}$$

$$K_{Tg}^{i-2}\,^1u_1^{i-1} = \overline{P}_{t+\Delta t}^{i-1} \tag{10}$$

$$K_{Tg}^{i-1}\,^1u_1^i = \overline{P}_{t+\Delta t}^{i-1} \tag{11}$$

式中：$^1K_{Tg}$，K_{Tg}^{i-2}，K_{Tg}^{i-1} 分别为初始刚度矩阵和本时刻经过第 $i-2$、$i-1$ 增量步后的切线刚度矩阵，$\overline{P}_{t+\Delta t}^{i-1}$ 为本时刻第 $i-1$ 步的等效动力荷载。

而在第 i 增量步的第 j（$j \geqslant 2$）迭代步，非线性增量方程可写为

$$K_{Tgj-1}^i\,^1u_j^i = \overline{P}_{t+\Delta t}^i, \quad K_{Tgj-1}^i\,^2u_j^i = R_{j-1}^i \tag{12}$$

$$u_j^i = \Delta\lambda_j^i\,^1u_j^i + ^2u_j^i \tag{13}$$

式中：$\overline{P}_{t+\Delta t}^i = P_{t+\Delta t} - (a_0M + a_1C)X_{t+\Delta t}^i - {}^tF$，是等效动力荷载；$u_j^i$ 是当前迭代步的位移增量；$R_{j-1}^i = \lambda_0\overline{P}_{t+\Delta t}^i + {}^tF - {}^{t+\Delta t}F$，是残余力。

$X_{t+\Delta t}^i$ 是由 $t+\Delta t$ 时刻本增量步的初始步时计算得到的位移，$^{t+\Delta t}F$ 为经过本增量步第 $j-1$ 迭代步后对应的结点内力。$\Delta\lambda_j^i$ 可由下式求得：

$$\Delta\lambda_j^i = -\frac{^1u_1^{i-1T}\,^2u_j^i}{^1u_1^{i-1T}\,^1u_j^i} \quad (j \geqslant 2) \tag{14}$$

而 $^1u_1^{i-1}$ 由下式给出：

$$K_{Tg}^{i-2}\,^1u_1^{i-1} = \overline{P}_{t+\Delta t}^i \tag{15}$$

在每一增量步的迭代中，当收敛条件

$$\frac{u_j^{i^T}(\Delta\lambda_j^i\overline{P}_{t+\Delta t}^i) + R_{j-1}^i}{u_1^{i^T}\Delta\lambda_1^i\overline{P}_{t+\Delta t}^{i-1}} \geqslant \varepsilon_1$$

满足时，可开始新的增量步。

对动力平衡路径进行跟踪时，荷载参数由最大增量荷载分量 k 分量确定

$$\lambda_0 = \frac{^{t+\Delta t}F^i(k) - {}^tF(k)}{\overline{P}_{t+\Delta t}^i(k)}$$

当 $\lambda_0 + \Delta\lambda_1^i > 1.0$ 时，取 $\Delta\lambda_1^i = 1.0 - \lambda_0$，当 $|\lambda_0 - 1| \leqslant \varepsilon_2$ 时，则认为本时刻动力平衡过程跟踪结束，可开始下一时刻的动力平衡路径跟踪过程，ε_1，ε_2 为给定控制值。

3　弹性数值例题分析

本文分析的结构模型 1 如图 1 所示，在刚架顶点作用集中质量块 $m = 1.0 \text{kg}$，在 10 个重力加速度的竖向地震波作用下，在 0.8s 左右时，结构产生了强烈的振动现象，结构发生了动力失稳，图 2 给出了顶点的竖向位移时程曲线，由该曲线可以发现，在 0.6s 以后，结构振动越来越强烈，最终导致动力失稳破坏。本文所用计算程序的计算结果表明，在 0.74s 左右时，结构顶点产生跳跃，此时刻的荷载平衡路径曲线如图 3 所示，临界荷载分别为 150.907N 和 139.968N，平衡路径沿 $a-b-c-d-e$ 方向，在越过 2 个临界点时，广义刚度参数分别出现负值，在非线性程度高的区段，其值接近于零，在 0.76s 左右时，结构顶

点因卸载而发生反向跳跃，平衡路径曲线为图 3 的 e—d—c—b 段，临界荷载和前面相同。在 0.80s 左右时，结构顶点再次产生跳跃。

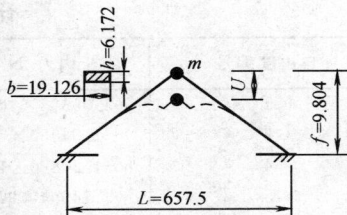

图 1　Willion 平面刚架（单位：mm）

　　算例 2 为一钢网壳模型（如图 4 所示），它的材料为无缝钢管，管外径为 15mm，内径为 11mm。模型各结点加 75kg 的质量块，然后将峰值为 0.7 个重力加速度的地震波作用于该模型。中央结点竖向位移时程曲线如图 5 所示，从图中曲线可以看出，在 4.5s 左右，中央结点竖向位移急剧增加，结构发生动力失稳，此时，中央结点发生跳跃型失稳，而其周围的部分

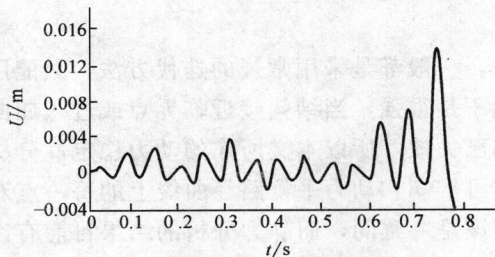

图 2　顶点竖向位移时程曲线

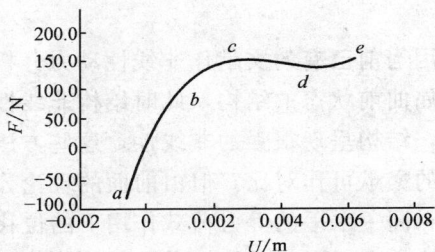

图 3　动力屈曲平衡路径曲线

结点发生反跳型失稳，最终导致了模型的整体动力失稳。在整个动力平衡路径跟踪过程中，中央结点的竖向平衡路径曲线如图 6 所示，因在失稳过程中，结构刚度矩阵产生严重的奇异现象，所以这里仅给出了部分屈曲后路径曲线。表 1 给出了模型 1 出现动力屈曲现象的时间步在跟踪结束时的等效动力和内力以及在此荷载水平下的位移。

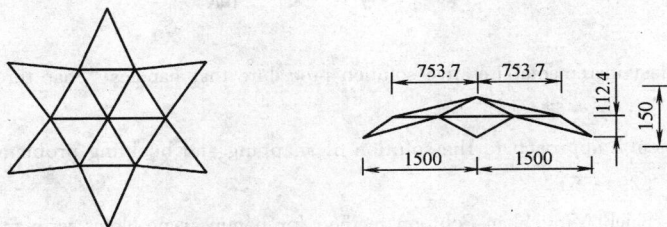

图 4　网壳模型（单位：mm）

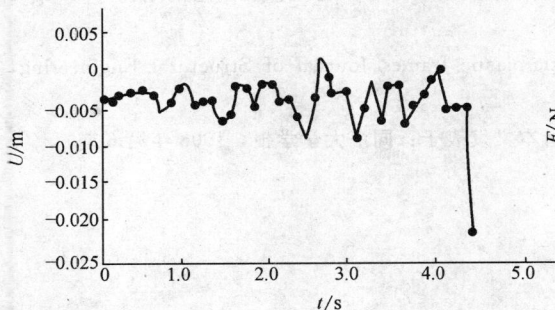

图 5　结点竖向位移时程曲线

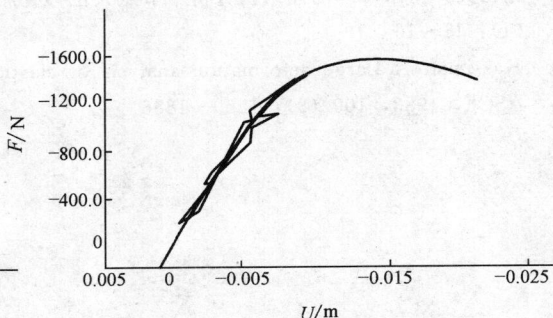

图 6　结点竖向平衡路径曲线

计算结果收敛情况以及可靠性评估   表 1

自由度编号	内力/N	等效动力/N	计算动位移/m	计算静位移/m
1	3.05392×10^{-3}	3.05393×10^{-3}	3.49206×10^{-9}	3.49201×10^{-9}
2	-1.54850×10^{-2}	-1.54850×10^{-2}	5.96090×10^{-3}	5.96090×10^{-3}
4	-4.20820×10^{-3}	-4.20820×10^{-3}	5.22303×10^{-9}	5.22296×10^{-9}
5	149.40097	149.40097	1.19224×10^{-2}	1.19225×10^{-2}
7	3.05416×10^{-3}	3.05416×10^{-3}	3.49214×10^{-9}	3.49209×10^{-9}
8	1.54882×10^{-2}	1.54882×10^{-2}	5.96157×10^{-3}	5.96158×10^{-3}

4 结　　论

因当前已有的文献作非线性动力分析时，一般都是采用常规的迭代方法，只能用于尚处于屈曲前状态的结构，此时结构非线性还不是很强，当结构接近临界点或进入屈曲后状态时，结构呈现很强的非线性，这些方法都已失效，所以本文所作的动力稳定性分析尚无类似的文献可作对比，但由前面的理论公式可推知，动力平衡路径曲线上的每一点对应的位移和同一水平的静力荷载作用下的位移应该是一致的，而静力分析的结果目前有许多可作对比的文献资料[3~5]。将表 1 计算结果进行比较可知，在该时刻步结束时，结果是收敛的，使动力方程达到了平衡；并以此内力为外加静荷载作用于结构，计算出相应的位移，将其和动力分析的结果进行对比，可见二者吻合很好。上面所得结论具有普遍性，由此可知，本文的计算结果和前面的理论分析完全一致，从而验证本文计算结果和理论分析的正确性与合理性。

参 考 文 献

1 Crisfield M A. A fast incremental/iterative solution procedure that handles "Snap-through". Computers & structures, 1981, 13: 55~62

2 Riks E. An incremental approach to the solution of snapping and buckling problems. Int J solids Structures, 1979, 15: 529~551

3 Yang Yeong Bin, Shieh Ming Shan. Solution method for nonlinear problems with multiple critical points. AIAA Journal, 1990, 28 (12): 2110~2116

4 沈祖炎，罗永峰. 网壳结构分析中节点大位移叠加及平衡路径跟踪技术的修正. 空间结构, 1994, 2 (1): 11~16

5 Kassimali A. Large deformation analysis of elastic-plastic frames. Journal of Structural Engineering, ASCE, 1983, 109 (8): 1869~1886

（本文发表于：同济大学学报，1998 年第 6 期）

53. 单层鞍型网壳在地震作用下的动力稳定分析

叶继红   沈祖炎

提　要：根据网壳结构的动力稳定判别准则，分析了单层鞍型网壳在 Pasa-
dena 波（取不同时间压缩比）作用下的稳定性能，并将其动力稳定临界荷载与
静力临界荷载相对比，得出了一些重要结论。

关键词：动力稳定　单层鞍型网壳　地震作用

The Dynamic Stability Analysis of Single Layer Latticed Saddle Shells Under Pasadena Wave Excitation

Ye Jihong   Shen Zuyan

Abstract：According to the criterion of Liapunov's stability of reticulated structures，the
dynamic stability of single layer latticed saddle shells under Pasadena wave（similarity ratio of
time is 1/10and 1/4）is studied in the paper. Finally，some important conclusions are obtained.

Keywords：Dynamic Stability　Single Layer Latticed Shells　Pasadena Wave

1　网壳结构的动力稳定判别准则

在文献［1］中，笔者曾推导了适用于网壳结构的动力稳定判别准则，可表述如
下：在振动的第 m 时段，设质量矩阵 $[M]$ 取正，阻尼矩阵 $[C(V)]$ 取正，对刚度矩
阵 $[K(V)]$ 进行 LDL^T 分解，即$[K]=[L][D][L]^T$。如果矩阵 $[D]$ 的所有主元皆为
正，则原体系渐近稳定；如果矩阵 $[D]$ 出现至少一个小于零的主元，则原体系是运动
不稳定的；如果矩阵 $[D]$ 的某些主元为零，而其他的主元大于零，则原体系处于临界
状态。

利用该准则所求得的动力失稳临界荷载是一个区域。这时规定：区域的下界对应于结
构出现运动失稳的最小荷载值；区域的上界对应于结构倒塌的最小荷载值。在许多算例
中，荷载区域也可能是一个点，它既代表区域的下限值，也代表上限值。

2　网壳结构几何非线性分析的计算理论

在采用非线性梁单元分析网壳结构的失稳时，单元模式的选择极为重要。Oran 采用

梁-柱理论，同时引入 Safaan 的弯曲函数，建立了空间梁单元的切线刚度矩阵。在此基础上，文献［2］对 Oran 矩阵增加了适当的修正项，考虑了 Oran 矩阵中所没有考虑的杆件绕两个主轴方向弯曲的相互耦连，用超越函数表示力和位移的关系，从而得到了更为精确的切线刚度矩阵。对于大转角问题，转角位移不能简单地进行迭加。本文采用大转角理论的精确形式，用任意时刻的节点方向矩阵来确定节点的转动。理论计算表明，精确的切线刚度矩阵及大转角理论对于网壳结构的稳定分析是极为必要的。

在振动响应计算方面，困扰精度的主要因素是累积误差。它主要表现在两个方面：结构的自由度数和计算的步数。对于网壳结构，上述两个因素都是很不利的。本文采用了预校正形式的 Newmark 算法，同时还配合 Newton-Raphson 迭代算法采用了位移增量与残余力同时控制收敛的严格收敛标准。计算结果表明：该方法是行之有效的。同时，引入动力稳定判别准则，完成了对网壳结构在地震作用下的动力稳定分析。

3　单层鞍型网壳在地震作用下的动力稳定分析

地震波选取 Pasadena 波，记录间隔时间 0.02s，持续时间在 x 方向 77.26s 在 y 方向 77.36s，在 z 方向 77.28s，分别考察了在竖向地震和水平地震作用下结构的运动稳定性。

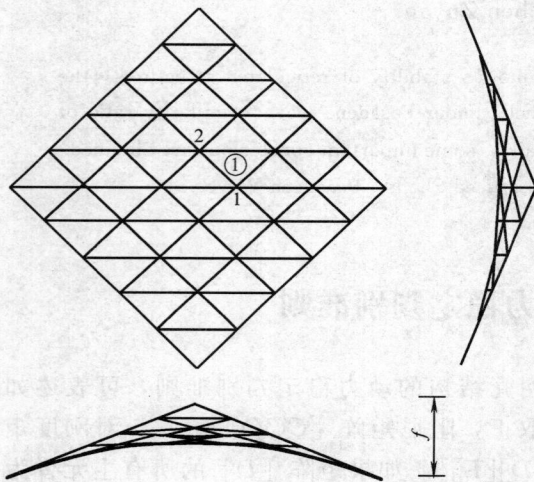

图 1 所示的单层鞍型网壳，平面投影为正方形，对角线长度 $L=2m$，矢高 $f=0.41m$。网壳由两组直纹方向的杆件 $\phi 0.5cm$ 钢筋（$E=2.02\times10^4\,kN/cm^2$）和另一组沿对角线方向的斜杆 $2\times0.76cm$ 扁钢（$E=1.98\times10^4\,kN/cm^2$）组成，边界点为铰接节点（四个边梁为 $\phi 6.9\times0.95cm$ 厚壁无缝钢管，$E=2.10\times10^4\,kN/cm^2$）。哈建大陈昕博士对该模型进行了 16 节点均匀加载的静力稳定试验。实验表明，荷载-位移曲线始终呈现上升趋势，存在稳定的分枝点。本文在进行动力稳定分析时，对网壳的 16 个内部节点均附集中质量块 1088.9kg。

3.1　竖向地震

仅取 Pasadena 波的垂直分量作用于鞍壳。将地震波作用时间压缩为 7.7s。当加速度峰值达到 87.90cm/s² 时，结构在振动时间分别为 2.43s 和 2.49s 时出现两次运动失稳，其他时刻始终保持为运动稳定状态（参见图 2）。将地震波加速度峰值继续向上提高，当达到 117.2cm/s² 结构在 2.39s 开始呈现运动失稳，并在以后的振动中多次出现，例如在 4.24s 和 4.47s，且振动持续到 4.82s 时，结构发生倒塌破坏（参见图 3）。

将地震波作用时间压缩为 19.0s。当加速度峰值仅达到 29.3cm/s² 时，结构即在 3.57s 开始呈现运动失稳状态，此后在 4.24s、4.79s 等时刻多有出现，相邻两次运动失稳时间间隔不等，且当振动到 4.88s 时结构发生倒塌破坏（参见图 4）。

图 1　单层鞍形网壳

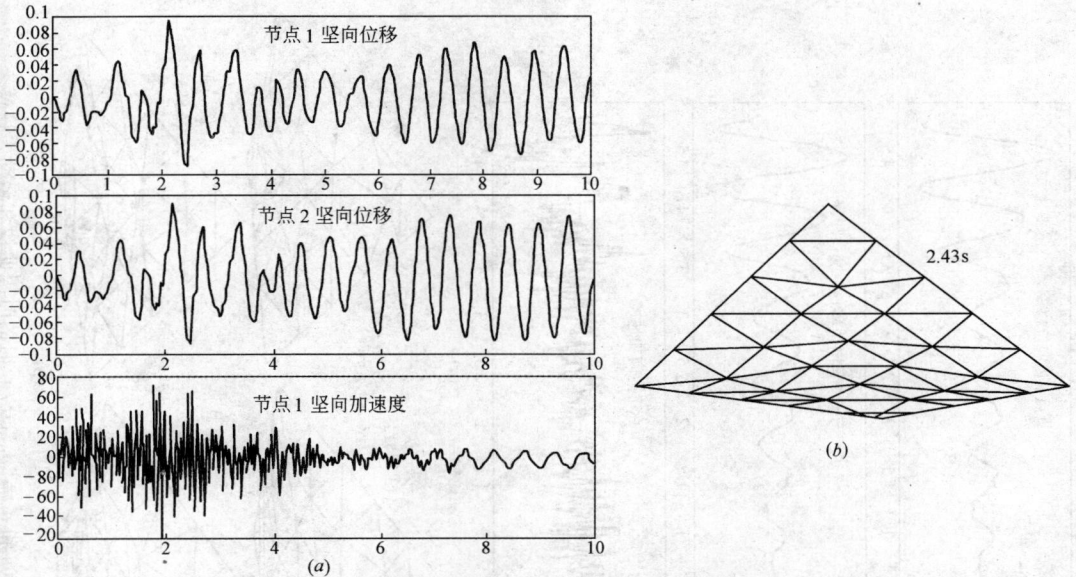

图 2　$t=7.7\text{s}$ 和 $a_\text{p}=87.9\text{cm/s}^2$ 时的时程曲线和运动失稳模态

3.2　水平地震

取 Pasadena 波的两水平分量作用于结构。将地震波作用时间压缩为 7.7s。当地震波两水平分量的加速度峰值达到 46.46cm/s² 和 52.06cm/s² 时，结构在 1.34s 开始出现运动失稳，并在以后的振动过程中反复出现失稳状态，经过由运动稳定到不稳定的几次反复，结构在 1.54s 倒塌破坏（参见图 5）。

若将地震波作用时间压缩为 19.0s，则当地震波两水平分量的加速度峰值为 46.46cm/s² 和 52.06cm/s² 时，结构在 1.18s 开始反复呈现运动失稳状态，例如在 1.33s 和 2.34s，且当振动持续到 2.70s 时结构发生倒塌破坏（参见图 6）。

在水平地震作用下，鞍壳均在地震波两水平分量的加速度峰值分别为 46.46cm/s² 和 52.06cm/s² 时发生倒塌破坏。但由于采用不同的地震作用时间，结构发生倒塌破坏的时间也不尽相同。当地震波持续时间为 7.7s 时，结构在 1.54s 倒塌破坏。倒塌时刻与总的地震持续时间的比值为 1.54/7.7，即 0.20。对于作用时间为 19.0s 的地震波，结构倒塌时刻与地震波持续时间的比值为 2.70/19.0，即为 0.142。可见，周期愈长的地震作用于结构，结构发生倒塌破坏的时间愈早，对结构产生的影响愈不利。

4　结　　论

计算结果表明，无论水平地震还是垂直地震，周期愈短，即地震作用变化愈快（一般相对于结构自振周期而言），结构的运动稳定临界荷载愈高。当地震荷载变化得非常快时，结构在地震作用时段可能不出现运动失稳，而在自由振动阶段则出现了失稳（例如将 Pasadena 竖向波作用时间压缩为 0.77s，上述算例在自振阶段出现运动失稳）。这是由于地震作用变化加快，结构进行能量交换和模态相互转化的时间就相对减少。因此，出现动力失稳的可能性亦随之减小。

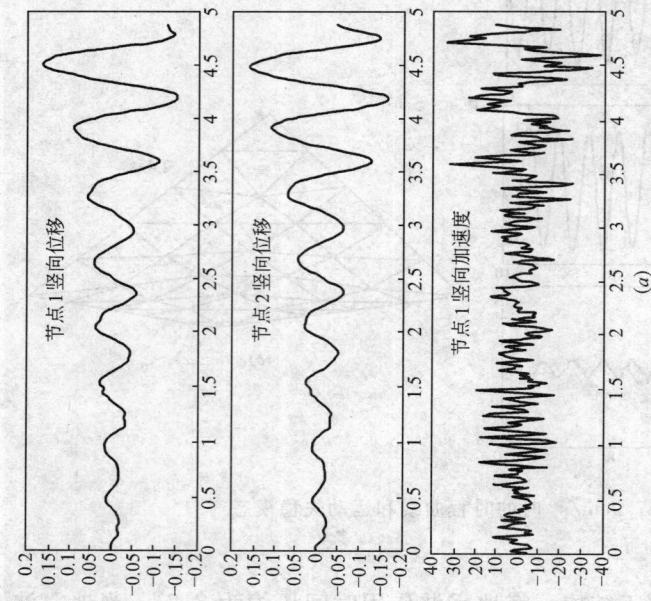

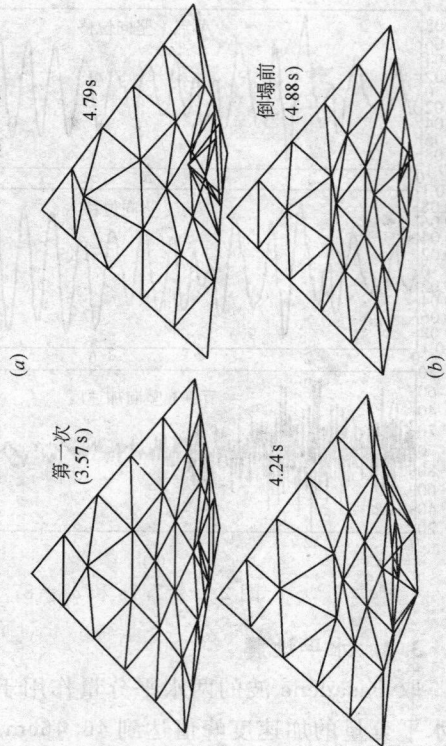

图 4 $t=19.0$s 和 $a_p=29.3$cm/s² 时的时程曲线和运动失稳模态

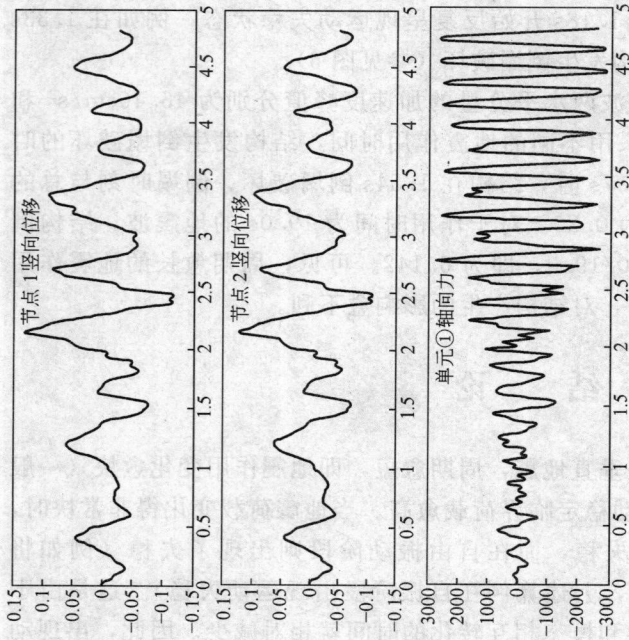

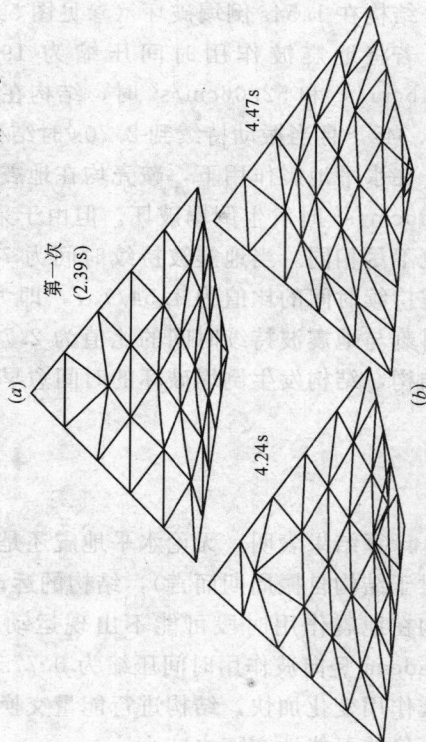

图 3 $t=7.7$s 和 $a_p=1170.2$cm/s² 时的时程曲线和运动失稳模态

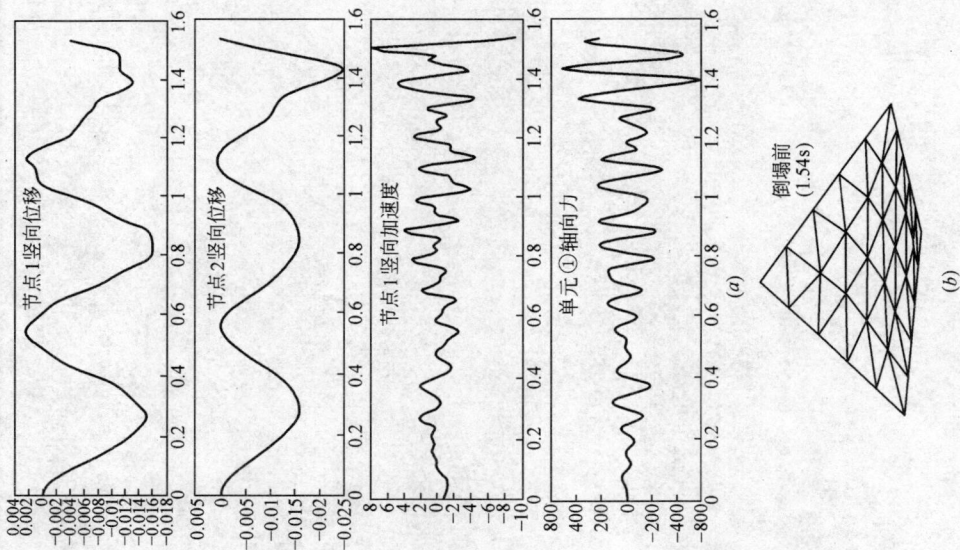

图 6　$t=19.0\mathrm{s}$，$a_{\mathrm{px}}=45.46\mathrm{cm/s^2}$ 及 $a_{\mathrm{py}}=52.06\mathrm{cm/s^2}$ 时的时程曲线和运动失稳模态

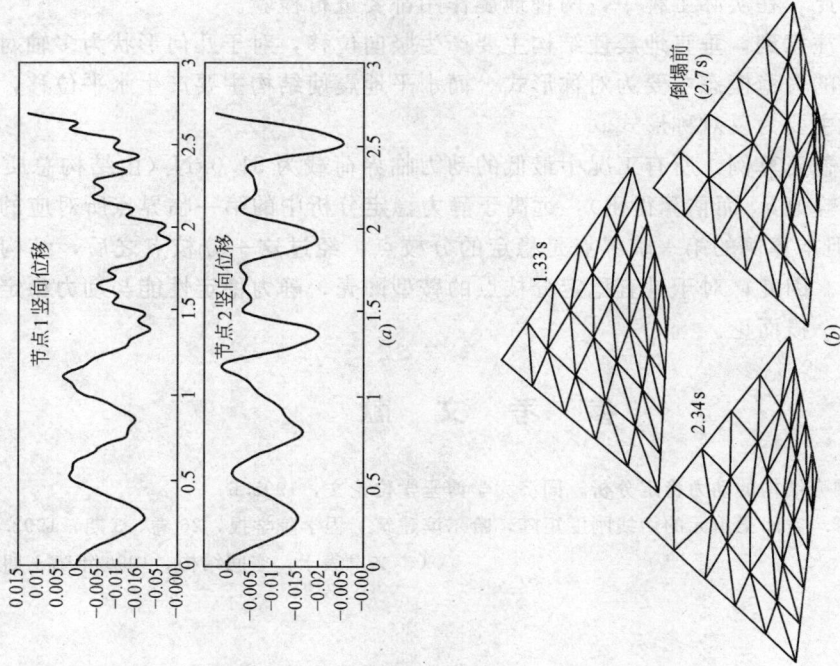

图 5　$t=7.7\mathrm{s}$ 和 $a_{\mathrm{px}}=45.46\mathrm{cm/s^2}$ 及 $a_{\mathrm{py}}=52.06\mathrm{cm/s^2}$ 时的时程曲线和运动失稳模态

垂直地震作用和水平地震作用，哪一个更容易导致单层鞍壳运动失稳，不同工况，结论亦不相同。因此，在实际工程中，两种地震作用都要进行检验。

在计算中还注意到，垂直地震使结构主要产生竖向位移，对于几何形状为多轴对称的单层鞍壳，激发的失稳模态主要为对称形式。而水平地震使结构主要产生水平位移，激发的失稳模态一般主要为反对称形式。

对于本文的鞍壳算例，所有工况中最低的动力临界荷载为 51.0kN（由结构总质量 M 乘以地震加速度峰值 a_p 而估算得出），远高于静力稳定分析中的第一临界点所对应的临界荷载 24.8kN。但本算例的第一临界点是稳定的分枝点，经过这一分枝点之后，结构仍有一定的承载能力。因此，对于具有稳定分枝点的鞍型网壳，静力稳定性能与动力稳定性能孰优孰劣，不能一概而论。

参 考 文 献

1   叶继红. 单层网壳结构的动力稳定分析，同济大学博士学位论文，1995.6
2   陈　昕、王　娜. 空间梁单元的切线刚度矩阵，哈尔滨建筑工程学院学报，26 卷，3 期，1993.6

（本文发表于：空间结构，1996 年第 1 期）

54. 初始缺陷对网壳结构动力稳定性能的影响

叶继红　沈祖炎

提　要：本文袭用静力稳定分析中的"一致缺陷模态法"，并将李雅普诺夫运动稳定理论引入结构分析，通过两个典型算例，检查了单层网壳结构在简谐荷载、阶跃荷载及三角形脉冲荷载作用下，初始缺陷对其动力稳定性能的影响。

关键词：初始缺陷　网壳结构　动力稳定分析

The Effect of Initial Imperfection on Dynamic Stability of Reticulated Structures

Ye Jihong　Shen Zuyan

Abstract：Based on the method for imperfection analysis just as used in the analysis of static stability, the effect of initial imperfection on the large displacement stability behavior of two well-known types of single layer reticulated domes subjected to dynamic loads is examined in this paper. Three types of time-dependent loading cases are considered in the analyses, namely, step load of infinite duration sinusoidal load of infinite duration and triangular impulsive load.

Keywords：Initial Imperfection　Reticulated Structures　Dynamic Stability Analysis

1　网壳结构初始缺陷的分析方法

在静力稳定分析中，单层穹顶网壳作为缺陷敏感性结构，其临界荷载常因非常小的几何缺陷而降低很多。结构设计中通常限定结点的安装误差，而在允许的正负误差范围内又该如何预测结构的稳定承载力，这是结构设计人员十分关心的问题。对此，有的学者提出两种缺陷分析方法[1]：一是随机缺陷模态法。结构的初始安装误差受各种因素的影响，如施工程序、安装设备、测量技术、工人的熟练程度等等。因此，结构的安装误差是随机的，其大小及分布形式无法事先预测。然而，从概率统计观点来看，无论结构的缺陷分布如何复杂，每个结点的安装误差应该近似地符合正态分布。基于这一观点，将结构的初始安装缺陷看作是随机的，用正态随机变量模拟每个结点的安装误差。该方法虽然能够较为真实地反映实际结构的工作性能，但由于需要对不同缺陷分布情形进行多次的反复计算，因此计算工作量比较大。另一方法是一致缺陷模态法。采用随机变量模拟结点偏差时，个别或大部分结点产生很大的误差，结构临界荷载不一定会降得很低。临界荷载不仅取决于结构缺陷的大小，而且还取决于缺陷分布形式。屈曲模态是结构屈曲时的位移倾向，是潜在的位移趋势。对于实际结构，在加载的最初阶段，结构就沿着最低阶的屈曲模态变形。因此，如果结构的缺陷分布形式恰好与屈曲模态相吻合，这无疑将对其受力性能产生最不利影响。"一致缺陷模态法"就是基于这一观点提出的。在同样允许误差的情况下，两种方法算得的最小临界荷载值吻合得非常好。

    动力稳定判别准则表明[2]，网壳结构的动力失稳与静力失稳有一定相似之处。当失稳发生时，刚度矩阵皆表现为非正定。因此，笔者认为可以沿用静力稳定分析中的"一致缺陷模态法"。但网壳结构的动力失稳与静力失稳又存在着本质的区别。在静力稳定分析中，在加载的最初阶段结构即有沿着最低阶屈曲模态变形的趋势。而在动力稳定分析中，由于动荷载的大小和方向随时间而不断变化，结构可能多次经历稳定到不稳定的过程。在多次出现的运动失稳模态中，很难一次判定哪一种模态对应着最低的临界荷载值。如果把所有运动失稳模态逐一单独进行计算，加以比较，选取其中最低的临界荷载值，对以时程分析为基础的运动稳定分析来讲，计算量无疑是巨大的。文献〔2〕中的计算结果表明，失稳荷载区域的下限值（即对应结构呈现运动不稳定状态的最小荷载值）往往仅对应着结构的唯一一次运动失稳，而区域的上限值（即对应结构倒塌的最小荷载值）才对应结构多次运动失稳。因此，本文统一地选取第一次出现的失稳模态作为"一致模态"，模拟网壳结构的初始缺陷分布，定性地分析初始缺陷对结构动力稳定性能的影响。取上限荷载第一次出现运动失稳的模态作为"一致模态"，引入缺陷分布，可重新求得一个失稳荷载区域。取下限荷载第一次出现运动失稳的模态作为"一致模态"，也可以得到一个失稳荷载区域。比较两个荷载区域，取较小的下限值作为引入缺陷后的新的失稳区域的下限值，取较小的上限值作为新的区域的上限值。

    结构屈曲模态可以作为特征值问题求解。但有的学者指出，在非线性稳定分析中，对于多自由度体系，特征方程的选择对最终计算结果影响很大。在初始位置或临界点附近或其他某个位置解特征方程可能会得到完全不同的结论。本文的稳定性分析是以荷载-位移全过程为基础。因此，对于运动失稳模态无需求解特征方程，只需根据屈曲模态的定义，求出失稳前后两个相邻状态的位移之差即为失稳模态的精确形式。

2   数值算例分析

2.1   歌德斯克穹顶网壳

如图 1 所示的歌德斯克穹顶网壳，取允许误差 $R = \pm 1 \text{cm}$。

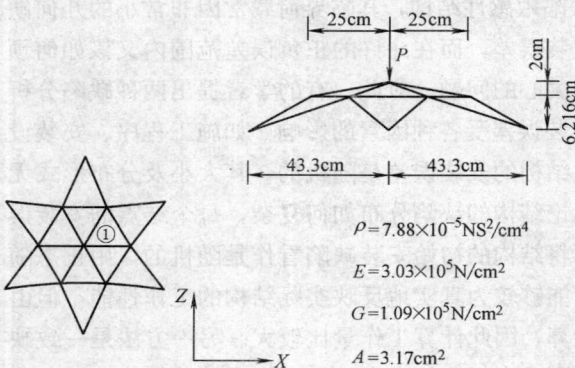

$\rho = 7.88 \times 10^{-5} \text{NS}^2/\text{cm}^4$

$E = 3.03 \times 10^5 \text{N/cm}^2$

$G = 1.09 \times 10^5 \text{N/cm}^2$

$A = 3.17 \text{cm}^2$

图 1   歌德斯克穹顶网壳

情况 A：杆件绕端截面两主轴惯性矩分别为 $I_1 = 0.837 \text{cm}^4$，$I_2 = 0.837 \text{cm}^4$，扭转惯性矩为 $J = 1.411 \text{cm}^4$。

结构在简谐荷载、阶跃荷载及三角形脉冲荷载作用下（荷载作用点为结点1），考虑缺陷与不考虑缺陷的计算结果对比列于表 1。

在共振区域，由于引入缺陷，结构原始的几何坐标值发生改变，导致结构自振周期发生变化。因此，考虑缺陷后的荷载动力稳定区域有所提高。

歌德斯克穹顶网壳（情况 A）的计算结果 　表1

荷载类型	荷载作用周期或持续时间(s)	不考虑缺陷的荷载动力稳定区域 (N)	考虑缺陷的荷载动力稳定区域 (N)
简	1.0	3200～3300	2100
谐	2.0	2500～3000	2000～2200
荷	0.045(共振区域)	240～280	360～440
载	0.09(参数共振区域)	660～810	680～830
阶跃荷载	整个振动时间	540～620	380～500
三角形脉冲	0.5	570～680	570～600
荷　　载	1.0	550～670	410～550

情况 B：将情况 A 中的截面几何特征作如下改变：$I_1 = 0.295 \text{cm}^4$，$I_2 = 2.377 \text{cm}^4$，$J = 0.918 \text{cm}^4$。计算结果列于表2。

歌德斯克穹顶网壳（情况 B）的计算结果 　表2

荷载类型	荷载作用周期或持续时间 (s)	不考虑缺陷时的荷载动力稳定区域 (N)	考虑缺陷时的荷载动力稳定区域 (N)
简	0.2	520～540	520～570
谐	0.025	750～900	450～650
荷	0.04(共振区域)	75～90	120～160
载	0.08(参数共振区域)	310～350	200～240
阶跃荷载	整个振动时间	260～340	250～300
三角形脉冲	0.1	320～380	330～400
荷　　载	1.0	250～350	210～350

周期为 0.2s 的简谐荷载作用于结点 1。如表 2 所示，当不考虑初始缺陷时，失稳荷载区域为 520～540N。考虑初始缺陷之后，相应的失稳荷载区域变化为 520～570N。区域的下限值对应着结构在 0.26s 出现的唯一一次运动失稳，比未考虑缺陷时提前了 0.19s。

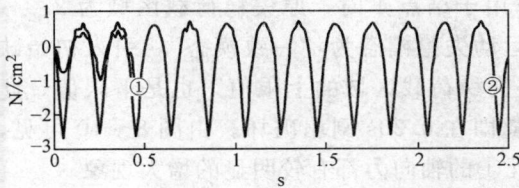

图 2　结点 1 竖向位移时程曲线
（简谐荷载 520N，周期 0.2s）

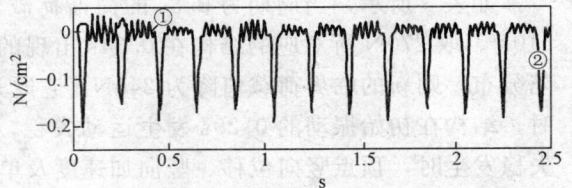

图 3　结点 2 竖向位移时程曲线
（简谐荷载 520N，周期 0.2s）

曲线①为不考虑缺陷分布形式的试算曲线，曲线②为引入缺陷后的时程曲线，以后各图皆如此。

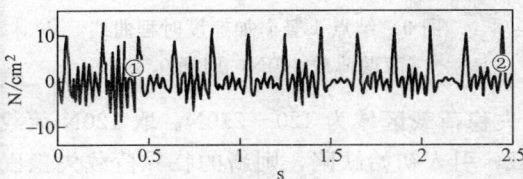

图 4　结点 1 竖向加速度时程曲线
（简谐荷载 520N，周期 0.2s）

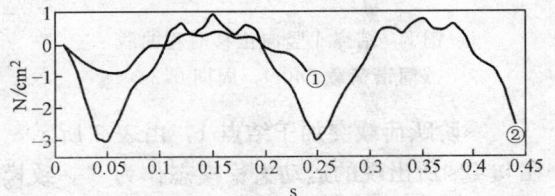

图 5　结点 1 竖向位移时程曲线
（简谐荷载 570N，周期 0.2s）

振动过程中的位移响应大于未考虑缺陷时的响应。参见图 2~4。区域的上限值 570N 对应结构在 0.07s 开始呈现运动不稳定状态，经过由稳定到不稳定的多次反复，在 0.44s 结构发生倒塌破坏。参见图 5~6。

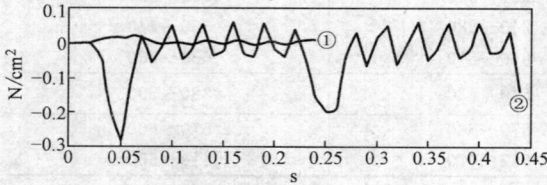

图 6　结点 2 竖向位移时程曲线
（简谐荷载 570N，周期 0.2s）

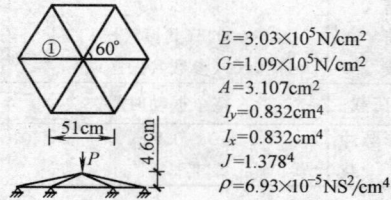

图 7　12 单元穹顶网壳

$E=3.03\times10^5\text{N/cm}^2$
$G=1.09\times10^5\text{N/cm}^2$
$A=3.107\text{cm}^2$
$I_y=0.832\text{cm}^4$
$I_x=0.832\text{cm}^4$
$J=1.378^4$
$\rho=6.93\times10^{-5}\text{NS}^2/\text{cm}^4$

2.2　十二单元六边形穹顶网壳

如图 7 所示的十二单元六边形穹顶网壳，荷载作用点为结点 1，取 $R=\pm0.5\text{cm}$。考虑初始缺陷与不考虑初始缺陷的计算结果对比列于表 3。

十二单元六边形穹顶网壳的计算结果　　　表 3

荷载类型	荷载作用周期或持续时间 （s）	不考虑缺陷的荷载动力稳定区域 （N）	考虑缺陷的荷载动力稳定区域 （N）
简 谐 荷 载	0.029	480~650	310
	0.3	270~310	240
	0.05（共振区域）	70	70~160
	0.1（参数共振区域）	210~260	150~180
阶跃荷载	整个振动时间	120~210	120~130
三角形脉冲 荷　　载	0.5	140~220	130
	0.1	300~540	330~350

如表 3 所示，当周期为 0.3s 的简谐荷载作用于结点 1 时，原失稳荷载区域为 270~310N。取 270N 所对应的结构在 0.34s 出现的运动失稳模态为"一致模态"，引入初始缺陷分布，则新的临界荷载值降为 240N。它既是失稳荷载区域的上限值，也是下限值。此时，结构在初始振动的 0.29s 发生运动失稳，随即在 0.30s 倒塌破坏。由图 8~10 可见，失稳发生时，顶点竖向位移、竖向加速度及单元①的轴向力都有较明显的增大现象。

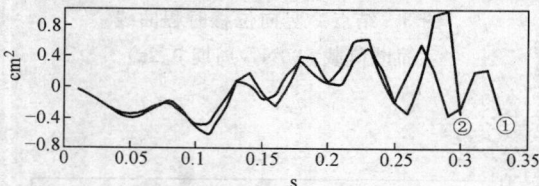

图 8　结点 1 竖向位移时程曲线
（简谐荷载 240N，周期 0.3s）

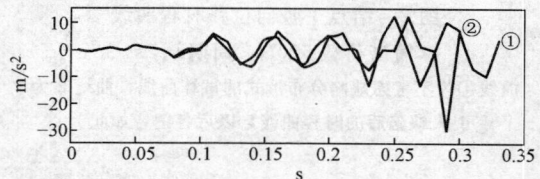

图 9　结点 1 竖向加速度时程曲线
（简谐荷载 240N，周期 0.3s）

一阶跃荷载突加于结点 1，由表 3 所示，原失稳荷载区域为 120~210N。取 120N 荷载在 0.42s 所出现的运动失稳模态作为"一致模态"，引入初始缺陷，则新的临界荷载失稳区域的下限值没有变化，上限值降为 130N。区域跨度大为缩小。120N 对应结构在 0.45s 开始反复失稳，直到振动结束，但并未倒塌，参见图 11~13。当荷载增至 130N 时，结构在振动时间为 0.48s 时出现运动失稳，随即在 0.49s 发生倒塌破坏，参见图 14～16。

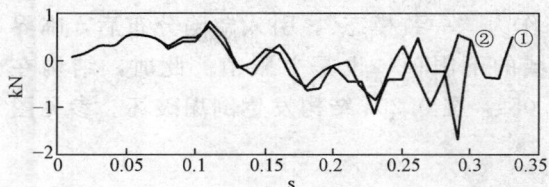

图 10 单元①轴向力时程曲线
（简谐荷载 240N，周期 0.3s）

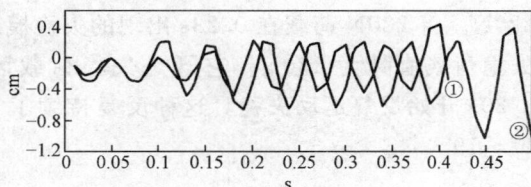

图 11 结点 1 竖向位移时程曲线
（120N 的持续阶跃荷载）

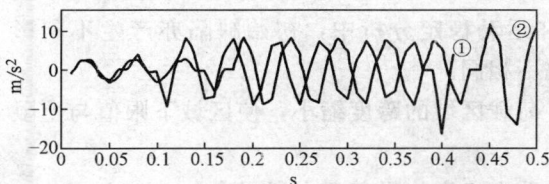

图 12 结点 1 竖向加速度时程曲线
（120N 的持续阶跃荷载）

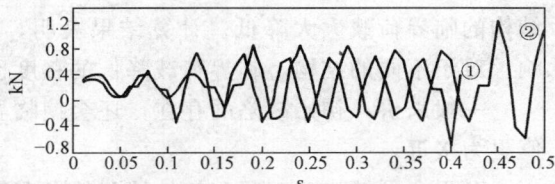

图 13 单元①轴向力时程曲线
（120N 的持续阶跃荷载）

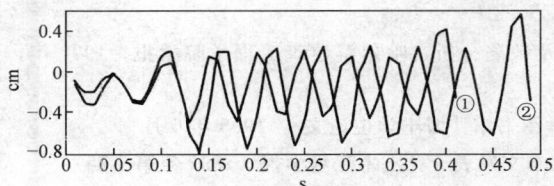

图 14 结点 1 竖向位移时程曲线
（130N 的持续阶跃荷载）

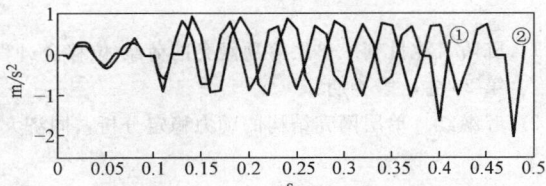

图 15 结点 1 竖向加速度时程曲线
（130N 的持续阶跃荷载）

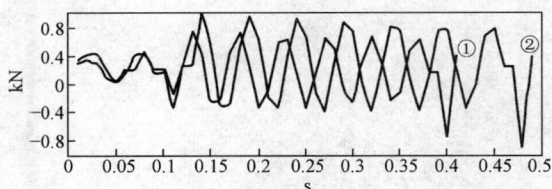

图 16 单元①轴向力时程曲线
（130N 的持续阶跃荷载）

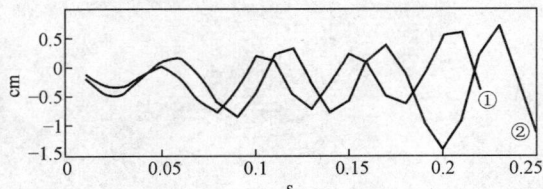

图 17 结点 1 竖向位移时程曲线
（130N 的脉冲荷载，冲击时间 0.5s）

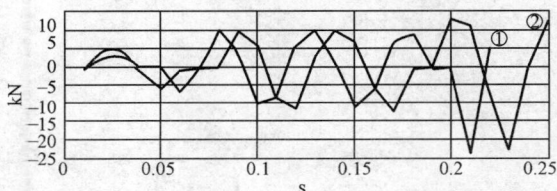

图 18 结点 1 竖向加速度时程曲线
（130N 的脉冲荷载，冲击时间 0.5s）

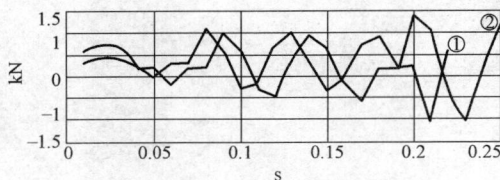

图 19 单元①轴向力时程曲线
（130N 的脉冲荷载，冲击时间 0.5s）

取三角形脉冲荷载作用于结点 1, 脉冲时间为 0.5s, 则原失稳荷载区域为 140～220N。将 220N 荷载在 0.23s 出现的失稳模态作为"一致模态", 引入缺陷分布后, 临界失稳荷载值降为 130N。它既是失稳荷载区域的下限值, 也是上限值。此时, 结构在 0.20s 开始反复运动失稳。这种反复持续了 0.05s, 在 0.25s 结构发生倒塌破坏。参见图 17～19。

3　结　　论

在静力稳定分析中, 单层穹顶网壳对结构缺陷极为敏感, 微小的初始安装误差可以使结构的临界荷载大大降低。计算结果表明, 在运动稳定分析中, 初始缺陷亦产生不利影响。对于不同的结构, 临界荷载降低的程度也不相同。

一般来讲, 初始缺陷的存在, 还会使临界荷载区域的跨度缩小, 使区域下限值与上限值更为接近。

对于个别结构或工况, 初始缺陷的存在使动力稳定临界荷载有所提高。

参　考　文　献

1　陈昕、沈世钊. 单层穹顶网壳的荷载-位移全过程及缺陷分析, 哈尔滨建筑工程学院学报, 1990 年, 第 23 卷, 第 4 期
2　叶继红. 单层网壳结构的动力稳定分析, 同济大学图书馆 [博士学位论文], 1995 年 6 月

（本文发表于：土木工程学报，1997 年第 1 期）

55. 钢网壳模型的动力稳定性振动台试验研究

李忠学　沈祖炎　邓长根　曹文清　卢文胜

提　要：对两个钢扁网壳结构模型在地震荷载作用下的动力稳定性进行了振动台试验研究，观察了模型的局部动力失稳和整体动力失稳现象，通过对试验测量数据结果的处理，给出了模型中杆件的内力时程曲线和结点位移时程曲线，对这些时程曲线进行分析，总结了结构产生动力失稳时的特征和规律，同时也给出了部分理论分析的结果，并结合试验结果对理论研究中给出的动力失稳定义和判定准则以及其他结论分别进行了验证和说明。

关键词：扁网壳模型　振动台试验　动力失稳　时程曲线

Research on the Dynamic Stability of Steel Reticulated Shells via Shaking Table Test

Li Zhongxue　Shen Zuyan　Deng Changgen　Cao Wenqing　Lu Wensheng

Abstract： The dynamic stability of steel shallow reticulated shells under seismic actions were studied via model test on shaking table. In the test，both the local dynamic instability for shell members and the global dynamic instability of the structure were observed. The time-history for model's nodal displacements and member's resistance were recorded. By analyzing these recorde，the governing law for the structure's dynamic instability was summarized. Some results from theoretical research were also given here，and there were compared with the test observations. Conclusions were drawn.

Keywords： Shallow Reticulatd Shell　Shaking Table Test　Dynamic Instability　Criteria for Dynamic Instability　Time-History Curve　Catastrophic Behavior

1　前　言

在网壳结构的稳定性研究中，其静力稳定性理论比较成熟，而且，目前国内外学者已进行了许多实验研究[1~3]，对静力稳定性分析理论进行验证，并取得了较为满意的结果，至于动力稳定性的理论研究方面，目前还缺乏明确的动力失稳定义和能被人们广为接受的失稳判定准则，因此，建立合理的、适用的动力失稳判定准则，一直是当前人们追求的目标。在地震等任意动力荷载作用下结构的动力稳定性理论研究进展更为缓慢，目前可供参考的文献极少，尽管有人也曾进行过地震荷载作用下的网壳模型的动力稳定性和动力屈曲理论研究[4~6]，但由于当时计算条件和理论发展水平的限制，尚未取得满意的结果，随着当前计算技术的迅速发展，作者吸取了前人静力稳定性理论研究的成果，在动力稳定性理论分析成功地运用了屈曲和屈曲后平衡路径跟踪技术[7~9]，对动力失稳过程进行了成功地跟踪，根据动力稳定性特性，建立了一系列动力稳定性准则，并根据本研究课题的需要，对两个扁网壳模型进行了动力稳定性试验，其目的在于：观察杆系钢结构在地震荷载作用下的非线性动力反应特征和动力失稳现象；验证本文提出的动力失稳定义和判定准则的可靠性和合理性。

2　模型试验设计

　　本文进行了两个歌德斯克扁网壳模型的振动台试验，基本达到了最初的目的，取得了

图 1　模型装配图

较为满意的结果。考虑土木工程防灾国家重点实验室振动台试验室的现有试验条件，模型的平面尺寸根据振动台的平面尺寸确定，模型跨度 3.0m，矢高 0.15m，模型杆件采用 20 号无缝钢管，截面为 $\phi 16 \times 2.5mm$，模型的各节点为焊接实心球节点，要求保证杆轴线严格交汇于节点中心。内部各球节点切去上下大约 4mm 厚的球冠，并在节点中心部位垂直打一通孔，以备在进行振动台试验中安装节点配重，边界节点与固定在振动台面的圈梁为固定支承连接，模型装配图如图 1 所示，结点配重通过特制的螺栓吊杆悬挂在模型的七个内部结点下部，并通过螺栓将其固定。

　　在网壳试验模型一和模型二的各内部节点实际加配重见表 1。

试验模型的节点配重（单位：kg）　　　　　　　　　　　　表 1

节点编号		1	2	3	4	5	6	7
模型一	所加质量块	76.32	75.66	76.46	75.86	76.86	76.46	76.26
模型二		51.52	51.66	52.36	51.96	52.16	52.06	51.96

　　模型一的测点布置如图 2 (*a*) 所示，在边界结点 8、10、12 和所有内部结点分别布置一个加速度传感器，共需 10 个加速度传感器；为了测得杆单元的应变和内力，在单元 1~8、13、14 的中部上下面各布置一应变片；为检验单元在节点处是否出现塑性变形，在单元 2 的靠近结点 1 端和单元 13 的靠近结点 2 端的上下面处分别布置一应变片，共需 24 个应变片。

　　模型二的测点布置如图 2 (*b*) 所示，在边界结点 8、10、12 和所有内部结点分别布置一个加速度传感器，共需 10 个加速度传感器；为了测得模型杆件单元的应变，在接近 1~3、5、7、10、13、16 杆件的中部的上下面分别布置一片应变片；为检查模型单元结点连结处在结构产生动力失稳时是否出现塑性，而在 1 和 13 杆的端部上下面各布置一片应变片，共需 20 片应变片。

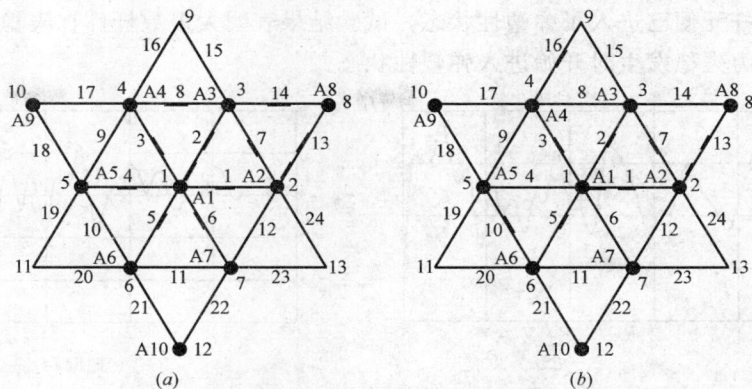

图2　两个模型的加速度传感器及应变片布置图

3　在竖向地震波作用下网壳模型的动力稳定性分析

在峰值为 0.7 个重力加速度的 EL-CENTRO 竖向地震波作用下网壳模型一在 5 秒左右时产生了整体动力失稳，模型杆件单元 1，4 的轴力和弯矩时程曲线依次分别如图 3 (*a*)，(*b*)，(*c*)，(*d*) 所示。

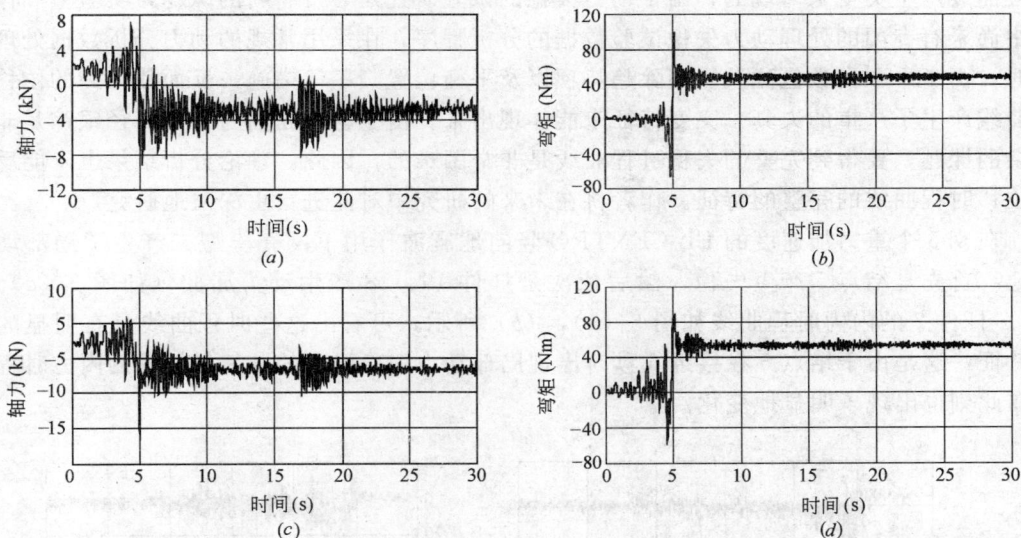

图3　试验模型一的杆件内力时程曲线

由图中曲线可清晰地看出，它们都具有明显的突变特征，即杆件的受力状态在动力失稳过程中发生了显著地变化。这些都是由于在动力失稳过程中，结构模型丧失了部分或全部承载能力，从原来的振动平衡位置跳跃到了新的平衡位置引起的。在新的振动平衡位置，结构的承载能力有明显提高，得以维持新的稳定的振动状态。这一突变特征，可以作为动力失稳产生的标志。依据材性试验测得的结果可确定，在单纯轴压力作用下，在 21000N 左右时，杆件整个截面即进入塑性状态，在单纯的单向弯矩作用下，当其值达到 67Nm 时，杆件外缘纤维即开始进入塑性状态，而在弯矩和轴力的共同作用下，在较低的内力状态下，杆元便已进入了弹塑性状态，试验结果表明大多数杆件在失稳前仍处于弹性状态，而在动力失稳发生时开始进入弹塑性状态。

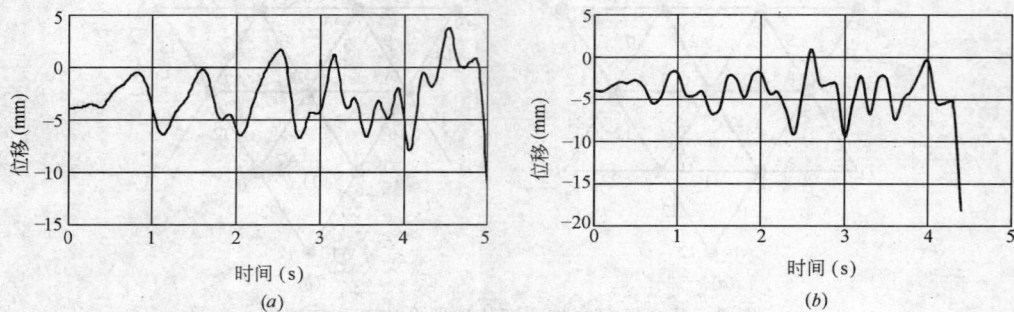

图 4　模型一的结点 1 竖向位移时程曲线

图 4（a）、（b）分别给出了由试验数据处理得到的模型一的中央结点 1 的竖向位移时程曲线和理论计算得到的结果。理论计算结果是在 0.78g 的地震波作用下得到的，它和试验结果存在明显差异，但二者都反映了在动力失稳发生时结点位移显著增长的特征。这里特别指出，本试验得到的位移时程曲线应该与内力时程曲线具有相似的特征，即时程曲线在失稳前后应分别在不同的平衡位置附近振动，这一平衡位置转变过程是由在失稳过程中时程曲线产生突变来体现的，由于动力失稳的试验研究是一个崭新的课题，实验室和作者手中尚未有专门的处理动力失稳试验数据的分析程序，在采用常规的动力分析数据处理程序时，由于采取了数值滤波、消除趋势项以及平衡位置归零等措施，反而使得到的位移时程曲线产生了严重的失真，突变特征未能体现出来。由于动力屈曲后平衡路径跟踪是非常复杂的课题，要得到完整的失稳过程曲线是非常困难的，因此，理论分析结果也未能反应出位移时程曲线的完整的特征。作者将在未来的研究中对此进行更深入地研究。

在 0.5 个重力加速度的 EL-CENTRO 竖向地震波作用下网壳模型二产生了局部动力失稳。首先是结点 5 产生失稳，然后依次是杆件 19、18 产生动力屈曲（如图 6（a）所示）。杆件 2 的内力时程曲线如图 5（a），（b）所示，可看出这些时程曲线具有明显的突变特征，这是由于结点 5 在接近 6 秒时出现局部动力失稳引起的，其他杆件的内力时程曲线在此刻也出现了明显地变化。

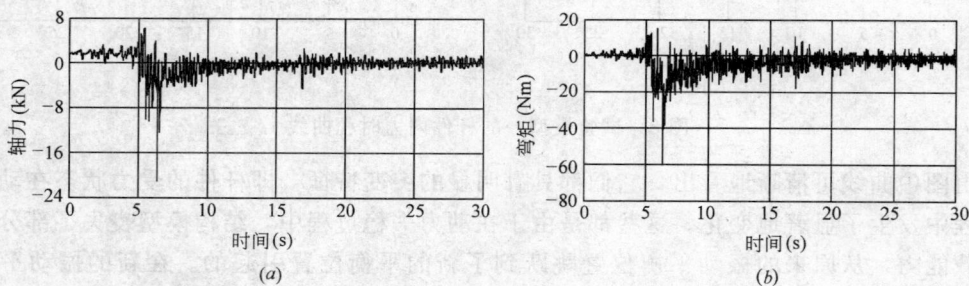

图 5　实验模型二的杆件 2 的内力时程曲线

模型二继在峰值为 0.5 个重力加速度的 EL-CENTRO 竖向地震波下导致结点 5 动力失稳和部分杆件动力屈曲后，在峰值为 0.6 个重力加速度的地震波作用下，在接近 6 秒

(a) 　　　　　　　　　　　　　　　　　 *(b)*

图 6　模型二的局部动力失稳与整体动力失稳照片

时，结点 6 发生动力失稳，在 24 秒左右，结构模型产生了整体动力失稳（如图 6（b）所示）。图 7（a），（b），（c），（d）依次给出了杆件单元 2 和 13 的内力时程曲线，从中可以看出，这些内力时程曲线在模型二产生整体动力失稳时都出现了突变特征，由上一个振动平衡位置转变到新的平衡位置附近振动。

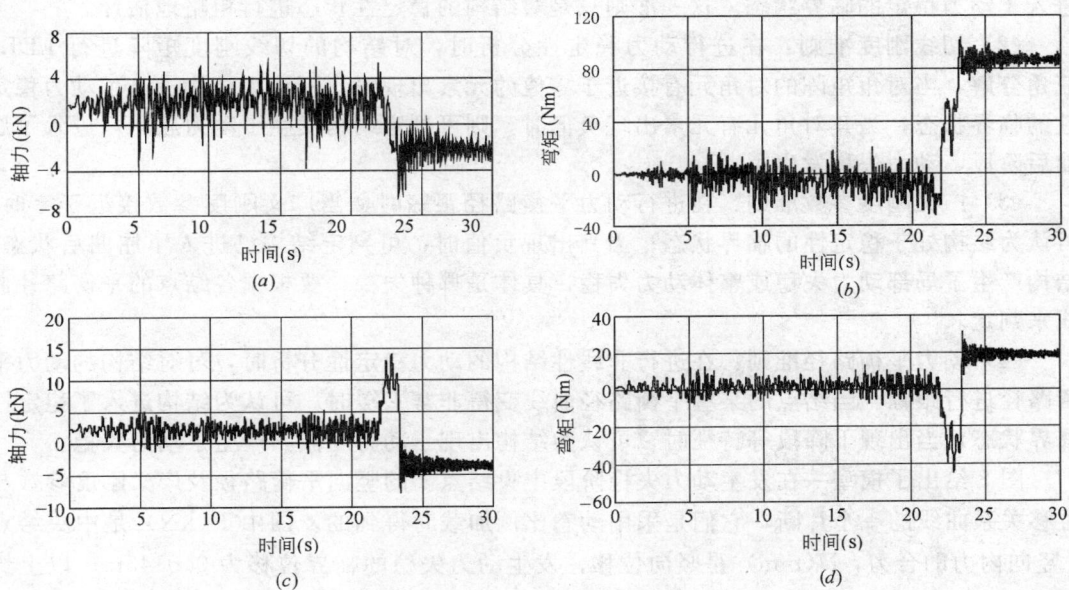

图 7　试验模型二部分杆件的内力时程曲线

作者在动力稳定性的理论研究中分别对弧长法和广义位移法进行了改进，将其成功地用于动力屈曲和屈曲后平衡路径的跟踪，得出了许多有重要价值的结论。下面将结合试验结果对理论中给出的动力失稳的定义和几个判定准则以及其他结论作出解释和说明。

过去对结构的动力失稳人们一直未能给出确切的定义，动力失稳和动力屈曲的概念经常被混为一谈。本文基于结构的动力反应特征，给出了适用的结构非线性动力失稳定义：在某一动力荷载作用下，当结构的刚度出现非正定，导致其局部或整体丧失承载力或承载力降低，动力位移或变形显著增长时，即认为结构丧失了动力稳定性；当仅有个别杆件、结点或局部的杆件与结点出现这种情况时，则称之为局部动力失稳；而当整个结构的承载力丧失或降低时，则称之为整体动力失稳；每出现一次结构局部或整体丧失承载力或承载力降低，结构变形显著增大，直至其承载力有回升或彻底丧失承载力时，称结构产生了一次动力失稳；动力失稳可以次数来度量。

在任意动力荷载的作用下，结构可能在多个平衡位置间跳跃；在某种动力荷载作用下，结构可能发生局部动力失稳，当达到新的平衡位置后，结构整体仍能承受荷载，或直接导致整体动力失稳，使结构丧失承载力或承载力降低，到达新的平衡位置后仍能继续承载；还可能出现结构从失稳后的位置返回到初始位置。

以上给出了动力失稳的定义和动力失稳过程中结构在多个平衡位置间转移的结论，它们可由两个模型试验的测量结果得到的时程曲线的突变特征以及局部动力失稳和整体动力失稳形式的出现及它们之间的过渡得到验证。

根据本课题研究成果，建立了如下几个动力稳定性判定准则：

(1) 位移准则：对某一结构，根据其各结点的质量与荷载分布，预先估计出相应的等效动力荷载分布形式，然后，各结点按此荷载分布形式，以比例加载的形式进行静力稳定性分析，确定出相应的稳定性临界位移，以此近似估计出该结构产生动力失稳时的临界位移。在动力荷载作用下，当该结构的结点位移测定值进入临界位移范围时，即认为该结构进入了动力稳定的临界状态。这一准则只是对结构的稳定性状态进行粗略地估计。

(2) 切线刚度准则：在进行动力稳定性分析时，对结构的切线刚度矩阵进行 LDL^T 三角分解，当对角矩阵的对角元有接近于零值的元素出现时，可认为结构进入了动力稳定性的临界状态；当其对角元有元素出现负值时，则可判定结构发生了动力屈曲，进入了屈曲后阶段，动力失稳发生了。

(3) 广义刚度参数准则：在进行动力平衡路径跟踪时，当广义刚度参数接近于零时，可认为结构处于稳定性的临界状态；当其出现负值时，可判定结构已进入了屈曲后状态，结构产生了局部动力失稳或整体动力失稳，具体是哪种失稳，要根据各结点的平衡路径曲线来判定。

(4) 动力平衡路径准则：在进行非线性结构的动力稳定性分析时，可对结构的动力平衡路径进行跟踪。当结点的某些平衡路径曲线变得非常平缓时，可认为结构进入了稳定性临界状态，当出现下降段等特征时，可认为结构出现了动力屈曲，产生了动力失稳。

图 8 给出了模型一在发生动力失稳阶段中央结点 1 的竖向平衡路径及广义刚度参数与位移关系曲线的一个片断，它们是采用动态比例加载时得到的。图中 $F(kN)$ 是中央结点 1 竖向内力的合力，$U(mm)$ 是竖向位移，发生动力失稳的临界位移为 0.0145m。以上给出的几个动力失稳判定准则是以此图中的曲线的特征为依据的。

由试验结果显然可知，动力失稳是由于结构承载能力的降低引起振动平衡位置间的转移，在这一转移过程中，结点位移显著增长。结构承载能力的降低体现在刚度的变化上就是切线刚度矩阵出现非正定；结点平衡路径出现下降段，即荷载必须降低，结构才能维持平衡状态。广义刚度参数

$$GSP = \frac{\{u_1\}_1^{1^T} \cdot \{u_1\}_1^1}{\{u_1\}_1^{i-1^T} \{u_1\}_1^i}$$

式中，$\{u_1\}_1^1$、$\{u_1\}_1^{i-1}$、$\{u_1\}_1^i$ 分别为在结构初始切线刚度、上一增量步和当前增量步的

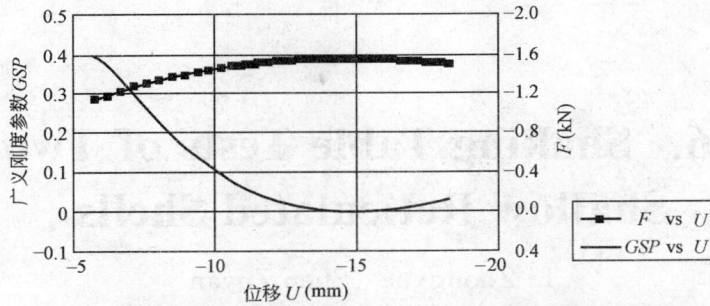

图 8 模型一的中央结点的竖向平衡路径及广义刚度参数与位移关系曲线

切线刚度条件下对应同一荷载矢量的位移增量矢量。只有当部分结点的平衡路径出现上升趋势与下降趋势之间的转换时，广义刚度参数才可能出现负值。由此可见，以上给出的几个动力稳定性判定准则的合理性都可从试验的结论中得到验证。

4 结 论

由以上的试验结果可以得出如下结论：作者在理论研究中给出的动力失稳定义、判定准则以及其他结论是合理而有效的；网壳这类大跨度空间结构一旦动力失稳发生，结构将在极短的时间内产生巨大的变形，结构内力将显著增长，实际工程结构将会丧失使用功能，引发大的灾难。因此，结构的动力稳定性研究具有非常重要的意义。

参 考 文 献

1 罗永峰. 网壳结构弹塑性稳定及承载全过程研究. 同济大学博士学位论文. 1991, 12
2 周岱. 斜拉网格结构的非线性静力、动力和地震响应分析. 浙江大学博士学位论文, 1997.3
3 李元齐. 大跨度拱支网壳结构的稳定性研究, 同济大学博士学位论文. 1998, 11
4 叶继红. 单层网壳结构的动力稳定性分析. 同济大学博士学位论文, 1995, 6
5 Lshikawa K & Kato S. Elastic-plastic dynamic buckling analysis of reticular domes subjected to earthquake motion. Int. J. Space Structures. 1997, 12 (3&4): 205～215
6 Kato. S. Ueki T&Mukaiyama Y. Study of dynamic collapse of single layer reticular domes subjected to earthquake motion and the estimation of staically equiyvalent seismic forces. Int. J. Space Structures. 1997, 12 (3&4): 191～203
7 李忠学. 杆系钢结构的非线性动力稳定性分析, 同济大学博士学位论文, 1998, 12
8 李忠学, 沈祖炎, 邓长根. 改进的广义位移法在动力稳定性问题中的应用. 同济大学学报, 1998, 26 (6): 409～412
9 Li Zhongxue, Shen Zuyan, Deng Changgen. Nonlinear dynamic stability analysis of frames under earthquake loading. Proceedings of the 3rd International Conference on Nonlinear Mechanics, Shanghai, 1998: 287～291

（本文发表于：实验力学，1999 年第 4 期）

56. Shaking Table Tests of Two Shallow Reticulated Shells

Li Zhongxue   Shen Zuyan

Abstract: In this paper, shaking table tests of two shallow reticulated shells under earthquake loading were described. Local and global dynamic instabilities were observed in the test and time-history curves for stresses of members and nodal displacements were given respectively. It was shown that there were sudden changes in these curves, which were regarded as the signs of local and global dynamic instability. Based on test results, the law of structural dynamic instability was summarized, the definition of dynamic instability and several practical criteria proposed by the authors were illuminated. Finally, some calculation results from theoretical analyses of the two models under static and dynamic loading were given. By comparison of them, it can be seen that there are many common properties that reflect the stability behaviors and can be used to determine the state of static and dynamic stability of structures.

Keywords: Reticulated Shell   Shaking Table Test   Dynamic Stability   Criterion for Instability   Time-History Curve   Earthquake Loading

1   Introduction

Stability analysis is the most intricate and important problems in designing reticulated shells (Gioncu, 1995), which relates to numerous factors, such as the size and shape of imperfections (Morris, 1991), the real rigidity of joints (Lightfoot and Le Messurier, 1974; Oda, 1986), the elasto-plastic behavior of members (Blandford, 1996, 1997), the distribution of residual stresses near the ends of members (Ikeda and Mahin, 1984; Soroushian and Alawa, 1990) etc. Since determining these factors exactly is rather difficult, it is essential to carry out model tests for getting the real data about the stability of reticulated shells so as to disclose the law of structural dynamic instability. Many tests on static stability were carried out, such as Fathelbab (1987), Hatzis (1987), Meek and Loganathan (1989) and Li (1998). But few literatures regarding nonlinear dynamic stability of reticulated shells under earthquake loading can be found. It is possible that the structures lose stability under high level vertical earthquake motions, which is characterized by a sudden collapse and a sharp increase of the maximum deflection. This always results in losing serviceable function of structures and great disaster of economy and lives inevitably. Although the related research works were performed recently by Ye (1995), Kato and Mukaiyama (1995), Kato et al. (1997), Ishikawa and Kato (1997) and Kim et al. (1997), there is little satisfying progress in this field.

Using the improved tracing technique of equilibrium path for static nonlinear stability, the authors have successfully traced the structural dynamic buckling and post-buckling equilibrium path, and obtained many valuable conclusions (Li, 1998). In this paper, shaken table tests of two shallow reticulated shell models were conducted, and the data from the tests were analyzed to verify the conclusions.

2   Purpose of the Test

Based on the theoretical analysis, the definition of elastic geometrical nonlinear dynamic instability of structures under seismic actions was given by the authors, and three practical criteria for determination of dynamic instability, i. e. criterion based on displacement, criteria based on tangent stiffness matrix, and criterion based on general stiffness parameter (GSP), were proposed as well (Li, 1998). The tests were carried out for the purposes as follows:

(1) To observe the phenomenon of the dynamic instability of the reticulated shell models under earthquake loading.

(2) To compare the test results with the process of dynamic instability described by the definition given by the authors.

(3) To verify the practical criteria of determination of dynamic instability under seismic actions proposed by the authors.

3   Design of the Tests

Model tests of two shallow reticulated shells were carried out. All the members are 20# seamless steel tubes with section of $\phi16\times2.0$mm. Masses were hung under seven internal joints by specially fabricated components (see Fig. 1). The joints can be divided into three classes: central joint (1#), another six internal joints (2#) and six peripheral

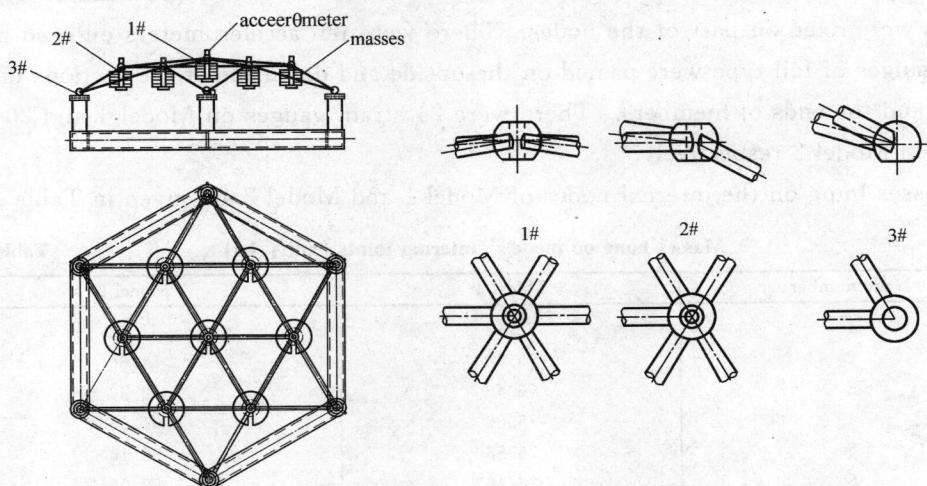

Fig. 1   Model assembling and detail of joints

joints （3#）. The detail of joints is also given in Fig. 1. The measured nodal coordinates of two models are listed in Table 1.

Measured nodal coordinates of two models　　　　Table 1

Node	Model 1(mm)			Model 2(mm)		
	X	Y	Z	X	Y	Z
1	0.00	0.00	142.00	0.00	0.00	139.00
2	753.00	0.00	109.00	755.00	0.00	109.00
3	377.01	654.13	110.00	377.00	654.14	104.00
4	−380.49	654.43	109.00	−380.50	654.42	108.50
5	−758.00	1.15	110.00	−757.00	1.71	108.00
6	−380.48	−652.12	109.00	−377.48	−650.39	100.50
7	374.01	−652.40	110.00	377.00	−652.98	109.50
8	1300.49	757.46	0.00	1302.18	744.53	0.00
9	−0.91	1502.00	0.00	4.97	1501.99	0.00
10	−1300.84	748.87	0.00	−1303.57	754.15	0.00
11	−1299.35	−751.46	0.00	−1305.94	−748.02	0.00
12	2.64	−1497.00	0.00	−4.38	−1499.99	0.00
13	1301.99	−748.88	0.00	1300.98	−752.64	0.00

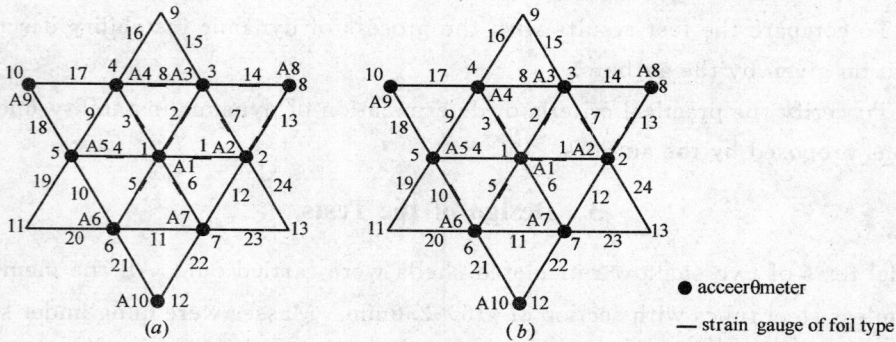

Fig. 2　Arrangement of accelerometers and strain gauges on two models

　　Test points arranged on Model 1 and Model 2 are indicated in Fig. 2a and b. Accelerometers were fixed on part of the nodes. There were ten accelerometers on each model. Strain gauges of foil type were pasted on the upside and downside of the sections near the centers and the ends of members. There were 24 strain gauges on Model 1 and 20 strain gauges on Model 2 respectively.

　　Masses hung on the internal nodes of Model 1 and Model 2 are given in Table 2.

Masses hung on models' internal joints (unit: kg)　　　　Table 2

Node number	Model 1	Model 2
1	76.32	51.52
2	75.66	51.66
3	76.46	52.36
4	75.86	51.96
5	76.86	52.16
6	76.46	52.06
7	76.26	51.96

Mode 1 was subjected to a 0.7338g scaled vertical EL-Centro earthquake loading, and Mode 2 was first exerted a 0.4761g and then a 0.6009g scaled vertical EL-Centro earthquake loading by the shaking table.

4 Experimental Results of the Two Model Tests

4.1 Test of Model 1

Under 0.7338g scaled vertical EL-Centro earthquake loading, global dynamic instability occurred at the time around the fifth second. The process of the dynamic instability can be described as follows: Node 5 lost dynamic stability first, then Node 6, 1, 4 and 7, and finally the global dynamic instability was induced.

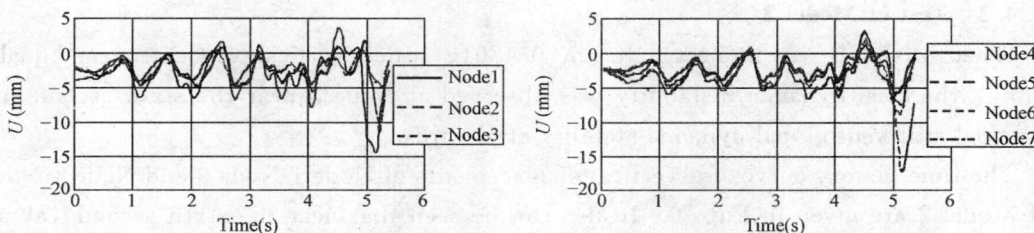

Fig. 3   Time-history curves for vertical displacement of Node 1-Node 7 of Model 1

The time-history curves for vertical displacements of Node 1-Node 3 and Node 4-Node 7 of Model 1 are given in Fig. 3. All of the vertical displacements increased dramatically during dynamic instability. The displacements of Node 1-Node 7 also show that the changes of the time-history curves of all internal nodes were almost simultaneous when the model was in dynamic stable state, but near the critical point of dynamic instability, the vibrating characteristics of each node became quite different.

The time-history curves for dynamic stresses of the upside and downside of the sections at the center of Member 1 and 4 are given in Figs. 4 and 5 respectively. It is shown clearly that great changes took place during dynamic instability. This is due to the loss of partial or total structural capacity in the process of instability as the structures shifted from the initial vibrating state to a new one, which has higher structural capacity and can keep a new stable vibrating state. The great change of time-history curves for stresses can be regarded as a sign of dy-

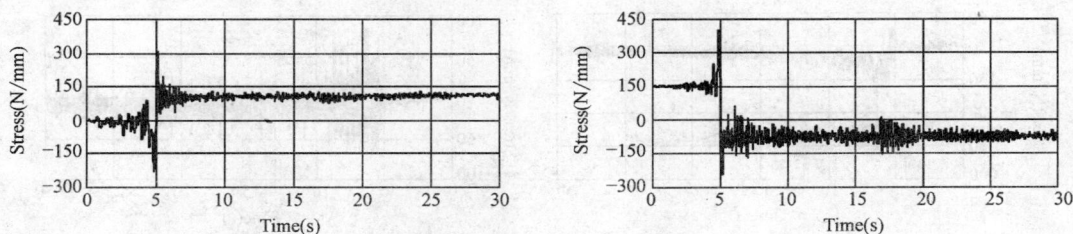

Fig. 4   Time-history curves for stresses of Member 1 in Model. 1

namic instability. Most members were in the elastic state before dynamic instability and changed into the elasto-plastic state when instability occurred.

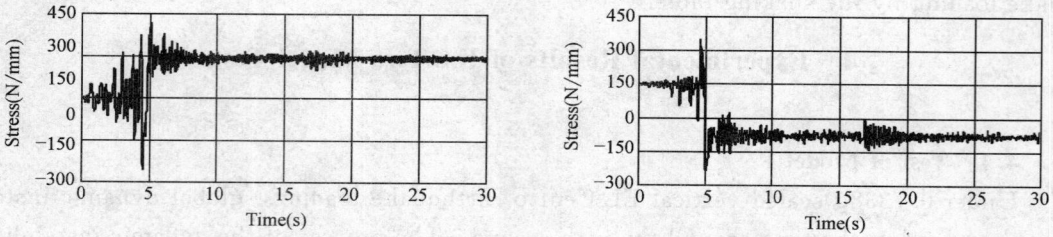

Fig. 5   Time-history curves for stresses of Member 4 in Model. 1

4.2 Test of Model 2

When Model 2 was subjected to the 0.4761g scaled vertical El-Centro earthquake loading, the local dynamic instability was observed at Node 5 near the sixth second and the model still kept global dynamic stability afterwards.

The time-history curves for vertical displacements of Node 1-Node 3 and Node 4-Node 7 of Model 2 are given in Fig. 6. It also can be seen that near the sixth second (about 5.6th second) the displacements of all internal nodes increased sharply. This was induced by local dynamic instability of Node 6.

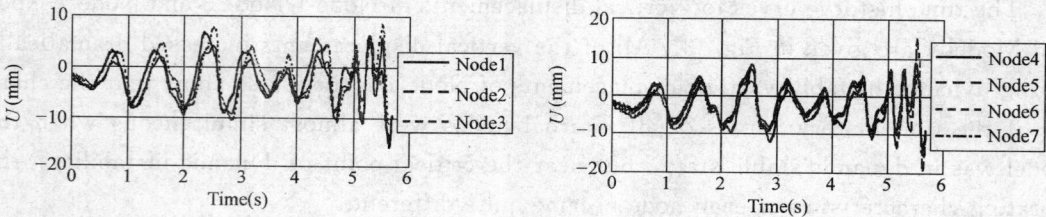

Fig. 6   Time-history curves for vertical displacements of Node 1-Node 7 of Model. 2

The stress time-history curves of the upside and downside of the section at the center of Member 2 are given in Fig. 7. It is also shown that the stresses had changed dramatically near sixth second due to the local dynamic instability of Model 2.

After the 0.4761g scaled earthquake loading, Model 2 was exerted another 0.6009g

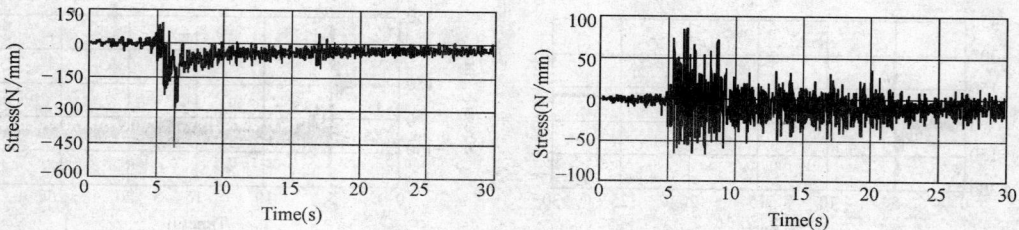

Fig. 7   Time-history curves for dynamic stresses of Member 2 in Model 2

scaled vertical El-Centro earthquake loading. The local dynamic instability occurred again near the sixth second at Node 6 and then the dynamic instability of Node 1 and Node 3 occurred in succession, which at last led Model 2 to be global dynamic instability near the 24th second (see Fig. 8).

Fig. 8　Photo of global dynamic instability of Model 2

　　The time-history curves for dynamic stresses of the upside and downside of the sections at the centers of Member 2 and 13 are given in Figs. 9 and. 10 respectively. There were sudden changes in these time-history curves when Model 2 lost its global stability. The curves shifted from the last vibrating state to new ones.

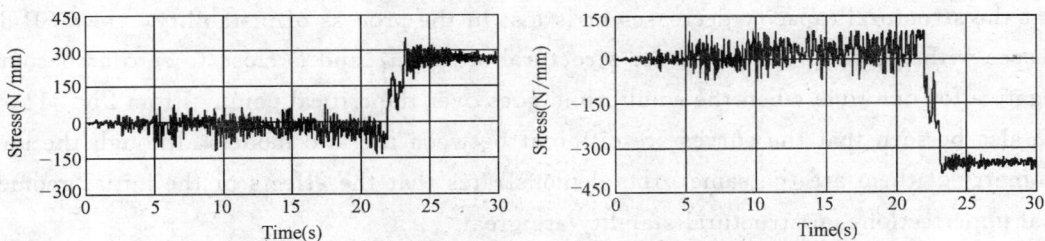

Fig. 9　Time-history curves for stresses of Member 2 in Model. 2

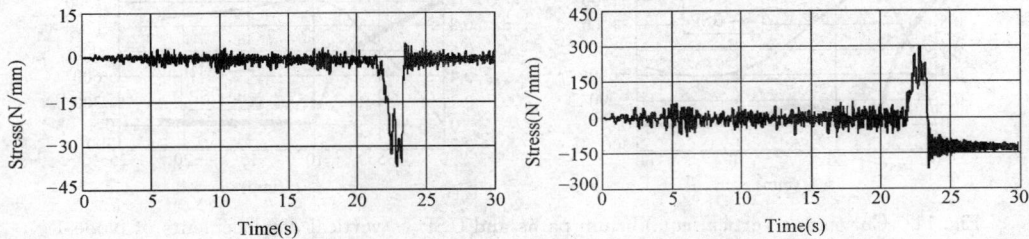

Fig. 10　Time-history curves for stresses of Member 13 in Model. 2

5　Main Points Drawn from the Experiment

　　The experimental results and the phenomena observed in the test during the process of the dynamic instability of the models have sufficiently embodied the definition of elastic geometrical nonlinear dynamic instability of structures under seismic actions given by the authors (Li, 1998). The definition says that the structural dynamic instability happens when the structural tangent stiffness matrix becomes nonpositive, which leads to the structural capacity decreasing or being lost locally or globally and results in the dynamic response of nodal displacements and structural deformation increasing dramatically. The definition also indicates that a structure when it is dynamic unstable at certain time may be stable afterwards due to the cycling behavior of the seismic action. In such case it is appropriate to say that the structural dynamic instability has occurred once. From this point of view, dynamic instability may occur several times for a same structure.

For verifying the practical criteria of determination of dynamic instability proposed by the authors, the static instabilities of two models were calculated. In calculation the ratio of the nodal loads vertically applied to the nodes is the same as the ratio of nodal masses of the two models.

The calculation results of the critical loads and displacements are as follows: for Model 1, the critical load of Node 1 is 1678.42N, and the critical vertical displacement of Node 1 is 14.087mm; For Model 2, the critical load is 1528.79N and displacement is 10.324mm. The curves of the static equilibrium paths and the GSP vs vertical displacements of Node 1 of the two models are shown in Fig. 11. These curves are calculated by using general displacement control method for static stability problems (Yang and Shieh, 1990). In Fig. 11, F (N) is the resultant of vertical resistance of Node 1. It is shown that the structural capacity decreases or is lost in the process of instability, the GSP decreases with the deterioration of the structural stiffness, and is close to zero or becomes negative for one time when the equilibrium goes over the critical point. From Fig. 11, it can also be seen that the curves are different between the two models although the ideal geometry of them are the same, this demonstrates that the effects of the initial geometrical imperfections on structural stability are great.

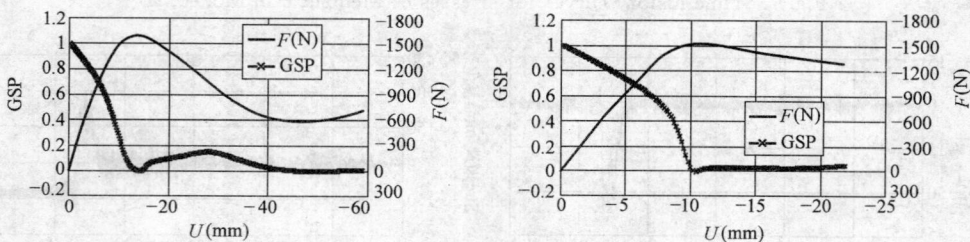

Fig. 11　Curves for vertical equilibrium paths and GSP vs vertical displacements of Node 1

The curves of the equilibrium paths and the GSP vs vertical displacements of Node 1 of the two models in the process of dynamic instability are given in Fig. 12. These curves are calculated using the improved general displacement control method suggested by the author (Li, 1998). It can be seen that there exist differences between the post-buckling equilibrium paths of static instability and dynamic instability.

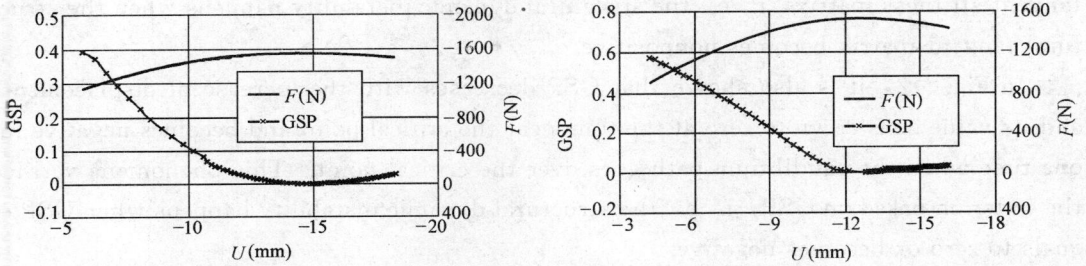

Fig. 12　Curves of vertical equilibrium paths and GSP vs vertical displacements of Node 1

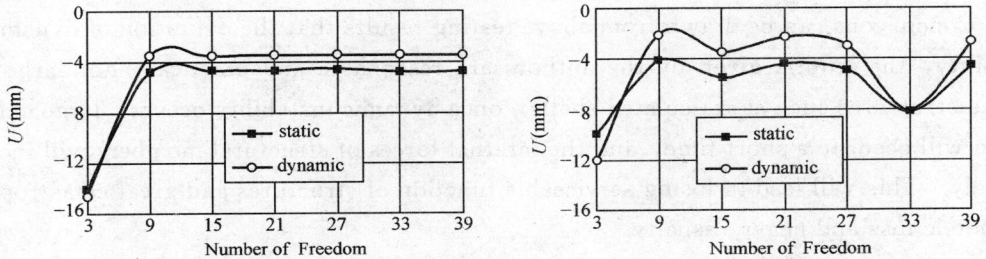

Fig. 13　Comparison between deformation modes of static stability and dynamic stability

Comparison between the deformation modes of static stability and dynamic stability of Model 1 and Model 2 is given in Fig. 13, where the horizontal coordinates are the numbers of vertical freedoms of Node 1-Node 7 respectively, and the vertical coordinates are the related vertical displacements at critical points. It is shown that there are some differences between them.

From Figs. 11 and 12, the resultant of vertical resistance F (N) and the vertical displacements of Node 1 during dynamic and static instability can be obtained and listed in Table 3.

Comparison between the results of dynamic stability and static stability　　Table 3

	Dynamic instability		Static instability	
	Critical load(N)	Displacement(mm)	Critical load(N)	Displacement(mm)
Model 1	1551.12	14.536	1678.42	14.087
Model 2	1525.18	12.167	1528.79	10.324

Therefore, the comparison of Table 3 has verified the criterion based on displacement, i. e. the dynamic instability can be regarded as occurrence when the time-history curve of nodal displacement waves intensely in some time field and the amplitude overpasses the critical value of nodal displacement obtained from the elastic instability analysis under the same loading form (for dynamic problems, it means the equivalent dynamic force vector). This criterion can be used to estimate structural dynamic instability approximately.

In Fig. 12, it is shown that the resultant of vertical resistance F (N) decreased after the occurrence of dynamic instability. This phenomenon indicates that the structural tangent stiffness matrix became non-positive. All of these verified the criterion based on the tangent stiffness matrix, i. e. the structural·dynamic instability happens when the structural tangent matrix becomes nonpositive.

In Fig. 12, it is also shown that GSP decreases with the increase of displacement, and its value goes down to zero at the time near the critical point and becomes negative for one time when the equilibrium path goes over the critical point. This phenomena verified the criterion based on GSP, i. e. the structural dynamic instability happens when GSP equals to zero or becomes negative.

6   Conclusions

Conclusions can be drawn from above testing results that the definition of dynamic instability, the criteria given by the authors are reasonable and practical. For large span space structures such as reticulated shells, once dynamic instability occurs, large deformation will occur in a short time, and the internal forces of structural members will increase rapidly. This will lead to losing serviceable function of structures and great catastrophe of economic loss and heavy casualty.

Acknowledgements   This work is supported by National Natural Science Foundation and State Key Laboratory for Disaster Reduction in Civil Engineering, the authors thank for their financial supports.

References

1   Blandford, G. E. , 1996. Large deformation analysis of inelastic space truss structures. Journal of Structural Engineering, ASCE. 122 (4), 407~415

2   Blandford, G. E. , 1997. Review of progressive failure analyses for truss structures. Journal of Structural Engineering ASCE 123 (2), 122~129

3   Fathelbab, F. A. , 1987. The effect of joints on the stability of shallow single layer lattice domes. Ph. D. Thesis, University of Cambridge

4   Gioncu, V. , 1995. Buckling of reticulated shells: state-of-the-art. International Journal of Space Structures 10 (1), 1~46

5   Hatzis, D. , 1987. The influence of imperfections on the behavior of shallow single-layer lattice domes. Ph. D. Thesis, University of Cambridge

6   Ikeda, K. , Mahin, S. A. , 1984. A refined physical theory model for predicting the seismic behavior of braced steel frames. Report No. UCB/EERC-84/12, Earthquake Engineering. University of California, Berkeley, CA

7   Ishikawa, K. , Kato, S. , 1997. Elastic-plastic dynamic buckling analysis of reticular domes subjected to earthquake motion. International Journal of Space Structures 12 (3, 4), 205~215

8   Kato, S. , Ueki, T. , Mukaiyama, Y. , 1997. Study of dynamic collapse of single layer reticular domes subjected to earthquake motion and the estimation of statically equivalent seismic forces. International Journal of Space Structures 12 (3, 4), 191~203

9   Kato, S. , Mukaiyama, Y. , 1995. Study on dynamic behavior and collapse acceleration of single layer

reticular domes subjected to horizontal and vertical earthquake motions. Journal of Structural and Construction Engineering 77 (4), 87~96.

10　Kim, S. D., Kang M. M., Kwun, T. J., 1997. Dynamic instability of shell-like shallow trusses considering damping. Computers. and Structures. 64, 481~489

11　Li, Y. Q., 1998. Stability research on large span arch-supported reticulated shell. Ph. D., Tongji University

12　Li, Z. X., 1998. Nonlinear dynamic stability analysis of steel lattice structures. Ph. D. Thesis, Tongji University

13　Lightfoot, E., Le Messurier, A. P., 1974. Elastic analysis of frameworks with elastic connections. Journal of Structural Division, ASCE 100 (6), 1297~1309

14　Meek, J. L. Loganathan, S., 1989. Theoretical and experimental investigation of a shallow geodesic dome. International Journal of Space Structures 4 (2), 89~105

15　Morris, N. F., 1991. Effect of imperfections on lattice shell. Journal of Structural Engineering, ASCE 117 (6), 1796~1814

16　Oda, K., 1986. On the joint rigidity of a ball joint system. International Symposium on Membrane. Structures and Space Frames. Osaka

17　Soroushian, P., Alawa, M. S., 1990. Hysteretic modeling of steel structs: a refined physical theory approach. Journal of Structural. Engineering, ASCE 116 (11), 2903~2916

18　Yang, Y. B., Shieh, M. S., 1990. Solution method for nonlinear problems with multiple critical points. AIAA Journal 28 (12), 2110~2116

19　Ye, J. H., 1995. Dynamic stability analysis of single layer reticulated shell structures. Ph. D. Thesis, Tongji University

(本文发表于：Int. Journal Solids and Structures, 2001, No. 38)

第四部分
钢管桁架直接汇交节点承载力试验和理论分析

57. 圆钢管节点的强度计算公式

詹琛　陈以一　沈祖炎

提　要：根据圆钢管节点的最新试验数据，对我国现行钢结构规范的平面节点强度计算公式进行了分析，并提出了修正意见，同时对空间节点的强度计算公式提出了建议。

关键词：钢管节点　强度计算　试验数据　规范公式

Design Formulae for the Strength of Steel Tubular Joints

Zhan Chen　Chen Yiyi　Shen Zuyan

Abstract：A comparison among the precision of design formulae according to test database is performed.

Modifications of uni-planar joint design formulae and design formulae for multi-planar joint are suggested.

Keywords：Steel Tubular Joint　Calculation of Strength　Test Database　Design Formulae

1 引　言

直接汇交钢管节点的强度计算是钢管结构设计中的一个重要方面。在实际荷载作用下，节点的应力状况十分复杂。钢管节点强度的确定，必须同时考虑由于局部材料进入塑性而引起的物理非线性和节点处管壁变形而产生的几何非线性。目前，各国的有关规范中采用的强度计算公式仍主要是依据试验数据归结出的经验公式。

我国在制定《钢结构设计规范》（GBJ 17—88）时，根据当时收集到的近 300 个节点的试验资料进行了分析，在参照其他国家规范的基础上，提出了我国的钢管节点强度计算公式[1]。随着钢管结构的发展，应用到结构中的钢管节点的尺寸越来越大；试件的尺寸效应对节点试验承载力的影响日益受到重视[2]，先前节点尺寸过小的试验数据被删除，新的试验数据得到了补充，一个包含约 2330 个圆钢管节点试验结果的数据库建立起来了[3]。根据这些试验数据，一些国家和组织从 80 年代起，对节点强度计算公式作了不同程度的修改。

本文对照新建立的管节点试验数据库，比较了我国现行规范中平面管节点强度公式的计算结果，对其中一些公式提出修改意见；并对现行规范中尚未包含的空间节点的强度计算提出建议公式。

2 规范公式与试验数据的比较

在我国制定现行"规范"时，曾将平面管节点强度公式和当时收集的试验结果进行了比较。用 m 来表示按现行"规范"公式计算的节点承载力极限值与试验值之比的平均值，用 σ 来表示该比值的方差，比较结果列于表 1。表 1 同时还列出了现行"规范"公式与文献［3］最新数据库数据相比较的结果，比较中排除了数据库中数据序列不完整的试验数据。

从表 1 可以看出，用作比较的样本个数发生了变化，新的试验数据库不仅数据更多，而且因为去除了一些与工程用节点相差甚远的小比例模型试验的结果，所以更能反映工程实际情况，应以此为根据，重新审视现行"规范"中管节点强度计算公式的适用性。

"规范"公式计算结果与试验数据的比较　　　　　　　　　　　　　　表 1

节点类型	现行规范制定时的数据比较			现行规范与最新数据库的比较		
	试件数	m	σ	试件数	m	σ
X 型（支管受压）	21	1.0931	0.0831	233	0.8259	0.1765
X 型（支管受拉）	22	0.8004	0.1427	81	0.6486	0.1929
T 型和 Y 型（支管受压）	44	0.9955	0.1170	192	0.9102	0.1686
T 型和 Y 型（支管受拉）	21	0.8099	0.1464	55	0.6613	0.2888
K 型	188	0.9530	0.1338	442	0.6955	0.2156

在表 1 中，一方面，现行"规范"公式已较全面地反映了钢管节点的主要几何参数对节点强度的影响，即便对照新的数据库，仍有较好的工程适用性。另一方面，我们也看到随着试验数据的增多，各种随机因素对节点强度的影响变得明显，因此现行"规范"公式计算结果的离散性增大。这种离散性即便在 90 年代初新修订的日本建筑学会（AIJ）的《日本钢管结构设计指南》[4]和欧洲国际管结构研究与发展委员会（CIDECT）的《静力荷载下管节点设计指南》[5]的节点公式计算结果中也同样反映出来，见表 2。但相比较之下，现行"规范"的部分公式计算结果相对保守，因此有必要对这些公式予以适当调整。

GBJ 公式、AIJ 公式、CIDECT 公式和建议公式与试验数据的比较　　　　表 2

节点类型	试件数		GBJ	AIJ	CIDECT	建议公式
X 型 支管受压	233	m	0.8259	0.8717	0.7856	0.8950
		σ	0.1765	0.1919	0.1678	0.2059
		v	0.2137	0.2201	0.2136	0.2137
X 型 支管受拉	81	m	0.6486	0.7624	0.4113	0.8542
		σ	0.1929	0.2062	0.1187	0.2311
		v	0.2974	0.2705	0.2886	0.2705
T 型和 Y 型 支管受压	192	m	0.9102	0.5819	0.8086	0.9196
		σ	0.1686	0.1103	0.1548	0.1696
		v	0.1852	0.1896	0.1914	0.1844
T 型和 Y 型 支管受拉	55	m	0.6613	0.7586	0.4515	0.7839
		σ	0.2888	0.3260	0.2132	0.2673
		v	0.4367	0.4297	0.4722	0.3410
K 型	442	m	0.6955	0.7098	0.6190	0.8182
		σ	0.2156	0.2108	0.1831	0.2323
		v	0.3100	0.2970	0.2958	0.2839

表中 m——"规范"公式计算值与试验值比值的平均值；σ——方差；v——离散度。

3　对现行"规范"中平面管节点强度计算公式的修改建议

3.1　对平面 X 型节点计算公式的修改建议

由表 1、表 2 可见，与 AIJ"规范"相比，现行"规范"公式的计算结果在总体上偏小。对照不同的规范公式，注意到其主要影响参数为支管外径与主管外径之比 β，因而可适当调整现行规范公式中 β 的表达式。对于支管受拉的 X 型节点，仿照 AIJ 规范适当考虑参数 γ，即主管外径与 2 倍主管壁厚之比，能取得较好效果。图 1、图 2 中显示，建议公式的计算结果更接近试验值，两者的比较列于表 2。

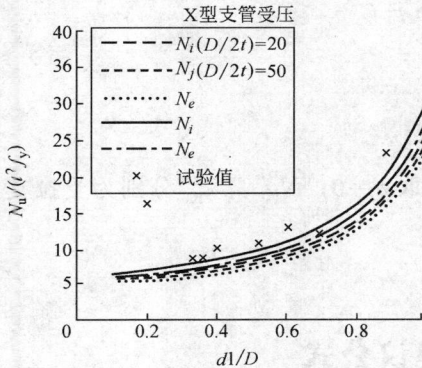

图 1　支管受压时各公式计算值
与试验值的比较曲线

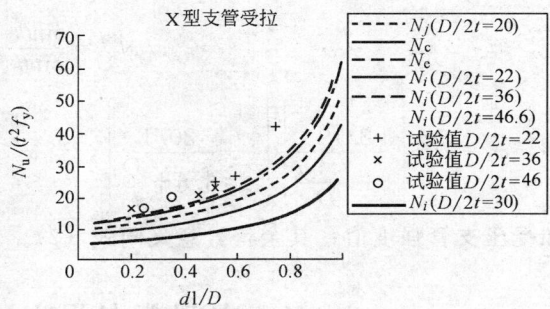

图 2　支管受拉时各公式计算值与试验值的比较曲线

图 1、图 2 中 N_j、N_c、N_e 和 N_t 分别为 AIJ、GBJ、CIDECT 和建议公式计算值除以 $t^2 f_y$；$\theta=90°$；$f_3=1$；γ 在图 1 的 AIJ 曲线中分别取 20，50；在图 2 的 AIJ 曲线中取 20，建议曲线中取 22，36，46.6，试验值的 γ 分别取 22，36，47。

建议将 X 型节点强度计算公式修改如下：

支管受压时的节点强度

$$N_{\mathrm{XC}}^{\mathrm{P}j} = \frac{6.0}{(1-0.81\beta)\sin\theta}\varphi_{\mathrm{n}} t^2 f \tag{1a}$$

支管受拉时的节点强度

$$N_{\mathrm{XT}}^{\mathrm{P}j} = \gamma^{0.2} N_{\mathrm{XC}}^{\mathrm{P}j} = \frac{6.0\gamma^{0.2}}{(1-0.81\beta)\sin\theta}\varphi_{\mathrm{n}} t^2 f \tag{1b}$$

其中 β 为支管外径与主管外径之比；γ 为主管外径与 2 倍主管壁厚之比，且将 γ 的适用范围由现行"规范"的 $\gamma \leqslant 25$ 且 $\gamma > 25$ 时取 $\gamma=25$，简化为 $\gamma \leqslant 50$；θ 为支管与主管轴线之夹角；t 为主管壁厚；f 为主管屈服强度；φ_n 取值同现行"规范"。

3.2　对 Y 型和 T 型节点强度计算公式的修改建议

表 1、表 2 中反映出支管受压时 Y 型和 T 型节点的现行"规范"公式计算结果很好，不需调整；而支管受拉时现行"规范"公式计算结果偏保守，且离散性较大。在对比现行"规范"计算值和试验值时发现，由于在计算支管受拉的节点强度时，现行"规范"将 $\beta=0.6$ 作为计算公式的一个分界线，致使 β 在 0.6～0.7 范围内的节点强度计算结果偏高，而 β 大于 0.7 的节点强度计算结果又偏保守。建议对支管受压时 Y 型和 T 型节点公式作

如下调整

当 $\beta \leqslant 0.65$ 时 $\qquad N_{Ti}^{Pj} = (2.6 - 2\beta) N_{TC}^{Pj}$ (2a)

当 $\beta > 0.65$ 时 $\qquad N_{Tt}^{Pj} = (1.7 - 0.61\beta) N_{TC}^{Pj}$ (2b)

$$N_{TC}^{Pj} = \frac{12.12}{\sin\theta} \left(\frac{D}{t}\right)^{0.2} \varphi_d \varphi_n t^2 f$$ (2c)

其中 D 为主管外径；t 为主管壁厚，其比值范围 $D/t \leqslant 100$；φ_d、φ_n 取值同现行"规范"；其余符号意义同式（1）。

3.3 对 K 型节点强度计算公式的修改建议

现行"规范"的平面 K 型节点强度计算结果也偏小，建议调整如下

$$N_{KC}^{Pj} = \frac{12.12}{\sin\theta_C} \left(\frac{D}{t}\right)^{0.2} \varphi_d \varphi_n \varphi_a t^2 f$$

$$N_{Kt}^{Pj} = \frac{\sin\theta_C}{\sin\theta_t} N_{KC}^{Pj}$$

式中 $\quad \varphi_a = 1 + \left[\dfrac{2.19}{1 + \dfrac{7.5a}{D}}\right] \left[1 - \dfrac{20.1}{6.6 + \dfrac{D}{t}}\right]$，当 $a < 0$ 时，取 $a = 0$；N_{Kt}^{Pj}、N_{KC}^{Pj} 分别为受拉支管和受压支管强度值；其余符号意义同式（2）。

4 空间节点强度计算建议公式

我国现行"规范"中还没有空间管节点强度计算公式。考虑到空间节点由于有不同方向支管的相互作用，其强度要比平面节点的强度低，参照 AIJ 和 CIDECT 的空间管节点强度计算公式，分别对平面 K 型、X 型节点强度进行折减，作为空间 KK 型、XX 型节点的强度；而对于空间 TT 型节点，计算表明可直接采用平面 T 型节点强度值作为其强度，因此，本文提出以下建议公式：

KK 型节点 $\qquad N_{KK} = 0.9 N_K^{Pj}$

TT 型节点 $\qquad N_{TT} = N_T^{Pj}$

XX 型节点

支管受压 $\qquad N_{XXC} = (0.75 + 0.25 N_2/N_1) N_{XC}^{Pj}$ (3)

支管受拉 $\qquad N_{XXT} = 2 N_{XXC}/3$

N_K^{Pj}、N_T^{Pj} 和 N_{XC}^{Pj} 分别为本文对平面 K 型、T 型和 X 型节点的建议公式计算强度。（6）式中 N_1、N_2 为两个不同方向的支管轴力，受拉为正，受压为负，N_1 的绝对值小于 N_2 的绝对值。对照试验数据，建议公式计算结果比较见表 3～表 5，表中符号意义同表 2。比较结果表明，建议公式虽形式简单，但能较好地反映试验结果。

KK 型节点计算比较（共 196 个试件）表 3			
项　目	AIJ	CIDECT	建议公式
m	0.8501	0.7246	0.8908
s	0.4144	0.3907	0.3619
v	0.4874	0.5392	0.4063

TT 型节点计算比较（共 48 个试件）表 4			
项　目	AIJ	CIDECT	建议公式
m	0.6860	0.7400	0.8500
s	0.1659	0.1341	0.1525
v	0.2418	0.1812	0.1794

TT 型节点计算比较（共 153 个试件）　　表 5

项目	AIJ	CIDECT	建议公式
m	0.7480	1.0120	0.7541
s	0.5433	0.3770	0.2196
v	0.7263	0.3725	0.2912

5 小　结

本文在将现行"规范"的节点计算公式和最新的节点试验数据库数据比较的基础上，提出了平面节点强度计算公式的修改建议，并对现行"规范"中尚未列出的空间节点强度的计算提出了建议，可作为修改现行"规范"的参考。

参 考 文 献

1　国家标准. 钢结构设计规范（GBJ 17—88）及条文说明，1988
2　Lalani，M.. Developments in tubular joints technology for offshore structures，2nd International Offshore and Polar Engineering Conference，London：1992.6
3　Makino Y，Kurobane Y，Ochi K et al.. Database of test and numerical analysis result for unstiffened tubular joints. IIW Doc. XV-E-96-220，Hungary，1996
4　钢管构造设计施工指针通解说. 日本建筑学会，1990
5　CIDECT. Design guide for CHS joints under predominantly static loading，Germany，1991

（本文发表于：钢结构 1999 年第 1 期第 14 卷第 43 期）

58. 关于直接汇交钢管节点的焊缝计算

沈祖炎　陈扬骥

提　要：直接汇交钢管节点在管结构中广泛采用，但这类节点的角焊缝强度的确定还没有很好解决。因为，直接汇交钢管节点的焊缝计算，必须解决焊缝长度和焊缝有效厚度沿长度变化的计算问题。主管与支管相交线实际上为一空间曲线，本文采用空间解析几何原理，用分段求积方法，导出焊缝长度 L_f 的计算公式，其表达式为 $L_f = f\left(d, \dfrac{d}{D}, \theta\right)$，它是支管外径（$d$）与主管外径（$D$）的比值和支管轴线与主管轴线夹角 θ 的函数。

通过电算表明，其精度取决于分段数 n 值，当 $n \geqslant 100$ 时，其相对误差小于 $\dfrac{1}{1000}$。根据电算结果，可以把焊缝长度的计算简化为下列近似公式：

$$L_f = d \cdot K_s$$

$$\dfrac{d}{D} \leqslant 0.65 \quad K_s = \left(3.2549 - 0.0246\,\dfrac{D}{d}\right)\left(\dfrac{0.534}{\sin\theta} + 0.466\right)$$

$$\dfrac{d}{D} > 0.65 \quad K_s = \left(3.8118 - 0.38658\,\dfrac{D}{d}\right)\left(\dfrac{0.534}{\sin\theta} + 0.466\right)$$

本文还用空间解析几何原理对焊缝有效厚度的变化，进行了计算。比较了不考虑和考虑外荷方向两种情况，提出取有效厚度平均系数 $c = 0.7$，使全周角焊缝的计算公式具有极为简单的形式：

$$\dfrac{N}{0.7 h_f L_f} \leqslant [\tau_t^h]$$

上式完全满足工程精度要求，可供设计采用。

关键词：直接汇交钢管节点　管结构　焊缝长度

Calculation of Strength of Welds in Simple Joints of Tubular Structures

Shen Zuyan　Chen Yangji

Abstract：The type of simple joints is widely used in tubular structures, but determination of strength of welds in such kind of joints has not been well solved yet.

In order to calculate the strength of fillet welds in simple tubular joints, methods for determining the length of the fillet weld and the throat thickness around the circumference must be solved first.

　　The intersection curve between branch and main tubes, in fact, is a spatial curve. Applying the principle of spatial analytic geometry and the method of numerical integration, formulae for calculating the length of the weld are derived. The length L_f is a function of the external diameter of the branch tube, the ratio between the branch diameter (d) and main tube diameter (D) and the angle θ between the axes of the branch and main tubes. Results indicate that the precision depends on n, the number of segments used for numerical integration. When $n \geqslant 100$, the relative error is less than 1/1000. By fitting the computed results a simplified formular is proposed

$$L_f = d \cdot K_s$$

where　$K_s = \left(3.2549 - 0.0246\dfrac{D}{d}\right)\left(\dfrac{0.534}{\sin\theta} + 0.466\right)$　for $\dfrac{d}{D} \leqslant 0.65$

$$K_s = \left(3.8118 - 0.38658\dfrac{D}{d}\right)\left(\dfrac{0.534}{\sin\theta} + 0.466\right)\quad \text{for } \dfrac{d}{D} > 0.65$$

　　The method for calculating the throat thickness of fillet welds which is various around the circumference is also discussed in this paper. Numerical results indicate that it is possible to introduce an average throat thickness coefficient for the fillet weld in simple tubular joints to simplify the design approach, and the coefficient can on the safes ide take the value of 0.7 either in the case of considering or not considering the effect of the direction of the applied load.

　　Thus, the design equation for the strength of welds in simple tubular joints connected by means of a fillet weld has a very simple form,

$$\frac{N}{0.7h_f L_f} \leqslant [\tau_t^h]$$

Keywords：Simple Tubnlar Joints　Tubular Structures　The Length of The Weld

1　概　　述

　　钢管结构已广泛应用于建筑工程中。杆件直接汇交的钢管节点型式也愈来愈得到广泛应用。这种节点的焊缝计算方法各国规范的规定不尽相同。本文采用空间解析几何原理，通过电算分析提出这种节点的焊缝计算简化公式。

　　支管与主管采用全周角焊缝时，根据常用计算方法[1]，计算公式为：

$$\frac{N}{A_f} \leqslant [\tau_t^h] \tag{1}$$

式中　$[\tau_t^h]$——角焊缝的容许应力；

　　　　A_f——全周角焊缝的有效面积。

　　由于焊缝在各点的有效厚度 a 为：
（见图1）

$$a = h_f \cos\frac{\psi}{2}$$

式中　ψ——支管管壁与主管管壁的夹角。

图1　钢管节点连接焊缝型式之一

　　当 $\psi \geqslant 120°$ 时应采用图2所示的对接焊缝或带剖口的角焊缝，此时应保证焊缝的有效厚度 $a = 0.5h_f$。

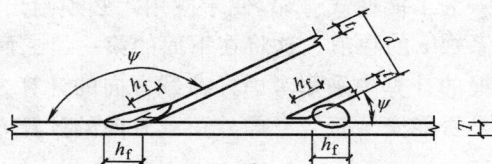

而支管管壁与主管管壁的夹角 ψ 沿相交曲线（L_f）是变化的，也就是说焊缝有效厚度沿全周是变化的，因此 A_f 的计算就相当复杂。一般说，这只能采用数值计算的方法。

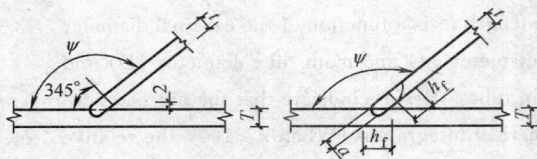

图 2　钢管节点连接焊缝型式之二

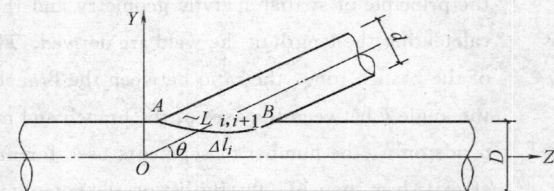

图 3　支管与主管连接节点

若将支管与主管相交线 AB 分成 n 段（如图 3），则第 Δl_i 段内焊缝平均有效厚度可取为：

$$a_i = h_f \cos \frac{\psi_{i+\frac{1}{2}}}{2}$$

式中　$\psi_{i+\frac{1}{2}}$——支管与主管相交线段上第 Δl_i 段中点处支管管壁与主管管壁的夹角；

$\quad\quad h_f$——角焊缝的焊脚尺寸；

$\quad\quad a_i$——Δl_i 段内焊缝平均有效厚度。

第 Δl_i 段内焊缝的有效面积 ΔA_i 可写成：

$$\Delta A_i = \Delta l_i h_f \cos \frac{\psi_{i+\frac{1}{2}}}{2} \tag{2}$$

全周角焊缝有效面积 A_f 为：

$$A_f = 2 \sum_{i=1}^{n} \Delta A_i = 2 \sum_{i=1}^{n} \Delta l_i h_f \cos \frac{\varphi_{i+\frac{1}{2}}}{2}$$

$$= L_f h_f \frac{2 \sum_{i=1}^{n} \Delta l_i \cos \frac{\psi_{i+\frac{1}{2}}}{2}}{L_f}$$

或

$$A_f = L_f c h_f \tag{3}$$

式中　c——全周角焊缝有效厚度平均系数；

$$c = \frac{2 \sum_{i=1}^{n} \Delta l_i \cos \frac{\psi_{i+\frac{1}{2}}}{2}}{L_f} \tag{4}$$

$\quad\quad L_f$——主管与支管相交的长度。

将式（3）代入式（1）得：

$$\frac{N}{c h_f L_f} \leqslant [\tau_t^h] \tag{5}$$

为了能使式（5）便于应用，必须给出相交线长度 L_f 的计算公式和角焊缝有效厚度平均系数 c 的数值。这将在下面的第一、二两段中分别讨论。近年来不少国家已经开始在角焊缝的计算中采用考虑外荷载方向的计算方法。在第三节中将专门讨论本文建议的计算公式是否能安全符合考虑外荷载方向的计算方法的问题。

2　相交线长度的计算

支管与主管相交线的长度，各国都采用近似计算公式，如日本采用[2]：

$$L_f = \alpha + \beta + 3\sqrt{\alpha^2 + \beta^2} \tag{6}$$

式中

$$\alpha = \frac{d}{2}\frac{1}{\sin\theta}$$

$$\beta = \frac{d}{3}\frac{3 - \left(\dfrac{d}{D}\right)^2}{2 - \left(\dfrac{d}{D}\right)^2}$$

d——支管外径；

D——主管外径；

θ——支管与主管轴线的夹角。

支管与主管的相交线实际上为一空间曲线。这一空间曲线的方程及长度可通过主管及支管表面的圆柱面方程求得。

设直角坐标系的原点设在两管轴线交点 O 上（如图3），z 轴与主管轴重叠，则主管圆柱面方程为：

$$x^2 + y^2 = \frac{D^2}{4} \tag{7}$$

支管圆柱面方程为：

$$x^2 + y^2\cos^2\theta + z^2\sin^2\theta - 2yz\cos\theta\sin\theta = \frac{d^2}{4} \tag{8}$$

由式（7）和式（8）消去 x 得：

$$(y^2 - z^2)\sin^2\theta + yz\sin2\theta = \frac{D^2}{4}\left[1 - \left(\frac{d}{D}\right)^2\right] \tag{9}$$

由式（7）及式（9）即可得到相交线上任意点的坐标。方法如下，先给定任意点 i 在 z 轴向的坐标 z_i，由式（9）可得该点的 y 轴向坐标 y_i，再由式（7）可得 x 轴向的坐标 x_i。

由图3可知，空间曲线的积分区间为 A、B 点。A、B 点的坐标为：

$$x_A = x_B = 0 \tag{10}$$

$$y_A = y_B = \frac{D}{2} \tag{11}$$

将式（11）代入式（9）得：

$$\left.\begin{aligned} z_A &= \frac{D}{2}\left(\mathrm{ctg}\theta - \frac{d}{D\sin\theta}\right) \\ z_B &= \frac{D}{2}\left(\mathrm{ctg}\theta + \frac{d}{D\sin\theta}\right) \end{aligned}\right\} \tag{12}$$

把 AB 两点沿 z 轴的长度 $\Delta = \dfrac{d}{\sin\theta}$ 分为 n 等分（如图4），第 i 点的 z_i 值为：

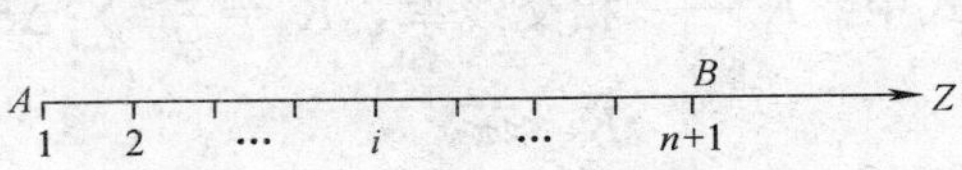

$$z_i = \frac{D}{2}r_i \tag{13}$$

图 4　相交线在轴上分段

式中

$$r_i = \mathrm{ctg}\theta - \frac{d}{D\sin\theta} + \frac{2d}{D\sin\theta}\frac{i-1}{n} \tag{14}$$

将 z_i 代入式（9）得 y_i 值为：

$$y_i = \frac{D}{2}\beta_i \tag{15}$$

式中
$$\beta_i = \frac{\sqrt{r_i^2 + 1 - \left(\dfrac{d}{D}\right)^2}}{\sin\theta} - r_i \mathrm{ctg}\theta \tag{16}$$

由式（7）得 x_i 值为：

$$x_i = \frac{D}{2}\alpha_i \tag{17}$$

式中
$$\alpha_i = \sqrt{1 - \beta_i^2} \tag{18}$$

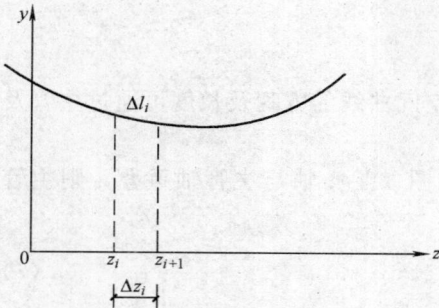

若 $\Delta z_i = z_{i+1} - z_i$（如图5）很小时，第 $i+1$ 点与第 i 点之间的空间曲线长度 Δl_i 可近似取为直线段，其值为：

$$\Delta l_i = \sqrt{(x_{i+1} - x_i)^2 + (y_{i+1} - y_i)^2 + (z_{i+1} - z_i)^2} \tag{19}$$

将式（13）、（15）、（17）代入得：

$$\Delta l_i = \frac{D}{2}\Delta s_i \tag{20}$$

式中 $\Delta s_i = \sqrt{(\alpha_{i+1} - \alpha_i)^2 + (\beta_{i+1} - \beta_i)^2 + (\gamma_{i+1} - \gamma_i)^2}$

$$\tag{21}$$

图 5   相交线示意图

α_{i+1}，β_{i+1}，γ_{i+1} 及 α_i，β_i，γ_i——分别为第 $i+1$ 点和第 i 点的 x、y、z 坐标系数，可由式（14）、（16）、（17）求得。

支管与主管相交线的长度：

$$L_f = 2\sum_{i=1}^{n} \Delta l_i = D\sum_{i=1}^{n} \Delta s_i$$

或
$$L_f = D \cdot S \tag{22}$$

式中
$$S = \sum_{i=1}^{n} \Delta S_i = \sum_{i=1}^{n} \sqrt{(\alpha_{i+1} - \alpha_i)^2 + (\beta_{i+1} - \beta_i)^2 + (\gamma_{i+1} - \gamma_i)^2} \tag{23}$$

式（22）也可改写为：

或
$$L_f = d \cdot \frac{D}{d} \cdot \sum_{i=1}^{n} \Delta S_i$$
$$L_f = d \cdot K_s \tag{24}$$

式中 K_s——相交线率，$K_s = \dfrac{D}{d}\sum_{i=1}^{n}\Delta S_i$，它是 $\dfrac{d}{D}$ 和 θ 的函数。当 $\dfrac{d}{D} < 0.2$ 和 $\theta = 90°$ 时，$K_s \approx \pi$。

支管与主管相交线的长度按式（22）、（23）或式（24）计算，其精度取决于 n 值。一般 n 值愈大，精度愈高。通过电算表明：当 $n \geqslant 100$ 时其相对误差小于 $\dfrac{1}{1000}$，已完全满足工程精度要求。

按式（23）计算得到的 $\sum_{i=1}^{n}\Delta S_i$ 的值，列于表1中的精确计算栏。今再用回归分析方法对此进行分析，提出了如下的近似计算公式：

表1

$S=L/D$

d/D	采用公式	30	35	40	45	50	55	60	65	70	75	80	85	90
0.2	精确计算	0.97037	0.87938	0.81402	0.76563	0.72902	0.70096	0.67933	0.66271	0.65013	0.64093	0.63464	0.63099	0.62978
	建议公式误差%	0.98	0.49	0.22	0.09	0.07	0.10	0.18	0.26	0.35	0.43	0.49	0.53	0.54
	日本公式误差%	-0.21	0.04	0.23	0.36	0.44	0.50	0.53	0.58	0.55	0.55	0.54	0.54	0.54
0.3	精确计算	1.45945	1.32284	1.22473	1.15205	1.09704	1.05485	1.02233	0.99733	0.97842	0.96458	0.95512	0.94960	0.94780
	建议公式误差%	-0.05	-0.52	-0.78	-0.90	-0.92	-0.88	-0.80	-0.71	-0.62	-0.54	-0.48	-0.44	-0.43
	日本公式误差%	-0.16	0.07	0.24	0.35	0.42	0.45	0.46	0.46	0.45	0.44	0.43	0.43	0.43
0.4	精确计算	1.95376	1.77133	1.64031	1.54319	1.46966	1.41323	1.36927	1.33627	1.31094	1.29240	1.27973	1.27234	1.26992
	建议公式误差%	-0.30	-0.74	-0.98	-1.08	-1.09	-1.04	-0.96	-0.87	-0.78	-0.70	-0.64	-0.60	-0.59
	日本公式误差%	-0.08	0.12	0.26	0.34	0.37	0.38	0.36	0.34	0.31	0.29	0.27	0.26	0.25
0.5	精确计算	2.45573	2.22742	2.06327	1.94150	1.84923	1.77839	1.72373	1.68168	1.64983	1.62651	1.61057	1.60128	1.59823
	建议公式误差%	-0.12	-0.53	-0.74	-0.82	-0.81	-0.75	-0.67	-0.57	-0.48	-0.40	-0.34	-0.30	-0.29
	日本公式误差%	0.02	0.19	0.28	0.31	0.30	0.27	0.22	0.17	0.12	0.07	0.04	0.01	0.007
0.6	精确计算	2.96956	2.69492	2.49725	2.35048	2.23917	2.15365	2.08760	2.03676	1.99824	1.97001	1.95071	1.93946	1.93557
	建议公式误差%	0.39	0.04	-0.13	-0.19	-0.16	-0.09	-0.001	0.097	0.19	0.27	0.33	0.37	0.38
	日本公式误差%	0.16	0.27	0.31	0.28	0.21	0.12	0.02	-0.07	-0.16	-0.23	-0.28	-0.32	-0.33
0.7	精确计算	3.50174	3.18008	2.94827	2.77593	2.64508	2.54444	2.46663	2.40670	2.36125	2.32792	2.30513	2.29184	2.28747
	建议公式误差%	0.05	-0.23	-0.36	-0.38	-0.33	-0.24	-0.14	-0.04	0.06	0.14	0.20	0.24	0.25
	日本公式误差%	0.37	0.40	0.35	0.24	0.09	-0.07	-0.24	-0.39	-0.52	-0.63	-0.71	-0.76	-0.77
0.8	精确计算	4.06505	3.69506	3.42793	3.22901	3.07774	2.96121	2.87101	2.80146	2.74868	2.70992	2.68341	2.66794	2.66286
	建议公式误差%	-0.49	-0.68	-0.73	-0.71	-0.63	-0.53	-0.41	-0.30	-0.20	-0.11	-0.05	-0.01	0.00
	日本公式误差%	0.73	0.65	0.48	0.25	-0.008	-0.27	-0.52	-0.75	-0.95	-1.10	-1.22	-1.29	-1.51
0.9	精确计算	4.69287	4.27142	3.96635	3.73858	3.56497	3.43096	3.32704	3.24677	3.18576	3.14094	3.11025	3.09234	3.08645
	建议公式误差%	0.50	0.44	0.48	0.57	0.69	0.82	0.95	1.07	1.17	1.26	1.32	1.36	1.37
	日本公式误差%	1.56	1.33	0.99	0.60	0.20	-0.20	-0.58	-0.91	-1.19	-1.41	-1.57	-1.87	-1.70
1.0	精确计算	5.74856	5.24662	4.88666	4.60479	4.40127	4.23379	4.11481	4.01005	3.93726	3.88209	3.84175	3.82177	3.81900
	建议公式误差%	8.60	8.80	9.11	9.16	9.48	9.56	9.88	9.87	10.02	10.11	10.11	10.19	10.31
	日本公式误差%	8.29	7.93	7.55	6.85	6.43	5.79	5.47	4.88	4.56	4.27	3.99	3.92	3.99

$$\left.\begin{array}{ll} \dfrac{d}{D}\leqslant 0.65 & S=\left(3.2549\dfrac{d}{D}-0.0246\right)\left(\dfrac{0.534}{\sin\theta}+0.466\right) \\[4mm] \dfrac{d}{D}\geqslant 0.65 & S=\left(3.8118\dfrac{d}{D}-0.38658\right)\left(\dfrac{0.534}{\sin\theta}+0.466\right) \end{array}\right\} \tag{25}$$

或

$$\left.\begin{array}{ll} \dfrac{d}{D}\leqslant 0.65 & K_s=\left(3.2549-0.0246\dfrac{D}{d}\right)\left(\dfrac{0.534}{\sin\theta}+0.466\right) \\[4mm] \dfrac{d}{D}\geqslant 0.65 & K_s=\left(3.8118-0.38658\dfrac{D}{d}\right)\left(\dfrac{0.534}{\sin\theta}+0.466\right) \end{array}\right\} \tag{26}$$

按本文建议公式（25）和日本规范的近似公式（6）计算得到的结果列于表 1 中。从表中可以看出，建议公式与精确值相比误差极小，均在 1％ 以内，只有 $\dfrac{d}{D}\geqslant 0.95$ 时误差稍大，但也不超过 10％，而且偏于安全。这个公式的误差范围与日本规范的近似计算公式相同，但本文建议的近似公式却比日本的简单得多。

3　有效厚度平均系数 c 值的计算

由式（4）可知：

$$c=\frac{2\sum\limits_{i=1}^{n}\Delta l_i\cos\dfrac{\psi_{i+\frac{1}{2}}}{2}}{L_f}$$

把式（20）、（22）和（23）代入上式得：

$$c=\frac{\sum\limits_{i=1}^{n}\Delta S_i\cos\dfrac{\psi_{i+\frac{1}{2}}}{2}}{\sum\limits_{i=1}^{n}\Delta S_i} \tag{27}$$

在计算有效厚度平均系数 c 时，必须先求得支管管壁与主管管壁的夹角 ψ，这也可用空间解析几何[8]求出。在任意点 $i+\dfrac{1}{2}$ 处，支管管壁与主管管壁的夹角 $\psi_{i+\frac{1}{2}}$，就是通过第 $i+\dfrac{1}{2}$ 点的支管壁切平面与主管壁切平面的两面角。

主管壁切平面经过 $i+\dfrac{1}{2}$ 点的法线的方向余弦为：

$$\left.\begin{array}{l} a_{i+\frac{1}{2},1}=\dfrac{2x_{i+\frac{1}{2}}}{D}=\alpha_{i+\frac{1}{2}} \\[3mm] b_{i+\frac{1}{2},1}=\dfrac{2y_{i+\frac{1}{2}}}{D}=\beta_{i+\frac{1}{2}} \\[3mm] c_{i+\frac{1}{2},1}=0 \end{array}\right\} \tag{28}$$

支管壁切平面经过 $i+\dfrac{1}{2}$ 点的法线的方向余弦为：

$$\left.\begin{array}{l} a_{i+\frac{1}{2},2}=\dfrac{2x_{i+\frac{1}{2}}}{d}=\dfrac{D}{d}\alpha_{i+\frac{1}{2}} \\[3mm] b_{i+\frac{1}{2},2}=\dfrac{D}{d}(\beta_{i+\frac{1}{2}}\cos^2\theta-\gamma_{i+\frac{1}{2}}\sin\theta\cos\theta) \\[3mm] c_{i+\frac{1}{2},2}=\dfrac{D}{d}(\gamma_{i+\frac{1}{2}}\sin^2\theta-\beta_{i+\frac{1}{2}}\sin\theta\cos\theta) \end{array}\right\} \tag{29}$$

由于，在 $i+\frac{1}{2}$ 点处支管管壁与主管管壁的夹角 $\psi_{i+\frac{1}{2}}$，即为上述两根法线的夹角的补角，因此可得 $\psi_{i+\frac{1}{2}}$ 的余弦为：

$$\cos\psi_{i+\frac{1}{2}} = -(a_{i+\frac{1}{2},1} \cdot a_{i+\frac{1}{2},2} + b_{i+\frac{1}{2},1} \cdot b_{i+\frac{1}{2},2} + c_{i+\frac{1}{2},1} \cdot c_{i+\frac{1}{2},2}) \tag{30}$$

将式（28）、（29）代入，得：

$$\cos\psi_{i+\frac{1}{2}} = -\frac{D}{d}(\alpha_{i+\frac{1}{2}}^2 + \beta_{i+\frac{1}{2}}^2 \cos^2\theta - \beta_{i+\frac{1}{2}} \gamma_{i+\frac{1}{2}} \sin\theta\cos\theta) \tag{31}$$

以及

$$\cos\frac{\psi_{i+\frac{1}{2}}}{2} = \sqrt{\frac{1}{2} - \frac{1}{2}\frac{D}{d}(\alpha_{i+\frac{1}{2}}^2 + \beta_{i+\frac{1}{2}}^2\cos^2\theta - \beta_{i+\frac{1}{2}}\gamma_{i+\frac{1}{2}}\sin\theta\cos\theta)} \tag{32}$$

至此即可利用以前的公式计算式（27）的 c 值。c 值的精度也取决于分段数 n。n 愈大，精度愈高。通过电算分析，当 $n \geqslant 200$ 时，其相对误差小于 $\frac{1}{1000}$，满足工程精度要求。

另外，考虑到当 $\psi \geqslant 120°$ 时，应采用对接焊缝或带剖口的角焊缝，而这种焊缝的强度比一般角焊缝高得多。因此，当 $\psi_{i+\frac{1}{2}} \geqslant 120°$ 时，Δl_i 段焊缝不参加 c 值运算。

从式（27）和式（32）可知，c 与 $\frac{d}{D}$ 和 θ 有关，通过电算得 c 值，列于表2。

有效厚度平均系数 c 值　　　　　　　　　　　　　表 2

$\frac{d}{D}$		$\theta°$				
		30°	45°	60°	75°	90°
0.2	C	0.7656	0.7420	0.6594	0.6674	0.6703
	L_1/L	0.3156	0.2946	0	0	0
0.3	C	0.7605	0.7393	0.6762	0.6478	0.6506
	L_1/L	0.3476	0.3445	0.2045	0	0
0.4	C	0.7581	0.7393	0.6996	0.6272	0.6299
	L_1/L	0.3849	0.3979	0.3794	0	0
0.5	C	0.7565	0.7410	0.7097	0.6256	0.6079
	L_1/L	0.4222	0.4496	0.4689	0.1517	0
0.6	C	0.7561	0.7418	0.7150	0.6348	0.6267
	L_1/L	0.4599	0.4933	0.5284	0.3027	0.2630
0.7	C	0.7558	0.7432	0.7181	0.6382	0.6301
	L_1/L	0.4957	0.5337	0.5737	0.3854	0.3556
0.8	C	0.7557	0.7439	0.7193	0.6401	0.6313
	L_1/L	0.5305	0.5699	0.6098	0.4465	0.4190
0.9	C	0.7556	0.7444	0.7207	0.6408	0.6320
	L_1/L	0.5663	0.6058	0.6447	0.4972	0.4736

$\dfrac{d}{D}$		$\theta°$				
		30°	45°	60°	75°	90°
1.0	C	0.7555	0.7456	0.7203	0.6403	0.6320
	L_1/L	0.6260	0.6644	0.6966	0.5705	0.5521

注：L——支管与主管相交线的长度。

　　L_1——$\psi \geqslant 120°$的支管与主管相交线的长度。

若考虑$\psi_{i+\frac{1}{2}} < 60°$时因焊缝质量不能保证而取焊缝的有效厚度为$a = (0.85 \sim 0.7)\,h_f$时，通过电算得$c$值，列于表3。

从表2和表3中可以看出，c值大多数超过0.7，最小为0.6079。c值小于0.7都发生在$\theta \geqslant 60°$的情况，即表2中粗线的右边。考虑到这时支管与主管的连接焊缝基本上属于端缝，它的容许强度将比钢结构设计规范中根据侧缝强度规定的值高许多[4]。因此，取$c = 0.7$仍是安全的。

有效厚度平均系数c值　　　　　　　表3

θ	$\psi<60°$时有效厚度系数B^*	d/D								
		0.2	0.3	0.4	0.5	0.6	0.7	0.8	0.9	1.0
30°	0.85	0.7416	0.7374	0.7354	0.7341	0.7338	0.7337	0.7337	0.7332	0.7334
	0.80	0.7260	0.7222	0.7206	0.7194	0.7192	0.7191	0.7193	0.7187	0.7189
	0.75	0.7104	0.7073	0.7059	0.7048	0.7048	0.7043	0.7049	0.7041	0.7043
	0.70	0.6948	0.6921	0.6909	0.6899	0.6900		0.6905		0.6898
45°	0.85	0.7286	0.7268	0.7256	0.7279	0.7286	0.7307	0.7305	0.7311	0.7320
	0.80	0.7162	0.7144	0.7133	0.7155	0.7162	0.7173	0.7180	0.7184	0.7194
	0.75	0.7034	0.7015	0.7016	0.7030	0.7037	0.7046	0.7054	0.7057	0.7066
	0.70	0.6909	0.6893	0.6893	0.6908	0.6913		0.6929		0.6933

* $B = \dfrac{a_f}{h_f}$，a_f——角焊缝有效厚度，h_f——角焊缝厚度。

当$\psi = 30° \sim 60°$时，$B = 0.9659 \sim 0.866$，ψ——支管外壁与主管外壁的夹角。

这样，全周角焊缝的计算公式（5）将具有极为简单的形式，即

$$\frac{N}{0.7 h_f L_f} \leqslant [\tau_t^h] \tag{33}$$

4　考虑外荷方向时，等效有效厚度平均系数c_1值的计算

支管与主管连接焊缝采用全周角焊缝时，除沿相交线焊缝的有效厚度有变化外，作用在焊缝截面上的荷载方向也是变化的。这时，若考虑外荷方向时，式（33）中$c = 0.7$是否安全，本节作进一步探讨。

若考虑外荷方向（如图6），焊缝强度的计算公式将为：

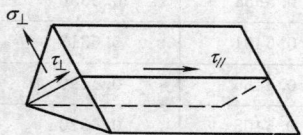

$$\sqrt{\sigma_\perp^2 + 3(\tau_\perp^2 + \tau_{/\!/}^2)} \leqslant \frac{[\sigma]^{[5]}}{\beta} \tag{34}$$

图6　在有效截面上的$\tau_\perp$、$\tau_{/\!/}$，$\sigma_\perp$应力

式中　$\sigma_\perp$——垂直于焊缝有效截面的法向应力；

　　　$\tau_\perp$——在焊缝有效截面上，垂直于焊缝轴线的剪应力；

$\tau_{/\!/}$——在焊缝有效截面上，平行于焊缝轴线的剪应力。

若将 L_f 分成 $2n$ 段，第 Δl_i 段内承受外力 ΔN_i。取坐标系统如图 6 所示，则外力 ΔN_i 在焊缝截面上沿 x、y、z 方向的分力 $\Delta N_\perp$、$\Delta Q_\perp$、$\Delta Q_{/\!/}$ 为：

$$\left.\begin{array}{l} \Delta N_\perp = \Delta N_i \cos\xi_i \\ \Delta Q_\perp = \Delta N_i \cos\eta_i \\ \Delta Q_{/\!/} = \Delta N_i \cos\zeta_i \end{array}\right\} \tag{35}$$

式中　ξ_i、η_i、ζ_i——分别为 ΔN_i 与 $\Delta N_\perp$、$\Delta Q_\perp$、$\Delta Q_{/\!/}$ 三个分力之间的夹角。

由于，Δl_i 段焊缝的有效面积 ΔA_i 为：

$$\Delta A_i = \Delta l_i h_f \cos\frac{\psi_{i+\frac{1}{2}}}{2} \tag{36}$$

所以，式（34）中 $\sigma_\perp$、$\tau_\perp$、$\tau_{/\!/}$ 可写成：

$$\left.\begin{array}{l} \sigma_\perp = \dfrac{\Delta N_\perp}{\Delta A_i} = \dfrac{\Delta N_i \cos\zeta_i}{\Delta l_i h_f \cos\dfrac{\psi_{i+\frac{1}{2}}}{2}} \\[4ex] \tau_\perp = \dfrac{\Delta Q_\perp}{\Delta A_i} = \dfrac{\Delta N_i \cos\eta_i}{\Delta l_i h_f \cos\dfrac{\psi_{i+\frac{1}{2}}}{2}} \\[4ex] \tau_{/\!/} = \dfrac{\Delta Q_{/\!/}}{\Delta A_i} = \dfrac{\Delta N_i \cos\zeta_i}{\Delta l_i h_f \cos\dfrac{\psi_{i+\frac{1}{2}}}{2}} \end{array}\right\} \tag{37}$$

式（34）中的 $\dfrac{[\sigma]}{\beta}$，根据钢结构设计规范，其值为：

$$\frac{[\sigma]}{\beta} = \frac{[\sigma]}{\dfrac{[\sigma]}{\sqrt{3}\,[\tau_t^h]}} = \sqrt{3}\,[\tau_t^h] \tag{38}$$

将式（37）、（38）代入式（34）经整理得：

$$\frac{\Delta N_i}{[\tau_t^h]} = \frac{\sqrt{3}h_f \Delta l_i \cos\dfrac{\psi_{i+\frac{1}{2}}}{2}}{\sqrt{\cos^2\xi_i + 3(\cos^2\eta_i + \cos^2\zeta_i)}} \tag{39}$$

上式取总和后可写成：

$$\sum_{i=1}^{n} \frac{\Delta N_i}{[\tau_t^h]} = \sqrt{3}h_f \sum_{i=1}^{n} \frac{\Delta l_i \cos\dfrac{\psi_{i+\frac{1}{2}}}{2}}{\sqrt{\cos^2\xi_i + 3(\cos^2\eta_i + \cos^2\zeta_i)}} \tag{40}$$

式中　$\sum\limits_{i=1}^{n} \Delta N_i$ 的两倍为支管的轴力，可写成：

$$2\sum_{i=1}^{n} \Delta N_i = c_1 h_f L_f [\tau_t^h]$$

式中　c_1——焊缝的等效有效厚度平均系数。

将上式代入式（40），化简得：

$$c_1 = \frac{2\sqrt{3}}{L_f} \sum_{i=1}^{n} \frac{\Delta l_i \cos\dfrac{\psi_{i+\frac{1}{2}}}{2}}{\sqrt{\cos^2\xi_i + 3(\cos^2\eta_i + \cos^2\zeta_i)}} \tag{41}$$

式（41）中的 $\cos\xi_i$ 为 ΔN_i 与 $\Delta\sigma_\perp$ 两个空间直线夹角的余弦，可由空间解析几何求得。ΔN_i 的方向余弦为：

$$\left.\begin{array}{l}\lambda_1=\theta\\\mu_1=\cos\theta\\v_1=\sin\theta\end{array}\right\} \tag{42}$$

$\Delta\sigma_\perp$ 的方向余弦为：

$$\Delta S_\xi=\sqrt{2\left[1+\frac{D}{d}\,(\alpha_{i+\frac{1}{2}}^2+\beta_{i+\frac{1}{2}}^2\cos^2\theta-\beta_{i+\frac{1}{2}}\gamma_{i+\frac{1}{2}}\sin\theta\cos\theta)\right]}$$

$$\left.\begin{array}{l}\lambda_\xi=\dfrac{\left(1+\dfrac{D}{d}\right)\alpha_{i+\frac{1}{2}}}{\Delta S_\xi}\\[4mm]\mu_\xi=\dfrac{\left[\beta_{i+\frac{1}{2}}+\dfrac{D}{d}(\beta_{i+\frac{1}{2}}\cos^2\theta-\gamma_{i+\frac{1}{2}}\sin\theta\cos\theta)\right]}{\Delta S_\xi}\\[4mm]v_\xi=\dfrac{D}{d}\dfrac{\gamma_{i+\frac{1}{2}}\sin^2\theta-\beta_{i+\frac{1}{2}}\sin\theta\cos\theta}{\Delta S_\xi}\end{array}\right\} \tag{43}$$

ΔN_i 与 $\Delta\sigma_\perp$ 的夹角的余弦 $\cos\xi_i$ 为：

$$\cos\xi_i=\lambda_1\lambda_\xi+\mu_1\mu_\xi+v_1v_\xi$$

将式（42）、（43）代入上式简化得：

$$\cos\xi_i=\frac{\left[\beta_{i+\frac{1}{2}}\cos\theta-\dfrac{D}{d}(v_{i+\frac{1}{2}}\sin\theta-\beta_{i+\frac{1}{2}}\cos\theta)(\cos^2\theta-\sin^2\theta)\right]}{\Delta S_\xi} \tag{44}$$

式（41）中的 $\cos\eta_i$ 为 $\Delta\tau_\perp$ 与 ΔN_i 两个空间直线夹角的余弦。$\Delta\tau_\perp$ 的方向余弦为：

$$\Delta S_\eta=\sqrt{2\left[1-\frac{D}{d}\,(\alpha_{i+\frac{1}{2}}^2+\beta_{i+\frac{1}{2}}^2\cos^2\theta-\beta_{i+\frac{1}{2}}\gamma_{i+\frac{1}{2}}\sin\theta\cos\theta)\right]}$$

$$\left.\begin{array}{l}\lambda_\eta=\dfrac{\left(1-\dfrac{D}{d}\right)\alpha_{i+\frac{1}{2}}}{\Delta S_\eta}\\[4mm]\mu_\eta=\dfrac{\left[\beta_{i+\frac{1}{2}}-\dfrac{D}{d}(\beta_{i+\frac{1}{2}}\cos^2\theta-\gamma_{i+\frac{1}{2}}\sin\theta\cos\theta)\right]}{\Delta S_\eta}\\[4mm]v_\eta=\dfrac{-\dfrac{D}{d}(\gamma_{i+\frac{1}{2}}\sin^2\theta-\beta_{i+\frac{1}{2}}\sin\theta\cos\theta)}{\Delta S_\eta}\end{array}\right\} \tag{45}$$

依同理得：

$$\cos\eta_i=\frac{\beta_{i+\frac{1}{2}}\cos\theta+\dfrac{D}{d}(r_{i+\frac{1}{2}}\sin\theta-\beta_{i+\frac{1}{2}}\cos\theta)(\cos^2\theta-\sin^2\theta)}{\Delta S_\eta} \tag{46}$$

式（41）中的 $\cos\zeta_i$ 为 $\Delta\tau_{/\!/}$ 与 ΔN_i 两个空间直线夹角的余弦。$\Delta\tau_{/\!/}$ 的方向余弦即为 Δl_i 段轴线的方向余弦，其值为：

$$\left.\begin{array}{l}\lambda_\tau=(\alpha_{i+1}-\alpha_i)/\Delta S_i\\\mu_\tau=(\beta_{i+1}-\beta_i)/\Delta S_i\\v_\tau=(\gamma_{i+1}-\gamma_i)/\Delta S_i\end{array}\right\} \tag{47}$$

式中 ΔS_i 由式（22）求得。

同理得：

$$\cos \zeta_i = \frac{\beta_{i+1} - \beta_i}{\Delta S_i} \cos\theta + \frac{\gamma_{i+1} - \gamma_i}{\Delta S_i} \sin\theta \tag{48}$$

将式（20）、（22）、（23）代入式（41）化简得：

$$c_1 = \frac{\sqrt{3}}{\displaystyle\sum_{i=1}^{n} \Delta S_i} \sum_{i=1}^{n} \frac{\Delta S_i \cos \dfrac{\psi_{i+\frac{1}{2}}}{2}}{\sqrt{\cos^2 \xi_i + 3(\cos^2 \eta_i + \cos^2 \zeta_i)}} \tag{49}$$

c_1 值精度取决于分段数 n。通过电算分析，当 $n \geqslant 200$ 时，其相对误差小于 $\dfrac{1}{1000}$，满足工程精度要求。

同样，在计算 c_1 值时，$\psi_{i+\frac{1}{2}} \geqslant 120°$ 的 Δl_i 段焊缝不参加 c_1 值运算；$\psi_{i+\frac{1}{2}} < 60°$ 的焊缝有效厚度 $a = (0.85 \sim 0.65) h_f$，计算结果列于表 4。

c_1 值　　　　　　　　　　表 4

θ	有效厚度系数 B^*	d/D								
		0.2	0.3	0.4	0.5	0.6	0.7	0.8	0.9	1.0
30°	0.85	0.8321	0.8154	0.8028	0.7925	0.7849	0.7789	0.7742	0.7699	0.7676
	0.80	0.8142	0.7982	0.7860	0.7759	0.7685	0.7627	0.7581	0.7538	0.7517
	0.75	0.7964	0.7816	0.7695	0.7596	0.7525	0.7460	0.7421	0.7376	0.7352
	0.70	0.7785	0.7640	0.7525	0.7428	0.7359	0.7296	0.7261	0.7215	0.7187
	0.65	0.7607	0.7467	0.7355	0.7261	0.7194	0.7139	0.7094	0.7053	0.7025
45°	0.85	0.8651	0.8591	0.8542	0.8546	0.8526	0.8529	0.8496	0.8477	0.8468
	0.80	0.8479	0.8410	0.8381	0.8374	0.8356	0.8357	0.8324	0.8311	0.8294
	0.75	0.8307	0.8240	0.8212	0.8204	0.8186	0.8184	0.8153	0.8128	0.8121
	0.70	0.8129	0.8073	0.8044	0.8036	0.8016	0.7995	0.7982	0.7954	0.7948
	0.65	0.7906	0.7904	0.7876	0.7869	0.7846	0.7822	0.7810	0.7780	0.7780
60°		0.7795	0.8181	0.8709	0.8946	0.9096	0.9186	0.9226	0.9258	0.9261
75°		0.7579	0.7344	0.7101	0.7190	0.7425	0.7529	0.7602	0.7620	0.7656
90°		0.7387	0.7168	0.6939	0.6698	0.7068	0.7173	0.7229	0.7262	0.7284

* $B = \dfrac{a_f}{h_f}$，a_f——角焊缝有效厚度，h_f——角焊缝厚度。

当 $\psi = 30 \sim 60°$ 时，$B = 0.9654 \sim 0.866$，ψ——支管外壁与主管外壁的夹角。

由表 4 可以看出，如果采用考虑外荷方向的计算方法，那末焊缝的等效有效厚度平均系数 c_1 值均大于 0.7，因此采用式（33）来代替考虑外荷方向的角焊缝计算方法也是可以的。

5　小　结

（1）支管与主管相交线的长度 L_f 和支管外径与主管外径之比 d/D、支管轴线与主管轴线的夹角 θ 有关，可写成：

$$L_f = f\left(\frac{d}{D}, \theta\right) = d \cdot K_s$$

（2）相交线率 K_s 可近似采用：

$$\frac{d}{D} \leqslant 0.65 \quad K_s = \left(3.2549 - 0.0246\frac{D}{d}\right)\left(\frac{0.534}{\sin\theta} + 0.466\right)$$

$$\frac{d}{D} \geqslant 0.65 \quad K_s = \left(3.8118 - 0.38658\frac{D}{d}\right)\left(\frac{0.534}{\sin\theta} + 0.466\right)$$

上述近似计算公式与精确法相比误差极小，完全符合工程要求，该式比日本规范所提出公式简单。

（3）采用全周角焊缝时，取有效厚度平均系数 $c = 0.7$ 是安全可靠的。建议全周角焊缝的计算公式为：

$$\frac{N}{0.7 h_f L_f} \leqslant [\tau_t^h]$$

参 考 文 献

1　国家标准. 钢结构设计规范 TJ 17—74. 北京：中国建筑工业出版社，1974

2　藤本盛久编著. 铁骨の构造设计，1972 年 10 月

3　朱鼎勋编. 空间解析几何. 北京：上海科技出版社，1978

4　西安冶金学院等四校合编. 钢结构. 北京：中国建筑工业出版社，1979

5　Steel Structures. Materials and Design，ISO/TC167/SCI N69E（Working Draft），1983

（本文发表于：同济大学学报，1985 年第 2 期）

59. 焊接方管节点极限承载力计算

沈祖炎 张志良

提 要：本文在方管节点非线性有限元分析[1]的基础上，结合文献 [2，3] 的研究结果，提出了一个分析等宽度十型和 X 型方管节点腹板失稳破坏时极限承载力的"等效框筒模型"。在模型分析的基础上，提出了一个计算方管节点极限承载力的公式。该公式和国外最好的公式相比具有精确实用，形式简单合理的优点，可供我国制订"钢管结构规范"使用。

关键词：方管节点 极限承载力 有限元

Calculation of Ultimate Load-Carrying Capacity of Welded RHS Joints

Shen Zuyan   Zhang Zhiliang

Abstract：Based on the results of parameter analysis of RHS joints obtained by nonlinear FEM，and the results of studies of references [2] and [3]，a model called the equivalent frame tube model which can properly simulate the characteristic of the ultimate strength of RHS joints is proposed to approximately analyze the ultimate web crippling strength of RHS cross or X joints. Finally，a design formula is derived to predict the ultimate strength of RHS cross or X joints. 85 test results are correlated with the authors' formula and a mean value of 1. 22 with a very small scatter about it (COV=0. 11) is obtained. Comparing with others' formulas，the authors' formula has the advantages of better correlation with test results and simplicity in form.

Keywords：RHS Joint   Ultimate Load-Carrying Capacity   Finite Element Method

1 引 言

方管结构由于方管的优越性，近年来在国外得到了日益广泛的应用[2,3]。方管结构设计的关键问题是管节点的极限承载力问题。由于影响方管节点极限承载力的因素很多，使得理论分析比较复杂。荷兰、英国、波兰、加拿大和日本等国在方管节点极限承载力研究方面做了大量的试验工作，并在这基础上相继提出了一些经验或半经验的极限承载力计算公式。

在国内，对杆件的研究日趋成熟，而方管节点的研究却刚刚起步。本文的目的是在

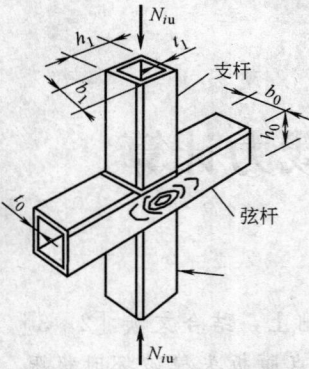

图1　等宽度十型方管节点

方管节点极限承载力非线性有限元分析[1,10]的基础上，结合国内外试验研究结果，针对等宽度十型和X型方管节点（见图1），提出一个较为精确的极限承载力计算公式，供我国制订钢管结构规范使用。

2　方管节点极限承载力计算公式现状

目前为止，针对等宽度十型和X型方管节点，国外提出了六个极限承载力计算公式。

（1）波兰的 Czechowski 和 Brodka 最早进行了大量的方管节点系列试验。试验中所有方管都由冷成型的槽钢焊接而成。在试验基础上，他们提出了一个半经验的等宽度十型和X型节点极限承载力（N_{iu}）计算公式[4]。

（2）荷兰的 Wardenier 教授对十型节点进行了试验研究和理论分析，并根据节点试验出现的腹板承压和屈曲破坏形式，提出了相应的极限承载力计算公式[5]。

（3）加拿大多伦多大学 Packer 教授，根据试验研究结果，在统计分析的基础上提出了一个十型和X型节点的极限承载力计算公式[2]。

（4）Giddings 提出了一个和 Wardenier 教授的公式形式相类似的十型和X型节点的极限承载力公式[6]。

（5）根据类似于宽翼缘工字钢腹板承压和屈曲破坏时的处理方法，澳大利亚钢结构协会针对方管节点提出了相应的计算公式[7]。

（6）Yura 等人把工字型截面腹板极限承载力的近似计算公式推广应用于方管节点，得到了一个量纲上不平衡的极限承载力计算公式[2]。

文献［2］收集整理了71个等宽度十型和X型方管节点试验数据，并对以上六个公式进行了比较。比较结果表明，从统计角度的均值和均方差意义上看，Packer 提出的公式最好，均值为1.36，方差系数 COV＝0.16。

3　方管节点有限元分析和参数研究

3.1　方管节点有限元分析

方管节点可看作由空间薄板组成的结构。本文对薄板弯曲采用广义协调元[8]，面内变形采用双线性平面应力单元，同时采用较高精度和效率的增量法——牛顿拉夫逊-子增量法[1]对方管节点进行了有限元分析，并根据如下方式考虑节点中几何非线性和材料非线性的影响。

在几何非线性中，单元内某点的应变-位移的非线性关系为：

$$\left\{\begin{array}{c} \varepsilon_x \\ \varepsilon_y \\ \gamma_{xy} \end{array}\right\} = \left\{\begin{array}{c} \partial u/\partial x \\ \partial v/\partial y \\ \partial v/\partial x + \partial u/\partial y \end{array}\right\} - z\left\{\begin{array}{c} \partial^2 w/\partial x^2 \\ \partial^2 w/\partial y^2 \\ 2\partial^2 w/\partial x\,\partial y \end{array}\right\} + \frac{1}{2}\left\{\begin{array}{c} (\partial w/\partial x)^2 \\ (\partial w/\partial y)^2 \\ 2\partial w/\partial x \cdot \partial w/\partial y \end{array}\right\} \tag{1}$$

式中：u，v 和 w 分别为平面内位移和出平面位移。

在材料非线性中，根据米赛斯屈服准则和普朗特-路易斯塑性流动增量理论得弹塑性应力增量 d $\{\sigma\}$ 和应变增量 d $\{\varepsilon\}$ 关系为：

$$\Delta\{\sigma\}=[D_{aD}]\Delta\{\varepsilon\} \tag{2}$$

$$[D_{aD}]=[D_a]-\frac{[D_a]\{\partial\bar{\sigma}/\partial\sigma\}\{\partial\bar{\sigma}/\partial\sigma\}^T[D_b]}{H^1+\{\partial\bar{\sigma}\partial\sigma\}^T[D_a]\{\partial\bar{\sigma}\partial\sigma\}} \tag{3}$$

式中：$[D_a]$ 为弹性应力应变关系矩阵；H^1 为单轴试验中等效应力和等效塑性应变曲线的斜率；$\sigma=\{\sigma_x，\sigma_y，\gamma_{xy}\}$ 为应力矢量；$\bar{\sigma}=(\sigma_x^2-\sigma_x\sigma_y+\sigma_y^2+3\tau_{xy}^2)^{[1]}$ 为等效应力。

图 2 为 T 型节点[9]的理论分析和试验结果的比较

从图中可见，由于同时考虑了材料非线性和几何非线性的影响，本文的有限元分析和试验得到了很好的符合。

3.2　参数研究

影响等宽度方管节点极限承载力的因素很多，其中主要有节点腹板高厚比 h_0/t_0，节点宽高比 b_0/h_0，支管和主管的高度比 h_1/h_0。为了分析这些参数对极限承载力的影响，采用图 3 所示的有限元网格，并假定初始挠度为 $w_0/t_0=0.005h_0/t_0$，且忽略残余应力的影响，对节点进行参数分析，结果示于图 4，图 5 和图 6 中。

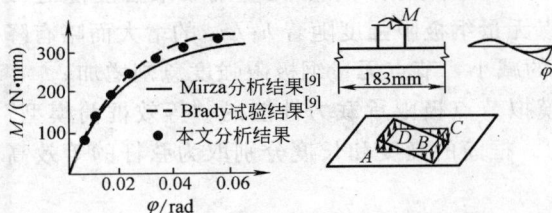

图 2　T 型节点理论与试验结果的比较

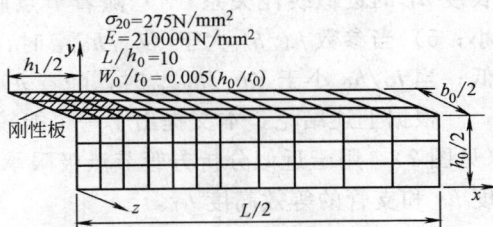

图 3　节点有限元网格

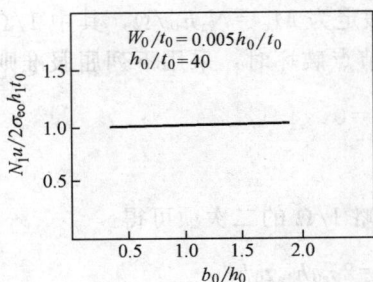

图 4　参数 b_0/h_0 对极限承载力的影响

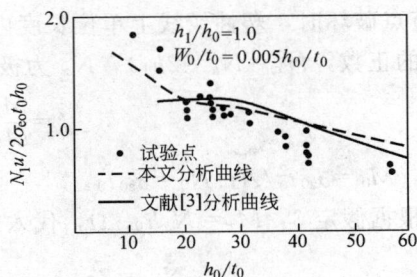

图 5　参数 h_0/t_0 对极限承载力的影响

图 4 表明，方管节点的宽高比 b_0/h_0 的变化对节点无量纲极限强度影响很小。图 5 为节点腹板高厚比对节点极限强度的影响。图中·为本文收集的国内外十型节点试验数据，虚线为本文分析结果近似曲线，实线为文献［3］中考虑初始挠度及部分刚接、部分铰接边界条件的平板模型分析结果。由图可见，本文的分析曲线和试验数据的趋势较为接近。文献［3］由于把真实节点简化成一平板，因而很难考虑翼缘板的约束作用，其结果与试验数据在 $h_0/t_0<20$ 时有较大差异。图 6 为参数 h_1/h_0 对节点极限强度的影响。图中可以

看出，当 h_1/h_0 大于某值时，随着 h_1/h_0 的增大，无量纲极限承载力略有降低，而当 h_1/h_0 小于该值时，随着 h_1/h_0 的减小，无量纲极限承载力将急剧增加。

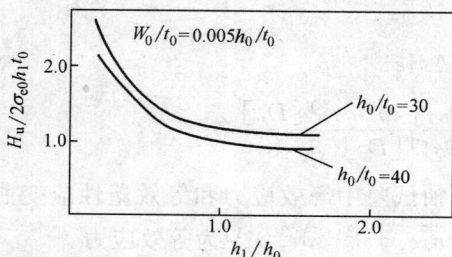

图 6　参数 h_1/h_0 对极限承载力的影响　　　　　　图 7　等效框筒模型

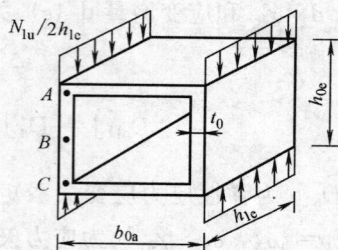

4　等效框筒模型和极限承载力公式

综合本文参数分析和文献［2，3］的研究结果，得结论如下：

1）节点宽高比 b_0/h_0 的变化对节点极限强度影响不大；2）节点弦杆轴向力对节点极限强度的影响很小，在极限承载力计算公式中可以不予考虑[2]；3）节点极限强度是支管长度 h_1 的近似线性关系；4）随着节点腹板高厚比的增大，节点无量纲极限强度随之减小；5）当参数 h_1/h_0 大于 $(h_1/h_0)_{cr}$ 时，节点无量纲极限强度随着 h_1/h_0 的增大而略有降低；当 h_t/h_0 小于 $(h_1/h_0)_{cr}$ 时，随着 h_1/h_0 的减小，节点无量纲极限强度急剧增加。

根据上述结论，本文提出了一个能较好模拟节点极限承载力性能的"等效框筒模型"（见图 7），用于近似分析方管节点极限承载力。框筒的高度和长度分别取为弦杆的等效高度 h_0 和支管的等效高度 h_1。

为了分析等效框筒的极限强度，采用如下假定：

1）节点破坏时塑性铰线出现在 A，B，C 处；2）采用理想的弹塑性应力应变曲线；3）节点破坏时，塑性铰线上单位长度内的二次弯矩假定为 $M_x = N_x h_0/\Omega$，其中 $1/\Omega$ 为一很小的正数，$N_x = N_u/(2h_1)$，N_x 为极限强度；4）节点破坏时，采用下列屈服准则

$$f = \frac{M_x}{M_0} + \left(\frac{N_x}{N_0}\right)^2 - 1 = 0 \tag{4}$$

式中：$M_0 = \sigma_{a0} t_0^2/A$；$N_0 = \sigma_{a0} t_0$。

根据假定 3，$M_x = N_x h_{0a}/\Omega$，代入式（4），并忽略 $1/\Omega$ 的二次项可得

$$N_{1u} = 2\sigma_{a0} h_{1a} t_0 \left(1 - \frac{2}{\Omega} h_0/t_0\right) = 2\sigma_{a0} h_{1a} t_0 k_1 \tag{5}$$

参照参数分析结果，并和试验数据相比较后，k_1 取为：

$$k_1 = \begin{cases} 1.75 - 0.030 h_0/t_0 & h_0/t_0 \leqslant 25 \\ 1.4 - 0.016 h_0/t_0 & h_0/t_0 > 25 \end{cases} \tag{6}$$

h_{1a} 可看作 $h_1 \times k_2$，其中 k_2 可取为：

$$k_2 = \begin{cases} (0.7 h_0/h_1)^{0.7} & h_1/h_0 \leqslant 0.7 \\ (0.7 h_0/h_1)^{0.2} & h_1/h_0 > 0.7 \end{cases} \tag{7}$$

考虑到支管与弦杆夹角 θ_1 对节点极限承载力的影响，文献［2］指出，试验结果表明

夹角影响函数取 $1/\sqrt{\sin\theta_1}$ 比 $1/\sin\theta_t$ 为好。综合式（6），（7）和夹角影响函数后可得方管节点极限承载力计算公式如下：

$$N_{1u} = 2\sigma_0 h_1 t_0 k / \sqrt{\sin\theta_1} \qquad (8)$$

式中：$k = k_1 \times k_2$ 为影响函数，在表 1 中给出。

k 影响函数表　　　　　　　　　　　　　　　　　　　表 1

h_1/h_0	h_0/t_0										
	10	15	20	25	30	35	40	45	50	55	60
0.2	3.49	3.12	2.76	2.40	2.21	2.02	1.83	1.63	1.44	1.25	1.06
0.4	2.15	1.92	1.70	1.48	1.36	1.24	1.12	1.01	0.89	0.77	0.65
0.6	1.62	1.45	1.28	1.11	1.02	0.94	0.85	0.76	0.67	0.58	0.49
0.7	1.45	1.30	1.15	1.00	0.92	0.84	0.76	0.68	0.60	0.52	0.44
0.8	1.41	1.27	1.12	0.97	0.96	0.82	0.74	0.65	0.58	0.51	0.43
1.0	1.35	1.21	1.07	0.93	0.86	0.78	0.71	0.63	0.56	0.48	0.41
2.0	1.18	1.05	0.93	0.81	0.75	0.68	0.62	0.55	0.49	0.42	0.36
3.0	1.08	0.97	0.86	0.75	0.69	0.63	0.57	0.51	0.45	0.39	0.38

本文收集整理了 85 个等宽度十型和 X 型方管节点试验数据（其中 3 个数据为本文作者试验结果，文献［2］中 71 个试验数据和文献［3］中 11 个试验数据由 J. A. Packer 教授提供），并把这 85 个试验数据和本文公式计算结果进行了比较，比较结果示于图 8 中，均值为 1.22，方差系数很小为 0.11。图 9 为 85 个试验数据与 Packer 公式

$$N_{1a} = \sigma_0 b_0^{0.3} t_0^{0.7} \left\{ 3.8 + 10.75 \left[\frac{(b_1 + h_1)}{2b_0} \right]^2 \right\} / \sin\theta_1$$

的比较结果，均值为 1.38，方差系数为 0.22。从两图的比较可知，本文公式所得均值和方差系数都明显优于 Packer 公式的均值和方差系数。

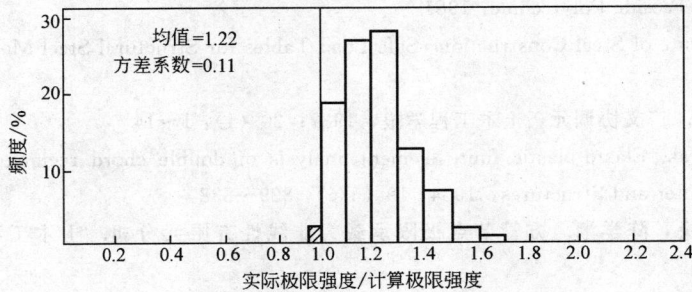

图 8　式（8）和试验结果相关图

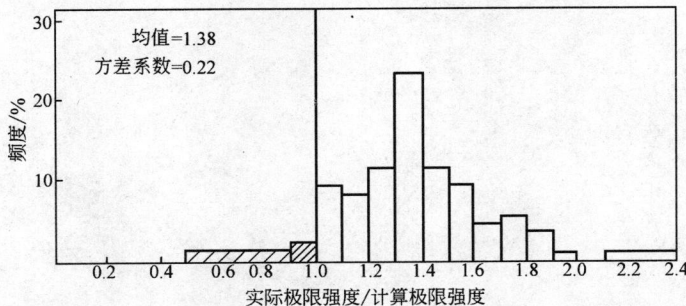

图 9　Packer 公式和实验结果相关图

5 结　论

　　由于影响方管节点极限承载力的因素很多以及理论分析的复杂性，国外提出的极限承载力公式都缺乏充足的理论根据，有的过分复杂，有的不够精确。本文借助于非线性有限元，在参数分析的基础上，提出了一个能较好模拟等宽度方管节点极限承载力性能的"等效框筒模型"。在模型分析的基础上，提出了一个极限承载力计算公式。该公式和国外极限承载力公式相比，具有精度高、形式简单、概念合理、使用方便的优点，可供我国制订"钢管结构规范"使用。

参 考 文 献

1　Zhang Zhiliang，Shen Zuyan，Chen Xuechao，Nonlinear analysis and experimental study of ultimate capacity of welded RHS joints. Tubular Structures，London：Elsevier Applied Science Publishers，1990

2　Packer J A. Web crippling of rectangular hollow section，J. Struct. Engng, ASCE，1984；110（10）：2357～2373

3　Davies G. Packer J A. Analysis of web crippling in a rectangular hollow section，Proc. of the Institution of Civil Engineering，Part 2，1987；83（12）：785～798

4　Czechowski A. Brodka J. Etude de la resistance statique des assemblages soudes en croix de profils creux rectangularires. Construction Metallique，1977；3：17～25

5　Wardenier J. Hollow section joints. Delft：Delft University press，1982

6　Giddings T W. Welded joints in tubular construction. Conference on Joints in Structural Steelwork，Middlesbrough，Teeside Polytechnic，1981

7　Austanlian Institute of Steel Construction. Safe Load Tables for Structural Steel Metric Units，3rd edition，1975

8　龙驭球，辛克贵. 广义协调元，土木工程学报，1987；20（1）：1～14

9　Mirza F A. et al. Elasto-plastic finite element analysis of double chord rectangular hollow section T. Joints. Computer and Structures，1984；19（5/6）：829～838

10　张志良，沈祖炎，陈学潮. 方管节点极限承载力非线性有限元分析. 土木工程学报，1990：23（1）：12～22

（本文发表于：同济大学学报，1990 年第 3 期）

60. 钢结构焊接方管节点疲劳性能研究

沈祖炎　赵金城　童乐为

提　要：本文用热点应力法对焊接"十"字型方管节点的疲劳性能进行了试验研究及有限元分析，提出了热点应变集中系数的参数方程式，并根据本文试验结果及国外同类节点的疲劳试验数据给出了疲劳设计 S-N 曲线。此外，本文还提出了用残余变形监测疲劳裂纹开始出现的概念，并验证了用 15% 应变幅减少来判断裂纹产生的可靠性。

关键词：方管节点　疲劳性能　残余变形

The Fatigue Behaviour of Welded "十" Joints of Square Hollow Sections

Shen Zuyan　Zhao Jincheng　Tong Lewei

Abstract：In the paper，the fatigue behaviour of "十" joints of square hollow sections is studied experimentally and numerically. A parametric formula is proposed for calculating the strain concentration factor. Based on the experimental data in this paper and other available papers，a S-N curve expressed in hot spot stress range is suggested. Moreover，a new concept to observe the initial fatigue cracks by using the residual deformation of the joints is presented，it verifies the reliability of evaluating cracks occurrence by 15% variation of strain range under fatigue load.

Keywords：Joints of Square Sections　Fatigue Behavior Doformation

1 引　言

　　方管截面，由于其自身的一系列独特优点，在结构工程当中得到了日益广泛的应用。实际结构当中，有不少场合会碰到方管结构节点承受反复荷载的情况，这就涉及到节点的疲劳问题。20 世纪 70 年代以后，国外学者对该课题开展了一些研究工作[2~5]，积累了一些资料，但无论从研究方法及研究成果方面都得不到较好的统一，主要表现在设计应力的取值、破坏准则的选择及设计曲线（S-N 曲线）的差异。我国《冷弯薄壁型钢结构技术规范》（GBJ—87），由于缺乏足够的依据，也未将节点的疲劳性能内容列入。在此背景下，本文选择该课题作为研究对象，其意义也在于此。另外，在众多的研究方法当中，本文选择热点应力法进行研究。该法可以通过很少的几根 S-N 曲线表示出几乎所有类型节点的疲劳性能，通过理论分析及试验研究得出计算热点应力的参数方程表达式及疲劳设计曲线。

2 试 验 研 究

2.1 试件概况

钢材为 A3 钢（钢种对焊接方管节点疲劳性能影响不大[2]）。试件如图 1 所示。各试件名义尺寸（mm）及无量纲参数见表 1。选择两组不同 β 值的试件的目的，是为了得出 β 值对节点疲劳性能的影响，及保证疲劳试验结果的可靠性及可比性。支管、主管之间应满足一定的同心度及垂直度的要求。支、主管在焊接以前由磨光机进行除锈，然后进行定位焊。全部焊缝要求工艺相同。焊完后对焊缝进行超声波质量检查。

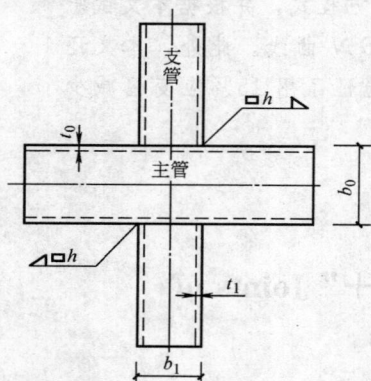

2.2 试验目的及测点布置

试验目的有两个，第一是通过静载试验测量支、主管焊缝焊趾外应力，以便用线性外推法得出热点应力，然后除以支管中的名义应力得应力集中系数（SCF），以便和有限元分析结果相比较，并分析两组试件不同的宽度比 β 对 SCF 值的影响。第二是疲劳试验测量试件的疲劳寿命 N_f，试件一直到破坏为止。整个疲劳试验过程中，用应变计读数的变化监测裂纹的产生及发展的全过程，当某一应变计读数幅值在疲劳荷载作用下发生 15% 变化时，注意该处裂纹是否产生。同时，对试件的残余变形变化进行观察。

图 1 试件形状

表 1

试 件	b_0	b_1	t_0	t_1	β	τ	γ
S_1、S_2、S_3	80	40	4	4	0.5	1	20
S_4、S_5、S_6	40	40	4	4	1	1	10

注：$\beta = b_1/b_0$，$\gamma = b_0/t_0$，$\tau = t_1/t_0$。

关于测点的布置，对于前几个试件，由于对热点的可能位置毫无所知，也没有类似的测点布置作为参考，故应变计布置的比较多；后几个试件，可以从前几个试验中大概判断出热点的可能位置，故应变计个数相对少些。应变计的具体位置是这样确定的：对于 $\beta \neq 1$ 的节点，考虑 LineA、LineB、LineD，对于 $\beta = 1$ 的节点，还应考虑 LineC（位置如图 2），因为这些线上的某一点最有可能是节点上的应力最大点即热点。由于热点应力中不包括由于焊缝的影响产生的那部分应力，故测点要选择在距焊趾有一段距离，以使应变计读数不受焊缝的影响，但距离也又不能太远，以便使热点应力中包含由于支、主管在外荷载作用下发生协调变形而产生的弯曲应力（又称几何应力）。参考文献 [5]，应变计到焊趾的距离如图 3 所示。

2.3 试验装置及加载

本次试验是在英国 INSTRON 公司生产的 Instron 电液伺服疲劳机上完成的。试验装置如图 4 所示。加载时，对主管不施加任何荷载（因主管轴力对节点疲劳性能影响不大[2]）。

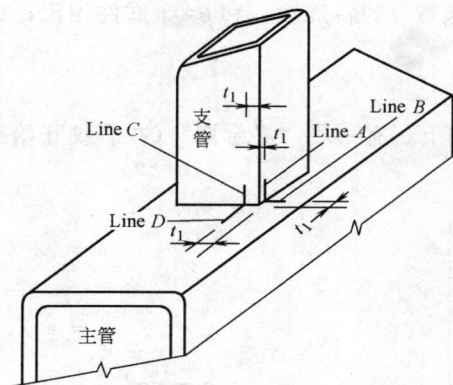

图 2 测点布置所考虑的位置（控制位置）

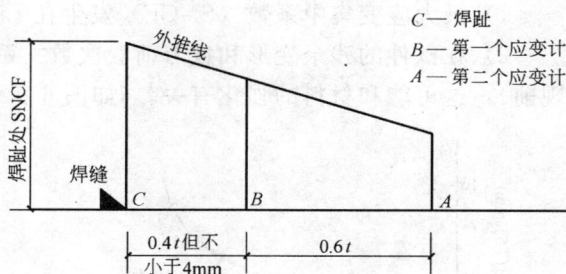

图 3 线性外推点的选择（应变计布置）

支管轴向荷载取值如表 2。疲劳荷载应力比一律取 0.1。加载频率视各试件刚度情况取 5～10Hz。

支管疲劳荷载取值（单位：kN）   表 2

试 件	S_1	S_2	S_3	S_4	S_5	S_6
荷载	2.5～25	2～20	1.5～15	12～120	10～100	8～80

2.4 试验结果及分析

综合 $\beta \neq 1$ 试件的静载及疲劳试验结果，我们发现：

1）对于 $\beta \neq 1$ 的节点，LineB 起控制作用，即 LineB 上的应变集中系数（SNCF）值最大。

2）节点裂纹的产生及发展是按以下规律进行的：首先在支、主管交界处的某一角落（LineB 处）发生微小裂纹域，即许多微小裂纹组成的区域；然后，许多根微小裂纹汇集为一条主裂纹，并逐渐沿长度

图 4 试验装置（照片）

方向向节点的中部扩展。随着循环次数的增加，然后贯穿整个节点长度，再向深度发展；当发展到一定程度后，由于刚度的变化，应力重新分布，有裂纹的地方应力减小，故裂纹的发展逐渐变慢。同时，在其他应力集中较大值处（一般是初始裂纹的斜对角线处），产生第二批裂纹，然后第三批等。这时，初始裂纹扩展速度加快，试件将告破坏。从裂纹的发生到试验终止，这一段大概占疲劳寿命的 25% 左右。

3）从试验结果表示初始裂纹处应变计读数的变化来看，可以用 15% 应变幅减少来判断裂纹是否产生。

4）从疲劳试验中发现，整个试件在疲劳荷载作用下的残余变形变化很有规律，如图 5 所示。（残余变形由 Instron 疲劳机给出）裂纹出现前，呈线性变化。裂纹出现后，呈非线性变化。所以，可以用该现象作为试验时判断裂纹何时产生的手段。至于该手段的可靠度，还需要进一步的试验证实。

对于 $\beta=1$ 的试件，由于影响节点 SCF 的主要参数 β 的特殊性，和 $\beta\neq1$ 试件相比，试验结果表现出许多不同的特点，具体表现为：

1) 最大应变集中系数（SNCF）发生在 LineA 处。

2) 在试件的残余变形和疲劳荷载次数关系曲线上，有一段"平台期"（在裂纹开始出现前），这可能和材料的强化有关。（如图 6 所示）。

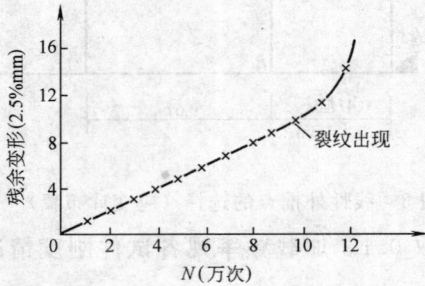

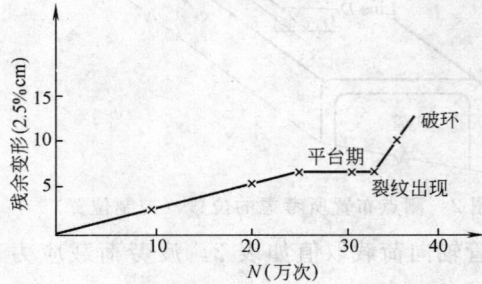

图 5　$\beta\neq1$ 试件（S_2）残余变形的变化　　　图 6　$\beta=1$ 试件（S_6）残余变形的变化

3) 从发现裂纹开始到节点最后破坏一段节点的寿命只占总疲劳寿命的 10% 左右，大大低于 $\beta\neq1$ 的试件，裂纹扩展也没有 $\beta\neq1$ 节点那样明显。破坏是由于支、主管突然拉开引起的，带有脆性破坏的性质，这和该类节点纵向刚度较大有关。

3　有限元分析

由于热点应力等于名义应力乘以应力集中系数，而应力集中系数可以表示成节点几何参数（β、τ、r）的方程，故用热点应力法研究方管节点疲劳性能的核心问题之一是找出应力集中系数 SCF 或应变集中系数 SNCF 参数方程的表达式，这就需要对节点进行应力分析。分析方法主要有"解析法""半解析法"及有限元分析方法，鉴于前两种分析方法的局限性，有限元法更适用些。早在本世纪 70 年代，文献 [1] 就圆管节点给出了 SCF 参数方程式。对于方管节点，直到最近几年，文献 [3] 结出了些成果。但我们注意到，不同学者、甚至同一学者不同时期提出的参数方程式是有相当大差别的。原因是多方面的，如计算模型的简化不同、不同的单元划分等。另外，这些参数方程在形式上大都过于繁杂，不太适合实际工程当中的应用。所以，如何进一步精确、简化参数方程是一个有待解决的问题。

本文用 SAP-84 结构分析通用程序进行节点应力分析。需要指出的是：SAP-84 程序未考虑材料的物理非线性影响，而在实际节点中，由于残余应力造成的应力集中的影响，局部材料已达塑性（这在静载试验中已得到证实），这就给计算结果带来误差，但误差不会太大，我们可以这样解释：疲劳断裂主要是由于裂纹扩展失稳和快速传播引起的，一般情况下，节点局部屈服区很小，裂纹的扩展是在被广大弹性区包围的很小区域内开始进行的。另外，由于材料在反复荷载下引起的力学性能的变化，我们认为线性分析也可以。这一点在后面的试验结果和有限元分析结果比较中得到了证实。

3.1　单元划分

3.2　参数分析

利用 $SCF=SNCF/1.1$[5] 将有限元法计算得 SCF 转化为 SNCF。当分析某一参数（β、

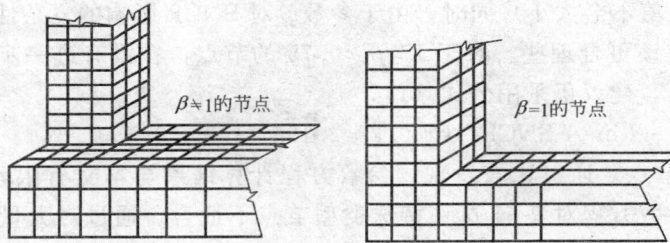

图 7　单元划分

τ、r) 对 SNCF 值的影响时，我们保持其他参数不变。这样，通过对大量的有限元法计算结果分析可知：τ 对 LineA 和 LineC 的 SNCF 无多大影响，对 LineB、LineD 的影响随 τ 的增大而增大，可以认为 SNCF 是 τ 的指数形式的函数，β 对所有控制位置的 SNCF 值影响都较大，且比较复杂，可以认为 SNCF 是 β 的多项式的函数；γ 的影响类似 τ 的影响。关于各参数的影响，可以近似用图 8 表示。

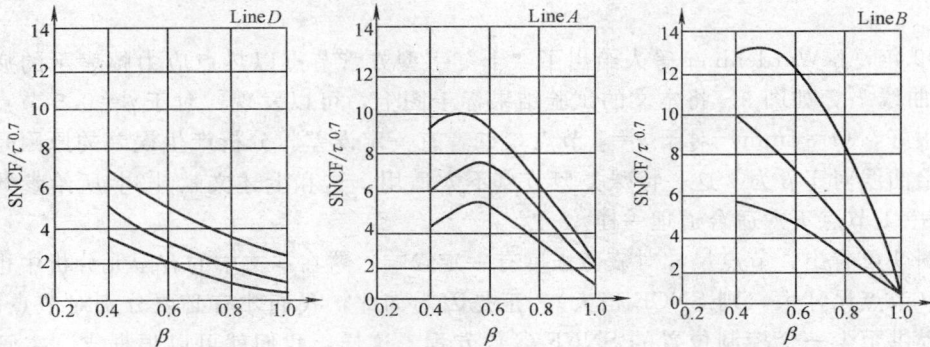

图 8　参数影响曲线

4　计算 SNCF 的推荐公式

1989 年，R. S. Puthli 和 J. Wardenier 等人通过对"十"字型方管节点的研究提出如下参数方程式[3]：（LineC 一般不起控制作用）

$$\text{Line} A \quad \text{SNCF} = (-0.181 + 1.989\beta - 1.720\beta^2)(\gamma)^{1.062} \tag{1}$$

$$\text{Line} B \quad \text{SNCF} = (0.032 + 0.104\beta - 0.133\beta^2)(\gamma)^{1.938}\tau^{0.7} \tag{2}$$

$$\text{Line} D \quad \text{SNCF} = (0.039 - 0.04\beta + 0.006\beta^2)(\gamma)^{1.079}\tau^{0.7} \tag{3}$$

对于 $\beta \neq 1$ 节点，通过对本文试验结果和有限元分析结果进行比较，发现二者最大误差在 20% 左右。这一方面说明了有限元分析方法的可行性，另一方面也暴露了该分析方法的误差。产生误差的原因是多方面的：如单元划分不精确；有限元分析节点和实际节点的差异；实测点布置位置不精确；线性外推法本身的误差等。另外，通过对本文有限元分析结果和上述参数方程计算结果比较发现，对于 $\beta \neq 1$ 节点，误差都在 20% 以内。对于 LineA，参数方程计算值偏小。结合试验结果，考虑本文节点的贴角焊缝和参数方程适用的对接焊缝的区别[2]，在对大量的 $\beta = 0.5 - 0.75$ 的节点进行有限元分析的基础上，将参数方程 (1) 改为 (4)，(4) 的适用范围是 $\beta < 0.75$，这样，计算结果偏安全些，（当然，

实际工程当中的 β 值不会太小）同时，由于参数 β 对 SNCF 影响的复杂性，将参数方程写成 β 的分段形式应该更合理些。对于 $1>\beta\geqslant0.75$ 的节点，在没有进一步的试验结果及有限元分析的条件下，建议仍采用公式（1）。

$$\text{Line}A\ \text{SNCF}=(-0.2+2.19\beta-1.96\beta^2)\ (\gamma)^{1.062} \tag{4}$$

对于 $\beta=1$ 的节点，通过比较发现，参数方程计算结果与本文有限元分析误差较大，主要是由于上述参数方程对 $\beta=1$ 这一特殊类型节点不适合。通过对大量的有限元计算结果进行数值分析，可以得出：

$$\text{Line}A\ \text{SNCF}=0.5\sqrt{\gamma} \tag{5}$$

$$\text{Line}B\ \text{SNCF}=0.3\gamma^{0.6}\tau^{0.7} \tag{6}$$

$\text{Line}C$、$\text{Line}D$ 不起控制作用，可以不去考虑。公式（5）、（6）具有形式简单，计算准确等优点，而且一般计算数值偏于安全。

5   推荐的 S-N 曲线

1989 年，J. Wardeniner 等人给出了"十"字型方管节点以热点应力幅表示的疲劳设计 S-N 曲线[3]，如图 9。将本文的试验结果标于图上，可以发现：对于 $\beta=0.5$ 节点，二者符合很好，（$t=4$mm）对于 $\beta=1$ 节点，二者有一定误差。分析产生误差的原因是文献 [3] 所给曲线对于 β 为 1 这一特殊类型节点不太适用，这和上述文献 [3] 所给参数方程式对于 $\beta=1$ 节点不太适合道理一样。

从图 9 可看出，节点尺寸对疲劳强度有一定影响，这在本文中的有限元分析中也可以反映出（节点尺寸大，则 SNCF 稍大）。正是因为如此，我们才有必要分别对节点的支、主管各提供至少一个控制位置的 SNCF 参数方程。这样，我们就可以根据支、主管的厚度分别验算，取比较小的疲劳寿命（N_f）作为节点的疲劳寿命。

为了找出一个通用的公式来表达图 10 中的各条曲线，我们发现不同厚度 t 的节点，其 S-N 曲线之斜率略有不同。对于 $t=4$mm 的节点，其 S-N 曲线可以近似表示为：

$$\lg N_f=-5.9\lg S_r+21 \tag{7}$$

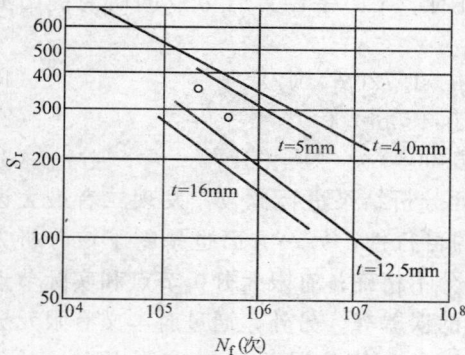

图 9　"十"字型方管节点的 S_r-N 曲线

注：1. 坐标为对数坐标；2. S_r 为热点应力幅；
（单位 N/mm²）3. "•" $\beta=0.5$ 的试验点；
"O" $\beta=1.0$ 的试验点；4. N_f 为破坏次数。

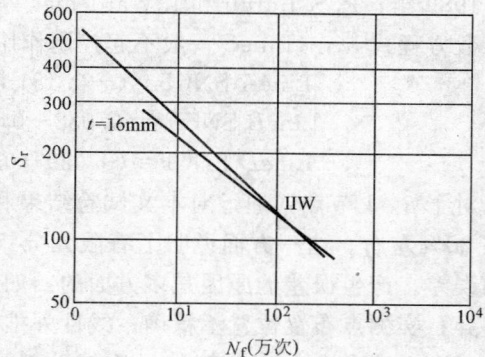

图 10　本文提出曲线

（$t=16$mm）与 IIW 曲线比较

注：S_r 为热点应力幅（N/mm²）

考虑 t 的影响，将厚度为 t 的节点之 S-N 曲线写成：

$$\lg N_f(t)=[-6.7+0.75(t/4)]\lg S_r+[24-2.55(t/4)] \tag{8}$$

在这里，将 t 的影响写成 $(t/4)$ 的函数。对于 t 为 16mm 的节点，公式（8）变为：

$$\lg S_r=-3.7\lg S_r+13.8 \tag{9}$$

由（9）式画出的曲线和国际焊接学会（IIW）提供的 S_r-N_f 曲线比较如图 10 所示。从图中可以看出，两种曲线误差不大。

6　结论与建议

（1）在疲劳荷载作用下，试件的残余变形变化有一定规律。借助该规律，我们可以判断裂纹何时产生。

（2）对于 $\beta\neq 1$ 节点，一般情况下，$LineB$ 起控制作用。故当支、主管壁厚相同时，取 $LineB$ 处的 SNCF 验算节点的疲劳强度即可。对于 $\beta=1$ 节点，$LineA$ 可能起控制作用。

（3）从发现裂纹开始到节点最后破坏，$\beta=1$ 节点的疲劳寿命大大低于 $\beta\neq 1$ 节点，前者占总疲劳寿命的 10% 左右，后者 25% 左右。

（4）在没有更可靠的资料以前，建议采用下列式子计算各节点控制位置的 SNCF：

$\beta\neq 1$ 时：$LineA$ SNCF$=(-0.2+2.19\beta-1.96\beta^2)(\gamma)^{1.062}$

$$(\beta<0.75 \text{ 且不至于太小})$$

$$\text{SNCF}=(-0.181+1.989\beta-1.720\beta^2)(\gamma)^{1.062}$$

$$(0.75\leqslant\beta<1)$$

$LineB$ SNCF$=(0.032+0.104\beta-0.13\beta^2)(\gamma)^{1.938}\tau^{0.7}$

$LineD$ SNCF$=(0.039-0.04\beta+0.006\beta^2)(\gamma)^{1.073}\tau^{0.7}$

$\beta=1$ 时：$LineA$ SNCF$=0.5\sqrt{\gamma}$

$LineB$ SNCF$=0.3\gamma^{0.8}\tau^{0.7}$

并采用下式验算节点的疲劳性能：

$$\lg N_f(t)=[-6.7+0.75(t/4)]\lg S_r+[24-2.55(t/4)]$$

参　考　文　献

1　T. R. Gurney, Fatigue of Welded Structure, 2nd Edition, 1979

2　J. Wardenier, Dipark, Dutte: The Fatigue Behaviour of Lattice Girder Joints in Square Hollow Section. 1982

3　A. M. Van. Wingerde, R. S. Puthli. J. Wardenier, D. Dutta: The Fatigue Behaviour of T and X joints Made of Square Hollow Section, Proceedings of International Symposum on Tubular Structures, 1989

4　R. B. Ogle, G. L. Kulark: Fatigue Strength of Trusses Made from Rectangular Hollow Sections, 1981

5　R. S. Puthli, J. Wardenier: Numerical and Experimental determination of Strain (stress) Concentration Factors of Welded Joints Between Square Hollow Sections, Heron, Volume 33, No. 2, 1988

6　Recommendations for the Fatigue Design on steel structures, ECCS, Final Draft, 1985

7　袁明武等：微型机上的结构分析通用程序 SAP84 使用手册，北京大学，1988 年

（本文发表于：土木工程学报，1993 年第 4 期）

61. 方管焊接节点的疲劳强度

沈祖炎　童乐为

提　要：本文对国外方管焊接节点疲劳强度研究的进展和现状进行了系统综述，对研究方法（热点应力法、分类法、断裂力学法）和一些研究成果（包括影响节点疲劳强度的因素，SCF 的参数方程，K 型、N 型节点疲劳设计等）作了介绍，可供研究与设计人员参考。

关键词：方管　焊接节点　疲劳强度　热点应力法　分类法

The Fatigue Strength of Welded Joints for Rectangular Tubes

Shen Zuyan Tong Lewei

Abstract：In this paper, the state-of-the-art for the fatigue strength of the welded joints for rectangular tubes was comprehensively reviewed, and the research methods (including the Hot Spot Stress method, the Taxonomy method, the Fracture Mechanics method) and the research achievements, including the influence factors to joint fatigue strength, the parameter equation of SCF, the fatigue design for K-Type joints, N-Type joints, etc. were introduced, which may be helpful to other researchers and designers in the future.

Keywords：Fatigue Strength　Welded Joints　Rectangular Tubes

方管（包括正方形和长方形管）因具有良好的受力性能和简单的节点连接方式，已在我国众多的冷弯薄壁型钢屋盖结构中被广泛应用。然而，由于其焊接节点的疲劳研究在国内开展得很少，对节点疲劳性能还缺乏更多了解，因此，影响了方管结构在反复荷载作用下的使用。目前，国外对方管焊接节点的疲劳强度研究，现已取得了一定的成果，如1967 年 D. B. Babiker 就做了一些探索性的试验研究。1975 年开始的由欧洲煤钢联营（ECSC）、国际钢管发展与研究会（CIDECT）等资助下，还进行了规模庞大的研究，其试验分别在德国 Karlsruhe 大学、比利时 Liege 大学、英国 Nottingham 大学、BSC 研究中心、法国焊接研究所、荷兰 TNO-IBBC 和 Delft 大学等地进行。主要节点形式是方管端部对接节点，K 型和 N 型（包括叠置和间隙）节点，试件大多是单独节点，也有少量桁架。研究方法按分类法进行[1]。

进入 80 年代后，又在 ECSC 和 CIDECT 的资助下，德国 Mannesmannrohren-Werke AG、Karlsruhe 大学和荷兰 Delft 大学、TNO-IBBC 又联合采用热点应力法[2]进行了 X型、T 型和 K 型（包括叠置和间隙）节点的疲劳研究。1981 年加拿大 Alberta 大学

R. B. Ogle 等进行了 K 型节点的桁架疲劳试验[3]。

我国在这方面的研究开始于 1973 年，当时由薄壁型钢规范组会同中南建筑设计院进行过方管端部对接节点、Y 型和 K 型节点的桁架疲劳试验，随后冶金部建筑研究总院 (1985) 和同济大学（1990）又按热点应力法分别进行了 K 型和 X 型节点的疲劳试验研究。本文是从总体方面，对上述方管节点疲劳研究的方法和成果作一综述。

1　方管节点的疲劳研究方法

1.1　热点应力法

首先在圆管节点疲劳分析中采用的热点应力法，是作为取代冲剪应力法出现的，80 年代开始应用于方管节点的疲劳分析中。目前，国际上研究管节点的疲劳分析，普遍采用的方法就是热点应力法。

管节点的应力状态一般有三种：（1）名义应力 σ_n，它是在整体结构分析时，将主、支管视为梁柱，运用结构力学和材料力学计算出构件的内力所得出的应力；（2）几何应力 σ_G，就是管节点受载时保持主支管交界线上位移协调而产生的薄膜应力和弯曲应力；（3）局部应力 σ_L，就是管节点焊缝形状和缺陷导致应力集中而引起的应力。所谓热点应力 $\sigma_{h,s}$，其定义是指节点主支管相交焊趾处的最大几何应力，它计及了节点整体几何形状，但不包括焊缝本身引起的局部应力增加。试验确定时，用外推法推算的外推范围，必须在焊缝效应的影响之外，但应尽量近地落在由节点整体几何效应引起的应力梯度区域内。热点应力可能在主管焊趾上，也可能在支管焊趾上（见图 1）。

因此，热点应力法就是将管节点焊趾处最大的几何应力幅，作为疲劳设计的控制参数，而不计及焊缝本身所引起的局部应力集中。之所以不计及局部应力集中：从理论分析看，由于焊缝形状和缺陷因素，即使用三维有限元法分析，也是难以准确地将局部应力求算出来；而几何应力是可以用简单的板壳有限元法计算得出的；从试验

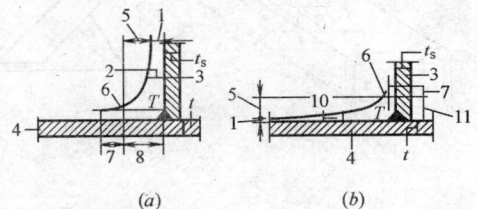

图 1　节点热点应力的定义

（*a*）一支管应力分布；（*b*）一主管应力分布

1—名义应力（σ_n）；2—支管应力；3—支管壁；4—主管壁；5—节点几何形状引起的应力增加；6—几何应力外推到的焊趾；7—焊缝几何引起的力增加；8—支管热点应力；9—焊趾；10—主应管应力；11—主管热点应力

分析看，焊缝引起的局部应力很不稳定，且难以测试，也不可能把应变片恰好贴在焊趾上；而几何应力是稳定的，可用邻近的测量值外推获得；从断裂力学观点看，局部应力只影响初始裂纹的产生，对裂纹扩展的影响较小；而几何应力对占大部分疲劳寿命的裂纹扩展起着控制作用。

衡量焊趾处热点应力的集中程度，习惯上是采用应力集中系数 SCF（热点应力/支管名义应力）或应变集中系数 SNCF（热点应变/支管名义应变）来表示的，故热点应力可表示为 $\sigma_{h,s} = \text{SCF} \times \sigma_{n,s}$（$\sigma_{n,s}$ 为支管名义应力）。

管节点热点应力一般有三个途径获得：

(1) 理论分析途径

理论分析途径有解析法和有限元法。但前者求解析解相当困难，只能限于应用在简单

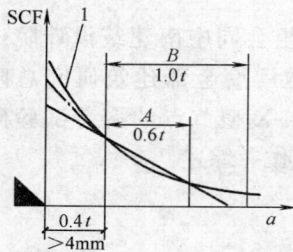

图 2 外推法中应变片
布置的 ECSC 研究方案

（A——一次线性外推，
B——二次非线性外推）

1—实际应力分布；a—离
焊趾距离，t—管壁厚

的几何形状（如 T 型节点）中，因此，目前普遍采用板壳有限元法。

（2）试验分析途径

试验分析包括有钢质模型试验、塑料模型试验和光弹性试验等。由于管节点问题的复杂，目前又没有统一的布片测试规定，在 ECSC 研究方案[2]中提出了一次线性外推和二次非线性外推方法（见图 2）。两种方法都要求应变片分别布置在 $0.6t$ 和 $1.0t$ 范围内，且均要求离焊趾最近的应变片不应小于 $0.4t$（壁厚 $t \geqslant 10\text{mm}$）或 4mm（$t < 10\text{mm}$）。

通过理论和试验分析均表明，方管节点几何应力的变化，呈现出一定程度的非线性，因此采用二次非线性外推的热点应力更为符合实际。方管节点的热点应力一般处于支管四个角附近的主、支管上，试验时应在这些部位布置若干外推线。EC-SC 研究方案[2][4]也提出了外推线的具体位置（见图 3）。

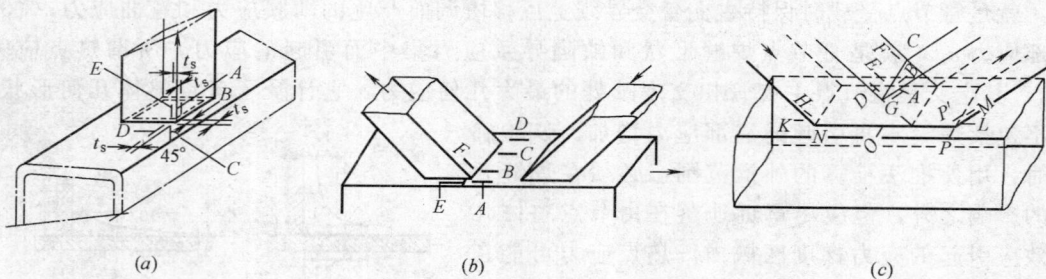

图 3 ECSC 研究方案中的外推线位置

（3）无量纲分析途径

由于实际工程中的管结构，其节点几何形式、尺寸和荷载类型的多样性，不可能采用前述中的某一方法加以分析，因此，国际上较为通用的办法就是采用有限元的分析数据，并辅助一些试验的结果，导出用节点无量纲几何参数表示的应力集中系数 SCF（半经验性参数方程）供设计使用。它的一般形式为 SCF $= f(\beta, \tau, \gamma, \theta)$，$\beta = b_s/b$，$\tau = t_s/t$，$\gamma = b/2t$（$b_s$、$t_s$ 和 b、t 为支管和主管的宽度和厚度，θ 为支管与主管的夹角）。

热点应力法的优点在于所有形式和几何参数的节点与同一条由热点应力幅表示的 $\Delta\sigma$-N 曲线联系起来，其缺点是要求设计者根据节点形式、几何参数和荷载类型计算出热点应力。因此，用以计算热点应力的 SCF 参数方程，是管节点疲劳研究中的一个重要坏节。对于方管结构的节点，由于目前还没有足够可供设计使用的参数方程，现有参数方程适用范围有限，因此，国外开展这方面的研究工作，正在成为一个热门课题。

1.2 分类法

基于方管节点热点应力的疲劳设计方法目前还没有足够的数据可应用，因此传统的分类法仍是方管节点疲劳设计的一个主要途径，该法以名义应力幅作为疲劳设计的控制参数它将几乎相同疲劳强度的一些节点分在一个类别内，通过分类将节点应力集中间接地考虑到不同的 $\Delta\sigma$-N 曲线中。分类法的优点是设计者使用简单方便，缺点是对节点构造的分类，需要通过疲劳试验才能得出许多条不同的 $\Delta\sigma\text{-}N$ 曲线。

1.3 断裂力学方法

管节点问题的复杂性表明，以疲劳试验为主要手段的传统分析方法费用昂贵，随着断裂力学的发展，用断裂力学分析疲劳问题已大有作为，它具有成本低，精度高的特点。由于焊接管节点不可避免地存在某种程度的缺陷或裂纹，故它的疲劳寿命主要是裂纹的扩展寿命，而断裂力学恰是研究裂纹扩展机理的学科。目前断裂力学已应用于圆管节点疲劳寿命的估算，且显示出比其他方法更加接近实际的试验结果。因此，用断裂力学方法进行方管节点的疲劳设计也将是个有效的途径。但要做大量的工作。

2　方管节点的一些研究成果

2.1　影响方管节点疲劳强度的因素

方管焊接节点的疲劳性能受到众多因素的影响。这主要包括材料、成形方法、节点形式、焊接方式、应力比、荷载类型和几何参数等。依据一些试验结果和有限元分析，目前对这些因素的影响有了基本的了解。

2.1.1　材料和成形方法

各种形式的方管节点研究表明，不同的钢材并不影响节点的疲劳强度；冷弯比热轧成形的节点疲劳强度稍高些。不过，这些微小的差别，在设计上完全可忽略[1][3]。

2.1.2　节点形式

方管的节点形式有：两方管端部对接，T 型、X 型、Y 型、N 型和 K 型等节点形式。其中 N、K 型节点又有间隙和叠置之分。由有限元分析和试验表明，不同节点形式的节点应力集中程度不同，单根支管的节点（T、X、Y 型）比双根支管的节点（N、K 型）大；单根支管中 T、X 型节点又比 Y 型节点大；双根支管中，间隙节点又比叠置节点大，因而疲劳试验[1][3]显示出：N、K 型间隙节点的疲劳强度分别比 N、K 型叠置节点低。此外，试验还显示出间隙的 N 和 K 型节点具有相近的疲劳强度，而叠置 K 型节点的疲劳强度要比叠置 N 型节点高些。

2.1.3　焊接方式

方管节点连接可采用对接焊缝或角焊缝。ECSC 研究项目中的 X、T 型节点，对支管壁厚小于 8mm 者采用角焊缝，对大于或等于 8mm 者采用对接焊缝。X 型节点的有限元分析表明，角焊缝连接的应力集中系数比对接焊缝大，这将导致前者疲劳性能要比后者差。两方管端部对接的疲劳试验[1]也表明，采用对接焊缝比端面设隔板好。

2.1.4　应力比

关于应力比 ρ 对方管焊接节点疲劳强度的影响，在 ECSC 研究项目中，作过一些试验分析。文献[1]的疲劳试验显示，应力幅一定时，对 ρ 分别为 -1、0.1 和 0.5 的两方管端部对接，它们之间的 $\Delta\sigma\text{-}N$ 曲线没有什么差别；对 ρ 分别为 -1、0.1 和 0.7 的方管 K 型间隙节点，当破坏发生在支管上时，应力比没有什么影响；当破坏发生在主管上时，应力比有显著影响，疲劳强度随 ρ 增大而减小。ρ 分别为 0.1 和 0.5 的方管 T 型节点疲劳试验表明，当 $\Delta\sigma\text{-}N$ 曲线用支管名义应力幅表示时，ρ 为 0.1 的疲劳寿命大约两倍于 ρ 为 0.5 的疲劳寿命；而用热点应力幅表示时，ρ 的影响甚微。鉴于应力比的影响有时还存在，目前有些方管节点的疲劳设计规定了应力比的使用范围。

2.1.5　荷载类型

有限元分析[3]表明，对 K 型间隙节点，主管受拉的热点应力约是主管受压的 1.4 倍；而 K 型叠置节点，主管受拉与受压的热点应力没有显著差别。破坏发生在主管上的 N 型节点疲劳试验[1]发现，高周范围主管受拉的疲劳强度低于主管受压的疲劳强度；低周范围则差别不大。关于桁架结构二次应力的影响，Mang 等[5]进行了方管构件的桁架疲劳试验，结果显示与单独节点的试验结果十分吻合，认为可忽略二次应力的影响。而 Ogle 等[3]对有 K 型间隙节点的桁架试验结果表明，节点处杆件弯矩产生的弯曲应力，数值上与杆件的名义轴向应力相当，其疲劳数据均低于其他学者进行的无量纲几何参数十分一致的单独节点，提出了二次应力较大地影响 K 型间隙节点的疲劳性能。Wardenier 等[1]进行了支管同时有轴向力和弯矩的节点疲劳试验后，提出将支管轴向力与弯矩产生的名义应力幅之和作为总的应力幅来处理时，则不同的 $\Delta\sigma_m/\Delta\sigma_N$ 值在节点疲劳寿命中没有什么差别。

2.1.6　几何参数

ECSC 研究项目经过大量的有限元计算和一些试验，分析了 β、τ、2γ 等无量纲几何参数对热点应力的影响，回归出由这些几何参数表示的 SCF 或 SNCF 参数方程，目前的成果主要是 T、X 和 K 型节点[2][4][6]。从总体上说，对于 T、X 型节点，当荷载作用在支管上时，SCF_s（支管）和 SCF_0（主管）随 β 呈抛物线变化，随 2γ 的增大而增大，SCF_0 随 τ 的增大而增大，但 SCF_s 几乎与 τ 无关；当荷载作用在主管上时，SCF_0 均随 β、2γ、τ 的增大而增大，但 SCF_s 受几何参数的影响可忽略。对支管受轴向力的 K 型间隙和叠置节点，$SNCF_s$ 和 $SNCF_0$ 随 τ 的增大而增大，但受 β、2γ 的影响较复杂。这些节点的 SCF 或 SNCF 参数方程分别见表 1 和表 2，SCF 与 SNCF 间的换算一般取 SCF = 1.1SNCF，表 2 是 K 型节点最大的 SNCF 值（但未明是哪条外推线上的）。

2.2　方管节点疲劳设计

目前方管节点疲劳研究所积累的数据还是很有限，可供设计使用的 $\Delta\sigma\text{-}N$ 曲线主要是按分类法进行的两管端部对接节点、K 型和 N 型节点（包括间隙和叠置），其使用范围有一定的限制。欧洲钢结构协会《钢结构的疲劳设计规范》ECCS-TC6-Fatigue1985）给出了这些节点的疲劳设计曲线，设计按名义应力幅计算，不计方管钢材和成形方法及应力比 ρ 的影响；适用的管壁厚度不小于 3mm。管端对接节点的疲劳设计见表 3，K 和 N 型桁梁节点的疲劳设计见表 4 和表 5。桁梁节点的名义应力幅计算可不计传力偏心和节点刚度的影响（视为铰节点），但这样计算的名义应力幅需乘上表 6 所列的荷载系数。表 3～表 5 的各分类代号是以各分类 200 万次循环时的疲劳强度数值（量纲 N/mm^2）表示的。

T、X 型节点 SCF 参数方程　　　　　　表 1

支管承受弯矩	$B_:(-0.01+0.085\beta-0.073\beta^2)\times 2\gamma^{(1.722+1.151\beta-0.697\beta^2)}\times\tau^{0.75}$
	$C_:(0.952-3.06\beta+2.382\beta^2+0.0228\times 2\gamma)\times 2\gamma^{(-0.690+5.817\beta-4.685\beta^2)}\times\tau^{0.75}$
	$D_:(-0.054+0.332\beta-0.258\beta^2)\times 2\gamma^{(2.084-1.062\beta+0.527\beta^2)}\times\tau^{0.75}$
	$A,E_:(0.390+1.054\beta+1.115\beta^2)\times 2\gamma^{(-0.154+4.555\beta-3.809\beta^2)}$
支管承受轴向力	$B_:(0.143-0.204\beta+0.064\beta^2)\times 2\gamma^{(1.377+1.715\beta-1.103\beta^2)}\times\tau^{0.75}$
	$C_:(0.077-0.129\beta+0.061\beta^2-0.0003\times 2\gamma)\times 2\gamma^{(1.565+1.874\beta-1.028\beta^2)}\times\tau^{0.75}$
	$D_:(0.208-0.387\beta+0.209\beta^2)\times 2\gamma^{(0.925+2.398\beta-1.881\beta^2)}\times\tau^{0.75}$
	$A,E_:(0.013+0.693\beta-0.278\beta^2)\times 2\gamma^{(0.790+1.898\beta-2.109\beta^2)}$

主管承受弯矩或轴向力	C: $0.725 \times 2\gamma^{0.248\beta} \times \tau^{0.19}$ D: $1.373 \times 2\gamma^{0.205\beta} \times \tau^{0.24}$ B,A,E:可忽略

注：适用范围 $0.35 \leqslant \beta \leqslant 0.1$，$12.5 \leqslant 2\gamma \leqslant 25.0$，$0.25 \leqslant \tau \leqslant 1.0$。

K 型节点 SNCF 参数方程　　表 2

间隙	支管：$3.3\tau(2-\tau)+0.305\gamma^2(0.3-0.01\zeta\gamma)+0.04\gamma\beta(6.38-\gamma\beta^2)-3.8\left(\dfrac{\gamma g'}{100}\right)^2-2.0$ 主管：$\tau(0.00288\gamma^2+g')+5.21\zeta(1-0.178\zeta^2 g')-0.1515\beta^3 g'^2-1.57$			
	适用范围			
	$\beta=b_s/b$	$0.40 \leqslant \beta \leqslant 1.00$	$2\gamma=b_s/t$	$12.50 \leqslant 2\gamma \leqslant 25.00$
	$\tau=t_s/t$	$0.40 \leqslant \tau \leqslant 1.00$	$g'=g/t$	$1.60 \leqslant g' \leqslant 7.10$
	$\zeta=g/b_s$	$0.25 \leqslant \zeta \leqslant 0.75$	θ	$35° \leqslant \theta \leqslant 60°$
叠置	支管：$0.131\beta\gamma^2(1-0.813\beta^2)+1.67\beta\tau+2.94\zeta^2\left(1.94\tau^2-1.9\tau^3-\left(\dfrac{\gamma}{10}\right)^3\right)-0.24$ 主管：$-36.56\zeta\beta^2(1-0.59\zeta^2)+0.025\gamma^2(8.9\beta+\tau)-4.92\gamma\beta^3-0.0073\zeta^2\gamma^3+1.917\zeta^6-3.85$			
	适用范围			
	$\beta=b_s/b$	$0.35 \leqslant \beta \leqslant 0.70$	$2\gamma=b_s/t$	$12.5 \leqslant 2\gamma \leqslant 25.00$
	$\tau=t_s/t$	$0.40 \leqslant \tau \leqslant 1.00$	$g'=g/t$	$-17.00 < g' < -2.50$
	$\zeta=g/b_s$	$0.40 > \zeta > -1.00$	θ	$35° < \theta < 60°$

管端对接节点分类和设计曲线　　表 3

分类	细部构造	$\Delta\sigma$-N 曲线	适用范围
56		$\lg N=11.5456-3\lg\Delta\sigma$	对接焊缝,平滑过渡,无可检测的不连续
45		$\lg N=11.2607-3\lg\Delta\sigma$	设隔板,对接焊缝,无可检测的不连续
36		$\lg N=10.970-3\lg\Delta\sigma$	设隔板,角焊缝,壁厚小于 8mm

K、N 型桁梁节点分类　　表 4

分类	细部构造		适用范围	
71	$t/t_s > 2$	K 型间隙	$0.5(b-b_s) \leqslant g \leqslant 1.1(b-b_s)$ $2t \leqslant g$	
36	$t/t_s = 1$	N 型间隙	$b/t \leqslant 25, b \leqslant 200\text{mm}$ $35° \leqslant \theta \leqslant 50°$ $-0.5h \leqslant e \leqslant 0.25h$ $t_s, t \leqslant 12.5\text{mm}$	
71	$t/t_s \geqslant 1.4$	K 型叠置	$0.4 \leqslant b_s/b \leqslant 1.0$ $30\% \leqslant q/p \leqslant 100\%$ 平面外偏心 $\leqslant 0.02b$ 支管壁厚 $t_s \leqslant 8\text{mm}$	
56	$t/t_s = 1$		采用角焊缝, 对中间的 t/t_s 值,按性线内插到最接 近的分类项来计算	
71	$t/t_s = 1.4$	N 型叠置		
50	$t/t_s = 1$			

K、N 型桁梁节点设计曲线　　表 5

分类	$\Delta\sigma$-N 曲线
71	$\lg N=15.5573-5\lg\Delta\sigma$
56	$\lg N=15.042-5\lg\Delta\sigma$
50	$\lg N=14.7959-5\lg\Delta\sigma$
36	$\lg N=14.0825-5\lg\Delta\sigma$

荷载系数　　表 6

节点形式	主管	竖支管	斜支管
K 型间隙	1.5	1.0	1.5
N 型间隙	1.5	2.2	1.6
K 型叠置	1.5	1.0	1.3
N 型叠置	1.5	2.0	1.4

参　考　文　献

1　Wardlenier，J. and Dutta，D.．The fatigue behaviour of lattice girder joints in square hollow sections，Joints in Structural Steelwork，Pentech Press，1981，PP4.119～4.138

2　Puthli，R. S. et al.．Numerical and epxerimental determination of strain concentration factors of welded joints between square hollow sections，Heron，33，No，2，1988

3　Ogle，R. B. and Kulak，G. L. Fatigue strength of trusses made from rectangular hollow sections，Structural Engineering Report No. 102，Nov. 1981University of Alberta，Edmonton

4　Mang，F. et al.．Fatigue behaviour of K-joints with gap and with overlap made of rectangular hollow sections. Proc. Int. Symposium on tubular structures，Lappeenranta，Finland，Sept. 1989

5　Mang，F. and Dutta，D.．Fatigue strength of welded joints of hollow sections，Symposium on Tubular Structures，Delft，Netherlands，Oct. 1977

6　Wingerde，A. M. Van，et al．．Paramertric formulae for the stress concentration factors of T-and X-joints made with square hollow sections. Paper to be presented at the International conference on Steel & Aluminium Sturctures. Singaporc，22-24 May 1991

（本文发表于：钢结构，1992 年第 4 期）

62. 直接汇交节点三重屈服线模型及试验验证

陈以一　沈祖炎　詹琛　虞晓华　林颖儒

提　要：对 K 型节点建立了一个直接汇交钢管节点的极限分析模型，以求解 K 型节点的极限承载力，经与国内外大量试验数据尤其是大尺寸足尺试验数据的比较，证明了该模型的适用性。

关键词：钢管节点　极限承载力　极限分析　荷载试验

Three Lines Limit-Analysis Model for Chs k-joints and Its Verification by Tests

Chen Yiyi　Shen Zuyan　Zhan Chen　Yu Xiaohua　Lin Yingru

Abstract：A limit analysis model featuring three surrounding yield lines for determining the ultimate loads of directly welded circular hollow section (CHS) K-joints has been established in this paper. Comparative research reveals that the mechanism of CHS joint that produces minimum plastic work should let the fragments separated by yield lines plastically rotate without consideration of the effect of the work done by membrane forces. This kind of model on circular tubes is remarkably different from the situation on rectangular hollow section joints which are composed of plates. The complex solid geometry has been thoroughly studied for such a possible mechanism, and a calculation program has been developed for the model. The results of numerical computation compared with a large number of test data, especially the data obtained from tests using full scale and large size specimens, show the verification of the model.

Keywords：Joint of Steel Tube Structures　Ultimate Load　Limit Analysis　Loading Test

1 引　言

直接汇交焊接钢管节点（以下简称直接汇交节点）具有施工简单、节省材料、外形简洁美观等优点。最近落成并作为八运会主会场使用的上海体育馆大悬挑马鞍型空间钢结构就采用了这种节点。据设计分析，在该项目中采用直接汇交节点与采用焊接球节点相比，仅节点部位，可节约钢材 60% 以上，减少焊缝长度 70% 以上，经济效益十分明显。

直接汇交节点有多种形式，其极限承载力的计算和确定是保证节点可靠，从而保证整个结构安全性的关键环节之一。由于直接汇交节点受力复杂，对节点极限承载力的计算尚未完全解决。文献 [1] 提出对 T 型节点的极限分析模式，但其适用性相当有限。目前工程上采用试验方法来处理这一类问题，即通过试验归纳出极限承载力计算的经验公式。而随结构中构件管径越做越大，已经积累起来的大量小型试件的尺寸效应受到人们关注；在补充一些大型试件试验数据的同时，建立管节点极限承载力的分析模型十分必要。

本文根据试验现象观察，对 K 型节点建立起基于塑性理论的极限分析模型，并经与大量试验数据的比较，表明了这一模型的有效性。

2 K 型节点的极限分析模型

2.1 K 型节点的各种破坏模式

根据国外学者所进行的大量试验记录和作者进行的大管径足尺节点试验，可以将试件的破坏归结为以下模式：

（1）主管管壁在受压受拉支管作用下的局部塑性变形破坏；

（2）主管管壁的局部冲剪破坏；

（3）主管管壁的纵向屈服破坏；

（4）主管受压区域的局部失稳；

（5）主支管之间连接焊缝及其周边区域的开裂以及断裂；

（6）受压支管的轴压屈服；

（7）受压支管的整体或局部失稳；

（8）受拉支管的轴拉屈服与断裂；

（9）支管在次弯矩作用下的过度塑性变形。

在这些破坏模式中，第（1）类是节点破坏的一种主要破坏模式。在国外学者收集的676 个 K 型节点试验中，发生这类破坏模式或这种破坏模式与其他模式并存的例子占了 70% 左右[2]。其他破坏模式，如第（3）、（4）类及第（6）～（9）类，反映了与节点相连的构件的破坏，应通过构件分析来解决；而第（2）类和第（5）类在很多情况下是主管管壁过度塑性变形后的次生破坏。因此，本文主要进行第（1）类破坏模式极限承载力的分析研究。

2.2 K 型节点的极限分析模型

根据弹性有限元分析，节点的主支管交汇处主管区域上分布的应力中，弯曲应力占了主要比重。结合节点试件主管管壁发生严重凹陷变形的特征，可以认为这种破坏是由于管壁塑性变形发展，导致塑性域的贯通，使主支管交汇区最终变为机构体系所致。为描述这种破坏模式可以采用极限分析的塑性铰线方法。

在研究中，作者曾构筑了双重铰线的模型（图 1）[3]。

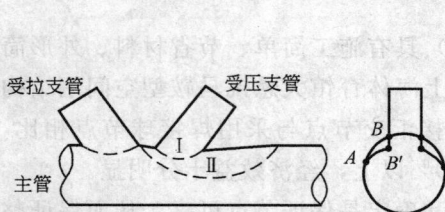

图 1 双重铰线模型示意图   图 2 Ⅲ线模型示意图

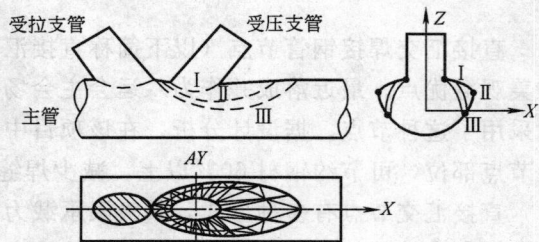

由分析可知，当主支管汇交线从 B 变至 B' 点时，AB 弧线的长度改变引起的变形相对该弧线的转动变形不是小量，为此，必须考虑轴压应力-应变对变形能的贡献。而对应力分布假定不适合，会使求解结果产生较大误差。

考察破坏后的试件可以发现，当受压支管与主管的汇交线凹陷变形时，其外周相邻区域相对突起。这些凹陷和突起各自的连线是节点塑性变形的表现。从这一现象出发，作者提出了三重屈服线模型（以下称Ⅲ线模型）。Ⅲ线模型的图示见图 2，其要点如下：

（1）K 型节点破坏机构由三条封闭的弯曲屈服线Ⅰ、Ⅱ、Ⅲ和它们之间的径向屈服线（以下称中间屈服线）构成。Ⅰ线外周和Ⅲ线内周所围区域为塑性变形区，其余部分假定为刚性体。

（2）在主管塑性变形区域，管壁变成由屈服线包围并分割的众多微小刚块形成的机构，各微刚块之间由屈服线相连并可以相互转动。因为屈服线Ⅰ、Ⅱ、Ⅲ是空间环向封闭曲线，在虚位移下各微刚块绕这些屈服线的切向转动的同时，相邻刚块有因转动轴不同而造成的相对转角，所以微小刚块亦绕中间屈服线转动。

（3）在上述机构模型中，屈服线Ⅰ为受压支管与主管的汇交线。屈服线Ⅲ为主管管壁塑性变形区域的最外侧。考虑到受拉支管对主管压陷变形有约束作用，设定外屈服线Ⅲ经过受拉支管与主管汇交线的边缘点。当两支管重叠时，则假定在叠合线上，屈服线Ⅰ、Ⅱ、Ⅲ均重合。与双重铰线模型相比，Ⅲ线模型中设置屈服线Ⅱ以描述主管管壁的鼓曲变形。

（4）假定屈服线Ⅰ的平面投影为椭圆，屈服线Ⅱ、Ⅲ的平面投影为 Y 轴两侧的分段椭圆弧，其主轴分别平行或垂直于主管轴线。

（5）当外荷载为极限荷载时，各屈服线上均达到极限状态，其上内力仅极限弯矩作功。此时外力虚功为受压支管轴力的垂直分量作功。根据所假定的破坏机构，可以由内外功相等求出相应的极限荷载。由上限定理可知，其中最小的破坏荷载即是极限荷载的上限值。

2.3　Ⅲ线模型的数学描述

在建模中遵循塑性极限分析的基本假定，材料为理想刚塑性；变形是微小的。

图 3 所示为破坏机构的平面投影。设主管轴线为 X 轴，与主支管轴线平面相垂直的轴为 Y 轴，按笛卡尔坐标系确定 Z 轴正向。

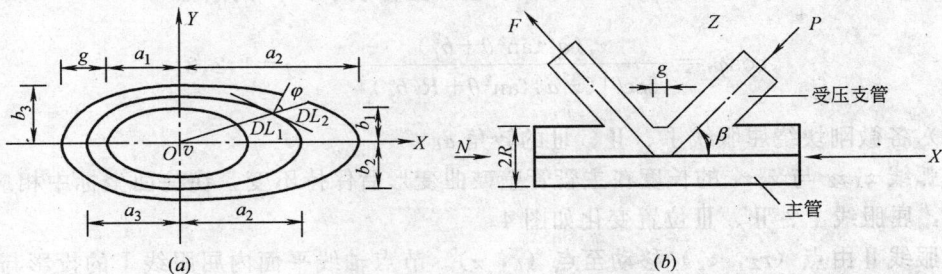

图 3　支管间距 $g>0$ 时的Ⅲ线模型示意

各屈服线可以表达为

$$\begin{cases} \left(\dfrac{x}{a_j}\right)^2+\left(\dfrac{y}{b_j}\right)^2=1 \qquad j=1,2,3 \\ y^2+z^2=R^2 \end{cases} \tag{1}$$

其中，椭圆轴半径 a_j，b_j 分别用已定或未定的参数 a_1，a_2 与 a_2'，a_3 与 a_1+g，b_1，b_2，b_3 代入。b_1 为受压支管半径，$a_1=b_1/\sin\beta$，R 为主管外周半径。转化为柱面坐标后

$$\begin{cases} r_j^2\left[\left(\dfrac{\cos\theta}{a_j}\right)^2+\left(\dfrac{\sin\theta}{b_j}\right)^2\right]=1 \\ r_j^2\sin^2\theta+z_j^2=R^2 \end{cases} \qquad j=1,2,3 \qquad (2)$$

屈服线微段 ds_j 的空间长度

$$ds_j=\left[(r_j d\theta)^2+(dr_j)^2+(dz_j)^2\right]^{\frac{1}{2}} \qquad j=1,2,3 \qquad (3)$$

中间屈服线 DL_i 的近似空间长度见图 3（a）

$$DL_i=\left[(r_{l+l}-r_i)^2+(z_{i+l}-z_i)^2\right]^{\frac{1}{2}} \qquad i=1,2 \qquad (4)$$

受压支管中心产生单位位移时，微刚块绕各屈服线的转角推导如下。

（1）空间屈服线的法向矢量与径向矢量间的夹角 φ

将空间曲线方程（1）的两个表达式分别写为 $F(x,y,z)=0$，$G(x,y,z)=0$ 的形式，则曲线上任一点的切向量为

$$\overline{T}=\left\{\begin{vmatrix} F_y & F_z \\ G_y & G_z \end{vmatrix},\begin{vmatrix} F_z & F_x \\ G_z & G_x \end{vmatrix},\begin{vmatrix} F_x & F_y \\ G_x & G_y \end{vmatrix}\right\} \qquad (5)$$

即

$$\overline{T}=\left\{\dfrac{yz}{b^2},-\dfrac{zx}{a^2},\dfrac{xy}{a^2}\right\} \qquad (6)$$

曲线上任意一点在平面内的径向矢量为 $\{x,y,0\}$，绕径向转动的转角矢量为

$$\overline{S}=\{y,-x,0\} \qquad (7)$$

$\overline{T}$，$\overline{S}$ 的夹角 φ 的余弦为

$$\cos\varphi=\dfrac{|\overline{T}\cdot\overline{S}|}{|\overline{T}|\cdot|\overline{S}|} \qquad (8)$$

对各屈服线的 $\overline{T}_j$，$\overline{S}_j$ 的夹角 φ_j 取锐角，以柱面坐标表示，φ_j 的余弦为

$$\cos\varphi_j=\dfrac{z_j(a_j^2\tan^2\theta+b_j^2)}{|\sec\theta|(z_j^2a_j^4\tan^2\theta+R^2b_j^4)^{\frac{1}{2}}} \qquad j=1,2,3 \qquad (9)$$

（2）各微刚块绕屈服线Ⅰ、Ⅱ、Ⅲ的转角 α_i

定弧线 z_1z_2 与 z_2z_3 的长度在主管管壁鼓曲变形后保持不变，在柱面坐标中相应任意一 θ 角，屈服线Ⅰ、Ⅱ、Ⅲ位置变化如图 4。

屈服线Ⅱ由点 (r_2,z_2) 移动至点 (r,z)。节点轴线平面内屈服线Ⅰ的投影与 X 轴成倾角 θ_k（图 5），其上点 (r_1,z_1) 下降 z_y：

$$z_y=\delta-\theta_k r_1\cos\theta \qquad (10)$$

则屈服线Ⅱ上点 (r_2,z_2) 的新位置点 (r,z) 由下列方程解出

$$\begin{cases} (r-r_1)^2+(z-z_1+z_v)^2=DL_1^2 \\ (r-r_3)^2+(z-z_3)^2=DL_2^2 \end{cases} \qquad (11)$$

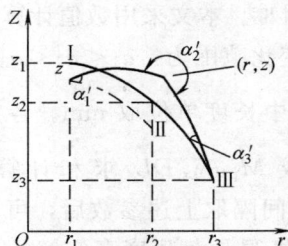

图 4 转角 α_i 的示意图

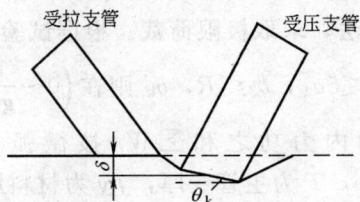

图 5 破坏机构虚位移示意图

变形后在 roz 平面内微刚块绕屈服线 I、II、III 转角 α_i' 近似为

$$\alpha_1' = 2\arcsin\frac{\sqrt{(r_2-r)^2+(z_2-z_y-z)^2}}{2DL_1} \tag{12a}$$

$$\alpha_3' = 2\arcsin\frac{\sqrt{(r_2-r)^2+(z_2-z)^2}}{2DL_2} \tag{12b}$$

$$\alpha_2' = \alpha_1' + \alpha_3' \tag{12c}$$

则微刚块绕屈服线 I、II、III 切向转角 α_i 为

$$\alpha_1 = \frac{(\alpha_1' - \theta_k \cdot \cos\theta)}{\cos\varphi_1} \tag{13a}$$

$$\alpha_2 = \frac{\alpha_2'}{\cos\varphi_2} \tag{13b}$$

$$\alpha_3 = \frac{\alpha_3'}{\cos\varphi_3} \tag{13c}$$

微刚块绕中间屈服线的转角为

$$\alpha_{DLi} = [\alpha_i^2 + \alpha_{i+1}^2 - 2\alpha_i\alpha_{i+1}\cos(\varphi_i - \varphi_{i+1})]^{\frac{1}{2}} \tag{14}$$

(3) 当 $g<0$ 时，如图 6 所示在夹角 γ 范围内微刚块绕弧 μ，v 转角即为 θ_k。γ 夹角范围外的有关表达式与支管间距 $g>0$ 时的情况相同。$\gamma = 2\arctan\left|\dfrac{y}{x}\right|$

(4) 虚功方程

设受压支管中心点发生的虚位移 $\delta=1$，则虚功方程可表达为

$$P = \frac{\sum W_i}{\sin\beta} \tag{15}$$

图 6 支管叠合示意

其中，$\sum W_i$ 为各屈服线上内力虚功之和，β 为受压支管轴线与主管轴线之夹角。当节点几何参数和材料强度确定后，式（15）可用式（16）表示。

$$P = f(a_2, b_2, a_3, b_3, \theta_k) \tag{16}$$

与上限解相应的 P 应满足 $f'_{a2}=0$，$f'_{b2}=0$，$f'_{a3}=0$，$f'_{\theta k}=0$。

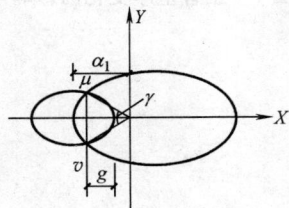

以上计算涉及到非线性积分的计算，求精确解相当困难。本文采用数值计算，用网格搜索的方法，求取极限荷载。根据试验观察，确定参数变化范围为：$a_1 < a_2 < a_3$，$b_1 < b_2$ $< b_3$，$a_3 \leqslant 5a_1$，$b_3 \leqslant R$，θ_k 则在 $\left(0 \sim \dfrac{1}{g+a_1}\right)$ 内取值，其中长度单位取 mm。各条空间屈服线上的内力功之和 $\sum W_i$ 按微弧上的功 $M_p \alpha_i \mathrm{d}s$ 或 $M_p \alpha_{\mathrm{DL}i} DL$ 求和计算，$M_p = 0.25 T^2 f_y$，T 为主管壁厚，f_y 为材料屈服点。按一定的间隔取上述参数后，可求得一系列内力功的值，其中最小值对应的外力 P 值，就是节点极限承载强度真实解的一个近似值，可由式（15）求得。

3　Ⅲ线模型下几何参数变化对节点承载力的影响

K 型节点的主管壁厚 T，受压支管外径与主管外径之比 d_1/D，拉压两支管间距 g 等是影响节点极限承载力的主要几何参数。各国规范中以试验为基础的经验公式以 $f(T/D)$，$f(d_1/D)$，$f(g)$ 等形式表示这些参数对节点极限承载力的贡献。

取 T/D，d_1/D，g/D 等作为因变量，固定其他参数，用三重屈服线模型进行数值计算，结果如图 7～图 9 所示。图中纵坐标 N_u 为节点极限承载力。

图示结果表明，随参数 T/D，d_1/D 的增大，节点承载力提高；参数 g/D 小于零即支管相互叠合时，节点承载力也提高。这与试验经验公式是一致的，表明本计算方法能反映各种参数变化对节点极限承载力的影响。

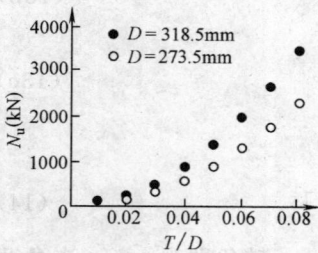

图 7　主管壁厚变化的影响　　图 8　受压支管外径变化的影响　　图 9　支管间距变化的影响

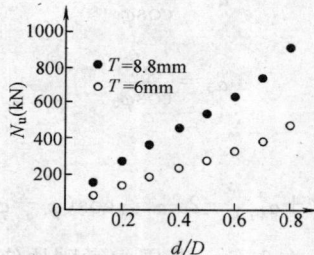

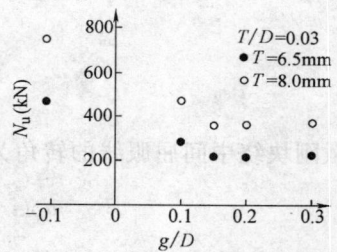

4　与试验数据的比较

4.1　节点极限承载力的试验评估

管节点试验得到的荷载变形曲线有三种类型，如图 10 所示。

对 A，B 类曲线而言，虽然可以从试验得到最大荷载，但节点变形过大。从工程需要的角度出发，可以规定对应不超过某一限度的塑性变形 δ_{pc} 的荷载为节点的极限承载力。这一方法为各国研究者所接受。曲线 C 可考虑极限后变形的发展，以实测的第一极值

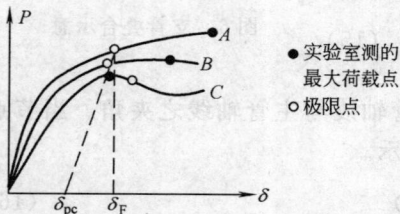

图 10　节点试验曲线

点后的某一点为极限点。

4.2　与大直径节点足尺试验结果的比较

本文作者实施了一组主管管径达 457mm 的 K 型管节点试验，其中有 9 个试件以主管管壁的局部塑性变形破坏为典型破坏特征。用Ⅲ线模型来计算这 9 个试件的极限承载力，并与根据试验确定的节点极限承载力进行比较。具体数据见表 1。表中 N_u 为节点极限承载力试验值，$N_{u\text{Ⅲ}}$ 为Ⅲ线模型的节点极限承载力计算值。

Ⅲ线模型计算结果与大直径节点试验值比较　　　　　　　　表 1

试件编号	D/T	g/D	d_t/D	N_u(kN)	$N_{u\text{Ⅲ}}$(kN)	dev(%)
TJ1E4X	45.7	0.212	0.424	687	619	−9.9
TJ1E1X	45.7	0.066	0.424	924	796	−13.9
TJ1E0X	45.7	−0.077	0.424	1391	1254	−9.8
TJ1E4C	45.7	0.212	0.709	963	983	2.1
TJ1E1C	45.7	0.066	0.709	1200	1210	1.0
TJ1E0C	45.7	−0.077	0.709	1789	1811	1.2
TJ2E4X	22.85	0.424	0.424	2136	2265	6.0
TJ2E1X	22.85	0.131	0.424	2494	2913	16.8
TJ2E0X	22.85	−0.153	0.424	2587	3318	28.3

4.3　与国外试验数据的比较

将Ⅲ线模型计算值与各国试验值相比较的结果示于图 11。图中也列出了本文作者实施的试验值。

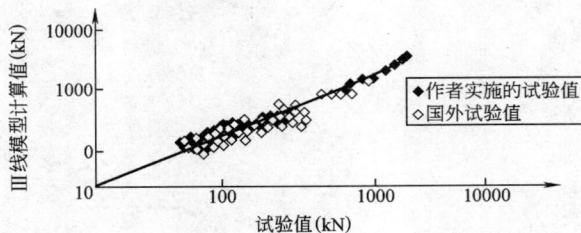

图 11　K 型节点Ⅲ线模型理论值和试验值的比较

与试验数据的比较说明，用本文提出的分析模型及计算程序来确定 K 型节点的极限承载力是可行的；且由图 11 知其误差较大者大多偏于安全一侧。因此，本模型具有一定的工程实用意义。

本模型与试验结果之间的误差可以从如下三方面予以解释：

（1）试验试件中，主管管壁除受弯曲应力作用外，还受到轴向应力的作用。但在Ⅲ线模型中未考虑轴向应力对塑性变形能的贡献。

（2）国外试验数据表明，在其他参数相同的情况下，受拉支管的径厚比及强度也会影响到节点的极限承载力，Ⅲ线模型中未反映这一因素。

（3）当两支管叠合过多时，节点的破坏模式多数已不纯粹是主管局部塑性变形破坏。对这一类情况，Ⅲ线模型计算不够准确。

5 结 论

K 型节点极限分析的Ⅲ线模型对于计算 K 型节点尤其是大尺寸 K 型节点的承载力有较好的准确性，适用于支管不重叠或重叠较小的 K 型节点。本文提供的方法也可以推广至 T 型节点，十字型节点，具有一定的普遍性。

参 考 文 献

1　Y. Makino, et al., Ultimate Strength Analysis of Simple CHS Joints Using the Yield Line Theory. Tubular Structures, Elsevier Applied Science, London, 1990

2　Y. Makino, et al., Database of Test and Numerical Analysis Results for Unstiffened Tubular Joints, ⅡW DOC XV—E—96—220, 1996. 8

3　虞晓华. 大型直接汇交焊接 K 型圆钢管节点极限承载力研究：[硕士学位论文]，上海：同济大学，1996

4　Y. Chen, Z. Y. Shen, C. Zhan, X. Yu. Full Scale Loading Test on and Analysis of K-CHS Joints. Proc. of International Colloquium on Stability and Ductility of Steel Structures, Japan, 1997. 7

（本文发表于：土木工程学报，1999 年第 6 期）

63. 双向贯通式钢管节点力学性能的试验研究

赵宪忠　陈以一　沈祖炎　陈扬骥　周向明

提　要：介绍了双向贯通式节点在轴拉（压）、弯扭作用下的足尺节点试验研究。试验结果表明，该节点有明显的应力集中现象，应在强度设计中留有余地。通过对不同构造节点的有限元分析可知，增加节点域板件厚度是提高节点力学性能的有效方法。

关键词：双向贯通式节点　钢管节点　有限元分析

Experimental Study on the Mechanic Behavior of Unstiffened Steel Tubular X-Joint

Zhao Xianzhong　Chen Yiyi　Shen Zuyan　Chen Yangji　Zhou Xiangming

Abstract：The full-scale model tests of unstiffened steel tubular X-joint under axial force, bending and torsion conditions are presented in the paper. The test results show that the X-joint has distinctly stress concentration, which should be considered seriously in design. Finite element analysis indicates that increasing the thickness of plates of the X-joint is the effective method to improve the mechanic behavior of the unstiffened steel tubular X-joint.

Keywords：Unstiffened X-Joint　Steel Tubular Joint　Finite Element Analysis

1　概　　述

肋环型单层球网壳结构以其优美的建筑外观和通透的内部视觉效果而在一些大跨公共建筑中得到应用。它一般采用抗扭性能良好的圆管或矩形管作为经纬向杆件，形成空间曲面四边形网格结构。该种结构设计的关键之一在于节点设计，因为其节点的刚性程度是保证单层球壳结构几何稳定的必要条件，也是结构整体刚度和稳定性的重要影响因素。

双向贯通式节点形式简单、外形美观、耗钢量小、锻压方便、节点处焊缝相对较少；同时，双向贯通式节点可在杆件内部穿插管线或充水起到消防给水管作用。尽管节点内部双向贯通，力线传递有弯折，受力性能有一定的削弱，但仍在肋环型单层球网壳结构中得到一定的应用。我国现行钢结构设计规范中尚未涉及到此类节点的设计，对这种节点进行试验和理论分析，可以了解其力学性能，为合理设计节点提供依据。

2 双向贯通式节点试验

2.1 节点试件

节点试件的节点域为双向贯通式节点，它由两块冲压弧形板与四块矩形曲板焊接而成。为避免阴角处应力集中，节点域四个转角均做成圆弧状。所用钢材为高强度耐候结构钢 10PCuRe。试验节点的形状如图 1 所示。

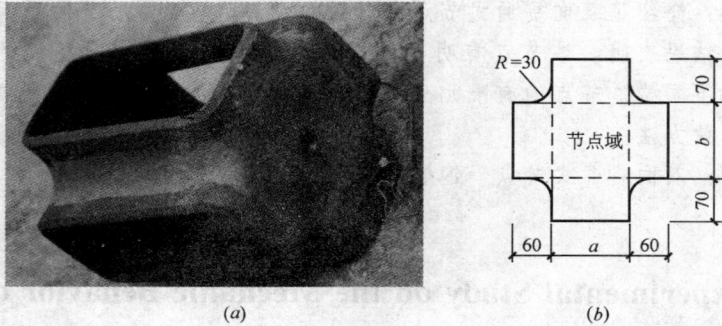

图 1 试件节点域

(a) 部分；(b) 冲压弧形板

节点试件为球面上的十字形节点，试件设计时考虑了经线钢管和纬线钢管与相应节点域切平面的空间夹角 α 和 β，并按此夹角与节点域对接焊成。

为便于加载并防止试件端部在加载过程中先于节点域发生破坏，试件设计过程中在经线和纬线钢管的端部设置了加载梁；加载梁与钢管之间进行了适当的加劲处理。共进行了 4 个节点试件的加载试验，各试件编号、节点域尺寸、经向和纬向杆件截面尺寸等参数如表 1 所示。

节 点 试 件   表 1

试 件 编 号	节点域/mm			经线夹角 $\alpha/(°)$	纬线夹角 $\beta/(°)$	杆件截面/mm
	a	b	t			
1	120	120	10	5	3	120×280×10
2	120	120	8	5	3	120×280×8
3	100	100	8	4	2.5	100×220×8
4	100	100	10	4	2.5	100×220×10

2.2 加载方案设计

图 2、图 3 分别为节点试件安装位置及加载示意图。

试验时对经线钢管施加竖向偏心压力 P_1，对纬线钢管施加水平向偏心拉力 P_2。竖向加载利用龙门架作反力系统，在试件顶部的经线加载梁上施加；水平加载采用油压千斤顶在纬线加载梁之间撑顶，形成张力自平衡系统，无须反力架装置；同时，在试件两端的纬线加载梁上施加竖向压力 P_3 以形成扭矩作用。各试件所施加荷载的比例、偏心值如表 2 所示。由 P_1、P_2、P_3 及其偏心距，可在节点域各截面处产生拉（压）、弯、扭等内力效应。

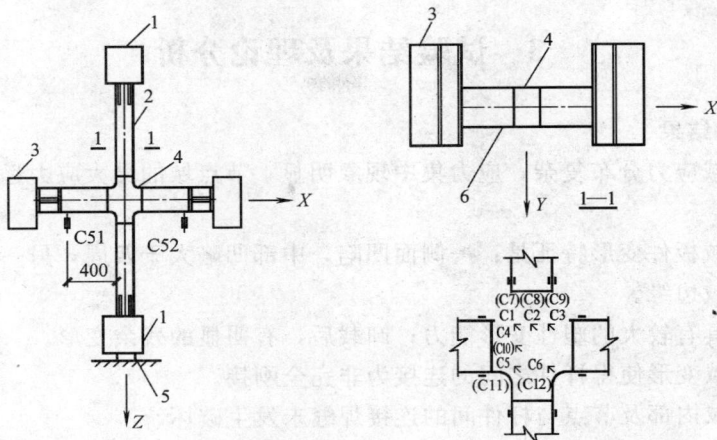

图 2　试件安装位置及测点布置

1—经线加载梁；2—经线钢管；3—纬线加载梁；

4—节点域；5—锟轴支座；6—纬线钢管

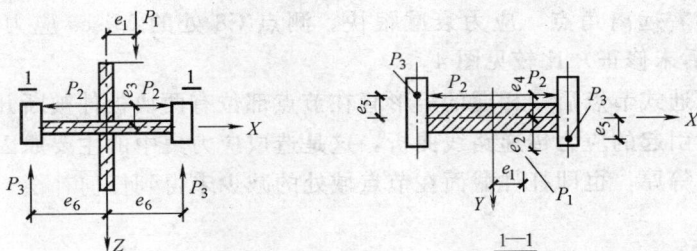

图 3　试验加载系统及施加荷载位置图

各试件试验荷载相对比例及偏心值　　　　　　　　　　表 2

试件编号	$P_1 : P_2 : P_3$	e_1	e_2	e_3	e_4	e_5	e_6
1	$1 : 0.313 : (-0.062)$	-105	-41	-330	287	-287	740
2	$1 : 0.660 : 0.013$	-85	-23	-110	-48	-287	740
3	$1 : 0.519 : 0.030$	45	-84	-195	272	-282	740
4	$1 : 0.543 : 0.007$	-40	26	-110	-6	-287	740

注：表中荷载偏心值单位为 mm，符号与坐标方向一致（e_6 除外）。

2.3　测试方案

（1）在节点区域的前、后两侧面分别布置了 6 个三向应变花，编号依次为 C1～C6（前），C7～C12（后），以分析节点区域的应力分布规律和力线传递特点。（2）节点域与钢管连接焊缝外 30mm 截面处各布置 4 片单向应变片。（3）在节点域前、后两侧面中央各布置了 3 个位移计，分别测试节点中央的 X、Y、Z 向位移。同时，在纬线杆件加载梁两端各设置一个竖向位移计，以考察节点域的转角变形性能。（4）节点域与经线钢管连接焊缝上方 30mm 处的截面上布置了 8 个单向应变片，以反算钢管轴力，从而检验加载系统的准确性。节点域应变片和位移计测点编号及位置参见图 2 所示。

3　试验结果及理论分析

3.1　试验结果

（1）节点域应力分布复杂，应力集中现象明显，节点域的最大应力远超过与之相连接的钢管应力。

（2）节点域板件变形特征是：一侧面凹陷，中部凹陷大于四周；另一侧面鼓凸，鼓凸最大点在节点域边缘。

（3）节点具有较大的塑性变形能力；卸载后，有明显的残余变形。

（4）节点域变形使得杆件之间的连接为非完全刚接。

（5）节点域内部及节点与杆件间的连接焊缝未发生破坏。

3.2　理论分析

采用空间板壳单元进行节点有限元分析。加载梁简化为端部刚性板，外荷作用于其上。

（1）节点域板件应力

从节点域的 Mises 应力云图可以看出，节点区域内四个角点处均形成高应力区域，应力集中明显；随着远离角点，应力衰减很快。测点 C8 处的 Mises 应力理论值与实测值（超过屈服应力后未修正）比较见图 4。

采用双向贯通式节点后，相通的矩形管在节点部位有两块板件被断开，造成传力面积减少，使得弯矩引起的应力传递路线曲折，这是造成应力集中的主要原因。试件中节点域钢板与杆件钢板等厚，也即杆件截面在节点域处的减少未得到任何补偿，使得应力集中现象特别显著。

（2）节点的夹角变形性能

试验过程中在距节点边缘 400mm 的纬线杆件处各布置了一个竖向位移计 C51、C52，由此可测得该点处的竖向位移。又根据纬线杆上应变片的测值可知在加载至最终时纬线杆件本身仍处于弹性状态，这说明该点位移同时包含了纬线杆件的弹性变形和节点夹角变形的影响；扣除前者即可得到节点夹角变形所引起的位移。为此，在上述有限元分析模型基础上，又建立了一个节点域全刚化的有限元分析模型，其节点域经向、纬向全部用等厚度钢板封闭，这一节点刚化模型在 C51 处挠度完全由纬线杆弹性变形引起，而不包括节点

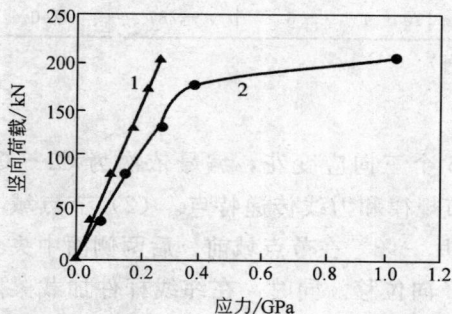

图 4　C8 处 Mises 应力的试验值与理论值比较
1—理论值；2—实测值

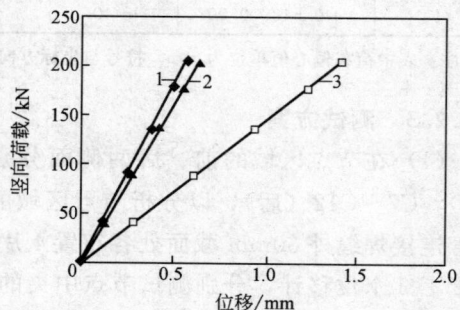

图 5　位移计 C51 点处的位移值比较
1—材料力学；2—刚化模型；3—有限元

夹角变形的影响。这样，原节点有限元模型与节点刚化模型的 C51 处挠度差即为表征节点夹角变形的参量，见图 5。由此可见，双向贯通式节点受荷后节点并不能保持全刚性。

4　不同节点构造的力学性能比较

结合节点试验，采用数值分析方法，在不改变节点外形的条件下，针对不同的构造方式进行节点力学性能比较。

1）增加节点域板件厚度，即增大钢板平面外的抗弯刚度及平面内的薄膜刚度。

2）节点端头加设隔板。在节点端头与球壳杆件施焊时，在其端头部位加设竖向或水平隔板（图 6（b）、图 6（c）），以间接闭合节点处的传力路线。

3）节点域加设通长隔板。实际上就是球壳结构采用了直接汇交节点体系和类框架梁柱节点体系（图 6（d）、图 6（e）、图 6（f）），以使荷载传递路线更为直接。

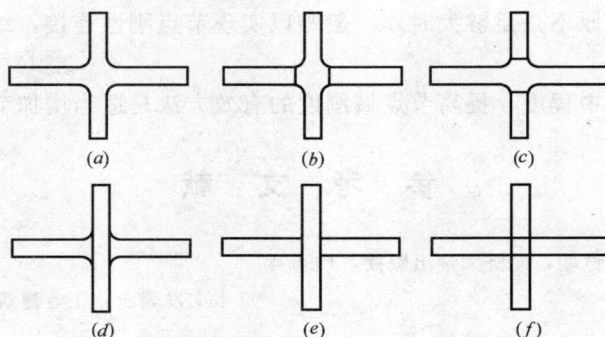

图 6　若干节点构造形式
（a）标准模型；（b）端头加竖向板；（c）端头加水平板；（d）加设竖向通
长板（弧）；（e）加设竖向通长板（直）；（f）加设双向通长板

数值分析结果表明：

1）仅加设节点端头竖向或横向隔板对节点的受力性能几乎没有任何改善。加设通长竖向隔板（图 6（d），图 6（e））部分缓解了角点区域的应力集中现象，但当水平力较大时，传力途径仍有中断，对节点的整体受力性能的改善有限。上述两种方法使得双向贯通节点变为单向贯通节点。

2）加设双向通长隔板后（刚化节点模型），节点的力学性能得到改善，其节点域的 Mises 应力最大值只有原来的 1/3，节点构造复杂，已完全不是贯通式节点。

3）在保证双向贯通的特点之下，增加节点域的钢板厚度，可以比较明显地降低节点处的应力水平。与节点板厚为 10mm 的标准节点相比，当节点板厚为 12mm 时，Mises 应力最大值可降低 20%；节点板厚为 14mm 时，Mises 应力最大值可降低 34%；节点板厚为 16mm 时，Mises 应力最大值可降低 43%，是一种既保留双向贯通节点特点又改善其力学性能的简便而有效的方法。

表 3 为采用各种节点形式时纬线管在 C51 处的竖向位移值比较，它反映了不同构造

类型节点的刚性程度。

各种节点构造时位移计 C51 处的竖向位移比较（mm）　　　　表 3

节点构造	竖向位移		节点构造	竖向位移
加设双向通长板	0.556	标	板厚 16mm	0.840
加设通长板（直）	1.329	准	板厚 14mm	0.934
（弧）	1.195	模		
端头加水平板	1.215	型	板厚 12mm	1.060
端头加竖向板	1.227		板厚 10mm	1.238

5　结　　论

双向贯通式节点具有形式简单、外形美观等特点，但应用中应注意如下问题：

（1）有明显的应力集中现象，应在强度设计中留有充分余地；

（2）当节点域板厚不是足够大时，一般难以实现节点刚性连接，结构整体分析时应考虑这一影响；

（3）减小应力集中程度、提高节点域刚度的有效方法是适当增加节点域板件厚度。

参 考 文 献

1　姚振纲等：建筑结构试验，同济大学出版社，1996 年

（本文发表于：工业建筑，2001 年第 2 期）

64. 圆钢管相贯节点滞回特性的试验研究

陈以一　　沈祖炎　　翟 红　　陈扬骥　　陈荣毅　　杨叔庸　　龚模松

提　要：对两种几何特征的圆钢管空间相贯节点进行了静力单调和反复加载的实验研究，以作为进一步研究钢管桁架抗震性能的基础。设计了专用的加载装置以对试件中的杆件和节点施加较大内力。通过对 4 个试件的实验，得到了节点滞回特性曲线。研究揭示了这类节点塑性变形沿首次塑性开展方向累积的特点，并指出单调加载曲线可以基本包覆滞回曲线。实验表明，采用相贯节点的钢管结构，其滞回特性取决于节点的滞回行为。对给定节点在反复加载下的变形能力和耗能能力进行了量化评价。

关键词：钢结构　相贯节点　滞回性能　实验研究　加载装置

Experimental Research on Hysteretic Property of Unstiffened Space Tubular Joints

Chen Yiyi　Shen Zuyan　Zhai Hong　Chen Yangji Chen Rongyi
Yang Shuyong　Gong Mosong

Abstract：The unstiffened space tubular joints with two different geometrical parameters were experimentally researched both under monotonic and repeated loads, in order to provide a base for further study on seismic resistances of pipe trusses. A special loading device was designed to perform the cyclic loading test which could produce greater internal forces in truss members and the joints. Four space joint specimens were tested and the hysteretic relation of the joints was obtained. The research reveals the characteristics of the joints that the plastic deformation accumulates in one direection in which the plastic deformation occurs firstly, and the monotonic load-deformation curves can generally envalop those under repeated load conditions. It is indicated that che hysteretic properties of pres truss mainly relies on the hysteretic behavior of joints which are unstiffened connected types. To the given joints the paper evaluate their deformadility and resistance against earchquake actions.

Keywords：Steel Structures　Unstiffened Tubular Joint　Hysteretic Property　Experimental Research　Loading System

1 引 言

圆钢管结构相贯节点的静力强度问题已经得到较多的研究[1]，有关高周疲劳的机理及其设计方法的探讨也在不断深入[2]，但是对低周反复荷载作用下相贯节点弹塑性滞回性能的研究则还未充分展开。由于各种原因，工程中采用相贯节点的钢管结构一般并不是按照与杆件等强或超强的原则来进行节点设计的，节点承载能力低于杆件极限承载力的情况并不少见；而当建筑结构处在抗震设防区域时，较大的地震作用完全可能在结构杆件内引发超过设计内力的荷载效应。正是由于相贯节点在承载强度上具有这种与框架梁柱节点不同的特性，结构在强震作用下的整体性能更依赖于节点而非杆件，因为节点往往先于杆件进入非弹性变形阶段，所以对相贯节点滞回性能的把握和利用就成为保证结构抗震安全性的一个非常重要的课题。

本文报告关于圆钢管相贯节点滞回性能的实验研究。研究的直接工程背景是跨度达126m 的广州国际会展中心张弦桁架。该桁架为圆钢管空间桁架，节点形式为 KK 形相贯节点。由于工程建造在 7 度设防区，节点滞回性能的研究成为结构抗震性能评价的必要一环。

2　试　验　设　计

2.1　加载装置

节点加载的基本方式有两类：第一，直接以节点为加载对象；第二，以桁架结构整体为加载对象。图 1 所示为自平衡框架内加载的节点，属第一种加载方式，其优点是节点受力直接，便于采用足尺试件使构造细部接近实际；缺点是试件约束条件与实际结构有一定差别，反复加载的施力方式也较难接近实际工况[3]。大跨度桁架结构承受地震作用时，主要影响是地震的上下动分量。如果向上的地震作用效应很大，所有杆件的内力可能都发生反号。为了模拟这种情况，本实验研究中设计了图 2 所示的加载方式。图示桁架左边的 6 个节间构成支承结构，桁架右边的悬臂部分为加载节间（右边第一节间）和作为研究对象的试验节间（右边第二节间），用螺栓固定在左边的支承结构上。悬臂部分是

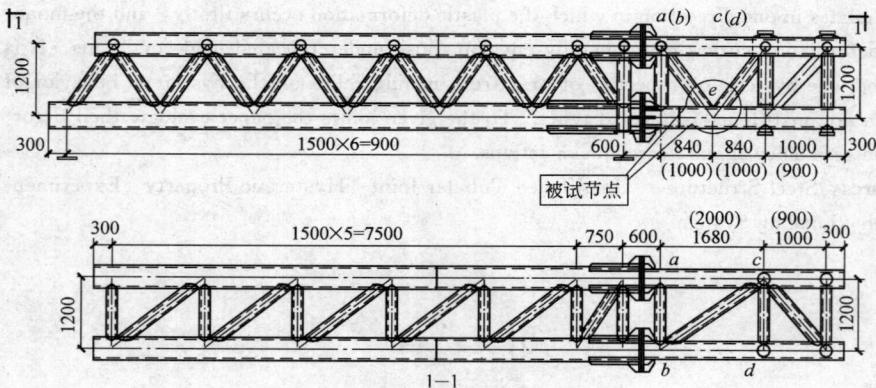

图 1　以节点为加载对象的加载方式

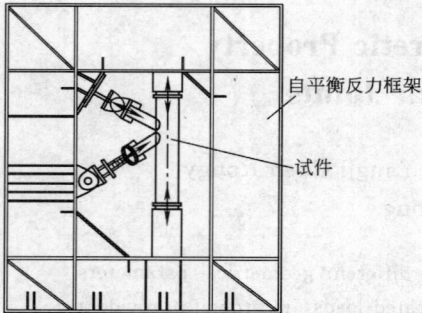

图 2　以桁架结构为加载对象的加载方式

可更替的，以重复利用支承结构。加载节间的上下弦节点安放油压千斤顶，可以进行单调加载或反复加载。将被试节点置于悬臂部分内，使它与节点相连的弦杆内力可以接近或超过实际工程结构中的最大设计轴力。而较大的支承结构跨度则使得支座承受较小的反力作用。

2.2　试件

试件设计时，钢管规格、节点部位的几何尺寸、杆件的相对角度与实际结构都相同，使得工程制作的工艺条件可以保持不变；但杆件的轴线尺寸则予以缩小，以适应实验室的加载条件。轴线缩尺后可能引起的问题是杆件内力成分（轴力与弯矩）的相对比例发生变化。但因缩尺后，与被试节点相连的腹杆的轴线长度与其直径之比仍然达到 9.4～10，经分析，腹杆的弯曲应力成分约占 20%，对弦杆节点区的应力状况则影响不大。与节点有关的试件几何参数见表 1，参数的含义参见图 3。试件编号中字母 M 表示单调加载，R 表示反复加载。

试件几何描述　　　　　　　　　　　　　　　　　　　　表 1

编号	$d \times t$ mm×mm	$D \times T$ mm×mm	θ_1	θ_2	γ_1	γ_2	a mm	a_g mm	β	$D/(2T)$	t/T
KK-M6	168×6	355×10	58°	58°	22°	22°	24	−10	0.473	17.75	0.6
KK-M8	168×8	457×10	53°	53°	21°	21°	130	40	0.368	22.85	0.8
KK-R6	168×6	355×10	58°	58°	22°	22°	24	−10	0.473	17.75	0.6
KK-R8	168×8	457×10	53°	53°	21°	21°	130	40	0.368	22.85	0.8

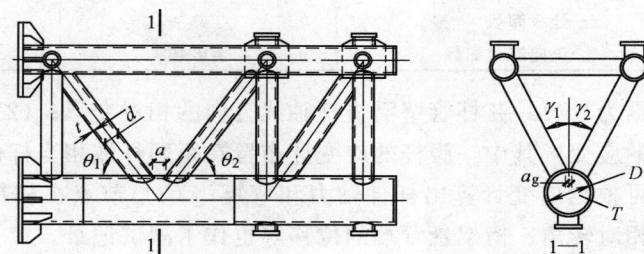

图 3　节点试件（图中 θ_1、θ_2、γ_1、γ_2 均为斜平面角）

被试节点相连的钢管的材性试验结果见表 2。

钢管材性试验结果　　　　　　　　　　　　　　　　　　表 2

钢管规格	平均弹性模量 $E/10^5 \mathrm{N \cdot mm^{-2}}$	平均屈服强度 $f_y/\mathrm{N \cdot mm^{-2}}$	平均抗拉强度 $f_u/\mathrm{N \cdot mm^{-2}}$	平均屈强比 f_y/f_u	平均伸长率 $\delta/\%$
□168×6	2.21	420	560	0.75	27.5
□168×8	2.05	490	600	0.82	20
□355×10	1.92	380	580	0.66	26
□457×10	1.96	370	560	0.66	24.5

2.3　加载与测试方案

每种规格的试件，分别进行 1 件单调加载、1 件反复加载。单调加载的结果作为评价反复荷载作用下的节点性能的参照依据。

（1）单调加载时，由安放在上弦的千斤顶施加荷载，使得被试节点的弦杆受压。加载至节点区焊缝乃至钢管发生断裂或节点发生过度塑性变形以至出现极限荷载后的下降段时停止加载。

（2）反复加载时，由安放在上弦和下弦的千斤顶交替加载。以桁架悬臂端挠度作为加载控制条件。考虑张弦桁架的弦杆受压对节点承载更为不利的特点，在反复加载中，由下往上施加荷载引起的悬臂端位移控制值略小于使节点弦杆受压时的端部位移值，参见表3。最后的加载终止条件与单调加载时相同。

反复加载的加载制度　　　　　　　　　　　　表 3

加 载 级 别		试 件	
		KK-R6 端部位移（mm）	KK-R8 端部位移（mm）
1-1＋,1-3＋	正向连续加载	30	20
1-1－,1-3－	分级卸载	0	0
1-2＋,1-4＋	反向连续加载	－30	－10
1-2－,1-4－	分级卸载	0	0
2-1＋,2-3＋	正向连续加载	40	35
2-1－,2-3－	分级卸载	0	0
2-2＋,2-4＋	反向连续加载	－35	－20
2-2－,2-4－	分级卸载	0	0
3-1＋,3-3＋	正向连续加载	50	50
3-1－,3-3－	分级卸载	0	0
3-2＋,3-4＋	反向连续加载	－40	－30
3-2－,3-4－	分级卸载	0	0
3-5＋	正向连续加载	至破坏	至破坏

测试的主要数据为：（1）弦杆管壁沿腹杆轴线方向的相对变形；（2）与试验节点相连的各杆沿杆轴方向的应变，其中，腹杆的应变计布置在距两杆端相当杆件净长 1/4 的位置处，在弹性范围内可根据应变计算出杆件轴力和弯矩；（3）节点在相贯线周边的三向应变。此外对腹杆的相对转角、桁架悬臂端的位移等也作了测试记录。

3　主要试验结果

3.1　桁架悬臂端的荷载-位移变形曲线

图 4 纵坐标为施加在桁架悬臂部分的竖向荷载总量 F，由上往下施加的荷载为正；横坐标为悬臂端的位移 Δ，正负号与荷载方向对应。结合应变分析，在曲线上用记号◇和◆分别标注出节点部位弦杆测点进入塑性和腹杆根部截面在轴力和弯矩共同作用下进入塑性的位置。由此表明，在给定的节点参数下，桁架整体的弹塑性滞回变形主要源于节点部位弦杆的局部变形。图中各滞回环在卸载初期都存在荷载变化而位移不变的"刚性卸载"现象，主要是由于悬臂部分与支承结构部分螺栓连接的相对变形在卸载初期未能及时恢复。

3.2　腹杆轴力-弦杆管壁局部变形曲线

腹杆测点应变在加载全程中均小于屈服应变，据此计算出腹杆轴力；沿腹杆轴线量测

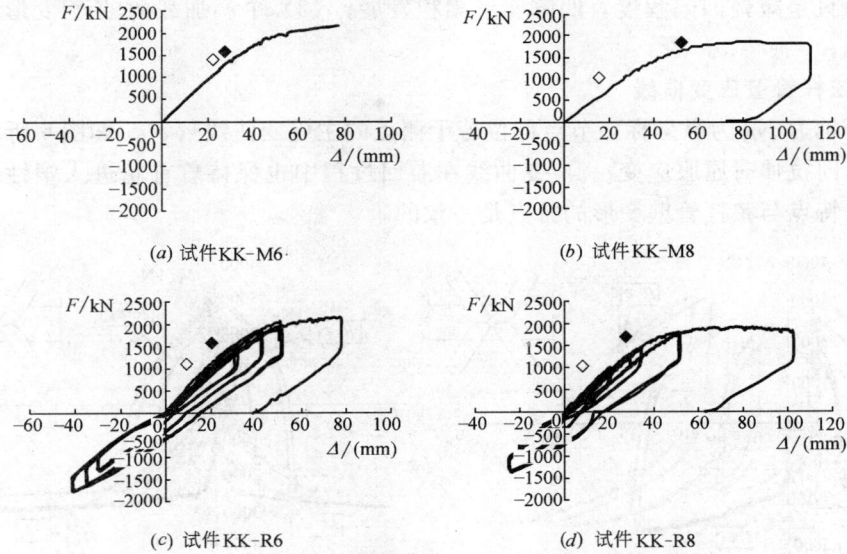

(a) 试件KK-M6

(b) 试件KK-M8

(c) 试件KK-R6

(d) 试件KK-R8

图 4 桁架荷载-位移曲线

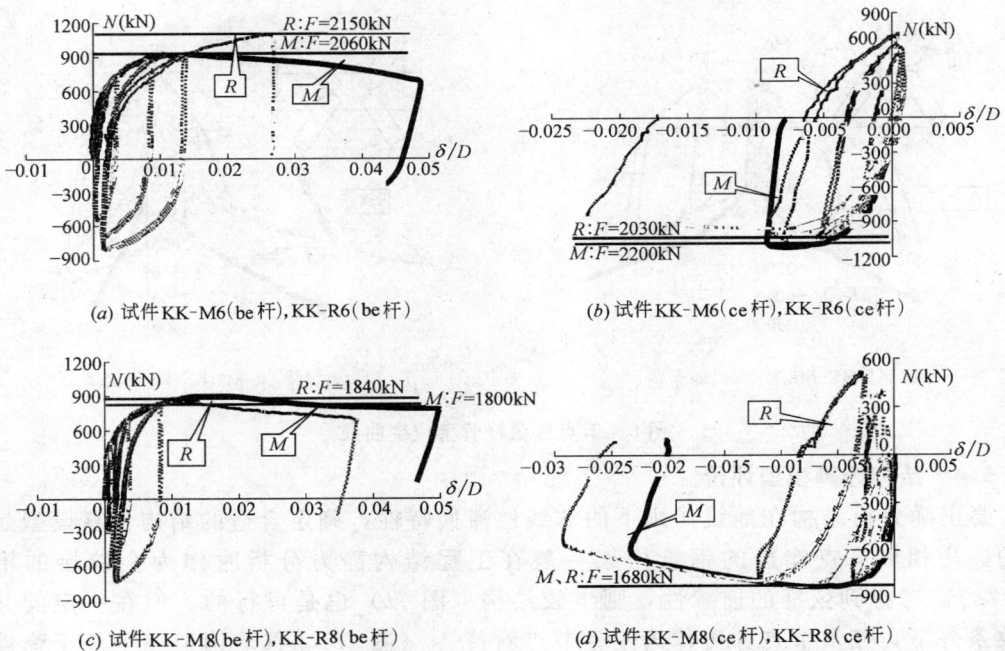

(a) 试件 KK-M6(be杆), KK-R6(be杆)

(b) 试件 KK-M6(ce杆), KK-R6(ce杆)

(c) 试件 KK-M8(be杆), KK-R8(be杆)

(d) 试件 KK-M8(ce杆), KK-R8(ce杆)

图 5 腹杆轴力-弦杆管壁局部变形曲线

腹杆上的测点相对弦杆轴线的变形,从中扣除腹杆轴向变形后得到节点部位弦杆管壁变形。腹杆轴力以拉为正、以压为负,相应的节点区域弦杆管壁变形亦以凸出为正,凹进为负。腹杆轴力 N 与弦杆管壁变形 δ 的典型曲线见图 5。

图 5 曲线表明如下特点:(1) 尽管循环过程中作用在节点部位的腹杆轴力拉压变号,且最初的塑性变形一旦发生其方向就不改变,例如弦杆管壁先出现塑性凹陷变形,则反向

的腹杆轴力只是减轻凹陷程度,凹陷变形累积发展;(2)单调加载的轴力-变形曲线能包覆滞回曲线。

3.3 弦杆管壁应变曲线

以弦杆轴力 N_0 为纵坐标,节点部位若干测点的主应变曲线 ε_1、ε_3 如图6所示(ε_{y0} 是弦杆材料单向拉伸时屈服应变)。应变曲线在滞回过程中也保持着首轮进入塑性时的应变方向,这一特点与弦杆管壁变形的特点是一致的。

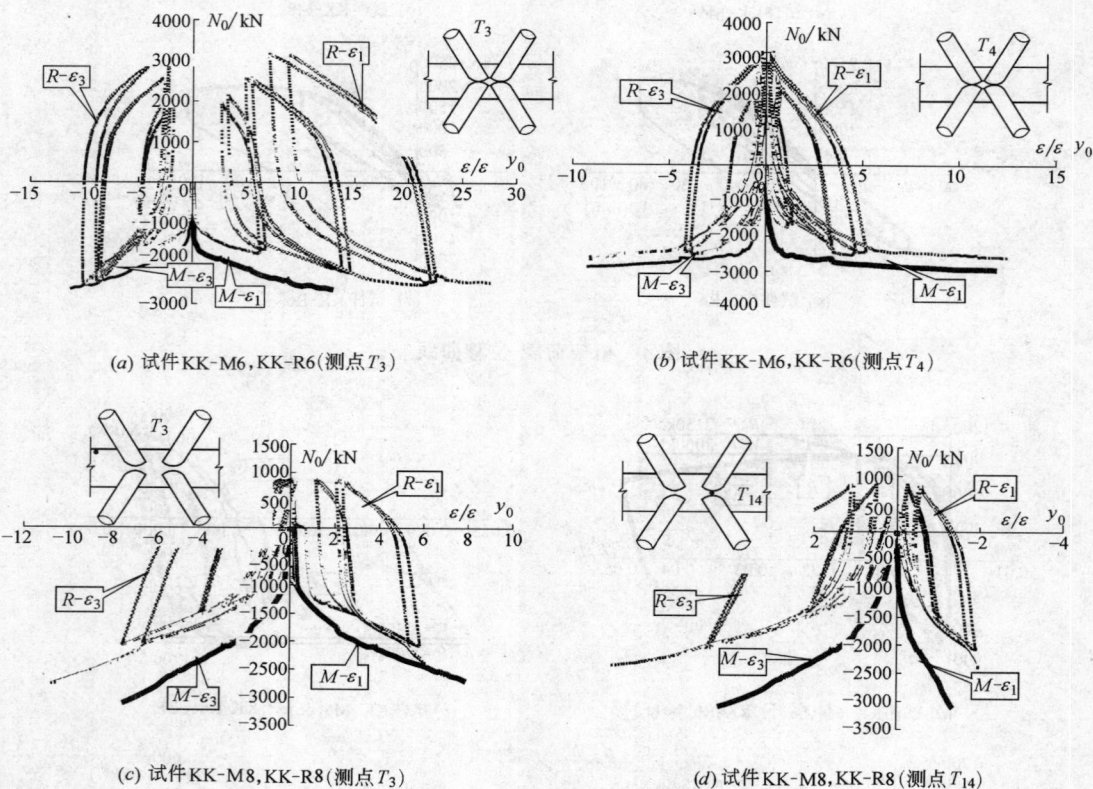

(a) 试件 KK-M6,KK-R6(测点 T_3)

(b) 试件 KK-M6,KK-R6(测点 T_4)

(c) 试件 KK-M8,KK-R8(测点 T_3)

(d) 试件 KK-M8,KK-R8(测点 T_{14})

图 6 节点区弦杆管壁应变曲线

3.4 结构计算模型评价

要正确分析结构在地震作用下的非线性滞回特性,确定合适的结构计算模型是重要的。用相贯节点连接的钢管构架一般在工程结构静力分析时作为全铰接的桁架(图7a)。考虑到弦杆的连续性,则半铰结构(图7b)也是可行的。但在一定的几何参数条件下,相贯节点亦可作为刚性节点看待[4](图7c)。选取桁架完全处于弹性范

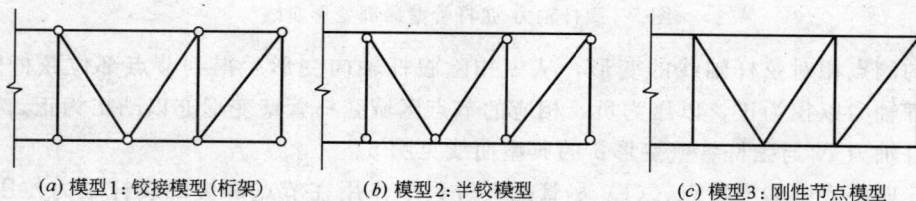

(a) 模型1:铰接模型(桁架)

(b) 模型2:半铰模型

(c) 模型3:刚性节点模型

图 7 节点类型

围时腹杆杆件内力测试值与 3 种模型计算值进行比较（表 4），表明试件更接近刚性节点模型。

杆件内力测值与计算模型的比较　表 4

试件名称	腹杆编号	试验值 kN	理论值/kN			理论值/试验值		
			模型 1	模型 2	模型 3	模型 1	模型 2	模型 3
KK-M6	ae	397	548	471	402	1.38	1.19	1.01
	be	348	548	477	415	1.57	1.37	1.19
	ce	−393	−548	−422	−376	1.39	1.07	0.96
	de	−393	−548	−432	−394	1.39	1.10	1.00
KK-M8	ae	403	578	531	463	1.43	1.32	1.15
	be	451	578	538	483	1.28	1.19	1.07
	ce	−440	−578	−452	−411	1.31	1.03	0.93
	de	−430	−578	−464	−438	1.34	1.08	1.02

注：表中数值对应的千斤顶荷载为 200×4kN。杆件编号参见图 2。

4　节点滞回特性评价

4.1　节点破坏特征

本项实验中，具有相同几何参数的试件，无论是单调加载还是反复加载，其最终破坏特征相同。KK-M6 和 KK-R6 试件弦杆管壁变形增大后最终导致受拉腹杆趾部焊缝处管壁拉裂；而 KK-M8 和 KK-R8 试件都是在弦杆管壁塑性变形充分发展后出现承载力极值点。综合 3.2 节和 3.3 节的实验曲线分析，可知滞回过程对破坏模式没有显著影响。

4.2　节点承载力

杆件承受轴力为主的相贯节点破坏主要有两种界定方法：（1）作用在腹杆上的轴力出现极值点，称为极限强度准则；（2）弦管管壁凹凸塑性变形达到某一限值，称为极限变形准则[5]，本文以塑性变形相当弦杆直径的 0.2％为依据。表 5 列出了依两种准则得到节点承载力（以杆件轴力为依据）。KK 形节点受拉或受压腹杆各有一对，实测内力值有差别。表中分别按其最小值和平均值进行比较。总起来看，单调荷载下的节点承载力略高于反复荷载下的节点极限承载力。抗震设计时应适当考虑这一因素。

单调荷载和反复荷载作用时节点承载力的比较　表 5

试件名称	准则 I			准则 II		
	最小值 kN	平均值 kN	承载效率	最小值 kN	平均值 kN	承载效率
KK-M6	923	1039	0.81	646	768	0.60
KK-R6	824	958	0.75	498	643	0.50
KK-M8	744	834	0.42	518	589	0.30
KK-R8	626	783	0.40	454	588	0.30

4.3　杆件承载力和节点承载力的关系

壁厚 6mm 的腹杆轴压屈服承载力 1283kN，8mm 腹杆为 1970kN，表 5 列出了按平均值算法确定的各试件的节点承载效率（节点承载力与腹杆屈服承载力的比值）。实测结果表明杆端有相当于 0.1 倍塑性弯矩的弯矩存在，极限轴力仍有 1193kN（壁厚 6mm）与 1832kN（壁厚 8mm）[6]，若考虑这一因素，节点承载效率约提高 5% 左右。可见结构的滞回性能将主要取决于节点部位的滞回特性。这一认识对采用相贯节点的钢管结构的抗震研究具有普遍意义。

需要说明的是，作为实验研究背景的工程结构中，腹杆设计轴力最大值为 235kN。比较表 5 所列的节点承载强度，并考虑到节点表现出的良好的塑性耗能能力，则该种几何参数的相贯节点用于本工程中是能满足抵抗大震烈度的要求的。

4.4 变形能力和能量耗散

KK-M6 和 KK-M8 试件由首次观察到弦杆管壁屈服到节点达到极限承载力，弦杆管壁的变形率分别为 8.6 和 13.6，而 KK-R6 和 KK-R8 的变形率则为 5.2 和 8.6，两者的变形率都较大，表现出较好的延性。但承受反复荷载作用时节点的变形率稍低。另一方面计算达到极限承载力时节点部位的塑性变形能总和（变形曲线无极值点时则算至加载结束），在两种几何参数的节点中，反复加载试件与单调加载试件的能量耗散比分别为 7.9 和 3.8，节点滞回的优良特性表达显著。

4.5 几何参数与滞回性能的关系

对以弦杆管壁塑性破坏为控制条件的相贯节点，直径比 β 较大，径厚比 $D/(2T)$ 较小时，承载力较高。上节分析进一步表明，在这种条件下，节点承受反复荷载时的耗能能力也较好。

5 结 论

（1）根据反复荷载加载特性设计了加载装置，实施了相贯节点的滞回性能实验。

（2）揭示了相贯节点在腹杆变号轴力反复作用下变形沿首次塑性开展方向累积的特性，以及单调加载曲线基本包覆并略高于滞回曲线的性质。

（3）指出采用相贯节点的钢管结构，其滞回性能取决于节点的滞回性能，结合工程实际，对特定几何参数的相贯节点的塑性耗能能力及抗震性能进行了评价。

参 考 文 献

1 陈以一，陈扬骥. 钢管结构相贯节点的研究现状 [J]. 建筑结构，2002，32（7）：52～55
2 Wardenier, J., Hollow sections in structural application [M]. Netherlands：Bouwen met staal, 2002
3 詹琛. 空间直接焊接圆钢管节点足尺试验研究 [D]. 同济大学，2000
4 陈以一，王伟，赵宪忠，蒋晓莹，白翔，赵昭仪. 圆钢管相贯节点抗弯刚度和承载力实验 [J]. 建筑结构学报，2001，22（6）：25～30
5 Yura, J A. Zettlemoyer N, Edwards, I F. Ultimate capacity equations for tubular joints [A]. Proc. Offshore Technol. Conference [C]. Houston, USA, 1980
6 Chen W F, Tsuta T A 著，周绥平等译，梁柱分析与设计 [M]. 北京：人民交通出版社，1997

（本文发表于：建筑结构学报，2003 年第 6 期）

65. 空间结构大型铸钢节点试验研究

卞若宁　陈以一　赵宪忠　沈祖炎　陈荣毅　吴欣之

提　要：通过广州国际会展中心张弦梁端部大型铸钢节点足尺试验，得到试件表面的应力测试值；利用有限元软件建模和分析，得到测点位置的应力分析值。在试验值和有限元分析值一致的情况下，以有限元分析的结果推断了整个铸钢节点内部的应力状况，确定了强度准则。结合试验和分析，对节点的承载安全性做出了判断。给出了设计强度的建议值和强度判别式。

关键词：铸钢节点　节点试验　大吨位加载　有限元　强度准则

Experimental Study of Large-Scale Cast Joints for Spatial Structures

Bian Ruoning　Chen Yiyi　Zhao Xianzhong　Shen Zuyan　Chen Rongyi　Wu Xinzhi

Abstract：The full-scale loading test on cast steel joint with large size used in space structures is reported. By the measurement，the stresses on the surface of the cast joint are obtained. FEM analysis is also performed to compute the stresses on the same points. Both of the values match each other well，and in that condition，the inner stress distribution can be deduced by the FEM results. Combined the test and computation，the strength criterion is determined，and the safety of the joint is assessed.

Keywords：Cast Steel Joint　Loading Test　Heavy Load　FEM Analysis　Strength Criterion

1 引　言

铸钢节点由于其良好的适用性正逐渐应用于大跨度空间钢结构[1]。然而目前并没有一套成熟的铸钢节点设计方法，在实际荷载作用下，铸钢节点的应力状况十分复杂，因此对大型、形状复杂的铸钢节点有必要进行试验研究。

此次试验服务于广州国际会展中心工程主体结构中的钢结构。该主体钢结构的屋架采用跨度达到 126m 的张弦梁[2]。张弦梁端部为铸钢节点。该节点规格大（1.5m×2m×1m），重量大（张弦梁两端的节点重量分别为 40kN 和 60kN），由国内制造，是国内建筑结构中首次采用的超大型铸钢节点。铸钢节点在荷载作用下能否确保安全，是张弦梁屋架整体安全性的关键环节之一。此次试验的目的是确认大跨度张弦梁支座铸钢节点在最大试验荷载作用下的承载安全性。

2 试验设计

2.1 研究技术路线

试验的铸钢节点是典型的三维结构（见图1）。节点的承载安全性主要是指节点内的荷载效应（应力）应低于钢材强度。但是试验中只能测取节点试件内外表面有限点的应变状态，对节点内部的应力状况则无从测试。为此，确定如下的技术路线，综合测试和分析，以对节点承载安全性进行判断：

（1）从张弦梁中取出一个典型节点，施加超过最大设计值的荷载，即最大试验荷载（图2），同时测取其内外表面若干点的应变，通过理论计算得到应力测试值。

图1 试验铸钢节点

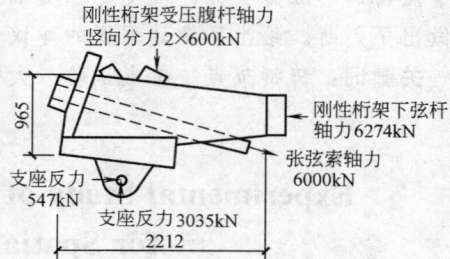

图2 铸钢节点最大试验荷载

（2）有限元建模和分析，得到试验测点位置的应力分析值。在应力分析值和测试值的大小和分布一致的条件下，以有限元分析的结果推断整个铸钢节点内部的应力状况。

（3）确定强度准则，结合试验和分析，对节点的承载安全性做出判断。

试验在同济大学建筑工程系静力试验室进行，试件数量1件。

2.2 加载方案

试验的难点在于大吨位加载的实施。实际节点受到的张弦索设计拉力约5100kN，试验中设计加载到6000kN级。为此采用了图3所示的

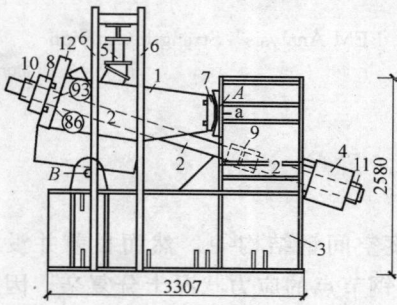

图3 加载装置布置图

1—铸钢节点；2—锚杆；3—反力架；4—穿心式千斤顶；5—两个1000kN千斤顶；6—竖向反力架；7—锻钢柱面铰；8—锚盘；9—锚杆连接套筒；10—螺帽；11—锚板

加载装置。铸钢节点与刚性桁架下弦杆连接端部A处通过锻钢柱面铰顶在焊接于反力架上的平行柱面上，两个柱面的圆柱轴线平行，因此假定铸钢节点在A端主要承受平行于节点轴线a-a的反力作用，没有垂直于轴线a-a的竖向分力和弯矩。铸钢节点在点B通过钢制销栓铰接在反力架上，与实际结构中的构造相同。张弦梁结构中的拉索在试验中用锚杆代替，锚杆一端用螺帽固定在锚盘上，一端通过L形反力架的孔道和穿心式千斤顶，用螺帽固定在千斤顶上。用千斤顶对锚杆施加拉力，通过锚盘对铸钢节点施加压力。锚盘与铸钢节点的接触承压面及钢制销栓均按照实际结构尺寸制作。考虑到刚性桁

架受拉腹杆内力较小,试验中不施加相应的荷载。对桁架受压腹杆与铸钢节点的连接头仅施加一对竖向荷载。图 3 中 L 型反力架用于平衡锚杆拉力,竖向荷载则通过竖向反力架予以平衡。

2.3 测试方案

铸钢节点上共布置三向应变片测点 79 个,计 237 个应变分量,分别测试节点内外表面的应变值。锚杆的实心圆钢段上分两个截面布置单向应变片,每个截面沿圆周均布 4 片,用来反算张拉千斤顶的实际拉力。另布置 6 个位移计,用来测试铸钢节点受荷后的空间变位情况。通过应变采集仪和计算机系统采集数据,施加每级荷载后即采集第一次数据,间隔 1min,再采集第二次数据。

3 试验结果及分析

3.1 材性试验

铸钢参照德国 DIN 标准制作。材性试验结果见表 1 所示。

试件材性试验表 表 1

试件号	f_y(MPa)	f_u(MPa)	E(MPa)	伸长率 δ_5(%)
1	300	507	201899	50
2	310	504	194920	60
3	292	492	194284	61
4	301	506	204088	55
5	315	510	196471	60
6	305	496	189153	60
7	318	509	198467	59
总平均值	306	503	197040	58
均方差	8.4	6.3	4628	3.7

3.2 锚杆拉力校核

为验证穿心式千斤顶加载的准确性,在锚杆两个截面上沿圆周对称布置两组应变片,通过应变片值反算锚杆拉力。穿心式千斤顶油压表显示的拉力与锚杆上应变片实测后计算的拉力比较见图 4。比较结果表明,锚杆拉力实测值与千斤顶显示值差距很小,当加载至最大荷载时,锚杆拉力实测值与千斤顶显示值的比值为 0.997,可见穿心式千斤顶加载准确。

3.3 应变测试结果

整理数据发现,直至最大加载水平,节点所有测点的应变都保持在弹性范围内,因此可根据弹性理论将测得的应变换算成应力(弹性模量取 1.97×10^5 MPa)。以下给出应变较大的测点 86,93(位置见图 3)的荷载-主应变曲线和荷载-应力曲线(图 5,6)。各曲线在 6000kN 水平位置因竖向千斤顶加载而出现应变(应力)变动的趋势。应力图曲线中,实线为最大主应力,虚线为最小主应力,点划线为折算应力。折算应力按后文式(1)计算。

3.4 位移计测试结果

布置 6 个位移计,测试铸钢节点受荷后的空间变位情况。从测试结果知,铸钢节点的空间变位均很小,对节点的测试结果影响很小。

3.5 分析

在最大试验荷载作用下铸钢节点试件测点中的最大折算应力出现在锚盘内侧,约为

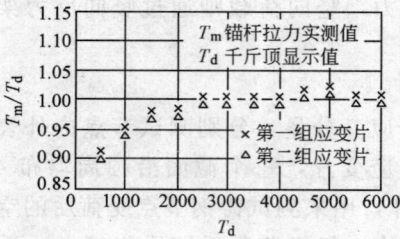

图 4 锚杆拉力校核

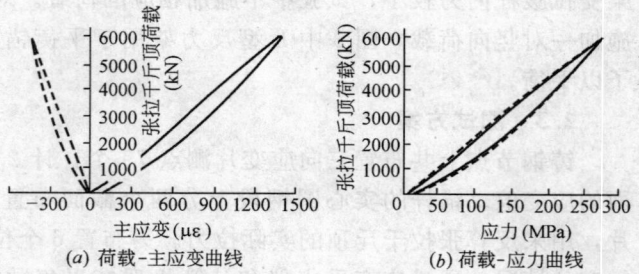

图 5 测点 86 反应曲线

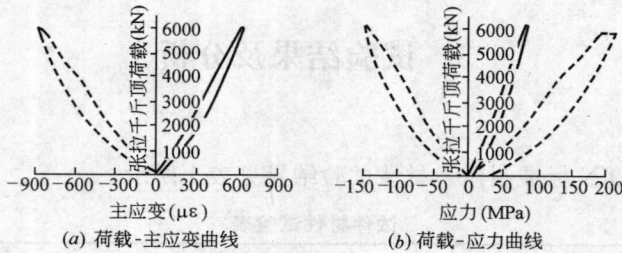

(a) 荷载-主应变曲线

(b) 荷载-应力曲线

(a) 荷载-主应变曲线

(b) 荷载-应力曲线

图 6 测点 93 反应曲线

278MPa。此处应力较大的原因是锚盘处铸钢节点承载面反侧没有支承,相当于中央开口圆板只约束外圆周,而开口边有较大分布荷载。但所有测点的应力值均小于材料的屈服强度。节点其他部位的应力较小。

4 有限元计算和试验的比较

利用有限元计算软件 ANSYS 计算,采用 10 节点 4 面体实体单元建模,并利用了结构和荷载的对称性。结构中铸钢节点的右端与钢管桁架下弦相连,试验中,该端口通过锻钢柱面铰顶在 L 形反力架上,可以在铸钢节点对称平面内转动。建立有限元模型时,考虑到试验加载和实际结构的这一差别,分别采用不同的边界条件。

$A=60$ $B=120$ $C=230$
$D=130$ $E=150$

$F=240$
折算应力等高线(MPa)

图 7 有限元计算节点应力值和实测值比较

将弹性有限元计算结果和试验结果相比较。铸钢节点两个面上的测试结果和有限元在相同工况下的计算结果比较见图 7。图中曲线为有限元计算的铸钢节点的折算应力等高线,圈内数字为实测应变计算出的折算应力值。

比较结果表明,有限元计算结果和铸钢节点上大部分测试点的折算应力分布吻合良好,因此建模和有限元计算是可以信赖的。

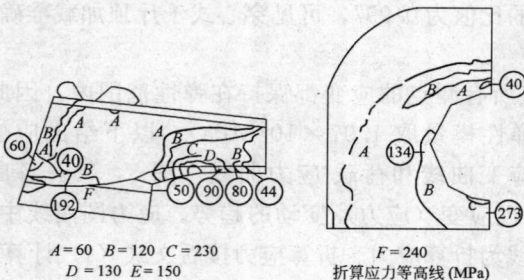

由有限元分析看出,在试验最大荷载作用下,铸钢节点的最大折算应力都在节点的表面区域,且其最大分析应力与最大测试应力值基本吻合。按 Mises 条件判定铸钢节点钢材

未进入塑性。所以，可以推断整个节点在最大试验荷载作用下处在弹性范围内。

5 铸钢节点的强度准则

由材性试验结果看出，铸钢材料强度指标比较稳定，屈服点平均值为 306MPa，均方差为 8.4MPa，以屈服点为设计强度依据，设材料屈服点服从正态分布，则按 97.73% 保证率，强度标准值可取为 289MPa，取 Q235 钢材的抗力分项系数为 1.087，由此确定节点铸钢的强度设计值。

钢材伸长率远超过 22%，具有良好的塑性，即使节点内部有局部区域发展塑性，应能通过应力重分布有效防止节点破坏。鉴于材料的良好塑性性能，铸钢节点的强度判别可以采用 Mises 塑性条件。参照钢结构设计规范的强度计算公式，可得：

$$\sigma_s = \sqrt{\frac{1}{2}\left[(\sigma_1-\sigma_2)^2+(\sigma_2-\sigma_3)^2+(\sigma_3-\sigma_1)^2\right]} \leqslant 1.1 f_y/\gamma_R \tag{1}$$

其中 σ_s 为折算应力，γ_R 按 1.087 取值。

实际结构中刚性杆下弦及腹杆除承受轴力外，承受数值不大的弯矩和剪力。根据实际结构中的节点状况进行建模计算，得到在最大设计荷载下的节点最大 Mises 应力为 $\sigma_{smax}=280MPa$。由上述强度判别式

$$\sigma_{smax}=280<1.1\times289/1.087=293MPa$$

即可以认为节点在设计荷载下是安全的。

6 结 论

(1) 设计加载 6000kN 的试验加载装置，在实验室条件下模拟了大型铸钢节点的受力状况。

(2) 张拉式穿心千斤顶加载准确。锚杆的最大拉力达设计内力的 1.16 倍，铸钢节点与桁架下弦杆相连接处受力为设计内力的 1.40 倍，销栓处反力合力达设计反力的 1.39 倍，均超过设计荷载产生的内力。最大试验加载条件下，铸钢节点测点的最大 Mises 应力为 278MPa，小于材料的屈服强度。

(3) 有限元计算和试验结果符合良好。有限元计算的铸钢节点在最大试验荷载作用下未超过弹性，在最大设计荷载下的应力值与试验值相当接近。

(4) 根据材性试验，建议了铸钢节点的设计强度取值和强度判别式。

参 考 文 献

1 陈以一. 世界建筑结构设计精品选日本篇. 中国建筑工业出版社，2001
2 孙文波. 广州国际会展中心大跨度张弦梁的设计探讨. 建筑结构，2002，32 (2)

(本文发表于：建筑结构，2002 年第 12 期)

66. 矩形钢管屋架的试验研究

沈祖炎　罗永峰　陈扬骥

提　要：本文阐述了 24 m 矩形管钢屋架的足尺试验，研究了矩形管钢屋架的承载性能，分析了该屋架的薄弱环节和节点次应力的影响，并为设计计算提出了建议。

关键词：矩形管钢屋架　足尺试验　次应力

Experimental Study of Rectangular Tubular Steel Roof Truss

Shen Zuyan　Luo Yongfeng　Chen Yangji

Abstract：This paper describes experimental study of span 24m rectanglar tubular steel roof truss，the load-bearing performance of the truss are studied，the weak link and the influence of the secondary stresses on the truss under loading are discussed and then some suggestions for the truss design is given.

Keywords：Rectangular Tubular Steel Roof Truss　Full Scale Test　Secondary Stress

　　矩形管钢屋架具有受力合理、节点连接简单和节省钢材等优点，在屋盖结构中的应用已在增多。本文结合工程实际，进行了 24m 矩形管钢屋架足尺试验，研究了该屋架的承载性能，找出了屋架的弱薄环节，分析了节点次应力的影响，并为设计计算提出了合理的计算方法。

1　试验目的与试验方法

本次试验着重研究：

(1) 观察矩形管钢屋架的破坏形态，寻找屋架的薄弱环节；

(2) 验证理论设计计算方法的可靠性，并提出合理的计算方法；

(3) 分析节点次应力的影响。

1.1　试件与材性

　　24m 矩形管钢屋架足尺试验的结构形式和几何尺寸见图 1 所示。屋架跨中高 2.4m，高跨比为 1/10，上弦杆采用口 150mm×150mm×4mm 方管，下杆和支座竖杆采用口 120mm×80mm×4mm 矩形管，端部受压腹杆采用口 80mm×80mm×4mm 方管，其余腹杆均采用口 60mm×60mm×4mm 方管，腹杆直接焊接在弦杆上。钢材选用 SM50B，屋架在工厂加工成两个 12m 单元，在试验现场拼接。

经管材短柱试验，测得某弹性模量 $E=0.36\times10^5\,\text{N/mm}^2$，屈服强度 $f_y=410\,\text{N/mm}^2$（板材屈服强度为 341.7N/mm²），极限强度为 $f_u=496.3\,\text{N/mm}^2$。

1.2 试验系统

根据工程实际，试验在屋架的上弦节点和上弦节间中点施加集中荷载，共 17 个加载点（见图 2）。试验荷载通过并联液压千斤顶逐次同步施加。杆件应变、节点位移通过应变片及位移计测点（图 2）直接输入 HP 计算机，由计算机自动采集并绘出荷载-应变曲线。

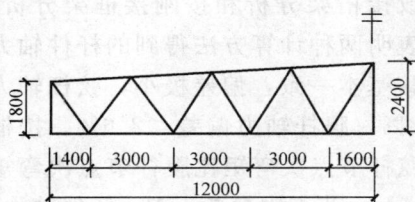

图 1 24m 矩形管钢屋架几何尺寸

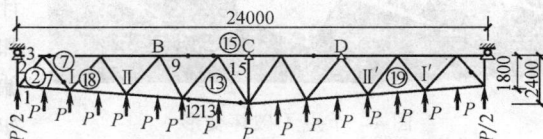

图 2 屋架加载和测点布置图
O—应变测点；△—位移测点

屋架的一端为滚轴支座，另一端为平板支座，上弦设有 5 道侧向支撑。根据试验条件，试验时为加载方便将屋架倒置（图 3）。

倒置的屋架安装就位后，发展②号腹杆有肉眼可见的出平面变形，并伴有扭曲。

1.3 加载方案

试验过程分为 2 个阶段进行：即（预加载）检测阶段与正式试验阶段。

预加载检测试验阶段进行二次，每次分三级加载，即 $P_1=2\text{kN}$，$P_2=4\text{kN}$，$P_3=6\text{kN}$，然后卸载，以检查试验系统各环节是否正常。

图 3 屋架试验装置系统

正式试验分正常使用荷载试验和破坏试验。正常使用荷载试验分成 5 级加载，$P=2$、4、6、8、9kN。加至节点荷载标准值 $P=9\text{kN}$ 时，静置 60min，然后卸载，观察屋架是否有塑性变形；破坏试验分 4 步进行，第一步为 $P=0\sim9\text{kN}$，每级加载 3kN；第二步为 $P=9\sim15\text{kN}$，每级加载 1.0kN；第三步为 $P=15\sim19.5\text{kN}$，每级加载 0.5kN；第四步为 $P>19.5\text{kN}$，此时采用缓慢连续加载方式。在每步每级加载后隔 3min 即自动采集测点数据。

2 试验分析

2.1 试验破坏过程

当试验加载至 $P=15.42\text{kN}$ 时，节点 I 的上弦杆与⑦号受压腹杆连接处出现局部凹凸变形，随后节点 I′处也出现相同的局部变形。当荷载增至 $P=17.0\text{kN}$ 时，节点 I 变形增加，节点 II 和 II′相继出现局部凹凸变形。荷载 $P=19.5\text{kN}$ 时，变形十分明显，并在节点 I 处⑱号拉杆与上弦连接焊缝部分拉裂和断开（见图 4），并发出断裂响声。当继续加载至

图 4 节点 I 破坏变形

$P=25.48kN$ 时，在与节点 I 相对称的节点 I′ 处，⑲号拉杆与上弦杆的连接焊缝至部拉脱，再次发生断裂响声。此后荷载无法增加。

2.2 结果分析

2.2.1 理论计算分析

为了能将试验结果与理论值对比，本文对矩形管钢屋架采用了两种方法进行理论分析，即按铰接桁架分析和按刚接框架分析。计算结果表明两种计算方法得到的杆件轴力和屋架位移基本一致，偏差极小，弦杆轴力偏差 <0.8%，腹杆轴力偏差 <2.6%。按框架计算，弦杆节点次弯矩比腹杆节点次弯矩大，上弦节点次弯矩比节间跨中弯矩小。如用 M/Nh（M—节点次弯矩，N—杆件轴力，h—杆件截面高度）来度量，则下弦杆和腹杆的 M/Nh 均 <5%，说明节点次应力影响很小，可以忽略。上弦杆的 M/Nh 虽然较大，最大处为 11.12%，但因均小于上弦节间跨中处的 M/Nh，并不控制截面设计，因此矩形管钢屋架在作理论计算时可按铰接桁架计算。

2.2.2 采用规范分析达到的荷载设计值

在对屋架进行节点分析时，由于我国的钢结构设计规范（GBJ 17—88）中没有方管直接焊接节点的设计条款，因此采用了欧洲钢管结构设计规范[1]进行分析。试验屋架的最薄弱环节是节点 I，这是由于上弦杆的管壁较薄，腹杆与上弦杆宽度比又较小（只有0.53），会引起节点处产生局部凹凸变形。经分析，由节点I控制的屋架集中荷载设计值为 $P=14.69kN$，这与试验结果基本相符合，最大受压受拉弦杆和腹杆达到控制值时的屋架集中荷载设计值列于表 1。由于屋架管材的强度远远大于规范规定的值，因此可以看出即使到屋架的试验破坏荷载时（$P=25.48kN$），各杆件都不会破坏，这与试验结果也是吻合的。

按规范分析各部位达到的荷载设计值　　　　表 1

序号	部位	荷载设计值(kN)	序号	部位	荷载设计值(kN)
1	节点 I	14.69	4	⑦号受压腹杆	32.25
2	⑬号上弦杆	17.05	5	②号受拉腹杆	33.07
3	⑮号下弦杆	23.47			

注：钢材强度设计值 $f=312N/mm^2$。

2.2.3 理论与试验值对比

(1) 屋架跨中下弦节点的荷载-挠度曲线（见图 5）

$P<15.42kN$ 时，理论与试验值接近，误差小于 2%；$P>15.42kN$ 时，理论与试验曲线开始偏离；$P=19.5kN$ 及 25.48kN 时，由于杆件拉脱，试验曲线出现弯析。在设计荷载作用下各测点的挠度值列于表 2。

从表 2 中可看出，在设计荷载作用下的理论与试验位移偏差在 0.45%～3.27% 之间，对称点 B、D 的试验值偏差在 0.5% 以内。同时，根据试验残余变形数据记录可

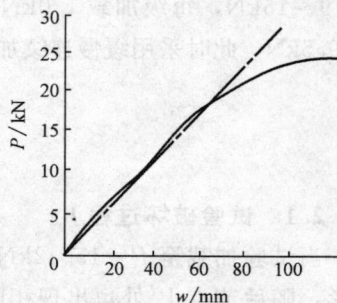

图 5 节点荷载-位移曲线
1—理论线；2—试验线

知，在设计荷载作用下，结构无残余变形，说明此时屋架处于弹性变形阶段。

在设计荷载作用下，节点位移的比较　　　　　　　表 2

测点	C			B			D		
荷载(kN)	理论	试验	偏差%	理论	试验	偏差%	理论	试验	偏差%
9	31.53	30.60	3.27	26.80	26.53	1.0	26.80	26.42	1.4
12	42.04	40.77	3.0	35.73	35.90	0.5	35.73	35.89	0.45

（2）杆件的荷载-应变曲线（图 6）

理论与试验线基本吻合，误差在 1.3%～15% 之间。试验所得的处于对称位置杆件的结果非常接近，表明试验系统对称性好。

（3）杆件荷载-端弯矩曲线（图 7）

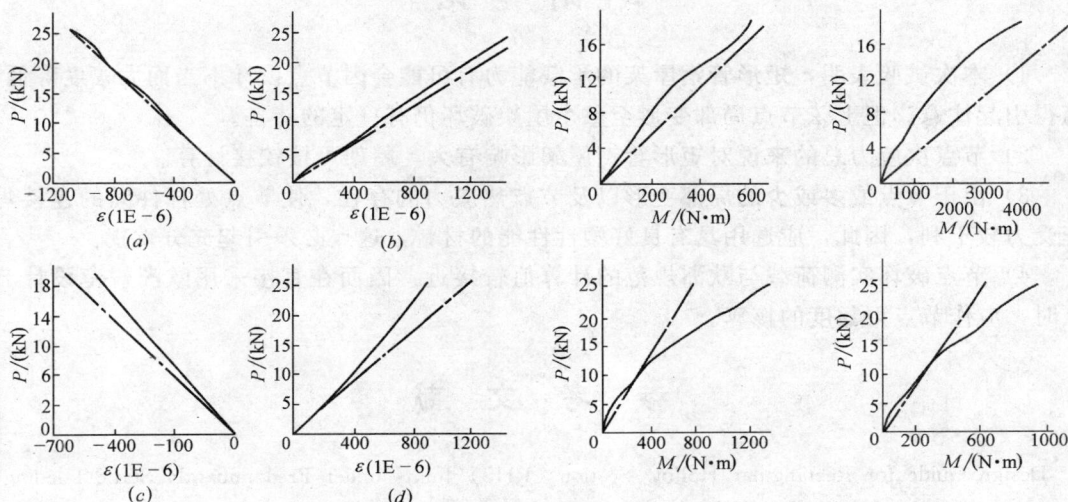

图 6　荷载-应变曲线

（a）13# 截面；（b）15# 截面；

（c）7# 截面；（d）1# 截面

实线—试验线；点划线—理论线

图 7　荷载-弯矩曲线

（a）9# 截面；（b）12# 截面；

（c）1# 截面；（d）3# 截面

实线—试验线；点划线—理论线

弦杆的试验值均比理论值小，而腹杆只有近支座处杆的端弯矩试验值比理论值大一些。试验值表明，杆端弯矩的影响很小的。

（4）内力值（见表 3）

②号杆截面上的内力值　　　　　　　表 3

截面位置	轴力		平面内弯矩		平面外弯矩	
	σ (MPa)	N (kN)	σ (MPa)	M_x (kN·cm)	σ (MPa)	M_y (kN·cm)
1-1	74.16	65.4	17.51	27.47	3.399	8.0
2-2	81.78	72.13	8.03	12.61	13.3	20.87
3-3	81.68	72.04	12.2	19.15	11.8	18.5

表 3 给出了②号杆 1-1、2-2、3-3 截面在设计荷载时的实测内力值，从表 3 中可以看出由于制作误差，造成②号杆出平面有初弯曲，在②号杆内产生了不利的附加应力，需要

引起注意。

（5）腹杆应力变化

表 4 给出了腹杆在设计荷载作用下节点附近各点的应力变化，可以看出腹杆截面上的应力越靠近节点增长越快，但仍在弹性阶段。

腹杆在节点附近各点的应变值　×10⁻⁶　　　　　表 4

腹杆在节点附近各点的应变值 $\times 10^{-6}$　表 4

测点	2	4	1	3
应变值	−195	−572	−378	−692

3　结　　论

1）本次试验表明，矩形管钢屋架的承载能力有可能会因节点设计不当而大幅度降低，值得引起注意。但上弦节点局部变形至整个屋架破坏仍有一定的储备。

2）节点次应力总的来说对矩形管钢屋架影响有大，屋架可按铰接计算。

3）由于节点或多或少的局部变形以及节点热应力的存在，使节点处杆件间的连接焊缝受力较不利，因此，应选用具有良好塑性性能的材料，这点必须引起充分重视。

4）节点破坏实测荷载与欧洲规范的计算值较接近，因而在直接采用欧洲规范设计节点时，应作节点可靠度的核算。

参　考　文　献

1　Design Guide for Rectangular Hollow Section（RHS）Joints under Predominantly Static Loading，1992，CIDEC

（本文发表于：钢结构，1995 年第 1 期）

67. 上海市八万人体育场屋盖的整体模型和节点试验研究

沈祖炎　陈扬骥　陈以一　赵宪忠　姚念亮　林颖儒

提　要： 本文介绍对上海市八万人体育场屋盖大悬挑空间结构进行的 1/35 缩尺模型试验和大管径直接焊接节点足尺模型试验。试验表明，该结构空间工作性能显著，次应力影响不能忽略，并验证了计算方法的可靠性。本文中的 K 型节点足尺试验为大管径直接焊接节点计算提供了可靠依据。

关键词： 大悬挑空间结构　直接焊接 K 型节点　体育场模型　钢管屋盖结构

Experimental Study on Overall Roof Structure and Joints of a 80000-seat Stadium in Shanghai

Shen Zuyan　Chen Yangji　Chen Yiyi　Zhao Xianzhong　Yao Nianliang　Lin Yingru

Abstract： The 1：35 scale model of the roof structure of a 80000-seat stadium in Shanghai, made up of radial long cantilevered main trusses and annular secondary trusses, as well as the full scale large size specimens of unstiffened steel tubular K-joints have been tested. The results of the overall structure test indicate that the roof system has strong space working behavior, and it verifies the reliability of the calculation method. The static loading tests of the full scale K-joints make perfect the theory of unstiffened steel tubular joints with large diameter members.

Keywords： Long Cantilevered Space Structure　Unstiffened Tubular K-Joint　Stadium Roof Structure

1 引　言

由上海建筑设计研究院设计的上海市八万人体育场的屋盖采用马鞍型大悬挑钢管空间结构，它是由径向 64 榀大悬挑主桁架和 2～4 道环向次桁架组成，见图 1。主桁架的节点采用大管径直接焊接的 K 型节点，屋面覆盖高技术材料（SHEERFILL），形成膜结构[2]。屋盖平面投影呈椭圆形，长轴 288.4m，短袖为 274.4m，中间有敞开椭圆孔（长轴 215m，短轴 150m），最大悬挑长度为 73.5m，最短悬挑长度为 21.6m，为国内跨度最大，悬挑长度最长和覆盖面积最大的体育场。

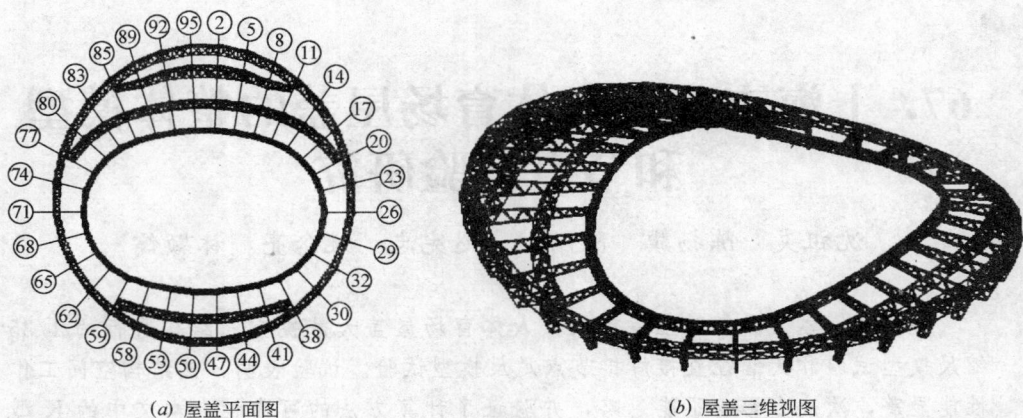

(a) 屋盖平面图　　　　　　　　　　　(b) 屋盖三维视图

图 1　屋盖结构布置图

64 榀悬挑主桁架的一端分别固定在 32 榀钢筋混凝土变截面柱上,每根柱子固定两榀主桁架,两榀主桁架弦杆之间用横杆相连。主桁架杆件采用 $\phi508\times16\sim\phi139.2\times6.3$ 等 12 种规格钢管,次桁架采用 $\phi355.6\times12.5\sim\phi197.3\times6.3$ 的钢管。主桁架的弦杆与腹杆采用直接焊接 K 型节点,次桁架的弦杆和腹杆采用焊接空心球节点。钢材采用英国钢材 D50。如此大管径直接焊接节点在国内还是首次在土建中应用。为了工程安全,有必要对其空间工作性能以及在各种荷载作用下杆件和节点的受力性能进行整体模型和节点试验研究。

2　整体模型试验

2.1　整体模型试验

(1) 整体模型简介　　整体模型试验在试验室进行,根据试验台座容许最大尺寸,确定模型按 1：35 比例缩小制作,平面呈椭圆形,长轴为 8.24m,短轴为 7.84m。模型除做到几何相似外,还尽可能做到物理相似。64 榀主桁架选用 $\phi12\times0.5$、$\phi10\times0.5$、$\phi7\times0.5$、$\phi4\times0.5$ 等四种规格钢管,主桁架杆件选用原则是使模型主桁架与理想缩尺模型主桁架的悬挑端竖向挠度相接近。内外环向次桁架采用 $\phi10\times0.5$ 和 $\phi4\times0.5$ 两种规格钢管。整个试验模型搁置在经刚度换算的等代悬挑钢柱上,它与实际支承情况较吻合。图 2 是试验模型的全貌。

模型比例较小,精度要求很高。因此制作过程中首先在工厂制成模型的拼装单元,然后在试验室总装完成。模型材料均为 Q235 钢,各种钢管均进行几何尺寸检测和材料性能试验。模型所有杆件节点均采用直接汇交焊接节点。

图 2　试验模型全貌

（2）测点布置与加载方案设计　　整体试
验模型共有杆件5631根，模拟的试验荷载有
四种工况，第一种为全部风吸力，第二种为
部分风吸力、部分风压力，第三种为恒载，
第四种为设计组合荷载：$1.2\times$恒载$+1.4\times$
屋面活载$+0.8\times$全部设计风压力。由于加载
不对称，很难利用对称性进行测点布置。在
试验模型中共布置218个应变片，分布在22

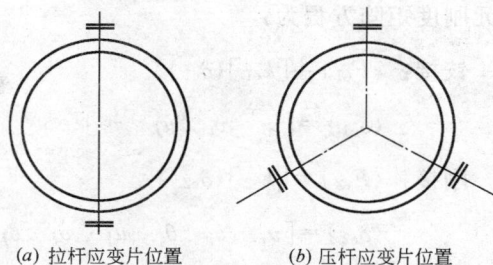

(a) 拉杆应变片位置　　(b) 压杆应变片位置

图3　杆件截面上应变片位置

榀主桁架和部分内环向次桁架上。应变片均贴在杆件中部，根据杆件受力，拉杆每一断面
上布置2个应变片，压杆每一断面上布置3个应变片（图3）。

位移计共布置32个，其中16个布置在主桁架的自由端上（分布于2、8、14、20、
26、32、38、44、50、56、62、68、74、80、86、92轴线上，设置于两榀主桁架当中），
另16个布置于底座上（分布于2、14、26、38、50、62、74、86轴线上，每支座设置2
个），以检查支座沉降。

实际结构荷载是作用于主桁架上弦节点上，各点荷载也不同。为模仿实际结构加载情
况，试验模型共设加载点484个，采用分配梁方法将它们集中为18个加载点，每一个加

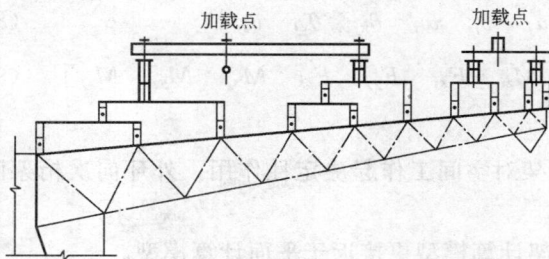

图4　模型加载装置

载点用砝码逐级加载，见图4。前三种
工况在弹性范围内加载，以保证卸载后
结构能恢复原状，所有荷载分8次施加，
然后分3次卸载；最后一种工况进行破
坏性试验，此时荷载分16次施加11级，
前6次每次施加1级，后10次每次施加
0.5级，然后分四次卸载。选择以上试
验加载顺序，对整体模型受力和加载装
置的调整都有利。

在每一种加载工况下，先做两次预加载试验，然后开始正式试验。每次加载、卸载完
毕后，等1分钟记录一次应变和位移数据，等5分钟再记录一次。试验模型的测试由
YG20和HP-3852两台数据采集系统组成，能在1分钟内将250个测点全部采集完毕，并
由计算机进行即时处理，绘制所需的观察试验曲线。

（3）局部节段试验　　本试验还进行了局部节段试验。局部节段是从整体模型中切出，
即切断主桁架与内外环向次桁架的联系。局部节段试验共进行两段（26~29轴段和8~11
轴段）。试验的目的在于了解单榀受力与空间受力之间的差异，同时也验证采用分配梁加
载方式的传力系统是否正确。在加载点上设置电子传感器进行量测，试验结果表明传力体
系是正确的。

2.2　理论分析

马鞍型悬挑空间结构是一座复杂空间结构，采用何种计算模型能够接近实际受力状
态，这对工程分析具有重要意义。我们根据结构特点作如下几种计算方案比较：

（1）平面计算模型　　它认为主桁架之间的次桁架仅保证主桁架的侧向稳定作用，不参
与整体结构空间工作，把主桁架当作各自独立的悬挑平面桁架。设节点为铰接或刚接，其

单元刚度矩阵方程为：

铰接：$\{F_{e1}\} = [k_{e1}]\{\delta_{e1}\}$ (1)

$$\{\delta_{e1}\} = [u_i \quad v_i \quad u_j \quad v_j]^T$$ (2)

刚接：$\{F_{e2}\} = [k_{e2}]\{\delta_{e2}\}$ (3)

$$\{\delta_{e2}\} = [u_i \quad v_i \quad \theta_i \quad u_j \quad v_j \quad \theta_j]^T$$ (4)

（2）空间铰接计算模型　它是把主桁架与次桁架组成整体进行分析，假设节点为空间铰接节点。由于搁置在同一柱上的两榀主桁架仅用横杆连系，需设置假想斜杆才能计算。假想斜杆刚度将影响结构空间工作性能。其单元刚度矩阵方程为：

$$\{F_{e3}\} = [k_{e3}]\{\delta_{e3}\}$$ (5)

$$\{\delta_{e3}\} = [u_i \quad v_i \quad w_i \quad u_j \quad v_j \quad w_j]^T$$ (6)

（3）空间刚接计算模型　它也是把主桁架和次桁架组成整体进行分析，假设节点为空间刚接节点。其单元刚度矩阵方程为：

$$\{F_{e4}\} = [k_{e4}]\{\delta_{e4}\}$$ (7)

$$\{\delta_{e4}\} = [u_i \quad v_i \quad w_i \quad \theta_{xi} \quad \theta_{yi} \quad \theta_{zi} \quad u_j \quad v_j \quad w_j \quad \theta_{xj} \quad \theta_{yj} \quad \theta_{zj}]^T$$ (8)

$$\{F_{e4}\} = [F_{xi} \quad F_{yi} \quad F_{zi} \quad M_{xi} \quad M_{yi} \quad M_{zi} \quad F_{xj} \quad F_{yj} \quad F_{zj} \quad M_{xj} \quad M_{yj} \quad M_{zj}]^T$$ (9)

理论分析表明：

1）2～4 道环向次桁架中，内环向次桁架对空间工作起决定性作用，外环向次桁架刚度变化对主桁架的空间工作基本无影响。

2）当内环向桁架刚度非常弱时，主桁架计算模型更接近于平面计算模型。

3）空间铰接计算模型与空间刚接计算模型在设计荷载下端点竖向挠度的比较列于图 5。从中可以看出，刚接模型比铰接模型的挠度小，说明连接节点有一定刚度，设计时应加以考虑。

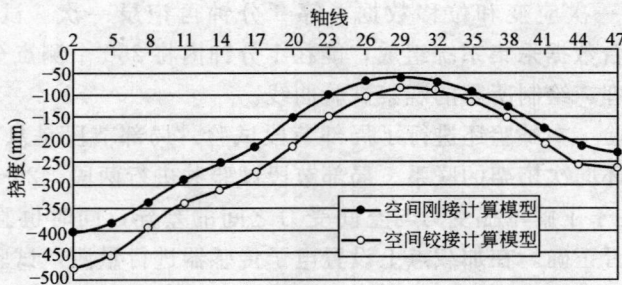

图 5　采用不同计算模型时主桁架端点竖向挠度比较

2.3　试验结果分析

试验分四种加载工况进行，其中在第四种荷载作用下加载至设计荷载的 1.79 倍时所有主桁架杆件均未发生破坏。内环向次桁架杆件因取材受到条件限制，模型杆件长细比大于原结构的杆件长细比，由于长细比过大等原因有 20 多根杆件发生屈曲变形，并有 6 根杆件在卸载后仍不能恢复原状。试验说明该结构在设计荷载作用下是完全可靠的。

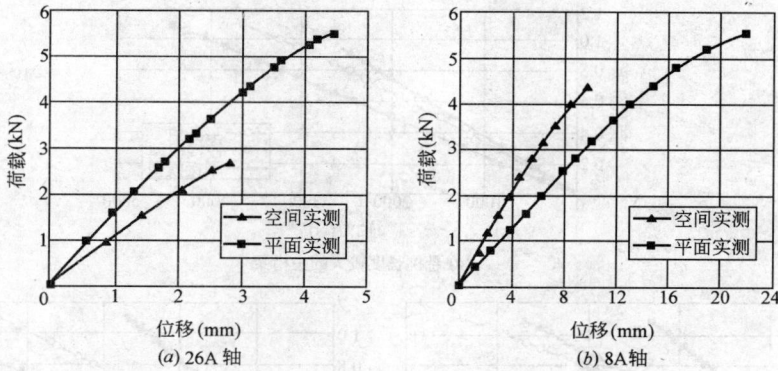

(a) 26A 轴　　　　　　　　(b) 8A 轴

图 6　整体模型（空间）与局部模型（平面）主桁架挠度比较

　　局部节段试验表明，局部节段的受力接近于平面桁架受力状态。图 6 是两种（整体和局部）模型挠度实测曲线，从中可以看出该结构空间作用是非常明显的。局部节段进行破坏试验，破坏位置均发生在桁架根部的下弦杆，破坏形态均为压杆失稳。

　　本试验测试内容较多，理论分析的计算模型也较多，下面着重列出对试验模型按铰接计算模型和刚接计算模型进行的分析。计算结果与试验结果比较如下：

　　（1）主桁架的自由端挠度　图 7 表示在第四种荷载工况下采用不同计算模型时试验模型主桁架自由端理论挠度值与实测值的比较。图中铰接计算方案 1 将同一轴线上两榀主桁架合并为一榀，铰接计算方案 2 取斜杆刚度 $EA = 0.00001E$，铰接计算方案 3 取斜杆刚度 $EA = 0.1E$。从图中可以看出，实测值更接近于空间刚接计算模型。实测值与平面计算模型比较，悬挑长度长的主桁架，前者挠度比后者小；悬挑长度短的主桁架，前者挠度比后者大。说明该结构具有明显的空间工作性能。

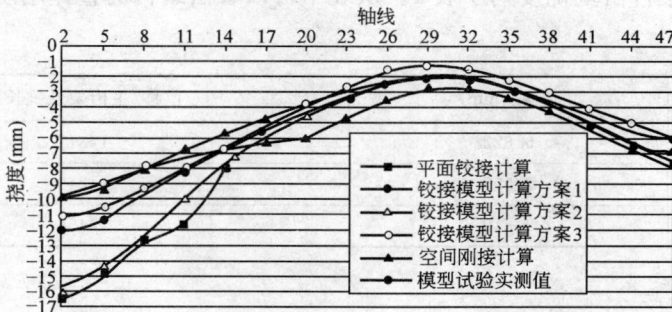

图 7　不同计算模型及实测时主桁架悬臂端挠度变化规律

　　（2）杆件轴力　图 8 表示在第四种荷载工况下两种计算模型的轴力与实测结果比较。从图中可以看出，悬挑长度较大的主桁架杆件轴力总是刚接模型的计算结果小于铰接模型的结果，悬挑长度较小的主桁架杆件轴力情况则相反。实测值更接近于空间刚接计算模型，说明大管径直接焊接节点的节点刚度较大，计算时不能忽略。

　　（3）杆件次应力　实际模型在荷载作用下由于节点的嵌固作用，杆件内不仅存在轴力，还存在弯矩、剪力和扭矩的作用，其中以弯矩对本结构的分析影响为大。杆件中弯曲应力最大的截面在杆件的两端。采用双向压弯构件的稳定验算公式分析弯曲次应力对整根

(a) 悬挑长度较大的主桁架

(b) 悬挑长度较小的主桁架

(c) 内环向次桁架

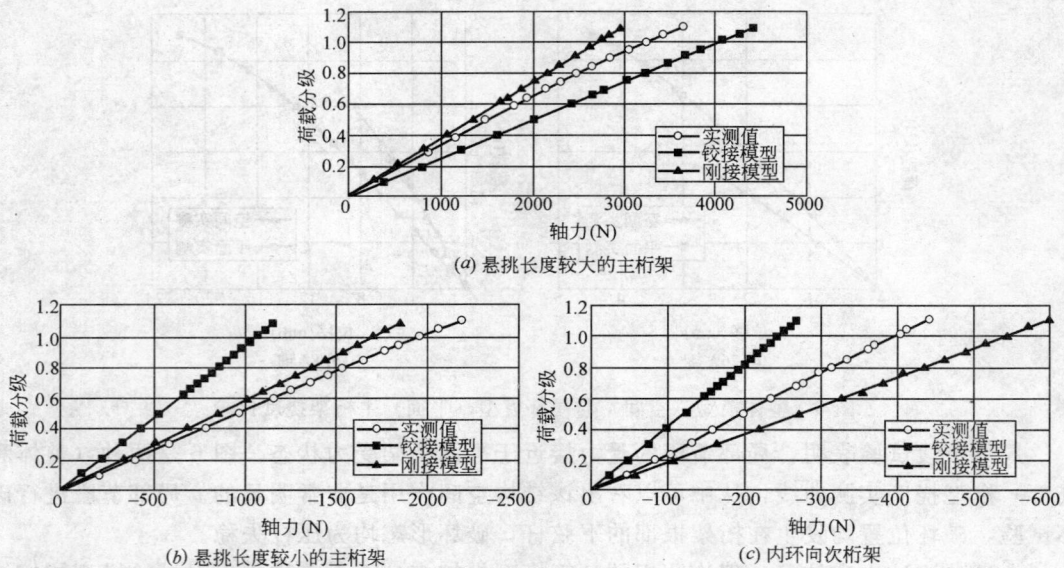

图 8 采用不同计算模型时典型桁架轴力的理论与实测值

杆件的影响，并以杆件轴向应力与弯曲次应力的组合应力是否超过实际结构所用钢材的强度设计值 f 来分析结构的安全性。分析表明，主桁架杆件中弯曲次应力超过 5%f 的杆件占总杆件的 69%，因而计算中次应力的影响不应忽略，尤其是内环向次桁架曲率变化最大的 14～17 轴处。设计过程中应采用双向压弯构件的稳定公式进行验算。

（4）结构空间工作性能 模型的整体刚度较好，对于第四种加载工况下，标准荷载作用时部分轴线主桁架自由端挠度列于表 1。从表中可以看出结构的整体刚度较好。

表 1

轴线号	位 移（mm）	位移/主桁架悬挑长度
2	6.622	1/317
26	2.597	1/249
44	3.318	1/456

3 节 点 试 验

3.1 概况

八万人体育场屋盖采用了钢管直接焊接、焊接球节点及节点板连接等多种节点形式，其中主桁架杆件之间的连接与环向次桁架杆件的部分连接都采用了直接焊接钢管节点。

直接焊接钢管节点是钢管结构中传力直接、加工简便、经济指标优越的连接方式。由于现有的理论方法和数值分析手段尚难精确地计算不同形式节点的极限承载力，各国规范中有关设计公式普遍以试验为依据。但是，在各国研究者积累的 1000 多个钢管节点试验数据中，大尺寸的足尺试件或大比例试件为数甚少[3]，至 1996 年 8 月止，收集至数据库中的 K 型钢管节点试验个数为 676 个，其中承载力超过 1000kN 且试验数据齐备的试件仅有 9 个[4]。由于试件的尺寸效应，例如小比例试件中焊缝刚度对节点力学性能的影响，使得主要根据大量较小直径钢管节点的试验数据制定的承载力预测公式和设计公式，在应用到大直径钢管节点时会产生较大误差[3]、[5]。因此，把握大尺寸节点的力学性能，成为钢管节点研究的重要课题之一[6]。从工程实际要求看，八万人体育场屋盖的桁架弦杆直径大，一些节点的设计强度将超过 1000kN，而这又是国内首次用于土建工程的大管径直接焊接钢管节点，本研究进行了 11 个足尺节点的试验。

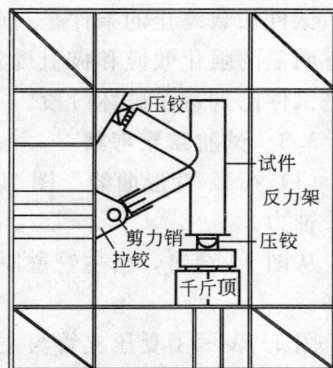

图 9　试件和加载装置

　　试件为平面 K 型节点，详见图 9。节点主管对应于实际钢桁架结构中的受压弦杆，直径为 457mm；支管对应于桁架中的腹杆，分别受拉或受压。试件支管与主管的交角为 30°。两支管的间隙记为 a，a 为负时表示两支管在与主管汇交时互相叠合的尺寸；支管轴线交点与主管轴线的偏心距随 a 值而变化。试件的几何特征参数为受压支管和主管的直径比 d_a/D，主管的径厚比 D/T 以及支管间隙参数 a/T。11 个试件的参数一览见表 2。

试件编号及几何参数　　　　　　表 2

试件编号	主管规格 $D\text{-}T$(mm)	受压支管规格 $d_a\text{-}t_a$(mm)	受拉支管规格 $d\text{-}t$ (mm)	支管间隙 a (mm)	d_e/D	D/T	a/T
TJ1E4X	457-10	193.7-10	323.9-12.5	96.9	0.424	45.70	9.69
TJ1E1X	457-10	193.7-10	323.9-12.5	30.0	0.424	45.70	3.00
TJ1E0X	457-10	193.7-10	323.9-12.5	−35.0	0.424	45.70	−3.50
TJ1E4C	457-10	323.9-12.5	193.7-10	96.9	0.709	45.70	9.69
TJ1E1C	457-10	323.9-12.5	193.7-10	30.0	0.709	45.70	3.00
TJ1E0C	457-10	323.9-12.5	193.7-10	−35.0	0.709	45.70	−3.50
TJ2E4X	457-20	193.7-10	323.9-12.5	96.9	0.424	22.85	4.85
TJ2E1X	457-20	193.7-10	323.9-12.5	30.0	0.424	22.85	1.50
TJ2E0X	457-20	193.7-10	323.9-12.5	−35.0	0.424	22.85	−1.75
TJ2E4C	457-20	323.9-12.5	193.7-10	96.9	0.709	22.85	4.85
TJ2E1C	457-20	323.9-12.5	193.7-10	30.0	0.709	22.85	1.50

　　所有试件均采用英制钢管 S335J2H（Grade50D）。根据试件钢管的材性试验，钢管 457-10 的屈服点和抗拉极限分别为 418MPa 和 587MPa，钢管 457-20 的屈服点和抗拉极限分别为 382MPa 和 561MPa。

3.2　加载和测试

　　为保证大吨位加载要求的实现，试验采用如图 9 所示的自平衡反力框架。试件两个支管的端部分别通过半球压铰和经由剪力销实现的拉铰连接在反力架上。试验中，通过 2 台并列的 3200kN 级单向油压千斤顶由下而上向主管施加轴向压力，使得两个支管分别受压和受拉。在支管轴力的作用下不仅支管发生轴向变形，主管管壁也在压力和拉力作用下产生局部变形。

　　试件加载终止的条件是：（1）在监测的荷载-变形曲线上观测到下降段后；或（2）在没有明显的强化效应和极值现象的情况下，当试件出现很大的塑性变形后。这两者都被认为是试件已到达了破坏阶段。

3.3　试验结果考察

　　（1）荷载-变形曲线　图 10 至图 12 中曲线的横轴为主管管壁局部变形，纵轴为受压支管轴力。

　　从图 10 看出，当主管壁厚从 10mm 增为 20mm 时，节点弹性刚度增大，承载力显著提高。

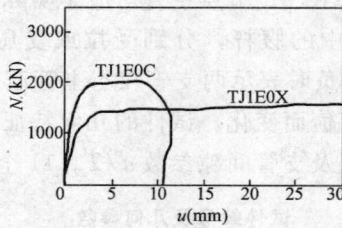

　　图 11 表示了受压支管与主管的直径比对节点力学性能的影响。在一定的支管轴力下，若节点其它参数不变而支管与主管的直径比增大，则支管轴力对主管管壁产生的垂直应力分量减小，在荷载-变形曲线上表现出节点刚度和承载力的提高。

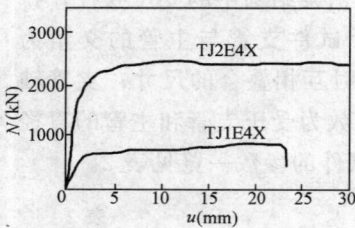

| 图 10　试验曲线：主管径厚比影响 | 图 11　试验曲线：受压支管与主管直径比的影响 | 图 12　试验曲线：支管间隙的影响 |

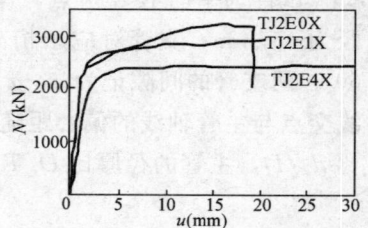

　　由图 12 观察到：支管间隙越小，节点强度越高。当支管叠合时，支管荷载的一部分通过叠合部直接传递，主管负荷相应减少；同时叠合部的存在也增大了对主管管壁局部变形的约束刚度。另一方面，在图 12 的试验曲线中，支管叠合的试件 TJ2E0X 到达最大荷载时的塑性变形相对较小。

　　（2）节点塑性变形能力　图 10～图 12 的曲线显示出试件节点塑性性能良好。即使试件 TJ1E0C，在最大荷载时的塑性变形量也为最大弹性变形的 7 倍左右。其后随变形增大，虽负荷能力略有降低，但在节点完全丧失承载力之前仍有足够的塑性变形能力。

　　（3）试件破坏模式　试件的破坏模式之一是局部破坏。这类破坏模式发生在表 2 所列的前 9 个试件中。其主要现象包括：（1）受压支管下方的主管管壁局部凹陷；（2）一部分主管管壁较薄的试件，在对应于受拉支管拉应力最大处的主管管壁被剪断；（3）有些部位出现焊缝裂纹或焊缝连同管壁一起被撕裂。试验观察表明，管壁剪断和焊缝开裂都发生在节点受荷的峰值期或承载力的下降段，是伴随主管管壁变形增大而出现的现象。上述 3 种破坏现象造成的试件失效属于"节点破坏"类型。研究节点的极限承载力主要应分析这类破坏模式。

　　试件破坏的另一类模式是支管破坏。主要有受压支管局部或整体的弹塑性失稳，受拉支管的屈服以至断裂。虽然这些试件中也有主管管壁的局部变形产生，但造成试件失去承载力的原因不在于节点破坏。这是节点强度高于杆件强度的例子。

3.4　节点极限承载力与规范公式比较

　　属于节点破坏的各个试件中，由试验得到的受压支管最大轴力可以视为节点的极限强度，记为 N_m。由图 10 至图 12 可以看出，受压支管的最大弹性轴力仅为 N_m 的50%～70%，用最大弹性轴力作为工程设计用的节点极限承载力显然过于保守。另一方面，在达到极限强度时，主管管壁将产生 20～30mm 的局部凹陷，变形量可达主管外径的 5% 或更大，这样的变形量可能是工程上难以接受的。参考现行钢结构施工规范对钢管不圆度的允许值，采用塑性变形量相当于主管管径 0.5% 时的受压支管轴力作为设计用钢管节点的极限承载力，记为 N_u。各个试件的 N_m、N_u 值列于表 3。从表中可以看出，这样确定的设计用极限承载力平均可达节点极限强度的 85% 以上，既利用了最大弹性轴力后的强度，又不致产生过大的管壁局部塑性变形。

试件承载力及与计算公式的比较　　　　　　　表 3

试件编号	N_m(kN)	N_u(kN)	$N_{u,c}$(kN)	$N_m/N_{u,c}$	$N_u/N_{u,c}$	$N_{u,j}$(kN)	$N_m/N_{u,i}$	$N_u/N_{u,j}$
TJ1E4X	881	687	740	1.191	0.928	663	1.329	1.036
TJ1E1X	948	924	881	1.076	1.049	870	1.090	1.062
TJ1E0X	1539	1391	1001	1.537	1.390	1147	1.342	1.212
TJ1E4C	1178	963	1056	1.116	0.912	956	1.232	1.007
TJ1E1C	1375	1200	1189	1.156	1.009	1238	1.111	0.969
TJ1E0C	2013	1789	1288	1.563	1.389	1615	1.246	1.107
TJ2E4X	2476	2136	1976	1.253	1.081	2134	1.160	1.001
TJ2E1X	2989	2494	2153	1.388	1.158	2369	1.262	1.053
TJ2E0X*	3253	2587	2387	1.363	1.084	2581	1.260	1.002
TJ2E4C**	2623	2500	—	—	—	—	—	—
TJ2E1C**	3035	2500	—	—	—	—	—	—

注　＊试件 TJ2E0X 破坏时除主管管壁局部变形外，还发生受压支管局部屈曲和弹塑性弯曲失稳。此处按"节点破坏"计算。
　　＊＊试件 TJ2E4C、TJ2E1C 系受拉支管屈服破坏。表中 N_m 为加载中受拉支管的最大轴力。N_u 则根据试验曲线、取弹性段直线与屈服后强化段的延长线的交点。

表 3 中还列出了根据我国现行钢结构规范[7]关于钢管节点强度的计算公式得出的节点极限承载力 $N_{u,c}$ 和根据日本建筑学会钢管结构设计施工指针（1990 年版）[5]关于管节点的强度计算公式得出的节点极限承载力 $N_{u,j}$。计算中均采用钢材的实际屈服强度。

计算公式与试验结果的比较说明，按照本研究建议的方法，由试验数据确定的设计用节点极限承载力，与我国现行规范的计算公式大体吻合。但对支管叠合的情况，规范计算结果偏于保守。相比之下，日本建筑学会的计算公式与试验结果较为接近。需要说明的是，我国规范制定时所依据的试验数据中大尺寸试件较少，而日本建筑学会修订计算公式时已注意到这一问题。本研究所提供的节点试验数据也可供我国修订规范有关条文时参考。

4　小　　结

（1）屋盖结构空间工作比较明显，按空间刚接模型计算更接近实测值。

（2）内环向次桁架对大悬挑空间结构的空间工作起决定作用。

（3）主桁架采用大管径直接焊接 K 型节点，节点刚度较大，次应力影响不能忽略。

（4）直接焊接节点具有较好塑性变形，取主管管壁局部凹陷或凸起最大塑性变形相当于 0.005 倍主管外径时的受压支管轴力，作为钢管节点承载力是合理的。

（5）K 型焊接钢管节点构造在满足规范构造要求的前提下，按我国现行规范公式计算是可行的。

参 考 文 献

1　欧阳巴等：弹性、塑性、有限元，湖南科学技术出版社，1983 年
2　林颖儒：上海八万人体育场马鞍型大悬挑钢管空间屋盖结构设计简介，第二届中日建筑结构技术交流会论文集，1995 年 10 月
3　Ochi，K.，Makino，Y.，Kurobane，Y.：Basis for design of unstiffened tubular joints under axial brace loading，International Institute of Welding Annual Assembly，ⅡW Doc. XV-561-84，Boston，1984
4　Y. Makino，Y. Kurobane，K. Ochi，G. J. van der Vegte and S. R. Wilimshurst：Database of Test and Numerical Analysis Results for Unstiffened Tubular Joints. Ⅱ W Doc. XV-E-96-220，Miskoic，Hungary，1996
5　日本建筑学会：钢管构造设计施工指针·同解说，日本建筑学会，1990
6　Lalani，M.：Developments in tubular joints technology for offshore structures，Proc. of 2nd International Offshore and Polar Engineering Conference，1992
7　中华人民共和国国家标准：钢结构设计规范（GBJ 17—88），1989 年

（本文发表于：建筑结构学报，1998 年第 1 期）

第五部分

张拉结构非线性分析理论

68. 预应力索结构中的索单元数值模型

提　要： 本文总结了目前在索系结构分析中应用的索单元有限元模型的种类及其优缺点，指出了悬链线单元在精确分析索自重影响时的优越性。在预应力索结构中迭代求原长时，采用 Ridders 改进弦割法的迭代计算技术，收敛快速且稳定。不同的算例表明，悬链线单元模型无论在小垂度还是大垂度索结构的静力和动力分析中都具有很高精度，而且计算工作量大大减少。

关键词： 索单元　多节点单元　悬链线单元　迭代技术　索结构

Numerical Models for Cable Element in Prestressed Cable Structures

Zhang Li-xin　Shen Zu-yan

Abstract： In this paper, the various numerical models for cable are presented. With comparison, the catenary element is most efficient for precise description of the static configuration, while the straight rod element is rough and the multiple-joint element, though works more precisely, makes the computation more complicated. The Ridders improved linear iteration method is applied for calculating the initial length of cables, which is needed for analyzing the structures. The convergence and numerical stability are satisfactory. Through analyzing the different examples, the conclusion that the catenary elements can work precisely for static or dynamic cables with arbitrary sag is drawn.

Keywords： Multiple-Joint Element　Catenary Element　Iteration Method　Cable Structures

1　引　言

索结构在大跨结构中已得到广泛的应用。随着连续长索的不断应用，对于索力学模型的精度要求也越来越高。初期的研究以解析法为基础，对较为简单理想的外荷和边界条件作了分析[1]；随着计算技术的提高，提出并采用了考虑大变形的各种离散模型：两节点直线杆单元模型[2]，以等效弹性模量来考虑垂度影响，两节点抛物线索单元模型[3]，以及为了提高分析精度采用内插节点的多节点索单元（三节点、四节点、五节点索单元）模型[4][5]和采用 B'样条基构建的索单元[6]。以等效弹模表示的两节点杆元,随着索垂度增加,会使得轴向刚度偏大;显然,抛物线元只能适用于小垂度或沿弦向均布荷载的情况;内插多节点索单元尽管提高了分析精度,但是以计算量和输入参数量的增多作为代价的。而悬链线索元,是建立在解析分析基础上的有限元模型,只需要节点位置和索原长或初张力就能进行分析,同其他模型比较,计算精度高,工作量小。

2　悬链线索有限元理论计算方法

尽管悬链曲线在 17 世纪末得到了精确解,但由于采用超越函数而很难得到应用。H. B. Jayaraman[7]在 1980 年推导了悬链线索元的刚度矩阵显式表达和迭代求解刚阵的方法,并建立了已知索原长、初始节点位置的静、动力计算方法。使得悬链线数值法成为可能。

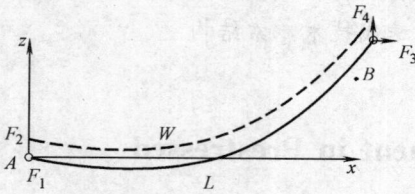

图 1　悬链线索单元

2.1　基本假定

(1) 索为理想柔索,不受压且无弯曲刚度;

(2) 满足大变形、小应变要求;

(3) 索中外荷载沿索长均匀分布。

2.2　有限元列式

2.2.1　刚度矩阵的建立

任一索元,在局部坐标系中(如图 1),各参数具有如下关系[8]:

$$L^2 = V^2 + H^2 \frac{\sinh^2 \lambda}{\lambda^2} \tag{1}$$

其中:

$$\lambda = \frac{wH}{2|F_1|} \tag{2}$$

$$F_2 = \frac{w}{2} \left[-V \frac{\cosh\lambda}{\sinh\lambda} + L \right] \tag{3}$$

$$H = -F_1 \left[\frac{L_u}{EA} + \frac{1}{w} \log \frac{F_4 + T_J}{T_1 - F_2} \right] \tag{4}$$

$$V = \frac{1}{2EAw}(T_J^2 - T_1^2) + \frac{T_J + T_1}{w} \tag{5}$$

$$L = L_u + \frac{1}{2EAw} \left[F_4 T_J + F_2 T_1 + F_1^2 \log \frac{F_4 + T_J}{T_1 - F_2} \right] \tag{6}$$

$$F_3 = -F_1 \tag{7}$$

$$F_4 = -F_2 + wL_u \tag{8}$$

其中,L_u 为索的原长,w 为索内沿索长均布竖向荷载,包括自重。已知索原长时,F_1、F_2、F_3 和 F_4 只是 H 和 V 的函数。而 H 和 V 在局部坐标系内分别表示为:

$$H = x_2 - x_1 + u_2 - u_1 \tag{9a}$$

$$V = z_2 - z_1 + w_2 - w_1 \tag{9b}$$

由下式（10）便可推出局部坐标下的刚度矩阵。

$$\frac{\partial F_i}{\partial \delta_j} = K_{ij} \tag{10}$$

$$\frac{\partial \delta_i}{\partial F_j} = f_{ij} \tag{11}$$

为了方便计算，由式（11），并结合以上诸式推导出单元柔度矩阵 $[f_{ij}]$，对之求逆，便可得出索元在局部坐标内的单元刚度矩阵 $[K]$。再由转换矩阵将 $[K]$ 转化为整体坐标下的单元刚度矩阵。即：

$$[\overline{K}] = \begin{bmatrix} S & -S \\ -S & S \end{bmatrix} \tag{12}$$

其中，

$$[S] = \begin{bmatrix} -\dfrac{F_1}{H}m^2 - k_{11}l^2 & \dfrac{F_1}{H}lm - k_{11}lm & -k_{12}l \\ & -\dfrac{F_1}{H}l^2 - k_{11}m^2 & -k_{12}m \\ \text{SYM} & & -k_{22} \end{bmatrix} \tag{13}$$

其中，

$$k_{11} = f_{22}/\det[f_{ij}] \tag{14a}$$

$$k_{12} = -f_{12}/\det[f_{ij}] \tag{14b}$$

$$k_{22} = f_{11}/\det[f_{ij}] \tag{14c}$$

l、m 分别为局部坐标系 x 轴与整体坐标系 X 轴和 Y 轴的方向余弦。

2.2.2　质量矩阵的建立

在对索结构进行动力分析时，需建立质量矩阵。质量矩阵可采用团聚质量的形式：

$$M = diag[0.5L_u\rho A \cdots\cdots 0.5L_u\rho A]_{1\times 6} \tag{15}$$

2.3　刚度形成的迭代方法和预应力结构迭代求解索原长的策略

2.3.1　迭代计算刚度

H. B. Jayaraman[7]，已详细阐述了已知原长迭代求刚度的方法。并指出在初始迭代步时，先由式（16）计算近似的 λ 值，再由式（2）、（3）、（7）、（8）确定初始受力状态。

$$\lambda = \left[3\left(\frac{L^2 - V^2}{H^2} - 1\right)\right]^{1/2} \tag{16}$$

式（16）由式（1）在 λ 小于 1 时，略去高阶项近似得到。通过众多算例表明，λ 取值的大小，尽管不影响计算的结果，但影响迭代的收敛速度和计算稳定性。作者经验表明，λ 取为：$\lambda \geqslant 0.1$ 时，计算收敛速度和稳定性较好；当 $H = 0$ 或 $L_u < \sqrt{(H^2 + V^2)}$，由于式（16）已不适用，一般采用 $\lambda = 0.2$[7]。

2.3.2　计算索原长迭代技术

一般对于预应力索结构，总能归结为几种给定条件：1）节点位置和预张力值确定；2）节点位置和预应力态时的索长 L 确定；3）索原长已知，现时节点位置确定。对于第三种情况：2.3.1 部分的刚度迭代技术和非线性有限元分析方法就能分析；对于第一、二种情况，由于索原长 L_u 是唯一的未知量，通过迭代技术就能方便求出。而一般的线性迭代技术，如普通或快速弦割法，往往出现收敛速度缓慢，甚至计算不稳定的现象。本文采用 Ridders 改进弦割法迭代技术，获得了满意的结果：收敛快、计算稳定。其步骤如下：

（1）假定索原长 $L_u^1 = sqrt(H^2 + V^2)$，由节点位置等条件，计算出索端力，通过计算平衡解，得出索张力或平衡态时索长，得出 ΔT^2 或者 ΔL^1；

（2）若 $\Delta T^1 < 0$，或者 $\Delta L^1 > 0$，$L_u^2 = 0.95 L_u^1$；否则，$L_u^2 = sqrt\left(V^2 + \dfrac{4}{3}H^2\right)$，同样计算出平衡态时的 ΔT^2 或者 ΔL^2；

（3）$L_u^3 = \dfrac{L_u^1 + L_u^2}{2}$，再迭代计算出平衡态时的 ΔT^3 或者 ΔL^3；

（4）$L_u^4 = L_u^3 + \dfrac{L_u^2 - L_u^1}{2} \dfrac{sign(\Delta T^1 - \Delta T^2)\Delta T^3}{sqrt((\Delta T^3)^2 - \Delta T^1 \cdot \Delta T^2)}$，计算出平衡态时的 ΔT^4 或者 ΔL^4；若 ΔT^4 或者 $\Delta L^4 < EPS$，则退出并得出索原长 $L_u = L_u^4$。

（5）如果 $\Delta T^4 \cdot \Delta T^3 < 0$，则，$L_u^1 = L_u^3$，$\Delta T^1 = \Delta T^3$；$L_u^2 = L_u^4$，$\Delta T^2 = \Delta T^4$，返回（3）。

（6）若 $\Delta T^4 \cdot \Delta T^3 > 0$，且 $\Delta T^4 \cdot \Delta T^1 < 0$，$L_u^2 = L_u^4$，$\Delta T^2 = \Delta L^4$，返回（3）。

（7）若 $\Delta T^4 \cdot \Delta T^3 > 0$，且 $\Delta T^4 \cdot \Delta T^2 < 0$，$L_u^1 = L_u^2$，$\Delta T^1 = \Delta T^2$；$L_u^2 = L_u^4$，$\Delta T^2 = \Delta T^4$，返回（3）。

3　算　例

3.1　集中静荷载作用下的单索

单索如图 2 所示，在 C 点作用一集中荷载。采用两悬链线索元 AC 和 CB。已知索的节点位置和索的原长，直接采用 2.3.1 的刚度迭代法和非线性有限元方法求解。计算结果和其他模型的结果进行了比较，见表 1。可见，本文以悬链线索单元为力学模型的分析结果，精度比多节点索元高。

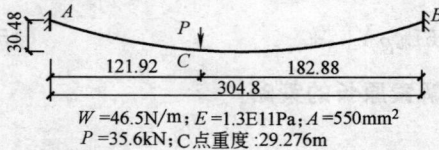

$W = 46.5 N/m$；$E = 1.3E11Pa$；$A = 550mm^2$
$P = 35.6kN$；C 点重度：$29.276m$

图 2　算例 1 承受集中荷载的长索

算例 1 的计算结果比较　　　　　表 1

	本文悬链线有限元法	五节点等参索单元	四节点等参索单元	抛物线单元	文献[9]悬链线元法
C 点竖向位移（m）	5.59	5.57	5.55	5.71	5.62

3.2　双曲抛物面索网结构静力分析

如图 3 所示的双曲抛物面索网结构，跨度为 73.2m，中央承重索的跨中垂度为 3.66m。X 向索拉伸刚度 $EA = 293.6 \times 10^3 kN$，$Y$ 向拉索的拉伸刚度 $EA = 195.7 \times$

10^3kN。初始水平张力 800kN。X 向索自重 $W=189.8$N/m；Y 向索自重 $W=126.45$N/ m。计算结果部分索张力变化值见表 2，与五节点索元的结果非常接近。从位移和荷载曲线还可发现此结构的非线性程度很小。

算例 2 的计算结果比较：部分单元水平张力变化值（kN）　表 2

单元号	五节点索元	本文	单元号	五节点索元	本文
22	−52.923	−52.409	48	910.800	904.038
25	−457.253	−456.950	32	933.767	934.250
40	−457.253	−456.890	33	933.822	934.301
63	325.285	323.313	18	903.746	902.304
56	679.534	680.777	2	325.298	322.935

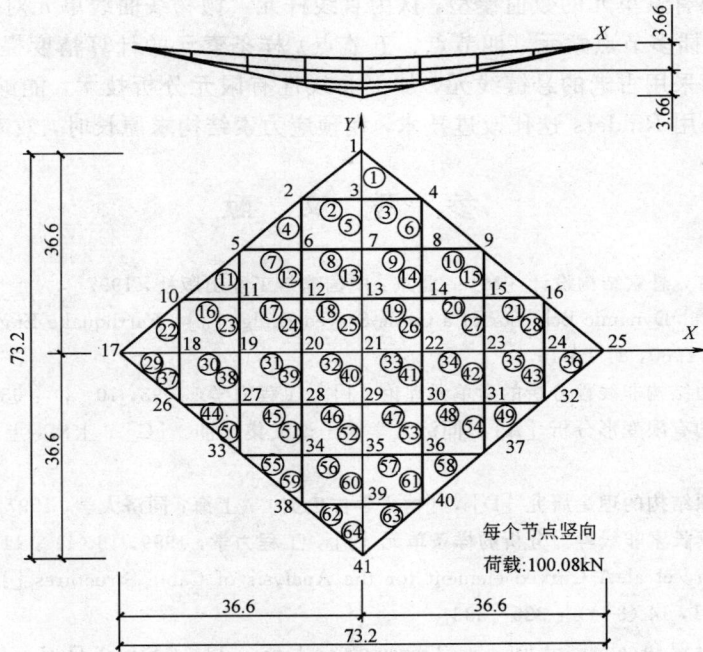

图 3　双曲抛物面索网结构

3.3　松弛、张紧长索的动力特性

两端固定的连续长索，如图 4 所示。弦长 304.82m。截面积、弹模、密度同算例 1。针对不同的水平预应力值，采用 30 个悬链线单元模拟，计算得到各状态下的系统在自身平面内的对称、反对称振型的第一、二阶自振频率。同文献［10］的解析解的比较结果见表 3。本文计算方法也有和解析法一样的结论：当 $\lambda < 2\pi$，对称振型频率低于反对称；$\lambda > 2\pi$，对称振型频率高于反对称，对称第一振型在两端出现反弯点，且随着 λ 的增大向中间发展。比较表明，本文的计算方法，对于不同预应力水平的长索，计算结果精度都较高。

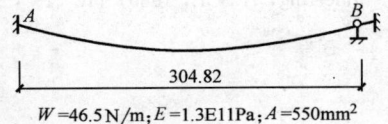

$W=46.5$N/m；$E=1.3$E11Pa；$A=550$mm^2

图 4　单索结构的自由振动

不同预应力状态长索的振动特性$\left(\lambda=\sqrt{\dfrac{EA}{H}\cdot\dfrac{wl}{H}}\right)$　　表3

预应力水平	平面内反对称自振频率(rad/s)						平面内对称自振频率(rad/s)					
	一阶			二阶			一阶			二阶		
	本文	解析解	误差	本文	解析解	误差	本文	解析解	误差	本文	解析解	误差
$H=100\text{kN},\lambda=3.79$	2.913	2.990	−2.57%	5.770	5.983	−3.61%	2.156	2.196	−1.82%	4.369	4.526	−3.47%
$H=60\text{kN},\lambda=8.17$	2.265	2.314	−2.12%	4.521	4.628	−2.31%	2.680	2.736	−2.05%	3.654	3.731	−2.06%
$H=20\text{kN},\lambda=43.31$	1.251	1.311	−4.58%	1.826	1.871	−2.40%	2.542	2.623	−3.09%	3.123	3.217	−2.92%

4　结　　论

通过总结现有索单元的数值模型，认为直线杆元、抛物线曲线单元对于分析大垂度索过于粗糙；而内插多节点索元（四节点、五节点）样条索元的计算精度提高的同时，计算量明显增大。而采用古老的悬链线元，加上非线性有限元分析技术，能够获得很高精度，且工作量小。采用 Ridders 迭代改进技术，在预应力索结构求原长时，效率高，计算稳定。

参　考　文　献

1　沈世钊，徐崇宝．悬索结构设计［M］．北京：中国建筑工业出版社，1997

2　Fleming JF, et al. Dynamic Behavior of a Cable-Stayed Bridge［J］. Earthquake Engineering and Structure Dynamics, 1980, 8：1～16

3　张其林．预应力结构非线性分析的索单元理论［J］．工程力学，1993，10（4）：93～101

4　李树逊．悬索的有限变形分析［A］．同济大学博士论文集（Ⅲ）［C］．上海：上海科学技术文献出版社，1998

5　唐建民．索穹顶结构的理论研究［D］．［博士学位论文］．上海：同济大学，1997

6　张其林等．连续长索非线静力分析的样条单元［J］．工程力学，1999，16（1）：115～121

7　H. B. Jayaraman, et al. A Curved element for the Analysis of Cable Structures［J］. Computers and Structures, 1981, 14（3-4）：325～333

8　A. H. Peyrot, et al. Analysis of Flexible Transmission Lines［J］. J. Struct. D iv., A SCE, 1978, 104：763～779

9　P. Krishna. Cable-suspended roofs［M］. New York：McGraw -Hill, 1978

10　Triantafyllou, M S, Grinfogel, L.. Natural Frequencies and Models of Inclined Cables［J］. J. Structural Engineering, A SCE, 1986, 112（1）：139～148

（本文发表于：空间结构，2000 年第 2 期）

69. 悬索结构非线性分析的滑移索单元法

唐建民　沈祖炎

提　要：本文提出了一种悬索结构存在滑移单元时的非线性计算方法。利用文献［1］提出的五节点曲线索单元有限元基本方程，建立了滑移单元非线性分析的基本计算理论、方法及公式，并进行了实例计算，结果表明。本文方法是行之有效的，可供悬索结构设计、施工时参考。

关键词：悬索结构　非线性　滑移索单元

A Nonlinear Analysis Method With Sliding Cable Elements for the Cable Structures

Tang Jianmin　Shen Zuyan

Abstract：This paper presented a nonlinear method for the cable structures in which the sliding cable elements exit. Using the finite element modle with five-node curved cable elements presented in reference ［1］, the author established the calculation theory, formula and method, and used this model to compute one example, the results showed that this method led to good presicion and could meet the need of the engineering. The model presented in the paper can be applied in the design and construction of the cable structures.

Keywords：Cable Structure　Nonlinear　Sliding Cable Element

1　引　言

悬索结构的应用日益广泛，如大型体育建筑的屋盖、游览索道、斜拉桥、拉线塔等等。实际工程中的悬索结构常常靠施加预应力提供刚度，这种预应力是在结构施工过程中通过张拉索的端部来完成的。此时通常需要放松某些节点，让多跨连续索在节点处可以自由滑动从而达到施加预应力的目的。这一问题采用目前现有的各种数值或解析方法均无法得到解答。国内的学者曾针对矿山索道、游览索道中的滑移问题提出过索的变原长计算模式[4]，但这种方法尚存在许多问题，当索端部的张力未知时就显得无能为力。因此，进行滑移索单元非线性计算方法的研究仍具有重要的理论及实际意义。

本文从非线性弹性理论出发，利用文献［1］提出的五节点曲线索单元基本方程，建立了滑移索单元非线性迭代计算模式，详细推导了其基本计算公式，并给出了迭代计算方法和步骤，进行了实例计算。

2　基 本 假 设

（1）索是理想柔性的，且满足虎克定律；（2）节点为理想无摩擦的铰接节点；（3）当索元的原长改变时，三个内插点在单元中的相对位置不变，即局部坐标 ξ 不变。

3　索单元有限元基本方程

根据文献 [1]，拉索采用五节点等参数曲线单元模型，其位移函数可设为

$$\{f\}=[N]\{\delta\}_{\mathrm{e}} \tag{1}$$

式中，$\{f\}=[u\ v\ w]^{\mathrm{T}}$；$\{\delta\}_{\mathrm{e}}=[u_1 v_1 w_1 u_2 v_2 w_2 \cdots u_5 v_5 w_5]^{\mathrm{T}}$

$$[N]=\begin{bmatrix} N_1 & 0 & 0 & N_2 & 0 & 0 & N_3 & 0 & 0 & N_4 & 0 & 0 & N_5 & 0 & 0 \\ 0 & N_1 & 0 & 0 & N_2 & 0 & 0 & N_3 & 0 & 0 & N_4 & 0 & 0 & N_5 & 0 \\ 0 & 0 & N_1 & 0 & 0 & N_2 & 0 & 0 & N_3 & 0 & 0 & N_4 & 0 & 0 & N_5 \end{bmatrix} \tag{2}$$

$N_1=\dfrac{1}{6}\xi(1-\xi-4\xi^2+4\xi^3)$，$N_2=-\dfrac{4}{3}\xi(1-2\xi-\xi^2+2\xi^3)$，$N_3=1-5\xi^2+4\xi^4$，$N_4=\dfrac{4}{3}\xi$ $(1+2\xi-\xi^2-2\xi^3)$，$N_5=-\dfrac{1}{6}\xi(1+\xi-4\xi^2+4\xi^3)$，$(-1\leqslant\xi\leqslant1)$ $\xi=2s/l$，s 为索单元变形前任意点至中点的距离，l 为索单元初始长度。同时得到坐标的变换式：

$$\{X\}=[N]\{X\}_{\pi} \tag{3}$$

式中 $\{X\}=[x\ y\ z]^{\mathrm{T}}$ 为变形前索单元任意点整体坐标；$\{X\}_{\pi}=[x_1 y_1 z_1 x_2 y_2 z_2 \cdots x_5 y_5 z_5]^{\mathrm{T}}$ 为变形前索单元节点整体坐标。

根据文献 [1]，从应变的定义出发得到的考虑位移高阶量影响的应变关系为

$$\varepsilon_{\mathrm{s}}=\frac{\mathrm{d}s^*}{\mathrm{d}s}-1=\sqrt{1+2a+b}-1 \tag{4}$$

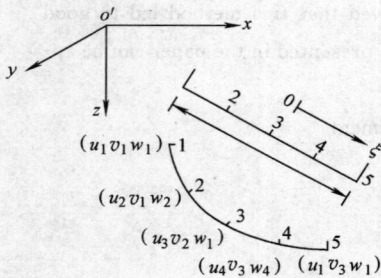

图 1　索单元模型

式中 $\mathrm{d}s$、$\mathrm{d}s^*$ 分别表示单元变形前、后的微段长。

将式（4）进行 Taylor 级数展开并忽略位移的五阶量及以上的高阶量，得

$$\varepsilon_{\mathrm{s}}=a+\frac{b}{2}-\frac{1}{2}a^2-\frac{1}{2}ab+\frac{a^3}{2}+\frac{3}{4}a^2b-\frac{b^2}{8}-\frac{5}{8}a^4 \tag{5}$$

式中

$$a=\{\delta\}_{\mathrm{e}}^{\mathrm{T}}[A]\{X\}_{\mathrm{e}} \tag{6}$$

$$a=\{\delta\}_{\mathrm{e}}^{\mathrm{T}}[A]\{\delta\}_{\mathrm{e}} \tag{7}$$

$$[A]=[N']^{\mathrm{T}}[N'] \tag{8}$$

$$[N'] = \frac{2}{l} \frac{\mathrm{d}[N]}{\mathrm{d}\xi} \tag{9}$$

这样便可根据虚功原理建立拉索单元的增量形式的平衡方程为

$$\mathrm{d}\{\psi\}^\mathrm{e} = [K_\mathrm{T}]\mathrm{d}\{\delta\}^\mathrm{e} \tag{10}$$

其中

$$\{\psi\}^\mathrm{e} = A \int_L [\overline{B}]^\mathrm{T} \{\sigma\} \mathrm{d}s - \{R\}^\mathrm{e} = 0 \tag{11}$$

上式中，$\{R\}_\mathrm{e}$ 为单元节点荷载列阵；$\{\psi\}^\mathrm{e}$ 是单元中内外力的矢量和；$[\overline{B}]$ 是应变矩阵；$\{\sigma\}$ 是应力；$\int_L \mathrm{d}s$ 表示对索的原长积分；A 是单元截面积；$[K_\mathrm{T}]$ 是单元的切线刚度矩阵；$\{\sigma\}^\mathrm{e}$ 是单元节点位移矩阵。$\{R\}_\mathrm{e}$，$[\overline{B}]$，$\{\sigma\}$，$[K_\mathrm{T}]$ 可分别由文献 [1] 的式（22），（14），（12），（18）进行计算。

4 单元原长与端部张力的关系

索单元张力

$$T = \frac{1}{2}AE\left(1 + \frac{\mathrm{d}s^*}{\mathrm{d}s}\right)\left(-1 + \frac{\mathrm{d}s^*}{\mathrm{d}s}\right) + T_0 \tag{12}$$

式中 T_0 为索元的初始张力；E 为索元的弹性模量，将式（4）代入上式，得

$$T = \frac{1}{2}AE(2a + b) + T_0 \tag{13}$$

式（13）两边对索原长微分，则

$$\mathrm{d}T = \varphi \mathrm{d}l$$

用增量代替上式中的微分，则

$$\Delta T = \varphi \Delta l \tag{14}$$

式中

$$\varphi = \varphi_1 + \varphi_2 + \varphi_3 \tag{15}$$

$$\varphi_1 = \frac{1}{2}AE(2m + n) \tag{16}$$

$$\varphi_2 = \frac{\mathrm{d}T_0}{\mathrm{d}l} \tag{17}$$

$$\varphi_3 = \frac{1}{2}AE \frac{\mathrm{d}\{X\}_\mathrm{e}^\mathrm{T}}{\mathrm{d}l}[A]\{\delta_\mathrm{e}\} \tag{18}$$

$$m = \{X\}_\mathrm{e}^\mathrm{T} \frac{\mathrm{d}[A]}{\mathrm{d}l}\{\delta_\mathrm{e}\} \tag{19}$$

$$n = \{\delta\}_\mathrm{e}^\mathrm{T} \frac{\mathrm{d}[A]}{\mathrm{d}l}\{\delta_\mathrm{e}\} \tag{20}$$

称式（14）中的 φ 为滑移刚度，即：索单元原长改变单位长度时所需要改变的张力值。

5 单元滑移刚度的计算

5.1 φ_1 的计算

由 φ_1 的计算表达式可以得知其物理意义：当索原长改变时，其形状函数的变化率发

生改变所引起的张力改变值。因此仅需将滑移单元相应滑移节点的局部坐标 ξ 值代入式 (16) 便可求得 φ_1。

5.2　φ_2 的计算

根据式 (17) 滑移刚度 φ_2 的物理意义可理解为：自重作用下索元改变单位长度时的初始张力改变值。因此，φ_2 可以从单索自重平衡方程中导出。

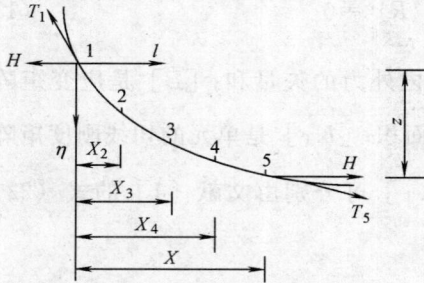

单索在自重作用下的平衡方程为

$$H\frac{\mathrm{d}^2\eta}{\mathrm{d}t^2}+q\frac{\mathrm{d}l}{\mathrm{d}t}=0$$

式中 H，t 分别表示索元的水平张力和原长，q 表示索元单位长度自重。引进边界条件（图2）：$t=0$，$\eta=0$；$t=X$，$\eta=Z$，将上式积分两次，得：

$$\eta=\frac{H}{q}\left[\cosh\alpha-\cosh\left(\frac{2\beta t}{X}-\alpha\right)\right] \tag{21}$$

图 2　自重作用下的索单元

式中，

$$\alpha=\operatorname{arcsinh}\left(\frac{\beta(Z/X)}{\sinh\beta}\right)+\beta \tag{22}$$

$$\beta=\frac{qX}{2H} \tag{23}$$

由式 (21) 可以求得

$$T_1=H\cosh\alpha \tag{24}$$

$$T_\xi=H\cosh(\alpha-2\beta) \tag{25}$$

$$l=\frac{2H}{q}\sinh\beta\cosh(\alpha-\beta) \tag{26}$$

实际计算时，可假设索元的初始张力沿其索长不变，因此，可近似取：

$$T_0=\frac{T_1+T_5}{2}$$

将式 (24)、(25) 代入上式，则

$$T_0=\frac{H}{2}(\cosh\alpha+\cosh(\alpha-2\beta))=H\cosh(\alpha-\beta)\cosh\beta \tag{27}$$

式 (27) 两边对原长 l 微分，则

$$\frac{\mathrm{d}T_0}{\mathrm{d}l}=\frac{\mathrm{d}H}{\mathrm{d}l}\cosh(\alpha-\beta)\cosh\beta+H\left[\sinh(\alpha-\beta)\cosh\beta\left(\frac{\mathrm{d}\alpha}{\mathrm{d}l}-\frac{\mathrm{d}\beta}{\mathrm{d}l}\right)+\cosh(\alpha-\beta)\operatorname{sonh}\beta\frac{\mathrm{d}\beta}{\mathrm{d}l}\right] \tag{28}$$

在式 (23) 中对 l 求导，则

$$\frac{\mathrm{d}\beta}{\mathrm{d}l}=-\frac{qX}{2H^2}\frac{\mathrm{d}H}{\mathrm{d}l} \tag{29}$$

在式 (22) 中对 l 求导，则

$$\frac{\mathrm{d}\alpha}{\mathrm{d}l}=\left(\frac{1}{\sqrt{1+A_1^2}}\cdot\frac{Z(\sinh\beta-\beta\cosh\beta)}{X\sinh^2\beta}+1\right)\frac{\mathrm{d}\beta}{\mathrm{d}l} \tag{30}$$

其中，
$$A_1 = \frac{\beta Z}{X \sinh\beta} \tag{31}$$

将式（29）代入式（30），并令

$$B = -\frac{qX}{2H^2} \left(\frac{1}{\sqrt{1+A_1^2}} \cdot \frac{Z(\sinh\beta - \beta\cosh\beta)}{X\sinh^2\beta} + 1 \right) \tag{32}$$

则

$$\frac{\mathrm{d}\alpha}{\mathrm{d}l} = B\frac{\mathrm{d}H}{\mathrm{d}l} \tag{33}$$

在式（26）中两边对 l 求导，并将式（29）、（33）代入，则

$$\frac{\mathrm{d}H}{\mathrm{d}l} = \frac{q}{2C} \tag{34}$$

式中，

$$C = \left(\sinh\beta - \frac{qX}{2H}\cosh\beta \right)\cosh(\alpha-\beta) + H\sinh\beta \cdot \sinh(\alpha-\beta) \cdot \left(B + \frac{qX}{2H^2} \right) \tag{35}$$

将式（34）代入式（29）、（33），再代入式（28），并用增量代替微分，则

$$\Delta T_0 = \varphi_2 \Delta l \tag{36}$$

式中，

$$\varphi_2 = \left[\cosh(\alpha-\beta)\cosh\beta + \left(HB + \frac{qX}{2H} \right)\sinh(\alpha-\beta)\cosh\beta - \frac{qX}{2H}\cosh(\alpha-\beta)\sinh\beta \right]\frac{q}{2C} \tag{37}$$

5.3　φ_3 的计算

根据基本假设（3），当索元的原长发生改变时，仅影响三个内插点的初始垂向坐标，其余坐标不变，则

$$\frac{\mathrm{d}\{X\}_e^T}{\mathrm{d}l} = \left[0\ 0\ 0\ 0\ 0\ \frac{\mathrm{d}z_2}{\mathrm{d}l}\ 0\ 0\ \frac{\mathrm{d}z_3}{\mathrm{d}l}\ 0\ 0\ \frac{\mathrm{d}z_4}{\mathrm{d}l}\ 0\ 0\ 0 \right] \tag{38}$$

由式（21）可以求得

$$\frac{\mathrm{d}z_2}{\mathrm{d}l} = \frac{\mathrm{d}\eta}{\mathrm{d}l}\bigg|_{t=X_2} = \frac{1}{2c}\left[\cosh\alpha - \cosh\left(\frac{2\beta X_2}{X} - \alpha \right) + \left(BH\sinh\alpha + \sinh\left(\frac{2\beta X_2}{X} - \alpha \right)\left(BH + \frac{qX_2}{H} \right) \right) \right] \tag{39}$$

$$\frac{\mathrm{d}z_3}{\mathrm{d}l} = \frac{\mathrm{d}\eta}{\mathrm{d}l}\bigg|_{t=X_3} = \frac{1}{2c}\left[\cosh\alpha - \cosh\left(\frac{2\beta X_3}{X} - \alpha \right) + \left(BH\sinh\alpha + \sinh\left(\frac{2\beta X_3}{X} - \alpha \right)\left(BH + \frac{qX_3}{H} \right) \right) \right] \tag{40}$$

$$\frac{\mathrm{d}z_4}{\mathrm{d}l} = \frac{\mathrm{d}\eta}{\mathrm{d}l}\bigg|_{t=X_4} = \frac{1}{2c}\left[\cosh\alpha - \cosh\left(\frac{2\beta X_4}{X} - \alpha \right) + \left(BH\sinh\alpha + \sinh\left(\frac{2\beta X_4}{X} - \alpha \right)\left(BH + \frac{qX_4}{H} \right) \right) \right] \tag{41}$$

将式（39）、（40）、（41）代入式（38），再代入式（18）即可求得 φ_3。

6　节点滑移平衡条件

所谓索可以在节点中自由滑移其力学意义是滑移单元在节点处张力满足连续条件。根据滑移的力学意义，可以这样来考虑：首先假设各节点处无滑移，即将各节点固定，用初始态时的各单元长度 l_i^0 作为各单元的原长（若节点处无滑移，这便是真实的原长），求解平衡方程（10），

图 3　滑移单元模型

算出各单元位移向量 $\{\delta\}_e$ 及各单元端部张力 T_i^p，T_j^p（$p=1$，2，$\cdots n$，n 个单元）。

考察节点 K 及其两侧单元 m、n，此时，一般 $T_j^m \neq T_i^n$。放松节点 K，则左、右两侧单元 m、n 产生滑移，设滑移量为 Δl^k，由式（14）可知，

m 单元 j 端张力改变量为：

$$\Delta T_j^m = \varphi^m \Delta l_m^k \tag{42}$$

n 单元 i 端张力改变量为：

$$\Delta T_j^n = \varphi^n \Delta l_n^k \tag{43}$$

根据滑移平衡条件（张力连续条件），得：

$$T_j^m + \Delta T_j^m = T_i^n + \Delta T_i^n$$

将式（42）、（43）代入上式，得

$$T_j^m + \varphi^m \Delta l_m^k = T_i^n + \varphi^n \Delta l_n^k \tag{44}$$

显然，当 $T_j^m > T_i^n$ 时，

$$\Delta l_m^k = \Delta l^k，\quad \Delta l_n^k = -\Delta l^k \tag{45}$$

$T_j^m < T_i^n$ 时，

$$\Delta l_m^k = -\Delta l^k，\quad \Delta l_n^k = \Delta l^k \tag{46}$$

所以，当 $T_j^m > T_i^n$ 时，将式（45）代入式（44），得：

$$\Delta l^k = \frac{T_i^n - T_j^m}{\varphi^m + \varphi^n} \tag{47}$$

再由式（42）、（43），则

$$\Delta T_j^m = \varphi^m \Delta l^k \tag{48}$$

$$\Delta T_i^n = -\varphi^n \Delta l^k \tag{49}$$

当 $T_j^m < T_i^n$ 时，同理可以得到：

$$\Delta l^k = \frac{-T_i^n + T_j^m}{\varphi^m + \varphi^n} \tag{50}$$

$$\Delta T_j^m = -\varphi^m \Delta l^k \tag{51}$$

$$\Delta T_i^n = \varphi^n \Delta l^k \tag{52}$$

综上所述，当 $T_j^m > T_i^n$ 时，则单元 m 的原长修正为

$$l^m = l_0^m + \Delta l^k \tag{53}$$

单元 n 的原长修正为

$$l^n = l_0^n - \Delta l^k \tag{54}$$

其中，Δl^k 由式（47）计算。

当 $T_j^m < T_i^n$ 时，单元 m 的原长修正为

$$l^m = l_0^m - \Delta l^k \tag{55}$$

单元 n 的原长修正为

$$l^n = l_0^n + \Delta l^k \tag{56}$$

其中，Δl^k 由式（50）计算。

7　迭代求解方法

采用荷载增量法与 Newton-Raphson 法相结合之混合法，按以下步骤进行迭代求解：

（1）首先将作用在结构上的荷载分成 m 个荷载增量。

（2）对荷载增量进行循环，即从第一级荷载增量开始迭代。

（3）假定各单元无滑移，用初始态长度作为各单元原长。

（4）求解平衡方程（10），得到位移向量 $\{\delta\}_e$ 及各单元端部张力 T_i^n，T_j^m。

（5）逐个滑移节点处检查　　　　$|T_j^m - T_i^n| < \varepsilon$　　　　　　　　　（57）

（6）如果不满足上述条件，则由式（15）计算各滑移单元的滑移刚度。

（7）由式（47）或（50）计算各滑移单元滑移量。

（8）由式（53）、（54）或（55）、（56）修正各滑移单元原长。

（9）由式（26）、（27）计算各滑移单元的初始张力。

（10）由式（21）计算内插点初始坐标。

（11）重复步骤（3）至（10）直到满足式（57）为止。

（12）用第一级荷载增量结束时的状态作为初始态，进行第二级荷载增量迭代，重复步骤（3）至（11）。

（13）重复步骤（3）至（12）直至第 m 级荷载增量收敛。

（14）结束。

8　算 例 分 析

图 4 所示支座不等高的两跨连续索，节点 2 为定滑轮文座。已知两索沿索长分布的初始态均布荷载 $q_0 = 0.02\text{t/m}$；终态荷载 12 跨为 $q^{12} = 0.1\text{t/m}$，23 跨为 $q^{23} = 0.2\text{t/m}$；初始弦向张力均为 1t；弹性模量 $E = 1700\text{t/cm}^2$ 截面面积 $A = 0.674\text{cm}^2$。

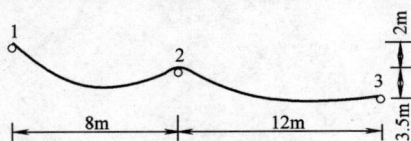

采用本文模型分析了该结构在中节点 2 存在滑移时的内力、位移变化情况。计算结果见表 1。

图 4　算例模型

算 例 计 算 结 果				表 1
	索 12 水平张力(t)	索 12 中点垂度(m)	索 23 水平张力(t)	索 23 中点垂度(m)
本文数值解	5.72868	0.145921	5.29746	0.73634
文献[2]理论值	5.79864	0.14153	5.21399	0.72190
节点 2 无滑移时的理论解	2.96218	0.27876	5.72759	0.65675

9 结 束 语

从上述实例计算结果，可以得到下面结论：

（1）本文推导的滑移单元非线性基本方程是正确的，对分析具有滑移单元的悬索结构是有效的。

（2）本文建立的滑移刚度及其计算理论是可靠合理的。

（3）本文提出的迭代求解方法是可行的。

（4）在对存在滑移索单元的悬索结构进行非线性分析时，若忽略滑移的影响，本文算例表明其误差是十分显著的。

（5）本文方法可供悬索结构设计和施工时参考。

参 考 文 献

1　唐建民，沈祖炎，钱若军. 索穹顶结构非线性分析的曲线索单元有限元法. 同济大学学报. 1996，24（1）：6～10

2　唐建民. 索穹顶体系的结构理论研究：[博士学位论文]. 上海：同济大学，1996

3　Prem Krishms. Cable Suspended Roofs. New York；McGraw-Hill，1978

4　王晓明. 悬索的变原长计算模式. 计算结构力学及应用，1992，9（2）：135～139

（本文发表于：计算力学学报，1999 年第 2 期）

70. 索穹顶结构非线性分析的曲线索单元有限元法

唐建民　沈祖炎　钱若军

提　要：针对目前在国内外引起广泛关注的大跨度索穹顶结构建议了一种五节点曲线索单元有限元法，利用四次多项式作为位移插值函数，由应变的定义建立了可以考虑任意高阶位移影响的非线性应变几何关系，从非线性弹性理论出发并基于 Lagrangian 坐标推导了有限元基本方程，进行了实例计算。结果表明，文中方法精度极高，适合于分析设计大跨度索网，索穹顶及拉线塔等结构时采用和参考。

关键词：索穹顶结构　非线性　有限元法

Finite Element Method with Curved Cable Element for the Nonlinear Analysis of Cable Domes

Tang Jianmin　Shen Zuyan　Qian Ruojun

Abstract：A finite element method with five-node cable element for the nonlinear analysis of long-span spatial cable domes which was playing a great role in structural engineering was presented in this paper. The polynomial of degree four was used as the displacement functions. By means of the definition of Lagrangian strain，the nonlinear geometrical expression of which was set up. as a result，the effect of displacement with the terms of any high orders can be considered. In terms of the nonlinear theory elastically and using the Lagrangian method，the authors derived the finite element formulation，and used this model to compute the cable structures，the results of which showed very well，and could meet the need of the engineering. Method presented in this paper can be applied in the analysis of long-span structures，such as：cable structures，cable domes，cable stayed towers and so forth.

Keywords：Cable Dome　Nonlinear　Finite Element Method

索穹顶结构是 20 世纪 80 年代以来风靡全球的大跨度空间结构，目前在美国、日本、南朝鲜等地已有不少工程实例，而且最大跨度已达到 240m 以上. 然而有关索穹顶结构的计算目前尚未见有文献论述。就目前国内外对索结构的分析方法而言，主要是应用有限单元法，采用直线或二次抛物线单元进行非线性分析。由于实际工程中的索在自重作用下呈悬链曲线下垂，悬链曲线的 Taylor 展开式是一高次多项式，因此采用上述单元显然不能得到满意的精度，尤其像索穹顶这种大跨度结构，索元的自重垂度往往较大，采用直线或二次曲线单元其精度难以满足工程精度要求、本文建议采用五节点曲线索单元，利用四次多项式作为位移插值函数，并由 Lagrangian 应变的定义建立了精确应变的非线性几何关系，从而可以考虑任意阶高阶位移的影响。假定索是理想柔性的，从非线性弹性理论出发建立了有限元分析的理论、方法和公式，并进行了实例计算。

1　位移模式

采用拉格朗日描述方法，建立曲线坐标 $o\zeta$，并令 s 为单元变形前任意点至中点的距离，则 $\zeta=2s/l$，其中 l 为单元变形前长度，即原长。

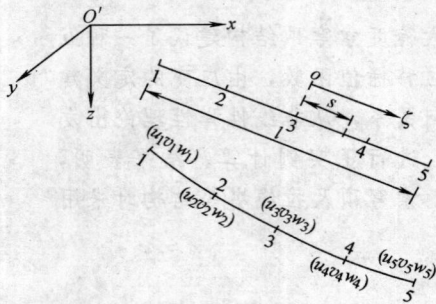

在整体坐标系 $O'xyz$ 中设

$$u=\sum_{i=1}^{6}N_i u_i$$

$$v=\sum_{i=1}^{6}N_i v_i$$

$$w=\sum_{i=1}^{6}N_i w_i$$

图 1　单元模型

写成矩阵形式

$$\{f\}=[N]\{\delta\}^e \tag{1}$$

式中：

$$\{f\}=[u\ v\ w]^{\mathrm{T}}$$

$$\{\delta\}^e=[u_1\ v_1\ w_1\ u_2\ v_2\ w_2\cdots u_5\ v_5\ w_5]^{\mathrm{T}}$$

$$[N]=\begin{bmatrix} N_1 & 0 & 0 & N_2 & 0 & 0 & N_3 & 0 & 0 & N_4 & 0 & 0 & N_5 & 0 & 0 \\ 0 & N_1 & 0 & 0 & N_2 & 0 & 0 & N_3 & 0 & 0 & N_4 & 0 & 0 & N_5 & 0 \\ 0 & 0 & N_1 & 0 & 0 & N_2 & 0 & 0 & N_3 & 0 & 0 & N_4 & 0 & 0 & N_5 \end{bmatrix} \tag{2}$$

$$N_1=\frac{1}{6}\zeta(1-\zeta-4\zeta^2+4\zeta^3)$$

$$N_2=-\frac{4}{3}\zeta(1-2\zeta-\zeta^2+2\zeta^3)$$

$$N_3=1-5\zeta^2+4\zeta^4 \qquad (-1\leqslant\zeta\leqslant1) \tag{3}$$

$$N_4=\frac{4}{3}\zeta(1+2\zeta-\zeta^2-2\zeta^3)$$

$$N_5=-\frac{1}{6}\zeta(1+\zeta-4\zeta^2-4\zeta^3)$$

同时得到坐标的变换式

$$\{X\} = [N]\{X\}^e \tag{4}$$

式中：$\{X\} = [x\ y\ z]^T$ 为变形前单元任意点坐标；$\{X\}^e = [x_1 y_1 z_1 x_2 y_2 z_2 \cdots x_5 y_5 z_5]^T$ 为变形前节点整体坐标。

2　几何及物理关系

2.1　几何关系

在变形前单元中取微段 $\mathrm{d}s$ 则变形后该微段长度为 $\mathrm{d}s'$，根据应变的定义

$$\varepsilon_s = \frac{\mathrm{d}s' - \mathrm{d}s}{\mathrm{d}s} = \frac{\mathrm{d}s'}{\mathrm{d}s} - 1 \tag{5}$$

由于

$$\mathrm{d}s = \sqrt{\mathrm{d}x^2 + \mathrm{d}y^2 + \mathrm{d}z^2}$$

$$\mathrm{d}s' = \sqrt{(\mathrm{d}x + \mathrm{d}u)^2 + (\mathrm{d}y + \mathrm{d}v)^2 + (\mathrm{d}z + \mathrm{d}w)^2}$$

因此

$$\mathrm{d}s^* / \mathrm{d}s = \sqrt{1 + 2a + b} \tag{6}$$

式中：

$$a = \frac{\mathrm{d}x \mathrm{d}u + \mathrm{d}y \mathrm{d}v + \mathrm{d}z \mathrm{d}w}{\mathrm{d}x^2 + \mathrm{d}y^2 + \mathrm{d}z^2} = \frac{\mathrm{d}}{\mathrm{d}s}[u\ v\ w] = \frac{\mathrm{d}}{\mathrm{d}s}[x\ y\ z]^T$$

$$b = \frac{\mathrm{d}u^2 + \mathrm{d}v^2 + \mathrm{d}w^2}{\mathrm{d}x^2 + \mathrm{d}y^2 + \mathrm{d}z^2} = \frac{\mathrm{d}}{\mathrm{d}s}[u\ v\ w] = \frac{\mathrm{d}}{\mathrm{d}s}[u\ v\ w]^T \tag{7}$$

将式（1）、（4）代入式（7），得

$$a = \{\delta\}^{eT}[N']^T[N']\{X\}^e$$

$$b = \{\delta\}^{eT}[N']^T[N']\{\delta\}$$

式中：

$$[N'] = \frac{\mathrm{d}}{\mathrm{d}s}[N] = \frac{l}{2}\frac{\mathrm{d}[N]}{\mathrm{d}\zeta}$$

令

$$[A] = [N']^T[N'] \tag{8}$$

则

$$a = \{\delta\}^{eT}[A]\{X\}^e$$

$$b = \{\delta\}^{eT}[A]\{\delta\}^e \tag{9}$$

将式（6）代入式（5），得

$$\varepsilon_s = \sqrt{1 + 2a + b} - 1 \tag{10}$$

将式（10）Taylor 展开并忽略五阶量以上的高阶量，得

$$\varepsilon_s = a + \frac{b}{2} - \frac{1}{2}a^2 - \frac{1}{2}ab + \frac{a^3}{2} + \frac{3}{4}a^2 b - \frac{b^2}{8} - \frac{5}{8}a^4 \tag{11}$$

2.2　物理关系

根据虎克定律

$$\sigma = E\varepsilon_s + \sigma_0 \tag{12}$$

式中：E 为单元的弹性模量；σ_0 为单元的初应力。

3 单元平衡方程

根据虚位移原理并利用增量应变、位移关系 $d\varepsilon = [\overline{B}]\,d\{\delta\}^e$ 可建立单元的平衡方程为

$$\{\psi\}^e = A\int [\overline{B}]^T \sigma ds - \{R\}^e = 0 \tag{13}$$

式中：$\{\psi\}^e$ 表示单元内、外力矢量和；$\{R\}^e$ 为单元荷载矩阵；A 为单元截面积；$[\overline{B}]$ 为单元应变矩阵，且

$$[\overline{B}] = [B_0] + [B_L] \tag{14}$$

$$[B_0] = \{X\}^{eT}[A] \tag{15}$$

$$[B_L] = \left[-\frac{1}{2}(2a+b-3a^2-3ab+5a^3)\{X\}^{eT} + \left(1-a+\frac{3}{2}a^2-\frac{1}{2}b\right)\{\delta\}^{eT}\right][A] \tag{16}$$

为了求解方便尚需得到增量形式的平衡方程，为此对式（13）两边微分，得

$$d\{\psi\}^e = [K_T]d\{\delta\}^e \tag{17}$$

式中：$[K_T]$ 为单元切线刚度矩阵，且

$$[K_T] = [K_0] + [K_L] + [K_\sigma] \tag{18}$$

$$[K_0] = \frac{lA}{2}\int_{-1}^{+1}[B_0]^T E[B_0]d\zeta \tag{19}$$

$$[K_L] = \frac{lA}{2}\int_{-1}^{+1}([B_0]^T E[B_L] + [B_L]^T E[B_0] + [B_L]^T E[B_L])d\zeta \tag{20}$$

$$[K_0]d\{\delta\}^e = \int_v d[B]^T \sigma$$

即

$$[K_\sigma] = \frac{Al}{2}\int_{-1}^{+1}[A]^T\left\{\left[\left(-1+3a+\frac{3}{2}b-\frac{15}{2}a^2\right)\{X\}^e + (3a-1)\{\delta\}^e\right]\times\right.$$

$$\left.\{X\}^{eT}[A] + [(3a-1)\{X\}^e - \{\delta\}^e]\{\delta\}^{eT}[A] + \left(1-a+\frac{3}{2}a^2-\frac{1}{2}b\right)\right\}\sigma d\zeta \tag{21}$$

将平衡方程（13）、（17）集合成结构整体平衡方程，利用 Newton-Raphison 法便可求解。

4 等效节点荷载矩阵

根据虚位移原理可建立等效节点荷载矩阵为

$$\{R\}^e = \frac{l}{2}\int_{-1}^{+1}[N]^T\{q(s)\}d\zeta + [N]_p^T\{P\} \tag{22}$$

式中：$\{R\}^e = [R_{1x}R_{1y}R_{1z}R_{2x}R_{2y}R_{2z}\cdots R_{5x}R_{5y}R_{5z}]^T$；$\{q(s)\}$表示沿索长分布的分布荷载，$\{q(s)\} = [q_x(s)\,q_y(s)\,q_z(s)]^T$；$\{P\}$ 为作用在单元上的集中荷载，$\{P\} = [P_x P_y P_z]^T$；$\lfloor N \rfloor_p$ 为集中荷载作用点处的形函数值。

5　实例分析

根据本文提出的模式，分别进行了大、小垂度索结构实例计算，与现有的抛物线单元、理论解进行了比较。

[例1]　某承受均布荷载作用的小垂度（$f_0/L = 2\%$）抛物线索截面积 $A = 0.674\text{cm}^2$，弹性模量 $E = 1.7 \times 10^{11}\text{Pa}$，跨度 $L = 8\text{m}$，初始态荷载 $q_0 = 0.2\text{kN} \cdot \text{m}^{-1}$，初始水平张力 $H_0 = 10\text{kN}$，初始垂度 $f_0 = 16\text{cm}$，终态荷载 $q = 0.5\text{kN} \cdot \text{m}^{-1}$（见图2）。取一个单元进行计算，计算结果见表1。

算例1结果　　　　　　　　　　　　　　　　　表1

	本文解	文献[4]抛物线理论解
中点垂度/cm	21.09	21.1
水平张力/kN	19.00	18.898

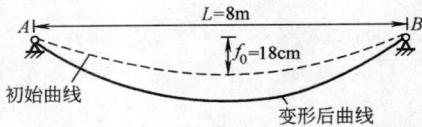

图2　算例1模型　　　　　　　　　　　　图3　算例2模型

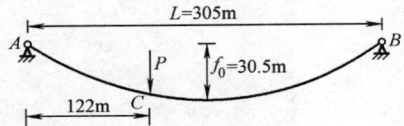

[例2]　一大垂度单索（$f_0/L = 10\%$），单位长度自重 $q = 46.5\text{N} \cdot \text{m}^{-1}$，自重垂度 $f_0 = 30.5\text{m}$，跨度 $L = 305\text{m}$，弹性模量 $E = 1.3 \times 10^{11}\text{Pa}$，截面积 $A = 550\text{mm}^2$，跨中作用一集中荷载 $P = 35.6\text{kN}$（见图3），采用两个单元即 AC，CB 单元进行计算，结果见表2。

算例2计算结果　　　　　　　　　　　　　　表2

	本文结果	文献[5]AC,CB为悬链线单元	文献[5]AC,CB为抛物线单元	文献[5]整根索为10个杆单元
C点垂度/m	5.57	5.62	5.71	5.47
与悬链线单元比较误差/%	0.89	—	1.60	2.67

6　结　束　语

通过上述实例计算可以看出，本文提出的模型在小垂度情况下，其精度是相当高的，与抛物线解十分接近；在大垂度情况下，它的精度较杆单元、抛物线单元要更接近于悬链曲线解且足以满足工程要求。因此，本文模型对解决悬索结构的强非线性问题，尤其在大垂度情况下不失为一种精确的计算模型，对分析大跨度索网、索穹顶和拉线塔等悬索结构具有重要的理论和实用价值。

参 考 文 献

1 谢贻权，何保福. 弹性和塑性力学中的有限单元法，北京：机械工业出版社，1981
2 范镜泓，高芝晖. 非线性连续介质力学基础，重庆：重庆大学出版社，1987
3 王晓明. 悬索的变原长计算模式计算结构力学及应用，1992，9（2）：335～339
4 哈尔滨建筑工程学院编. 大跨度房屋钢结构. 北京：中国建筑工业出版社，1995
5 Prem Krishna，Cable suspended roofs. New York：McGraw-Hill，1978. 44～56

（本文发表于：同济大学学报，1996 年第 1 期）

71. 张力结构的非线性有限元分析

董 明　夏绍华　钱若军　沈祖炎

提　要：张力结构中的索结构分析通常采用非线性二节点直线或二次曲线单元，但是在大跨度索结构，尤其是索穹顶结构的分析中，常用的单元已不能满足精度的要求。本文提出了考虑自重作用下有初始垂度的五结点非线性空间曲线元模型，放弃了一些特殊的假定。考虑了应变表达式中高阶量的影响，推导出了适合于弹性大位移几何非线性分析的 Lagrange 方程及其切线刚度矩阵，编制了相应的计算程序。若干数值例题验证了本文理论的正确性，数值解具有极高的精度。本文提出的模型可适合于任意索结构的分析。

关键词：索穹顶结构　几何非线性　非线性有限元

An Investigation of the Nonlinear Analysis of
Tensile Structure With F. E. M.

Dong Ming　Xia Shaohua　Qian Ruojun　Shen Zuyan

Abstract：The nonlinear straight or conic element with two nodes is commonly used in the analysis of tensile structure and Cable Dome. However，in the analysis of the 1arge-span cable structure and Cable Dome，it is unable to meet the demand of the accuracy with the conventional analytical model. In this paper, the authors present a nonlinear spatial curve analytical model which the initial droop is taken into account and the high order differential of the incremental displacement is considered while no special assumptions are introduced. The authors provide the Lagrange equation and tangent stiffness matrix which are suitable to the elastic large-deflection and the geometrically nonlinear analysis. Furthermore，the program is produced. Several numerical examples prove that the theory presented in this paper is correct and the numerical solutions are with high precision. The analytical model provided in this paper can be used in analysis of any cable structure.

Keywords：Cable Dome　Geometrically Nonlinear　Finite Element Method

1 引　言

张力结构的非线性有限元分析无论在国内外都均已进行了大量的研究，经过长期的研究和比较，在工程中已被广泛采用的预应力索网、索桁架及单索体系等张力结构的有限元分析方法也已趋于成熟，在各种不同的数学力学模式中，较多地被采用的是二节点一维非线性空间直线元，文献［1］、［5］等均给出了相关的有限元基本方程及单元刚度矩阵的表达式，这种模式是基于如下的假定：即不计索元的自重，索元是直线元。这个假定对索段较短的索网、索桁架等结构是合适的，然而，随着大跨度张力结构的发展，尤其是索穹顶结构的出现，对于结构中较长的索段如索穹顶中的脊索和环索等，上述的假定显然会引起不能容忍的误差。因此，有必要充分考虑索元自重导致的初垂度及初应变和初应力的影响，进一步研究更为精确的数学力学模式，才能正确地进行形状分析（FORM FINDING），预应力态和荷载态分析。

　　本文提出了一种迄今为止最为精确的五结点非线性空间曲线铰结单元模型，由于在建模时放弃了一些特殊的假定，因此这种模型便更具有一般性。数字算例表明，本文提出的模式是精确，具有极高的精度，并有较快的收敛速度和较好的稳定性。故可用于索穹顶结构及其他任意张力结构的分析。

2　基本假定和坐标系的建立

2.1　基本假定

考虑到张力结构的力学特性，本文采用了如下假定：

1. 索之间的交叉节点为无摩擦的理想铰接节点；
2. 索被认为是完全柔性的，即既不能承受任何弯短，也不能承受任何压力；
3. 索在受拉时材料仍处于线弹性阶段，即应力-应变关系仍满足虎克定律；
4. 考虑索段自重的影响。

2.2　坐标系的建立

如同一般，张力结构是在结构的整体坐标系 $O\text{-}XYZ$ 中定义，而对于各个单元可分别建立单元局部坐标系 $o'\text{-}xyz$。整体坐标系和单元局部坐标系均为迪卡尔右手直角坐标系，如图 1 所示。而沿单元弧向可建立弧向坐标系 S。单元节点的位移向量、荷载向量都是在弧向坐标系 S 中定义的。弧向坐标系和局部坐标系中定义的向量有如下的变换：

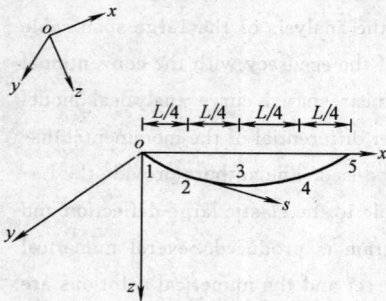

图 1　单元的坐标系

$$v_s = \mathrm{T} \cdot v_x \qquad (1)$$

以后将单元局部坐标系 $o'\text{-}xyz$ 中定义的向量 v_x 简记为 v，而在单元局部坐标系中定义的向量 v 与在整体坐标系中定义的向量 V 之间的变换为

$$v = [T] \cdot V \qquad (2)$$

3　位　移　函　数

　　设一任意索元，1、5 为主节点，内插点为 2、3、4，故一个索单元共有五个结点，每

个结点有三个自由度，即节点在局部坐标系中有三个线位移。实际索在自重作用下是呈悬链曲线下垂的，悬链线用 Taylor 级数展开后可近似表示为高阶多项式，考虑到精度的要求，同时又考虑到计算的简便，故用四次多项式表示索的形状和变形。现取单元位移函数

$$\{\mu\}=[N]\cdot\{u_e\} \tag{3}$$

其中 $[N]$ 为形函数

$$[N]=\frac{1}{3L^4}\begin{bmatrix} a_1 & 0 & 0 & \vdots & a_2 & 0 & 0 & \vdots & a_3 & 0 & 0 & \vdots & a_4 & 0 & 0 & \vdots & a_5 & 0 & 0 \\ 0 & a_1 & 0 & \vdots & 0 & a_2 & 0 & \vdots & 0 & a_3 & 0 & \vdots & 0 & a_4 & 0 & \vdots & 0 & a_5 & 0 \\ 0 & 0 & a_1 & \vdots & 0 & 0 & a_2 & \vdots & 0 & 0 & a_3 & \vdots & 0 & 0 & a_4 & \vdots & 0 & 0 & a_5 \end{bmatrix}_{3\times15} \tag{4}$$

这里

$$a_1=3L^4-25L^3\cdot x+70L^2\cdot x^2-80L\cdot x^3+32x^4$$

$$a_2=48L^3\cdot x-208L^2\cdot x^2+288L\cdot x^3-128x^4$$

$$a_3=-36L^3\cdot x+288L^2\cdot x^2-384L\cdot x^3+192x^4 \tag{5}$$

$$a_4=16L^3\cdot x+112L^2\cdot x^2+224L\cdot x^3-128x^4$$

$$a_5=3L^3\cdot x+22L^2\cdot x^2-48L\cdot x^3+32x^4$$

因为本文采用的是五结点等参单元，所以对于结点坐标也可以得到类似的形式

$$\{x\}=[N]\cdot\{x_e\} \tag{6}$$

4　非线性几何关系

根据应变的定义可以得到曲线单元的切向应变增量

$$\Delta\epsilon_s=\frac{ds^*-ds}{ds}=\frac{ds^*}{ds}-1 \tag{7}$$

其中，ds 为变形前在局部坐标系 $o'\text{-}xyz$ 中定义的索单元中的微段

$$ds=\sqrt{dx^2+dy^2+dz^2} \tag{8}$$

而如图 2 所示，变形后该微段长度

$$ds^*=\sqrt{(dx+du)^2+(dy+dv)^2+(dz+dw)^2} \tag{9}$$

因此，曲线单元的切向应变增量

$$\Delta\epsilon_s=\sqrt{1+2a+b}-1 \tag{10}$$

式中

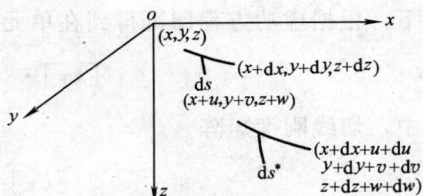

图 2　索微段的变形

$$a=\frac{\mathrm{d}x\cdot\mathrm{d}u+\mathrm{d}y\cdot\mathrm{d}v+\mathrm{d}z\cdot\mathrm{d}w}{\mathrm{d}x^2+\mathrm{d}y^2+\mathrm{d}z^2}=\frac{\mathrm{d}\{x\}^\mathrm{T}}{\mathrm{d}s}\cdot\frac{\mathrm{d}\{u\}}{\mathrm{d}s} \tag{11}$$

$$b=\frac{\mathrm{d}u^2+\mathrm{d}v^2+\mathrm{d}w^2}{\mathrm{d}x^2+\mathrm{d}y^2+\mathrm{d}z^2}=\frac{\mathrm{d}\{u\}^\mathrm{T}}{\mathrm{d}s}\cdot\frac{\mathrm{d}\{u\}}{\mathrm{d}s} \tag{12}$$

将（10）式按 Taylor 级数展开，并忽略应变增量表达式中五阶量以上的高阶项，得单元的应变增量表达式为

$$\Delta\varepsilon_s=a+\frac{b}{2}-\frac{1}{2}a^2-\frac{1}{2}ab+\frac{a^3}{2}+\frac{3}{4}a^2b-\frac{b^2}{8}-\frac{5}{8}a^4 \tag{13}$$

上式即为结构考虑大变形的几何条件。

5　物理关系

根据虎克定律，得切向应力：

$$\sigma_s=E_s\cdot\Delta\varepsilon_s+\sigma_0 \tag{14}$$

式中：E_s 为索的弹性模量；σ_0 为索单元的初始应力。

6　本构关系

对于非线性问题可以将应变增量分为线性和非线性两部分。

$$\Delta\varepsilon_s=\Delta\varepsilon_{L,s}+\Delta\varepsilon_{NL,s} \tag{15}$$

式中的 $\Delta\varepsilon_{L,s}$ 和 $\Delta\varepsilon_{NL,s}$ 分别为切向线性应变增量和切向非线性应变增量。在局部坐标系 o'-xyz 中，两部分应变增量可表示成如下形式：

$$\Delta\varepsilon_{L,s}=[B_L]\cdot\{u_e\} \tag{16}$$

$$\Delta\varepsilon_{NL,s}=[B_{NL}]\cdot\{u_e\} \tag{17}$$

上两式即为结构的本构关系，其中 $[B_L]$ 和 $[B_{NL}]$ 分别称为线性应变矩阵和非线性应变矩阵。

7　非线性问题的平衡方程

在非线性有限单元法中，单元的平衡方程可以根据虚功原理来建立。在单元局部坐标系下，根据虚功方程即可得到在单元局部坐标系下单元的非线性有限元基本方程：

$$[k_T]\cdot\{u_e\}=\{P_e^0\}+\{P_e\}+\{r_e\} \tag{18}$$

其中，切线刚度矩阵

$$[k_T]=[k_L]+[k_{NL}]+[k_G] \tag{19}$$

这里，$[k_L]$ 为单元的线性刚度矩阵

$$[k_L] = \int_v [B_L]^T \cdot [D] \cdot [B_L] \cdot dv \qquad (20)$$

$[k_{NL}]$ 为单元的非线性刚度矩阵

$$[k_{NL}] = \frac{1}{2} \cdot \int_v [\widetilde{B}_{NL}]^T \cdot [D] \cdot [\widetilde{B}_{NL}] \cdot dv \qquad (21)$$

式中 $$[\widetilde{B}_{NL}] = 2 \cdot [B_{NL}] \qquad (22)$$

$[k_G]$ 为单元的几何刚度矩阵

$$[k_G] = \int_v [G]^T \cdot [M] \cdot [G] \cdot dv \qquad (23)$$

式中

$$[G] = \begin{bmatrix} \dfrac{\partial}{\partial x}[N] \\[2mm] \dfrac{\partial}{\partial y}[N] \\[2mm] \dfrac{\partial}{\partial z}[N] \end{bmatrix} \qquad (24)$$

$[M]$ 则与初始应力 $\{\sigma^0\}$ 有关。

另外，$\{P_e\}$ 为作用于单元的外荷载等效节点力向量

$$\{P_e\} = \int_v [N]^T \cdot \{f\} \cdot dv + \int_s [N]^T \cdot \{\overline{f}\} \cdot ds \qquad (25)$$

$\{P_e^0\}$ 为单元的初始应力等效的节点力向量

$$\{P_e^0\} = -\int_v [B_L]^T \cdot \{\sigma^0\} \cdot dv \qquad (26)$$

$\{r_e\}$ 为单元的赘余力向量或不平衡力向量

$$\{r_e\} = \left(\frac{1}{2} \cdot \int_v [B_L]^T \cdot [D] \cdot [\widetilde{B}_{NL}] \cdot dv + \int_v [\widetilde{B}_{NL}]^T \cdot [D] \cdot [B_L] \cdot dv \right) \cdot \{u_e\} \qquad (27)$$

它体现了应变表达式中的位移高阶项的影响。

经坐标变换后即可得到整体坐标系下单元的非线性有限元基本方程和单元刚度矩阵，然后将各单元平衡方程集合成结构整体平衡方程，并采用荷载增量法和牛顿-拉斐逊法相结合的方法便可求解。

8 算 例 分 析

[例1] 图 3 为文献 [3] 所示集中荷载作用下两端水平支承的悬索。跨度为 16m，索中水平张力为 $H = 85.15$kN，集中荷载的间距为 $\Delta X = 4$m，初始状态的荷载值分别为 $P_1 = P_2 = P_3 = 16$kN，最大垂度 $f = 1.503$m，悬索的截面积为 $A = 10\text{cm}^2$，弹性模量为 $E = 18000$kN/cm²。求荷载改变为 $P_1 = 20$kN，$P_2 = 20$kN，$P_3 = 16$kN 时各荷载作用点的

垂度以及各索段的张力。表 1 为本文的计算结果与文献 [3] 的结果比较。

算例 1 的计算结果			表 1
		本文的计算结果	文献[3]的结果
荷载作用点的垂度 Z(cm)(节点号)	1	115.70149	116
	2	151.78538	152
	3	108.04987	108
索段的平均张力 FN(kN)(索单元号)	1	104.2810	104.1
	2	100.5648	100.4
	3	100.7572	100.6
	4	103.7256	103.6

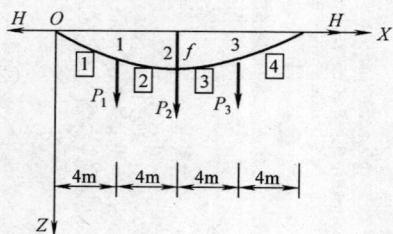

图 3

[例2] S. Pellegrino 做了一个跨度为 1725mm 的索穹顶模形[4]，图 4 模型的几何形状如图 5 所示。表 2 列出了在预应力状态下索穹顶模型中各索段的内力值。S. Pellegrino 做了两次试验，分别是

(1) 在内桅杆的下结点 5，6，7，8 处以 $2N$ 的步长连续向下加载；

(2) 仅在结点 5 处以 $4N$ 的步长连续向下加载。

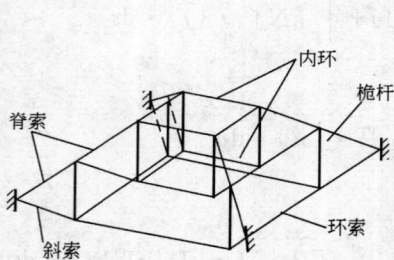

(a) 透视图

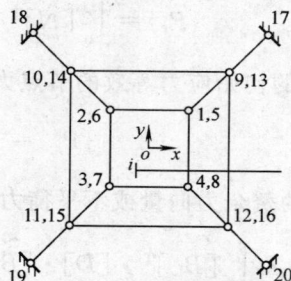

(b) 平面图

图 4 索穹顶模型

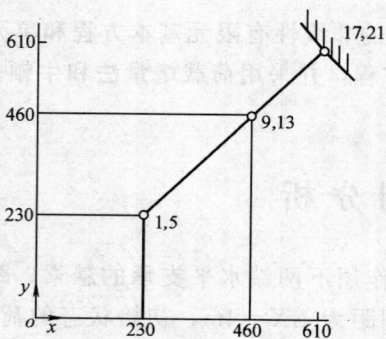

(a)

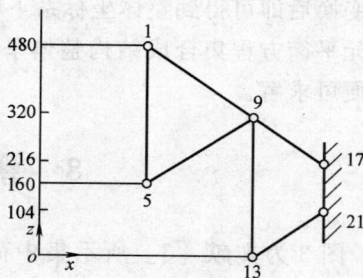

(b)

图 5 索穹顶模型的几何形状

模型的预应力状态的内力 表 2

	索 段		分析值(N)	测量值(N)
内环索	1-2,…,4-1	31	34,32,31,32	33,32,31,33
	5-6,…,8-5	32	34,33,33,32	32
外环索	13-14,…,16-13	65	65,63,61,61	60,60,60,63
脊索	1-9,…,4-12	49	51,52,50,50	49,49,48,48
	9-17,…,12-20	99	103,104,100,100	100
斜索	5-9,…,8-12	50	52,53,52,51	51,50,50,50
	13-21,…,16-24	103	100,101,99,97	103,101,101,101

注：分析值一栏中的第一、二栏分别表示如图 5 中的设计模型和真实模型的分析值。

图 6 为文献［4］的第一种工况的测量值和分析值所绘曲线以及本文作者的计算结果曲线。

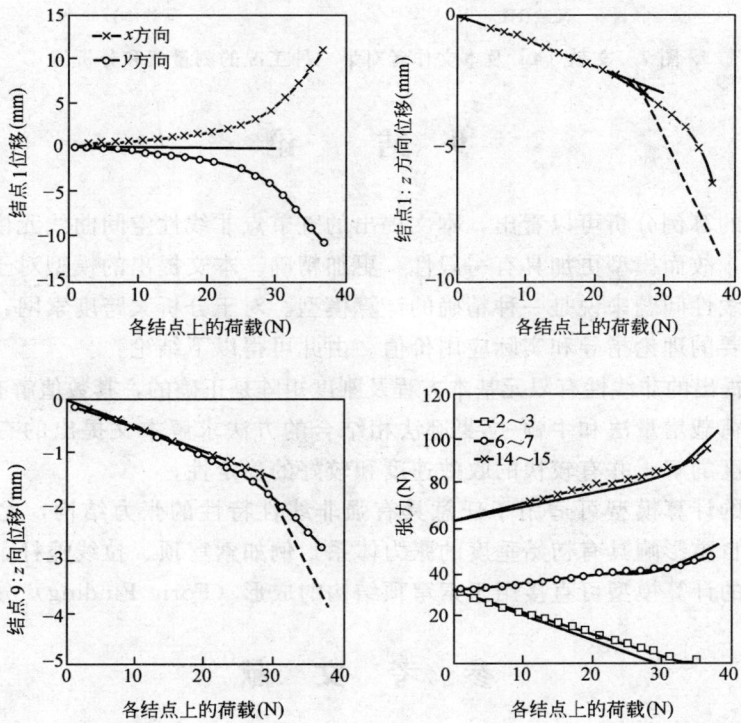

图 6 文献［4］及本文作者对第一种工况的测量值和分析值

图 7 为文献［4］的第二种工况的测量值和分析值所绘曲线以及本文作者的计算结果曲线。

图中带有符号的曲线为文献［4］的测量值，不带符号的虚线曲线为文献［4］的分析值，不带符号的实线曲线为本文作者的计算结果。

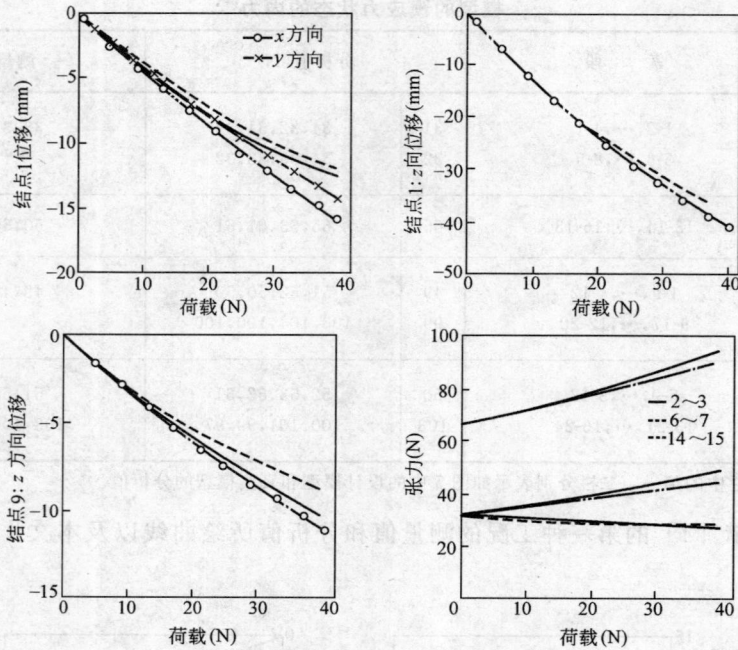

图 7　文献［4］及本文作者对第二种工况的测量值和分析值

9　结　　论

通过上述的算例分析可以看出，本文提出的五节点非线性空间曲线元模型因放弃了一些特殊的假定，故而模型更加具有一般性，更加精确。本文提出的模型对于解决大跨度悬索结构等强非线性问题来说是一种精确的计算模型。对于分析大跨度索网，尤其是索穹顶结构，具有重要的理论指导和实际应用价值。由此可得以下结论：

（1）本文提出的非线性有限元基本方程及刚度矩阵是正确的，其数值解有极高的精度；

（2）采用荷载增量法和牛顿-拉斐逊法相结合的方法求解本文提出的有限元基本方程可获得较高精度的解，并有较快的收敛速度和较好的稳定性；

（3）本文的计算模型可适用于任意具有强非线性特性的张力结构，尤其是有较长索段、必须考虑自重影响具有初始垂度的张力体系，例如索穹顶、拉线桅杆、斜拉结构等；

（4）本文的计算模型可直接用于索穹顶结构的成形（Form Finding）分析中。

参 考 文 献

1　钱若军，李亚铃．夏绍华编著．空间结构计算（上册），南京：河海大学．1989，7

2　谢贻权，何福保，弹性和塑性力学中的有限单元法，北京：机械工业出版社．1981

3　李著憬，特殊结构，北京：清华大学出版社．1988

4　Pellegrino S. A Class of Tensegrity Domes. International Journal of Space Structures. 1992，7（1）

5　Prem Krishna. CABLE-SUSPENDED ROOFS. McGraw-Hill Bood Company，1978

（本文发表于：计算力学学报，1997 年第 3 期）

72. 索网结构几何非线性分析的增量理论

沈祖炎　高振锋　张其林

提　要：采用修正的 Lagrange 坐标的描述法，使用直杆单元分析了索网结构在荷载下的几何非线性。计算结果表明，该方法计算量少，能够使用于复杂索网结构的大跨分析，对于短索单元具有足够的计算精度。

关键词：索网结构　几何非线性分析　直杆单元

Incremental Theory for Geometric Nonlinear Analysis of Cable Network Structures

Shen Zuyan　Gao Zhenfeng　Zhang Qilin

Abstract：Based on the updated total Lagrangian formulation geometric nonlinear analysis of cable network structures is made with linear bar element in this paper. Numerical examples show that the incremental method presented in this paper has less calculations, can be used in complicated cable network structures and has satisfactory accuracy for short cable elements.

Keywords：Cable Network Structures　Nonliear Analysis　Bar Element

索作为一种仅能受拉不能受压的特殊构件，主要应用于桥梁、高耸以及房屋结构。由于它的存在，一定程度上改变了传统结构的受力特点。如果使用得当，不仅能达到美观的效果，而且也可以使整个结构受力合理、经济耐用，使许多不可能的结构型式成为可能。由于使用范围的不同，对索提出的计算方法也不相同。在桥梁、高耸结构中由于索很长，受力主要是自重、风荷和裹冰荷载。这些荷载采用简化为均布的方式作用于索上，在求解上可采用索段单元的非线性方程来进行[1]。文献［2，3，4，7］采用抛物线、悬链线、多节点非线性单元来考虑自重的影响，由此得到的非线性刚度矩阵十分复杂，给计算机的存储和求解带来了许多困难。尤其对大跨多索的复杂结构，单元数、节点数非常之多，在微机上几乎无法实现。对房屋结构来讲，索之间一般形成索网，网点处相互作用，索段间距离比较短，当加上屋盖后荷载一般是通过集中载荷方式作用于网点。索网内力受力一般远大于自重产生的效应，因此可以在索段中不计自重产生的影响，而采用将计算区段中均布荷载按集中荷载的方式等效加在节点上。在索段中采用直杆单元来解索网结构的非线性，具有计算简单、计算量小以及可以用于大跨多索的复杂结构等优点。

1　单元的几何非线性关系

基本假定：

（1）索为理想直线杆元，仅受拉不能受压。

（2）小应变假定。

（3）材料为理想弹性体。

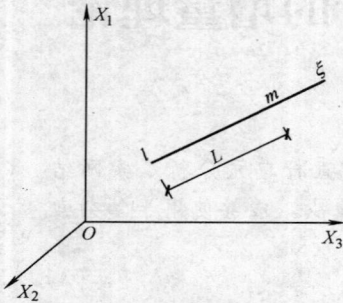

图 1 所示为索元及坐标系．由于索为直杆单元，其上任一点的位移的矢量表示为

$$\Delta u_i = \frac{L-\xi}{L}\Delta u_i^l + \frac{\xi}{L}\Delta u_i^m \tag{1}$$

考虑到索为理想柔性体，则当索元中 $L+\Delta u < L$ 时，索单元退出工作

根据 Green 应变定义：

$$\Delta^* \varepsilon_{ij} = \frac{1}{2}\left(\frac{\partial \Delta u_i}{\partial X_j^{(n)}} + \frac{\partial \Delta u_j}{\partial X_i^{(n)}}\right) \tag{2}$$

图 1　索元及坐标系

$X_i^{(n)}$ 为 $\Omega^{(n)}$ 状态的 i 向坐标；Δu_i 为 $\Omega^{(n)}$ 至 $\Omega^{(n+1)}$ 状态沿 i 向的位移增量。

将方程（1）代入方程（2）得

$$\{\Delta^* \varepsilon\} = [B_L^{(n)}]\{\Delta u\} \tag{3}$$

方程（3）中 $\{\Delta^* \varepsilon\} = [\Delta^* \varepsilon_{11}\ \Delta^* \varepsilon_{22}\ \Delta^* \varepsilon_{33}\ 2\Delta^* \varepsilon_{12}\ 2\Delta^* \varepsilon_{13}\ 2\Delta^* \varepsilon_{23}]^T$ 对应有：

$$\{\Delta^* \sigma\} = [\Delta^* \sigma_{11}\ \Delta^* \sigma_{22}\ \Delta^* \sigma_{33}\ \Delta^* \sigma_{12}\ \Delta^* \sigma_{23}]^T, \{\Delta u\} = [\Delta u_1^l\ \Delta u_2^l\ \Delta u_3^l\ \Delta u_1^m\ \Delta u_2^m\ \Delta u_3^m]^T$$

$$[B_L^{(n)}] = \frac{1}{L}\begin{bmatrix} -l & 0 & 0 & l & 0 & 0 \\ 0 & -m & 0 & o & m & 0 \\ 0 & 0 & -n & 0 & 0 & n \\ -m & -l & o & m & l & 0 \\ -n & 0 & -l & n & 0 & l \\ 0 & -n & -m & 0 & n & m \end{bmatrix}$$

由于材料为理想弹性体，则弹性阶段

$$\Delta^* \sigma' = E\Delta^* \varepsilon' \tag{4}$$

式中：E 为材料的弹性模量；$\Delta^* \sigma'$，$\Delta^* \varepsilon'$ 分别为沿 ξ 方向上的应力和应变。考虑到 ξ 轴与总体坐标系的方向余弦为 l，m，n，将其关系转换到总体方向则有

$$\{\Delta^* \sigma\} = [D]\{\Delta^* \varepsilon\} \tag{5}$$

式中：

$$[D] = E\begin{bmatrix} l^4 & l^2 m^2 & l^2 n^2 & l^3 m & l^3 n & l^2 mn \\ & m^4 & m^2 n^2 & lm^3 & lm^2 n & m^3 n \\ & & n^4 & lmn^2 & ln^3 & mn^3 \\ & & & l^2 m^2 & l^2 mn & lm^2 n \\ & 对称 & & & l^2 n^2 & lmn^2 \\ & & & & & m^2 n^2 \end{bmatrix}$$

2　结构的增量平衡方程

根据修正的总体 Lagrange 坐标描述法，得 $\Omega^{(n+1)}$ 状态连续体的平衡方程[6]为

$$\iiint_V \left[\Delta^* \sigma_{ij} \delta(\Delta^* \varepsilon_{ij}) + \frac{1}{2}\sigma_{ij}^E \delta\left(\frac{\partial \Delta u_k}{\partial X_i^{(n)}}\frac{\partial \Delta u_k}{\partial X_i^{(n)}}\right)\right]dV$$

$$= \iint_A (f_i + \Delta f_i)\delta(\Delta u_i)dA - \iiint_V \sigma_{ij}^E \delta(\Delta^* \varepsilon_{ij})dV \tag{6}$$

σ_{ij}^E 为总体坐标下的 Euler 应力张量。将式（1）、（5）代入式（6），则得

$$([K_L] + [K_S])\{\Delta u\} = \{f^{(n+1)}\} - \{f_R\} \tag{7}$$

式中：$[K_L] = \iiint_V [B_L]^T[D][B_L]dV$；$[K_S] = \iiint_V [B_{NL}^{(n)}]dV$；$\{f_R\} = \iiint [B_L^{(n)}]dV$

进一步得

$$[K_L] = \frac{EA}{L}\begin{bmatrix} l^2 & lm & ln & -l^2 & -lm & -ln \\ & m^2 & mn & -lm & -m^2 & -mn \\ & & n^2 & -ln & -mn & -n^2 \\ & 对 & & l^2 & lm & ln \\ & & 称 & & m^2 & mn \\ & & & & & n^2 \end{bmatrix}$$

$$[K_S] = \frac{\sigma'^E A}{L}\begin{bmatrix} 1 & 0 & 0 & -1 & 0 & 0 \\ 对 & 1 & 0 & 0 & -1 & 0 \\ & & 1 & 0 & 0 & -1 \\ & & & 1 & 0 & 0 \\ & & 称 & & 1 & 0 \\ & & & & & 1 \end{bmatrix}$$

$$\{f_R\} = \sigma'^E A[-l, -m, -n, l, m, n]^T$$

采用 Newton-Raphson 迭代法，式（7）可写为

$$[K]_i^{(n+1)}\{\Delta u\}_{i+1} = \{f^{(n+1)}\} - \{f_R^{(n+1)}\}_i \tag{8}$$

对于位移增量和应力增量，则有

$$\{u^{(n-1)}\}_{i+1} = \{u^{(n+1)}\}_i + \{\Delta u\}_{i+1} \tag{9}$$

$$\sigma'^{(n+1)}_{i+1} = \sigma_i'^{E(n+1)} + \Delta^* \sigma'_{i+1} \tag{10}$$

式中：σ' 转化每一次迭代后的 Euler 应力张量，其关系如下：

$$\sigma'^E = \frac{(1 + 2\varepsilon_1 l + 2\varepsilon_2 m + 2\varepsilon_3 n)}{(1 + \varepsilon_1 l + \varepsilon_2 m + \varepsilon_3 n)}\sigma'$$

式中：

$$\varepsilon_i = \frac{(\Delta u_i^m - \Delta u_i^l)}{L}$$

对于整个索网结构的总体平衡方程，通过对号入座组装得到

$$[K]\{\Delta u\} = \{F^{(n+1)}\} - \{F_R^{(n+1)}\} \tag{11}$$

式（11）可采用增量的 Newton-Raphson 迭代法求解，从前面的推导中可知 $[K]$ 为对称稀疏矩阵，便于存贮和求解，可以在微机上求解大型工程问题。

索由于是柔性体，在受力过程中索网结构首先应具有一定刚度，否则就无法承受外荷载。对每一根索来说就是要有一定张力，这对张力结构十分必要。从计算角度来讲索只有存在一定张力才可以计算，否则索就是几何可变的。因此在计算中索内首先要加初应力，并在此基础上再加外荷。

3　算　例

3.1　单索在均布荷载作用下的计算

如图 2 所示图中给出了各种计算参数，初拉力加到 H_0 后，再施加均布荷载。表 1 给出了计算结果。表中的 W_x 计算式使用于小垂度下的近似计算[8]。H 为受荷后的水平拉力。

图 2　均布荷载下预应力索（模型单位：cm）
$q=5\text{kN}\cdot\text{m}^{-1}$；$E=1700\text{GPa}$；
$A=0.674\text{cm}^2$；$H_0=101.3\text{kN}$。

例 1 跨中位移　　　　　　　　**表 1**

	本文　$W_{L/x}=\dfrac{qx(L-x)^{[a]}}{2H}$　按悬链线		
位移/cm	39.458	40.000	40.134

3.2　单索在均布和集中荷载共同作用下的计算

如图 3 所示图中列出各种计算参数。在本例中索在未受力的情况下长度为 30175.2cm，拉伸到 30480cm，再施加外荷 P 和 q。

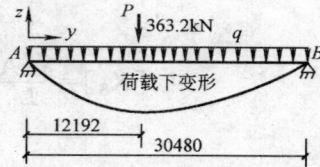

表 2 给出了本章和文献［7］所列各种方法计算结果的比较。所列结果的最大误差为 0.21%，本文具有较高精度。

图 3　均布与集中荷载下预应力索（模型单位：cm）
$q=0.471\text{kN}\cdot\text{m}^{-1}$；$A=5.481\text{cm}^2$；$E=1339\text{GPa}$

例 2 荷载点处位移　　　　　　　　　　　　　　　　**表 2**

集中荷载处位移	本章	CBL1[7]	桁元[7]	3 节点元[1]
竖向/cm	−412.461	−412.608	−412.669	−412.669
水平/cm	−2.286	−2.286	−2.286	−2.286

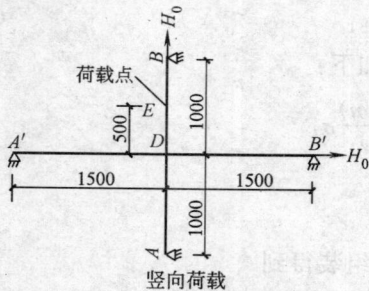

图 4　交叉索受集中荷载（模型单位：cm）
$H_0=120\text{kN}$；$P=5\text{kN}$；
$A=1\text{cm}^2$；$E=2000\text{GPa}$

3.3　交叉索在集中荷载作用下的计算

如图 4 所示图中给出各种计算参数。H_0 是两根索的初拉力。当 H_0 施加后再加外荷 P。表 3 给出了内力和位移与文献［8］计算结果的比较。

例 3 荷载下位移和内力　　　　　　**表 3**

项次	本章	文献[7.8]
E 点竖向位移/cm	11.809	11.800
DA 内力/kN	139.300	139.200
DB 内力/kN	121.430	121.420

3.4　索网在荷载作用下的计算

如图 5 所示列出各种计算参数。假设在初平衡条件下（有外力下的初平衡）达到图 5 (b) 所示位置，并具有所列的预应力值。将荷载 P，q 作用下的计算结果列入表 4，并和文献 [7] 各种方法的计算结果进行比较。

例 4 荷载作用下的节点位移　表 4

各种方法	节点 4 处位移/cm			各种方法	节点 4 处位移/cm		
	沿 x 向	沿 y 向	沿 z 向		沿 x 向	沿 y 向	沿 z 向
本章	−4.023	−4.023	−44.674	桁元[7]	−4.029	−4.029	−44.827
GBL1[7]	−3.962	−4.020	−44.632	Wcst 和 Kar[7]	−4.039	−4.036	−44.800

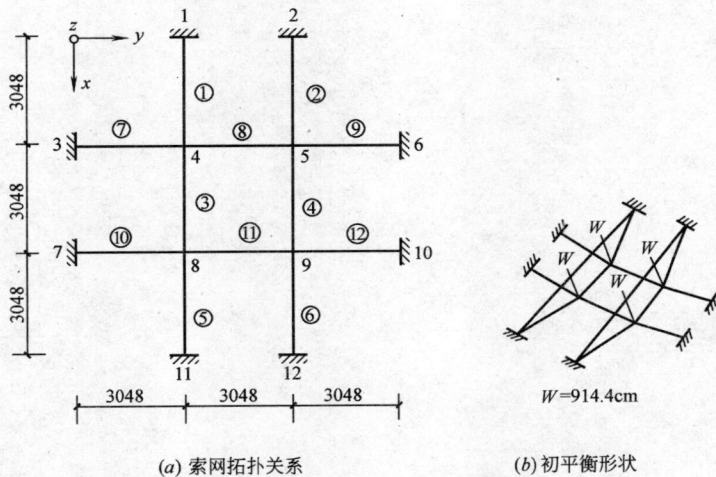

(a) 索网拓扑关系　　　　　　(b) 初平衡形状

图 5　在竖向荷载下的索图（模型单位：cm）

$A = 1.465 \text{cm}^2$，$E = 844.4 \text{GPa}$，$q = 14.895 \text{N.m}^{-1}$（均布荷载）；

预应力：水平杆③、④、⑧、⑪为 247.84kN（$L_s = 3041.9$cm）；

斜杆：①、②、⑤、⑥、⑦、⑨、⑩、⑫为 241.76kN（$L_s = 3176$cm）；

竖向荷载：节点 4、5、8、9 为 363.2kN

4　结　语

从本文分析中可以看到，采用修正的 Lagrange 坐标描述的增量法，在计算短索单元的索网结构中具有较高的精度。该方法计算简洁方便，可以在微机上解决大型的工程问题；该方法也可以用来追踪索网曲面的成型过程，也可以用来做荷载下结构的终态分析。

参 考 文 献

1　王肇民，U Peil. 塔桅结构. 上海：同济大学出版社. 1989

2　屈本宁，刘北辰. 索梁混合有限元模式及在索桥分析中应用. 计算结构力学及应用，1990，7（4）：93～100

3 张震陆，朱有辉. 悬链段法解重车页载下架空柔索. 特种结构，1994 (2)：24~27

4 王晓明. 悬索的变原长计算模式. 计算结构力学及应用，1994，9 (2)：335~339

5 张其林，沈祖炎. 空间桁架弹性大位移问题的增量有限元理论. 工程力学，1991，8 (3)：34~54

6 鹫津久一郎. 弹性和塑性力学中的变分法. 老亮等译. 北京：科学出版社，1984

7 Jayaramn H B, Kundson W C. A cured element for the analysis of cable structures. Computer &Structures, 1981, 14 (3~4)：325~333

8 金向鲁. 悬挂结构计算，北京：中国建筑工业出版社. 1975

（本文发表于：同济大学学报，1996 年第 4 期）

73. 索穹顶结构的静力性状分析

唐建民　沈祖炎

提　要：本文基于文献［4］提出的索穹顶结构非线性有限元理论及初始刚度计算方法，对圆形平面、球形屋面、脊索呈辐射状分布的轴对称索穹顶结构进行了分析计算，通过参数改变，详细研究了该类索穹顶结构的静力性状，并得到了一些重要结论，对理论研究及工程应用具有指导意义。

关键词：索穹顶结构　静力特性　参数分析

The Analysis of Static Mechanical Properties for Cable Domes

Tang Jianmin　Shen Zuyan

Abstract：According to the nonlinear finite element theory and the computation methods of initial stiffness for the cable domes presented in the reference ［4］, this paper computed and analyzed the axial symmetric cable dome with circular plane and radiating ridge cables. By varying parameters，the static mechanical properties of this structure was researched and some important conclusions which can be applied in the engineering was obtained.

Keywords：Cable Domes　Static Mechanical Properties　Parameters Analysis

1　引　言

索穹顶结构是近几年发展起来的超大跨度空间结构体系，它以其受力合理、经济美观等优点越来越受到广大学者和工程界的关注，在国外已有一些的工程实例，如美国亚特兰大体育中心最大跨度已达到240多米。然而，由于技术保密，目前有关索穹顶结构设计计算理论和静力性状等方面的研究成果很少见国外文献介绍，国内才开始进行这方面的研究工作，工程实践上尚属空白。

索穹顶结构是一全新的结构概念，人们对它的认识还非常肤浅，其受力性状还未能为大家所完全了解。为便于对索穹顶结构进行深入的研究，建立正确的设计计算理论，很有必要对其静力性状进行系统的分析。为此，本文根据文献［4］提出的非线性有限元理论和初始刚度计算方法，对圆形平面、球形屋面、脊索呈辐射状分布的轴对称索穹顶结构进行了分析计算，并通过改变参数，详细研究了该类索穹顶结构的静力性状，对进一步研究索穹顶体系的结构机理和工程应用具有指导意义。

2　索穹顶结构非线性有限元理论

索穹顶结构由若干径向拉索、环向箍索和受压榍杆组成，其主要受力单元是拉索和受压榍杆。由于索穹顶结构的跨度一般较大，而榍杆的数量并不多，这样每根拉索的跨度一般较大，其自重垂度的影响不容忽。本文利用文献［1］提出的曲线索单元模型，将拉索处理为五节点等参数曲线单元，利用四次多项式来模拟拉索的自重垂度曲线，而对于受压榍杆则采用文献［3］的两节点铰接杆单元模型，这样建立的索穹顶结构非线性有限元方程为：

$$K_T \Delta u = P - P_0 - P_r \tag{1}$$

式中，K_T 为结构的总体刚度矩阵，可由拉索及榍杆单元的刚度矩阵集合而成[1,3]；P 为外荷载向量；P_0 为初应力向量；P_r 为考虑位移高阶量影响的不平衡力向量，P、P_0 及 P_r 的计算可参见文献［4］。

3　索穹顶结构初始刚度计算方法

文献［4］针对圆形平面、脊索呈辐射状分布的轴对称索穹顶结构提出了初始刚度计算方法。索穹顶结构初始刚度的形成由两部分组成，一部分是在结构的张拉成形过程中产生的。根据文献［4］提出的施工过程跟踪计算方法，可计算出张拉成形过程中的初应力。另一部分是在结构成形后，通过继续张拉斜索，使结构产生弹性变位而产生。这一部分刚度可根据文献［4］提出的滑移索单元法进行计算。这样，索穹顶结构的初始刚度就完全确定。

4　索穹顶结构静力性状分析

根据上面提出的方法，笔者对图 1 所示的索穹顶结构进行了计算。

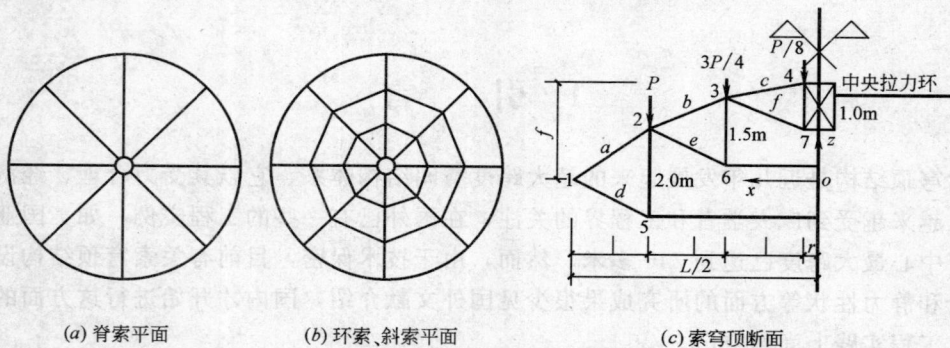

(a) 脊索平面　　(b) 环索、斜索平面　　(c) 索穹顶断面

图 1　索穹顶结构计算模型

设该结构的跨度为 L，矢高为 f，屋面半径为 R，内拉环半径为 r，则

$$R = \sqrt{\frac{L^2}{4} + \left(\frac{\frac{L^2}{4} - f^2 - r^2}{2f}\right)^2} \tag{2}$$

受压桅杆采用 Q235 钢，沿径向等距离布置，截面为 $\phi114\times4$ 钢管，弹性模量为 $2.1\times10^5\,MPa$。中央拉力环采用环形桁架，桁架各杆件的平均截面积为 $1520.0\,mm^2$。拉索采用 $\phi5$ 的钢筋，每股索为 $7\phi5$，面积为 $1.37\,cm^2$，弹性模量为 $2.1\times10^5\,MPa$。荷载仅考虑节点荷载。

索穹顶结构的结构失效特征有三种，即两种失稳与一种破坏：分别是压杆的屈曲失稳、索的松弛失稳和拉索的拉断破坏。按照传统的强压弱拉设计概念，应该控制拉索的拉力。由于索的破坏也是脆性的，因而实际工程中应以索的极限承载力作为结构失效的依据。考虑到索穹顶结构在竖向荷载作用下，脊索内力下降明显，因此本文为了便于分析和比较，以脊索的松弛作为结构失效的判据。

4.1 初始刚度的影响

取 $L=15\,m$，$f=2.4\,m$（$f/L=0.16$），$r=1.2\,m$；以斜索 d 的预拉力值作为控制值，取三种预应力水平：40kN，80kN，120kN，对应于这三种预应力水平，根据文献［4］的初始刚度计算理论可计算出结构的三种初始态（表1），然后，再根据文献［4］的非线性有限元理论对该结构在竖向荷载作用下的荷载内力关系及荷载位移关系进行了计算，计算结果示于图2至图9中。

三种预应力水平下的初始刚度分布（单位：kN） 表 1

单元张力 / 预应力水平	a	b	c	d	e	f	g	h	p	q
40	15.625	4.247	2.190	39.689	10.000	1.939	−11.375	−3.051	38.043	9.527
80	38.324	14.430	8.955	79.350	20.465	5.027	−22.670	−6.250	76.120	19.497
120	60.655	24.436	15.592	118.810	30.696	8.057	−33.837	−9.385	114.062	29.241

从表1的结果可以看出，对应于斜索 d 的三种预应力水平，随着预应力水平的增加，结构的刚度明显增加，各索元的初始拉力分布趋于均匀，对应于预应力水平 40kN，脊索 a、b、c 的初拉力比为：7.13：1.94：1，而对应于 80kN 和 120kN，其初拉力比分别为：4.28：1.61：1 和 3.89：1.57：1，斜索、环索和桅杆的初始内力也存在类似的规律，但是可以看到，结构刚度的增加是以索元的内力增大为代价的。

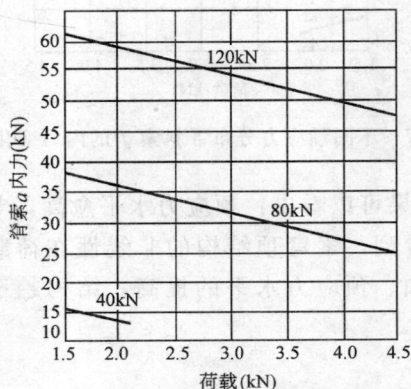

图 2 不同预应力分布
下脊索 a 的内力变化

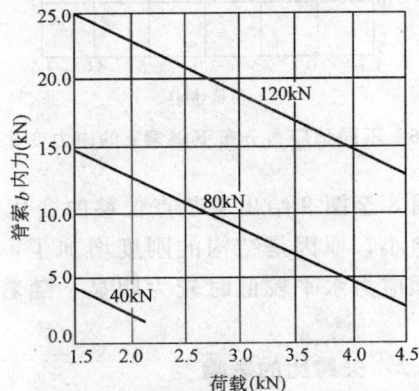

图 3 不同预应力分布
下脊索 b 的内力变化

图 2、3、4 给出了三种预应力水平下脊索 a、b、c 的内力变化，从变化规律可以看出，预应力水平越高，结构的承载力明显提高，而且在三种预应力水平下，脊索的内力均呈下降趋势，由于脊索 c 的初始内力值较小，因而结构最后以脊索 c 出现松弛而破坏，对应于 40kN、80kN、120kN 三种预应力水平，脊索 c 出现松弛时的承载力分别为：2100N、4500N、7200N。

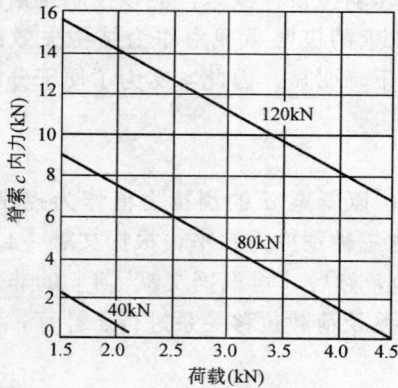

图 4 不同预应力分布下脊索 c 的内力变化

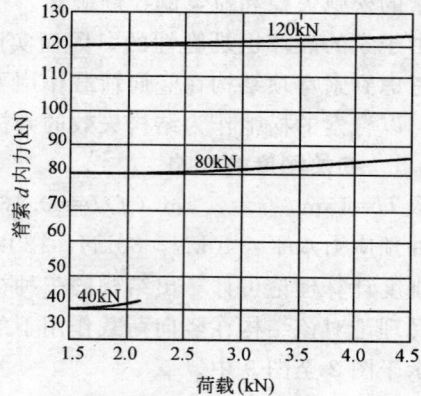

图 5 不同预应力分布下脊索 d 的内力变化

斜索 d、e、f 的内力变化规律从图 5、6、7 中可以看出：斜索 f 的内力随荷载的增加下降较明显，斜索 d 呈上升趋势，斜索 e 略有下降，但不明显。预应力水平愈高，斜索内力愈大。

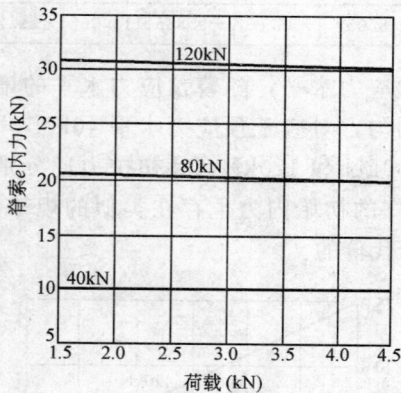

图 6 不同预应力分布下斜索 e 的内力变化

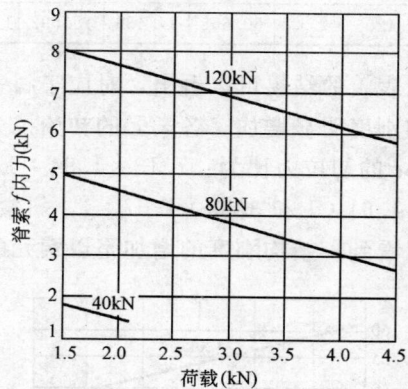

图 7 不同预应力分布下斜索 f 的内力变化

图 8 至图 9 给出了节点位移的变化，从图中结果可以看出：预应力水平愈高，节点位移愈小，原因是结构的刚度增加了，同时可以看到，索穹顶结构的非线性在荷载较小、预应力水平较低时较为明显，随着荷载的增加、预应力水平的提高，结构趋于线性化。

4.2 矢跨比的影响

取三种矢跨比分别为：$f/L=0.12$，0.16，0.20，对应于这三种矢跨比，结构的矢高分别为：1.8m，2.4m，3.0m，跨度为 15m。

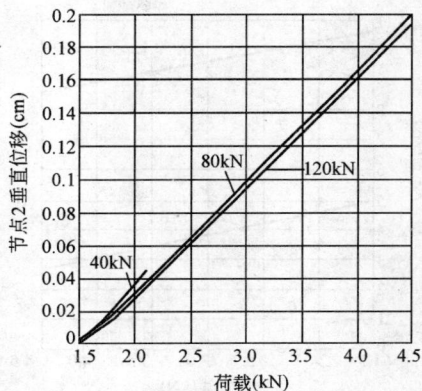

图 8　不同预应力分布下节点 2 的垂直位移变化

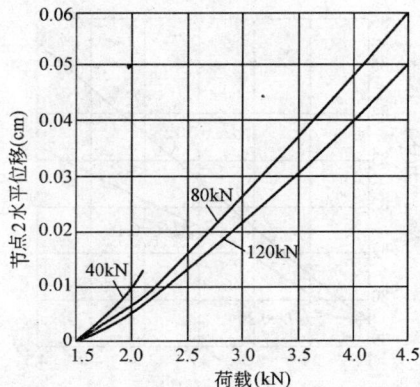

图 9　不同预应力分布下节点 2 的水平位移变化

取斜索 d 的预应力控制值为 80kN，然后由文 [4] 提出的初始刚度生成理论计算结构的初始态（表 2）；由文 [4] 提出的非线性有限元理论计算结构在竖向荷载作用下的荷载内力关系及荷载位移关系，计算结果如图 10 至图 15 所示。

三种矢跨比下初始刚度分布（斜索 d 预应力控制值为 80kN）（单位：kN）　　表 2

单元张力 矢跨比	a	b	c	d	e	f	g	h	p	q
0.12	72.989	39.447	28.281	79.401	31.038	10.640	−32.278	−11.449	72.603	28.243
0.16	38.324	14.430	8.955	79.350	20.465	5.027	−22.670	−6.250	76.120	19.497
0.2	14.173	2.519	1.221	79.292	9.368	1.121	−11.852	−2.576	78.595	9.102

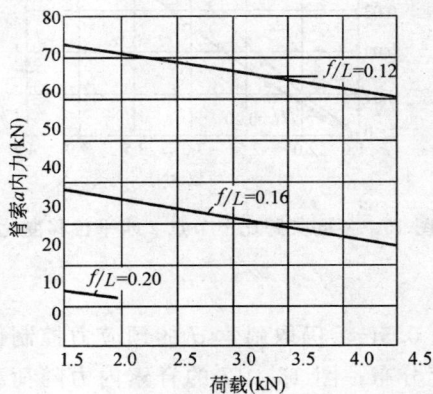

图 10　不同矢跨比下脊索 a 张力变化

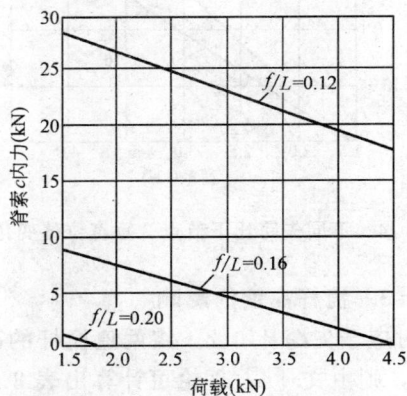

图 11　不同矢跨比下脊索 c 张力变化

从表 2 的结果可以看出，对应于斜索 d 的预应力水平 80kN，随着结构矢跨比的减小，结构的刚度增加，而且各单元的内力趋于均匀化。

脊索内力在三种矢跨比下呈下降趋势（图 10 至图 11），而且随着矢跨比的减小，结构的承载力增加，结构最后以脊索 c 最先出现松弛而破坏，对应于矢跨比 $f/L=0.12$、0.16、0.20，结构的承载力分别为：12000N、4500N、1800N。

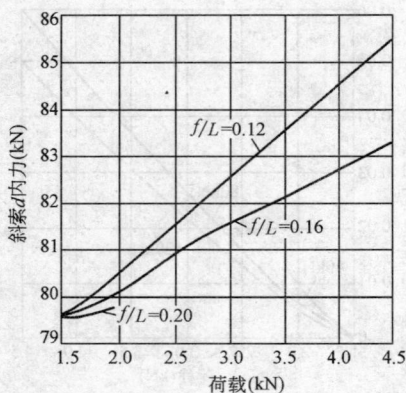

图 12　不同矢跨比下斜索 d 张力变化　　　　图 13　不同矢跨比下斜索 f 张力变化

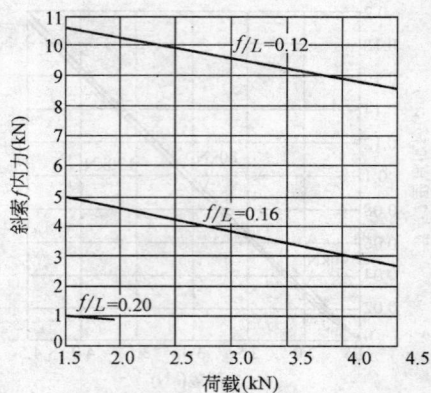

图 12 至图 13 给出了斜索的内力变化，从图示结果可以看出，结构的矢跨比愈小，斜索内力愈大且改变愈明显，其中斜索 d 内力随荷载的增加呈增加趋势，斜索 f 的内力在三种矢跨比下均呈下降趋势。

从图 14 至图 15 可以看出节点位移的变化规律：矢跨比愈小，节点位移愈大，改变也越明显，而且水平位移表现出比垂直位移较强的非线性。

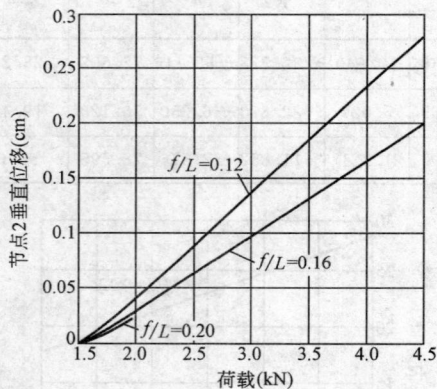

图 14　不同矢跨比下节点 2 垂直位移变化　　　　图 15　不同矢跨比下节点 2 水平位移变化

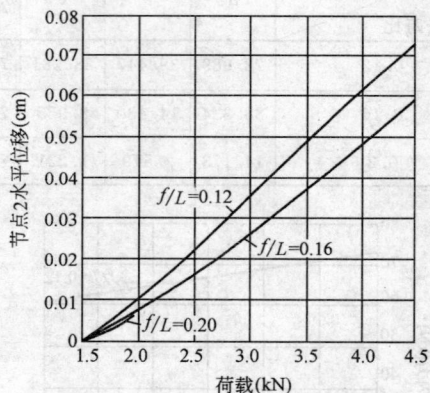

4.3　桅杆高度的影响

对应于矢跨比 0.2，将两道桅杆的高度均加长 0.5m，仍取斜索 d 的预应力控制值为 80kN，则由文 [4] 理论可计算出表 3 的初始刚度分布；图 16、17 的脊索内力随荷载变化规律；图 18、19 的斜索内力随荷载变化规律；图 20、21 的节点位移荷载关系。

矢跨比 $f/L=0.2$，桅杆高度增加 0.5m 前、后初始刚度分布（单位：kN）　　　表 3

张　力＼单　元	a	b	c	d	e	f	g	h	p	q
增加前	14.173	2.519	1.221	79.292	9.368	1.121	−11.852	−2.576	78.595	9.102
增加后	38.212	15.395	10.277	79.428	18.156	4.595	−26.315	−7.564	74.949	16.473

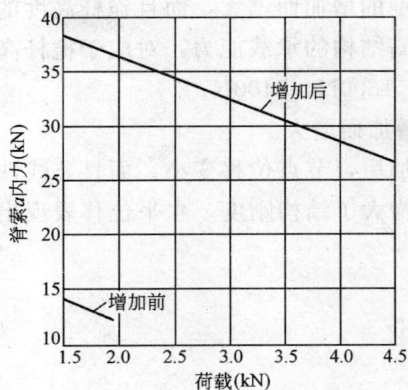

图 16 桅杆高度增加前、后脊索 a 张力变化

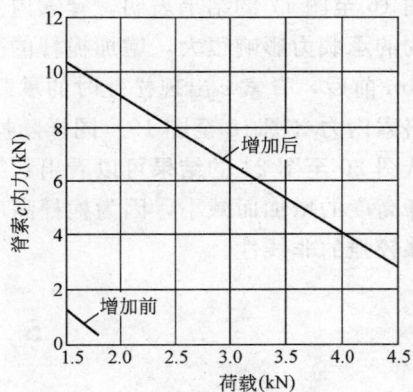

图 17 桅杆高度增加前、后脊索 c 张力变化

当矢跨比不变，斜索 d 的预应力水平控制为 80kN，仅增加桅杆的高度时，从图 16 至图 21 的结果可以看出结构静力性能的变化规律。

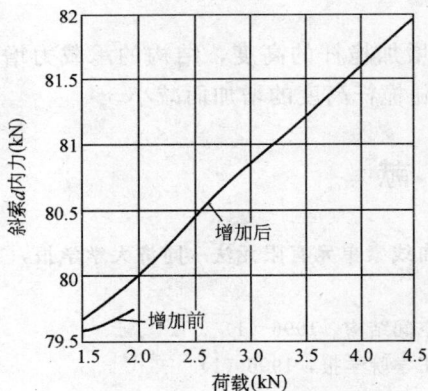

图 18 桅杆高度增加前、后脊索 d 张力变化

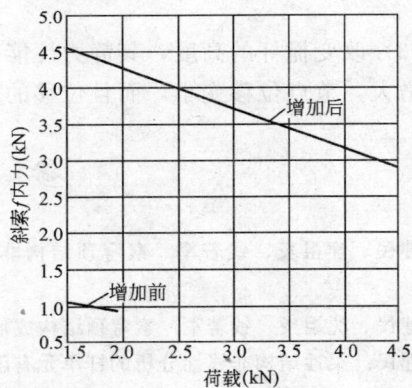

图 19 桅杆高度增加前、后脊索 f 张力变化

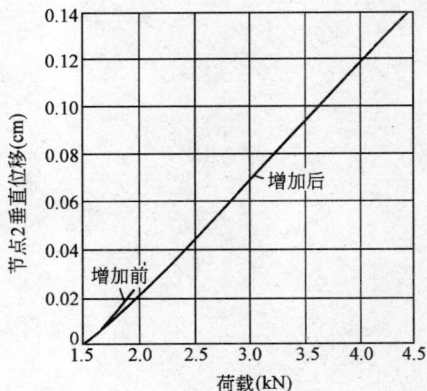

图 20 桅杆高度增加前、后点 2 垂直位移变化

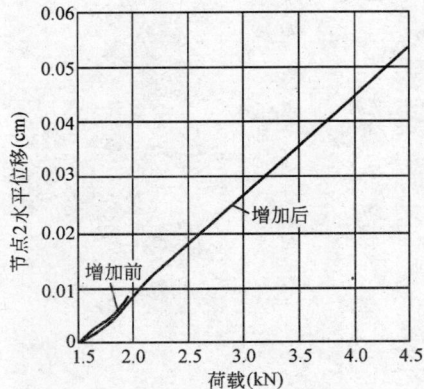

图 21 桅杆高度增加前、后点 2 水平位移变化

图 16 至图 17 的结果表明，脊索内力随桅杆高度的增加而增大，而且桅杆高度的改变对结构的承载力影响很大，增加桅杆的高度，可提高结构的承载能力，对应于桅杆高度增加 0.5m 前后，脊索 c 出现松弛时的承载力分别为：1800N、5400N。

斜索内力（图 18 至图 19）同样随桅杆高度的增加而增大。

从图 20 至图 21 的结果可以看出：桅杆高度增加后，节点位移变小，而且非线性特性随桅杆高度的增加而减小，因为桅杆高度的增加，增大了结构刚度。水平位移表现出比垂直位移较强的非线性。

5   结   论

计算结果表明：

（1）索穹顶结构的初始刚度愈大，其承载能力愈高，节点位移愈小，但增加了拉索的初始内力，尤其是斜索和环索。

（2）矢跨比的变化对结构性能的影响十分明显：矢跨比愈小，结构的刚度愈大，承载力愈高，拉索内力趋于均匀化，节点位移愈大，而且水平位移表现出比垂直位移更强的非线性。

（3）改变桅杆的高度，其静力性能变化明显：增加桅杆的高度，结构的承载力增加，刚度增大，节点位移变小，而且位移的非线性特性随桅杆高度的增加而减小。

参 考 文 献

1 唐建民、沈祖炎、钱若军. 索穹顶结构非线性分析的曲线索单元有限元法. 同济大学学报，1996（1）

2 唐建民、沈祖炎、钱若军. 索穹顶结构成形试验研究. 空间结构，1996（1）

3 唐建民. 柔性结构非线性分析的杆单元有限元法. 中南工学院学报，1996（1）

4 唐建民. 索穹顶体系的结构理论研究：[博士学位论文]. 上海：同济大学，1996

（本文发表于：空间结构，1998 年第 3 期）

74. 圆形平面轴对称索穹顶结构成形后的刚度计算

沈祖炎　唐建民

提　要： 根据文献 1 滑移索单元迭代计算的基本思想，针对脊索呈辐射状分布的轴对称索穹顶结构，提出了成形后的刚度计算方法。利用 Lagrangian 坐标描述法建立了受压桅杆及拉索的大位移切线刚度矩阵，基于虚功原理建立了索穹顶结构的非线性静力平衡方程，给出了滑移索单元计算的基本公式、方法和步骤，并进行了实例计算。结果表明，方法是可行的，可供设计和施工时参考。

关键词： 轴对称索穹顶　圆形平面　初始刚度　非线性滑移单元

Computation Method for Initial Stiffness of Axial Symmetric Cable Domes with Circular Plane after Forming

Shen Zuyan　Tang Jianmin

Abstract： Acoording to the analysis idea of iterating computation with sliding cable elements in reference [1], a computation method of initial stiffness after forming for axial symmetric cable domes with radiant ridge cables is presented in the paper. Using the Lagrangian method and in terms of the virtual displacement principle, the large displacement tangent stiffness matrix of the compression posts and the tension cables were established respectively, and the nonlinear governing equation of the cable domes was obtained. The computation methods and formula for using the sliding cable element in reference [1] were given. Using the paper's model, the authors computed one example, and the results showed well. Methods presented in this paper can be applied in the design and construction of cable domes.

Keywords： Axial Symmetric Cable Dome　Circular Plane　Initial Stiffness　Nonlinear Sliding Element

　　索穹顶结构是近几年发展起来的一种超大跨度空间结构体系，受力合理而且经济美观，目前在美国、韩国、沙特阿拉伯等国已有不少工程实例，而且最大跨度已达到 240 多米（美国），可见这种结构在大跨度空间结构领域具有广阔的发展应用前景。然而，目前有关索穹顶结构设计计算理论方面的研究成果尚很少见国外文献介绍。

　　索穹顶结构是靠初应力来提供结构刚度，这种刚度的生成可分成两步来完成：一部分是在结构的成形过程中产生，另一部分是在结构成形后，通过继续张拉斜索产生。

本文针对圆形平面、脊索呈辐射状分布的轴对称穹顶结构成形后的刚度计算，建立了非线性迭代计算的理论、方法和步骤，并进行了实例计算。

1　计算模型及基本假定

1.1　计算模型

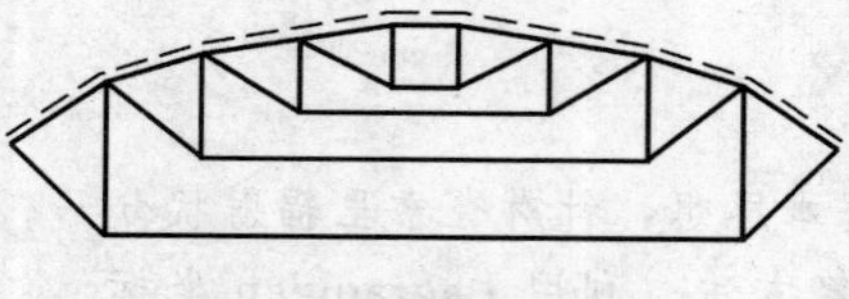

图1　成形后张拉模型

索穹顶结构在成形后，尚需最后张拉各斜索，使结构产生维持使用荷载的结构刚度，这时结构产生如图1所示的微小弹性位移（虚线所示），各斜索下节点在张拉过程中产生滑移，可视为滑移节点，相应的斜索单元称为滑移单元。

1.2　基本假定

①节点理想无摩擦，忽略节点对桅杆单元转动的影响；②认为索是理想柔性的，忽略其抗弯刚度；③索的受拉和桅杆的受压均符合虎克定律，材料为理想弹性体。

2　索穹顶结构非线性静力平衡方程

受压桅杆单元模型见图2，拉索单元模型见图3。受压桅杆采用两节点铰接杆单元，其增量形式的平衡方程可由虚功原理建立如下：

$$\Delta \psi^g = K_T^g \Delta \delta_c \tag{1}$$

其中：

$$\psi^g = R_e^g + P_0^g - P_e = 0 \tag{2}$$

式中：K_T^g 为杆单元的切线刚度矩阵；ψ^g 为内外力矢量的代数和；δ_e 为节点位移向量；R_e^g 为考虑位移高阶量影响的平衡力向量；P_0^g 为初应力向量；P_e 为外荷载向量。

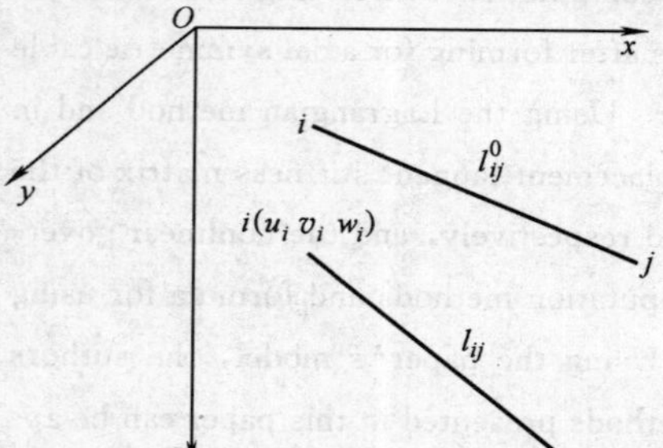

图2　受压桅杆单元模型

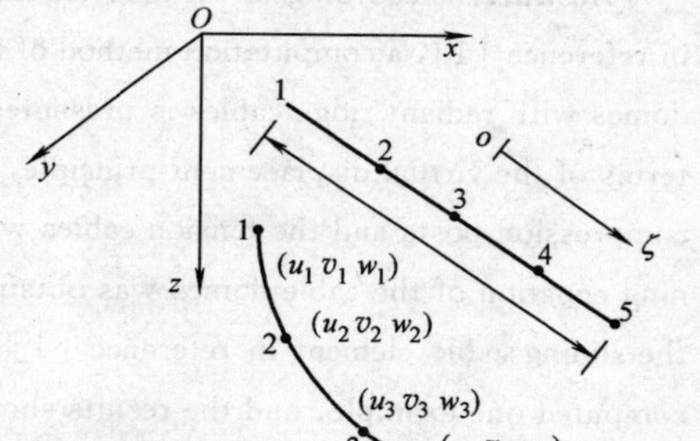

图3　拉索单元模型

而且，

$$K_T^g = K_0^g + K_L^g + K_\sigma^g \tag{3}$$

$$K_0^g = \frac{E_g A_g}{l_{ij}^0} \begin{bmatrix} l^2 & & & & & \\ lm & m^2 & & & 对 & \\ nl & mn & l^2 & & & 称 \\ -l^2 & -lm & -nl & l^2 & & \\ -ml & -m^2 & -mn & ml & m^2 & \\ -nl & -mn & -n^2 & nl & mn & n^2 \end{bmatrix}, \quad K_\sigma^g = \frac{A_g}{(l_{ij}^0)^2} \int_0^l \begin{bmatrix} 1 & & & & & \\ 0 & 1 & & & 对 & \\ 0 & 0 & 1 & & & 称 \\ -1 & 0 & 0 & 1 & & \\ 0 & -1 & 0 & 0 & 1 & \\ 0 & 0 & -1 & 0 & 0 & 1 \end{bmatrix} \sigma dl$$

$$K_e^g = \frac{E_g A_g}{(l_{ij}^0)^2} \int_0^l \begin{bmatrix} \alpha^2+2\alpha l & & & & \text{对} & \\ \alpha\beta+\beta l+\alpha m & \beta^2+2\beta m & & & & \\ \alpha\gamma+\gamma l+\alpha n & \beta\gamma+\gamma m+\beta n & \gamma^2+2\gamma n & & \text{称} & \\ -(\alpha^2+2\alpha l) & -(\alpha\beta+\beta l+\alpha m) & -(\alpha\gamma+\gamma l+\alpha n) & \alpha^2+2\alpha l & & \\ -(\alpha\beta+\beta l+\alpha m) & -(\beta^2+2\beta m) & -(\beta\gamma+\gamma m+\beta n) & \alpha\beta+\beta l+\alpha m & \beta^2+2\beta m & \\ -(\alpha\gamma+\gamma l+\alpha n) & -(\beta\gamma+\gamma m+\beta n) & -(\gamma^2+2\gamma n) & \alpha\gamma+\gamma l+\alpha n & \beta\gamma+\gamma m+\beta n & \gamma^2+2\gamma n \end{bmatrix} dl$$

式中：l，m，n 为杆单元相对于整体坐标系 x，y，z 三个方向的方向余弦；σ 为杆单元的轴向应力，且 $\alpha=(u_j-u_i)/l_{ij}^0$，$\beta=(v_j-v_i)/l_{ij}^0$，$\gamma=(w_j-w_i)/l_{ij}^0$。

$$R_e^g = \frac{E_g A_g}{l_{ij}^0} \int_0^l [-\alpha-l-m-\beta-n-\gamma\alpha+lm+\beta n+\gamma]^T \left(t+\frac{s}{2}\right) dl \tag{4}$$

$$P_0^g = \frac{A_g}{l_{ij}^0} \int_0^l [-\alpha-l-m-\beta-n-\gamma\alpha+lm+\beta n+\gamma]^T \sigma_0^g dl \tag{5}$$

$$A_g = \frac{1}{(l_{ij}^0)^2} \begin{bmatrix} 1 & 0 & 0 & -1 & 0 & 0 \\ 0 & 1 & 0 & 0 & -1 & 0 \\ 0 & 0 & 1 & 0 & 0 & -1 \\ -1 & 0 & 0 & 1 & 0 & 0 \\ 0 & -1 & 0 & 0 & 1 & 0 \\ 0 & 0 & -1 & 0 & 0 & 1 \end{bmatrix} \tag{6}$$

式（4）～（6）中：$t=\frac{1}{l_{ij}^0}[-l-m-nlmn]\delta_e$，$s=\delta_e^T A_g \delta_e$；$\sigma_0^g$，$E_g$，$l_{ij}^0$，$A_g$ 分别为桅杆单元的初始轴向应力、弹性模量、长度及截面面积。

拉索采用五节点曲线元模型，其位移函数可设为

$$f = N\delta_e \tag{7}$$

式中：$f=[u\,v\,w]^T$；$\delta_e=[u_1 v_1 w_1 u_2 v_2 w_2 \cdots u_5 v_5 w_5]^T$；

$$N = \begin{bmatrix} N_1 & 0 & 0 & N_2 & 0 & 0 & N_3 & 0 & 0 & N_4 & 0 & 0 & N_5 & 0 & 0 \\ 0 & N_1 & 0 & 0 & N_2 & 0 & 0 & N_3 & 0 & 0 & N_4 & 0 & 0 & N_5 & 0 \\ 0 & 0 & N_1 & 0 & 0 & N_2 & 0 & 0 & N_3 & 0 & 0 & N_4 & 0 & 0 & N_5 \end{bmatrix} \tag{8}$$

其中：$N_1=\frac{1}{6}\zeta(1-\zeta-4\zeta^2+4\zeta^3)$；$N_2=-\frac{4}{3}\zeta(1-2\zeta-\zeta^2+2\zeta^3)$；$N_3=1-5\zeta^2+4\zeta^4$；

$N_4=\frac{4}{3}\zeta(1+2\zeta-\zeta^2-2\zeta^3)$；$N_5=-\frac{1}{6}\zeta(1+\zeta-4\zeta^2-4\zeta^3)$（$-1\leqslant\zeta\leqslant1$）；

$\zeta=2s/l$，s 为索单元变形前任意点至中点的距离；l 为索单元原长。

同时得到坐标的变换式　　　　　　　　$X=NX_e$ （9）

式中：$X=[x\,y\,z]^T$ 为变形前索单元任意点整体坐标；$X_e=[x_1\,y_1\,z_1\,x_2\,y_2\,z_2\cdots x_5\,y_5\,z_5]$ 为变形前索单元节点整体坐标。

根据文献 [2]，从应变的定义出发得到的考虑位移高阶量影响的应变关系为

$$\varepsilon_s = a+\frac{b}{2}-\frac{1}{2}a^2-\frac{1}{2}ab+\frac{a^3}{2}+\frac{3}{4}a^2b-\frac{b^2}{8}-\frac{5}{8}a^4 \tag{10}$$

式中：$a = \delta_e^T A X_e$；$b = \delta_e^T A \delta_e$；$A = N'^T N'$；$n' = \dfrac{dN}{ds} = \dfrac{2}{l}\dfrac{dN}{d\zeta}$。

这样便可根据虚功原理建立拉索单元的增量形式的平衡方程为

$$\Delta\psi^g = K_T^g \Delta\delta_e \tag{11}$$

式中：

$$\psi^g = A\int_s B^T\sigma ds - P_e \tag{12}$$

$$K_T^g = K_0^g + K_L^g + K_\sigma^g \tag{13}$$

$$K_0^g = \frac{lEA_s}{2}\int_{-1}^{+1} B_0^T B_0 \, d\zeta \quad K_L^g = \frac{lEA_s}{2}\int_{-1}^{+1}(B_0^T B_L + B_L^T B_0 + B_L^T B_L)\,d\zeta$$

$$K_\sigma^g = \frac{A_s l}{2}\int_{-1}^{+1}\left[A^T(C_1 X_e + C_2\delta_e)X_e^T A + (C_2 X_e - \delta_e)\delta_e^T A + C_3\right]\sigma d\zeta$$

式中：$C_1 = 3a - 1 + 1.5b - 7.5a^2$；$C_2 = 3a - 1$；$C_3 = 1 - a + 1.5a^2 - 0.5b$；$B = B_0 + B_L$，且 $B_0 = X_e^T A$（线性应变向量）；$B_L = \delta_e^T A$（非线性应变向量）；P_e 为外荷载向量；A_s 为索元的截面面积；σ 为拉索的轴向应力；$\sigma = E\varepsilon + \sigma_0$，$\sigma_0$ 为初应力。

将拉索及桅杆单元的平衡方程（1）、（11）集合成结构总体平衡方程：

$$\Delta\psi = K_T \Delta\delta \tag{14}$$

3　节点滑移平衡条件及计算公式

所谓索可以在节点中自由滑移，其力学意义是滑移单元在节点处张力满足连续条件。滑移单元模型见图 4。根据滑移的力学意义，可以这样来考虑：首先假设各节点处无滑移，即将各节点固定，用初始态时的各斜索单元长度 l_{ij}^0 作为各单元的原长（若节点处无滑移，这便是真实的原长），求解平衡方程（14），算出各单元位移向量 δ_e 及各单元端部张力 T_i^k，T_j^k（$k = 1, 2, \cdots, n$，n 个斜索单元）。

考察节点 j 及斜索单元 k，此时，一般 $T_j^k \neq T_0^k$。放松节点 j，则单元 k 产生滑移，设滑移量为 Δl^k，则根据文献 [1] 滑移刚度的概念（索单元原长改变单位长度时所需改变的张力值），那么，单元 k 的 j 端张力改变量为

$$\Delta T_j^k = \phi^k \Delta l_j^k \tag{15}$$

式中：ϕ^k 为 k 单元的滑移刚度，可由文献 [1] 进行计算。

根据滑移平衡条件（张力连续条件），得

$$T_j^k + \Delta T_j^k = T_0^k \tag{16}$$

将式（15）代入式（16），得

$$T_j^k + \phi^k \Delta l_j^k = T_0^k \tag{17}$$

显然，当 $T_j^k > T_0^k$ 时，

$$\Delta l_j^k = \Delta l^k \tag{18}$$

$T_j^k < T_0^k$ 时，

$$\Delta l_j^k = -\Delta l^k \tag{19}$$

将式（18）或式（19）代入式（17），则

图 4 区域：

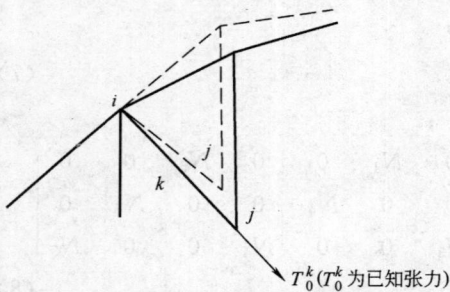

图 4　滑移单元模型

$T_0^k (T_0^k$ 为已知张力)

若 $T_j^k > T_0^k$，

$$\Delta l^k = (T_0^k - T_j^k)/\phi^k \tag{20}$$

$$\Delta T_j^k = \phi^k \Delta l^k \tag{21}$$

若 $T_j^k > T_0^k$，

$$\Delta l^k = (T_j^k - T_0^k)/\phi^k \tag{22}$$

$$\Delta T_j^k = -\phi^k \Delta l^k \tag{23}$$

单元 k 的原长应按下式进行修正：

若 $T_j^k > T_0^k$，则

$$l^n = l_0^n + \Delta l^n \tag{24}$$

$T_j^k < T_0^k$，则

$$l^n = l_0^n - \Delta l^n \tag{25}$$

4　计算方法及步骤

（1）假定单元 k 无滑移，用其初始态长度作为原长。

（2）求解平衡方程（14），得位移向量 δ_e 及单元端部张力 T_j^k。

（3）在滑移节点处检查 $|T_j^k - T_0^k| < \varepsilon$（充分小正数）。

（4）如果不满足上述条件，则由文献 [1] 计算单元 k 的滑移刚度 ϕ_k。

（5）由式（20）或式（22）计算单元 k 滑移量。

（6）由式（24）或式（25）修正单元 k 原长。

（7）由式（21）或式（23）修正单元 k 的初始张力。

（8）由单索的初始垂度方程[3]

$$z = \frac{H}{q}\left[\text{ch}\alpha - \text{ch}\left(\frac{2\beta t}{X} - \alpha\right)\right]$$

式中：$\alpha = \text{arsh}\left(\frac{\beta(z/X)}{\text{sh}\beta}\right) + \beta$；$\beta = \frac{qX}{2H}$；$t = \sqrt{(x-x_1)^2 + (y-y_1)^2}$；$Z = z_5 - z_1$；$X = [(x_5 - x_1)^2 + (y_5 - y_1)^2]^{1/2}$；$H, q$ 分别为索元的初始水平张力及自重计算滑移单元 k 的内插点初始坐标。

（9）重复步骤（2）至（8）直至满足（3）为止。

5　实　例　计　算

如图所示的索穹顶结构屋面形状是一球面，球面半径 $r = 12.86\text{m}$；桅杆 g, h 的自重分别为 192.065kg、144kg；中央拉环自重为 546kg，各索元及其桅杆的尺寸见表 1，模型成形后的初始张力及坐标见表 2、表 3。

算例中索元及桅杆尺寸　表 1

索元	a	b	c	d	e	f	g	h	p	q
长度(m)	2.6497	2.4246	2.3218	2.3997	2.4139	2.3992	2.0000	1.5000	10.4000	5.8000
截面积(mm²)	412	275	137	137	137	137	10194	10194	210	210

注：a, b, c 代表脊索；d, e, f 代表斜索；g, h 代表桅杆；p, q 代表等效环索。

采用本文方法，依次张拉斜索 d, e, f，实现对整个结构施加预应力。设斜索 d 施加拉力 40kN；斜索 e 施加拉力 20kN；斜索 f 施加拉力 10kN，拉力可根据需要进行调整（见图 5）。计算结果列于表 2、表 3。

依次张拉斜索 d，e，f 时结构的位置坐标变化（m）　　　　表 2

	初始位置坐标		张拉斜索 d		张拉斜索 e		张拉斜索 f	
	x	z	x	z	x	z	x	z
1	-7.500	0.000	-7.500	0.000	-7.500	0.000	$-7.500(-7.500)$	$0.000(0.000)$
2	-5.198	1.312	-5.198	1.313	-5.185	1.292	$-5.175(-5.177)$	$1.274(1.276)$
3	-2.897	2.076	-2.897	2.076	-2.897	2.095	$-2.873(-2.877)$	$2.039(2.041)$
4	-0.600	2.381	-0.600	2.381	-0.600	2.400	$-0.600(-0.600)$	$2.490(2.488)$
5	-5.200	-0.689	-5.201	-0.688	-5.205	-0.709	$-5.208(-5.206)$	$-0.726(-0.724)$
6	-2.899	0.576	-2.899	0.576	-2.899	0.594	$-2.900(-2.899)$	$0.539(0.540)$
7	-0.600	1.381	-0.600	1.381	-0.600	1.400	$-0.600(-0.600)$	$1.490(1.489)$

依次张拉斜索 d，e，f 时索元张力变化（kN）　　　　表 3

索元	初始张力	张拉斜索 d	张拉斜索 e	张拉斜索 f
a	10.603	15.625	35.189	53.220(53.199)
b	1.992	4.247	12.274	21.220(21.208)
c	0.690	2.190	7.474	10.564(10.578)
d	30.975	39.689	70.424	96.659(96.612)
e	7.676	10.000	19.804	27.377(27.462)
f	1.257	1.939	4.349	9.900(9.902)
p	29.686	38.043	67.493	92.629(92.539)
q	7.313	9.527	18.951	26.202(26.291)

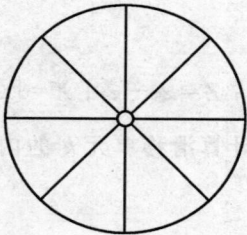

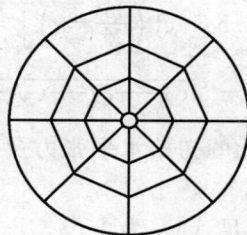

(a) 脊索平面　　　　(b) 环索，斜索平面　　　　(c) 径向断面(单位:mm)

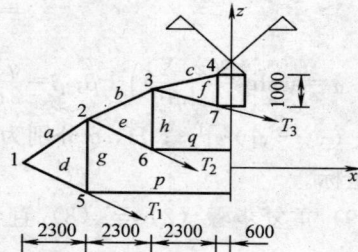

图 5　算例模型

　　为了考察计算结果的精度，本文以表 3 中 d，e，f 三根斜索依次张拉完毕后的结果作为各单元的初始内力，以表 2 中 d，e，f 三根斜索依次张拉完毕后的位置坐标作为结构中各节点的坐标，用三维非线性有限元方程进行了平衡计算，平衡后的单元内力及节点坐标列于表 2、表 3 中的括号内。

6　结　　语

　　通过以上计算可知本文计算结果的精度是非常高的，而且本文所得索元内力分布规律与文献〔4〕实际工程的实测结果是非常一致的，因此，本文方法用于分析索穹顶结构的预应力生成是成功的。从表 3 的计算结果可以看出，索穹顶结构成形后，最后张拉各斜索，便可实现对所有索系施加维持荷载的预应力，这与文献〔5〕模型实验得到的结论是一致的，因此，实际工程在设计时，就必须不断地调整索元的原长即下料长度，以使结构成形后的形状与原设计形状的差异控制在工程误差允许的范围内，而这一过程的完成，采用本文提出的方法是完全可行而有效的。

参 考 文 献

1 唐建民. 索穹顶体系的结构理论研究：[学位论文]，上海：同济大学建筑工程系，1996

2 唐建民，沈祖炎，钱若军. 索穹顶结构非线性分析的曲线索单元有限元法. 同济大学学报，1996，24（1）：6～10

3 Prem Krishna. Cable suspended roofs. New York：McGraw-Hill，1978

4 David Ceiger. Andrew stefaniuk and david chen：The design and construction of two cable domes for the korean olympics. In：Heki K，ed. Proceedings IASS International Symposium. Osaks：Elsevier Science Poblishers，1986. 265～272

5 唐建民，沈祖炎，钱若军. 索穹顶结构成形试验研究. 空间结构，1996，2（1）：60～64

（本文发表于：同济大学学报，1999 年第 3 期）

75. 基于非线性有限元的索穹顶施工模拟分析

沈祖炎　张立新

提　要：索穹顶结构的成形和施工模拟分析是该体系的基础问题。由于包含着刚体位移的分析使得跟踪难度相当大。本文采用了基于非线性有限元的施工过程分析，适应性强、分析精度高，避免了刚体位移假定。从而使得索穹顶体系的成形过程、受荷状态的全过程分析方法获得了统一。通过与试验模型对比分析表明本文方法操作简单且分析精度较高，分析的结果能够很好地指导施工。

关键词：索穹顶　施工模拟　非线性有限元　初始位移设定

Simulation of Erection Procedures of Cable Domes Based on Nonlinear Fem

Shen Zuyan　Zhang Lixin

Abstract：Simulation of the erection procedures of the cable domes is one of the key engineering problems. The rigid body displacement，which should be allowed，makes the analysis more complex. In this paper，anovel method，based on nonlinear FEM，is applied and the rigid body displacement analysis is avoided. Therefore the analysis for whole procedures of the cable domes is unified. The initial displacement assumption method is also put forward to reduce the number of iterations. Furthermore，the method can be extended for various cable-strut tensile structures and the result given can direct the construction on site.

Keywords：Cable Domes　Simulation of Erection Procedures　Nonlinear FEM　Initial Displacement Assumption

1 引　言

索穹顶结构的成形分析是该体系的基础核心问题之一。目前，很少文献涉及索穹顶体系的全过程施工模拟分析。唐建民[1]采用五结点索单元理论结合刚体位移分析技术，作了索穹顶结构的全过程施工模拟分析；在此基础上，袁行飞采用逆分析的方法和桅杆刚体位移的假定作了索穹顶结构的施工模拟并和试验作了比较[2]。罗尧治[3]则采用基于奇异值分解并考虑几何非线性的力法作了索-杆张力体系的成形过程的模拟分析。前者采用非线性有限元法，其优点是分析精度高且与成形后的静力分析方法获得了一致，但刚体位移分析需要假定杆元的运动轨迹，给分析带来了复杂性。成形过程的索元往往从松弛状态渐渐过渡为张紧状态，是一个大变形的过程。采用杆元的分析方法不能充分考虑这一因素，影响分析的精度。

为了获得索穹顶结构全过程分析-成形过程、受荷状态分析的统一分析方法，本文首先阐述了一种高精度非线性有限元理论-悬链线索元分析理论，该方法对于从松弛索到张紧索的大变形过程都有很高精度；其次采用悬链线索元由于能够充分考虑索均布自重的影响，对于任意构型的水平和竖直方向都具有一定的刚度，从而可有效避免产生奇异，采用 Newton-Raphson 迭代方法就能有效地进行施工模拟的大变形分析。采用控制索原长的分析方法能在理论上做到施工张拉一次成功。为了减少迭代次数，本文采用了初始位移设定技术大大提高了分析效率，而且刚体位移分析方法也可以看成是该方法的一个特例。

2　索穹顶体系非线性有限元理论

2.1　空间悬链线索单元刚阵

只考虑几何非线性，而假定材料始终处于弹性状态。索单元采用悬链线索单元模型，榀杆和中央拉环或核心杆采用空间杆单元。H. B. Jayaraman[4] 在 1980 年推导了悬链线索元的刚度矩阵显式表达和迭代求解刚阵的方法，并建立了已知索原长的静、动力计算方法。单元的整体坐标系和局部坐标系的关系和各参数如图 1 所示：F_1，F_2 为索元 i 节点处在局部坐标中的张力分量；F_3，F_4 为索元 j 节点处在局部坐标中的张力分量；T_i，T_j 为两节点处的索端张力值。L_u 为索的原长（初始无应力长度），L 为索变形后的长度，W 为索内沿索长均布竖向荷载，包括自重；A 为索截面积。得出索单元在整体坐标下的空间形式的单刚矩阵见式(1)，需要指出的是单刚矩阵对于每一构型都需要迭代计算。

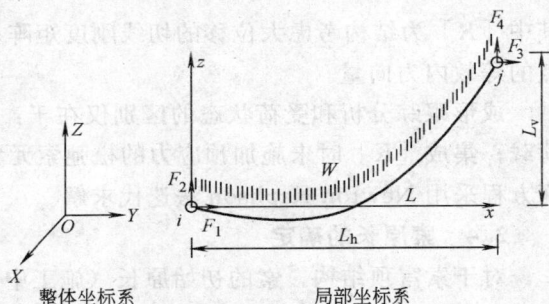

图 1　悬链线索单元

$$\begin{Bmatrix} \delta F_i^X \\ \delta F_i^Y \\ \delta F_i^Z \\ \delta F_j^X \\ \delta F_j^Y \\ \delta F_j^Z \end{Bmatrix} = [\overline{K}] \begin{Bmatrix} \delta u_i \\ \delta v_i \\ \delta w_i \\ \delta u_j \\ \delta v_j \\ \delta w_j \end{Bmatrix} \tag{1a}$$

$$[\overline{K}] = \begin{bmatrix} S & -S \\ -S & S \end{bmatrix} \tag{1b}$$

其中

$$[S] = \begin{bmatrix} -\dfrac{F_1}{L_h}m^2 - k_{11}l^2 & \dfrac{F_1}{L_h}lm - k_{11}lm & -k_{12}l \\ & -\dfrac{F_1}{L_h}l^2 - k_{11}m^2 & -k_{12}m \\ \text{SYM} & & -k_{22} \end{bmatrix} \quad (2)$$

而其中

$$k_{11} = \xi_4/\det, \; k_{12} = -\xi_3/\det \quad (3\text{a-b})$$

$$k_{22} = \xi_1/\det, \; \det = \xi_1\xi_4 - \xi_2\xi_3 \quad (3\text{c-d})$$

$$\xi_1 = \frac{L_h}{F_1} + \frac{1}{W}\left[\frac{F_4}{T_j} + \frac{F_2}{T_i}\right], \; \xi_2 = \frac{F_1}{W}\left[\frac{1}{T_j} - \frac{1}{T_i}\right] \quad (4\text{a-b})$$

$$\xi_3 = \frac{F_1}{W}\left[\frac{1}{T_j} - \frac{1}{T_i}\right], \; \xi_4 = -\frac{L_u}{EA} - \frac{1}{W}\left[\frac{F_4}{T_j} + \frac{F_2}{T_i}\right] \quad (4\text{c-d})$$

而 l，m 分别为局部坐标 x 在整体坐标 X，Y 方向的方向余弦。

2.2 空间杆元刚阵

空间杆元的单元刚度矩阵采用文献［5］给出的列式。

2.3 成形阶段平衡方程及其求解

将索单元和杆单元的刚度集成为结构体系的刚度矩阵。建立平衡方程

$$[K]\{\Delta U\} = \{P\} - \{P_R\} \quad (5)$$

其中［K］为结构考虑大位移的切线刚度矩阵；$\{P\}$ 为等效节点外荷载向量；$\{P_R\}$ 为结点的等效内力向量。

成形跟踪分析和受荷状态的区别仅在于：施工分析时，$\{P\}$ 仅为各杆件自重的等效荷载；集成［K］时未施加预应力的松弛索元和不受力的椓杆的刚度不计入总刚。增量平衡方程采用 Newton-Raphson 法迭代求解。

2.4 索原长的确定

对于索穹顶结构，索的初始原长（施工中表现为下料长度）是非常重要的参数，将直接影响成形后的状态。这就需要在已知设计张力时精确确定各索的初始原长。由于悬链线索元在已知索节点位置的情况下索元的张力和索原长存在着一一对应的关系，采用迭代方法就能求解出索的原长。本文作者在文［6］采用 Ridders 改进弦割法迭代技术有效、稳

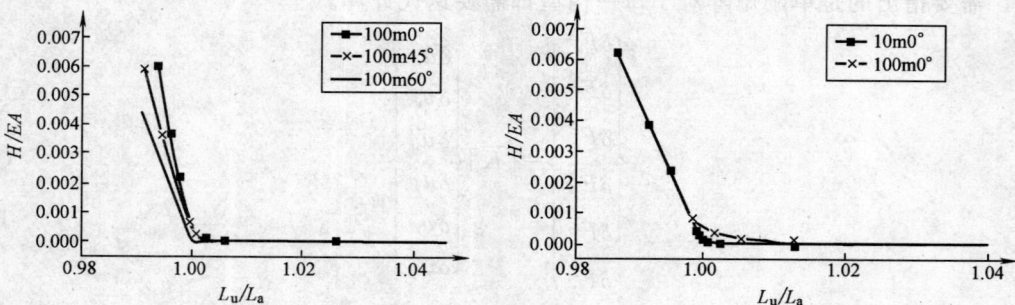

(a) 不同水平倾角的索元张力和原长关系

(b) 不同长度水平索元的张力和原长关系

图 2 索元张力与原长关系曲线

定地迭代计算出了已知张力的索原长。本文分别计算了不同长度不同倾角的单索在不同预应力水平时水平张力和索原长的关系,具体见图 2*a*、2*b*。从中可见索原长 L_u 与索弦长 L_a 之比 1.0 附近的性态呈明显的转折。索水平张力 H 和索原长 L_u 之比在该点两侧有很大的差别,而且和索倾角有关。长索比短索在 $L_u/L_a=1.0$ 附近呈现更强的非线性。从而再次表明了长索和短索、松弛索和张紧索工作性态的重大差别。

3　索穹顶结构的施工模拟分析

3.1　索穹顶结构的施工过程

以 Geiger 型索穹顶为例,各施工阶段可分为:

1) 在中心搭一临时塔架,将中心张力环或核心杆吊置于其上。在地面将铝铸件及上结点在脊索上安装好。然后将连续的脊索连于中心和外压环梁之间。

2) 将立柱下部铸造结点临时固定于地面,同时其上安装预应力环索。将立柱吊起并与脊索上的铸造结点相连,然后张拉斜索提升环索至立柱底端,并通过铸造结点与立柱相连。

3) 同时用千斤顶张拉最外一环每个立柱底端的斜索,使立柱张拉到位。

4) 对其余各环从外到内重复步骤(3),直到整个结构各立柱和中心环均张拉到位为止。

5) 调整斜索张力,整形,最后达到设计形状。

6) 完成膜的铺设。

3.2　索穹顶施工模拟算法

1) 根据设计状态,由平衡矩阵的奇异值分解法[8]确定体系的自内力模态并组合成体系的设计预应力状态;由非线性悬链线索元理论迭代计算出脊索、环索和斜索的原长;

2) 采用本文的非线性有限元理论,通过控制斜索原长的方法来模拟张拉最外层斜索使得结构就位;

3) 从外到内依次模拟全部斜索的张拉,从而完成了索穹顶结构的施工跟踪分析。

4　初始位移设定技术

对于索穹顶的每个施工阶段的模拟,是松弛索逐渐张拉成为张紧索的过程,结构的变形非常大。对于每个阶段往往都需要经过很多次的迭代才能收敛。由于采用原长控制方法,索穹顶每一施工阶段后的成形状态和具体施工工艺无关。为了减少迭代次数且不影响收敛精度,本文结合悬链线索元提出了初始位移设定技术,即保持单元的初始信息不变(索、杆原长等),将部分结点设定趋向平衡位置的初始位移,然后在此状态下继续迭代分析。由于人为给定的初始位移趋向于平衡位置,使得迭代收敛迅速。

5　算例分析

[**算例 1**]　8杆平面体系的施工模拟分析

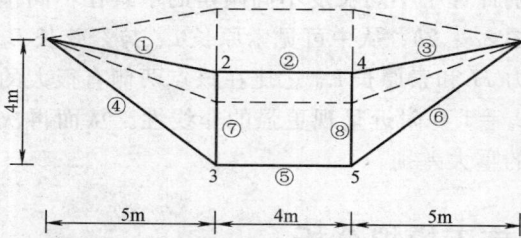

图 3　算例 1 平面体系的初始状态和预应力状态

目的是为了较清晰地了解索原长控制方法的实施和初始位移设定技术。该体系的初始状态如图 3 的实线所示，各索单元的初始长度和设计预应力状态的索原长如表 1 所示。通过施加预应力使该传统意义上的瞬变体系成为可以承受荷载的结构。施工过程为同时张拉索元④、⑥来提升 2、4 节点，最终完成结构预应力的形成。④、⑥索的设计预应力为 20kN（索平均张力），杆单元⑦、⑧的初始长度 3m，所有单元的截面积为 5cm²，弹性模量为 1.3E8kN/m²。进行了施工的模拟分析。

算例 1 各索单元的原长（m）　　　　　　　　　表 1

单元号	①	②	③	④	⑤	⑥
初始状态	5.099	4.040	5.099	5.8126	4.040	5.8126
设计状态	5.099	4.040	5.099	5.3241	4.040	5.3241

1）本文的控制索原长法模拟

在模拟分析过程中将④、⑥索元的原长直接取为设计预应力状态对应的索原长值 5.3241m。只需要 10 次迭代就能达到平衡状态，见图中虚线所示。该状态的单元应力和设计预应力状态基本一致，见表 2。

算例 1 平衡后各索单元张力和压杆内力（kN）　　　　　　表 2

单元号	①	②	③	④	⑤	⑥	⑦	⑧
设计预应力	30.916	30.175	30.916	20.000	18.697	20.000	−6.912	−6.912
控制原长法	30.972	30.229	30.972	20.033	18.729	20.033	−6.922	−6.922

2）采用初始位移设定技术

保持结构的初始信息：单元的初始长度不变，将 2、4、3、5 节点设定趋向平衡位置的位移，然后在此位置上进行迭代。比如将这 4 个节点产生向上的位移 1.0m，即设定杆元⑦、⑧向上的刚体位移。采用控制索原长方法在此状态下 7 次迭代就张拉到了设计状态。图 4 给出了设定节点向上初始位移 1.0m，2.0m 以及原状态下的迭代过程中的节点 3 竖向残余力和位移的关系。

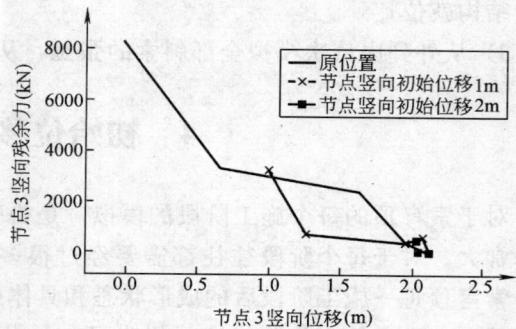

图 4　算例 1 迭代过程的节点竖向残余力和位移关系

[算例 2]　Geiger 型索穹顶的施工跟踪模型试验对比分析

本算例采用昆明理工大学黄呈伟教授[7]、浙江大学袁行飞博士[2]的索穹顶试验模型。该试验模型采用 Geiger 型圆形穹顶，由外压环，12 组径向拉索，2 道环索，24 根受压桅杆和内拉环组成。外环直径 5.0 米，内环直径 0.5 米，穹顶隆高 0.35 米，屋面平均坡度 i＝14%，见图 5。分析采用文献 [2] 给出的计算参数：环索和外斜索采用

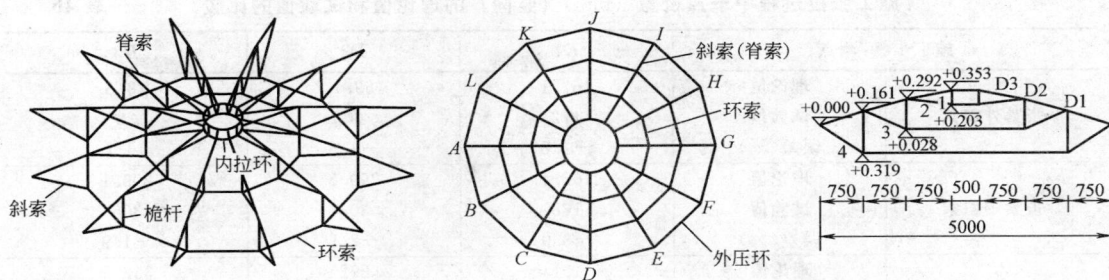

(a) 试验模型轴侧图

(b) 试验模型的平面图和立面图

图 5 模型计算简图

Φ5.0 冷拔钢丝，其余各索均采用 Φ3.1 冷拔钢丝；受压桅杆：采用由 Φ12×2 钢管；内拉环中的环向杆和竖杆分别采用冷轧小槽钢和—30×4 的钢板。整个模型节点总数 84，单元总数 156 个。考虑到节点叉形连杆的重量，对压杆下节点处，附加自重取 2N；计算计入杆件自重。

结构的设计预应力状态见表 3。

试验模型索穹顶的设计预应力状态和索计算原长 表 3

索类型	外脊索	中脊索	内脊索 1	外斜索 4	中斜索 3	内斜索 2	内环索	外环索
设计预应力(N)	2680	1540	900	1490	1130	630	2110	2640
索原长(mm)	765.49	760.44	751.95	814.66	772.77	754.89	517.31	905.15

结构的预应力张拉施工分为 3 个步骤：第 1 步：张紧外斜索 4 到设计状态。控制目标：外斜索原长和节点位置；第 2 步：张紧中斜索 3 到设计状态。控制目标：中斜索的索原长和节点位置；第 3 步：进一步张紧内斜索 2 到设计状态。控制目标：内斜索原长和节点位置。完成 3 步骤后，结构就达到了设计状态。由于模型小，结构在施工过程中未设中心塔架。

首先根据前文方法计算出与设计预应力对应的各脊索和环索的原长和张拉索斜索的原长，见表 3；再采用基于悬链线索非线性有限元理论的控制索原长的施工跟踪分析方法进行了该索穹顶的施工模拟分析。

每个施工阶段完成后的各杆件张力和节点位置的本文理论计算值和试验值的比较见表 4a、表 4b。可见理论和试验结果比较接近，特别是张拉中斜索杆件内力大幅增大以后两

施工张拉过程中单元内力（N）的理论值和试验值的比较 表 4a

施工步骤/测点		1	2	3	4	内环索	外环索
张紧外斜索	理论值	4.7			10.9		19.3
	试验值	8	松弛	松弛	11	松弛	16
	误差(%)	−41.2			−0.9		20.6
张紧中斜索	理论值	889.0		692.3	879.0	1297	1561
	试验值	750	松弛	660	870	1200	1510
	误差(%)	18.5		4.9	1.0	8.1	3.4
张紧内斜索	理论值	912.0	628.6	1103	1440	2067	2556
	试验值	880	620	1110	1470	2080	2580
	误差(%)	3.6	1.4	−0.6	−2.0	−0.6	−0.9

施工张拉过程中节点位置（mm）（竖向）的理论值和试验值的比较　　表 4b

施工步骤/测点		D1	D2	D3
张紧外斜索	理论值	167.1	59.1	23.3
	试验值	172	60	28
	误差（%）	-2.8	-1.5	16.7
张紧中斜索	理论值	162.4	299.3	299.1
	试验值	168	306	305
	误差（%）	-3.0	-2.2	-1.9
张紧内斜索	理论值	161	292	352.5
	试验值	163	295	355
	误差（%）	-1.2	-1.0	-0.7

者数据更为接近。从而表明采用本文的正分析方法是可行的，而且操作简单、精度较高，可有效避免刚体运动假定。所得数据可有效指导施工。

从中也表明：采用原长控制的计算方法施加预应力过程中，在张紧第一道斜索时由于众多节点的大位移且约束少，结构整体预应力水平很低；在张紧第二道、第三道斜索时结构的预应力水平才得到很大的提高。

6　结　　论

索穹顶结构的成形和施工跟踪分析对该体系的实施是必要的，一方面可以提供计算数据指导施工，一方面可以检查施工步骤、施工工艺的可行性。但由于包含着刚体位移的分析而使得施工跟踪的难度相当大。本文采用了基于非线性有限元的施工过程分析方法以索原长作为重要控制参数，适应性强、分析精度高，且有效避免了刚体位移分析。从而使得索穹顶体系的成形施工过程、受荷状态的全过程分析在方法上获得了统一。本文结合非线性悬链线索元计算理论提出的初始位移设定技术可使迭代次数大大减少。通过几个算例表明本文的施工模拟方法操作简单且分析精度较高，能够应用于不同类型的索穹顶结构和索杆张拉结构，分析计算的结果能够很好地指导施工。

参　考　文　献

1　唐建民. 索穹顶体系的结构理论研究 ［D］. 上海：同济大学，1996. ［Tang Jianmin. Structural Theoretical Research of Cable Dome Systems ［D］. Shanghai：Tongji University，1996. （in Chinese）］

2　袁行飞. 索穹顶结构的理论分析和实验研究 ［D］. 杭州：浙江大学，2000. 4 ［Yuan Xingfei. Theoretical Analysis and Experimental Study of Cable Dome Structures ［D］. Hangzhoug：Zhejiang University，2000. 4 （in Chinese）］

3　罗尧治，董石麟. 索杆张拉结构的计算机分析程序 CSTS ［J］. 空间结构，2000，6（2）：56～63 ［LuoYaozhi，Dong Shilin. CSTS-computer analysis program of cable-strut tensile structures ［J］. Spatial Structures （Chinese），2000，6（2）：56～63. （in Chinese）］

4　Jayaraman H B, et al. A curved element for the analysis of cable structures ［J］. Computers & Structures，1981，14（3～4）：325～333

5　陈昕，王娜. 空间索单元的刚度矩阵 ［J］. 哈尔滨建筑工程学院学报，1993，26（6）：44～47.

[Chen Xin, Wang Na. Tangent stiffness matrix of space cable element [J]. J. of Harbin Architectural and Civil Engineering Institute, 1993, 26 (6): 44~47. (in Chinese)]

6　张立新，沈祖炎. 铰接杆系结构分批张拉的预应力形成 [J]. 空间结构，2000，6（1）：23~27 [Zhang Lixin, Shen Zuyan. Analysis for batch-pretensioned hinged structures [J]. Spatial Structures, 2000, 6 (1): 23~27. (in Chinese)]

7　黄呈讳，邓宜，等. 索穹顶结构模型试验研究 [J]. 空间结构. 1999，5（3）：40~46. [Huang Chengwei, Deng Yi, et al. Experiment analysis of cable dome structure [J]. Spatial Structures, 1999, 5 (3): 40~46. (in Chinese)]

8　Pellegrino S. Structural computations with the singular value decomposition of the equilibrium matrix [J]. *Int. J.* Solids Structures 1993, 30 (21): 3025~3035. (in Chinese)

（本文发表于：计算力学学报，2002 年 19 卷 4 期）

| Chen Xiu, Wang Bo. The minimum-mass-matrix of space cable element [J]. J. Building Structure of Civil Engineering Insitution, 1992. 13 (6)： 41 - 47. |
| Zhang Yiquan, 从日本体育馆屋盖看膜结构的应用 [J]. 电气. |
Zhao, S. C.	space structures.
Xu Chong.	的 (Building
Piel et al. Vol. 9.	...... ，national Structure
1993. (3) 15 - 41. Combustion......building materials.

76. 索穹顶结构成形试验研究

唐建民　沈祖炎　钱若军

提　要：本文对目前正在国内外引起广泛关注的大跨度空间索穹顶结构进行了成形试验研究，通过试验进一步明确了 Geiger 施工方法，同时分析了施工过程中榀杆的运动轨迹、结构维持形状及荷载刚度的初应力生成机理，对正确建立索穹顶结构设计理论及工程应用具有指导意义。

关键词：索穹顶　结构成形　试验研究

An Experiment Research of Form Finding for A Cable Dome Model

Tang Jianming　Shen Zuyan　Qian Ruojun

Abstract：In this paper, a model experiment research of form finding for the cable dome which is widely used in the world is carried out, thereby further clearing its construction procedure. The moving locus equation of the posts and the mechanism of the cable prestress producing are also analyzed and investigated, which will be a help to the design and construction of the cable domes.

Keywords：Cable Dome　Form Finding　Experiment Research

1 引　言

索穹顶结构（cable dome）自从美国已故工程师 Geiger 和 Weildlinger Associate 的 M. Levy 和 T. F. Jing 的创造性发展并在汉城（Seoul）和亚特兰大（Atlanta）成功地应用于体育馆屋盖后已引起广泛的兴趣。然而，与传统结构分析的显著不同之处在于索穹顶结构的成形分析是个关键，而成形分析过程又与结构的实际张成过程密切相关。成形分析过程是结构实际安装过程的理论描述或是近似的理论描述。因此，为推广索穹顶结构的应用，有必要对其进行施工建模研究。索穹顶结构的施工安装过程中的每一步都应抽象成分析模型，才能组成算法来模拟。但是在目前美国、日本和加拿大等国仅有的文献中均未见施工建模研究，同时在这些有限的文献中，只是较大篇幅地介绍具体施工顺序，而对结构维持形状和荷载刚度的初应力生成方法均未作介绍。因此，本文针对文献中所介绍的 Geiger 施工方法[1]进行建模验证，同时分析了初应力生成机理，对正确建立索穹顶结理论及其工程应用具有指导意义。

2　模型制作和设计

本模型采用直径分别为 $D=570\mathrm{mm}$、$d=38\mathrm{mm}$ 的外压钢环和内拉钢环，设计了 3 道环向拉索（亦称环索或箍索）沿径向等距离布置，每道环索中布置了 8 根受压桅杆，桅杆两端安装了弹簧夹具以锚固拉索，具体布置可见下面的设计方案（图 1 及其附表）。

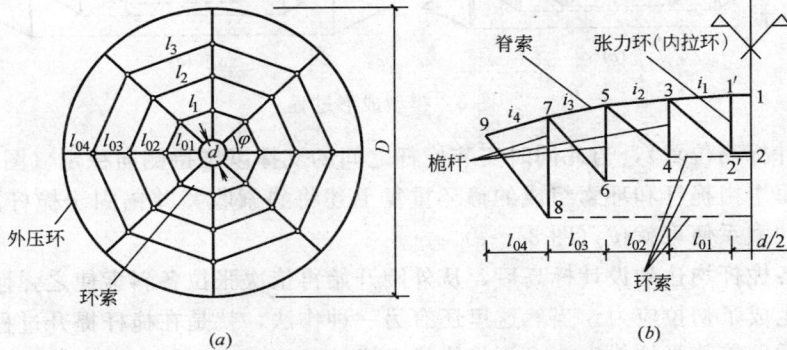

(a)　　　　　　　　　(b)

附尺寸表（$D=570$，$d=38$，$\phi=45°$）（单位：mm）

环索	l_1	l_2	l_3	桅杆高度	H_{12}	H_{34}	H_{56}	H_{78}
	65.4	116.3	167.2		66	68	97	127
斜索	$l_{2'3}$	l_{45}	l_{67}	l_{89}	桅杆径向间距	l_{01}	l_{02}	l_{03}	l_{04}
	91.0	89.0	107.0	124.0		66.5	66.5	66.5	66.5
脊索	$l_{1'3}$	l_{35}	l_{57}	l_{79}	屋面坡度	i_1	i_2	i_3	i_4
	66.0	67.0	67.8	70.0		1/10	1/7.5	1/5	1/3

图 1　模型设计方案

3　模型成形过程

根据 Geiger 提出的施工方法，本模型按下列步骤进行张拉：

（1）首先将桅杆在地面临时就位，并将环索按设计长度进行安装（图 2a）。

（2）敷设中心张力环和外压环之间的脊索，并对各段脊索设计长度进行标定且作上记号（图 2b）。

（3）将桅杆顶部连于相应脊索的设计位置，并将从脊索上分出的斜索插入桅杆下部的自由段（图 3a）。

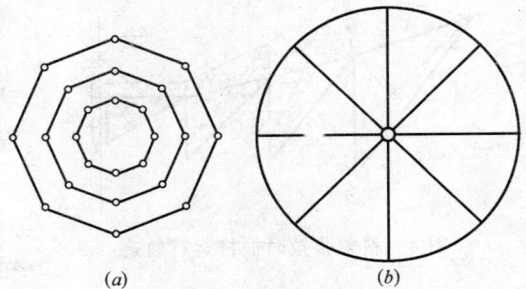

(a)　　　　　　(b)

图 2　环索和脊索的敷设

（4）缩短环索与外圈桅杆下部的斜索，此时外圈环索偕同桅杆提升起来，当桅杆顶部标高达至设计标高后，将斜索锚固于桅杆下部的自由端（也可先对斜索的设计长度进行标定，当张拉斜索到标定长度时，认为桅杆也

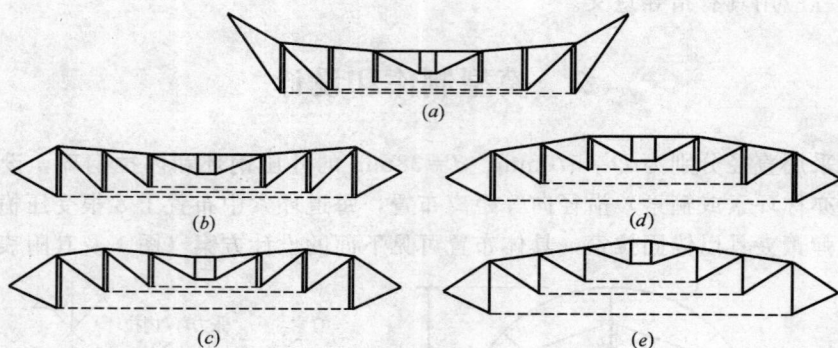

图 3　模型成形过程

就达到了设计标高位置），与此同时安装桅杆之间的支撑以维持侧向稳定（图 3b）。

（5）对每个由桅杆和环索组成的箍环重复上述将斜索收紧并锚固于桅杆底部的过程，模型中所有的索系便可就位（图 3c～e）。

（6）当各桅杆均达到设计标高后，从外圈开始再依次张拉各斜索使之弹性缩短，此时所有索系均生成了初拉应力。当然这里还有另一种作法，就是在桅杆提升过程中，当它达到设计标高后，接着张拉斜索，而不是待所有桅杆就位后，再回头去张拉斜索。模型在张拉过程中对上述两种方法均地行了模拟，经过比较，后者施工工序比前者少，但在张拉最后一圈箍环和中心拉力环中的斜索时，施加于斜索上的外加拉力较大。两种方法的最终效果是一致的。

4　桅杆运行轨迹

当各桅杆顶部与脊索连牢后，即可张拉斜索提升桅杆至设计位置，通常这一过程要经历若干中间位置，为了组成算法进行施工跟踪计算，尚需知道桅杆的运动轨迹。

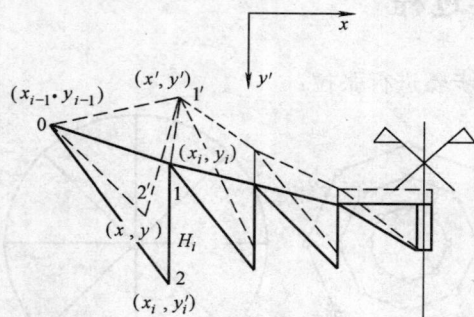

图 4　斜索张拉时桅杆运行轨迹

设某桅杆 i 提升前顶部 1 和底部 2 标高已知，坐标为 (x_i, y_i) 和 (x_i, y_i')，则 y_i、y_i' 为已知，且 $y_i' = y_i + H_i$，这里 H_i 为桅杆 i 的高度（图 4）。

当缩短斜索 02 时，桅杆顶部 1 将绕 0 点转动。设脊索 01 的长度为 l_i，则点 1 的轨迹方程为：

$$(x - x_{i-1})^2 + (y - y_{i-1})^2 = l_i^2 \qquad (1)$$

设点 1 运动至 $1'$，且其坐标 (x', y') 已知（当标高即 y' 已知时，可由式（1）确定横坐标 x'），点 2 将运动至 $2'$，设其坐标为 (x, y)，由于运动过程中桅杆的长度不变，因此点 2 的轨迹方程为：

$$(x - x')^2 + (y - y')^2 = H_i^2 \qquad (2)$$

当点 $2'$ 的标高已知（即 y 已知）时，由式（2）亦可确定横坐标 x。

由方程（1）、（2）可知，提升过程中，只需知道桅杆顶、底部标高，便可确定顶、底部的具体位置。

5　初拉应力生成机理

5.1　提升过程中的预拉力

在桅杆提升达到设计标高前，被提升箍环中的斜索、环索和脊索中均存在初拉力。

当张拉并缩短斜索时，斜索张力 T 的竖向分力将克服桅杆及其余索系和桅杆自重而提升桅杆（图 5a），水平分力将使得环索产生图示位移 u（图 5b）。因此，环索弹性伸长为：

$$e = 2u\sin\frac{\theta}{2} \tag{3}$$

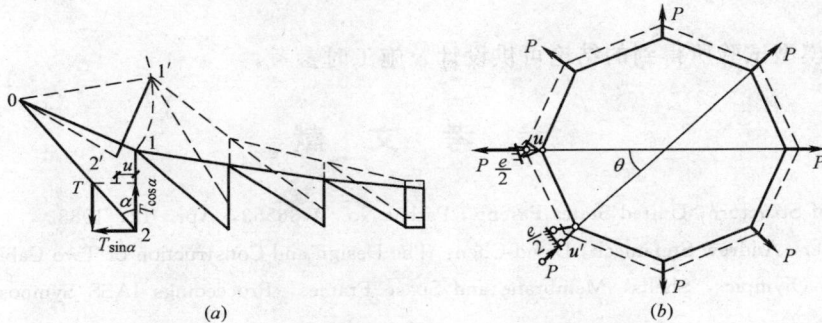

图 5　斜索张拉时的桅杆提升和环索位移

环索中产生的预拉力为：

$$T_s = \frac{e \cdot EA_r}{2R\sin\frac{\theta}{2}} \tag{4}$$

将式（3）代入式（4）得：

$$T_s = \frac{EA_r}{R}u \tag{5}$$

式中，E、A_r、R 分别表示环索的弹性模量、截面面积和半径。

对于脊索，因未被直接提升的各索系及桅杆暂处于松弛状态，其自重通过点 1 与脊索 01 平衡，从而脊索中产生初拉力，此拉力正是该索维持形状的初刚度。

5.2　桅杆达设计标高后的初拉力

当各桅杆达设计标高后，继续张拉斜索，各索系将产生预拉力。如图 6 所示，当张拉且弹性缩短斜索 05 时，若索 01′、1′2′、2′3′无伸长，则脊索 3′4′显然比其原长 34 要长。因点 4 为对称点，无水平位移，故此，脊索 34 产生拉力 T_{34}，此拉力依次通过点 3、2、1 分别与脊索 23、12、01 取得平衡，从而脊索 23、12、01 中也产生初拉力。

斜索和环索中产生初拉力，其原理同 1 中所述。依次类推，当弹性缩短各箍环中的斜索时，各索系均产生初拉力。综上所述，施工时只需张拉各斜索便可实现对所有索系施加预应力，此预

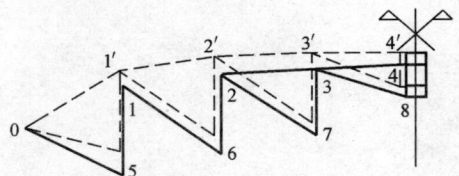

图 6　由张拉斜索产生的各索系初拉力

应力的计算可根据文献［3］按轴对称问题进行分析，也可利用有限单元法进行空间非线性分析。

6 结 论

（1）通过模型试验，发现在张拉斜索提升桅杆及环索的过程中，各桅杆与脊索、斜索组成的三角形是稳定的，其刚度主要由桅杆提升过程中各索系产生的初应力来保证。桅杆之间需设置支撑以维持"三角形"的侧向稳定，张拉完毕后，再拆除支撑。

（2）整个张拉过程实际上归结为对斜索的缩短，而脊索和环索均按原设计长度预先装配。

（3）结构的维持荷载刚度是通过张拉斜索使之弹性缩短而提供给各索系的初应力来保证。

（4）本模型试验所得到的结论可供设计、施工时参考。

参 考 文 献

1　Geiger Roof Structure, United States Patent , Patent No. 4736553，Apr. 12，1988

2　David Geiger, Andrew Stefanicck, David Chen：The Design and Construction of Two Cable Domes for the Korean Olympics, Shells, Membrane and Space Frames, Proceedings IASS Symposium Osaka, 1986，Vol. 2

3　刘开国：拉索穹顶结构在轴对称荷载作用下的计算，建筑结构学报，第 14 卷，第 5 期，1993 年

（本文发表于：空间结构，1995 年第 2 期）

77. 斜拉网壳结构构件单元分析及结构动力性能

沈祖炎　周岱　龚铭

提　要：阐明了斜拉索及塔柱的计算问题，数值计算、分析了斜拉网壳结构的动力性能问题，并与网壳结构计算结果进行了对比。计算分析表明，斜拉网壳结构频谱密集，与网壳结构的对应振型差别很大；斜拉索的存在大大提高了网壳结构的刚度，明显改变了网壳结构动力性能；作用于结构上的质量大小对结构的自振频率影响明显。

关键词：网壳结构　斜拉索　塔柱　动力性能

Analysis of the Tower-Column Element and Cable Element As Well as the Dynamic Properties for Cable-Stayed Reticulated Shell Structures

Shen Zuyan　Zhou Dai　Gong Ming

Abstract：This paper is focused on the research of the basic members such as the tower-column element and cable element, and the dynamic properties of the cable-stayed reticulated shell structures (CSRS), which is composed of cables, tower-columns and reticulated shell structures (RSS). The nonlinearity of a cable element and a novel simplified linear stiffness matrix of a tower-column element which cable elements link to are investigated. Also, some numerical examples and computational comparisons on both CSRS and RSS are given. Through the computations, it is shown that the frequency spectra of both CSRS and RSS are very dense. That the cables are added to RSS can change the natural frequencies and mode shapes, and enhance the stiffness of RSS significantly. It is clear that the magnitude of the masses exerted on CSRS influences its natural frequencies greatly.

Keywords：Reticulated Shell Structures　Cable　Tower-Column Element　Dynamic Properties

网壳结构是重要的空间结构型式，将斜拉索与网壳结构结合便形成斜拉网壳结构。它属杂交结构体系。斜拉索的上端悬挂在塔柱上，下端则锚固在网壳节点上。配以斜拉索，增大了结构的强度、刚度和稳定性，可用较小的构件截面尺寸跨越更大的空间，具有广阔的应用前景。迄今，斜拉网壳结构的工程实例颇多。如美国的匹兹堡展览中心（90m×83m），意大利的西亚花卉市场（100m×100m），英国伯明翰的 National Exhibition Centre（90m×108m）等；我国的北京奥林匹克体育馆（70m×83.2m，1988年）、新加坡港务局

（PSA）仓库（A 型 120m×96m，B 型 96m×70m，1994 年）和山西娘子关高速公路收费站（主跨 41.518m×14.0m，1995 年）。根据国内外工程实践[1]和斜拉桥经验[2]，斜拉网格（壳）结构在跨度 70～300m 范围内可充分发挥其优越性。

目前，与工程应用相比，我国对该体系的研究不多，其动力分析等问题有待进一步探讨。这里着重研究斜拉网壳结构动力性能问题，并与对应的网壳结构进行比较。

1　斜拉索分析

1.1　斜拉索分析

斜拉索为悬链线形状。一般由于垂度比很小，悬链线可用抛物线近似替代。根据在初始状态和工作状态下的拉索弦长变化，得斜拉索的等效弹性模量为

$$E_{eq} = \frac{E_c}{1 + \dfrac{E_c A(qh)^2}{24} \dfrac{S_f + S_i}{S_i^2 S_f^2}} \tag{1}$$

式中：S_i，S_f 表示在当前荷载增量内，索张力的初值和终值；E_c，A 分别为拉索的弹性模量和截面面积；q 和 h 分别为沿索水平投影的均布荷载（在此仅考虑索自重）和索水平投影长度。引入切线模量和割线模量等概念后，经变换，有[3]

$$\frac{E_{eq}}{E_c} = 1/(1 + \xi h^2 \times 10^{-6}) \tag{2}$$

其中：
$$\xi = \begin{cases} 10^6 E_c \gamma^2 (\sigma_i + \sigma_f)/24\sigma_i^2\sigma_f^2 & \text{用于割线模量法} \\ 10^6 E_c \gamma^2/12\sigma^3 & \text{用于切线模量法} \end{cases} \qquad \gamma = q/A \tag{3}$$

σ_i，σ_f 和 σ 分别表示在当前荷载增量中，索内张应力的初值、终值和平均值；E_c，E_{eq} 分别为拉索的弹性模量和等效弹性模量；A 为拉索的截面面积。对于钢绞线拉索（认为抗拉强度设计值 $f_y = 1\text{kN} \cdot \text{mm}^{-2}$），参数 ξ 随 σ/f_y 的变化曲线见图 1，从图中看出，当 $\sigma \geqslant 0.4f_y$ 后，ξ 的变化显著减缓。一般，ξ 在 $0.5 \sim 30$ 范围。随着拉索长度的增大，E_{eq} 减少，E_{eq}/E_c 随 h 的变化曲线见图 2。例如，当 $\xi = 10$ 时（即 $\sigma = 0.22f_y$），若 $h = 50\text{m}$、100m 和 200m，则 $E_{eq}/E_c = 0.976$、0.900 和 0.715，与悬索结构相比，斜拉网格结构的拉索长度一般不大（例如在 100m 之内）。因此可视其长度及索内预张应力 σ 大小（例如 $\sigma \geqslant 0.25f_y$），对其弹性模量乘以一定折减系数后，将斜拉索按线性看待，参与结构计算。

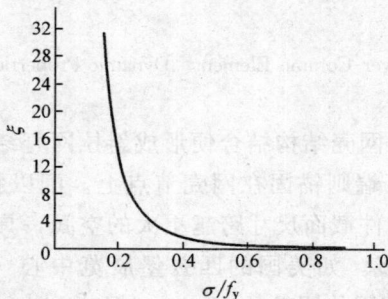

图 1　ξ 随 σ/f_y 的变化曲线　　　　图 2　E_{eq}/E_c 随 h 的变化曲线

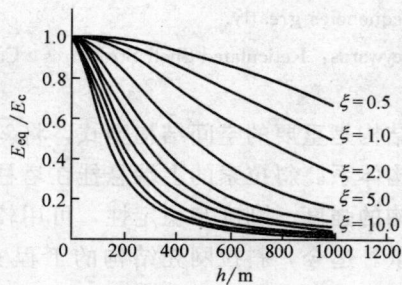

1.2　斜拉索的布置

斜拉索是斜拉网格结构的组成部分。当塔柱位于网格结构覆盖范围内时，可沿塔柱周围按辐射式、竖琴式、扇形或星形[1]等4种基本形式单向、双向或多向布索，亦可采用4种基本形式的变异形式。4种基本布索形式各有特点。比较而言，扇形布索是较理想的布索形式。布索方案在水平面上的投影可以是米字形、十字形、K字形或T字形[3]。由于斜拉索水平分力可能引起网格结构部分杆件的内力增加或变号，是一种不利影响，因此，拉索与水平面的夹角不宜太小。

斜拉索疏密布置十分重要。塔桅结构领域相关文献指明有两种选择方案[4]：一是高张力、大间距疏索布置，二是低张力、小间距密索布置。通常，后者优于前者，应优先采用。密索布置亦给换索提供有利条件，且对抵抗意外事故（如断索）十分有效。

2　塔柱单元和杆单元刚度矩阵

2.1　塔柱单元刚度矩阵

分析塔柱通常采用空间梁单元，但斜拉网壳结构有其特点：斜拉索、网索结构皆铰接在塔柱上，因而可视塔柱为特殊的通长空间悬臂梁单元。该单元可以是二节点、三节点或多节点单元，单元节点对塔柱而言是刚接，而对网壳和斜拉索则为铰接。单层布索情况下塔柱单元刚度矩阵参见文献［1］。

图3为局部系下双层布索，假设节点1、2间截面与节点2、3间相同。x、y方向力法方程为

$$\{u\}=[\delta_x]\{X\},\{v\}=[\delta_y]\{Y\} \quad (4)$$

式（4）中：$[\delta_x]$，$[\delta_y]$ 分别为 x，y 方向柔度阵，3×3阶；

$$\{u\}=[u_1 \quad u_2 \quad u_3]^T;$$
$$\{v\}=[v_1 \quad v_2 \quad v_3]^T;$$
$$\{X\}=[X_1 \quad X_2 \quad X_3]^T;$$
$$\{Y\}=[Y_1 \quad Y_2 \quad Y_3]^T。$$

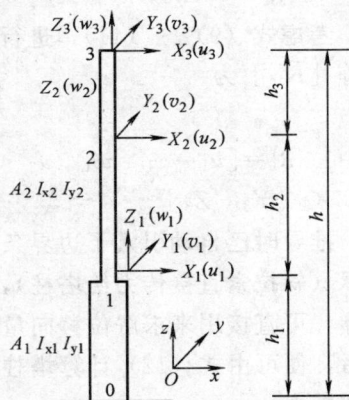

图3　双层布索计算简图

$$[\delta_t]=\begin{bmatrix} \delta_{t11} & \delta_{t12} & \delta_{t13} \\ & \delta_{t22} & \delta_{t23} \\ & & \delta_{t33} \end{bmatrix},(t=x,或\ y) \quad (5)$$

式（5）中：

$$\begin{cases} \delta_{t11}=\alpha_t,\delta_{t12}=\delta_{t21}=\alpha_t(1+3\beta_1/2); \\ \delta_{t22}=\alpha_t[1+3\beta_1+3\beta_1^2+\beta_1^3/\zeta_t]; \\ \delta_{t13}=\delta_{t31}=\alpha[1+3\beta_4/2]; \\ \delta_{t23}=\delta_{t32}=\alpha_t(1+3\beta_3/2)\beta_1^3/\zeta_t+\alpha_t(1+3\beta_5+3\beta_1\beta_4); \\ \delta_{t33}=\alpha_t(1+\beta_3)^3\beta_1^3/\zeta_t+\alpha_t[1+3(\beta_1+\beta_2)(1+\beta_1+\beta_2)] \end{cases} \quad (6)$$

$$\begin{cases} \alpha_t = h_1^3/3\,EI_{t1}\,,\ \zeta_t = I_{t2}/I_{t1}\,; \\ \beta_1 = h_2/h_1\,,\ \beta_2 = h_3/h_1\,,\ \beta_3 = h_3/h_2\,; & (t=x,\text{或 } y) \\ \beta_4 = \beta_1 + \beta_2\,,\ \beta_5 = \beta_1 + \beta_2/2 \end{cases} \tag{7}$$

将式（6）、（7）分别代入式（4）、（5），并对柔度阵 $[\delta_t]$ 求逆，得

$$[\overline{K}_t] = [\delta_t]^{-1} \qquad (t=x,\text{或/和 } y) \tag{8}$$

上式中 $[\overline{K}_t]$ 为局部坐标系下的 x 或/和 y 方向塔柱刚度矩阵，即

$$[\overline{K}_t] = \begin{bmatrix} K_{t11} & K_{t12} & K_{t13} \\ & K_{t22} & K_{t23} \\ & & K_{t33} \end{bmatrix}, (t=x,\text{或 } y) \tag{9}$$

塔柱在 z 方向（轴向）的刚度方程为

$$\{K_z\}[w]=\{Z\};\ \{w\}=[w_1 \quad w_2 \quad w_3]^T,\ \{Z\}=[Z_1 \quad Z_2 \quad Z_3]^T \tag{10}$$

$$[K_z] = \begin{bmatrix} K_{z11} & K_{z12} & 0 \\ K_{z21} & K_{z22} & K_{z23} \\ 0 & K_{z32} & K_{z33} \end{bmatrix} \tag{11}$$

式中：$K_{z11} = EA_1/h_1 + EA_2/h_2$；$K_{z21} = K_{z12} = -EA_2/h_2$；$K_{z22} = EA_2/h_2 + EA_3/h_3$；$K_{z23} = K_{z32} = -EA_2/h_3$；$K_{z33} = EA_2/h_3$.

考虑式（9）~（11），进行合并和重新排序，得塔柱单元在局部系下刚度方程和刚度矩阵 $[\overline{K}_{tc}]$ 为

$$\{\overline{K}_{tc}\}[\delta] = \{R\} \tag{12}$$

其中：$\{\delta\} = [u_1 \quad v_1 \quad w_1 \quad u_2 \quad v_2 \quad w_2 \quad u_3 \quad v_3 \quad w_3]^T$；$\{R\} = [X_1 \quad Y_1 \quad Z_1 \quad X_2 \quad Y_2 \quad Z_2 \quad X_3 \quad Y_3 \quad Z_3]^T$.

推导时已自动引入了边界条件，无需另行处理。若整个主体结构皆只由塔柱和斜拉索支承（斜拉索直接传力给塔柱），例如四柱支承斜拉网格结构，则组装后形成的总刚已非奇异，可直接用来求解位移向量。求解出位移（增量）向量并将其转化到塔柱局部坐标系下后，便可由式（12）计算塔柱上的支承反力 $\{R\}$，然后求得塔柱任意截面的弯矩、剪力和轴力。

2.2　杆单元刚度矩阵

本文中，采用通常的空间杆单元刚度矩阵[5]。

3　斜拉网壳结构动力方程和数值算例分析

3.1　结构的动力方程

求解结构的特征对问题，一般按无阻尼自由振动情况考虑，且认为结构处于线弹性阶段。经边界条件处理后，设作简谐振动，则结构的广义特征值方程为

$$([K] - \omega^2[M])\{\Phi\} = \{0\} \tag{13}$$

其中：$[K]$ 为经边界条件处理或静力凝聚后的总刚度矩阵；ω 是结构的自振频率；$\{\Phi\}$ 是振型向量；$[M]$ 为质量阵。本文对杆单元、拉索单元和塔柱单元均采用集中质量矩阵，采用子空间迭代法求解斜拉网壳结构的广义特征值问题。应用振型分解反应谱法计算结构

构件的动内力。振型效应组合方法则采用平方和开平方法[6]。

3.2　数值算例分析

[**算例1**]　图 4 所示平面尺寸为矩形的斜拉双层柱面网壳结构,跨度 112.928m,矢高 17.466m,曲率半径 100.000m,中心角 $68°45'$,网格数 40×4,网格型式为四角锥,主体网壳结构的支座由普通支座和钢筋混凝土塔柱提供,设在结构两个直边界的上弦节点。结构的两条直边上各有 1 根塔柱;每根塔柱上设置 10 根由钢绞线组成的斜拉索,共有 20 根。结构上弦每个内节点上作用等质量。考虑结构自重。

[**算例2**]　图 5 所示为上层 K8-7 型、下层蜂窝型的斜拉双层穹顶网壳结构(简称斜拉 K8-7 型双层穹顶网壳,以下同),跨度 80m,矢高 8m,网壳结构支座由普通支座和钢筋混凝土塔柱提供,设在结构周边的上弦节点上。在相互垂直的两条主肋上设有 4 根塔柱;每根塔柱上设置 5 根斜拉索,共有 20 根。结构上弦每个内节点上作用有等质量。考虑结构自重。

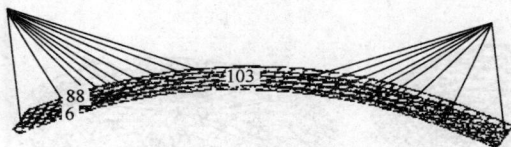

图 4　[算例1]斜拉双层柱面网壳结构示意图　　　图 5　[算例2]斜拉双层穹顶网壳结构示意图

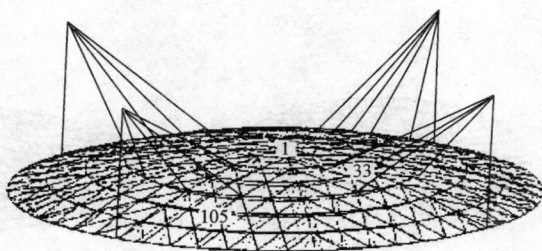

3.2.1　结构自振频率和振型

对 [算例1],是否设置斜拉索这两种情况下的前 12 个自振频率见图 6,前 3 个振型见图 $8a \sim c$ 和图 $9a \sim c$。对 [算例2],是否设置斜拉索(不计塔柱与主体结构协同工作)情况下前 12 个自振频率见图 7,前 3 个振型见图 $10a \sim c$ 和图 $11a \sim c$。由上述图表可以看出,①斜拉网壳结构和相应网壳结构的频谱皆较为密集,甚至不同序号自振频率的数值几乎相同,这是由此类结构自身特性决定的;②两种结构的对应振型差别很大,由此,斜拉索的存在明显改变了网壳结构的振动特性;③斜拉网壳结构各自振频率皆比对应的网壳结构的相应自振频率高,提高幅度较大,这说明斜拉索的存在明显提高了结构刚度。

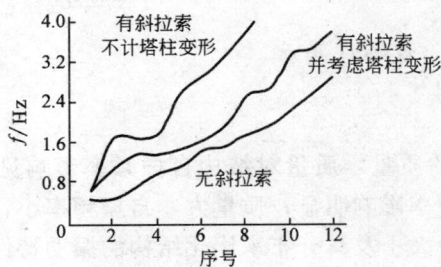

图 6　[算例1] 的自振频率 f　　　图 7　[算例2] 的自振频率 f

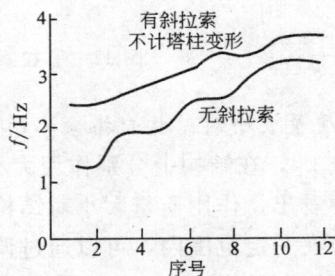

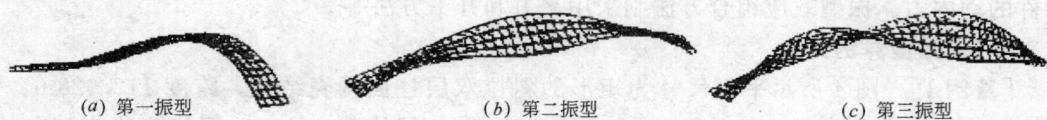

(a) 第一振型　　　　　(b) 第二振型　　　　　(c) 第三振型

图 8　无拉索情况下，[算例 1] 振型

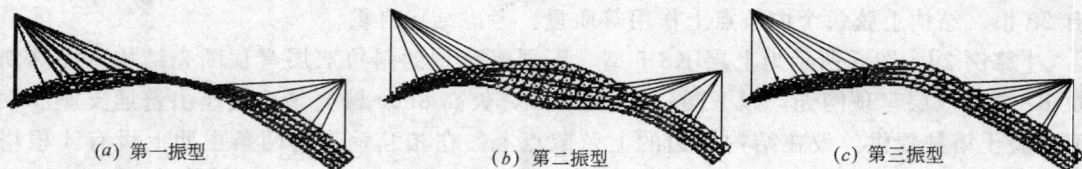

(a) 第一振型　　　　　(b) 第二振型　　　　　(c) 第三振型

图 9　有拉索情况下，[算例 1] 振型

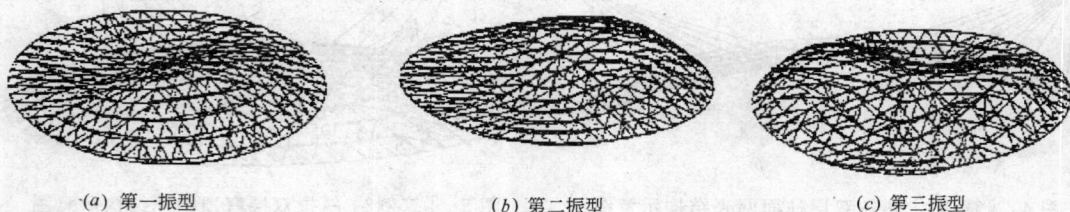

(a) 第一振型　　　　　(b) 第二振型　　　　　(c) 第三振型

图 10　无拉索情况下，[算例 2] 振型

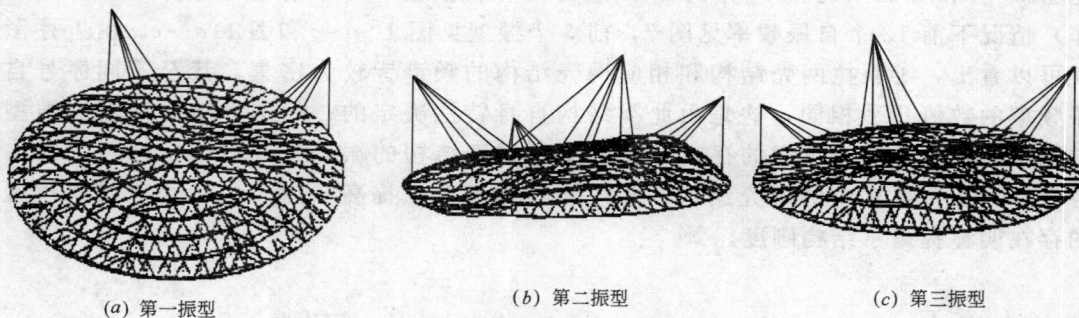

(a) 第一振型　　　　　(b) 第二振型　　　　　(c) 第三振型

图 11　有拉索情况下，[算例 2] 振型

3.2.2　质量大小对结构自振频率的影响

对 [算例 2]，在结构上分别作用大小不等的质量，质量对结构自振频率影响见图 12 所示。从图中看出，作用质量大小对结构自振频率影响明显；质量大，自振频率小，反之亦然。因此，在一定范围内，可以通过调整质量大小及其分布来优化结构的振动特性。

3.2.3　斜拉网壳结构动内力、静内力关系

对前述算例，杆件规格同前。取结构中典型的若干根上弦杆、下弦杆和腹杆动内力、

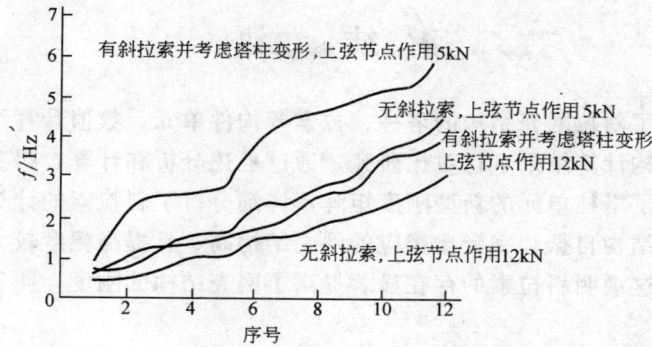

图 12　质量对结构自振频率的影响

静内力进行比较，以便数值考察在相同荷载下的动内力、静内力关系。计算结果见表 1，表中杆件动内力是按 8 度抗震设防、小震、近震、二类场地土计算的。可以看出，杆件内力的动静比大体在 7%～15%，但个别杆件则超出此范围较多。对于 7 度或 9 度抗震设防，只要在按 8 度抗震设防的计算结果上除以或乘以 2.0 即可，这一范围与我国《网架结构设计与施工规程》（JGJ 7—91）中简化计算时所采用的竖向地震作用系数 ψ_v 有一定吻合，但亦有较明显差别。因此，在计算大中型（斜拉）网格结构动力问题时，不宜采用《规程》中的简化方法。

静力与动力计算结果比较　　表 1

（斜拉）网格结构类型	是否考虑斜拉索和塔柱	杆件编号	静力计算值/kN	动力计算值/kN（按反应谱法）	|动力|/|静力|
（斜拉）K8-7 型双层穹顶网壳结构；上弦节点承受 5 kN 等荷载按 8 度、小震、近震、二类场地土计算	无斜拉索和塔柱	上弦杆 1	−77.842	11.770	0.1512
		上弦杆 2	−64.918	8.762	0.1350
		上弦杆 3	−31.840	3.748	0.1177
		腹杆 1	0.438	0.594	—
		下弦杆 1	−97.086	9.381	0.0966
	有斜拉索，并考虑塔柱变形	上弦杆 1	−54.107	7.684	0.1420
		上弦杆 2	−32.776	4.473	0.1365
		上弦杆 3	−22.573	2.607	0.1155
		腹杆 1	−7.745	1.561	0.2015
		下弦杆 1	−39.278	2.909	0.0741
（斜拉）双层柱面网壳结构；网格型式：四角锥布置；上弦节点承受 4 kN 等荷载；按 8 度、小震、近震、二类场地土计算	无斜拉索和塔柱	上弦杆 1	−159.278	17.18	0.1079
		上弦杆 2	−143.481	10.17	0.0709
		腹杆 1	−112.794	21.36	0.1894
		腹杆 2	0.756	0.08	0.1075
		下弦杆 1	−99.230	11.55	0.1164
		下弦杆 2	−113.194	12.32	0.1088
	有斜拉索，并考虑塔柱变形	上弦杆 1	−98.039	8.483	0.0865
		上弦杆 2	−137.521	14.270	0.1038
		腹杆 1	4.988	20.890	—
		腹杆 2	7.386	0.641	0.0868
		下弦杆 1	−129.020	9.233	0.0716
		下弦杆 2	−17.574	7.108	

4　结　　语

本文研究分析了斜拉网壳结构的塔柱、拉索等构件单元，数值计算了整体结构的动力性能，并与网壳结构计算结果进行对比研究。通过上述分析和计算，得到结论如下：

（1）文中推导了塔柱单元的新型刚度矩阵，详细分析了斜拉索的计算问题。

（2）斜拉网壳结构自振频率皆比相应的网壳结构高，且提高幅度较大，两种结构的对应振型差别很大；这说明斜拉索的存在显著提高了网壳结构的刚度，明显改变了网壳结构的振动特性。

（3）斜拉网壳结构和对应网壳结构的频谱皆较为密集，甚至出现不同序号的自振频率之数值几乎相同的情况；这是由此类结构的自身特性决定的。

（4）作用于结构上的质量大小对结构的自振频率影响明显；质量大，自振频率小，反之亦然。因此，在一定范围内，可以通过调整质量大小及其分布来优化结构的振动特性。

（5）结构杆件内力的动静比有一个较稳定的范围，这一范围与《网架结构设计与施工规程》（JGJ 7—91）中简化计算时所采用的竖向地震作用系数 ϕ_v 有一定吻合，但有差别。因此，在计算大跨度（斜拉）网格结构的动力问题时，不宜采用《网架结构设计与施工规程》中的简化方法。

参　考　文　献

1　唐曹明，严慧．斜拉网架的结构特性及其设计应用研究［A］．董石麟．新型空间结构论文集［C］．杭州：浙江大学出版社，1994：74～81

2　Troitsky M S．Cable-stayed bridges-theory and design［M］．London：Crosby Lockwood Staples，1977

3　周岱．斜拉网格结构的非线性静力、动力和地震响应分析［D］．杭州：浙江大学土木工程系，1997

4　王肇民，Peil U．塔桅结构［M］．上海：同济大学出版社，1989

5　丁皓江，何福保，谢贻权，等．弹性力学和塑性力学中的有限单元法［M］．第二版．北京：机械工业出版社，1989

6　GBJ 11—89，建筑抗震设计规范［S］

（本文发表于：同济大学学报，2000 年第 2 期）

78. 斜拉网壳结构的非线性地震响应特性

周岱　沈祖炎

提　要： 斜拉网壳结构是新型结构类型，可实现用较小构件截面尺寸跨越更大空间的要求，据此推导了空间杆单元几何非线性刚度矩阵，简述了斜拉索非线性问题，给出了地震作用下斜拉网壳结构非线性地震响应计算策略；数值分析了该类结构非线性地震响应问题，并与网壳结构计算结果进行对比。

关键词： 网壳结构　斜拉索　非线性　地震响应

Non-linear Earthquake Responses for Cable-stayed Reticulated Shell Structures

Zhou Dai　Shen Zuyan

Abstract： The cable-stayed reticulated shell structures (CSRS) consist of cable, tower systems and reticulated shell structures (RSS). With cables, CSRS can cross larger span than RSS. This paper is focused on the research on the non-linear earthquake responses of the CSRS. A novel total lagrangian formulation of a 3-D bar element for large displacement and infinitesimal rotation analysis is developed by using the Taylor deploying formulation and variation principle. The non-linear analysis of a cable element is investigated. The computational strategies for the non-linear seismic responses of the structures subjected to an earthquake waves record are also developed. Some numerical examples are given. It is shown that in spite of subjected to the same earthquake waves record, the displacement peaked responses of different node of CSRS or RSS occur at different time. It is also obvious that the vertical responses are largely greater than the horizontal responses. For the different element, the ratio of the internal force obtained by using response spectra theory and time history response analysis respectively is rather different.

Keywords： Reticulated Shell Structures　Cable　Non-linearity　Seismic Responses

斜拉网壳结构是新型结构类型，属杂交体系范畴，它由斜拉索与网壳结构有机结合形成，国内外采用该类结构体系的工程实例层出不穷：如日本的船桥市中央市场（12～42m×427m）、美国的匹兹堡展览中心（90m×88m）、英国的伯明翰国家展览中心（90m×108m）、我国的北京奥林匹克体育馆（70m×83.2m，1988年）、浙江大学体育场司令台（24m×40m，1993年）等。在跨度70～300m范围内，斜拉网架网壳结构具有明显优越性[1～3]。迄今，对该类结构体系的研究欠缺，有待充实。本文即着重研究分析其非线性地震响应问题。

1　单元非线性分析

设空间杆单元 ij 初始长度为 L，定义状态（Ⅰ）为杆单元变形前的状态；状态（Ⅱ）为任一加载时刻所处状态。结构变形后，单元由位置 ij 到达 $i'j'$，单元节点 i，j 在整体坐标系下的位移、结点力记为 D_i，D_j 和 F_i，F_j；单元在状态（Ⅱ）的总势能 Π 为单元变形能 $\Pi^{(i)}$ 与外力功 $\Pi^{(e)}$ 之和，即

$$\Pi = \Pi^{(i)} + \Pi^{(e)} = \frac{EA}{2} \int_0^t \varepsilon^2 \mathrm{d}x - F^T D, \varepsilon = \frac{L'-L}{L} = \frac{L'}{L} - 1 \tag{1}$$

式中：E，A 为单元的弹性模量和截面面积；L，L' 为单元在状态（Ⅰ）、（Ⅱ）时的长度。

将单元处于状态（Ⅱ）的应变 ε 在状态（Ⅰ）按泰勒公式展开，通过坐标转换矩阵[4]，并经过对节点位移求变分和对方程求全微分，整理后得到空间杆单元的切线刚度矩阵

$$K_T = \begin{bmatrix} K_t & -K_t \\ -K_t & K_t \end{bmatrix}, K_t = K_{t1} + K_{t2}, K_{t2} = \frac{EA}{L^2} \begin{bmatrix} a_{11} & a_{12} & a_{13} \\ & a_{22} & a_{23} \\ & & a_{33} \end{bmatrix} \tag{2}$$

K_{t1} 为刚度矩阵的线性子阵，可参见一般文献；式（2）矩阵的各元素如下：

$$\begin{cases} a_{11} = (3l - 3l^3)\Delta x + (m - 3l^2 m)\Delta y + (n - 3l^2 n)\Delta z \\ a_{12} = a_{21} = (m - 3l^2 m)\Delta x + (l - 3lm^2)\Delta y - 3lmn\Delta z \\ a_{13} = a_{31} = (n - 3l^2 n)\Delta x - 3lmn\Delta y + (l - 3ln^2)\Delta z \\ a_{22} = (l - 3lm^2)\Delta x + (3m - 3m^3)\Delta y + (n - 3m^2 n)\Delta z \\ a_{23} = a_{32} = -3lmn\Delta x + (n - 3m^2 n)\Delta y + (m - 3mn^2)\Delta z \\ a_{33} = (l - 3ln^2)\Delta x + (m - 3mn^2)\Delta y + (3n - 3n^3)\Delta z \end{cases} \tag{3}$$

上述诸式中：$\Delta x = u_j - u_i$；$\Delta y = v_j - v_i$；$\Delta z = w_j - w_i$。

2　斜拉索非线性分析和塔柱简化刚度矩阵

2.1　斜拉索非线性分析

斜拉索为悬链线形状，一般可用抛物线近似替代，斜拉索等效弹性模量为

$$E_{eq}/E_c = 1/(1 + \zeta h^2 \times 10^{-6}) \tag{4}$$

其中：

$$\zeta = E_c \frac{10^6 \gamma'^2}{12\sigma^3}, \gamma' = q'/A \tag{5}$$

式中：σ 为当前荷载增量中索内张应力的平均值；q' 和 h 分别为沿索水平投影的均布荷载（在此仅考虑索自重）和索水平投影长度；E_c，E_{eq} 分别为拉索的弹性模量和等效弹性模量；A 为拉索的截面面积。

随着拉索长度的增大，E_{eq} 减少，见图 1 示，对于钢绞线拉索（$f_y = 1000\text{N} \cdot \text{mm}^{-2}$），

通常 ζ 在 $0.5 \sim 30$ 内，例如，当 $\zeta = 10$ 时（即 $\sigma = 0.22 f_y$）若 $h = 50$m 和 100m，则 $E_{eq}/E_c = 0.976$ 和 0.90，可见，对斜拉索长度不大于 100m、索内（预）张应力 $\sigma \geqslant 0.25 f_y$ 的情况，等效弹性模量 E_{eq} 降低不多。上述推导是基于将斜拉索视为抛物线形状进行的，其结果与按悬链线形状的精确计算结果之间存在偏差。计算表明，当拉索长度是 100m 时，误差为 2% 左右。

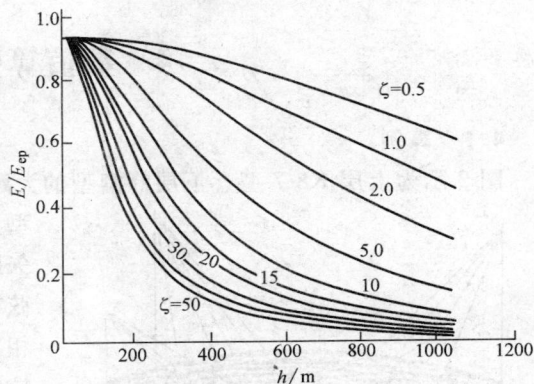

图 1 等效弹性模量 E_{eq}/E_c 随 h 的变化曲线图

2.2 塔柱单元简化刚度矩阵

塔柱可采用简化空间塔柱单元[1]，分为单层布索、两层布索和多层布索等不同情况，推导塔柱单刚的基本思路为：首先用力法分别建立坐标系下 3 个坐标方向的单元柔度方程，然后分别对其求逆，求得 3 个方向的子刚度矩阵，最后按位移分量编号顺序对其进行重排便得到塔柱单元弹性刚度矩阵。

3 结构的非线性振动方程

本文假定结构杆件、塔柱和拉索等构件始终处于弹性阶段，且不计拉索的大位移影响，但斜拉索的等效弹性模量 E_{eq} 大小与索内即时拉（应）力有关，在 i 到 $i+1$ 时段，取 i 时刻对应的拉（应）力计算 E_{eq}。经线性化处理后，$i+1$ 时刻结构的增量型振动方程为

$$M \ddot{u}_{i+1} + C_{i+1} \dot{u}_{i+1} + K_{T_i} \Delta u_{i+1} = -MN \ddot{u}_{g_{i+1}} - R_i \qquad (6)$$

式中：$\dot{u}_{i+1}$，$\ddot{u}_{i+1}$ 和 $\ddot{u}_{g_{i+1}}$ 为 $i+1$ 时刻的速度、加速度向量和地震加速度向量；Δu_{i+1} 为从 i 到 $i+1$ 时刻的位移增量向量，M，C_{i+1} 为结构质量阵和阻尼阵；K_{T_i} 为经约束处理和静力凝聚后 i 时刻的结构切线刚度矩阵，$N = [N_x N_y N_z]$，详见文献 [4]。

为减少误差积累，可在每个时间步中，加入迭代过程，在同一时间步内，设已由式 (6) 按 Newmark 法算出 $\Delta u^{(k-1)}$，则

$$u_{i+1}^{k-1} = u_i + \Delta u^{k-1} \qquad (7)$$

利用所得的 u_{i+1}^{k-1} 重新算得 $R = R_{i+1}^{k-1}$，并线性化，即取

$$R_{i+1} = R_{i+1}^{k-1} + K_{T_i} \Delta u'^k \qquad (8)$$

$$\Delta u'^k = \Delta u^k - \Delta u^{k-1} \qquad (9)$$

式中：

式 (7) 是对 Δu^{k-1} 的修正；K_{T_i} 仍用由 u_i 算得的结果。第 k 次迭代的基本方程：

$$M \ddot{u}_{i+1}^{k-1} + C \dot{u}_{i+1}^{k-1} + K_{T_i} \Delta u'^k = \widetilde{R}_{i+1} - R_{i+1}^{k-1} \qquad (10)$$

式中：$\widetilde{R}_{i+1} = -MN \ddot{u}_{g_{i+1}}$。

由此求出 $\Delta u'^k$，而根据式 (9) 得 $\Delta u^k = \Delta u^{k-1} + \Delta u'^k$，再以所得到的 Δu^k 代入式 (7) 进行下一次迭代，直至 $\Delta u'$ 足够小。式 (10) 中的 $\ddot{u}_{i+1}^{k-1}$，$\dot{u}_{i+1}^{k-1}$ 是用 Δu^{k-1} 按 Newmark 法算出的加速度、速度。

4　数值算例及分析

4.1　算例

图 2 示为上层 K8-7 型、下层蜂窝型的大跨度斜拉双层穹顶网壳结构（简称斜拉 K8-7 型双层穹顶网壳），跨度 80.0 m，矢高 8.0 m，矢跨比为 1/10，支座设在网壳结构周边的上弦节点；4 根塔柱各设在结构外边缘且在结构相互垂直的两条主肋上，每根塔柱上有 5 根斜拉索，共有 20 根，结构上弦每个内节点上作用等质量；且考虑结构的自重。

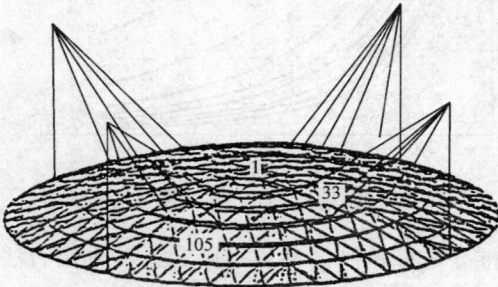

图 2　斜拉 K8-7 型双层穹顶网壳结构

选取适用于二类场地土的 El-Centro 和 Taft 强震记录计算，两个记录的时间间隔皆为 0.02s。式（10）中，M 采用集中质量阵；C 采用瑞利阻尼阵，基本振型阻尼比取 2%，输入三向地震记录，其幅值（含峰值）已按地震烈度、近远震和场地土进行调整。

4.2　结构非线性地震响应特点

不配斜拉索的 K8-7 型双层穹顶网壳和斜拉 K8-7 型双层穹顶网壳在 El-Centro 和 Taft 强震记录下节点 1、105 的位移响应谱分别见图 3、图 4 和图 5、图 6。

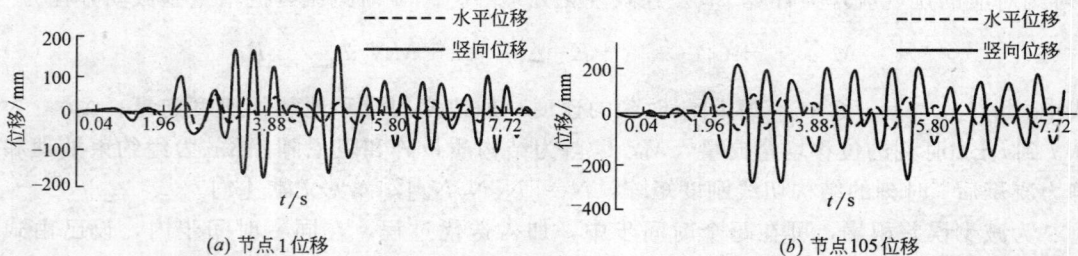

(a) 节点1位移　　　　　　　　　(b) 节点105位移

图 3　K8-7 型双层穹顶网壳在 El-Centro 强震记录下的位移响应谱

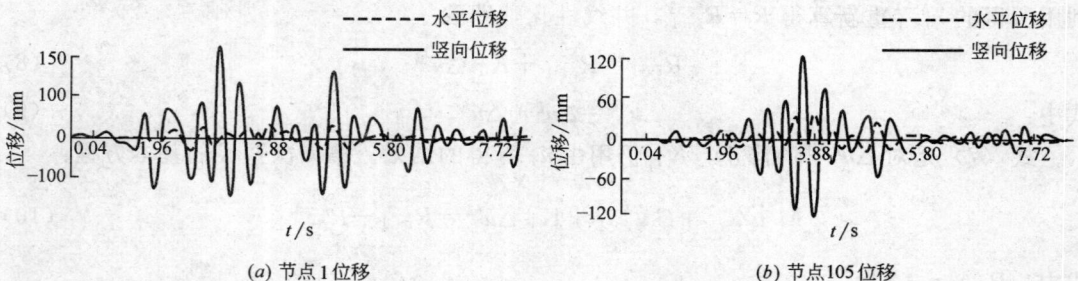

(a) 节点1位移　　　　　　　　　(b) 节点105位移

图 4　斜拉 K8-7 型双层穹顶网壳在 El-Centro 强震记录下的位移响应谱

由图中看出：①同一结构无论在同一强震记录还是不同强震记录作用下，各节点位移反应谱皆有明显不同，位移峰值出现在不同时刻，可推知，结构各杆件的内力峰值亦在不同时

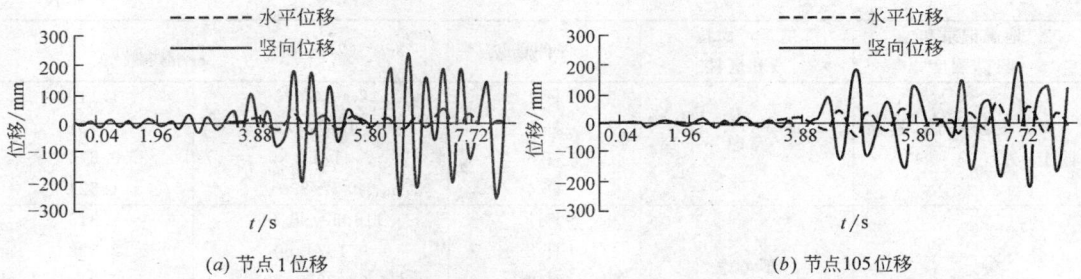

(a) 节点1位移　　　　　　　　　　　(b) 节点105位移

图 5　K8-7 型双层穹顶网壳在 Taft 强震记录下的位移响应谱

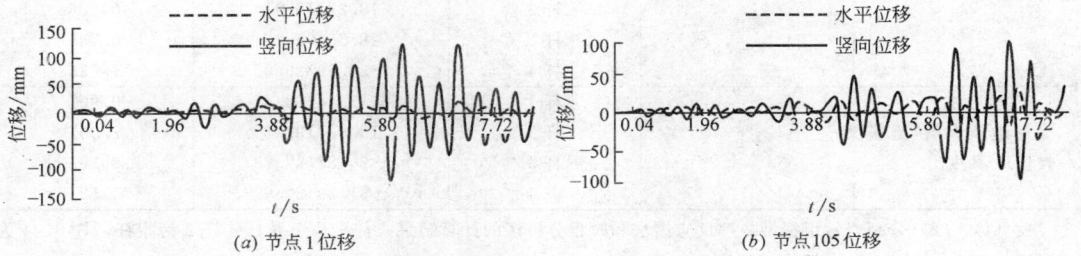

(a) 节点1位移　　　　　　　　　　　(b) 节点105位移

图 6　斜拉 K8-7 型双层穹顶网壳在 Taft 强震记录下的位移响应谱

刻出现。②竖向地震响应远比水平方向地震响应大，说明结构水平刚度远大于竖向刚度。

4.3　反应谱法与时程分析法计算结果比较

取出结构中代表性的上弦杆、下弦杆和腹杆，分别按反应谱法（RST）与时程分析法（THRA）进行计算，计算结果及比较见表 1，时程分析法的计算结果系指杆件在整个地震时程中内力绝对值的最大值，用振型分解反应谱法（简称反应谱法）分别按 8（9）度设防烈度、大（小）震、近震、二类和一类场地土进行计算；用时程分析法分别计算在 El-Centro 强震记录、Taft 强震记录和我国滦河强震记录（3 个记录的幅值已作相应调整，滦河强震记录适用于一类场地土）下的结构地震响应。结构上弦内节点作用等质量，考虑结构自重。

从表中看出：反应谱法与时程分析法杆件内力计算结果的比值变化较大，无明显规律；后者与前者的比值大体上在 0.7～1.5 之间，这说明在对大跨度斜拉网壳结构进行抗震计算时，除应采用反应谱法外，还须用时程分析法进行验算。

反应谱法与时程分析法内力计算结果比较（kN）　　　　　　表 1

地震记录和设防烈度	是否考虑拉索和塔柱	杆件号	(2)/(1)	(2)/(1)
El-Centro 地震记录大震，近震二类场地，8 度设防	不考虑	杆 1	127.8/90.06	1.419
		杆 2	12.82/4.50	2.851
		杆 3	94.36/74.55	1.266
		杆 4	−38.13/29.08	1.311
	考虑	杆 1	63.08/57.35	1.100
		杆 2	15.93/16.14	0.971
		杆 3	25.73/36.17	0.711
		杆 4	34.81/25.05	1.390

续表

地震记录和设防烈度	是否考虑拉索和塔柱	杆件号	(2)/(1)	(2)/(1)
9 度设防小震,其余同上	考虑	杆 1	22.63/20.39	1.110
		杆 2	−4.27/5.84	0.731
		杆 3	7.41/12.86	0.576
		杆 4	13.57/8.91	1.524
Taft 地震记录大震,近震二类场地,8 度设防	不考虑	杆 1	118.30/90.06	1.313
		杆 2	9.12/4.50	2.028
		杆 3	−68.22/74.55	0.916
		杆 4	−37.48/29.08	1.289
	考虑	杆 1	61.07/57.35	1.065
		杆 2	13.22/16.41	0.806
		杆 3	28.55/36.17	0.789
		杆 4	−25.69/25.05	1.026
滦河地震大震,近震一类场地,8 度	考虑	杆 1	−43.54/43.67	0.997
		杆 2	13.83/13.02	1.062
		杆 3	−24.86/27.78	0.895
		杆 4	−31.89/20.97	1.521

　　注:(1)、(2)分别表示用振型分解反应谱法和时程分析法的计算结果;杆 1 为上弦杆,杆 2 为腹杆,杆 3、4 为下弦杆。

5　结　语

　　本文分析了空间杆单元非线性问题,简述了斜拉索和塔柱的计算,数值分析了结构非线性地震响应特性,通过分析计算可见:①对同一穹顶网壳结构或斜拉穹顶网壳结构,无论在同一强震记录还是不同强震记录作用下,各节点位移反应谱皆明显不同,位移峰值出现在不同时刻,可推知,结构各杆件内力峰值亦出现在不同时刻;②竖向地震响应远比水平向地震响应大;③按反应谱法与时程分析法计算的杆件内力比值变化较大,无明显规律,这说明对大跨度(斜拉)网壳结构除应按反应谱法进行抗震计算外,还必须用时程分析法进行验算。

参 考 文 献

1　董石麟主编,新型空间结构论文集,杭州:浙江大学出版社,1994
2　Troitsky M S. Cable-stayed bridges-theory and design. London:Crosby Lockwood Staples,1977
3　Abdel-Ghaffar A M, Nazmy A S. 3-D nonlinear seismic behavior of cable-stayed bridges. J Struct Engng, ASCE, 1991, 117 (11):3456~3476
4　周岱. 斜拉网格结构的非线性静力、动力和地震响应分析:[学位论文]. 杭州:浙江大学土木工程系, 1997

(本文发表于:同济大学学报,1999 年第 3 期)

79. 上海浦东国际机场候机楼 R2 钢屋架足尺试验研究

陈以一　沈祖炎　赵宪忠　陈扬骥　汪大绥　高承勇　陈红宇

提　要：本文介绍了上海浦东国际机场候机楼张弦梁式钢屋架足尺模型在预应力张拉和加载两阶段的试验研究。与试验结果的比较表明，文中建立的张拉非线性分析模型和整体结构受力分析模型是适用的；试验结果和数值分析还表明，屋架在静力荷载作用下的结构分析可以采用线性理论。

关键词：钢结构　预应力　张弦梁　足尺试验

Experimental Study on a Full-scale Roof Truss of Shanghai Pudong International Airport Terminal

Chen Yiyi　Shen Zuyan　Zhao Xianzhong　Chen Yangji

Wang Dasui　Gao Chengyong　Chen Hongyu

Abstract：The full-scale truss composed of arch-beam and cable used in the roof structure of Shanghai Pudong International Airport Terminal has been tested in the stages of prestressing and loading conditions respectively. Linear and nonlinear analytic models are established and numerical simulation performed，which gives good agreement with the test results. Both the test and analysis show that the linear theory has sufficient accuracy to indicate the behavior of roof structure under static loading.

Keywords：Steel Structure　Prestress　Cable-Beam　Full-Scale Test

1　概　　述

上海浦东国际机场候机楼，是整个机场建设工程的核心项目之一。与建筑造型的要求相适应，候机楼的钢屋架有如下特点：其一是采用了预应力张弦梁式结构，下弦为预应力钢索；其二是屋架下弦在平面外完全不设支撑；其三是屋架跨度大，其中 R2 预应力屋架的水平投影跨越 81m 的净空间，这在国内的房屋结构建筑中尚无先例。屋架结构设计、制作、施工过程中遇到的主要问题有：预应力施加阶段屋架的非线性变形及对最终几何形状的影响；屋架使用阶段采用线性理论计算的可靠程度；屋架平面外横向水平力作用时结构的稳定性等。

我们结合理论分析和数值计算，实施了足尺屋架试件的张拉和加载试验研究。试验研究分为三个阶段：（1）张拉阶段：除足尺屋架试验外，先进行小型模型试验，以验证力学模型及数值分析方法的适用性。（2）对张拉成形的足尺屋架进行加载试验，考察其在面内面外静力荷载作用下的力学性能。（3）以足尺试验结果进一步检验和修正力学模型和数值分析方法，反演结构的力学行为。

2　足尺试验屋架概况

2.1　屋架构件布置和构件连接节点

以候机楼建筑中跨度最大的 R2 屋架作为足尺试验的对象。其两端支座间的连线长度为 83m，屋架跨中高度超过 11m。单榀屋架自重约 550kN。屋架构件布置见图 1。屋架的上弦为三根平行的箱型截面钢管，中央钢管称为主弦，其截面尺寸为 400mm×600mm×18mm，采用钢板焊接而成；两侧钢管称为副弦，在靠近屋架低端的两个节间，截面尺寸 300mm×300mm×10mm，其余部分为 300mm×300mm×6mm，系将钢板冷弯成箱型后焊接而成。主弦与副弦之间，用连杆直接焊接相连，连杆截面为 300mm×300mm×6mm 方钢管。腹杆为 350mm×10mm 圆钢管，与主弦连接处，平面内为完全铰，平面外依靠两块钢板挟持作用限制其转动；在各腹杆下端，嵌有一高强穿心钢球，依靠该球扣紧下弦钢索。屋架上弦、腹杆和连杆杆件都采用 16Mn 钢材，下弦索为高强度钢缆（φ5×241），其弹性模量为 $1.85×10^5$ MPa。

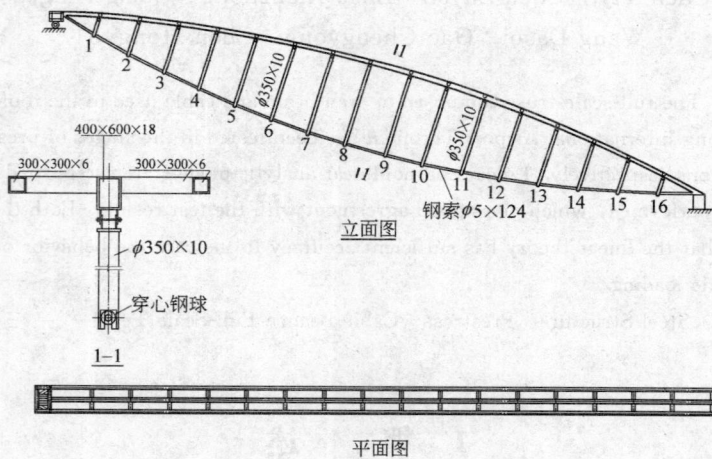

图 1　屋架构件布置及截面

屋架试件的尺寸和形状按实际结构制作。但考虑张拉后屋架形状的改变，上弦杆的初始曲率半径比最终位形的曲率半径大。

2.2　屋架位形及试验中的支承条件

建成后的屋架低端连接于钢筋混凝土框架顶部，高端支承于斜立钢柱上。根据方案，屋架在弦杆与腹杆装配后，两端部处于同一水平高度上进行张拉。此时，屋架一端短立柱的底座连接于端支架，支承条件可近似为刚性连接；另一端设置刚性托架，底下搁置在直径 300mm 的辊轴上。辊轴作用于该端支架上。该处支承条件可视为滚动支承。由于屋架尚未形成整体刚度，因此沿其跨长设置了 5 道中间支架，支架顶端托住屋架上弦的底面（图 2）。张拉结束后起吊定位。吊装后，屋架为斜置。加载试验时模拟实际工程中的屋架位形，两端分设高低支架，中间为三道侧向支撑（图 3）。

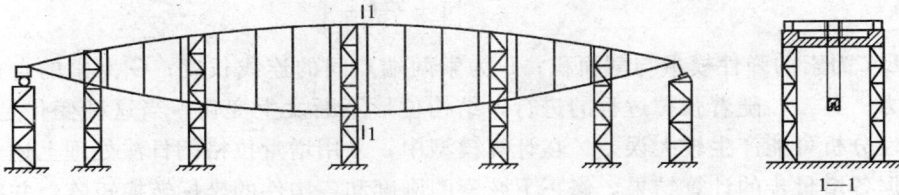

图 2　张拉时的屋架试件及其支架

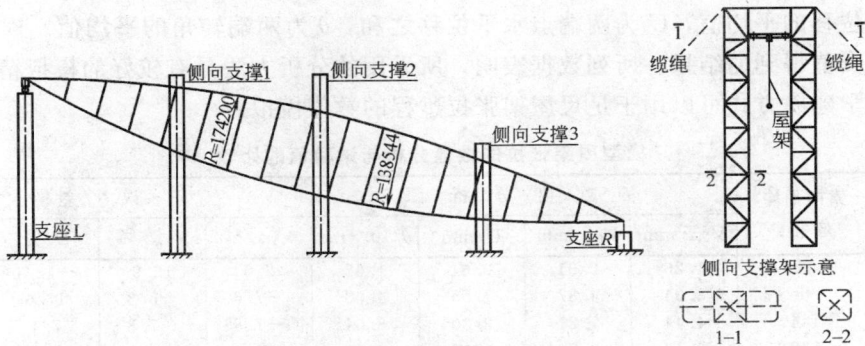

图 3　加载试验时屋架的支架系统

3　预应力张拉阶段的试验研究

3.1　小型模型张拉试验及其分析

　　小型模型试验的目的是检验力学分析模型对预应力张拉预测的适用性，并对足尺试件张拉过程的各种特征有一定了解。小型模型试件如图 4 所示，上弦采用冂型截面，腹杆为 48mm×3.5mm 圆管，下弦为 φ8 钢筋，起到拉索作用。与实际屋架相比，小型模型腹杆数量少；由于跨度较小，其上弦杆平面内弯曲线刚度相对实际屋架要大得多，在下弦钢筋张拉之前，作为两端简支构件，上弦能够承担结构自重。试验中，通过拧紧钢筋中央的花篮螺丝对下弦施加预张力，从而使模型试件形成整体刚度。同一模型进行了两次张拉，每

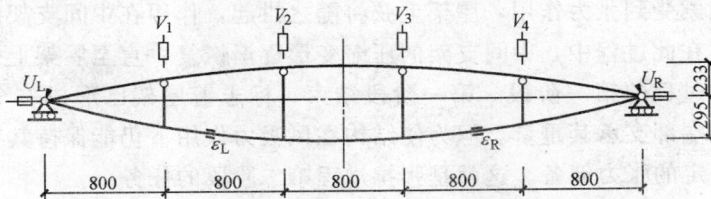

图 4　小型模型试件

次八级。各次张拉都将钢筋的最大应力控制在弹性范围内。两次试验结果非常接近。

理论上说，张拉过程中张力与变形的关系呈非线性。这种非线性主要表现在两个方面。一是索内张力的变化引起索的刚度变化，索的刚度与索内张力的关系可用下式近似表达

$$K = \frac{EA}{L}\left[\frac{1}{1+\frac{EAG^2}{12T^3}}\right] \tag{1}$$

其中，EA 为索的弹性模量与截面积；L 为索两端点间的连线长度；G 为索的自重；T 为索的张力。其二，随着张拉过程的进行，结构位形不断发生变化，当这种变化足够大时，采用线性分析可能产生较大误差。在计算模型中，采用增量拉格朗日法处理上述非线性问题。根据各增量步的计算结果，修正下弦索的刚度和各构件的坐标转换矩阵，并将由此产生的节点不平衡力反向施加于下一增量步中。计算手段采用位移控制增量法。表 1 列出了第 2 次张拉的试验值与数值分析的比较。与数值分析作对比的实测值，$V_{1,4}$ 和 $V_{2,3}$ 为两对测点竖向位移的平均值，U 为两端点水平位移之和，θ 为两端转角的平均值。误差系以数值分析为真值得到的结果。所列数据表明，所采用的分析方法具有较好的模拟精度，分析模型及力学建模方式可以用于足尺屋架张拉过程的数值模拟。

模型屋架张拉的数值分析与试验值的比较　　　　　　表 1

张拉序号	索内平均应变 ε	数 值 分 析				误　差			
		$V_{1,4}$/mm	$V_{2,3}$/mm	U/mm	$\theta/10^{-3}$rad	$V_{1,4}$/%	$V_{2,3}$/%	U/%	θ/%
1	41	1.26	2.01	0.64	1.68	2.0	12.9	−42.1	−0.6
2	98	3.04	4.87	1.55	4.08	−7.6	−5.3	11.6	−14.4
3	144	4.44	7.21	2.30	6.04	−7.8	−7.8	7.4	−22.1
4	198	6.12	9.82	3.16	8.23	−8.5	−7.7	7.3	−16.4
5	285	8.00	12.83	4.15	10.75	−0.2	−6.2	7.0	−14.3
6	296	9.15	14.66	4.76	12.29	−4.6	−4.5	9.5	−14.4
7	343	10.62	17.03	5.56	14.29	−3.5	−4.4	10.0	−13.5
8	392	12.04	19.35	6.35	16.26	−2.7	−3.4	11.7	−13.3

从表中还可看出，小型模型张拉过程中，下弦索张力和拱起位移大体成比例关系，也即由于钢筋刚度的变化和几何形状改变引起的非线性量并不很大。张拉试验中，对应第一级张拉下弦钢筋内的内力为 530N 左右，第二级张拉下弦钢筋内力为 1060N 左右，而节间内钢筋自重仅为 3.2N 左右，代入式（1）可知，第一级张拉后，下弦单元刚度与下弦作为弹性杆件考虑时的刚度相比，仅差 5% 左右；第二级张拉后相差不到 1%。分析结果也表明，在小型模型张拉变形范围内，张拉过程的非线性表现得不明显。

3.2　足尺试件张拉试验

与小型模型不同，足尺屋架在形成整体刚度之前，依靠中间支架和端支架共同承受其重量。一旦下弦索受到张力作用，屋架上弦将随之拱起，作用在中间支架的荷载将逐渐转移至端支架上。在此过程中，中间支架的压缩变形逐渐恢复，直至屋架上弦完全脱离中间支架，这是张拉过程的第一阶段。第一阶段结束，标志着屋架已形成一个相对独立的结构，可以仅依靠端部支承其重量。但为使结构在风吸力作用下仍能保持其整体刚度，下弦索有必要保留一定的张力储备。这就是张拉过程第二阶段的任务。

足尺试件张拉在上海江南造船厂零号平台实施。作为下弦索的钢缆在现场定位后，首先用约 150kN（初状态）的端部张力将其提起至腹杆下端处，然后分初状态，250kN，

300kN，350kN，400kN，450kN，500kN，550kN，570kN，590kN，620kN 等十级进行
张拉。屋架张拉阶段的测试内容主要有：上弦竖向位移、下弦节点竖向位移、屋架两端平
面内的水平位移、下弦索的拉伸变形、上弦、腹杆、索和锚杆的应变等。同时还记录了端
部支架顶部的水平位移和滚动支承端辊轴相对地面的移动距离。

张拉过程中共贴应变片 111 片，位移传感器 11 只，引伸仪 3 个。采用 3 台数据采集
系统采集数据。每张拉一步，稳定 3~5 分钟后再开始采集数据。取样 3 次，每次间隔一
分钟。所有数据采集完毕后，由计算机即时处理以便分析对照。

3.3　足尺试件张拉试验结果分析

3.3.1　主要实测数据及试验观察结果分析

（1）竖向拱起位移：综合不同测试手段所得数据，屋架上弦中点拱起位移与屋架端部
张拉处由油泵指针读得的名义张拉值的
对应关系，如图 5 所示。

从图中可明显看出，在施加预应力
过程中，屋架拱起位移发展的两个不同
阶段。当名义张拉值达到 500kN~550kN
时，屋架试件开始脱离各中间支架。此
前屋架竖向位移很小。然后竖向拱起位
移迅速增大。这一现象与试验前的预测
是一致的。在从屋架试件脱离中间支架
至张拉试验结束止的阶段内，下弦索名
义张力与竖向拱起位移的关系，仍近似呈线性。

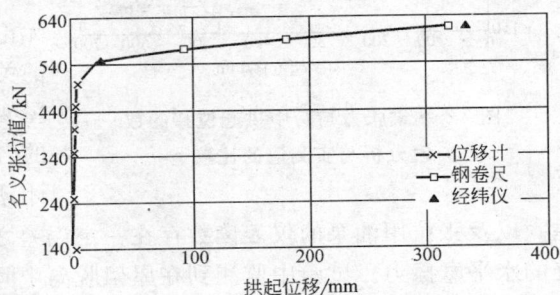

图 5　名义张拉值与上弦中点拱起位移关系

（2）水平位移：屋架水平位移集中在滚动支承处，达 111.5mm，而靠固定端一侧的
水平位移则很小。表明端部支承条件是符合试验设计要求的。

（3）端部转角：滚动支承端的转角约为 1°，转动量并不大。正式施工时，若能保持
各榀屋架的转动角基本相等，对最后造型的影响是不大的。

（4）索内张力：张拉过程中，屋架端索的张力和其他各节间索的张力数值都是不等
的。屋架全跨的下弦索是一条下垂的曲线，在与各腹杆连接处，从端部传来的张力的垂直
于地面的分量，被腹杆压力平衡一部分，越靠近跨中部位，索的张力相对越小。表 2 是根
据安装在跨中索上的引伸仪测得的局部变形反算出该索的内力。从中可以看出，名义张拉
值小于 500kN 时，跨中索张力与名义张拉值相差 20kN 左右，这正是腹杆内力起平衡作
用的结果；但当屋架临近脱离中间支架的时候起，跨中索张力与名义张拉值的差增大。这
一现象，可用滚动支承处的摩擦力平衡了部分端部张拉力来予以解释。

跨中索内张力测值　　表 2

名义张拉 P/kN	跨中处内力/kN	名义张拉 P/kN	跨中处内力/kN
350	332.73	500	458.23
400	385.27	550	478.66
450	437.80	620	554.55

3.3.2　张拉拱起的数值分析

采用前述分析模型，对足尺屋架试件的拱起过程进行数值模拟。足尺试件在张拉过程

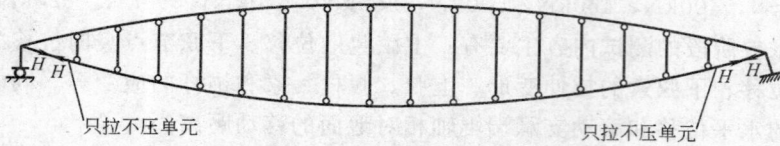

图 6　足尺试件张拉过程的力学模型

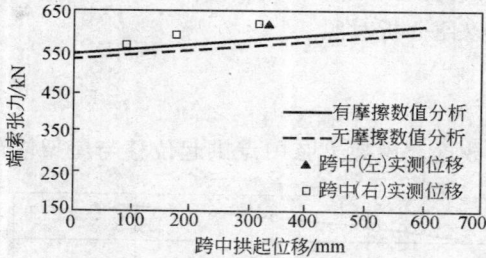

图 7　端索张力与跨中拱起位移的数
值分析与实测值的比较

中的力学模型如图 6 所示。屋架端索均采用"只拉不压"单元；在梭尖和边腹杆下端，沿其连线，分别设置一对大小相等方向相反的拉力，以模拟索的张拉。

数值分析结果与测试数据的比较见图 7。无论试验还是数值分析，端部张力与拱起位移的关系仍大体呈线性，但同一拱起位移对应的屋架端索的张力，数值分析结果要低于试验中的名义张拉值约 20～50kN。除了实际试件与计算模型在材性、尺寸、构造细节等方面的误差、以及张拉用油泵的仪表读数存在一定误差之外，另一个重要的原因是存在于滚动支承处的水平摩擦力。试验中监测到在屋架脱离中间支架后，滚动支承端支架顶部在每一级张拉下都向固定端处水平移动，就是摩擦力存在的反映。为此，在计算模型中引入相当于端索张力水平分量 5% 的水平摩擦力，此时理论计算与实测数据吻合的更好（图 7）。

表 3 给出了张拉时端节间至跨中节间各段索之间的张力比。无论是否考虑摩擦，以及端部张力数值如何，在试验变形范围内，张力比基本上是稳定的。而且，索内张力两端大中间小，最多相差约 4%；滚动支承端与固定端之间不完全对称；有无摩擦力，该比值基本不变。

各节间索张拉力比值　　　　　　　　　　　　　　　　　　　　表 3

索单元	固定端索	15～16	13～14	11～12	9～10	8～9	7～8	5～6	3～4	1～2
屋架脱离支架时	1.000	0.990	0.974	0.963	0.958	0.955	0.957	0.960	0.968	0.981
跨中拱起最大时	1.000	0.990	0.976	0.967	0.963	0.960	0.962	0.965	0.973	0.985

3.4　足尺试件张拉试验的参数分析

实际施工过程中，会遇到与试验不完全相同的条件。由于不可能对每种情况都进行试验，所以对不同条件下屋架张拉过程的特征进行数值计算是必要的。为此，分别采用自编的非线性分析程序 JULIET 和商用软件 STAAD-III 结构分析程序对屋架进行参数分析。

（1）中间临时支架刚度、个数、刚度分布对张拉过程的影响：为明了中间临时支架的刚度、个数分布以及支架在跨内的刚度分布对脱离支架前屋架的变形和屋架拱起所需张力的影响程度，选用如下七种类型的临时支架布置方式进行分析：（a）与足尺试验中临时支架位置和刚度一致（标准类型）；（b）将标准类型中临时支架刚度增大为 10 倍；（c）将标准类型中临时支架刚度缩小为 0.2 倍；（d）将标准类型中两边两个临时支架取消；（e）将标准类型中临时支架隔一抽除；（f）将标准类型中临时支架个数增加为 7 个；（g）标准类型中临时支架刚度依次改为 10，5，1，0.5，0.2 倍。分析结果表明，临时支架的个数、支架位置、支架在跨内的刚度分布对屋架上弦各点完全脱离中间临时支架的端索张力值影响很小。只相差不大于 1%。而且临时支架的分布对拱起时的位形基本无影响。因此，中间支架可根据现场条件设置，但应满足如下两个条件：（a）中间支架的布置必须保证未形成整体刚度的屋架的上弦在相邻支架间的强度和刚度要求；（b）中间支架必须满足其自身的强度、刚度和稳定条件。

（2）不同初始位形对张拉过程的影响：由于脱离支架后，屋架拱起变形对下弦索张力增长非常敏感，为满足建筑外形和下弦索必要张力的要求，屋架张拉前的上弦曲率半径应适当放大。从理论上讲，初始曲率半径越大，达到建筑外形要求所需的索内张力也越大。考虑两种不同的上弦初始曲率半径进行计算（未考虑滚动端摩擦力影响），计算结果表明，随屋架初始上弦曲率半径的增大，脱离支架所需的张力有增大的趋势。当曲率半径增大 20% 时，端索张力增加约 2%。

（3）索张力对索刚度和屋架整体刚度的影响：计算表明，当屋架脱离中间支架时，各节间下弦索刚度按索单元刚度式（1）计算和按弹性杆件计算只相差 3% 左右，以后随屋架负荷增大，下弦索张力更大，两者的差别也就更小。分别采用索单元刚度与杆单元刚度的计算结果也显示不出明显差别。因此，脱离中间支架后及负荷时的屋架下弦可以用弹性杆理论计算。

（4）张拉后屋架位置改变对构件内力变化的影响：屋架两端部处于同一水平高度上进行张拉后形成整体刚度，然后起吊为斜放位置，并在低端焊于支座上。在这一过程中，除屋架斜置外，固定端的约束条件经历了刚接→铰接（在低端临时搁置）→刚接的变化过程；虽然屋架自重的方向始终铅垂向下，但由于其位置的改变，使得水平长度减少，各构件内力必然发生变化。在自重作用下，分别计算了上述三种状态下结构的挠度和轴力变化情况。结果表明，屋架由平置转为斜置，竖向挠度变化的量值不大；低端上弦轴力增大而索的内力减小，高端情况正相反，轴力变化幅度最大不超过 5%。这种变化对屋架索内预应力值产生一定影响。

4 屋架加载阶段的试验研究

4.1 足尺试件加载方案和测点布置

张拉后的屋架，吊装斜放在两端高低支架上，支架高差 16.02m。为防止加载中屋架发生平面外的倾覆，在屋架跨中和四分点处，共设置了三道格构式稳定支架，并用钢缆定锚加以保护（图3）。

加载试验考虑两种工况：（1）屋架受竖向荷载作用的情况。试验最大附加荷载控制在 2400kN 左右，加上自重，分别相当于总荷载标准值的 1.65 倍和设计值的 1.32 倍。荷载施加在上弦除屋架端头以外的各个节点上，共 16 个加载点。加力点设定在边弦与连杆的节点部位，以接近实际结构中，通过连接于此处的檩条将屋面荷载传递至屋架的情况。（2）屋架平面外水平荷载，按下弦节点作用风载计算。考虑到现场加载的可能性，试验时在跨度中央和四分点处的下弦节点共 4 点施加水平荷载。水平荷载在试验屋架受到竖向荷载标准值时施加到结构上，以考察此时结构的平面外变形以及水平荷载卸载后的变形恢复能力。

试验中，竖向荷载采用船用压铁作为附加荷载的加载块，分级加到连接在上弦边弦节点处的吊篮上；水平荷载是在加载点上拉一水平钢绳，通过滑轮换向后，下吊重铁块加载。

加载阶段的测试内容主要有：竖向挠度，屋架平面外水平位移，索内张力增量，上弦、连杆、腹杆、索和端索锚杆的应变，索锚头节点钢板的应变等。此外还监测了端支座在平面内外的位移。加载过程中共贴应变片 195 片，位移传感器 9 只。采用 4 台数据采集系统采集数据。

4.2 足尺模型加载试验结果分析

（1）竖向位移：屋架在荷载标准值作用下的竖向挠度为屋架跨度的 1/413；在设计荷载的 1.32 倍时，跨内最大竖向挠度 379.6mm，为屋架跨度的 1/214。图 8 为附加荷载作用下屋架挠度的理论值与实测结果的比较。从图中可以看出，整个加载过程中，荷载-竖向位移关系基本在线性范围内。

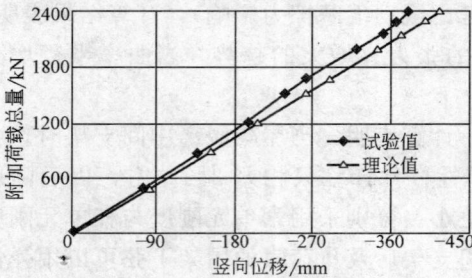

图 8　附加荷载作用下跨中竖向挠度理论与实测对比

（2）平面外水平位移及复原能力：表 4 为在 8、9 点和 4、13 点先后施加 3.0kN 水平荷载时屋架的平面外水平位移及其复原情况。可见屋架下弦在水平荷载卸载后，平面外水平位移基本恢复。该水平荷载根据屋架下弦受到的风荷载计算，并考虑了风振因素。

位移计测得的平面外水平位移及其复原情况　　　　　表 4

加载序号	加载点号	荷载增量/kN	跨中水平位移/mm	
			增量	累积
1	8、9	+3.0	−49.115	−49.115
2	4、13	+3.0	−24.510	−73.625
3		卸载	+69.820	−3.805

（3）索内张力：屋架加载至设计荷载的 1.32 倍时，下弦索应力测值不超过 500N/mm²，考虑由屋架自重和张拉引起的相应应力，下弦索最大应力仍低于相应钢缆的设计强度。图 9 为各级加载下，由索上应变反算出来的索内张力变化曲线，可见索内张力基本呈线性变化。

（4）上弦、连杆内力：屋架加载至设计荷载的 1.32 倍时，屋架上弦测得的附加最大

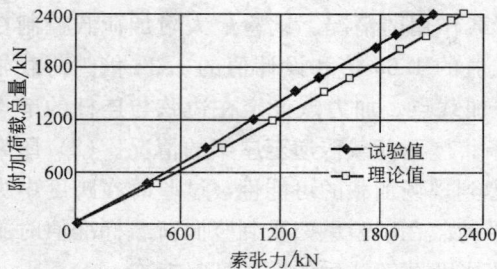

图 9　附加荷载作用下索内张力理论与实测对比

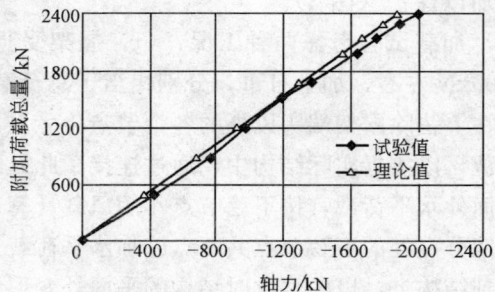

图 10　附加荷载作用下上弦轴力理论与实测对比

应力只有 $130N/mm^2$，考虑由屋架自重和张拉引起的相应应力，其最大应力均未达到相应钢材的设计强度。根据测得的应变反算出来的上弦轴力与附加荷载的关系如图 10 所示。

4.3　参数比较分析

（1）下弦各节点均作用平面外水平荷载时的结构平面外水平位移：由于加载现场的条件所限制，屋架下弦平面外水平荷载只施加在 4 个节点上。而屋架在实际工作中，其下弦各节点均作用有水平风荷载。为此计算了实际工况时下弦各节点的平面外水平位移。计算结果表明，最大平面外水平位移约为跨度的 1/510。

（2）张拉后位形对结构竖向刚度的影响：根据式（1）可知，屋架张拉后，在屋面竖向荷载作用下引起的下弦索内张力的增加对结构刚度几乎没有影响。理论分析表明，不同的结构位形对结构刚度的影响也很小。当曲率半径增大 20％时，竖向刚度只增大 0.2％。

5　结　　论

（1）大跨度张弦梁式屋架张拉分两阶段：屋架形成整体结构、逐渐脱离中间临时支架的阶段；对屋架施加张力储备预应力的阶段。前一阶段，在满足屋架构件的强度、刚度、稳定条件和支架本身的强度、刚度及稳定条件下，支架的个数和分布对张拉过程影响很小；后一阶段，屋架的拱起位移对于预应力增长非常敏感。根据试验和分析，这两阶段的分界标志之一，是下弦端索的预拉力达到某一定值，在本试验中约相当于屋架的自重；标志之二，是屋架拱起位移突然增大，在端索预应力-跨中拱起位移的相关图上，可以从曲线的转折点来判别。

（2）屋架张拉过程中，尤其是屋架形成整体刚度后，滚动支承处将产生一定摩擦力；这使得结构内实际存在的预应力不同于张拉时对端索施加的张拉力。根据试验数据，在足尺试验装置的条件下，滚动支承处的摩擦力约占张拉力水平分量的 5％以上。

（3）屋架加载试验包括了张拉和加载两阶段的内力效应。试验表明，在考虑自重和活荷载两种竖向荷载情况下，在标准荷载、设计荷载及超过设计值 1.32 倍的荷载作用下，结构的强度、稳定性都是可靠的；竖向荷载-屋架挠度呈线性关系。

（4）在下弦作用一定的屋架平面外水平荷载后，屋架上弦平面外的水平变形非常微小；卸除这一荷载后，下弦平面外水平变形基本可以恢复，表明结构是稳定的。

（5）试验研究中建立了张拉非线性分析模型和整体结构受力分析模型，与试验结果的比较表明了这些模型是适用的；对比结果还表明，屋架在静力荷载作用下的结构分析，可以采用线性理论。

本试验实施过程中，得到浦东国际机场公司、江南造船集团、上海机械化公司的大力协作，谨致谢意。

参　考　文　献

1　汪大绥等. 机场设计

（本文发表于：建筑结构学报，1999 年第 2 期）

80. 上海浦东国际机场 R2 钢屋盖模型模拟三向地震振动台试验研究

李国强　沈祖炎　丁翔　周向明　陈以一　张富林　周健

提　要: 通过模型试验及其理论分析，测得了 R2 钢屋盖的自功率谱及自振周期，分析了它的振动模态，比较了其在三向地震作用下的加速度反应和位移反应，揭示了 R2 钢屋盖结构在单向及三向地震作用下试验测得、理论算得的地震反应特征和抗震薄弱环节，为评价 R2 钢屋盖结构在三向地震作用下的抗震性能提供了试验数据和理论依据，验证了按我国现行建筑抗震设计规范进行 R2 钢屋盖结构抗震设计的可行性。

关键词: 大跨度钢屋盖结构　振动台试验　三向地震作用

Shaking Table Experimental Study on R2 Steel Roof Model of Shanghai Pudong International Airport Terminal Subjected to Three Dimensional Earthquakes

Li Guoqiang　Shen Zuyan　Ding Xiang　Zhou Xiangming　Chen Yiyi
Zhang Fulin　Zhou Jian

Abstract: The self-power spectrums and natural periods of the R2 steel roof model of Shanghai Pudong International Airport terminal have been acquired through model experiment and theoretical analysis. In this paper, the vibration models of the structure are studied, and the expermental and theoretical results of its acceleration and displacement responses under the actions of one and three dimensional earthquakes are compared. The seismic response characteristics and the aseismic weak aspects of the steel roof under one and three dimensional earthquakes are then deduced from the test and calculation. The experimental date and theoretical criteria for evaluating the aseismic behavior of this steel roof structure are provided. Meanwhile, the feasibility of its designing according to the Chinese Code for Aseismic Design of Building Structure has been verified.

Keywords: Large Span Steel Roof Structure　Shaking Table Test　Three Dimensional Earthquake Action

1　工程概况

浦东国际机场 R2 钢屋盖是该机场航空港楼 4 种类型钢屋盖中跨度最大的一种，其跨度达 80 多米，高度也最高，达 40m。研究对象是 R2 钢屋盖中纵向长度最大的一个结构单元，其纵向长度为72m，由八榀张弦梁屋架组成，屋架的上弦为三根方钢管，钢管之间通过纵向肋相连接。其竖向平面内的弧形半径为174.2m；屋架下弦是直径为83mm的预应力钢索，上下弦之间通过充当腹杆的圆钢管连接；其中腹杆与上弦在屋架平面外刚接，平面内为铰接；腹杆与下弦则通过球铰连接。屋架之间通过由纵横向槽钢构成的支撑体系形成空间整体结构，屋架两端分别连接在屋盖横向端部的两根方钢管上，并通过它把荷载传递给屋盖横向两端的柱，然后再传递到下部混凝土结构上。屋盖高端的柱与柱之间通过斜拉索支撑的钢索相连，以增大屋盖纵向抗侧刚度。钢屋盖平面尺寸为80m×72m，屋盖横向两端高差约20m。钢屋盖支承在两分开的混凝土结构上，其中钢屋盖低端支承在一框支剪力墙结构上，剪力墙高17.3m，墙厚0.6m，框架高12.72m，跨度为22.65m，框架柱间距达18m；钢屋盖高端支承在一两跨单层多层混合的框架-剪力墙结构，框架跨度最大为16m，高度最大达20.40m，柱间距为18m。本试验的研究对象是机场航空港楼的服务中心，人流集中，活荷载较大，保证结构在突发的自然灾害中的安全可靠性有重要的政治和经济意义。

2 模型设计

为了解和评价R2钢屋盖在单向和三向地震作用下的地震反应特征和抗震性能，特做缩比为1/20模型的模拟单向及三向地震振动台试验。模型是在原结构设计的基础上按照相似关系缩尺而成（如图1~3）。根据相似理论，推导了模型和原型之间的相似关系表达式及本试验的主要相似系数，见表1。其中几何相似系数1/20是根据振动台的要求选定的。

模型相似系数　　　　　　　　　　　　表1

力学变量	相似系数	力学变量	相似系数
长度 C_l	1/20	应变 C_ε	1
时间 C_t	1/10	应力 C_σ	1
频率 C_f	10	弹性模量 C_E	1
速度 C_v	1/2	力 C_F	1/400
加速度 C_a	5	面分布质量 C_w	1/5
位移 C_u	1/20	线分布质量 C_x	1/100
密度 C_ρ	4		

钢屋盖模型用国产Q345钢，用同批钢材制作三组共九个标准试件进行材性试验，测得平均屈服强度 f_y 为342.6MPa，平均极限强度 f_b 为474.3MPa，平均延伸率 δ 为27.2%。模型的混凝土部分设计强度等级为C40（与原型相同），在浇筑过程中用同批混凝土拌合物制作了三组共九个试块进行材性试验，测得平均抗压强度 f_c 为36.2MPa。

为测试钢屋盖的三向振动加速度，分别在钢屋盖四周和中心布置了九个加速度传感器。横向单向振动试验时在屋架高端中央和振动台东边中央设置两个横向位移计；纵向单向振动试验时在屋架高、低端纵向梁末端和振动台南边中央设置三个纵向位移计。试验所测位移皆为绝对位移。为测试钢屋盖屋架上弦下侧和侧边沿横向的应变，在屋盖中间和北侧两榀屋架上弦梁中央底面和侧面处布置了四个应变计，同时在中央榀屋架两端柱顶部内侧分别布置了一个应变计。模型试验传感器布置见图4所示。

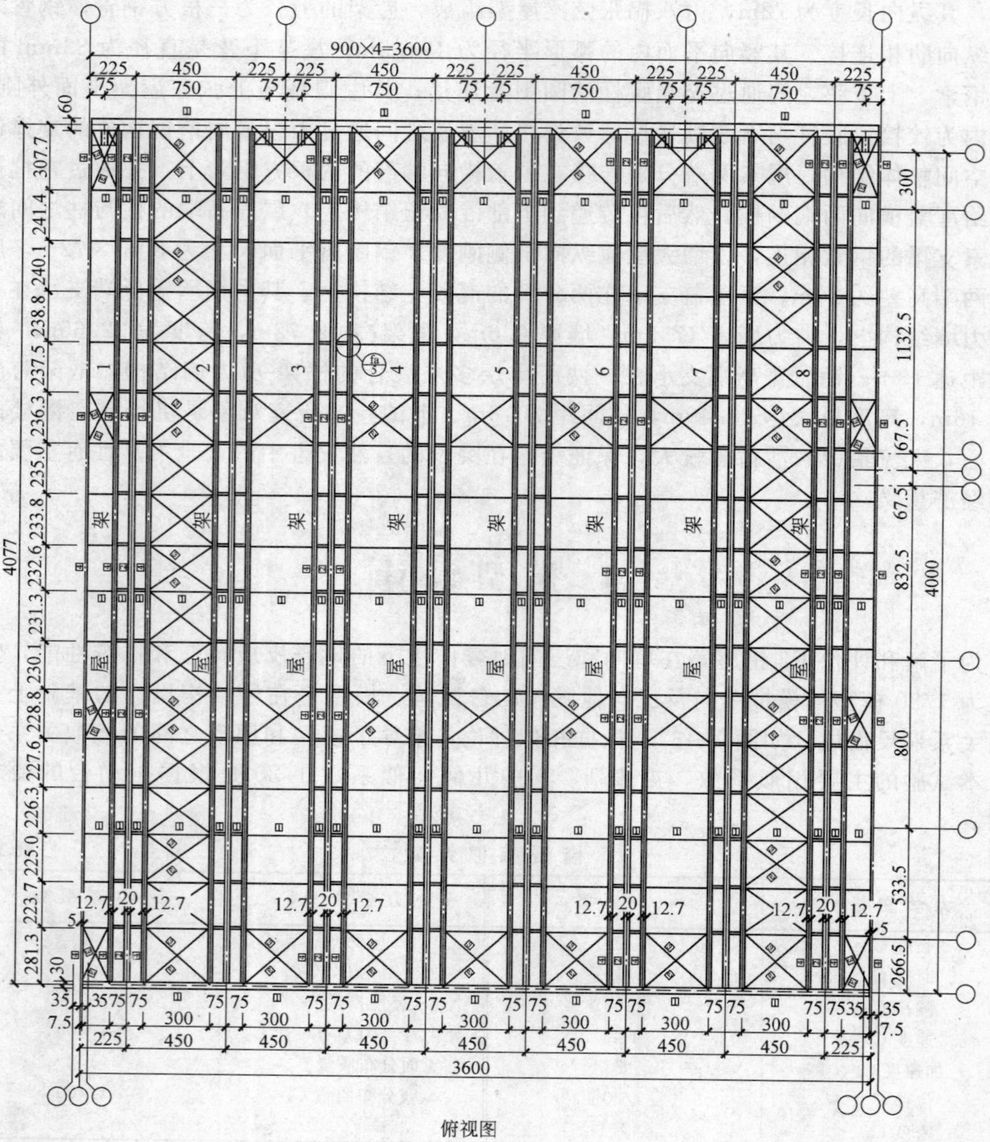

俯视图

图 1   屋盖平面图

试验采用了三条地震波，即：（1）人工地震波（P）；（2）El Centro 波（E）；（3）San Fernando 波（S）。其中人工地震波选用《上海市建筑抗震设计规程》规定的人工波。在模型设计中，输入一峰值为 $0.5g$ 的地震波，则相当于实际结构受到峰值为 $0.1g$ 该地震波的作用。试验加载工况和相应烈度如表 2 所示。

单向振动时，取实际地震波的水平两向中峰值最大的一向分量作为所要求的单向台面输入；三向振动时，取实际地震波的两个水平分量峰值较大的一向分量作为 X 向台面输入，而实际地震波的竖向分量仍作为振动台的竖向（即 Z 向）台面输入。

为了检验试验实测数据并提供试验的理论指导，揭示 R2 钢屋盖结构在单向和三向地震作用下试验未测得的反应特征，选取结构计算通用程序 ALGOR FEAS 软件（SAP）进

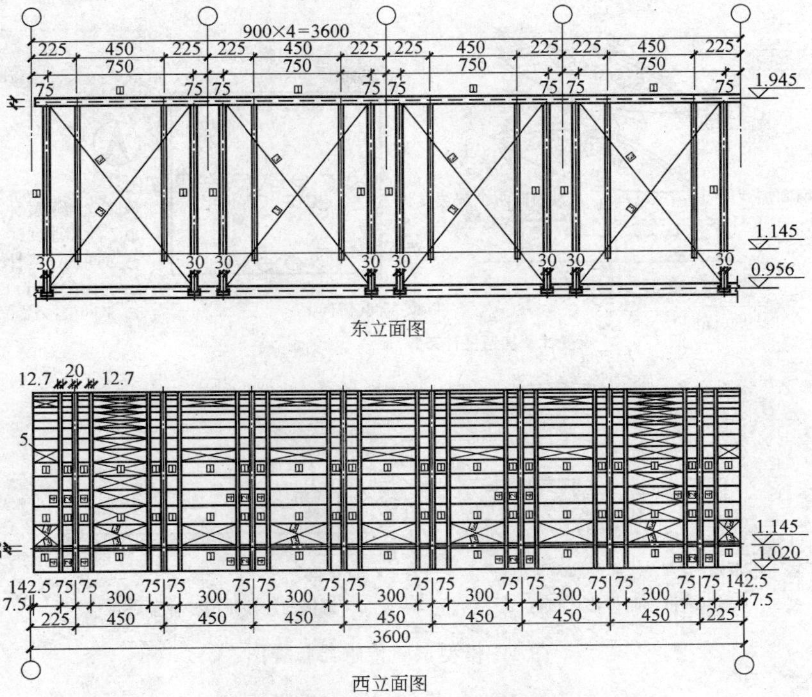

图 2　模型屋盖东、西立面图

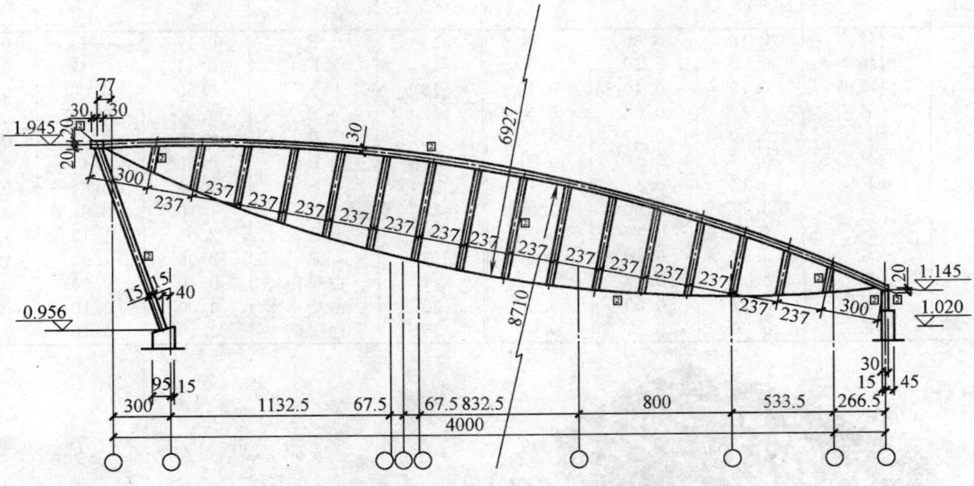

图 3　模型屋盖侧面图

行模态分析以及地震反应振型分解法、直接积分法分析。

　　模型结构的混凝土楼板、剪力墙被划分为板单元，混凝土梁、柱被划分为梁单元。板单元与梁单元节点对应。钢屋盖构件除支撑为杆单元外均为梁单元。因屋架下弦预张拉紧，始终受拉参与工作，所以亦被视为杆单元。柱间拉索考虑仅承受拉力，当作缆索单元。模型基座截面较大，计算时认定结构底端为固定约束。钢屋架低端柱底端与混凝土为

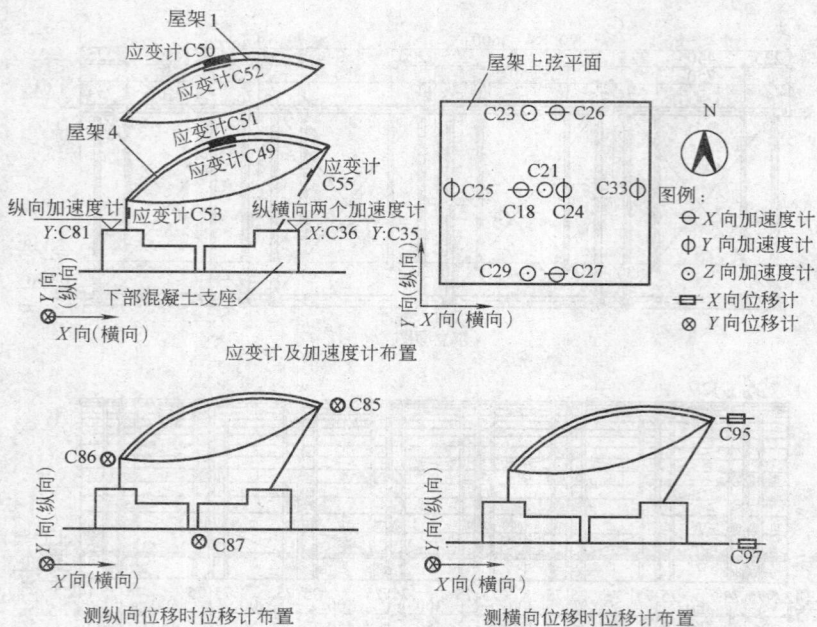

图4　模型试验传感器布置图

试验加载工况和相应烈度　　　　　　　　　　　　　表2

加载序号	地震波	加速度峰值(g)			加载序号	地震波	加速度峰值(g)		
		X	Y	Z			X	Y	Z
1	白噪声	0.10	0.00	0.00	14	E	0.17	0.11	0.10
2	白噪声	0.00	0.10	0.00	15	E	0.11	0.17	0.10
3	白噪声	0.10	0.10	0.10	16	S	0.50	0.00	0.00
4	P	0.17	0.00	0.00	17	S	0.50	0.29	0.31
5	P	0.00	0.17	0.00	18	P	0.50	0.00	0.00
6	P	0.17	0.14	0.11	19	P	0.50	0.41	0.32
7	P	0.14	0.17	0.11	20	S	1.10	0.64	0.68
8	S	0.17	0.00	0.00	21	P	1.10	0.91	0.71
9	S	0.00	0.17	0.00	22	S	2.00	1.15	1.24
10	S	0.17	0.10	0.11	23	P	2.00	1.65	1.29
11	S	0.10	0.17	0.11	24	白噪声	0.10	0.00	0.00
12	E	0.17	0.00	0.00	25	白噪声	0.00	0.10	0.00
13	E	0.00	0.17	0.00	26	白噪声	0.10	0.10	0.10

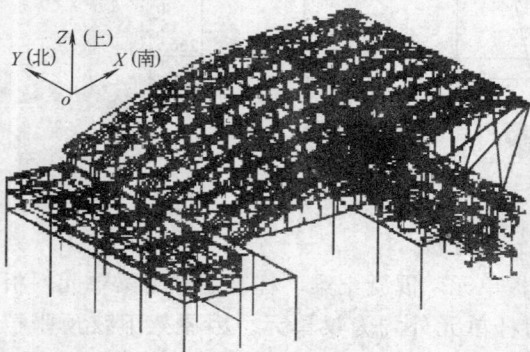

说明:图中括号内文字为试验模型安置方向

图5　模型单元划分图

图6　模型照片

固接。钢屋架高端斜柱支撑方向为固接，横向为铰接。时程分析法时取结构阻尼比 $\zeta=0.03$。

具体单元划分如图 5 所示。

3 试验实测及理论分析结果

3.1 模型模态

动力特性是指结构固有的自振频率及相应的阻尼比系数，它是由结构形式、质量分布、结构的刚度、材料性质、构造连接等因素决定的，与外荷载无关。该模型混凝土部分较刚，对屋架来说如一个很刚的支承，所以结构的自振频率及相应的振型，主要由屋架的刚度、质量及其分布所决定。试验仪器记录了结构三个方向的自功率谱传递函数（图 7～9）；理论分析得出的第一振型体现了拱的一阶振型（图 10），其余几阶振型体现了屋盖的拟板特性（图 11 和图 12）。表 3 列出了模型的前十阶自振频率的理论值和试验值的对比，两者符合较好。这表明理 论分析所取的计算模型是可行的。

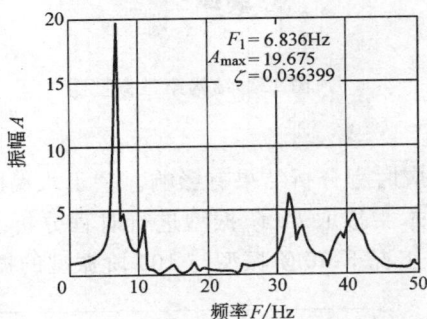

图 7 模型 X 向传递函数幅频曲线

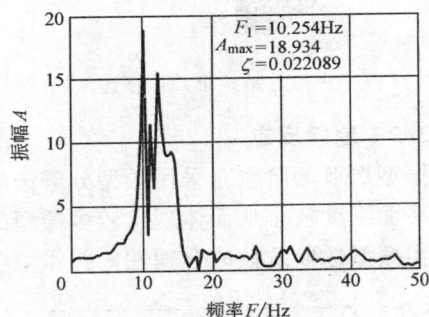

图 8 模型 Y 向传递函数幅频曲线

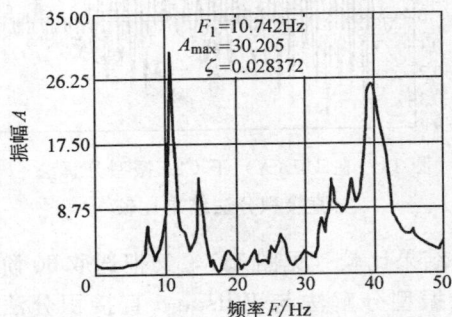

图 9 模型 Z 向传递函数幅频曲数

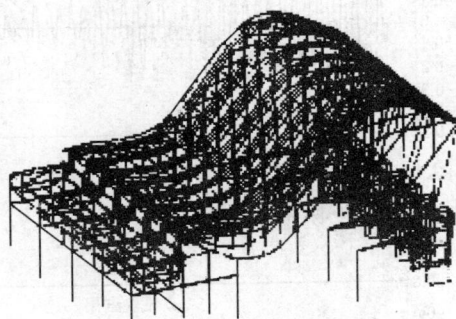

图 10 结构第一振型图

理论分析与试验模型自振频率　　　　　　　　　　　　　　　表 3

模 态 阶 数	自振频率/Hz		相对误差 /%	振动方向
	理论结果	模型试验		
一阶	6.815	6.836	0.3	X
二阶	7.330	7.324	0.08	Z
三阶	7.894	7.812	1.03	X,Y

续表

模态阶数	自振频率/Hz		相对误差/%	振动方向
	理论结果	模型试验		
四阶	10.164	10.254	0.9	Y
五阶	10.876	10.742	1.2	X, Z
六阶	11.876	11.230	5.44	Y
七阶	12.333	12.207	1.02	Y
八阶	14.698	14.648	0.34	X, Z
九阶	15.236	15.137	0.65	X, Y, Z
十阶	17.883	18.066	3.06	X, Y, Z

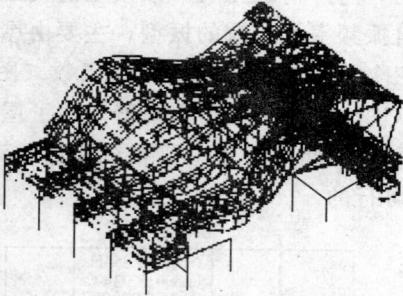

图 11   结构第二振型图   图 12   结构第三振型图

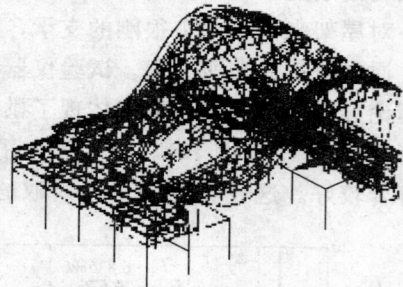

3.2 地震反应

振型选取的阶数对采用振型分解法的地震反应时程分析结果有影响。基于八榀屋架下弦出平面刚度较小从而体现出较多振型的因素，本文拟取 60 阶振型进行时程分析。本文为证实振型选取阶数的合理性，特作了 12E(X) 工况下 60 阶振型与 100 阶振型的振型分

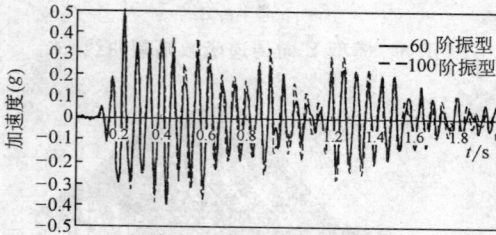

图 13   在 12E(X) 下 C18 取 60 阶振型与
100 阶振型时程结果比较

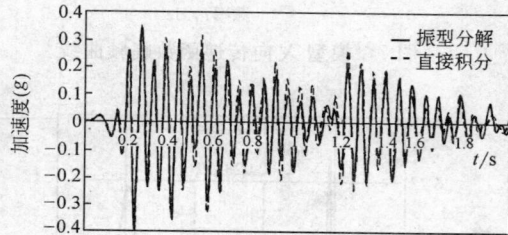

图 14   在 12E(X) 下 C26 振型分解法
与直接积分法结果比较

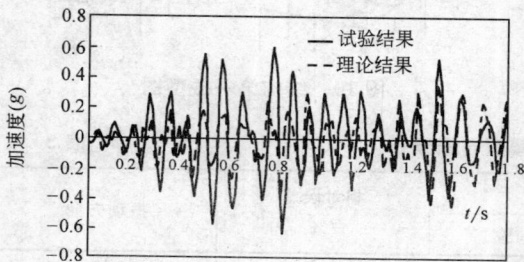

解法结果比较（见图 13），又把选取 60 阶振型的振型分解法与 Wilson-θ 直接积分法结果作了比较（见图 14），其结果是令人满意的。

通过一系列工况的结构地震反应时程分析，进行了试验主要测点的峰值和时程曲线的比较。表 4 和表 5 分别列出了模型试验实测与理论分析的加速度、位移和应变峰值结果比较。

图 15   在 5P 下 C24 试验结果与理论结果比较

模型试验实测与理论分析的加速度峰值比较　　　　　　表 4

加载工况	类　别	加 速 度 峰 值(g)					
		C18	C21	C24	C26	C29	C33
4P(X)	理论值	0.4278	0.3037	0.001	0.4877	0.3890	0.0006
	试验值	0.516	1.108	0.130	0.554	1.531	0.153
	误差(%)	17.1	—	—	12.0	—	—
5P(Y)	理论值	0.001	0.4310	0.582	0.001	0.475	0.4013
	试验值	0.2467	0.6568	0.639	0.2621	1.75	0.424
	误差(%)	—	34.4	8.9	—	—	5.35
7P(3)	理论值	0.3379	0.4533	0.5844	0.3347	0.580	0.38
	试验值	0.468	0.882	0.776	0.535	2.136	0.47
	误差(%)	27.8	48.6	24.7	37.4	—	19.1
9S(Y)	理论值	0.001	0.2678	0.304	0.001	0.2993	0.3082
	试验值	0.155	0.387	0.410	0.212	0.883	0.313
	误差(%)	—	30.8	25.9	—	—	1.53
10S(3)	理论值	0.3629	0.4260	0.2216	0.3860	0.3279	0.2209
	试验值	0.254	0.517	0.238	0.375	0.839	0.294
	误差(%)	30.0	17.6	6.89	2.85	—	24.9
12E(X)	理论值	0.3825	0.2903	0.001	0.3872	0.3251	0.001
	试验值	0.327	0.445	0.0616	0.243	0.563	0.073
	误差(%)	14.5	34.8	—	37.2	42.2	—
14E(3)	理论值	0.5005	0.3687	0.3152	0.5151	0.4011	0.2732
	试验值	0.246	0.592	0.467	0.279	0.969	0.374
	误差(%)	—	37.7	0.325	45.8	—	27.0
15E(3)	理论值	0.3451	0.4100	0.4731	0.4005	0.3642	0.4304
	试验值	0.265	0.875	0.546	0.332	2.49	0.463
	误差(%)	23.2	—	13.4	17.1	—	7.04
19P(3)	理论值	1.3772	1.5345	1.388	1.4778	1.5982	1.388
	试验值	1.055	2.678	1.704	1.786	4.856	1.215
	误差(%)	23.4	42.7	22.8	17.3	—	—

模型试验实测与理论分析的位移及应力峰值比较　　　　　　表 5

加载工况	类　别	位 移 峰 值/mm			应 力 峰 值/N·mm^{-2}			
		95～97	85～87	86～87	C49	C52	C53	C55
5P(Y)	理论值	—	0.7384	0.5524	5.26	5.903	0.6639	2.936
	试验值		0.799	0.434	10.7	6.88	3.12	9.36
	误差(%)		0.76	23.0	50.8	14.2	—	—
9S(Y)	理论值	—	0.3335	0.2596	2.613	3.663	0.2668	1.95
	试验值		0.664	0.334	8.4	6.24	2.62	6.1
	误差(%)		49.8	22.3	—	41.3	1.83	—
12E(X)	理论值	0.461	—	—	10.74	17.67	6.859	4.133
	试验值	0.771			12.14	6.9	3.6	12.28
	误差(%)	40.2			11.5	—	—	—
13E(Y)	理论值	—	0.5435	0.230	2.308	4.61	0.668	4.215
	试验值		0.882	0.366	8.9	6.18	2.82	7.84
	误差(%)		38.4	37.2	—	25.4	—	46.24
16S(X)	理论值	0.9646	—	—	21.14	24.61	16.85	12.19
	试验值	2.810			35.64	49.84	14.16	40.18
	误差(%)				40.7	50.62	15.96	—
18P(X)	理论值	1.544	—	—	29.84	37.78	20.65	15.07
	试验值	4.634			59.2	74.56	21.24	69.1
	误差(%)						2.78	

图 15 列出了模型在 5P 工况下 C24 处试验与理论分析时程曲线结果比较。

从表 4 和表 5 试验数据可知：（1）在三向地震作用下，屋盖的动力反应比单向地震作用下要大几倍。（2）钢屋盖竖向反应剧烈，在同一加载工况下，屋盖竖向动力放大系数比横向和纵向都大许多，同时，屋盖上不同测点动力放大系数也差别很大：对于竖向反应，屋盖纵向两侧的边榀屋架 1 和 8 较大，中榀屋架反应较小。由于屋盖平面内刚度大而出平面刚度小，中榀屋架跨中比边榀屋架跨中竖向刚度大，因而出现上述现象。（3）比较屋盖中央在同一加载工况下纵向和横向的加速度反应，可以看出，屋盖纵向加速度放大系数是横向的两倍，这表明屋盖纵向动力反应比横向大。（4）钢屋盖高低两端沿纵向的加速度反应也不相同，高端加速度反应比低端大得多。（5）比较纵向两侧和中部屋架横向加速度反应，可以看出三者在绝对峰值上差别不大。

3.3   误差原因分析

从表 4 和表 5 结果对比发现，部分测点地震反应的理论分析与试验结果有较大差别，其主要原因分析如下：

（1）计算模型和实际结构的差别

模型结构制作的偏差造成了结构的质量和刚度的额外偏心，从而造成了结构的扭转。程序分析时结构连接节点及边界约束条件的理想化本身也是一种近似。随机噪声的影响，使得一些传感器记录峰值偏高。但振动台加速度传感器的记录误差将直接影响程序分析时地震波输入的真实性。

（2）测量和计算手段的误差

A. 测试仪器和计算机的误差。加速度计、位移计和应变计传感器的精度和灵敏度的不足，影响了测量结果的准确性；计算机进行时程分析时累积的舍入误差也是不可忽略的。

B. 测试方法和程序的误差。由于测量方法的不合理性，如屋架相对地震振动台的横向与纵向位移的测定是通过这两者相当大的绝对位移相减而得的，从而导致位移值普遍偏大。同时，也会存在程序本身的方法误差。

（3）由于试验的意外现象引起的误差

特别是试验过程中，屋架下弦从腹杆中的脱落对屋架的冲击引起加速度值的扰动；斜拉索两端约束的松弛未及时张紧，改变了结构的动力特性；屋面附加质量块未紧固在结构节点上，其相对于结构的振动既影响了结构的动力特性又增加了局部构件的应力峰值。

4   理论深入分析

4.1   屋架中央位移峰值

图 16、图 17 描述了 6P 工况下的结构最有代表性点某方向位移的地震反应峰值时刻整个结构的变位图。

通过一系列工况的结构地震反应分析得到了相应的屋架中央位移峰值，从而容易看出结构对不同波在屋架中央处的位移反应（见表 6）。由此可见，在相同地面运动加速度峰值下，上海地区人工波对结构最为不利。以后的分析将以 6P 工况为主作结构地震反应的详细分析和进一步探讨。

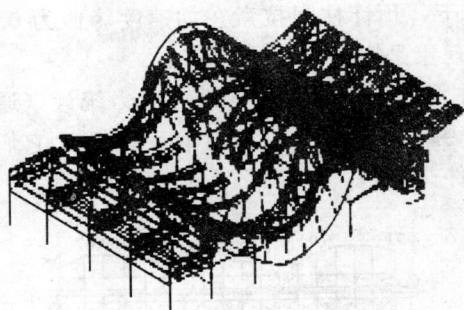

图 16 6P 工况下 C21 处 Z 向最大位
移为 0.5748mm 时的结构变位图

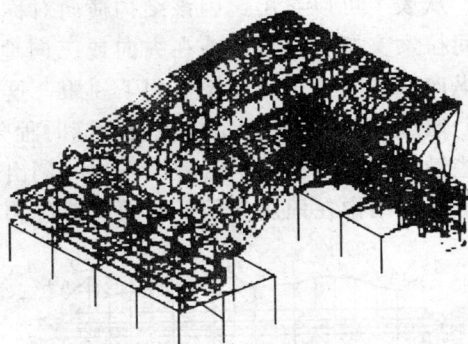

图 17 6P 工况下 C26 处 Y 向最大位移为
0.8625mm 时的结构变位图

各种工况下屋面中央点的位移峰值　　　　　　　　表 6

加 载 工 况	屋面中央位移峰值/mm		
	X 向	Y 向	Z 向
4P(X)	0.4192	0.0007	0.3841
5P(Y)	0.5281	1.039	0.2152
6P(3)	0.4823	0.8638	0.5748
7P(3)	0.3817	0.7617	0.5661
8S(X)	0.2329	0.0006	0.1685
9S(Y)	0.0370	0.4780	0.1332
10S(3)	0.3093	0.2875	0.3343
11S(3)	0.3794	0.3520	0.2629
12E(X)	0.3835	0.0005	0.2587
13E(Y)	0.0570	0.6439	0.1610
14E(3)	0.3940	0.4856	0.2898
15E(3)	0.2751	0.6922	0.2615
16S(X)	0.7803	0.0013	0.6563
17S(3)	0.9849	0.9624	0.8765
18P(X)	1.2820	0.0019	1.1360
19P(3)	1.2500	2.2120	1.7710

4.2 屋盖构件内力及内力峰值

结构在 4P、5P、6P 工况下的柱间拉索支撑应力列于表 7，由此可推断拉索屈服时地面运动加速度峰值。

4P、5P、6P 工况下柱间拉索支撑应力　　　　　　　表 7

加载工况	工况下加速度峰值/g	支撑位置	拉索支撑应力峰值/N·mm^{-2}	预计拉索屈服时地面加速度峰值/g
4P(X)	0.17(X 向)	边跨	1.336	—
	0.00(Y 向)	中跨	1.051	—
5P(Y)	0.00(X 向)	边跨	88.80	0.603
	0.17(Y 向)	中跨	89.61	0.598
6P(3)	0.17(X),0.14(Y) 0.11(Z)	边跨	71.23	0.619
		中跨	71.63	0.616

从表 7 可以看出：因该结构横向对称，在横向地震作用下结构无扭转效应，所以纵向柱间拉索支撑应力很小，在纵向或三向地震作用下，预计柱间拉索在加速度峰值为 0.6g 的纵向或三向人工地震波作用下屈服。这与试验现象是完全一致的。

通过 6P 工况下的结构地震反应时程分析，作了一些主要构件的最大应力统计（通常这些最大应力是在整个时程中不同时刻出现的），并归纳成图形，如图 18～图 21。它们表明了模型结构在地震作用下的薄弱部位和不利构件。

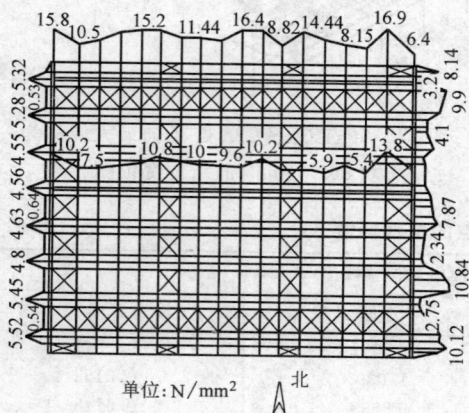
图 18　6P 工况下部分屋面梁上下面最大应力分布图

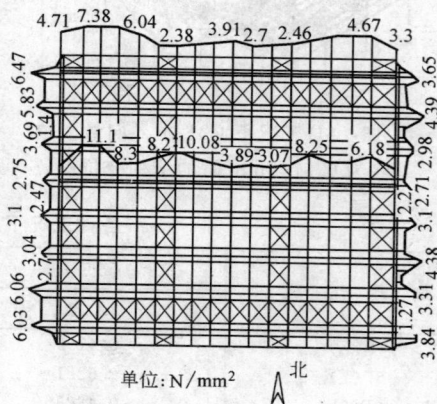
图 19　6P 工况下部分屋面梁侧面最大应力分布图

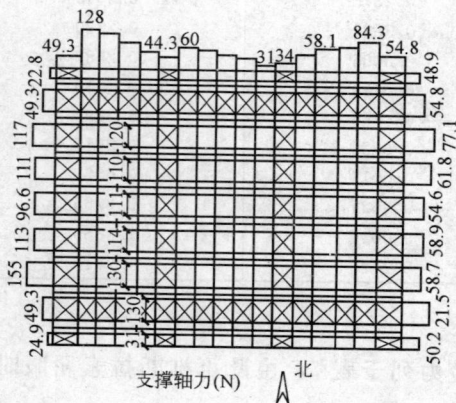
图 20　6P 工况下部分屋面支撑轴力峰值分布图

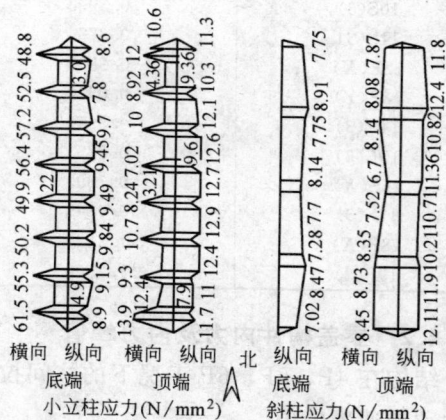
图 21　6P 工况下钢立柱应力峰值分布图

5　结　　论

通过模型试验实测研究及其地震反应理论分析，可以发现：

（1）R2 钢屋盖模型的振动模态分析结果与试验结果符合较好，说明理论分析的计算程序、计算模型和单元划分是可行的。

（2）通过理论分析计算，揭示了 R2 钢屋盖模型结构的抗震薄弱环节：屋架下弦拉索出平面振动显著；接近屋面角部的屋面支撑应力较大；小立柱底端东西面应力相对颇大等等。

（3）钢屋盖在三向地震作用下反应剧烈，纵向反应比横向反应大，竖向反应比横向反应和纵向反应都大得多。

（4）钢屋盖在地震作用下存在明显的扭转反应现象；同时，屋盖高端的纵向反应比低端的纵向反应大，说明屋盖纵向刚度有偏心。

（5）在地震作用下，钢屋盖沿横向和纵向位移较小；屋盖绝大部分构件的动应力在材料的屈服强度以内。

（6）模型在地面运动加速度峰值为 $0.6g$ 多的上海地区人工地震波作用下，即相当于实际结构在地面运动加速度峰值为 $0.12g$ 多的上海地区人工地震波作用下，钢屋盖高端柱间斜拉撑发生屈服破坏。

（7）理论分析和试验表明，按我国现行建筑抗震设计规范进行 R2 钢屋盖结构的抗震设计是可行的。

参 考 文 献

1 朱伯龙. 结构抗震试验. 北京：地震出版社，1989

2 李杰，李国强. 地震工程学导论. 北京：地震出版社，1994

3 方鄂华. 多层及高层建筑结构设计. 北京：地震出版社，1992

4 李国强. 多层及高层钢框架结构在双向水平地震作用下的弹塑性平扭耦合动力反应分析. 同济大学博士学位论文，1988

5 朱以文. ALGR FEAS 软件的分析计算模块数据文件格式. 水电部天津勘测设计院. 1991

（本文发表于：建筑结构学报，1999 年第 2 期）